U0228752

“压力容器实用技术丛书”编写委员会

压力容器实用技术丛书

压力容器 腐蚀控制

第二版

The Second Edition

《压力容器实用技术丛书》编写委员会　组织编写

郭志军　主编

·北京·

本书是“压力容器实用技术丛书”之一。本书主要对象是压力容器管理、设计和使用的工程技术人员，旨在使其熟悉并掌握压力容器腐蚀与防护理论与实践。重点介绍了与压力容器相关的腐蚀类型和腐蚀控制方法，不做过多的机理方面的阐述，让读者能识别出已发生的腐蚀是什么类型的腐蚀、能预测到设备可能存在的腐蚀风险和如何控制腐蚀。内容包括腐蚀的基本原理、全面腐蚀、局部腐蚀、特殊环境下的腐蚀、非金属及非金属衬里压力容器腐蚀、腐蚀控制、压力容器腐蚀监、检测技术及腐蚀寿命预测等。全书以通俗易懂的方式普及和拓宽腐蚀科学知识、推广现代的防护技术，通过大量的压力容器事故来剖析其腐蚀机理及解决方案，实用性强。

本书可供压力容器设计、制造、使用、管理、监督、检验等工程技术人员，以及化工机械相关专业师生查阅和参考。

图书在版编目（CIP）数据

压力容器腐蚀控制/郭志军主编．—2 版．—北京：化学工业出版社，2015.12（2024.5重印）
（压力容器实用技术丛书）
ISBN 978-7-122-25566-2

Ⅰ.①压…　Ⅱ.①郭…　Ⅲ.①压力容器-防腐　Ⅳ.①TH49

中国版本图书馆 CIP 数据核字（2015）第 259549 号

责任编辑：张兴辉　韩亚南　　文字编辑：陈　喆
责任校对：战河红　　装帧设计：王晓宇

出版发行：化学工业出版社（北京市东城区青年湖南街 13 号　邮政编码 100011）
印　　装：北京科印技术咨询服务有限公司数码印刷分部
787mm×1092mm　1/16　印张 42　字数 987 千字　2024 年 5 月北京第 2 版第 2 次印刷

购书咨询：010-64518888　　售后服务：010-64518899
网　　址：http：//www.cip.com.cn
凡购买本书，如有缺损质量问题，本社销售中心负责调换。

定　　价：188.00 元

丛书序

随着科学技术的进步和工业生产的发展，特别是国民经济持续稳定的发展，压力容器已经广泛应用于化工、石油化工、冶金、国防等诸多工业领域及人们的日常生活中，且数量在不断增加，高参数大容积的设备也越来越多。这就对压力容器的设计、材料、制造、现场组焊、检验、监督、使用、维护、修理、管理等诸多环节提出了越来越高的要求。压力容器又是一种多学科、跨学科、综合性很强的学科，一台压力容器从参数确定到投入正常使用要通过上述各环节及相关各部门的各类工程技术人员的共同努力才能实现。要使各类工程技术人员和管理使用者全面掌握压力容器的各种知识是非常困难的。《压力容器实用技术丛书》就是从这一客观实际需求出发，将压力容器的各种实用技术做一全面介绍，以满足不同岗位、不同部门的工程技术人员和管理者、使用者对其相关知识，特别是非本职、非本岗位的其他相关知识的了解和掌握，以不断提高我国压力容器的建造和应用水平。

《压力容器实用技术丛书》共分六册，第一册《压力容器设计知识》，第二册《压力容器材料及选用》，第三册《压力容器制造和修理》，第四册《压力容器检验检测》，第五册《压力容器安全与管理》，第六册《压力容器腐蚀控制》，涉及压力容器的全过程和方方面面的知识。这是我国第一套有关压力容器实用技术的丛书，本书为第一版成功发行和使用10年后的第二次出版。邀请了国内多个单位的上百名知名专家和学者参加编审。

《压力容器实用技术丛书》修订的基本原则是与现行法律法规和国家标准统一，符合现行法律法规和压力容器常用标准（主要是《固定式压力容器安全技术监察规程》、GB 150），侧重一些标准之外的新知识、新理念和新的设计思想，公平、公正、科学地反映压力容器的先进技术水平；体现国内最新技术和国外压力容器技术的发展趋势；将国内外技术内容进行对比，以满足国际国内技术交流与合作的需要；突出写些关于在压力容器这方面比较权威的心得体会经验，坚持原创风格。

《压力容器实用技术丛书》重点突出实用性和全面性，对一些压力容器制造和使用现场出现的一些小故障等能提供一些解决方案，突出现场实用性的要求。例如，《压力容器安全与管理》和《压力容器腐蚀控制》突出现场使用、维护、管理、维修等实用性的内容。本丛书遍及压力容器教学、研究、设计、制造、监督、检验、使用等各个方面，反映国内的最新技术内容和研究成果以及国外压力容器技术的发展和趋势。本次修订内容将更全面、更深入，突出查阅和应用的功能，而不仅仅是指导书。

《压力容器实用技术丛书》由甘肃蓝科石化高新装备股份有限公司牵头组织，《压力容器实用技术丛书》编写委员会组织编写，丛书责任主编刘福录。各分册主编为：第一册朱保国，第二册程真喜，第三册王增新，第四册王纪兵，第五册陈长宏、吴恭平，第六册郭志军。雒淑娟负责丛书的文秘工作。

由于本丛书篇幅浩大，编者甚多，各册和各章节内容的协调和取舍等方面难免有不妥之处，而且限于编者的水平，不足之处不可避免，恳请广大读者批评指正。

《压力容器实用技术丛书》编写委员会

前言

承压设备是国民经济建设的重要基础设备和人们生活的重要基础设施，是国家公共安全的重要组成部分，其涉及生命安全、危险性较大，如管理和使用不当，可能造成事故灾难。近些年来，我国年均发生承压设备事故200多起，人员伤亡近千人，经济损失巨大，有的重特大事故还造成人员群死群伤、居民大规模转移、交通干线中断、大范围生产生活受到严重影响、大面积环境污染等灾难性后果。压力容器在承压设备中数量最大，服役环境也更加苛刻。截至目前，全国有在役压力容器230多万台，其腐蚀问题已成为影响工业装置长周期运行的主要因素和主要失效模式，对安全生产构成很大威胁。保证压力容器设备的质量和安全使用，防止和减少事故，对于维护生命财产安全和经济运行安全，促进经济社会又好又快发展，具有重大意义。

压力容器的腐蚀严重地影响了装置的安全运行和使用寿命，对人民生命财产安全构成重大威胁，并给我国的环境保护带来巨大的压力。目前国外因设备腐蚀造成的生产事故约占全部事故的50%以上，中国石化集团公司生产部和中国石油天然气总公司先后4次对石化企业的压力容器与管道进行了调查，石化企业80%以上的容器失效、60%以上的压力容器报废和40%以上的非计划停车都是因为腐蚀造成的。

目前腐蚀学科已基本形成了自己的体系，从腐蚀的理论体系的建立，到耐蚀材料的研发和耐蚀性能评价、腐蚀控制等方面取得了丰硕的成果。在腐蚀控制方面，国内外都已利用系统工程的观点和方法来进行腐蚀控制，如利用腐蚀经济学方法和以风险分析为基础的检测（risk based inspection）概念来处理腐蚀问题。压力容器从设计到使用也越来越多地考虑到腐蚀对寿命和安全的影响，如TSG R0004—2009《固定式压力容器安全技术监察规程》对压力容器设计寿命的确定，就很大程度上考虑到了压力容器的腐蚀失效模式。API RP 581 Risk-Based Inspection Technology和API 579 Fitness for Service标准也是建立在腐蚀失效模式的基础上的。20世纪70年代末期，在国家科委的支持下，我国曾对腐蚀严重的行业进行过较为系统的调查，并采取了一系列科研、普及腐蚀教育、推广防腐技术和加强管理等措施，取得了明显的社会效益和经济效益。但我国目前在腐蚀控制方面的水平还远不如西方国家，世界各国腐蚀与防护专家普遍认为，如能应用近代腐蚀科学知识和防腐蚀技术，腐蚀的经济损失可以降低25%～30%。近20年来，美国的国民生产总值（GNP）约增长了4倍，由于从设计到使用的全过程利用腐蚀与防护的技术进步成果，采用适宜的腐蚀控制方法，使整体损失由占GNP 4.9%减少到4.2%。

按照我国承压设备行业的中长期发展规划，在构建承压设备的法规标准体系、风险管理体系、科技支撑体系、隐患治理监控体系、应急管理保障机制建设等方面都十分需要有承压设备腐蚀方面的学术机构的支撑。中国特种设备检测设备研究院、北京科技大学和甘肃蓝科石化高新装备股份有限公司等10家单位申请设立了中国腐蚀与防护学会承压设备专业委员会，进行对腐蚀与承压设备经济、安全的关系研究，对承压设备腐蚀方面的安全理论、宏观管理、行业发展、法规政策等软科学的研究，培养承压设备腐蚀专业技术人员，将促进我国腐蚀与防护科学技术在承压设备领域的繁荣和发展，促进承压设备腐蚀与防护科技人才的成长和提高，促进承压设备领域的腐蚀与防护科学技术的国际交流。

腐蚀控制是一系统工程，腐蚀调查发现大多数腐蚀问题并不是腐蚀科学和工程技术人员所能独立解决的，而必须是设计、制造、使用维护、管理人员相互协作才能解决。我国因腐蚀造成的经济损失巨大、比例高的主要原因，是大多数的建设部门和用户对腐蚀的严重性与危害性缺乏认识，不了解腐蚀控制投入和企业经济效益提高的关系，因此对腐蚀与防护工作不够重视。此外，工程技术人员缺乏腐蚀与防护科技知识，特别是从事设计、制造、施工和管理的工程技术人员缺乏腐蚀与防护知识，直接导致了压力容器的早期失效，影响了防腐蚀新技术的推广应用。

压力容器的腐蚀贯穿在设计、制造和使用的全过程中，腐蚀要从源头抓起，以预防为主，避免短期行为。需提倡“全面腐蚀控制”和“在使用寿命期内总费用的经济、技术综合分析”的概念，利用防护系统工程学等近代理念和方法，认真总结国内外先进的腐蚀控制工作的经验，结合国情吸收西方国家先进的腐蚀控制技术和管理经验，促进我国压力容器腐蚀控制水平的提高，使我国压力容器腐蚀控制水平尽早进入世界先进行列。

本书主要对象是压力容器管理、设计和使用人员，旨在使其了解有关压力容器腐蚀与防护理论与实践。以通俗易懂的方式普及和拓宽腐蚀科学知识、推广现代的防护技术，实用为主。本书重点介绍了与压力容器相关的腐蚀类型和腐蚀控制方法，不做过多的机理方面的阐述，让读者能识别出已发生的腐蚀是什么类型的腐蚀，能大致预测到设备可能存在的腐蚀风险和如何控制腐蚀。

本书是在丛书第一版第六册《压力容器腐蚀与控制》的基础上进行编写的，为突出实用的目的，书名改为《压力容器腐蚀控制》，共分 8 章，分别邀请国内有关专家，从腐蚀和腐蚀控制的基本原理出发，结合我国压力容器设计、制造和使用的现状，汇集了大量有关资料撰写而成。本书各章节的编写人员为：第 1 章 郭志军（甘肃蓝科石化高新装备股份有限公司），熊金平（北京化工大学）；第 2 章郭志军、熊金平；第 3 章赵志农（天华化工机械及自动化研究设计院），郭志军，周建军、吴学纲（甘肃蓝科石化高新装备股份有限公司）；第 4 章 4.1、4.2、4.3、4.5、4.6、4.7 赵志农，周建军、郭志军、李永健、宋文明、张玉福、吴学纲、王克栋、王忠、郭保平、卢雪梅、史洪文（甘肃蓝科石化高新装备股份有限公司），何颜红（甘肃省锅炉压力容器检验研究院），毛仲强、刘绍东（中国石油天然气股份有限公司塔里木油田分公司），4.4 郭志军、周建军、吴学纲，朱文胜、柳玉海（中国石油天然气股份有限公司兰州石化公司石油化工研究院）；第 5 章 5.1、5.2、5.3、5.4 郭志军、周建军、李永健、宋文明、卢雪梅、张玉福、吴学纲、王克栋、王忠、郭保平、史洪文，何颜红，毛仲强、刘绍东，5.5 朱文胜、盛刚、张建明、缪磊、胡铁、陈阵、柳玉海，5.6、5.7、5.8 赵志农；第 6 章 熊金平，赵志农；第 7 章 吴学纲、王克栋、郭志军、周建军、李永健、宋文明、张玉福、王忠、郭保平、卢雪梅、史洪文，何颜红，毛仲强、刘绍东；第 8 章何仁洋、张华（中国特种设备检测研究院）。

本书由郭志军主编，熊金平审定。在编写过程中得到了中国腐蚀与防护学会承压设备专业委员会、中国特种设备检测研究院、天华化工机械及自动化研究设计院、中国石油天然气股份有限公司兰州石化公司石油化工研究院、甘肃省锅炉压力容器检验研究院、中国石油天然气股份有限公司塔里木油田分公司等单位和专家的大力支持和协助，在此对本书的第一版作者、协助支持的单位和专家一并表示感谢。

本书引用了部分非法定单位，换算关系见文内，以供读者参考。

由于水平有限，不足之处请不吝赐教。

编者

目　录

CHAPTER 1 第1章 腐蚀概论

腐蚀是三大公害（自然灾害、环境污染、腐蚀）之一，发生在我们生产、生活和建设的各个环节。近些年来，我国年均发生承压设备事故200多起，人员伤亡近千人，经济损失巨大，有的重特大事故还造成人员群死群伤、居民大规模转移、交通干线中断、大范围生产生活受到严重影响、大面积环境污染等灾难性后果。

压力容器是一种主要的承压设备，服役环境更加苛刻，大量应用于各个工业、民用和军事领域，截至2010年年底，全国有在役压力容器233.59万台。承压设备腐蚀问题已成为影响承压设备长周期运行的主要因素和失效模式，对安全生产构成很大威胁。20世纪90年代初，美国石油协会（API）开始在石油和石化设备开展基于风险的检测（risk-based inspection，RBI），并提出了关于RBI的推荐技术性标准API RP 580[1]，该技术目前在世界上已经得到了广泛的应用，我国也引进了该技术，已在部分石化企业中实施。RBI中的关键工作内容是由腐蚀工程师分析工艺物流环路和腐蚀环路，找出工厂的高危害风险区域（装置）和装置中的重要设备与管线，确定设备的损伤机理，由此，得出设备的失效概率和失效后果。根据分析结果，制订检验计划，执行预防性维修。所以，压力容器的腐蚀控制对保证压力容器设备的质量和安全使用，防止和减少事故，对于维护生命财产安全和经济运行安全，促进经济社会又好又快发展，具有重大意义。

虽然压力容器腐蚀破坏率比较高，但这并不意味着是不可避免的，也是有一定客观规律可循的。凡是使用材料的地方，都不同程度上存在着腐蚀问题，压力容器的腐蚀是从设计开始，伴随着其制造、使用到报废的全过程。压力容器的使用材料、结构型式和使用环境多种多样，其腐蚀形式也是多种多样，如设计、制造、使用和管理不当，可能因腐蚀造成灾难事故。为保证设备的安全性和可靠性，减少由设备腐蚀损伤所造成的损失，已成为世界各国的重要研究方向。世界各国腐蚀与防护专家普遍认为，如能充分应用近代腐蚀科学知识和防腐蚀技术，腐蚀的经济损失可以降低25%～30%。近20年来，美国的国民生产总值（GNP）约增长了4倍，由于从设计到使用的全过程中利用腐蚀与防护的技术进步成果，采用适宜的腐蚀控制方法，使整体损失由占GNP 4.9%减少到4.2%。

现代腐蚀与防护科学已发展成为一门融合了多种学科的新兴边缘学科，是一门综合性和适用性很强的学科，涉及化学、电化学、物理、表面科学、材料学、冶金学、力学、化学工程学、机械工程学、生物学、电学、电磁学、微生物学、计算机学、工程管理、安全评价、风险控制和经济学等众多学科。腐蚀科学与防护技术和现代科学技术的发展有着极为密切的关系，对发展国民经济有着极为重要的意义。在近一个世纪的研究中，腐蚀与防护学科基本形成了自己的体系，在腐蚀的理论体系研究、腐蚀监检测、耐蚀材料的研发、材料的耐蚀性能评价、材料的选择与结构设计、腐蚀控制和腐蚀经济学等方面开展了大量的工作，积累了丰富的经验。目前，腐蚀科学与技术研究开发的新前沿已扩展到从纳米技术到宏观材料的腐蚀科学与工程领域。

1.1 腐蚀定义

腐蚀一词起源于拉丁文“Corrodere”，意为“损坏”“腐烂”。腐蚀是普遍存在的一种自然规律，是不可避免的自然现象。从热力学的角度来看，绝大多数金属化合物的标准摩尔生成吉布斯函数都是负值，说明金属生成金属化合物的反应都是自发的，这就是自然界中为什么纯金属极少的原因。关于腐蚀的定义，早期的提法是“金属和周围介质发生化学或电化学作用而导致的消耗或破坏，称为金属的腐蚀”。这一定义的缺陷是没有包括非金属材料。事实上，非金属材料如混凝土、塑料、橡胶等，它们在介质的作用下也会发生消耗或破坏。另外，也有人认为生物作用和某些物理作用引起的材料破坏也属于腐蚀的范畴。

20 世纪 50 年代以前，材料的腐蚀研究只限于金属的腐蚀，压力容器用材也主要以金属，特别是以碳钢为主。此后，随着材料科学的进步，压力容器逐步朝大型化、高参数、长周期运行方向发展，应用到压力容器的材料越来越多，从普通碳素钢到低合金高强钢、各种特殊不锈钢、有色金属等新材料、大板厚材料也不断地在压力容器上得到应用。近年来，非金属作为耐蚀衬里或承压元件，也不断地在压力容器上得到广泛应用。因此，腐蚀的定义也随之发生了变化。

广义腐蚀定义：材料的腐蚀是指材料体系与环境之间发生作用而导致材料的破坏或变质的现象。除此之外，国外还将腐蚀定义为“除了单纯机械破坏以外的材料的一切破坏”、“冶金的逆过程”等。对于人们最关注的金属材料而言，金属腐蚀是金属在周围介质的作用下，由于化学变化、电化学变化或物理溶解而产生的破坏。比较确切而实用的腐蚀定义为：金属材料与环境相互作用，在界面处发生化学、电化学和（或）生化反应而破坏的现象。非金属材料的腐蚀指非金属受到环境的化学或物理作用，导致非金属构件变质或破坏的现象。如陶瓷、水泥和玻璃等制品在酸、碱、盐和大气的化学作用下形成开裂、粉化和风化，高分子材料在有机溶剂的作用下溶解和溶胀、在空气中氧化与老化降解等均属于非金属材料的腐蚀。总而言之，材料的腐蚀是由于材料与周围环境作用而产生的破坏。

我国关于金属腐蚀的定义标准为 GB/T 10123—2001《金属和合金的腐蚀 基本术语的定义》[2]［等同采用 ISO 8044—1999《Corrosion of Metals and Alloys-Basic Terms and Definitions》］。将金属腐蚀定义为：金属与环境间的物理-化学相互作用，其结果使金属的性能发生变化，并常可导致金属、环境或由它们作为组成部分的技术体系的功能受到损伤。

腐蚀环境泛指影响材料腐蚀的一切外界因素，包括化学因素、物理因素和生物因素。化学因素指介质的化学成分与性质，包括溶液的主要成分和杂质、pH、pE、溶解气体及物相等，物理因素指介质的物理状态与作用场，如温度、压力、速度、机械作用（冲击、摩擦、振动、应力等）、辐射强度及电磁场强度等，生物因素指生物种类、群落活动特性及代谢产物，如细菌、黏膜、藻类、附着生物及其排泄物和污损等。

从实际情况出发，也可将腐蚀环境分为介质性环境和作用性环境。介质性环境指材料所处的周围介质，如干湿、冷热、浓度、化学或生物作用，以及土壤、大气、液膜、烟气、熔盐、液体金属、产品等。作用性环境指材料所受外界作用，如应力、疲劳、振动、湍流、冲击、摩擦、空泡、电磁场、辐射等。

1.2 压力容器腐蚀的危害及腐蚀控制的意义

(1) 腐蚀的危害

腐蚀是设备与构件的重要破坏形式之一，它与断裂、磨损一起构成了材料在使用过程中的三大重要破坏形式，常导致设备早期失效或意外事故，造成巨大损失。

腐蚀是普遍存在的现象，它永远都是“正在进行时”，从热力学的观点出发，除了极少数贵金属（Au、Pt 等）外，一般材料发生腐蚀都是一个自发过程。金属或非金属材料压力容器很少是由于单纯机械因素（如拉、压、冲击、疲劳、断裂和磨损等）或其他物理因素

(如热能、光能等)引起破坏的。腐蚀的危害主要有以下4个方面。

① 经济和人员损失 凡是使用材料的地方，都存在不同形式和不同程度的腐蚀问题，每年腐蚀所造成的经济损失已超过火灾、水灾、地震和车祸损失的总和。经济损失包括直接损失和间接损失。直接损失指增加腐蚀裕度或耐蚀合金造成材料费用增加、采用防护技术的费用和发生腐蚀破坏以后的维修、更换费用和劳务费用等。每年由于腐蚀而报废的金属设备和材料相当于金属年产量的10%～40%，其中2/3可再生，而1/3的金属材料被腐蚀流失无法回收。间接损失指设备发生腐蚀破坏造成停工、停产；跑、冒、滴、漏造成物料流失；腐蚀使产品污染，质量下降，设备效率降低；因腐蚀产物沉积引起的热传递效率降低，或是因腐蚀产物阻塞而产生额外的压力降，造成装置能耗和水耗增加等。由于腐蚀意外事故而引起的停工、停产所造成的间接经济损失，可能超过直接经济损失的若干倍。

由于历史原因，我国在20世纪60～70年代制造的压力容器缺乏质量控制，形成严重的先天不足，有的存在着大量的超标缺陷，有的结构不合理，有的用材不当。20世纪80年代和90年代我国压力容器失效原因见图1-1[3]，20世纪90年代以前的压力容器，资料不全和材质不明占48.29%，设计和制造遗留的先天缺陷(包括结构不合理，错边量及棱角度超标，焊缝存在超标缺陷)占30.41%，使用中产生的缺陷占12.96%，因此压力容器失效主要是因设计和制造缺陷引起的。而90年代后，随着压力容器的管理制度的健全和设计、制造水平的提高，压力容器的使用寿命延长，但操作条件越来越苛刻，暴露出的腐蚀的问题也越来越多，因此，腐蚀引起的问题明显增多，腐蚀导致的压力容器失效案例也越来越多。近年来，由于设计人员和用户缺少丰富经验的腐蚀设计人员，造成压力容器的设计和制造存在不满足腐蚀控制要求的情况，用户的管理和操作者对腐蚀控制的认识不足，也导致了较多的承压设备腐蚀失效案例。所以，压力容器的腐蚀已成为影响其工业装置长周期运行的主要因素和主要失效模式，对安全生产构成很大威胁。

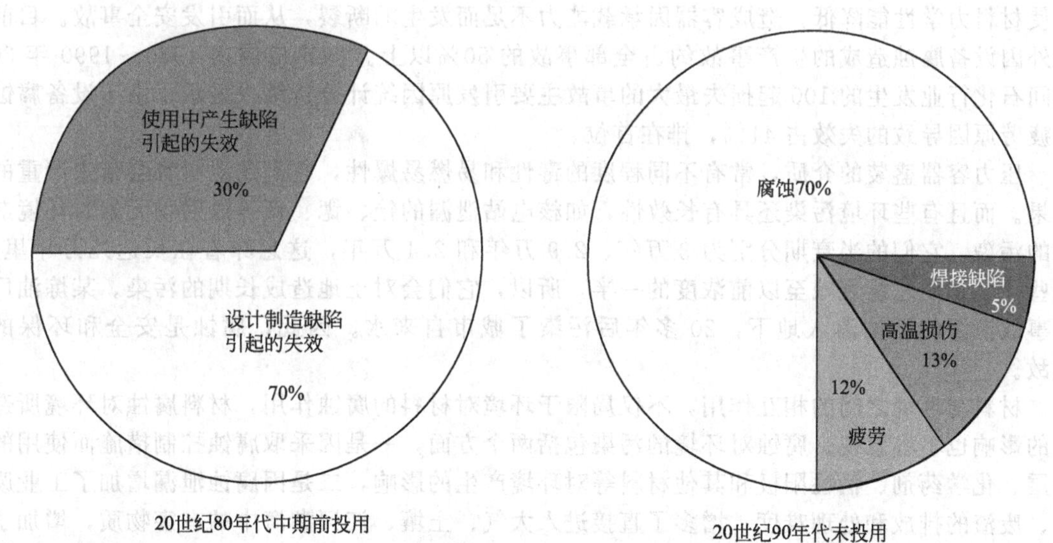

图1-1 我国压力容器失效原因示意图

压力容器在炼油、化工等企业压力容器占生产设备的80%，腐蚀原因造成的非计划停车占40%以上，为非计划停车的主要因素。

压力容器事故往往具有突发性、灾难性，核压力容器的腐蚀破裂还会造成强烈的辐射污染，不但造成重大经济损失，引起爆炸、火灾、中毒和环境污染等，造成灾难性的恶果，还常常造成重大人员伤亡，使人民生命财产受到重大损失。特别是应力腐蚀等往往造成压力容器的突发爆炸事故，造成重大人员和财产损失。比如，2005 年 3 月 21 日 21 时 20 分左右，平阴鲁西化工第三化肥厂有限公司发生尿素合成塔爆炸事故，共造成 4 人死亡，32 人受伤，截至 3 月 28 日直接经济损失约 780 万元；其主要原因是尿塔检漏管采用管螺纹连接方式与 16MnR 层板连接，该检漏管密封不严或在使用过程中产生松动，使检漏蒸汽漏入到尿塔的层板之间，漏进层板间的蒸汽中的钠等碱金属离子被浓缩到较高浓度，从而产生了严重的应力腐蚀开裂，并致使尿塔在爆炸前存在了大量和严重的应力腐蚀裂纹。1979 年 12 月 18 日 14 点 7 分，长春市煤气公司液化气站的 102 号 $400m^3$ 液化石油气球罐发生破裂，大量液化石油气喷出，遇明火发生燃烧，引起球罐爆炸；由于该罐爆炸燃烧，致使 5 个 $400m^3$ 的球罐、4 个 $150m^3$ 卧罐和 8000 多只液化石油气钢瓶爆炸或烧毁，罐区相邻的厂房、建筑物、机动车及设备等被烧毁或受到不同程度的损坏，400m 远相邻的苗圃、住宅建筑及拖拉机、车辆也受到损坏，直接经济损失约 627 万元，死 36 人，重伤 50 人。1996 年 10 月 2 日宁夏化工厂 CF62 钢制造的甲醇水分离器使用仅半年即发生爆炸；天津石化公司石化二厂 CF62 钢 $1000m^3$ 丙烯球罐 1996 年 1 月投入使用，1998 年 5 月该球罐因混装 H_2S 严重超标的粗丙烯（H_2S 体积分数达千分之几），在短时间内上温带纵缝出现穿透性裂纹而泄漏，开罐检查发现球罐内壁有数百条典型的应力腐蚀裂纹。某石化储运车间共有 10 具 16MnR 材料的 $400m^3$ 球罐，其中 1#～8# 球罐为 1996 年建成并投入使用，1998 年 8 月 19 日 2# 球罐顶部上极板与上温带环缝突然发生破裂，造成大量液化气向外泄漏，破裂部位发生在焊缝熔合线上，鉴于此次事故，该公司于当年对 10 具球罐进行了第一次全面检验，球罐内部发现了大量的表面裂纹。这些球罐事故都是典型的湿硫化氢应力腐蚀开裂实例。

② 对安全和环境造成危害 腐蚀严重地影响压力容器的安全运行和使用寿命，腐蚀破裂造成“跑、冒、滴、漏”，既浪费资源、能源和污染环境，又是发生火灾爆炸事故的重要原因之一。压力容器材料在腐蚀介质作用下，因腐蚀导致壁厚减薄、开裂及材料组织结构改变使材料力学性能降低，造成容器因承载能力不足而发生的断裂，从而引发安全事故。目前国外因设备腐蚀造成的生产事故约占全部事故的 50%以上。世界范围内 1960～1990 年 30 年间石化行业发生的 100 起损失最大的事故主要引发原因统计分析结果显示，由于设备腐蚀和疲劳原因导致的失效占 41%，排在首位。

压力容器盛装的介质，常有不同程度的毒性和易燃易爆性，它们的泄漏都会带来严重的后果。而且有些环境污染还具有长效性，如核电站泄漏的铯、锶、钚等放射物元素对环境造成的污染，它们的半衰期分别为 3 万年、2.9 万年和 2.4 万年，这意味着在长达几万年里，这些化学物质才能衰减至以前浓度的一半，所以，它们会对土地造成长期的污染。某炼油厂因事故泄漏的原油渗入地下，20 多年后污染了城市自来水。因此，腐蚀是安全和环保的大敌。

材料与环境之间的相互作用，不仅局限于环境对材料的腐蚀作用，材料腐蚀对环境所造成的影响也不容忽视。腐蚀对环境的污染包括两个方面，一是因采取腐蚀控制措施而使用的涂层、化学药剂、牺牲阳极和其他材料等对环境产生的影响，二是因腐蚀泄漏增加了工业废水、废渣的排放和处理难度，增多了直接进入大气、土壤、江河湖海中的有害物质，增加了能源消耗，造成了自然环境的污染，破坏了生态平衡，危害了人民健康，妨碍了国民经济的可持续发展。腐蚀引起的环境污染问题日益引起人们的关注，西方国家在二十年前已经开始关注材料腐蚀产物对环境（土壤和水系）的污染作用，并进行了系统的观测和研究，取得了大量的数据和研究成果，这些成果不仅对学科建设的发展起到了极大的促进作用，而且也成为他们制定社会发展政策的基础和依据[4]。

③ 阻碍新技术发展 腐蚀引发的事故直接影响科学技术和生产的发展。一项新技术、新工艺、新产品的实现过程中，往往会遇到腐蚀问题，只有解决了这些棘手的腐蚀问题，这

些新技术、新工艺、新产品才得以发展。比如，美国曾用30年时间研究熔盐原子能反应堆(1947～1976年)，但由于裂变产物对材料的腐蚀难以解决而放弃；不锈钢的发明和应用，促进了硝酸和合成氨工业的发展；高强度耐蚀合金的出现，使压力容器设备大型化成为可能；抗湿硫化氢腐蚀材料和焊接技术的研发，促进了含硫油气田的开发和高硫原油炼制技术的发展；美国的阿波罗登月飞船储存N_2O_4的高压容器曾发生应力腐蚀破裂，经分析研究，加入质量分数为0.6%的NO之后才得以解决，美国著名腐蚀学家方坦纳（Fontana）认为，如果找不到这个解决办法登月计划会推迟若干年。

未来的高新技术发展过程中，还会不断遇到各种新的腐蚀问题，而且是越来越难以解决的问题，比如化学、能源等领域的压力容器都有向高温、高压方向发展的趋势，这样可获得更高的生产率、更快的生产速度和更低的生产成本，但高温高压却会造成更加苛刻的腐蚀环境。随着全球原油和天然气的不断开发，原油品质逐渐劣化，含S量越来越高，由此引发的湿硫化氢应力腐蚀问题越来越严重，在很多关键的承压设备上，腐蚀问题一直没有得到有效的控制，这也严重地制约了原油和天然气产业链的安全生产和经济效益。

④ 促进自然资源的消耗　腐蚀对自然资源是极大的浪费，同时还浪费了大量的人力和能源。以金属材料为例，每年约30%的钢铁产品因腐蚀而报废，其中的1/3变成铁锈而损耗，同时，防腐蚀施工、维护还消耗了大量的人力资源。20世纪80年代，国内年产30万吨合成氨的中型化肥厂，每年因腐蚀报废的钢铁达1350～2100t，平均每吨氨耗钢4.5～7kg；我国每年因腐蚀、结垢报废的换热器达万台左右，仅钢材就消耗5万吨以上。我国资源利用率较低，要使我国经济快速增长，需尽快改变目前“高投入、高能耗、高排放、低效率”的粗放型增长方式，这就迫切需要政府各部门、各企业和全民都来关注腐蚀问题，才能实现开源节流，促进我国经济的可持续发展。

(2) 腐蚀控制的意义

以上可以看出，腐蚀与防护技术已成为社会发展中保证安全生产、提高经济效益、节能减排中不可或缺的重要组成部分。

腐蚀控制的意义在于：保障安全、保护环境、节约资源、改善环境、创造财富。安全生产、节能减排和经济因素是当前腐蚀与防护领域中许多研究工作的原动力。

鉴于腐蚀问题的严重性，国内外对防腐蚀工作都很重视，采取各种措施来减轻腐蚀的危害。为了保证油气管道的长期安全运行，各国政府和企业都制定有防腐法规，作为设计、施工、管理必须遵循的准则。

腐蚀控制的目标是使设备、结构或零部件的腐蚀速度保持在一个可接受的水平。实践表明，若充分利用现有的防腐蚀技术，广泛开展防腐蚀教育，实施严格的科学管理，因腐蚀而造成的经济损失中有30%～40%是可以避免的。所以说，材料腐蚀与控制研究具有很大的现实意义和经济意义。

绝大多数金属和非金属材料的破坏都与其周围环境的腐蚀因素有关，腐蚀控制的方法很多，在腐蚀控制上并没有所谓的“标准答案”，腐蚀环境对腐蚀机理和腐蚀控制的要求影响很大，不同行业和产品质量对腐蚀控制的要求也不相同，因此，对于腐蚀控制技术的制定，必须明确应用的具体条件，必须在生产安全、社会关注和经济上都进行评估才能获得最佳的结果，具体的腐蚀控制方案应运用腐蚀经济学方法进行评价确定。

中国工业防腐蚀技术协会从1985年成立就提出了“全面腐蚀控制”（Total Corrosion Control，TCC）的理论，全面腐蚀控制的核心是将防腐蚀技术和科学管理密切结合起来以达到最大限度的控制腐蚀，保证设备或装置的长周期连续安全运转。即必须从设计、制造、储运安装、运行操作、维修5个方面进行腐蚀控制，而且要和教育、科研、管理、经济评价4个环节紧密结合，从而达到对各种腐蚀的全面控制，才能把防腐蚀工作从消极的、治表的、被动的局面转变为的积极的、治本的、主动的局面。

全面腐蚀控制是一项系统工程，压力容器的腐蚀虽然大多发生在设备的使用阶段，但是其产生的原因却孕育于各个阶段之中，而解决的措施也可以在各个阶段实现。对于一台设备或一套装置的腐蚀，不能只注意某种材料与环境作用产生的后果，要把装置的腐蚀作为一个整体加以考虑。作为防腐蚀工程技术人员，除掌握先进实用的防腐蚀理论与技术外，还需要宣传腐蚀的危害性，普及防腐蚀基础知识，引起有关部门乃至全社会的重视，同心协力控制腐蚀，使腐蚀损失降到最低程度。比如，对于湿 H_2S 环境下的设备安全，用户管理不到位是导致设备早期失效的重要因素。相关的腐蚀控制和容器设计标准已经赋予用户更多的责任，用户应确定操作条件并指定使用何种材料、应确保所用材料能满足使用环境的要求、负责操作现场安装和设备的运行。而生产商仅负责满足金属材料学要求。

2009 年世界腐蚀组织（World Corrosion Organization，WCO）在世界范围内确立每年的 4 月 24 日作为“世界腐蚀日（Worldwide Corrosion Day)”，在腐蚀和防护的研究中，致力于知识的发展和传播。其宗旨是唤醒政府、工业界以及我们每个人认识到腐蚀的存在，认识到每年由于腐蚀引起的经济损失在各国的 GDP 中平均超过 3%；同时向人们指出控制和减缓腐蚀的方法。

正确的腐蚀控制，是延长设备的使用寿命，避免事故发生的重要保证。腐蚀控制通常有两种措施：一是补救性控制，即腐蚀发生后再消除；二是预防性控制，即事先采取防护措施，避免或减缓腐蚀，尽量减少可能引起的损害。预防性措施包括选材、结构设计、制造和热处理工艺、具体的防腐技术等。后者属于设计职责，如果在压力容器的设计阶段就充分考虑了腐蚀控制方案，就可以避免或减缓腐蚀的发生，节省大量的检维修费用[5]。

当然，对于一个设计工程师来说，并不要求其同时又是腐蚀工程师，但如果其对腐蚀知识不了解，也绝不可能成为一个合格的设计者。以往压力容器的设计者对材料的力学性能十分熟悉，但对材料的耐蚀性能缺乏了解或综合分析能力，只能按照手册的相近条件选材。因此，往往导致设备的早期腐蚀失效。所以，压力容器设计者了解一些基本的腐蚀和腐蚀控制基本知识是十分必要的。

腐蚀控制要从源头抓起，应以预防为主，避免短期行为，提倡“在使用寿命期内总费用的技术/经济综合分析”的概念，需要认真总结我国压力容器腐蚀控制工作的经验，结合国情吸收国外先进的防护技术和管理经验，促进腐蚀控制新技术在我国压力容器设计、制造和使用中的推广应用。不同行业，应根据自身的情况制定腐蚀控制的标准与规范，使防护工作有章可循，有法可依。全面宣传和推广寿命期内总费用全分析（Lifetime Cycle Cost）方法、以风险分析为基础的检测（Risk Based inspection)、防护系统工程学等近代理念和方法来管理腐蚀，推广综合防护措施。企业或工程的腐蚀控制工作，要有专门的队伍从事该项工作。在设计、制造、施工安装、操作运行的全过程都要加强腐蚀控制管理，使压力容器的腐蚀处于可接受、风险可控的状态，使我国腐蚀控制水平尽早进入世界先进行列。

1.3 金属材料的腐蚀分类

为了便于系统地了解腐蚀现象及其内在规律，并提出相应的有效防止或控制腐蚀的措施，需要对腐蚀进行分类。由于金属腐蚀的现象和机理比较复杂，所以金属腐蚀有不同的分类方法。常用的分类方法是按照腐蚀机理、腐蚀形态和产生腐蚀的自然环境 3 方面来进行分类。

1.3.1　按腐蚀机理分类

- 腐蚀机理
  - 化学腐蚀　金属与非电解质氧化和还原的纯化学过程，反应进行过程中没有电流产生，符合化学动力学规律
  - 电化学腐蚀　金属与电解质同时存在，腐蚀速率符合电化学动力学规律
  - 物理腐蚀　物理作用引起，冲刷、磨损、碰撞、辐照等

化学腐蚀与电化学腐蚀的相同点都是金属失去电子被氧化，不同点在于：

① 化学腐蚀　通常所说的干腐蚀，腐蚀介质为气体或非电解质。腐蚀反应无液相水存在，金属与腐蚀介质直接接触发生化学反应，电子传递是在相同地点的金属与氧化剂之间直接进行，无腐蚀电流。如金属在高温下形成的氧化皮等。

② 电化学腐蚀　通常所说的湿腐蚀，腐蚀反应一般有液相水存在，电子传递是在金属和溶液之间进行，整个腐蚀反应可分成两个既互相联系又相对独立的半反应同时进行，发生电化学反应，有腐蚀电流。实际腐蚀过程绝大多数为电化学腐蚀。

1.3.2　按腐蚀特征分类

- 破坏特征
  - 全面腐蚀　所有暴露在腐蚀环境中的金属表面都发生腐蚀，腐蚀速率均匀或不均匀都有可能
  - 局部腐蚀
    - 除全面腐蚀以外的腐蚀，如（不限于）：
    - 应力腐蚀
    - 腐蚀疲劳
    - 磨损/磨耗腐蚀（湍流腐蚀、空泡腐蚀、微振腐蚀 、冲刷腐蚀、摩振腐蚀）
    - 阻塞电池腐蚀（点蚀、缝隙腐蚀、垢下腐蚀）
    - 晶间腐蚀
    - 电偶腐蚀（包括选择性腐蚀、浓差极化等腐蚀）
    - 氢致诱导开裂（HIC、SOHIC）、氢鼓包、氢脆

1.3.3　按材料应力负荷分类

- 应力负荷
  - 无应力负荷腐蚀
    - 全面腐蚀
    - 阻塞电池腐蚀（点蚀、缝隙腐蚀、垢下腐蚀）
    - 晶间腐蚀
    - 电偶腐蚀（包括选择性腐蚀、浓差极化等腐蚀）
    - 辐射腐蚀
    - 氢致诱导开裂（HIC、SOHIC）、氢鼓包、氢脆
  - 有应力负荷腐蚀
    - 应力腐蚀
    - 腐蚀疲劳
    - 磨损/磨耗腐蚀（湍流腐蚀、空泡腐蚀、微振腐蚀 、冲刷腐蚀等）

1.3.4　按腐蚀环境分类

腐蚀类型按环境分类极为复杂，种类繁多，相同的一种腐蚀环境可以有若干种表述方法。

- 腐蚀环境
  - 自然环境腐蚀
    - ① 大气腐蚀——最普通的腐蚀（工业、乡村、海洋等）
    - ② 土壤腐蚀——最复杂的腐蚀
    - ③ 水环境（淡水和海水等）腐蚀——最苛刻的腐蚀
    - ④ 微生物腐蚀——无处不在
    - ……
  - 工业环境腐蚀
    - ① 在酸性环境中的腐蚀
    - ② 在碱性环境中的腐蚀
    - ③ 在盐类环境中的腐蚀
    - ④ 烟气腐蚀
    - ⑤ 在工业水环境中的腐蚀
    - ⑥ 在熔盐中的腐蚀
    - ⑦ 在液态金属中的腐蚀（物理溶解腐蚀）
    - ……
  - 按腐蚀介质名称分类
    - ① 氯化物腐蚀
    - ② 湿硫化氢腐蚀
    - ③ 氢氧化钠腐蚀
    - ④ 酸露点腐蚀
    - ……
  - 按腐蚀介质的化学性质分类
    - ① 电解质溶液
    - ② 非电解质溶液溶液
    - ③ 氧化性介质
    - ④ 还原性介质
    - ……

1.4 非金属材料的腐蚀分类

非金属材料分为有机高分子材料和无机非金属材料两大类。

1.4.1 有机高分子材料

有机高分子材料的腐蚀破坏形式主要有以下几种。

① 溶解和膨胀　溶剂分子渗入材料内部破坏了大分子间的次价键，与大分子发生溶剂化作用，材料的体积和重量都增大。体型高聚物由于溶胀、软化，使强度显著降低；线性高聚物还会由溶胀进而溶解。

② 化学裂解　渗入高分子材料内部的活性介质还可能与大分子发生氧化、水解等化学反应，使大分子链的主价键发生断裂。尤其在温度高于 150～200℃时，更容易引起高聚物的裂解。

③ 应力腐蚀　在应力与某些活性介质共同作用下，介质更容易渗入材料内部，随应力的增大，耐蚀性急剧下降。不少高分子材料还会出现银纹，进而生长成裂纹，甚至发生脆性断裂。

④ 渗透破坏　当高分子材料用作设备衬里层时，如果材料有较大的孔隙率，即使不发生溶胀、裂解等作用，但一旦介质渗过衬里层就会造成基体材料的强烈腐蚀。

1.4.2 无机非金属材料的腐蚀分类

用于防腐蚀的无机非金属材料主要有硅酸盐材料、不透性石墨等材料。石墨材料主体元素是碳，是化学惰性元素，与多数介质不发生化学反应。不透性石墨材料的耐蚀性部分决定于黏结剂和孔隙率。黏结剂有树脂黏结剂，为有机高分子材料和水玻璃黏结剂。硅酸盐材料的腐蚀破坏主要有以下两种形式。

① 腐蚀介质与材料组分直接发生化学反应而引起的破坏。

② 腐蚀介质或腐蚀产物渗透到材料内部，由于发生化学反应或物理反应（如结晶），引起体积膨胀而使材料破坏。

参考文献

[1] API RP 580—2009. Risk-based inspection. second edition.

[2] GB/T 10123—2001. 金属和合金的腐蚀 基本术语的定义 [S].

[3] 陈学东，王冰，关卫和等．我国石化企业在用压力容器与管道的安全状况调查与分析．合肥：中石化合肥设备失效分析及预防研究中心，2000. http：//www. cbpvi. org. cn.

[4] 中国材料腐蚀现状及材料腐蚀对自然环境污染情况调查 基础性重点项目．腐蚀与防护 2012，33 (2)：135.

[5] 闫康平，陈匡民．过程装备腐蚀与防护．第2版．北京：化学工业出版社，2009：1，2.

第2章 腐蚀的基本原理

CHAPTER 2

2.1 腐蚀相关术语

本书腐蚀相关术语主要参照 GB/T 10123[1]定义，该标准等效采用 ISO 8044—1999[2]，并在此基础上增加了 42 个词条。GB/T 10123 没有涉及的术语，采用相关文献释义。

ASTM/NACE 联合技术委员 J01“腐蚀”分委员会 J01.02“术语工作组”负责制定了 NACE/ASTM G193[3]，现行有效标准为 ASTM G193—2012d《Standard Terminology and Acronyms Relating to Corrosion》(与腐蚀相关的术语和简称)。

术 语	定 义
① 腐蚀 (corrosion)	金属与环境间的物理-化学相互作用，其结果使金属的性能发生变化，并常可导致金属、环境或由它们作为组成部分的技术体系的功能受到损伤
② 腐蚀介质 (corrosive agent)	与给定金属接触并引起腐蚀的物质
③ 腐蚀环境 (corrosion environment)	含有一种或多种腐蚀介质的环境
④ 腐蚀体系 (corrosion system)	由一种或多种金属和影响腐蚀的环境要素所组成的体系
⑤ 腐蚀效应 (corrosion effect)	腐蚀体系的任何部分因腐蚀而引起的变化
⑥ 腐蚀损伤 (corrosion damage)	使金属、环境或由它们作为组成部分的技术体系的功能遭受到损害的腐蚀效应
⑦ 腐蚀失效 (corrosion failure)	导致技术体系的功能完全丧失的腐蚀损伤
⑧ 腐蚀产物 (corrosion product)	由腐蚀形成的物质
⑨ 氧化皮、垢 (scale)	氧化皮：高温下在金属表面生成的固体腐蚀产物 垢：从过饱和水中析出的沉积物。所有在材料表面形成的沉积物，都可以认为是“垢”
⑩ 腐蚀深度 (corrosion depth)	受腐蚀的金属表面某一点与其原始表面间的垂直距离
⑪ 腐蚀速率 (corrosion rate)	单位时间内金属的腐蚀效应。腐蚀速率的表示方法取决于技术体系和腐蚀效应的类型，例如：可采用单位时间内的腐蚀深度的增加或单位时间内单位面积上金属的失重或增重等来表示，腐蚀效应可随时间变化，且在腐蚀表面的各点上不一定相同。因此，腐蚀速率的报告，应同时说明腐蚀效应的类型、时间关系和位置
⑫ 等腐蚀线 (iso-corrosion line)	指腐蚀行为图中表示具有相同腐蚀速率的线
⑬ 耐蚀性 (corrosion resistance)	在给定的腐蚀体系中的金属保持服役能力的能力
⑭ 腐蚀性 (corrosivity)	给定的腐蚀体系内，环境引起金属腐蚀的能力
⑮ 腐蚀倾向 (corrosion likelihood)	在给定的腐蚀体系中，定性和(或)定量表示预期的腐蚀效应
⑯ 服役能力(关于腐蚀)[serviceability (with respect to corrosion)]	腐蚀体系履行其遭受腐蚀而不受损伤的特定功能的能力

续表

术　语	定　义
⑰ 服役寿命（关于腐蚀）[service life（with respect to corrosion）]	腐蚀体系能满足服役能力要求的时间
⑱ 临界湿度（critical humidity）	导致给定金属腐蚀速率剧增的大气相对湿度值
⑲ 人造海水（artificial sea water）	用化学试剂模拟海水的化学成分配制的水溶液
⑳ 点蚀系数（pitting factor）	最深腐蚀点的深度与由重量损失计算而得的“平均腐蚀深度”之比
㉑ 应力腐蚀临界应力（stress corrosion threshold stress）	在给定的试验条件下，导致应力腐蚀裂纹萌生和扩展的临界应力值
㉒ 应力腐蚀临界强度因子（stress corrosion threshold intensity factor）	在平面应变条件下导致应力腐蚀裂纹萌生的临界应力场强度因子值
㉓ 腐蚀疲劳极限（corrosion fatigue limit）	在给定的腐蚀环境中，金属经特定周期或长时间而不发生腐蚀疲劳破坏的最大交变应力值
㉔ 敏化处理（sensitizing treatment）	使金属（通常是合金）的晶间腐蚀敏感性明显提高的热处理
㉕ 贫铬（chromium depletion）	不锈钢由于晶界析出铬的碳化物而使晶界区合金中的铬含量降低的现象
㉖ 电化学腐蚀（electrochemical corrosion）	至少包含一种阳极反应和一种阴极反应的腐蚀
㉗ 化学腐蚀（chemical corrosion）	不包含电化学腐蚀的腐蚀
㉘ 全面腐蚀（general corrosion）	暴露于腐蚀环境中的整个金属表面上进行的腐蚀
㉙ 均匀腐蚀（uniform corrosion）	在整个金属表面几乎以相同速度进行的全面腐蚀
㉚ 局部腐蚀（localized corrosion）	暴露于腐蚀环境中，金属表面某些区域的优先集中腐蚀
㉛ 电偶腐蚀（galvanic corrosion）	由于腐蚀电池的作用而产生的腐蚀
㉜ 热偶腐蚀（thermogalvanic corrosion）	由于两个部位间的温度差异而引起的电偶腐蚀
㉝ 双金属腐蚀（bimetallic corrosion）	由不同金属构成电极而形成的电偶腐蚀
㉞ 外加电流腐蚀（impressed current corrosion）	由于外加电流作用而形成的电化学腐蚀
㉟ 杂散电流腐蚀（stray-current corrosion）	由非指定回路上流动的电流引起的外加电流腐蚀
㊱ 点蚀（pitting corrosion）	产生于金属表面向内部扩展的点坑，即空穴的局部腐蚀
㊲ 缝隙腐蚀（crevice corrosion）	由于金属表面与其他金属或非金属表面形成窄缝或间隙，在窄缝内或近旁发生的局部腐蚀
㊳ 沉积物腐蚀（deposit corrosion）	由于腐蚀产物或其他物质的沉积，在其下面或周围腐蚀的局部腐蚀
㊴ 选择性腐蚀（selective corrosion）	某些组分不按其在合金中所占的比例优先溶解到介质中去所发生的腐蚀
㊵ 丝状腐蚀（filiform corrosion）	在非金属涂层下面的金属表面发生的一种细丝状腐蚀
㊶ 晶间腐蚀（intergranular corrosion）	沿着或紧挨着金属的晶粒边界所发生的腐蚀
㊷ 刀口腐蚀（knife-line corrosion）	在或紧挨着焊材/母材界面产生的狭缝状腐蚀 刀口腐蚀又称“刀线腐蚀（knife line attack）”。通常是在稳定化不锈钢经焊接并再次加热后，$Cr_{23}C_6$、TiC、NbC 重新沿晶界析出，在腐蚀介质中，在紧靠焊缝两侧几个晶粒宽的狭窄范围内发生晶间腐蚀，而其余部分看不到腐蚀迹象，因其外形像刀刃故称为刀线腐蚀
㊸ 层间腐蚀（layer corrosion）	锻、轧金属内层的腐蚀，有时导致剥离即引起未腐蚀层的分离。剥离一般沿着轧制、挤压或主变形方向发生

续表

术 语	定 义
㊹ 磨损腐蚀（erosion-corrosion）	由腐蚀和磨损联合作用引起的损伤过程
㊺ 空蚀（cavitation corrosion）	由腐蚀和空泡联合作用引起的损伤过程
㊻ 摩振腐蚀（frettign corrosion）	由腐蚀和两接触面间振动滑移联合作用引起的损伤过程
㊼ 摩擦腐蚀（wear corrosion）	由腐蚀和两滑移面间摩擦联合作用引起的损伤过程
㊽ 腐蚀疲劳（corrosion fatigue）	由腐蚀和金属的交替应变联合作用引起的损伤过程，常导致破裂
㊾ 应力腐蚀（stress corrosion）	由残余或外加应力和腐蚀联合作用导致的腐蚀损伤
㊿ 应力腐蚀破裂（stress corrosion cracking）	由应力腐蚀所引起的破裂
51 穿晶破裂（transgranular cracking）	腐蚀裂纹穿过晶粒而扩展
52 晶间破裂（intergranular cracking）	腐蚀裂纹沿晶界而扩展
53 氢脆（hydrogen embrittlement）	因吸氢，导致金属韧性或延性降低的损伤过程。氢脆常伴随氢的生成，例如通过腐蚀或电解，并可导致破裂
54 氢致破裂（hydrogen induced cracking）	在应力作用下金属由于吸氢所导致的破裂
55 氢蚀（hydrogen attack）	钢在高温（约 200℃以上）高压氢中遭受的沿晶腐蚀损伤
56 鼓泡（blistering）	由于表面下结合力的局部丧失导致物体表面形成可见弯形缺陷的损伤过程。例如鼓泡可发生在有涂层的金属上，这是由于局部腐蚀产物的累积使涂层和基体间结合力丧失；在无涂层的金属上，由于过高的氢内压也可产生鼓泡
57 脱碳（decarburization）	钢或铸铁表面在高温气体中失碳的现象
58 热腐蚀（hot corrosion）	金属表面在高温下因沉积熔盐而引起的腐蚀
59 内氧化（internal oxidation）	某些合金组分和向金属内部扩散的氧、氮、硫等发生择优氧化，导致表面下产生腐蚀产物的损伤过程
60 剥落（spalling）	表层裂成碎片以及部分脱落
61 辐照腐蚀（radiation corrosion）	在存在射线的腐蚀环境中的发生的腐蚀
62 腐蚀保护（corrosion protection）	改进腐蚀体系以减轻腐蚀损伤
63 保护度（degree of protection）	通过腐蚀保护措施实施的腐蚀损伤减小的百分数 注：必须考虑到所有存在的腐蚀类型
64 临时性保护（temporary protection）	仅在限定的时间内采取的腐蚀保护措施
65 保护层（protective coating）	在金属表面上能降低腐蚀速率的物质层
66 保护覆盖层（protective coating）	用于金属表面能提供腐蚀保护的材料层
67 缓蚀剂（corrosion inhibitor）	以适当浓度存在于腐蚀体系中且不显著改变腐蚀介质浓度却又能降低腐蚀速率的化学物质
68 保护性气氛（protective atmosphere）	通过排除腐蚀介质或者添加缓蚀剂而降低腐蚀性的人造气氛
69 腐蚀试验（corrosion test）	为评定金属的耐蚀性、腐蚀产物污染环境的程度、腐蚀保护措施的有效性或环境的腐蚀性所进行试验
70 自然环境（野外）腐蚀试验（field corrosion test）	在自然环境例如空气、水或土壤中进行的腐蚀试验
71 服役腐蚀试验（service corrosion test）	在服役环境下进行的腐蚀试验
72 模拟腐蚀试验（simulative corrosion test）	在模拟服役条件下进行的腐蚀试验

续表

术 语	定 义
⑬ 加速腐蚀试验（accelerated corrosion test）	在比服役条件苛刻的情况下进行的腐蚀试验，目的是在比实际服役更短的时间内得出相对比较的结果
⑭ 电解质（electrolyte）	通过离子传输电流的介质
⑮ 电极（electrode）	与电解质接触的电子导体。在电化学意义上，电极实际上被限制在该体系界面两侧狭小区域
⑯ 阴极（cathode）	阴极反应占优势的电极
⑰ 阳极（anode）	阳极反应占优势的电极
⑱ 电极反应（electrode reaction）	相当于电子导体和电解质间电荷转移的界面反应
⑲ 阴极反应（cathodic reaction）	相当于负电荷从电子导体向电解质转移的电极反应 注：电流从电解质进入电子导体。阴极反应是一个还原过程，例如：$1/2O_2+H_2O+2e^- \longrightarrow 2OH^-$
⑳ 阳极反应（anodic reaction）	相当于正电荷从电子导体向电解质转移的电极反应。电流从电子导体进入电解质。阳极反应是氧化过程，腐蚀中的典型例子是：$M \longrightarrow M^{n+}+ne^-$
㉑ 还原（reduction）	反应物接收一个或多个电子的过程
㉒ 还原剂（reducing agent）	通过提供电子促使其他物质还原的物质。在还原过程中，还原剂被氧化
㉓ 氧化（oxidation）	反应物失去一个或多个电子的过程
㉔ 氧化剂（oxidizing agent）	通过接收电子促使其他物质氧化的物质。在氧化过程中，氧化剂被还原
㉕ 伽伐尼电池（galvanic cell）	不同电极通过电解质串联起来的组合。伽伐尼电池是一种电化学电源，当与外部导体连接时，可产生电流
㉖ 腐蚀电池（corrosion cell）	腐蚀体系中形成的短路伽伐尼电池，腐蚀金属是它的一个电极
㉗ 浓差电池（关于腐蚀）[concentration cell (with respect to corrosion)]	由电极表面附近腐蚀介质之浓度差引起的电位差而形成的腐蚀电池
㉘ 活化态-钝态电池（active-passive cell）	分别由同一金属活化态和钝态表面构成阳极和阴极的腐蚀电池
㉙ 电极电位（electrode potential）	与同一电解质接触的电极和参比电极间，在外电路中测得的电压
㉚ 电位-pH 图（potential-pH diagram）、布拜图（Pourbaix diagram）	用以表示水溶液中金属及其化合物热力学稳定性的电位和 pH 的函数关系图
㉛ 氧化-还原电位（redox potential）	惰性电极置于氧化剂或还原剂的溶液中，在它的氧化态与还原态之间建立平衡时的电位
㉜ 腐蚀电位（corrosion potential）	金属在给定腐蚀体系中的电极电位。不管是否有净电流（外部）从研究金属表面流入或流出，本术语均适用
㉝ 自然腐蚀电位（free corrosion potential）	没有净电流（外部）从研究金属表面流入或流出的腐蚀电位
㉞ 电偶序（galvanic series）	在给定条件下，金属按其自然腐蚀电位高低，依次排列的顺序。也可能包括其他电子导体
㉟ 点蚀萌生电位（pitting initiation potential）	在给定腐蚀环境中钝态表面上能萌生点蚀的最低腐蚀电位值
㊱ 标准氢电极（standard hydrogen electrode）	由活度为1的氢离子和逸度为1的氢气与镀铂黑的铂电极构成的电极体系

续表

术 语	定 义
⑰ 参比电极（reference electrode）	具有稳定可再现电位的电极，在测量其他电极电位值时用以作为参照
⑱ 工作电极（working electrode）	电化学测量体系中，系指被研究和测量的电极
⑲ 辅助电极（auxiliary electrode）	为了使工作电极通电所用的另一电极，一般为铂电极
⑳ 阳极分电流（anodic partial current）	电极上所有相应于阳极反应的电流的总和
⑩ 阴极分电流（cathodic partial current）	电极上所有相应于阴极反应的电流的总和
⑩ 交换电流（exchange current）	平衡状态下，电极反应的阴、阳极分电流相等时的电流值
⑩ 腐蚀电流（corrosion current）	因金属氧化而造成的阳极分电流。腐蚀电流密度相当于法拉第定律的电化学腐蚀速率
⑩ 自然腐蚀电流（free corrosion current）	在自然腐蚀电位下的腐蚀电流
⑩ 电极反应电流（electrode reaction current）	一个电极反应的阳极方向和阴极方向的分电流之代数和形成的电流
⑩ 电流密度（current density）	单位面积电极上的电流
⑩ 电位-电流密度曲线（potential-current density curve）、极化曲线（polarization curve）	电极电位对电流密度的曲线
⑩ 伊文思图（Evans-diagram）	表示阳极和阴极的电位-电流或电流密度曲线（电流密度以绝对值表示）的理论图
⑩ 电极极化（electrode polarization）	电极电位的变化。自然腐蚀电位常用作参考值
⑩ 阳极极化（anodic polarization）	由于电流流过电极，使电位向正方向变化
⑪ 阴极极化（cathodic polarization）	由于电流流过电极，使电位向负方向变化
⑫ 活化极化（activation polarization）	电极反应活化能引起的电极极化
⑬ 浓差极化（concentration polarization）	电极表面附近溶液浓度变化而引起的电极极化
⑭ 过电位（over potential）、过电压（over voltage）	特定电极反应的电极电位离开其平衡值的改变量
⑮ 去极化（depolarization）	强化影响电极反应速度的因素，使电极极化减少
⑯ 塔菲尔斜率（Tafel slope）	在以电位对电流密度的对数值作图时所得到的半对数曲线上的直线段之斜率［通常以电压（V）/电流幂次表示］
⑰ 极化电阻（polarization resistance）	电极电位增量和相应的电流增量之商
⑱ 扩散层（电极上）［diffusion layer（at an electrode）］	电极表面的电解质层，其某种组分的浓度不同于主体溶液中的浓度。在这一离子层中，扩散是物质在电极表面形成或消耗的主要传输方式
⑲ 阴极控制（cathodic control）	腐蚀速率受阴极反应速度的限制
⑳ 阳极控制（anodic control）	腐蚀速率受阳极反应速度的限制
㉑ 电阻控制（resistance control）	腐蚀速率受腐蚀电池中欧姆电阻的限制
㉒ 扩散控制（diffusion control）	腐蚀速率受腐蚀介质到达或腐蚀产物离开金属表面的扩散速度所限制
㉓ 混合控制（mixed control）	腐蚀速率受两种或两种以上控制因素同时作用的限制
㉔ 钝化（passivation）	因钝化膜而造成的腐蚀速率的降低
㉕ 钝化剂（passivator）	导致钝化的化学物质
㉖ 钝态（passive state）、钝性（passivity）	金属由于钝化所导致的状态

续表

术　语	定　义
⑫⑦ 钝化电位（passivation potential）	对应于最大腐蚀电流的腐蚀电位值，超过该值，在一定电位区段内，金属处于钝态
⑫⑧ 钝化电流（passivation current）	在钝化电位下的腐蚀电流
⑫⑨ 钝化膜（passivation layer，passive layer）	金属和环境之间发生反应而形成于金属表面的薄的、结合紧密的保护层
⑬⓪ 去钝化（depassivation）	钝态金属由于其钝化膜的全部或局部去除而引起腐蚀速率的增加
⑬① 再活化（reactivation）	因电极电位的降低而引起的去钝化
⑬② 活化态（active state）	电位位于钝化电位以下的腐蚀的金属的表面状态
⑬③ 再活化电位（reactivation potential）	在其之下能发生再活化的腐蚀电位
⑬④ 过钝态（transpasive state）	金属极化至电位超过钝态范围，出现以腐蚀电流明显增加且不发生点蚀为特征的状态
⑬⑤ 过钝化电位（transpassivation potential）	在其之上金属处于过钝状态的腐蚀电位
⑬⑥ 电化学保护（electrochemical protection）	通过腐蚀电位的电化学控制实现的腐蚀保护
⑬⑦ 阳极保护（anodic protection）	通过提高腐蚀电位到钝态电位区实现的电化学保护
⑬⑧ 阴极保护（catoidic protection）	通过降低腐蚀电位到使金属腐蚀速率显著减小的电位值而达到电化学保护
⑬⑨ 伽伐尼保护（galvanic protection）	从连接辅助电极与被保护金属构成的腐蚀电池中获得保护电流所实现的电化学保护。伽伐尼保护可以是阴极或阳极
⑭⓪ 外加电流保护（强制电流保护）（impressed current protection）	由外部电源提供保护电流所达到的电化学保护。外加电流保护可以是阴极或阳极
⑭① 排电流保护（electrical drainage protection）	通过从金属上排除杂散电流来防止杂散电流腐蚀的电化学保护。例如，排除杂散电流可通过将被保护金属与杂散电流的负极部分相连而获得
⑭② 保护电位区（protective potential range）	适应于特殊目的，使金属达到合乎要求的耐蚀性所需的腐蚀电位值区间
⑭③ 保护电位（protective potential）	为进入保护电位区所必须达到的腐蚀电位界限值
⑭④ 保护电流密度（protective current density）	将腐蚀电位维持在保护电位区内所要求的电流密度
⑭⑤ 不溶性阳极（insoluble anode）	用于外加电流阴极保护中的阳极，此阳极不会被显著消耗
⑭⑥ 过保护（over protection）	在电化学保护中，使用的保护电流比正常值过大时产生的效应
⑭⑦ 恒电位试验（potentiostatic test）	电极电位保持恒定情况下的电化学试验
⑭⑧ 动电位试验（potentiodynamic test）	电极电位以预先设定的速度连续地变化的电化学试验
⑭⑨ 恒电流试验（galvanostatic test）	电流密度保持恒定的化学试验
⑮⓪ 电化学阻抗频谱学（electrochemical impedance spectroscopy，IES）	基于腐蚀电极对不同频率、小幅度变化的电位或电流信号所做出的响应而进行的电化学试验
⑮① 闭塞（阻塞）腐蚀电池（occude corrosion cell）	一种特殊的局部腐蚀形态，其机理是由于受设备几何形状和腐蚀产物、沉积物的影响，使得介质在金属表面的流动和电解质的扩散受到限制，造成被阻塞的空腔内介质化学成分与整体介质有很大差别，空腔内介质被酸化，尖端的电极电位下降，造成电池腐蚀
⑮② 坑蚀（pointed corrosion）	腐蚀发生在金属表面局部的区域内，坑口直径大于坑的深度，造成洞穴或坑点并向内部扩展，甚至造成穿孔

续表

术 语	定 义
⑮③ 腐蚀控制（corrosion control）	调节材料与环境之间的相互作用，使设备、结构或零部件保持其强度和功能，使金属设备、结构或零部件的腐蚀速度保持在一个比较合理的，可以接受的水平，不致因发生腐蚀而早期损坏（失效），以实现长期安全运行
⑮④ 全面腐蚀控制（total corrosion control，TCC）	从设计、制造、储运安装、运行操作、维修 5 个方面全面进行腐蚀控制，而且和教育、科研、管理、经济评价 4 个环节紧密结合，从而达到对各种腐蚀的全面控制。全面腐蚀控制的核心是将防腐蚀技术和科学管理密切结合起来以达到最大限度的控制腐蚀，保证设备或装置的长周期连续安全运转[4]
⑮⑤ 腐蚀经济学（corrosion economics）	腐蚀与防护科学和经济学或经济计量学的交叉科学，是为了达到腐蚀控制的目的，对多种不同的策略路线、技术方案和技术措施的经济效果进行计算、分析和评价的理论和方法，从而择优选取经济效果最好的方案的科学[5]

2.2 化学腐蚀

按 GB/T 10123 的定义，金属的化学腐蚀为不包含电化学腐蚀的腐蚀，按通常的定义，金属化学腐蚀为金属与介质发生化学反应而引起的破坏，引起化学腐蚀的介质可分为气体和非电解质，如空气、氧气、氯气、水蒸气（过热蒸气）、二氧化碳、硫化氢（干气）等，非电解质主要为有机物。

2.2.1 金属化学腐蚀的判据

以纯金属氧化为例，化学腐蚀反应可按式（2-1）进行，腐蚀可否发生，可以根据范特霍夫（Vant Hoff）等温方程式［式（2-2）］判断。

$$n\mathrm{Me(s)}+2n\mathrm{O} \rightleftharpoons n\mathrm{MeO_2(s)} \tag{2-1}$$

$$\Delta G=RT\ln\frac{p'_{\mathrm{O_2}}}{p_{\mathrm{O_2}}} \tag{2-2}$$

式中，ΔG 为吉布斯自由能变化值，$\mathrm{J \cdot mol^{-1}}$；$R$ 为气体常数，8.314 $\mathrm{J \cdot mol^{-1} \cdot K^{-1}}$；$T$ 为热力学温度，K；$p'_{\mathrm{O_2}}$ 为氧化物分解平衡氧分压，MPa；$p_{\mathrm{O_2}}$ 为氧分压，MPa。

ΔG 为负值时，反应向生产氧化物方向进行，金属的氧化反应自发进行，金属被氧化腐蚀；ΔG 为正值时，反应向氧化物分解方向进行，即金属不受腐蚀；ΔG 为 0 时，反应处于平衡状态，此时氧化物及金属均处于热力学的稳定状态。

也可用氧化物的标准生成自由焓 ΔG° 作为判据，ΔG° 是指在标准状态下金属生成 1mol 氧化物自由焓的变化，为比较方便，可采用 1mol 氧分子同金属反应自由焓的变化，用 ΔG° 表示，亦称该氧化物的标准生成自由焓。负值的绝对值越大，说明反应的推动力越大，即氧化的倾向越大。

因此，可以根据给定温度下氧化物的分解压和环境中氧分压的相对大小，判断氧化反应能否进行。若气相中的氧分压比氧化物的分解压大，则可以生成该金属的氧化物，反之亦然。氧化物的 ΔG° 可以从各种物理化学手册查得，然后可计算该氧化物的分解压。

如同金属在氧中一样，金属在 CO_2、H_2O 等氧化性介质中，也能生成该金属的氧化物。

$$\mathrm{Me(s)+CO_2(g) \rightleftharpoons MeO(s)+CO(g)} \tag{2-3}$$

$$\mathrm{Me(s)+H_2O(g) \rightleftharpoons MeO(s)+H_2(g)} \tag{2-4}$$

根据 $p_{CO}/p_{CO_2}/p_{H_2}/p_{H_2O}$ 的比值可以判断这些腐蚀气体氧化性的强弱。工程上压力容器常用的金属材料其氧化物分解压很小，因此，即使在高温下氧化仍有可能，但设法降低环境中的氧分压，则氧化也将成为热力学的不可能。

为了方便起见，Ellingham 编制了一些氧化物的 ΔG°-T 平衡图，图 2-1 为几种氧化物的 ΔG°-T 图，通过图 2-1 可查出氧化物在 T 温度下的 ΔG°值，以判定是否发生氧化反应。

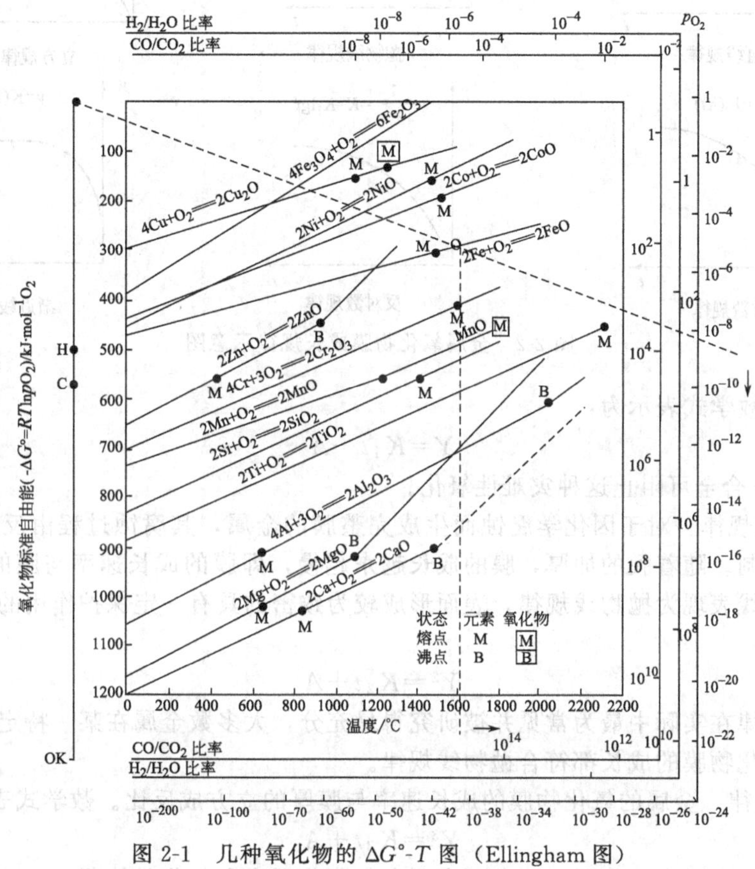

图 2-1 几种氧化物的 ΔG°-T 图（Ellingham 图）

2.2.2 金属氧化动力学

金属的氧化动力学实际上是研究金属氧化反应的速度。金属的氧化速度常用单位时间单位面积上的氧化增重或氧化膜的厚度表示。

测定氧化过程的恒温动力学曲线是研究氧化动力学最基本的方法，许多研究表明，金属氧化的动力学曲线大体上遵循直线、抛物线、立方、对数及反对数、渐近线等规律，如图 2-2 所示。金属氧化动力学规律取决于氧化温度与时间，同一金属在不同温度下，氧化可能遵循不同的规律，而在同一温度下，随着氧化时间的延长，氧化膜增厚的动力学规律也可能从一种规律转变为另一种规律。通过金属氧化动力学的研究不仅可以得到许多关于氧化机理的信息，如氧化过程的速度限制环节、膜的保护性、反应的速度常数以及过程的能量变化等，而且还可作为工程设计的依据。

① 直线规律 金属氧化膜的生长速率受化学反应速率的控制，金属氧化膜以恒定的速率增长。不能保护金属的氧化物膜，厚度的增长与氧化时间基本上成直线关系。金属表面氧化反应→放热→金属表面温度 T↑→K↑→氧化反应速率↑→连锁反应→严重时，金属燃烧→

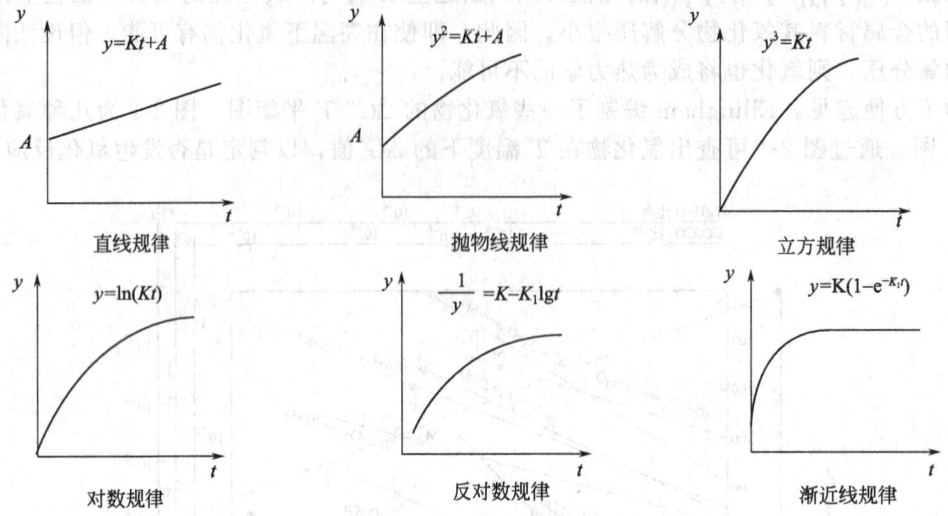

图 2-2 金属氧化物膜成长规律示意图

灾难性氧化。数学式表示为：

$$Y=K_1t+A \tag{2-5}$$

高 Ni、Cr 合金可阻止这种灾难性氧化。

② 抛物线规律 对于因化学腐蚀而生成完整膜的金属，其腐蚀过程由反应物穿过膜的扩散过程所控制。随着膜的加厚，膜的成长越来越慢，即膜的成长速率与膜的厚度成反比，氧化动力学曲线表现为抛物线规律，表面形成较为致密的具有一定保护作用的氧化膜。数学式表示为：

$$Y^2=K_2t+A \tag{2-6}$$

抛物线规律在实际中最为常见并被研究得最充分，大多数金属在某一特定的温度范围内氧化时，其氧化物膜的成长都符合抛物线规律。

③ 立方规律 金属的氧化物膜的成长速率与膜厚的立方成反比。数学式表示为：

$$Y^3=K_3t+A \tag{2-7}$$

这种规律在实际中较少遇见，它可出现在中温范围内和氧化膜较薄（5～20nm）的情况下，例如镍在 400℃左右，钛在 350～600℃氧化时都符合立方生长规律。

④ 对数规律 氧化物膜的成长速率要比按抛物线规律成长的速率更加缓慢，即氧化物膜的增长符合对数或反对数规律。数学式表示为：

$$Y=K_4\lg t+K_4' \tag{2-8}$$

$$1/Y=K_5\lg t+K_5' \tag{2-9}$$

这两个规律在氧化物膜甚薄（5nm 以下）的情况下均可能出现，但在实际情况下区别对数规律和反对数规律通常是很困难的，因为在有限时间内对于薄膜所获得的数据，无论用哪个方程处理，往往都能符合得较好。

⑤ 渐近线规律 氧化物膜的初期成长速率较快，随后发展缓慢。大多数耐蚀合金的钝化膜符合这一规律。数学式表示为：

$$Y=K(1-e^{-kt_1}) \tag{2-10}$$

当时间、温度、气体的组成等条件发生变化时，金属的氧化类别也会改变，例如铜在 300～1000℃，是按抛物线规律氧化，在 100℃以下则按对数规律氧化；铁在 500～1100℃按抛物线规律氧化，在 400℃以下则按对数规律氧化。

即使在恒定的温度下，氧化规律也会随时间而变化。金属氧化过程的复杂性不仅表现在抛物线氧化过程的初期和后期，而且也表现在抛物线成长过程中，由于内应力增大，膜在许多地方突然破裂，腐蚀速率因此显著增加，整个腐蚀曲线由几个抛物线段组成。

2.2.3　金属氧化物膜的形成过程

① 纯金属氧化　如图 2-3 所示，金属离子和氧离子通过氧化物层的扩散，生成膜的区域与离子扩散方向有如下关系。

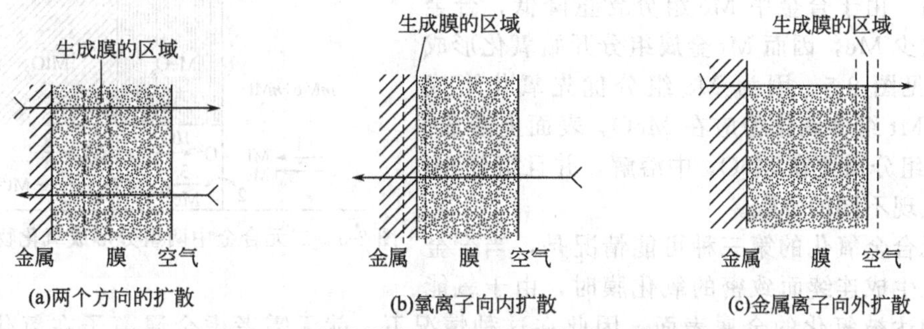

图 2-3　生成膜的区域与离子扩散方向的关系

a. 两个方向的扩散，即金属离子和氧离子同时通过膜向相对的方向扩散，金属离子和氧离子在膜的内部某一处相遇并发生反应，从而使膜在该处逐渐生长，如钴等的氧化过程，见图 2-3（a）。

b. 氧离子向内扩散，即仅氧离子通过膜向内扩散，这种氧化反应是在金属-氧化物膜界面处进行的，从而使膜在该界面处逐渐成长，如钛、锆等的氧化过程，见图 2-3（b）。

c. 金属离子向外扩散，即仅金属离子通过膜向外扩散，这种氧化反应是在氧化物膜-氧界面上进行的，从而使膜在该界面处逐渐成长，如铜的氧化过程，见图 2-3（c）。

② 合金的氧化　以二元合金为例，Me 组分形成氧化物膜的过程如图 2-4 所示，假设该合金中金属组分 Me 比另一金属组分 Mt 易于氧化，形成的氧化物膜也不存在机械缺陷，在一定条件下，当金属组分 Mt 不氧化而仅 Me 组分氧化为 MeO_x 与 MeO_y（$y>x$）时，在研究氧化动力学过程中则需要考虑下列各步骤：

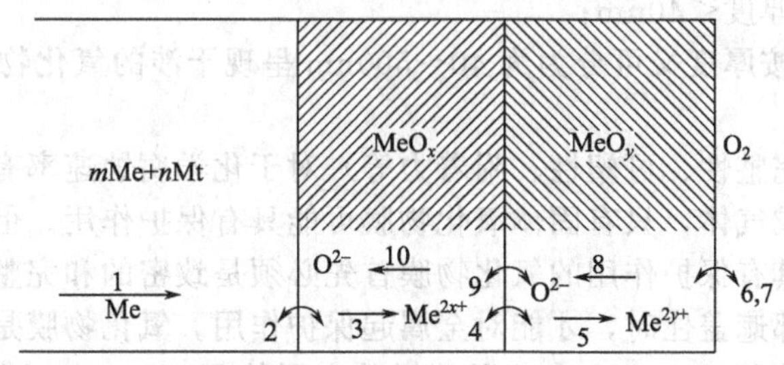

图 2-4　二元合金中 Me 组分形成氧化物膜的过程

a. Me 金属组分在 mMe＋nMt 合金中的扩散；

b. Me 金属在金属-氧化物界面游离为 Me^{2x+} 与电子；

c. Me^{2x+} 与电子在 MeO_x 氧化物层中扩散；

d. Me^{2x+} 继续游离为 Me^{2y+} 与电子；

e. Me^{2y+} 与电子在 MeO_y 氧化物层中扩散；

f. 氧吸附在氧化物 MeO_y 氧界面上；

g. 吸附的氧原子游离为 O^{2-}；

h. O^{2-} 在 MeO_y 层中扩散；

i. Me^{2x+} 与 O^{2-} 相互作用；

j. O^{2-} 在 MeO_x 层中扩散。

总的氧化速率取决于上述过程中的最慢环节，如果 Me 离子的迁移较氧离子快，则氧离子的迁移过程可忽略不计。

二元合金氧化的另一种可能情况是，当形成 MeO_x 后，由于合金中 Me 组分含量降低，合金表层内缺少 Me，因而 Mt 金属组分开始氧化形成 MtO_y，见图 2-5。因为 Me 组分优先氧化形成 MeO_x，Mt 组分氧化物应在 MeO_x 表面上形成。因此 Mt 组分需要在 MeO_x 中溶解，并且组分 Mt 有可能呈现不同的价数。

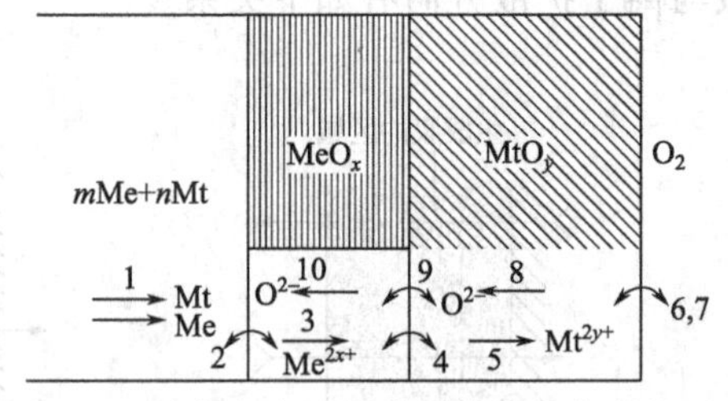

图 2-5 二元合金中两组分形成氧化物膜的过程

二元合金氧化的第三种可能情况是，当合金表面不能生成连续而致密的氧化膜时，由于氧能迅速地到达被氧化的金属表面，因此在这种情况下，就无需考虑金属离子在氧化膜中的扩散。

③ 金属氧化的瓦格纳（C. Wagner）理论　在 20 世纪 30 年代，C. Wagner 从离子晶体缺陷理论出发，假定氧化层中只有离子和电子移动而没有中性原子移动，根据离子晶体的电导率与有关粒子的迁移数据或扩散数据，从理论上解释和推导了金属在高温下氧化的抛物线规律，得出了纯金属抛物线氧化速率常数的计算公式，式中的物化参数都是可测的。当金属氧化生成半导体氧化膜时，虽然 N 型半导体氧化物和 P 型半导体氧化物的性质不同，但这两类氧化物实质上都是电子导电，大量实验表明，在给定条件下该公式是正确的。

2.2.4 金属表面膜与化学腐蚀的关系

金属表面膜与金属的化学腐蚀关系十分密切，氧化膜的厚度取决于金属的性质、表面状态、氧化温度和周围介质的组成。在常温下，金属在空气中形成的氧化物膜非常薄，不影响金属的光泽。按照厚度可将表面膜分为两类：

① 目视不可见，厚度 $<$40nm；

② 目视可见，膜按厚度又可分为为 40～500nm 呈现干涉的氧化物膜和厚度 $>$500nm 的氧化物膜。

表面膜的性质（完整性、可塑性、附着力等）对于化学腐蚀速率有直接影响，金属氧化物可能是固体、液体或气体，只有固体氧化物膜可能具有保护作用。但不是所有的固体腐蚀产物都起保护作用，具有保护作用的氧化物膜首先必须是致密的和完整的，只有当生成的氧化物膜把金属表面全部遮盖住时，才能对金属起保护作用。氧化物膜是否完整，取决于一个基本条件，氧化物的体积（V_{MeO}）大于所消耗的金属体积（V_{Me}），否则，氧化物膜不足以遮盖住整个金属表面，成为多孔疏松的非保护性膜。

应当注意的是，$V_{MeO}/V_{Me}>1$ 是氧化物膜具有保护性的必要条件，因为还有其他因素（如氧化物膜成长时产生的内应力、温度的骤变等）也会影响到氧化物膜的完整性。如果，$V_{MeO}/V_{Me}\gg 1$ 则这种膜很易破裂，因而没有保护作用。例如钨的 WO_3 膜较脆，容易遭受应力破坏，所以它的保护性能不良。一般可以粗略地认为当 $1<V_{MeO}/V_{Me}<$（2.5～3）时，金属氧化物膜具有较好的保护性能。除了比值外，金属氧化物膜的组织与金属组织之间的定向适应性也影响氧化物膜的保护性能。由结晶理论可知，第一个晶核的存在，将促进结晶过

程的发生。在氧化反应开始的瞬间，若金属表面上没有其他种类结构的固体存在，金属相和氧化物相的晶格之间将呈现出某种适应性，这有利于氧化物的生长。对于金属和氧化物膜这两种晶格中的原子分布所出现的相似性，叫做组织间的定向适应性。定向适应性会造成氧化物膜和金属之间的致密结合，从而可使这种假晶态氧化物具有较优良的保护性能。例如一些极薄的膜（干燥空气或氧中的铁、不锈钢、锌以及某些其他金属上的膜，铁、镍、铬在电解质上的钝态膜），就可能是氧的定向化学吸附膜或是定向构成的氧化物层，这些膜都有很高的保护性能。当膜增厚时，由于假晶态氧化物和定向的氧化物会重结晶为普通的非定向氧化物，膜的保护性能将明显地降低。纯金属的氧化作用通常形成由单一氧化物组成的氧化物膜。例如 Al_2O_3、NiO、MgO 等，但有时也能获得多种不同的氧化物，如铁在干燥空气中可形成 FeO、Fe_2O_3、Fe_3O_4 3 种氧化物。

2.3　电化学腐蚀

电化学腐蚀是金属材料与电解质溶液互相接触时，在界面上发生有自由电子参加的广义氧化和还原反应，使接触面的金属变为离子而溶解或生成稳定化合物的过程，是以金属为阳极的腐蚀电池过程。金属在电解质溶液（包括大气腐蚀情况下的薄水膜）和熔盐中的腐蚀过程是电化学腐蚀过程，电解质溶液和熔盐的共同特征是它们都是离子导体，依靠带电荷离子的活动而导电。

2.3.1　电化学腐蚀过程的基本原理

本质上，金属电化学腐蚀过程与金属的化学腐蚀过程一样，都是氧化还原反应，即金属原子被氧化，化学价升高或失去价电子，而某一氧化剂被还原。但这两类腐蚀过程的氧化还原的进行方式又有重大区别。在化学腐蚀过程的情况下，氧化还原过程只有在反应粒子（氧化剂的分子或原子和金属的原子）相互直接碰撞的过程中才能发生。所以，在氧化还原反应中的氧化过程和还原过程两者不仅必须在同时，而且必须在同一个碰撞点发生。电化学腐蚀过程则不然，虽然氧化过程和还原过程是必须同时进行的，但氧化剂的粒子不必直接同被氧化的那个金属原子碰撞，而可以在金属表面上的其他部分得到电子。这就是说，在电化学腐蚀过程中，整个腐蚀反应分成两个既是互相联系又是相对独立的半反应分别同时进行的。如锌在除氧的硫酸中腐蚀时两个半反应：

氧化反应，也称作阳极反应 $Zn \longrightarrow Zn^{2+} + 2e^-$　(2-11)

还原反应，也称作阴极反应 $2H^+ + 2e^- \longrightarrow H_2\uparrow$　(2-12)

在这两个反应方程式所表示的腐蚀反应中，氧化剂是 H^+，作为去极化剂，在腐蚀反应中被还原成氢分子。

由于电化学腐蚀过程的这一基本特点——两个半反应在空间上的可分性，使得两个半反应可以各自在最有利于它们进行的地点进行，从而也使得整个腐蚀反应可以在阻力最小的条件下进行。

2.3.2　发生电化学腐蚀的热力学条件

一个腐蚀反应是否会发生，同任何其他过程一样，取决于这个反应进行时整个体系的自由能是否降低。如从反应体系的始态转变为反应体系的终态，自由能降低，则这个反应就能够自发地进行。对于一个电化学腐蚀反应来说，自由能变化 ΔG 可以用式（2-13）表示：

$$\Delta G = nF(E_{e,a} - E_{e,c}) \tag{2-13}$$

式中，F 为法拉第常数，$F=96484.6\text{C}\cdot\text{mol}^{-1}$；$n$ 为电极反应中转移的电子数；$E_{e,a}$

为阳极反应的平衡电位，V；$E_{e,c}$为阴极反应的平衡电位，V。

由式（2-11）看出，只有当时 $E_{e,a}$ $E_{e,c}>0$ 腐蚀反应才能发生。

如果一个电极反应（半反应）处于平衡，相应的电位叫做这个电极反应的平衡电位 E_e，E_e 与参与这个电极反应的物质浓度之间的关系可以用能斯特（Nernst）方程式表达：

$$E_e = E^{\circ} + \frac{RT}{nF}\ln\frac{C_O}{C_R} \tag{2-14}$$

式中，E_e为电极反应平衡电位，V；E° 为标准电极电位，V；C_O、C_R 为分别为处于氧化态和还原态的反应物活度，mol·L^{-1}；R 为通用气体常数，8.314 J^{-1}·mol·K^{-1}；T 为热力学温度，K；F 为法拉第常数，96484.6C·mol^{-1}；n 为电极反应中转移的电子数。

标准电极电位是当参加电极反应的物质处于标准状态下，即溶液中该种物质的离子活度为1、温度为298.15K、气体分压为101325Pa（1atm）时，电极的平衡电极电位，用 E° 表示。国际上规定标准氢电极电位为零，在没有特殊说明条件下，其他电极的电极电位都是以标准氢电极为基准。通常用金属的标准电极电位可以近似地判断它们的热力学稳定性。

E° 可以在相关电化学手册中查找，根据能斯特方程式计算电化学腐蚀过程的平衡电位 $E^{e,a}$和 $E_{e,c}$，按式（2-11）判断这个电化学过程是否可能发生。

2.3.3 溶液的pH值对电化学腐蚀的影响

在水溶液中，常温下［H^+］［OH^-］$=10^{-14}$，这与电化学腐蚀过程有着密切的关系，在水溶液中的电化学腐蚀过程的阴极反应一般都是 H^+ 或 O_2 的去极化过程，两个电极反应都涉及 H^+ 或 OH^-，反应式为：

$$2H^+ + 2e^- \longrightarrow H_2\uparrow \tag{2-15}$$

$$O_2 + 2H_2O \longrightarrow 4OH^- \tag{2-16}$$

溶液的 pH 值还会影响到阳极反应的形式和反应产物，如在 pH 值较高的溶液中，还可以进行如下阳极反应：

$$Me + nH_2O \longrightarrow Me(OH)_n + nH^+ + ne^- \tag{2-17}$$

$$Me + nOH^- \longrightarrow Me(OH)_n + ne^- \tag{2-18}$$

$$Me + nH_2O \longrightarrow MeO_n^{m-} + 2nH^+ + (2n-m)e^- \tag{2-19}$$

$$Me + nOH^- \longrightarrow MeO_n^{m-} + nH^+ + (2n-m)e^- \tag{2-20}$$

2.3.4 E-pH 图 （pourbAIx diagram）

在金属腐蚀过程中，电位是控制金属离子化过程的因素，pH 值是控制膜稳定性的因素。应用这两个因素，以电位（相对于标准氢电极）为纵坐标、以 pH 值为横坐标的电化学相图，又称布拜图。据此，可从热力学上判断某种金属在给定的电位和 pH 值条件下是否会发生腐蚀及其平衡状态。它可以指出金属腐蚀的倾向，但并不能指示腐蚀速度。目前已将几乎全部元素的这种平衡图研究完成，近年来，这些平衡图已越来越多地在金属腐蚀、电化学以及其他有关领域里得到应用。

根据电化学反应的原理，可以将与金属在水溶液中的腐蚀过程有关的反应概括为以下 3 种类型。

① 化学价有变化（得到或失去电子，即还原与氧化），但没有 H^+ 或 OH^- 参与的反应，这一类反应的平衡只与金属的电位 E 有关，而与溶液的 pH 值无关。如：

$$Me \longrightarrow Me^{n+} + ne^- \tag{2-21}$$

② 化学价没有变化，但有 H^+ 或 OH^- 参与的反应，这一类反应的平衡只与溶液的 pH 值有关，而与金属的电位 E 无关。如：

$$Me^{n+} + nOH^- \longrightarrow Me(OH)_n \downarrow \text{（沉淀反应）} \quad (2\text{-}22)$$

$$Me^{n+} + H_2O \longrightarrow Me(OH)^{n-1} + H^+ \text{（水解反应）} \quad (2\text{-}23)$$

③ 化学价有变化，而且有 H^+ 或 OH^- 参与的反应，这一类反应的平衡既与金属的电位 E 有关，又与溶液的 pH 值有关。如：

$$Me + nOH^- \longrightarrow Me(OH)_n \downarrow + ne^- \quad (2\text{-}24)$$

以电位为纵轴，溶液的 pH 值为横轴，将一种金属在水溶液中与腐蚀过程有关的反应的平衡值绘制平衡线，则在其他参与条件保持不变的情况下，可以得到 3 种类型的平衡线：

① 平行于横轴的水平线，平衡只与溶液 pH 值有关；

② 平行于纵轴的垂直线，平衡只与金属的电位 E 有关；

③ 倾斜线，平衡既与金属的电位 E 有关，又与溶液的 pH 值有关。

Fe 的 E-pH 图，如图 2-6 所示。

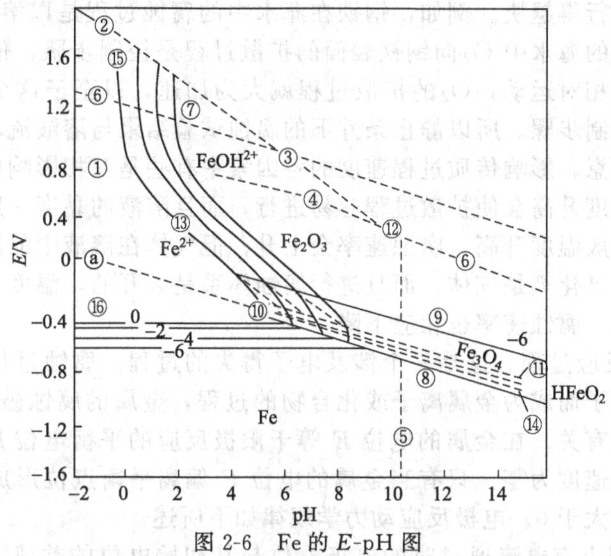

图 2-6 Fe 的 E-pH 图

利用 E-pH 图，可以根据金属的电位和溶液的 pH 值来判断以下 3 个区域。

① 腐蚀区　如果金属的电位 E 和溶液的 pH 值的观察点落在金属离子稳定的区域，腐蚀过程就可能发生。

如果发生腐蚀反应，是以 O_2 为去极化剂，还是 H^+ 为去极化剂，在 E-pH 图中有两条倾斜的平行的虚线。上面一条是 O_2 还原成为 OH^- 的反应（$p_{O_2}=101kPa$）的平衡线，下面一条是 H^+ 还原为 H_2 的反应（$p_{H_2}=101kPa$）的平衡线。如金属的电位和溶液的 pH 值的观测点落在下面那条虚线的下面，腐蚀反应就既能以 O_2 为去极化剂，也能以 H^+ 为去极化剂。如果观测点位于这两条虚线之间，那么腐蚀过程只能以 O_2 为去极化剂。

② 钝化区　如果金属的电位和溶液的 pH 值的观测点落在金属的氧化物或金属的氢氧化物稳定的区域，就有可能生成腐蚀产物膜或钝化膜。这是材料获得阳极保护的依据，在此区域内，金属是否遭受腐蚀，取决于所生成的固态膜是否具有保护性。

③ 稳定区（非腐蚀区）　在该区域内，E 和 pH 值的变化不会引起金属的腐蚀，即在热力学上，金属处于稳定状态。这些耐蚀性不同的区域的具体位置取决于选用的临界条件，随临界条件不同而不同，常用溶液中金属离子或金属配合离子的活度为 10^{-6} 作为临界条件，这是材料获得阴极保护的依据，一般说来，只要将金属的电位降低到低于金属离子活度为

10^{-6}的平衡线，金属就能得到充分的阴极保护。

2.3.5 金属电化学腐蚀过程的基本动力学规律

金属电化学腐蚀的整个腐蚀反应过程，包括 4 大步骤：去极化剂到达金属表面的传质过程；阳极反应过程；与阳极反应过程同时进行的去极化剂还原的阴极反应过程；腐蚀产物离开金属表面或转化为其他化合物的过程，每一大步骤中都包括一系列中间步骤。在这 4 大步骤中，前 3 个步骤无论哪一个步骤进行困难都会影响整个腐蚀反应的速度，称为控制步骤，整个腐蚀反应的速度主要由控制步骤的进行速度控制。在研究腐蚀过程时，很重要的是要弄清这个腐蚀过程的速度控制步骤，知道了一个腐蚀过程的速度控制步骤，就可以设法对控制步骤施加影响，使它的进行更加困难，就易于使整个腐蚀过程的速度降低。

① 传质过程。影响去极化剂到达金属表面的传质过程速度的主要因素有：溶液与金属表面之间的相对运动速度、去极化剂在溶液中的含量、溶液的温度和黏度。一般来说，溶液与金属表面的相对运动速度越大、溶液中去极化剂的含量越高、溶液的温度越高和溶液的黏度越小传质过程就进行得越快。例如，钢铁在海水中的腐蚀过程是以溶解在海水中的 O_2为去极化剂的，在静止的海水中 O_2向钢铁表面的扩散过程是控制步骤，但如果海水与钢铁表面之间以很高的速度相对运动，O_2的扩散过程就大为加速，以至于这个传质过程可以不再是整个腐蚀过程的控制步骤。所以静止条件下的腐蚀试验结果与溶液流动条件下的会有很大的不同。另外还要注意，影响传质过程速度的各因素中有些是互相影响的，特别对温度这个因素要加以注意，温度升高会使扩散过程容易进行，而且溶液的黏度一般也是随着温度的升高而降低，所以，一般温度升高，腐蚀速率会上升；但气体在溶液中的溶解度是随着温度的升高而降低，如果去极化剂是气体，而且进行腐蚀体系是敞开的，温度升高使溶液中溶解气体的含量降低，因此，腐蚀速率也相应下降。

② 阳极或阴极反应过程。这是一个涉及电子得失的过程。腐蚀过程中的阳极反应过程是金属原子失去价电子而成为金属离子或化合物的过程，金属的腐蚀破坏是它的直接结果，其速度与金属的电位有关。在金属的电位 E 等于阳极反应的平衡电位 $E_{e,a}$时，阳极反应处于平衡，宏观的反应速度为零。只有当金属的电位 E 偏离平衡点位形成过电位，阳极或阴极反应的宏观速度才大于 0。电极反应动力学规律如下所述。

a. 过电位是电极上有电流通过时的电极电位与其初始电位的差值，$\eta=E-E_{平}$。过电位反映了极化作用的大小。过电位越大，极化作用越大。对于腐蚀原电池，极化增加原电池对外做功的能力大大下降，腐蚀速率下降。也就是说，极化有利于金属的电化学防护，但不利于原电池放电。用初始电位计算得到的腐蚀速率要比实际腐蚀速率大 1～2 个数量级，就是因为极化作用的影响。

b. $\eta>0$，电极反应按阳极反应方向进行；$\eta<0$，电极反应按阴极反应方向进行。

c. 过电位的数值越大，在金属的表面状态没有改变的条件下（如，金属表面上没有生成钝化膜或其他腐蚀产物膜）阳极反应的速度就越大。所以，在金属表面状态不变的情况下，凡是能使金属的电位 E 提高或平衡电位 $E_{e,a}$降低，从而使得阳极反应过电位增大的因素，都会加速金属的阳极溶解反应，反之亦然。如 Fe 在酸中腐蚀时的电位比 Zn 在酸中腐蚀的电位高，如果在酸中这两种金属发生“电接触”，那么 Zn 的电位将会升高而 Fe 的电位将会降低直至两者接近相同，故 Zn 的阳极溶解速度将因这种电接触而增大，Fe 的阳极溶解速度则降低。又如，溶液中存在着能同金属离子络合的物质，就使金属阳极溶解反应的平衡电位降低，从而加速金属的阳极溶解速度。

d. 由于电极反应发生于金属表面，是一种表面反应，故其他物质在金属表面上的吸附会影响阳极反应的速度。有的会加速金属的阳极溶解速度，如 Cl^-；有的物质吸附在金属表面上后，则使阳极反应减速，如某些缓蚀剂。许多有机胺在金属表面上的吸附，能降低 H^+ 还原的反应速度。

e. 阳极钝化。阳极极化可以使金属表面形成完整的能阻碍金属离子穿过的表面膜，阳极溶解过程就会受到极大抑制。特别是一些金属，例如黑色金属，在一些介质中电位 E 提高到相当高的数值，金属的表面状态会发生变化，生成一种很薄，但金属离子很难穿过的氧化膜。此时阳极溶解速度可以降得很低，这种膜就称为钝化膜，生成钝化膜的过程叫做钝化过程。

f. 阴极反应也是一种表面反应，金属表面的性质对于反应有很大影响。例如 H^+ 还原为 H_2 的反应，在 Pt、Pd 上很容易进行，在 Cu、Fe 表面就难一些，而在 Pb、Hg 等金属表面上则就相当困难。

③ 腐蚀产物离开金属表面或转化为其他化合物的过程是电化学腐蚀反应已经完成以后的过程，但有时这一步骤进行的情况也会反过来影响前面 3 个步骤，从而影响整个腐蚀过程的速度。例如，如果腐蚀反应产物最终形成固体物质而覆盖在金属表面，就会使得前面的 3 个步骤进行困难，从而抑制腐蚀速度。或腐蚀产物形成疏松的沉积物，使金属表面局部腐蚀环境发生变化，引起垢下腐蚀。

2.3.6 腐蚀电池

腐蚀原电池的原理与一般原电池的原理一样，它只不过是将外电路短路的电池。

电化学腐蚀的特点是氧化过程和还原过程在空间上的可分，阳极反应和阴极反应的表面区域就构成了腐蚀电池。腐蚀电池实质上是一个短路原电池，电流不对外作功，电子自耗于腐蚀电池内阴极还原反应中。腐蚀电池的构成以及阳极区和阴极区的分布情况对腐蚀破坏的形式有很大影响，腐蚀电池的形成可以使腐蚀过程以最有利于它进行的方式进行，所以它的形成一般总是使腐蚀加速，腐蚀破坏总是主要集中在阳极区，如果腐蚀电池是由大的阴极区和小的阳极区构成的，就会出现危险性较大的局部腐蚀的形式。

一个腐蚀电池必须包括阳极、阴极、电解质溶液和电路 4 个不可分割的部分。构成电池的 3 个必要条件为：

① 存在电位差，要有阴极、阳极存在，阴极电位总比阳极电位正；

② 有电解质溶液存在，溶液中有氧化剂（根本原因）；

③ 在腐蚀电池的阴、阳极之间要有连续传递电子的回路。

腐蚀电池和一般丹尼尔电池的区别在于：

① 不是一种可逆电池；

② 不能将化学能转化为电能，氧化还原反应所释放的化学能全部以热能方式散发；

③ 只能导致金属材料破坏。

腐蚀电池的工作过程：

① 阳极过程　$Me \longrightarrow Me^{n+} + ne^-$　(2-25)

② 阴极过程　$D + ne^- \longrightarrow D_{ne}$　(2-26)

③ 电流流动　金属中，电子从阳极到阴极；

溶液中，阳离子从阳极向阴极移动、阴离子从阴极向阳极移动；金属/电解质界面电迁移，电子由低电位金属或区域传荷到电位高的金属或区域，再转移给氧化剂。

腐蚀电池的特点：

① 阴、阳极区宏观可分或不可分，或交替发生；阴极、阳极反应相对独立，但又必须耦合，形成腐蚀电池；

② 金属的腐蚀集中出现在阳极区，阴极区只起传递电子的作用；$i_a = i_c$，无净电荷积累；

③ 上述 3 个工作过程相互独立，又彼此联系；

④ 只要介质中存在氧化剂（去极化剂），能获得电子使金属氧化，腐蚀就可发生；体系由不稳定到稳定，腐蚀过程是自发反应，并以最大限度的不可逆方式进行；

⑤ 腐蚀的二次产物对腐蚀影响很大；

⑥ 腐蚀电池不对外作功，是只导致金属腐蚀破坏的短路原电池。

腐蚀电池可分为宏观腐蚀电池、微观腐蚀电池和亚微观［10～100Å（1Å＝0.1nm）］腐蚀电池。

要想使整个金属的物理和化学性质、金属各部位所接触介质的物理和化学性质完全相同，使金属表面各点的电极电位完全相同是不可能的。由于种种因素使得金属表面的物理和化学性能存在着差异，使金属表面上各部位的电位不相等，这些情况统称为电化学不均匀性，它是形成腐蚀电池的基本原因。金属表面的腐蚀电池都是微电池，金属表面由微阴极和微阳极组成的众多微电池是用目视难以分辨出电极的极性的，但确实存在着氧化和还原反应过程的原电池。形成腐蚀微电池的主要原因如下。

① 金属表面电化学不均匀性，使金属材料表面存在微小的电位高低不等的区域。

② 成分和组织不均匀引起的微电池；如：碳钢中的渗碳体 Fe_3C，工业纯锌中的铁杂质 $FeZn_7$，铸铁中的石墨等，晶粒-晶界腐蚀微电池，见图 2-7。

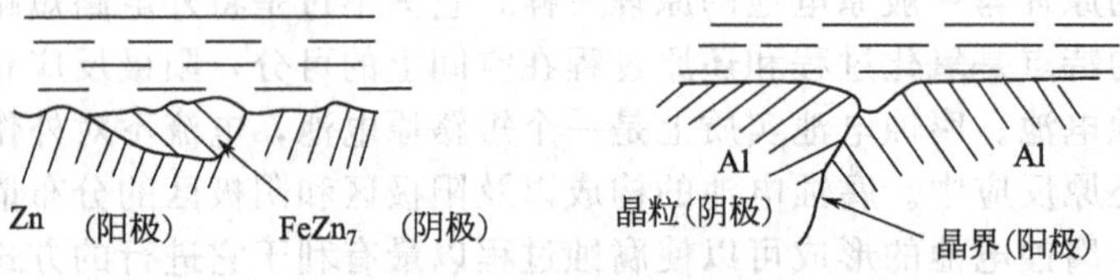

图 2-7 成分和组织不均匀构成的金属表面微电池

③ 金属表面物理状态的不均匀性构成微观电池。如应力分布不均匀或形变不均匀，导致腐蚀微电池，见图 2-8。

④ 金属表面膜不完整构成微观电池。金属表面形成的钝化膜或镀覆的涂层存在孔隙或发生破损，裸露出金属基体，金属基体电位较负，钝化膜或覆层的电位较正，金属基体与钝化膜或阴极涂层构成微观腐蚀电池，孔隙或破损处作为阳极而受到腐蚀，见图 2-9。

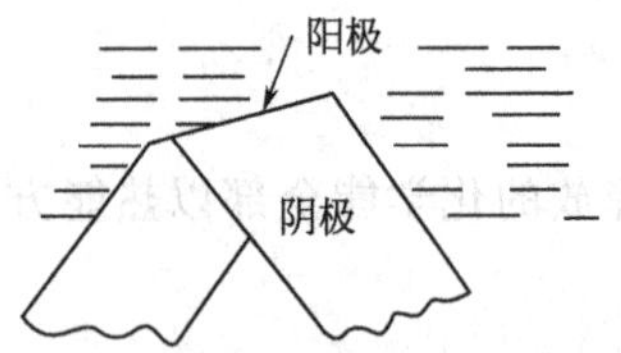

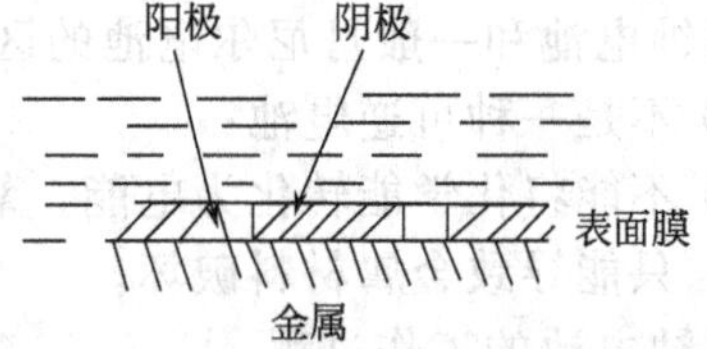

图 2-8 金属表面物理状态的不均匀性构成微观电池　　图 2-9 金属表面膜不完整构成微观电池

腐蚀体系的宏观差异，还可以构成腐蚀宏电池，如异种金属的接触、介质的浓度差、介质或金属的温度差、沉积物分布、金属构件的应力差等都可以构成腐蚀电池。

化学腐蚀与电化学腐蚀的区别见表 2-1[6]。

表 2-1 化学腐蚀与电化学腐蚀的区别

项　目	化学腐蚀	电化学腐蚀
介质	干燥气体或非电解质溶液	电解质溶液
温度	主要在高温条件下	室温和高温条件下，低温条件下为主

续表

项 目	化学腐蚀	电化学腐蚀
反应区	在碰撞点上瞬时完成	在相对独立的阴、阳区同时独立完成
反应式	$\sum v_i Mi=0$ （v_i—反应系数；Mi—反应物质）	$\sum v_i Mi \pm ne^-=0$ （v_i—反应系数；Mi—反应物质；n—转移电子数）
过程规律	化学反应动力学	电极过程动力学
推动力	化学位不同，主要依靠外加能量	电位差，通过自身能量也可以完成
能量转换	化学能与机械能和热能	化学能和电能
电子传递	直接传递，不具备方向性，测不出电流	间接传递，有一定的方向性，能测出电流
产物	在碰撞点上直接形成	一次产物在电极上形成，二次产物在一次产物相遇处形成

2.4 金属材料的耐蚀性等级

金属的耐蚀性亦称化学稳定性，指金属抵抗腐蚀介质作用的能力，对受均匀腐蚀的金属，常用重量指标和深度指标来表示腐蚀速度。没有在任何腐蚀环境中均具耐蚀性的材料，耐蚀性也是相对的、有条件的（介质、浓度、温度、杂质、压力、流速等）。耐蚀性标准是人为规定的，根据材料抵抗介质腐蚀破坏的能力将材料的耐全面腐蚀性能分成若干个级别，如目前将不锈钢的耐蚀性划分为 10 级，将钛及钛合金耐蚀等级分为 3 级，将碳钢、低合金钢划分为 4 级，见表 2-2。NACE 对金属腐蚀程度的分级见表 2-3。

表 2-2 不锈钢、钛合金和碳钢材料耐蚀等级划分

不锈钢耐蚀等级		腐蚀速率/mm·a^{-1}	钛合金耐蚀等级		腐蚀速率/mm·a^{-1}	碳钢、低合金钢耐蚀等级		腐蚀速率/mm·a^{-1}
1	完全耐蚀	0.001	1	优良	<0.127	1	优良	<0.05
2	很耐蚀	0.001～0.005						
3		0.005～0.01						
4	耐蚀	0.01～0.05						
5		0.05～0.10				2	良好	0.05～0.5
6	尚耐蚀	0.10～0.50	2	良好	0.127～1.27			
7		0.50～1.0				3	可用	0.5～1.5
8	欠耐蚀	1.0～5.0	3	差	>1.27			
9		5.0～10.0				4	不适用	>1.5
10	不耐蚀	>10.0						

表 2-3 NACE 对金属腐蚀程度的分级

分类	均匀腐蚀速率/mm·a^{-1}(mpy)	点蚀速率/mm·a^{-1}(mpy)
轻度腐蚀	<0.025(1)	<0.127(5)
中度腐蚀	0.025～0.125(1～5)	0.127～0.201(5～8)
严重腐蚀	0.126～0.254(5～10)	0.202～0.381(8～15)
极重腐蚀	>0.254(10)	>0.381(15)

注：mpy 为英制单位，每年密尔（mil·a^{-1}），1mil=10^{-3}in=0.0254mm。

介质的腐蚀性分级，根据腐蚀性介质对材料破坏的程度，即外观变化、质量变化、强度损失和腐蚀速度等因素，综合评定腐蚀性等级，并划分为：强腐蚀、中等腐蚀、弱腐蚀、无腐蚀 4 个等级。

腐蚀速度是单位时间、单位面积上的腐蚀量。在均匀腐蚀的情况下，腐蚀速度可以用质量法、深度法、电流密度法来表征。

(1) 质量法

样品在腐蚀前后的质量变化来表示腐蚀程度。

① 失重法　当腐蚀产物能很好地去除而不损伤主体金属时采用。

$$V^- = (m_0 - m_1)/(St) \tag{2-27}$$

式中，V^- 为金属失重腐蚀速率，$g \cdot m^{-2} \cdot h^{-1}$；$m_0$为腐蚀前样品金属的质量，g；$m_1$为样品腐蚀后金属的质量，g；$S$ 为样品暴露在腐蚀介质中的表面积，m^2；t 为样品的腐蚀时间，h。

② 增重法　当腐蚀产物全部覆盖在金属上且不易除去时采用。

$$V^+ = (m_2 - m_0)/(St) \tag{2-28}$$

式中，V^+ 为金属增重腐蚀速度，$g \cdot m^{-2} \cdot h^{-1}$；$m_2$为腐蚀后带有腐蚀产物的试样质量，g；其他同式 (2-27)。

(2) 深度法

以腐蚀后金属厚度的减少来表示腐蚀的程度，是把金属因腐蚀减少的厚度量以线量单位表示，并换算为单位时间的数值。在比较密度不同的金属材料的耐蚀性时，该指标比较方便。当全面腐蚀时，腐蚀深度可通过样品腐蚀前后的质量变化，经换算得到：

$$V = 8.76V^-/\rho \tag{2-29}$$

式中，V 为腐蚀深度，$mm \cdot a^{-1}$；V^- 为金属失重腐蚀速率，$g \cdot m^{-2} \cdot h^{-1}$；$\rho$ 为金属密度，$10^3 kg \cdot m^{-3}$；8.76 为每年小时数，10^3h。

腐蚀速率除上述表示方法外，还有 $\mu m \cdot a^{-1}$、mdd ($mg \cdot dm^2 \cdot day$)、ipy ($in \cdot a^{-1}$)、密尔 (mpy，$mil \cdot a^{-1}$)，其单位换算关系见表 2-4。

表 2-4　腐蚀速率单位换算因子

腐蚀速率单位	换算系数					
	$g \cdot m^{-2} \cdot h^{-1}$	mdd	$mm \cdot a^{-1}$	$\mu m \cdot a^{-1}$	ipy	$mil \cdot a^{-1}$
$g \cdot m^{-2} \cdot h^{-1}$	1	240	$8.76/\rho$	$8760/\rho$	$0.345/\rho$	$345/\rho$
mdd	4170	1	$0.0365/\rho$	$36.5/\rho$	$1.44\times10^{-3}/\rho$	$1.44/\rho$
$mm \cdot a^{-1}$	0.114ρ	274ρ	1	1000	$0.0394/\rho$	$39.4/\rho$
$\mu m \cdot a^{-1}$	$0.114\times10^{-3}\rho$	0.274	0.001	1	$0.0394\times10^{-3}/\rho$	$0.0394/\rho$
ipy	2.9ρ	696ρ	25.4	25.4	1	1000
mpy	$2.9\times10^{-3}\rho$	0.696ρ	0.00254	25.4×10^{-3}	0.001	1

(3) 腐蚀电流法

电化学腐蚀过程严格遵守电量守恒定律：即阳极失去的电荷数与阴极得到的电荷数相等。金属溶解的数量与电量的关系遵循法拉第定律，即电极上发生 1mol 电极反应的物质所需要的电量为 96484.6 C。因为电化学腐蚀都是发生在阳极上的，所以，可以用腐蚀过程中的阳极电流密度来计算金属的腐蚀速率。

电流密度指通过单位面积上的电流强度，电流越大，腐蚀速度越快。

$$V^- = 3600Ai_a/nF \tag{2-30}$$

式中，V^- 为金属失重腐蚀速率，$g \cdot m^{-2} \cdot h^{-1}$；$i_a$为阳极电流密度，$A \cdot m^{-2}$；$A$ 为

金属的摩尔质量，$g \cdot mol^{-1}$；n 为电极反应中转移的电子数，等于金属化合价的变化数；F 为法拉第常数，96484.6C。

对于单一金属的腐蚀速度计算，式中面积 S 通常就取包括所有微阳极和微阴极的总面积，电流密度 i_a 就是金属的自腐蚀电流密度。由腐蚀电流密度来表示金属的腐蚀速度可以较方便的找出决定腐蚀速度的因素。

除以上腐蚀速率的表示法外，有时还采用容量法、腐蚀前后材料力学性能变化率、电阻变化率等指标来表示腐蚀速度或腐蚀程度。

2.5 材料的耐蚀性能

2.5.1 碳钢和低合金钢

在钢材的总产量中碳钢占 85%左右，低合金钢约占 10%，是结构材料中的重要材料。碳钢指 C 含量小于 1.7%的铁碳合金。普通碳钢的化学成分主要是 C、Si、Mn、P、S。合金元素总量小于 3.5%的合金钢叫做低合金钢，低合金钢是相对于碳钢而言的，是在碳钢的基础上，为了改善钢的一种或几种性能，而有意向钢中加入一种或几种合金元素。加入的合金量超过碳钢正常生产方法所具有的一般含量时，称这种钢为合金钢。耐蚀低合金钢的合金元素主要是为改善钢在不同腐蚀环境中的耐蚀性，但往往在使钢的强度提高的同时韧性和焊接性变坏，这对低合金耐蚀钢的研究、应用和发展受到了阻碍，因此低合金耐蚀钢的研究虽然已有半个多世纪的历史，但尚未形成完整的体系，仍处于发展之中。

采用低合金钢，不仅可以减薄容器的壁厚，减轻重量，节约钢材，而且能解决大型压力容器在制造、检验、运输、安装中因壁厚太厚所带来的各种困难，以 16MnR（Q345R）代替碳素钢制造设备可以节省钢材 1/3，以低合金高强钢代替碳素钢制造设备可以节省钢材 45%。

压力容器用钢有严格的化学成分并且要求保证力学性能指标，是 S、P 等有害杂质含量较低的优质碳素结构钢。一般说来，碳钢在各种环境中的耐蚀性较差，其腐蚀速度与环境因素关系极大，不属于耐蚀材料。但是，由于其用途较为广泛，了解碳钢在各种环境中的腐蚀行为，对钢材的正确选用和防护，提高使用的经济效益无疑是非常重要的。压力容器用碳钢和低合金钢的用途主要为：

a. 碳素钢用于介质腐蚀性不强的常压、低压容器，壁厚不大的中压容器，锻件、承压钢管、非受压元件以及其他由刚性或结构因素决定壁厚的场合；

b. 低合金高强度钢用于介质腐蚀性不强、壁厚较大（不小于 8mm）的受压容器。

2.5.1.1 *影响碳钢和低合金钢耐蚀性的主要因素*

(1) 化学成分对腐蚀的影响

① C　在酸性溶液中含 C 量增加，腐蚀率增大；但在氧化性酸中，含 C 量增加到一定程度，腐蚀率下降；在大气、淡水、海水等中性溶液中，C 的影响不大。

② Si　Si 以固溶体形式存在，在碳钢的规格范围内对腐蚀没有什么影响。含硅量只有在很高时才具有耐酸性和抗高温氧化性，但这已经不属于碳钢和低合金钢的范畴。

③ Mn　Mn 以固溶体形式存在，增加 Mn 的含量使碳钢的耐蚀性下降（稳定珠光体），但由于 Mn 能减少 S 的有害作用，反而可使碳钢的耐蚀性得到改善。

④ S　S 形成化合物，共晶体，大大降低材料的耐蚀性，含量越低越好。

⑤ P　P 对腐蚀的影响因环境而异。在酸性溶液中与 S 一样是有害的（磷化物存在）；但可改善在大气、海水中的耐蚀性。

注意：磷严重降低钢的韧性，因此，一般不会用提高磷含量来提高耐蚀性。

(2) 夹杂物对腐蚀的影响

主要夹杂物有硫化物夹杂、氧化物夹杂、氮化物夹杂、硅酸盐夹杂等。夹杂物破坏了钢的连续性和均匀性，增加钢的腐蚀微电池对，所以，各类夹杂物都将严重恶化钢的耐蚀性。夹杂物几何形状对材料耐蚀性，特别是对耐某些局部腐蚀的性能影响较大。

(3) 钢的组织对腐蚀的影响

① 渗碳体量增加，碳化物作为阴极性夹杂，对非钝化体系的钢而言，阴极增大，腐蚀速度增加。

② 球状珠光体可减少夹杂物局部应力集中，夹杂物比表面积小，因此比片状珠光体耐蚀性好。

2.5.1.2 耐蚀低合金钢

该钢种尚无统一分类标准，按其耐蚀性特点和使用领域可分为耐大气腐蚀低合金钢、耐海水腐蚀低合金钢、耐盐卤腐蚀低合金钢、耐硫化物应力腐蚀低合金钢、抗氢腐蚀低合金钢和抗硫酸露点腐蚀低合金钢等。

(1) 耐大气腐蚀低合金钢

又称耐候钢，牌号很多，但大都含有 Cu 和 P，如属 Cu-P-Cr-Ni 系的美国 Cor-Ten 钢，在该系列钢的基础上去掉 P 的铬铜镍系钢［如英国的 BS968（铬铜镍锰）、前苏联的 NM（铬镍锰铜钛）和 15XCHJI（铬硅镍铜）］等。在 Cor-Ten 钢的基础上去 P 和 Ni 的铬铜系钢，如日本的 SMA 41A、B、C（铬铜）和美国的 Cor-TenB（铬铜钒）等。结合国家资源，我国开发了锰铜系钢和磷系钢。前者有 16 锰铜、10 锰铜硅、09 锰铜钛及 15 锰铜等钢，后者有磷铌、磷钒、磷稀土等钢。

当钢中含有 Cu、P、Cr、Mo、Ni 等耐蚀效果好的合金元素时，由于这些合金元素能够富集于锈层，促使非晶态锈层的形成，改善锈层结构，提高致密度和对钢表面的黏结性，增强与大气的隔离作用，从而减缓了腐蚀速率，提高了钢的耐蚀性能。在上述合金元素中，铜是改善钢的耐大气腐蚀性能最好的合金元素。合金元素对钢的耐大气腐蚀性能的影响如下。

① Cu　钢与表面二次析出的铜之间的阴极接触，能够使钢发生阳极钝化。铜在基体与锈层之间形成以 CuO 为主的阻挡层，这种阻挡层与基体结合牢固，具有较好的保护作用；Cu 与 P 等合金元素改变了锈层的吸湿性，从而提高了临界湿度，有利于提高耐蚀性。

② P　一般认为 P 在提高钢的抗大气腐蚀性能方面具有特殊效果，即可能是由于 P 在促使锈层具有非晶态性质方面具备独特的效应。与 Cu 同时加入，会显示出更好的复合效应。

③ Cr　Cr 对提高钢的钝化能力效果显著，当与 Cu 同时加入时，效果尤为明显。

④ Ni　质量分数＞3.5％时，提高钢的化学稳定性。

⑤ Mo　改善了锈层的性质，提高耐蚀性。

⑥ Si　Si 在低合金钢中自身作用不明显，但在提高综合效果上是有效元素之一。

(2) 耐硫酸露点腐蚀低合金钢

耐硫酸露点腐蚀钢是指在硫酸露点腐蚀发生的环境中具有耐蚀性的低合金钢。硫酸露点腐蚀可分为 3 个阶段，第 1 阶段（指运行初期和停运时）为在较低温度（≤80℃）和低浓度（质量分数≤60％H_2SO_4）硫酸介质中的腐蚀，是处于活化态的电化学腐蚀；第 2 阶段（指正常运行期）为高温（约 160℃）、高浓度（约 85％）硫酸腐蚀，也是处于活化态的电化学腐蚀；第 3 阶段的温度和浓度与第 2 阶段相同，但是含有大量未燃烧的碳微粒，在碳微粒的催化氧化作用下，使耐蚀钢（含有铬或硼的铜钢）出现第 1 次钝化，腐蚀速率降低，但非耐蚀钢不钝化，腐蚀速率仍很高。

合金元素作用合金元素在上述 3 个阶段中，对材料耐蚀性的影响不同。在第 1 阶段有效的元素有S、Sn、As、Sb和Si等。当含S为0.01%～0.035%（质量分数）时效果最佳。有害元素为P、Y、Zr、W、Ti和Cr［>5%（质量分数）］。在第3阶段中的有效元素为Cr和B。在Cu-Cr系钢中Si≥0.8%（质量分数），在Cu-B系钢中V≥0.40%（质量分数），在铜钢中的Sb和As>0.1%（质量分数）时，都起着有害作用。

虽然合金元素在上述腐蚀过程各阶段中的作用不同，但是由于第1阶段的时间短、对整个腐蚀过程影响不大，因此钢材的硫酸露点腐蚀速率主要取决于第2阶段和第3阶段，尤其是第3阶段。所以对第2阶段，尤其是第3阶段起着耐蚀作用的合金元素更为重要。降低硫酸露点腐蚀的最重要的合金元素是Cu、Cr和B。Cr含量在1%～1.5%（质量分数）为宜，含铜钢中加入Sb、Se、As等元素能提高钢的耐H_2SO_4腐蚀性能，其中As的效果显著。

各国采用的耐硫酸露点腐蚀钢主要是含铜钢。主要牌号有：中国09Cu、09CuWSn、Q315NS、Q345NS（GB/T 28907—2012）；日本10CrCu（CRIA）、12CrCuAl（TAlCC）、12CuSb（S-Ter-1）、12CrCuNiSbSn（NAC-1）、12CrCuNiNb（RIV-ER-TEN41s）、S-TEN1、S-TEN2；美国的C含量在0.05%（mass）以下的CuMo钢（A83-61T）等。

（3）耐海水腐蚀低合金钢

耐海水腐蚀低合金钢牌号很多，按化学成分可分为Cu-P、Cr-Cu和Cr-Al 3大系列，我国经过近30年的研究筛选，目前已评定筛选出16个钢种。

加入适量的Ti、Nb、Zr、As、Sn和Y等元素均可进一步改善钢的耐蚀性。各合金元素在不同海洋环境条件（海洋大气、飞溅带、潮差带、全浸带和泥浆带）下的耐蚀效果不同，各牌号在不同海洋环境条件下的耐蚀性能有很大的差异。这些耐海水腐蚀低合金钢，虽然具有较好的耐蚀性和较高的屈服强度，但尚不能在各种高温海水和受很高压力的深海容器等设备上安全使用。

耐盐卤腐蚀低合金钢是在耐海水腐蚀低合金钢的基础上发展起来的，是正处于发展中的新钢类，尚未形成完整的钢类系列。当前已推广使用的主要牌号有法国的APS钢系列（如Cr2A1Mo、Cr4A1Mo、Cr4AlMoNi等）以及中国的Cr-Al-Mo系列钢（如Cr-MoAl、Cr2MoAlRE、Cr3Al、MoNiCu和Cr4A1MoNiCu等）。该类钢主要特点是在制盐生产工艺介质——卤水介质中的耐蚀性能明显优于碳素钢和普通低合金钢，适合于用作真空制盐装置、海盐和湖盐盐田设施，生产设备以及采卤、输卤管道等各种制盐工业设施上。

（4）抗中温高压氢、氮和氨用低合金钢

在含有H_2、N_2和NH_3的高温、高压气氛中运行的石油和化工设备上，往往出现由氢引起的氢脆开裂现象，其原因主要是因原子氢扩散到钢材里面与渗碳体中的C作用生成甲烷（$Fe_3C + 2H_2 \rightleftharpoons 3Fe + CH_4$）。由于H和C的作用不仅使钢脱碳引起钢的组织发生变化，而且因所产生的甲烷在钢中的溶解度小、扩散能力差、不易从钢中排出，而以高压状态聚集在晶粒的边缘。使钢产生沿晶界的显微裂纹，并降低了钢的强度、韧性和塑性，直至发生开裂。

防止开裂的主要措施是降低C含量，减少钢中与H作用产生甲烷的碳含量，但过低的碳含量使材料的强度过低，其使用范围受到限制；另一个措施是添加Cr、W、V、Nb和Ti等强碳化物形成元素，与钢中C形成碳化物，减少与H作用的碳含量，提高抗氢侵蚀性能，保证材料强度。Si、C、Ti、Nb能降低H在钢中的扩散速度，C、Si、M、W、Cr能减少H在钢中的溶解度。

Ti、Nb、V等元素除生成稳定的碳化物及氮化物外，表面生成的氮化物可延缓进一步氮化，提高钢抗氮化脆化的性能。

Cr-Mo钢中，含Cr较高，Cr5Mo和Cr9Mo抗氮化脆化性能较好。

抗氢腐蚀低合金钢的研究工作早在1922年由德国首先研制出N钢系列（N1～N10）低

合金钢，其主要成分以铬为主，配入钼、钨、钒或钛等元素，含C量一般控制在0.2%以下，为提高耐热性能还加1.0%～1.5%硅，这些钢至今仍广泛使用。

现用抗氢腐蚀低合金牌号主要是10CrMoNb、10CrMoTi、10crMoV、12Cr3MoA、20Cr3MoWV等铬-钼系钢和10MoWVNb、10MoVNbTi、08SiWMoTiNb等不含铬的钼系钢种。用于制造壁温不超过560℃的压力容器。

(5) 抗湿硫化氢腐蚀低合金钢

其特点是钢中的S、P含量低，或加入稀土元素，使钢中偏析的硫化物呈球状，控制钢中的碳当量（C_{eq}），钢板或管材经抗HIC腐蚀试验评定。

消除SSCC敏感性、改善抗硫化物应力腐蚀性能的主要措施有：采用高温回火或长时间低温回火，降低C含量、添加合金元素、提高钢的纯净度和组织均匀性等。从材料本身的组织特性分析，粗大的马氏体组织对SSCC的敏感性最大。但是经高温处理后，可使硫化物球状化，分布均匀，抗SSCC性能显著提高。

关于合金元素的作用，多数人认为，钢中的Mo、Nb、V和稀土类等元素均能明显地提高抗SSCC性能。Ni与S、P一样有强烈促进SSCC的倾向。其他元素的作用不大明显。

牌号主要有Q345R-HIC、SA 516Gr70（HIC）、SA 516Gr70（HIC-A）等的系列产品。

2.5.2 耐蚀合金

压力容器中采用的高合金钢大多是耐腐蚀、耐高温钢。金属耐蚀材料主要有铁基合金(耐腐蚀不锈钢)，镍基合金（Ni-Cr合金、Ni-Cr-Mo合金、Ni-Cu合金等)。

2.5.2.1 不锈钢

不锈钢（Stainless Steel）是指Cr含量不小于10.5%（质量分数）的耐空气、水蒸气、酸、碱、盐等介质腐蚀的钢。工程上，常将耐弱腐蚀介质腐蚀的钢称为不锈钢，而将耐强介质腐蚀的钢称为耐酸钢。按成分可分为Cr系（400系列）、Cr-Ni系（300系列）、Cr-Mn-Ni（200系列）、耐热铬合金钢（500系列）及析出硬化系（600系列）。包括GB/T 20878[7]不锈钢和耐热钢牌号及化学成分中的各种Cr含量不小于10.5%（质量分数）、C含量不大于1.2%（质量分数）的奥氏体型不锈钢、奥氏体-铁素体（双相）不锈钢、铁素体型不锈钢、马氏体型不锈钢、沉淀硬化型不锈钢和耐热钢。不锈钢的铬含量最高为26%，更高的铬含量已无必要。

(1) 铁素体不锈钢（铬钢，如400系等）

在使用状态下以铁素体组织为主的不锈钢，铬质量分数11%～30%，具有体心立方晶体结构。与奥氏体不锈钢相比，这类钢一般不含Ni，有时还含有少量的Mo、Ti、Nb等元素，炉外精炼技术（Argon Oxygen Decarburization，AOD）、VOD（Vacuum Oxygen Decarburization）的应用可使C、N等间隙元素大大降低，具有节Ni、价格低、抗应力腐蚀性能好等优点，并且具有很好的抗氧化性能，多用于抗大气、水蒸气及氧化性酸腐蚀的环境，在室温的稀硝酸以及弱有机酸中有一定的耐蚀性，因此使这类钢获得广泛应用。但不耐还原性酸等介质的腐蚀，一般的铁素体不锈钢有冲击韧性差、焊后的塑性和耐蚀性差、对晶间腐蚀敏感、耐点蚀性能差等缺点，限制了它的使用。

(2) 奥氏体不锈钢（铬镍钢，如300系、200系不锈钢）

奥氏体不锈钢因具有无磁性，在很宽的温度范围内都有很高的强韧性、延展性，容易轧制和压制等冷加工，能耐氧化型介质的腐蚀，广泛地应用于压力容器的各种承压元件。由于奥氏体不锈钢具有面心立方结构，不发生相变，易于焊接，奥氏体不锈钢一般没有冷脆转变温度，因此常作低温用钢。

18-8系列固溶态不锈钢在氧化性酸和大气、水、蒸汽等介质中耐腐蚀性较好，低碳或含稳定化元素 Ti 或 Nb 的抗晶间腐蚀较好，含 Mo 的抗点蚀性能较好。含 Mo、Cu 等元素的还能耐稀硫酸、磷酸等还原性酸和甲酸、醋酸等有机酸的腐蚀。但抗点蚀、晶间腐蚀较差，并且在卤化物溶液中易发生应力腐蚀开裂。在 500～600℃ 以上温度长期使用会发生蠕变和敏化。

(3) 铬镍钼钢（奥氏体-铁素体双相不锈钢）

双相不锈钢是在其固淬组织中铁素体相与奥氏体相各占一半，一般最少相的含量也需要达到 30%。已成为既节省重量又节省投资的优良的耐蚀工程材料。目前应用压力容器承压元件的主要牌号有 S22053（022Cr23Ni5Mo3N）、S25073（022Cr25Ni7Mo4N）等。

双相不锈钢具有奥氏体不锈钢和铁素体不锈钢的特点，与奥氏体不锈钢相比，强度高且抗晶间腐蚀和耐氯化物应力腐蚀性能明显提高；与铁素体不锈钢比，塑性和韧性更高，无室温脆性，耐晶间腐蚀性能和焊接性能均显著提高，具有优良的耐点蚀等局部腐蚀性能，耐海水、有机酸等介质的腐蚀性能优良。

与奥氏体不锈钢相比，双相不锈钢的特点如下：

① 屈服强度比普通奥氏体不锈钢高 1 倍多，且具有成型需要的足够的塑韧性；

② 具有优异的抗 Cl^- 应力腐蚀破裂的能力，适用于制造介质中含 Cl^- 的压力容器；

③ 与合金含量相当的奥氏体不锈钢相比，它的耐磨损腐蚀和疲劳腐蚀性能都优于奥氏体不锈钢；

④ 比奥氏体不锈钢的线膨胀系数低，和碳钢接近，适合做复合板或衬里等；

⑤ 使用温度必须控制在 270℃以下（不同材料或标准不完全一致）；

⑥ 塑韧性较奥氏体不锈钢低，冷、热加工工艺和成型性能不如奥氏体不锈钢；

⑦ 存在中温（475℃）脆性区，需要严格控制热处理和焊接的工艺制度，以避免有害相的出现，损害性能。

与铁素体不锈钢相比，双相不锈钢的特点如下。

① 塑韧性好，不像铁素体不锈钢那样对脆性敏感。冷加工工艺性能和冷成型性能远优于铁素体不锈钢。

② 除耐应力腐蚀性能外，其他耐局部腐蚀性能都优于铁素体不锈钢，应用范围较铁素体不锈钢宽。

③ 焊接性能也远优于铁素体不锈钢，一般焊前不需预热，焊后不需热处理。

④ 合金元素含量高，价格相对高。

(4) 马氏体不锈钢

马氏体不锈钢是一类可通过热处理强化的不锈钢，与铁素体不锈钢和奥氏体不锈钢相比，有更高的含 C 量，强度、硬度高和耐磨性好。但耐蚀性和塑性、韧性降低，焊接性能差，一般不用作焊接件。由于这些缺点使马氏体不锈钢的使用受到限制，通常只用作制造对强度、硬度高和耐磨性要求高而对耐蚀性要求不太高的零部件等。

(5) 超级不锈钢

超级不锈钢是不锈钢中的一类，即 Cr 含量为 12%～30%的铁基合金中的一类。超级不锈钢不属于铁镍基耐蚀合金，因铁镍基耐蚀合金的含 Ni>30%（质量分数），Ni+Fe≥50%（质量分数），所以对含 Ni 的超级不锈钢而言，含 Ni 量一定≤30%（质量分数）。不同文献对超级不锈钢的定义不一，包括高性能、高合金、有特殊要求的一些合金含量较低的不锈钢。超级不锈钢以耐点蚀当量 PREN=%Cr+3.3（%Mo）+16（%N）来表征，通常超级不锈钢指耐点蚀当量 PREN 值≥35（铁素体不锈钢）或≥40（奥氏体不锈钢和双相不锈钢）的高合金化高性能不锈钢。

超级不锈钢是一类针对原有不锈钢的不足，以克服这些不足而发展的不锈钢新品种、新牌号来适应不锈钢应用的进一步需要，并不是代替原有的不锈钢，只在原有不锈钢不能满足应用需要时才来采用超级不锈钢。超级不锈钢按不锈钢的基础类型分类，可分为超级奥氏体不锈钢、超级铁素体不锈钢、超级双相不锈钢和超级马氏体不锈钢4个大类。

① 超级奥氏体不锈钢　以耐点蚀当量PREN≥40表征的高合金、高性能超级奥氏体不锈钢，通常指质量分数为20%～26%Cr、18%～30%Ni、3%～7% Mo，并用Cu（≤4%）、N（≤0.5%）进一步合金化的超低碳、含超高洁净度、超高均匀性的高合金、高性能奥氏体不锈钢。主要牌号及耐点蚀当量有：00Cr20Ni18Mo6CuN（254SMO），PREN＝43；00Cr21Ni25Mo6CuN，PREN＝48.8；00Cr25Ni25Mo6CuN，PREN＝52.8；00Cr24Ni22Mo7CuN（654 SMO），PREN＝56.1等。

这类超级奥氏体不锈钢具有优良的综合性能，强度高，在氧化和还原介质中有优异的耐蚀性，耐海水腐蚀、耐各种氯化物介质全面腐蚀、点蚀和应力腐蚀，在硫酸和磷酸中有良好的耐蚀性。

超超临界发电机组用超级奥氏体不锈钢具有优良的高温持久强度，解决了不锈钢在520～580℃以上温度长期使用会发生蠕变的问题，抗烟气腐蚀、蒸气氧化性能好，可满足参数为605～650℃、压力27～35MPa的超超临界机组的使用要求，常用作超超临界机组直流锅炉过热器和再热器的管道。

Incoloy® 25-6Mo合金[8]（UNS N08926/W. Nr. 1.4529）是一种超级奥氏体不锈钢，ASME 2120-1 Nickel-Iron-Chromium-Molybdenum-Copper Low Carbon Alloy（UNS N08926）for Code Construction Section VIII，Division 1定义了它的化学成分、最大许用应力以及力学性能。它含有6%（质量分数）的Mo并通过添加N提高性能。该合金对非氧化性酸如H_2SO_4、H_3PO_4有着很好的抗腐蚀性。高的Mo含量以及N使得它能够抗点蚀和缝隙腐蚀，含有的Cu能够提高它对H_2SO_4的抗腐蚀性。当普通奥氏体不锈钢（AISI 316和317）耐蚀性达到极限时，它能够代替这些不锈钢。因此，该合金被归到超级奥氏体不锈钢。此外，在一些海洋和化工环境中该合金还可作为高镍合金的一种经济的替代品。

Incoloy® 25-6Mo合金最出色的性能之一是该合金对含氯化物以及卤化物的环境有着很好的抗腐蚀性，特别适用于一些处理高氯化物的环境中，如盐水、海水、腐蚀性氯化物以及纸浆厂的漂白系统。应用领域包括化工和食物工程、纸浆和纸的漂白设备、海洋和近海石油平台设备、盐厂的蒸发器、大气污染控制系统以及电厂的冷凝管道系统、循环水管道系统和供水加热器等。

Incoloy® 25-6Mo合金是一种对点蚀和缝隙腐蚀有着出色抵抗能力的全奥氏体合金，合金的PREN（PREN＝%Cr ＋3.3×% Mo＋30×%N）为47，临界点蚀温度（CPT）在65～70℃，是一种经济实惠的抗强氯化物腐蚀的合金。抗晶间腐蚀、应力腐蚀开裂性能大大优于317不锈钢。在高流速的海水中，在环境温度下过滤的海水以15.2m/s流速冲击其表面时没有任何的腐蚀迹象。

在必须对海水进行氯化处理的情况下，实验结果表明合金在氯含量为1.0mg/L、35℃时是耐腐蚀的。在高氯含量或相对较高的温度情况，特别在法兰区域或缝隙处，有时会出现腐蚀。

在饱和氯化钠环境pH为6～8时，Incoloy® 25-6Mo的腐蚀速率小于1mpy（0.025mm/a）。即使在腐蚀性更强的氧化条件下的氯化钠环境也保持低于1mpy（0.025mm/a）腐蚀速率，并在沸腾条件下也无点蚀发生。随着这些盐液的酸度增加，Incoloy® 25-6Mo为结晶器和蒸发器应用中也是优异的选材。Incoloy® 25-6Mo合金已经在主要化工设备中的盐蒸发器本体和管壳换热器得到应用。在纸浆和造纸工业中已经被广泛使用在漂白环境，尤其在使用腐蚀性的ClO_2的情况下。在烟囱贴衬和出口烟道是一种经济实惠的材料，因为这些部位会形成酸性介质结露而导致点蚀和缝隙腐蚀。

细菌被公认为微生物腐蚀（MIC）的载体，它在小坑点、晶界、焊接咬边以及管道内壁、换热管、和其他金属结构中与流体相接触的地方生存、生长和繁殖。由于 INCOLOY® 25-6Mo 对 MIC 的良好抗力，该合金大量使用在电厂的废水管道系统。

② 超级铁素体不锈钢　为了克服铁素体不锈钢的缺点，通过加入各种元素特别是运用 AOD、VOD 等炉外精炼技术发展了高纯铁素体不锈钢和超级铁素体不锈钢。

超级铁素体不锈钢通常指含质量分数 18%～30%Cr、2%～4%Mo、C+N≤250×10^{-6} 及适量稳定化元素、超高洁净度、超高均匀性、耐点蚀当量 PREN≥35 的高 Cr、高 Mo、超低 C+N 的高性能特殊铁素体不锈钢。具有低的韧-脆性转变温度、良好的焊接和力学性能。其主要牌号及耐蚀当量有：00Cr30Mo2（447J1），PREN=36.6；00Cr25Ni4Mo4Ti，PREN=38.2；00Cr29Mo3Ti，PREN = 38.9；00Cr27Ni2Mo3.5Ti（Sea-Cure），PREN = 39；00Cr29Mo4Ti（Al29-4C），PREN=42.2；00Cr29Mo4Ni2，PREN=42.2。

这类钢在热的 Cl^- 溶液中具有极高的抗全面腐蚀和局部腐蚀性能，如 00Cr30Mo2（447J1）在含氯化物溶液中耐点腐蚀、应力腐蚀、全面腐蚀均优于 300 系列不锈钢和 2205 双相钢，在 NaOH 和 HAc 中耐蚀性与纯 Ni 相当，在含 $NaClO_3$ 氧化剂的高温 NaOH 中优于高纯 Cr26Mo1 和纯 Ni，主要用于 NaOH 浓缩设备、烟气脱硫设备、火电厂冷凝器。00Cr25Ni4Mo4Ti 在海水和含氯化物介质中有极好的耐点蚀、耐缝隙腐蚀性能，主要用于使用海水或其他含氯化物溶液的工厂，制造洗涤器、热交换器和冷凝器等设备。

③ 超级双相不锈钢　为了进一步提高双相不锈钢的性能，发展了抗局部腐蚀和焊接性能更好的超级双相不锈钢。超级双相不锈钢通常指含质量分数 25%～27%Cr、6.5%～7.5%Ni、3%～4%Mo、N≤0.3%，含适量 Cu、W、Si 等元素，超高洁净度、相比例精细控制、耐点蚀当量 PREN≥40 的高 Cr、高 Mo、高 N 的超低碳双相不锈钢。其主要牌号与耐点蚀当量有：00Cr25Ni7.5Mo3W2N，PREN = 40；00Cr25Ni6.5Mo3.5CuN，PREN = 40.55；00Cr25Ni7Mo3.5CuN（Zeron 100），PREN=40.55；00Cr25Ni7Mo3.5Cu1.5N，PREN=41.35；00Cr25Ni7Mo4N，PREN = 43；00Cr27Ni7Mo3.5CuWN，PREN = 43.35；00Cr27Ni6.5Mo5N（2707HD），PREN=49 等。

00Cr25Ni6.5Mo3.5CuN、00Cr25Ni7Mo3.5CuN、00Cr25Ni7Mo3.5WCuN、00Cr27Ni7Mo3.5CuWN 用于制造氯乙烯生产用塔、换热器、容器及氯氧反应器、HCl 冷却器、合成橡胶用聚合反应器、泵、管线等，化肥工业中硝酸生产冷却器、冷凝器等。

00Cr25Ni7Mo4N、00Cr25Ni7.5Mo4CuWN 用于含胺的碱溶液管线、海水热交换器等；00Cr27Ni6.5Mo5N（2707HD）是特超级双相不锈钢，特别适用于苛刻的、酸性、含氯环境（推荐用于热海水），它可使在苛刻环境下使用的热交换器承受更高的运行温度和更长的运行时间，保证设备运行可靠、安全和性能良好。

④ 超级马氏体不锈钢　为了克服马氏体不锈钢的不足，引入了软马氏体的概念，开发出一系列抗拉强度高，延展性好，焊接性能得到改善的新合金，开拓了超级马氏体不锈钢的研制。超级马氏体不锈钢通常指含 12%～17%Cr、2%～6.5%、Ni、≤2.5% Mo、≤0.3% Cu 元素的超低 C、超高洁净度、强韧性好、耐蚀性优于传统马氏体不锈钢，特别是焊接性能远远优于传统马氏体不锈钢的回火马氏体组织的“软”马氏体不锈钢。不仅保持了传统马氏体不锈钢强度硬度高、耐磨性好的优点，还克服了传统马氏体不锈钢塑韧性差、耐蚀性差，特别是一般不能用作焊接件的缺点。其主要牌号、C 质量分数和耐点蚀当量为：00Cr12Ni4.5Mo1.5Cu（X80 12Cr-4.5Ni-1.5Mo），C≤0.02%，PREN = 17；00Cr13Ni4Mo1（HP13Cr），C≤0.03%，PREN=17；00Cr12Ni4.5Mo1.5Cu1.5（CRS：95ksi），C≤0.02%，PREN= 18.2；00Cr16Ni5Mo1（248SV），C≤0.03%，PREN = 19.3；00Cr13Ni6Mo2Cu1.5（CRS：110ksi），C≤0.02%，PREN = 19.6；00Cr13Ni5Mo2N（D13-5-2-N），C≤0.02%，

PREN=20；00Cr13Ni6Mo2.5Ti，C≤0.015%，PREN=21.2。

超马氏体不锈钢由于含C量低，相当于提高了基体金属中含铬量的比例，所以耐腐蚀性好。如248SV马氏体不锈钢抗全面腐蚀和点腐蚀的性能优于13%铬和17%铬马氏体不锈钢，而与304型奥体不锈钢相当。对于弱酸性腐蚀环境，超马氏体不锈钢有取代其他耐蚀合金的趋势。但是，在高温和有CO_2存在的腐蚀条件下，会产生全面腐蚀和局部腐蚀；在CO_2和H_2S同时存在的条件下，必须考虑在室温下产生的SCC和在高温下产生的全面和局部腐蚀。

由于超级马氏体不锈钢比传统马氏体不锈钢在塑韧性、耐蚀性和焊接性能方面有明显改善，它的强度比双相不锈钢高得多，因此很多工业领域极具应用潜力。

2.5.2.2 耐蚀合金

包括GB/T 15007[9]耐蚀合金牌号中的铁基耐蚀合金（镍含量30%～50%质量分数）和镍基合金（镍含量不小于50%），按合金的主要强化特征，这些合金还可分为固溶强化型合金和时效硬化型合金。按材料的化学成分可分为镍-铬系（NS×1××）、镍-钼系（NS×2××）、镍-铬-钼系（NS×3××）、镍-铬-钼-铜系（NS×4××）、镍-铬-钼-氮系（NS×5××）和镍-铬-钼-铜-氮系（NS×6××）。耐蚀合金国内牌号包括：NS111，NS112，NS113，NS131，NS141，NS142，NS143，NS311，NS314，NS315，NS321，NS322，NS331，NS332，NS333，NS334，NS335，NS336，NS334，NS341，NS411等。

铁基耐热合金工作温度在700℃以下，含有相当高的铬、镍成分和其他强化元素。

镍基耐蚀合金主要是哈氏合金以及Ni-Cu合金等，由于金属Ni本身是面心立方结构，晶体学上的稳定性使得它能够比Fe容纳更多的合金元素，如Cr、Mo等，从而达到抵抗各种环境的能力；同时镍本身就具有一定的抗腐蚀能力，尤其是抗氯离子引起的应力腐蚀能力。Ni-Cr型耐蚀合金，Ni-Mo（W）及Ni-Cr-Mo型合金是高耐蚀的镍基合金，在HCl等还原介质中有极好的耐蚀性，但当酸中有氧化剂时，耐蚀性显著下降。Ni-Cr-Mo-Cu型耐蚀合金是为满足耐HNO_3、H_2SO_4及混合酸的腐蚀发展起来的钢种，典型合金是0Cr21Ni68Mo5Cu3，后来又相继发展了核燃料溶解器用的0Cr25Ni50Mo6Cu1Ti1Fe等系列合金。

镍基耐热合金是目前在700～900℃范围内使用得最广泛的一种高温合金，这类合金的镍含量通常在50%以上。

钴基耐热合金的高温强度主要靠固溶强化获得。钴价格昂贵，应用受到很大的限制，一般在1000℃以上才用。

（1）Monel合金

Monel合金是美国Special Metals公司的注册商标。又称镍合金，是一种以金属镍(≥63%)为基体添加Cu、Fe、Mn等其他元素而成的合金，呈银白色，它兼有镍的钝化性和铜的贵金属性。有两种类型：加工强化型，有Monel 400、404、R405等牌号；沉淀硬化型，有Monel K-500、502等牌号，常用Monel 400和K-500。

Monel合金在F_2、HCl、H_2SO_4、HF以及它们的派生物中有优异的耐蚀性，一个重要特征是一般不发生应力腐蚀，在热浓碱液中有优良的耐蚀性。耐质量分数小于85%的H_2SO_4、海水、有机化合物等的腐蚀。Monel 400合金的组织为高强度的单相固溶体，Monel 400（UNS NO4400）最高使用温度一般在600℃左右，在高温蒸汽中，腐蚀速度小于0.026mm·a^{-1}。耐585℃以下无水氨和氨化条件下的腐蚀。在许多工业领域都能应用，如海水交换器和蒸发器、核工业用于制造铀提炼和同位素分离的设备。

（2）哈氏（Hastelloy）合金

目前主要分为B、C、G 3个系列，它主要用于铁基Cr-Ni或Cr-Ni-Mo不锈钢、非金属材料等无法使用的强腐蚀性介质场合。在强还原性腐蚀环境，复杂的混合酸环境，含有卤素离子的溶液中，以哈氏合金为代表的镍基耐蚀合金相对铁基的不锈钢具有绝对的优势。

哈氏合金具有高强度、高韧性的特点，而且其应变硬化倾向大，当变形率达到15%时，约为18-8不锈钢的2倍。哈氏合金还存在中温敏化区，其敏化倾向随变形率的增加而增大。当温度较高时，哈氏合金易吸收有害元素使它的力学性能和耐腐蚀性能下降。

① Hastelloy B-2合金　Hastelloy B-2合金是一种有极低含C量和含Si量的Ni-Mo合金，它减少了在焊缝及热影响区碳化物和其他相的析出，从而确保即使在焊接状态下也有良好的耐蚀性能。

Hastelloy B-2合金在各种还原性介质中具有优良的耐腐蚀性能，能耐常压下任何温度，任何浓度HCl的腐蚀。在不充气的中等浓度的非氧化性H_2SO_4、各种浓度H_3PO_4、高温HAc、HCOOH等有机酸、溴酸和HCl气体中均有优良的耐蚀性能，同时，它也耐卤族催化剂的腐蚀。因此，哈氏B-2合金通常应用于多种苛刻的石油、化工过程，如盐酸的蒸馏、乙苯的烷基化和低压羰基合成醋酸等生产工艺过程中。

但哈氏B-2合金存在对抗晶间腐蚀性能有相当大影响的两个敏化区：1200～1300℃的高温区和550～900℃的中温区。当合金在650～750℃温度范围内停留时间稍长，β相瞬间生成，降低了合金的韧性，使其对应力腐蚀变得敏感，甚至会造成合金在原材料生产（如热轧过程中）或设备制造过程中（设备焊后整体热处理）、服役环境中开裂。

Hastelloy B-2合金的耐蚀性能不仅取决于其化学成分，还取决于其热加工的控制过程。当热加工工艺控制不当时，合金不仅晶粒长大，而且晶间会析出现高Mo的σ相，使合金的抗晶间腐蚀的性能明显下降。

② Hastelloy C-276合金　Hastelloy C-276合金属于镍-钼-铬-铁-钨系镍基合金，哈氏C-276合金中没有足够的Cr来耐强氧化性环境的腐蚀，如热的浓硝酸。主要耐湿氯、各种氧化性氯化物、氯化物溶液、硫酸和氧化性盐，在低温与中温盐酸中均有很好的耐蚀性能。因此，在苛刻的腐蚀环境中，如化工、石油化工、烟气脱硫、纸浆和造纸、环保等工业领域有着相当广泛的应用。在燃煤系统的烟气脱硫环境下C-276是最耐蚀的材料。

哈氏C-276合金中Cr、Mo、W的加入将其耐点蚀和缝隙腐蚀的能力大大提高。C-276合金在海水环境中被认为是惰性的，按ASTM G48[10]试验的临界缝隙腐蚀温度达60℃。C-276合金中高含量的Ni和Mo使其对Cl^-应力腐蚀断裂也有很强的抵抗能力，所以C-276被广泛地应用在海洋、盐水和高氯环境中，甚至在强酸低pH值情况下。

在绝大多数腐蚀环境下，C-276都能以焊接件的形式应用。但在十分苛刻的环境中，C-276材料及焊接件要进行固溶热处理以获得最好的抗腐蚀性能。

C-276合金表面在焊接或热处理时会产生氧化物，使合金中的Cr含量降低，影响耐蚀性能，所以要对其进行表面清理。可以使用不锈钢丝刷或砂轮，然后浸入适当比例硝酸和氢氟酸的混合液中酸洗。

哈氏合金的适用介质见表2-5。Hastelloy合金的各种腐蚀数据是有其典型性的，但是不能用作规范，尤其是在不明环境中，必须要经过试验才可以选用。

表2-5　哈氏合金的适用介质

合金牌号	N10001(B) N10665(B-2) N10675(B-3) N10629(B-4)	N10276(C-276) N06022(C-22) N06455(C-4) N06059(C-59)	N06007(G) N06985(G-3) N06030(G-30)
主要合金元素	Ni-Mo	Ni-Cr-Mo	Ni-Cr-Fe-Mo
适用介质	盐酸等还原性介质	氧化、还原性混合介质	磷酸、硫酸、硫酸盐等

(3) Inconel 镍铬铁耐热耐蚀合金

Inconel 是 International Nickel Co. 公司的注册商标，合金是一种以 Ni 为主要成分的奥氏体超耐热合金。源于镍铬合金中所含的钼、铌固溶体强化效应，在 700℃时具有高的拉伸强度、疲劳强度、抗蠕变强度和断裂强度，在 1000℃时具有高抗氧化性，在低温下具有稳定的化学性能，良好的焊接性能，易加工性。

虽然该合金是为适应高温环境的强度而设计，但该合金有高含量的 Cr、Mo，使其从高度氧化环境到一般腐蚀环境表现出优异的耐腐蚀特性。对高含氯化物介质也有很好的抗腐蚀作用。同时，该合金具有良好焊接性能，焊缝具有抗晶间腐蚀的能力。可用做化工设备、波纹管补偿器膨胀节等接触海水并承受高机械应力的场合。

典型的 N5-Cr 合金是 0Cr15Ni75Fe (Inconel1600)，多作为高强度耐热材料。其特点是既耐还原性介质腐蚀，又在氧化性介质中具有高的稳定性。它是能抗热 $MgCl_2$ 腐蚀的少数几种材料之一，无应力腐蚀倾向，故常用于制作核动力工程的蒸发器管束。但在高温高压纯水中对晶间型应力腐蚀敏感。

(4) Incoloy 镍铬铁合金

Incoloy 镍铬铁合金是 International Nickel Co. 公司的注册商标。合金是一种固溶态高强度奥氏体镍-铁-铬合金，是为抗高温氧化和碳化而设计的。Incoloy 合金有很多种类，常见的如 Incoloy 800、Incoloy 800H、Incoloy 800HT、Incoloy 825、Incoloy 840、Incoloy 901、Incoloy 925、Incoloy 20、Incoloy 330、Incoloy 25-6Mo 等。

Incoloy800 (800H、800HT) 和 Incoloy825 都具有很好的耐还原、氧化、氮化介质腐蚀以及耐氧化还原交替变化介质腐蚀的性能，且在高温长期应用中具有高的冶金稳定性。但由于三者的 (Al＋Ti) 含量不同，致使 3 种材料运用的环境有所不同，具体表现在：Incoloy 800 适用于 600℃以下；Incoloy 800H 由于 (Al＋Ti) 的质量分数不高于 0.7%，在 700℃以下长时间工作时仍然具有较好的韧性；Incoloy 800HT 在 700℃以上时具有较好的屈服强度。Incoloy800 系列的板材、带材、棒材、管材 (焊管和无缝管)、丝材、锻件、光棒、法兰、焊材品种齐全，常用于热交换器、波纹管膨胀节补偿器等承压设备。

2.5.2.3 有色金属

压力容器常用有色金属有：铜及其合金、铝及其合金、铅及铅合金、镍和镍合金、钛和钛合金、锆及锆合金等。

(1) 铜及其合金

① 纯铜　在无氧条件下，铜在许多非氧化性酸中都是比较耐腐蚀的。耐稀 H_2SO_4、H_2SO_3、稀的和中等浓度的 HCl、HAc、HF 及其他非氧化性酸等介质的腐蚀，对淡水、大气、碱类溶液的耐蚀能力很好。不耐各种浓度的 HNO_3、NH_3和铵盐溶液。但铜最有价值的性能是在低温下保持较高的塑性及冲击韧性，是制造深冷设备的良好材料。

② 黄铜　铜与锌的合金称黄铜，最简单的黄铜是铜-锌二元合金，称为简单黄铜或普通黄铜。黄铜中 Zn 含量对力学性能影响较大，Zn 的含量增加，其强度升高，塑性降低。工业应用的黄铜含 Zn 小于 45% (质量分数)，含锌量再高合金变脆。

黄铜的耐蚀性能与纯铜相似，在大气中耐腐蚀性优于纯铜，常用的黄铜牌号有 H80、H68、H62 等。H80 在大气、淡水及海水中有较高耐腐蚀性。

为了改善黄铜的某种性能，在二元黄铜的基础上加入其他合金元素的黄铜称为特殊黄铜。常用的合金元素有 Si、Al、Sn、Pb、Mn、Fe 和 Ni 等。

锡黄铜 HSn70-1 又称海军黄铜，含有 1% (质量分数) 的 Sn，能提高在海水中的耐蚀性。

③ 白铜　铜与镍的合金，呈银白色，镍含量低于 50% (质量分数) 的铜镍合金称为简

单（普通）白铜，加入 Mn、Fe、Zn 或 Al 等元素的白铜称为复杂（特殊）白铜。纯铜加 Ni 能显著提高强度、耐蚀性、电阻和热电性。工业用白铜根据性能特点和用途不同分为结构用白铜和电工用白铜两种，分别满足各种耐蚀和特殊的电、热性能。白铜多经压力加工成白铜材，是铜合金中抗冲刷腐蚀、应力腐蚀性最好的，多用于循环水、海水换热器管束和管板覆盖层。

④ 青铜　青铜是历史上应用最早的一种合金，原指铜锡合金，因颜色呈青灰色，故称青铜。为了改善合金的工艺性能和力学性能，大部分青铜内还加入其他合金元素，如 Pb、Zn、P 等。无锡青铜主要有铝青铜、铍青铜、锰青铜、硅青铜等。此外还有成分较为复杂的三元或四元青铜，现在除黄铜和白铜（铜镍合金）以外的铜合金均称为青铜。

锡青铜有较高的力学性能、耐蚀性、减摩性和铸造性能，对过热和气体的敏感性小，焊接性能好，无铁磁性，收缩系数小。锡青铜在大气、海水、淡水和蒸汽中的抗蚀性都比黄铜高。锡青铜用来铸造耐腐蚀和耐磨零件，如泵壳、阀门、轴承、蜗轮、齿轮、旋塞等。典型牌号 ZQSn10-1，有高强度和硬度，能承受冲击载荷，耐磨性很好，具有优良的铸造性，比纯铜耐腐蚀。

(2) 铝及其合金

铝是一种轻金属，密度小，铝的标准电极电位为 $-1.67V$，化学活性很高，应该易于遭受腐蚀，但在许多介质中由于它的表面易于生成一层致密的、自愈性好、有保护性的氧化物膜，因此有很好的耐蚀性，在大气中优于黄铜及碳钢。

铝合金具有较好的强度，比强度远高于钢。具有良好的抗腐蚀性能和较好的塑性，适合于各种压力加工，因此得到广泛的运用。由于熔焊的铝材在低温（$-196℃$）下冲击韧性不下降，适合做低温设备。

铝合金按加工方法可分为变形铝合金和铸造铝合金。变形铝合金又分为不可热处理强化型铝合金和可热处理强化型铝合金。不可热处理强化型铝合金不能通过热处理来提高力学性能，只能通过冷加工变形来实现强化，它主要包括高纯铝、工业高纯铝、工业纯铝以及防锈铝等。可热处理强化型铝合金可以通过淬火和时效等热处理工艺提高力学性能，它可分为硬铝、锻铝、超硬铝和特殊铝合金等。

有些铝及铝合金可以采用热处理获得良好的力学性能、物理性能和抗腐蚀性能。设备或构件应避免与其他金属直接接触，并不能在含有重金属离子的介质中使用，一般的铝合金也不抗氯化物腐蚀，抗垢下腐蚀性能差。Hg 对铝镁合金有严重的腐蚀作用。因为 Al 是两性金属，故一般只能在近中性（pH 4.5～8.5）的介质中使用，但在氨水中因为络离子的产生而耐蚀。在氧化性酸中极易钝化，所以可耐各种浓度的 HNO_3，在弱有机酸（如 HAc）、弱无机酸（如 H_2CO_3）、尿素等介质中耐蚀性优良。

压力加工产品曾分为防锈（LF）、硬质（LY）、锻造（LD）、超硬（LC）、包覆（LB）、特殊（LT）及钎焊（LQ）7 类。常用铝合金材料的状态为退火（M）、硬化（Y）、热轧（R）3 种。高强度铝合金指其抗拉强度大于 480MPa 的铝合金，主要是压力加工铝合金中硬铝合金类、超硬铝合金类和铸造合金类。牌号有硬铝，Al-Cu-Mg 的合金，如 LY1L-1L-2；防锈铝，Al-Mg 的合金，LF21；铸铝，Al-Si 的合金，ZL107。

耐蚀铝合金主要有 Al-Mg、Al-Mn、Al-Mn-Mg 和 Al-Mg-Si 4 个系列。铝中加入 Mg、Zn、Mn、Ai、Cu 等元素后，铝合金的电极电位也随之变化。对每一种元素，当它完全溶于固溶体中时，元素含量的变化对铝的电极电位影响明显，进一步添加形成第二相的同种元素，仅使电极电位稍有变化。铝合金的耐蚀性与合金中相的电极电位关系很大，当基体为阴极，第二相为阳极时，合金具有较高的耐蚀性；如基体为阳极，第二相为阴极，则第二相的电极电位越高，数量越多，合金的耐蚀性越差。Si 与 Al 的电位虽然相差较大，但在复相合金中耐蚀性仍然很好，这是因为在氧化性介质中合金表面有保护性氧化膜（Al_2O_3 + SiO_2）生成。

① 铝及铝合金的主要腐蚀类型[11]

a. 点蚀 点蚀是铝合金最常见的腐蚀形态，在近中性的大气、水等介质中都会发生。引起铝合金点蚀需要3个条件：一是水中含有能导致钝化膜破坏的离子，如Cl^-；二是含有能抑制全面腐蚀的离子，如SO_4^{2-}；三是含有能促进阴极反应的氧化剂，因为铝合金在中性环境中的点蚀是阴极控制的过程。

b. 晶间腐蚀 Al-Zn-Mg和Mg质量分数大于3%的Al-Mg合金，常因热处理不当引起晶间腐蚀。Al-Cu和Al-Cu-Mg合金热处理时在晶界上连续析出富Cu的$CuAl_2$相时，则临近$CuAl_2$相的晶界固溶体中贫Cu，晶界贫Cu区成为阳极而发生腐蚀。

c. 应力腐蚀 对于纯铝和低强度铝合金，一般不产生应力腐蚀。铝合金常在海洋环境、不含Cl^-的高温水中产生应力腐蚀开裂，其破裂的特征是晶间型开裂，说明铝合金的应力腐蚀与晶间腐蚀有关。当晶界为阳极时，因选择性腐蚀导致晶界优先溶解。铝合金中含有足够量的可溶性合金元素（主要为Cu、Mg、Si和Zn）时，对应力腐蚀敏感性显著提高。容易产生应力腐蚀的主要是高强度铝合金，如Al-Cu、Al-Cu-Mg、Mg质量分数大于5%的Al-Mg合金、Al-Zn-Mg-Cu等合金。

d. 电偶腐蚀 铝及铝合金自然腐蚀电位低，当与其他金属接触时，在腐蚀环境中成为阳极而被腐蚀。当其与电位更正的金属接触时，本身会发生孔蚀。因此，铝及铝合金在使用上须避免与其他金属接触，如无法避免时，应在设计上应尽可能增加铝合金的暴露面积，减少铝合金的腐蚀电流密度。

e. 剥落腐蚀（剥蚀、鳞状腐蚀） 剥落腐蚀是变形铝合金的一种特殊腐蚀形态，与合金的显微组织有关，表现为铝合金从表层一层一层地剥离下来。腐蚀过程是有选择地沿着与表面平行的次表面开始，未腐蚀金属薄层在腐蚀层之间剥裂分层。剥蚀通常仅发生在有明显的定向伸长组织的产品中，最多的是Al-Cu-Mg系合金，在Al-Mg系、Al-Mg-Si系和Al-Zn-Mg系中也有发生，但在Al-Si系中尚未发现。在挤压材表层之下发生，而挤压材已经再结晶的表层不发生。

提高铝合金耐蚀性的主要措施是增厚表面氧化膜，方法有化学氧化法和电化学阳极氧化法。

② 铝及铝合金牌号 按GB/T 16474[12]变形铝及铝合金牌号表示方法，铝及铝合金分为9个系列，GB/T 3190[13]变形铝及铝合金化学成分给出了新旧牌号对照表和化学成分。

a. 工业纯铝 按GB/T 1196[14]重熔用铝锭（MOD ISO 115—2003），重熔用铝锭按化学成分分为8个牌号，分别是Al99.90、Al99.85、Al99.70、Al99.60、Al99.50、Al99.00、Al99.7E和Al99.6E（注：Al之后的数字为铝含量）。

工业高纯铝的代号为LG×（铝、工业用，Al含量大于99.85%）和L×（Al含量99.7%～98.3%）。

工业高纯铝用于抗氧化性酸腐蚀和大气腐蚀，用于制作反应器、热交换器、深冷设备、塔器等。

b. 防锈铝 由铝锰系或铝镁组成的铝合金，强度比纯铝高，用于中等强度的零件、管道、换热管、低压容器等。

c. 铸造铝合金 铸造铝合金（ZL）按化学成分可分为铝硅合金，铝铜合金，铝镁合金和铝锌合金，代号编码分别为100、200、300、400。铝的铸造性、流动性好，铸造时收缩率和裂纹敏感性小，广泛用来铸造形状复杂的耐蚀零件，如管件、泵、阀门、汽缸、活塞等。

Al-Si 系，俗称“硅铝明”，典型牌号 ZAlSi7Mg，合金号为 ZL101。

Al-Cu 系，应用最早，热强性高，300℃，耐腐蚀性较差，典型牌号 ZAlCu5Mn，合金号为 ZL201。

Al-Mg 系，室温力学性能高，耐腐蚀性能好，但热强性低，铸造性能差，典型牌号 ZAlMg10，合金号为 ZL301。

Al-Zn 系，Zn 在 Al 中溶解度大，再加入硅及少量镁、铬等元素，具有良好的综合性能，典型牌号 ZAlZn11Si17，合金号为 ZL401。

(3) 铅及其合金

铅合金是以铅为基加入其他元素组成的合金。按照性能和用途，铅合金可分为耐蚀合金、电池合金、焊料合金、印刷合金、轴承合金和模具合金等。铅合金硬度低、强度小，不宜单独作为设备材料，只适于做设备的衬里。在硫酸（80%的热硫酸及 92%的冷硫酸）中铅具有很高的耐蚀性。

铅合金表面在腐蚀过程中产生氧化物、硫化物或其他复盐化合物覆膜，有阻止氧化、硫化、溶解或挥发等作用，所以在空气、硫酸、淡水和海水中都有很好的耐蚀性。铅合金如含有不固溶于铅或形成第二相的 Bi、Mg、Zn 等杂质，则耐蚀性会降低，加入 Te、Se 可消除杂质 Bi 对耐蚀性的有害影响。在含 Bi 的铅合金中加入 Sb 和 Te，可细化晶粒组织，增加强度，抑制 Bi 的有害作用，改善耐蚀性。

铅与锑合金称为硬铅，硬度、强度都比纯铅高，铅锑合金加入少量的 Cu、As、Ag、Ca、Te 等，可增加强度，在硫酸中的稳定性也比纯铅好。从综合性能考虑，铅合金用于制作化工设备、管道等耐蚀构件时，以含 Sb 6%（质量分数）左右为宜；用于制作连接构件时，以含 Sb 8%～10%为宜。

硬铅的主要牌号为 PbSb4、PbSb6、PbSb8 和 PbSb10。

铅和硬铅在与硫酸接触的介质中可用来做设备衬里、加料管等。

(4) 镍和镍合金

纯镍或低合金镍对各种还原性化学物质有一定抗力，特别是耐苛性碱腐蚀性能优异。与镍基合金相比，纯镍有更高的导电和导热性能。退火镍具有低的硬度以及良好的延展性和韧性。镍的加工硬化相对较低，但它可以通过冷作达到中等强度水平并保持其延展性。这些特性加上其良好的焊接性能使得该金属容易加工成型。

按 GB/T 25951.1[15]《镍及镍合金　术语和定义　第 1 部分：材料》，镍合金为除 Ni+Co外，至少一种合金元素质量分数大于 0.3%，合金元素总质量分数超过 1%。按 GB/T 5235[16]《加工镍及镍合金　化学成分和产品形状》，纯镍分为 N2～N9 和 DN 9 个牌号。

镍和镍合金对稀非氧化性无机酸，如 HCl、H_2SO_4、H_3PO_4，在低温至中温环境中有良好的耐腐蚀性。因为镍的析氢过电位高，对一般的非氧化性酸来说，析氢反应困难，需要供给氧气才能使腐蚀较快发生。因此，镍在含氧化性组分如 Fe^{3+}、Cu^{2+}、HON_3、O_2和其他氧化剂等物质的酸性介质中，能被快速腐蚀。镍对氯化物晶间型应力腐蚀有较好的抵抗力，但在强应力情况下，在有氧溶液中对碱性开裂很敏感。镍对大部分天然淡水和快速流动海水都有较高的抗腐蚀能力。但在滞流状态或有裂缝的情况下，可能会发生严重腐蚀。镍不会被无水氨水或很稀的氨水腐蚀，但高浓度氨水中因为有可溶性的络合物（$Ni\text{-}NH_4$）产生，会导致快速腐蚀，

Nickle 200、Nickle 201 和 Incoloy alloy 25-6Mo 是被 ASME 锅炉和压力容器代码 Section VIII，Division 1 批准的结构材料。Nickle 200 批准的使用温度可以达到 600℉（315℃），Nickle 201 批准的服役温度可达到 1250℉（677℃）。

① Nickle 200[17]　Nickle 200（UNS N02200/W. Nr. 2.4060 和 2.4066）是商业纯镍

(99.6%)，特别适用于食品、人造纤维以及苛性碱等需要保证产品纯净的设备。如果含气量不是很高的情况下 Nickle 200 对有机酸的抗力是非常优异的。Nickle 200 通常被限制在低于315℃下使用，高温下 Nickle 200 产品会发生石墨化，这会使材料的力学性能严重下降。

Nickle 200 虽然大多数使用是在还原环境中，但它也在可以形成钝化膜的氧化条件下使用，Nickle 200 对苛性碱的优异抗腐蚀能力就是基于这一种保护。

通常 Nickle 200 在室内气氛中保持光亮状态，在海洋和乡村环境中的腐蚀速率均非常低。在室外，由于形成了很薄的保护膜（通常是硫酸盐），其腐蚀速率也很低。腐蚀速率随气氛中 SO_2 含量（如在工业大气中）的增加而增加。

Nickle 200 对蒸馏水和天然水的耐蚀能力非常优异。在蒸馏水中腐蚀速率小于 0.01mpy（$0.3\mu m \cdot a^{-1}$），在民用热水温度 200℉（95℃）下通常小于 0.02mpy（$0.5\mu m \cdot a^{-1}$）。

Nickle 200 能有效的耐含 H_2S 或 CO_2 的水溶液腐蚀，被用于油井中抵抗硫化氢和盐水腐蚀。Nickle 200 在淡水和盐水中的腐蚀疲劳极限却非常接近。在流动的海水（即使流速非常高）非常耐蚀，但在停滞或流速非常低的海水中在有机物的污垢或其他沉积下可能出现非常严重的局部腐蚀。

在水蒸气含有一定比例的 CO_2 和空气的系统中，腐蚀速度开始时非常高，但在环境有利于形成保护膜时，随时间推移腐蚀速度会降低。但铁的腐蚀产物等杂质会干扰这种保护膜的形成。为防止腐蚀，在这类系统中应该带有供水消气泡装置或除去不凝气的设备。

在室温的非充气溶液 H_2SO_4 环境中，Nickle 200 有一定的耐蚀性，充气和提高温度均能增加腐蚀速率，氧化性盐的存在也会加速腐蚀。

在 HCl 中，Nickle 200 可以在充气或不充气的室温浓度不超过 30%的盐酸中使用。在质量分数低于 0.5%的情况下，材料可以满足温度直到 300～400℉（150～205℃）的使用。同样提高温度和充气将加速腐蚀。

在 HF 中，Nickle 200 对无水 HF 即使在较高温度下也有优异的耐蚀性。但在水溶液中，其应用通常限制在温度低于 180℉（80℃）以下。即使在室温下，质量分数为 60%～65%的商用等级酸也可以对 Nickle 200 造成严重的腐蚀。

在 H_3PO_4 中，Nickle 200 在环境温度下的各种浓度的纯的不通气 H_3PO_4 中的腐蚀速率均比较低。但由于商用磷酸通常含有能加速腐蚀的氟化物和 Fe^{3+} 杂质，不能达到合理的服役寿命，Nickle 200 的使用通常很有限。

在 HNO_3 中，Nickle 200 仅在室温质量分数不高于 0.5%的 HNO_3 中使用。

Nickle 200 的突出的耐蚀性能是它耐氢氧化钠和其他碱类（除氨水外，Nickle 200 不会被质量分数小于 1%的氨水腐蚀，更高的浓度会引起快速侵蚀）的腐蚀。在氢氧化钠中 Nickle 200 对所有浓度和温度包括熔融状态都有出色的耐蚀性。质量分数低于 50%时，即使在沸腾状态，腐蚀速率也可以忽略。随浓度和温度升高，腐蚀速率升高非常缓慢，其突出的耐蚀性能的主要贡献来自于溶液中暴露时形成的黑色氧化镍膜。但由于腐蚀性氯酸盐的存在能明显提高腐蚀速率；硫化物也有增加氢氧化钠对 Nickle 200 腐蚀性的倾向，可以增加足量的过氧化钠来使硫化物氧化成硫酸盐来抵消这种腐蚀。在氧化性的碱性氯化物中长期使用 Nickle 200 的最大的安全极限为氯含量为 $500mg \cdot L^{-1}$。对断续使用并在中间有漂洗清洁操作的情况含量可达到 $3g \cdot L^{-1}$，在漂白工艺中，用 $0.5mL \cdot L^{-1}$ 硅酸钠（密度 1.4）作为腐蚀缓蚀剂是有效的。

该金属在所有非氧化性卤化物盐中均不会遭受应力腐蚀开裂。

氧化性的酸性氯化物如 Fe^{3+}、Cu^{2+} 和 Hg 对 Nickle 200 有强烈的腐蚀作用，对硫黄、Pb、Sn、Zn 和 Bi 等低熔点金属的晶间侵蚀非常敏感。

虽然氟和氯强氧化剂会与金属反应，但在特定条件下 Nickle 200 可以成功地在这种条件下应用，也抵抗 Br_2 蒸气的腐蚀。在室温下 Nickle 200 形成保护性氟化物膜可以满足处理在低温下处理氟。在较高温度下，201 比 200 更好。

Nickle 200 在实际使用时在加热前应该特别小心除去所有的润滑剂、标记、车间灰尘等。由于存在危险的晶间氧化，应避免在高温氧化性气氛中加热。

② Nickle 201[17]　Nickle 201（UNS N02201/W. Nr. 2. 4061 和 2. 4068）是 Nickle 200 的低碳版本。典型应用为碱蒸发器、电镀棒和电子部件。由于 Nickle 201 的硬度较低，而且加工硬化速率也较低，因此特别适合做旋压和冷成型。相较 Nickle 200 而言，Nickle 201 更适合在温度高于 600℉（315℃）的场合使用。

Nickle 201 具有 Nickle 200 的优异的抗腐蚀性能。由于它是一种低碳材料（C 质量分数最高 0. 02%），Nickle 201 在长期处于 600～1400℉（315～760℃）、而且没有与含碳材料接触的情况下不会出现由于晶间碳或石墨的析出而发生的脆化。

在温度高于 600℉（315℃）的情况下，该材料会发生硫化物引起的晶间脆化。Nickle 201 被大量用来处理氢氧化钠，仅在氢氧化钠质量分数高于 75%并接近沸点的情况下腐蚀速率才开始超过 1mpy（$0.025\text{mm} \cdot \text{a}^{-1}$）。

在某些存在硫酸盐的高温碱的应用领域，由于合金 Inconel 600 更高的抗硫脆能力而取代 Nickle 201。

(5) 钛及钛合金

钛金属已成为化工装备中主要的耐蚀材料之一，经过多年的推广，钛及其合金已作为一种优异的耐腐蚀结构材料在化工生产中得到了广泛应用，特别是用钛代替不锈钢、镍基合金和其他稀有金属作为耐腐蚀材料，在延长设备使用寿命、降低能耗、降低成本、防止产品或环境污染、提高装置的运行周期等方面都有十分重要的意义。许多氯碱厂使用的钛制湿氯气冷却器使用寿命超过 20 年，目前钛设备的应用已从最初的“纯碱与烧碱工业”扩展到氯酸盐、氯化铵、有机合成、染料、无机盐、农药、合成纤维、化肥、采油和天然气、石油炼化和精细化工、煤化工等行业，设备种类已从小型、单一化发展到大型、多样化。目前，国产化工钛设备中，钛换热器占 57%，钛阳极占 20%，钛容器占 16%，其他占 7%。

按 GB/T 3620.1[18]标准，根据纯度的不同，工业纯钛共分 9 个牌号，TA1 类型的有 3 个，TA2-TA4 每个类型的各有 2 个。从 TA1-TA4 每个牌号都有一个后缀带 ELI 的牌号，ELI 为英文低间隙元素的缩写，即高纯度的意思。钛合金中 Fe 元素是作为杂质存在的，而不是作为合金元素特意加入的。由于 Fe、C、N、H、O 在 α-Ti 中是以间隙元素存在，它们的含量对工业纯钛的耐腐蚀性能以及力学性能产生很大影响，C、N、O 固溶于钛中可以使钛的晶格产生很大的畸变，使钛被强烈的强化和脆化。带 ELI 的牌号这 5 个元素含量的最高值均低于不带 ELI 的牌号。这个标准主要是参照 ISO 外科植入物和 ASTM B265、B338、B348、B381、B861、B862 和 B863 这 7 个标准[19～25]，并与 ISO 和 ASTM 标准相对应，例如 TA1、TA2、TA3 和 TA4 分别对应 Gr1、Gr2、Gr3 和 Gr4。随着牌号的数字增加，这 5 个杂质元素的含量也在增加，也就意味着强度增加，塑性逐步下降。

工业纯钛主要应用于化工行业的反应釜、压力容器、换热元件等，应用最广泛的是 TA1，其次是 TA2。

钛合金的分类法有多种，按钛合金在室温下 3 种基体组织分为以下 3 类：α 合金、（α+β）合金和 β 合金，我国分别以 TA、TC、TB 表示。比较常见的还有以退火后的金相组织形态进行分类：

① 退火后基本组织是 α 相的，称为 α 型钛合金。不能进行热处理强化，室温强度不高。TA7 是比较典型的 α 合金组织；

② 退火后基本组织是 α+β，但是以 α 相为主的，称为近 α 型合金。TA15 完全退火后

的组织，α 含量能占到接近 70%左右；

③ 退火后基本相 α+β，两个相相近，称为 α+β 型合金。TC4 完全退火后的典型两相组织为 α+β 各相都接近 50%的形态；

④ 退火后基本上是 β 相，但还有一定的 α 相的，称为近 β 型合金。TB3 的金相组织，α 相的含量较少；

⑤ 退火后基本全是 β 相的，称为 β 型合金。未热处理即具有较高的强度，淬火、时效后合金得到进一步强化，室温强度可达 1372～1666 MPa，但热稳定性较差，不宜在高温下使用。如 Ti-40（Ti-25V-15Cr）阻燃钛合金。

TA 合金（α-型钛合金），含有 Al、Sn 和（或）Pb 的钛合金为 α-Ti 合金。其中纯钛的牌号有 TA1、TA2、TA3，1、2、3 为工业纯钛的编号顺序，编号越大则添加元素含量越多，其强度也就相应提高。工业纯钛主要应用于化工、造船等工业部门在 350℃以下使用。TA4（Ti3Al)、TA5（Ti4Al0.005B)、TA6（Ti5Al）和 TA7（Ti5Al2.5Sn)，这类钛合金组织稳定、耐热性高，焊接性优良，适宜于在高温和低温下使用，是压力容器常用的钛合金材料。其缺点是可锻性差，不能通过热处理强化。

TB 合金（β-型钛合金）。TB1（Ti3Al8Mo11Cr)、Ti13V11Cr3Al、Ti8Mo8V2Fe3Al、Ti3Al8V6Cr 4Mo4Zr 以及 Ti11.5Mo6Zr4.5Sn 等，这类钛合金强度较高、冲压性能较好、抗脆断性能好、易于焊接，还可以通过热处理进一步强化。其缺点是热稳定较差，不宜于高温下工作。主要用于宇航工业。

TC 合金（α+β 型钛合金），牌号 TC1～TC10，这类钛合金塑性好，容易锻造和冲压成形，可时效强化，退火后有良好的低温性能、热稳定性能及焊接性能。主要用于制造火箭发动机外壳、舰艇耐压壳体等。

钛的化学活性大，标准电极电位−1.63V，在介质中的热力学腐蚀倾向大，可与大气中 O_2、N_2、H_2、CO、CO_2、H_2O（气）、NH_3 等产生强烈的化学反应。但因钛的致钝电位亦低，故钛极易钝化。常温下钛表面极易形成由氧化物和氮化物组成的钝化膜，它在大气及许多腐蚀性介质中非常稳定，具有很好的抗蚀性。含 C 量大于 0.2%（质量分数）时，会在钛合金中形成硬质 TiC；温度较高时，与 N 作用也会形成 TiN 硬质表层；在 600℃以上时，钛吸收氧形成硬度很高的硬化层；氢含量上升，也会形成脆化层。吸收气体而产生的硬脆表层深度可达 0.1～0.15mm，硬化程度为 20%～30%。钛的化学亲和性也大，易与摩擦表面产生黏附现象。

钛是具有强烈钝化倾向的金属，在空气或含氧的介质中，介质温度在 315℃以下，钛表面能生成一层致密的、附着力强、极稳定和自愈能力强的氧化膜，保护了钛基体不被腐蚀。这也使钛及其合金在氧化性、中性和弱还原性等介质中是耐腐蚀的，而在强还原性介质中不耐蚀。

钛合金在潮湿的大气和海水介质中抗蚀性远优于不锈钢，对点蚀、全面腐蚀、应力腐蚀的抵抗力特别强，对碱、氯化物、氯的有机物、HNO_3、稀 H_2SO_4 等有优良的抗腐蚀能力，是海洋工程理想的材料。但钛在还原性酸（较浓 H_2SO_4、HCl、H_3PO_4）、HF、Cl_2、热强碱、某些热浓有机酸、沸腾浓 $AlCl_3$ 溶液等中不稳定，会发生强烈腐蚀。另外，钛合金有热盐应力腐蚀倾向。钛在 550℃以下能与氧形成致密的氧化膜，具有良好的保护作用。在 538℃以下，钛的氧化符合抛物线规律。但在 800℃以上，氧化膜会分解，氧原子以氧化膜为转换层进入金属晶格，此时氧化膜已失去保护作用，使钛很快氧化。

为增强钛的氧化膜保护作用，可以通过表面氧化、电镀、等离子喷涂、离子氮化、离子注入和激光处理等表面处理技术，获得所希望的耐腐蚀效果。针对在 H_2SO_4、HCl、甲胺溶液、高温湿 Cl_2 和高温氯化物等生产中对金属材料的需要，开发出钛-钼、钛-钯、钛-钼-镍等一系列耐蚀钛合金。钛铸件使用了 Ti-32Mo 合金，对常发生缝隙腐蚀或点蚀的环境使用了钛-0.3 钼-0.8 镍合金或钛设备的局部使用了 Ti-0.2Pd 合金，均获得了很好的使用效果。

钝态下，钛及钛合金的自然腐蚀电位比碳钢正，在电偶腐蚀中钛常为阴极，易产生阴极析氢导致钛的氢脆。但钛与不锈钢的自然腐蚀电位相差不大（低于 50mV），一般不考虑钛与不锈钢的电偶腐蚀问题。钛容器中可用不锈钢内件，不锈钢容器中也可用钛内件。

钛及钛合金不考虑晶间腐蚀问题。只在很少几种介质中可能产生应力腐蚀，如发烟硝酸及含有盐酸的甲醇、乙醇。其他介质条件一般不考虑应力腐蚀问题。当用于制作可能产生缝隙腐蚀的构件时，可采用抗缝隙腐蚀性能更好的 TA9 和 TA10 耐蚀低合金钛。当盐水温度超过 74℃时，TA10 比工业纯钛具有更好的耐蚀性。

钛的液相线和固相线间的温度区域窄，焊接熔池凝固时，溶解在钛液中的气体析出不畅，易形成气孔和局部疏松，成为钛焊缝在强腐蚀介质中易遭坑蚀的原因。

钛容器制造过程中钛表面易遭铁污染，与腐蚀介质接触时会造成电偶腐蚀，易导致钛阴极析氢与钛氢脆。因此钛容器最好在制造后进行化学钝化或阳极化处理，以消除铁污染。钛表面的铁污染可用蓝点试验检验。经验表明，一般情况下钛表面的铁污染量不会很大，即使未清除，在与腐蚀介质接触的初期，铁会很快被腐蚀消失，析氢量有限，所造成的氢脆现象不会很严重。因此不能说，未消除铁污染的钛容器就一定不能用。

在碳钢件上不能堆焊钛，只能采用钛钢复合板。因此，钛容器常用钛衬里和钛钢复合板，钛的对接焊容易将钢溶入钛焊缝中使焊缝脆化，因此常用钛盖板搭接焊的接头形式。

钛容器允许介质有较高的流速。在海水中，钛允许海水最高流速 $20m \cdot s^{-1}$。

钛容器主要采用工业纯钛，其耐蚀性比一般的钛合金好（除耐蚀钛合金外）。工业纯钛杂质含量低的牌号耐蚀性稍好，但差别不大，耐蚀性不作为选用工业纯钛牌号的主要依据（主要依据力学性能与成形性能）。可用来制造各种化工设备如热交换器、泵、反应器、加热器、储存容器等。例如在化肥工业中，目前国外已使用钛材来制造尿素生产中的合成塔、反应器、搅拌器、换热器、分离器和压缩机等设备。因在 HCl、NH_4Cl、NH_4HS 中的耐蚀性好，多年来钛及钛合金已成功地用于炼油常减压蒸馏装置冷凝器管组，其寿命远高于碳钢或其他耐蚀合金。

随着科技的发展，冶炼技术的不断改进，钛的年产量逐渐提高，金属钛的许多优良性能将会得到越来越广泛的应用，钛大有可能成为继铜、铁、铝之后的第四代金属，成为未来的钢铁。因此，有人把钛誉为 21 世纪的金属。

(6) 锆及锆合金

锆及锆合金在酸、碱等介质中具有良好的耐蚀性，同时具有突出的核性能和优良的力学性能，是工业上常用的金属之一。金属锆制品分为两大类：一种为核级锆，利用锆的热中子俘获截面小，有突出的核性能，所以，作为核动力反应堆的燃料包覆材料和其他结构材料，最初是用于核动力舰船，后来则大量用于原子能发电站；另一种利用锆及其合金具有优异耐蚀性，对很多腐蚀介质有很强的抗力，同时又具有良好的力学和传热性能，以及显著的成本优势，作为工业级锆（或化工锆、火器锆），主要用于制作军工、航空航天、石油化工、电子等领域优异的耐蚀结构材料，主要应用包括压力容器、热交换器、管道、槽、轴、搅拌器及其他机械设备以及阀、泵、喷雾器、托盘、除雾器和塔衬料等。美国在非核领域用锆方面已相当广泛，例如已制成直径达 6m 的锆制反应塔、100 马力大型锆制离子泵、直径达 3m 的管式换热器等，近年来非核用锆更有扩大的趋势。目前，从锆材的生产到设备的设计、制造和检验技术也已日渐成熟，为锆容器的广泛应用提供了基础。随着国内化工行业的发展，许多强腐蚀的设备越来越多地采用锆材，大大提高设备寿命及可靠性，取得很好的经济效益。

我国已能生产核用和非核用的锆材，锆及锆合金国家标准为GB/T 26314[26]《锆及锆合金牌号和化学成分》、GB/T 8767[27]《锆及锆合金铸锭》、GB/T 8769[28]《锆及锆合金棒材和丝材》、GB/T 21183[29]《锆及锆合金板、带、箔材》。标准参考了美国ASTM B551[30]《锆和锆合金带材、薄板和中厚板》、ASTM B352[31]《核工业用锆和锆合金薄板、带材和中厚板材》的内容，结合国内实际生产情况制定。标准规定了一般工业和核工业用锆及锆合金铸锭及其加工产品的牌号、化学成分及化学成分分析和分析报告等，适用于一般工业和核工业用锆及锆合金铸锭及其加工产品。非核用锆牌号主要有R60702、R60703、R60704、R60705、R60706等。

Zr与Ti同属第Ⅳ族副族，和Ti一样，室温时为六方密排的晶格结构，造成锆和钛显示出强烈的各向异性。在稀有金属中都为活性、高熔点稀有金属，具有许多相同的物理和化学性能。但Zr的化学活性更高，更易钝化，因此，Zr在多数介质中的耐蚀性比Ti更好，接近Nb和Ta。

锆的标准电极电位为−1.53V，易于氧化，在表面生产致密钝化膜，使锆在大多数有机或无机酸、强碱、酸碱循环、熔盐、高温水、液态金属等中具有良好的耐蚀性。如在沸点以下温度的浓HCl中耐蚀性优异，但在149℃以上有氢脆的危险；可用于质量分数小于70%、250℃以下的HNO_3。用于H_2O_2中既不会被腐蚀，也不会产生能分解过氧化氢的催化剂。在HF、H_2SO_4（浓）、H_3PO_4（浓）、王水、Br_2（水）、HBr、H_2SiF_6、次氯酸盐、HBF中不耐蚀；在氧化性氯化物中不耐蚀，可能产生点蚀，但在还原性氯化物中耐蚀。

锆主要靠本身的钝化性能耐蚀，并不靠加入合金元素来提高耐蚀性。纯锆耐蚀性比锆合金稍好。锆在空气中，425℃会严重起皮，540℃生产白色氧化锆，700℃以上吸氧变脆，在空气中进行预氧化处理可以提高耐蚀性，如纯锆在700℃保温2h，锆合金在550℃保温4h或600℃保温2h。

在400℃以上与N_2反应，800℃左右反应剧烈。300℃以上吸氢，产生氢脆，可通过1000℃真空退火消氢。

温度和pH值对锆在相容媒介里的防腐能力只有微弱的影响，锆在水中长期使用的温度局限为350℃。

锆应用于尿素合成塔，200℃下，腐蚀速率比钛低一个数量级。用于230℃的尿素合成塔，尿素合成的转化率可达80%～90%。

锆在氟化物除外的卤化物里，对缝隙腐蚀有免疫能力。

锆的电偶腐蚀，和大多数金属偶合时，锆通常作为阴极；不应和惰性材料偶合，如石墨或铂，会增加锆的腐蚀率。

锆在纯水和蒸汽、非氧化性氯溶液、NaOH、H_2S中有抗应力腐蚀的能力，在氧化性氯化物溶液、浓甲醇、含酸甲醇、I_2蒸气、含盐酸乙醇、HNO_3（浓）、质量分数64%～69% H_2SO_4等中可能产生应力腐蚀开裂。

锆、钛和铌对微生物腐蚀有免疫力，这是由于它们对硫化物的亲和力低，又有氧化膜的防护。

锆焊接接头在冷却中由β锆转变为α锆的过程中，锆中含有的Fe会富集在β晶界和α片间，含量可达平均值的20倍，从而降低焊接接头的耐蚀性。经700～800℃的均匀化处理，可有效地改善焊接接头的耐蚀性。

应力大于240MPa时，锆合金会出现延迟氢化物裂纹，在锆705材料焊接后14d内要做应力释放处理，减低发生延迟氢化物裂纹的可能性。锆和锆合金的热处理规范为：消除应力退火，500～600℃，0.5h/25.4mm；减少应力加厚氧化膜，500～600℃，4～6h；完全退火，625～788℃，0.5～4h，恢复力学和耐蚀性能。

(7) 钽及钽合金

钽有很高的化学稳定性，优于钛、镍基合金及不锈钢，近似于铂和玻璃。钽在150℃以下抗化学腐蚀及大气腐蚀的能力很强，可耐沸腾温度下任何浓度的HCl和HNO_3、200℃以下的酸性和碱性介质，耐室温至150℃的发烟硝酸和发烟硫酸所组成的混合酸。除浓碱、KI、F^-、发烟和高温浓H_2SO_4和浓H_3PO_4外，钽对其他的酸都是稳定的。

钽在质量分数75%以下H_2SO_4中耐蚀性能优良，可使用于任何温度，对不充气的浓H_2SO_4可用于170℃，充气的浓H_2SO_4可用于260℃，超过此温度腐蚀增大。钽材对H_3PO_4的耐蚀性能良好，但酸中如含有微量的F^-（质量分数$>4\times10^{-6}$）时，则腐蚀率加大。

钽材在碱中通常不耐蚀，会变脆，在高温、高浓度下腐蚀更快。

钽能与高温气体（惰性气体除外）反应，O_2、N_2、H_2等可渗入内部使之变脆，如与初生态H接触，也会吸氢变脆。因此，钽材设备不可与较活性金属（如Fe、Al、Zn）等接触，因为易构成钽-铁（Al、Zn）原电池，腐蚀反应产生的氢将破坏钽阴极，使设备失效。如用氢超电压极小的一小块铂（面积大约为钽的万分之一）与钽连接，那么所有的氢将在铂上放出，可以避免氢对钽的破坏。

钽的腐蚀是均匀的全面腐蚀，对切口不敏感，不发生腐蚀疲劳和腐蚀破裂等局部类型的腐蚀。利用钽的这一特性，可以做包覆和衬里材料。

我国钽及钽合金标准有GB/T 3629[32]《钽及钽合金板材、带材和箔材》、GB/T 14841[33]《钽及钽合金棒材》。钽材耐蚀性能优异，但价格昂贵，为了降低成本，钽层的厚度希望尽可能的薄。因为钽材和钢材的熔点相差悬殊（钽材的熔点为2996℃，钢材的熔点为1400℃），且Fe与Ta在高温下会形成Fe_2Ta脆性金属间化合物，如果措施不当，容易导致焊缝开裂，所以薄层钽钢复合板或衬里的焊接非常困难。

(8) 铌和铌合金

铌是优质耐酸碱和液态金属腐蚀的材料，在许多腐蚀环境中都有极佳的抗腐蚀能力，可应用于盛HCl的容器中。铌对一些含氟化物溶液也有抗腐蚀作用，在活性金属中这是独一无二的。在化学工业中可用于制作反应容器、换热器、蒸煮器、加热器、冷却器、各种器皿器件、热电偶、安全膜和管线等。

在室温H_2SO_4溶液中，铌一般对低浓度H_2SO_4有较好的防腐能力，但在高浓度下会引起脆化。当H_2SO_4质量分数高于40%时，随着温度升高，铌将迅速被侵蚀。在硫酸中含有Fe^{3+}、Cu^{2+}可以明显改善铌的耐蚀性能。

在HNO_3环境具有很强的抗腐蚀能力，对任何浓度的HNO_3都具有抗蚀能力，并不产生应力腐蚀开裂。

在H_3PO_4溶液中表现出极佳的抗蚀能力，加入大量钽的铌-钽合金显著地改善了铌在热H_3PO_4溶液中的抗蚀性。

在许多有机酸有很强的抗蚀性，对醋酸、柠檬酸、甲醛、甲酸、乳酸、酒石酸、三氯甲酸等有机酸，铌有较好的抗腐蚀性。

除了那些水解形成碱性溶液的盐以外，铌在盐溶液具有极佳的耐蚀性。即使有氧化剂存在，铌对铬盐的溶液也具有抗蚀性。

2.5.3 影响耐蚀合金和有色金属设备耐蚀性的制造因素

① 游离铁污染 在任何表面上，游离铁都会生锈并使耐蚀合金和有色金属产生腐蚀。游离铁的来源很多，包括粉尘、普通碳钢钢丝刷清理、曾在碳钢上使用过的磨料进行喷砂或喷丸处理，或在耐蚀合金部件及设备附近对非不锈钢制品进行修磨。在下料或吊装过程中如果不采取保护措施，使钢丝绳、吊具和工作台面上的铁嵌入或沾污表面，制造或现场安

装时未对耐蚀合金部件进行保护，导致碳钢构件的焊接飞溅污染耐蚀合金表面。

ASTM A380[34]规定了检查不锈钢表面铁或钢微粒的铁锈试验法。检验后，应用干净的纯水或硝酸对表面进行清洗，直到深蓝色完全消失。如试验溶液不能全部清除干净，则用来生产人类消费品的设备表面不得采用这种试验方法。比较简单的试验方法是在水中暴露12～24h，检查是否有锈迹，这种试验耗时、灵敏性差。其他耐蚀合金和有色金属，可以根据材料的化学性质检验，参照 ASTM A380 或用水中暴露法来检验游离铁。如发现有铁存在，必须用化学或电化学的方法进行清理。

② 机械划痕　为了防止污物积留，必须对划痕和其他粗糙表面进行机械清理。

③ 热回火色和氧化层　焊接或修磨过程中，不锈钢在空气中被加热到一定的高温，焊缝两侧、焊缝的下表面和底部都会出现铬氧化物热回火色。热回火色比氧化保护膜厚，而且明显可见。颜色决定于厚度，可呈现彩虹色、蓝色、紫色到淡黄色和棕色。较厚的氧化物一般为黑色，是在高温氧化性气氛中长时间停留产生。当出现这些氧化层时，金属表面的铬含量都会降低，造成这些区域的耐蚀性降低。在这种情况下，不仅要消除热回火色和其他氧化层，还应对它们下面的贫铬金属层进行清理。

其他耐蚀合金和有色金属也存在同样的问题。应采取相应的措施，消除这些热回火色或氧化层。

钛合金在空气中加热，1000℃以下主要是氧渗入，由于氮在钛中扩散系数小，氮含量基本不增加。因此，污染层中主要是富氧的 α 固溶体和氧化钛。氧化钛容易清除，主要影响性能的是富氧的 α 层。加热温度越高，保温时间越长，合金加热最理想是在真空中或干燥纯氩气中加热，但这样将增加产品的成本。除薄板和重要产品外，半成品和一般产品均在空气炉中加热。为减轻污染，应尽量降低加热温度和缩短加热时间，或采用保护涂料加热，炉膛气氛保持中性或弱氧化性，将材料表面的氧化层清除。不允许在还原气氛中加热，以免增氢。钛容器的阳极化处理，可使钛表面形成一层较厚的钝化膜，也同时清除了表面的铁污染。在接触腐蚀介质的初期，这层膜有更好的耐蚀性。但使用一些时间后，这层膜会被耗尽，因此阳极化处理主要只对容器使用初期有利，不能确定钛容器是否适用该介质条件。

④ 粗糙的研磨和机加工　研磨和机加工都会造成表面粗糙，留有凹槽、重叠和毛刺等缺陷。每种缺陷也可能使金属表面损伤到一定深度，以至于受损伤的金属表面无法通过酸洗、电抛光或喷丸等方法清理掉。粗糙表面能够成为发生腐蚀和沉积生成物的发源地，重焊前清理焊缝缺陷或清除多余的焊缝余高都不能用粗磨进行研磨。对后一种情况，应再用细磨料研磨。

⑤ 焊接引弧斑痕　在金属表面引弧时，会造成表面粗糙缺陷，保护膜受损。应在已经焊好的焊道上或在焊缝接头的侧边引弧，然后将引弧痕迹熔入焊缝中。

⑥ 焊接飞溅　焊接前应在接头的每一边涂上防溅剂，焊完后可以很容易地将这种防溅剂及各种飞溅物清理掉，可不损伤或轻微损伤表面。

⑦ 焊剂　手工焊、药芯电弧焊和埋弧焊会在金属表面留下细小的焊剂颗粒，普通的清理方法无法将它们清除掉。这些颗粒可能造成缝隙腐蚀，必须采用机械清理方法去除这些残留焊剂。

⑧ 焊接缺陷　表面焊接缺陷可能是多种腐蚀的腐蚀源。

⑨ 油、油脂　有机物质如油、脂甚至指印都会成为局部腐蚀的腐蚀源，特别是焊缝区的有机物严重影响焊接接头的耐蚀性能。由于这些物质能起屏障作用，它们会影响化学和电化学清理效果，因而必须彻底清理掉。ASTM A380 有一种简单的断水（waterbreak）试验检测有机污染物。试验时，从垂直表面的顶部浇下水，在向下流的过程中水会沿着有机物质的周围分开。

⑩ 残余黏合剂 撕掉胶带和保护纸时，黏合剂总有一部分残留在不锈钢表面。如果黏合剂还没硬，可以用有机熔剂去除。长时间曝露在光或空气中时，黏合剂变硬，形成缝隙腐蚀的腐蚀源，需要用细磨料进行机械清理。

⑪ 油漆、粉笔和标记笔印 这些污染物的影响与油和油脂的影响相似。建议用干净的刷子和干净的水或碱性清洗剂进行洗涤，也可以使用高压水或蒸汽冲洗。

2.6 非金属材料的腐蚀

2.6.1 非金属材料的种类

压力容器用非金属材料既可以单独用作结构材料，也有可用作金属材料保护衬里或涂层，还可以用作设备的密封材料、保温材料和耐火材料等。压力容器用非金属材料除要求有良好的耐腐蚀性外，还应有足够的强度、好的热稳定性、良好的加工制造性能。大多数材料耐热性不高，对温度波动比较敏感，与金属相比强度较低（除玻璃钢外）。压力容器常用非金属材料可分为有机高分子材料和无机非金属材料，主要有涂料、工程塑料和纤维增强塑料、不透性石墨、硅酸盐材料等。

(1) 涂料

涂料是一种有机高分子胶体的混合物，将其均匀地涂在容器表面上能形成完整而坚韧的薄膜，起耐腐蚀和保护作用。

(2) 工程塑料

工程塑料是指被用做工业零部件材料的工业用塑料，其力学性能、耐热性、硬度及抗腐蚀性优异。

① 热塑性塑料 在一定温度下可以变软，而不发生化学变化，冷却后又变硬，这种过程是可逆的，可以反复进行；如聚乙烯、聚丙烯、聚氯乙烯、聚苯乙烯、聚甲醛、聚碳酸酯，聚酰胺、丙烯酸类塑料、ABS 等其他聚烯烃及其共聚物、氟塑料、聚砜、聚苯醚、氯化聚醚等都是热塑性塑料。可用作制造低压容器的壳体、管道，也可用作密封元件、衬里等的材料。

硬聚氯乙烯（PVC）塑料使用温度为－10～＋55℃。当温度在 60～90℃时，强度显著下降。聚乙烯（PE）塑料在室温下，除硝酸外，对各种酸、碱盐溶液均稳定，对氢氟酸特别稳定。

聚四氟乙烯（PTFE）塑料的耐疲劳性能优异，不会出现永久疲劳破坏，即使因疲劳而破坏，但仍能保持其物理的完整性，维持着一个“剩余的”疲劳强度。PTFE 的拉伸强度较低，其蠕变和应力松弛受温度、时间、载荷、分子量和结晶度的影响。耐强腐蚀性介质腐蚀，甚至超过贵重金属金和银，有塑料王之称。常用作耐腐蚀、耐高温密封元件、高温管道和容器衬里。有良好的自润滑性，还可以用作无油润滑压缩机的活塞环。有突出的耐热和耐寒性，使用温度范围为－200～250℃。

聚三氟氯乙烯（Polychloro-trifluoro ethylene，PCTFE），PCTFE 是高结晶性聚合物，PCTFE 的结构兼具全同立构型和间同立构型，总的来看呈无规立构型，因而制品透明度好。PCTFE 几乎不透湿，透气性也很低，吸水性极小，即使在水中也能保持良好的绝缘性能。PCTFE 的耐化学药品腐蚀性逊于 PTFE，但优于其他塑料，仍为耐化学药品、耐腐蚀的优良材料。大于 140℃时，对发烟硫酸、熔化苛性碱、氯磺酸、F_2不稳定，对 CCl_4、环已烷、环己酮及芳香族溶剂等有机溶剂不稳定，高温高压下可被溶解。主要用于耐低温、耐腐蚀、耐磨的场合，以及要求表面硬度高的场所、医疗卫生和低频绝缘等领域。可制成各类耐腐蚀的泵、阀门、管道密封件、垫片等。尤其用于低温场所，如液氮、液氧的储运密封件，球形容器的组件，核能锅炉、核潜艇的关键密封件，空军的液氧救生面罩上的开关和密封件等，火箭液体燃料的密封垫料，紫外线杀菌的医疗器械等。

氟硅橡胶，本质上应属硅橡胶，是以聚硅氧烷为主链骨架的材料，在硅的侧链上具有氟代烃基。这类橡胶耐高、低温性优异，一般可在－61～232℃长期使用，耐化学药品腐蚀、耐化学溶剂、耐油（如燃料油、液压油和机油、烃类）。如加入填料（高强白炭黑），所得胶料耐撕裂性高，广泛用于航空、航天、汽车、石油化工、医药卫生、电子电气等领域。

聚苯硫醚（Polyphenylene sulfide，PPS），PPS为第六大工程塑料和第一大特种工程塑料，属热塑性结晶树脂。其熔点 T_m 高达280～290℃，分解温度 $T_d>400$℃，与无机填料、增强纤维以及其他高分子材料复合，可制得各种PPS工程塑料及合金。耐高温、耐腐蚀、耐辐射、不燃、无毒、机械性能和电性能十分优异，制品的尺寸稳定性好。

② 热固性塑料　热固性塑料是指在受热或其他条件下能固化或具有不溶（熔）特性的塑料，如酚醛、三聚氰胺甲醛、环氧、不饱和聚酯以及有机硅等塑料都是热固性塑料，热固性塑料又分甲醛交联型和其他交联型两种类型。

耐酸酚醛塑料（PF）使用温度为－30～＋130℃。这种塑料性质较脆，冲击韧性较低。

（3）硅酸盐材料

① 玻璃　凡熔融体通过一定方式冷却，因黏度逐渐增大，而具有非晶结构特征和固体机械性质的物质，不论其化学组成及硬度范围如何，都可称之为玻璃。常用于容器上玻璃视镜、液位计、衬里等。

玻璃的特点是化学稳定性好，除氢氟酸和含 F^- 介质、高温 H_3PO_4 以及强碱外，能耐各种浓度的无机酸、有机酸、盐类、有机溶剂和弱碱的腐蚀。玻璃的硬度很高，仅次于金刚石、刚玉、碳化硅等磨料，抗冲刷好。但玻璃是一种典型的脆性材料，在冲击和动负荷作用下很容易破碎，并且玻璃的拉伸强度低，仅为59～79MPa。

② 陶瓷　陶瓷是以黏土为主要原料以及各种天然矿物经过粉碎混炼、成型和煅烧制得的材料以及各种制品。因此与玻璃、水泥、搪瓷、耐火材料等工业，同属于“硅酸盐工业”的范畴。具有良好的耐腐蚀性能，且有一定的强度。用于各种化学工业的耐酸容器和反应器、管道，塔、泵、阀以及搪砌反应锅的耐酸砖、灰等。

③ 搪瓷　搪瓷（化工搪瓷）设备是由含硅量高的瓷釉通过900℃左右的高温煅烧，使瓷釉密着于金属胎表面而制成的，它具有优良的耐蚀性，较好的耐磨性，但易碎裂。广泛用作耐腐蚀、不挂料的反应罐、储罐、塔和反应器等。

搪瓷热导率不到钢的1/4，线胀系数大。不能直接用火焰加热，以免损坏搪瓷表面，可以用蒸汽或油浴缓慢加热。使用温度为－30～270℃。

（4）非金属复合材料

非金属复合材料是一种混合物，是非金属与非金属复合材料。具有重量轻、强度高、耐腐蚀性好等优点，是一种很有发展前途的压力容器材料，主要种类有纤维增强塑料、夹层复合材料、细粒复合材料、混杂复合材料、不透性石墨等，已被用于制造天然气钢瓶、液化石油气储罐、化工容器和换热器等产品。

① 非金属复合材料分类

a. 按基体分类　树脂基复合材料、橡胶基复合材料、陶瓷基复合材料等。

b. 按增强相的形态分类　纤维增强复合材料、颗粒增强复合材料、叠层复合材料。

② 复合材料中的增强材料

a. 增强纤维　玻璃纤维、碳纤维、硼纤维、芳纶纤维（Kevler纤维）、碳化硅纤维（陶瓷纤维）。

b. 增强颗粒 Al_2O_3、SiC、Si_3N_4、TiC、B_4C 和石墨等。

③ 非金属复合材料

a. 玻璃钢 又称玻璃纤维增强塑料，用合成树脂为黏结剂，以玻璃纤维为增强材料，按一定成型方法制成。具有优良的耐腐蚀性能，强度高和良好的工艺性能。玻璃钢中因树脂不同而性能差异很大，主要种类有环氧玻璃钢、酚醛玻璃钢、呋喃玻璃钢、聚酯玻璃钢等。树脂基复合材料采用的增强材料主要有玻璃纤维、碳纤维、芳纶纤维、超高分子量聚乙烯纤维等。

b. 不透性石墨 指对气体、蒸汽、液体等流体介质具有不渗透性的石墨制品。作为结构材料的石墨制品还包含一些高分子材料或其他成分，以适应不同的使用条件。不仅具有良好的物理力学性能和加工性能，而且还具有优异的耐腐蚀性和高的导电和热导率、良好的化学稳定性，可用于制造热交换器。

耐腐蚀性除强氧化性介质溶液及某些卤素外，可耐绝大多数酸、碱、盐类溶液、有机溶剂等的腐蚀。除添加有氟塑料的材料外，其耐腐蚀性主要取决于添加成分。例如，应用最广的酚醛树脂浸渍石墨和挤压石墨耐酸不耐碱，呋喃树脂浸渍石墨耐非强氧化性酸又耐碱，水玻璃浸渍石墨耐碱不耐稀酸等。

(5) 金属基复合材料

树脂基复合材料通常只能在350℃以下的温度范围内使用，近些年来正在迅速开发研究适用于350～1200℃使用的各种金属基复合材料。金属基复合材料是以金属或合金为基体与各种增强材料复合而制得的复合材料。增强材料可为纤维状、颗粒状和晶须状的碳化硅、硼、氧化铝及碳纤维。金属基体除金属铝、镁外，还发展有色金属钛、铜、锌、铅、铍超合金和金属间化合物，及黑色金属作为金属基体。其特点在力学方面为横向及剪切强度较高，韧性及疲劳等综合力学性能较好，同时还具有导热、导电、耐磨、热膨胀系数小、阻尼性好、不吸湿、不老化和无污染等优点。例如碳纤维增强铝复合材料其比强度$(3\sim4)\times10^7$ mm，比模量为 $(6\sim8)\times10^9$ mm，又如石墨纤维增强镁不仅比模量可达 1.5×10^{10} mm，而且其热膨胀系数几乎接近零。

金属基复合材料除了和树脂基复合材料同样具有高强度、高模量外，还能耐高温，同时不燃、不吸潮、导热导电性好、抗辐射。目前不断发展和完善的金属基复合材料以碳化硅颗粒铝合金发展最快。这种金属基复合材料的密度只有钢的 1/3，为钛合金的 2/3，与铝合金相近。它的强度比中碳钢好，与钛合金相近而又比铝合金略高。其耐磨性也比钛合金、铝合金好。目前已小批量应用于汽车工业和机械工业。金属基复合材料存在的主要问题是金属复合材料制造工艺复杂、造价昂贵，尚未能在工业规模生产中应用，特别是在承压设备上，还没见应用。

金属基复合材料可按增强体的类别来分类，如纤维增强（包括连续和短切）、晶须增强和颗粒增强等；按金属或合金基体的不同，金属基复合材料可分为铝基、镁基、铜基、钛基、高温合金基、金属间化合物基以及难熔金属基复合材料等。

金属基体与纤维增强物的界面结合有 3 种形式：

a. 物理结合 结合强度主要与纤维表面的粗糙度有关；

b. 溶解与浸润结合 相互溶解，在不同组元形成的溶解扩散区内形成原子间结合力；

c. 反应结合 结合强度较大。

由于这类复合材料加工温度高、工艺复杂、界面反应控制困难、成本相对高，应用的成熟程度远不如树脂基复合材料，应用范围较小。

① 纤维增强铝基复合材料（硼纤维增强铝基符合材料）

a. 组成 硼纤维+铝；性能特点，高的拉伸模量、高横向模量、高的抗压强度、剪切强度和疲劳强度以及比强度。

b. 应用　飞机和航天器的蒙皮、长梁和航空发动机叶片。

② 颗粒增强铝基复合材料　与纤维增强复合材料相比，颗粒增强金属基复合材料的工艺简单，价格便宜，已在汽车等民用工业中应用。

③ 晶须增强铝基复合材料　碳化硅晶须增强铝基复合材料性能优异，用于制造卫星支架等；民用上，已用于汽车的驱动轴、刹车盘、发动机的缸套、活塞和连杆等。

2.6.2 非金属材料的腐蚀

在环境介质的作用下，非金属材料性能发生蜕化，甚至完全丧失使用功能的现象，称为非金属材料的腐蚀。

非金属材料与金属材料有着不同的组成和结构，因此，腐蚀原理也有着本质的区别。非金属材料（除石墨材料）的导电性很差或完全不导电，或电化学稳定强，即使将其置于电解质溶液中，也不会发生电化学腐蚀。非金属材料的腐蚀主要由物理作用和化学作用引起。

(1) 有机非金属（高分子）材料

有机非金属（高分子）材料腐蚀过程主要是物理的或化学的腐蚀，主要腐蚀机理有以下几点。

① 物理腐蚀　高分子材料的物理腐蚀是其在介质中的溶解，整个溶解过程为溶胀和溶解两个阶段。溶胀和溶解过程与高分子材料的结构（晶态或非晶态）、分子排列（是线性还是网状）有密切关系。介质向材料内部渗透扩散，材料中的某些成分，如增塑剂、稳定剂等添加剂或相对低分子质量组分也会向介质迁移。腐蚀介质通过材料表面渗入内部，就会使质量增加，材料中的可溶成分及腐蚀产物逆向扩散进入介质中使质量减少。当材料的溶出量小于介质渗入量是腐蚀试验表现为正的质量变化率，即质量增加。相反，当材料中的逆向扩散出来的质量超过介质渗入量时，表现为负的质量变化率，即质量损失。

在有机非金属高分子材料耐蚀性能评定中经常测定的浸渍质量增加率，实质是介质向材料内部渗透扩散与材料组成物、腐蚀产物逆向溶出的总的表现。若仅用质量增加率做标准来评定腐蚀程度的话，可能得出错误结论，因为当吸收介质增加的质量与溶出而减少的质量均很大，但差值却很小时，材料虽然已完全损坏，但总质量增加率却不大。渗透是指由浓度差引起的扩散过程，无论材料成分的溶出或是介质的渗入均与渗透扩散性有关，只是溶出是在腐蚀性介质渗入有机非金属材料内部并与其发生作用后造成的。

物理腐蚀的影响因素有：

a. 相似相溶，溶剂和高分子材料的化学结构越相似，如极性相近等，溶解的可能性越大；

b. 非晶态材料结构松散，容易溶解；晶态材料结构紧密，分子间作用力强，不容易溶解；相对线性非晶态材料来说，分子质量增大，温度降低，溶解减缓。

② 化学腐蚀　化学腐蚀是指发生不可逆化学反应所导致的腐蚀，它往往是氧化、水解、取代和交联等反应的综合结果。作用机理是因高分子材料的大分子中一些具有一定活性的极性基团，这些极性基团与特定的介质发生化学反应，导致了材料性能的改变，从而造成材料的老化或者裂解破坏。

有机高分子材料的化学腐蚀可分为两类：一类是高分子材料在酸、碱、盐等介质中的水解反应；另一类是在空气中由于氧、臭氧等作用而发生的氧化反应，此外还有侧基的取代反应和交联反应均属化学腐蚀。

a. 水解反应　高分子链中的 O、N、Si 等原子，它们与 C 之间构成极性键，如醚键、酯键、酰胺键等，水能与这些键发生作用，如：聚酯的水解反应，聚酯的碳氧键和聚酰胺的碳氧键水解后，生成相应的缩聚单体，而且碱能使酯发生皂化反应形成盐。因此，不饱和聚酯不太耐酸、更不耐碱，聚酰胺在酸的作用下因形成铵盐而被迅速破坏，但是它宜用做耐油或烃类溶剂的防腐材料。

b. 氧化反应　大气中的氧、臭氧、污染物（NO_2、SO_2等）在一定的环境条件下使高聚物发生化学反应而破坏。如，高分子材料（天然橡胶和聚烯烃高聚物等），在辐射或紫外线等外界因素作用下，能发生高分子氧化反应；一些氧化剂如浓 HNO_3 和 H_2SO_4 等，也会使高聚物分子发生氧化。一般认为，氧化过程分两步进行，第一步是氢过氧化物的形成（初级反应），第二步是氢过氧化物的分解产生多种分解产物（次级反应）。其原因是在高聚物大分子链上存在有键能较低的与叔碳原子相连的或与双键 α 位碳原子相连的 C—H 键。

c. 降解　高聚物的降解过程就是相对分子量下降的过程，分为表面腐蚀（体积变小）、本体腐蚀（几何形状保持不变）。特征为：形态的变化，最初材料表面粗糙，慢慢地变成了多孔结构；腐蚀过程中齐聚物和单体的产生。

降解的途径分为光照、热、机械、化学降解，热降解对非生物降解高分子材料起主要作用。所有生物降解高分子材料都含有可水解的键。光降解实质是光氧化降解，取决于分子链所吸收波长的能量和化学键的强度，紫外光能量一般高于引起高分子链上化学键断裂所需要的能量。

降解的影响因素有，共聚物成分，其化学键活性对降解影响较大，酐和原酸酯键的水解反应速率最快，其次是酯和酰胺键；pH 值通过催化作用影响反应速率；由于水解作用是水和不稳定功能基团间的双分子反应，因此亲水性的高聚物降解速率大。

d. 取代基的反应　饱和的碳基化合物化学稳定性较高，但在加热及光照下，除被氧化外，还能被氯化。氯化是放热反应，随着含氯量的增加，生成物的大分子间的作用力增强，结晶性改善，在溶剂中的溶解能力会大大提高。

e. 交联反应　有些高聚物受日光或环境作用，相邻间会发生交联反应而使材料硬化变脆。例如聚乙烯薄膜在长期太阳光照下硬化；软聚氯乙烯在使用过程中变硬发脆；硬聚氯乙烯（特别是加有 ZnO 填料时）长期在阳光下暴晒性能变脆等。将聚苯硫醚在 320～360℃空气中进行热处理后，可以使具有脆性的线性结晶结构发生氧化交联，成为低结晶度网状结构而提高其力学性能及韧性。

③ 应力腐蚀开裂

a. 环境应力开裂　在应力与某些介质（如表面活性剂）共同作用下，不少高分子材料会出现银纹，进一步长成裂纹，直至发生脆性断裂，其断裂应力比在惰性环境中低得多，这种现象称为环境应力开裂。按应力腐蚀开裂机理与种类可分为环境应力腐蚀开裂、溶剂开裂和氧化应力开裂。

有些聚合物，尤其是玻璃态透明聚合物如聚苯乙烯、有机玻璃、聚碳酸酯等，在存储及使用过程中，由于应力和环境因素的影响，表面往往会出现一些微裂纹。有这些裂纹的平面能强烈反射可见光，形成银色的闪光，故称为银纹，相应的开裂现象称为银纹化现象。

环境应力开裂的类型的介质可分为表面活性物质、溶剂型物质、强氧化性介质。有机高分子材料与醇类和非离子型表面活性剂等表面活性介质相接触时，不会产生很大的溶胀，而是通过局部表面渗入产生塑性增加的作用，使其在较低的应力作用下产生较多银纹，而使得应力集中又加剧了银纹的生长。因此，银纹的产生、生长、扩大直至汇合发生脆性断裂是典型的环境应力腐蚀开裂过程。

环境应力包括外加负载材料在加工、使用时残留于材料中的内应力。

环境应力开裂的主要理论有：表面能（ΔS）降低理论、附着功（W）理论、自由能变化值（ΔG）理论等，其中自由能变化值理论是最具有说服力的机理。在有机高分子材料表面层的某些部位，因局部的增塑作用及应力作用而产生裂纹，被公认是环境应力开裂的诱因。

b. 溶剂开裂　有机高分子材料与溶解度参数相近的溶剂介质相接触时（参数太接近，溶剂化能力太强情况下，环境应力开裂也不典型），溶剂分子进入大分子之间就有了增塑作用，使得大分子链段易于相对滑移，材料强度下降，在较低的内应力作用下可发生应力开裂，称之为溶剂开裂。这种开裂之前产生的裂纹不多。

c. 氧化应力开裂　当有机高分子材料与强氧化剂性介质如浓 H_2SO_4、浓 HNO_3 等接触时，会在材料表面发生氧化反应，使大分子链发生裂解，在应力作用下会在少数薄弱环节处产生银纹，银纹中的空隙又进一步加快了介质的渗入，最后在其银纹尖端应力集中比较大的地方，使大分子断链，形成开裂。这类开裂发生只是形成少数微裂纹，然后迅速发展而造成开裂，称为氧化应力开裂。

d. 应力腐蚀开裂的影响因素　高分子材料的性质是最主要的影响环境应力开裂的因素。不同的高聚物具有不同的耐环境应力开裂的能力，即使是同一高聚物，也会因其相对分子质量、结晶度、内应力的差别而有很大的不同。相对分子量小、分布窄的材料因分子间解缠溶解而使开裂所需时间短；结晶度高容易产生应力集中，且在晶区和非晶区的过渡交界处容易受到介质作用，因此易于应力开裂。

聚乙烯的溶剂开裂比较严重，常影响到它在化工介质中的实际应用性能，所以在无应力时的浸渍数据不一定能反映真实的情况，用于表面活性介质时更要注意。

聚合物的结晶度高，易产生应力集中。同时，晶区与非晶区的交界处同样易受到试剂的作用，所以有着能更快出现裂缝的趋势。此外结晶的大小与分布也影响应力腐蚀开裂。

材料中的缺陷、杂质、粘接不良的界面、表面刻痕及微裂等应力集中体，同样也会促进环境应力开裂。

加工不良引起的内应力，或者材料由于热处理条件不同产生的内应力，对环境应力开裂均有很大的影响。

相对分子质量的影响更大。相对分子质量小而相对分子质量分布窄的材料，发生开裂所需时间不长。因为相对分子质量越大，在介质作用下的解缠就越不容易。

环境和介质的影响包括介质的类型和介质的极性。

环境介质的性质，主要决定于材料与介质间的相对表面性质或溶度参数差值。

介质的类型。介质有助于裂纹的产生，这种现象有人用表面能降低的理论来解释。由断裂强度理论可知，裂纹尖端的应力大于裂纹扩展的临界应力时，裂纹才能扩展。介质中的表面活性物质与高分子材料接触时，其表面能会下降，因此产生新的表面所需的能量或临界应力可以减小。当临界应力小于外加应力或材料内部残余的内应力时，裂纹扩展，引起开裂。

介质的极性。介质对环境应力开裂的影响，还可以用它与材料间的相对表面性质或溶解度参数的差值来衡量。若介质与材料的溶解度参数很接近，即浸润性好，则易溶胀，不是典型的环境应力开裂剂。如果介质与材料的溶解度参数之差 $\Delta\delta$ 太大，材料就不会被介质所浸润，介质的影响也就变小了。

应力的影响。应力包括拉伸应力和交变应力。材料必须受拉伸应力的作用是其银纹产生及发展的必要条件，其发展方向与拉伸方向相互垂直。重要条件是材料的应变应该超过其临界应变值 ε_c。临界应变值是热塑性高聚物在特定介质中长期静拉伸或动拉伸应变作用下形变的极限值。同时 ε_c 的大小反映了高聚物在特定的应力条件下发生环境应力开裂的难易程度，也表征了各种聚合物允许使用的形变极限。由实验数据可知，聚碳酸酯和聚砜比聚丙烯酸酯更容易产生环境应力开裂，见表 2-6。同时，同一种材料在空气中比在介质中的 ε_c 高，这是由于化学介质对材料有侵蚀增塑作用，促进了环境应力腐蚀开裂。

表 2-6 银纹在各种溶剂中引发的临界应变（三点弯夹具、室温、1h）

介质	临界应变 ε_c/%			介质	临界应变 ε_c/%		
	聚丙烯酸酯	聚碳酸酯	聚砜		聚丙烯酸酯	聚碳酸酯	聚砜
正己烷	1.34	0.71	1.03	正丁醇	1.19	0.87	0.67
二乙基醚	0.64	0.20	0.49	异丙醇	1.34	0.87	0.71
环己烷	1.62	0.75	0.19	乙腈	0.87	0.47	0.67
四氯化碳	0.36	0.12	0.40	丙烯乙二醇	3.07	1.96	1.36
甲苯	0.20	0.12	0.16	乙醇	1.42	1.07	0.99
乙基醋酸酯	0.28	0.71	0.16	甲醇	1.94	1.58	1.34
丙酮	0.28	0.63	0.24	70%丙酮水溶液	1.07	1.11	0.63
二氧化碳	0.53	0.85	0.96	空气	5.01	3.06	2.02

大量试验表明，将没有预先浸渍过的硬聚氯乙烯，在介质浸渍状态下测定长期强度，介质的影响很大。若以在空气中的长期强度为标准，则在介质中测得的都要比它小，而且介质腐蚀性越大，强度下降越多。应注意的是介质腐蚀能力的影响，不如材料的方向性（即大分子取向）影响大。另外硬聚氯乙烯在浓 H_2SO_4 与应力作用下试件出现银纹，随着时间的增加微细裂纹增多。由于 H_2SO_4 侵入裂纹及分子之间使之炭化，材料逐渐呈现黑色；裂纹进一步增多与扩大，就使材料出现脆性或接近脆性的断裂。

此外，在负荷作用下或处于应变状态下的高分子材料，其大分子链及链段将沿外力作用方向移动。若为拉伸应力，分子间距增大，这时介质分子易于侵入，质量变化比无负荷的静态浸渍时大。而压应力与拉应力的效果相反。

交变应力。橡胶、塑料具有因低频交变应力使寿命变短的倾向，而介质的存在使疲劳寿命下降得更严重。在实际应用中，应考虑交变应力对在介质中的高分子材料耐腐蚀性能的影响。实验证明，在水与某些表面活性剂中，高的应力振幅对疲劳破坏与蠕变破坏的影响没有多大差别，但在低的应力振幅下，则疲劳破坏强度比静态蠕变强度低得多。在腐蚀性较强的介质中，材料疲劳强度下降得多。水对玻璃钢的疲劳强度影响很大，硝酸、碱与非离子型表面活性剂对聚氯乙烯的影响明显地比水大。

④ 大气老化 大气老化主要发生在有机高分子材料上，虽然无机材料也存在风化的大气老化问题，但是由于风化速度太慢，所以大气老化主要是针对高分子材料而言。高分子材料在大气环境中发生老化，通常以两种形式表现出来，一种是物理老化，另一种是化学老化。

a. 物理老化 玻璃态高聚物多数处于平衡状态，其凝聚态结构是不稳定的。这种不稳定结构在玻璃化转变温度以下在存放过程中会逐渐趋向稳定的平衡状态，从而引起高聚物材料的物理力学性能随存放或使用时间而变化，这种现象被称为物理老化或“存放效应”。物理老化是玻璃态高聚物通过小区域链段的微布朗运动使其凝聚态结构从非平衡态向平衡态过渡的弛豫过程，因此与存放的温度有关。

物理老化使高聚物材料自由体积减小，堆砌密度增加，反映在宏观物理力学性能上是弹性模量和拉伸强度增加，断裂伸长及冲击韧性下降，材料由延性转变为脆性，从而导致材料在低应力水平下的失效破坏。

b. 化学老化 化学老化通常是高分子材料在大气环境中，受阳光的紫外线、热辐射、空气中温度、湿度、水分、氧等因素作用，性能随时间的延续而劣化的腐蚀现象。

影响老化的因素有紫外线、温度、湿气、活性气体及其他化学物质、辐射等。

(2) 无机非金属材料的腐蚀原理

无机非金属材料是指除有机高分子材料和金属材料以外的固体材料，其中多数为硅酸盐材料。所谓硅酸盐材料即指硅和氧组成的天然岩石、铸石、陶瓷、搪瓷、玻璃、水泥等。

① 无机非金属材料的物理腐蚀　无机硅酸盐材料其物理腐蚀主要表现在硅酸盐水泥材料中。硅酸盐水泥硬化以后，在通常使用条件下，一般可以有较好的耐久性。影响耐久性的因素很多，但抗渗性、抗冻性以及对环境介质的抗蚀性，是衡量硅酸盐水泥耐久性的3个主要方面。硅酸盐水泥材料的腐蚀按腐蚀形态分类，可分为溶出型腐蚀和膨胀型腐蚀（或称结晶型腐蚀）。

a. 溶出型腐蚀　溶出型腐蚀主要是由于硬化水泥石中的 $Ca(OH)_2$ 被溶解和洗出造成的。硅酸盐水泥属于典型的水硬性胶凝材料，本身具备一定的抗水能力。硬水含有 $Ca(HCO_3)_2$ 或 $Mg(HCO_3)_2$，能把硬化水泥石中的 $Ca(OH)_2$ 变为 $CaCO_3$ 沉淀下来，形成的碳酸盐薄膜使硬化水泥石密实，所以普通的降水、河水、湖水或地下水等硬水对水泥石不构成严重问题。而软水不但能溶解 $Ca(OH)_2$，而且还能溶解硬化水泥石表面已形成的碳酸盐薄膜，因此能对硬化水泥石构成严重腐蚀。当混凝土中的 CaO 损失达 33%时，混凝土就会被破坏。溶出型腐蚀的速度主要受水的冲洗条件、硬化水泥表面水体的更换条件，水体的压力、水体中含影响 $Ca(OH)_2$ 溶解度的物质数量等因素的影响。

b. 膨胀型腐蚀　膨胀型腐蚀有两种类型：一种反应性产物膨胀，是渗入到硬化水泥石孔隙内部后的某些盐类溶液如果再经干燥后，盐溶液发生过饱和，并且在孔隙中结晶长大，产生一定的膨胀应力，导致材料的破坏；另一种情形是盐类结晶膨胀，即渗入到硬化水泥石孔隙内部发生化学反应生成膨胀性产物，使硬化水泥石孔隙内产生内应力，开始时仅只产生内应力，并无明显破坏迹象，但随着反应的继续进行，膨胀产物增多，体积膨胀，内应力增强，逐渐会使硬化水泥石开裂、剥落，直至严重破坏。

② 无机非金属材料的化学腐蚀　硅酸盐材料成分中以酸性氧化物 SiO_2 为主，耐酸不耐碱，当 SiO_2（尤其是无定型 SiO_2）与碱液接触时发生如下反应受到腐蚀。

$$SiO_2 + 2NaOH = Na_2SiO_3 + H_2O$$

所生成的硅酸钠易溶于水及碱液中。

SiO_2 含量较高的耐酸材料，除 HF 和高温 H_3PO_4 外，能耐所有无机酸的腐蚀。温度高于 300℃的 H_3PO_4、任何浓度 HF 都会对 SiO_2 发生作用。

$$SiO_2 + 4HF = SiF_4 + 2H_2O$$

$$SiF_4 + 2HF = H_2SiF_6$$

$$H_3PO_4 = HPO_3 + H_2O$$

$$2HPO_3 = P_2O_5 + H_2O$$

$$SiO_2 + P_2O_5 = SiP_2O_7$$

一般来说，材料中的 SiO_2 含量越高耐酸性越强，SiO_2 质量分数低于 55%的天然及人造硅酸盐材料是不耐酸的，但也有例外，例如铸石中只含有质量分数为 55%左右的 SiO_2，而其耐酸性却很好，红砖中的 SiO_2 含量很高，质量分数达 60%～80%，却没有耐酸性。由此可见，硅酸盐材料的耐酸性，不仅决定于化学组成，而且还决定于其矿物组成。含有大量的碱性氧化物（CaO、MgO）的材料属于耐碱材料。它们与耐酸材料相反，完全不能抵抗酸类的无机酸腐蚀，而在一般的碱液（浓的烧碱液除外）中都是耐蚀的。

玻璃的腐蚀主要有大气对玻璃的侵蚀和风化，大气侵蚀的实质是 H_2O（气）、CO_2、SO_2 等作用的总和，水汽比水溶液具有更大的侵蚀性。因为它与玻璃主要发生离子交换的释碱反应，其产物不断的沉积在原来部位，使 pH 增大。风化是玻璃和大气长期作用，在表面出现雾状的薄膜或点片状白斑、细线状模糊物、彩虹等过程，风化过程分为溶解和水解浸析两种形式，大气中酸性气体、不通风的高温高湿环境，加速风化。在水、甲醇、甲酰胺等介质和静态拉应力下，玻璃会产生应力腐蚀。

陶瓷材料的玻璃相的腐蚀与玻璃类似，主相（晶体相）有其自身的特点。水介质中的腐蚀，晶体相的能量状态较玻璃相低，化学稳定性和耐腐蚀性通常也较玻璃相好。气体中最普遍的腐蚀是氧化，水蒸气可以加快陶瓷材料的氧化进程，会造成比液体更为严重的腐蚀。熔融玻璃、熔融盐、熔融金属等均可造成晶体陶瓷材料的腐蚀溶解。

③ 影响无机非金属材料腐蚀因素　常见的无机非金属材料基本上是硅酸盐材料，主要由硅、氧原子组成，常以硅酸盐和硅酸石（SiO_2）存在。其耐蚀性能主要与氧化物的类型与含量、材料孔隙与结构、材料结构和腐蚀介质有关。

a. 氧化物的类型与含量　无机非金属材料的主要成分 SiO_2 为酸性氧化物，耐酸（HF、高温浓 H_3PO_4 除外），但不耐碱。在硅酸盐材料中 SiO_2 含量越高，耐酸性能越强。另一种情况是当 SiO_2 质量分数低于 55%时，硅酸盐材料的耐酸性能却仍然很好，这是因为硅酸盐材料的耐酸性不仅与化学组成有关，而且与矿物组成及孔隙率有关。在高温下，铸石中的 SiO_2 与 Al_2O_3、Fe_2O_3 生成耐蚀性很强的普通灰石矿物。另外，硅酸盐的熔融制品如玻璃、铸石等孔隙率很低，材料内部因介质难于渗入，不会发生化学溶解腐蚀，仅发生表面腐蚀，耐蚀性也较好。在硅酸盐材料中，碱性氧化物如 CaO、MgO 等，含量高时，耐酸性差，而耐碱性则会增强。碱性金属氧化物中，以 K_2O 对化学稳定性影响最大，其次为 Na_2O 和 Li_2O。硅酸盐水泥与浓碱、HF、热 H_3PO_4 易发生化学溶解腐蚀。与 $pH<7$ 的酸溶液及镁溶液接触时易发生水解型腐蚀，即水泥中 OH^- 与酸中的 H^+ 结合为水，Ca^{2+} 与溶液中的 Mg^{2+} 相互交换，生成可溶性或无胶结性产物使水泥分解。另外，酸溶液还与水泥中的铝酸钙水化物和硅酸盐水化物反应，导致水泥腐蚀。

b. 材料孔隙与结构　硅酸盐材料除玻璃、铸石等熔融制品外，或多或少总具有一定的孔隙率，孔隙会降低材料的耐蚀性，因为孔隙的存在会使材料受腐蚀介质作用的面积增大，使腐蚀不仅发生在表面上，也发生在材料内部，侵蚀作用也就显得强烈。当化学反应生成物出现结晶时还会造成物理性的破坏，例如制碱车间的水泥地面，当间歇地受到氢氧化钠溶液的浸润时，由于渗透到孔隙中的氢氧化钠吸收 CO_2 后变成含水碳酸盐结晶，体积增大，在水泥内部膨胀，使材料产生内应力而破坏。如果在材料表面及孔隙中腐蚀生成的化合物为不溶性的，则在某些场合它们能保护材料不再受到破坏，水玻璃耐酸胶泥的酸化处理就是一例。当孔隙是互不相通而封闭时，受腐蚀性介质的影响要比开口的孔隙小。因为当孔隙为开口时，腐蚀性液体容易渗入材料内部。

c. 材料结构　硅酸盐材料的耐蚀性还与其结构有关，晶体结构的化学稳定性较无定型结构高。例如结晶的 SiO_2 虽属耐酸材料，但也有一定的耐碱性，而无定型的 SiO_2 易溶解于碱溶液中。具有晶体结构的熔铸辉绿岩也是如此，它比同一组的无定型化合物具有更高的化学稳定性。

d. 腐蚀介质　硅酸盐材料的腐蚀速率与酸的性质无关（除 HF 和高温 H_3PO_4 外），而与酸的浓度有关，酸的电离度越大，对材料的破坏作用也越大，酸的温度升高，离解度增大，其破坏作用也就增强。此外酸的黏度会影响他们通过孔隙向材料内部扩散的速度。例如 HCl 比同一浓度的 H_2SO_4 黏度小，同一时间渗入材料的深度就大，其腐蚀作用也就较 H_2SO_4 快，同样同一种酸的浓度不同，其黏度也不同，因而它对材料的腐蚀速率也不同。

（3） 复合材料的腐蚀

复合材料连续相称为基体，分散相（如纤维、颗粒状填料等）称为增强材料。

① 非金属基复合材料的腐蚀

a. 腐蚀介质对树脂基体的影响，包括物理侵蚀和化学反应。

b. 对增强纤维的影响，通过气泡、微裂纹、沿界面的渗入，纤维/树脂脱黏。

c. 对复合材料界面的影响，介质聚集，溶胀产生拉应力，从界面析出可溶性物质，产生渗透压和化学反应。

② 金属基复合材料的腐蚀　它的耐蚀性一般比金属基体差，原因如下。

a. 合金元素在增强物/基体界面处偏析。

b. 围绕增强物产生残余应力。

c. 在增强物周围基体中位错密度高。

d. 增强物/基体界面处产生空洞。

e. 由于制备过程中基体金属与增强材料发生反应而导致活性界面层。

f. 界面层的电偶效应。

铝基复合材料，碳/铝复合材料易发生电偶腐蚀，这是由于碳纤维具有导电性，其在电解质中的电位也较高；碳化硅/铝复合材料的耐蚀性与基体相比，降低不多。

铜基复合材料，在海水中的耐蚀性与相应的基体差不多，腐蚀产物膜的成分是$Cu_2(OH)_3Cl$。

在增强相表面上施加涂层，化学保护膜（铬酸转化膜）、硫酸阳极保护膜、有机涂层、激光表面处理（熔覆一层合金）、热喷涂、包铝和添加缓蚀剂等，除了可以改善界面间的润湿性、减少界面反应，释放热应力外，还可以减少电偶腐蚀。

g. 热处理，退火消除残余应力等。

参考文献

[1] GB/T 10123—2001. 金属和合金的腐蚀基本术语的定义.

[2] ISO 8044—1999. Corrosion of metals and alloys. Basic terms and definitions.

[3] ASTM G193—2012d. Standard Terminology and Acronyms Relating to Corrosion.

[4] 宋德芳，李挺芳，邵景华. 论全面腐蚀控制 [J]. 全面腐蚀控制，1987，(01)：7，8.

[5] 金桂主编. 腐蚀控制设计手册. 北京：化学工业出版社，2006：978.

[6] 闫康平，陈匡民主编. 过程装备腐蚀与防护. 第 2 版. 北京：化学工业出版社，2009.

[7] GB/T 20878—2007. 不锈钢和耐热钢牌号及化学成分.

[8] SPECIAL METALS. Incoloy alloy 25-6Mo. 2002. 10，出版物编号：SMC-005.

[9] GB/T 15007—2008. 耐蚀合金牌号.

[10] ASTM G48—2011. Standard Test Methods for Pitting and Crevice Corrosion Resistance of Stainless Steels and Related Alloys by Use of Ferric Chloride Solution.

[11] 林钢，林慧国，赵玉涛主编. 铝合金应用手册. 北京，机械工业出版社，2006：163-213.

[12] GB/T 16474—2011. 变形铝及铝合金牌号表示方法.

[13] GB/T 3190—2008. 变形铝及铝合金化学成分.

[14] GB/T 1196—2008. 重熔用铝锭.

[15] GB/T 25951. 1—2010. 镍及镍合金　术语和定义　第 1 部分：材料.

[16] GB/T 5235—2007. 加工镍及镍合金 化学成分和产品形状.

[17] Nickle 200 & 201. http：//www. specialmetals. com.

[18] GB/T 3620. 1—2007. 钛及钛合金牌号和化学成分.

[19] ASTM B265—2010. Standard Specification for Titanium and Titanium Alloy Strip，Sheet，and Plate.

[20] ASTM B338—2003. Standard Specification for Seamless and Welded Titanium and Titanium Alloy Tubes for Condensers and Heat Exchangers.

[21] ASTM B348—2002. Standard Specification for Titanium and Titanium Alloy Bars and Billets.

[22] ASTM B381—2006a. Standard Specification for Titanium and Titanium Alloy Forgings.

[23] ASTM B861—2006a. Standard Specification for Titanium and Titanium Alloy Seamless Pipe.

[24] ASTM B862—2002. Standard Specification for Titanium and Titanium Alloy Welded Pipe.

[25] ASTM B863—2010. Standard Specification for Titanium and Titanium Alloy Wire1.

[26] GB/T 26314—2010. 锆及锆合金牌号和化学成分.

[27] GB/T 8767—2010. 锆及锆合金铸锭.

[28] GB/T 8769—2010. 锆及锆合金棒材和丝材.

[29]　GB/T 21183—2007. 锆及锆合金板、带、箔材.

[30]　ASTM B551—2002. 锆和锆合金带材、薄板和中厚板.

[31]　ASTM B352—2002. 核工业用锆和锆合金薄板、带材和中厚板材.

[32]　GB/T 3629—2006. 钽及钽合金板材、带材和箔材.

[33]　GB/T 14841—2008. 钽及钽合金棒材.

[34]　ASTM A380—1999（Reapproved 2005）. Standard Practice for Cleaning，Descaling，and Passivation of Stainless Steel Parts，Equipment，and Systems.

第3章 全面腐蚀

CHAPTER 3

3.1 全面腐蚀定义

金属暴露于腐蚀环境中，在整个金属表面上进行的腐蚀称为全面腐蚀，是最常见的腐蚀形态。当腐蚀介质能够基本均匀地抵达金属表面的各部位，而且金属的成分和组织比较均匀，金属表面温度分布基本均匀时，腐蚀过程中，腐蚀化学或电化学反应在全部暴露的表面或大部分面积上几乎均匀地进行，金属表面无明显的腐蚀形态差别，金属的表面比较均匀地减薄，同时允许具有一定程度的不均匀性。

全面腐蚀如在整个金属表面几乎以相同速度进行，也称为均匀腐蚀。可以检测和预测均匀腐蚀速率，以单位面积、单位时间的失重或厚度减少评价全面腐蚀速率。是工程设计时考虑腐蚀裕量的依据。

3.2 全面腐蚀对压力容器的危害

压力容器全面腐蚀实际就是指压力容器均匀腐蚀，这是与局部腐蚀相对应的一个概念。石油化工装置中许多的压力容器在与介质相互接触的过程中，都会出现程度不同的腐蚀问题，其中也就包含有均匀腐蚀问题。均匀腐蚀与局部腐蚀最主要的差别在于我们可以测出它的腐蚀速率或者是设备减薄的速度，从金属的质量损失上看，全面腐蚀（均匀腐蚀）代表了金属的最大破坏，但实际上均匀腐蚀是腐蚀中最安全的一种腐蚀形态，因为只要做一些简单的试验或对在用容器进行定点、定期测厚，就可以预测出腐蚀介质对压力容器所用金属的壁厚减薄速率。可以比较容易地判断它对设备损伤的程度，从而提前做好更换和修复的准备，不至于造成突然的和重大的事故。但是真正要做到心中有数也绝非易事。

压力容器均匀腐蚀问题在带金属衬里的容器方面更显得突出一些。最典型的就是尿素高压设备的衬里腐蚀减薄和高压换热器列管的腐蚀减薄。每一个检修期都须认真的检测测量，核对腐蚀减薄的速率，总结腐蚀的规律，以免在开车期间发生泄漏，带来很大的损失。

除了压力容器的均匀腐蚀，大型石油储罐的均匀腐蚀问题也已提到容器管理的议事日程上来。随着石油化工行业的快速发展，到处可见大型石油储罐的容积在迅速扩大几十万立方米。罐底、罐顶和罐壁板可因均匀腐蚀问题发生泄漏，严重的可能因腐蚀泄漏造成火灾或爆炸，给人民的生命财产安全和环境带来极大的损失。

全面腐蚀（均匀腐蚀）的主要危害有以下几点。

① 导致压力容器承压元件承压截面积减少，造成穿孔泄漏，或因强度不足破裂或报废。

② 因全面腐蚀，增加设备的壁厚，增加了设备的成本。

③ 为控制全面腐蚀使用耐蚀合金或覆盖层，或增加工艺控制费用。

④ 电化学全面腐蚀往往伴有 H^+ 的还原反应，可能造成材料充氢，使材料发生氢脆等。这也是设备焊接维修时，需要进行消氢处理的原因。

⑤ 在金属加工过程中为了消除锈皮，在生产中要增加许多工艺设备，延长了生产周期，

降低了生产效率。

3.3 全面腐蚀形貌

气体引起的金属化学氧化腐蚀，腐蚀产物通常覆盖于金属表面形成氧化皮，氧化皮厚度大体均匀，如图 3-1 所示，因腐蚀产物影响了腐蚀介质向金属表面的扩散、或影响了金属原子向腐蚀产物膜外表面的迁移，所以，随着腐蚀的进行，使金属表面的腐蚀程度表现出一定的不均匀性。因此，当去除金属表面的氧化皮后，可见金属表面大致平整，局部出现凹凸不平，如图 3-2 所示。在高温熔盐腐蚀中，腐蚀产物通常能溶于介质当中，相同材质的金属表面各部位腐蚀能基本保持一致，而不同材料（如焊缝金属）的腐蚀会有明显不同，图 3-3 为尿素合成塔 S31603 不锈钢料衬里腐蚀的宏观形貌，可见衬里母材的腐蚀均匀一致，但塔盘挂钩处的焊缝因焊材失控，腐蚀速率明显较大，如图 3-4 所示。

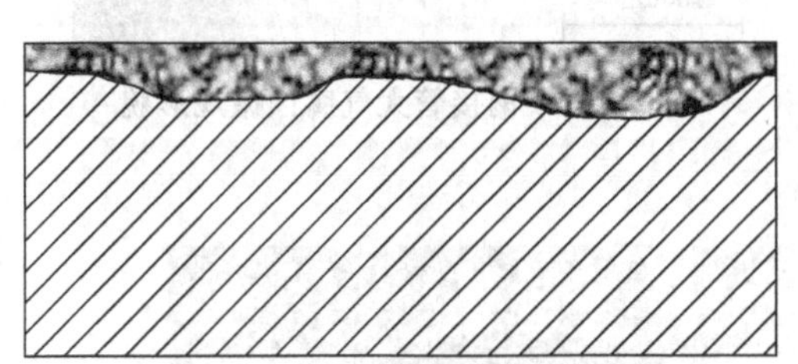

图 3-1 气体氧化全面腐蚀示意图

图 3-2 Q345R 烟气腐蚀表面宏观形貌

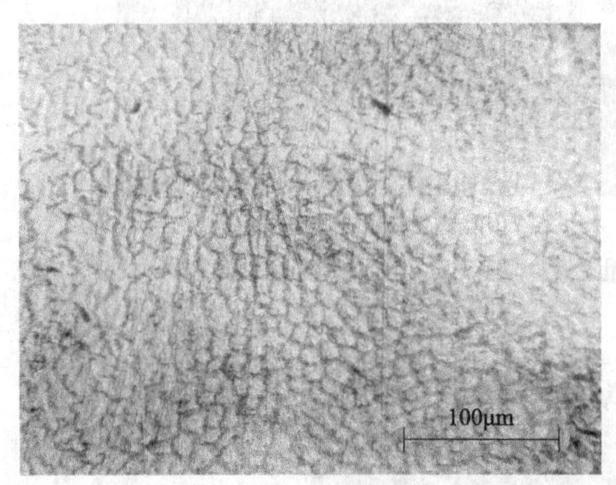

图 3-3 尿素合成塔 S31603 衬里表面微观腐蚀形貌

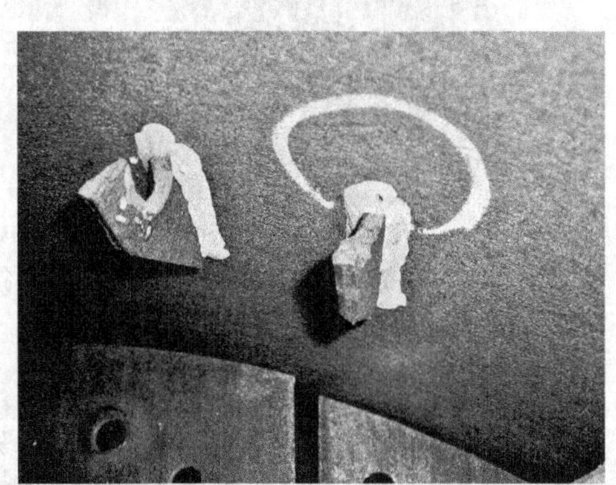

图 3-4 尿素合成塔 S31603 衬里和焊缝腐蚀宏观形貌

大气腐蚀条件下，因电解质少，腐蚀产物一般不会流失，通常覆盖在金属表面，金属表面的腐蚀程度主要受几何形状、表面朝向和外表面覆盖层有关，宏观上，有利于积液的表面腐蚀相对严重，微观形貌上腐蚀没有差别，图 3-5、图 3-6 为某容器的 20 钢接管外表面腐蚀宏观和微观形貌。

在电解质溶液中，当介质均匀抵达材料表面、材料组织基本均匀一致、材料表面温度一致、腐蚀产物易溶于电解质中时，在所有金属表面的电化学腐蚀反应速率基本一致，腐蚀的微观形貌与材料的微观组织和夹杂物分布有关。如碳钢在硫酸中的腐蚀，可见金属表面有均匀的气泡析出，腐蚀后金属表面均一致，图 3-7（a）为 ND（09CrCuSb）在 70℃±1℃的 H_2SO_4 50%（质量分数）介质中的腐蚀试验情形，图 3-7（b）为 24h 试验后的金属表面状况，宏观上看腐蚀在所有表面均匀进行。图 3-8 为 20G 材料在 MEDA 再生塔中的腐蚀微观形貌，微观上可见，材料在铁素体和珠光体间，由于腐蚀微电池作用发生了选择性腐蚀，相界优先溶解。图 3-9（a）为 2205 双相不锈钢在约 100℃下的 H_2S-HCl-H_2O 环境中腐蚀形貌，宏观上，金属表面腐蚀基本一致，微观上，可见沿晶腐蚀特征，由图 3-9（b）可见 2205 双相不锈钢的晶界耐蚀性较差，与晶体形成了腐蚀微电池。

图 3-5　20 钢接管大气腐蚀宏观形貌

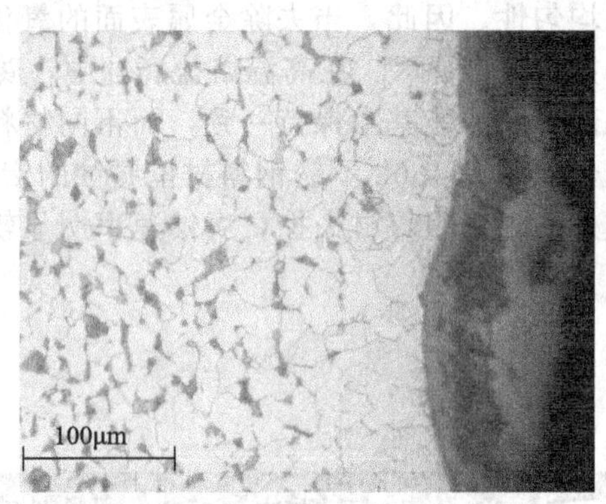

图 3-6　20 钢接管大气腐蚀微观形貌

(a) 试验进行中

(b) 试验24h后金属表面状况

图 3-7　ND 钢在 70℃±1℃的 50%（质量分数）H_2SO_4 介质中的腐蚀试验

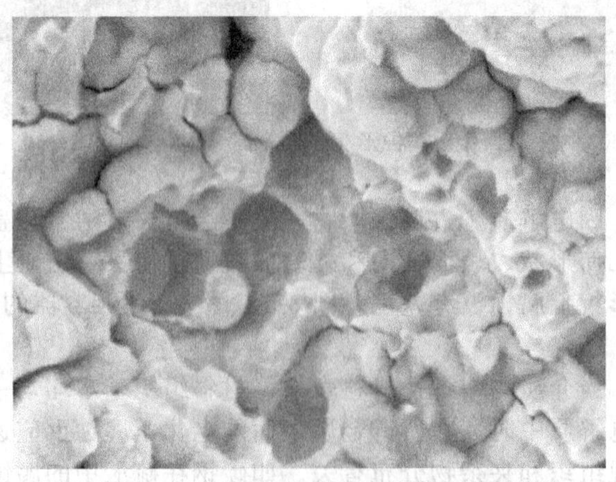

图 3-8　20G 在 MEDA 溶液中的腐蚀微观形貌

(a) 宏观腐蚀形貌

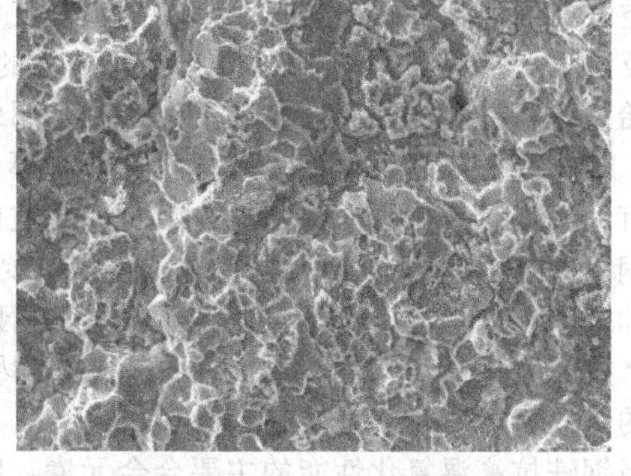

(b) 微观腐蚀形貌，呈现沿晶腐蚀特征

图 3-9 2205 双相不锈钢在约 100℃的 H_2S-HCl-H_2O 环境下腐蚀形貌

在腐蚀介质中，如腐蚀产物不能形成致密保护膜，并且不能溶于介质中时，随着腐蚀的进行，腐蚀产物逐渐增厚，并发生剥离，图 3-10 为 20 钢换热器管束在循环水的腐蚀作用下的腐蚀形貌。同时腐蚀产物和介质中的机械杂质、盐分等沉积在金属表面，可能引发垢下腐蚀。

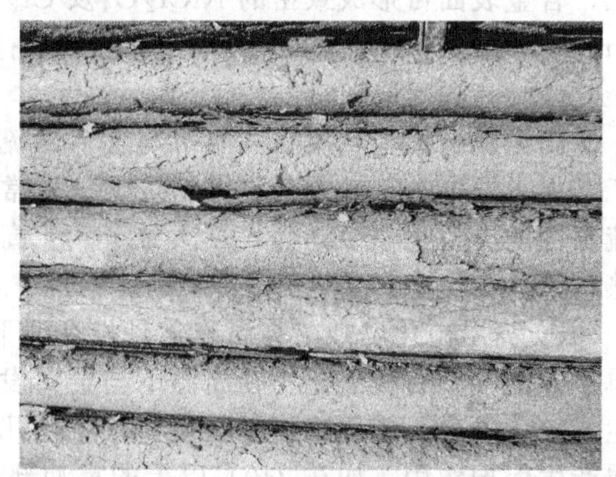

图 3-10 20 钢换热器管束在循环水中的腐蚀形貌

3.4 全面腐蚀机理

全面腐蚀（均匀腐蚀）是由化学腐蚀或电化学腐蚀引起的。腐蚀介质能够均匀地抵达金属表面的各部位，而且金属的成分和组织比较均匀，使整个金属表面几乎以相同速度进行腐蚀。

全面腐蚀多发生在碳钢和低合金钢材料上。不锈钢和其他依靠钝化膜耐蚀的材料在低 pH 值的腐蚀环境中，也可以因钝化膜溶解而活化，发生全面腐蚀；或者在高温条件下，钝化膜转化为疏松多孔的氧化皮，附着性差极易剥落，而失去保护作用。

无论是化学腐蚀，还是电化学腐蚀引起的全面腐蚀，其共同的特点是材料表面不能形成具有保护作用的钝化膜，腐蚀产物可溶于介质中，或形成疏松多孔的氧化皮，使腐蚀得以持续进行。

3.4.1 化学腐蚀

化学腐蚀通常发生在一些干燥气体和非电解质溶液环境中，工业中常见的化学腐蚀有金属高温氧化、高温硫化、卤素腐蚀等以及其他的氧化剂（H_2O、CO_2、SO_2、SO_3、H_2S 等）引起的化学腐蚀，在这些腐蚀条件下金属表面会形成氧化膜（层、皮）、硫化膜（层、皮）、氮化膜（层、皮）、卤化膜（层、皮）等；在渗碳、脱碳、氢腐蚀等还原性气氛引起的腐蚀，会形成渗碳或脱碳层；在熔盐中产生碱性或酸性熔融腐蚀导致金属厚度减薄；金属在非电解质溶液中的腐蚀、某些金属在某些有机溶剂中的腐蚀现象（如：Al 在 CCl_4、Mg 和 Ti 在甲醇中的腐蚀）等也属于化学腐蚀。腐蚀反应热力学和动力学见“2.2 化学腐蚀”。金属被氧化的化学腐蚀表现为氧化膜（皮）或其他腐蚀产物形成的膜逐渐增厚，腐蚀能否持续进行和腐蚀速率的大小，取决于所生产的氧化膜（皮）对基体金属的保护作用。

(1) 氧化

在空气或高温含氧的工艺气、烟气、水蒸气等环境中，金属被氧化，产生全面腐蚀。主要化学反应见式(2-1)～式(2-4)。高温氧化的典型过程是，当金属达到高温氧化起始温度时开始氧化，在金属表面形成一层致密的金属氧化膜阻止金属发生进一步氧化，但随着温度上升，氧化膜成分发生变化，氧化膜逐渐增厚，失去对金属的保护作用。金属中的铬含量的增高有助于提高氧化膜的稳定性，阻止氧化皮的剥落。

碳钢的基体组成为Fe，因此它的氧化皮主要是由FeO、Fe_3O_4、Fe_2O_3组成，故它的抗氧化性和纯Fe的差别并不大，即570℃以下碳钢具有较好的抗氧化性，温度高于700℃时碳钢脱碳严重，它比纯Fe的抗氧化性更差，这是因为脱碳时逸出气态CO_2使氧化皮中出现更多缺陷的缘故。

提高钢铁抗高温氧化性能的主要合金元素，除Cr外还有Al和Si。虽然Al和Si的作用比Cr更强，但加入Al和Si对钢铁的力学性能和加工性能不利，而Cr能提高钢材的常温和高温强度，所以Cr成为耐热钢必不可少的主要合金元素。Ni-Cr合金由于Cr的选择性氧化，合金表面可形成致密的$NiCr_2O_4$及Cr_2O_3保护膜，使合金的抗氧化温度达1100℃。Ni-Cr-Al合金由于Al_2O_3的热稳定性比Cr_2O_3更高，所以Ni-Cr-Al合金可以在1300℃下使用。

(2) 高温硫腐蚀

高温硫腐蚀指金属在高温下与含活性硫介质作用，生成硫化物的过程，它是炼油石油化工、火力发电和工业中各种燃料炉的一种常见的失效方式。高温环境中硫的存在形式不同，硫腐蚀的类型也呈多样性，可大致分为：高温硫化、高温混合气氛下的硫化-氧化所导致的热腐蚀。

① 高温硫化腐蚀　高温硫化是指高温下金属与硫反应而导致的腐蚀。通常是指含H_2S、单质S蒸气和有机硫化物在高温下与金属发生高温硫腐蚀，形态为均匀减薄，可在金属表面生成硫化物膜，硫化物膜厚度较大，可达几十纳米，甚至更高，某些硫化膜也可以对基体金属产生保护作用。如在240℃以上的重油部位硫、硫化物和硫化氢形成的腐蚀环境，常减压蒸馏装置中的常压塔减压塔下部及塔底管线、常压重油和减压渣油的高温换热器，硫化催化裂化装置分馏塔的下部、延迟焦化装置分馏塔的下部等位置。加氢装置、催化重整装置、延迟焦化装置的焦炭塔、分馏塔、硫黄回收装置、硫黄尾气脱硫装置以及聚苯乙烯装置的脱氢炉等都存在高温硫的腐蚀。

Ni及Ni合金对H_2S和含硫气体在高温下特别敏感，这种腐蚀往往带有灾难性。因为，液态硫化物迅速进入金属晶界，从而使金属碎裂。但铁基合金、300系列不锈钢在这种环境下耐蚀性较高。

金属与硫反应的速度比氧化反应快得多，其主要原因为：

a. 硫化物的扩散系数大于氧化物的扩散系数；

b. 硫化物的熔点比氧化物的低，金属可与这些硫化物形成低熔点的共晶物，进而导致加速硫化反应；

c. 金属硫化物的分子体积大于氧化物，硫化物产生的应力比氧化物产生的应力大许多，易使硫化层破裂，从而加速金属的硫化。

能与金属起反应的硫叫活性硫，主要有元素硫、硫化氢、硫醇硫、二硫化物、亚砜、硫醚，硫醚、噻吩、苯并噻吩、二苯并噻吩、砜为非活性硫。高温硫腐蚀与温度关系密切，不同温度下各种硫化物的腐蚀性不同。所以，在含硫原油的加工过程中，由于非活性硫不断向活性硫转变，使硫腐蚀不仅存在于一次加工装置，也存在于二次加工装置，甚至延伸到下游化工装置。可以说硫腐蚀贯穿于炼油的全过程。再加上硫腐蚀与氧化物、氯化物、氮化物、氰化物等腐蚀介质的共同作用，形成了错综复杂的腐蚀体系，对硫腐蚀的动力学和热力学研究以及防护措施的制定带来很多困难。主要机理如下。

a. $T \leqslant 120℃$硫化物未分解，在无水情况下，对设备无腐蚀；但当含水时，则形成炼厂各装置中轻油部位的各种 H_2S-H_2O 型腐蚀。

b. $T \leqslant 240℃$，原油中活性硫化物未分解故对设备腐蚀轻微。

c. $240℃ < T \leqslant 340℃$，硫化物开始分解，生成 H_2S 对设备腐蚀开始，并随着温度升高而腐蚀加重。

d. $340℃ < T \leqslant 400℃$，H_2S 开始分解为 H_2 和 S，H_2S 分解出来的硫为活性硫，腐蚀性很强。该温度下，低级硫醇能直接与铁反应而腐蚀。腐蚀反应式为：

$$H_2S = H_2 + S \tag{3-1}$$

$$Fe + S = FeS \tag{3-2}$$

$$RCH_2CH_2SH + Fe = FeS + RCH = CH_2 + H_2 \tag{3-3}$$

炼油厂中高温硫的腐蚀是以 H_2S 为主的活性硫腐蚀，由于原油所含硫化物组成及性质不同，腐蚀性也可能不同。原油中不同有机硫化物有不同分解温度，硫醚和二硫化物在130～160℃开始分解，其他有机物的分解反应在250℃左右开始。温度升到375～425℃时未分解的 H_2S 也能与铁直接反应。

e. $420℃ < T \leqslant 430℃$，高温硫对设备腐蚀速率最快。

f. $T > 480℃$，硫化物近于完全分解，腐蚀率下降。

g. $T > 500℃$，硫化物不稳定，腐蚀转化为高温氧化腐蚀。

不同硫化物的腐蚀性强弱不一样，二硫化物腐蚀最强。含有活泼氢的硫化物在高温下对金属的腐蚀服从催化反应机理，无活泼氢的硫化物在高温下对金属的腐蚀服从硫自由基机理。单质硫在高温下不需要离解或催化过程，可直接在金属表面吸附发生反应腐蚀金属，所以单质硫在这些硫化物中表现出了最强的腐蚀性。二硫化物官能团“—S—S—”化学性质十分活泼，受热易分解，生成硫自由基，因此对金属具有很强的腐蚀性。H_2S 在高温下由于通过氢原子吸附在金属表面，其吸附作用和硫自由基相比稍弱，因此其腐蚀性应弱于元素硫和二硫化物。硫醇在热作用下可以形成·SH自由基，也可以在金属表面催化腐蚀金属，因此腐蚀性应比硫化氢弱，但强于其他非活性硫化物。硫醚中的官能团“—S—”化学性质较为稳定，只有分解或生成硫自由基才能腐蚀金属。噻吩类硫化物由于其双环作用，大大增强了其分子内的共轭作用，因此噻吩类化合物性质十分稳定，在热作用下几乎不分解，同时由于其强共轭作用，分散了硫的电子云密度，使硫具有一定的亲电性，因此其可以在金属表面具有一定的吸附量，因而在一定条件下，噻吩类化合物具有一定的缓蚀作用。

影响高温硫腐蚀的主要因素有以下几点。

a. 材料合金成分。增加材料中 Cr 元素含量可提高其抗高温硫腐蚀性能，加工高含硫原油的高温（288℃）以上部位，Cr5Mo 的腐蚀速率较大，应选用更高等级材质，见 SH/T 3096[1]，300 系列不锈钢可耐硫腐蚀。工程设计上耐硫腐蚀金属材料的选择是根据腐蚀性评价数据或曲线和实践经验来确定，不片面追求合金化和不锈钢化。McConomy 曲线可以预测材料高温硫的腐蚀程度，工程上用来确定选材，API RP 939C—2009[2]对 McConomy 曲线进行了修正和补充。该项推荐作法适用于操作温度在230～540℃条件下，不论是否有氢存在的含硫化合物的烃类工艺流体。这里没有规定含硫量的下限，因为在过去10多年中，一些加氢处理装置的重沸器/分馏塔在硫或 H_2S 含量低至 1×10^{-6} 的情况下也出现了比较严重的腐蚀。API RP 939C 的适用范围不包括镍基合金腐蚀和由于燃烧含硫燃料所导致的加热管外壁腐蚀。

b. 温度和流速。介质流速和温度的升高均能导致材料的腐蚀速率增加，温度的影响大于流速的影响。流速超过 $30m\cdot s^{-1}$ 腐蚀加剧，和环烷酸腐蚀一样，在涡流高的位置保护性的硫化膜被冲刷，腐蚀加剧。

c. 原油的硫含量与其腐蚀性没有线性关系；同一种原油不同馏分油的硫含量决定油品的腐蚀性能，油品的腐蚀速率随硫含量的升高而增加。

② 高温混合气氛下的硫化-氧化 高温混合气氛下的硫化-氧化腐蚀是指在含氧和硫的混合气氛下，金属受到氧化、硫化或硫化-氧化为主的腐蚀，主要形式有：

a. 在氧分压高于氧化物分压时，反应主要是氧化，形成氧化物；

b. 在硫分压高于硫化物分压时，反应主要是硫化，形成硫化物；

c. 当环境气氛的硫分压、氧分压正处在硫化物、氧化物的分压时，同时发生硫化、氧化，硫化物和氧化物能平衡共存。

(3) 环烷酸腐蚀

环烷酸在石油炼制过程中，随原油一起被加热、蒸馏，并与其沸点相同的油品冷凝，且溶于其中，从而造成该馏分对设备材料的腐蚀。

环烷酸是非电解质，与金属的反应是化学腐蚀过程。腐蚀大多发生在液相，在220℃以下腐蚀很轻，在沸程为270～280℃、350～400℃时腐蚀最严重，气相腐蚀很小。环烷酸腐蚀的反应为：

$$2RCOOH + Fe = Fe(RCOO)_2 + H_2\uparrow \tag{3-4}$$

$$2RCOOH + FeS = Fe(RCOO)_2 + H_2S\uparrow \tag{3-5}$$

可以看出，环烷酸除了与铁直接作用产生腐蚀外，还能与腐蚀产物如FeS反应，生成可溶于油的环烷酸铁，当环烷酸与腐蚀产物反应时，不但破坏了具有一定保护作用的FeS膜，同时游离出H_2S又可进一步腐蚀金属，其反应为：

$$H_2S + Fe = FeS + H_2\uparrow \tag{3-6}$$

从动力学角度考虑，环烷酸与金属反应通常经过环烷酸分子向金属表面传输、在金属表面吸附、与表面活性中心发生反应、腐蚀产物脱附4个步骤，上述步骤中最慢的步骤是整个腐蚀反应的控制步骤。因原油性质和设备材质不同，反应温度和流速流态等因素的差异，环烷酸腐蚀的控制步骤也会发生变化。环烷酸腐蚀为吸热反应，因此升高温度，显著加速碳钢在高温环烷酸介质中腐蚀速率。

影响环烷酸腐蚀的因素主要有油品的酸值、硫含量、温度、流速和流态、材质、环烷酸的种类和分子量大小。介质的酸值、流速、流态和温度是环烷酸腐蚀的重要参数，流速和酸值、温度存在着一个临界值，对环烷酸腐蚀的影响很复杂。在不同的流速流态下，环烷酸腐蚀形态和机理都可能发生改变。针对高温环境下影响原油中环烷酸腐蚀的主要因素，一般主要采用以下方法控制其腐蚀。

a. 合理设计，改进炼油工艺，采用混炼或掺炼技术、注碱工艺以降低原油酸值或控制硫含量等方法，将高酸值和低酸值的原油混合到酸值低于环烷酸腐蚀发生的临界值以下控制环烷酸腐蚀。

b. 选材，在较高流速下，耐蚀性从低到高排列顺序为碳钢、低合金钢和不锈钢。Cr对耐蚀性起决定作用，主要是提高合金热稳定性和产生钝化作用，在钢表面形成富氧的氧化膜，扩大钢在酸中的钝化范围，提高钢的抗氧化能力。有研究表明[3]，在酸值小于4 mg KOH/g、流速大于73m/s时，5Cr-0.5Mo和12%Cr钢有比碳钢更好的耐蚀性能。

中国石化集团防腐蚀研究中心对S32168 (321)、S31603 (316L)、S41008 (0Cr13)、Cr5Mo和20G在环烷酸中的腐蚀速率进行了试验研究，结果见图3-11、图3-12。介质流速在25m/s时，不锈钢明显优于碳钢和低合金钢，在300℃以上S31603仍能维持钝态，而S32168、S41008已活化，腐蚀速率明显上升。

c. 注碱中和或原油脱羧。在原油进入蒸馏装置之前，可注入氢氧化钠中和环烷酸，然

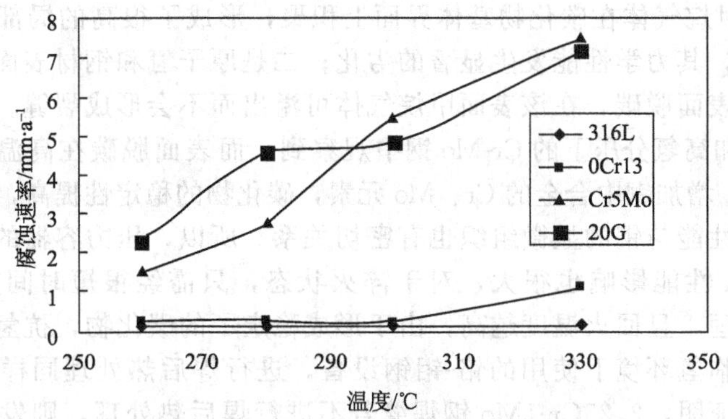

图 3-11 S31603、0Cr13、Cr5Mo 和 20G 腐蚀评价结果（25m/s）

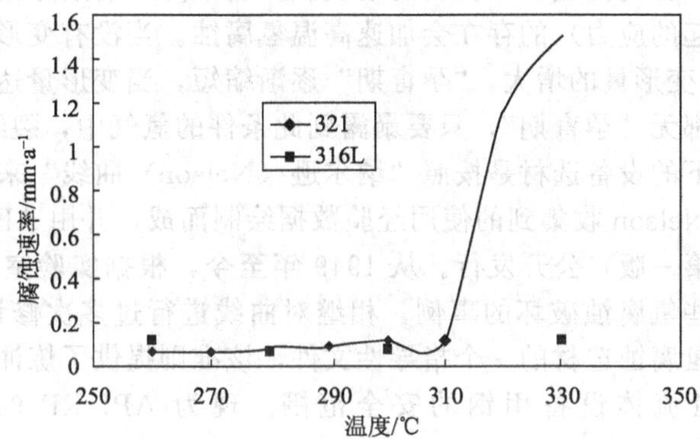

图 3-12 S32168 和 S31603 的腐蚀评价结果对比（25m/s）

后分离。

d. 控制流速流态。包括适当降低物料流速、在可能的情况下改变管长、扩大管径以降低流速，尽量在结构上平缓过渡，减少急弯走向以控制流态等方法来控制环烷酸对设备的腐蚀。但是由于工艺的限制，对于流速、流态的改变受到很大的局限，因此对环烷酸腐蚀的抑制作用也有限。

e. 添加缓蚀剂，常用的环烷酸缓蚀剂主要有磷系缓蚀剂以及非磷系缓蚀剂，磷系缓蚀剂主要有磷酸酯类、亚磷酸芳香酯类缓蚀剂，非磷系缓蚀剂是一些含氮、硫等元素的有机化合物。在缓蚀效果方面磷系缓蚀剂优于非磷系缓蚀剂，而将两者混合使用缓蚀效果最佳。

f. 涂镀层表面保护。在基材表面喷涂耐高温涂层或采用化学镀层等。该方法实际上将环烷酸与钢铁界面变成环烷酸与耐高温涂层间的界面。耐高温涂层或化学镀层难溶于环烷酸或原油，故可有效防止环烷酸腐蚀。

g. 加强在线腐蚀监测，采用腐蚀挂片、旁路、馏分油铁离子分析、超声波测厚、安装电阻或电感腐蚀探针等方法在线监测材料的腐蚀速率[4]。

(4) 高温氢腐蚀（HTHA）

HTHA 是氢原子扩散到钢中并与微观组织中的碳化物发生反应的结果。在临氢条件下，吸附在钢表面的分子氢通过金属晶格和晶界向钢内扩散，使钢严重脱碳产生沿晶腐蚀裂纹，力学性能下降。这种腐蚀速度取决于温度、氢分压、加热时间、钢的含碳量和合金元素等因素。有 2 种反应和 HTHA 相关，一个是氢分子（H_2）分解成能在钢中扩散的氢原子（H），第二个反应发生在原子氢和金属碳化物之间，$4H + MC = CH_4 + M$。对钢材的破坏也有

2 种形式，一是因甲烷气体在碳化物基体界面上积聚，形成了很高的局部应力，而产生内部脱碳和裂纹或鼓包，其力学性能发生显著的劣化；二是原子氢和钢材表面或临近表面的碳化物发生反应产生的表面脱碳，在该表面甲烷气体可溢出而不会形成裂缝。内部裂缝一般可在碳钢、C-0.5Mo 钢和高氢分压下的 Cr-Mo 钢中观察到，而表面脱碳在高温和低的氢分压下的 Cr-Mo 钢中更普遍。增加钢中合金的 Cr、Mo 元素，碳化物的稳定性提高，可减缓 HTHA。

钢的抗氢腐蚀性能与钢的显微组织也有密切关系。所以，压力容器的制造和热处理制度对设备的抗 HTHA 性能影响也很大，对于淬火状态，只需经很短时间加热就出现了氢腐蚀，但进行回火处理，且回火温度越高，由于形成稳定了的碳化物，抗氢腐蚀性能也得到改善。另外，对于在临氢环境下使用的铬-钼钢设备，进行焊后热处理同样具有提高抗氢腐蚀能力的效果。试验证明，2.25Cr-1Mo 钢焊缝若不进行焊后热处理，则发生氢腐蚀的温度将比纳尔逊（Nelson）曲线表示的温度低 100℃以上。

在高温氢腐蚀中，在高温氢气中材料的蠕变强度会下降。特别是由于二次应力（如热应力或由冷作加工所引起的应力）的存在会加速高温氢腐蚀。当没有变形时，氢腐蚀具有较长的“孕育期”；随着冷变形量的增大，“孕育期”逐渐缩短，当变形量达到一定程度时，则无论在任何试验温度下都无“孕育期”，只要暴露到此条件的氢气中，裂纹立刻就发生。

高温高压氢环境下的设备选材是按照“纳尔逊（Nelson）曲线”来选择的，该曲线最初是在 1949 年由 G. A. Nelson 收集到的使用经验数据绘制而成，并由 API 提出，于 1970 年作为 API 出版物 941（第一版）公开发行。从 1949 年至今，根据实验室的许多试验数据和实际生产中所发生的一些氢腐蚀破坏的事例，相继对曲线进行过多次修订，API RP 941[5] 一直是最有用的抗高温氢腐蚀选材的一个指导性文件，该准则提供了炼油厂和石油化工厂加工高温高压氢气或含氢流体设备用钢的安全范围。现为 API RP 941—2008《Steels for hydrogen service at elevated temperatures and pressures in petroleum refineries and petrochemical plants sixth edition》，相关国家标准正在制定中。该曲线是本推荐准则中所列的临氢作业用钢防止脱碳和开裂的操作极限，在温度和氢分压范围，这些钢已经得到成功应用而没有因 HTHA 造成的破坏。材料默认为退火状态，不能用于含 As、Sb、Sn 和 P 等高含量混入元素的钢，如怀疑高含量混入元素，则临界 Pv 系数应降低，对于高含量的混入元素的钢的熔炼炉次，临界 Pv 系数可低至 0.25。

(5) 渗碳

渗碳是指在高温及含碳的环境气氛（如 CO 和烃类）中，环境中的碳化物在与钢接触时发生分解并生成游离碳，使钢表面的氧化膜破损，并渗入钢中生成碳化物的现象。一般在钢表面发生，碳的浓度在表面最大。渗碳危害有：

a. 渗碳裂纹；

b. 蠕变断裂；

c. 650℃以下的脆性断裂；

d. 渗碳引起的金属粉化；

e. 承载壁厚减薄。

(6) 脱碳

钢的脱碳是由于钢中的渗碳体 Fe_3C 在高温下与介质作用被还原成铁发生脱碳反应，使得钢表面渗碳体减少。由于 Fe_3C 含量的减少将使钢表面的碳含量降低，致使钢铁表面硬度减小，疲劳极限降低，此现象称为碳钢的脱碳。主要化学反应有：

$$Fe_3C + O_2 \xlongequal{} 3Fe + CO_2 \tag{3-7}$$

$$Fe_3C + 2H_2 \xlongequal{} 3Fe + CH_4 \tag{3-8}$$

$$Fe_3C + CO_2 \xlongequal{} 3Fe + 2CO \tag{3-9}$$

$$Fe_3C + H_2O \rightleftharpoons 3Fe + CO + H_2 \tag{3-10}$$

$$2Fe + 3CO_2 \rightleftharpoons Fe_2O_3 + 3CO \tag{3-11}$$

(7) 氮化（渗氮）[6]

某些合金暴露在含氮化合物（氨、氰化物）很高的高温工艺环境中时，尤其是在还原条件下，形成一个硬脆的氮化表面层。受影响的合金主要有碳钢，低合金钢、300系列和400系列不锈钢。会导致高温蠕变强度、室温力学性能（尤其是强度/韧性）、焊接性能和耐蚀性能的降低，严重降低材料的耐蚀性。

渗氮是一个扩散控制过程，由温度、时间、氮的分压和金属成分决定。温度必须足够高，以使氮从氨或其他化合物中热分解出来，并使氮向金属内部扩散。渗氮在温度高于316℃时开始发生，在高于482℃时加重。高气相氮活性（高的氮分压）促进渗氮。

渗氮通常发生在部件的表面，形成一个暗灰色的外观。但是，在渗氮的初始阶段，只能通过金相来发现。在更严重的阶段，金属会显示出很高的表面硬度。在多数情况下，容器或设备表面硬度的轻微增加不会影响设备的整体力学性能。但是，在渗氮层内潜在的裂纹扩展可能会穿透整个基体金属。12% Cr（mass）以下的低合金钢的渗氮伴随着体积的增加，渗氮层会开裂和破碎。高于410℃，优先的晶界渗氮可能会导致微裂纹和脆断。不锈钢会形成一个薄的脆性层，在热循环或外加应力的作用下发生开裂和破碎。

防护措施，需要采用更耐蚀的含有30%～80%的镍的合金，而不采用改变工艺条件来降低氮分压或降低温度。

3.4.2 电化学腐蚀

造成压力容器全面腐蚀的电化学腐蚀过程，主要取决于腐蚀微电池的作用。腐蚀原电池由微观腐蚀电池组成，其阴、阳极面积非常小，甚至用微观方法也无法辨认，而且微阳极和微阴极的位置随机变化；整个金属表面在电解质溶液中处于活化状态，只是各点随时间（或地点）有能量起伏，能量高时（处）呈阳极，能量低时（处）呈阴极，从而使整个金属表面遭受均匀的腐蚀。

金属与溶液的界面特性——双电层，金属浸入电解质溶液内，其表面的原子与溶液中的极性水分子、电解质离子相互作用，使界面的金属和溶液侧分别形成带有异性电荷的双电层。双电层的模式随金属、电解质溶液的性质而异，一般有以下3种类型，如图3-13所示。

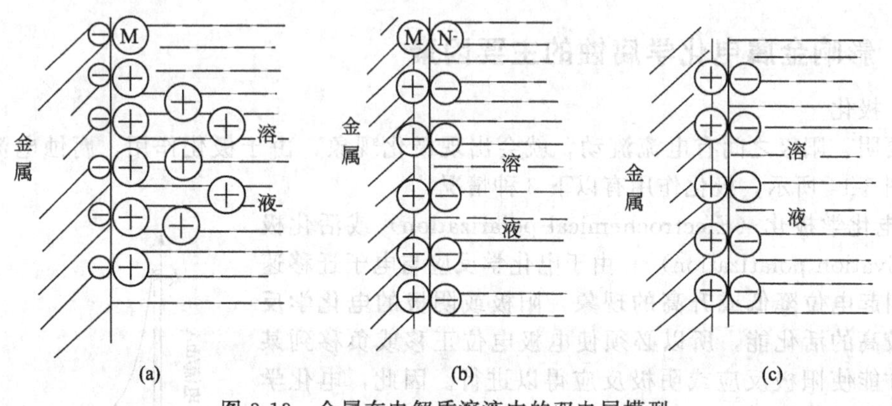

图3-13 金属在电解质溶液中的双电层模型

a. 离子的水化能超过了晶格上的键能，金属侧荷负电、溶液侧荷正电的相对稳定的双电层，电负性强的金属，如锌、镉、镁、铁等浸入水、酸、碱、盐溶液中形成这种双电层。

b. 离子的水化能小于金属上晶格的键能，金属侧荷正电、溶液侧荷负电，通常比较不活泼的金属浸在含有浓度较高的正电性较强的金属离子的溶液中，如铂浸在铂盐溶液中、铜浸在铜盐溶液中等形成这种双电层。

c. 离子的水化能等于金属上晶格的键能，形成金属侧荷正电、溶液侧荷负电，如铂浸在溶有氧的中性溶液中，氧分子被吸附在铂表面，并离解为原子，再夺得铂表面的电子而成为荷负电的负离子。

双电层如同平板电容，由于两侧之间的距离非常小（一般约为 5×10^{-10}m），所以双电层中的电场强度特别高，达到 $10^9\sim10^{10}$ V/m。双电层两层“极板”分处于不同的两相——金属相（电子导体相）和电解质溶液（离子导体相）中，双电层的内层有过剩的电子或阳离子，当系统形成回路时，电子即可沿导体流入或流出电极，形成腐蚀电流，使腐蚀反应得以进行。金属的电化学腐蚀历程包含着两个同时进行而又相对独立的过程，即阳极的氧化反应和阴极的还原反应，当电极反应正逆过程的电荷运送速度和物质迁移速度相等时，反应达到动态平衡状态。

金属的热腐蚀是高温腐蚀的一种重要形式，在工业上，典型的热腐蚀环境主要有燃烧动力系统和燃料电池等。这两种环境的沉积岩类型分别为硫酸盐和碳酸盐。

a. 硫酸盐体系　硫酸盐沉淀热腐蚀是指金属材料由于高温环境因素，在其表面沉积物形成熔融盐层而加速腐蚀的现象。碱金属等硫酸盐的熔点低，在高温下呈熔融状态。若在灰渣附着层中存在焦硫酸盐时会形成反应速度更快的熔岩型腐蚀。当温度在680℃左右时，熔融硫酸盐的腐蚀速度约为气态时的4倍。并随壁温度增高而加剧。

如，在各种燃油和燃煤的动力装置中，由于燃料中含有S、K、C、Na、V等杂质，在燃烧时形成 SO_2、CO_2、SO_3、V_2O_5 等杂质，与含 O_2 和 NaCl 再作用形成硫酸盐沉积在材料表面。纯 Na_2SO_4 熔点为844℃，如果混合其他盐，混合盐的熔点会降低。

b. 碳酸盐体系　碳酸盐体系背景主要是第二代燃料电池——熔融碳酸盐燃料电池。

由于表面沉积一层熔融盐而引起的金属热腐蚀与常规的金属在水溶液中腐蚀有相似之处。已明确，如果介质是离子导体，那么金属腐蚀过程总是按电化学腐蚀的途径进行。与水溶液相似，热腐蚀的电化学机制模型认为，在熔盐体中至少存在两个电化学反应，金属阳极溶解和氧化剂的阴极还原。

3.5 影响压力容器全面腐蚀的主要因素

3.5.1 影响金属电化学腐蚀的主要因素

（1）极化

只要阴、阳极之间有电流流动，就会出现极化现象，由于极化作用，腐蚀电流逐渐降低，如图3-14所示，极化作用有以下3种情况。

① 电化学极化（Electrochemical polarization）或活化极化（Activation polarization）　由于电化学反应与电子迁移速度差异引起电位降低或升高的现象，阳极或阴极的电化学反应需要较高的活化能，所以必须使电极电位正移或负移到某一数值才能使阳极反应或阴极反应得以进行。因此，电化学极化又称为活化极化。

② 浓差极化（Concentration polarization）　阴极或阳极由于介质浓度差异引起的极化作用。

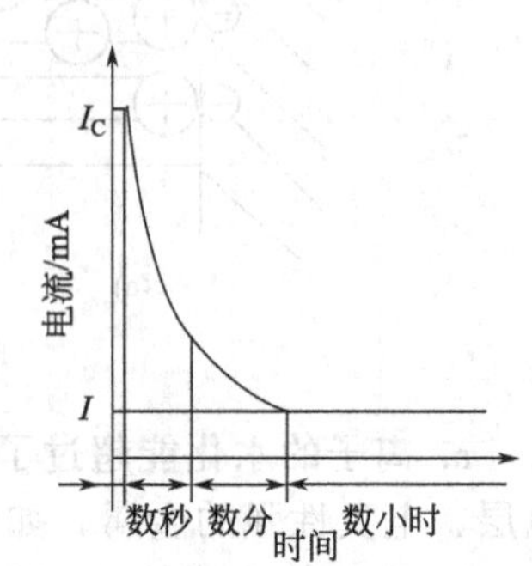

图3-14　极化引起的电流变化

③ 膜阻（电阻）极化（Resistance polarization）　由保

护膜引起的极化。

对于一个实际的腐蚀系统来说，上述 3 种极化作用不一定同时出现，有时即使都存在，但作用程度往往相差很大。例如：溶液处于流动状态或有强烈搅拌的情况下，浓差极化的作用减弱；金属处于活性状态下腐蚀时，阳极的电化学极化一般很小；如金属处于钝化状态，则膜阻极化往往成为整个过程的主要阻力。

极化现象是由于电子迁移的速度比电极反应及其相关步骤完成的速度快引起的。极化实质上是一种阻力，增大极化，有利于降低腐蚀电流和腐蚀速度，对防腐有利。由于阴极过程和阳极过程为共轭过程，所以阴极极化和阳极极化都有利于减缓金属的腐蚀，金属的阴极过程受阻，阳极溶解也难进行。

极化的大小可以用极化值来表示，是一个电极在有外电流时的电极电位与外电流为零时的电极电位的差值。极化值越小，反应越容易进行。根据外电流不同，极化值有正负之分，对阳极极化为正，而对阴极极化为负。极化只同电极是否有外电流及其大小与方向有关，而不直接与电极反应相关联。通常称外电流为零时的电极电位为静止电位，可以是平衡电位，也可以是非平衡电位。

去极化作用与极化作用相反，凡是能减弱或消除极化过程的作用称为去极化作用，其过程称为去极化过程，其物质称为去极（化）剂。

阴极去极化可采用在溶液中增加去极剂（如 H^+、O_2等）的含量、升温、搅拌以及其他降低活化超电压的措施。

阳极去极化可采用减少或消除阳极极化的作用措施，例如搅拌、升温等均会加快 M^{n+} 进入溶液的速度，从而减弱阳极极化。溶液中加入络合剂或沉淀剂，它们与 M^{n+} 形成络合物或难溶解的沉淀物，使金属表面附近溶液中的［M^{n+}］降低，并能一定程度地减弱阳极电化学极化。如果溶液中加入某些活性阴离子，就有可能使已经钝化了的金属重新处于活化状态。

析氢腐蚀和耗氧腐蚀是阴极过程各具特点的两种最为常见的去极化腐蚀形式，通常两种腐蚀同时存在，但以后者更普遍。

析氢腐蚀是溶液中的氢离子作为去极剂，在阴极上放电，促使金属阳极溶解过程持续进行而引起的金属腐蚀，如碳钢、铸铁、锌、铝、不锈钢等金属及合金在酸性介质中的腐蚀。发生析氢腐蚀的条件是腐蚀电池中的阳极电极电位必须低于阴极析氢电极电位。

耗氧腐蚀、吸氧腐蚀或氧去极化腐蚀是溶液内的 O_2 在腐蚀电池的阴极上进行离子化反应，促使阳极金属不断溶解，引起的金属腐蚀。如实际上工业用金属在中性、碱性或较稀的酸性溶液以及大气、土壤、水中几乎都会发生耗氧腐蚀。发生耗氧腐蚀的条件是腐蚀电池中的金属阳极的初始电位必须低于该溶液中氧的平衡电位。

④ 极化曲线和极化图 极化曲线是电极电位随通过的电流密度变化的关系曲线，反映极化电位与极化电流密度之间的关系。如图 3-15 所示为碳钢在含有 400mg·L^{-1} H_2S 和 3%（质量分数）NaCl 溶液中，20℃、30℃、80℃下极化曲线[7]。

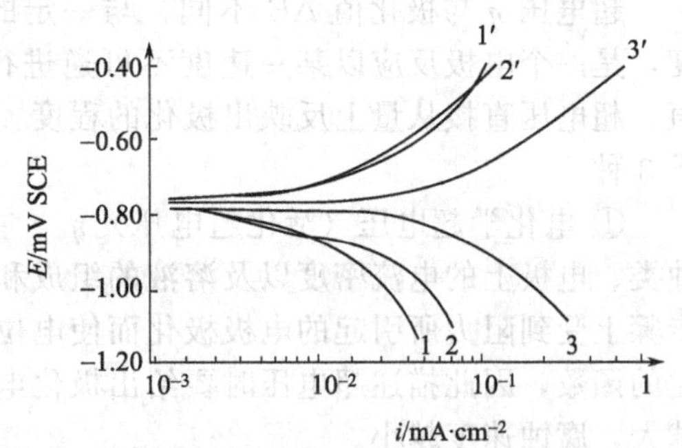

图 3-15 碳钢在含 H_2S 盐水中不同温度的极化曲线
1，1′—20℃；2，2′—60℃；3，3′—80℃

根据极化作用的大小，可以分为弱极化区和强极化区。

弱极化区：一般当电极上电流密度很小时，超电压与电流密度呈线性关系。

强极化区：当发生较强的极化作用时，

电极上相应会有较高的电流密度，此时过电位与电流密度的关系将遵循塔菲尔（Tafel）公式：

$$\eta_a = a + b\lg i \tag{3-12}$$

式中，η_a为过电位，V；a为与电极材料、表面状态和温度有关的常数；b为塔菲尔斜率；i为电流密度，A/m^2。

塔菲尔公式是个经验式，它与电极过程动力学推导的结果基本一致。

理论极化曲线，是以理想电极得出的。所谓理想电极是指该电极无论处于平衡状态或极化状态时只发生一个电极反应，例如只发生阳极氧化反应，或者只发生阴极还原反应。实际金属由于电化学不均匀性，总是同时存在阴极区和阳极区，在电极表面常常有两个或两个以上相互共轭的电极反应，而局部的阴极区和阳极区又很难或根本分不开，所以理论极化曲线往往是无法直接得到的。

实测极化曲线或表观极化曲线测试方法有：恒电流法、恒电位法。构成腐蚀电池的阴极和阳极的极化曲线绘在同一个E-I坐标上得到的图线称极化图。由于阴、阳极面积常不相同，所以腐蚀电池工作时，流经阴、阳极的电流强度相同而电流密度常不相等，故极化图的横坐标采用电流强度I。

伊文思（Evans）极化图（腐蚀极化图），如图3-16所示，是研究电化学腐蚀动力学的重要工具，有时为了更直观而方便地分析腐蚀问题，可以略去电位随电流变化的详细过程，只从极化性能相对大小、电位和电流的状态出发，将极化曲线简化成直线，简化极化图。

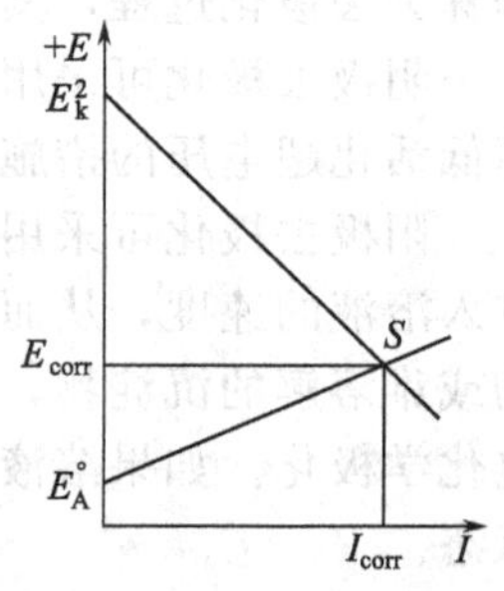

图 3-16 伊文思极化图

图3-16中，E_{corr}为腐蚀电位（混合电位），是单一金属电极上既无电流流入也无电流流出，金属上总的阳极释放出的电子刚好为阴极反应所消耗，当达到稳定状态，金属上的阴极和阳极彼此相互极化至同一的电位，是两个电极反应互为耦合的混合电位。腐蚀电位是腐蚀过程作用的结果，大小介于阴极的平衡电位和阳极的平衡电位之间，本身不是一个热力学参数。用外加电流方法测定金属极化曲线时，无论是阴极极化曲线或阳极极化曲线，在电流为零时的起始电位都是该金属的腐蚀电位E_{corr}。

（2）超电压或过电位

腐蚀电池工作时，由于极化作用使阴极电位降低或阳极电位升高，其偏离平衡电位的差值，与电极反应有关，通常以η表示。为了方便计算和讨论，一般超电压取绝对值。超电压是金属腐蚀的动力学因素，超电压越大，极化程度越大，腐蚀速度越小，反之亦然。

超电压η与极化值ΔE不同，与一定的电极反应相联系，反映电极反应偏离平衡的程度，是一个电极反应以某一速度不可逆进行时的电极电位与该电极反应的平衡电位间的差值。超电压直接从量上反映出极化的程度，对于研究腐蚀动力学十分重要。超电压种类有以下3种。

① 电化学超电压（活化超电压）η_a　由电化学极化引起的电位偏离值，与电极材料的种类、电极上的电流密度以及溶液的组成和温度等有关。实际上是进行净电极反应时在一定步骤上受到阻力所引起的电极极化而使电位偏离平衡电位的结果，是极化电流（净电流）密度的函数，因此描述超电压时要给出极化电流值。超电压是金属腐蚀的动力学因素，超电压越大，腐蚀速度越小。

② 扩散超电压η_d　由浓差极化引起电位的偏离值，由于参与阴极或阳极反应的物质依靠电极表面附近和溶液本体中的浓度梯度而进行的扩散运动，一般它的速度远小于阴、阳极

电极反应建立平衡的速度，因此可以将电化学反应过程始终看作处于平衡状态，这样就可以用 Nernst 方程计算发生浓差极化前后的电极电位。

③ 膜阻超电压 η_r　由于金属表面生成的保护膜具有较大的电阻值，所以 η_r实际上就是电流 I 通过膜时的欧姆电位降。

在阴极或阳极过程中，电极反应、反应物质和生成物质的扩散以及通过膜等步骤都是连续的，阴极或阳极过程的超电压，实际上就取决于速度最慢的步骤，电极过程的速度将受其中最慢步骤的控制。

(3) 腐蚀电池的初始电动势

等于腐蚀电流流经阴极、阳极、电解质溶液引起的电压降的总和。电动势越大，腐蚀速率越大。

(4) 腐蚀控制因素的定量判断

① 以某一步骤的阻力对于整个腐蚀过程总阻力的比值表示，可以定量地反应各步骤的控制程度。

② 利用腐蚀极化图可以非常直观地分析比较不同腐蚀系统的初始电位差以及电极的极化性能对腐蚀电流的影响。

③ 一种阳极或阴极材料，分别与极化率相同的各种阴极或阳极构成腐蚀电池时，其初始电位差越大，则腐蚀电流越大。具有相同初始电位的腐蚀系统，电极材料的极化性能越大(极化曲线陡峭)，则腐蚀电流就越小。

④ 初始电位、极化性能对腐蚀电流的综合影响，用电化学技术确定金属腐蚀速度的一个常用方法是利用极化曲线外延法求自腐蚀电流密度 i_{corr}，总阴极极化曲线与总阳极极化曲线的交点 S 对应的电流值 I_x，即为该多电极系统的总腐蚀电流，以此确定金属的腐蚀速度，如图 3-17 所示。

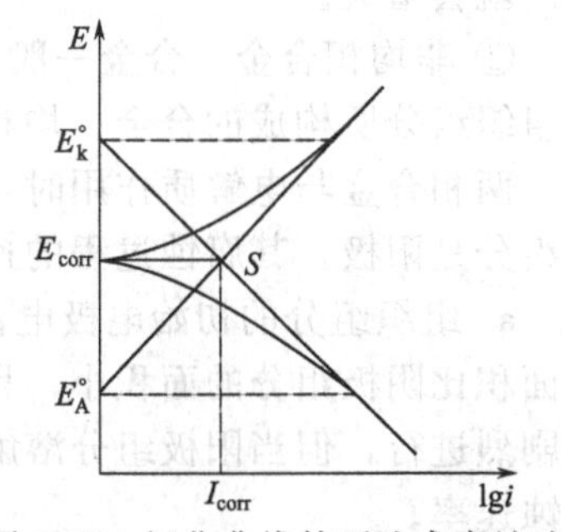

图 3-17　极化曲线外延法求腐蚀速度

⑤ 自然腐蚀电位越正的金属越稳定，耐蚀性越好，而电位越负的金属越不稳定，腐蚀倾向越大。

⑥ 腐蚀体系的一些特性往往体现在阴极过程上：金属处于活化状态的电化学腐蚀过程，通常阳极溶解的阻力较小，而阴极的去极化反应阻力较大，成为腐蚀过程的控制因素。

(5) 金属成分

金属的组成对腐蚀速度的影响较大，电位越正的金属越稳定，耐蚀性越好，而电位越负的金属越不稳定，腐蚀越大。金属的钝化能力越强，越稳定，耐蚀性越好，腐蚀速度越小。

合金元素的加入往往会因为电化学的不均匀性而形成微电池而加速腐蚀，单相固溶体合金的腐蚀速度随合金化组分含量（原子百分比）的变化呈台阶形的有规律变化，符合塔曼(Tamman) 规律，即 $N/8$ 律，图 3-18 为 Cu-Ni 二元固溶体合金耐蚀性的阶跃变化图，一般说来，介质的腐蚀性越强，则 N 的数值越大。但是加入的合金元素也会通过提高金属的热力学稳定性或促进钝化、或使合金表面形成致密腐蚀产物保护膜等方式而提高耐蚀性；复相合金中，相与相之间存在电位的差异，易形成腐蚀微电池，一般认为单相固溶体比复相组织的合金耐蚀性好。材料的表面粗糙度直接影响腐蚀速度，一般粗加工比精加工的表面易腐蚀。腐蚀产物如果是不易溶解的致密固体膜（如 TiO_2、Al_2O_3等)，材料则不易发生腐蚀

$N/8$ 定律是根据实验数据总结出来的，至今还没有完善的理论能加以解释，一般认为，当固溶体开始腐蚀时，表面上较贱金属组分的原子溶解后，在合金表面由贵金属组分原子形成一个“屏障”，使介质不再与活泼金属原子相接触，因此合金的耐蚀性能增加，如图 3-19 所示。

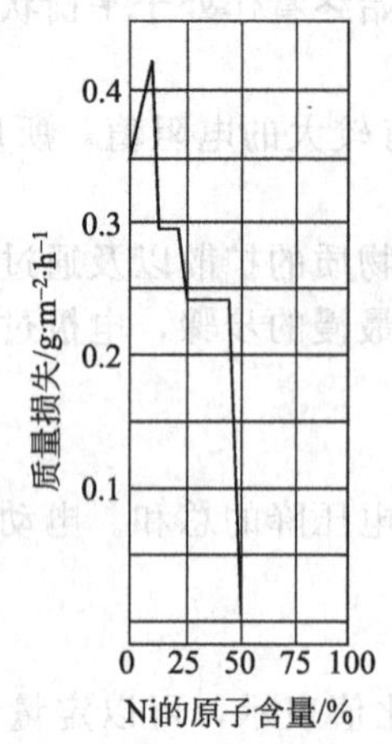

图 3-18　Cu-Ni 二元固溶体合金耐蚀性的阶跃变化（在氨水中 120h）

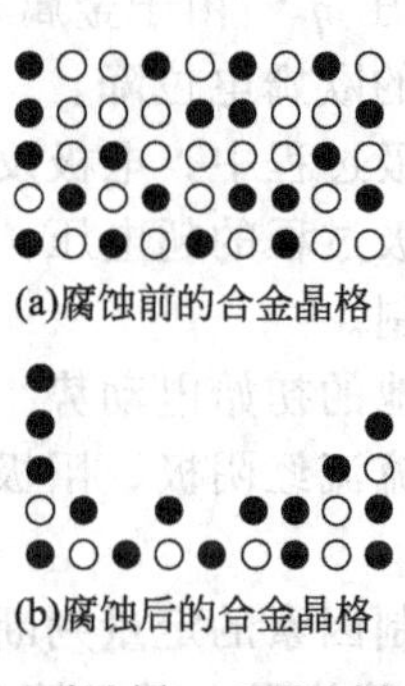

图 3-19　固溶体中的贵金属组分形成耐蚀屏障示意图

（6）金属组织对腐蚀性能的影响

① 晶粒大小　晶粒大小通常对腐蚀速率的影响很小，但在下列情况下例外，如果随着晶粒的增大，晶界变宽，晶界中总杂质的量增加，在晶界上有杂质析出，则产生晶间腐蚀的倾向就会增大。

② 非均相合金　合金一般可分为两大类，非均相合金和均相合金。非均相合金包括多相组织组分所构成的合金，均相合金只包括单相组织组分所构成的合金，例如固溶体。

两相合金与电解质作用时，合金转变为双电极电池，其中合金的不活泼组分是阴极，活泼组分是阳极，其腐蚀过程的速率和特性与下列因素有关。

a. 组织组分的初始电极电位值及合金表面上阳极区和阴极区的面积比。如，阳极组分的面积比阴极组分的面积小，且阳极组分均匀地分布在阴极组分中时，腐蚀过程在开始时即会剧烈进行，但当阳极组分溶解之后，腐蚀速率就降低到相当于合金阴极组分在该介质中的腐蚀速率。

b. 阳极组分在合金表面分布的均匀性，如合金阳极的面积较小且集中在晶粒边界，这可能是形成晶间腐蚀的主要原因之一。

c. 组织组分的颗粒大小，在共晶混合物情况下，减小组织组分的颗粒大小常会显著地增高耐蚀性，例如，具有大颗粒的锌-镉共晶体在稀盐酸中会很快地被腐蚀，但经过淬火后得到细小共晶组织在稀盐酸溶液中的腐蚀作用就慢得多。

d. 组织组分的极化性质，例如，阳极组分的面积比阴极组分的面积小得多时，若能使阳极极化就能使腐蚀显著减慢。

e. 较贵重组分的二次析出，进入溶液中的重金属离子重新从溶液中沉积到阴极上时，由于电偶腐蚀的作用，通常能使腐蚀速率增大。

f. 在金属表面形成保护膜，一般情况下，较小的组织组分要比相对较大的组织组分更容易获得均一的保护膜，金属的钝化能力越强，越稳定，耐蚀性越好，腐蚀速度越小。但也可能因第二相的产生使保护膜变坏，从而降低合金的耐腐蚀性。

综上所述，即使是最简单的二元非均相合金，其腐蚀问题也是很复杂的。还应指出的是，在非均相合金腐蚀的情况下，当腐蚀过程具有选择性质或呈现晶间腐蚀时，即使是在腐蚀质量损失较小的情况下也会导致合金力学性能的急剧降低。

在腐蚀理论中，通常非均相合金的腐蚀稳定性要比均相合金的差得多，但实际上在非均相合金中耐腐蚀性很高的情况也不少，如，硅铸铁在硫酸中的优良耐蚀性。

（7）金属表面状态的影响

金属表面状态和加工精度对腐蚀速率有很大影响，在大多数情况下，尤其是在大气腐蚀和弱腐蚀介质作用时，表面粗加工零件的腐蚀速率比表面精加工零件的更大一些，如图 3-20 所示。因为，在表面粗加工的情况下，会发生充气不均匀的现象，进入深洼部分（刮伤、孔穴等）的氧较少，从而形成氧的浓差电池。精加工表面生成的保护膜比粗加工表面的保护膜致密而均匀，故有较大的保护作用。精加工表面上的氢超电压较高，因为电流强度相同时，精加工表面的真实电流密度比粗加工表面的大。

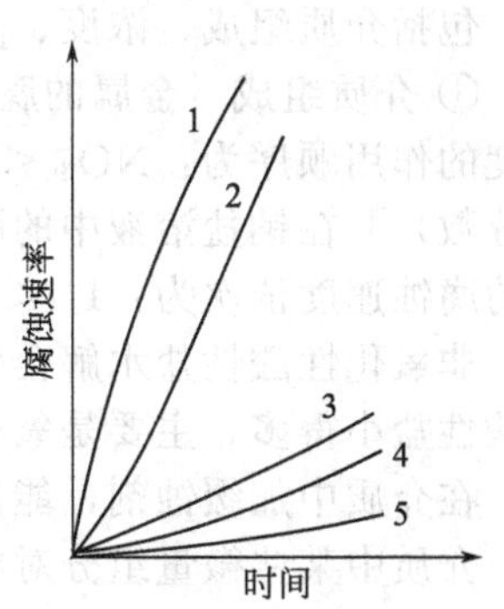

图 3-20 碳钢表面加工特性与在 3%（质量分数）H_2SO_4 中腐蚀速率的关系

1—喷砂处理；2—喷丸处理；3—磨光；4—砂轮抛光；5—电解抛光

（8）热处理

机械加工、冷变形、铸造或焊接等处理产生变形、应力等，这些都会影响金属的腐蚀类型及腐蚀速度。热处理可以改善合金的应力状态、晶粒和第二相形貌与大小及分布、相中组分再分配和组织结构等。工业上影响腐蚀过程最重要的热处理是时效和固溶，前者导致沉淀物的析出，后者则使沉淀物发生再溶解。时效处理对于合金耐蚀性能的影响与沉淀物的种类及其在合金中的部位有关，通常沉淀物优先在晶粒边界产生，因此有发生晶间腐蚀的危险。如 18-8 奥氏体不锈钢会因 $Cr_{23}C_6$ 在晶界沉淀而有强烈的晶间腐蚀倾向。固溶处理能溶解所有的沉淀物，因此可去除合金晶间腐蚀的敏感性。应该指出，沉淀相也可在固溶处理温度缓慢下降过程中析出，因此应该用淬火的方法来避免这种可能性。表 3-1 中列出了热处理影响耐蚀性能的一些实例。

表 3-1 热处理对耐蚀性能的影响实例

热处理类型	对组织的影响	对耐蚀性能的影响
均匀化退火	消除化学、物理上的不均匀	提高耐蚀性
再结晶退火	影响晶粒大小	通常晶界较易溶解，因此粗晶材料比细晶材料耐蚀，再结晶退火对晶间腐蚀的影响较大，如粗晶粒强度较低，发生应力腐蚀时，断裂时间较短
固溶处理	溶解沉淀物	提高耐蚀性，特别是能消除晶间腐蚀的敏感性
回火	不锈钢（敏化）：碳化物从奥氏体中析出优先在晶界沉淀引起晶界附近贫铬 碳素钢：马氏体分解，碳化物沉淀	增加晶间腐蚀的敏感性 敏感温度：对奥氏体不锈钢为 450～850℃，腐蚀速率增加，在产生大量细小而分布稠密的碳化物情况下（300～400℃），腐蚀速率最大
消除应力退火处理	消除内应力	降低应力腐蚀的敏感性

（9）力学因素的影响

许多经常与液相接触或是间歇地与液相接触的金属构件，以及在大气条件下使用的金属构件，常常会在腐蚀介质和机械应力共同作用下受到损坏。

按照力学因素作用的特点，可将金属的腐蚀损坏分作下列几种情况，受应力金属的全面腐蚀（不同时发生机械损坏）、应力腐蚀破裂、氢脆与氢致开裂、腐蚀疲劳、磨耗腐蚀等，总的来说，应力越大腐蚀越快，应力交变次数越多，腐蚀越严重。

（10）介质环境

包括介质组成、浓度、pH 值、温度、压力、流速等。

① 介质组成　金属的腐蚀速度往往与介质中的阴离子种类有关，阴离子对金属的腐蚀速度的作用顺序为：NO_3^-＜CH_3COO^-＜Cl^-＜SO_4^{2-}＜ClO_4^-。低碳钢［C≤0.1%（质量分数）］在钠盐溶液中的腐蚀速度随阴离子的种类和含量不同而有显著差异，铁在卤化物中的腐蚀速度依次为：I^-＜Br^-＜Cl^-＜F^-。

非氧化性酸性盐水解会生成相应的无机酸，加速金属的腐蚀。中性和碱性盐类的腐蚀性比酸性盐小得多，主要是氧的去极化腐蚀。某些盐类具有钝化作用，可以降低金属的腐蚀。

在介质中加缓蚀剂，能使金属的腐蚀速率大大地降低。

介质中某些微量组分对腐蚀也可能有主要影响，如微量重金属离子一般加速腐蚀。

② pH 值　比较复杂，重要性反应在 E-pH 图中，有稳定区、钝化区和腐蚀区之分。溶液的 pH 值直接影响腐蚀过程的性质，它决定着是氢去极化腐蚀还是氧去极化腐蚀。对于阴极过程为氢离子还原过程的腐蚀体系，pH 值降低（H^+ 含量增加）多增加金属的腐蚀速度。但是 pH 值的变化也会影响到金属表面膜的溶解度和保护膜的形成，进而又影响到金属的腐蚀速度，有以下 3 种情况。

a. 化学稳定性较高的金属：电极电位较正，如 Au、Pt 等，腐蚀速度不受 pH 值影响。

b. 两性金属：如 Al、Pb、Sn、Zn、Cu、Fe 等，由于表面上的氧化物或腐蚀产物在酸性或碱性溶液中都可溶解，不能形成保护膜，腐蚀速度较大，只有在近中性溶液（pH 为 7.0 左右）中腐蚀速度才较小。

c. 钝性的金属：如 Fe、Ni、Cr、Cd、Mg 等，表面生成碱性保护膜，溶于酸而不溶于碱。当 pH 值很低时，腐蚀产物变得可溶，氢的阴极放电和析出效率增加，使腐蚀加剧。在中性和近中性溶液中，由于腐蚀受氧的扩散所控制，而氧的溶解度及其扩散速率基本上不随 pH 值而变化，所以腐蚀与 pH 值无关。

③ 温度　一般说来，温度升高，电化学反应速度增加，同时溶液的对流和扩散也增大，电解质溶液电阻减少，阳极过程和阴极过程加速，腐蚀速度增加，如图 3-21 所示。对于有氧等气体参加的腐蚀过程，如，在氧去极化腐蚀情况，随着温度升高，溶解气体的扩散速度虽然增大了，但是溶解度也同时降低，受含量和扩散速度的综合控制，这样的腐蚀速度会在某一温度下出现极大值，如图 3-22 所示。

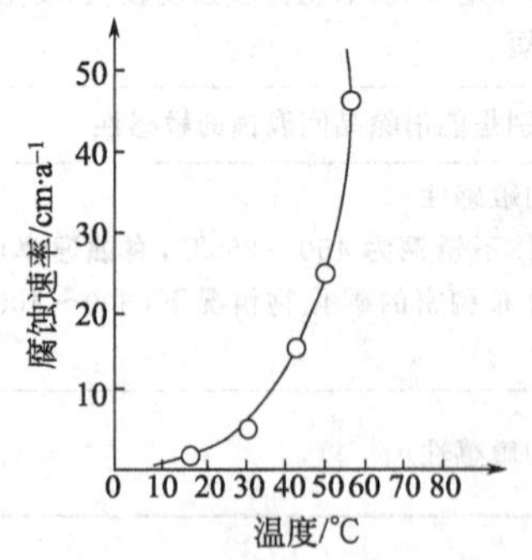

图 3-21　在 18%（质量分数）HCl 中温度对碳钢的腐蚀速率影响

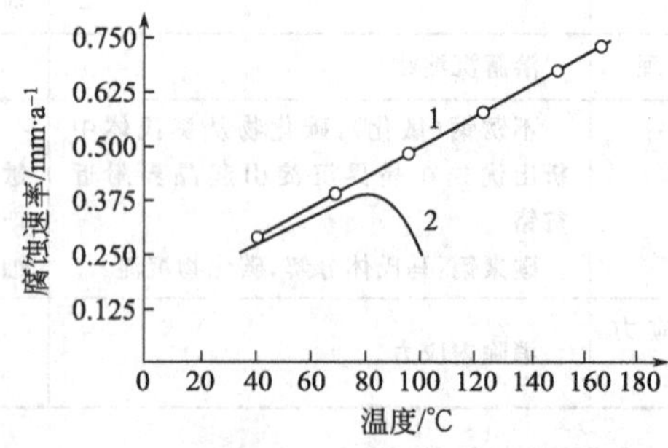

图 3-22　温度对铁碳合金在水中的腐蚀速率的影响
1—密闭体系内；2—敞开体系内

④ 浓度　大多数金属在非氧化性酸（如 HCl、稀 H_2SO_4）中的腐蚀速度随酸浓度增加而增大，如超级不锈钢在 H_2SO_4 中的腐蚀，如图 3-23[8] 所示。但在氧化性酸（如 HNO_3、

浓 H_2SO_4、$HClO_4$）中的腐蚀速度随酸浓度的增加有一个最大值，如果再增加浓度会在金属表面形成保护膜，使腐蚀速度下降。

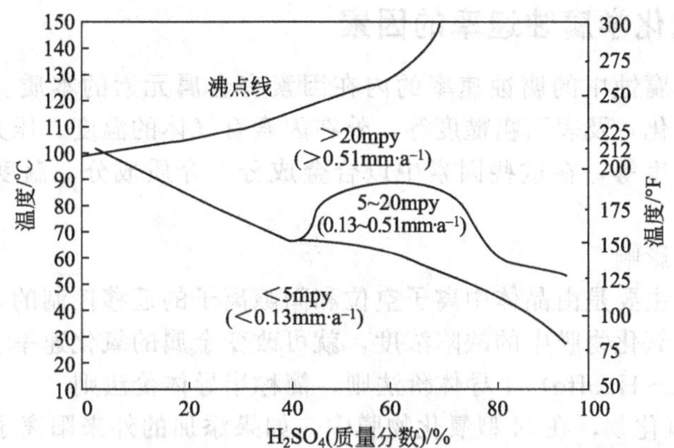

图 3-23 Incoloy 25-6Mo（UNS N08926）合金在 H_2SO_4 中的等腐蚀曲线

对于中性的盐溶液（如 NaCl），大多数金属的腐蚀速度受盐浓度和溶解的氧控制，随浓度的增加也有一个最大值。金属在稀碱溶液中的腐蚀产物为金属的氢氧化物，不易溶解，减缓腐蚀，但是碱的浓度增加会溶解生成的氢氧化物，会增大腐蚀速度。

对于金属的耗氧（吸氧）腐蚀，氧既能增加金属在酸或碱中的腐蚀，又能促进钝化膜的形成和改善钝化膜性质，阻碍金属的腐蚀。对于非钝化金属，一般情况下，氧浓度增加，主要加速腐蚀。除氧有利于防腐，这就是很多工厂的锅炉装有除氧器的原因。

⑤ 流速　主要取决于金属与介质的特性。一般情况下，随着腐蚀介质流速的增加，腐蚀会加速进行。对于受活化极化控制的腐蚀过程，流速对腐蚀过程没有影响，如铁在稀 HCl 中、不锈钢在 H_2SO_4 中的腐蚀。当阴极过程受扩散控制时，腐蚀速度随流速增加而增大，如铁或铜在加 O_2 的水中的腐蚀。如果过程受扩散控制而金属又易钝化，流速增加时金属将由活性变成钝性，则减少腐蚀。对于某些金属，在一定介质中由于生成的保护膜有好的耐蚀性，但当流速非常大时，保护膜会遭到破坏，加速腐蚀，如铅在稀 HCl 中和钢在浓 H_2SO_4 中的腐蚀。

在同一腐蚀体系中，介质流速对腐蚀的影响也是可变的，如图 3-24 所示，表示某金属在中性溶液中通入空气时，腐蚀速率与腐蚀介质流速的关系。当流速不大时，由于到达阴极部分的氧量增多，金属腐蚀加速进行；当流速达到某一数值时，由于有足量的氧使金属发生钝化而形成保护膜，因此腐蚀速度减慢；如果流速进一步加大，则金属表面的保护膜会受到液流的强烈机械作用而遭受破坏，形成冲刷腐蚀，腐蚀速率又增高。

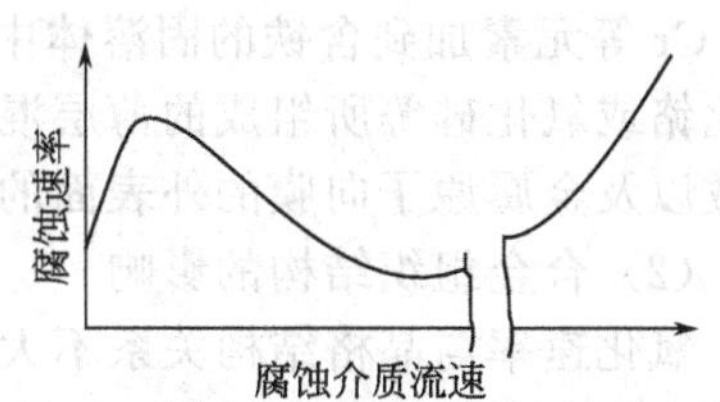

图 3-24 腐蚀速率与腐蚀介质流速的关系

⑥ 压力　腐蚀速度随介质压力的增大而增加，这是因为压力增加会使参加反应的气体的溶解度加大，加速了阴极过程的腐蚀，如在高压锅炉中，水中很少的氧就会引起剧烈的腐蚀。液体介质也会因压力的升高而腐蚀性增强。

（11）杂散电流的影响

埋设地下的压力容器，如地下储罐可能会受到杂散电流的腐蚀。

（12）设备结构的影响

设备结构影响介质的分布、扩散、流速、温度等，使设备的不同部位的腐蚀速率有所不同。

3.5.2 影响金属化学腐蚀速率的因素

影响金属在化学腐蚀中的腐蚀速率的内在因素有金属元素的本质、合金成分、合金结构、形变（即加工硬化）及表面粗糙度等，外在因素有气体的温度、压力、介质成分、加热规范、气体的运动速度等，在这些因素中以合金成分、介质成分、温度及加热规范为主要因素。

(1) 合金成分的影响

金属的氧化作用主要是由晶体中离子空位和间隙离子的迁移控制的，因此，通过添加适当的外来离子以改变氧化物膜中的缺陷浓度，就可改变金属的氧化速率。这种方法通常称为瓦格纳-豪费（Wagner-Hauffe）半导体价法则，简称半导体价法则。

① 对电子导体氧化物，在N型氧化物膜中，如果添加的外来阳离子价态高于生成氧化物的基本金属的价态，则离子缺陷的浓度降低；在P型氧化物膜中，如果添加的外来阳离子的价态低于生成氧化物的基本金属的价态，则离子缺陷浓度降低。

② 对离子导体化合物，导体中不管是阳离子通过阳离子空位扩散，还是阴离子通过间隙扩散，加入更高价阳离子，则电子空穴（正孔）的浓度降低；导体中或者阴离子通过阴离子空位扩散，或者阳离子通过间隙扩散，添加更低价阳离子，则电子浓度降低。

上述规律只有在少量合金组分形成的氧化物游离地均匀分布在基体金属氧化物中才是正确的。若加入比基体金属对氧有更大亲和力的少量合金组分，并且当合金组分氧化物和基体金属氧化物几乎是互不溶解时，就可能出现新的氧化物层，致使基体金属得到更好的保护。如，用添加Al、Si、Cr的方法来控制铁的氧化时，Al、Si、Cr对氧的亲和力均大于铁，金属相中的Al、Si、Cr可能把铁的氧化物中的铁还原出来，而这些元素与氧形成的氧化物则沉淀在铁氧化物底部，致使合金元素在金属-氧化物膜界面富集。给铁加入少量Al，导致形成尖晶石（Al_2O_3+FeO、$FeAl_2O_4$）型氧化层，要比氧通过FeO层时的扩散率低，从而使铁的氧化速率降低，但降低程度却不如形成保护氧化物层（Al_2O_3）的好。

在实际应用中，由于考虑到合金的其他性能，在钢中，Si、Al加入量必须控制在一定的极限范围之内，由于合金元素存在协同作用，故通常它们并不是单一加入。如，当把Al、Si、Cr等元素加到含铁的固溶体中去时，在金属-保护膜的界面上生成了由氧化铁和氧化铝、氧化铬或氧化硅等所组成的薄层混合氧化物，这层混合氧化物几乎完全阻止了氧向金属表面扩散以及金属原子向膜的外表面的扩散。

(2) 合金组织结构的影响

氧化速率与晶格结构关系不大，如当温度超过880℃，铁从体心立方晶格的铁素体转变为面心立方晶格的奥氏体后，$\lg K=1/T$ 曲线（K 为氧化速率）的斜率略有减小。这表明氧化速率随温度升高增长得较慢。从这一情况中，可以得出在高温下奥氏体钢比铁素体钢耐化学腐蚀性能要好。

(3) 形变（冷加工硬化）的影响

形变对氧化的影响只可能发生在不太高的温度下。压力容器在制造过程中都要经过冷加工（卷筒、封头和球皮成型等），冷加工硬化的材料在不高于再结晶温度下氧化时，对腐蚀速率有影响。

① 经加工硬化的材料其氧化速率将会增大，但只在氧化的开始阶段。

② 应力（内压产生的拉应力、冷加工残余拉应力、焊接残余应力等）大的部位腐蚀速率较大。

(4) 金属表面粗糙度的影响

如果金属表面是光洁的，其腐蚀速率将较表面粗糙的金属低，但这只是在氧化开始阶段有些差别。图 3-25 为表面状态对锌的氧化速率的影响，由图可见，经电解抛光的表面，氧化速率明显较小。因为抛光样品的真实表面值相对较小，这种由于表面原始状态不同而引起氧化速率之间的差别，能保持较长的时间。但是在长期的腐蚀过程中，这种氧化速率的差别会消失，而且金属的氧化速率越大，这种影响也就消失得越快。

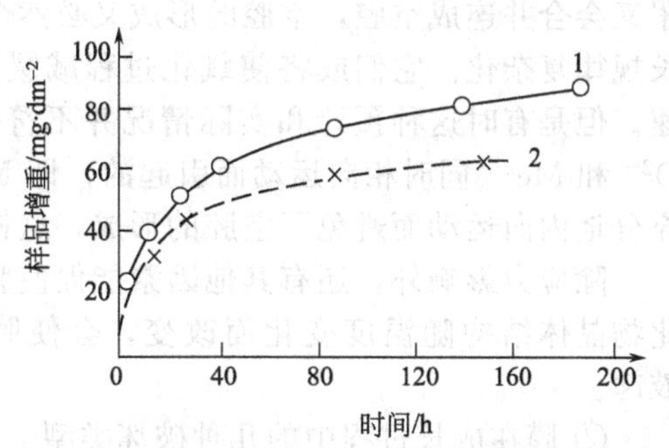

图 3-25 表面状态对锌 400℃下氧化速率的影响
1—样品表面磨光并经过浸蚀；
2—表面经过电解抛光处理

(5) 温度的影响

温度对气体介质的化学腐蚀具有十分重要的影响，氧化速率随温度升高而急剧增大，氧化速率（K）与绝对温度（T）成指数关系：

$$K=\frac{\mathrm{d}y}{\mathrm{d}t}=A\mathrm{e}^{-Q/RT} \tag{3-13}$$

式中，R 为气体常数；A、Q 为常数，常数 Q 表示化学反应激活能。实际上它代表着氧化时需越过的位垒高度，因此它表征着化学腐蚀过程进行的难易程度。式（3-13）也可写成：

$$\ln K=-\frac{Q}{RT}+A \tag{3-14}$$

氧化速率的对数与绝对温度的倒数呈直线关系。

(6) 压力的影响

气体介质中氧分压对金属氧化有影响，其影响程度随氧化物膜的类型不同而有很大差别。对于 N 型半导体氧化物体系，氧分压增大，$C_{Me^{n+}}$ 则降低，即氧化速度下降。但是在氧化膜-O_2 界面的 $C_{Me^{n+}}$ 的变化与 Zn-ZnO 界面的变化极小，故氧化速率几乎与氧分压无关。对于 P 型半导体氧化物体系，其氧化物膜的成长速率是由阳离子空位的迁移控制的，随着氧分压增加，阳离子空位也就相应地增加，从而可能导致氧化速率增大，但应指出的是在一定条件下，氧在氧化物中的溶解度有一个极限，当氧化物被氧饱和时，即使再增大氧分压，对氧化速率的影响也很小。

还需指出，氧分压对电导率有影响，增加氧分压，可使 P 型半导体氧化物的导电性能增强，而却使 N 型半导体氧化物的导电性能减弱。通常就以此两种影响结果来判断半导体氧化物的类型。

(7) 氧化物膜在成长过程中的应力影响和几种破坏类型

① 应力的影响　氧化物膜增厚通常有 3 种方式：氧的内向运动、金属离子外向运动（阳离子扩散）和阳离子与阴离子同时发生的相向运动。

若 O^{2-} 作内向运动，则新的氧化物将在金属-氧化物界面上生成。这时，如是 $V_{MeO}/V_{Me}>1$，则在氧化物膜中会产生侧向压应力。反之，则会产生侧向拉应力。如果氧化物膜的塑性不足以使这些应力释放，就可能发生膜的破裂（$V_{MeO}/V_{Me}>1$），或者在金属-氧化物界面上形成空洞（$V_{MeO}/V_{Me}<1$）。

若金属离子 Me^{n+} 作外向运动，则新的氧化物会在氧化物-氧界面上形成。此时，不管 V_{MeO}/V_{Me} 比值的大小如何，应力大多能被释放，膜中不会形成大的应变。在这种情况下，更重要的问题是，金属离子进入氧化物膜，在金属-氧化物界面留下空穴，而这些空穴的积累又会合并连成空腔，空腔的形成又必然会减少金属和氧化膜间的接触面积，从而使膜的成长规律复杂化。它们或将使氧化过程减缓，或使空腔上面的膜突然开裂而导致氧化过程加速。但是有时这种预计和实际情况并不符合，即应力和空腔都不会出现。这一情况可能是 O^{2-} 和 Me^{n+} 同时相向运动而引起的，即 Me^{n+} 充分地外向运动而避免了应力的产生，O^{2-} 充分地内向运动而避免了空腔的形成，这样就可能形成一种耐蚀性很高的膜。

除应力影响外，还有其他因素能促使膜受到破坏。如膜的塑性较小，则膜容易断裂；氧化物晶体结构随温度变化而改变，会使膜产生裂缝，膜和金属间的结合力较小，会使膜鼓起。

② 膜在成长过程中的几种破坏类型

a. 形成空泡　当膜的强度较高而膜和金属间的结合力较弱时，随着膜的成长，就会形成鼓起的小泡，见图 3-26（a）。大的空泡，特别是有裂口的空泡［图 3-26（b）］生成后，膜可以透过气体而失去保护性能。这种类型的破坏会很显著地降低膜的保护性能，但有时膜的小空泡对氧化速度影响很小，甚至有时形成真空孔，阻碍金属的氧化，见图 3-26（c）。

b. 剥落　如图 3-26（d）所示，在光滑表面上，这种类型破坏的可能性较空泡类型小，因为需要有更多的能量才能使膜开裂。有时加入某些合金元素会使合金表面上的膜产生这种现象。如在镍中加质量分数 2%的 Si 后，氧化物膜即易产生剥落。

c. 切口开裂　如图 3-26（e）所示，当膜的强度较小，而膜和金属间的结合力较大时，会产生这种破坏现象。这一类型的破坏作用不会引起膜的大面积脱落，因而也不会引起氧化速率的剧烈增加。

d. 边角开裂　如图 3-26（f）所示，在锐角或曲折的表面上，由于金属转化为氧化物时体积增大，氧化膜就可能遭受这一类型的破坏。这种裂缝常是膜遭毁坏的起因。

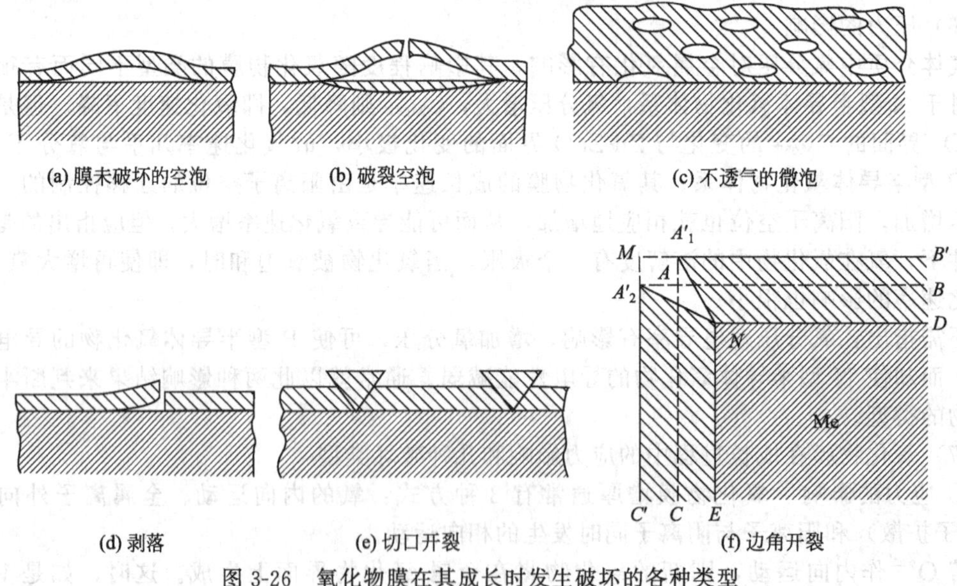

图 3-26　氧化物膜在其成长时发生破坏的各种类型

（8）介质成分的影响

介质的组成强烈地影响着腐蚀速率，当介质的组成有所改变时，保护膜的组成首先改变，因此它的物理性质发生变化。此外，不同作用物质的原子具有不同的穿过保护膜的扩散速度，因此，金属在一种介质中的耐蚀性能的数据，不可能作为依据来判断这一金属在其他不相同的介质中的耐蚀性能。

(9) 加热方式的影响

金属的热膨胀系数通常比该金属氧化物的膨胀系数要高得多，因此，剧烈或频繁温度波动在膜中产生的附加内应力将使保护膜的破坏加剧。

(10) 气体运动速度的影响

只有气流速度很大时，气流速度对腐蚀才能有显著的影响。这是因氧化物膜受高速气流的冲击而遭破坏，所以在高速气流中，气流速度越大，腐蚀速度也越大。

(11) 灰尘

金属表面上的沉积物在高温下与金属或合金的保护性覆盖层发生反应后会生成新化合物。尤其当生成熔融相时，腐蚀会变得特别强烈。这可能是由于在沉积物中含有低熔点的成分或是在沉积物与保护层之间产生了低熔共晶体的缘故。如，用重油作汽轮机燃料时，灰分中含有很多氧化物，其中危害最大的是 V_2O_5，其含量有时可高达45%（质量分数）。高温 V_2O_5 进入离心分离器和热交换器时，就可能引起耐热钢和氧化物间出现液态的低熔共晶体而发生灾难性氧化。PbO、MoO_3、B_2O_3 等也可生成低熔共晶体。烟气中的 SO_3 也可以与灰分中碱金属或重金属形成硫酸盐，由于大多数盐类和氧化物在熔融状态下会解离为离子，成为离子导体，因而也可以采用电化学方法来进行研究。

3.6 压力容器全面腐蚀的控制

压力容器全面腐蚀控制的目的在于减少压力容器壳体及其他承压元件的金属材料因全面腐蚀而造成的损耗，防止其被破坏，延长使用寿命，确保安全运行。

控制压力容器全面腐蚀的方法很多，应针对腐蚀的原因，采用不同的防护方法，常用的控制方法有：正确选用金属材料和制定合理的加工工艺，合理设计设备结构，工艺或介质组分调整，加缓蚀剂、阻垢剂、中和剂，电化学保护和覆盖层保护等。

(1) 选材

设计压力容器时，首先应该注意的就是一个选材问题，金属材料及合金的耐蚀性能与其所接触的介质有着密切的关系。例如含Cr13%（质量分数）以上的各种不锈钢，在大气、水或具有氧化性的 HNO_3 溶液中是完全耐蚀的，但在非氧化性的 HCl、稀 H_2SO_4 中不耐蚀。因此，在选择金属材料时，首先要掌握该金属预期的使用环境，大多数金属和合金材料在一些常用介质中的耐蚀性能可在腐蚀手册中查到，但是，工业上选用材料时，除了考虑耐腐蚀性能外，还要考虑一些其他因素，如可获得性、经济性、力学、冷热加工和焊接性能等。

同一台设备的不同部位的腐蚀环境可能不同，可以根据具体情况，选用不同的耐蚀材料。如石油储罐，罐底长期处于浸水状态，沉积水中含有大量的氯化物、硫化物、氧、酸类物质，成为较强的电解质溶液，产生了电化学腐蚀。油罐气相部位存在二氧化碳腐蚀、硫腐蚀，硫腐蚀以元素硫和硫化氢为主，在湿 H_2S 或与酸性介质共同存在时，腐蚀速度会增加。油罐的储油部位，罐壁上黏结了一层相当于保护膜的原油，因而腐蚀速率较低，一般不会造成危险。

防腐保温层、隔热层须用低氯材料，防止其吸水后溶解腐蚀性组分，对金属产生腐蚀。

选择适当抗热腐蚀的合金，通过在合金中添加一些合金元素来促进稳定的氧化物的生成，可降低金属的热腐蚀。

使用耐蚀性好的材料，可以减少腐蚀，提高设备的使用率和可靠性。如尿素设备的衬里，20世纪70～80年代，包括我国进口的十几套大化肥的高压尿素设备，尿塔的衬里多用

S31603 奥氏体不锈钢，当时的尿素装置设备的大检修的周期为 1 年 1 次。80 年代后期，尿素设备的衬里材料大多更换为 25-22-2 超级不锈钢，耐蚀性有所增强，尿素装置设备的大检修的周期延长到 2～3 年。200kt · a^{-1} 甲醇装置变换水洗塔材质原为碳钢，在投入运行 6～7a 后，大修时对该设备进行了塔体壁厚检测后发现，塔体中有多处壁厚为 24mm，相对原壁厚 38mm 减薄相当严重；在筒体部位有 20 多处鼓泡和大片的环状裂纹，且在塔底气液两相处和每层塔盘上方的 50mm 处居多，大的鼓泡其直径约为 150mm，中间鼓起，裂纹呈放射线状；将此设备材质改为 16MnR＋304 L 复合板，有效地减缓了设备腐蚀问题。

使用耐蚀性好的材料，还有一个性价比的问题。对于不同的设备，不同环境介质条件，不同的工况、对产品品质的要求，需要考虑不同的材料，不同的防腐蚀措施，维持一个合理的性价比。

(2) 制定合理的加工工艺

进行合理的热处理和机械加工是改善金属材料耐腐蚀性能的重要途径。光洁的金属表面抗腐蚀性能较好。

(3) 选择合理的结构设计

对于压力容器的结构部件，如果结构设计不合理，如，容器内流体介质发生停滞和聚集、反复蒸发浓缩、金属表面产生应力等现象，即使应用性能较优良的材料，也会加速金属材料腐蚀过程。因此，合理地设计压力容器构件也是其全面腐蚀控制的重要措施之一。

设计压力容器结构时应特别注意以下几个方面的问题。

压力容器结构设计应服从防腐蚀要求，如，容器排污或出口设计不当，会在一些低凹处发生液体聚集现象，从而发生腐蚀。容器的器壁与底部的连接形式必须考虑，以免产生沉淀积聚物的死角，在某一部分有沉积物积聚时，须便于不断清除沉积物，如图 3-27 所示。直角就较圆角易于积聚，且不易清除沉积物。在设计大型压力容器时，在其最低点应有液体排放口，这样在排放设备中的液体时就不会有残余，同时也便于清洗设备。对管路和转动部件的设计应考虑有最高的放气口，以防止汽蚀的产生。

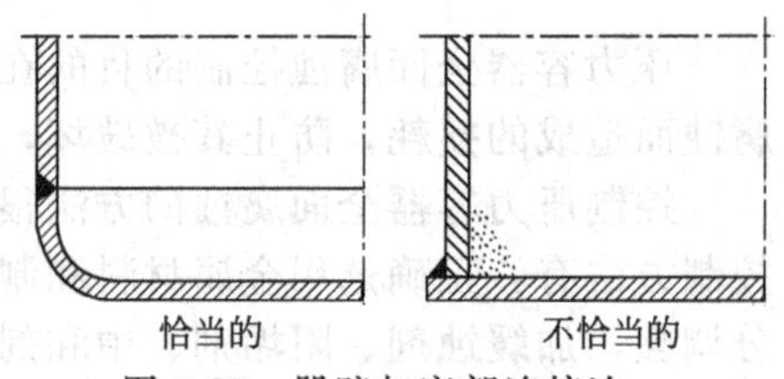

图 3-27 器壁与底部连接法

(4) 工艺介质处理

对腐蚀介质，可改变其化学组成以降低其腐蚀性，但这种方法只有在工艺允许、腐蚀介质体积有限时采用。改变介质的化学性质以降低其腐蚀性有两个途径。

① 减少介质中的有害成分，特别是去极化剂的含量。如，氧在高温高压下对压力容器的金属材料会产生严重的氧去极化腐蚀，因此发电厂对水中的氧含量要求是很严的，一般规定水中含氧量应在 0.1μg · g^{-1} 以下。可以通过加热法、真空法和化学法除氧，降低水中的氧含量。

对于热腐蚀，环境中的硫和氯化钠是导致金属发生热腐蚀的主要环境因素。其中硫主要来自燃料，而氯化钠主要来自大气。因此提高燃料的质量，包括减少燃料中的杂质及添加一些缓蚀剂，可以减轻金属的热腐蚀。

② 添加缓蚀剂、中和剂、钝化剂等减缓腐蚀。

(5) 电化学保护

由 Fe-H_2O 体系的 E-pH 图可知，如果把铁的电位降低至 Fe/Fe^{2+} 的平衡线以下，此时铁处于稳定区内，可免受腐蚀；或把铁的电位升高，使它进入钝化区，由于铁的表面生成了难溶的致密钝化薄膜，也可使铁的腐蚀速率大大降低。采用这种改变金属的电极电位来保护金属免受腐蚀的方法称为电化学保护法。电化学保护法分为阴极保护与阳极保护。

① 阴极保护，是防止压力容器全面腐蚀比较有效的措施之一，其应用范围愈来愈广泛，常用于地下压力容器及管道的外防腐、容器的内防腐。

② 阳极保护，阳极保护是将压力容器作为阳极，在介质为电解质溶液的条件下通过外加阳极电流使压力容器阳极极化到一定电位，在此阳极电位下，形成一层具有很高耐蚀性的钝化膜，使金属表面成钝态，从而降低了腐蚀速率，使压力容器获得保护。

(6) 覆盖层保护

工业上最普遍采用的腐蚀防护方法是在金属表面上应用覆盖层，它的主要作用在于压力容器本体金属与周围介质物理隔离。覆盖层一般应该满足下列基本要求：

① 覆盖层结构紧密，完整无孔；

② 与底层金属有良好的附着力（松衬除外）；

③ 有足够的强度、硬度及耐磨性，能很均匀地分布在整个保护面上。

(7) 金属表面处理

压力容器金属构件表面处理的主要目的在准备给施加覆盖层时，清除构件表面上的氧化物、油脂和其他污物，或用在金属容器和半成品入库保存或投用前作为提高金属抗腐蚀性。不锈钢等耐蚀合金也可以进行钝化或预氧化处理、碳钢和低合金钢进行钒化处理等转化膜处理提高耐蚀性。

金属构件表面处理的方法有3种：机械处理、化学处理和电化学处理。

① 金属表面的机械处理

a. 磨光和抛光　磨光是一种使金属构件表面在磨料（如金刚砂、刚玉等）的摩擦下，把表面上的一些粗糙不平、小裂痕、擦伤和气孔等缺陷磨成平滑的表面的方法。

抛光则是利用研磨膏（如氧化铁、氧化铬或氧化铝的细粉）抛光金属表面，使其更加平滑和具有镜面光泽。

由上法获得的平滑表面，整个覆盖着一层通常称为拜尔比层的塑流材料，它通常是由金属及其氧化物、有时还有抛光粉颗粒组成的一种混合层。

b. 喷砂处理　喷砂处理适用于除去金属表面上附着的铁锈、垢皮、污泥、旧涂层等，适用于大面积的板材和钢结构件，有机覆盖层涂装前的表面处理，不能用于要求加工尺寸精确部位。

c. 清刷处理　清刷处理用来除去制件表面上浸渍后所残留的松软氧化物层、渣滓及保护层上的某些缺陷。这种处理方法是用细钢丝或黄铜丝制成的刷子或旋转圆形刷子来清刷表面。

② 金属表面的转化膜处理　自然形成的薄膜通常不能完全符合保护性膜的要求，利用化学或电化学的方法可使金属表面形成薄膜，在适当条件下，可形成完整的、力学性能良好的、不易被潮汽渗透的与基体金属附着力良好的保护性薄膜。在工业上应用最多的是氧化物膜或磷酸盐膜。采用这种防护方法的优点是设备简单、操作容易、生产率高，缺点是保护能力差。主要用来防止金属的大气腐蚀及其他弱腐蚀性介质的腐蚀。由于这类保护膜具有很多毛细孔，也常把它们用作涂层底层以增强涂层和制件表面的结合力。

在金属表面上形成保护性氧化物膜的方法叫做氧化处理，形成磷酸盐膜的方法称作磷酸盐化处理或磷化处理，用电化学法在金属表面上形成保护性氧化物膜的方法叫做阳极氧化处理。

a. 黑色金属的氧化处理（发蓝）　钢铁表面经过氧化处理后，其表面的氧化膜呈现一种特殊的氧化物膜色泽——蓝黑色，这种处理通常叫做发蓝处理。其氧化物膜主要由微小的磁性氧化铁（Fe_3O_4）晶体构成，也可能含有水合氧化铁（$Fe_2O_3 \cdot mH_2O$），后者会使氧化物膜呈现红色斑点而降低氧化物膜的保护性能。氧化物膜厚度通常为0.6～0.8μm，特殊处理后可使其厚度达到 1.5μm。经过抛光和氧化处理的氧化物膜表面呈蓝黑色，并有光泽。

钢铁的氧化处理通常是在 NaOH（约 $650g \cdot L^{-1}$）及氧化剂 $NaNO_3$、$NaNO_2$ 温度约为 135～145℃的沸腾溶液中进行的。氧化物膜的厚度和致密性与进行氧化时的条件如溶液中碱的浓度、氧化剂的浓度、温度和处理时间等密切相关。

除碱性发蓝法外，通常还采用无碱发蓝法，溶液组分主要为 $Ca(NO_3)_2$、MnO_2 和 H_3PO_4，用无碱发蓝法所得的氧化物膜抗腐蚀性与力学性能都很好，其氧化物膜是由磷酸钙与氧化铁组成的，呈黑色。

b. 黑色金属的磷化处理　磷化处理是应用于防止钢铁制小型压力容器表面腐蚀的方法之一，在磷酸盐保护膜上如涂油或涂涂料，则能更好地防止金属腐蚀。磷化处理有两种方法，即正常法与加速法。

（8）腐蚀监测

工业中常用宏观检查、挂片、探针法（电阻探针、电位探针、线性极化探针、交流阻抗探针、电偶探针、电感探针、电流探针、氢探针、离子选择探针）、腐蚀裕量监测（又称警戒孔监视或哨孔监视）、无损探测技术（UT、ET、热成像等）等手段评价全面腐蚀的进程。在均匀腐蚀的情况下，常用重量指标和深度指标来表示腐蚀速度。

① 宏观检查　一种最基本的方法，多用目视观察设备的受腐蚀表面，提供设备的综合观察结果和局部腐蚀的定性评价，缺乏灵敏性和定量评价标准。

② 挂片法　工厂设备腐蚀监测中用的最多的一种方法，使用专门的夹具固定试片（要求试片和夹具间相互绝缘、试片的受力点和支撑点尽量少），将装有试片的支架固定在设备内，经一定时间后取出，检查表面和分析重量、厚度等的损失，提供试验周期内的平均腐蚀速度，反映不出瞬间的腐蚀行为和偶发的局部严重腐蚀状态。

③ 探针法　在线监测腐蚀速度，灵敏度高，给出设备实时的腐蚀速度，为腐蚀控制、揭示腐蚀原因提供直观的依据。

④ 无损检测　主要为在线超声波测厚和热成像检测，可以有效地发现设备减薄或隔热层损坏。

3.7 压力容器全面腐蚀失效案例

案例 1：液态烃出口管线弯头外腐蚀破裂

某 400m^3 液态烃球罐，运行约 15 年，某年 1 月 7 日在正常运行时，下部进口管线弯头发生泄漏，泄漏速率逐渐增加，最终导致罐区起火、爆炸，事故共造成 6 人死亡、1 人重伤、5 人轻伤，直接经济损失 900 余万元。管子规格为 ϕ108mm×5mm，操作压力 0.4～0.5MPa，温度为小于 40℃，介质为 $C_4 \cdot H_2O$。宏观检查管子内壁腐蚀较轻，无腐蚀坑；管外全面腐蚀严重，图 3-28 为泄漏管段外表面宏观形貌。管子化学成分分析符合 GB 9948—88 中 20 钢要求，取未开裂的直管段进行力学性能测试，结果 R_m 450～500MPa 合格，伸长率 12%～22%，明显下降；常温冲击试验结果，2.5mm×10mm×55mm 试样 $A_{kV0.2}$30～50J，－20℃$A_{kV0.2}$6～12J。弯头金相组织晶粒较粗大，含有少量的魏氏组织，焊缝热影响区有魏氏组织存在。在塑性变形较大区域，珠光体明显分解，渗碳体分布于晶粒晶界。腐蚀表面微观形貌为全面腐蚀特征，如图 3-29 所示。测厚结果显示，弯头断口附近区域壁厚严重减薄，最小壁厚小于 1.0mm，如图 3-30 所示。

综合分析结果表明，该弯头泄漏是因外表面严重腐蚀减薄穿孔造成的。弯头使用时间约 15 年，因腐蚀渗氢，材料脆性增加，泄漏时因当时气温约－10℃，加之物料泄漏后在穿孔处气化，导致局部降温，所以，事故状态时，弯头材料脆性较大，在内压作用下，穿孔部位快速扩展断裂。

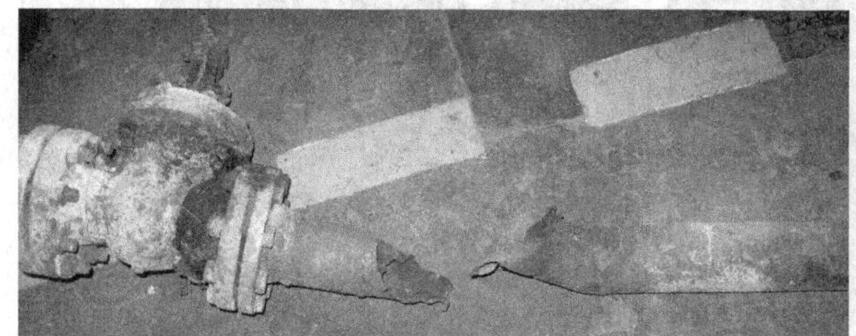

(a)断裂后的弯管

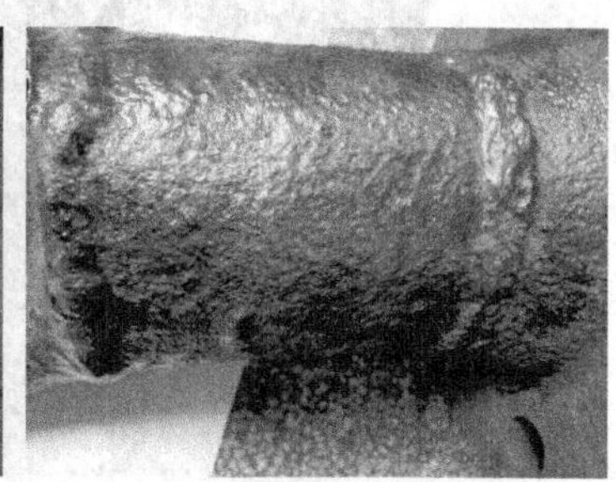

(b)法兰直管外表面腐蚀坑

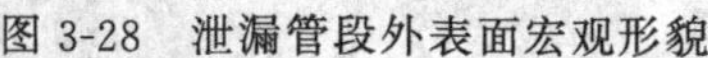

图 3-28 泄漏管段外表面宏观形貌

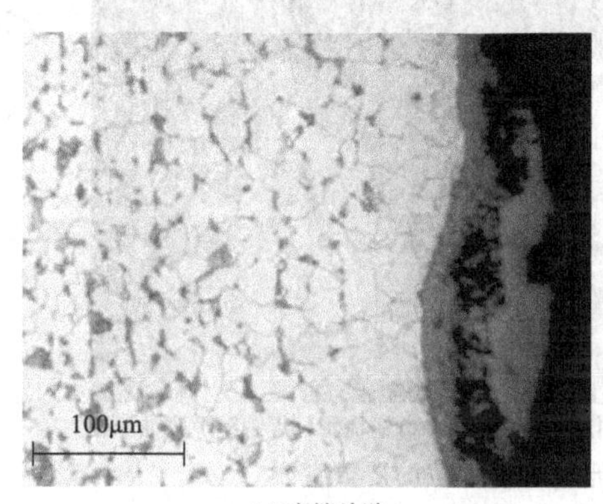

(a) 直管外壁

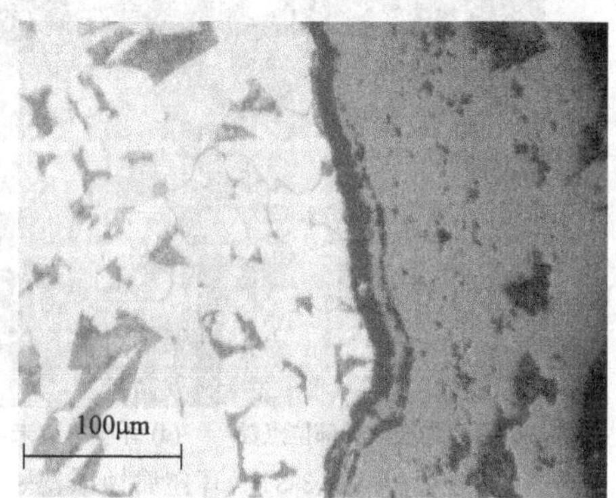

(b) 弯头外壁

图 3-29 管子外表面腐蚀微观形貌

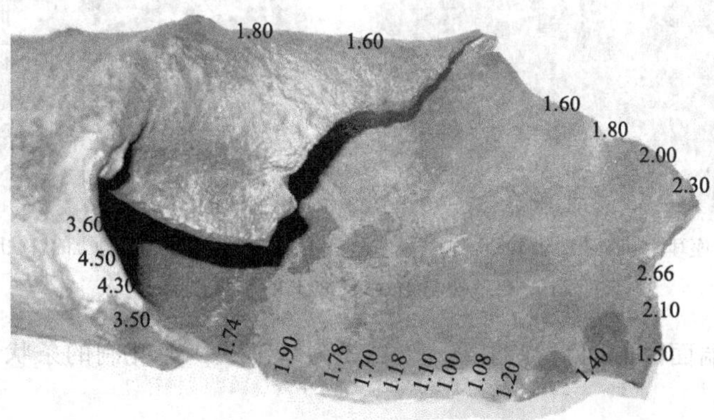

图 3-30 断口附近壁厚

案例 2：尿素塔衬里和塔内件均匀腐蚀[9,10]

(1) 尿素塔塔板和塔内件的腐蚀

某大化肥厂在早期检查塔板时，宏观检验发现部分塔板已经从原 8mm 厚减薄到 3.5mm 左右，耳座腐蚀从 6mm 减薄至 2mm、变形及焊接部位的严重腐蚀（图 3-31）。

把座耳剖开观察，发现平行于轧制表面上的腐蚀形态是属于沿晶形态，这种沿晶腐蚀并未深入，仅是在表面 2～3 个晶粒深。同时晶粒本身也被腐蚀，由于这种腐蚀有别于一般的晶间腐蚀和均匀腐蚀，故被称为晶界优先的均匀腐蚀形态，见图 3-32。

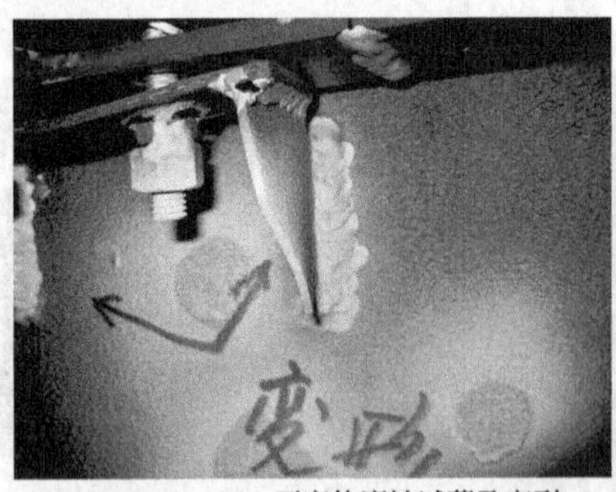

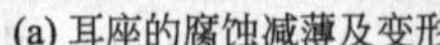

(a) 耳座的腐蚀减薄及变形

(b) 耳座腐蚀减薄

(c) 耳座焊接收弧部位点蚀 (d) 耳座单边未焊引起的缝隙腐蚀 (e) 溢流管环焊缝缝隙腐蚀开裂

图 3-31 耳座腐蚀减薄、变形及焊接部位的严重腐蚀

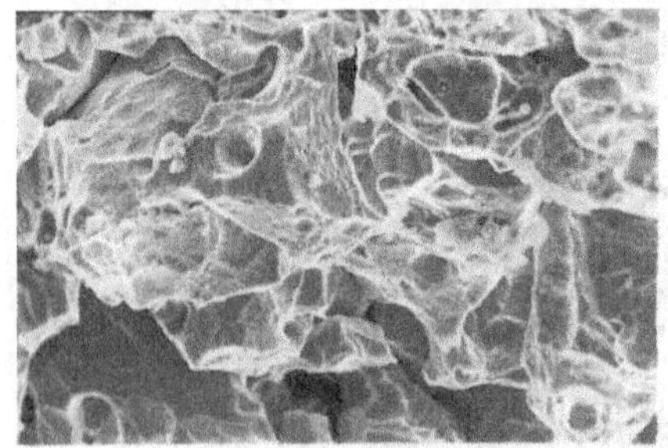

(a) 座耳轧制表面上的腐蚀形态

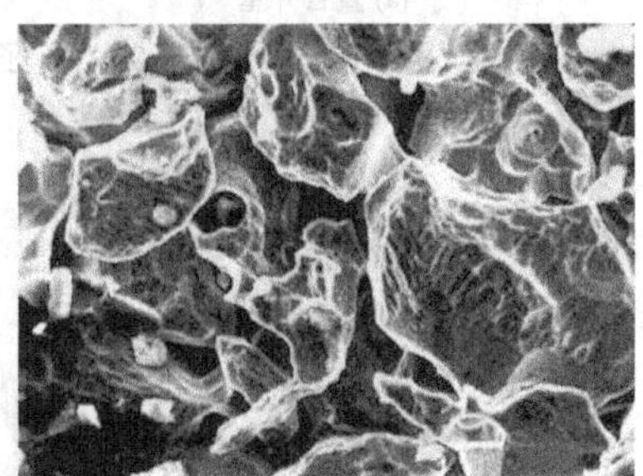

(b) 座耳轧制表面上的腐蚀形态

图 3-32 座耳轧制表面上的腐蚀形态

座耳的机加工端面的晶间腐蚀明显，使之成为蜂窝状，沿轧制的条状 δ 铁素体深入母材（图 3-33）。

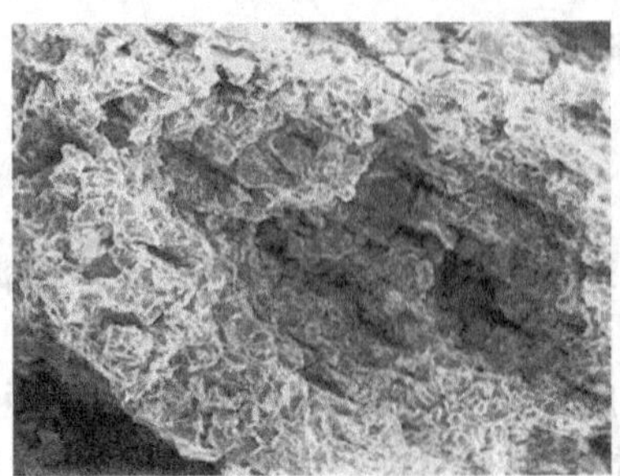

(a) 座耳机加工端面的晶间腐蚀

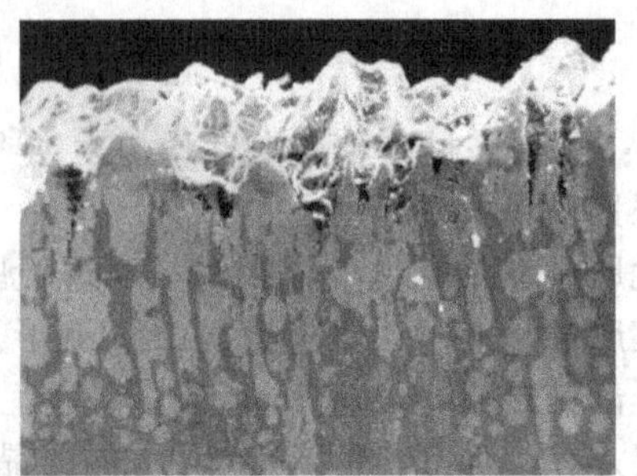

(b) 座耳的机加工端面的剖面

图 3-33 座耳轧制表面上和机加工端面的腐蚀形态

(2) 衬里板母材腐蚀减薄

某大型化肥厂从 1987 年开始发现有几块衬里板严重腐蚀减薄，其中有 1 块衬板中部约有 0.7～0.8m^2 的面积减薄量大大超过正常值。1982 年 7 月检测其腐蚀率为 0.354mm · a^{-1}，1989 年 12 月检测最大腐蚀率达到 0.6～0.8mm · a^{-1}，到 1990 年检测时，3 块板中最严重的仅剩 4.4mm 厚。

一些厂尿素合成塔衬里板严重腐蚀，有的衬里表面凸凹不平如图 3-34 (a) 所示，有的表面则布满大大小小的麻坑如图 3-34 (b) 所示，有的形成方向不同的条纹或细细的沟槽，如图 3-34 (c) 所示。

(a) 衬里表面凸凹不平

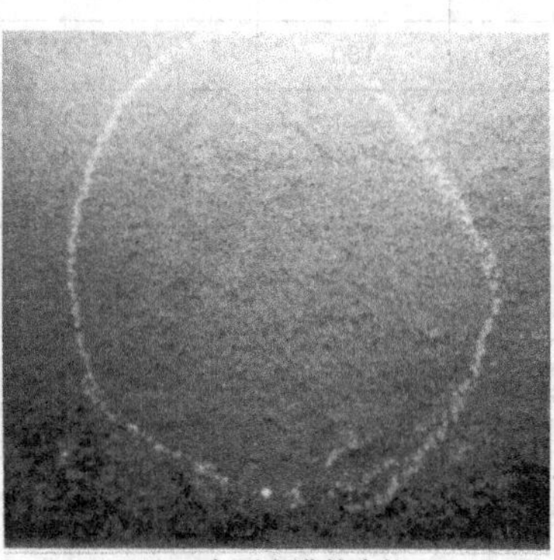
(b) 表面布满的麻坑

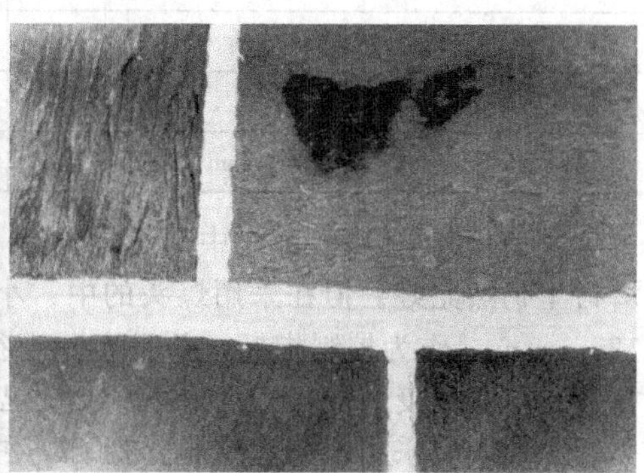
(c) 形成方向不同的条纹或细细的沟槽

图 3-34 尿素合成塔衬里板严重腐蚀形态

案例 3：H_2S 和硫化物对尿素系统高压设备腐蚀的影响[10]

尿素合成介质中的硫主要来源于 CO_2 中没有脱除干净的 H_2S。正常情况下，尿素设备中的耐蚀衬里腐蚀率为 0.05mm · a^{-1}。但如果介质中含有 H_2S 和氯化物时，耐蚀衬里的腐蚀速率会迅速提高，并可能伴有衬里的应力腐蚀开裂。某中型氮肥厂 H_2S 的含量长期超标，1984 年上半年的统计结果见表 3-2。

表 3-2 1984 年上半年 H_2S 的含量统计结果 mg · m^{-3}

日期	H_2S 含量	日期	H_2S 含量	日期	H_2S 含量
2 月 2 日	38	4 月 8 日	25	4 月 10 日	28
5 月 5 日	40	5 月 12 日	50	5 月 14 日	78
5 月 20 日	180	5 月 21 日	120	5 月 23 日	155
5 月 31 日	78	6 月 4 日	120	6 月 8 日	100

该塔从投入运行到 1984 年 1 月实际运行 15092h，尿塔衬里从 5mm 减薄到 4.4mm。平均年腐蚀率达到 0.3mm · a^{-1}，超过了正常年腐蚀率的 2 倍。

H_2S 与氧作用会生成 H_2SO_x，所以在溶液中有 HS^-、S^{2-} 及 SO_x^{2-} 等强还原性离子，它们与不锈钢及钛的表面相接触，即会破坏氧化膜。硫化物对不锈钢耐腐蚀性的影响见图 3-35。当总硫含量在一定范围以内时，可以用增加氧含量来降低硫对腐蚀的加剧作用，见表 3-3。硫含量和氧

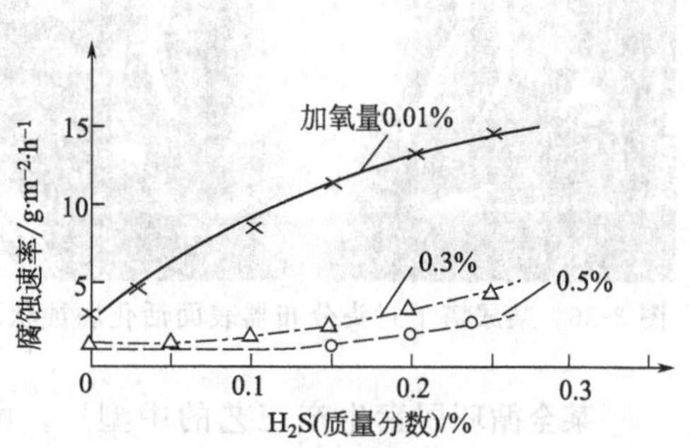

图 3-35 硫化物对不锈钢耐腐蚀性的影响

含量对钛腐蚀的影响见表 3-4。

表 3-3 CO_2 中硫含量与加氧量关系

总硫(标准状态)/$mg \cdot m^{-3}$	0	<2	5～10	10～15	>15
氧含量(摩尔浓度)	0.1	0.2	0.5～1.0	0.6～1.2	加氧无效

表 3-4 硫化物和氧含量对尿素塔内钛腐蚀的影响

项目	日本 Ado 厂				美国 ESSO 公司			
CO_2 中 O_2 含量/10^{-6}mol	8～9	9～250	3000～5000	1000～15000	44	380	700	2360
CO_2 中 H_2S 含量(标准状态)/ $mg \cdot m^{-3}$	4	20	100	500	12	15	11	12
钛腐蚀速率/$mm \cdot a^{-1}$	0.060	0.085	0.412	2.23	0.105	0.034	0.019	0.019
钛合金(6%～7%Cr)腐蚀速率/$mm \cdot a^{-1}$	0.081	0.926	0.881	4.78	—	—	—	—

大型化肥厂原料 CO_2 中硫化物含量一般控制在<$2mg \cdot m^{-3}$ (标)，运行 15～16a 的尿塔衬里仍然完好。但在采用煤头的中、小型化肥厂的尿素装置中，因对 CO_2 中硫化物以≤$15mg \cdot m^{-3}$作为控制指标，并且实际上往往超标。腐蚀严重的尿塔，经常尿素带颜色，运行 3～5a 即报废，许多厂运行不到 10a 已经使用了第 3 台新尿塔，这都和硫化物含量密切相关。为此，应采用精脱硫措施，把 CO_2 中总硫控制在 $2mg \cdot m^{-3}$以下。

有试验表明，H_2S 的存在使尿素用 S31603 钢的维钝电流显著增大。但加入氧气后，部分硫化物会逐步被氧化。实验表明，在加入 100×10^{-6}硫化物，气相氧分压为 0.059MPa 的试验装置中，195℃保持 10min 后，取出试验液体分析，结果 S^{2-} 和 SO_3^{2-} 不存在，只有 340×10^{-6}的 SO_4^{2-}。因此可以认为，硫化物全部被氧化成了 SO_4^{2-}。但低浓度 SO_4^{2-} 对 S31603 不锈钢的极化曲线基本没有影响。

H_2S 对 CO_2 气体入口附近的设备衬里和内件产生比较严重的活化腐蚀。国内某大型尿素生产厂在 1 个运行周期内 CO_2 原料气中 H_2S 含量曾多次超标，最高含量达 300×10^{-6} (体积分数)。每次 H_2S 含量超标，成品尿素中 Ni 含量就增高，最高 Ni 质量分数达 3.5×10^{-6}，导致仅在 1a 时间里，汽提塔下封头内原来 8mm 厚的 CO_2 分布器被腐蚀只剩下不到 1mm 厚；并且露出的换热管管头也被腐蚀冲刷得异常锋利（见图 3-36、图 3-37）。

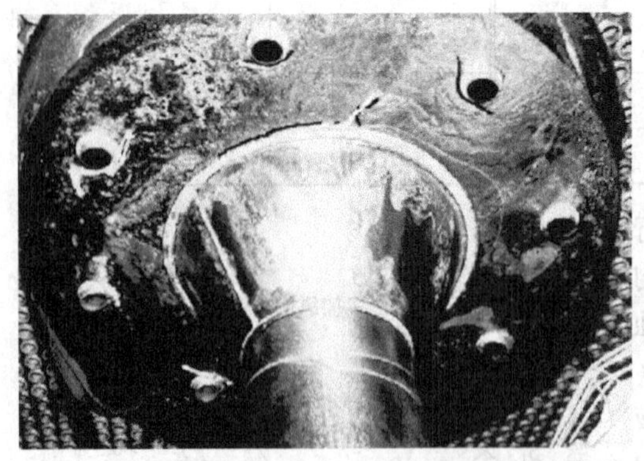

图 3-36 某尿塔下封头分布器表面活化腐蚀状况

图 3-37 CO_2 汽提塔下管头被 H_2S 腐蚀冲刷后的形貌

某全循环尿素生产工艺的中型厂，由于 CO_2 原料中的 H_2S 含量一直较高［一般 100×10^{-6} (体积分数) 左右］，尿塔底部的 CO_2 入口附近衬里和内件长期处于活化腐蚀状态。新的衬里和内件仅使用 2a 多就不得不更换。图 3-38 是在 H_2S 含量较高时对尿塔衬里腐蚀的形态。

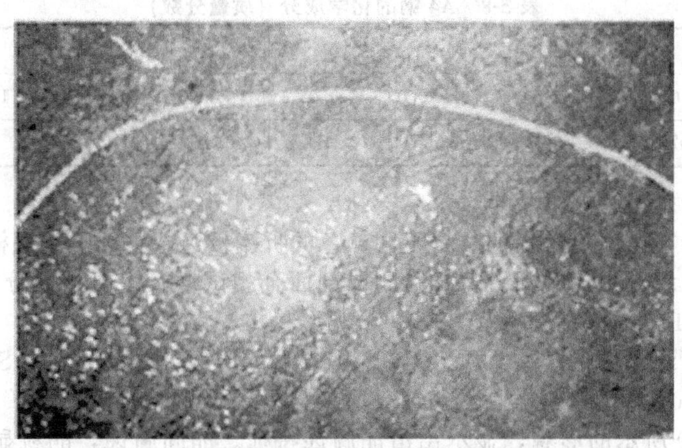

图 3-38 在 H_2S 含量较高时对尿塔衬里腐蚀的形态

案例 4：尿素合成塔 A4 钢衬里腐蚀形态分析[10]

某化肥厂使用过的尿素合成塔是我国第一台 ϕ1400mm 的 A4 钢（0Cr17Mn13Mo2N）衬里尿素合成塔。该塔于 1980 年 3 月投入使用，截至 1985 年 7 月已运行了约 4×10^4h。

(1) 衬里的宏观腐蚀及腐蚀率测定

在塔内目视可观察到塔上部轻微腐蚀，第 4 层塔板以上，衬里呈红色，母材及焊缝表面都较光滑，手摸有轻度粉末脱落。从第 5 层塔板衬里板以下腐蚀较重，衬里呈高低不平的灰白色云朵状花样。焊缝用 A707-A4 钢焊条焊接，焊缝两侧熔合线靠母材侧有 6～8mm 宽、1～2mm深的腐蚀沟；焊缝表面粗糙，可见大小不等的密布气孔。底部使用 P5 焊条补焊过的焊缝表面仍然比较光滑，无气孔等缺陷。1983 年 3 月和 1985 年 7 月都曾对该塔进行过检查，现场挂片换算的年腐蚀率及衬里测厚结果分别见表 3-5、表 3-6 和表 3-7。

表 3-5 2 次现场挂片腐蚀速率 mm·a^{-1}

挂片部位	第 1 次 9386h	第 2 次 7199	挂片均值	母材实测
上	0.050	0.031	0.039	0.04
中	0.249	0.247	0.248	0.24
下	0.218	0.124	0.184	0.15

表 3-6 焊接接头挂片 mm·a^{-1}

挂片部位	试验时间/h	腐蚀速率
母材	4699	0.216
焊缝	4699	0.225
母材	4935	0.14～0.2

表 3-7 衬里实测厚度 mm

测点	1	2	3	4	5	6	7	8
1983 年	6.22	5.62	6.12	6.67	6.50	6.04	7.15	5.39
1985 年	5.3	5.6	—	6.7	—	5.8	6.9	5.2
测点	9	10	11	12	13	14	15	16
1983 年	7.91	7.44	7.13	7.30	7.43	6.83	6.03	6.06
1985 年	7.0	6.0	—	6.2	6.5	6.2	5.8	—

(2) A4 钢的成分

A4 钢成分见表 3-8。

表 3-8 A4 钢的化学成分（质量分数） %

元素	C	Si	Mn	P	S	Cr	Mo	N
标准值	≤0.08	<0.8	13.0～15.0	<0.04	<0.03	16.5～18.0	1.8～2.2	0.23～0.30
实测	0.07	0.61	13.75	0.029	0.010	17.25	2.12	0.35

（3）腐蚀表面分析

利用检修机会在第 9 层塔板的 2 块不同颜色的折流板边部各锯下 1 块样品，其中 1 块为灰白色样品，另 1 块为黑色样品。将样品制成剖面金相试样，用能谱仪分析腐蚀表面成分，然后用 JSM—35CF 扫描镜观察腐蚀表面的微观形貌。

能谱成分分析结果黑色样品材质为 Cr-Ni-Mo 系不锈钢，白色样品为 S31603 不锈钢。

A4 钢与 S31603 系不锈钢样品的腐蚀表面各自呈现不同的微观形态。A4 钢腐蚀表面大部分呈现如图 3-39 所示的形貌，显示出沿晶腐蚀特征。晶间腐蚀，晶粒显得松散，晶粒有剥落的痕迹，并有一些小孔洞。此外还有一些如图 3-40 所示的泥纹状花样形貌，裂纹较圆滑，表面光洁平整，也可见到晶粒剥落留下的痕迹。

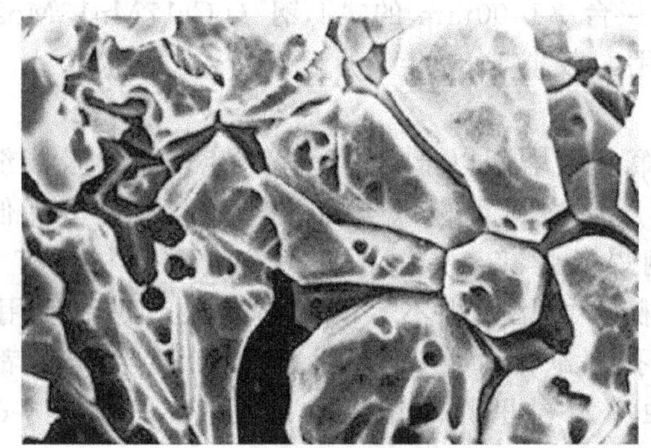

(a) A4钢沿晶腐蚀特征

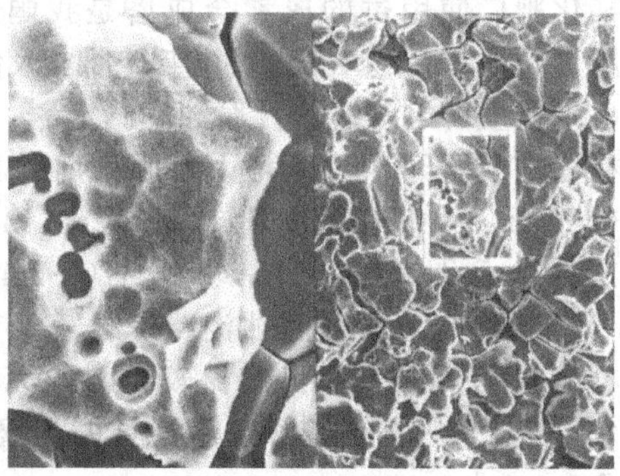

(b) A4钢表面腐蚀孔洞

图 3-39 A4 钢腐蚀表面大部分呈现的形貌

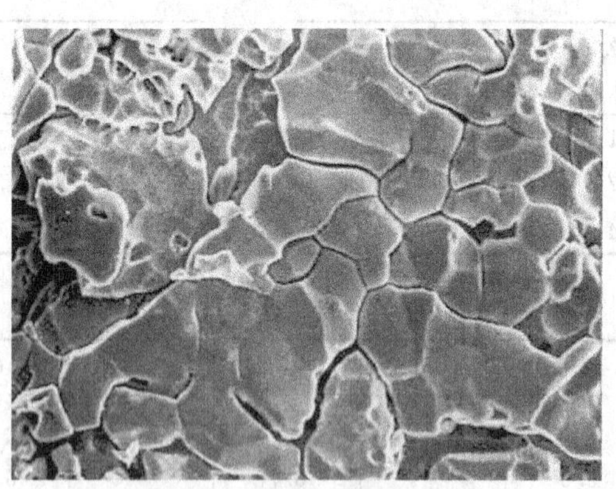

图 3-40 泥纹状花样形貌

（4）金相观察及分析

金相观察表明，A4 钢样品剖面腐蚀得不深，只有 2～3 个晶粒，表现出均匀腐蚀的特征。进一步观察，发现两个特点：其一是腐蚀大都是以某一相为先导进行，相界被腐蚀出沟槽，当一相被腐蚀到一定程度后便促使较耐蚀的另一相脱落（图 3-41）。从图中可以看出表面凸起部分已与基体连接不牢。经分析，证明这两相成分不同，前者 Cr 含量低、Mn 含量高；后者相反，Cr 含量高、Mn 含量低。两相主要成分 Cr 和 Mn 的差别为：$Cr_{\delta}/Cr_{\gamma}=1.089$；$Mn_{\delta}/Mn_{\gamma}=0.41$。判断前者是 γ 相，后者是 δ 相。

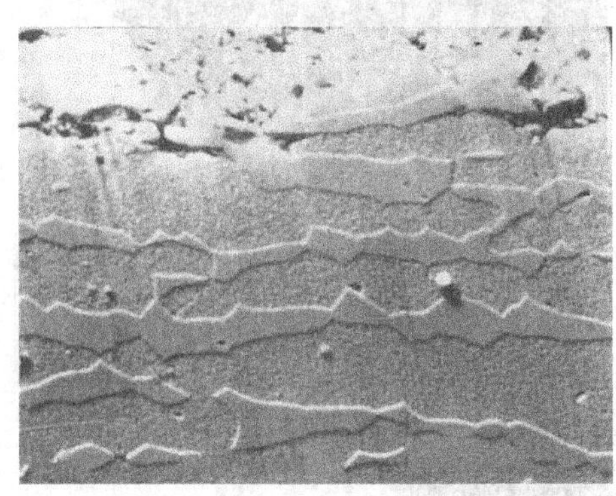
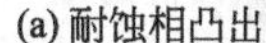
(a) 耐蚀相凸出

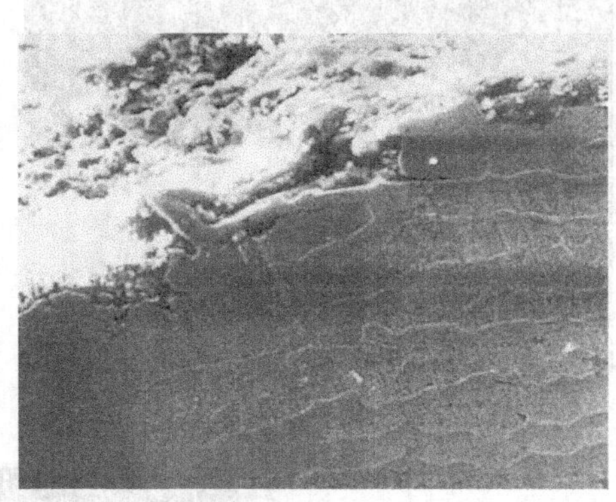
(b) 耐蚀相脱硫

图 3-41 A4 钢剖面金相

另一特点是沿着两相交界出现沿 δ 铁素体相的腐蚀，形成的腐蚀沟槽把大块的多层的晶粒团腐蚀剥落，如图 3-42、图 3-43 所示。未发现明显的碳化物及其他相。图 3-44 是 A4 钢剖面深浸蚀后观察到的金相组织，链状的 δ 铁素体相分布在条块（带）状的奥氏体上。

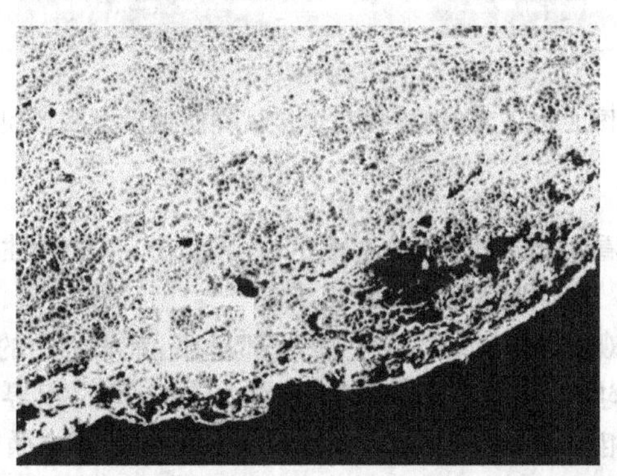
图 3-42 沿着两相交界把大块的晶粒团腐蚀开裂

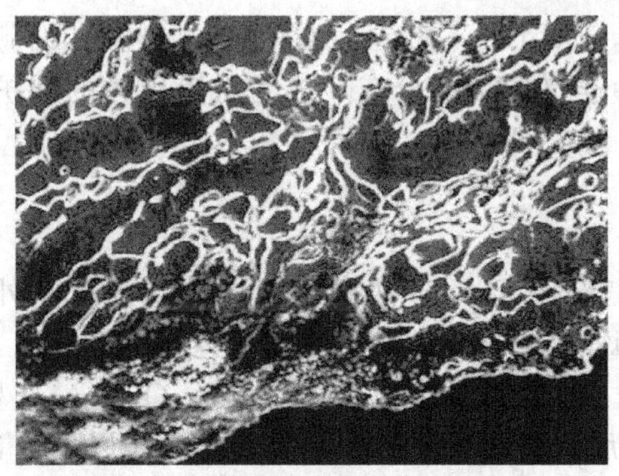
图 3-43 裂纹尖端沿相界发展

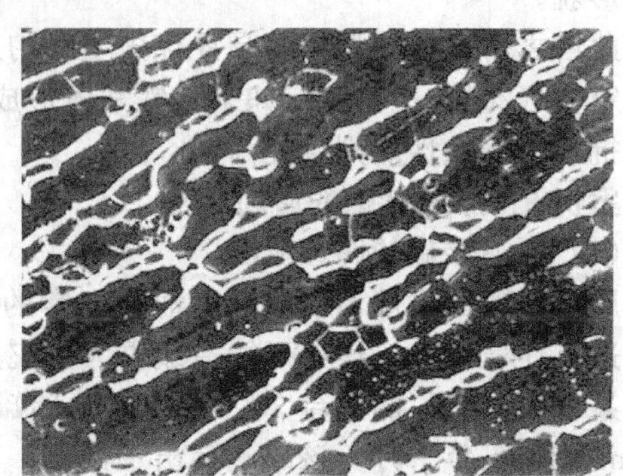
图 3-44 A4 钢剖面金相组织（深浸蚀）

图 3-45 是 A4 钢板材和采用国产的双相钢焊条以及 P5 焊条焊接的试样在尿素合成塔中进行挂片试验后的金相照片。试样表明国产的双相钢焊条焊缝的耐腐蚀程度不如母材，P5 焊条焊缝的耐腐蚀程度高于母材。母材的表面存在明显的选择性腐蚀，但腐蚀深度不是很

深。如前所述，一相被腐蚀到一定程度后便促使较耐蚀的另一相脱落。

(a) 国产的双相钢焊条焊接的试样

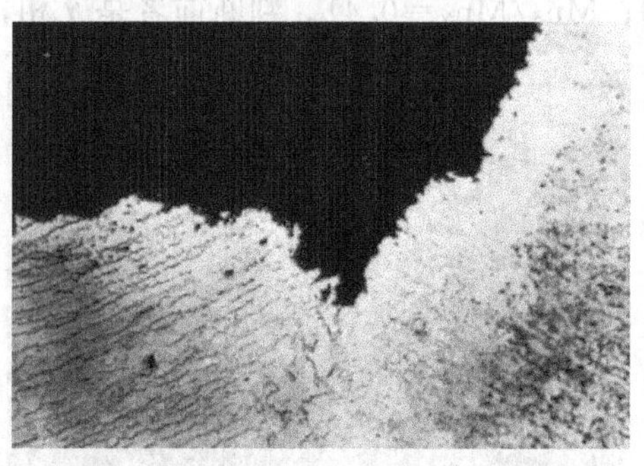

(b) P5焊条焊接的试样

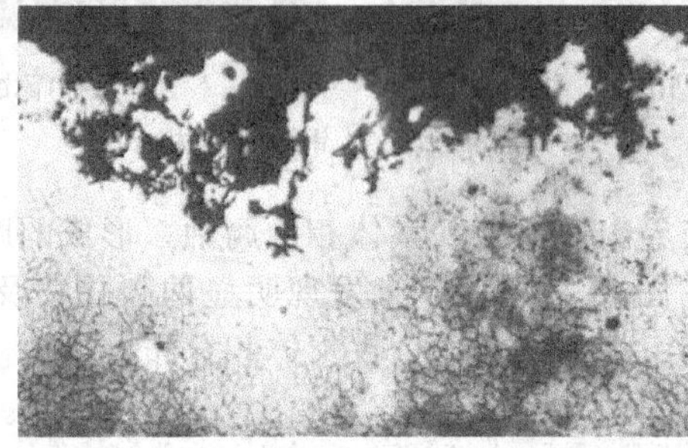

(c) A4钢材板

图 3-45　A4 钢板材和焊接试样腐蚀后微观形貌

(5) 讨论

从腐蚀表面的成分来看，此塔所用 A4 钢的化学成分、力学性能均属正常，金相组织除 δ 铁素体量稍低于正常值，其他指标均满足要求。

综合对腐蚀表面的微观观察，看出两块样品都呈现晶界优先的均匀腐蚀特征。但微观观察却看出 A4 钢腐蚀并不均匀。最先遭受腐蚀的是 δ/γ 之间的相界，腐蚀是沿着两相界面发展。即腐蚀过程是；δ/γ 相界面→δ 相或 γ 相脱落。这一过程的循环发展促使衬里均匀腐蚀不断进行，严重时使包括奥氏体与铁素体的大块晶粒团脱落。从而出现宏观上见到的“云朵状”形貌。

此塔之所以遭受严重的晶界优先型均匀腐蚀，原因之一就是 δ 铁素体（15%～20%）低于规定值（20%～45%）。如果 δ 铁素体形成较为连贯的带状分布，成为对奥氏体的保护层，衬里抗均匀腐蚀性能则会提高。

案例 5：原油储罐的腐蚀[11]

(1) 原油储罐的腐蚀概况

原油储罐的腐蚀不仅缩短了油罐正常的使用寿命，且一旦油罐腐蚀穿孔造成原油外泄，不但造成环境污染，还有可能造成重大火灾及爆炸事故，影响生产的正常运行。

某公司石化厂的 1 台 30000m^3 原油储罐，于 1996 年投用，主体材质为 Q235A ，壁厚 24mm，1998 年 7 月，该罐侧部出现泄漏。开罐后，发现罐体离水平高度 15m 以下，出现大面积深度大小不一的蚀坑，底板上有大面积疏松的片状腐蚀。

该公司曾针对原油储罐的运行情况作过专门的统计，统计资料显示，原油储罐投用 2～3a 后，罐体均出现程度不同的腐蚀，并有 38%的油罐出现过穿孔漏油，60%的油罐受到硫酸盐还原菌的严重污染。腐蚀破坏形式及部位如图 3-46 所示。储罐多在罐底部和顶部腐蚀最为严重，罐底板及底圈壁板腐蚀速度>0.15mm・a^{-1}，并有大面积腐蚀麻坑，深度达 1～

3mm 不等，严重蚀坑处已有穿孔，孔径多数在5～10mm。

(2) 原油储罐腐蚀类型及机理

① 油罐气相部位

a. CO_2 腐蚀 CO_2 溶于水形成碳酸，介质 pH 值下降，腐蚀电测阳极区金属溶解，金属离子与碳酸根结合生成碳酸盐膜，不同温度和 H_2S 含量下形成的膜对基体金属的保护程度不一样。阴极区发生 H^+ 去极化反应，化学反应式为：

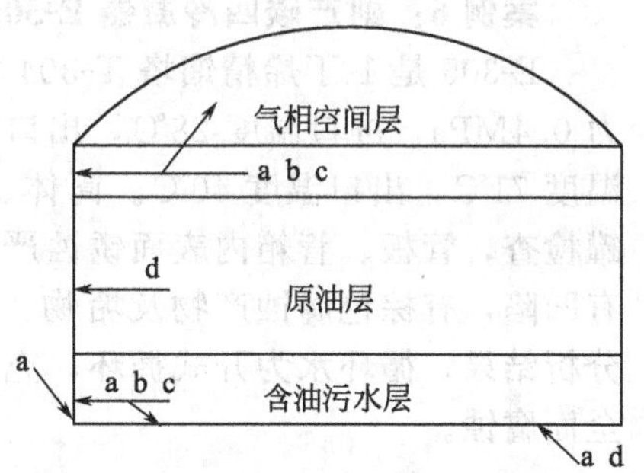

图 3-46 储罐破坏形式及部位

a—大面积麻坑；b—局部点蚀；c—点蚀穿孔；d—轻微腐蚀

$$CO_2 + H_2O \rightleftharpoons H_2CO_3$$

阳极反应：$Fe \longrightarrow Fe^{2+} + 2e^-$

阴极反应：$2H^+ + 2e^- \longrightarrow H_2 \uparrow$

$Fe^{2+} + CO_3^{2-} \longrightarrow FeCO_3 \downarrow$

原油储罐的温度较低，生成的 $FeCO_3$ 多孔，CO_2 常常造成坑点腐蚀、片状腐蚀等局部腐蚀。

b. 硫腐蚀 硫腐蚀以 S 和 H_2S 为主。湿 H_2S 或与酸性介质共同存在时，腐蚀速度会成倍增加。H_2S 在水中发生的电离式如下：

$$H_2S \rightleftharpoons H^+ + HS^-$$
$$HS^- \rightleftharpoons H^+ + S^{2-}$$

在湿 H_2S 的腐蚀环境中的 H^+、HS^-、S^{2-} 和 H_2S 对金属腐蚀为氢去极化作用，其反应式如下：

阳极反应：$Fe \longrightarrow Fe^{2+} + 2e^-$

$Fe^{2+} + S^{2-} \longrightarrow FeS \downarrow$

阴极反应：$2H^+ + 2e^- \longrightarrow H_2 \uparrow$

硫化物腐蚀产物多以固态形式出现，在静态或流速不大的环境和适当的 pH 下，硫化物能在罐壁内表面上形成膜。

② 油罐的储油部位 罐壁上黏结了一层相当于保护膜的原油，因而腐蚀速率较低，一般不会造成危险。但是由于油品内和油面上部气体空间中含氧量的不同，形成氧浓差电池而造成腐蚀。当含氧量由 $0.02mg \cdot L^{-1}$ 增加到 $0.065mg \cdot L^{-1}$ 时，金属的腐蚀速度将增加 5 倍，含氧量增加 $1mg \cdot L^{-1}$ 时，腐蚀速度将增加 20 倍。罐液位的变化及搅拌作用，更加速了腐蚀。

③ 油罐内底板 罐底长期处于浸水状态，水中含有大量的氯化物、硫化物、氧、酸类物质，成为较强的电解质溶液，产生了电化学腐蚀。

④ 储罐外壁 储罐外壁主要发生大气腐蚀。大气中的水汽会在金属设备表面冷凝而形成水膜，溶解了大气中的气体及其他杂质，起到电解液的作用，使金属表面发生电化学腐蚀。在罐顶凹陷处、焊缝凹陷和易积水处，大气腐蚀尤为严重。

⑤ 罐底下表面腐蚀

a. 土壤腐蚀 原油储罐的土壤腐蚀实际是电化学腐蚀，根据埋地土壤透气情况，其阴极过程还原反应可分为氧去极化反应或硫酸根去极化反应。

b. 杂散电流腐蚀 罐区如是位于电气化铁路、大型电气设备附近的地中电流较为复杂的区域，其底板会因杂散电流而腐蚀。

c. 氧浓差电池腐蚀 在罐底，氧浓差主要表现在罐底板与砂基础接触不良，如满载和空载比较，空载时接触不良。罐周和罐中心部位的透气性差别，也会引起氧浓差电池，中心部位成为阳极而被腐蚀。

案例6：副产碳四冷凝器 E-305 管程全面腐蚀

E-305是1-丁烯精馏塔T-304塔釜出料副产碳四冷凝器，管程介质循环冷却水，操作压力0.4MPa，进口温度28℃，出口温度38℃，壳侧介质为碳四，操作压力0.92MPa，进口温度71℃，出口温度40℃。筒体、管板、管束（52根）材质均为20钢。使用1年后，开罐检查，管板、管箱内表面锈蚀严重，罐板与管束间焊肉已被蚀平，管口有削尖，部分管板有凹陷，有棕色腐蚀产物及垢物，如图3-47所示。对冷凝器筒体进行测厚，无明显减薄。分析结果，循环水为开式循环，充分与空气接触，水中的氧去极化作用，造成了碳钢管程的全面腐蚀。

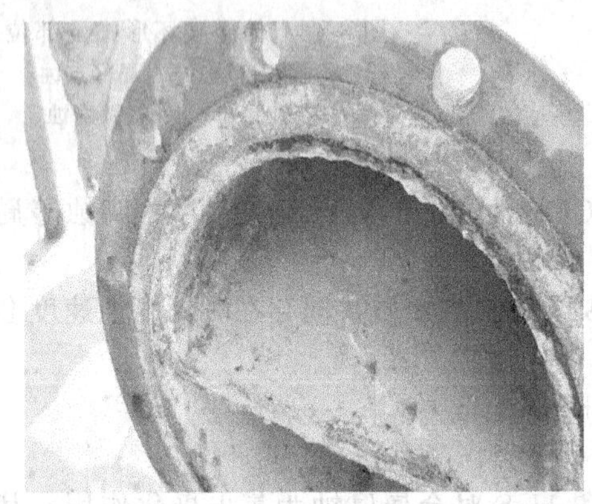

(a) 管箱腐蚀宏观形貌

(b) 管板腐蚀宏观形貌

图3-47 副产碳四冷凝器 E-305 管程全面腐蚀宏观形貌

参考文献

[1] SH/T 3096—2012. 高硫原油加工装置设备和管道设计选材导则.

[2] API RP 939C—2009. Guidelines for avoiding sulfidation (sulfidic) corrosion failures in oil refineries, first edition.

[3] J L Hau and E J Mirabal. NACE LA 96037. Experience with processing high sulphur naphthenic acid containing heavy crude oils. 2nd NACE latin American Region Corrosion Congress. 1996.

[4] 周建龙，李晓刚，程学群等. 高温环烷酸腐蚀机理与控制方法研究进展［J］. 腐蚀与防护，2009，30 (1)：1-6.

[5] API RP 941—2008. Steels for hydrogen service at elevated temperatures and pressures in petroleum refineries and petrochemical plants sixth edition.

[6] API 571—2011. Damage Mechanisms Affecting Fixed Equipment in the Refining Industry-Second Edition.

[7] 张颖，郑家燊. 碳钢在 H_2S 盐水体系中的腐蚀及保护［J］. 材料保护，1999，32 (3)：35-37.

[8] SPECIAL METALS. INCOLOY alloy 25-6Mo. 2002. 10，出版物编号：SMC-005.

[9] 天华化工机械及自动化研究设计院主编. 腐蚀与防护手册：第4卷. 工业生产装置的腐蚀与控制. 第2版. 北京：化学工业出版社，2008：134-181.

[10] 赵志农. 腐蚀失效分析案例. 北京：化学工业出版社，2008：241-306.

[11] 赵雪娥，蒋军成. 原油储罐的腐蚀机理研究及防护技术现状［J］. 中国安全科学学报，2005，15 (3)：104-107.

CHAPTER 4 第4章 局部腐蚀

局部腐蚀是相对全面腐蚀而言的，是指金属暴露于腐蚀环境中，金属表面某些区域的优先集中腐蚀。腐蚀发生在金属的某一特定部位，而其他部分几乎未被破坏，阳极区和阴极区明显分开，可以用目视或微观观察加以区分，次生腐蚀产物又可在阴、阳极交界的第三地点形成。

局部腐蚀的种类多种多样，根据局部腐蚀的形态、位置、机理，可分为：孔蚀、缝隙腐蚀、电偶腐蚀、晶间腐蚀、SCC、氢脆、腐蚀疲劳、磨损腐蚀、冲蚀、空泡腐蚀、选择性腐蚀等多种类型。电化学腐蚀从微观上来看，也是局部腐蚀，如果微电池的阴、阳极位置不断变化，则腐蚀的宏观形态是全面腐蚀；如果阴、阳极位置固定不变，则腐蚀宏观形态也呈局部腐蚀；而宏观电池腐蚀形态总是局部腐蚀，腐蚀破坏主要集中在阳极区。

局部腐蚀特点是，导致的金属损失总量小，但局部腐蚀难以检测其腐蚀速率和预防。所以，往往由于局部区的严重腐蚀而导致突发事故。统计数据显示，腐蚀事故中80%以上是由局部腐蚀造成的。局部腐蚀与全面腐蚀的区别见表4-1。

表4-1 局部腐蚀与全面腐蚀比较

比较项目	全面腐蚀	局部腐蚀
腐蚀形貌	腐蚀分布在整个金属表面上	腐蚀主要集中在一定的区域，其他部分不腐蚀
腐蚀电池	阴阳极在表面上变幻不定，并不可辨别	阴阳极在微观、甚至宏观上可分辨
电极面积	阳极面积≈阴极面积	阳极面积≪阴极面积
电位	阳极电位＝阴极电位＝腐蚀(混合)电位	阳极电位＜阴极电位
极化图	E, E_{c0}, E_{corr}, E_{a0}, O, $\lg i_{corr}$, $\lg i$ $E_c=E_a=E_{corr}$	E, E_{c0}, E_c, E_a, E_{z0}, O, $\lg i_{corr}$ $E_c \neq E_z$
腐蚀产物	可能对金属具有保护作用	无保护作用

4.1 点蚀

点蚀又称孔蚀、针孔腐蚀，是石油、化工生产和航海领域中常遇到的局部腐蚀破坏形态，是破坏性和隐患最大的腐蚀形态之一，是企业“跑、冒、滴、漏”的主要根源之一。压力容器的点蚀难以在线监测，有时突然导致灾害事故发生。点蚀是造成不锈钢等易钝化合金受到大规模腐蚀的重要局部腐蚀形式，是不锈钢等易钝化合金压力容器的重要失效形式之一。不同腐蚀介质环境下不锈钢、铝及铝合金等的点蚀行为研究是易钝化合金耐蚀性研究的一项重要内容，作为典型的点蚀诱发因素，Cl^- 对材料点蚀行为的影响更是被人们所广泛研究。

4.1.1 点蚀定义

点蚀是产生于金属表面向内部扩展形成孔穴的局部腐蚀，钝化金属或合金材料在某些环境介质中，经过一定的时间后，大部分表面不发生腐蚀或腐蚀很轻微，但在表面上个别的点或微小区域内，出现蚀孔或麻点。且随着时间的推移，蚀孔不断向深度方向发展，形成小孔状腐蚀坑，这种现象称为点腐蚀（pitting corrosion），简称点蚀（pitting）。描述与评定点蚀的几个特征参数为：点蚀电位，点蚀速度，最大点蚀深度。

4.1.2 点蚀对压力容器的危害

点蚀是一种隐蔽性和突发性很强、破坏性大的局部腐蚀。尽管点蚀造成的金属损失的质量很小，但腐蚀电池的阳极面积很小，局部腐蚀速度很快，它能导致设备局部腐蚀穿孔，造成压力容器内部的工艺介质跑、冒、滴、漏。轻者造成介质流失、设备需要停车修补，重者造成整个设备失效、环境污染和巨大的经济损失，甚至产生危害性很大的事故。特别是在石油、化工、核电等领域，点蚀容易造成管壁穿孔，使大量油、气泄漏，甚至造成火灾、爆炸等灾难。在石油、化工的腐蚀失效类型统计中，点蚀占 20%～25%。

不锈钢的表面因形成致密的氧化铬薄膜而具有高抗腐蚀能力。然而，局部点状腐蚀却难以避免。例如某厂新造了几十只不锈钢立式储罐，分别采用 S30403 和 S31603 不锈钢板焊接而成，安装后，需要充水做基础沉降试验。试验使用消防水，3～4 个月后放水检查，发现罐体发生严重的点蚀，最多的罐有 200 多个腐蚀坑，最深达到 5mm，几乎穿透。根据检测，水中 Cl^- 含量在 76～1152mg·L^{-1}，导致这批储罐无法按期投入使用，造成很大的损失。

在用设备对孔蚀的检查比较困难，蚀孔尺寸很小，而且经常被腐蚀产物遮盖，因而定量测量点蚀的程度有一定的困难。在用设备点蚀会使晶间腐蚀、SCC 和腐蚀疲劳等加剧，在很多情况下点蚀是这些类型腐蚀的起源。

在核电站的蒸汽发生器中，点蚀主要发生在蒸汽发生器冷侧管板与第 1 块支撑板间的管段上，这段区域处于泥渣堆中或有污垢，存在氯化物或硫酸盐等，形成局部酸性条件而引起点蚀。在该处形成局部腐蚀电池，在氧化环境下或有 Cu^{2+} 时，会加快点蚀的过程。一旦发生泄漏，一回路带有辐射物质的冷却水就会污染二回路的水和蒸汽，进一步污染电站的透平和汽水管线等等。

在大型尿素装置中，高压换热器的管口焊缝或熔合线容易发生腐蚀穿孔，造成停车检修，1 天的损失近百万元。另外，尿素熔融液对衬里下面的碳钢腐蚀速率是不锈钢的十几～几十倍。20 多天，就可以使碳钢管板腐蚀出直径 200～300mm、深度 150～200mm 的大洞。

除了压力容器设备的点蚀，输送油、天然气和工艺水的管线受外部土壤中介质或管线内部流体的腐蚀，经常会发生点蚀，严重时造成穿孔，使得油、天然气或水泄漏，特别是油和天然气泄漏往往会造成火灾或爆炸等严重事故。

4.1.3 点蚀形貌

点蚀集中在金属表面的很小范围内，多发生在表面有钝化膜或有保护膜的金属上，并深入到金属内部，形成的蚀孔直径小、深度大。蚀孔有大有小，多数情况下为小孔。点蚀一般表面直径等于或小于它的深度，只有几十微米，呈点状分散或密集分布在金属表面上。图 4-1 为 3003 Al-Mn 合金，在常温冷却循环水池中挂片 4320h 后腐蚀形貌。表面可见分散的点蚀坑，点蚀坑上有白色腐蚀产物，微观上可见蚀坑向深度方向发展，坑底呈活化态。孔口多数被腐蚀产物所覆盖，少数呈开放式。有的为碟形浅孔，有的是小而深的孔，也有的孔甚至使金属板穿透。图 4-2 为 S31603 换热管在油气介质中发生点蚀的宏观形貌。图 4-3 为某 $5Mt \cdot a^{-1}$ 常减压装置减顶一级板式空冷器板片，运行 40d，由于其他设备原因装置停工，停工后通氮气和蒸汽，重新投用 7 个月发现泄漏。

板片材质 S31603，板厚 0.7mm，板束内工作介质为减顶经预冷板式空冷器出口油汽＋软化水＋200℃蒸汽，入口温度 150℃左右，出口温度 50～60℃。板束外侧为喷淋软化水，操作温度为常温。检查发现介质进口端存在 NH_4Cl 结垢，板片在铵盐结垢处产生了点蚀，严重部位已穿孔。

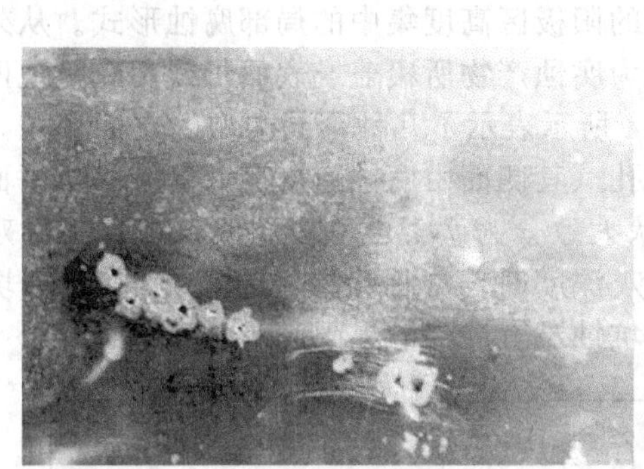
(a) 点蚀宏观形貌

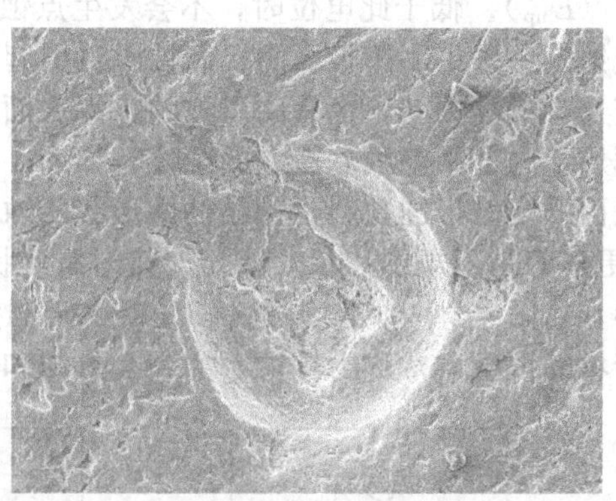
(b) 点蚀表面微观形貌

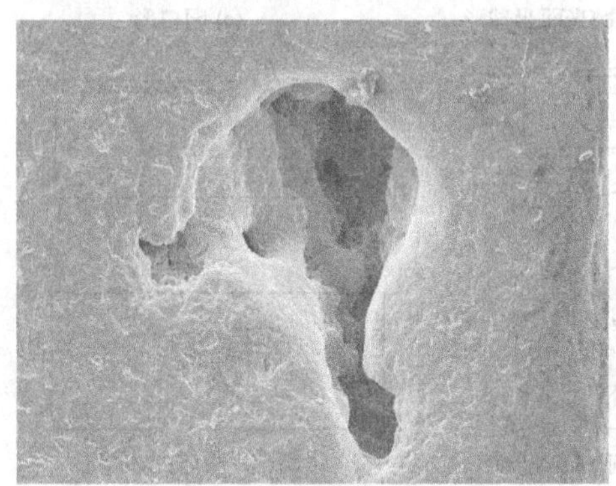
(c) 点蚀表面微观形貌

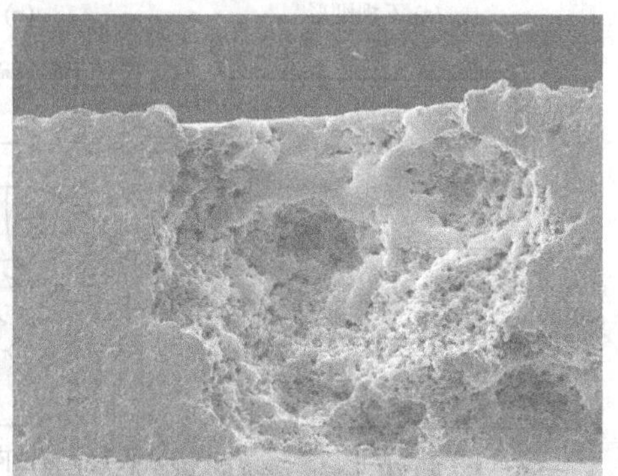
(d) 点蚀坑剖面微观形貌

图 4-1 3003 铝合金在循环水中的点蚀形貌

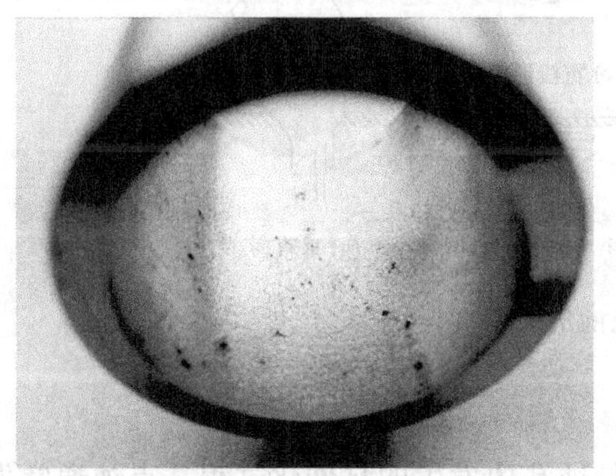
图 4-2 S31603 换热管内壁点蚀形貌

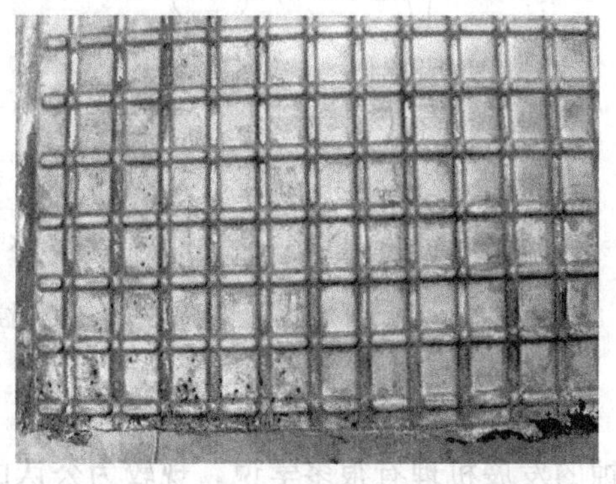
图 4-3 S31603 板片点蚀坑宏观形貌

点蚀的破坏特征有：

① 破坏高度集中。

② 蚀孔的分布不均匀。

③ 蚀孔通常沿重力方向发展，向上的表面点蚀深度和数量明显较向下的表面严重。

④ 蚀孔口很小，而且往往覆盖有固体沉积物，因此不易发现。

⑤ 孔蚀发生有一定时间的孕育期（或诱导期）。

⑥ 在某一给定的金属-介质体系中，存在一特定的阳极极化电位门槛值，该电位以往多称之为钝态的击穿电位（breakdowm potential，E_b），近来称之为点蚀形核临界电位，或点蚀电位（E_{np}）。低于此电位时，不会发生点蚀，高于此电位则发生点蚀。

点蚀是一种由小阳极大阴极腐蚀电池引起的阳极区高度集中的局部腐蚀形式。从外观上看，有开口式的蚀孔，也有闭口式的，即表面为腐蚀产物所覆盖或表面仍残留有呈现凹痕的金属薄层，内部则隐藏着严重的蚀坑，如图 4-4 所示表示了几种不同类型的点蚀形貌，既有抛光表面的半球形蚀孔，也有结晶学形状的蚀孔（其侧面由腐蚀速度最低的结晶学平面所组成）。更多的是不规则形状的蚀孔，其剖面形状大致分为 7 类，其中（f）、（g）为微观结构取向形，如图 4-5[1] 所示。若坑口直径小于洞穴深度时，常称为点蚀（或孔蚀）；若坑口直径大于坑的深度，常称为坑蚀；实际上点蚀和坑蚀没有严格的界限。

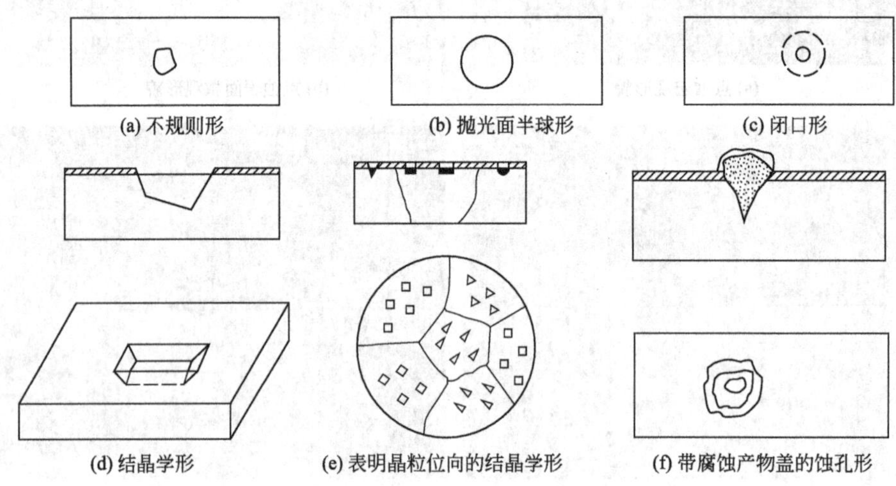

图 4-4　几种不同类型的点蚀形貌示意图

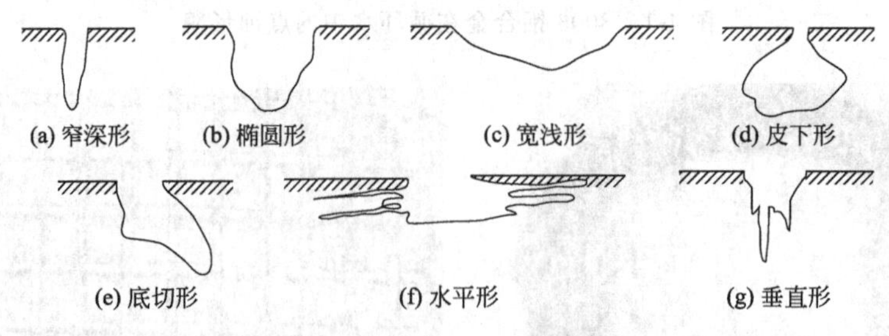

图 4-5　各种点蚀孔的剖面形状

4.1.4 点蚀机理

点蚀的发展机理有很多学说，现较为公认的是蚀孔内发生的自催化过程。点蚀通常发生在易钝化金属或合金中，同时往往在有侵蚀性阴离子与氧化剂共存的条件下，如，不锈钢、铝及铝合金、钛及钛合金在近中性的含卤素离子的水溶液或其他特定介质中，可能发生局部溶解形成孔穴而遭受点蚀。碳钢、不锈钢和铝的点蚀成长机理基本类似。

点蚀的发生有 3 个基本条件：钝态金属；环境中存在卤素等有害离子；电位高于某个临界电位（称点蚀电位）。点蚀的发生过程可分为形核（孕育）和发展（生长）两个阶段。可观察到的点蚀斑点出现之前称为形核阶段，表面膜薄弱处如晶界、活性夹杂、位错等表面点状缺陷常成为点蚀源。形核时间取决于金属和腐蚀环境的种类，可由几分钟到数年。点蚀的长大过程称为发展阶段，一旦点蚀开始发展，因蚀孔几何形状的限制、孔内溶解的金属离子浓度升高、水解而使孔内介质 pH 值降低，同时为了维持电荷平衡，Cl^-不断向孔内迁移富集，增强了腐蚀性，形成自催化体系，点蚀便以不断增长的速度向金属纵深发展。点蚀通常沿重力方向生长，多数点蚀从金属表面向下发展和生长，少数在垂直和向下的表面上发生。

点蚀机理（钝态金属的点蚀）。

第一阶段：蚀孔形核（发生），钝化膜破坏理论和吸附理论。

（1）钝化的成相膜理论

当电极阳极极化时，钝化膜中的电场强度增加，吸附在钝化膜表面上的腐蚀性阴离子（如 Cl^-），因其离子半径较小而在电场的作用下进入钝化膜，使钝化膜局部成为强烈的感应离子导体，钝化膜在该点上出现了高的电流密度，并使阳离子杂乱移动而活跃起来。当钝化膜-溶液界面的电场强度达到某一临界值时，就导致蚀孔成核。

（2）吸附膜理论

钝化的吸附膜理论认为蚀孔的形成是阴离子（如 Cl^-）与氧原子的竞争吸附的结果。氧原子在金属表面的吸附，导致金属的钝化。点蚀电位 E_b 是腐蚀性阴离子 Cl^- 可以可逆地置换金属表面上吸附的氧原子的电位，当极化电位 $E>E_b$ 时，Cl^- 在某些点竞争吸附强烈，Cl^- 取代氧原子在金属表面局部上的吸附，该处钝化膜被破坏，一旦这层钝化膜被破坏又缺乏自钝化能力时，蚀孔在该处形核。这是因为在金属表面缺陷处易漏出基体金属，使其呈活化状态，而钝化膜处仍为钝态，这样就形成了活性-钝性腐蚀电池。

点蚀的孕育期是从金属与溶液接触开始，到蚀孔形核，并开始稳定长大的这段时间。点蚀的孕育期随溶液中 Cl^- 含量增加和电极电位的升高而缩短；低碳钢和不锈钢发生点蚀的孕育期的倒数与 Cl^- 活度呈线性关系。即：

$$\frac{1}{\tau}=k\left([Cl^-]-[Cl]^*\right) \tag{4-1}$$

式中，k 为常数；$[Cl^-]$ 为 Cl^- 活度；$[Cl^-]^*$ 为 Cl^- 点蚀临界活度，在一定临界值以下，不发生点蚀。

一般认为，孕育期对应于侵蚀性阴离子在局部穿透或击穿钝化膜所需的时间。它与膜的厚度以及膜的成分和组织结构等有关。例如，对铝及其合金而言，为得到基本相同的点蚀孕育期所需的 Br^-、I^- 和 F－含量分别为所需 Cl^- 含量的 2 倍、10 倍和 0.1 倍。

（3）点蚀敏感位置

金属材料中常含有一定量的杂质及非金属夹杂物，使得金属表面上的钝化膜往往是不均匀的，这些不均匀性或物理缺陷使表面钝化膜在这些部位较为薄弱成为容易形核的敏感部位。

① 晶界。晶界析出碳化铬导致晶界贫 Cr。

② 位错。金属材料表面露头的位错部位。

③ 非金属夹杂。硫化物夹杂是碳钢、低合金钢、不锈钢、镍及镍合金等材料萌生点蚀最敏感的位置；在碳钢中，包括 MnS、FeS、（Mn，Fe）S_x 和 CuS 等硫化物；在不锈钢中包括（Cr，Mn）S_x、（Al，Cr，Mn）S_x、TiS_x 和硫化物-硅酸盐混合夹杂等。在镍及镍合

金中，Mn_2S_3 硫化物夹杂等也是点蚀敏感位置，硫化物夹杂溶解过程中产生的 H_2S 加速腐蚀并防止点孔的再钝化。夹杂的存在可产生应力场并在周围的金属中产生位错，材料冶金冷却过程中，在硫化物-钢的界面的微孔可能发展。

除硫化物以外，点蚀也可在其他类型非金属夹杂物处形核。如，不锈钢中的 TiN 夹杂、Incoloy 合金中的含 Ti 或 V 的夹杂等。在非金属夹杂物上的表面膜通常比其他部位金属表面上的膜厚，但常有缺陷，附着力通常较差，物理和化学性能均较低，所以，保护性较差。在钢表面非金属夹杂露头处，甚至可能没有钝化膜存在。夹杂的形状在点蚀产生中也起重要作用，颗粒状夹杂物对点蚀产生的敏感性比可塑性变形的长形夹杂物小。夹杂物在点蚀产生中的作用可归结为一点，即点蚀是缝隙腐蚀的一种特定形式，它在夹杂物-金属边界的微孔穴中萌生并发展，或是由于夹杂物溶解而形成。

碳钢的点蚀，起源于硫化物夹杂的碳钢点蚀机理示意图如图 4-6 所示[2]，碳钢表面上不完整的氧化皮，或暴露在表面上的硫化物夹杂，都会使碳钢在含氧的水中产生点蚀，硫化物相对碳钢基体为阴极，点蚀自硫化物-钢交界处起源，向钢基一侧发展。腐蚀产物呈半球形壳膜盖在蚀孔上，阻止溶液中的溶解氧向孔底扩散，构成闭塞腐蚀电池。

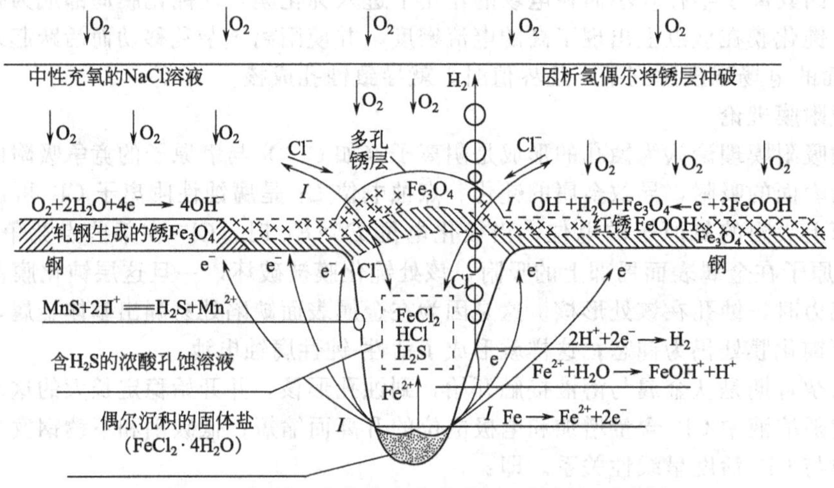

图 4-6 起源于硫化物夹杂的碳钢点蚀机理示意图

孔内 pH 的降低导致 MnS 的溶解，因此可产生 S^{2-} 和 HS^-，它们可使 Fe 溶解的活化过电位降低而加速腐蚀进程。所释放的电子部分地在表面轧制氧化皮上被溶解氧所接受，部分地被 H^+ 所接受而生成 H_2，蚀孔内 Cl^- 浓度由于迁移作用而增大，这也将加速金属的溶解。

Simsn[3] 提出硫化物夹杂按铸钢中硫化物的形态和分布的不同分为以下 3 类。

Ⅰ类：球状，无规则分布，夹杂物为单相或两相，存在于不用铝脱氧的钢中。

Ⅱ类：沿晶界分布或呈扇状分布，存在于用少量铝脱氧的钢中。

Ⅲ类：块状，无规则分布，存在于加铝量高且有残铝的钢中。

陈学群等[4]采用 OCC 试验，研究了碳钢中Ⅰ、Ⅱ类硫化物对点蚀诱发和扩展的影响，Ⅰ类夹杂为土豆状、雪茄状硫化物，Ⅱ类为平行于轧向的长条片状硫化物，结果证明，含有Ⅱ类硫化物的钢，其自然腐蚀电位明显地负于Ⅰ类硫化物的钢，钢中硫化物夹杂以形成微观蚀沟（孔）的形式促进宏观坑孔的扩展，Ⅱ类硫化物的相界面远大于Ⅰ类的，因此，对孔蚀的促进作用显著大于Ⅰ类的。

铝在含 Cl^- 的介质中发生点蚀的机理与钢的点蚀机理类似。

④ 析出相。碳化物、氮化物析出部位。

⑤ 异相组织。耐蚀合金元素在不同相中的分布不同，使不同的相具有不同的点蚀敏感性，即具有不同的 E_b 值。如：在铁素体-奥氏体双相不锈钢中，铁素体相中的Cr、Mo含量较高，易钝化；而奥氏体相容易破裂。点蚀一般发生在相界处奥氏体一侧。

⑥ 金属间化合物。在铝、钛及合金中，金属间化合物质点通常是点蚀成核处，如（Cr，Fe，Mn）Al_6、$FeAl_3$、Ti_3Al_2、Mg_2Al、MgSi、Al_2Cu 等。在钛中，硅、钙、铁和铝的复合氧化物也是点蚀形核。

⑦ 钝化膜的机械损伤处。

第二阶段：点蚀发展。

当蚀孔形成后，蚀孔内部的电化学条件会发生显著的改变，局部腐蚀产生诸如腐蚀点孔、缝隙及裂纹等孔穴，其共同特征是孔穴的几何形状限制了孔穴中的溶液与外部本体溶液之间的质量转移，腐蚀介质的扩散受到限制，这可导致孔穴中溶液成分和电极电位发生变化。蚀孔内部的电化学条件对蚀孔的生长产生很大的影响，稳定的蚀孔一旦形成，发展十分迅速。蚀孔发展的过程：先形成"闭塞（阻塞）电池"，然后形成"活化-钝化腐蚀电池"加速蚀孔的发展-自催化机制。

在反应体系中存在以下条件时形成闭塞电池：

① 阻碍液相传质过程条件，蚀孔口腐蚀产物的塞积，缝隙及（SCC的）裂纹；

② 局部不同于整体的环境；

③ 局部不同于整体的电化学和化学反应。

"活化-钝化腐蚀电池"蚀孔自催化发展过程为蚀孔的发展过程中，腐蚀体系是个多电极腐蚀电池体系（多电极反应耦合系统），蚀孔内、外的阴极反应不同。

蚀孔外表面的电极反应：

阳极反应　$Me \longrightarrow Me^{n+} + ne^-$ 逐渐减弱

阴极反应　$O_2 + 2H_2O + 4e^- \longrightarrow 4OH^-$ 逐渐加强

总的极化：阴极反应电流大于阳极反应电流，蚀孔外表面发生阴极极化，蚀孔内发生的自催化过程。

蚀孔内表面的电极反应为：

阳极反应　$Me \longrightarrow Me^{n+} + ne^-$ 逐渐加强

阴极反应　$O_2 + 2H_2O + 4e^- \longrightarrow 4OH^-$ 逐渐减弱

$2H^+ + 2e^- \longrightarrow H_2$ 逐渐加强

总的极化：阳极反应电流大于阴极反应电流，蚀孔内表面发生阳极极化，孔内形成的金属离子发生水解反应：

$$Me^{n+} + nH_2O \longrightarrow Me(OH)_n + nH^+$$

使孔内溶液的 H^+ 含量升高，pH值下降，孔内严重酸化，为了维持内部溶液的电中性，闭塞腐蚀电池外部本体溶液中的阴离子将向闭塞腐蚀电池内部迁移，当溶液中有 Cl^- 存在时，与其他阴离子，如 OH^- 等比较，Cl^- 的迁移速率更大，使蚀孔内的金属处于HCl介质中，即处于活化腐蚀状态，成为阳极。蚀孔外溶液仍然富 O_2，溶液维持原状，金属表面维持钝态，成为阴极；孔内和孔外形成了"（孔内）活化-（孔外）钝化腐蚀电池"，如图4-7所示。构成由小阳极大阴极组成的活化态-钝态电池体系，蚀坑以自催化的形式加速发展。由于阳极面积远小于阴极

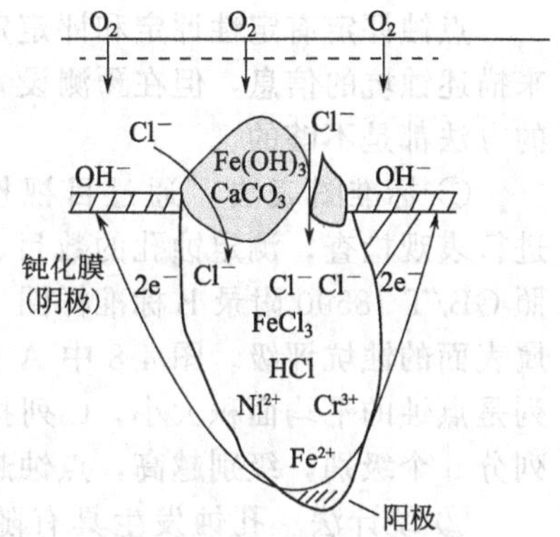

图4-7　闭塞电池腐蚀示意图

面积，因此，阳极电流密度很大，所以金属表面很快就被腐蚀成小孔。

孔穴中的pH值与孔穴内溶液中金属阳离子的含量、水解常数和H^+通过扩散或反应而减少的速度有关，通过测量各种阳离子盐溶液中的pH值，结合热力学数据相可确定在孔穴中可能达到的最低pH值。如，在含氯化物的水溶液中，闭塞电池中将生产$FeCl_2$，在25℃的无氧饱和$FeCl_2$中，$[Fe^{2+}]=(4.50\pm0.05)mol\cdot L^{-1}$、$pH=3.8\pm0.1$、Fe的自然腐蚀电位$E_0(SHE)=(-0.322\pm0.012)V$。在有氧存在时，$Fe^{2+}$被氧化水解，使闭塞介质pH值进一步降低至0.6左右。

$$4FeCl_{2.aq}+6H_2O+O_2 = 4FeOOH + 8H^+ + 8Cl^-$$

不锈钢闭塞电池内部溶液中因为Cr^{3+}水解比Fe^{2+}要强，pH可达0左右；铝及其合金的闭塞电池内溶液中Al^{3+}水解产物为$Al(OH)_3$，pH值为3～4，如有Cl^-存在，pH值可到0.3；钛合金闭塞电池中测得的pH在0.7～2.5、铜约为3.5。

(4) 点蚀测量

GB/T 18590[5]规定了点蚀程度的测量和评定方法。

① 失重法　点蚀对金属的失重影响很小，失重法不能准确地确定点蚀的破坏性，所以，除非均匀腐蚀很轻而点蚀又相当严重时，一般不使用失重法测量点蚀程度。

② 深度法

a. 金相法　将蚀坑垂直剖开，金相法镶嵌横截面，在抛光的表面上进行测量蚀坑的深度。因为测量的数量有限和制样限制，可能错过最深的蚀坑。该法更适合观察蚀坑的形状。

b. 机械法　要求试样有规则，测量试样没有受到均匀腐蚀影响的两个面之间的厚度，选择相对受影响少的一面固定，然后在精密车床、磨床或铣床上对有蚀坑的另一面进行机加工，直到除去所有腐蚀痕迹。最后测量两个表面之间的厚度，两个厚度差值即为最大蚀坑深度。如蚀坑深度小于壁厚的50%，则在未加工的一面重复上述过程。这种方法同样可以用来确定特定深度的蚀坑数。

c. 测深尺或测微计测量　对于开口足够大的蚀坑，利用测微器上的针尖（或电子感应器）或已校准的测深尺探测蚀坑空穴。该法需要先彻底去除蚀坑周围的腐蚀产物或沉积物。

d. 显微法　适用于蚀坑非常狭窄、仪器探头很难伸入坑内的情况，需要光能在蚀坑底部聚焦。

最大孔蚀深度和最大平均孔蚀深度测量具有实用的意义。

(5) 点蚀评定

点蚀评定有定性评定和评定定量。有几种方法可以用来描述蚀坑的信息，但在预测设备寿命上，任何一种单独的方法都是不够的。

① 标准图表法　通过目视检测被腐蚀的金属表面，进行表观检查，测定蚀孔的数目、尺寸、形状和密度，对照GB/T 18590附录B标准样图（图4-8），确定受腐蚀金属表面的蚀坑评级。图4-8中A列是单位面积点蚀数，B列是点蚀的平均面积大小，C列按破坏平均深度评级，每列分5个级别，级别越高，点蚀越严重。

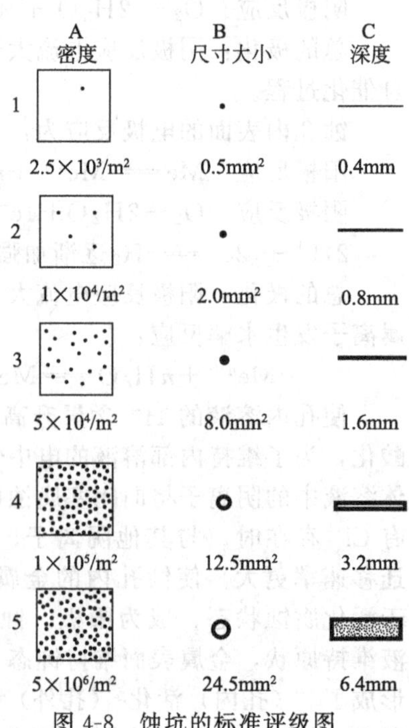

图4-8　蚀坑的标准评级图

② 统计法　孔蚀发生具有随机性，试验数据分散性

大，重现性差的特点，需用统计学进行分析。点蚀在金属表面发生的概率取决于多种因素，如金属的点蚀倾向、溶液的腐蚀性，金属的面积和暴露时间。点蚀倾向性试验可以得到金属是否对点蚀敏感，但不能提供关于点蚀扩展的信息，并且试验结果仅限于试验的条件。点蚀几率 ρ 是以一定数量的试样暴露在特定的条件下，发生点蚀试样的百分比来表示。

数理统计和随机过程理论已用于研究最深腐蚀孔深度统计分布和腐蚀活性点平均密度统计推断。

③ 力学性能损失法　如点蚀是腐蚀的主要失效形式，且蚀坑密度相对较高，可以用材料的力学性能变化来评估点蚀程度。典型的力学性能指标有强度、冲击吸收功。需要与未经使用的原始样品进行对比。

④ 点蚀的表征　点蚀诱发敏感性、点蚀扩展倾向及扩展速度是表征钢材耐蚀性的重要标志。

点蚀因子（系数）：表征点蚀的程度用点蚀因子（系数）来表示，是蚀孔的最大深度和金属平均腐蚀深度的比值。

（6）点蚀和其他类型腐蚀之间的关系

点蚀、缝隙腐蚀、垢下腐蚀、SCC和腐蚀疲劳等具有某些共同的特征。这些局部腐蚀产生诸如腐蚀点孔、缝隙、空腔及裂纹等孔穴，其共同特征是孔穴的几何形状限制了孔穴中的溶液与外部本体溶液之间的质量转移，腐蚀介质的扩散受到限制，这可导致孔穴中溶液成分和电极电位发生变化，因而引起反应速度的变化，这类引起阳极局部活化腐蚀的小孔、缝隙或裂纹等，统称为"闭塞腐蚀孔穴"，或泛称"闭塞腐蚀电池"。

① 点蚀和缝隙腐蚀之间的关系　点蚀可以在周围腐蚀介质能自由到达的金属表面上的各种薄弱点处产生，而缝隙腐蚀仅集中于体系的几何形状使介质的到达受到限制的这部分表面上，即发生在侵蚀性介质可以进入的间隙中。

金属和合金在氯化物溶液中的点蚀和缝隙腐蚀两者是有密切关系的，通常认为，两者产生的机理虽不相同，但其发展机理均具有闭塞电池腐蚀的特征，根据电化学观点，两种腐蚀过程是相同的。差别在于，材料发生点蚀对介质有选择性，而缝隙腐蚀对介质没有选择性。由于缝隙中溶液与外部本体溶液的交换困难，造成在狭窄缝隙中电解成分的变化比未被覆盖的点孔的情况下要快得多，缝隙腐蚀的萌生电位因而通常也比点蚀电位低（更负），在多数情况下，缝蚀腐蚀的萌生比点蚀更快，因而缝隙腐蚀的危害性比点蚀更大。如，在氯化物溶液中，钛不发生点蚀，但在125℃的6mol·L^{-1} NaCl溶液中、25℃的0.6mol·L^{-1} HCl中，钛遭可受缝隙腐蚀。

② 点蚀与SCC和腐蚀疲劳之间的关系　在压力容器等承压设备上常观察到起源于蚀孔或缝隙的SCC，蚀孔也可成为疲劳裂纹的起源。阳极溶解型的SCC扩展机理，也可以用闭塞腐蚀电池来解释。通过试验，有的研究者发现，不锈钢的SCC临界电位等于或接近于点蚀电位，这是由于这两种电位都主要取决于闭塞电池中溶液的成分，即取决于 H^+ 的活度。

通常都认为，点蚀孔是控制低应力和低寿命腐蚀疲劳的最重要因素，点蚀孔在疲劳实验的早期阶段形成并成为疲劳裂纹萌生源，这是因为，点蚀孔导致局部应力集中以及闭塞电池溶液的形成，有利于疲劳裂纹的扩展。

③ 点蚀与垢下腐蚀之间的关系　金属表面因沉积物或腐蚀产物结垢产生的垢下腐蚀，其腐蚀机理也可用闭塞电池腐蚀解释，与点蚀和缝隙腐蚀的空腔内介质一样，由于垢下介质不流动，与周围介质的交换困难，并造成有害离子的富集，所以垢下金属比其他部位更易发生点蚀。

4.1.5 影响压力容器点蚀的主要因素

自20世纪30年代至今，国内外对不锈钢点蚀形核机制的探索从未间断。点蚀的最初位置一直被认为“随机而不可预测”，国内外有关研究表明，钢中非金属夹杂物是点蚀的主要诱发源，其中硫化物夹杂诱发点蚀最为明显。沈阳材料科学国家（联合）实验室马秀良研究员领导的团队利用高分辨率透射电子显微技术，发现不锈钢中存在的氧化物纳米八面体似微小“肿瘤”，是产生点蚀的原因，研究表明，在一定的介质条件下硫化锰的局域溶解正是起源于它与“肿瘤”之间的界面处，并由此逐步向材料体内扩展，并且，氧化物纳米八面体使得硫化锰的局域溶解存在速度上的差异。在此基础上，该研究小组与英国贝尔法斯特女王大学的胡培君教授合作，确定出具有强的活性、易使其周围硫化锰快速溶解的氧化物纳米八面体具有以金属离子作为其外表面的特征，类似于“恶性肿瘤”；相反，较低活性的纳米八面体则以氧离子作为其外表面，类似于“良性肿瘤”。这一发现为揭示不锈钢点蚀初期硫化锰溶解的起始位置提供了直接的证据，使人们对不锈钢点蚀机理的认识从先前的微米尺度提升至原子尺度。

影响金属材料点蚀性能的因素可以归纳为3方面：材料因素、环境因素和电化学因素。

（1）材料因素

① 合金成分 对不锈钢来说，钢中的含C量越低，抗点蚀能力越强。S、P、Se等杂质元素对抗点蚀不利，Mn有不利影响。高纯化对耐点蚀性能的改善是因为减少了硫化物夹杂和碳化物的原因。原田研究了3种不锈钢在NaCl介质的点蚀临界电位，图4-9表明含Mo量高的奥氏体不锈钢点蚀临界温度明显较高；含Mo量相同时，含C量较低、含Cr较高的双相钢点蚀临界温度较高。Cr、Mo、Ni及N等元素是使合金具有良好抗点蚀性能的主要合金元素，增加Cr含量能提高钝化膜的稳定性，即提高E_b值；Mo的作用在于以MoO_4^{2-}的形式溶解，并吸附于金属表面，抑制了Cl^-的破坏作用，也有学者认为形成一定结构的保护膜，从而防止Cl^-的穿透。如图4-10所示为S31603和Incoloy 825按GB/T 17897[6]、ASTM G48[7]，在35℃±1℃、6%（质量分数）$FeCl_3$+0.05mol·L^{-1} HCl溶液中，对试样进行24h试验后的腐蚀形貌，可以明显看出Incoloy 825抗点蚀性能大大优于S31603。

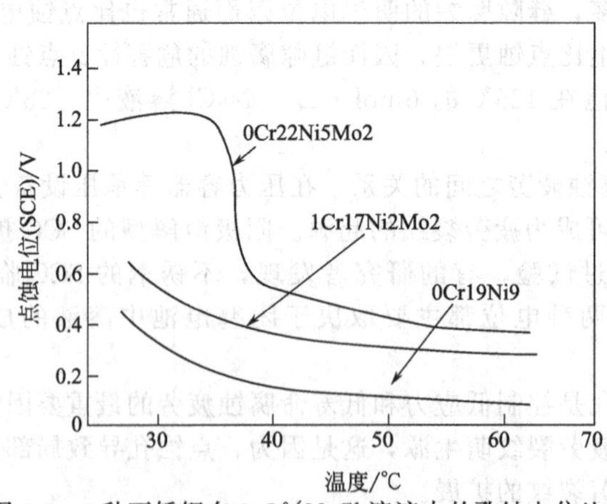

图4-9 3种不锈钢在3.5%NaCl溶液中的孔蚀电位比较

目前通常用抗点蚀当量PRE（Pitting Resistance Equivalent）来表征不锈钢的抗点蚀性能，也有用抗点蚀当量数PREN（pitting resisitance equivalent number，FPREN）来表示。经过不锈钢腐蚀研究工作者的长期工作，在不锈钢的成分与综合耐蚀性之间已推导出一些公式，并在不锈钢的标准中也已体现。EN 10088-1[8]，ASTM A240[9]、A789[10]、A790[11]

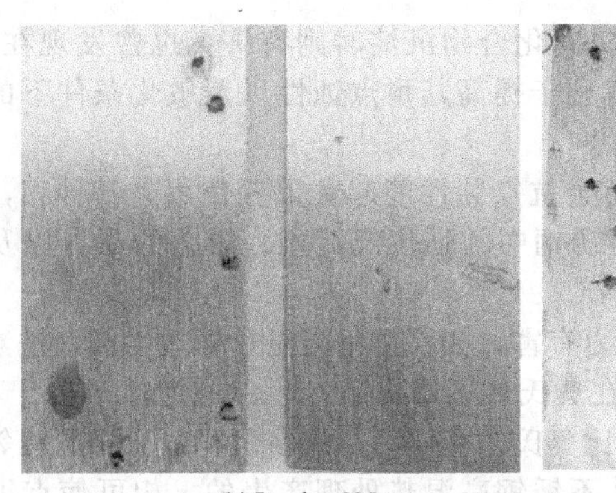
(a) Incoloy 825

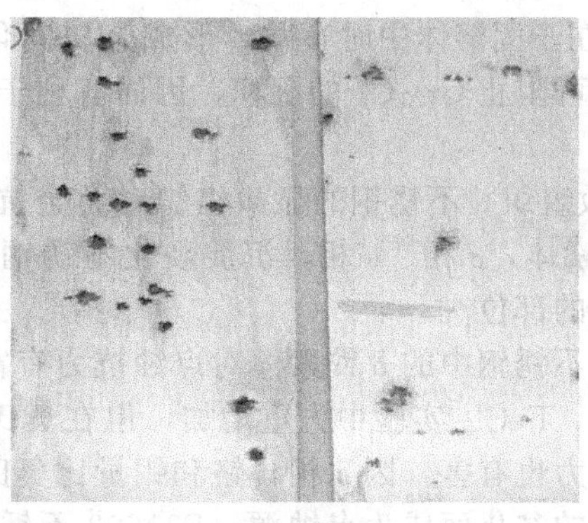
(b) S31603

图 4-10 Incoloy 825 和 S31603 在 35℃、6%（质量分数）$FeCl_3$＋0.05mol·L^{-1} HCl 溶液中浸泡 24h 后腐蚀形貌

及 A959[12] 明确规定式（4-2）是奥氏体不锈钢、双相不锈钢及铁素体不锈钢的 PRE 计算公式，PRE 数值越大，表明不锈钢的耐蚀性越好。

PRE＝Cr＋3.3Mo＋16N（数值采用合金中各元素的百分质量分数） (4-2)

其他公式如：

PRE＝Cr＋3.3Mo＋30N（只用于 Mo 质量分数＞3%的奥氏体钢） (4-3)

PRE＝Cr＋3.3Mo＋30N（用于双相不锈钢） (4-4)

PRE＝Cr＋1.5（Mo＋W＋Nb）＋30N (4-5)

PRE＝Cr＋3.3（Mo＋0.5W）＋16N (4-6)

PRE＝Cr＋3.3Mo＋30N－Mn（用于铁素体不锈钢） (4-7)

PRE＝Cr＋3.3Mo＋30N－123（S＋P） (4-8)

由于这些公式应用甚少，没有得到不锈钢标准的认可，应用在某些特殊场合。

PRE 可作为不锈钢一般综合耐蚀性的标示方法，为综合耐蚀性的相对性能，用于不同牌号成分的耐蚀性排队比较，不是耐蚀性的绝对性能；PRE 只考虑了材料成分，没有考虑热处理状态，只适用固溶态或退火态耐蚀性能的比较。因敏化作用而析出高铬（钼）相（碳化物、氮化物、σ 相等金属间化合物）及贫 Cr（Mo）区时，对耐蚀性的影响应另行考虑[13]。

钼含量对合金点蚀敏感性的影响还可用临界点蚀温度（Critical Pitting Temperature，CPT,℃）来表示，对于 18Cr 铁素体不锈钢：

CPT（℃）＝2.5＋3.5×Mo×100 (4-9)

对 18Cr 奥氏体不锈钢：

CPT（℃）＝5＋7×Mo×100 (4-10)

钢中其他合金元素的影响如下。

C：以固溶态形式存在于钢中时，无影响。以碳化物沉淀形式存在时，可使铁素体钢和奥氏体钢的点蚀敏感性增大，特别是在敏化条件下影响更大。

Si：在 Cr-Ni 奥氏体钢中的加入可明显地提高其耐点蚀性能，但这仅发生在 Si 以固溶态形式存在时，若 Si 在晶界偏聚或以夹杂物形式存在，则硅及其化合物对耐点蚀性表现出有害的影响；

Mn：在 18Cr-5Ni 钢中添加质量分数 5.7%～15%Mn 严重降低其钝化能力和耐点蚀性能。钢中锰与硫生成的 MnS 或（Mn，Fe）S_x 夹杂常成为点蚀萌生源。但若锰以固溶状态存在并参与钝化膜的形成，则能改善抗点蚀性。

Cu：在不含钼的钢中，铜无影响，有钼存在时，铜表现出较轻微的不利影响。

B：存在于固溶体中时有益，形成金属间化合物沉淀时则有害。也曾发现在 S30408 不锈钢中，硼可阻止 $Cr_{23}C_6$ 的沉积，因而有利于提高其耐点蚀性以及敏化条件下的耐晶间腐蚀性能。

② 显微组织　不锈钢的显微组织对合金抗点蚀性能起着重要作用。各种相，如硫化物夹杂、δ 铁素体，σ 相、α 相，沉淀硬化不锈钢中的强化沉淀相、敏化的晶界以及焊缝等都是点蚀敏感的部位。

奥氏体不锈钢中的 δ 铁素体对点蚀抗力有害，如不锈钢高温热处理生成 δ 铁素体，使点蚀电位下降，$FeCl_3$ 实验中失重增加，但在奥氏体区回火后，耐点蚀性能改善。不锈钢中 σ 相对点蚀抗力也有害，因 σ 相含铬和钼量比奥氏体基体高，故在沉积的 σ 相颗粒邻近区可能发生铬和钼的贫化而成为点蚀源。S31603 不锈钢高温热处理产生的 σ 相可使点蚀诱导时间缩短，在 $FeCl_3$ 溶液中的失重增加。铁素体不锈钢中的 α′相不仅可导致 475℃脆性，而且使点蚀抗力降低。在奥氏体不锈钢中，敏化的晶界均可能成为点蚀萌生的优先位置；在马氏体不锈钢中在某些温度下沉淀出的碳化物周围的贫 Cr 区也可认为起着优先侵蚀源的作用。焊接可造成出现敏化区而产生点蚀。含钼不锈钢焊接时，由于焊接区的 δ 铁素体相中钼的偏析，毗邻奥氏体中的钼减少，这也是焊缝比母材的电位负而成为点蚀起点的另一个因素；此外，焊接区内的氮量减少时，焊接区与母材相比电位较负，因而容易成为点蚀的起点。

③ 热处理　奥氏体不锈钢在一定温度范围内热处理，会发生敏化作用，敏化的不锈钢 Cr（及 Mo）的碳化物 $M_{23}C_6$ 沿晶界析出，导致邻近区域的贫 Cr（及贫 Mo），因而对晶间腐蚀和点蚀均敏感。

和不锈钢一样，某些其他合金的热处理也可影响其组织结构和点蚀敏感性，例如含 Cu 和 Mg 的铝合金时效处理使其点蚀敏感性增大，主要是由于时效的合金中有 Al_2CuMg 相存在，导致在表面上生成有缺陷的氧化膜，点蚀在这些沉积物质点处成核。

④ 冷加工　冷加工对点蚀的影响较为复杂，它与金属组织结构的变化，与非金属夹杂物的第二相沉积物的分布以及钝化膜的性能等有关。因而对不同材料而言，影响途径也不一样。一般来说，冷加工对点蚀电位的影响不大，但冷加工通常使点蚀密度增加，这是因为冷加工增加位错密度，而位错在表面露头处容易生成点蚀坑。对奥氏体不锈钢进行冷加工的研究表明，冷加工后试样表面的点蚀坑数目增多和蚀坑的尺寸变小。冷加工对奥氏体不锈钢和金属镍有相似的影响趋势，点蚀总面积及点蚀电流密度随变形量增加而变大，点蚀数目也随之增加。

⑤ 表面状态　关于表面光洁度对不锈钢点蚀性能影响情况见图 4-11[14]。在同样的材料环境体系中，若表面粗糙度不同，其点蚀电位的差别可在 0.4V 以上。研究结果表明，与粗糙的不锈钢表面相比，在光滑的不锈钢表面上亚稳态蚀点的产生与生长更加难以进行，早期点蚀敏感性越小[15]。不锈钢由焊接所产生的氧化膜对合金在氯化物溶液中的抗点蚀性能是不利的。钝化处理的主要作用是溶解不锈钢表面的夹杂物和污染物，它还可去掉表面的硫化锰夹杂，从而改善不锈钢的抗点蚀性能。需要注意的是，不锈钢在钝化处理后应用氢氧化钠或碳酸钠、碳酸氢钠溶液清洗。

钝化膜厚度和状态对点蚀的影响有：

a. 对均质膜而言，在某一厚度以内，点蚀诱导时间随膜厚增加而线性增长；

b. 厚且多孔性膜，点蚀诱导期较短；

c. 点蚀电位与膜厚无关；

d. 溶液中有 Cl^- 存在时所生成的膜比无 Cl^- 存在时所生成的膜要厚；

e. 氧化膜电学性能。对 19Cr10Ni 不锈钢在 150～400℃空气中生成的氧化膜的研究结果表明，随着处理条件的不同，氧化膜表现出 N 型或 P 型半导体性质。N 型氧化膜的阳极转

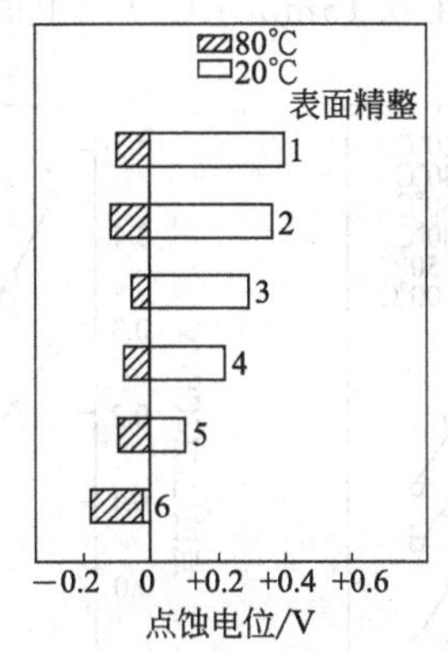

图 4-11 表面精整处理对 S30408 不锈钢在充气 5% NaCl 溶液中点蚀电位的影响

1—机械抛光，钝化；2—酸洗，钝化；3—研磨，钝化；4—电解抛光 $4A \cdot cm^{-2}$，钝化；5—电解抛光 $0.4A \cdot cm^{-2}$，钝化；6—喷砂，钝化

换系数（α_A）低，点蚀敏感性大，P 型氧化膜的 α_A 高，点蚀敏感性小。

（2）环境因素

材料易发生点蚀的介质是特定的。如：不锈钢容易在含有卤素离子 Cl^-、Br^-、I^- 的溶液中发生点蚀，铜对 SO_4^{2-} 敏感，当溶液中具有 $FeCl_3$、$CuCl_2$ 为代表的二价以上重金属氯化物时，由于金属离子强烈的氧化作用，大大促进点蚀的形成和发展。

① 卤素离子及其他阴离子　溶液中存在活性阴离子，是发生点蚀的必要条件。很多不锈钢等耐蚀合金压力容器设备的点蚀是由于含卤素离子的介质所引起，其中 Cl^- 对点蚀电位的影响最大。一般认为，点蚀只有当卤素离子在溶液中达到某一浓度以上时才产生，且该浓度界限因材料和介质温度、组分而异。产生点蚀的最小浓度可以作为评定点蚀趋势的一个参量。在氯化物中，铁、镍、铝、钛、锆及其合金均可能产生点蚀，Br^-、I^- 对点蚀也有一定影响。对铁和铝基合金而言，Cl^- 的侵蚀性高于 Br^- 和 I^-。对钛和钽来说，情况则相反，含 F^- 的溶液几乎不引起钢的点蚀，其原因是，有氟化物存在时，钝态金属的溶解速度增加，即全面腐蚀加速，故不引起点蚀。

其他一些阴离子对某些金属也可起到类似的作用，如，SO_4^{2-} 可引起铁和低碳钢的点蚀，ClO_4^- 可导致铁、铝和锆的点蚀；在含 SO_4^{2-} 和 ClO_4^- 的溶液中点蚀分别发生在活化-钝化和过钝化电位区。

铝及其合金对点蚀的敏感性比钢更大，多种阴离子均能导致它们产生点蚀，其中包括氯化物、溴化物、碘化物、氟化物、高氯酸盐、硫氰化物、硝酸盐等。

对不同温度（20～200℃）下 Cl^- 浓度对 S30408 不锈钢点蚀电位 E_{np}（E_b）的影响的研究，如图 4-12（a）所示，图 4-12（b）表示在 Cl^- 含量为 $100\mu g \cdot g^{-1}$ 和 $1000\mu g \cdot g^{-1}$ 时，E_{np} 与温度的关系，表明 Cl^- 含量或温度上升，E_{np} 下降。

很多含氧非侵蚀性阴离子，如 NO_3^-、CrO_4^{2-}、SO_4^{2-}、OH^-、CO_3^{2-} 等，添加到含 Cl^- 的溶液中时，都可起到点蚀缓蚀剂的作用，使点蚀电位变正，诱导期延长，蚀孔数目减少。如，300 系不锈钢在 6%（质量分数）$FeCl_3$ 溶液中几小时就发生严重点蚀，但若在溶液中加入 3%（质量分数）$NaNO_3$，则使 E_b 升高，点蚀完全被抑制。通常，在有 Cl^- 存在的情况下，非侵蚀性离子的作用可用竞争吸附学说解释，即在阳极极化电位下，这些阴离子在金属氧化物表面上发生竞争性吸附，置换出表面的 Cl^- 而使点蚀受到抑制。因此，点蚀不仅与 Cl^- 浓度有关，也与非侵蚀性与侵蚀性阴离子的比例有关。图 4-13 为 300 系不锈钢在 $0.1mol \cdot L^{-1}$ NaCl 溶液中添加不同量 Na_2SO_4 时的阳极极化曲线，可以看出 Na_2SO_4 含量对点蚀电位的影响，Na_2SO_4 含量在 0.15mol·L^{-1}以上时点蚀被抑制。

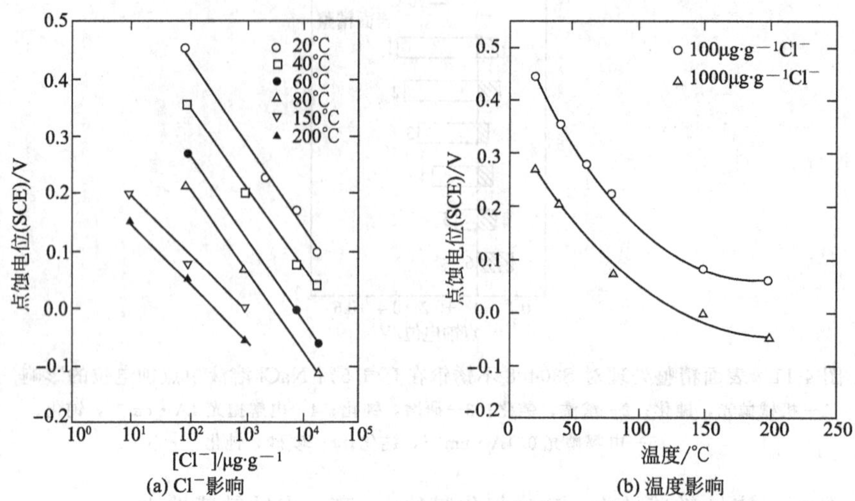

图 4-12 Cl^- 含量和温度对 S30408 不锈钢点蚀电位的影响（充气溶液中）

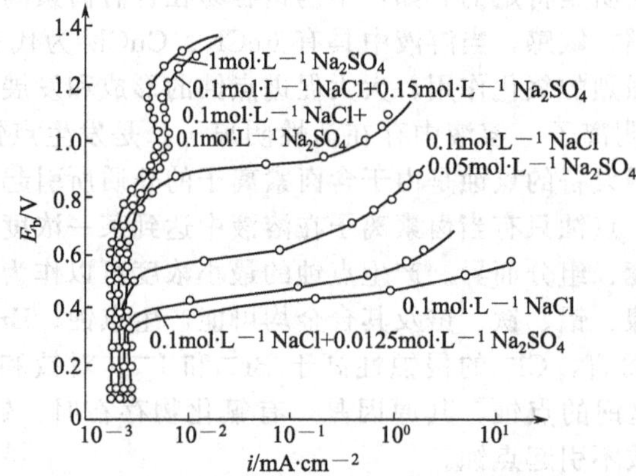

图 4-13 300 系不锈钢在 NaCl+Na_2SO_4 溶液中的阳极极化曲线

在恒电位条件下，在不同 Cl^- 活度的溶液中，抑制 300 系不锈钢和铝的最小活度非侵蚀性阴离子（缓蚀剂）可由式（4-11）表示：

$$\lg\alpha_{Cl^-} = A\lg\alpha_{inh} + B \tag{4-11}$$

式中，A 和 B 为常数，与金属和非侵蚀性阴离子（缓蚀剂）的种类有关，可由实验确定，见表 4-2。

表 4-2 对于 300 系不锈钢和铝的 A 和 B 值

阴离子	300 系不锈钢		铝		阴离子	300 系不锈钢		铝	
	A	B	A	B		A	B	A	B
OH^-	1.62	1.84			Ac^-	1.13	0.06	0.41	−1.50
NO_3^-	1.88	1.18	0.65	−0.78	CrO_4^{2-}			0.56	−1.11
SO_4^{2-}	0.85	−0.05	0.31	−2.19	苯甲酸盐			0.30	−1.80
ClO_4^-	0.83	−0.04							

由表4-2可见，缓蚀效果为：

对18-8不锈钢，$OH^- > NO_3^- > Ac^- > SO_4^{2-} > ClO_4^-$；

对铝，$NO_3^- > CrO_4^{2-} > Ac^-$ >苯甲酸盐$> SO_4^{2-}$。

② 溶液中的阳离子和气体物质　腐蚀介质中，金属阳离子与侵蚀性卤化物阴离子共存时，氧化性金属离子，如 Fe^{3+}、Cu^{2+} 和 Hg^{2+} 对点蚀起促进作用。这是因为，这些高价阳离子能被还原成金属或低价离子，如：

$$Cu^{2+} + 2e^- \longrightarrow Cu$$

$$Fe^{3+} + e^- \longrightarrow Fe^{2+}$$

这些反应的氧化还原电位高于点蚀电位，起到去极化作用而促进点蚀。这也正是 $FeCl_3$ 广泛用于不锈钢点蚀试验的加速试剂的原因。溶液中有微量可溶性 Cu^{2+}、Hg^{2+} 等重金属离子存在时，与金属表面发生置换反应，使重属铜沉积在钝化金属表面成为阴极，使钝化金属的腐蚀电位升高到点蚀电位以上而发生点蚀。

Al、Ca、Na的非氧化性卤素盐虽然也引起点蚀，但与氧化性盐类相比较，程度要轻些，且机理也不同，表4-3比较了不同种类的卤化物对18-8型不锈钢点蚀的影响。

表4-3　不同种类的卤化物对18-8型不锈钢点蚀的影响

卤化物种类		$NaCl, NaBr, CaCl_2, AlCl_3$	$FeCl_3$、$FeBr_3$、$CuCl_2$、$HgCl_2$
阴极反应		氧的还原	金属离子的还原
点蚀速度		缓慢	快
对点蚀速度的影响	温度上升	增加，达到极大点开始下降	在增加范围内无极大点
	浓度的增加	增加，达到极大点开始下降	在增加范围内无极大点
	溶解 O_2 含量增加	增加	几乎没有影响
	pH值	低pH—全面均匀腐蚀 中性左右—点蚀 高pH—不腐蚀	这些氯化物水溶液仅在低pH下稳定
腐蚀生成物		通常不溶	通常不溶

在酸化至pH2.5的沸腾质量分数5%NaCl溶液中，气态 Cl_2 和 H_2S 对S30408、310、S31608不锈钢的点蚀产生不同的影响，Cl_2 加速点蚀，而 H_2S 减缓点蚀。

③ 溶液pH值　在溶液pH值低于10时，对二价金属，如Fe、Ni、Cd、Zn和Co等，其点蚀电位与pH值几乎无关，在pH高于10值时，点蚀电位变正。

各种不锈钢的点蚀电位在pH值10～11.5的碱性溶液中，pH值升高，点蚀电位明显变正，在其他范围时，pH值影响甚小。对于430（17Cr）和S30403不锈钢，在pH 2～11.5之间，pH值每变化1时，E_b 变化约10mV，S31608不锈钢在pH4～9范围内，其值不变，见图4-14。当pH值低时（在强酸性溶液中），金属易发生严重的全面腐蚀，而不是点蚀。

④ 介质流速　在静止的介质中易产生点蚀，而在流动的介质中，则不易产生点蚀。例如，泵、离心机等，在其运行过程中是不易产生点蚀的，而在停运期间浸泡于工艺介质中便可能产生点蚀。这是由于溶液的停滞状态可使阳极区保持强酸性溶液，不易同阴极区的整体溶液混合。流速提高时，减少了附着物的停滞，减轻了溶解氧的局部差异而使点蚀减少。更进一步的解释则要涉及流速对 Cl^- 吸附以及对蚀孔内外溶液的质量转移和混合等因素的影响。

试验证明，对不锈钢有利于减少点蚀的流速为 $1m \cdot s^{-1}$ 左右。当流速进一步增大，出现湍流时，钝化膜被破坏，点蚀随之严重。在海水的流速对焊接的0Cr17Ni12Mo2和

0Cr25Ni20 不锈钢点蚀状态的影响研究中发现，当海水流速大于 1.2m·s^{-1}时，两种材料均未发生点蚀。

⑤ 介质温度的影响　随介质温度的提高，不锈钢点蚀电位降低。在含 Cl^- 介质中，各种不锈钢都存在临界点蚀温度（CPT），在这一温度点蚀概率增大，随温度升高，点蚀易产生并趋于严重。图 4-12（b）可以看出，在相同条件下，温度升高，点蚀电位快速下降。图 4-15 为 S31608 不锈钢在不同浓度的 NaCl 溶液中腐蚀电流密度与温度的关系[16]，可以看出，随温度升高，在 300mV（vs. SCE）的极化电位下，达到临界电流密度的 NaCl 浓度显著降低。图 4-16 为 S32168 不锈钢在 6%（mass）的 $FeCl_3$ 溶液中 20℃和 50℃下，24h 后的腐蚀宏观形貌，可以看出，50℃的点蚀密度和点蚀孔径较 20℃的明显增大。

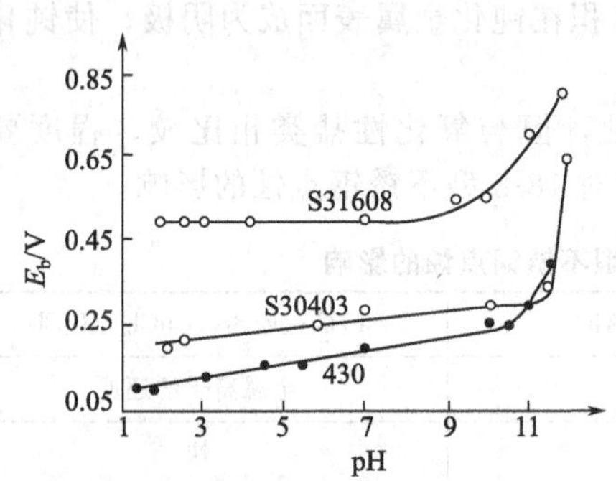

图 4-14　3 种不锈钢在 3%（mass）NaCl 中点蚀电位 E_b 与 pH 值的关系

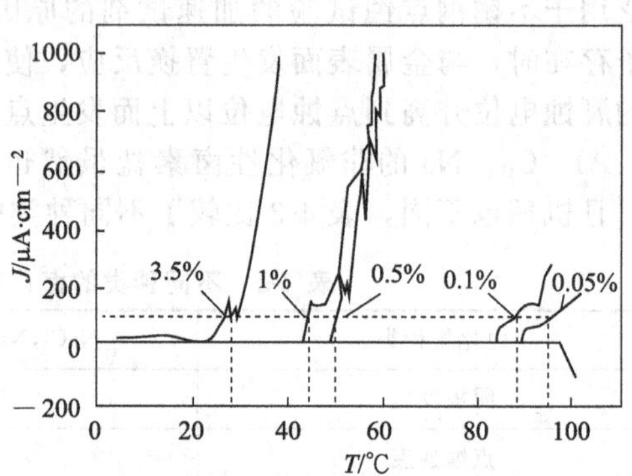

图 4-15　S36108 不锈钢在 NaCl 溶液中施加 300mV/SCE 电位下腐蚀电流与温度变化

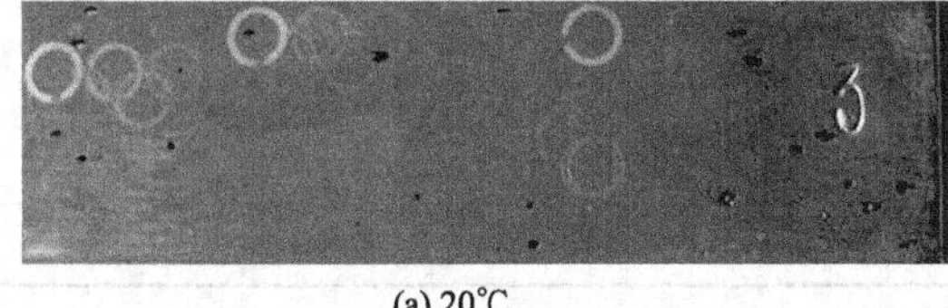

(a) 20℃

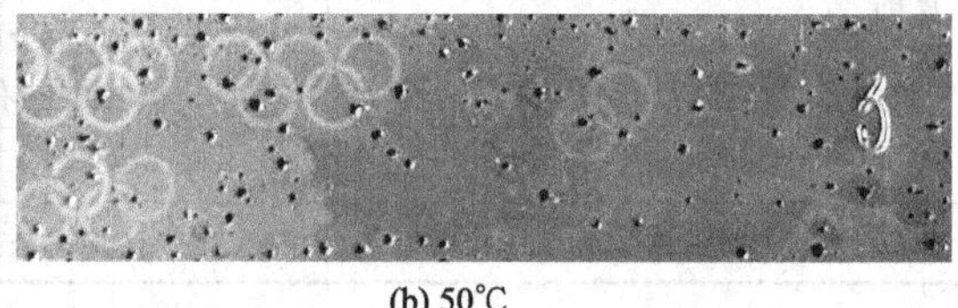

(b) 50℃

图 4-16　S32168 不锈钢在 $FeCl_3$ 溶液中不同温度下腐蚀 24h 的点蚀形貌

⑥ 铁和钢在非卤化物溶液中的点蚀　铁和钢的点蚀可在与非卤素离子相接触且在高于钝化区某一临界值的电位下发生，如，硫酸盐溶液中在活化-钝化电位区，硅酸盐溶液中在过钝化电位下均曾观察到铁的点蚀；在 $H_2SO_4+H_2S$ 或 $NaSCN+H_2S$ 溶液中也曾观察到不锈钢的点蚀。钢在含氧高温水中进行 SCC 试验时，常观察到点蚀成为裂纹源的情况，且氧含量增加时，蚀孔也增多。

(3) 点蚀产生的电化学条件

金属的电位在特定的电位以上才会发生点蚀，环状阳极极化曲线（图 4-17）上的特征电位 E_b 和 E_p 可以用来表示金属的孔蚀倾向。E_b 称为击穿电位或点蚀临界电位。E_p 称为点蚀保护电位或再钝化电位，是理论阳极极化曲线回扫，又达到钝态时对应的电位为再钝化电位或保护电位 E_p。E_b、E_p 愈正，E_b 与 E_p 相差愈小（滞后环面积愈小），表示钝化膜修复能力越强，则金属材料发生孔蚀的倾向愈小，耐孔蚀性能愈好。为了用 E_b 和 E_p 比较各种金属材料的耐孔蚀性能，

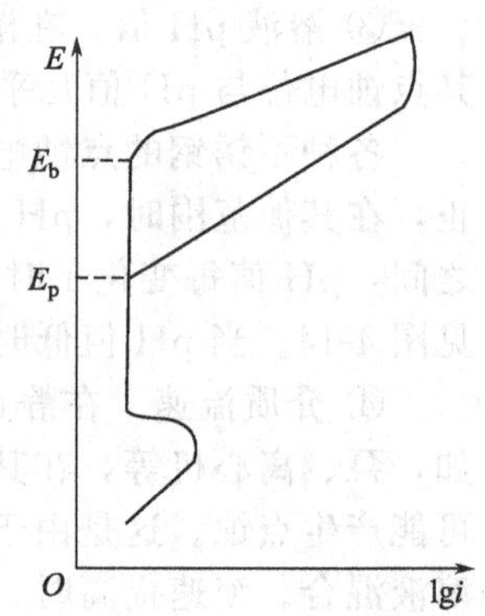

图 4-17　环状阳极极化曲线示意图

测量 E_b 和 E_p 的实验条件必须相同。

对于钝态金属来说，点蚀发生需要满足电位条件，当 $E>E_b$ 时，点蚀迅速发生和发展；当 $E_p<E<E_b$ 时，不产生新的蚀孔，已有的蚀孔可继续发展；当 $E<E_p$ 时，不发生点蚀。

4.1.6 压力容器点蚀控制

防止不锈钢发生点蚀可从改善使用环境和合理选用材料两方面采取措施。

(1) 改善使用环境

降低温度，提高 pH，使用缓蚀剂；减少氧化剂（除氧、防止 Fe^{3+} 及 Cu^{2+} 存在），降低温度，提高 pH 值等可减少点蚀的发生。

① 降低工艺介质中有害离子的浓度，对于不锈钢等特别是 Cl^- 的浓度。同时要注意避免卤素离子的局部浓缩。最典型的控制范例是在 GB 150.4—2011[17] 的 11.4.9.1 条款中明确规定：对奥氏体不锈钢制容器，水压试验时应控制水的 Cl^- 含量不超过 $25mg \cdot L^{-1}$。

对于不同材料和介质组分、温度，有害离子的控制要求不尽相同，实验室试验尚不能准确确定各种有害离子的浓度下限，而且，实验室试验条件往往与实际工况有所差别，故在压力容器的设计和使用上还需结合使用经验来判断。

② 搅拌工艺介质，使介质中的氧及氧化剂的浓度均匀化，使溶液没有停滞不动的部分。

③ 适当提高工艺介质的流速。不同材料和介质组合，对流速的敏感性不同，一般情况下，自钝化能力强、合金强度高的材料，允许的介质流速要高一些。

④ 添加缓蚀剂，特别在封闭系统中使用缓蚀剂最有效，用于不锈钢的缓蚀剂有硝酸盐、亚硝酸盐铬酸盐、硫酸盐和碱，最有效的是 $NaNO_2$。缓蚀剂的加入需慎重，在侵蚀性溶液中，缓蚀剂浓度不足时，使用不当，可能加速腐蚀。

铬酸盐、重铬酸盐和亚硝酸盐是早期应用最广的一类阳极钝化型缓蚀剂，这些钝化膜型缓蚀剂的存在使点蚀电位朝更正的方向移动，从而抑制了点蚀的萌生。但当蚀孔一旦形成，由于缓蚀剂向小孔内的扩散受到阻滞，使孔内膜的修复趋于困难。而且刚发生溶解但未形成蚀孔的膜得以修复，同时由于蚀孔生长过程中的阴极保护效应，使一部分蚀孔受到抑制，这样便稳定地形成了大阴极小阳极的恶劣条件，加速了蚀孔的生长。因此，单独使用这种氧化性无机物作为点蚀的缓蚀剂不太理想。

钼酸盐虽然对点蚀电位影响很小，但它能使蚀孔再钝化与封闭，是目前应用最广泛的点蚀缓蚀剂之一。钼酸盐、钨酸盐和硼酸盐等作为点蚀缓蚀剂不仅对碳钢和低合金钢有效，与有机磷复配时，对不锈钢的作用也很明显，因为产生了协同效应，形成了杂多的凝聚沉淀，提高了不锈钢钝化膜的稳定性。这类无毒型的无机缓蚀剂和有机物复合使用，是开发点蚀缓蚀剂的重要方向之一。

对铝来说，氧化性缓蚀剂（铬酸盐和硝酸盐）比非氧化性缓蚀剂（如苯甲酸盐、磷酸盐、硫酸盐和醋酸盐）更有效，可用于更宽的 pH 值范围内。

有机缓蚀剂胺对黑色金属的全面腐蚀与局部腐蚀均有较好的缓蚀作用，这是由于有机胺具有物理吸附及化学吸附的双重特点，胺若与 I^- 等卤素离子配合应用，对不锈钢在 NaCl 溶液中的点蚀有良好的协同效应

有机膦及其盐的添加不能阻止不锈钢的点蚀，但对结构钢有效，这是由于有机膦酸及其盐与金属离子可形成螯合物，并沉积在阴极区，起沉淀被膜型阴极缓蚀剂作用。这类缓蚀剂会加大钝化金属的大阴极小阳极的面积比，而对于非钝化金属，它们通过阻滞阴极过程而减缓腐蚀。它们在与钼酸盐、锌盐及含羧基的酰胺基的有机物混合使用时，对于防止不锈钢的点蚀有良好的效果。

0.3%～0.4%（质量分数）的可溶淀粉可使普通碳钢在 Cl^- 和 NaOH 溶液中的点蚀完

全被抑制，这是由于淀粉分子吸附在表面活性位置，封闭了蚀孔。而在同样条件下，甘油和明胶表现出双重作用，较低浓度时抑制点蚀，较高浓度时反而加速点蚀。

脂肪族与芳香族的羧酸盐等有机物对铁的点蚀有一定的缓蚀作用，特别是琥珀酸盐，效果更好。此外，喹啉、己酸、油酸盐等也对点蚀起缓蚀作用。

⑤ 改进设备结构，避免局部结垢、防止介质局部反复蒸发浓缩。

⑥ 在设备停运期间要对之进行清洗和干燥，避免设备处于静止介质的浸泡状态。

⑦ 用电化学保护方法使金属的电位低于临界点蚀电位，但对于压力容器实际上应用比较困难。

（2）合理选用材料

① 根据实际工况条件，选用相应耐点蚀性能的材料，一般采用含有提高不锈钢抗点蚀性能最有效的元素 Cr、Mo 及 N 的高铬、含钼、含氮不锈钢。近十几年来发展了很多耐点蚀不锈钢，含有较多的 Ni、Mo 和 N，C 质量分数低于 0.03%，双相不锈钢和高纯铁素体不锈钢抗点蚀性能良好；Ti 和 Ti 合金耐 Cl^- 点蚀性能优异。

如工艺介质条件允许，也可选用对点蚀不敏感的碳钢或低合金钢代替耐蚀合金，将难以控制的耐蚀合金的点蚀转变成可控的碳钢或低合金钢的全面腐蚀，设备寿命或设备的经济性反而优于耐蚀合金。

材料在腐蚀体系中的临界点蚀温度（CPT）是评价该材料的耐蚀性能的重要指标，临界点蚀温度的测量方法可按 GB/T 17899[18]、ASTM G150[19]、JIS G0590[20] 推荐的方法进行。不同材料进行对比时，须维持在相同的实验条件下进行。

② 对材料进行合理的热处理，对于铬镍奥氏体不锈钢或奥氏体-铁素体双相不锈钢，经固溶处理后使用，可获得最佳的耐点蚀性能。

③ 对不锈钢设备、构件进行钝化处理，提高其钝化膜的稳定性。在钝化处理后应用 NaOH 或 Na_2CO_3 溶液清洗。

④ 提高表面光洁度、避免设备表面的机械损伤。

⑤ 控制焊接工艺，防止焊接接头抗点蚀能力下降，避免焊接飞溅损伤金属表面，不得在设备表面引弧和收弧。

4.1.7 压力容器点蚀失效案例

4.1.7.1 案例 1：尿素塔衬里的点蚀

尿素合成塔筒体衬里的焊缝和热影响区以及周围飞溅点的腐蚀比较严重。如收弧处等局部过热的部位出现黑色密集的针状层，焊缝表面疏松、露出焊接表皮下气孔和腐蚀针孔。尤其各层塔板座耳与筒体衬里相连接的角焊缝腐蚀就更严重，如图 4-18 所示。目前各厂均对座耳角焊缝、筒体衬里的焊缝加强了检查，一旦发现缺陷及时进行打磨补焊，并将周围飞溅点打磨消除。经过处理的部位效果都比较好。

2002 年对某石化公司化肥厂的尿素系统检修中发现在尿素合成塔上下封头带极堆焊部位存在比较严重的焊缝腐蚀现象，腐蚀主要发生在两带之间的热影响区。尤其下封头比较大的腐蚀坑直径约为 ϕ20mm，深度可达 3～4mm，如图 4-19 所示。

在尿素合成塔的检修过程中，焊缝的检测是一个重要的关键点，而目视检查是一种最直观，最可靠且十分重要的检测方法。检测的要点是关注焊缝上的气孔，起弧和收弧处的褐斑或黑斑以及微小的裂纹。焊缝两侧咬边或刀口腐蚀以及焊接飞溅点的腐蚀情况；对于堆焊层，还需要注意焊道之间的搭接情况，包括搭接的宽度，搭接缝之间的颜色变化；对尿素合成塔内支撑塔板的支耳与衬里的焊接部位要仔细检查全部的角焊缝，有无针孔和裂纹；对各处的接管焊缝除了目视观察外，必要时应进行表面渗透探伤。

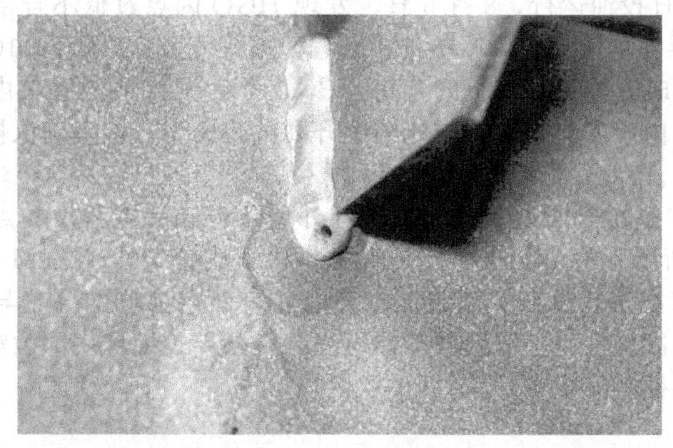

图 4-18 塔板座耳与筒体衬里相连接的角焊缝腐蚀形态

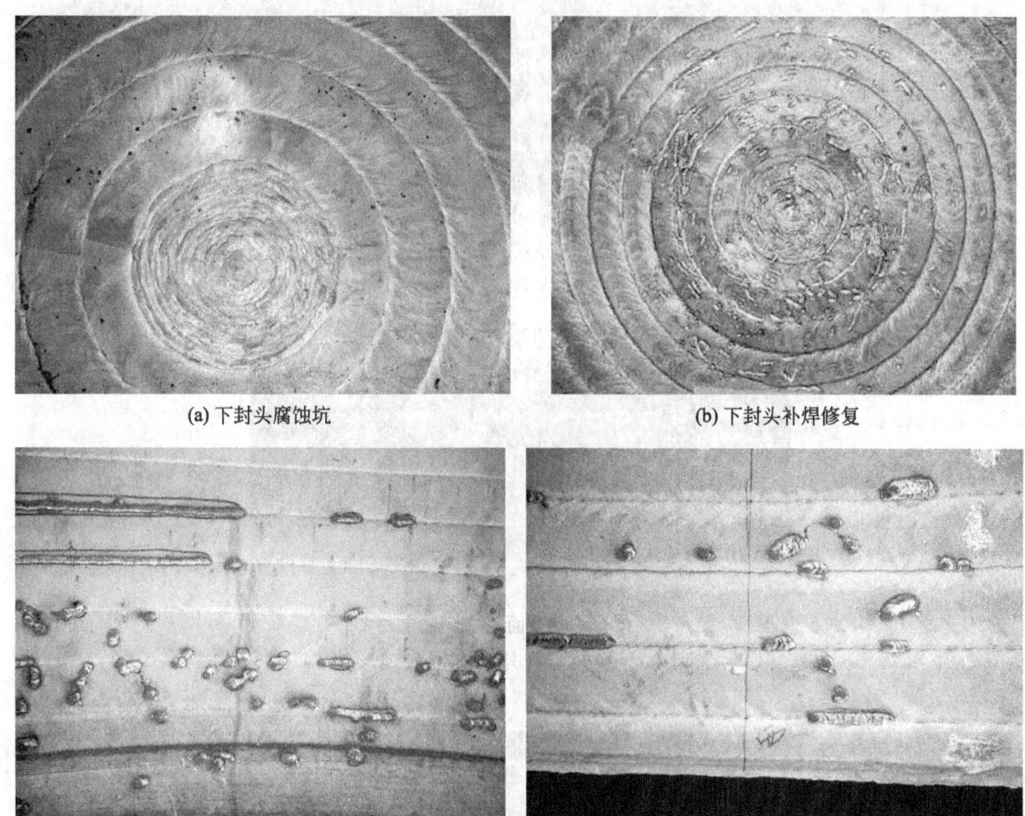

(a) 下封头腐蚀坑　(b) 下封头补焊修复

(c) 两带之间腐蚀坑及补焊修　(d) 两带之间腐蚀坑及补焊修

图 4-19 上封头带极堆焊的两带之间腐蚀坑及补焊修复情况

4.1.7.2 案例 2：凝析油换热器管束点蚀

设备为浮头式换热器，规格 ϕ900mm × 6000mm，共 460 根换热管。换热管规格 ϕ25mm×2mm，材质 TP405（0Cr13Al），介质成分：管程 Condensate（凝析油），壳程 HGO（减压蜡油）；设计压力/试验压力：管程 2.495/3.743MPa、壳程 1.919/2.879MPa；设计温度：管程 183℃、壳程 356℃；操作温度：管程 168.14/172.56℃、壳程 307.1/172℃。

2009 年 7 月 25 日投油运行，8 月 5 日，发现 HGO 闪点过低不合格，工艺方面确定为 100-E-108B 换热器存在内漏现象，凝析油由管程泄漏到壳程。8 月 9、10 日对换热器进行试压检漏，在 1.4MPa 时，浮头端管板的管头 70%、固定端 90%的管束内部存在泄漏，管头外侧未发现渗漏点。由于漏点太多，未能继续升高试验压力，检查确认换热器管头泄漏，管板孔桥位置上无泄漏。

检查发现除 SCC 造成管子开裂外，管子内外壁还存在一定程度的点蚀，钝化膜普遍遭到破坏，如图 4-20 所示。检验分析，换热管材料化学成分符合 ASTM A268/A 268M 中的 TP405 材料，组织存在带状偏析。微观上，管内外表面点蚀坑的分布与管材表面组织状态有关，点蚀坑及其周围腐蚀区呈现金属基体组织晶粒晶界，蚀坑底部微观形貌反应为活化腐蚀，腐蚀沿晶发展特征，见图 4-21。

(a) 管子外表面点蚀形貌

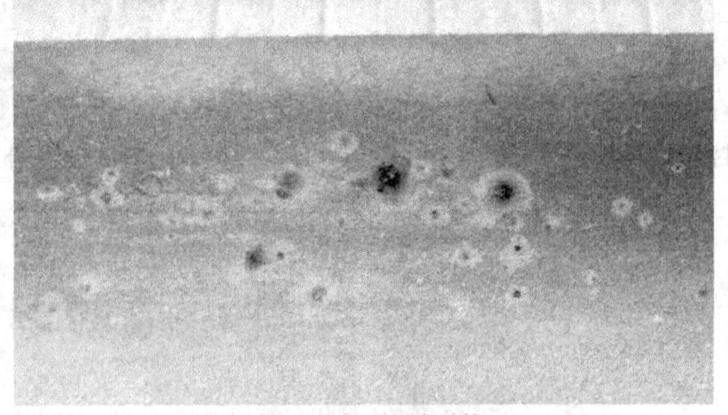

(b) 管子内表面点蚀形貌

图 4-20 换热管内外壁点蚀宏观形貌

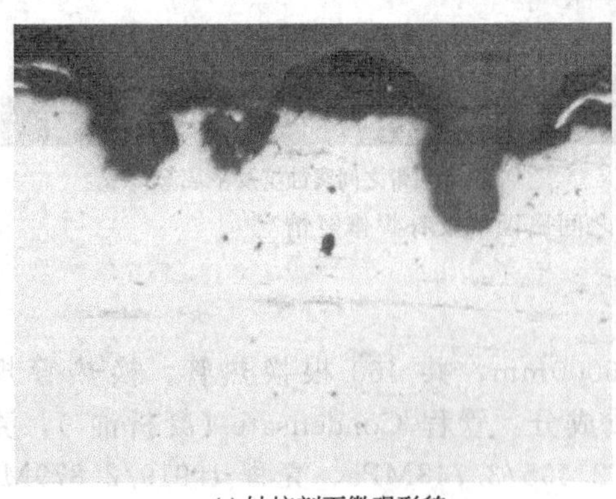

(a) 蚀坑剖面微观形貌

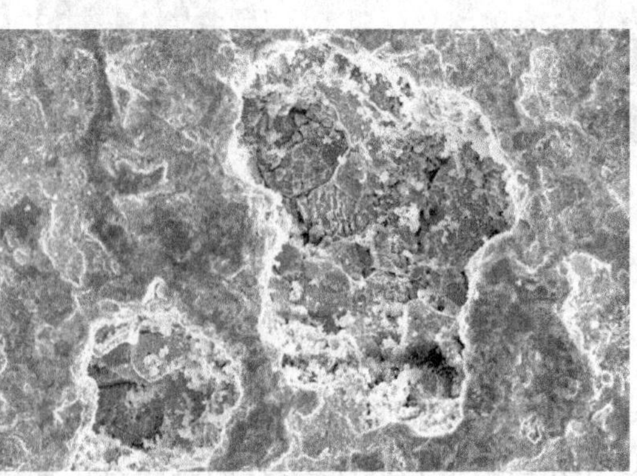

(b) 蚀坑底部沿晶活化腐蚀形貌

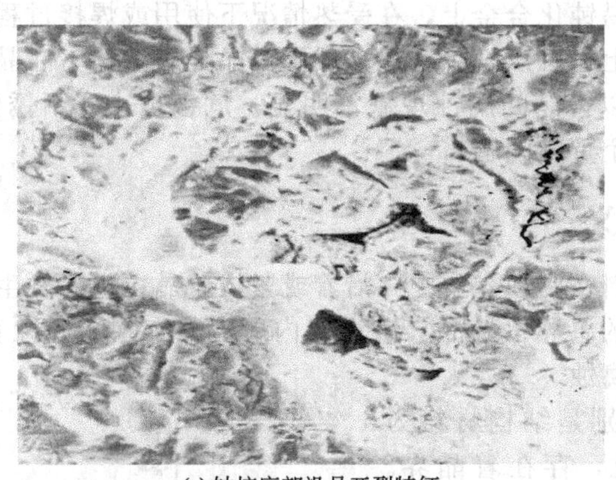

(c) 蚀坑底部沿晶开裂特征

图 4-21　换热管蚀坑的底部腐蚀特征

现场油品测试结果为：减压蜡油酸值为 0.025mg KOH · g^{-1}，铜片腐蚀为 1a，水含量分析结果 42.3×10^{-6}，凝析油 S 含量 12mg · L^{-1}，酸值 0.002mg KOH · g^{-1}，水含量 0，铜片腐蚀 1a。

在现场取换热器内取黑色沉积物，进行腐蚀产物的 X-ray 能谱成分分析，结果沉积物中含有 Al、Si、S、Cl、Ca、Mn、Fe 等，见表 4-4。

表 4-4　沉积物化学成分能谱分析结果　%

化学元素	腐蚀物元素相对含量			
	质量分数		原子分数	
Al	0.83	1.64	1.68	3.28
Si	0.82	1.08	1.59	2.08
S	0.35	0.43	0.59	0.73
Cl	0.17	0.29	0.26	0.45
Ca	1.07	0.73	1.45	0.98
Mn	0.74	0.69	0.74	0.67
Fe	96.02	95.13	93.70	91.82

综合分析，在管子上内外壁均存在一定程度的点蚀坑，符合 Cl^- 造成点蚀的形貌，大部分管子表面呈活化态，说明介质呈酸性。无论是 SCC、点蚀和全面腐蚀，都需要有液相水的存在，说明该换热器在泄漏前，管程和壳程中某些部位都存在、并维持了较长时间的液相水。腐蚀产物中存在一定量的 Cl 和 S，因此，可以判断造成点蚀的主要因素是酸性的含 Cl^- 环境，硫化物的存在，加速了腐蚀进程。

4.2　晶间腐蚀

自从奥氏体不锈钢进入工业应用以来，便发现这种钢材焊接后，离焊缝不远处有严重的腐蚀现象，20 世纪 30 年代初 Bain 等人用贫 Cr 理论满意地解释了这种晶间腐蚀。随着尿素等化工工业的发展，又发现了不锈钢的非敏化晶间腐蚀现象。据粗略统计，晶间腐蚀造成的腐蚀损失约占主要腐蚀类型中总腐蚀损失的 10%。晶间腐蚀易发生在不锈钢、镍合金、铝合金、黄铜、镁合金等易钝化合金上，在受热情况下使用或焊接过程都会造成晶间腐蚀的问题。在碳钢和低合金钢上也可以发生，但一般因其晶界腐蚀速率和晶粒的腐蚀速率差别不如不锈钢等合金的大，所以，晶间腐蚀现象不明显，危害也小。不锈钢焊缝的晶间腐蚀是化学、炼油、核工业的一个重大问题。

4.2.1 晶间腐蚀定义

晶间腐蚀是金属材料在腐蚀介质中，沿着或紧挨着晶粒边界发生的腐蚀。主要由于晶粒表面和内部间化学成分的差异以及晶界杂质或内应力的存在。腐蚀宽度仅 500nm 以下，在如此狭窄的部位向纵深腐蚀。

常用金属材料，特别是结构材料为多晶结构的材料，因此，存在着晶界。晶间腐蚀所指的晶间并非严格限定在晶界这个过渡层范围内，而是出现在包括晶界在内的，一个与晶粒尺寸相比，相对很小的区域内，如图 4-22 虚线所示的宽度区，其中的实线表示晶界。由图中还可看出，多晶金属材料在使用介质或环境中，如果晶间区的腐蚀速度远远大于晶粒的腐蚀速度便可出现晶间腐蚀的结果。如果晶粒腐蚀速度可忽略不计，则是单纯的晶间腐蚀；如果晶间腐蚀速率虽远大于晶粒，但晶粒也具有相当的不可忽略的腐蚀速度，则属伴有全面腐蚀的晶间腐蚀，即非单纯晶间腐蚀。

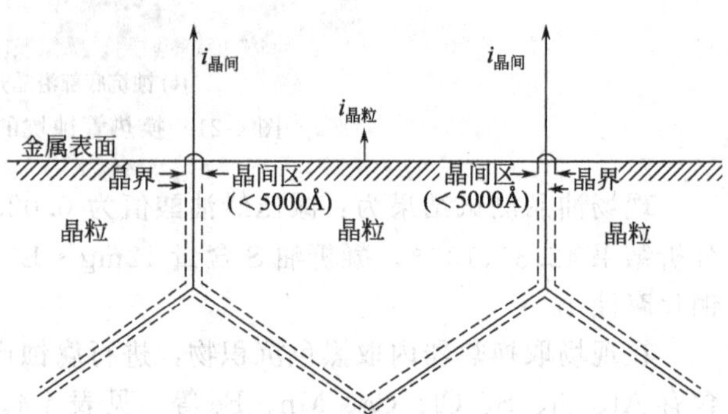

图 4-22 晶界、晶间区及晶间腐蚀概念示意图

4.2.2 晶间腐蚀对压力容器的危害

晶间腐蚀是很严重的破坏现象，是一种危害性很大的局部腐蚀，因为，晶间腐蚀是沿着材料晶粒间界发生的，使晶粒间丧失结合力，大大降低金属的机械强度。而且腐蚀发生后金属和合金的表面仍保持一定的金属光泽，看不出被破坏的迹象，但晶粒间结合力已显著减弱，力学性能恶化，轻轻敲击即可破碎（裂），经常导致设备的突然破坏。在应力和介质的共同作用下，以晶间腐蚀为起源，诱发晶间 SCC，所以晶间腐蚀有时是 SCC 的先导。

不锈钢的晶间腐蚀问题，在 20 世纪 50～60 年代曾经是最严重的腐蚀现象。经过几十年的研究，对于晶间腐蚀的机理、影响因素和防止控制都有了比较深入的了解，故此不锈钢晶间腐蚀问题相对于其他类型的局部腐蚀就得到了很大的缓解。但是，对于一些新的合金、新的运用场合晶间腐蚀问题还是陆续的出现。

蒸汽发生器（SG）是压水堆核电站（PWR）的重要设备之一，传热管是一、二回路之间的热交换界面，属于一回路的压力边界，其完整性直接影响到核电站的运行安全。从近年统计的结果来看，从不锈钢传热管到镍基合金，与晶界有关的 SCC 和晶间腐蚀是蒸汽发生器传热管道破坏泄漏的主要原因[21]。又如核反应堆乏燃料的处理设备大部分是不锈钢制造，长期在高温高压高浓度的 HNO_3 溶液的工况下运行而产生晶间腐蚀问题，所以在 HNO_3 中奥氏体不锈钢的晶间腐蚀问题仍然占据着十分重要的位置；另外，不锈钢的堆焊层的晶间腐蚀问题对于核反应堆外壳压力容器内壁堆焊层和尿素高压设备上下封头堆焊层依然是不可掉以轻心的。

石油化工的转化炉炉管和乙烯裂解炉高温炉管在运行中的氧化、硫化和渗碳现象也都是晶间腐蚀的过程。对炉管的腐蚀控制，直接关系到炉管的使用寿命。

4.2.3　晶间腐蚀形貌

一般来说，在特定的使用介质中，具有晶间腐蚀倾向的材料，如果晶粒表面能呈现钝态，则属图 4-23（a）的类型。如果晶粒表面不能呈现钝态，则会呈现如图 4-23（b）所示的结果。就单纯的晶间腐蚀而言，也可分两种形式，见图 4-24，一种形式是在三维空间中呈现完全连贯的形式，见图 4-24（a）；另一种形式是呈现非整体完全连贯的格网式，见图 4-24(b)。可以说图 4-23(b)为腐蚀过程的中间态，随着腐蚀时间的延长，总会进入图 4-24(a)所示的最终态。压力容器受压部件的腐蚀若达到 4-24（a）的状态，就已经失效破坏，如图 4-24（b）所示的情况只能发生在非承压原件，如塔器上的隔板、分布板和泡罩等。

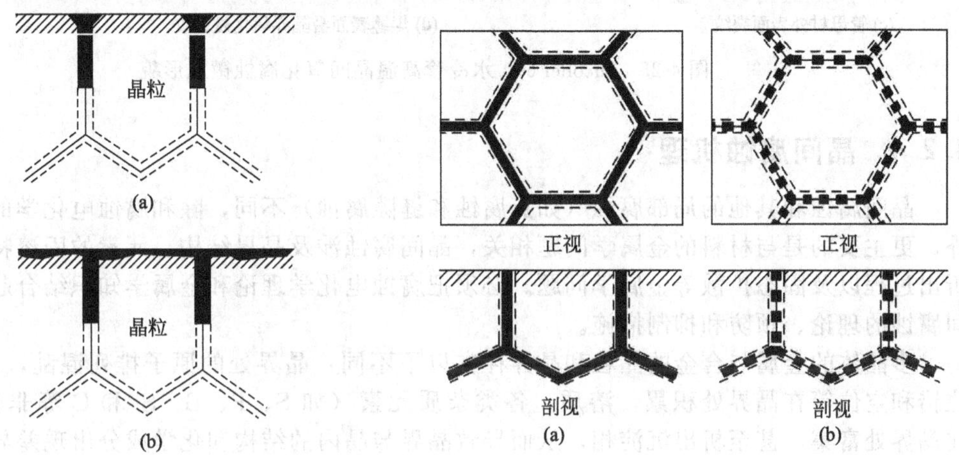

图 4-23　单纯与非单纯晶间腐蚀概念示意图　　图 4-24　单纯的晶间腐蚀的两种形式

某化肥厂气化炉烧嘴水冷管，材质 Inconel 600，它的作用是管内走水降低烧嘴表面温度。烧嘴外表面接触直接受 1350℃的高温气体，介质主要成分体积比为 H_2 61 约 62%、CO 约 32%、CO_2 5.8 约 6%、水蒸气<2%；管内为 30℃的冷却水。使用几个月后，晶内和晶界出现析出物，管外壁表面存在高温氧化腐蚀，在管母材、焊缝表面和裂纹的内部，沿晶界的氧化特征表明合金遭受到过热，如图 4-25 所示。

应用光学显微镜观察金相组织时，常选择适当的浸蚀剂腐蚀金相试样，借助于晶间腐蚀，可以看到晶界以及晶界区的组织。

晶间腐蚀的特征是金属表面还看不出有什么变化时晶间已经丧失结合力，使得金属材料的强度和塑性丧失。敲击时失去金属的清脆声，严重时一敲即碎。

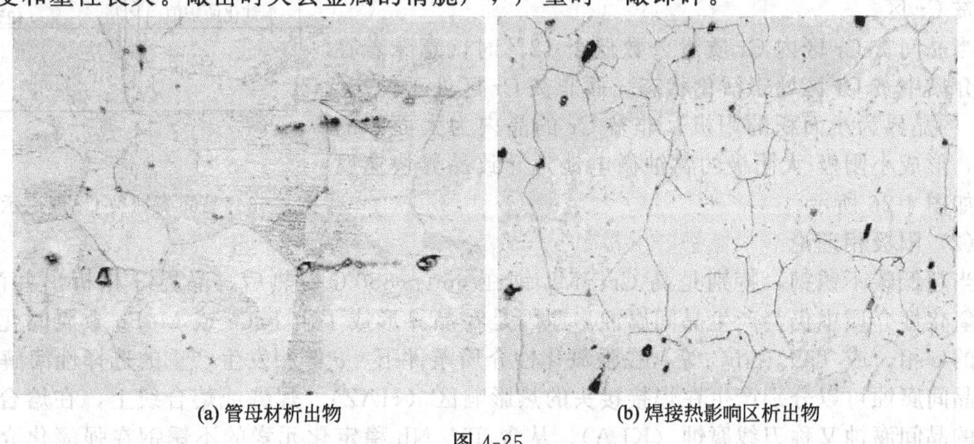

(a) 管母材析出物　　(b) 焊接热影响区析出物

图 4-25

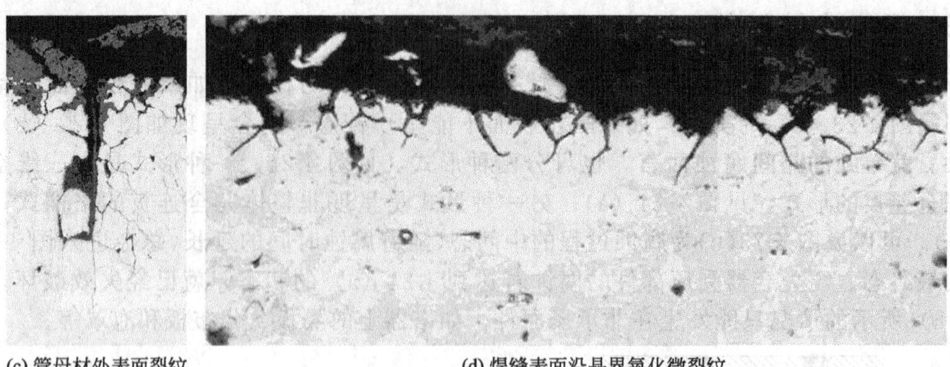
(c) 管母材外表面裂纹　　(d) 焊缝表面沿晶界氧化微裂纹

图 4-25　Inconel 600 水冷管高温晶间氧化腐蚀微观形貌

4.2.4 晶间腐蚀机理

晶间腐蚀和其他的局部腐蚀（如点腐蚀和缝隙腐蚀）不同，除和腐蚀电化学的原因有关外，更主要的是与材料的金属学问题相关，晶间腐蚀涉及晶界结构、元素的固溶特点、沉淀析出过程以及固态扩散等金属学问题。必须把腐蚀电化学理论和金属学知识结合起来研究晶间腐蚀的理论、预防和抑制措施。

多晶体的金属与合金的晶粒和晶界存在以下不同：晶界处的原子排列混乱，应力集中、位错和空位等在晶界处积累，溶质、各类杂质元素（如 S、P、B、Si 和 C 等非金属元素）在晶界处富集，甚至析出沉淀相，从而导致晶界与晶内的结构和化学成分出现差异；处于特定的腐蚀介质中时，晶界和晶粒表现出不同的电化学特性。在晶界和晶粒构成的腐蚀微电池中，晶界为阳极，晶粒为阴极。

基于晶界与晶粒的差异，发展了贫 Cr 理论、阳极相理论和晶界吸附理论来解释材料的晶间腐蚀。

（1）贫 Cr 理论

贫 Cr 理论适用于铁素体和奥氏体不锈钢。由于材料中的 C 元素在随后的热处理及焊接过程中，总会有第二相的溶解和沉淀问题。在晶界处，C 与 Cr 形成碳化物析出，碳化物以 $Cr_{23}C_6$（奥氏体）和（Cr，Fe$)_7C_3$（铁素体）为主，降低了晶界及附近的固溶 Cr 含量，在晶界及附近区域形成贫 Cr 区。

当晶间贫 Cr 区内 Cr 质量分数低于 12%时，意味着在腐蚀介质中贫 Cr 区处于活化状态，而非贫 Cr 区处于钝态。贫 Cr 的晶界为小面积的阳极，非贫 Cr 的晶内为大面积的阴极，形成小阳极-大阴极的腐蚀微电池，导致晶界快速腐蚀，如图 4-26 所示。

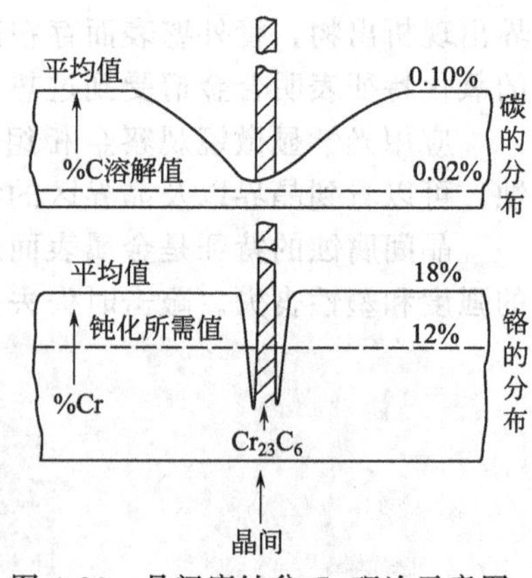

图 4-26　晶间腐蚀贫 Cr 理论示意图

（2）阳极相理论

当超低碳不锈钢，特别是高 Cr、Mo 钢在 650～850℃受热后，晶界 σ 相析出并溶解，在强氧化性介质中仍会产生晶间腐蚀。原因是在晶界形成了由 FeCr 或 MoFe 金属间化合物组成的 σ 相，或 TiC、NbC 等，在强氧化性介质条件下，σ 等相发生严重的选择性溶解。

晶间腐蚀可以分别产生在焊接接头的热影响区（HAZ）、焊缝或熔合线上，在熔合线上产生的晶间腐蚀又称刀线腐蚀（KLA）。从含 Ti、Nb 稳定化元素的不锈钢在强氧化介质中的刀线腐蚀发生的部位来看，在熔化焊接时，这个部位曾加热到固相线附近的高温，不仅 $M_{23}C_6$ 已全部溶解，而且这类不锈钢中的 TiC 或 NbC 也已全部溶解。在第二次加热时，这些碳化物都会沉淀，并且都易于沿晶界进行，在强氧化性介质中，这种晶界沉淀的 MC 可以被溶解。

(3) 晶界吸附理论

杂质原子在晶界富集，超低碳不锈钢在强氧化性介质中（如硝酸加重铬酸盐）中也会出现晶间腐蚀，是由于 P、Se 和 Si 等在晶界富集，使得晶界的电化学特性发生了改变。

这 3 种理论并不相互抵触，而是相辅相成的，实际上都是晶界区在腐蚀电池中为阳极，晶粒为腐蚀阴极，因而晶界、相界产生选择性溶解的结果。

4.2.5 影响压力容器晶间腐蚀的主要因素

产生晶间腐蚀的两个必须具备的条件，一是材料的晶界物质的物理化学状态与晶粒不同；二是特定的环境条件。腐蚀介质能使晶界、晶粒电化学性质不均匀性显示出来。

造成晶界、晶粒电化学性质不均匀的原因主要有合金元素贫乏化、晶界析出耐蚀性较差的阳极相、杂质或溶质原子在晶界区偏析、晶界处因相邻晶粒的晶向或能量不同造成过渡性晶体组织、由于新相的析出或转变造成晶界处具有较大的内应力。合金产生这些现象主要与其经历的热循环有关。

(1) 加热温度和时间

① TTS（Temperature Time Sensitivity，温度-时间-敏化）曲线 表明产生晶间腐蚀倾向的加热温度与时间条件的曲线叫做晶间腐蚀 TTS 曲线。奥氏体不锈钢析出碳化物的加热温度与时间的关系，以及产生晶间腐蚀倾向的加热温度与时间的关系都呈“C”形曲线关系，能产生晶间腐蚀倾向的温度叫做敏化温度。奥氏体不锈钢的敏化温度范围在 500～850℃之间，一般以 650～700℃为最敏感。在敏化温度范围，随加热时间增加，奥氏体不锈钢的晶间腐蚀倾向增大，达到最大值后晶间腐蚀倾向反趋减小，直到消除晶间腐蚀倾向。这是因为加热时间过长，Cr 逐渐扩散到晶界区，消除了贫 Cr 的缘故。

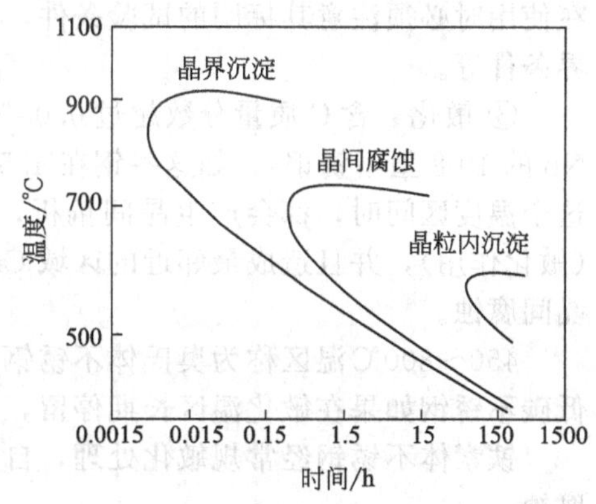

图 4-27 18-8 型不锈钢 $M_{23}C_6$ 沉淀对晶间腐蚀的影响

TTS 曲线 C 形之外的区域表示不发生晶间腐蚀的区域，C 形之内的区域为发生晶间腐蚀的区域，如图 4-27 所示，但不能反映晶间腐蚀的速度与程度。

TTS 试验曲线对说明晶间腐蚀十分有用，它给出产生晶间腐蚀倾向的加热温度、时间范围，从而为采取适当防蚀措施提供依据。如图 4-28 所示为 Mo 对不锈钢晶间腐蚀影响趋势的 TTS 曲线图，与不含 Mo 的钢相比，含 Mo 的钢可使 C 形曲线鼻尖所对应的最短敏化时间从原来的 50s 延迟到 600s，说明在这里 Mo 有降低晶间腐蚀趋势的作用。

② TTT（Temperature Time Transformation）曲线 TTT 曲线又称 IT 图（Isothermal Transformation，IT）或 C 曲线，即过冷奥氏体等温转变曲线，可综合反映过冷奥氏体在不同过冷度下的等温转变过程：转变开始和转变终了时间、转变产物的类型以及转变量与时间、温度之间的关系等。因其形状通常像英文字母“C”，故俗称其为 C 曲线，亦称为 TTT 图。C 曲线中转变开始线与纵轴的距离为孕育期，标志着不同过冷度下过冷奥氏体的稳定性，称为 C 曲线的“鼻尖”。由于过冷奥氏体在转变过程中不仅有组织转变和性

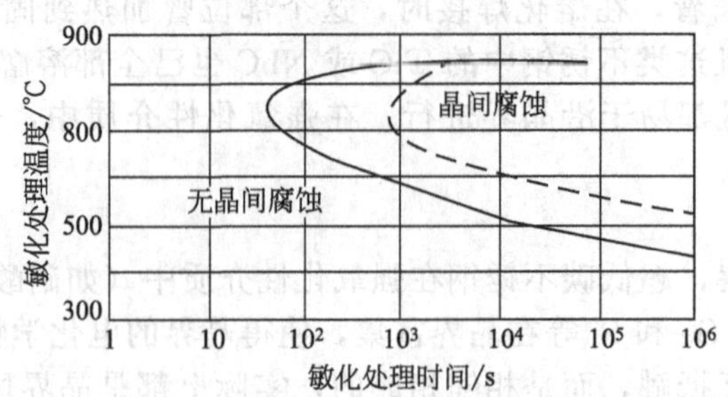

图 4-28 Mo 对不锈钢晶间腐蚀影响趋势的 TTS 图

—18.2%Cr，14.97%Ni，0.026%C，0.027%N；---17.78%Cr，14.37%Ni，0.024%C，2.04%Mo

能变化，而且有体积膨胀和磁性转变，因此可以采用膨胀法、磁性法、金相-硬度法等来测定 TTT 曲线。

TTS 图用于研究材料晶间腐蚀敏感性（趋势）与敏化处理的温度、时间之间的关系，它在形式上几乎与 TTT 曲线一样。这是因为，与晶间析出相有关的晶间腐蚀同沉淀相在晶界处的析出量及形状有关，而析出状况取决于 TTT 曲线。不过 TTT 图中的 C 曲线与 TTS 图中的 C 曲线有着完全不同的目的和概念，不可将两者混为一谈。

TTT 曲线的形状和位置受合金成分、杂质含量、变形、应力等多种因素的影响，因此在使用时必须注意其标明的试验条件，包括钢的成分（包括微量元素）、奥氏体化条件、外界条件等。

③ 敏化　含 C 质量分数超过 0.03%的不含稳定化元素的奥氏体型不锈钢（如不含 Ti 或 Nb 的 10-8 型不锈钢），如这些钢在 425～815℃温度区间停留一段时间，或者缓慢冷却通过这个温度区间时，都会产生晶间偏析，这样的热处理或焊接热循环造成碳化物在晶界沉淀（敏化作用），并且造成最邻近的区域 Cr 贫化，使得这些区域在腐蚀介质中应用时容易发生晶间腐蚀。

450～800℃温区称为奥氏体不锈钢的敏化温区。即使含 Ti 或 Nb 的稳定型不锈钢，或低碳不锈钢如果在敏化温区长期停留，仍然有可能发生敏化。

铁素体不锈钢经常规敏化处理，自 925℃以上急速冷却（如空冷、水淬）容易遭受晶间腐蚀。

（2）合金成分

① C。C 元素是对不锈钢敏化起着重要作用的关键性元素，由 TTS 曲线（图 4-29）可以看出，随着 C 含量增加，产生晶间腐蚀倾向的加热温度和时间范围扩大，晶间腐蚀倾向及腐蚀速度将增大。对核反应堆压力容器内壁堆焊 00Cr20Ni0 不锈钢堆焊层晶间腐蚀的原因研究结果表明，造成其抗晶间腐蚀性能降低的原因不完全是含 C 量过高，焊后冷却速度过慢或焊后长时间在 600℃退火处理，而使组织中铁素体数过低，导致碳化物集中析出，从而使其抗晶间腐蚀能力大大降低，甚至低于完全的奥氏体组织[22]。

② Cr、Mo、Ni、Si。Cr、Mo 含量增高，可降低 C 的活度，有利于减轻晶间腐蚀倾向；Ni、Si 等非碳化物形成元素降低 C 在奥氏体中的溶解度，促进 C 的扩散和碳化物的析出，有利于产生晶间腐蚀。

少量的 Si 降低钢抗晶间腐蚀的能力，特别是对含 Mo 的不锈钢，Si 的有害作用更加显著。但高含量的 Si，可以使非敏化状态的不锈钢在强氧化性介质中有着良好的抗晶间腐蚀能力。

③ Ti、Nb。Ti 和 Nb 是提高合金抗晶间腐蚀非常有益的元素。Ti 和 Nb 与 C 的亲和力大于 Cr 与 C 的亲和力，因而在高温下能先于 Cr 形成稳定的 TiC 和 NbC，使钢在敏化温度

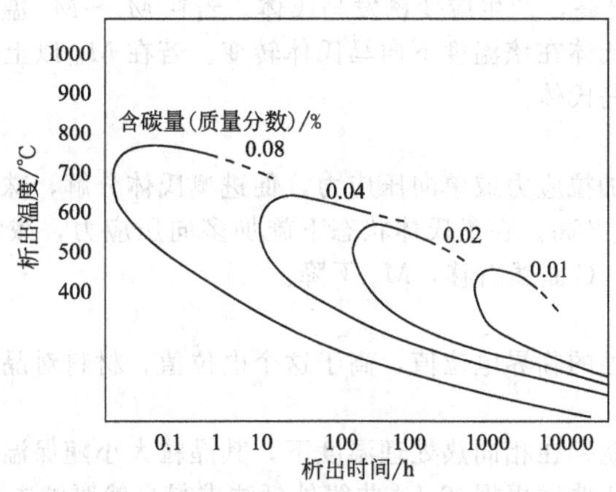

图 4-29 含C量对300系不锈钢出现晶间碳化铬析出温度和析出时间的影响

加热时少甚至不析出Cr的碳化物，从而大大降低了钢中的固溶C含量，使$Cr_{23}C_6$难以析出，从而防止了铬的贫化。Ti的加入量约为8倍的碳。

④ N。N对其晶间腐蚀倾向的影响取决于N在合金中的含量及钢中Ni的含量。

⑤ B。在不锈钢中加入质量分数（40～50）$\times 10^{-6}$的B可降低晶间腐蚀的敏感性，这可能是B在晶界的吸附减少了C、P在晶界的偏聚之故。

(3) 腐蚀介质

不锈钢在酸性介质中遭受的晶间腐蚀较为严重。在H_2SO_4或HNO_3中添加氧化性阳离子，如Cu^{2+}、Fe^{3+}、Hg^{2+}及Cr^{6+}等都将加速晶界阳极溶解的速度，即加速晶间腐蚀。

奥氏体不锈钢在HNO_3中的腐蚀，在质量分数低于68% HNO_3中，固溶态的奥氏体不锈钢耐蚀性尚好。敏化状态奥氏体不锈钢极易发生晶间腐蚀破坏，且随钢中C含量的增加使腐蚀速率呈直线增加。在质量分数高于68%的HNO_3介质中，奥氏体不锈钢能产生非敏化态晶间腐蚀，当固溶体中含有P、Si等偏析在晶界上时，这些杂质在强氧化性介质作用下发生溶解，导致晶间腐蚀。在沸腾的发烟HNO_3中，奥氏体不锈钢的腐蚀是Cr^{6+}的溶解，Cr^{6+}的氧化能力很强，加速腐蚀反应。Cr_2O_3钝化膜已不能保护奥氏体不锈钢，即使是硝酸级和超高纯的奥氏体不锈钢也不适合在这样条件下使用。

(4) 热循环

材料晶间腐蚀的速度随热循环的不同而异，即不同的热循环造成材料的敏化程度不同，可参考TTT图和TTS图判断热循环对晶间腐蚀的影响。

电化学动电位再活化法（EPR）研究950℃和1050℃固溶处理S30408不锈钢敏化度I_r/I_a、敏化时间t和敏化温度T之间关系，根据腐蚀速率和微观腐蚀形貌绘制了S30408不锈钢敏化的TTS曲线。结果表明，1050℃固溶处理试样的耐晶间腐蚀性能优于950℃的[23]。

(5) 变形

通常，冷变形会降低钢对晶间腐蚀的敏感性。是因为冷变形给形变晶粒内部提供了碳化物形成核心，从而使钢在敏化处理时沿晶界所析出的碳化物减至最少。当然，冷变形也可能导致产生形变马氏体而造成复杂的腐蚀现象。

塑性变形加速珠光体转变，C曲线左移。但对贝氏体转变在高温（800～1000℃）进行塑性变形，贝氏体转变的孕育期越长，贝氏体转变的速度减慢，转变的不完全性增大，C曲线右移；在低温亚稳的奥氏体区进行塑性变形加速贝氏体转变，C曲线左移。

对马氏体转变来说，若在M_s以上某一温度范围内经塑性变形会促进奥氏体在该温度下向马氏体转变，使 M_s 升高，产生应变诱发马氏体。若在 $M_s \sim M_f$ 温度范围内的某一温度进行塑性变形也会促进奥氏体在该温度下向马氏体转变。若在 M_d 以上某一温度范围内经塑性变形不会产生应变诱发马氏体。

（6）应力

在奥氏体状态下施加拉应力或单向压应力，促进奥氏体分解，珠光体转变和贝氏体转变加快，C 曲线左移，M_s 升高。在奥氏体状态下施加多向压应力，减慢奥氏体分解，珠光体转变和贝氏体转变减慢，C 曲线右移，M_s 下降。

（7）电极电位

不锈钢都有晶间腐蚀的临界电位值，高于这个电位值，材料对晶间腐蚀敏感。

（8）晶粒度

实验结果表明，不锈钢在相同热处理温度下，其晶粒大小随保温时间延长而增大，在相同的腐蚀条件下，由极化曲线根据 Tafel 曲线外延法求得自然腐蚀电流密度随晶粒的长大而减小，即晶间腐蚀倾向降低[24]。但也有试验表明，粗晶粒易使晶间腐蚀试验（T 法）不合格，细晶粒抗腐蚀性能强，易使晶间腐蚀合格[25]。

（9）几种常用材料的晶间腐蚀

① 奥氏体不锈钢　奥氏体不锈钢普遍具有晶间腐蚀倾向，其晶间腐蚀多数是在经 427～816℃处理后发生的，在不同的给定敏化时间条件下，最大晶间腐蚀速度的峰值是不相同的，出现峰值的温度也不一样。由晶间腐蚀的动力学曲线可以得到等晶间腐蚀的温度-时间敏化图（TTS 曲线），比较各图后可得出以下结论。

a. 超低碳的不锈钢需要较长的敏化时间，才能促使其具有晶间腐蚀倾向，并且随着敏化时间的延长其晶间腐蚀速率要比高碳钢加快。如，在 648℃敏化 2h，S30403 和 S34778 的腐蚀速率分别为 0.254mm·a^{-1} 和 1.27mm·a^{-1}；而经 565℃敏化 100h 后，分别为 25.4mm·a^{-1} 和 5.08mm·a^{-1}。

b. 含 Mo 的不锈钢出现晶间腐蚀倾向的敏化鼻尖时间延长。

c. N 的含量对于 S30403 钢的晶间腐蚀速率无不利的影响。

d. 采用在 900℃下进行 2h 的稳定化处理，对 S34778 钢来说，其晶间腐蚀速率可大大减小，仅为未经稳定化处理时的 1/10。对 S31603 来说，没显示出影响。但对 S30403 来说，却显示出相反的效果，即经稳定化处理后，晶间腐蚀速率反而大大增快。

一般情况下，经固溶处理后的奥氏体不锈钢是没有晶间腐蚀倾向，但经 1050℃固溶处理后的超低碳 18-8 型奥氏体不锈钢，在强氧化性介质中却表现出有严重的晶间腐蚀。

防止和控制奥氏体不锈钢晶间腐蚀的措施有以下几点。

a. 降低 C、N、P 等有害杂质元素的含量，提高钢的纯净度。

b. 通过添加少量稳定化元素，控制晶界吸附和抑制晶界沉淀。如在 18-8 型不锈钢中加入微量的 B（质量分数 0.006%），可使晶间腐蚀受到抑制而改善。又如，通过添加 Ti 或 Nb 使 C 与它们优先生成 TiC 或 NbC 从而可避免或减少 $Cr_{23}C_6$ 在晶界析出。

c. 采用固溶处理，以不使碳化物析出的极快速度冷却，抑制在晶界析出碳化物。

d. 基于 $Cr_{23}C_6$ 沉淀时最快的速度是在 600～750℃，TiC 沉淀时最快的速度是在 900℃，对工艺温度进行控制，使 Ti 能充分地同 C 形成 TiC。原则上应在 900～950℃下处理。如对含 Ti 量低的钢，要使这些低量的 Ti 得以发挥稳定化的作用，就必须在 850～900℃下稳定化处理 2～4h。对于有晶间腐蚀倾向但不知其热处理经历的钢，则可将其先在 1050℃下进行固溶处理，然后，在 880℃下，稳定化处理 2h，便可使其晶间腐蚀倾向消失。

e. 在需进行冷加工和相当于敏化温度的条件下进行处理的场合，应遵循先冷加工，后进行热处理的原则。

f. 防止和控制晶间腐蚀，应增加晶界面积、分散沉淀相。基于这条原则，应控制晶粒度，使其细化。但是，晶粒太细又易蚀落，而且，不同的晶间腐蚀试验方法对晶粒度影响的评价也不尽相同，所以晶粒度应针对实际情况予以确定。

② 铁素体不锈钢的晶间腐蚀 常见的0Cr13、Cr17、Cr25、Cr28等4种铁素体不锈钢，对铁素体不锈钢要求在高、低温时均无γ相而仅有α相。不含Ti、Nb等稳定化合金元素的铁素体不锈钢与奥氏体不锈钢一样，焊后也可以发生晶间腐蚀。与奥氏体不锈钢相似，铁素体不锈钢的晶间腐蚀也具有TTS曲线。在高纯的铁素体不锈钢中加入Mo，可使TTS曲线右移。但在强氧化性介质［例如沸腾的65%（质量分数）HNO_3］中，高Mo并没有优点，钛也不能抑制晶间腐蚀。Cr质量分数在16%～28%范围内，对晶间腐蚀趋势没有影响，但导致其具有晶间腐蚀倾向的敏化处理以及抑制或消除其晶间腐蚀倾向的处理条件正好与奥氏体不锈钢的相反。奥氏体不锈钢的固溶处理温度恰好是使430（Cr17）铁素体不锈钢产生晶间腐蚀倾向最敏感的温度，而使S30408钢产生晶间腐蚀倾向的敏化温度却是消除430钢晶间腐蚀倾向的解消处理温度，见表4-5。

表4-5 热处理对铁素体和奥氏体不锈钢的晶间腐蚀速率影响对比 $mm \cdot a^{-1}$

不锈钢类别	热处理制度	
	704℃×1h,水淬	1093℃×1h,水淬
430	1.01(无明显晶间腐蚀)	10.0(严重晶间腐蚀)
S30408	10.0(严重晶间腐蚀)	0.25(无明显晶间腐蚀)

铁素体自925℃以上急冷敏化，这种敏化态经过650～815℃短时回火，便可消除或减少。奥氏体钢和铁素体钢焊接接头晶间腐蚀的区域也有差异，前者距熔合线有一段距离，而后者常在焊缝金属本身和紧邻熔合线处。

与奥氏体不锈钢另一个不同点是铁素体不锈钢除了有表征晶间腐蚀存在的C形敏化区外，还会出现表征晶间腐蚀消失的区，此区称为敏化消失区。如果将有晶间腐蚀倾向的材料在该区域内进行加热处理的，也可使晶间腐蚀倾向消失。

作用机理，铁素体不锈钢的晶间腐蚀本质，与奥氏体不锈钢一样，都是因析出铬的碳化物、氮化物造成的，绝大多数情况都可以用贫Cr理论来解释；而在强氧化性介质中的晶间腐蚀也可用晶界处σ相或碳化物的选择溶解来说明。

铁素体不锈钢的晶间腐蚀现象之所以同奥氏体不锈钢相反，是由铁素体基体组织的特点决定的。高铬铁素体中C、N的固溶度远小于奥氏体。这使铁素体不锈钢自高温区即使是快冷时也较易析出碳化物、氮化物，形成晶界贫Cr区；而随后中温退火时铬自晶粒内部向晶界迅速扩散，从而消除贫Cr区。例如00Cr17不锈钢700℃退火3min即可消除晶间腐蚀倾向。钢中Cr含量愈高，在其他条件相同的情况下，晶间腐蚀倾向愈小（TTS曲线右移）。

影响铁素体不锈钢抗晶间腐蚀性能的重要因素如下。

a. 间隙原子（C+N）含量的影响 铁素体不锈钢即使C的质量分数降到0.03%以下，还不足避免晶间腐蚀，需要更高的纯度，C<0.005%、N<0.015%，才能降低晶间腐蚀敏感性。如，含C质量分数已低到0.012%的Cr17铁素体不锈钢，经常规敏化处理（927℃，水淬）后，阳极极化曲线还存在着标志有晶间腐蚀倾向的二次活化峰。通常，C含量越高，这个峰的峰值越高。

高纯的铁素体不锈钢中C+N含量很低，C曲线孕育期长，因而，有可能通过固溶后快冷来避免晶间腐蚀。但是，对于间隙原子含量较高的高铬钢，如质量分数为26%Cr钢中含有0.095%C及0.077%N，由于孕育期很短，即使水淬，也不能避免晶界沉淀和晶间腐蚀。

间隙原子对于17%Cr钢的影响，也有类似的结果。

b. C与N的区别　晶界沉淀的碳化物及氮化物分别是$Cr_{23}C_6$及Cr_2N，沉淀所引起的贫Cr，氮化物小于碳化物，故避免晶间腐蚀所容许的N量大于C量。

防止和控制铁素体不锈钢晶间腐蚀的措施如下。

a. 和奥氏体不锈钢相似，C、N、P等杂质元素的存在，对铁素体不锈钢也是不利的，应尽量降低它们的含量，提高钢的纯净度，才能降低铁素体不锈钢的晶间腐蚀倾向。但必须注意，不同的钢种对C+N的最低含量的要求是不同的。

b. 对铁素体不锈钢来说，原则上，应在700～800℃下进行回火处理。但必须注意，钢的成分不同，消除晶间腐蚀倾向所要求的回火温度是不同的，如Cr17钢的回火温度应为760～780℃；Cr28NiN钢应在800～850℃；而钢1CrNi7则为650～720℃。

c. 添加稳定化元素，例如Ti，但Ti的剂量要依钢种和介质条件，通过实验研究确定。

d. 当铁素体不锈钢中含有Ni时，为防止晶间腐蚀，应依据Ni量的不同，采用不同的热处理规范。如，C的质量分数为0.08%的Cr18，在质量分数为65%的沸腾HNO_3中，当钢中的Ni质量分数为0～0.25%时，应根据试验结果确定热处理工艺。当Ni质量分数大于3%时，则需采用与奥氏体不锈钢相似的固溶处理工艺。

③ 奥氏体铁素体双相不锈钢　具有优良的耐晶间腐蚀性能，性能与两相含量比及第二相的形状与分布有关。以奥氏体基的1Cr20Mn13NB双相不锈钢为例，随钢中铁素体含量增加，晶间腐蚀倾向减弱。当铁素体实际含量达到8%时，不产生晶间腐蚀。铁素体呈条状排列比块状稀疏分布更能阻挡晶间腐蚀的发展。目前压力容器、压力管道常用的2205双相钢母材和焊态焊接接头即具有很高的耐晶间腐蚀性能。

试验还证实，随着加热时间的延长，敏化将消失，贫Cr区Cr的再补充不是来自铁素体相，而是来自奥氏体相。Devines模式认为，晶界上的$M_{23}C_6$中的Cr主要取自铁素体相，并造成较宽的贫Cr区，很少的Cr取自奥氏体，但造成窄而Cr含量更低的贫Cr区，这一贫Cr区是敏化的主要原因，但由于它很窄，故比较容易在奥氏体相内由Cr的扩散而得到补充，从而使钢的耐蚀性得以快速恢复。在800～1000℃温度范围加热2min～30h，可造成σ相、x相、$M_{23}C_6$、Cr_2N等相的析出，这些相的析出可导致晶间腐蚀的产生。

④ 铁基高镍耐蚀合金　铁基高镍耐蚀合金即俗称的铁镍基耐蚀合金。它是介于不锈耐酸钢和镍基耐蚀合金之间的一种合金，一般质量分数Ni≥30%～35%，Fe+Ni≥60%。主要有Incoloy系列（Fe-Ni-Cr合金）、Sanicro系列（Fe-Ni-Cr合金）和Carpenter系列（Ni-Fe-Cr-Mo-Cu合金）等。

由Incoloy 800（0Cr20Ni32AlTi）合金的晶间腐蚀倾向与敏化条件的关系图可以看出，C含量对该合金的晶间腐蚀倾向有很大影响，C含量越高，晶间腐蚀越严重。但是，C的影响可以通过添加Ti给以抑制。降低固溶温度可使C曲线右移；添加与C有强亲和力的元素(如Ti)，除可进一步使C曲线右移外，还可缩小C形敏化区的区域；加Ti后还可以细化晶粒，进一步使C曲线右移和缩小C形敏化区的区域。

铁镍基耐蚀合金TTS图中的C曲线还会受Ni含量的影响。如Fe-20Cr-Ni合金，尽管C含量降低了，但其表征有晶间腐蚀的敏化区却朝不利的方向扩大了。

当在上述合金中加入元素Mo后，则晶间腐蚀问题会变得更加复杂。从TTS图可看出，因C高或含Mo所导致的晶间腐蚀行为规律是不一样的。合金虽因C低而在晶界处不可能析出碳化物，但因含Mo，在晶界处可形成大量的σ相，故有晶间腐蚀倾向。

铁基高镍耐蚀合金的防止和控制晶间腐蚀的措施有：

a. 降低C使其减至最少的程度；

b. 添加稳定化元素，如Ti；

c. 使晶粒细化。

⑤ 镍基合金

a. Ni-Cr 合金　这类合金在 927～982℃短时加热后以及在 427～871℃长时间加热后，通常都会呈现严重的晶间腐蚀倾向。这是因为 C 在高镍合金中的溶解度低，所以即使在固溶温度下，也能使合金在晶界析出 M_7C_3 型碳化物。例如，含 C 质量分数低至 0.2%以下的 Inconel 600 合金，经固溶处理后，就具有晶间腐蚀倾向。

若经长时间退火和水淬处理后，虽然可以改善其抗晶间腐蚀的能力，但在 HNO_3 + Cr^{6+}介质中仍表现出有晶间腐蚀的趋势，且这种趋势随着 Ni 含量的增加而明显变大。增加这类合金中的 Cr 含量是有利的，因为增加 Cr 含量可抵消 C 带来的不良影响。例如，在 Cr 质量分数达到 35%的情况下，即使合金含质量分数 0.15%的 C，经 650℃敏化处理后，于沸腾的 HNO_3 溶液中试验，仍然显示不出 C 对晶间腐蚀带来的不良影响。

Inconel 600 合金在产生晶间腐蚀的介质中，在应力作用下，很容易由晶间腐蚀诱发晶间 SCC（例如在高温高压水、连多硫酸及热浓碱液中）。

b. Ni-Mo 合金　这类镍基合金的特点是不含 Cr（如 Hastelloy A，Hastelloy B），耐还原性介质（如 HCl）腐蚀的能力很强。但经焊接后，在沸腾的质量分数为 20% HCl 或 60% H_2SO_4 中，都会发生晶间腐蚀，在接近焊缝的热影响区部位会出现“刀口腐蚀”现象。

在 TTS 图中，这类合金的特点是，有两个 C 形敏化区，其中之一位于高温区（1200～1300℃），另一个位于中温区（600～900℃）。高温出现晶间腐蚀敏化区是因在晶界析出 M_6C 型碳化物（在 1149℃时为 Ni_3Mo_3C，在高于 1149℃时为 Ni_2Mo_4C）所致。低温出现晶间腐蚀敏化区是因晶界析出金属间化合物（Ni_4Mo）所致。

当在这类合金中加入 V 后，不仅可消除高温下的敏化区，还可使中温处的敏化区移向右方，即推迟了出现晶间腐蚀倾向所需的敏化时间；

c. Ni-Cr-Mo 合金　这类镍基合金的 Cr、Mo 含量都较高，Fe 质量分数一般<10%。典型的有 Hastelloy 系列中的 Hastelloy C 和 Hastelloy F 等，以及 Chromet 系列中的 Chromet-3 等。

由于这类合金中的 Ni、Cr、Mo 的含量都高，而且成分复杂，故在热处理的过程中很容易出现 M23C6、M6C、σ 相、μ 相和 P 相等。

Hastelloy C-276 合金在合金成分上较 C 合金减少了 Si 和 C，从而显著减少了碳化物和 σ 相、μ 相和 P 相的析出，减小了晶间腐蚀倾向。

C-4 合金（00Cr16Ni65Mol6Ti）在时效组织中消除了 P 相，从而把晶间腐蚀倾向减小到轻微程度。

镍基耐蚀合金的防止和控制晶间腐蚀的措施有：

a. 将 C、N、P 等杂质元素降至最低的程度；

b. 提高元素 Cr 的含量；

c. 添加 V；

d. 选择合理的热处理规范，使贫乏区的元素可以得到补充和使析出相转成球状。

⑥ 铝合金及其他合金　铝合金及其他合金的防止和控制晶间腐蚀的措施有：

a. 使 Fe 等杂质元素降到最少的含量；

b. 通过热处理工艺，使晶界沉淀相分散和球化，不让其形成连续的网状；

c. 通过试验，对固溶处理→冷加工→人工时效中的冷加工度及人工时效条件做最佳的选择；

d. 通过添加能阻止在晶界析出沉淀相的元素或改变沉淀相性质的元素来抑制沉淀相析出或使其在腐蚀介质中呈现阴极相的电化学行为；

e. 通过细化晶粒，使沉淀相分散化。

4.2.6 压力容器晶间腐蚀控制

防止或减轻不锈钢晶间腐蚀的措施大体上可有两条途径：基于上述贫 Cr 理论，改变钢的化学成分和热处理工艺。在压力容器的设计、制造上，主要是从选材和控制焊接、热处理工艺入手；使用上，主要考虑控制介质组分。主要方法如下。

（1）选用低碳或超低碳合金

低碳甚至是超低碳不锈钢，可有效减少碳化物析出造成的晶间腐蚀。

（2）选用含稳定化元素的材料

在钢中加入 Ti 或 Nb，析出 TiC 或 NbC，避免贫 Cr 区的形成。

（3）选用奥氏体铁素体双相不锈钢

调整双相不锈钢的组织与两相含量比及第二相的形状与分布阻止晶间腐蚀的发生。

（4）适当的热处理

对奥氏体不锈钢进行固溶处理，对含 C 量较高［0.06%～0.08%（质量分数）］的奥氏体不锈钢，要在 1050～1100℃进行；对铁素体不锈钢在 700～800℃进行热处理；加 Ti 和 Nb 的不锈钢要经稳定化处理。需指出的是，经固溶处理后的不锈钢不宜再在 400～900℃敏化温度区间加热。

这方法适用于小型零部件，如螺栓、螺母等。对于压力容器设备本体，通过热处理来降低其晶间腐蚀敏感性是不现实的，因为这些热处理都可能导致容器变形，或因容器体积较大，无法实现急冷。在压力容器制造上，要防止材料母材的晶间腐蚀，只能通过对材料的供货状态来保证，如要求奥氏体不锈钢为固溶态，并经规定的晶间腐蚀实验合格。

选择合适的时效处理工艺，对铝及其合金、含稳定化元素的不锈钢、镍基合金等都可以明显的改善材料的抗晶间腐蚀性能。

（5）适当的冷加工

敏化前进行 30%～50%的冷形变，可以改变碳化物的形核位置，促使沉淀相在晶内滑移带上析出，减少在晶界的析出。

（6）调整焊缝的化学成分

加入稳定化元素、减少焊缝中的含 C 量。在焊接工艺上采取措施，控制焊接接头在危险温度区的停留时间，防止过热、快焊快冷，使碳来不及析出。

（7）对原材料和焊接接头进行抗晶间腐蚀性能评定

不同的试验方法对于比较不锈钢晶间腐蚀的相对趋势有差异，这是由于这些试验方法所使用的试剂不同，阴极反应也不同。在对压力容器的抗晶间腐蚀性能评价上，应按照压力容器设计文件要求，或供需双方约定的方法对原材料和焊接接头进行抗晶间腐蚀性能评价，国内和国际上现有关于压力容器晶间腐蚀的试验标准主要有以下几种方法。

GB/T 4334[26]适用于检验不锈钢晶间腐蚀，包括以下试验方法：方法 A，不锈钢 10%草酸浸蚀试验方法，适用于奥氏体不锈钢晶间腐蚀的筛选试验，试样在 10%草酸溶液中电解浸蚀后，在显微镜下观察被浸蚀表面的金相组织，以判定是否需要进行方法 B、方法 C、方法 D、方法 E 等长时间热酸试验。在不允许破坏被测结构件和设备的情况下，也可以作为独立的晶间腐蚀检验方法；方法 B，不锈钢硫酸-硫酸铁腐蚀试验方法，适用于将奥氏体不锈钢在硫酸-硫酸铁溶液中煮沸后，以腐蚀速率评定晶间腐蚀倾向；方法 C，不锈钢 65%硝酸腐蚀试验方法，适用于将奥氏体不锈钢在 65%硝酸溶液中煮沸后，以腐蚀速率评定晶间腐蚀倾向；方法 D，不锈钢硝酸-氢氟酸腐蚀试验方法，适用于检验含钼奥氏体不锈钢的晶间腐蚀倾向，用温度 70℃质量分数 10%的硝酸和 3%的氢氟酸中的腐蚀速率，同基准试样腐蚀速率的比值来判定晶间腐蚀倾向；方法E，不锈钢硫酸-硫酸铜腐蚀试验方法，适用于检验奥氏体、奥氏体-铁素体不锈钢在加有铜屑的硫酸-硫酸铜溶液中煮沸试验后，由弯曲或金相判定晶间腐蚀倾向。

GB/T 15260[27]适用于腐蚀环境中所使用的镍基合金。四种方法的选择、合金的处理制度以及结果的判据等由合金的供需双方协商。

GB/T 21433[28]既规定了不锈钢压力容器本身的晶间腐蚀敏感性检验要求，也规定了对制造不锈钢压力容器所用不锈钢原材料、焊接材料及外协零部件的相应检验要求。本标准涉及的晶间腐蚀系指敏化态晶间腐蚀，不包括非敏化态晶间腐蚀。

CB/T 3949[29]适用于船用不锈钢焊接接头在加有铜屑的硫酸铜-硫酸溶液中的晶间腐蚀试验。

HG/T 3173[30]是以尿素级超低碳铬镍钼奥氏体不锈钢在65%沸腾硝酸溶液中的腐蚀失重作为检验晶间腐蚀倾向的试验方法。本试验还可以用来考察热处理、焊接工艺对耐腐蚀性能的影响及检测焊缝本身的耐腐蚀性能。

GB/T 25151.3[31]规定了尿素级超低碳铬镍相奥氏体不锈钢在65%沸腾硝酸溶液中的腐蚀质量损失作为检验晶间腐蚀倾向的试验方法。本部分适用于考察热处理、焊接工艺对耐腐蚀性能的影响及检测焊缝本身的耐腐蚀性能。

GB/T 7998—2005[32]适用于2×××系、7×××系合金以及5×××系合金加工制品的晶间腐蚀检查和测定。

GB/T 26491[33]规定了用质量损失法测定5×××系铝合金板材产品晶间腐蚀敏感性的试验方法。本标准适用于5×××系铝合金板材产品晶间腐蚀敏感性的测定。

ISO 15329—2006《Corrosion of metals and alloys anodic test for evaluation of intergranular corrosion susceptibility of heat-treatable aluminium alloys. first edition[34]》(金属和合金腐蚀 可热处理铝合金晶间腐蚀敏感性评定的阳极试验)。

ASTM G110—1992 (2009)《Standard Practice for Evaluating Intergranular Corrosion Resistance of Heat Treatable Aluminum Alloys by Immersion in Sodium Chloride + Hydrogen Peroxide Solution[35]》(用浸入氯化钠+过氧化氢溶液的方法评定可热处理铝合金的晶间腐蚀性能的规程)。

ASTM A262—2013《Standard Practices for Detecting Susceptibility to Intergranular Attack in Austenitic Stainless Steels[36]》(奥氏体不锈钢晶间腐蚀敏感性的检测规程)，规定了5种测试不锈钢晶间腐蚀敏感性的实验方法。

ISO 3651.2—1998《Determination of resistance to intergranular corrosion of stainless steels. Part 2: Ferritic, austenitic and ferritic-austenitic (duplex) stainless steels. Corrosion test in media containing sulfuric acid[37]》[不锈钢抗晶间腐蚀的测定 第2部分：铁素体，奥氏体和铁素体奥氏体(双相)不锈钢 在含硫酸介质中的腐蚀试验]。

ISO 9400—1990《Nickel-based alloys. Determination of resistance to intergranular corrosion[38]》(镍基合金 抗晶间腐蚀性的测定)

ASTM A763—1993 (2009)《Standard Practices for Detecting Susceptibility to Intergranular Attack in Ferritic Stainless Steels[39]》(铁素体不锈钢晶间腐蚀敏感性检测规程)。

此外，国外近年采用电化学再活化法(Electrochemical Potential-tiokinetic Reactivation，EPR)，具有快速、简便、非破坏性检验晶间腐蚀敏感性的特点。目前已用于评价或研究奥氏体、马氏体、双相钢、铁素体等不锈钢及镍基合金的晶间腐蚀敏感性。目前，该法已在我国钢厂、研究机构等推广应用。其原理如下。

EPR法是测量并分析试样在特定电解液中的再活化极化曲线来评定材料的晶间腐蚀敏

感性的。再活化是指控制电位从钝化区以某一恒定速度回扫至活化区的过程。经过敏化处理的不锈钢，其晶界处的贫 Cr 区形成的钝化膜并不完整，而且无再钝化能力，在再活化过程和去极化剂（如 KSCN）的联合作用下，贫 Cr 区钝化膜遭到破坏，失去保护作用，从而导致贫 Cr 区的溶解，这在极化曲线上表现为一个大的再活化峰（图 4-30）[40]。

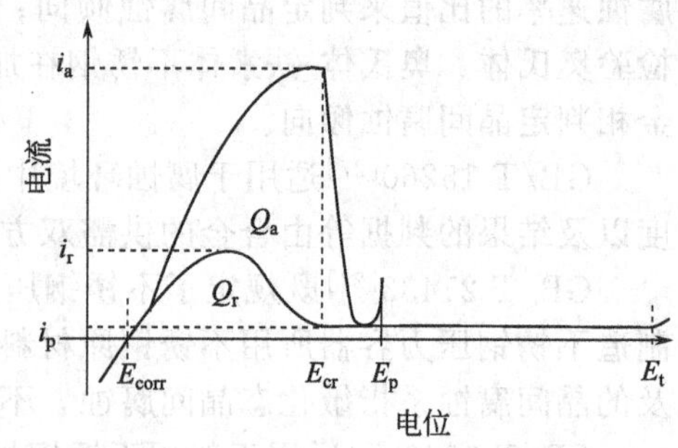

图 4-30 不锈钢的活化与再活化极化曲线

EPR 法所依据的几种判据有再活化峰峰值电流密度 i_r、再活化电量 Q_r、单位晶界面积的再活化电量 P_a 与电量比 Q_r/Q_a、电流密度比 i_r/i_a。

如，将试样置于 30℃、0.5mol·L^{-1}的 H_2SO_4 + 0.01mol·L^{-1} KSCN 溶液中，经 5min 后，以 (100±5) mV·min^{-1} 的扫描速度进行阳极极化，当电极电位达到 +0.3V (SCE) 时反向扫描，以出现再活化后使阳极电流为零的电位作为实验终点。根据正向动电位扫描下活化的最大电流（i_a）和逆向扫描下活化态的最大电流（i_r），它们的比值称为再活化率 R_a，式 (4-12)，作为评价不锈钢晶间腐蚀倾向的参数，再活化率的数值越大，晶间腐蚀的敏感性越高。

$$R_a = i_r/i_a \times 100\% \tag{4-12}$$

EPR 法的各种判据与敏化程度均有较好的对应性，可用于评价晶间腐蚀敏感性程度。目前使用较多的是 P_a，i_r/i_a 这两种判据，前者具有较好的敏感性及消除了晶粒大小的影响；而后者不需严格的表面处理及显微观察而似乎更适合运用于现场。各种判据均只适合于评价较低或中等程度的晶间腐蚀敏感性，而当存在严重的晶间腐蚀敏感性时会出现饱和。各种 EPR 判据均是建立在实验基础之上而非严格的理论推导得来，但是 EPR 法所依据的再活化过程，反映了晶界敏化程度，深入研究再活化过程的动力学特征和规律，对 EPR 法评价晶间腐蚀敏感性有着重要的指导意义。

4.2.7 压力容器晶间腐蚀失效案例

4.2.7.1 案例 1：压水堆蒸汽发生器传热管的晶间腐蚀[41]

600 合金良好的耐均匀腐蚀性能和耐 Cl^- 诱发的 SCC 性能，用于压水堆蒸汽发生器管材。国内某压水堆 600 合金的蒸汽发生器传热管在实际运行过程中由于冷凝器泄漏、磷酸盐水处理等原因使某些有害杂质（如 Cl^-、OH^-、Pb、PbO）进入二次侧回路并在蒸汽发生器管板缝隙处富集浓缩，造成传热管的晶间腐蚀（IGA）和晶间型 SCC（Pb-SCC 和 IGSCC）。

为此研究人员通过模拟压水堆二回路浓缩介质环境进行腐蚀试验。试验选用在较高温度下含铅碱溶液中浸泡 U-型弯曲试样并进行扫描电镜（SEM）、能谱（EDX）和 XRD 分析测试，对国内传热管的晶间腐蚀和晶间型 SCC 机理分析提供试验性数据。

(1) 实验方法

实验材料为进口 ϕ19.05mm×1.09mm 退火态 600 合金管材，其化学成分为（质量分数，%）：14.60 Cr、9.66 Fe、0.027 C、0.32 Mn、0.27 Ti、0.21 Si、0.083 Co、0.44Cu、0.21 Al、0.0015 S、0.0094 P、余 Ni。高温退火温度为 1024℃，屈服强度 272 MPa，抗拉强度 640MPa，延伸率 49%；低温退火温度为 927℃，屈服强度 374 MPa，抗拉强度 726 MPa，延伸率 42%。

U 型弯曲之前，在 INSTRON 8562 实验机上以 0.5mm·s^{-1}对试样进行 35%冷拉预变形。然后放在高压釜中进行 SCC 试验。试验温度为 330℃，介质为 10%（质量分数）

NaOH 加 10g·L^{-1} PbO。试验时间为 30d。浸泡实验完成后，将样品清洗、镶嵌和抛光，在光学显微镜下检查裂纹，然后用 AEM 进行形貌观察和 EDX 分析。

(2) SEM 观察

600 合金试样的微观组织分别如图 4-31 所示。从图中可见，金相组织为典型的奥氏体组织，高温退火态晶粒明显比低温轧制退火态晶粒大，见图 4-31 (a)。低温退火态组织基体中有分散的碳化物以及沿晶界的少量颗粒，见图 4-31 (b)。

图 4-32 为弯曲试样浸泡 30d 后的顶端纵切截面形貌。可以看出，材料表现为较严重的晶间腐蚀，腐蚀深度达到 2～3 个晶粒。图 4-33 为低温退火态试样腐蚀试验后的截面形貌，最大晶间腐蚀 (IGA) 深度达到 270μm，并有向沿晶 SCC (IGSCC) 转化的趋势。

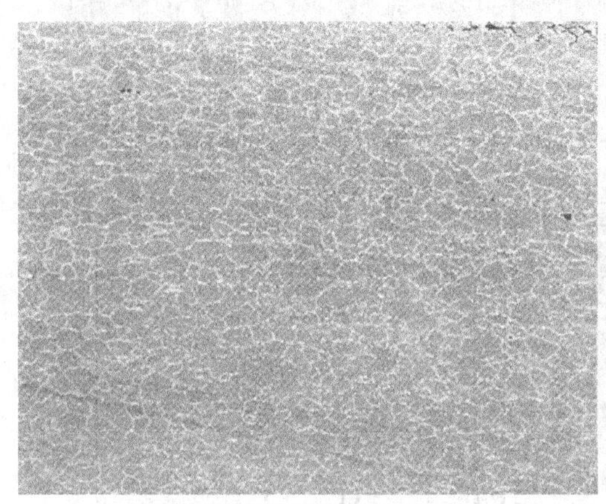

(a) 低温退火态平均晶粒25μm

(b) 高温退火态平均晶粒45μm

图 4-31 600 合金 12% H_2CrO_4 浸蚀金相组织

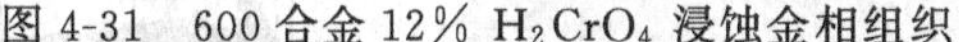

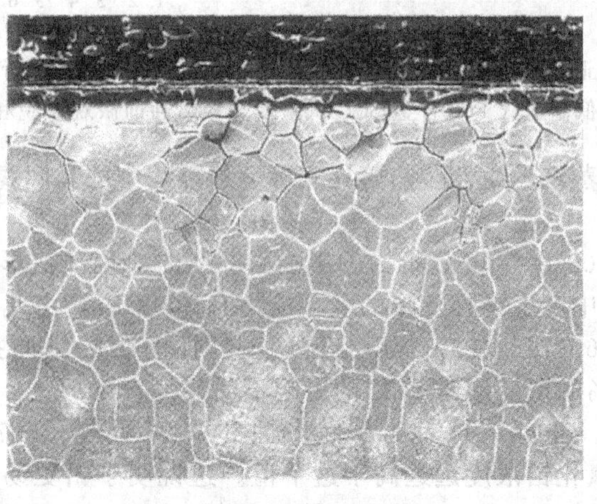

图 4-32 高温退火态晶间腐蚀

(3) EDX 分析

对腐蚀前的样品进行 EDX 分析，发现晶间腐蚀裂纹中均含有 Pb，图 4-34 (a) 沿斜向下方向 (箭头方向) 线扫描后 Pb 的分布随扫描点与起始点距离的变化曲线，结果铅含量 (峰值) 与图 4-34 (a) 纹处对应，说明 Pb 在腐蚀晶间裂缝处有一定量的富集，见图 4-34(b)。

(4) 讨论

① 退火温度对 600 合金 SCC 行为的影响。高、低温退火对材料 SCC 的影响不明显。试验表明在较高温度下退火会使晶粒长大，碳化物全部溶解，但不能使晶界贫 Cr 区减小。轧制退火温度为 925℃时，U-弯曲试样会发生最严重的开裂。因为采用的试验条件比高温纯水

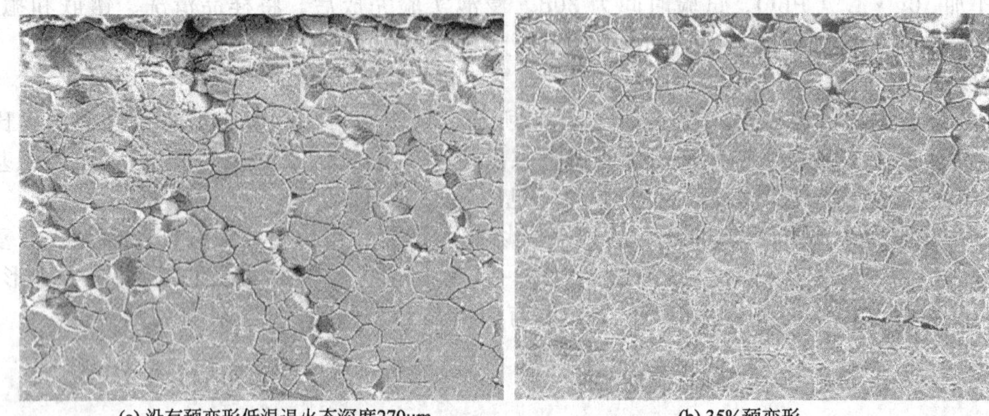
(a) 没有预变形低温退火态深度270μm (b) 35%预变形

图 4-33 低温退火态 600 合金腐蚀试验后的截面形貌

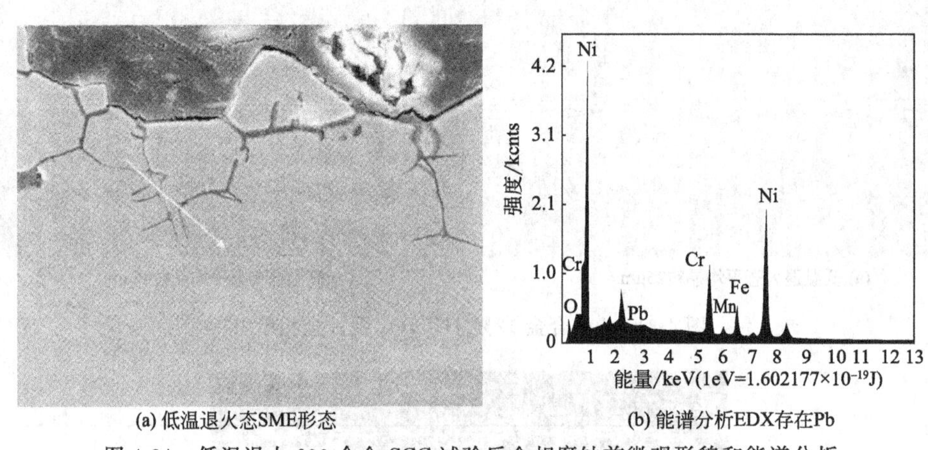

(a) 低温退火态SME形态 (b) 能谱分析EDX存在Pb

图 4-34 低温退火 600 合金 SCC 试验后金相腐蚀前微观形貌和能谱分析

环境要苛刻得多，所以蒸汽发生器传热管在实际运行环境中的晶间腐蚀速率不会像模拟试验这样快。

② 冷拉预变形对 600 合金 SCC 行为的影响。35%的冷拉预变形所需要的名义应力能达到 660MPa 左右，而其中产生弹性变形的名义应力有 300MPa，由此估算得到 35%预拉伸产生的纵向残余应力为 360MPa 左右，相当于 U-型弯曲时顶端纵向拉应力的一半。对样品 SEM 的观察表明，35%的预变形对 SCC 的影响不明显。

③ EDX 分析结果。分析结果表明晶间腐蚀裂缝中含 Pb。327℃时 PbO 的溶解度为 0.013%，而本试验的氧化铅浓度远远高于这个值。这说明了铅更易促进晶界铬的溶解。高温含铅溶液中的电化学测试表明，铅的存在使 600 合金的破裂电位降低，促进其表面膜中贫 Cr，同时大大增加了其阳极溶解电流密度。

高浓度的氧化铅显著地促进了 600 合金的 IGA，而较严重的晶间腐蚀又使应力得以释放，最终没有能形成明显的 SCC 裂纹。在实际运行环境中，二回路水环境是经过全挥发（AVT）处理，此时氢的含量很低，所以 600 合金会发生晶间腐蚀及沿晶 SCC（IGSCC）。

（5）结论

在含铅的高温碱溶液中，当氢含量很高时，600 合金表现为较严重的 IGA，侵蚀晶界中有铅的沉积。氢的产生和氧化铅促进 600 合金的选择性溶解是 IGA 发生的两个主要因素；冷拉预变形、退火温度对材料 SCC 行为的影响不明显。

4.2.7.2　案例 2：反应堆压力容器不锈钢堆焊层的晶间腐蚀[41]

为提高反应堆压力容器的抗腐蚀能力，要在其内壁堆焊一层奥氏体不锈钢（00Cr20Ni10），并且对焊接质量提出很高的要求。由于焊后要在 600℃长时间退火，这正好是奥氏体不锈钢的敏化温度范围内，具有产生晶间腐蚀的条件。所以要求控制含 C 量在 0.04 %（质量分数）以下。但是即使含 C 量很低，采用 T 法检验也发现了晶间腐蚀不合格的现象。说明除化学成分外还有别的控制因素，为此对堆焊层晶间腐蚀的原因进行了分析。

利用光学显微镜观察金相组织，发现合格的试样晶界上普遍存在 δ 铁素体，含量为 8%～9%；而不合格的样品 δ 铁素体很少，仅有 2%～5%。

扫描电镜观察进一步显示，合格试样晶粒之间由铁素体隔开；不合格的样品晶粒之间只有比较少的 δ 铁素体，并且厚度也很薄。

实验表明冷却速率对铁素体含量有重要影响，对堆焊不合格的样品在真空加热炉中重新加热到 1350℃，然后快冷，铁素体含量增加到 12%左右。

铁素体对晶间腐蚀的影响是复杂的，在敏化的条件下，它能够加速 Cr 向贫 Cr 区扩散，从而抑制晶间腐蚀；但是当铁素体含量过少时起不到输送足够多的 Cr 消除贫 Cr 区的作用。

4.2.7.3　案例 3：高压甲铵冷凝器管口的腐蚀问题

某厂高压甲铵冷凝器运行 25000h 后发现上管板的一管口部位泄漏。管材为 S31603 不锈钢。腐蚀是发生在管口的堆焊层上，堆焊层材质 S31603。在腐蚀穿孔处取样，如图 4-35 所示。

图 4-35　在上管板部位取下泄漏的管子管头样品

在扫描电镜下可观察到在堆焊层与管口的热影响区穿孔的周围发生了严重的沿晶的腐蚀，见图 4-36（a）；在堆焊层与气孔连通的焊肉部位沿枝晶间的腐蚀也很严重，见图 4-36（b）；气孔及气孔内壁的腐蚀情况见图 4-36（c）；距离穿孔处稍远一些的堆焊层表面的腐蚀情况见图 4-36（d）。

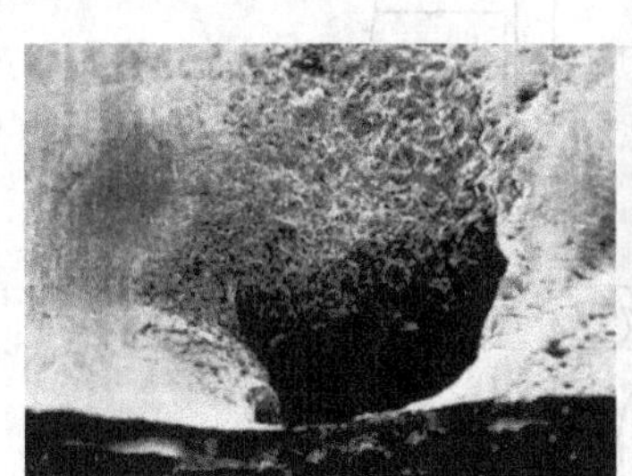
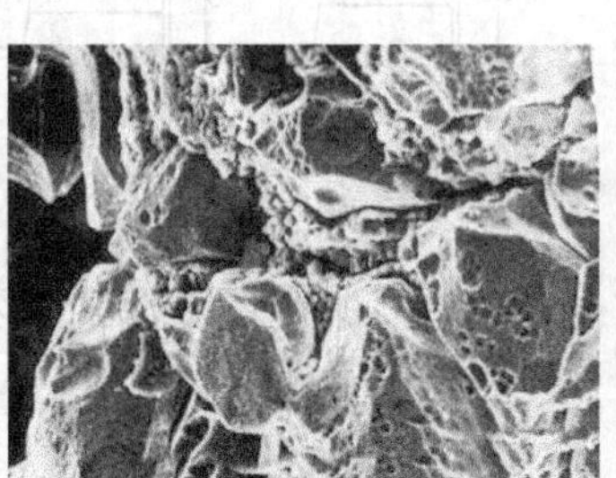
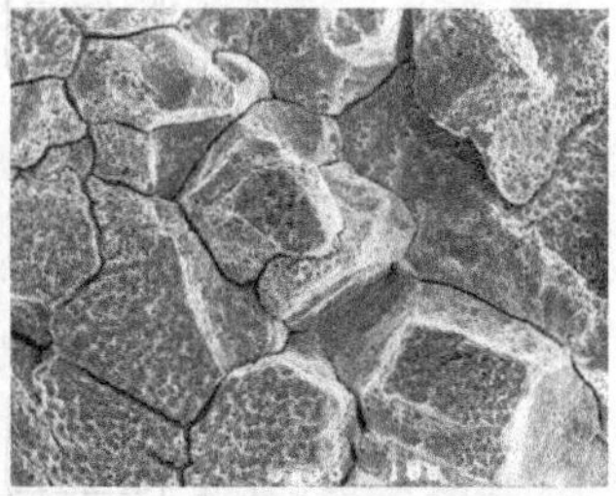

(a) 在堆焊层与管口的热影响区穿孔的周围发生了严重的沿晶的腐蚀和在堆焊层与碳钢管板交界面的沿晶腐蚀

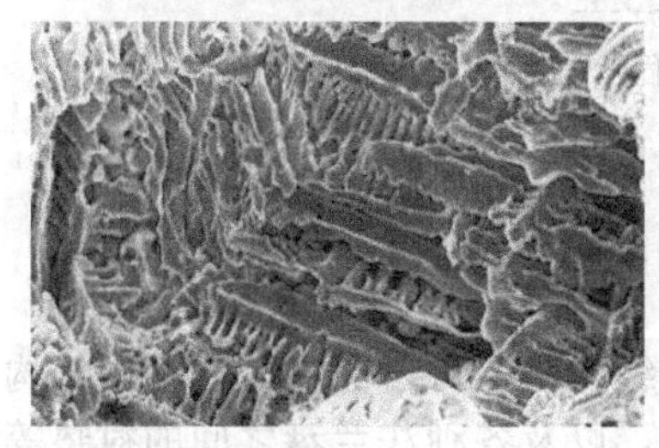
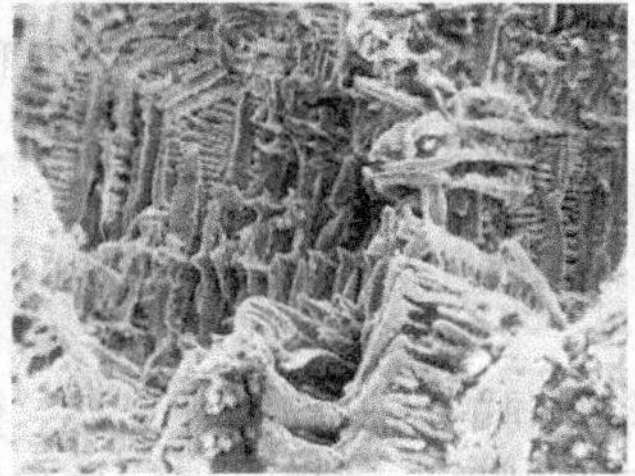

(b) 在焊肉气孔处沿枝晶间腐蚀

图 4-36

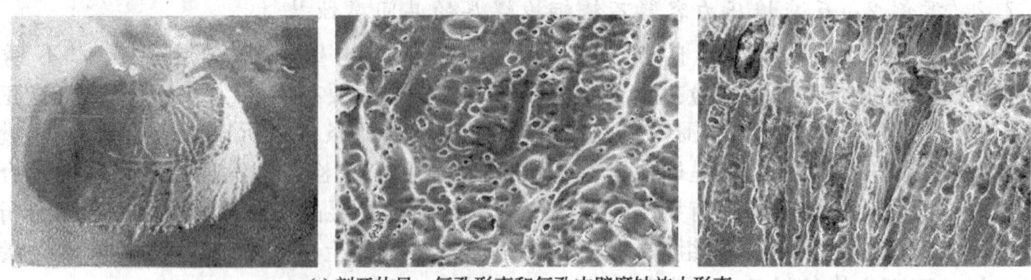

(c) 剖开的另一气孔形态和气孔内壁腐蚀放大形态

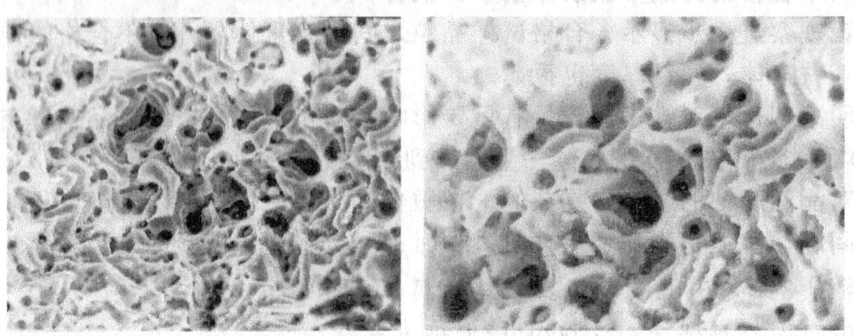

(d) 距离穿孔处稍远一些部位的堆焊层表面的腐蚀形态

图 4-36 在焊肉气孔处附近沿枝晶间腐蚀

经综合分析认为，该腐蚀破坏是由于焊接管口时留下了皮下气孔经长期使用后，使皮下气孔暴露，甲铵介质渗入到气孔内，造成孔内缺氧状态下的腐蚀。从管外壁向内壁腐蚀，气孔由于腐蚀而快速扩展，使管头堆焊层间的缝隙连通。与此同时，管口内壁在其位置附近恰有堆焊时飞溅的焊珠，在介质作用下沿焊珠与管壁结合面向外壁腐蚀，由于内外壁夹攻直至蚀穿管壁。整个腐蚀穿孔的过程如图 4-37 所示。

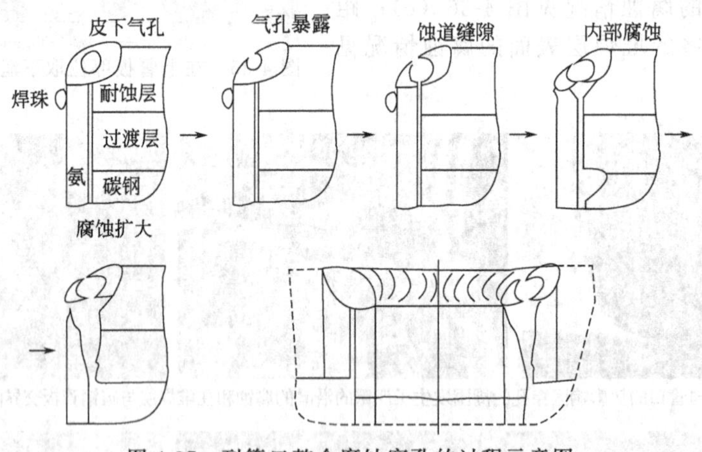

图 4-37 列管口整个腐蚀穿孔的过程示意图

4.3 缝隙腐蚀

在工程结构中，一般需要将不同的结构件相互连接，缝隙是不可避免的，如不同结构件之间的连接，如金属和金属之间的铆接、搭焊、螺纹连接，以及各种法兰盘之间的衬垫等金属和非金属之间的接触。特别是管壳式换热器的管板和管束间，无论采取何种胀接方式，缝隙是不可避免的。缝隙腐蚀与空穴、垫片下、搭接缝、表面沉积物以及螺母、铆钉帽下的缝隙内存在的少量静止的溶液有关。环境中的腐蚀性液体可以进入到这些缝隙中，但又不能自由流动，因此，造成了这种特殊的腐蚀形式。

几乎所有的金属都可能产生缝隙腐蚀，但以依赖钝化而耐蚀的金属，如不锈钢、铝合金、钛合金等最容易产生这种腐蚀。几乎所有的腐蚀介质（包括淡水）都能引起金属的缝隙腐蚀，而含 Cl^- 的溶液通常是缝隙腐蚀最敏感的介质。在压力容器上，常发生在各种开孔的法兰密封垫下、管壳式换热器的管板孔内、覆盖层破损处、螺栓连接的接合部和螺纹结合部等处。

缝隙是引起腐蚀的主要设计缺陷，也是许多压力容器在设计中难以避免的，特别是结构的连接处和支撑处。

4.3.1 缝隙腐蚀定义

缝隙腐蚀又称间隙腐蚀，是电解质溶液中，在金属与金属及金属和非金属之间构成狭窄的缝隙内，介质的迁移受到阻滞时而产生的一种局部腐蚀形态。

金属表面上由于存在异物或结构上的原因而形成缝隙，使缝隙内的物质迁移困难所引起的缝隙内金属产生的一种局部腐蚀形态，总称为缝隙腐蚀。

缝隙包括金属与金属间形成的缝隙、金属与作为法兰盘连接垫圈等的非金属材料（塑料、橡胶、玻璃、纤维板等）接触所形成的缝隙，以及腐蚀产物、砂粒、灰尘、污物、海生物等沉积或附着在金属表面上所形成的缝隙等，在一定电解质溶液中都会在缝隙的局部范围内产生严重的腐蚀。

沉积在金属表面的腐蚀产物、沉积物、碎屑、污泥和结垢等沉积物引起的腐蚀，又称垢下腐蚀。

在金属表面有机覆盖层下所见到的丝状（纤维状）腐蚀（filiform corrosion）也是一种特殊的缝隙腐蚀形式。

4.3.2 缝隙腐蚀对压力容器的危害

由于缝隙腐蚀是发生在电解质溶液中（特别是含有 Cl^- 的介质中），在狭窄的金属与金属或金属与非金属缝隙表面之间局部腐蚀。这种腐蚀能够破坏机械连接的完整性和设备的密封性，使设备的正常运行造成严重的故障或失效以至于酿成破坏性的事故。

缝隙腐蚀往往发生在螺栓、垫片、设备与接管的法兰面等机械连接的构件所形成的缝隙部位，管壳式换热器管板与管束连接部位，设备焊接缺陷如未焊透和咬边等也是缝隙腐蚀的多发部位。这些部位通常存在较大的工作应力或焊接残余应力，在应力作用下，缝隙腐蚀可使局部介质形成材料的 SCC 敏感环境，腐蚀转变 SCC 敏感性，加速了结构的破坏。另外，在设备运行中产生的腐蚀产物、沉积物、碎屑、污泥和结垢附着在金属表面形成的缝隙也会发生缝隙腐蚀。

缝隙腐蚀不只限于不锈钢，在包括钛、铝、铜和镍基合金等许多合金系列中都会发生，如氯碱工业钛设备常发生缝隙腐蚀。与点蚀所造成的危害一样，缝隙腐蚀也会造成设备腐蚀穿透，物料泄漏。对于换热器会造成列管穿孔，换热器中的介质污染，换热器温度和压力的失稳等，同样造成设备失效和停车事故或环境污染以及威胁安全生产等，是管壳式换热器的主要失效形式之一。如，核电站的蒸汽发生器管子发生损坏的一种重要形式是“压凹腐蚀”，它是由于蒸汽发生器的镍基合金（如 Inconel 600）传热管与原先采用的碳钢管板（或支撑板）之间形成了环形缝隙，碳钢管板在高温水中发生缝隙腐蚀，比基体金属大 1 倍左右的腐蚀产物挤压传热管管壁而造成管径减小，产生凹痕的现象。由于应力的作用，还易导致管子破裂，严重影响核电站的安全运行。

垢下腐蚀速率一般较全面腐蚀快 1 个数量级以上，常造成腐蚀部位的穿孔，是造成换热器等压力容器常见的失效形式之一。

缝隙腐蚀将减小部件的有效几何尺寸，降低吻合程度。缝内腐蚀产物的体积增大，形成局部应力，并使装配困难。

4.3.3 缝隙腐蚀形貌

缝隙腐蚀按其表现出来的形式，可分为穿透腐蚀、丝状腐蚀、沉积腐蚀 3 种常见的特殊形态。

缝隙腐蚀在多数情况下是宏观电池腐蚀，腐蚀形态从金属缝隙内金属的点蚀、晶间腐蚀、SCC、腐蚀疲劳到全面腐蚀都有，一般说来，耐蚀性好的材料易出现点蚀等局部腐蚀，而耐蚀性差的易出现活化态全面腐蚀。缝隙内酸化严重时，以全面腐蚀为主，酸化较弱时，易出现局部腐蚀，见图 4-38。缝隙或沉积物的存在往往会促进不锈钢的点蚀，发生缝隙腐蚀时，缝隙内部一般出现加速腐蚀，而缝隙外部则腐蚀较轻。但铜及铜合金由于浓差引起的腐蚀位于接近缝隙的暴露表面处，而不是在缝隙内部，即缝隙口为阳极，而缝隙内部则可成为阴极，有时还可观察到铜的沉积。

垢下腐蚀，因闭塞区为酸性腐蚀，伴有氢气产生，所以在沉积物表面会产生半球状鼓包，垢下一般呈较大的腐蚀坑，严重的穿透壁厚，见图 4-39。与点蚀一样，受重力影响，向上的表面腐蚀较竖直和向下的表面严重。

图 4-38 管壳式换热器管板缝隙腐蚀实例

图 4-39 换热器管束产生的垢下腐蚀

4.3.4 缝隙腐蚀机理

缝隙腐蚀产生的条件是金属表面上由于存在异物或结构上的原因会造成缝隙，此缝隙的宽度一般在 0.025～0.1mm 范围内。其缝隙要成为缝隙腐蚀的部位，其宽度须使液体能流入，又能维持液体停滞。这样的缝隙在实际中是常见的，这也是金属缝隙腐蚀成为常见的一种局部腐蚀形式的重要原因之一。纤维材料（如垫片连接件）可通过毛细作用而把溶液吸进垫片和金属之间的缝隙内，因而特别容易引起缝隙腐蚀。

(1) 缝隙腐蚀机理

缝隙腐蚀的一个重要特征是，由于特殊的几何形状或腐蚀产物在缝隙、蚀坑或裂纹出口处的堆积，使通道闭塞，限制了腐蚀介质的扩散，使腔内的介质组分、浓度和 pH 值与整体介质有很大差异，从而形成了闭塞电池腐蚀。阴极反应物（如溶解氧）可以很容易地通过对流（自然对流和强制对流）和扩散抵达缝隙外的金属表面，因仅能通过缝隙的窄口以扩散方式进入缝隙，所以，抵达缝隙内部的停滞溶液中的氧很少。因此，早期大多数理论认为缝隙腐蚀是由于金属离子和溶解气体在缝隙内外介质中浓度不均匀，形成浓差电池所致。如较早的两种理论：一是在20世纪20年代提出的金属离子的浓差电池，另一理论是Evans提出的充气不匀电池，即氧的浓差电池。

现在普遍为大家所接受的缝隙腐蚀机理是氧浓差电池与闭塞电池自催化效应共同作用的结果。腐蚀开始时，缝内、外氧浓差增加，缝内金属的电位变负，使缝内阳极溶解速度增加，结果引起Me^{n+}的浓度增加，Cl^-往缝内迁移。

① 在缝隙腐蚀初期，阳极溶解 $M \longrightarrow M^{n+} + ne^-$ 和阴极还原 $O_2 + 2H_2O + 4e^- \longrightarrow 4OH^-$是在包括缝隙内部的整个金属表面上均匀出现，只有微小的阴极电流从缝内流出，但整个金属表面（包括缝隙内、外）仍处于等电位状态，即仍处于钝态。

② 经一段时间，缝隙内的O_2在孕育期消耗后，缝隙内溶液中的氧靠扩散补充，而氧扩散到缝隙深处很困难，从而中止了缝隙内氧的阴极还原反应，使缝隙内金属表面和缝隙外自由暴露表面之间组成宏观电池。缺乏氧的区域（缝隙内）电位较低为阳极区，氧易到达的区域（缝隙外）电位较高为阴极区。结果缝隙内金属溶解，金属阳离子不断增多，这就吸引缝隙外溶液中的负离子（如Cl^-）移向缝隙内，以维持电荷平衡，如图4-40所示。因此，导致阴极反应物在缝隙内外的金属表面上的浓度差别形成了浓差电池腐蚀。

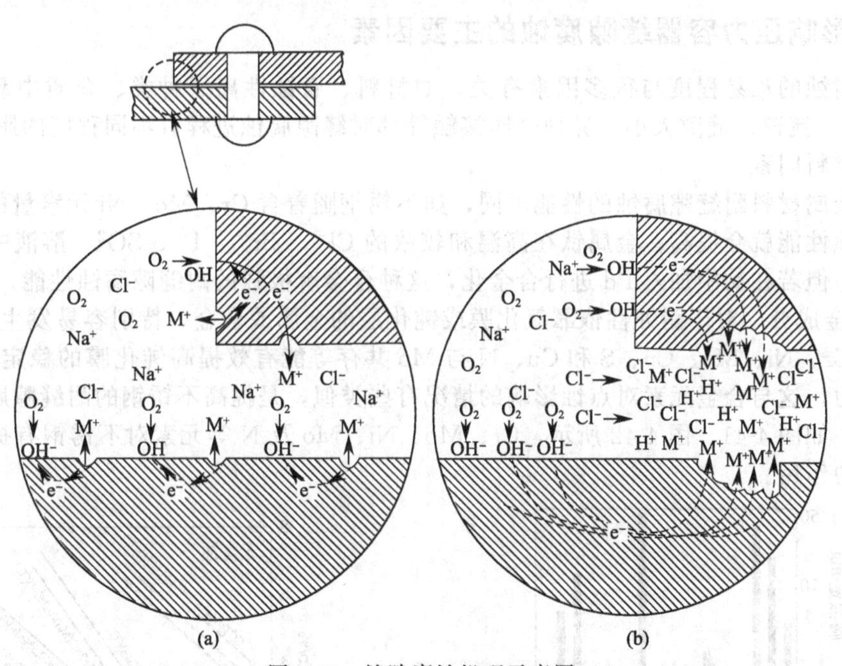

图4-40 缝隙腐蚀机理示意图

③ 所生成的金属离子在水中水解成不溶的金属氢氧化物和游离酸。即发生如同点蚀发展阶段的孔内形成的金属离子发生的水解反应，结果使缝隙内pH值下降，可达2～3，这样Cl^-和低pH值共同作用，金属表面活化，大阴极-小阳极形成，加速了缝隙腐蚀，腐蚀进入发展阶段。由于缝内金属溶解速度的增加，使相应缝外邻近表面的阴极过程（氧的还原反应）速度增加，腐蚀电流不断增加，从而保护了外部表面。

④ 缝内金属离子进一步过剩又促使Cl^-迁入缝内，金属离子继续水解、缝内酸度持续增加，更加速金属的溶解，这与自催化孔蚀相似。

多数情况下，缝隙腐蚀发生在近中性溶液中，阴极反应物为溶解氧（但对铜及铜合金，缝隙腐蚀可由于 Cu^{2+} 的浓度差而发生）。在酸性溶液中的缝隙腐蚀，阴极反应物为 H^+。

（2）缝隙腐蚀与点蚀的比较

缝隙腐蚀与点蚀有许多相似之处，两者在成长阶段的机理是很一致的，都是以形成闭塞电池为前提，但它们在形成过程上有所不同。缝隙腐蚀是在腐蚀前就已存在缝隙，腐蚀一开始就是闭塞电池作用，而且缝隙腐蚀的闭塞程度较点蚀的大。点蚀是通过腐蚀过程的进行逐渐形成蚀坑（闭塞电池），而后加速腐蚀的。或者说，前者是由于介质的浓度差引起的；而后者一般是由钝化膜的局部破坏引起的。与点蚀相比较，对同一种金属而言，缝隙腐蚀更易发生，其临界缝隙腐蚀温度（Critical Crevice Corrosion Temperature，CCT）较临界点蚀温度（CPT）更低。从环形阳极极化曲线上的特性电位来看，缝隙腐蚀的临界电位要比点蚀电位低。当 $E_p < E < E_b$ 时，对点蚀来说，原有的点蚀可以发展，但不产生新的蚀孔，而缝隙腐蚀在该电位区内，蚀孔既能发生，也能发展。此外，在腐蚀形态上点蚀较窄而深，缝隙腐蚀较广而浅。

可以看出，缝隙腐蚀与点蚀的形成过程不完全一样。前者是介质的电化学不均匀性引起的；而后者则是由于材料的钝态或保护层的局部破坏引起的。这两种局部腐蚀由于形成了类似的闭塞电池，在发展时，可以是相似的。临界钝化电流密度应可作为合金对缝隙腐蚀的敏感性的一个参数，临界钝化电流越大，缝隙腐蚀敏感性也越大。

4.3.5 影响压力容器缝隙腐蚀的主要因素

缝隙腐蚀的难易程度与很多因素有关，如材料、腐蚀性离子种类、介质中氧含量、温度、pH 值、流速、缝隙大小、异种金属接触等都对缝隙腐蚀进程有不同程度的影响。

（1）材料因素

不同金属材料耐缝隙腐蚀的性能不同，如不锈钢随着含 Cr、Mo、Ni 元素量的增高，其耐缝隙腐蚀性能就会提高；金属钛在高温和较浓的 Cl^-、Br^-、I^-、SO_4^{2-} 溶液中，易产生缝隙腐蚀，但若在钛中加入 Pd 进行合金化，这种合金有极强的耐缝隙腐蚀性能。

① 合金成分　对于耐蚀性依靠氧化膜或钝化层的金属或合金，特别容易发生缝隙腐蚀。不锈钢中 Cr、Ni、Mo、Cu、S 和 Cu、N 与 Mo 共存等能有效提高钝化膜的稳定性和钝化、再钝化能力，这与合金元素对点蚀影响的情况有些类似，是提高不锈钢的耐缝隙腐蚀性能的有效元素。如图 4-41、图 4-42 所示，Cr、Mo、Ni、Mo 及 N 等元素对不锈钢有提高抗缝隙腐蚀性能的作用。

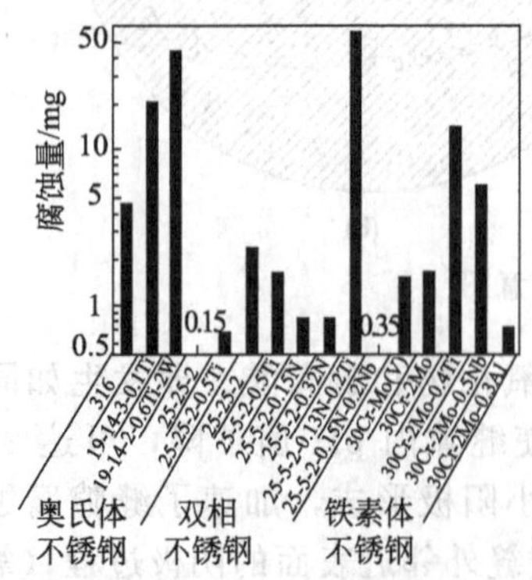

图 4-41　合金元素对不锈钢缝隙腐蚀的影响

3%NaCl+0.05mol·L⁻¹ H_2SO_4+活性炭，80℃，pH5，20d

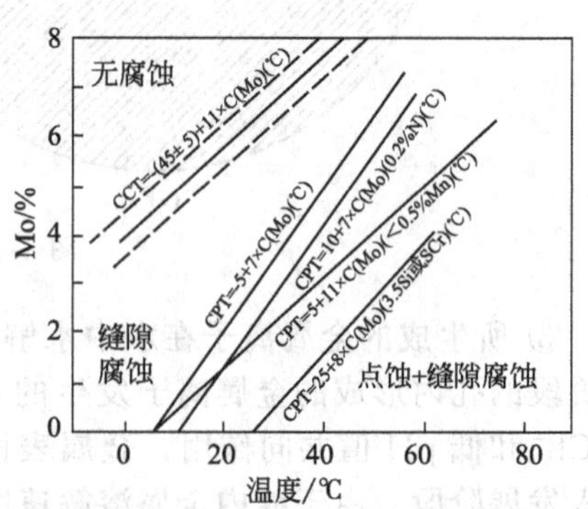

图 4-42　含 Mo 的 Cr-Ni 奥氏体不锈钢 CCT 和 CPT 与钢中 Mo 含量的关系

10% $FeCl_3 \cdot 6H_2O$ 全浸，24h 升温 2.5℃

某些不锈钢在海水中的缝隙腐蚀试验结果可见，Cr质量分数由约17%（430钢）增至约26%（446钢）时，在海水中的耐缝隙腐蚀性能大大提高；Mo和Ni也是有益的，随着Cr、Mo含量的增加，CCT也提高。但即使是25Cr5Mo钢，其CCT也不过50℃，可见缝隙腐蚀较点蚀更容易发生。铁素体钢抗缝隙腐蚀性能增加的顺序为20Cr2Mo、25Cr、22.5Cr2Mo、26Cr1Mo、25Cr2Mo、28Cr2Mo、25Cr3.5Mo、25Cr5Mo。

实验表明，耐海水腐蚀不锈钢其Cr的质量分数需在25%以上，同时需添加Mo、Ni、W等元素。在Fe-Cr-Ni-Mo合金中，在Cr质量分数18%的奥氏体不锈钢中，随Mo含量增加，其耐缝隙腐蚀性能提高，CCT与Mo含量的关系要满足式（4-13）。

$$CCT\ (℃) = -(45\pm5) + 11\times Mo\ (质量百分数) \tag{4-13}$$

可见，Mo质量分数高达4%～8%，也仅能在常温附近（0～40)℃下耐缝隙腐蚀，说明，加入Mo解决缝隙腐蚀问题要比解决点蚀问题困难得多。

评价材料抗缝隙腐蚀性能的标准方法主要有浸泡试验和电化学试验。对于浸泡试验法，设计形式多样的人造缝隙，采用多种腐蚀介质，一般以腐蚀质量或腐蚀深度评定试验结果；电化学测试方法是以某些电化学参数作为判据，来比较金属材料对缝隙腐蚀的相对敏感性，一般来说，电化学测试方式可缩短缝隙腐蚀的诱导期而达到加速腐蚀试验的目的。浸泡试验法包括三氯化铁实验、缝隙腐蚀的加速试验方法、多缝隙腐蚀试验、MTI试验、CCT法等；电化学测试方法包括ASTM标准试验方法、恒电位试验、动电位极化试验法、远距离缝隙装置试验等。

材料或合金组分的抗缝隙腐蚀性能还可以用CCT表征，CCT是首次观察到发生缝隙腐蚀的最低温度，用于合金耐蚀性排序，但并不意味着是某种合金在含Cl^-溶液中应用的绝对极限温度。测试方法是在样品表面通过TFE-碳氟化合物垫片来形成一系列不同的缝隙，将不锈钢缝隙试样暴露在同样强腐蚀性的质量分数为10% $FeCl_3\cdot6H_2O$的ASTM G48[7]溶液中，恒温保持24h，每个试验周期结束，取出试样检查。如无任何形式的腐蚀，即认为在该温度下不腐蚀，将温度提高2.5℃继续进行24h试验，如此重复继续试验，直至看到任何类型的腐蚀破坏，即认为是临界缝隙腐蚀温度。铁基合金的CCT也可以按式（4-14）计算(式中元素含量为质量分数)：

$$CCT\ (℃) = 3.2Cr + 7.6Mo + 10.5N - 81.0 \tag{4-14}$$

GB/T 10127[42]（ASTM G48—2000，NEQ）标准规定了不锈钢三氧化铁缝隙腐蚀试验方法的范围、试样的制备和要求、试验装置、试验溶液、试验条件和步骤、试验结果的评定和试验报告。本标准适用于测定不锈钢和含铬的镍基合金在三氯化铁溶液中的腐蚀速率，以检验其耐缝隙腐蚀的性能。

图4-43表示出了用于研究不同材料的缝隙腐蚀倾向的方法：用2根同样大小的橡皮圈将2个塑料圆柱体（聚四氟乙烯）压贴在金属板上形成3种类型的缝隙条件。采用50℃的质量分数40%的$FeCl_3$溶液（pH1.6）的加速条件，用上述方法研究了各种不锈钢合金、Inconel合金、Hastelloy合金及纯金属（Ni、Mo、Ti、Ta、Nb）等的缝隙腐蚀敏感性，结果发现，所有的敏感合金均在24h内发生腐蚀；只有一种不锈钢（SP2，Fe18Cr10Ni2.5Mo2.5Si）耐缝隙腐蚀性能很好，所有其他被试验的不锈钢（不包括含Mo钢）均发生了缝隙腐蚀，即使是抗点蚀性能很好的Fe18Cr8Ni3Mo型奥氏体不锈钢对缝隙腐蚀也是敏感的，其诱导期可能长达1～2a。

GB/T 13671[43]规定了不锈钢缝隙腐蚀电化学试验方法的原理、试验仪器、试样制备、试验条件、试验步骤和试验报告内容等。本标准适用于评价不锈钢在氯化物环境中的抗缝隙腐蚀性能，特别适用于不同钢种或不同状态的比较。本标准也适用于评价人体外科植入金属材料的抗缝隙腐蚀性能。

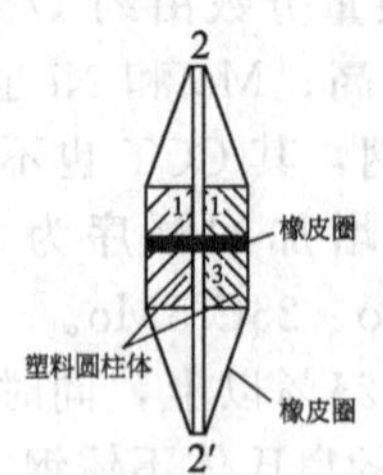

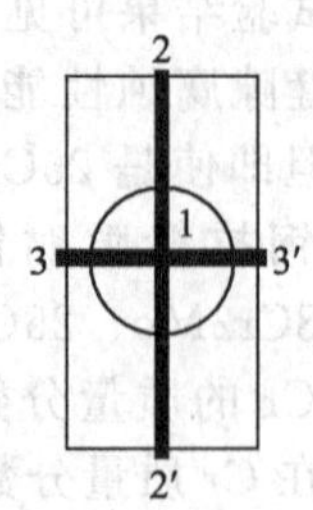

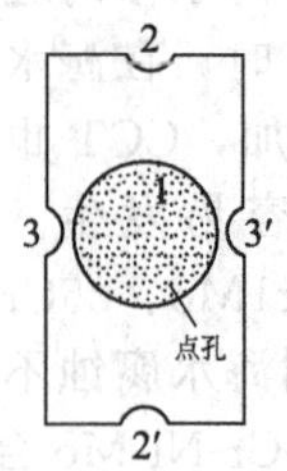

图 4-43 研究缝隙腐蚀敏感性模拟缝隙

ASTM G48—2011《Standard Test Methods for Pitting and Crevice Corrosion Resistance of Stainless Steels and Related Alloys by Use of Ferric Chloride Solution[7]》（用氯化铁溶液测定不锈钢和相关合金点腐蚀和缝隙腐蚀的试验方法）。

ASTM G78—2001 (2012)[44]《Standard Guide for Crevice Corrosion Testing of Iron-Base and Nickel-Base Stainless Alloys in Seawater and Other Chloride-Containing Aqueous Environments[44]》（海水及其他含氯化物水环境中铁基和镍基不锈合金缝隙腐蚀试验指南）。

MTI 方法中，利用两个锯齿形的聚四氟乙烯垫圈形成缝隙，其中每个垫圈有 12 个齿，即可能发生腐蚀的接触位置。试样两侧的垫圈以 0.28N·m 的转矩将其上紧。MTI 方法已被用作筛选试验方法，并用于发展新合金等用途。

② 显微组织 关于双相组织对不锈钢耐缝隙腐蚀性能的影响，有不同的实验结果。双相不锈钢表现出较大的缝隙腐蚀深度。据认为，这是由于在海水中暴露时，奥氏体和铁素体边界易成为缝隙腐蚀萌生和发展的敏感位置。

(2) 几何因素

缝隙的几何形状、宽度和深度以及缝隙内、外面积比是影响不锈钢缝隙腐蚀的重要几何因素。它们决定着氧进入缝隙的程度、电解质组成的变化、电位的分布以及腐蚀的进程等。缝隙腐蚀的速率和深度与缝隙大小关系密切，一般在一定限度内缝隙愈窄，腐蚀速度愈大。缝隙外部面积大小也会影响其速率，外部面积愈大，缝隙外与缝隙内的面积比增大，缝隙腐蚀发生的几率增大，缝内腐蚀愈严重。如，由 2Cr13 不锈钢在 NaCl 溶液中，缝隙宽度、腐蚀深度和腐蚀率之间的关系可以看出，当缝隙宽度变窄时，腐蚀率随之增高，腐蚀深度也随之而变化，腐蚀深度最大的缝隙宽度为 0.10～0.12mm，当缝隙的宽度为 0.25mm 或更宽时，一般不会发生缝隙腐蚀，见图 4-44。

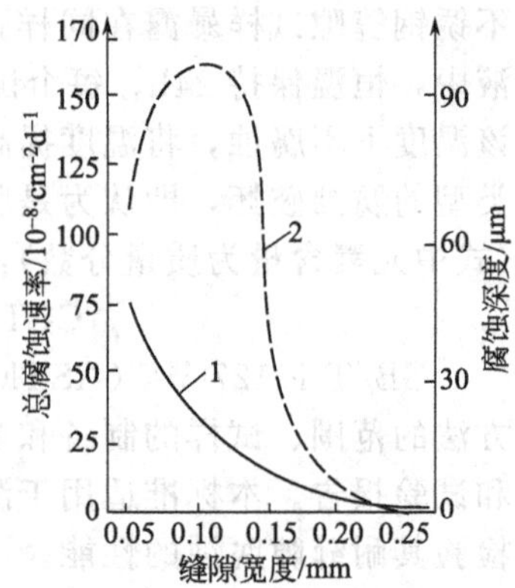

图 4-44 2Cr13 不锈钢在 0.5mol·L^{-1} NaCl 溶液中腐蚀深度、总腐蚀速率与缝隙宽度的关系
1—总腐蚀速率；2—腐蚀深度；试验周期 54d

图 4-45 表示在工程实践中，由于结构因素或加工（焊接）因素造成的几种常见的易导致腐蚀的缝隙，在石油化工企业中的压力容器，常在这类间隙中产生缝隙腐蚀。

(3) 环境影响

① 溶液中溶解的氧含量 氧含量增加，在中性电解质内，缝隙外部阴极反应随之加速，故缝隙腐蚀速率增加，在溶液中，溶解氧小于 0.5μg·g^{-1}时，导致缝隙腐蚀的危险性较小。在酸性电解质中，阴极过程主要是 H$^+$子放电，氧不影响阳极反应速率，故溶解氧对缝隙腐蚀的影响较小。

随着氧含量的增加，钛发生缝隙腐蚀的孕育期时间延长，但缝隙腐蚀电流增大。根据钛

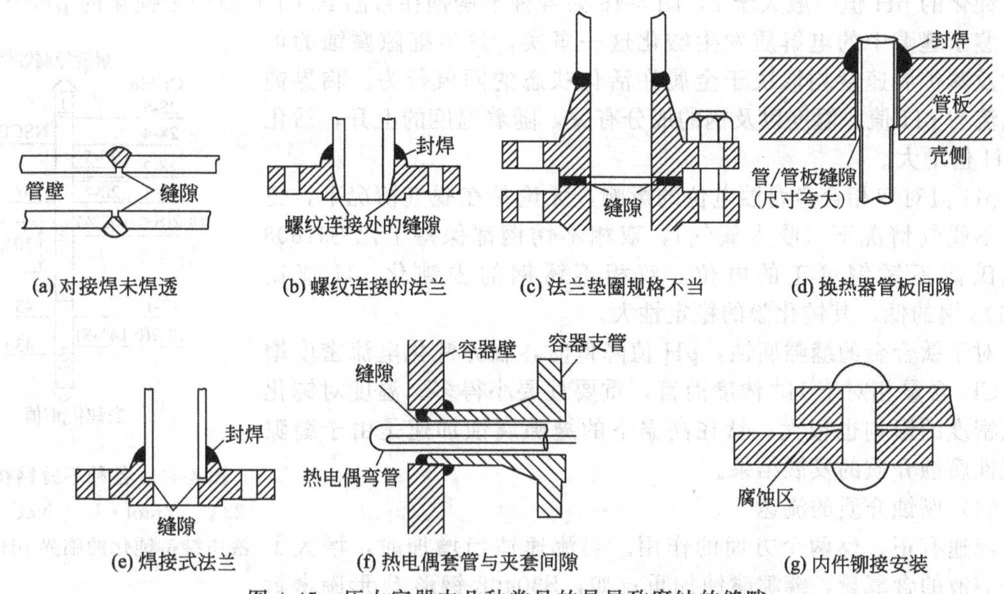

(a) 对接焊未焊透 (b) 螺纹连接的法兰 (c) 法兰垫圈规格不当 (d) 换热器管板间隙

(e) 焊接式法兰 (f) 热电偶套管与夹套间隙 (g) 内件铆接安装

图 4-45 压力容器中几种常见的易导致腐蚀的缝隙

的阳极行为，溶解氧对钛的腐蚀有阻碍作用，因此，随着溶液中溶解氧的增加，提高了氧扩散到缝隙内的速度，使缝隙腐蚀孕育期延长，一旦缝内钛的钝化膜破坏而发生缝隙腐蚀后，由于本体溶液中溶解氧的增加，使缝隙外钛上阴极还原电流增大，因而使缝隙内阳极腐蚀电流增大。

② 溶液中 Cl^- 含量 Cl^- 含量增加，缝内金属电位负移，缝隙腐蚀加速。Br^- 也能引起缝隙腐蚀，但其作用小于 Cl^-，I^- 更弱。

其他阴离子对缝隙腐蚀的影响，SO_4^{2-}、NO_3^- 等对缝隙腐蚀有一定的缓蚀作用，但取决于它们的含量及其与 Cl^- 的比值等因素。由于缝隙结构的特殊性，缓蚀性阴离子对缝隙腐蚀的保护作用由于扩散受到限制，缝隙中缓蚀剂被消耗而产生浓差电池等因素，常使情况复杂化，应加以特别注意。据研究，NO_3^- 对 0Cr18Ni9Ti 不锈钢在 NaCl 溶液中闭塞区腐蚀影响的研究，认为在本体溶液中加入适量的 NO_3^- 能导致闭塞区钝化，从而对缝隙腐蚀和点蚀等起一定的缓蚀作用。不锈钢在 HNO_3 溶液中的热传导试验表明，表面上缝隙的存在通常导致高的腐蚀速度，自钝化能力很强的钛在室温下有较好的抗缝隙腐蚀能力，但在高于95℃的含卤素离子和 SO_4^{2-} 的高温浓溶液中，可发生缝隙腐蚀。

③ 温度 在含 Cl^- 的介质中，各种不锈钢存在一个 CCT。

一般温度升高加速阳极反应，但温度变化对缝隙腐蚀的影响是比较复杂的。因为温度对各相关因素产生不同的甚至是相反的影响。一方面，温度升高使传输过程及反应动力学加速，从而增大阳极反应速度；但阳极和阴极两种反应类型可能发生变化；另一方面，在敞开体系的溶液中，溶解氧的含量随温度升高而下降，大约在 80℃，不锈钢的缝隙腐蚀达到极大。在封闭体系中，温度升高通常使缝隙腐蚀速度加快。此外，温度还可能对点蚀电位、水解平衡以及表面膜的成分、结构和性能等产生影响从而影响到缝隙腐蚀。

随温度的升高，钛的缝隙腐蚀程度加剧，孕育期缩短。当温度低于 85℃时，Ti-Pd 合金在高浓度氯化物的实验条件下，120h 实验期间未发生缝隙腐蚀。

缝内电位同步监测结果还表明，随着温度升高，发生缝隙腐蚀时的缝内电位也变负。

④ pH 只要缝外金属能够保持钝态，pH 降低，缝隙腐蚀量增加。不同材料维持钝化的临界 pH 值相差较大，并与介质组分和温度关系很大。普通 18-8 型奥氏体不锈钢常温下

维持钝化的 pH 值一般大于 2，图 4-46 为各种不锈钢在常温 NaCl 介质中去钝化的 pH[14]。

鉴于缝隙中的电解质发生酸化这一事实，发生缝隙腐蚀的可能性及其扩展速度均取决于金属在活化状态的阳极行为。临界钝化电流与 pH 值、温度以及钢的成分有关，随着温度的上升，活化的 pH 值增大。

pH 值对双相合金腐蚀电位的影响，无论是在脱气情况下，还是在不脱气情况下（吹入氧气），双相不锈钢都保持了比 S31608 型奥氏体不锈钢更正的电位；双相不锈钢的去钝化 pH 值比 S31608 钢的低，其钝化膜的稳定性大。

对于钛合金的缝隙腐蚀，pH 值降低时，临界钝化电流密度增大。Cl^- 含量相对于 H^+ 浓度而言，重要性要小得多。温度对钝化电流密度的影响也很大，钛在高温下的缝隙腐蚀加速是由于缝隙中酸性腐蚀介质的发展结果。

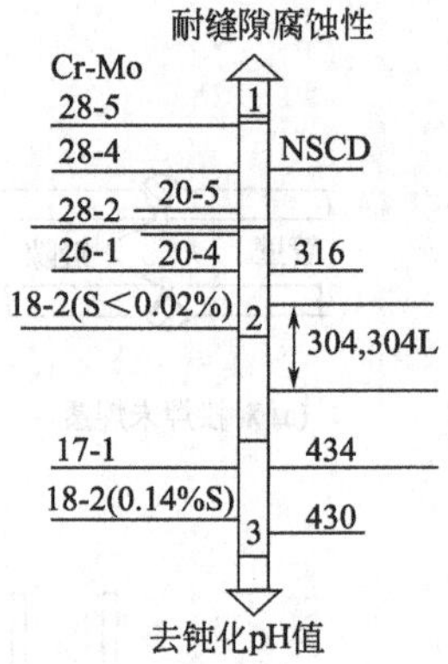

（4）腐蚀介质的流速

流速有正、反两个方面的作用。当流速适当增加时，增大了缝外溶液的含氧量，缝隙腐蚀加重；如，S30408 钢形 O 形圈密封腐蚀试验表明，$0.15m \cdot s^{-1}$流速的海水比静止海水更易导致缝隙腐蚀。但对于由沉积物引起的垢下腐蚀，流速加大，有可能将沉积物冲掉或使垢下介质与本体介质交换，因而腐蚀减轻。

图 4-46 各种不锈钢在 23℃、$2mol \cdot L^{-1}$ NaCl 溶液中维持钝化的临界 pH 值

4.3.6 压力容器缝隙腐蚀控制

防止或减少缝隙腐蚀主要措施有优化结构设计、选材和控制介质等方面。

（1）改进结构设计，改善运行条件

在压力容器的设计与制造工艺上尽量不造成缝隙结构是避免其受到缝隙腐蚀最有效的方法。尽可能避免采用金属和非金属的连接，设计上尽量采用满焊结构，用焊接代替铆接或螺栓连接；用对接焊接不用搭接；搭接焊的缝隙要用连续焊、钎焊或捻缝的方法将其封塞。焊接时，在接触溶液的焊缝一侧尽量避免孔洞、未熔合和裂纹等缺陷。应保证容器在排空时无残留溶液存在，设计上避免锐角和静滞区（死角）使结构能够完全排流，以防生物或碎屑等在这些部位的集积，或出现沉淀时能及时清除；用不腐蚀的堵缝剂或用焊接来封闭已存在的缝隙；连接部件的法兰盘垫圈采用非吸水性材料（如在可能的条件下采用聚四氟乙烯等材料）；在装配前，接合面要刷涂料或覆盖涂层、堆焊耐缝隙腐蚀材料。图 4-47 为防止缝隙腐蚀可采用的几种方法示意图，（a）为螺栓连接，采用密封胶填充缝隙，消除紧固件缝隙；（b）管板式换热器，管板与管束胀接段尽可能完全与管板厚度一致；（c）管子采用对接而不用插接；（d）避免夹套焊缝与筒体间产生缝隙；（e）容器采用支座支撑，如平底容器底部直接坐于地面，应采取措施填充底部与地面的缝隙。

改善运行条件，对提高压力容器的抗缝隙腐蚀性能特别重要。压力容器应该进行周期性地清洗，改进溶液搅拌和流动情况，防止生物或沉淀物的聚集等，也有利于防止或减少缝隙腐蚀。

在工艺条件允许的情况下，可以采用添加某种缓蚀剂的方法防止缝隙腐蚀。采用足量的磷酸盐、铬酸盐和亚硝酸盐的混合物，对钢、黄铜和 Zn 结构是有效的。但由于缓蚀剂进入缝隙时常受到阻滞，其消耗量大，如果用量不当，反而会加速腐蚀。

（2）选材

缝隙无法避免时，选用耐缝隙腐蚀的材料。选用在低氧酸性介质中不活化并具有尽可能

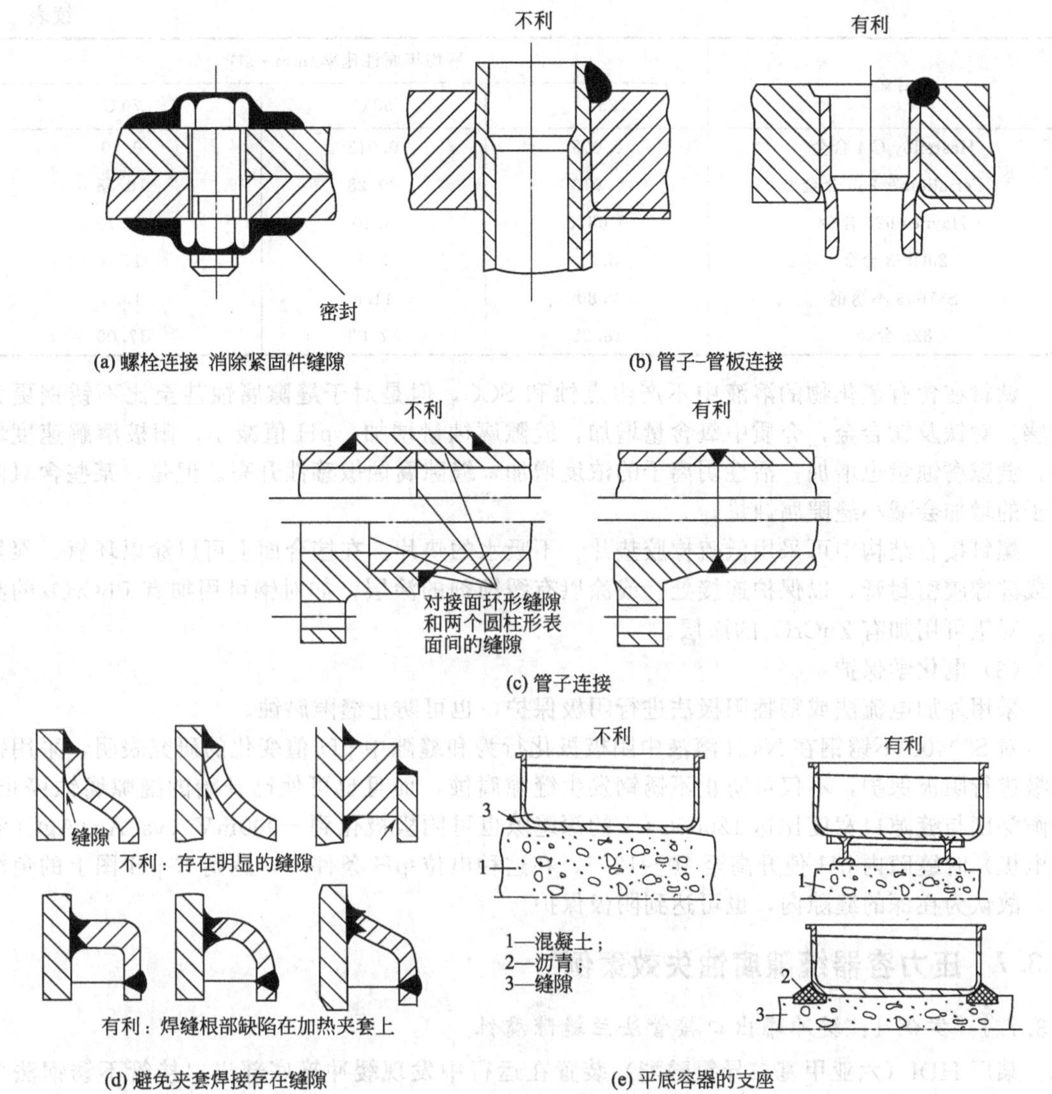

图 4-47 防止缝隙腐蚀的几种结构形式

低的钝化电流和较高活化电位的材料，如采用高钼铬镍不锈钢，表4-6为几种镍基合金和不锈钢在10%的 $FeCl_3 \cdot 6H_2O$ 溶液中的抗缝隙腐蚀试验结果对比，需要注意的是相同标准牌号（代号）的材料，不同厂家（商品名称）的材料试验数据可能会存在很大的不同，故选材时宜指定材料的生产厂家和商品名称。静海中无缝隙腐蚀的材料有 Ti 和 Ni-16Cr-16Mo-5Fe-4W-2.5Co 等；其他耐缝隙腐蚀的材料有 18Cr-12Ni-3MoTi、18Cr-19Ni-3MoTi 等。一般 Cr、Mo 含量高的合金，其抗缝隙腐蚀性也较好。Cu-Ni、Cu-Sn、Cu-Zn 等铜基合金也有较好的抗缝隙腐蚀性能。

表 4-6 几种材料缝隙腐蚀实验结果对比

合金	平均年腐蚀速率/$mm \cdot a^{-1}$		
	25℃	50℃	70℃
Hastelloy® C-276 合金	0.005	0.005	0.035
Hastelloy C-22® 合金	0.0025	0.0025	0.012

续表

合金	平均年腐蚀速率/mm·a^{-1}		
	25℃	50℃	70℃
Hastelloy C-4 合金	0.008	0.012	0.50
Ferralium® 255 合金	0.010	20.28	16.58
Haynes 625 合金	0.0375	3.10	12.75
20Cb-3 合金	5.12	9.5	17.5
S31603 不锈钢	7.80	11.5	19.5
825 合金	18.25	17.68	17.00

钛材在含有氯化物的溶液中不产生点蚀和 SCC，但是对于缝隙腐蚀甚至比不锈钢更为敏感。对钛及钛合金，介质中氧含量增加，缝隙腐蚀量增加；pH 值减小，阳极溶解速度增加，缝隙腐蚀量也增加；活性阴离子的浓度增加，缝隙腐蚀敏感性升高。但是，某些含氧阴离子的增加会减小缝隙腐蚀量。

螺钉接合结构中可采用低硫橡胶垫片，不吸水的垫片。在接合面上可以涂以环氧、聚氨酯或硅橡胶密封膏，以保护连接处。或涂以有缓蚀剂的涂层，如对钢可用加有 $PbCrO_4$ 的涂层，对铝可用加有 $ZnCrO_4$ 的涂层。

(3) 电化学保护

采用外加电流法或牺牲阳极法进行阴极保护，也可防止缝隙腐蚀。

对 S30408 不锈钢在 NaCl 溶液中阴极极化行为和缝隙中 pH 值变化的研究表明，采用锌阳极进行阴极保护，不仅可防止不锈钢发生缝隙腐蚀，而且也可使已开始的缝隙腐蚀停止。缝隙深度与缝隙口宽度比达 120000∶1 的深缝隙也可阴极极化到 −900mV（vs. Ag/AgCl 参比电极）时缝隙内 pH 值升高至 10～12.5，在这种电位-pH 条件下，达到 E-pH 图上的免蚀区，故认为在深的缝隙内，也可达到阴极保护。

4.3.7 压力容器缝隙腐蚀失效案例

4.3.7.1 案例 1：缓冲罐出口接管法兰缝隙腐蚀

某厂 HDI（六亚甲基二异氰酸酯）装置在运行中发现缓冲罐底部出口接管不锈钢法兰密封面发现渗漏。经过倒罐排空和清洗处理后检查和切割更换了法兰，检查发现法兰密封面出现大量蚀坑，法兰内壁也有明显的腐蚀坑，腐蚀宏观形貌见图 4-48。

(a) 法兰密封面腐蚀坑

(b) 法兰内壁腐蚀坑

图 4-48 法兰腐蚀宏观形貌

法兰密封面腐蚀坑形态和法兰内壁腐蚀坑形态见图4-49、图4-50。腐蚀坑内和内壁腐蚀产物成分能谱分析见图4-51、图4-52和表4-7。法兰密封面腐蚀坑表面的覆盖物能谱分析结果表明Cl元素含量很高，且在腐蚀坑内有明显的富集现象。

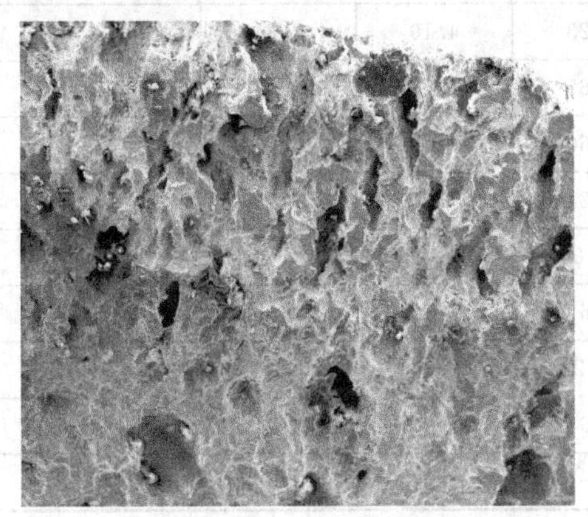
图4-49 法兰密封面腐蚀坑形态

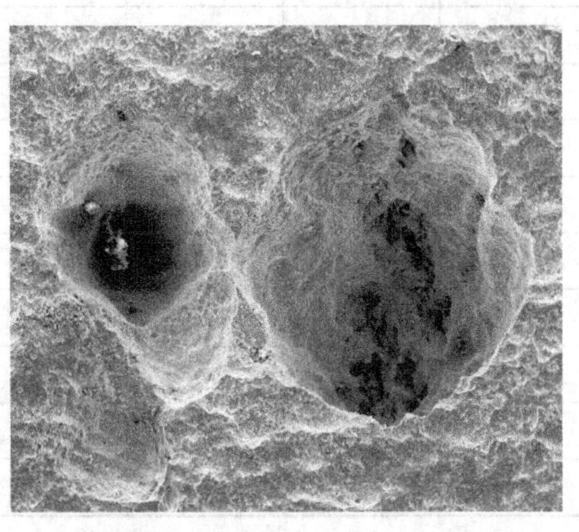
图4-50 法兰内壁腐蚀坑形态

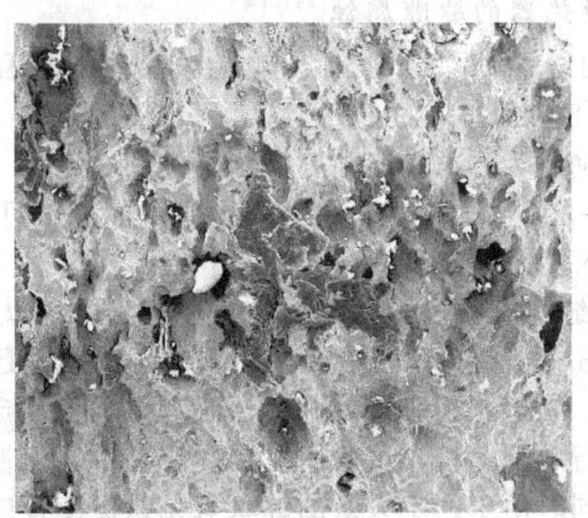
图4-51 腐蚀坑表面的覆盖物

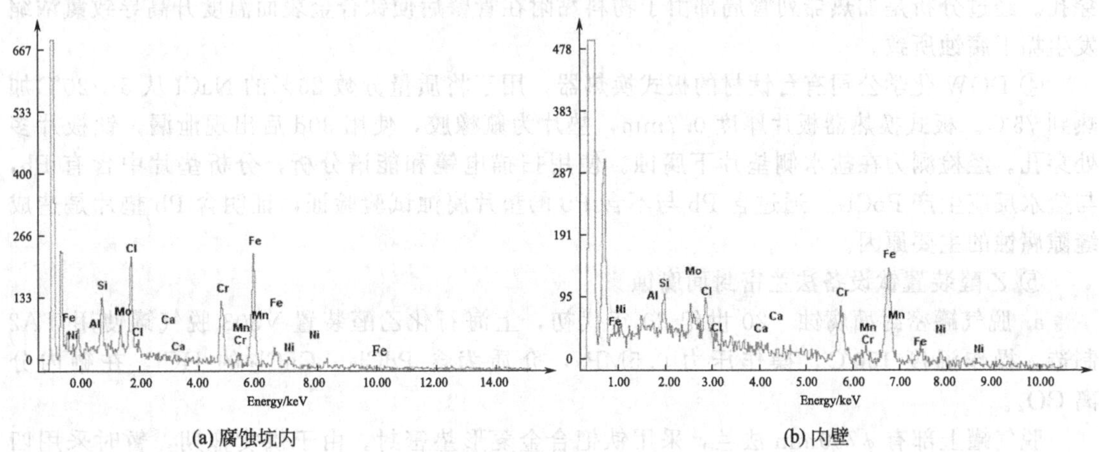

(a) 腐蚀坑内 (b) 内壁

图4-52 腐蚀产物成分能谱分析

表 4-7 腐蚀坑内腐蚀产物能谱分析（质量分数） %

元素	腐蚀坑内			法兰内壁			
	1	2	3	1	2	3	4
Al	1.26	1.20	2.35	7.23	4.19	2.84	3.18
Si	5.98	7.95	10.15	3.65	7.58	3.12	2.25
Mo	10.37	7.18	10.75	1.66	2.46	2.14	2.40
Cl	5.82	12.65	17.52	2.21	1.30	1.05	0.73
Ca	0.74	1.05	1.80	15.65	4.19	15.40	15.54
Cr	17.63	19.24	20.43	1.69	7.58	1.13	1.28
Mn	2.32	1.63	0.90	60.22	2.46	64.84	64.72
Fe	48.09	42.79	30.73	7.68	1.30	8.94	9.38
Ni	7.79	6.31	5.38	—	0.92	0.54	0.51

结果表明无论在法兰内壁或法兰密封面腐蚀坑表面的覆盖物中氯元素含量都很高，为 Cl^- 引起的缝隙腐蚀。

4.3.7.2 案例 2：钛制换热器的缝隙腐蚀[45]

① 钛制盐水换热器的缝隙腐蚀。管式钛制盐水换热器壳程介质为质量分数 29% 的 $CaCl_2$ 和 NaCl，少量的 H_2S 和 0.5% 的 Cl_2。温度为 49～104℃。使用 14d 在列管与管板缝隙处发生腐蚀泄漏，检验确定为严重的缝隙腐蚀。

经过模拟试验在 100～200℃的温度下，钛的缝隙腐蚀速率可达 8～80mm · a^{-1}。这与钛在 0.1%～1.0%HCl＋NaCl 溶液中的腐蚀速率相一致。

② 钛制湿氯换热器的缝隙腐蚀。国内氯碱生产中曾经采用钛材制造湿氯换热器，列管与管板使用胀管。经过 0.5～1a 的时间，有十几台损坏。部位都是在湿氯冷却器进气端钛管管口发生严重的局部腐蚀。靠近管板胀接处 50mm 的钛管管壁突起鼓泡，开裂或穿孔。

经对损坏的冷却器进行解剖分析与试验研究，确定是由于列管与管板的缝隙腐蚀，腐蚀产物膨胀形成楔入应力，同时由于产生大量的针状氢化物促使管口开裂。

③ 日本川崎厂 1 台由 302 根 Ti-0.5Pd 合金管制作的蒸发罐加热器，操作温度 70℃，介质为含有质量分数 6%～7%HCl 的高浓度有机酸溶液。使用 10d 即有十几根钛管局部腐蚀穿孔。经过分析是加热器列管局部由于物料黏附在管壁后使钛合金表面温度升高导致氯浓缩发生垢下腐蚀所致。

④ DOW 化学公司有台钛材的板式换热器，用于将质量分数 26% 的 NaCl 从 5～20℃加热到 75℃。板式换热器板片厚度 0.7mm，垫片为氟橡胶，使用 30d 后出现泄漏，钛板片多处穿孔。经检测为在盐水侧垫片下腐蚀。使用扫描电镜和能谱分析，分析垫片中含有 Pb，与盐水反应生产 $PbCl_2$。通过含 Pb 与不含 Pb 的垫片腐蚀试验验证，证明含 Pb 垫片是造成缝隙腐蚀的主要原因。

⑤ 乙醛装置钛设备法兰密封面腐蚀

a. 脱气罐密封面腐蚀　20 世纪 80 年代初，上海石化乙醛装置 V303 脱气罐使用 TA2 制造。操作温度 150℃，操作压力 0.5MPa，介质为含 $PdCl_2$、$CuCl_2$ 的 HCl，在罐内分离 CO_2。

脱气罐上部有 ϕ700mm 法兰，采用钛钯合金菱形垫密封。由于供货拖期，暂时采用四氟乙烯生料带包裹石棉垫片代替，使用 8d 就出现密封面泄漏。经过检测法兰面已经有一层疏松粉化。

b. 再生器法兰密封面腐蚀　乙醛装置 V302 钛制再生器在温度 170℃对含 $PdCl_2$ 和 $CuCl_2$ 的 HCl 溶液通入 O_2 再生。顶部出料口盖板原来采用钛钯合金。后来改用 TA2 衬里做盖板。使用 8 个月发现法兰密封面泄漏，经过检测法兰密封面有 1/3 的表面已经腐蚀粉化。

4.3.7.3　案例 3：再沸器换热管缝隙腐蚀

90kt·a^{-1}碳四抽提丁二烯装置 103-萃塔中间再沸器为立式管束式换热器，管板厚 80mm，材料 Q345，换热管 Q245，规格 ϕ25mm×2.5mm，设计压力：管程 0.68MPa、壳程 0.62MPa；温度：管程出/入 84/84℃、壳程出/入 90/140℃；介质成分管程乙腈（含 $NaNO_2$ $200\times10^{-6}\sim300\times10^{-6}$）＋水、壳程混合碳四＋乙腈。腐蚀调查中发现壳程侧管板及其管子受到腐蚀，管子穿孔，管外部表面存在黑色腐蚀产物，见图 4-53。检查发现腐蚀部位集中在为折流板两侧，该部位有大量的机械杂质沉积，检查分析结果为管外壁折流板缝隙腐蚀造成换热管穿孔。

图 4-53　管外壁缝隙腐蚀造成换热管穿孔

4.3.7.4　案例 4：凝析油换热器管束缝隙腐蚀导致 SCC

在点蚀案例 2 中的凝析油换热器部分管束与管板接头以下出现裂纹，如图 4-54 所示，裂纹在换热管与管板胀接段，其他部位未见裂纹，缝隙腐蚀导致缝内介质变化，引发了管子的 SCC。从裂纹微观形貌分析，存在沿晶裂纹和晶粒脱落，有 SCC 特征。图 4-55 裂纹源处的金相照片可以明显看出裂纹从发生偏析的晶界开始产生，裂纹附近的晶粒本体形貌明显区别于远离裂纹的母体。

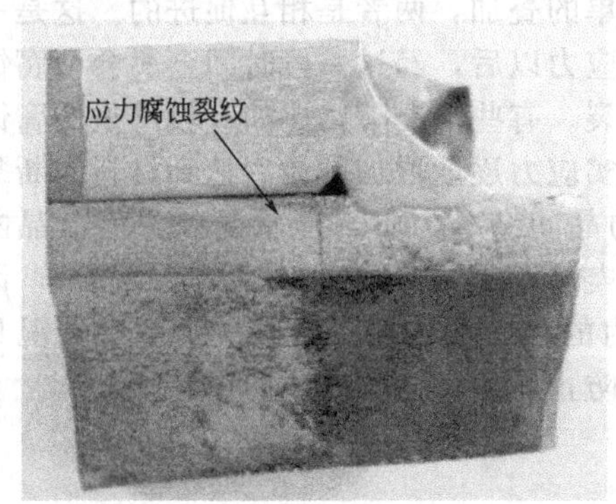

图 4-54　缝隙腐蚀引起的 SCC 位置

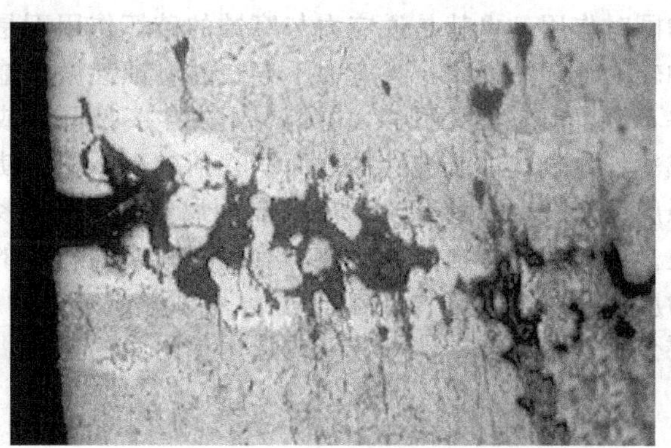

图 4-55　裂纹源处及裂缝周围的微观形貌

4.4 应力腐蚀

环境断裂又称环境诱发断裂（Environment Induced Cracking）是指由于存在腐蚀介质、氢或液体金属吸附，经过一定时间作用后，在外应力作用下导致裂纹形核和扩展直至材料断裂。其本质是因为环境因素（气相、液相腐蚀介质或氢）的作用引起形变和断裂的基元过程，从而导致应力脆断，因而以这种形式破坏失效的现象统称为环境断裂。环境断裂是一门边缘学科，是综合运用断裂力学、断裂物理和电化学以及材料学等方面的基础理论知识才能进行深入研究的课题。

环境断裂具体可分为 SCC（Stress Corrosion Cracking，SCC）、氢脆或氢致开裂（Hydrogen Induced Cracking，HIC）和腐蚀疲劳断裂（Corrosion Fatigue Cracking，CF）3 种。

SCC 是危害性最大的局部腐蚀形态破坏形式，它是一种自发过程，在特定的金属材料、特定的介质和某一门限应力以上（近年研究结果表明压应力也可能导致 SCC）就可发生。根据实际使用情况统计数据显示，不锈钢的局部腐蚀中 SCC 最多，占 40％ ～ 60 ％；碳钢和低合金钢的局部腐蚀以湿硫化氢和碱脆、硝脆等 SCC 为主。在腐蚀过程中，若有微裂纹形成，其扩展速度比其他类型的局部腐蚀速度要快几个数量级，后果常是“灾难性的腐蚀”，如导致桥梁坍塌、飞机失事、承压设备泄漏或爆炸、核电站泄漏等，造成了巨大的生命和财产损失。

近年来，随着工业装置的大型化、高温高压以及高强钢的大量使用，工程应用中 SCC 事故不断增多，SCC 已成为化学工业、电力和热能工业、石化行业、交通运输和其他工业部门的最危险的腐蚀损伤形式，据各行业统计结果，SCC 事件占总腐蚀破坏事件总数的 40％～80％。而且由于 SCC 是以低应力脆断方式破坏，容易导致突发的灾难性的后果，所以对 SCC 的研究及防治有着特别重要的意义。

4.4.1 应力腐蚀定义

应力腐蚀（stress corrosion）是指材料在腐蚀和定向应力的联合（协同）作用下产生的腐蚀开裂，在宏观上开裂是脆性的。SCC 是由应力腐蚀所引起的破裂，特点是合金比纯金属更易产生 SCC，具有突发性及强破坏性等特点，是能源、石油、化工、航空等领域危害极大的一种设备失效形式。

关于 SCC，很难给它下一个科学的定义，以上定义强调了“协同”作用，而不是简单的同时作用，也就是说应力与腐蚀的破坏作用不是简单的叠加，两者是相互促进的。这是一种较为复杂的现象：当应力不存在时腐蚀甚微，施加应力以后，经过一段时间金属会在腐蚀并不严重而应力又不够大的情况下发生突然开裂或断裂。有些情况下，比如有较严重的腐蚀减薄，导致试样或构件的截面积逐渐减小，从而使真实应力逐渐增加，最后达到材料的断裂强度而断裂；或者有较严重的晶间腐蚀，最终残余的晶间结合力不再能承受外力而沿晶断裂。虽然这两种情况的断裂都有应力和腐蚀两者的参与，但是并不能称作“应力腐蚀”，因为应力和腐蚀没有“协同作用”，腐蚀并没有因为应力的存在而加剧。要解决这两种情况只要分别采用增加构件尺寸（或选用更耐腐的材料）及防止晶间腐蚀的方法即可。

4.4.2 应力腐蚀对压力容器的危害

SCC 的现象是普遍存在的，是一种自发过程，又是“灾难性的腐蚀”，是化学工业、天然气与石油开采及加工工业、冶金工业、火电工业核电工业等工业领域压力容器最危险的损伤形式。近年来，随着石油加工装置、石油化工装置、化学工业装置、火电装置和核电装置等不断向着大型化方向发展，大量高压、超高压、高温、低温压力容器广泛应用在上述工业领域，SCC 造成的危害越来越大。据报道，目前国外因设备腐蚀造成的生产事故约占全部事故的 1/3 以上，其中高温设备因为 SCC 事故占腐蚀破坏的 35%以上。

SCC 具有延迟破坏特点，由于 SCC 产生、扩展到达到和超过临界裂纹长度需要有一个过程，因此，装有能产生 SCC 的介质的压力容器，承受到一定拉应力作用，并不马上发生 SCC，而是在经过一段的时间以后，几小时、几日、几月、甚至几年后，往往在没有预兆的情况下发生突然的断裂。产生 SCC 的压力容器，通常在某种特定的腐蚀介质中，材料在不受应力时腐蚀甚微，而受到一定的拉伸应力时（可远低于材料的屈服强度），经过一段时间后，即使是延展性很好的金属也会发生脆性断裂，并且往往是在没有预兆的情况下发生突然断裂，这就更加危及人民生命和财产的安全，造成灾难性的后果。

SCC 事故的事例在世界上已屡见不鲜，如，1967 年 12 月，美国西弗吉尼亚州和俄亥俄州之间的俄亥俄大桥突然倒塌，死 46 人，事故调查的结果是因为应力＋大气中微量 H_2S 导致钢梁产生 SCC 所致；1974 年日本沿海地区石油化工厂的储罐因 SCC 大量重油流入海面造成这一地区的严重污染；1979 年我国某煤气公司液化气厂的液化气罐因 SCC 而引起爆炸当场炸死 30 余人，重伤 50 多人，仅一次损失就达 650 万元；1998 年 8 月 19 日凌晨，某化工集团的一台在用 LPG 球罐在投入使用约 22 个月后因湿硫化氢 SCC 发生开裂泄漏事故，导致数万人疏散；1996 年 10 月 2 日，某厂使用仅 5 个月的 4115-V1 甲醇分离罐因湿硫化氢 SCC 发生爆炸引起火灾，直接财产损失 306.4 万元；2005 年 3 月 21 日 21 时 20 分左右，平阴鲁西化工第三化肥厂有限公司尿素合成塔因检漏蒸汽向塔体层板间泄漏，使多个层板同时产生 SCC，导致尿素合成塔爆炸事故，事故共造成 4 人死亡，32 人受伤，直接经济损失约 780 万元；2008 年某石化公司因不锈钢蒸汽管道多处突发 SCC，导致装置紧急停车，因无备用管道，致使装置停工 20 余天，间接使其他装置被迫停车或降低负荷、排空，并使铁路沿线大量易燃易爆槽车积压，具内部统计，每天造成间接损失超过 1 亿人民币。这类触目惊心的事例足以引起我们对 SCC 的足够重视。

4.4.3 应力腐蚀形貌

SCC 是金属的一种局部损伤形式，特点是几乎完全没有金属宏观体积上的塑性变形，另一特征是形成裂纹的形态宏观上腐蚀区呈树枝状或网状裂纹，裂纹尖端尖锐，而其他部位则腐蚀非常轻微，甚至仍保持金属光泽。树枝状裂纹一般说来有一条发展的主干，这条主干与拉应力的方向垂直。

SCC 是一种低应力的脆性断裂。对无裂纹的构件，当应力低于材料的屈服极限时就能引起 SCC 裂纹的萌生和扩展，而对存在裂纹的构件，一般使裂纹扩展的应力强度因子 K 值远低于使材料快速拉断的断裂韧性 K_{IC}。所以，断裂前很少出现宏观的塑性变性，常会导致无先兆的灾难性事故。

某些材料（如奥氏体不锈钢）裂纹和断口的形态与应力的大小有密切的关系，应力小，则 SCC 裂纹为一条直裂纹，SCC 断口撕裂棱较薄，撕裂棱壁也比较光滑；应力中等，则 SCC 呈分枝形裂纹，应力腐蚀断面撕裂棱较前者厚，撕裂棱壁也较前者不光滑；应力大，则应力腐蚀裂纹呈网络状裂纹，撕裂棱更厚，撕裂棱壁也更为不光滑。因此可以根据裂纹的数量和形状，根据断面的形态，对制件所受应力情况做出初步的判断。

(1) SCC 的识别

识别 SCC 的主要依据是裂纹特征和断口形貌。

① 裂纹特征　SCC 的宏观裂纹均起源于具有拉应力的金属表面，且分布具有明显的局部性，尤其是裂纹起源处多呈不连续状，并且具有由表面向内扩展的特征。裂纹扩展方向与

所受应力，特别是与残余应力有密切关系，一般垂直于主拉伸应力的方向；裂纹常呈龟裂和风干木材状，裂纹附近无塑性变形；除裂纹部位外，其他部位腐蚀轻微，且常有金属光泽。裂纹的宽度较小，而扩展较深，裂纹的纵深常较其宽度大几个数量级；裂纹既有主干也有分支，典型裂纹多貌似落叶后的树干和树枝，裂纹尖端较锐利，见图 4-56～图 4-58。但不要形成绝对化的概念，SCC 并不总是分枝的。

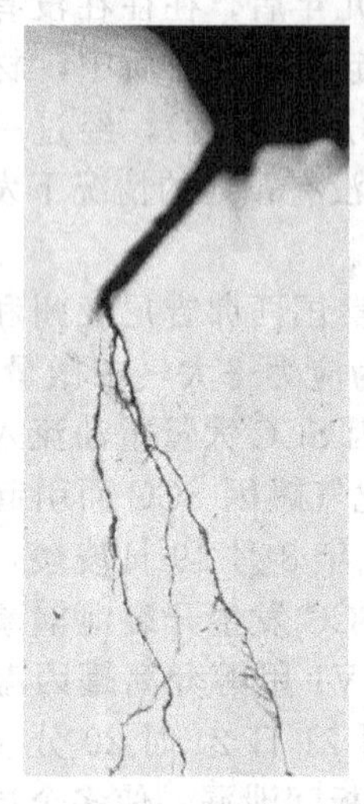

图 4-56 不锈钢焊接接头在 Cl^- 作用下的 SCC 宏观形貌

图 4-57 S30408 不锈钢 Cl^- SCC 开裂宏观形貌

氢致开裂型裂纹的形态为：在材料表现呈圆形鼓起，内部裂纹呈台阶状扩展。裂纹的台阶部分平行于钢板的轧制方向，与主裂纹垂直。这种裂纹主要是氢渗入材料后聚集在沿轧制方向伸长的非金属夹杂物与基体之间的界面分离处或材料本身存在的缺陷中，并形成沿材料轧制方向的微裂纹。

② 断口形貌 SCC 是一种低应力脆性断裂，断裂前无明显的宏观塑性变形，大多数条件下是脆性断口（解理、准解理或沿晶），由于腐蚀介质作用，断口表面颜色暗淡。

宏观断口形态一般呈现脆性断裂特征，无宏观的塑性变形的痕迹，断面表面一般失去金属光泽，表面常有腐蚀产物（泥状花样）或腐蚀坑，见图 4-59；腐蚀痕迹的形态特征随合金成分、应力大小和腐蚀时间的长短而不同。如果是穿晶断裂，其断口是解理或准解理的，裂纹有似人字形或羽毛状的标记。

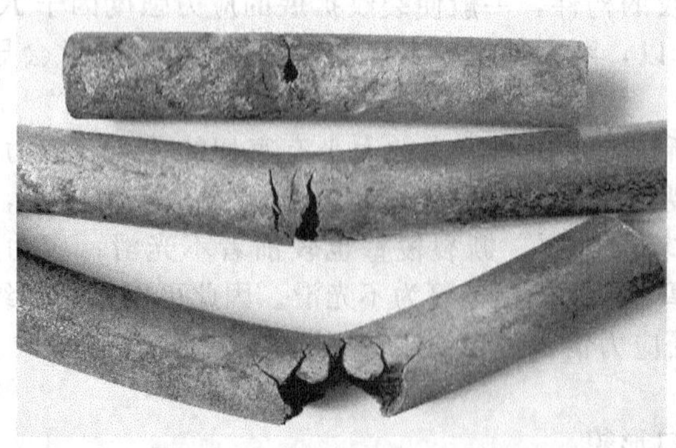

图 4-58 0Cr17Ni12Mo2 管在含 HAc、HBr、Cl^- 和硫酸盐等介质中的 SCC 宏观形貌

图 4-59 解理面上腐蚀产物和腐蚀坑

微观特点，用金相显微镜观察，可以看到 SCC 有沿晶裂纹、穿晶裂纹和穿晶沿晶混合裂纹，如图 4-60 所示。不同的合金在不同的介质中有不同的裂纹扩展倾向。显微断口往往可见腐蚀坑和二次裂纹，见图 4-61；穿晶微观断口往往具有河流花样、扇形花样、羽毛状花样等形貌特征；晶间显微断口呈冰糖块状，见图 4-62。

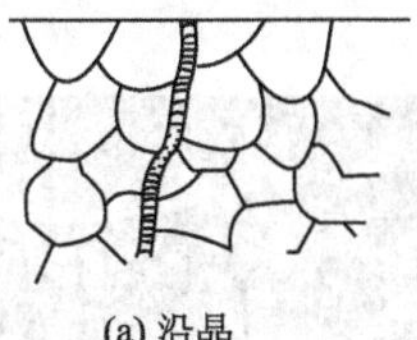

(a) 沿晶

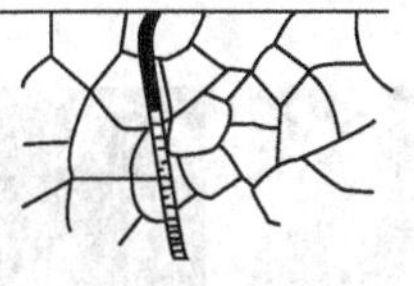

(b) 穿晶

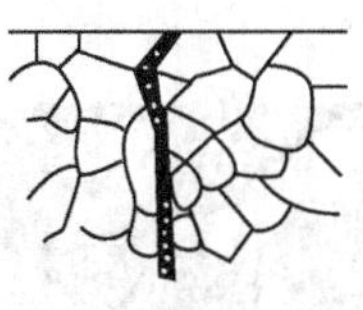

(c) 混合型

图 4-60　SCC 类型示意图

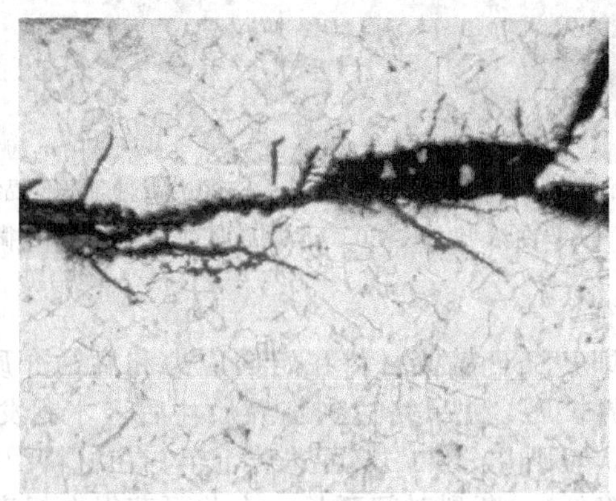

图 4-61　S31608 在含有 HAc、HBr 、Cl^- 和硫酸盐等介质中 SCC 主裂纹两侧的二次裂纹

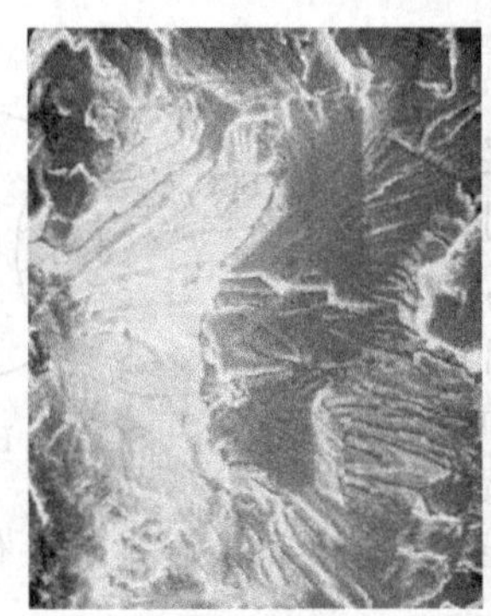

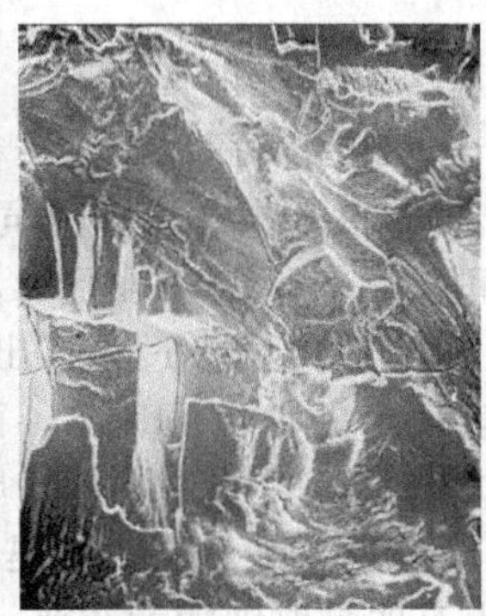

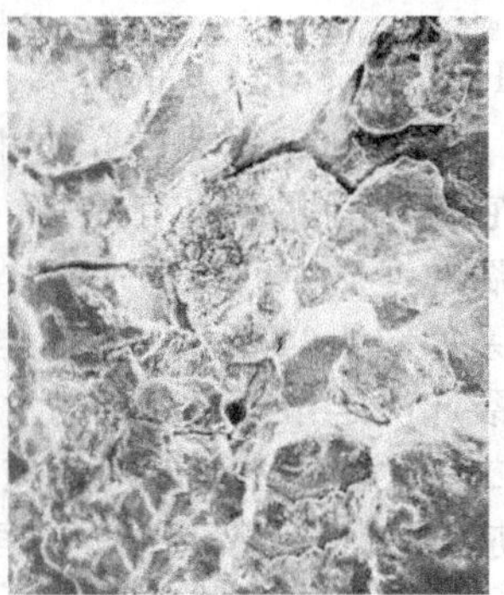

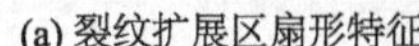

(a) 裂纹扩展区扇形特征　(b) 裂纹扩展尖端穿晶解理　(c) 沿晶+穿晶+沿晶二次裂纹

图 4-62　S30408 不锈钢 Cl-SCC 裂纹扩展微观形貌

当晶界强度与晶内强度相等时，SCC 往往以穿晶扩展为主；当晶界强度小于晶内强度时，SCC 则以沿晶扩展为主，但当应力不大时，而晶界在某种介质中易腐蚀，那么即使晶界强度大于晶内强度时，也会产生沿晶的 SCC。在一般情况下，由于晶界的原子排列紊乱，含有大量杂质与异相组织，包括非金属夹杂物、低熔点化合物或其他沉淀相组织，晶界总是具有较高的能量和较低的电极电位，因此在电化学腐蚀时，晶界总是优先受到腐蚀，而往往产生沿晶分布的应力腐蚀裂纹。但在特殊的情况下，由于晶内化学成分的不均匀性或相沉积和形变等原因，可能晶内的某些区域或某一晶面上电极电位与晶界的电极电位相比更负，而成为阳极受腐蚀，这时 SCC 大都是穿晶的。

裂纹的扩展途径与具体的金属-环境体系有关，同一材料因环境变化，裂纹途径也可能改变。在一般情况下，低碳钢、低合金钢、铝合金和铜合金等是沿晶间断裂。裂纹大致是沿垂直于拉应力方向的晶界向金属内部纵深方向延伸。奥氏体不锈钢在氯化物溶液中大多数是穿晶型破裂，在热碱溶液中的SCC是穿晶还是沿晶取决于介质的温度；钛合金一般为混合型，见图4-63。

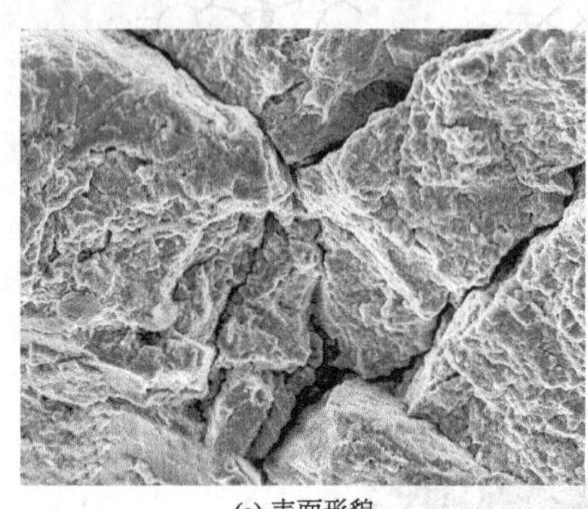

(a) 表面形貌　　(b) 裂纹扩展区穿晶解理+二次裂纹

图4-63　TA1在浓NaCl、60℃下垢下腐蚀诱发的SCC微观形貌

（2）SCC滞后破坏特征

SCC分为3个阶段，即：SCC需要材料在定向应力和腐蚀介质共同作用下，经过一定时间裂纹形核、裂纹亚临界扩展，并最终达到临界尺寸后，才能发生断裂。整个断裂时间，与材料、介质、应力有关，短则几分钟，长可达若干年。在材料、环境一定的条件下，随应力降低（应力强度因子也降低），断裂时间延长。由此可获得在规定时间内不产生SCC的临界应力值σ_{th}或临界应力强度因子K_{ISCC}，只有当应力或应力强度因子超过临界值时，才会产生SCC。

（3）HE、SCC和CF的关系

HE、SCC和CF都是在介质和力学因素共同作用下产生的腐蚀破坏，它们既有联系也有差别。SCC和氢脆有许多共同之处，如都是在腐蚀介质中，经过一定时间以后产生的开裂行为，它们之间的关系如图4-64所示，只有当SCC时的阴极过程析出氢气，且对于断裂起决定作用时，断裂才表现出一种氢脆现象。而腐蚀疲劳和前二者之间的主要差别是应力（负荷）类型不同，腐蚀疲劳是交变应力，而氢脆和SCC是恒定应力。虽然它们都是裂纹萌生和扩展过程，但是其裂纹扩展途径不同，在腐蚀疲劳断口上有明显腐蚀疲劳花样。

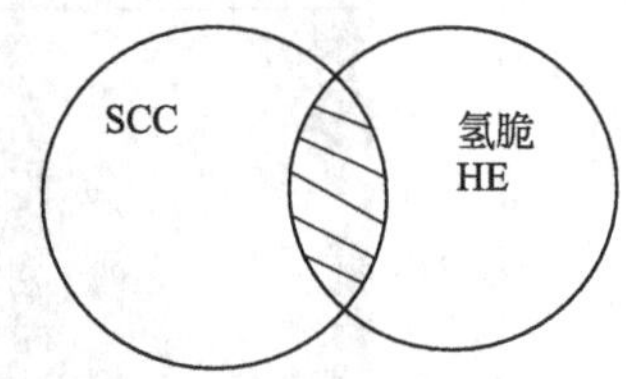

图4-64　SCC和HE的关系

4.4.4 应力腐蚀机理

目前，关于SCC的机理已有了很多的研究。但由于影响SCC的因素很多，这些因素是客观上同时存在和同时起作用的，使得这个问题非常复杂。到目前为止还没有一个统一的理论来解释SCC现象。

SCC的发生必须要3个条件同时具备，如图4-65所示，即一定水平的定向应力、特定的腐蚀介质以及对该腐蚀介质具有SCC敏感的材料。温度和腐蚀介质浓度是很重要的影响因素，腐蚀和应力的作用是相互促进，不是简单

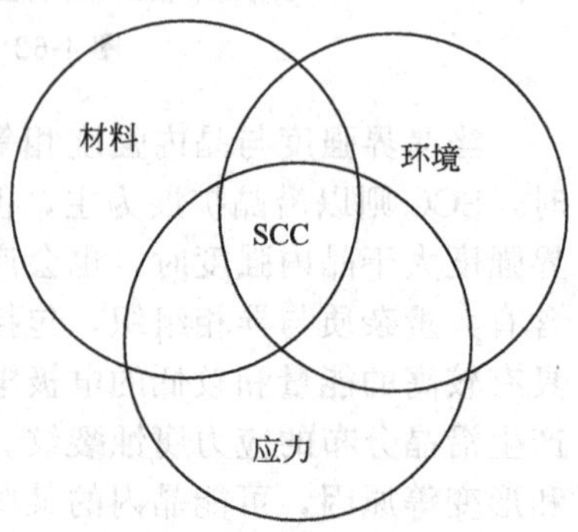

图4-65　应力腐蚀3要素

的叠加。如果从这两个因素中任意取消一个，金属的破坏将变得轻微。不存在对任何介质都敏感的材料，也没有能引起任何材料均产生 SCC 的介质。如果构件的应力没有达到一定的水平，即使有敏感的材料和特定的介质配合，同样不会出现 SCC。非金属材料同样也可以发生 SCC，如某些高分子材料因环境应力开裂产生银纹的现象。

几乎所有的金属或合金在特定的介质中有一定的 SCC 敏感性，通常合金在引起 SCC 的环境中是钝态的，但每种金属或合金只对某些特定的介质有 SCC 敏感性，并不是任何介质都能引起 SCC。SCC 过程分为 3 个阶段。

① 孕育期　裂纹萌生阶段，即裂纹源成核所需时间，约占整个 SCC 时间的 90%。

② 裂纹扩展期　裂纹成核后直至发展到临界尺寸所经历的时间。SCC 扩展速度一般为 $10^{-6}\sim10^{-3}$mm/min，比全面腐蚀要快大约 10^6 倍，但仅约为纯机械断裂速度的 10^{-10}。

③ 快速断裂期　裂纹达到临界尺寸后，此时由于裂纹尖端的应力强度因子 K_{I} 达到材料的断裂韧性 K_{IC}，而发生失稳断裂，受纯力学的作用，裂纹失稳瞬间断裂。

裂纹源多在保护膜破裂处，而膜的破裂可能与金属受力时应力集中与应变集中有关。此外，金属中存在的孔蚀、缝隙腐蚀、晶间腐蚀等往往是 SCC 裂纹萌生处。萌生期长短，少则几分钟、几天，长达几年、几十年，主要取决于材料特性、环境特征与应力大小。

关于 SCC 机理的研究，SCC 的形核和扩展有 3 种类型，即阳极溶解型、氢致开裂型和混合型。人们从不同的角度提出了大量的假设和理论，这些假设和理论都能从不同的角度解释 SCC 的某些现象。归纳起来有 3 个方面的 10 种假设和理论，其中环境因子方面包括电化学腐蚀理论、应力吸附理论、保护膜破坏理论、腐蚀产物楔入理论、氢脆理论 5 种假设和理论，冶金因子方面包括位错理论、析出理论、滑移阶梯理论、隧洞腐蚀理论 4 种假设和理论，应力因子方面为机械力学假设 1 种理论。

(1) 电化学理论

钝化膜在电化学作用、机械作用等发生局部破坏或膜的缺陷，使裂纹形核。

① DIX 电化学作用　由 DIX 提出的电化学腐蚀理论认为，对 SCC 具有较大敏感性的金属或合金，在某些组织结构上产生选择性腐蚀、点蚀或晶间腐蚀等局部腐蚀来诱发 SCC 裂纹，这就会出现以下现象：由于局部电化学腐蚀形成微裂纹，微裂纹的尖端处产生了应力集中，这样就引起了微裂纹的扩大与传播，腐蚀又在新产生的表面上进行，根据溶液和金属的系统，在金属表面产生极化，使腐蚀受到抑制，这时腐蚀又转移到另一处，产生了另一新裂纹，如此反复，直至断裂。

若腐蚀电位处于活化-钝化或钝化-过钝化的过渡电位区间，由于钝化膜不稳定，SCC 裂纹容易在材料表面较薄弱的部位形核（如晶间）。

② 闭塞电池腐蚀（OCC）理论　在应力和腐蚀联合作用下，闭塞电池腐蚀所诱发的蚀孔可扩展为裂纹，如图 4-66 所示，在应力和腐蚀联合作用下，闭塞电池腐蚀诱发后，可扩展为裂纹，随着腐蚀的加剧和应力的作用，裂纹进一步扩展，直至发生断裂。

③ 机械化学效应理论　该理论是由 Hoar 和 Hinea 首先提出，并得到一系列的试验证明。该理论认为材料在应力和腐蚀的联合作用下，局部位置上产生了微裂纹，这时金属的整个表面是阴极区，裂纹的侧面和尖端组成了阳极区，产生了大阴极小阳极的电化学腐蚀。SCC 是由裂纹尖端的快速阳极溶解引起的，裂纹的侧面由于有表面膜等（实际上并未钝化），使得侧面方向上的溶解受到了抑制，从而比裂纹尖端处的溶解速度要小得多，这就保证了裂纹如图 4-67 所示的尖刀式地向前扩展，图中 C 为阴极区，A 为裂纹侧面，电流密度约为 $10^{-2}\mathrm{mA\cdot cm^{-2}}$，$A^*$ 为裂纹尖端处，电流密度可高达 $>0.5\mathrm{A\cdot cm^{-2}}$，裂纹尖端处具有很高的阳极溶解电流密度是因为该处金属受到了局部应力集中，发生形变屈服。

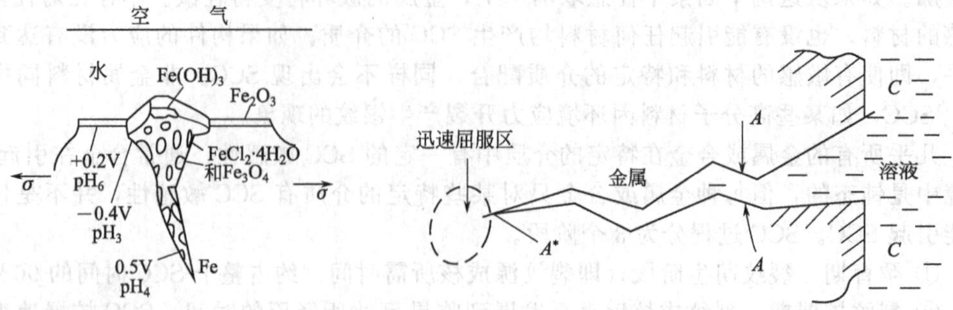

图 4-66　由闭塞电池腐蚀所引起的 SCC 示意图　　图 4-67　SCC 的机械化学效应模型示意图

电化学腐蚀理论对穿晶型 SCC、有些合金的 SCC 扩展速度很快、有些合金在热盐和液态金属及气体等介质中发生的 SCC，都不能做出明确的解释；因此电化学腐蚀理论是有很大局限性的。电化学腐蚀理论用来解释沿晶型 SCC 比较合适，这是因为，晶界比晶粒内的晶面具有较高的能量，而且这个能量随着形成晶界的两边晶粒的位向差增大而增加，能量较高的晶界电位则较低，为阳极，而晶体本身是个大阴极，从而形成了电化学腐蚀的原电池。金属或合金在所有的腐蚀性介质中都将在大角度晶界处受到腐蚀，但在无应力的情况下，由于晶粒边界的能量达到了平衡，或由于其他原因，腐蚀很快被腐蚀产物阻止。而当附加外应力时，在由侵蚀形成的缺口处会造成应力集中，结果破坏了缺口根部的保护膜，而成为电化学腐蚀的阳极，保护膜未被破坏的区域成为阴极。这样又继续引起了电化学腐蚀的过程，而且裂纹沿晶界发展，最后造成沿晶的 SCC。

(2) 应力吸附理论

由 H. H. Uhlig 提出，认为 SCC 的产生是由于金属或合金表面吸附了特殊离子，使得其表面能降低，材料破坏所需的应力下降，在拉应力的作用下，促进了金属或合金的断裂。金属 SCC 中有许多现象支持了这个理论的论点。

① 某种金属只有吸附了特殊的介质离子才会产生 SCC，如，奥氏体不锈钢的 Cl-SCC 是因为吸附了 Cl^-；碳钢的碱脆及硝脆是因为吸附了 OH^- 或 NO_3^- 等。

② 在引起 SCC 的溶液中加入某些阴离子有缓蚀作用，从而有效地抑制 SCC 的产生。这是由于加入足够浓度的阴离子可以置换有害离子，实验证实，在 Cl^- 溶液中加入 PO_4^{3-}、NO_3^- 防止奥氏体不锈钢的 SCC，是因为它们置换了奥氏体不锈钢上吸附的 Cl^-。

上述化学吸附是有选择性的，常发生在被杂质固定的位错及晶界等特定的区域。在应力作用下，吸附引起表面能降低，以至于造成了金属或合金的断裂，因此称为应力吸附断裂。

(3) 表面膜破裂理论

在腐蚀介质中，金属或合金表面所形成的具有保护能力的表面膜如在应力作用下引起破坏或减弱，结果暴露出新鲜表面。此新鲜表面在电解质溶液中成为阳极，它与成为阴极具有表面膜的金属其余表面组成一个大阴极小阳极的腐蚀电池；另一方面新鲜表面又有自动成膜，使已遭破坏的膜得到修补的能力。

金属表面钝化膜的缺陷及膜内的亚微观裂纹均可能是 SCC 裂纹形核之处。膜易于减弱和破坏的位置是晶界，因为晶界处缺陷及杂质较多，晶界处膜容易破坏；结晶方位不同的晶粒晶界，这种倾向更为严重。

对于穿晶型 SCC，可用滑移阶梯来说明在应力作用下保护膜破坏是如何形成阳极的，在应力作用下，由于位错沿滑移面运动，并在表面处汇合形成了滑移阶梯，使金属发生永久变形。若表面膜不能随这个阶梯的形成而发生相应的变形，该处保护膜即遭破坏。滑移阶梯越大，膜破坏的可能性越大，在金属表面保护膜因滑移阶梯破坏时，部分表面产生了再钝化，而在交角处，因新鲜溶液供应困难，缺乏再次钝化所必须的条件，因而该处的微小区域仍保持活化状态，出现了集中腐蚀，形成了裂纹。

这个理论所指的表面保护膜有以下几种。

① 电解质的特殊吸附粒子层　它们对腐蚀过程，特别是对金属阳极溶解过程应有显著影响。

② 钝化膜　它的厚度可以从一个原子直径到几十甚至上百纳米。

③ 腐蚀产物膜　不论其是疏松的还是紧密的，不一定对基体有完全的保护作用，但必须能显著地对金属起保护作用（降低腐蚀速度 3 倍以上）。

④ 合金中不溶解的或重新沉积所形成的正组分层　只要这种表面膜降低腐蚀反应速度也能达到 3 倍以上即可。

左景伊教授提出的 SCC 机理为裂纹的形核和扩展 3 阶段，如图 4-68 所示。

ⅰ 金属表面产生表面膜。

ⅱ 膜局部破裂，产生孔蚀或裂纹源。

ⅲ 裂纹内加速腐蚀，在应力作用下，裂纹以垂直方向深入金属内部。

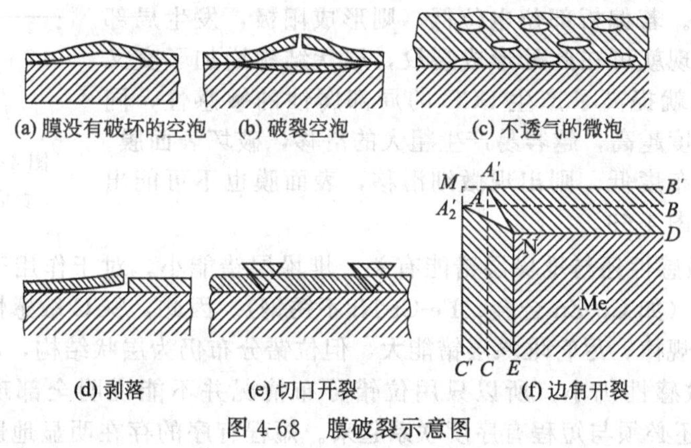

图 4-68　膜破裂示意图

(4) 腐蚀产物的楔入理论

该理论是由 Nilsen 提出，认为金属或合金的腐蚀产物在扩展的裂纹尖端的后面阴极区沉积，对裂纹起楔子作用，造成了应力；当沉积物造成的应力达到临界值后使裂纹向前扩展；新产生的裂纹又吸入了电解质溶液，使裂纹尖端阳极腐蚀继续进行，这就产生更多的可溶性金属离子；这些离子扩散至阴极区并生成金属氧化物或金属氢氧化物等沉积下来，又引起了裂纹向前扩展。如此反复，直至断裂。该理论在某些金属或合金的 SCC 中得到了证实。

① 在发烟硫酸中，铸铁中的 Si 与游离的 SO_3 生成 SiO_2，体积增大，起了楔入物的作用。

② 许多不外加应力并经消除残余应力的试样，在引起 SCC 的环境中，仍产生了 SCC。如在经消除应力处理后，带缺口的 S34778 不锈钢上发现了 SCC，并测得腐蚀产物所产生的应力为 28～49MPa；超低碳 300 系不锈钢光滑试样，经 1100℃、1h，炉冷 24h 的消应力热处理，以后不再经任何机械加工，可是在 135℃、质量分数 42% $MgCl_2$ 溶液中浸渍 3 个月，金相检验证实好几处发现了穿晶型 SCC 区。裂纹位于液面以上 25mm 处和其他严重腐蚀区内。

(5) 位错理论

该理论由 Swann 提出，认为材料的 SCC 敏感性与材料中的位错分布情况有关。位错有的呈平行紧密排列的层状结构（planar structure），有的却纠结在一起呈网状结构（cellular structure）。在产生 SCC 的环境中，具有层状结构的材料具有较高的敏感性，见表 4 8。

表 4-8 位错结构与 SCC 敏感性关系

塑性变形后的位错结构	堆垛层错能	交叉滑移	穿晶型 SCC 敏感性	实例
层状	低	困难	大	18Cr-Ni30.12N
网状	高	容易	小	18Cr-Ni30.004N

如果容易发生交叉滑移，位错可转移到其他滑移面上，逐渐纠结为网状结构；若不易发生交叉滑移，位错就在该滑移面上堆积起来，成为层状结构。

如前所述，奥氏体不锈钢中加入 Ni、C 提高了 SCC 抗力，而加入 N、Mo、P 却降低了抗力。这是因为前者促使位错成网状分布，而后者却使位错易于成为层状分布；Ni 的加入不仅使位错成网状分布，而且增大了堆垛层错能。

层状结构位错增加材料对 SCC 敏感性的原因为，位错是材料中缺陷之一，滑移增加了常温下的原子的扩散，这样使 N、C 等间隙原子或固溶体成分中的某些物质在位错处偏析，成分偏析处阻碍了位错的运动。若偏析部位电位低，则形成阳极，发生局部腐蚀。偏析持续出现就可在此处形成裂纹，层状结构增加了交叉滑移的困难性，这就提高了产生 SCC 的局部腐蚀的敏感性，同时，位错层状分布度越高，越容易产生粗大的滑移，破坏表面膜。反之，位错层状分布度低，则出现微细滑移，表面膜也不可能出现巨大的破裂，见图 4-69。

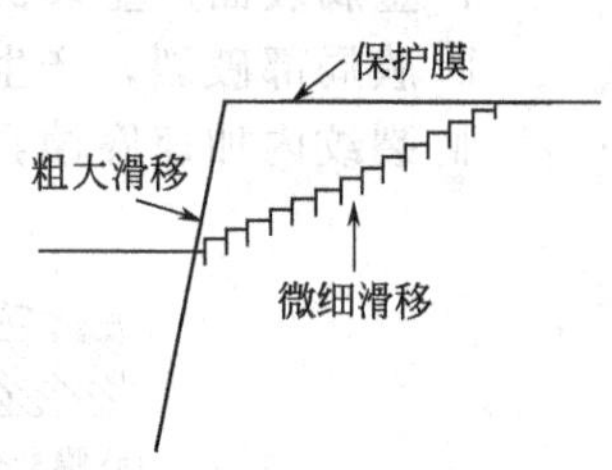

图 4-69 滑移形式对表面膜破裂的影响

材料的 SCC 敏感性还与堆垛层错能有关。堆垛层错能小，对于作用于同一滑移面，位错易成为层状结构（如 Cu-Zn 合金、Fe-Cr-Ni 不锈钢）。因此，SCC 敏感性大。但是也有些材料并不符合上述规律，尽管堆垛层错能大，但位错分布仍为层状结构，尽管位错分布为层状结构，但 SCC 敏感性仍小，所以只用位错分布情况并不能说明全部现象。Douglass 和 Thomas 两人认为还必须与短程有序度联系起来。短程有序的存在明显地影响了许多合金中的位错分布，它可以约束位错的层状结构（即一旦短程有序被破坏，在单一的滑移面上继续滑移比在另一滑移面上重新形成更容易些）。这样在高堆垛层错能的材料中，如果存在短程有序，位错成层状分布是可能的，短程有序度增加了材料的敏感性。

（6）析出理论

该理论的要点为，在产生 SCC 的环境中，材料由于受应力或腐蚀反应的结果，使得某些部位上产生了某种析出成为阳极，形成了腐蚀的敏感途径。

① 在应力作用下出现偏析形成阳极，对 SCC 的敏感性途径，可因冷加工或裂纹尖锐端部区域由于应力集中产生塑性变形，一般在应力作用下，滑移增加了晶格缺陷，使 C、N 容易扩散到该处，形成了 Cottrell 气氛，在缺陷处出现了偏析，如图 4-70（a）所示。这种成分的偏析区提供了腐蚀断裂的敏感途径。

② 腐蚀过程中产生的阳极析出，如 Cu-Au、Ag-Cu 这类合金在腐蚀介质中，往往只是合金的成分之一发生选择性溶解，而另一正电位的成分则沉积下来；或者是两个成分同时溶解，而电位高的成分又可再析出。这样由于腐蚀反应的进行，使得合金表面出现了成分的不均匀，这就可能形成局部阳极。如，Cu-Au 合金在 $FeCl_3$ 溶液中，腐蚀孔壁上析出纯金，见图 4-70（b）。另外腐蚀产物也有同样作用，如在氨溶液中，黄铜表面生成的 CuO、Cu_2O 膜即起了阴极的作用。

（7）滑移阶梯理论

该理论认为，材料产生 SCC 必须具有某种程度的塑性变形，以使材料的表面出现滑移阶梯，破坏表面保护膜，造成新的活性点（如膜局部破坏处的裸露金属和到达表面的位错等）。在介质中，这些活性点成为小阳极，其他有完整保护膜的地方为大阴极，局部阳极区产生了快速溶解。

图 4-71 表示出由于滑移阶梯的出现，造成表面保护膜破坏的情况。新鲜的金属表面由于不能迅速再钝化而产生了快速溶解，在应力的联合作用下，形成了局部裂纹。此阳极溶解过程可因保护膜的修补或遭到其他妨碍而停止。

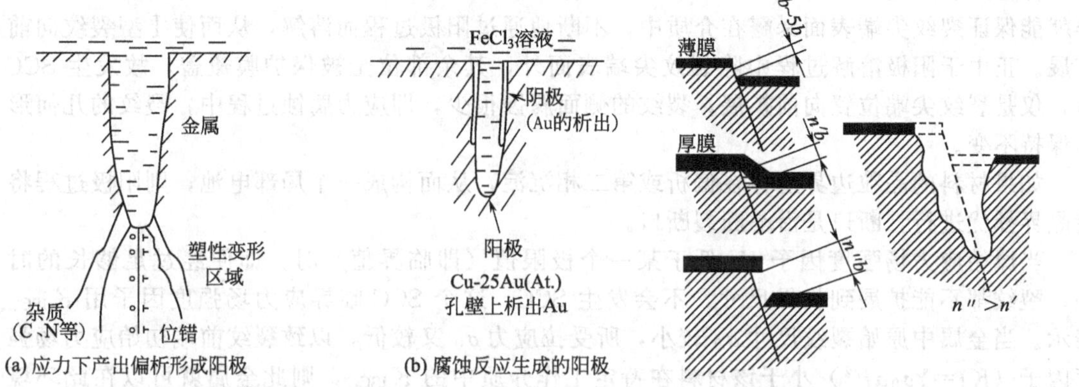

图 4-70 由于析出阳极造成的 SCC 敏感途径

图 4-71 薄膜和厚膜下滑移阶梯破坏表面膜造成阳极溶解示意图 b-Burgers 矢量的大小

滑移阶梯理论同样也得到了试验的证实。试验发现，同一种材料大晶粒更易产生 SCC，这是由于晶粒越大，滑移阶梯也越大，对相同厚度的表面保护膜来说，它更易被破坏，而膜的修补更不容易。因此，在相同的应力、时间条件下，就更易产生 SCC，如图 4-72 所示。

（8）隧洞腐蚀理论

该理论认为，在产生 SCC 的环境中，金属或合金沿某一定滑移面上的一定方向生成腐蚀孔。其腐蚀理论模型如图 4-73 所示。如，面心立方晶系的 Fe-Cr-Ni 钢或 Cu-Au 合金沿一定滑移面上的一定方向生成腐蚀孔。此腐蚀孔并延伸成隧洞状，在应力的作用下，左右隧洞连接，最后使截面减小，真实应力逐渐增高超过了屈服极限甚至强度极限，最后撕裂破坏。Nielsen 等对奥氏体不锈钢在氯化物溶液中的腐蚀隧洞进行了电子显微镜观察，证实了上述腐蚀理论模型。

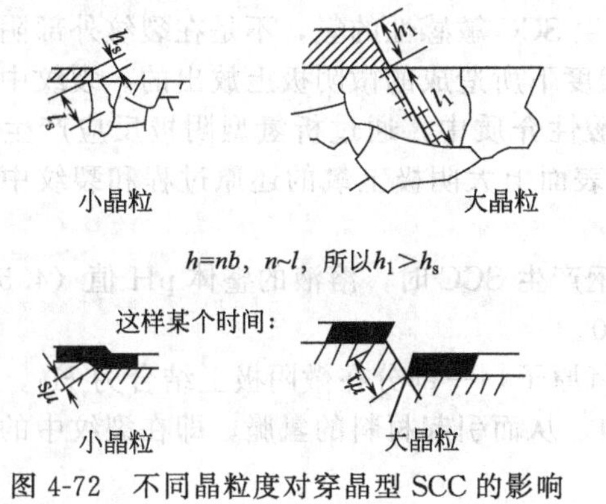

图 4-72 不同晶粒度对穿晶型 SCC 的影响

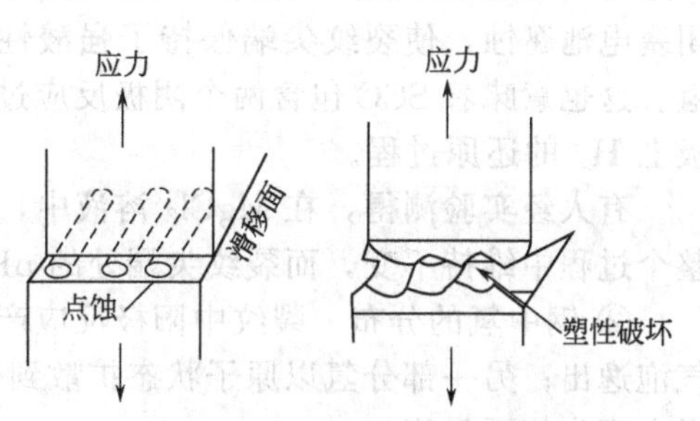

图 4-73 隧洞腐蚀理论模型

(9) 断裂力学理论

断裂力学认为，在应力和介质联合作用下，裂纹形成和扩展的过程叫做 SCC。如果金属或合金与特定的腐蚀介质相接触，同时又受到一定大小的应力作用，则金属或合金上原来存在的小裂纹会随着时间的增长而逐渐长大。当它到达临界尺寸后，材料就会突然脆断。如果金属或合金中原来没有宏观裂纹，在应力和介质联合作用下，会先产生一个裂纹，然后扩展到临界尺寸。

当与腐蚀介质相接触的阳极金属表面上形成一层致密的保护膜时会阻碍阳极金属进一步溶解，但若金属受到一定大小的应力作用，则由于应力集中，在Ⅰ型裂纹尖端附近存在很高的拉伸应力场，它能阻碍裂纹尖端表面形成保护膜，或使尖端表面已形成的保护膜破裂，这样就能保证裂纹尖端表面暴露在介质中，不断地通过阳极过程而溶解，从而使Ⅰ型裂纹向前扩展。正由于阳极溶解过程中除裂纹尖端表面外，其余部位全被保护膜覆盖，故发生 SCC 时，仅是裂纹尖端位置向前扩展，裂纹的侧面腐蚀很少，即应力腐蚀过程中，裂纹的几何形状保持不变。

如果材料的晶粒边界上存在偏析或第二相沉淀，从而构成一个局部电池，则阳极过程将沿晶界择优进行，断口是沿晶断裂断口。

当原始应力场强度因子 K_{Ii} 低于某一个极限值（即临界值）时，即便经过足够长的时间，裂纹都不能扩展到临界尺寸，不会发生 SCC。这个 SCC 临界应力场强度因子用 K_{ISCC} 表示。当金属中原始裂纹尺寸 a_0 较小，所受拉应力 σ_0 又较低，以致裂纹前端初始应力场强度因子（$K_{\mathrm{I}}=Y\sigma_0 a_0^{1/2}$）小于该材料在特定工作介质中的 K_{ISCC}，则此金属就可以在此环境中工作足够长的时间而不会断裂。当 SCC 裂纹尖端的 $K_{\mathrm{I}}\geqslant K_{\mathrm{ISCC}}$ 时，裂纹就会随时间而长大，当裂纹尺寸扩展到临界裂纹尺寸时，裂纹快速扩展，构件断裂。

每一种材料在特定的腐蚀介质中的 K_{ISCC} 是个常数，可在实验室模拟条件下进行测定。一般说来 $K_{\mathrm{ISCC}}=(1/5\sim1/2)K_{\mathrm{IC}}$，且随材料强度级别的提高的值而下降；材料断裂韧性越高，其 K_{ISCC} 也就愈高；电化学能释放率愈低，K_{ISCC} 也就愈高。因此，通常金属或合金材料在特定的腐蚀介质中和规定时间内也存在一个 SCC 临界应力 σ_{th}，当材料裂纹尖端所承受应力 σ（包括工作拉应力和残余拉应力）$\leqslant\sigma_{\mathrm{th}}$ 时，材料可经受规定时间而不产生 SCC。

(10) 氢致开裂（HIC）型

该理论特别适用于在水溶液介质中高强度钢的 SCC，理论的要点为，在应力的作用下，腐蚀反应生成的氢扩散到正在扩展的裂纹的前缘，在该处形成与应力方向垂直的高活化的氢化物或氢-应变铁素体（或 bccα'、α'马氏体），使该处金属脆变。随着应力腐蚀的进行，氢不断产生与扩散至裂纹尖端，裂纹持续向前扩展。即，钢的腐蚀断裂的诱发与扩展，是沿着氢在钢中扩散和反应所形成的敏感途径进行的。事实也证明高酸性介质提高了材料的 SCC 敏感性。

① 氢的产生　在 SCC 过程中，诱发材料产生 SCC 敏感性的氢，不是在裂纹外部阴极上产生的，而是在裂纹尖端处阳极反应形成的高酸度下所造成的微阴极上放出的。裂纹中由于闭塞电池腐蚀，使裂纹尖端保持了强酸性，在酸性介质中，通过析氢型阴极反应产生原子氢。这也意味着 SCC 包含两个阴极反应过程-外表面上大阴极上氧的还原过程和裂纹中微阴极上 H^+ 的还原过程。

有人经实验测得，在 $MgCl_2$ 溶液中，不锈钢产生 SCC 时，溶液的整体 pH 值（4.5）在整个过程中维持不变，而裂纹尖端处的 pH<1.0。

② 钢中氢的分布　裂纹中阳极反应产生的氢原子，一部分在微阴极上结合为 H_2，成氢气泡逸出；另一部分氢以原子状态扩散到金属内，从而引起材料的氢脆，即在裂纹中的微阴极上产生如下反应：

$$H^+ + e^- \longrightarrow H\ (Fe)$$

$$2H^+ + 2e^- = H_2$$

氢原子扩散入金属后，它在缺口、裂纹尖端或位错等处聚集。这是因为在这些部位上存在一个三向拉应力区，这种应力梯度致使氢在整个金属中分布是不均匀的。在三向拉应力区氢和金属产生的相变。在 SCC 条件下，氢与金属相互作用产生以下 4 种相变。

a. 生成 H_2　金属中氢含量超过溶解度（C_H）时，H 将从饱和固溶体中析出，析出的氢气易于在晶界、相界和微裂纹(非金属夹杂物)等内部缺陷处集聚，使金属产生鼓泡、白点等。

b. 高度活性的氢化物或氢-应变体素体　在应力和氢的同时作用下，许多钢种中生成了与应力方向相垂直的高阳极性的氢化物或氢-应变铁素体等相，也被称为 bccα'、α'马氏体相。如，利用电子显微镜和 X 光衍射发现在 42%（质量分数）$MgCl_2$ 溶液中，用 $i_c = 5mA \cdot mm^{-2}$的阴极电流对不锈钢进行阴极充氢时，有氢化物相产生，而且裂纹沿着该相所提供的敏感途径扩展。氢在奥氏体中扩散速度很低，而在铁素体和马氏体中的扩散速度几乎要比它高 3 个数量级，这就是为什么奥氏体不锈钢氢脆敏感性比铁素体类或马氏体类不锈钢低的原因。而在α'马氏体中氢的扩散速度比奥氏体中高 4 个数量级，这就是奥氏体不锈钢中一旦α'马氏体生成，SCC 的裂纹就在该处诱发并沿它扩展的原因。

③ 氢化物　氢与某些金属可生成一定的氢化物，如氢与 α-Ti 生成 TiH_x（$x = 1.53 \sim 1.99$），致塑性和韧性下降，氢与 Si 在适当条件下生成硅烷（SiH_4）气体；与钢中的 Fe_3C 反应生成甲烷（CH_4）。这些都会引起材料的开裂。所以钢中加入某些形成稳定碳化物元素 W、Mo、V、Nb 等，减少钢中的 Fe_3C 量，阻止 CH_4 的形成，降低钢的氢脆敏感性。

同样在钢中加入某些元素，形成氢化物沉淀，减少氢在三向拉应力区的富集，也可提高钢的 SCC 抗力。

④ 氢与位错（⊥）结合成气团（⊥H）　气团（⊥H）也是一种相。气团的凝聚和蒸发，就是这种相的生成与分解。若在应力作用下，位错处又有应力集中，则更促进了氢在该处聚集。这种双重作用明显地提高了金属的 SCC 敏感性。

⑤ 氢致开裂的诱发和扩展　金属或合金中局部富集的氢对其 SCC 的诱发与扩展作用有两种理论，即氢压理论和减弱金属键合理论。

a. 氢压理论　当晶格中的氢超过固溶度时，便在晶内微孔区析出而生成 H_2，或是反应生成 CH_4 等，局部集聚后形成极高的内压，使材料开裂。

b. 减弱金属键合理论　氢原子的富集可通过降低金属的表面能和降低金属键的结合，从而材料的断裂应力下降。

总之，由于上述相变促使α'马氏体或⊥H的生成，为裂纹的诱发与扩展提供了活性途径。如，运动着的⊥H 气团，将氢输送到晶界、相界等障碍物处，位错的积塞和氢的富集引起了该处的应力集中和断裂应力下降，导致了在晶界或相界上诱发了微裂纹。在应力和氢的联合作用下，微裂纹的尖端处，沿与应力垂直的方向上产生了氢-应变铁素体或 bccα'相。这些相中，氢扩散速度很快，为裂纹的扩展提供了高度活性的途径。

Rhodes 提出的奥氏体不锈钢氢脆 SCC 模型如图 4-74 所示，图中基本包括了这些机理。

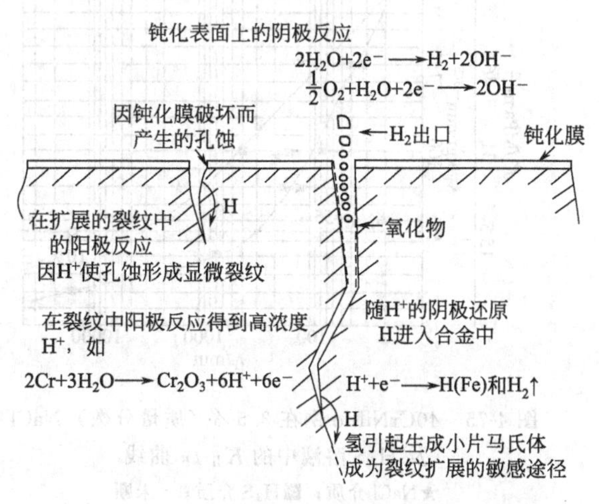

图 4-74　在氯化物介质中奥氏体不锈钢 SCC 氢脆模型

4.4.5 影响压力容器应力腐蚀的主要因素

(1) 力学因素

以往的教科书中认为：只有拉应力才产生 SCC，切应力不产生氢致开裂。肖纪美等人通过实验发现，在多种系统中压应力可以导致 SCC，证明压应力能使不锈钢、低碳钢、铝合金发生 SCC，但其门槛值比拉应力高 3 倍，孕育期也长 1～2 个数量级，纠正了“只有拉伸应力才能产生 SCC”的传统概念。

① 应力　一般压力容器承压元件的 SCC 都在拉应力下发生，这个拉应力除压力容器构件本身的工作应力之外、温差应力和腐蚀产物的楔入应力外，主要是各种残余应力，如冷加工残余应力、焊接残余应力、因相变而产生的第二类残余应力、热处理残余应力和装配应力等。从表 4-9 中可以看出，由于残余应力而引起的 SCC 占总的 SCC 事故的 81.5%，而由工作应力引起的则不足 20%。因此，对残余应力必须要引起足够的重视。

表 4-9　按应力类型统计的 SCC　　%

加工残余应力	焊接残余应力	装配残余应力	服役热应力	工作应力
48.7	31.0	1.8	15.0	3.5

② 存在临界应力　对大多数可发生 SCC 的腐蚀体系来说，对于一定的材料和介质组合，应力降低，断裂时间延长，存在一个临界应力 σ_{th}，在此临界值以下，在规定的时间内不发生 SCC。SCC 可以在极低的负荷应力下（5%～10% R_{eL}，或远小于 K_{IC}）产生，用临界应力 σ_{th}、临界应变 S_c 和临界应力强度 K_{ISCC} 指标可以对构件的 SCC 倾向进行定量的评价。

图 4-75 是 40CrNiMo 钢在 3.5%（质量分数）NaCl 及在 H_2S 水溶液中的 K_{Ii}-t_F 曲线（K_{Ii}为试验初始应力强度因子，t_F 断裂时间），从图中可以看出 40CrNiMo 钢在 NaCl 水溶液中的 $K_{ISCC}=17MPa \cdot m^{1/2}$。通常奥氏体不锈钢当应力低于 103MPa 时，不发生 SCC，如图 4-76 所示。但并不是所有材料在各种介质中都存在有一个临界值，如图 4-75 中的 40CrNiMo 钢在 H_2S 溶液中即不存在 K_{ISCC}值。

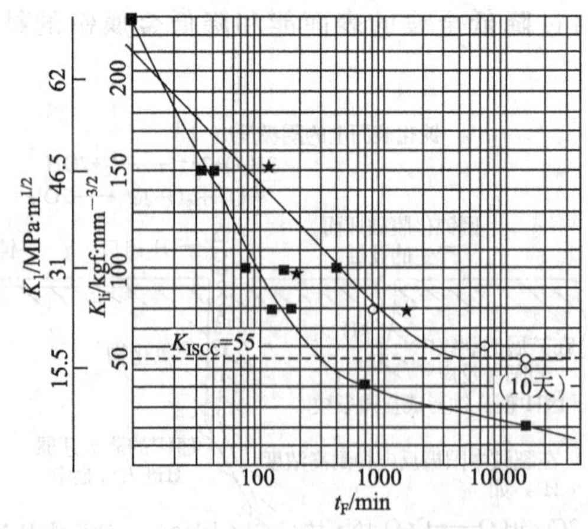

图 4-75　40CrNiMo 钢在 3.5%（质量分数）NaCl 及 H_2S 溶液中的 K_{Ii}-t_F 曲线

★NaCl 介质；■H_2S 介质；o 未断

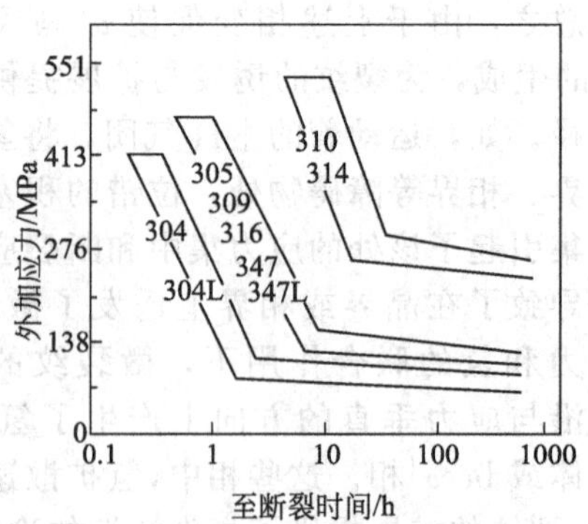

图 4-76　在沸腾 42%（质量分数）$MgCl_2$ 中几种奥氏体不锈钢的 K_{ISCC}

应力大小影响到裂纹的形核时间，如图 4-77 所示。应力集中是产生 SCC 的充分条件，在有表面裂纹或其他线性缺陷处、几何形状突变处、金属涂层或表面膜破裂处、腐蚀凹坑和点蚀坑都能造成应力集中，有利于裂纹形核，减少裂纹形核时间。

SCC 裂纹的扩展速率 da/dt 与裂纹尖端的应力强度因子 K_I 的关系如图 4-78 所示。在第一阶段 da/dt 随 K_I 降低而急剧减少，当 K_I 降到 K_{ISCC} 以下时 SCC 不再扩展。在第二阶段，裂纹扩展与应力强度因子 K_I 大小无关，主要受闭塞区介质控制，预存活性途径和应变产生的活性途径导致沿晶或穿晶 SCC 裂纹扩展。第三阶段，失稳断裂，在 SCC 裂纹扩展到临界尺寸时，纯粹由力学因素 K_I 控制，da/dt 随 K_I 增大迅速增加直至断裂。

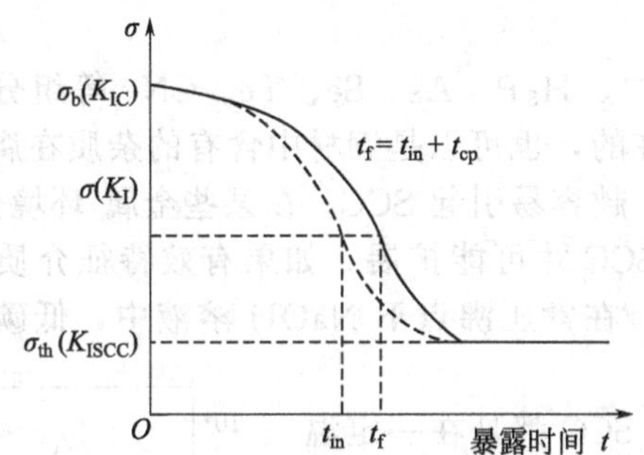

图 4-77 SCC 裂纹形核时间与断裂时间随应力（或 K_I）的变化

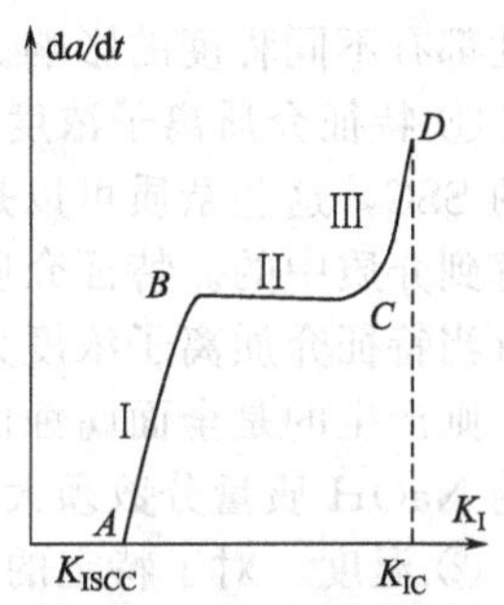

图 4-78 da/dt 与 K_I 的关系

（2）环境因素

产生 SCC 的介质一般都是特定的，也就是说，每种材料只对某些介质敏感，而这种介质对其他材料可能没有明显作用，例如，黄铜在氨气氛中、不锈钢在含 Cl^- 的腐蚀介质中容易发生 SCC，但反应过来不锈钢对氨气、黄铜对 Cl^- 就不敏感。

这种特定的腐蚀剂并不一定要大量存在，而且往往浓度很低。如空气中少量的氨气，甚至人嗅觉感觉不出来时就会造成黄铜的氨脆；核电站高温水中仅需百万分之几的 Cl^- 便可使奥氏体不锈钢发生 SCC。表 4-10 列出了一些比较常见的能引起金属或合金产生 SCC 的一些介质。SH/T 3059[46] 附录 E 列出了常用金属易产生 SCC 的环境组合。

表 4-10 引起金属或合金产生 SCC 的一些介质

材料	介质
低碳钢和低合金	热苛性碱溶液，液氨，湿 H_2S、$CO+CO_2$，碳酸盐溶液，海水，海洋大气和工业大气，熔融锌、锂或 Nb-Pb 合金，混合酸（$H_2SO_4+HNO_3$）
铁素体不锈钢	海洋大气，工业大气，高温水，水蒸气，NaOH 水溶液，NH_3，硝酸盐，硫酸，硫酸-硝酸，H_2S 水溶液、高温碱
奥氏体铬-镍不锈钢	热的氯化物溶液，热海水，高温水，NaOH 水溶液，硫酸，有机氯（水解），硫化物水溶液，浓缩锅炉水，$CuSO_4+H_2SO_4$ 水溶液，水蒸气、热浓碱，过氯酸钠，严重污染的工业大气，体液（汗和血清），粗苏打和硫化纸浆，明矾水溶液，甲基三聚氢胺，酸式亚硫酸盐，联苯和联苯醚
马氏体不锈	氯化物，海水，工业大气，酸性硫化物
铝合金	湿空气，海洋和工业大气，海水，氯化物水溶液，水银
镁合金	氯化物-铬酸钾溶液，氟化物，热带工业和海洋大气，蒸馏水
铜合金	氨蒸气或溶液，水，水蒸气，水银 含 P 有机化合物、柠檬酸、酒石酸、胺类

续表

材料	介质
钛合金	镉(>327℃),汞(室温),银板(466℃),氯(288℃),AgCl(371—482℃),HCl(10%、343℃),红烟硝酸,H_2SO_4(2%～60%),氯化物,四氧化二氮(不含NO、24～74℃),甲醇,甲基氯仿(482℃),三氯乙烯(室温),氯化二苯基,海水
锆合金	有机液体如甲醇或含卤素的甲醇溶液,甲醇+HCl,碘化物酒精溶液,硝化苯,含酸的甲醇溶液,氯化物的水溶液,卤素和卤素酸气,水银,铯
镍基合金	熔融苛性碱,热浓苛性碱溶液,HF酸溶液硅氢氟酸,含氯及痕量铅的高温水,液态铅

环境的温度、成分、浓度、pH值、溶解氧、氧化-还原电位等对金属或合金的SCC敏感性都有不同程度的影响。

① 特征介质离子浓度　溶液中含有Cl^-、H_3P、As、Se、Te、CN^-等组分时，将促进钢的SSC，这些杂质可以是介质中原来存在的，也可以是钢材中含有的杂质在腐蚀过程中被溶解到介质中的。特征介质离子浓度越高，越容易引起SCC。在某些金属-环境介质体系中，只有当特征介质离子浓度大于一定值时，SCC才可能扩展。如果有效特征介质离子浓度过高，则产生的是全面腐蚀而不是SCC。如，在常压沸点下NaOH溶液中，低碳钢发生碱脆时的NaOH质量分数须大于5%。

② 温度　对于特定的材料-介质组合，SCC都是在一定温度范围内发生的，并且存在最敏感的温度范围，超出这个温度范围腐蚀通常转变为全面腐蚀。如，对于NaOH溶液，碳钢和奥氏体不锈钢最容易产生碱脆的温度在该溶液沸点附近，60℃左右为产生碱脆的最低临界温度（见5.5.2）；湿硫化氢SCC在室温下最敏感，高于65℃，一般为全面腐蚀。

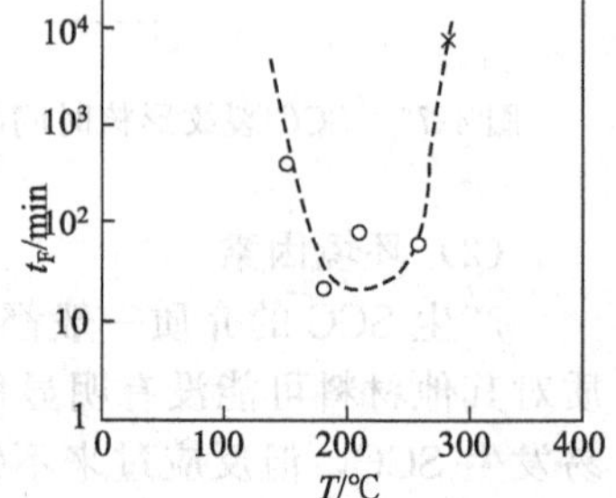

○水中NaCl　10μg·g^{-1}、O_2 10～18μg·g^{-1}、$\sigma=0.8R_{p0.2}$；×沸腾$MgCl_2$中，$\sigma=0.8R_{p0.2}$

图4-79　温度对0Cr18Ni10不锈钢SCC的影响

在实际环境中，不锈钢产生SCC介质的温度一般都在60℃以上，温度对奥氏体不锈钢SCC的影响，如图4-79所示。奥氏体不锈钢在$MgCl_2$中的SCC敏感性与温度也有密切关系，在120～150℃范围内，温度每上升10℃，t_F缩短到原来的1/3-1/4。

温度对碳钢在CO和CO_2中的SCC影响见表4-11，当温度高于100℃后，产生了严重的均匀腐蚀，SCC敏感性下降。

表4-11　温度对碳钢在CO和CO_2混合气氛中SCC的影响

试验温度/℃	40		70		100		150	
实验结果	液相	气相	液相	气相	液相	气相	液相	气相
	开裂	开裂	开裂	开裂	未裂	微裂	未裂	微裂

注：气体分压，CO 1.2MPa、CO_2 245kPa、其他98kPa。

③ pH值　介质环境的另一个重要的参数是溶液的pH值，和温度影响类似，pH对SCC的影响也有敏感范围，pH过低或过高，腐蚀转变为全面腐蚀。一般情况下，pH值越偏离7，越促进钢的SCC，但对于特定的材料，pH值过低时，材料的腐蚀由SCC向全面腐蚀转变。

酸性溶液对低碳钢的硝脆有加速作用，因此凡是水溶液呈酸性的硝酸盐类便能促进硝脆，加速程度为$NH_4^+>Ca^{2+}>Li^+>K^+>Na^+$。为此，硝脆试验时，常用$NH_4NO_3$和$Ca(NO_3)_2$来做试剂。S30408不锈钢在沸腾$MgCl_2$溶液中，当pH=4时，其$t_F$约为pH=2

时的3.5倍。SCC的敏感性为$MgCl_2 > FeCl_3 > CaCl_2 > LiCl > NaCl$，同样，不锈钢Cl-SCC试验时常用$MgCl_2$来做试剂。

pH值对不锈钢SCC的影响如图4-80所示，pH值直接影响H^+的浓度，因此，也影响到H^+的还原反应。从Fe、Cr和Ni的E-pH图可以看出，H^+的还原过程的半电池电动势在很宽的pH范围内高于Fe和Cr的氧化半电池电动势，而在较窄的范围内也稍高于Ni的氧化电动势。因此。pH越低，就越加速H^+的还原反应（增加了腐蚀电流），并增加了氢氧化物的溶解度（致失去保护），这样就加速了SCC。

pH值对300系不锈钢在H_2S4O_6中对SCC时间的影响见图4-81。

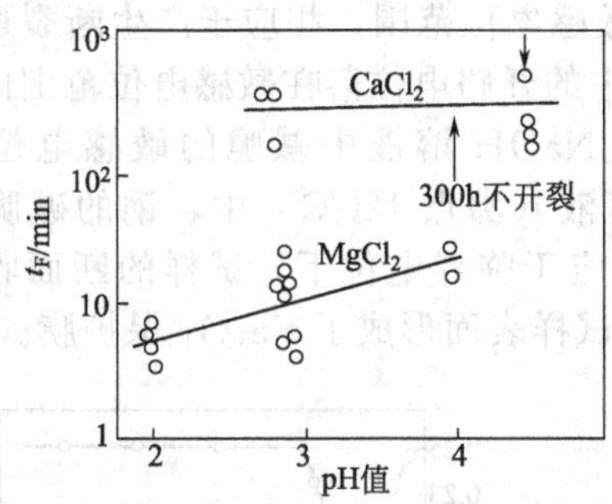

图4-80 在沸腾$MgCl_2$和125℃$CaCl_2$溶液中，pH值对S30408不锈钢SCC时间的影响

pH<2.5时，全面腐蚀严重，不发生SCC

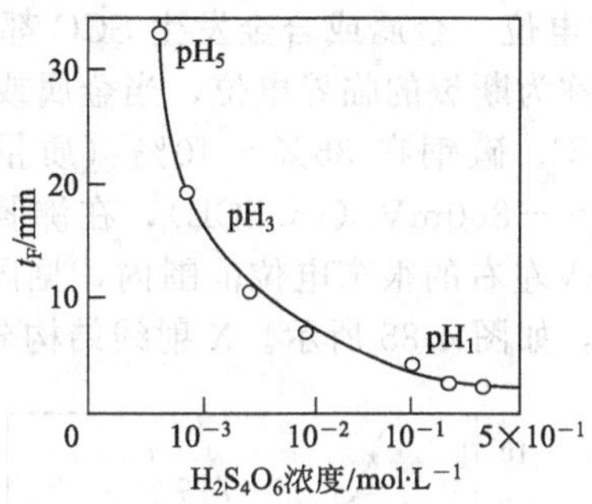

图4-81 pH值对敏化处理300系不锈钢SCC时间的影响

室温，σ 48MPa；敏化处理649℃，4h

④ 溶解氧　溶液中的溶解氧对金属或合金SCC行为影响很大，很多SCC的电化学反应过程都需要氧的参与。如在高温高浓度$MgCl_2$中，不锈钢产生SCC不一定需要有氧的存在，见图4-82，而在热水和高温水中，溶解氧对SCC则起决定性作用。一般认为，在只含微量Cl^-的溶液中，没有溶解氧要使Cr-Ni不锈钢产生SCC几乎是不可能的。图4-83表示出含氧量对不同Cl^-浓度时0Cr18Ni9不锈钢SCC敏感性的影响。水中Cl^-浓度越低，氧的加速作用越大。而在Cl^-浓度高于$100\mu g \cdot g^{-1}$后，含O_2量为$8\mu g \cdot g^{-1}$和$158\mu g \cdot g^{-1}$的高温水中，至断裂的时间相同。

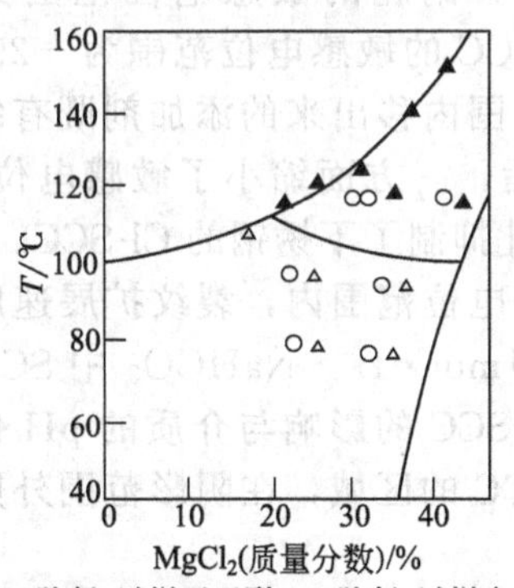

△除氧，试样无开裂；▲除氧，试样全开裂；○饱和氧，试样全开裂

图4-82 溶解氧对不同浓度$MgCl_2$溶液中300系不锈钢SCC的影响

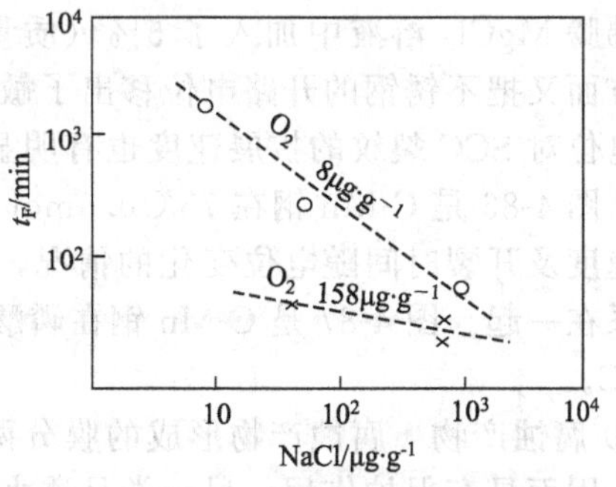

图4-83 水中含氧量对不同Cl^-浓度时0Cr18Ni9不锈钢SCC敏感性的影响

温度260℃，σ145MPa

⑤ 压力　增加压力容器的操作压力能加速金属或合金材料的 SCC。这是因为，一是会使容器材料所受的拉应力加大；二是会使参加电化学过程的气体溶解度增大，从而使阴极过程加速。

⑥ 介质溶液流动速度　溶液的流速与 SCC 关系非常复杂，这主要决定于金属和介质的特性。多数情况下，流速越大，腐蚀越强，它会造成保护膜破坏、引起冲击、磨损、空泡腐蚀等。因此对于列管式换热器，设计上一般使腐蚀性较强的热流流体走管程，冷流走壳程。但流速大，对于避免浓差电池腐蚀、减轻缝隙和死角处的局部腐蚀，防止铝、不锈钢的 Cl^- 点蚀等有利，同时对减缓 SCC 也有利。

⑦ 电位　金属或合金发生 SCC 都有其一定的敏感电位范围，相应于产生断裂最短时间的电位称为断裂的临界电位，当金属或合金在溶液中的开路电位落在敏感电位范围内时，便发生 SCC。碳钢在 35%～40%（质量分数）沸腾 NaOH 溶液中碱脆的敏感电位范围为 －1150～－800mV（vs. SCE），在沸腾的 NaOH 溶液（沸点 120℃）中，钢的碱脆发生在 －700mV左右的很窄电位范围内，见图 4-84。在相应于临界电位下，试样的断面收缩率大大下降，如图 4-85 所示。X 射线结构分析表明，在试样表面形成了 Fe_3O_4 保护膜。

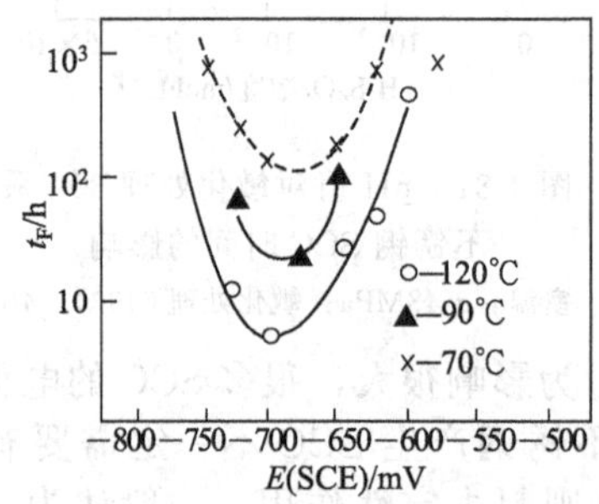

图 4-84　在沸腾 33%（质量分数）NaOH 溶液中，σ294MPa、碳钢（0.02%C）产生 SCC 的临界电位及随温度变化

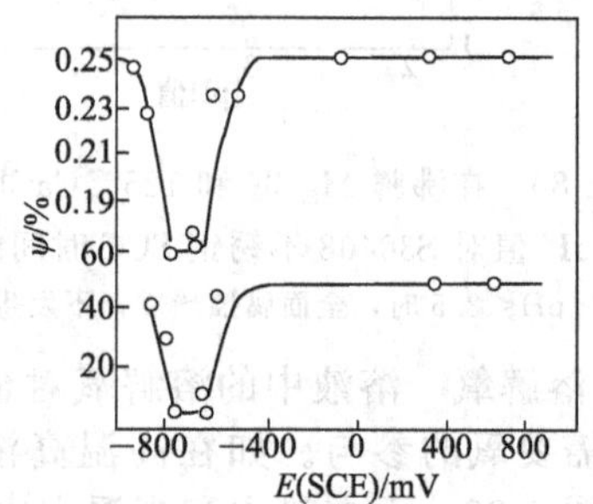

图 4-85　在沸腾 35%（质量分数）NaOH 溶液中，在临界电位范围内碳钢（0.08%C）的断面收缩率变化

在沸腾 4mol/L $NaNO_3$ 和沸腾 4mol/L NH_4NO_3 中，硝脆的敏感电位范围分别为 －300～＋1100mV（SCE），不锈钢在 154℃ $MgCl_2$ 中 Cl-SCC 的敏感电位范围为 －296～＋393mV（SCE）。因此，凡是能把金属或合金从敏感电位范围内移出来的添加剂既有缓蚀作用，沸腾 $MgCl_2$ 溶液中加入了 5%（质量分数）$NaNO_3$ 后，一方面缩小了敏感电位范围，另一方面又把不锈钢的开路电位移出了敏感电位范围，因此抑制了不锈钢的 Cl-SCC。

电位对 SCC 裂纹的扩展速度也有明显的影响，在临界电位范围内，裂纹扩展速度迅速加快。图 4-86 是 C-Mn 钢在 75℃0.5mol·L^{-1} Na_2CO_3＋1mol·L^{-1} $NaHCO_3$ 中 SCC 裂纹扩展速度及开裂时间随电位变化的情况，通常是把电位对 SCC 的影响与介质的 pH 值的影响联系在一起。图 4-87 是 C-Mn 钢在磷酸盐溶液中发生 SCC 的区域，在阴影范围外则不发生 SCC。

⑧ 腐蚀产物　腐蚀产物形成的膜分两类，一类是较厚的不溶于水的膜，这类膜可能不透水，因而具有保护作用；另一类是透水的可能造成局部腐蚀。大多数腐蚀产物具有良好的导电性，电位比金属的高，使暴露的金属成阳极，促进局部腐蚀。腐蚀产物楔入金属内部，造成局部应力升高，促进 SCC 扩展。

(3) 材料因素

材料的冶金质量、化学成分、晶粒方向和晶粒度、带状组织、沉淀相的成分和分布、轧制方向、冷热加工和热处理状态对材料的抗 SCC 性能有明显的影响。

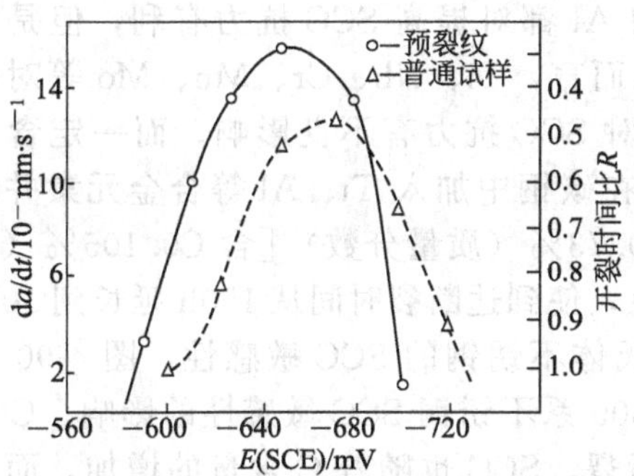

图 4-86 C-Mn 钢裂纹扩展速率与电位关系

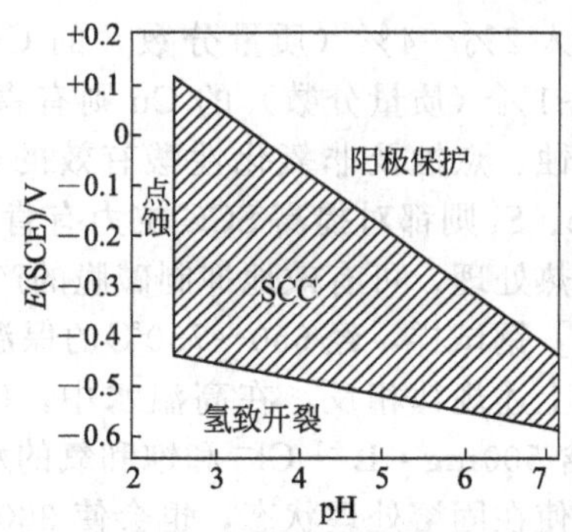

图 4-87 C-Mn 钢在磷酸盐中发生 SCC 区域

每种合金系列中，都有对 SCC 敏感的合金成分。如，铝镁合金中当 Mg 的质量分数大于 4%，对 SCC 很敏感；而 Mg 的质量分数小于 4%时，则无论热处理条件如何，它几乎都具有抗 SCC 的能力。

① 成分 材料的合金元素对其抗 SCC 性能的影响具有环境依存性。对碳钢和低合金钢从材料化学成分方面来说，一般认为 Al、Ti、V、B、Cu 等元素能提高钢的抗 SSC 能力，Ni、S、P、Mn、N、H、C 等对钢抗 SSC 不利。

杂质元素对金属或合金的 SCC 敏感性影响极大。纯铁或低碳钢在湿氢中加热去除 C、N 后，在硝酸盐中均不发生 SCC。纯铁中含 N 40.43%（质量分数）时，SCC 抗力明显下降。N 对不锈钢有类似的有害作用。在 Fe-20Cr-18Ni 不锈钢中含 N 大于 0.003%（质量分数）可使 Cl-SCC 敏感性增加。钢中少量残 Al 会增加奥氏体不锈钢的 Cl-SCC 敏感性。MnS 会被介质首先溶解，裂纹便由此处成核。Fe-19Cr-13Ni 不锈钢中加入 0.044%～0.2%（质量分数）的 Al，即有很敏感的 Cl-SCC 性。P 可使其抗 Cl-SCC 寿命缩短到原来的 1/5～1/3。S 也增加奥氏体不锈钢的 Cl-SCC 敏感性。上述这些杂质元素大多是对合金 SCC 抗力有害，因此，提高纯度一般可改善其抗力。

纯铁中加入 C 后 SCC 敏感性增加，含 C 量 0.12%（质量分数）时，SCC 敏感性最大，但是含 C 量大于 0.2%（质量分数）后，SCC 抗力又逐渐提高。在 $(NH_4)_2CO_3$ 中，C 使钢的 SCC 抗力增加的情况如图 4-88 所示。含 C 量超过 0.25%（质量分数）后，在 200h 以内不发生断裂、而低 C（质量分数 0.003%）7h 就产生断裂，但是含 C 量<0.001%（质量分数）后，SCC 抗力又可提高。适当提高含 C 量也有利于奥氏体不锈钢抗 Cl-SCC 性能，图 4-89 为 Fe-19Cr-20Ni 中含 C 量在 0～0.1%（质量分数）之间变动时，t_F 与 C 含量的关系。

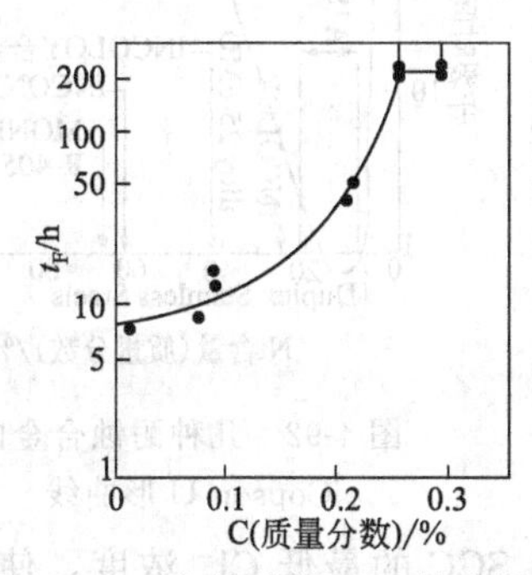

图 4-88 C 含量对抗 SCC 性能影响

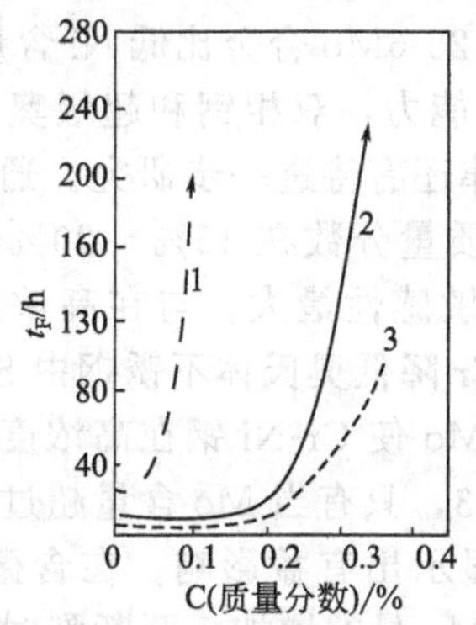

图 4-89 不锈钢中 C 含量对抗 SCC 敏感性影响

1—16Cr14Ni，σ=412MPa；2—16Cr20Ni1.5Mo，σ=274MPa；3—16Cr20Ni1.5Mo，σ=343MPa

加入2%～4%（质量分数）的Cr和0.8%的Al都对提高SCC抗力有利，但是加入0.3%～1%（质量分数）的Cu则有害。对不锈钢而言，Ti、Nb、Cr、Mn、Mo等对于抗晶间腐蚀、点蚀及非氧化性酸有效的合金元素都对SCC抗力有不良影响。而一定含量的Ni、Co、Si则都对提高SCC抗力有肯定的作用。在碳钢中加入Ti、Al等合金元素并进行相应的热处理，可有效地抑制碱脆的产生，如Ti 0.73%（质量分数）［含C0.105%（质量分数）］钢试样，经650～750℃的保温，然后炉冷，使到达断裂时间从150h延长到1000h。

与上述规律相反，在高温水中，C提高了奥氏体不锈钢的SCC敏感性，图4-90为在300℃含500mg·L^{-1} Cl$^-$和饱和氧的水中，C对300系不锈钢SCC敏感性的影响。C量增高，即使在固溶处理状态，也会使300系不锈钢断裂。SCC也随着C含量的增加，而从穿晶型转变为晶间型。在高浓度氯化物溶液中，Copson等进行了系列的研究，并总结出如图4-91所示的Copson曲线，较为一致的看法是：8%（质量分数）Ni是一分界线，含Ni量高于8%时，随镍含量增加，SCC抗力增加，而含Ni量低于8%时，减少含Ni量，SCC抗力也增加。

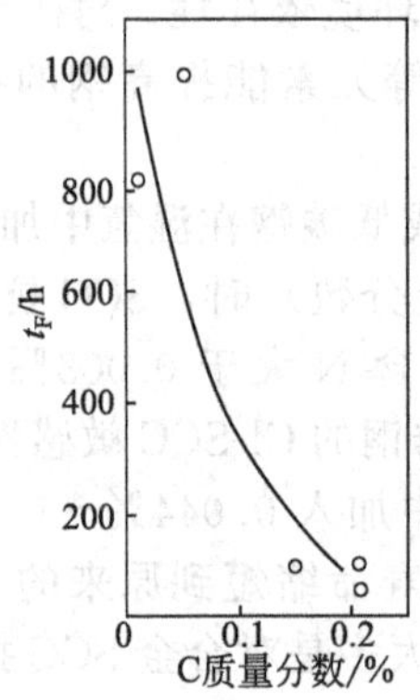

图4-90 在300℃、500mg·L^{-1} Cl$^-$和饱和氧的水中C对300系不锈钢SCC敏感性的影响

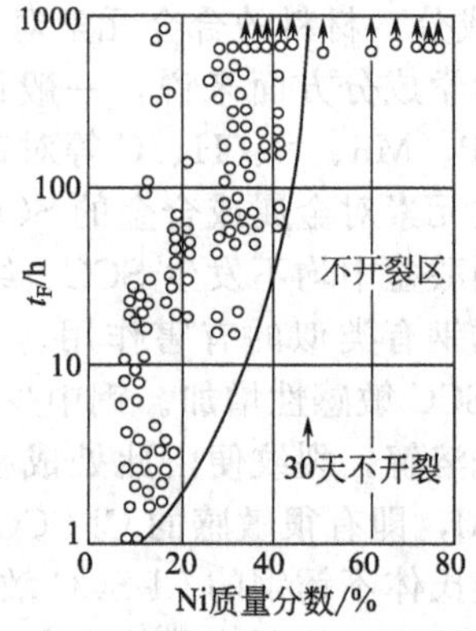

图4-91 在沸腾42% $MgCl_2$中Ni对Fe-18Cr抗SCC性能影响的Copson曲线

由于Copson的基础性工作，人们知道奥氏体合金的氯化物SCC抗力可以通过增加镍含量来改善，图4-92[47]。添加的N与Ni形成协同效应，使合金表现出比其实际Ni含量更高的现象，含质量分数25%Ni和0.15%～0.25% N的Incoloy 25-6Mo合金比低Ni含量的S31708明显要好的抗Cl-SCC能力，双相钢和超级奥氏体级的腐蚀抗力更好，但其规律还有待进一步研究。通常认为，在高浓度氯化物中，Cr质量分数在15%～20%范围内时，奥氏体不锈钢的SCC敏感性最大。与在高浓度氯化物中不同，在高温水中，Cr降低奥氏体不锈钢中SCC敏感性。

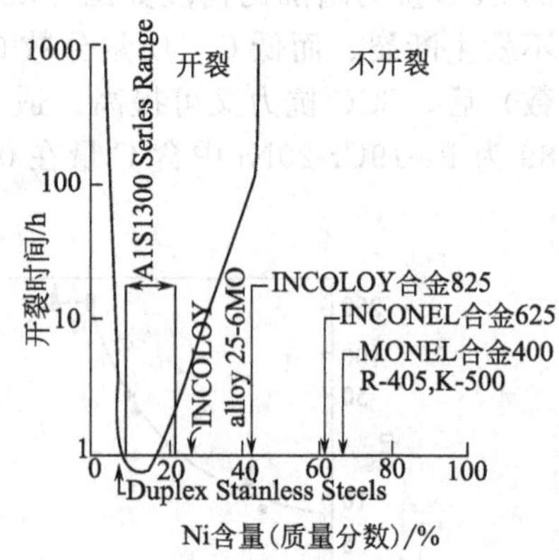

图4-92 几种耐蚀合金的Copson U形曲线

微量的Mo使Cr-Ni钢在高浓度氯化物中断裂时间缩短，见图4-93，只有当Mo含量超过3.5%～5%（质量分数）后，才显示出有益影响。在含微量氯化物高温水中，随着钢中含Mo量的增加，至断裂时间增加，提高了产生SCC的最低Cl$^-$浓度，使得SCC的形式从穿晶型过渡到晶间型。

N对奥氏体不锈钢抗SCC的有害作用如图4-94所示，这是由于它促进了阴极上氢的析出。合金中若加入氮化物形成元素可以减轻 N 的有害作用。

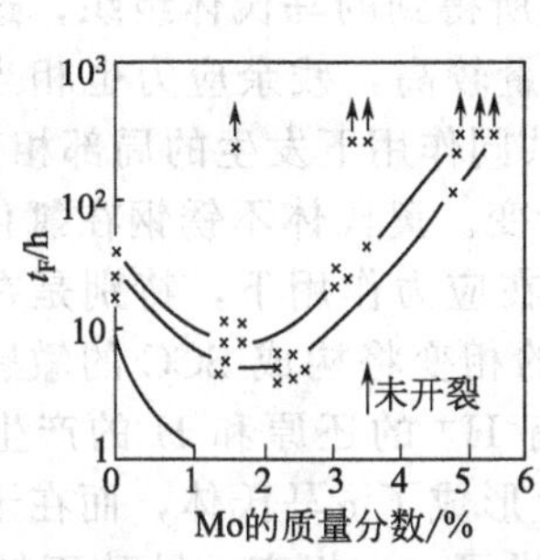

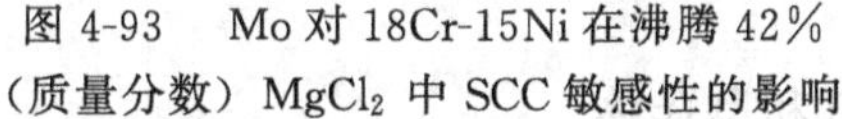
图 4-93　Mo 对 18Cr-15Ni 在沸腾 42%（质量分数）$MgCl_2$ 中 SCC 敏感性的影响

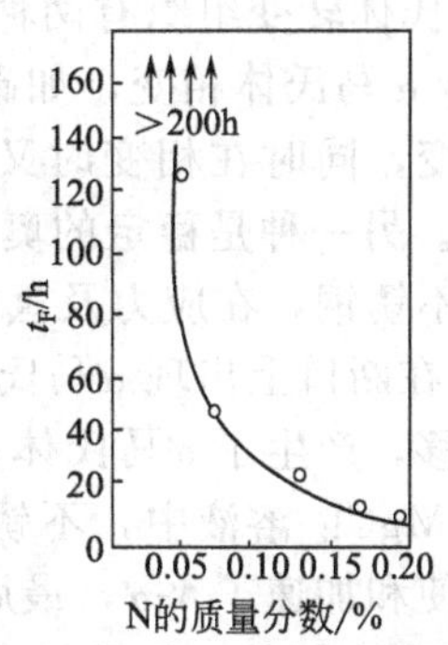

图 4-94　在沸腾 42%（质量分数）$MgCl_2$ 中 N 含量对 19Cr20Ni 钢 SCC 敏感性的影响

在奥氏体钢中加入 Si，可显著提高抗 SCC 性能。这是因为加入 Si 后可形成含铁素体的双相钢，当表面裂纹遇到铁素体时即被阻止，不能继续扩展。主要合金元素对奥氏体不锈钢抗 SCC 的影响见 4-12。

表 4-12　主要合金元素对奥氏体不锈钢抗 SCC 的影响

元素	环境	
	154℃沸腾 $MgCl_2$	300℃含 500mg·L^{-1} Cl^- 和饱和氧水
C	有益	有害
Si	有益	有益
Cu	有害	有益
Mo	有害	有益
Ni、Cr	约 8%Ni(质量分数)，15%～20%(质量分数)范围内有害，其余范围有益	有益
N	有害	
Mn	>5%(质量分数)有害	
V	无影响	

综上所述，不同的金属在同一腐蚀环境里有不同的 SCC 敏感性。一种金属在不同的腐蚀环境里也有不同的 SCC 敏感性。选择合适的金属-腐蚀环境组合可以避免或大大降低 SCC 的发生。如，铬在各种浓度的 HNO_3、在 H_2SO_4、H_2O_2 中以及在其他氧化性介质中抗 SCC 性能是很好，而在氯化物、稀 H_2SO_4、热碱中抗 SCC 性能就很差；镍在一般碱溶液中、在大气中抗 SCC 性能很好，而在强氧化酸中和海水中抗 SCC 性能差；铜在海水、盐水、淡水和大气中抗 SCC 性能较好，而在氨介质中和湿 H_2S 介质中抗 SCC 性能差；铝在湿 H_2S 介质中抗 SCC 性能好，而在 Cl^-、Cu^{2+}、Fe^{2+}、Fe^{3+} 离子的介质中抗 SCC 性能差。

② 金相组织的影响　金相组织包括有奥氏体-珠光体、奥氏体-马氏体转变组织、马氏体不同温度回火组织、双相奥氏体-铁素体组织、敏化处理组织等。

碳钢或低合金钢在热处理过程中可发生奥氏体-珠光体的转变（共析转变），如正火或固溶处理后的等温转变。由于热处理时的温度、冷却速度的不同，最后转变产物也不同，如珠光体中铁素体及渗碳体的含量、形状、大小也不同，因此钢在特定环境中的 SCC 敏感性及断裂途径也将不同。典型的例子是钢在 H_2S+NaCl+HAc 溶液中，具有球状珠光体组织的钢比片状珠光体组织的钢的 K_{ISCC} 高，裂纹扩展速率也小，即前者比后者对 SCC 敏感性低。

奥氏体-马氏体转变组织有两种情况，一是由于固溶处理的高温奥氏体快速冷却而发生的亚稳相变，γ-α 马氏体相变，如碳钢或低合金钢淬火后所得到的马氏体组织，这种组织因为是非平衡相变，同时在相变时又伴随着共格畸变，能量较高，残余应力也相当大，故对 SCC 特别敏感。另一种是稳定的奥氏体相在应力及环境共同作用下发生的局部相变，如 300 系列的奥氏体不锈钢，在应力及氢的作用下发生的 γ-α′转变。奥氏体不锈钢在氯化物介质中发生 SCC 时，在断口上出现 α′马氏体，这说明 γ 奥氏体在应力作用下，特别是在裂纹尖端产生强烈的滑移，产生了 α′马氏体，显然这种局部区域的相变将构成 SCC 的敏感途径。此外，在沸腾的 $MgCl_2$ 溶液中，不锈钢 SCC 裂纹尖端处有 H^+ 的还原和 H 的产生，而且 H 的存在也将促使和加速了 γ-α′，最后导致 SCC，在断面上形成了 α′马氏体，而在干燥的空气中拉断的断口则不出现 α′马氏体。这说明应变或 H 促进了 γ-α′相变，导致不锈钢对 SCC 敏感。

对于具有奥氏体-铁素体组织的双相钢，由于有和奥氏体共存的少量铁素体，从而提高了钢的抗 SCC 能力。这是由于当 SCC 裂纹扩展时，遇到铁素体晶粒时受到阻力的缘故，若要使 SCC 裂纹继续扩展，必须先由机械作用使铁素体晶粒破坏，而使 K_{ISCC} 提高。由于具有体心立方的 α-Fe 对 Cl^- 的 SCC 抗力很高，所以适当增加钢中铁素体的含量可提高钢对 SCC 的抗力。图 4-95 为铁素体含量对奥氏体不锈钢在沸腾的 $MgCl_2$ 水溶液中断裂时间 t_F 的影响，从图中可以看出，钢中含大约含 40% 的 α-Fe 时，具有最佳的 SCC 抗力。其典型的代表钢种为 2205、2507 等双相不锈钢。

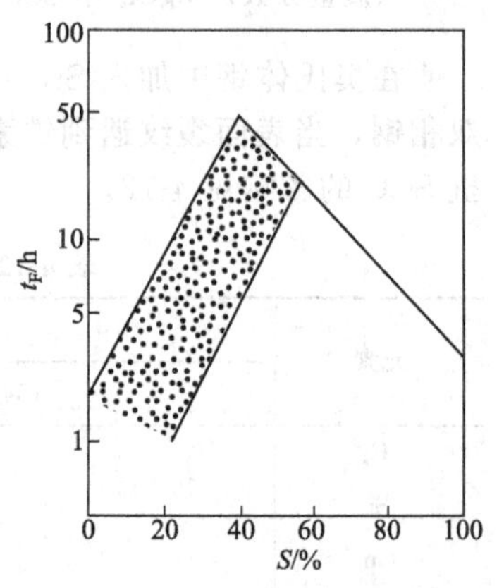

图 4-95 铁素体含量对奥氏体不锈钢在沸腾 42%（质量分数）$MgCl_2$ 的水溶液中 SCC 至断裂时间的影响（σ=245MPa）
S—面积百分数

敏化处理对奥氏体不锈钢也有较大的影响。在 450～850℃的敏化处理使不锈钢沿晶界析出碳化铬，造成晶界附近贫铬。实验证实，经敏化处理的 Cr-Ni 不锈钢的 SCC 敏感性随钢的成分（主要是含 C 量）和腐蚀环境而异。在产生晶间型的 SCC 环境中，如 20%（质量分数）NaCl 中，敏化处理不仅加速了 SCC，而且使裂纹从穿晶型转变为晶间型。但是在如沸腾 42%（质量分数）$MgCl_2$ 的穿晶型 SCC 介质中，敏化处理几乎没有什么影响。

敏化处理只对含 C 量较高的不锈钢，如 06Cr19Ni10 有加速 SCC 敏感性的效果，而对低碳不锈钢，如 022Cr19Ni10 和含稳定化元素的不锈钢 06Cr18Ni11Nb 影响较小。

③ 晶粒度　金属或合金的晶粒度对 SCC 抗力的影响主要在于晶界是束缚滑移的因素，一般认为 SCC 的产生是因滑移阶梯破坏了表面膜引起的，晶粒越细，晶界越多，滑移也越困难。并具有以下关系（式 4-15）：

$$\sigma=\sigma_0+4\left[\frac{3G\gamma}{\pi(1-\nu)}\right]^{\frac{1}{2}}\times\left(\frac{1}{\alpha}\right)^{\frac{1}{2}} \tag{4-15}$$

式中　σ——开始滑移的应力，MPa；

α——晶粒直径，mm；

G——切变模量，MPa；

ν——泊松比；

γ——表面能，$mJ\cdot m^{-2}$；

σ_0——材料常数（晶体对位错运动的摩擦阻力）。

④ 夹杂物的含量和偏析 合金材料含有的夹杂物和偏析会使晶界的腐蚀电位降低，从而形成 SCC 电池的阳极，增加了对 SCC 的敏感性。夹杂和偏析越多，对 SCC 的敏感性越大。同时，夹杂和偏析的存在，降低了材料的 K_{IC}，从而使 K_{ISCC}下降，使材料对 SCC 的敏感性增大。

⑤ 热处理规范 为改善压力容器焊接接头组织及提高力学性能和缺口韧性，降低焊接接头的残余应力和抗 SCC 能力，需进行焊后热处理。BS 6235[48]规定，一般构件厚度大于 50mm，节点构件厚度大于 40mm，都需进行焊后热处理；GB 150.4[17]中的“8 热处理 8.1 成形受压元件的恢复性能热处理 8.1.1 钢板冷压成形受压元件规定，当符合下列 a）～e）中任意条件之一，且变形率超过表 4 的规定范围，应于成形后进行相应的热处理恢复材料的性能。b）图样注明有应力腐蚀的容器；8.2 焊后热处理（PWHT）中 8.2.2.2 图样注明有应力腐蚀的容器。”

焊后热处理应严格按钢制压力容器焊接工艺评定的规范执行。焊后热处理的加热速度、加热温度、保温时间和冷却速度必须遵守热处理工艺的规定。热处理能改变金属或合金的金相组织或降低残余应力，因而对其抗 SCC 性能有很大影响。压力容器由于在冷加工和焊接过程中产生了很多残余抗应力，热处理规范是否得当，对其抗 SCC 性能影响很大。

对于氢脆（HE）型 SCC 而言，回火的温度越低，碳钢对 SCC 的敏感性就越大。反之，回火的温度越高，碳钢对 SCC 的敏感性就越低。但是，对于阳极溶解型（APC）的 SCC 而言，钢奥氏体化的温度也影响很大。低碳钢奥氏体化温度愈高，SCC 的敏感性也愈大；冷却速度愈慢，则 SCC 敏感性愈小。因此 SCC 抗力按炉冷、空冷、油淬、水淬的次序递减。低碳钢中 C 在晶界偏聚一般地说来将成为腐蚀电池中的阴极而加速阳极溶解，因而促进低碳钢发生晶间型 SCC。奥氏体不锈钢等耐蚀合金材料的压力容器一般不进行热处理，因为只有进行固溶处理才能提高其抗 SCC 性能，而固溶处理需要加热到 1050℃以上，急冷，这样会导致容器结构发生变形，而回火处理可能导致不锈钢的敏化。

国内容器用钢焊后消除应力热处理温度见表 4-13。

表 4-13 部分容器用钢焊后消除应力热处理温度

材质	Q345R(Q345R)	15MnVR	15MnVNR	07MnMoVR	07MnNiMoVDR
热处理温度/℃	600～650	550～595	550～580	570±15	570±15

注：保温时间 t/25h，但不少于 1h，t 为板厚(mm)。

⑥ 金属或合金材料强度和硬度 材料强度对 SCC 敏感性的影响很大，在研究 K_{ISCC}的影响因素中，强度（R_{eL}、R_p 或 R_m）被视为 K_{ISCC}的一个最主要的影响因素，任何材料的强度升高，K_{ISCC}都降低。

但在阴极极化条件下，SCC 敏感性则随着屈服强度的升高急剧下降。这说明在不同条件下强度对 SCC 有着不同的影响。对于 HE 型 SCC，降低强度可有效地降低钢的 SCC 敏感性。但对塑性变形起控制作用的 SCC，适当提高钢的屈服强度也可提高抗 SCC 的能力。

硬度值虽然不能作为材料是否发生 SCC 的可靠判据，但现场统计数据和实验室研究数据表明，随着材料和焊接接头的硬度值升高，发生 SCC 的临界应力值越低，所需的时间越短。

总之，要想改善材料的抗 SCC 性能，必须使材料同时具有较好的断裂韧性和不算过高的强度。在压力容器大型化和不断提高操作压力的情况下，必须要求材料具备合适的强度与断裂韧性，两者均不可偏废。

⑦ 材料表面状态的影响 裂纹往往起源于材料表面缺陷处，如表面的加工痕迹、硬度测定产生的压痕、工卡具的压痕、焊接飞溅、焊接弧坑等。

(4) 应力腐蚀三要素之间的关系

SCC 三要素之间对材料 SCC 的影响最终体现在 SCC 的裂纹形核和裂纹扩展途径和速率上，其关系如图 4-96 所示。

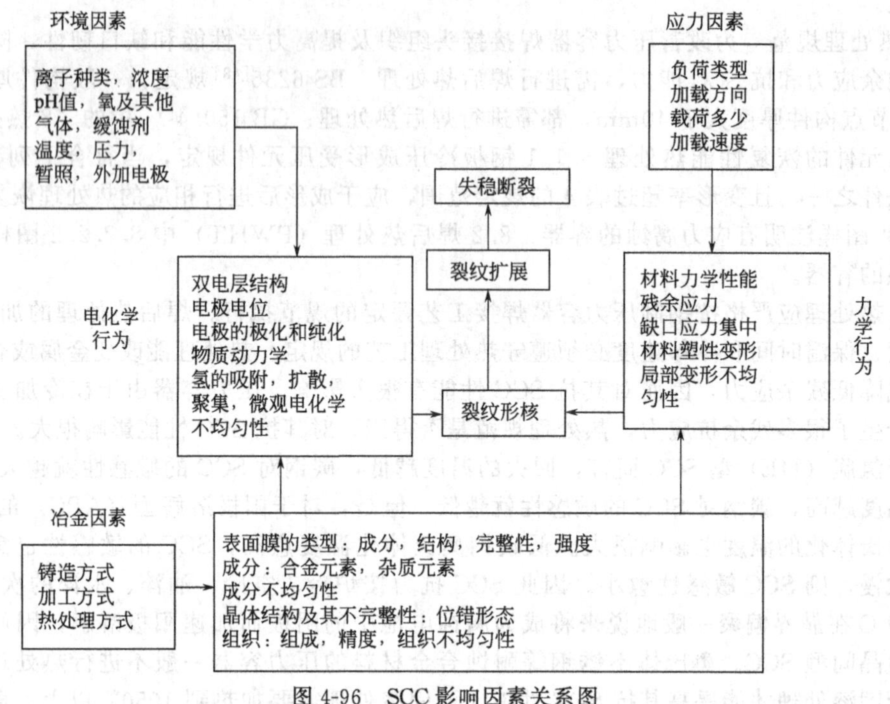

图 4-96 SCC 影响因素关系图

4.4.6 碳钢和低合金钢的应力腐蚀

(1) 湿硫化氢应力腐蚀

① 湿硫化氢应力腐蚀定义 硫化物 SCC（Sulfide stress corrosion cracking，SSCC）指金属在湿硫化氢（wet H_2S）或其他水溶性硫化物环境中产生的脆性破裂。其特点是以阴极充氢为主，导致氢致裂纹。SSCC 在工程上是一种常见的严重破坏现象，是由于在金属表面上进行的硫化腐蚀过程中产生了氢原子而发生的氢致开裂。可发生 SSCC 的钢种包括低碳钢、低合金钢、高强钢、不锈钢等。开裂倾向随着钢材的强度升高而增加，通常容易发生在高强度（高硬度）钢的焊接熔合区或在低合金钢的强热影响区处。设备的抗 SSCC 能力受到温度、介质中 H_2S 或 S^{2-} 和 CN^- 等杂质含量、介质 pH 值、应力大小及分布状态、金属焊接质量和焊缝表面质量、设备热处理状态等多种因素的影响。

NACE MR 0175[49]（SY/T 0599[50]）规定，对 pH<6 或 pH>7 但介质中含有 CN^- 的环境，当 H_2S 气体分压高于 0.05psi，相当于在液化石油气中 H_2S 质量分数为（5～6）×10^{-6}、介质中含有液相水或操作温度在水露点温度以下，应对环境加以控制，并选用抗 SSCC 材料。

有些文献将 0.05psi 换算为 355Pa，并以气相中 H_2S 分压为 355Pa 定义的湿 H_2S 环境中，气相 H_2S 含量与总压的关系见图 4-97。

NACE MR 0175 按介质的原位 pH 值和 H_2S 分压将湿 H_2S 环境分为 4 个等级，如图 4-98 所示。

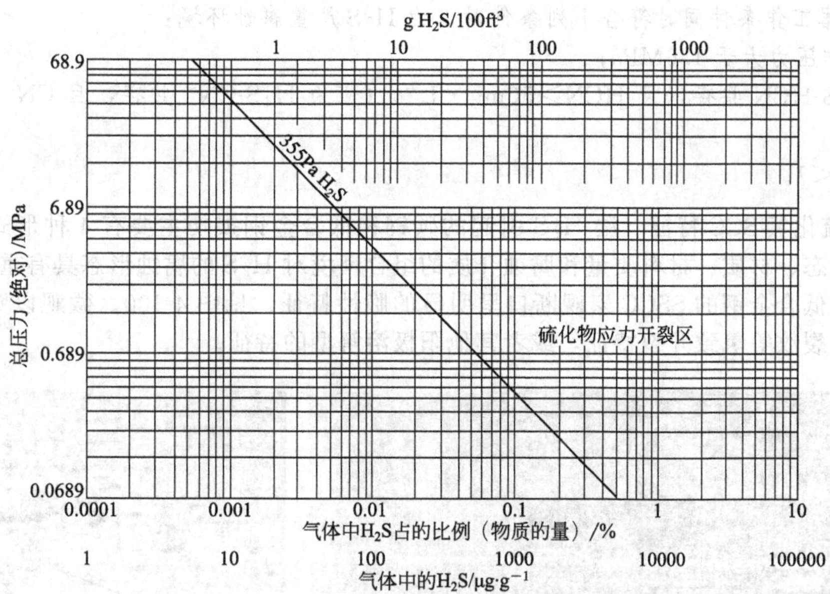

图 4-97　以 355Pa H_2S 分压作为判据确定特定气体成分是否处于 SSCC 潜伏区内

$1ft^3 = 0.0283168m^3$

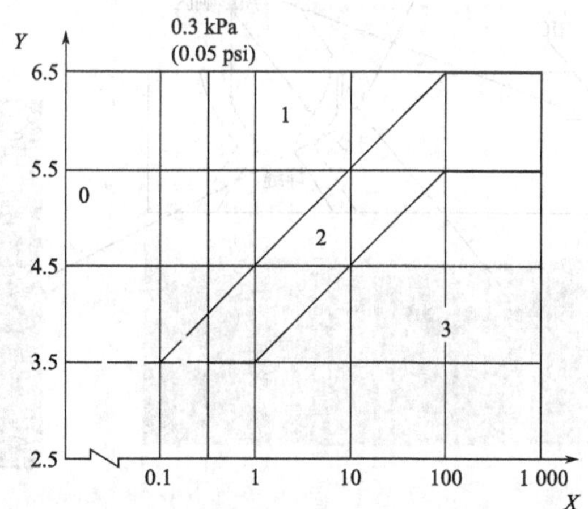

图 4-98　碳钢和低合金钢 SSC 的环境严重程度的区域（NACE MR 0175）

X—H_2S partial pressure，kPa；Y—原位 pH；0—0 区；1—SCC 1 区；2—SCC 2 区；3—SCC 3 区

HG/T 20581—2011《钢制化工容器选用规定[51]》对湿 H_2S 环境定义如下：

7.8.2　湿 H_2S 应力腐蚀环境

(1) 腐蚀环境

当化工容器接触的介质同时符合下列各项条件时，即为湿 H_2S 应力腐蚀环境：

1) 温度小于或等于 $(60+2p)$℃；p 为压力，MPa（表压）；

2) H_2S 分压大于或等于 0.00035MPa，即相当于常温在水中的 H_2S 溶解量（原文为溶解度，概念有误）大于或等于 $7.7mg \cdot L^{-1}$；

3) 介质中含有液相水或处于水的露点温度以下；

4) pH<7 或有氰化物（CN^-）（原文为 HCN，概念有误）存在。

(6) H_2S 严重腐蚀环境

1）容器工作条件同时符合下列条件时，为 H_2S 严重腐蚀环境：

① 工作压力大于 1.6MPa；

② H_2S-HCN 共存，且 HCN＞50mg·L^{-1}（应为 H_2S-CN^- 共存，且 CN^-＞50mg·L^{-1}）；

③ pH＜7。

② 湿硫化氢 SCC 特征　湿 H_2S 引起的碳钢和低合金钢损伤主要有 4 种形式，见图 4-99。应力状态、材质、材料质量和腐蚀介质的组合环境对 H_2S 的腐蚀形态具有重要的作用。

碳钢和低合金钢的 SSCC 宏观断口呈明显的脆性特征，见图 4-100。微观以穿晶开裂为主，有二次裂纹等氢致开裂特征，或者其他阳极溶解型的特征。

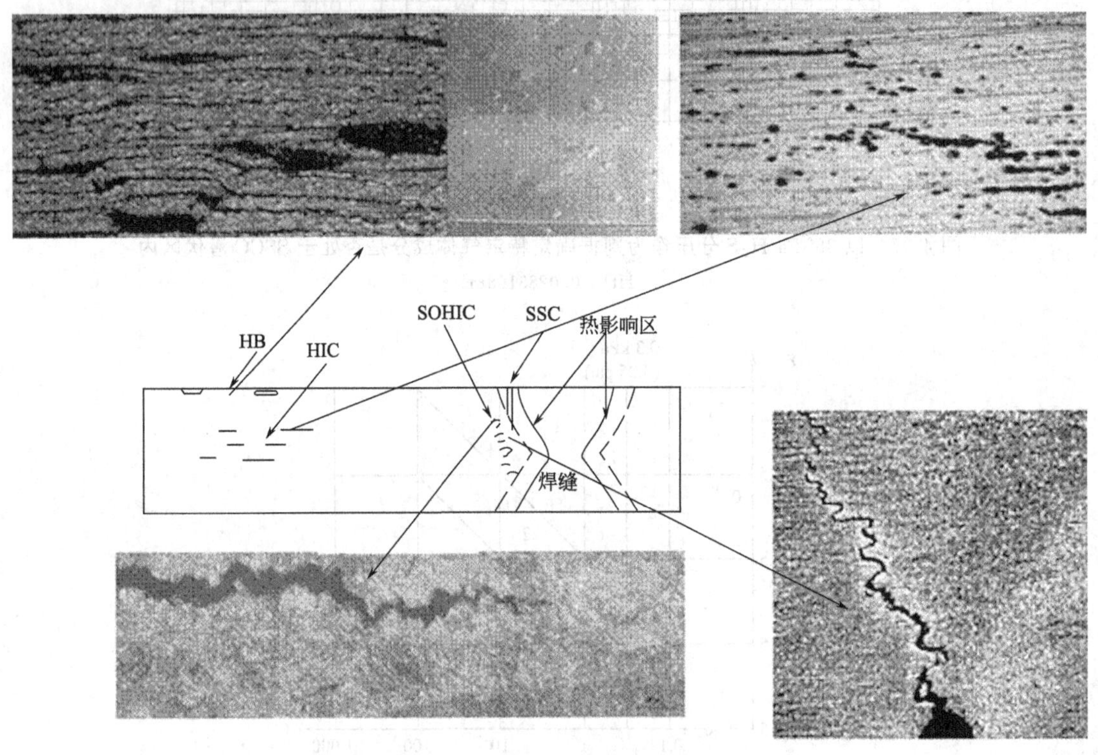

图 4-99　湿 H_2S 腐蚀的 4 种形式

图 4-100　湿 H_2S 环境下使用的 45 钢螺栓

③ SSCC 机理　湿 H_2S 引起的开裂有硫化氢应力开裂（SSC）、氢诱导（HIC）、应力导向氢致开裂（SOHIC）及氢鼓泡（HB）和软区开裂（SZC）、阶梯裂纹（SWC）、氢应力开

裂（HSC）等。因为SSCC的发生和发展观察极为复杂，所以对于SSCC的机理说法也较多，目前较为公认的SSCC发生和发展机理有氢致开裂、阳极溶解和混合型。

氢致开裂机理，整个腐蚀的电化学过程和氢扩散过程至少包括以下3个过程。

a. H_2S 的水解

$$H_2S \longrightarrow H^+ + HS^- \tag{4-16}$$

$$HS^- \longrightarrow H^+ + S^{2-} \tag{4-17}$$

以上反应的平衡常数在一定的温度下是确定的，随着 H_2S 的浓度上升，H^+、HS^- 和 S^{2-} 浓度上升。

b. 金属的阳极溶解和 H、H_2S、HS^- 吸附

$$Fe \longrightarrow Fe^{2+} + 2e^- \tag{4-18}$$

$$Fe^{2+} + S^{2-} \rightleftharpoons FeS\downarrow \tag{4-19}$$

$$HS^- + Fe \longrightarrow HS^- \ Fe \longrightarrow FeS_x\downarrow + H \tag{4-20}$$

$$H_2S + Fe \longrightarrow H_2S - Fe \longrightarrow FeS_x\downarrow + H \tag{4-21}$$

$$H + Fe \longrightarrow H - Fe \tag{4-22}$$

FeS_x 是一种保护膜，这使得其形成后的一段时间内钢材腐蚀速度减慢。但由于 H_2S、HS^- 的存在使 H-Fe 键能下降，H-Fe 上的 H 很容易转移到金属中去。在应力和腐蚀等因素的作用下，造成阳极反应电位负移和 FeS_x 破裂，导致阳极溶解加速，使膜破裂处成为 SCC 的裂纹源区。

c. 阴极充氢

$$H^+ + e^- \longrightarrow H \tag{4-23}$$

$$2H \longrightarrow H_2\uparrow \tag{4-24}$$

由于 HS^- 和 S^{2-} 是阴极毒化剂，它们的存在阻止了 $2H \longrightarrow H_2\uparrow$ 反应的进行，使金属表面活性的 H 浓度大大提高，加速金属的充氢速度，导致氢致开裂，反映在材料的断口上即为主断面上的二次裂纹（Subcrack）。

以上所有的电化学反应和介质的吸附都可在常温下进行，反应可发生在所有与介质接触的表面，产生的 H 向金属内部扩散。随着温度的上升，由于 H_2S 的溶解度下降和式（4-18）、式（4-19）和式（4-24）的反应速度的增加，发生 SSC 的倾向逐渐下降，通常在较高的温度下金属的腐蚀由 SSCC 向全面腐蚀转变。

阳极溶解型 SSCC 其开裂机理符合 SCC 的机械化学效应模型，其形态为裂纹在材料表面呈直线状开裂，主要从点蚀坑底部开始形核，裂纹的扩展以穿晶断裂为主，只有主裂纹，没有二次裂纹。这种裂纹形态的产生是在中性或碱性介质中由于存在某些活化阴离子（如 CN^-、Cl^- 等），它们对金属材料的表面膜具有极强的穿透、侵蚀作用，能够溶解覆盖在钢材表面的 FeS 保护膜，使钢材产生点蚀。点蚀形核后形成一闭塞电池，在这个电池中，裂纹尖端为小面积、低电位的阳极，裂纹侧面及裂纹外侧为大面积、高电位的阴极，这样的小阳极/大阴极的活化－钝化局部腐蚀电池系统，使裂尖作为阳极快速溶解。在应力作用下，裂纹由此迅速扩展。因此碳钢和低合金钢在有 CN^-、Cl^- 存在的湿 H_2S 环境下，具有更高的 SCC 敏感性。

湿硫化氢环境下产生阳极溶解型裂纹所必须具备的条件：

a. 材料表面为 FeS 膜覆盖的钝性状态；

b. 介质中含有少量能够溶解 FeS 膜的活化阴离子；

c. 有点蚀源（或裂纹源）存在。

这种腐蚀形态形成和发展的速度很快，能够在较短时期有所表现。与此同时也伴有轻微的氢渗透过程，只是由于氢渗透量少，短时期不能形成明显的氢致开裂裂纹。

从失效分析中可以看出，材料本身存在的缺陷，如微裂纹、夹渣、夹杂、分层等，无论在哪一种腐蚀形态下都起关键性作用。

由于在 pH 值不同的介质中，钢材的表面状态也不相同，因而在后来所表现的腐蚀形态和速度上有较大差异。在中性或碱性溶液中以阳极溶解型裂纹为主；在酸性溶液中以氢致开裂裂纹为主。在实际应用中，由于阳极溶解型裂纹和氢致开裂裂纹产生的机理不同，其产生和发展随钢材所处的环境也会互相转化。条件适合时可以同时产生和存在，如在许多液化石油气储罐的开罐检查中，一台罐中两种 SCC 方式同时存在的情况很多，特别是储存介质条件不稳定，未按规定周期进行检查的设备更是如此。某单位的液化石油气储罐在投入使用的最初几年进行开罐检查时尚未发现问题，经过 17 年以后进行第二次检查时，则发现了大片的鼓包和裂纹。裂纹既有阳极溶解型裂纹，也有氢致开裂裂纹。

④ SSCC 影响因素　SSCC 的影响因素除与一般的 SCC 相似外，还有以下因素和特点。

a. 环境温度的影响。当介质环境温度由常温下升高时，随温度的提高，H_2S 在水中的溶解度降低，腐蚀产生的原子氢转变为分子氢的进程加快，减少了材料表面的 H 浓度。因此，材料内部的扩散氢浓度降低，并且氢的扩散活性随着温度的提高，H 偏析停止和金属晶格内氢的固溶稳定性增加，从而材料的产生 SSCC 的临界应力值提高。对于碳钢和低合金钢随着温度的升高，腐蚀形态逐渐向全面腐蚀转变，但对 300 系列不锈钢却相反。

在 H_2S 水溶液中低合金钢高强钢发生 SSCC 所需时间与温度的关系如图 4-101 所示。在饱和 H_2S 介质中，不同的碳钢发生 SSCC 的敏感温度有所不同。总体来说，低合金钢在 20～35℃下对 SSCC 最为敏感，部分材料在 60～70℃下最敏感。但如以 SSCC 敏感指数来评价，则随着温度升高，碳钢和低合金钢的 SSCC 敏感指数随温度的升高而升高[51～55]，如图 4-102 所示。

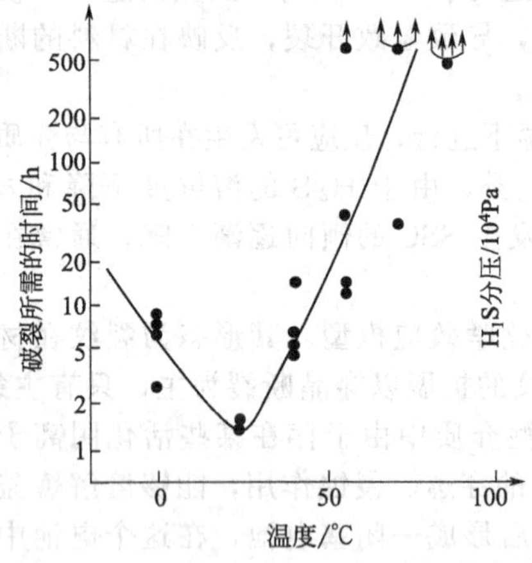

图 4-101　在 H_2S 水溶液中低合金钢高强钢发生 SSCC 所需时间与温度的关系

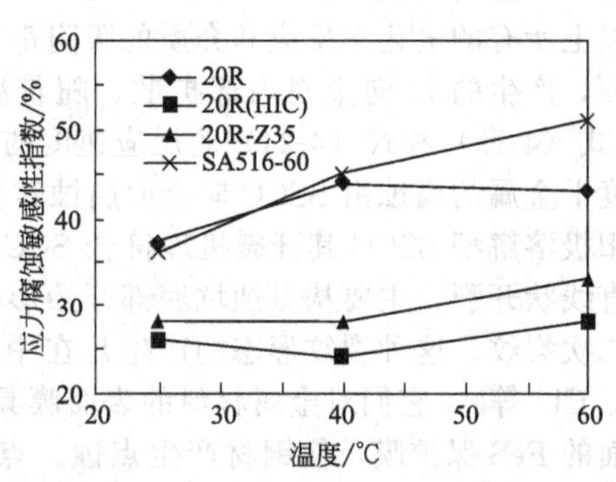

图 4-102　Q245R 系列碳钢温度与 SSCC 敏感指数的关系（pH4）

b. H_2S 含量。研究表明，H_2S 含量对 SCC 的影响明显，在其他条件相同的情况下，SSCC 的破坏敏感度随 H_2S 含量增加而增加，目前尚未找到引起 SSC 的 H_2S 浓度下限值，已发现某些材料在 H_2S 的 0.1×10^{-6} 的含量下发生 SSCC。

对低碳钢而言，当溶液中 H_2S 含量从 2×10^{-6} 增加到 150×10^{-6} 时，全面腐蚀速度增加较快，但只要小于 50×10^{-6}，破坏时间较长。H_2S 含量增加到 1600×10^{-6} 时，腐蚀速度迅速下降，在 1600×10^{-6}～2420×10^{-6} 时腐蚀速度基本不变。这表明高浓度 H_2S 腐蚀并不比低浓度 H_2S 腐蚀严重；对于低合金高强度钢，即使很低的 H_2S 浓度，仍能引起迅速破坏。

酸性条件下，当介质中含有水分时，决定腐蚀程度的是 H_2S 分压，而不是 H_2S 的含量，目前国内石化行业将355Pa（绝）作为控制值，当气体介质中 H_2S 分压大于或等于这一控制值时，就应从设计、制造或使用诸方面采取措施和选择抗湿 H_2S SSCC 的材料，以尽量避免和减少碳钢设备的 SSCC。

c. 介质 pH 值的影响。碳钢在湿 H_2S 环境中，随着介质的 pH 值上升，破裂时间大大延长，见图 4-103。一般在 pH4 附近，材料对 SSCC 最敏感。如 30CrMo、18-8 型奥氏体不锈钢在饱和 H_2S 水溶液中，pH4.2 时对SSCC 最敏感；pH5～6 时，不太敏感；pH≥7 时，不发生 SSC。pH 值大于 6 时，产生 SSCC 的临界应力值迅速上升，钢的出现 SSCC 的时间增加，甚至不发生 SSC。但如以 SSCC 敏感指数来评价，则随着 pH 值在 6 时，敏感指数最小[51～55]，如图 4-104 所示。

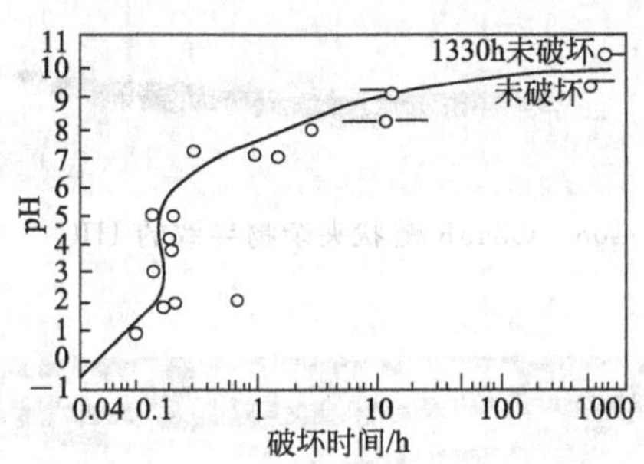

图 4-103 含 H_2S 溶液中钢的破坏时间与 pH 值之间的关系

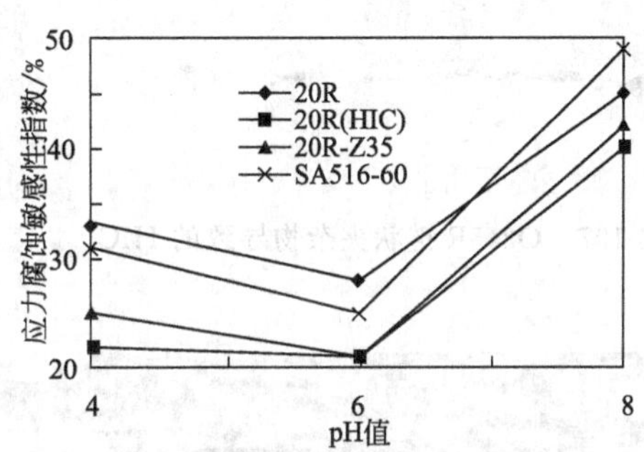

图 4-104 Q245R 系列碳钢 pH 与 SSCC 敏感指数的关系（25℃）

d. 介质其他组分的影响。溶液中含有 Cl^-、CO_2 等组分将促进钢的 SSCC，对于在 H_2S-CO_2-H_2O 环境中，Cl^- 的作用机理研究很少，对钢铁腐蚀行为影响的机理一直争议较多，有实验证明在 3.5%（质量分数）的 NaCl 溶液中腐蚀性最强，见图 4-105；也有研究表明 Cl^- 浓度增加导致腐蚀速率上升。在 3.5%（质量分数）的 NaCl 溶液中随着温度上升，全面腐蚀速率上升，见图 4-106，SCC 敏感性上升。

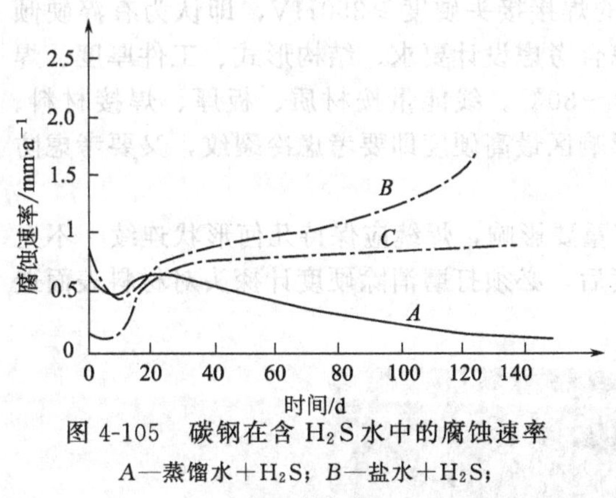

图 4-105 碳钢在含 H_2S 水中的腐蚀速率

A—蒸馏水＋H_2S；*B*—盐水＋H_2S；*C*—含 CO_2 的盐水＋H_2S

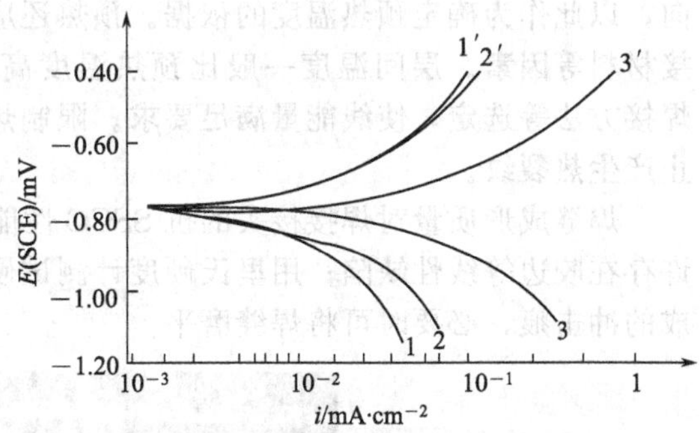

图 4-106 碳钢在不同温度 H_2S 盐水中的极化曲线

1—20℃；2—60℃；3—80℃

e. 材料对 SSCC 的影响。

ⅰ. 化学成分。对碳钢和低合金钢从材料化学成分方面来说，一般认为 Al、Ti、V、B、Cu 等元素能提高钢的抗 SSC 能力，Ni、S、P、Mn、N、H、C 等对钢抗 SSC 不利。

ⅱ. 冶金和热处理。材料的冶金质量、化学成分、晶粒方向和晶粒度、带状组织、沉淀相的成分和分布、轧制方向、冷热加工和热处理状态对材料的抗 SCC 性能有明显的影响。

冶金上通过喷钙处理、添加稀土元素改变夹杂物形状，并使 S 质量分数降低到 0.01% 以下，提高钢材纯净度是目前材料抗氢诱导裂纹的常用方法。比如 Q245R（HIC）、Q345R（HIC）等钢种。

研究发现[51~55]，Q245R、Q345R、07/09Cr2AlMoRE、NK-HITEN610U2 等碳钢和低合金钢材料中的链状夹杂物是导致材料产生 HIC 的直接原因，如图 4-107、图 4-108 所示。HIC 试件解剖后发现材料中部存在偏析带，裂纹主要发生在偏析带上，如图 4-109 所示。夹杂物 2.0 级时开始出现氢鼓包（HB），小于 0.5 级则抗 HIC 优良。

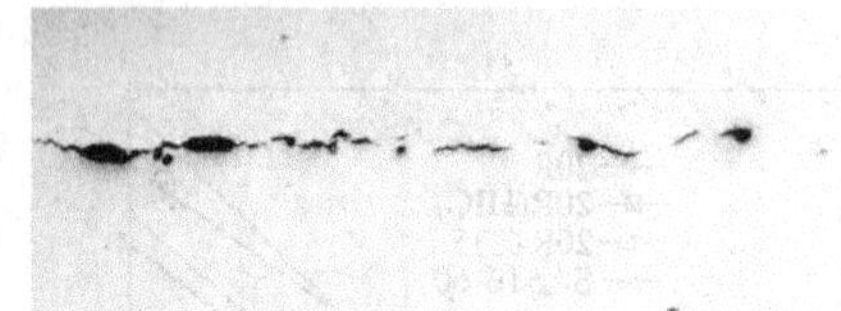

图 4-107 Q245R 链状夹杂物导致的 HIC

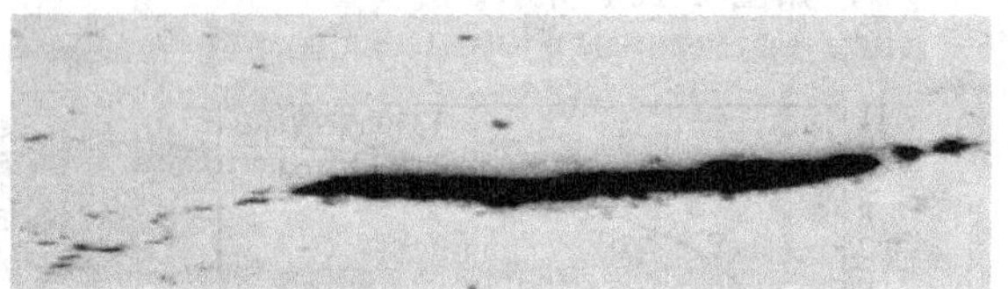

图 4-108 Q345R 链状夹杂物导致的 HIC

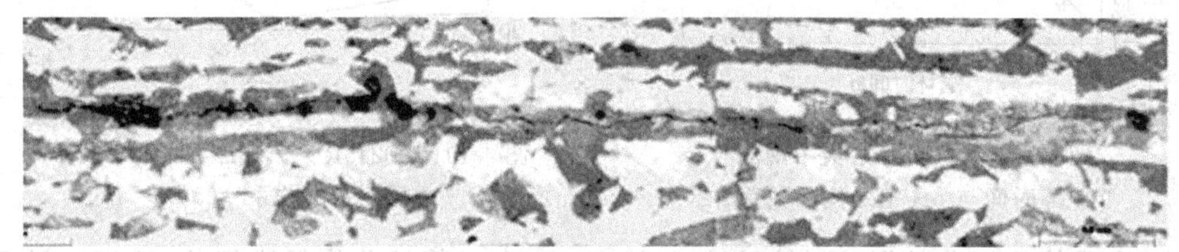

图 4-109 低合金钢偏析带上产生的 HIC

相同材料不同的热处理制度，对材料的抗 SSC 性能影响极大。低合金钢应在正火或调质状态下使用，在湿 H_2S 环境中使用的压力容器须进行消应力热处理。

f. 焊接因素。压力容器发生 SSCC 的大多位置在焊接接头部位，焊接接头部位的马氏体组织是导致 SSCC 的重要因素，许多碳钢和低合金钢焊接接头部位的 SSCC 都与马氏体组织有关，见图 4-110。焊接接头抗 SSCC 性能材料的焊接接头硬度≥350HV，即认为有淬硬倾向，以此作为确定预热温度的依据。预热还应综合考虑设计要求、结构形式、工件厚度、焊接材料等因素。层间温度一般比预热温度高 20～30℃。线能量按材质、板厚、焊接材料、焊接方法等选定，使线能量满足要求。限制热影响区最高硬度即要考虑冷裂纹，又要考虑防止产生热裂纹。

焊缝成形质量对焊接接头的抗 SSCC 性能有重要影响，焊缝应保持几何形状连续，不允许存在咬边等线性缺陷；用里氏硬度计测试硬度后，必须打磨消除硬度计探头对材料表面造成的冲击痕，必要时可将焊缝磨平。

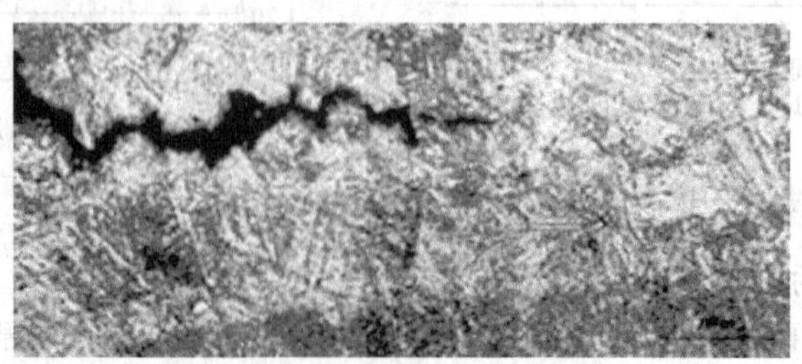

图 4-110 焊缝裂纹两侧的板条状马氏体

断口分析表明，焊接接头的 SSCC 大多断于熔合线附近，该区域晶粒分布不均匀，硬度相对较高，在应力、氢渗透与介质作用下，率先断裂。金相检查和扫描电镜观察，裂纹起始于表面，呈穿晶扩展特征，为准解理花样，存在二次裂纹。焊接接头裂纹源区位于焊缝熔合区和过热区，存在 SCC 敏感组织板条马氏体，组织不均，显微硬度 250～300$HV_{0.5}$，断口均符合 SSC 的特征。慢应变试样断口为剪切唇，扩展区微观形貌为韧窝，SCC 特征不明显。

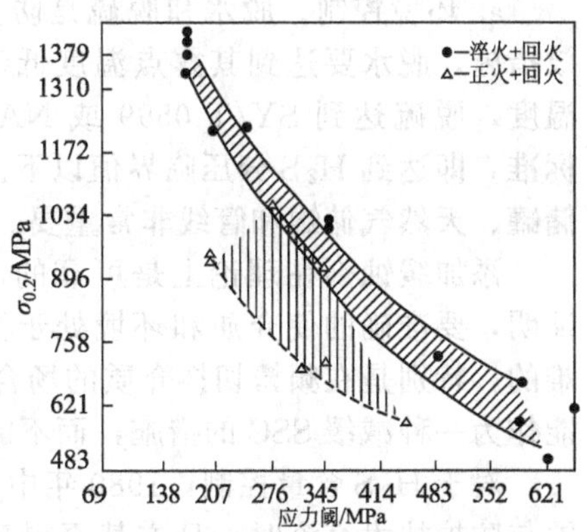

图 4-111 在 NACE TM 0177 介质中低合金钢屈服强度与应力门槛值

在湿 H_2S 环境中，不允许有异种钢焊接。

g. 材料强度和硬度的影响。在材料化学成分相似的情况下，随着强度的增加，其 SSCC 的敏感性也增加，如图 4-111 所示。

硬度值虽然不能作为材料是否发生 SSCC 的可靠判据，但现场统计数据和实验室研究数据表明，随着材料和焊接接头的硬度值升高，发生 SSCC 的临界应力值越低，所需的时间越短。NACE MR 0175 对材料在湿 H_2S 环境下使用时的最高硬度值规定如下。

- 含 Ni<1%（质量分数）的碳钢和低合金钢经热轧、退火、正火、正火＋回火、正火奥氏体化再淬火＋回火、淬火＋回火等热处理后，最高硬度须满足≤22HRC（234HBW）。
- Cr-Mo 类低合金钢在调质状态下，≤26HRC（257HBW）时可以做管材。在采用≥22HRC（234HBW）的合金时，通常的做法是进行抗 SSCC 试验，以确保该材料的抗 SSCC 性能。但≤22HRC（234HBW），不能作为材料不发生 SSC 的唯一指标，如冷加工的管材、卷板在硬度≤22HRC（234HBW），也发生过 SSCC。
- 采用回火热处理虽然可以降低残余应力的峰值和硬度，但焊接接头各部位硬度下降水平并不一致。所以对焊接接头的硬度要求比母材的更低。我国和 NACE 一般要求焊接接头的硬度应低于 220HBW，日本甚至要求低于 200HBW。

硬度对材料抗 SSC 性能的影响见图 4-112、图 4-113。SSCC 与 H_2S 质量分数、H_2S 分压、硬度的关系见图 4-114。

⑤ 碳钢和低合金钢 SSCC 的控制　碳钢和低合金钢 SSCC 的控制除应符合 SCC 控制的一般原则外，还有以下特点。

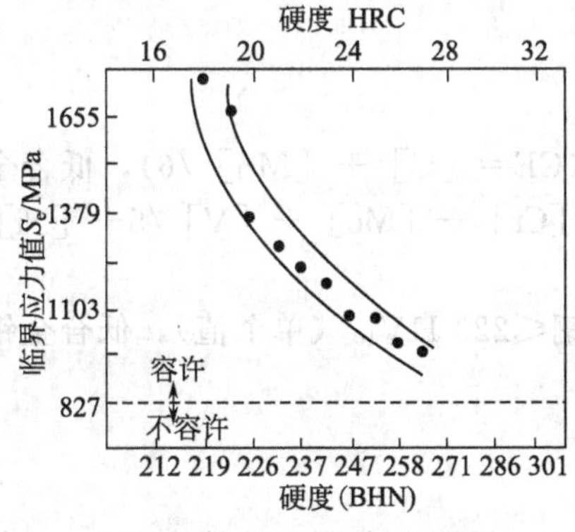

图 4-112 淬火＋回火的 4130（500-90）套管硬度对抗 SSCC 性能的影响

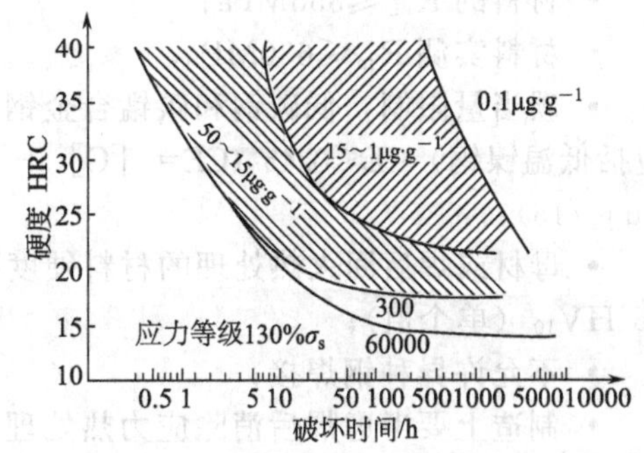

图 4-113 在含 5%NaCl 的不同 H_2S 溶液中套管硬度对发生 SSCC 所需时间的影响

a. 环境控制。脱水和脱硫是防止 SSCC 的有效措施，脱水要达到其露点温度低于系统的运行温度，脱硫达到 SY/T 0599 或 NACE MR 0175 标准，即达到 H_2S 分压临界值以下。这对于 LPG 储罐、天然气储罐和管线非常重要。

添加缓蚀剂在理论上是可靠的，但现场试验证明，要准确的使介质和环境处于受控状态是困难的，特别是在频繁切换介质的场合。因此，它只能作为一种减缓 SSC 的措施，而不能单独使用。

对于 H_2S 含量控制，1980 年中日炼油设备腐蚀与防护技术交流时，日方甚至提出应控制 H_2S 的含量为 20～30mg・m^{-3}，以确保安全。

b. 抗 SSCC 材料的选用。为解决 SSC 问题，合理选材十分重要，日本液化气协会及日本高压气体保安协会制定的 JLPA No. 2-1“液化石油气球罐标准（1978）”和高强度钢（球罐）使用标准（1980 年）分别修订了 H_2S 浓度的临界值，规定 R_m 590MPa 级别的低合金高强钢球罐储存的液化石油气中 H_2S 摩尔浓度应不大于 50×10^{-6}，R_m780MPa 的为 10×10^{-6}。法国压力容器标准 CODAP—90 的附录 MA3 中提出以下推荐：

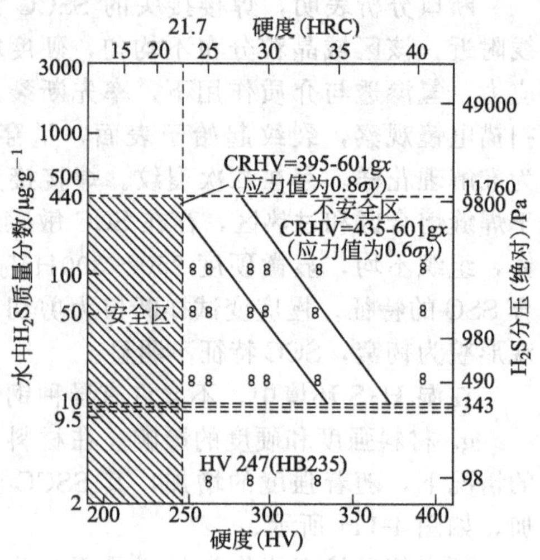

图 4-114 SSCC 与 H_2S 质量分数、分压、硬度的关系

- 减少夹杂物，限制钢中 S 含量，使 S≤0.002%（质量分数），如果能达到≤0.001%（质量分数）则更好；
- 限制钢中的含 O 量，使其≤0.002%（质量分数）；
- 限制钢中的 P 含量，尽量使其≤0.008%（质量分数）；
- 限制钢中的 Ni 含量；
- 在满足钢板的力学性能条件下，应尽可能降低钢的 C 含量。

NACEMR 0175 按湿 H_2S 环境苛刻程度的 4 个级别，给出了碳钢和低合金钢的选材原则。采用 NACE MR 0175 标准基础上编制的石油行业标准 SY/T 0599 天然气地面设施抗硫化物 SCC 金属材料要求，为含 H_2S 气田的地面设施选用国产抗 SSC 提供了依据。但要注意，任何不符合标准的设计、制造、安装、使用等都可能导致抗 SSC 材料对 SSC 敏感。

简单地说，如果介质游离水中 H_2S 含量超过 10×10^{-6}mol 或 H_2S 分压超过 355Pa，应考虑使用抗湿 H_2S 应力腐蚀的材料，材料应符合：

- 材料的 R_{eL}≤355MPa；
- 材料实测 R_m≤630MPa；
- 碳当量限制，低碳钢和碳锰合金钢 CE≤0.40（CE=［C］+［Mn］/6），低合金钢（包括低温镍钢）CE≤0.45（CE=［C］+［Mn］/6+［Cr］+［Mo］+［V］/5+［Ni］+［Cu］/15）；
- 母材或焊后回火热处理的材料硬度限制，低碳钢≤220 HV_{10}（单个值），低合金钢≤245 HV_{10}（单个值）；
- 不允许异种钢焊接；
- 制造上要考虑焊后消除应力热处理；
- 材料化学成分（质量分数）S≤0.003、P≤0.025；板厚方向断面收缩率 Z≥35%（3 个样平均值）、≥25%（单个试样最低值）。

HG/T 20581 规定：当容器处于硫化氢严重腐蚀环境时，还应符合下列要求：

材料化学成分（质量分数）S≤0.003%、P≤0.010%、Ni<1%；板厚方向断面收缩率Z≥35%（3个样平均值），≥25%（单个试样最低值）。所有焊接接头均应进行热处理。

NACE MR0103[56]、SH/T 3096[57]规定了炼厂的抗SSCC选材规范。

Q345R（Q345R）由于其Mn质量分数高达1.20%～1.60%，S、P含量较高，对硫化物更敏感。国内通常将其应用限制在H_2S含量50×10^{-6}mol以下环境，或者尽量不用。

12CrMoR、15CrMoR、1.25Cr1Mo等材料有很好的耐氢腐蚀能力和一定的抗硫作用，但对湿H_2S腐蚀，仍不够理想。

Q235R（Q245R）、Q245等，在湿H_2S环境中的腐蚀速率比以上低合金钢材料更快，抗SSCC性能略优于Q345R。07/09CrAlMoRe、12Cr2AlMoV、Q245R（HIC）［Q245R（HIC）］、Q345R（HIC）［Q345R（HIC）］等具有较好的抗SSCC性能，目前已大量在含量油气田用于换热器管束和容器。

（2）在碱溶液中的SCC（碱脆）

碱脆又称苛性脆化（Caustic Cracking），是金属及合金材料在碱性溶液中，由于拉应力和腐蚀介质的联合作用而产生的开裂，它是SCC的一种类型。压力容器的碱脆主要发生在蒸汽等容易发生反复蒸发浓缩的部位或与苛性碱接触的高温容器上，在接触苛性碱的碳钢、低合金钢、铁素体钢和奥氏体不锈钢中设备上都可能发生。如，国内外都发生过锅炉碱脆爆炸事故，生长人工晶体的盛有热浓碱液的高压釜、石油化工的余热回收系统、电解铝企业的Al_2O_3蒸发器，氯碱化工厂、造纸厂、核电等企业的压力容器也有Na^+浓缩引起的碱脆事故发生。

① 碱脆机理　碱脆的机理至今尚未完全弄清，存在是晶界铁素体优先溶解还是晶间碳化物优先溶解等争议，人们在解释其开裂机理时，仍用经典的SCC理论来解释碱性环境下发生开裂的现象。

碳钢和低合金钢的碱脆，一般要同时具备3个条件：一是较高浓度的碱液，如，在常压沸点温度下，低碳钢发生碱脆时的NaOH质量分数须大于5%；二是较高的温度，碱脆的温度范围较宽，碳钢的碱应力腐蚀一般发生在50～80℃以上，与碱的浓度有关，60℃左右为产生碱脆的最低临界温度，但最容易引起碱脆的温度是在溶液的沸点附近；三是较高的拉伸应力。

有理论认为低碳钢在热浓碱溶液中SCC机理属于沿晶阳极溶解型，SCC电位位于活化-钝化转变的范围内，见图4-115，碱脆的物理模型如图4-116所示。

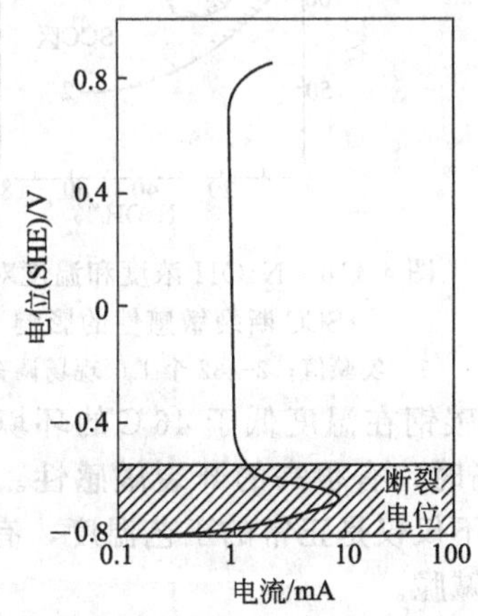

图4-115　低碳钢在80℃、NaOH 35%（质量分数）溶液中的阳极极化曲线及断裂电位区

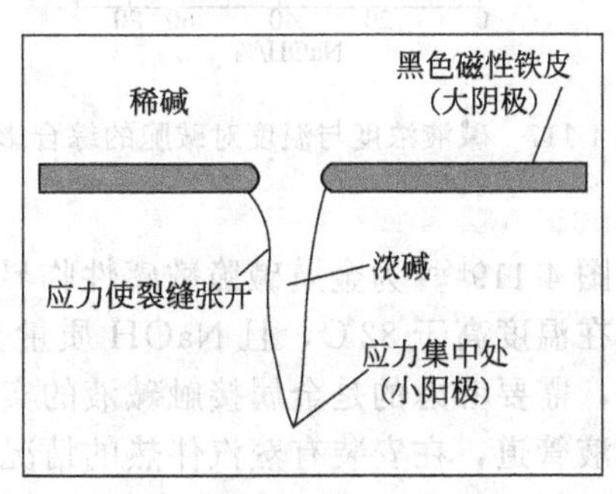

图4-116　低碳钢碱脆物理模型示意图

腐蚀反应可能为，当局部NaOH质量分数大于10%时，金属的保护性氧化膜将被溶解，露出的基体金属进一步与碱反应，反应式为：

$$4NaOH+Fe_3O_4 = Na_2FeO_2+2NaFeO_2+2H_2O \tag{4-25}$$

$$2NaOH+Fe = Na_2FeO_2+H_2 \tag{4-26}$$

所形成的腐蚀产物为疏松、多孔的磁性氧化物，形貌为非层状结构，其水溶液呈现碱性。在锅炉或热交换器的水中只要含有10～20mg·L^{-1}的NaOH，局部反复蒸发浓缩可以导致在沉积物下或缝隙中碱的浓缩，引起局部碱腐蚀；在碱腐蚀和拉应力同时存在的条件下，可以引起碱脆。

有理论认为，腐蚀产生的部分H^+扩散入金属内部，引起氢脆。所以，碱脆可以是氢致开裂型，也可以是阳极溶解型，或混合型开裂。

碱脆裂纹一般呈现沿晶特征，有分叉。但也可能出现穿晶开裂的情况，如，在质量分数为50%的NaOH溶液中，奥氏体不锈钢开裂形态与热处理无关，都是穿晶开裂[58]。

② 影响碱脆敏感性的主要因素　碱脆容易发生在残余应力比较高的含碱液体浓缩部位，如焊接接头部位。发生这种SCC时，通常主要是沿晶间发展，并且裂缝里充填有氧化物，破裂表面已经变脆。裂纹多平行于焊缝。碳钢碱脆裂纹金相显示为细小带有氧化物的网状沿晶裂纹。

有3个主要参数决定碱脆敏感性：碱液浓度、金属温度、拉伸应力大小。工业经验表明，有些碱脆发生在几天内，而更多的需要1a以上的暴露时间，增加碱液浓度和温度可以提高开裂速度。

a. 介质因素。碱脆必须有高温浓碱液的腐蚀，如当NaOH的质量分数低于5%则不发生碱脆，这些浓碱液可以是设备的工作介质，也可以是设备在使用过程富集的，苛性碱的浓度愈高，则碱脆的敏感性愈大。

碱脆不仅与碱的浓度有关，还取决于溶液的温度，见图4-117、图4-118，显示出这两个因素的综合效应，低于图中的AB线或曲线2，则不发生碱脆。碱脆断裂时间的对数与溶液绝对温度的倒数呈线性关系，表明这种溶解-断裂过程是一种热激活过程，温度升高，发生碱脆破裂的时间缩短。

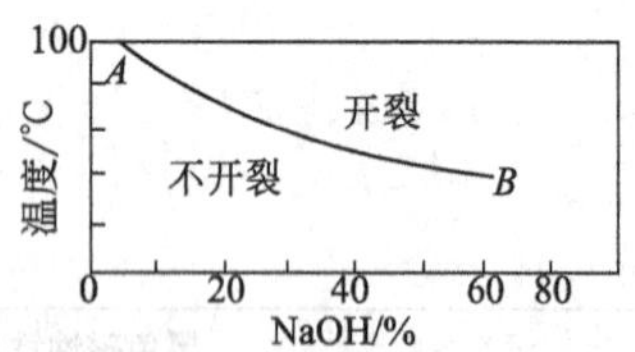

图4-117　碱液浓度与温度对碱脆的综合影响

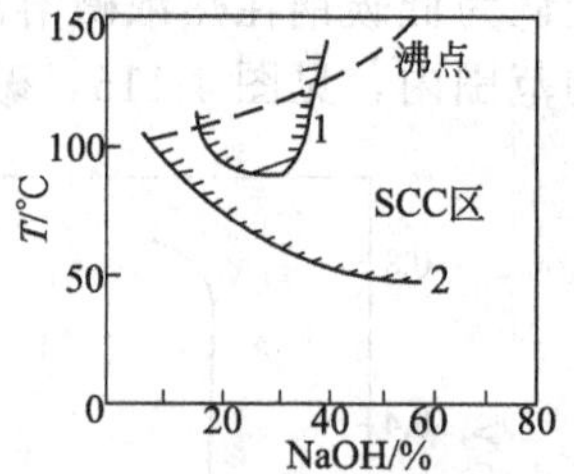

图4-118　NaOH浓度和温度对碳钢SCC断裂敏感性的影响

1—实验值；2—82个工厂现场调查结果

图4-119[58]为金属碱脆敏感性临界参数曲线，碳钢在温度低于46℃的环境不会发生碱脆。在温度高于82℃，且NaOH质量分数大于5%时，有很高的开裂敏感性。关于温度的影响，需要考虑的是金属接触碱液的实际温度，而不仅仅是正常的工艺温度，有许多常温输送碱液管道，在安装有蒸汽伴热的情况下，发生过碱脆。

b. 力学因素。低碳钢的碱脆断裂时间随着应力的降低而增加。在实践中发现残余塑性变形最大的热影响区部分的金属，即焊接过程中被加热到500～850℃的那部分金属其SCC的倾向性最大。在碱液生产和储运使用的设备检修中发现，在焊接过程中加热温度超过

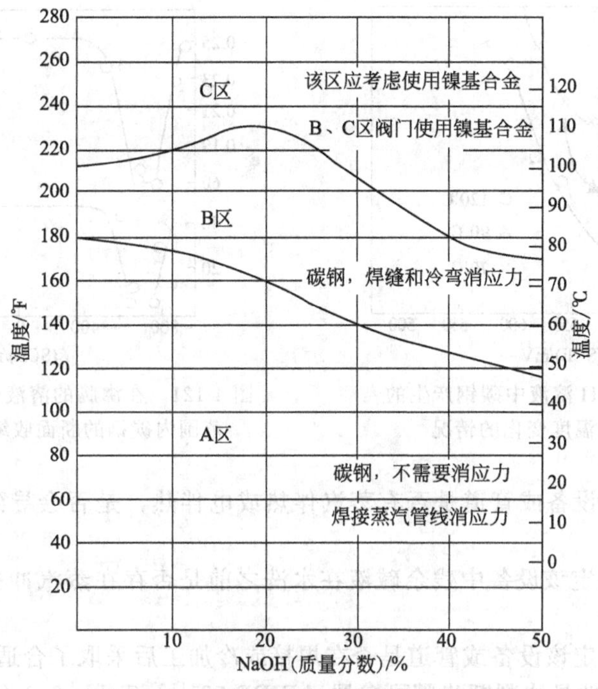

图 4-119 碳钢碱脆敏感性临界参数曲线

550℃和略低于再结晶区的金属，在碱性溶液中具有最大的开裂倾向。这些正是焊接残余应力和组织应力最大的部位。

c. 金属学因素。由于低碳钢的碱脆和硝脆是沿晶断裂的，所以，有理论认为这种脆断的敏感性是由于C、N等元素在晶界偏析引起的，由此观点出发，低碳钢碱脆的金属学因素有：

• C和N在晶界偏析，碱脆敏感性增加；

• 微量元素的作用，由于S、P、As等杂质在晶界偏析，增加了碱脆敏感性；而少量La、Al、Ti、V等可能是由于降低了有害杂质在晶界区偏析，从而降低了碱脆敏感性；

• 晶粒度影响，晶粒增大，碱脆敏感性增加；

• 热处理，球化处理后钢的碱脆敏感性大于正火状态，这可能是球化碳化物的同时增加了晶界偏析的结果；

• 合金成分，奥氏体不锈钢中铬镍合金元素含量对于抗SCC性能有很大影响，铬镍含量低的不锈钢容易发生碱脆，高镍合金（如Inconel等合金）的抗碱脆性能要比奥氏体不锈钢好得多。

d. 电位。低碳钢钢在沸腾的质量分数为35%～40% NaOH溶液中碱脆的敏感电位范围为−1150～800mV（SCE），在沸点（120℃）下钢的碱脆发生在−700mV（SCE）左右的很窄电位范围内，图4-120。在临界电位下，试样的断面收缩率大大下降，如图4-121所示。X射线结构分析表明，在试样表面形成了Fe_3O_4保护膜。

③ 碳钢碱脆敏感性的判断

a. 碱液浓度　确定该设备或管道中最高的碱液浓度，尤其是要考虑清楚是否存在反复浓缩的部位，当存在反复浓缩情况时，碱液浓度没有下限。

b. 温度　确定该设备中最高的工艺温度和金属壁温，同时还需要考虑碱液混合时因放热导致的局部升温。

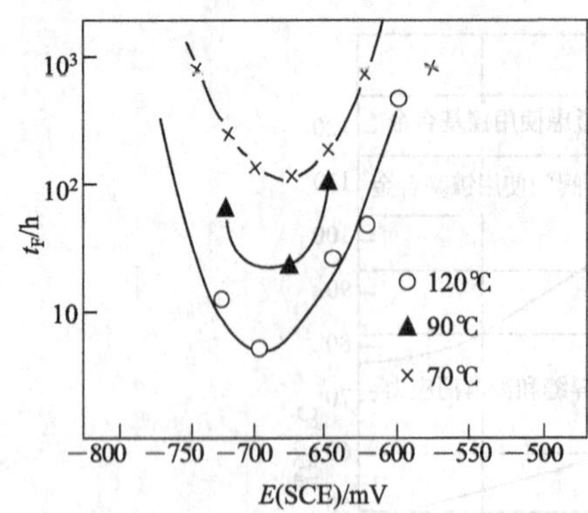

图 4-120 在 NaOH 溶液中碳钢产生的临界电位及随温度变化的情况

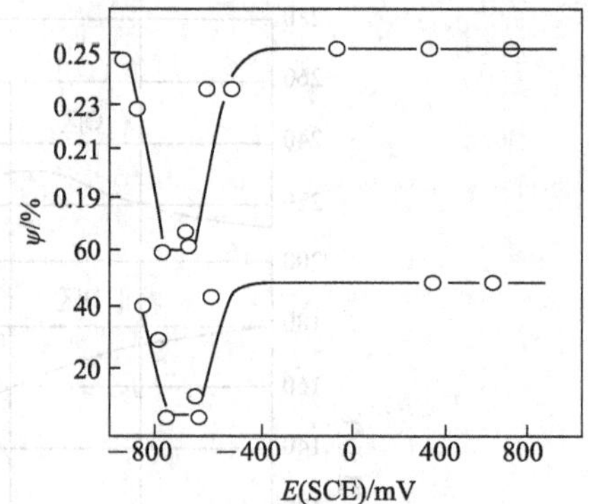

图 4-121 在沸腾的溶液中在临界电位范围内碳钢的断面收缩率的变化

c. 伴热 确定该设备或管道是否有蒸汽伴热或电伴热，是否会导致伴热部位局部蒸发浓缩。

d. 蒸汽吹扫 确定该设备中残余碱液在水洗之前是否存在蒸汽冲扫时局部加热浓缩的情况。

e. 消除应力 确定该设备或管道是否在焊接或冷加工后采取了合适的消应力处理。

碱腐蚀开裂敏感性具体判断步骤可参照 APIRP 581[59] Table 7. 1-Data Required for Determination of the Damage Factor-Caustic Cracking 进行。

④ 防止碱脆腐蚀发生的措施 根据碱脆发生的微观机理及其规律，可以从以下几个方面采取控制措施。

a. 选材 在环境温度下，可以设计选用碳钢设备装载苛性碱，从强度、塑性和碱脆敏感性 3 方面综合考虑，在最高温度 46℃的苛性碱溶液的环境中，也能够选用碳钢，C 质量分数约为 0.20%的镇静钢（20g）是最合适的碳钢。但是，当苛性碱温度超过 46℃时，碳钢焊缝必须进行焊后热处理，避免焊缝发生碱脆。在碳钢中加入 Ti 等合金元素并进行相应的热处理，也可有效地抑制碱脆的产生。如，含质量分数 0.73%的 Ti（C 质量分数 0.105%）钢试样，经 650～750℃的保温，然后炉冷，使到达断裂时间从 150h 延长到 1000h。按 HG/T 20581[51] 7.8 使用介质的限制，碳钢和低合金钢在 NaOH 溶液中的使用温度上限见表 4-14。

表 4-14 碳钢和低合金钢在 NaOH 溶液中的使用温度上限

NaOH/(质量分数)/%	2	3	5	10	15	20	30	40	50
温度上限/℃	82	82	82	81	76	71	59	53	47

b. 降低残余应力 尽量降低制造和装配时产生残余内应力的因素，如错边、角变形等，并防止生成空隙。从这个角度考虑，焊接结构优于铆接结构。即使是铆接结构，也可以采取一些措施减少局部的不均衡内应力，如铆接孔的均匀排列，避免过大的铆接压力等。

残余应力是造成碱脆的主要因素，宜采取低线能量、焊前预热、适当的焊接顺序、方向和进行层间锤击等焊接工艺措施，降低焊接接头的焊接残余应力。冷成型部件和焊接结构制造后热处理消除应力是一种防止碱脆的有效措施。常用程序是把工件加热到预先确定的温度，并保持足够长的时间，使残余应力减少到可以接受的程度。这项操作与时间及温度有关，正常情况下，要以较慢的速度冷却，以免产生新的应力。碳钢和低合金钢焊后去应力退火温度不低于 620℃，并按照 1h/25mm（厚度）计算保温时间。表 4-15 是炼厂用钢常用的焊后热处理温度范围，硬度值可以作为热处理效果的判据。

表 4-15 炼厂用钢常用的焊后热处理温度

材质	焊后热处理温度范围/℃	布氏硬度
碳钢	593～648	<200
C0.5Mo	593～718	<225
1-1/4Cr-1/2Mo	704～746	<225
2-1/4Cr-1Mo	704～760	<241
5Cr-1Mo	704～760	<241
7Cr-1Mo	704～760	<241
9Cr-1Mo	704～760	<241
12Cr	732～788	<241

合理布置焊缝，尽可能减少焊缝数量和长度。选择合适的焊接接头形式，合理选择装配程序，采用预留收缩余量法、反变形法、刚性固定法等预防焊接变形；先焊短焊缝，再焊长焊缝等措施减少焊接接头的残余应力和组装应力。

c. 加入缓蚀剂 常用的有 Na_3PO_4、$NaNO_3$、$NaNO_2$、Na_2SO_4 等，使用量根据实验结果确定，如，阻止碱脆 $NaNO_3/NaOH$ 比值只要大于 0.4，$Na_2SO_4/NaOH$ 需要大于 5。$NaNO_2$ 对阻止碱脆非常有效。

d. 降低使用温度 尽可能降低作业温度，如间歇使用盘管加热，应保持温度≤46℃。

e. 防止浓缩 在设计时，采取措施减少或防止碱液局部浓度升高或反复蒸发浓缩是防止碱脆的有效措施。

(3) 硝脆

硝脆是指在含硝酸根或其他氮氧化物介质环境中，钢材的 SCC。在生产硝酸、硝酸盐、氮肥和炼油的催化裂化再生器的碳钢、低合金钢设备上发生过很多硝脆失效事例。

低碳钢的硝脆与碱脆有很多相似之处，硝脆比碱脆更容易发生。在脆断的本质上，这两种 SCC 的机理都是低碳钢的沿晶阳极溶解型，因而影响这两种脆性的金属学因素很相似。但在硝液与碱液中的腐蚀反应和腐蚀反应产物是不同的，因而影响这两种脆性的化学介质因素是有区别的。

① 硝脆机理 硝脆的化学反应方程式为：

$$10Fe+6NO_3^-+3H_2O \longrightarrow 5Fe_2O_3+6OH^-+3N_2 \tag{4-27}$$

与碱脆一样，反应为沿晶溶解型，活化途径是预先存在的。在介质的浓度及温度影响下这种系统的阳极极化曲线如图 4-122 所示。断裂电位位于活化-钝化转变的范围内，如图 4-119 所示，拉伸应力破坏保护层，使裂纹尖端位于活化区。

晶界活化区是由于 C、N 和其他杂质如 S、P、As 等在晶界偏析引起的。

② 影响硝脆敏感性的主要因素

a. 介质因素 硝酸盐是一种氧化剂，在浓硝液中，其总反应见式 (4-27)，其阳极反应为：

$$4Fe+2NO_3^- \longrightarrow 2Fe_2O_3+N_2+2e^- \tag{4-28}$$

在高温下，Fe_2O_3 转化为 Fe_3O_4 保护层，在拉应力的作用下，由于保护层的开裂，而导致局部腐蚀加剧的破坏。

硝盐中的不同阳离子对硝脆将会有不同的影响。硝脆趋势随着 $NaNO_3$、KNO_3、

$LiNO_3$、Ca（NO_3）$_2$、NH_4NO_3这个顺序而增加，也就是随着这些硝盐水解时 pH 指的下降而使硝脆趋势增加。这个结果有如下两方面的意义：

• 采用 $Ca(NO_3)_2$、NH_4NO_3或它们的组合，可以进行硝脆的加速试验；

• 指出硝脆与碱脆的重要区别，碱脆时介质的 pH 值很高，而降低 pH 值，却可以加速硝脆。图 4-123 进一步表示出 pH 值对于硝脆断裂时间（t_F）的影响：在 pH3～7 的范围内，t_F无变化；当 pH>7，则 t_F迅速增加。实验表明，在 $NaNO_3$溶液中加入 HNO_3或 HCl 使 pH 降低，则 t_F缩短，而加入 NaOH 使 pH 值增加，则 t_F延长。

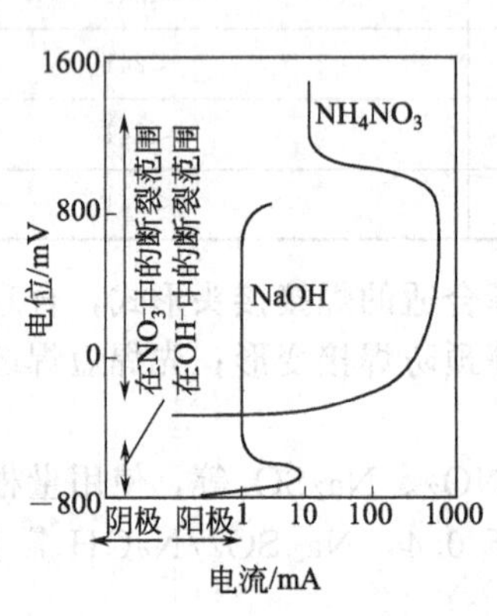

图 4-122 低碳钢在 8mol·L⁻¹ NaOH 及 4mol·L⁻¹ NH_4NO_3中阳极极化曲线及 SCC 电位范围

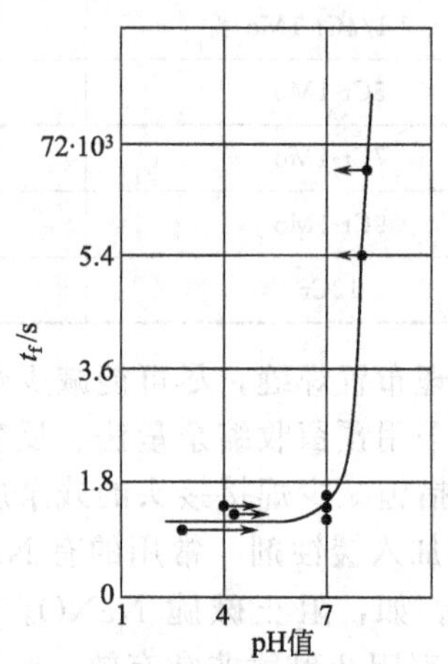

图 4-123 pH 值对 0.13%C 在 96℃的 5mol·L⁻¹ NH_4NO_3中硝脆断裂时间的影响

由表 4-16 的数据显示，增加硝酸盐浓度，降低了临界应力。当 Ca（NO_3）$_2$+ NH_4NO_3溶液的温度从 30℃升高到 80℃和 110℃时，断裂时间的降低系数分别为 6.6、80 和 330。由表 4-17 可看出一些添加剂的影响，一般认为，加入能形成不溶性铁盐的阴离子，如磷酸根、砷酸根等，可以控制硝脆。

表 4-16 在各种硝酸盐溶液中 SCC 的临界应力 MPa

硝酸盐	溶液浓度/mol·L⁻¹			
	8	4	2.5	1
NH_4NO_3	15.7	23.5	53.9	92.3
$Ca(NO_3)_2$	38.2	53.9	92.2	177.5
$LiNO_3$	38.2	61.8	147.0(2)	177.5
KNO_3	46.1	69.6	107.8	185.3
$NaNO_3$	64.8	147.0	169.6	200.0

表 4-17 添加剂对 0.042%C 钢在沸腾 50% NH_4NO_3溶液中应力为 165MPa 时断裂时间的影响

添加剂	含量/kg·m⁻³	断裂时间/min		添加剂	含量/kg·m⁻³	断裂时间/min	
		最低值	最高值			最低值	最高值
无	—	87	155	$Na_2Cr_2O_7 \cdot 2H_2O$	5	100	152
$(NH_4)_2HPO_4$	5	232	265	$Na_2HAsO_4 \cdot 7H_2O$	5	>360	>540
Calgon	5	80	181	$Ca(H_2PO_4)_2 \cdot H_2O$	5	430	>600

b. 金属学因素　低碳钢的硝脆都是沿晶断裂的，而低强度钢的氢脆敏感性低，从沿晶阳极溶解机理去理解钢的成分和工艺对于硝脆的影响，这一点是与碱脆相同的。

• 钢的成分　在低碳范围内（质量分数≤0.08%），断裂时间随着C量的增加而减短，见图4-124；超过0.08%以后，随着C量的增加，断裂时间增加，这可能是由于晶界区形成珠光体从而降低了C所引起的。

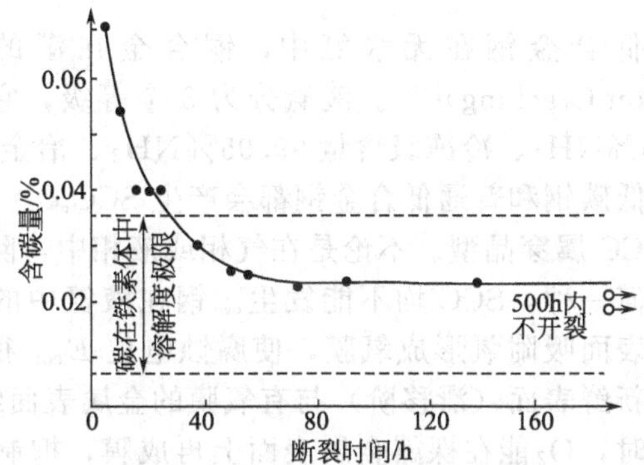

图4-124　钢中C含量与在沸腾$Ca(NO_3)_2+NH_4NO_3$溶液中断裂时间的关系

钢的化学成分N与C在晶界的偏析，对于硝脆有类似的影响。虽然含C量为0.001%时不发生硝脆开裂，而含碳量为0.001%含N量为0.043%的试样却发生硝脆开裂。用钢中（C+N）量综合地考虑钢的成分与硝脆的关系，其结果会更准确。

对晶界偏析与硝脆关系分析，镇静钢的硝脆敏感性低于沸腾钢及半镇静钢，这是因为镇静钢加入Al，固定了钢中的N、S、P、As等杂质的有害作用，是由于它们偏析在晶界；而少量La、Al、Ti、V等的有益作用，可能由于它们降低了有害杂质在晶界的偏析。

• 工艺因素　钢中C、N含量和材料的轧制工艺、热处理制度对材料的抗硝脆性能有明显的影响。商用钢中的高P的含量不是主要的因素。低碳钢冷轧态没有硝脆敏感性，但在590℃或更高的温度回火30min，则具有高度的硝脆敏感性，延长回火时间，这种敏感性基本上没有变化。

• 热处理　低碳钢在925℃淬火后，在250℃及更高的温度回火30min，可显著地降低硝脆敏感性。但这种效应在443～550℃长时间回火又会消失，回火温度愈高，则消失得愈快。回火时间较长时，则对应于硝脆断裂时间延长。从上述的关于回火温度和回火时间的影响可以认为，钢的内部所发生的结构变化过程是一个热激活过程。

淬火-回火处理。925℃固溶处理使碳化物及氮化物全部溶解，C及N原子偏析在奥氏体及随后的铁素体晶界，淬火后仍保持这种状态，因而具有高度的硝脆敏感性。随后的回火，将发生晶界及晶内的碳化物及氮化物沉淀。晶内析出碳化物（或氮化物），使晶内的C（或N）浓度C_o下降，晶界平衡的C（或N）浓度C_g将随着下降，晶界多余的C（或N）将扩散进入晶内，从而降低硝脆敏感性。但在高温（443～550℃）长时间回火时，由于初期晶内沉淀的碳化物（或氮化物）溶解，导致晶内的C（或N）又扩散进入晶界，恢复硝脆敏感性。硝脆敏感性恢复所对应的过程，是受碳化物溶解所控制的。低碳钢晶界偏析碳，可以形成富C（或N）的奥氏体，而C在奥氏体中的扩散激活能为142.6kJ·mol^{-1}，故淬火后回火出现无硝脆敏感性所对应的控制过程可能是C从奥氏体扩散的过程。

冷加工-回火处理。冷加工使碳化物或氮化物沿滑移线沉淀，降低了钢中晶内及晶界的C含量，而晶粒又已严重畸变，其晶界已无使断裂连续扩展的途径，故硝脆的敏感性很低。回火发生再结晶，重新显示硝脆敏感性。

③ 硝脆的控制措施

a. 选材　选择含 C 量约为 0.20%的镇静钢较为合适；冷轧材可降低硝脆敏感性；尽量降低钢材中的 S、P、As 含量。

b. 控制介质环境　尽可能降低硝酸盐溶液的浓度和温度，提高其 pH 值，均可降低硝脆敏感性；露点腐蚀引起的硝脆最为有效的防治措施是设法提高壁温。

（4）氨脆

氨致 SCC 指碳钢、低合金钢在无水氨中，铜合金在湿的氨气氛中发生的 SCC（Ammonia Stress Corrosion Cracking）[60]。液氨分为 3 个等级，它们的含氨量分别为：农业用液氨含质量分数 99.5%NH_3、冷冻级含量 99.95%NH_3、冶金级含 99.995% NH_3，不论在哪个级别的液氨中，低碳钢和普通低合金钢都会产生 SCC。

① 氨脆机理　液氨 SCC 属穿晶型。不论是在气相或液相中，除含 NH_3外，还必须同时含有 O_2和 N_2，只要缺任何一种，SCC 均不能发生。钢在液氨中的 SCC 机理如图 4-125 所示。在含氧的液氨中，钢表面吸附氧形成氧膜，使腐蚀电位 E_{corr}很正；当材料受拉力应变后，膜被破坏。暴露出的新鲜表面（滑移阶）与有氧膜的金属表面组成微电池，产生快速溶解。在没有其他杂质存在时，O_2能在裸露金属表面上再成膜，抑制 SCC 的产生。而当氨中同时溶有 N_2时，由于 N_2与 O_2在滑移阶上产生了“竞争吸附”，阻止部分裸露滑移阶的再钝化，从而增加钢的 SCC 敏感性。

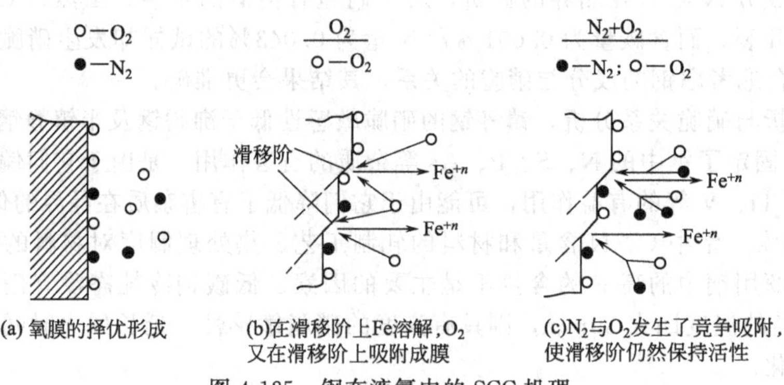

图 4-125　钢在液氨中的 SCC 机理

② 氨脆影响因素

a. 介质影响　影响液氨 SCC 的主要介质因素是 O_2、N_2和 H_2O 的含量。氧的含量为 0.9～9$\mu g \cdot g^{-1}$时可以导致开裂，有液氨中混有较多的氧，反而可抑制 SCC；N_2起着在滑移阶上与 O_2竞争吸附作用，无论浓度多大，对 SCC 都起促进作用。液氨中含水量大于 1%，可以抑制 SCC。

液氨温度的影响。在 15～30℃范围内，100h 以内断裂，且温度愈高，断裂时间愈短；低于 10℃或高于 30℃，500h 不断；在 0℃和－10℃，1000h 也不断。

b. 材料因素影响　如图 4-126 所示，钢的抗拉强度愈高，断裂的敏感性愈高，经实验证明，抗拉强度应在 588MPa 以下，抗 SCC 性能好。材料硬度愈高，SCC 的敏感性愈高；441～549MPa 级的碳钢及 588～784MPa 级的普通低合金钢淬火后在 300～400℃以上回火，都无液氨 SCC 的敏感性。

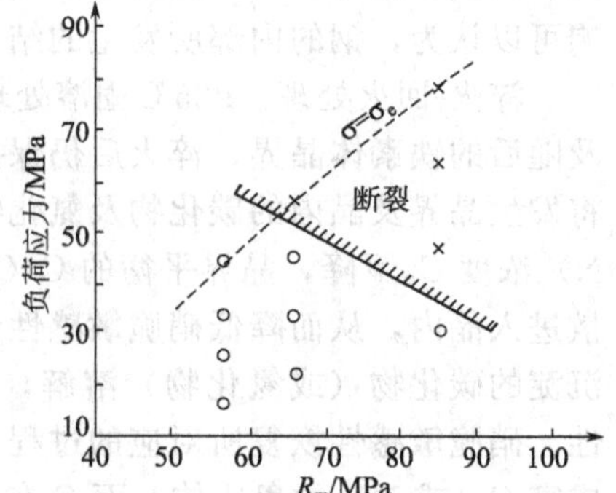

图 4-126　材料的抗拉强度对液氨中断裂敏感性的影响

③ 控制措施

a. 选用抗拉强度低于588MPa的钢种。

b. 充分回火（或退火），消除残余应力。回火温度300～400℃，退火温度600～650℃，对大型压力容器，需进行整体热处理（退火或回火）。

c. 降低储存温度在10℃以下。

d. 液氨中加入0.2%～1%水。

e. 液氨中加入100$\mu g \cdot g^{-1}$的冷冻机油或5$\mu g \cdot g^{-1}$的菜籽油或10～50$\mu g \cdot g^{-1}$的硅油作为液氨SCC抑制剂。

(5) 碳酸盐应力腐蚀

碳酸盐腐蚀开裂是金属在含碳酸盐介质系统中，拉应力与腐蚀共同作用的结果，属于一种碱SCC（ASCC）。碳酸盐溶液一直被认为是碳钢和低合金钢产生SCC的敏感环境。炼油厂催化裂化装置主分馏塔塔顶冷凝回流系统、下游湿气压缩系统和从这些工段流出的酸水系统中普遍存在碳酸盐腐蚀开裂，也在制氢装置的碳酸钾、下汽化器和CO_2去除设施的设备管线发生。煤的裂解，出现含有微量或少量H_2S和CN^-可引起碳酸盐的SCC；储存和输运高中压的CO_2的压力容器或设备也发现有SCC，地热水中含有高浓度的碳酸盐，利用地热水的压力容器也会出现由碳酸盐引起的SCC问题。

① 碳酸盐SCC机理　碳酸盐溶液引起的SCC与碱脆、硝脆一样，经研究表明，低碳钢在热浓碳酸盐溶液中的SCC都是沿晶的阳极溶解型。金属材料所承受的拉应力有助于破坏金属表面保护膜，使裂纹尖端处于活化区，造成裂纹的扩展，最终形成SCC。

研究表明，裂纹发生在一个狭窄的电位范围内，此电位依赖于介质的成分。如图4-127所示，在恒应变速率条件下C质量分数0.08%钢在70℃、1mol・L^{-1} $(NH_4)_2CO_3$溶液中恒应变速率下断面收缩率-电位的关系，图中断面收缩率的“谷区”即出现SCC敏感的区域，其电位区为－475～－625mV（vs. SCE），最低的断面收缩率对应的电位为－550mV（vs. SCE），这个SCC敏感的电位区正是图4-128中动电位的阳极极化曲线上不稳定钝化的电位区，即活化-钝化转变的电位区，这与碱脆和硝脆情况相似。

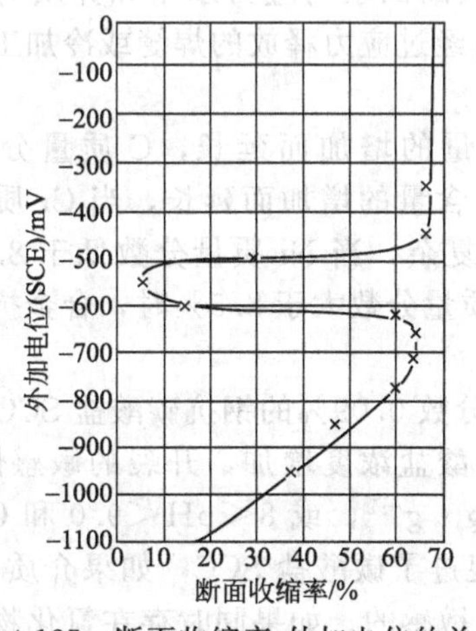

图4-127　断面收缩率-外加电位的关系

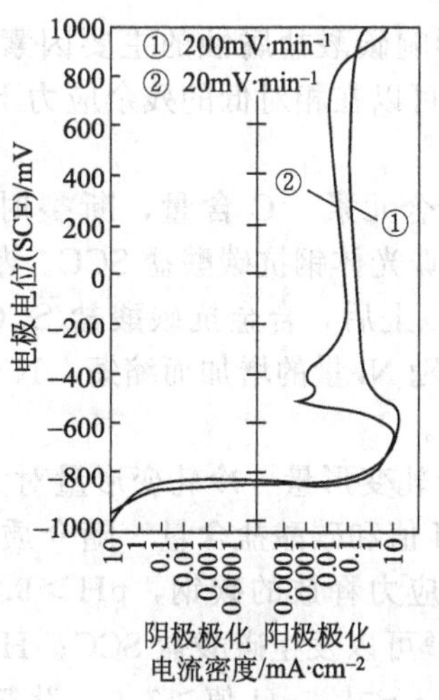

图4-128　0.08% C钢在1mol・L^{-1} $(NH_4)_2CO_3$溶液（70℃）中的动电位的阳极极化曲线

在 $(NH_4)_2CO_3$的水溶液中有如下的平衡反应：

$$2(NH_4)_2CO_3 \rightleftharpoons NH_4HCO_3 + NH_2CO_2NH_4 + NH_3 + H_2O \quad (4\text{-}29)$$

$$2NH_4HCO_3 \rightleftharpoons NH_2CO_2NH_4 + CO_2 + 2H_2O \quad (4\text{-}30)$$

所生成的氨基甲酸铵是液氨 SCC 试验的加速剂，系统中水愈多，则所生成的酸性盐愈多，这两种关系使碳酸盐中的 SCC 与液氨的 SCC 有关，而与硝脆更相似。

有研究发现，碳钢开裂及类型的电位范围与溶液的 pH 值有一一对应关系，而 pH 值又取决于溶液中 Na_2CO_3、$NaHCO_3$以及 CO_2的量，即表明在一定的碳酸盐溶液中，只有系统处于它的 SCC 敏感电位区间内才会发生 SCC。总体而言，Q345R 和 14Cr1MoR 两种材料在单一的碳酸盐溶液中 SCC 敏感性较低，温度的影响不如碳酸盐介质的影响大[61]。Q345R 材料在 90℃下 $80g \cdot L^{-1}$的 $NaHCO_3$溶液中，表面出现许多蚀孔，能谱显示成分接近钢材本体，表面无腐蚀产物膜存在，初步认为表面发生了较为严重的 Fe 的溶解，在该溶液条件下发生了以下反应：

$$Fe = Fe^{2+} + 2e^- \quad (4\text{-}31)$$

$$Fe^{2+} + 2HCO_3^- = FeCO_3\ (s) + H_2O + CO_2 \quad (4\text{-}32)$$

$$FeCO_3\ (s) + HCO_3^- = Fe(CO_3)_2^{2-} + H^+ \quad (4\text{-}33)$$

Q345R 材料在 90℃下 $455g \cdot L^{-1}$的 Na_2CO_3溶液中，表面形成了较厚的表面膜，而通过表面膜的能谱分析，表面膜中含有 C、O、Na、Si 和 Fe 元素，初步认为表面膜主要是 Na_2CO_3晶体、Si 的化合物和 Fe 的化合物为主，以 Fe 的化合物最少，可能发生以下反应：

$$Fe = Fe^{2+} + 2e^- \quad (4\text{-}34)$$

$$Fe^{2+} + CO_3^{2-} = FeCO_3 \quad (4\text{-}35)$$

$$2HCO_3^- + 2e = H_2 + 2CO_3^{2-} \quad (4\text{-}36)$$

对于 $455g \cdot L^{-1}$的 Na_2CO_3溶液中的试样，由于产生了致密的表面膜，阻碍了介质与试样基体的接触，所以不会开裂。

碳酸盐腐蚀开裂一般在焊态碳钢焊接接头处产生，表现为充满氧化物的很细的网状裂纹，沿着与邻近母材的焊缝平行方向扩展，但有时也发生在焊接熔敷金属或热影响区。在钢材表面呈蛛网状小裂纹，常常在起作局部应力集中源的与焊接有关的缺陷处或与其互连处萌生。

② 影响碳酸盐腐蚀的主要因素　碳酸盐 SCC 的判断因素为应力水平和介质的化学性质，开裂可以在相对低的残余应力下发生，通常在没有经过应力释放的焊缝或冷加工的区域发生。

a. 合金元素　C 含量，断裂时间随着钢中 C 含量的增加而延长，C 质量分数高于 0.25%的珠光体钢抗碳酸盐 SCC。断裂时间随钢中 Cr 含量的增加而延长，当 Cr 质量分数达到 2%以上后，合金抗碳酸盐 SCC。Ni 的影响比较复杂，当 Ni 质量分数低于 8.5%时，断裂时间随 Ni 量的增加而缩短，Ni 是有害的；当 Ni 质量分数大于 8.5%时，合金抗这种碳酸盐 SCC。

b. 冷轧变形量　冷轧变形量对大于 30%，C 质量分数 0.09%的钢抗碳酸盐 SCC。

c. pH 值和碳酸盐含量　随介质的 pH 值升高与碳酸盐浓度增加，开裂的敏感性增加；没有经过应力释放的碳钢，pH＞9.0 和 $CO_3^{2-} > 100\mu g \cdot g^{-1}$，或 8＜pH＜9.0 和 $CO_3^{2-} > 400 \times 10^{-6}$可以发生碳酸盐 SCC；$H_2S$ 的存在极大地促进了碳酸盐 SCC，如果介质 H_2S 含量＞$50\mu g \cdot g^{-1}$、pH 值＞7.6，设备和管线就被认为是敏感的。如果同时存在氰化物，也能增加开裂的敏感性。在气体净化装置，当 CO_2 含量超过 2%、温度高于 93℃时可能存在开裂倾向；表 4-18 为碳钢对不同 pH 值和碳酸盐含量的开裂敏感性[62,63]。

表 4-18 碳钢对不同 pH 值和碳酸盐含量的开裂敏感性

pH 值	碳酸盐含量/$\mu g \cdot g^{-1}$			
	<100	100～500	500～1000	>1000
7.6～8.3	低	低	低	中
8.4～8.9	低	低	中	高
>9.0	低	中	高	高

d. 应力 残余应力和外加应力都可导致开裂。焊态或弯曲态碳钢制件因保留的残余应力高而对碳酸盐 SCC 敏感。

③ 碳酸盐 SCC 的防护

a. 碳钢设备采用 621℃保温（最少 $1h \cdot 25mm^{-1}$）消除应力热处理，能有效防止碳酸盐开裂。对于修补焊缝和内外部附属部件的焊缝，也要采取热处理。

b. 覆盖层防护。通过使用有效的防护涂层，或采用 300 系列 SS、合金 400 或其他耐蚀合金，作为整体升级材质或表面衬里，可以防止碳钢容器和管线的碳酸盐腐蚀。

c. 工艺措施。在碳酸盐介质系统，在蒸汽吹扫前应采用水冲洗未经 PWHT 的设备和管线。在制氢装置 CO_2 去除单元的热碳酸盐系统，可以使用偏钒酸盐来防止开裂。采用工艺防腐措施时，必须保证缓蚀剂的正确加注。

d. 选材。选择与碳酸盐溶液接触的压力容器的金属材料要注意，C、Cr、Ni 含量及冷轧变形量要符合上述的各项指标要求。

④ 碳酸盐 SCC 的检查和监测

a. 根据工艺变化，裂纹可能呈不规则快速生长，因此很难进行监测。但应当定期检测酸性水中的 pH 和 CO_3^{2-} 浓度以确定开裂的敏感性。

b. 裂纹可以通过目视检查，但采用湿法荧光检测（WFMT）或交流电场检测（ACFM）技术是最有效的裂纹检查方法。WFMT 通常需要采用喷丸、高压水射流或其他表面处理方法。PT 技术无法找到紧密的或充满垢物的裂纹，所以适用性受到局限。

c. 由于裂纹通常有很多分支，因此裂纹深度可以采用合 UT 技术，包括外部剪切超声波（SWUT）来检测。电阻型仪器不能用于测量裂纹深度，因为裂纹通常含有磁性氧化铁。

d. 打磨裂纹是一种确定裂纹深度的可行方法，而且打磨不会造成裂纹扩展。

e. AWT 可以用于监测裂纹成长，确定成长中的裂纹。

(6) 湿 CO-CO_2 SCC

湿 CO 对钢的 SCC 一般发生在合成氨、制氢的脱碳系统、煤气系统、有机合成及石油气等装置设备上。国内外发生过多起 CO 和 CO_2 混合气的容器（气瓶）爆炸事故，如 1979 年上海某研究所使用氧气瓶充装 CO，氧气瓶公称工作压力为 15MPa，9 只全新氧气瓶使用 5 个月到 1 年时间，均先后在瓶体上发生漏气，其中 1 只气瓶爆炸；上海某仪器厂用氧气瓶充装 CO 标准气体，40 只全新氧气瓶，使用 5 个月，有 29 只在瓶体上漏气造成停产。通过金相、X 衍射、扫描电镜断口观察以及 SCC 试验证实，是由于充装介质的 SCC 穿透气瓶而引起漏气或爆炸。

① 湿 CO-CO_2 SCC 机理 工业一氧化碳无论气相还是液相，只要瓶内存有水分，均对碳钢存在 SCC，以气相尤为严重。湿 CO-CO_2 SCC 机理目前研究很少，一般认为，CO 在通常情况下，被铁吸收后，会在金属表面形成一层保护膜，但在工业应用的 CO 中会含有 CO_2 和 H_2O。由于容器或气瓶反复多次充气，器壁上的交变应力，使这层保护层局部遭到破坏，于是在保护膜在被破坏的地方，因 CO_2 和水的作用，使铁发生快速阳极溶解，从而会加速湿性二氧化碳对容器的腐蚀，产生 SCC。裂纹以沿晶扩展为主，并伴有氢致开裂的二次

裂纹。

在炼油催化裂化的再生系统，再生器烟气成分主要为CO_2、CO、N_2、H_2O，并含有O_2、SO_x、NO_x、NH_3、HCl等极性气体，当介质温度低于其露点温度时，冷凝液对低合金钢有产生SCC的倾向。宏观特征母材主裂纹平行于环缝呈树枝状，见图4-129；主断面呈斜面，焊缝裂纹具有分叉特征，焊缝熔合区纵向裂纹起源于焊接接头的熔合线部位，由内壁向母材外壁扩展，焊缝热影响区纵向裂纹起源于焊接热影响区，裂纹在近缝母材中纵深扩展，具有分叉特征；微观特征母材主裂纹较宽，裂纹尖端较细，主裂纹二侧分布二次沿晶微裂纹和夹杂物，并伴有阶梯形开裂特征；焊接接头各部位的裂纹以沿晶扩展为主，图4-130；热影响区裂纹产生于熔合线。在裂纹附近发现的母材阶梯状开裂是典型的氢损伤，某些开裂的再生器经焊接修复后，在短时间内即在补焊处再次开裂，印证材料发生了氢损伤。综合烟气和裂纹内的腐蚀产物、裂纹断口分析结果说明开裂属$CO\text{-}CO_2\text{-}H_2O$体系的SCC，介质中的$SO_x$和$NO_x$等极性成分对裂纹的产生和扩展有促进作用[64]。

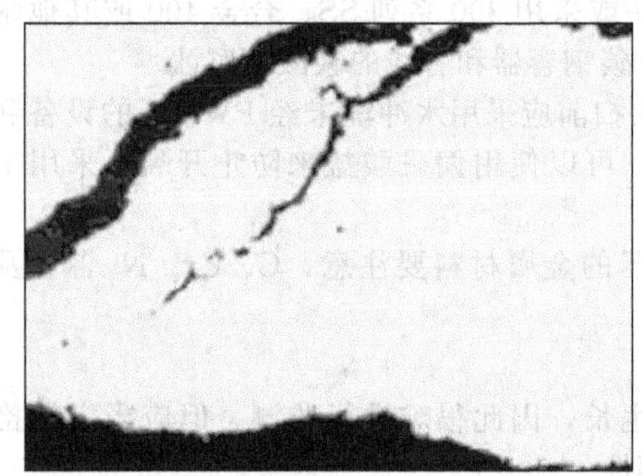
图4-129 焊缝裂纹断口剖面（25×）

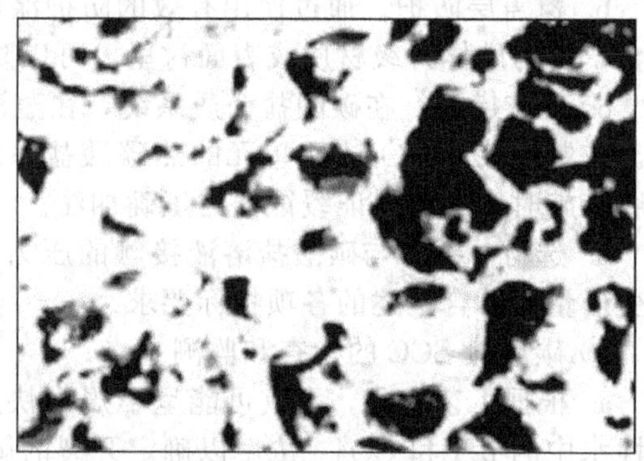
图4-130 焊接接头裂纹扩展区（1800×）

② 湿$CO\text{-}CO_2$ SCC主要影响因素

a. 一氧化碳中必须有液相水存在。

b. 介质中的其他酸性气体和氨等促进SCC的萌生和扩展。

c. 焊态或弯曲态碳钢制件因保留的残余应力高而对碳酸盐SCC敏感。

③ 湿$CO\text{-}CO_2$ SCC的防护　与碳酸盐SCC的防护基本相同。对于一氧化碳气瓶，确保气体的纯度或严格按照气瓶内的气体种类和压力级别去选择气瓶是安全使用气瓶极其重要的一环。

(7) 中性水溶液环境下的应力腐蚀

根据环境pH值的不同，埋地管道的SCC可分为高和近中性pH-SCC。近中性pH-SCC萌生时，pH值为6～7.5；高pH值SCC萌生时，pH值在9.5左右。20世纪60年代中期开始，国内外就发生了由高、中性pH值SCC所引起的埋地管道SCC事故，如在加拿大就由其导致了数十起管线失效事故。对于铬镍奥氏体不锈钢化工设备，敏化态的不锈钢在含Cl^-的中性水中，即使室温下也能产生SCC；高强钢在中性水或潮湿的大气中可以发生氢脆；埋地压力容器和大型立式储罐的罐底板也有可能发生SCC。人们对这方面的研究、所取得的认识也较多。但目前仍没有建立一个可靠的、定量表示的近中性pH-SCC的理论或模型[65～68]。

① 腐蚀机理　关于近中性pH-SCC机理研究得很不充分，也未达到广泛的共识。电化学实验和裂纹扩展实验得出近中性pH-SCC可能是阳极溶解（AD）机制，同时氢的作用也不可忽视。但有些人认为近中性pH-SCC裂纹扩展与AD机理不相符。近中性环境中开裂为

TG，而AD通常引起IG开裂。氢脆机制也被认为可能的机制，碳酸介质腐蚀反应产生的H原子进入金属晶格，使金属脆化，韧性下降，因此，由于CO_2溶解和氢脆的联合作用使管线钢萌生和扩展裂纹。

也有研究认为裂纹最初以AD形核，后以HIC机制扩展，或者最初裂纹在蚀坑、缺陷、高pH-SCC裂纹处形核，以后以HE机制扩展；在－800mV（SCE）以下，SCC是HE机制，在－700～500mV（SCE）范围是AD机制。

近中性pH值环境下SCC的发生埋地管道涂层失效时，如果阴极保护电流能到达管道表面，这种情况下不会发生SCC。但埋地管道涂层脱落时，在管道表面和涂层之间有时会形成缝隙，脱落的涂层成为阴极保护电流的阻挡层，缝隙处便成为阴极保护死区。另外有些地方的土壤排水性较好而且周期性干燥，在这种情况下，失效的沥青涂层在管道表面夹持水分，使腐蚀继续进行，而管道周围高电阻率的土壤又阻止了阴极保护电流到达管道表面，这样也就容易发生SCC。对于埋地管道，H^+的主要来源是CO_2溶于水形成的活性碳酸，有机质分解产生的有机酸，以及氧化作用产生的无机酸。裂纹在钢铁表面的蚀坑或机械损伤处萌生，形成一个局部的环境，在蚀坑处产生的H^+、水化的氢离子从溶液中通过迁移而到达金属表面，H^+获得电子变为H，H进入金属晶格，使金属脆化，韧性降低，因而由于溶解和氢脆的联合作用而萌生或扩展裂纹。

对于高强度不锈钢如马氏体不锈钢的SCC，许多人认为氢脆起主导作用；也有人认为在中性水溶液中，是阳极溶解的作用。管线钢在无氧的、近中性pH溶液中的阴极反应为：

$$H_2O+e^- = H+OH^- \tag{4-37}$$

而且，氢也能从近中性pH溶液中碳酸的水解得到：

$$H_2CO_3 \rightleftharpoons H^+ + HCO_3^- \tag{4-38}$$

$$HCO_3^- \rightleftharpoons H^+ + CO_3^{2-} \tag{4-39}$$

近中性pH环境中氢与应力对管线钢阳极溶解的联合作用，对裂纹的扩展起到了决定性的作用。拉伸应力能够提高管线钢的阳极溶解速度。在受到较小应力时，应力加速溶解并不明显，管线钢仍然处于比较稳定的状态。但当应力提高到80%屈服强度时，管线钢的活性增强，导致了显著的阳极溶解速度提升。裂纹或者裂纹状缺陷、裂尖产生了明显的应力集中，并且显著提高了管线钢局部阳极溶解速度。当预制裂纹CT试样受到3000 N拉力时，裂尖的应力影响阳极溶解因子高达3.6，而低应力区域只有1.10。近中性pH环境中氢与应力对管线钢在的阳极溶解的联合作用，这对裂纹的扩展起到了决定性的作用。

② 近中性pH-SCC的特征及识别 近中性pH-SCC发生于破损或剥离涂层下，起初是很浅的小裂纹，集中出现在某一区域，组成裂纹群，纹群内可能包括几十到几百个独立的、平行裂纹，这些裂纹相互连接形成长而浅的裂纹，这和高pH-SCC相似，这种裂纹群的出现是管道遭受SCC早期的标志。

裂纹表面常存在铁锈和碳酸铁薄膜，裂纹的长深比（L/d）较大，多数在50～200之间。现场发现，服役15～20a后挖掘到的大约1900处近中性pH-SCC群落中，只有1%存在超过管道壁厚10%的裂纹，不到4%存在大于壁厚5%的裂纹。较长裂纹常由几条较短的裂纹融合在一起组成。近中性pH-SCC和高pH-SCC之间的主要外观区别是裂纹形貌和腐蚀程度。近中性pH-SCC裂纹是穿晶型的，裂纹壁或管外壁常伴有腐蚀现象；而高pH-SCC裂纹是晶间型的，裂纹壁和管外壁极少有腐蚀现象产生。近中性pH-SCC不同出现率地点收集的腐蚀沉积物分析表明，SCC出现率高的部位腐蚀产物是$FeCO_3$及硫化物；而SCC发生率低的部位腐蚀沉积物主要是有氧产物，且无硫化物存在。

加拿大研究发现，近中性pH-SCC通常发生在无氧稀释的地下水中。开裂模式为穿晶断裂，具有准解理的裂纹形貌。裂纹尖端除了阳极溶解，氢在裂纹的扩展过程中起到了很必要的作用。SCC的诱发常常与管线钢表面的不规则联系在一起的，例如划痕、微孔或者腐蚀坑等，这些不规则起到了明显的应力集中的作用。在近中性pH值溶液中，因各种原因致使钢表面局部pH值降低的情况下，Q345管道钢能发生氢脆型占主导的SCC，随着外加阴极电位的增加，Q345钢的SCC敏感性呈增加趋势。

管线钢在近中性pH值溶液中和高pH值溶液中SCC的特征。裂纹沿与管道轴向平行发生沿晶开裂，高pH值和近中性pH值溶液中的一个不同之处是裂纹扩展的方式。高pH值溶液中一般产生沿晶开裂（IGSCC），这些裂纹非常狭窄，裂纹在外表面，主要是在管道的下底侧形核，与管道所处的环境、力学及本身的冶金条件有关；经大量的研究发现，管道失效多发生在距压缩站1到2个控制阀处，该部位的压力和压力波动较稍远的下游部位的高。

IGSCC要求有严格的电位、温度、HCO_3^-－CO_3^{2-}浓度及pH值范围。在能发生TGSCC的pH值和HCO_3^-－CO_3^{2-}浓度下不能发生IGSCC。IGSCC要求有较高的HCO_3^--CO_3^{2-}浓度，pH值在8～10.5、电位区间为－0.625～0.425V（SCE），温度为22～90℃。在这一pH值、温度和电位区间内，管线钢处于活化钝化状态，开裂是阳极溶解型SCC，裂纹通过裂尖膜破裂（由于裂尖滑移台阶的形成）和再钝化交替进而向前扩展。在IGSCC情况下，总是形成薄的磁铁矿膜，少量碳酸铁常被并入磁铁矿膜。这些膜与裂纹两边结合非常致密，并可有效地阻止裂纹两边的溶解，因此裂纹较窄且较短。

一般在近中性pH值产生的裂纹是穿晶的（TGSCC），裂纹侧壁发生腐蚀，裂纹显得比高pH值裂纹要宽得多。但裂纹一般随其变深而变窄，裂纹扩展路径的不同（沿晶与穿晶）是受不同的环境和钢的敏感性影响所造成的结果。在自腐蚀电位附近电位变化(≈±0.15V)不会影响TGSCC的敏感性。TGSCC没有典型的电位衰减，这与IGSCC不同。开裂时材料的韧性一般不出现明显降低。在5～45℃，温度影响没有必然趋势，但倾向于发生在较冷的地区，这里地下水中的浓度CO_2较高。

③ 近中性pH-SCC的影响因素

a. 开裂环境　加拿大的NOVA和TCPL等输气公司对近中性pH-SCC的调查表明，其最容易发生在位于压气站下游30km以内的聚乙烯胶带涂层管道上。相关环境是CO_2的弱酸溶液以及厌氧土壤环境。破损涂层下溶液（滞留水）与地下水差别较小，HCO_3^-的浓度远高于其他离子浓度，有时还含Cl^-、SO_4^{2-}和S^{2-}等离子；阳离子主要为Na^+、Mg^{2+}和Ca^{2+}，其浓度都较低。这种环境溶液形成是由土壤类型、涂层类型及失效形式、阴极保护水平、温度等因素联合作用的结果。

涂层状况是决定破损涂层下最终溶液成分的主要因素，也是决定SCC过程的直接因素。使用聚乙烯胶带和高电阻率地区的沥青涂层的管线上容易发生近中性pH-SCC，这是由于这些涂层的导电性差，涂层一旦剥离就会对阴极保护产生屏蔽作用。加拿大的22起近中性pH-SCC事故中73%发生在聚乙烯胶带涂层管道中。石油沥青或煤焦油沥青涂层管线的SCC常发生在因季节而干湿变化的地方或者是排水状况良好的多砂或多岩地段。此外，黄夹克、煤焦油磁漆涂层下管道上也发生过近中性pH-SCC。而涂覆熔结环氧粉末（FBE）的管道上尚没有发生SCC的记录。

溶液中通入CO_2，显著增加Q345钢的SCC敏感性，甚至在自腐蚀电位下，也可观察到CO_2对SCC的促进作用。试验研究也表明，提高CO_2浓度可增加氢对钢的渗透率，增加了裂纹生长速度。

在中性水溶液中碳钢和铸铁的腐蚀与水溶液中所含溶解氧有密切关系。

已发表的资料表明，很难在实验室进行模拟，几家公司所采用的水样中碳酸、盐（如碳酸氢盐、硫酸盐、氯化物）含量差别较大，故TGSCC无特定的环境条件，但通常认为在稀溶液中易发生，pH值在6.5附近，发生TGSCC时涂层和管道表面形成了数量较多的碳酸铁。

总之，高 pH 环境中 SCC 产生的有限电位区间和 pH 范围可解释在大多数管线系统中此类事故不常发生的原因。这说明季节变化在开裂过程中很重要，近中性 pH-SCC 发生的环境条件是含 CO_2 的稀溶液，CO_2 来源于土壤中有机物的分解。

b. 温度　温度对高 pH-SCC 环境形成和裂纹扩展等有重要作用，IGSCC 裂纹的扩展速率随温度下降按指数规律下降。而温度除了对涂层老化的影响外，与近中性 pH-SCC 开裂不存在明显关联。在低温（4℃）和室温，向溶液中通入 CO_2 的结果区别不大。进一步验证了温度对近中性 pH-SCC 的影响很小。近中性 pH-SCC 多发生在加拿大和俄罗斯等较冷气候带，这是由于较低温度下地下水中含有较多的 CO_2。

c. 土壤地貌条件　土壤类型影响着涂层的作用，特别是对聚乙烯缠绕胶带涂层。黏土含有水分，会产生土壤应力造成聚乙烯胶带涂层脱落，岩石易造成涂层缺损，这是近中性 pH-SCC 环境形成所必需条件之一。

地貌和土壤含水量影响 SCC 环境的形成。地表倾斜、起伏不平、低洼、山脚下和水流边等排水很差地方易于发生近中性 pH-SCC。但含水量一直很高的区域也不易发生 SCC。排水情况也决定了土壤是还原性的还是氧化性的。近中性 pH-SCC 事故常发生在还原性土壤中，这种土壤的硫酸盐还原菌（SRB）可把硫酸盐还原成亚硫酸盐，亚硫酸盐有助于氢渗入管道促发裂纹生长。但是，土壤氧化-还原电位与 SCC 的关联还有待进一步研究。

d. 力学因素　当应力 σ 或应力强度因子 K_{I} 大于临界值——门槛应力 σ_{th} 或门槛应力强度因子 K_{ISCC} 时，SCC 裂纹才能扩展。在高 pH 溶液中，实验室测得 σ_{th} 为 60%～70%SMYS（最小屈服强度）。循环应力也影响 SCC，实验室研究发现，在高 pH 值溶液中天然输气管道压力较小波动可加速 SCC，这可归结为裂尖循环蠕变，从而加速膜破裂。各种实验的共同结论是如无动载荷循环载荷或单调上升载荷，近中性溶液中将不可能发生开裂。

近中性 pH-SCC 与裂纹类型有关，对Ⅰ型裂纹，试样发生 SCC 时，其 σ_{th} 为 62%～77% SMYS，对Ⅱ、Ⅲ型裂纹，分别为 64%和 53%SMYS。另外，应变速率对（*SR*）对 IGSCC 和 TGSCC 均有很大影响。*SR* 增加，裂纹扩展速率（CPR）单调增加，并且对 IGSCC 影响更大，在对数坐标中，CPR 对 *SR* 的斜率，IGSCC 时为 0.5～0.7，TGSCC 时为 0.2～0.3。加拿大管道 22 起近中性 pH-SCC 事故中，68%发生在输送天然气的管道上，16 起事故（73%）为轴向裂纹，破裂发生时周向应力在 46%～73% SMYS 之间。值得注意的是这 16 起 SCC 事故中，都有外部因素如腐蚀、划痕或焊缝尖端的应力集中增加了局部应力水平。其余 6 起 SCC 涉及周向裂纹，事故发生时周向应力水平为 53%～67%SMYS，由土壤移动引起的应力或次级应力起主导作用。SCC 裂纹的发展是由新裂纹的不断产生、已有裂纹的扩展以及相邻裂纹合并联合造成的。最大应力决定裂纹数目，应力水平越高，裂纹越密集。而应力水平对裂纹的发展则没有明显的影响。近中性 pH-SCC 只发生在动载荷或交变载荷条件下。研究人员在实验室静载载荷条件下还不能重现近中性 pH-SCC，这表明压力波动引起的交变负荷在 SCC 过程中起关键作用。

e. 材料因素　自 20 世纪 70 年代起，对管线进行了广泛的研究，发现几乎当时所有管线系统，不同直径、厚度的管线钢及不同牌号、组成、制造和连接技术的钢均可产生 SCC。随后，AGA（American Gas Association）管道研究委员会开展了一些工作，试图研究敏感性与冶金因素的关系，以便找到一种能抑制开裂的钢，但一直未能获得成功，不过还是发现当钢中一些主要合金添加元素（如 Mo、Ti 等）质量分数大于 1%时，可增加 SCC 抗能力。不同钢的 SCC 敏感性不同，但其机理不甚清楚。

裂纹生长速度受材料的微观结构影响，由于管道轴向焊缝中存在较高的非金属夹杂，焊缝附近的热影响区比基体更易发生近中性 pH-SCC。近中性 pH-SCC 常发生在有铁素体/珠光体组织的碳-锰钢中，实验室和野外研究表明，没有一种特殊的组织或牌号的钢更接近中性 pH-SCC，但裂纹发展到珠光体带边缘时常会停止生长。虽然在役管线失效分析没有发现 SCC 与钢成分、等级或微结构存在明显关联，但有从实验室研究得到的直接证据表明，有些钢比其他对 SCC 更有抵抗力。近中性环境中，原始管线上产生裂纹比在加工表面容易得多，这可能与原始管线上更易于局部环境的形成和较高的残余应力等因素有关。管道表面的机械破坏或劣质的微结构也会加速裂纹扩展。

Chu R 等试验表明，X-65 管道钢在野外管线典型载荷和开路电位条件下，近中性模拟土壤溶液中长时间暴露后，微裂纹可在光滑试样表面萌生。这些微裂纹常开始于在冶金缺陷（如晶界、珠光体群、带状组织）等处的点蚀，并观察到沿带状结构面的强烈优先溶解。这些冶金缺陷处的选择性腐蚀归因于与相邻钢表面有关的那些区域的阳极性。而在机械引入的物理缺陷并没有提高开裂萌生的敏感性。

另外，冷加工能增加陷阱浓度，因此可大大提高氢的浓度。冷加工也影响阳极溶解型的 SCC。冷加工比退火的金属产生更多的阳极溶解活性点，材料的表面形成的钝化膜不具有保护性，这可能导致局部腐蚀的过早形成，在应力或应变下，还可导致 SCC。

（8）高温水环境下的应力腐蚀

① 碳钢的高温水环境下的 SCC　铁在温度为 200℃的高温水中，Fe-H_2O 系 E-pH 图仍然存在着铁的稳定区、腐蚀区和钝态区。其中铁在高 pH 区域发生腐蚀，形成 $HFeO_2^{2-}$ 离子的范围要比在低温水中相应的范围扩大许多，并向 pH 值减小方向移动，而其钝态区与低温水中钝态区相比则缩小了。这说明了从热力学上来看，铁在高温水条件下可能发生腐蚀的电位和 pH 值范围比低温水条件下要大。

在高 pH 值下，铁发生活性溶解：

$$Fe+2H_2O = HFeO_2^{2-}+3H^++3e^- \tag{4-40}$$

然后进行如下反应：

$$3HFeO_2^{2-}+H^+ = Fe_3O_4+2H_2O+2e^- \tag{4-41}$$

$$2HFeO_2^{2-} = Fe_2O_3+H_2O+2e^- \tag{4-42}$$

而在 pH 值为 7～10 时，则可能直接由金属生成 Fe_3O_4 氧化膜：

$$3Fe+4H_2O = Fe_3O_4+4H_2 \tag{4-43}$$

碳钢在高温水中的 SCC 的影响因素除拉应力因素与其他 SCC 一样外，主要有水的温度、pH 值、水中氧含量等因素，随着水温度的升高，碳钢的抗腐蚀性能下降，SCC 敏感性升高。

水的 pH 值是影响碳钢在高温水中 SCC 的主要影响因素之一，当水的 pH 值由中性向碱性转变时，铁被腐蚀的可能性显著下降，而当很高（约＞12）时腐蚀的可能性则又增加，在高温下 pH＞12 的高 pH 区，阴离子 $HFeO_2^{2-}$ 的活度大，使碳钢在这高 pH 区内容易产生碱脆而引起 SCC。可以采用 $LiFeO_2$ 将水的 pH 值调整到 10～12 来控制 SCC。

水中溶解氧的量对碳钢腐蚀的影响与碳钢表面氧化膜的性能有关，在 pH 值较大的碱性高温水中，如果水中溶解的氧量较多则在碳钢表面形成的氧化膜，呈 α-Fe_2O_3，因其结构比较疏松对碳钢无保护性，碳钢在这种条件下的腐蚀速率较大；如果水中溶解的氧量较少，在碳钢表面上形成的氧化膜以 Fe_3O_4 和 γ-Fe_2O_3 形式存在，这种氧化物具有较好的附着力和致密性，保护性能好，能使碳钢的腐蚀速率降低，此外氧的存在还会引起碳钢产生点蚀，所以一般要求高温水内氧质量分数控制在 $10～100×10^{-9}$。相反在中性水介质中，氧的浓度增加（如 0～10μg・g^{-1}）范围内，不仅不会增加碳钢的腐蚀，而且氧还可以起着抑制碳钢腐蚀的作用，因为在中性介质中按热力学观点直接在金属表面生成一层 Fe_3O_4 的基层，在此基层的外面则形成一层具有保护性能的 γ-Fe_2O_3 氧化膜。当水中氧的浓度进一步增高（＞10μg

·g^{-1}）时，在碳钢表面生成疏松的α-Fe_2O_3氧化膜，会使碳钢的腐蚀速率增高。当水含氧量超过200μg·g^{-1}时，在碳钢表面将生成致密的保护性氧化膜使碳钢的腐蚀速率再次下降。

碳钢在温度高于90℃、pH值为10的含氧水中进行适当的预处理使其表面生成Fe_3O_4保护膜，处理时间随温度不同而变化，温度高预处理时间短，反之亦然（温度不得低于90℃）。总之水的温度、pH值、水中含氧量和碳钢表面预处理都是影响碳钢在高温水中腐蚀行为的重要因素，合理地选择和控制这些条件将为在高温水中碳钢作为较好的抗SCC材料提供有力的保证。

② 不锈钢和镍基合金的高温水环境下的应力腐蚀　奥氏体不锈钢和镍基合金由于具有良好的耐腐蚀性能和力学性能而被广泛应用于核电设备的结构材料。但是这些材料在轻水反应堆的高温水环境中发生的SCC却成为影响核电站安全和寿命的关键问题之一。

20世纪50年代以来，为核电站安全运营需要，西方国家投入了大量的人力物力，对高温高压水中的奥氏体不锈钢和镍基合金发生SCC进行了长期研究，并成立了一些相应的国际性组织，定期交流和合作研究，如国际环境致裂合作组织（ICG-EAC），专门研究和协调各国轻水反应堆核电站中的EAC（Environment Assisted Cracking）问题。以庄子哲雄（Tetsuo Shoji）为代表的日本东北大学断裂研究所（FRI）在过去的几十年中对高温高压水环境下奥氏体不锈钢和镍基合金环境致裂机理做出了许多卓有成效的研究成果，主要包括温度、加载方式、加载曲线、预变形、材料及热处理和腐蚀环境等方面对氧化膜及对环境致裂扩展速率的影响。

目前主要工作集中在实验室研究方面，其中包括两方面内容：一是对不同材料，如A508（A533B）低合金钢、300系列不锈钢和600（690、800）镍基合金在高温水环境中的SCC试验及核电材料所含不同元素（Ni、Cr、N、H等）的多少对SCC的影响；二是研究腐蚀环境中pH、Cl^-浓度、温度等因素对核电材料环境致裂（RAC）的影响。目前，人们对高温水环境SCC的理论模型还不是非常清楚，许多研究者提出了各自的解释SCC现象的理论。其中在高温水环境下的奥氏体不锈钢和镍基合金RAC研究中比较常用的模型有，氧化膜破裂模型（Oxide film rupture model）、环境断裂耦合模型（Coupled environment fracture model）、强化表面运动模型（Enhanced surface mobility model）、内部氧化模型（Internal oxidation model）、溶解或空洞蠕变选择模型（Selective dissolution-vacancy creep model）、膜引导开裂模型（Film-induced cleavage model）以及一些以氢脆理论为基础的预测模型。目前，在高温水环境下的奥氏体不锈钢和镍基合金环境致裂扩展速率定量预测方面被使用最多的还是氧化膜破裂模型，由于该模型中采用的力学参量为裂尖应变率，而直接获得裂尖应变率存在比较大的难度，因此，20世纪90年代，在氧化膜破裂模型的基础上，日本东北大学断裂研究所（FRI）的庄子哲雄（Tetsuo Shoji）等人结合我国科学家高玉臣和黄克智建立的扩展裂纹条件下应变强化材料裂尖应力应变场，提出了一种新的预测模型，这个模型在国际环境致裂研究领域被称为FRI模型或SHOJI模型，有时也被直接称作裂尖应变率模型（Crack tip strain rate model）。由于这个模型能够分析各种环境、材料和力学因素对环境致裂扩展速率的影响，目前已经成为日本高温水中核结构材料环境致裂研究领域的基本理论模型，也被世界上很多相关实验室和研究人员所采用。

镍基合金的SCC和水化学有密切联系，由于传热管SCC很容易发生在传热管和管板及支撑板缝隙处，所以蒸汽发生器传热管缝隙化学变化是研究的热点。有学者用SSRT技术分别研究了水质化学因素、电位和温度对S30403和S31603以及A533B等核电工程材料在高温水中SCC敏感性的影响及其与电化学性能和表面膜之间的关系，采用U型弯曲法对304SS进行了试验研究并与SSRT结果进行比较分析。

虽然国内外对于高温水环境下的奥氏体不锈钢和镍基合金 SCC 开展了大量的研究工作，但由于 SCC 影响因素众多，许多以前的高温水环境的试验结果及对 SCC 机理的认识存在一定的局限性。现已知奥氏体不锈钢和镍基合金在高温水环境中 SCC 主要是裂纹尖端的腐蚀环境、应力和材料共同作用下的电化学阳极反应。为了解材料塑性对高温水环境下核电关键结构材料 SCC 裂纹扩展的影响，借助数值模拟方法，结合宏观和微观尺度模型，主要对微观尺度下由氧化膜和基体金属组成的氧化膜模型、含沟形裂纹模型和含氧化膜 SCC 动态扩展模型分别进行了分析。研究了氧化膜模型中不同基体材料、不同氧化膜材料和不同氧化膜厚度对 SCC 裂纹尖端区域断裂参量的影响，研究了含沟形裂纹模型中裂纹长度、分叉裂纹和扩展方向对 SCC 裂尖区域断裂参量的影响；研究了含氧化膜 SCC 动态扩展过程中裂尖断裂参量的变化情况，结果为：在 SCC 尖端区域基体金属和氧化膜的交界处存在一个很大的应力突变，塑性应变是连续的；与基体金属相比，裂尖氧化膜的应变较大，在材料的腐蚀过程中，氧化膜会首先发生破裂，这与 SCC 的阳极溶解膜破裂理论是一致的。由此说明 SCC 裂尖塑性应变（或塑性应变率）是深入研究 SCC 裂尖氧化膜破裂模型的理想力学参量。在恒定应力强度因子 K 值为 $30\mathrm{MPa}\cdot\mathrm{m}^{1/2}$ 时，随着基体金属材料屈服应力的增大，裂尖氧化膜区域的应力和塑性应变减小；裂尖基体金属区的应力增大而塑性应变减小。随着氧化膜屈服强度的增加，氧化膜上的应力增大，而应变减小，裂尖基体金属上的应力应变均减小；随着氧化膜硬化指数的增加，氧化膜上的应力减小，而应变增大，裂尖基体金属上的应力应变均增大。该结论与氧化膜上应力应变结论比较，可以看出，随着氧化膜屈服强度的增加，氧化膜本体所受应力增加，而应变减小，由于其承受了更多的载荷，所以导致裂尖基体金属上所受载荷变小，基体上的应力应变均减小；同样的，随着氧化膜硬化指数的增加，氧化膜本体所受应力减小，而应变增加，由于其所承受了较小的载荷，所以导致裂尖基体金属上所受载荷变大，使基体上的应力应变均增大。

由于 SCC 裂尖氧化膜前端沟形裂纹的存在，会造成氧化膜和基体金属中应力应变的很大变化，且随着沟形裂纹的长度增加，这种变化越加明显；与氧化膜和基体金属中应力相比，等效塑性应变对裂尖长度变化和裂尖分叉更加敏感，从一个侧面说明，裂尖等效塑性应变是研究 SCC 裂尖氧化膜与基体金属的比较理想的力学参量。随着裂纹的动态扩展，氧化膜和基体上相应观测线上的应力应变都逐渐变小，且趋于稳定；氧化膜上的应力和应变分布规律一致，在 $\theta=0°$时都出现最大值，随着 θ 的变化，逐渐减小；基体上的应力值要远大于氧化膜上的应力值，应变值小于氧化膜上的应变值；裂纹扩展方向上的 Mises 应力和 PEEQ 都呈逐渐减小趋势，而法向应力 S22 和法向塑性应变 PE22 都呈逐渐增大趋势。比较静态裂纹和动态扩展裂纹裂尖应变率结果表明，越靠近裂纹尖端的位置，其应变变化率越大；基体金属和氧化膜材料屈服应力增加使裂尖区域相同位置处的应变变化率减小；裂纹在不同的扩展方向扩展过程中，随着扩展角度的增加，裂尖应变率增加，沿裂纹扩展方向减小；在裂纹动态扩展过程中，沿裂纹扩展方向裂尖应变率迅速减小。通过将基于蠕变与膜破裂的 CGR 定量预测模型应用到焊接接头中，得出了非匀质材料中EAC裂纹扩展速率的规律，结果表明蠕变将显著改善材料力学性能不均匀引起的裂尖应力分布差异[69~73]。

在压水堆电站（PWR）的一回路系统中，许多重要设备和部件的结构材料主要采用奥氏体不锈钢，如反应堆压力容器和稳压器的堆焊衬里、主泵和主回路管路等，在反应堆工况下具有发生 SCC 的趋势。研究表明，静载荷条件下，在空气饱和（氧质量分数约 $8\mu\mathrm{g}\cdot\mathrm{g}^{-1}$）的高温水中，S30408 钢的 SCC 敏感性随温度升高（200～300℃）或 Cl^- 含量减少（500～$20\mu\mathrm{g}\cdot\mathrm{g}^{-1}$）而降低。在 250℃含 Cl^- 高温水中，固溶退火态 S30458G 的 SCC 敏感性随着电位升高而增大。高温水中不锈钢的 SCC 敏感性受溶解氧和 Cl^- 等杂质的影响。Gordon 综述了有关 Cl^--O_2 协同作用对奥氏体不锈钢的 SCC 敏感区方面的资料，总结出发生 SCC 的临界氯和氧浓度应满足 $\rho(O_2)\rho(Cl^-)>10mg^2\cdot L^{-2}$，丰富了 Wllianls 曲线。

S30458 在含氧 300℃高温水中具有 TGSCC 敏感性，且随着 Cl^- 含量增大，TGSCC 敏感性越大。在高温水中，S30458 表面会生成双层型（内层为富 Cr 区，外层为富 Fe、Ni 区）氧化物保护膜，使其具有良好的耐均匀腐蚀性能。在 SSRT 过程中，由于保护膜与金属本身塑性的差异，在应变作用下保护膜优先断裂，形成微裂纹，露出新鲜的基体金属，新鲜金属发生溶解和钝化，Cl^- 通过对流、扩散和迁移的方式随着腐蚀性溶液进入裂纹内，而 Cl^- 的存在会破坏金属的钝化性能，使形成的钝化膜保护性能变差；随着应变的增加，钝化膜再次破裂，重复以上步骤，使得微裂纹向基体不断扩展。Cl^- 浓度越大，对钝化膜的修复能力的影响越大，对钝化膜的破坏程度越大，从而使得钝化膜在应力作用下越易破裂，微裂纹越易形成和扩展，因此 SCC 敏感性越大。Cl^- 促进钝化膜溶解，实际上促进了 Fe（Cr/Ni）的氧化，而还原过程即为金属表面的氧还原，裂纹尖端 Fe（Cr/Ni）的氧化与金属表面氧的还原构成电化学腐蚀的阳极和阴极过程，电化学耦合作用使形成的裂纹不断扩展。当氧浓度很低时，阴极过程受到极大的抑制，也因此抑制了阳极过程，从而降低了裂纹尖端的金属溶解，阻碍了裂纹的扩展过程，最终降低 SCC 敏感性。因此，氧在 SCC 过程中起着关键作用。当溶液除氧后，S30458 SCC 敏感性很低甚至不发生 SCC，或引发 SCC 所需 Cl^- 浓度大幅升高，如在除氧条件下，溶液中 Cl^- 浓度达到 $500mg\cdot L^{-1}$时，S30458 的 SCC 敏感性仍很低。研究结果表明：S30458 在 300℃高温水中的最大拉伸强度、延伸率以及断裂吸收能随 Cr 浓度的增大显著降低，随氧浓度的急剧降低而显著增大。在空气饱和高温水中，即使 Cl^- 含量低于 $0.1mg\cdot L^{-1}$，S30458 仍具有 TGSCC 敏感性；随着 Cl^- 浓度增加，S30458 的穿晶面上的撕裂棱和二次裂纹增多，且脆断面积分数增大，穿晶裂纹深度增大，即 S30458 的 TGSCC 敏感性增大。在除氧高温水中，Cl^- 浓度为 $50mg\cdot L^{-1}$时，S30458 不发生 SCC，当 Cl^- 浓度增加到 $500mg\cdot L^{-1}$时，S30458 出现 SCC 的趋势。随着氧浓度降低，引发 S30458 在高温水中的 TGSCC 所需 Cl^- 浓度大幅升高[74]。

压水堆核电站压力容器接管与安全端之间的连接部分是异种金属焊接接头，该部位在高温水环境中发生 SCC 而造成的失效是影响核电站安全运行的一个隐患。采用慢应变速率试验（SSRT）、电极电位控制相和水中掺杂结合的方法，研究了水化学若干因素对第三代压水堆核电站 AP1000 反应堆压力容器接管-安全端异种金属焊接件 SA508-52M-S31603 主要部分的 SCC 行为的影响。水化学若干因素为电极电位和水中 Cl^-、SO_4^{2-} 污染，电位范围从 －780～＋400mV（SHE），模拟从理想水化学到溶解氧明显超标的一系列服役环境，研究结果表明低合金钢与镍基合金焊接接头 SA508-52M 试样在 290℃模拟 PWR 主回路高温高压水＋不同杂质离子环境中的 SCC 特性与水中溶解氧含量、流速等工程参数密切相关的电极电位对 SCC 有重要影响。试样在模拟 PWR 主回路高温水环境中，当电位处于－720～200mV 范围时，试样总是以韧性断裂形貌断在 52M 焊缝金属上，当电位升到＋300mV 和＋400mV（对应显著氧超标）时发生显著的 SCC 脆断，微观上是在 A508/52M 界面及附近的 A508 热影响区发生 TGSCC，在相邻的镍基合金焊缝薄层发生 IGSCC，表现出在 200～300mV（SHE）之间存在着一个临界破裂电位。水中有 Cl^-、SO_4^{2-} 污染后，SCC 敏感性上升，表现为高温水环境加入 $10mg\cdot L^{-1}$ Cl^- 后，该临界破裂电位降到 100～200mV（SHE）之间；而加入 $10mg\cdot L^{-1}$ SO_4^{2-} 后，其临界破裂电位降到－100～100mV（SHE）之间；同时加入 $10mg\cdot L^{-1}Cl^-$ 和 $10mg\cdot L^{-1}$ SO_4^{2-} 后，其临界破裂电位在－200～100mV（SHE）之间；在低于临界电位－200mV 范围内，尽管试样最终断裂为 52M 部韧性断裂，但在 SA508 紧邻焊接界面区域内可能观测到微弱的 SCC 迹象，且随着电位的升高，应变速率的降低，SCC 迹象逐渐增强。镍基合金与不锈钢焊接接头 52M-S31603 试样在 290℃模拟 PWR 主回路高温高压水＋不同杂质离子环境中，试样的 SCC 敏感性没有随着电极电位的升高而呈现出简单的变化规律。水环境中添加杂质Cl^-和SO_4^{2-}后，52M-S31603试样的SCC敏感性增加，SO_4^{2-}的有害程度低于Cl^-。52M镍基合金焊缝的耐SCC性能优于S31603不锈钢。由于SA508-52M-S31603焊接件上A508低合金钢部分的体积太小，在类似成分的国产核电压力容器用SA508Ⅲ钢上研究了这类低S低合金钢在290℃模拟PWR主回路高温高压水+不同杂质离子环境中的SCC特性，在各种高温水环境中，该钢的SCC敏感性总体均随着电极电位的升高而升高。无杂质离子掺杂的水环境中，发生SCC脆断的临界破裂电位在200～300mV（SHE）范围之间。Cl^-和SO_4^{2-}的加入提高了SCC敏感性，主要表现为临界破裂电位降低。SCC方式基本上都是裂纹在杂处萌生，准解理穿晶断裂方式快速扩展。

对异材焊接件A508Ⅲ-52M-S31603在各种条件下的极化曲线及其特征参数数据如自腐蚀电位处的腐蚀电流密度、致钝电流密度、致钝电位和维钝电流密度的试验结果表明，52M、S31603和A508Ⅲ在本试验的不同条件下均具有一定的阳极钝化倾向。随着模拟一回路高温水的温度从160℃和250℃升到290℃，3种试样的自腐蚀电位降低；52M和S31603的阳极极化条件下腐蚀倾向性减小，但A508Ⅲ的变化不大。水中分别加入$10mg\cdot L^{-1}$和$100\ mg\cdot L^{-1}$的Cl^-和SO_4^{2-}后，3种材料的阳极极化条件下腐蚀倾向性明显增大。水中溶解氧浓度增高会导致自腐蚀电位升高，3种材料的阳极极化条件下腐蚀倾向性增大[75~77]。

但体纯等用交流电位降（ACPD）技术实现了模拟压水堆一回路340℃高温水环境中690合金SCC裂纹扩展的实时监测。断口观察表明，两种一维冷加工690合金均出现沿晶SCC裂纹扩展，裂纹沿平行轧制方向的扩展速率略高于垂直轧制方向的速率；当溶解H浓度（C_{dH}）由$30\mu L\cdot g^{-1}$减小到$10\mu L\cdot g^{-1}$时，经1075℃退火和700℃固溶处理15h并维冷轧25%的T-L取向690合金的平均裂纹扩展速率由$4.8\times10^{-11}m\cdot s^{-1}$增加至$11.2\times10^{-11}m\cdot s^{-1}$；SCC扩展主要为内氧化机制[78]。

蒸汽轮机是核电站常规岛内的关键设备，蒸汽轮机转子材料为30Cr2Ni4MoV钢。低强度等级的30Cr2Ni4MoV钢常规热处理得到其氢致开裂门槛值K_{IH}较高，SCC敏感性降低；深冷处理后其碳化物析出和奥氏体转变有限，造成深冷处理后试样的硬度和抗腐蚀性能与常规热处理试验结果相比变化不大。对3种强度等级30Cr2Ni4MoV钢进行表面激光熔凝处理，分析表明处理后在表面形成了$10\sim20\mu m$的致密马氏体硬化层，激光表面熔凝处理使30Cr2Ni4MoV钢极化曲线腐蚀电位左移，腐蚀电流密度减小，这说明其抗腐蚀性能明显增强；但激光表面熔凝处理后的U型自加载试样在受拉区存在穿透性的微裂纹，造成高温水介质下的抗SCC性能大幅度下降[79]。

4.4.7 耐蚀合金的应力腐蚀

（1）不锈钢的应力腐蚀

不锈钢常用于输送及储存腐蚀性介质管道、容器和结构件等，设备壁厚一般10～20mm；不锈钢作中高压容器衬里，一般厚度2～4mm，低温容器设计温度为－70～－40℃、一般使用不锈钢制造。统计表明奥氏体不锈钢制造的设备发生的腐蚀失效占腐蚀失效总数的50%，从腐蚀失效的类型来看，SCC最为突出，占腐蚀失效事例的40%左右，以晶间腐蚀为代表的局部腐蚀开裂占16%左右。奥氏体不锈钢在含卤素离子、连多硫酸、H_2S、高温高压含氧水、熔融盐及高温碱液等环境中，都具有较高的SCC敏感性，防止Cl-SCC是奥氏体不锈钢最突出的问题。

① 奥氏体不锈钢氯化物SCC（Cl-SCC） 300系列不锈钢为奥氏体不锈钢，压力容器常用牌号[79,80]有022Cr19Ni10、022Cr17Ni12Mo2、06Cr18Ni11Ti和06Cr18N11Nb等，对于奥氏体不锈钢的Cl-SCC问题，已进行了大量的研究，其最大敏感性体现在Ni质量分数为8%的300系列牌号上，一般为穿晶型且高度分叉。

产生Cl-SCC，必须是有拉应力和Cl^-同时存在，并且与温度关系密切。在设备中一般都有拉应力存在，因此，是否可以防止这种开裂的产生，主要就看温度与Cl^-含量。大量实验表明，临界Cl^-含量受到许多因素的制约，特别是随着材料一介质环境的不同，无法给出确切的数值，对于常用的Cr-Ni不锈钢，在某些特定的条件下，水中Cl^-含量达到5×10^{-6}就足以导致断裂。在实践中，温度在80～90℃、饱和氧条件下，水中Cl^-含量达到5×10^{-6}，300系不锈钢长期使用中会出现了SCC。

20世纪50年代，人们通过对高温水中微量Cl^-及O_2含量对奥氏体不锈钢Cl-SCC敏感性的影响的研究，发现溶液中O_2含量越高，则出现开裂所需的Cl^-含量越低。O_2量相同时，断裂时间随Cl^-量的增加而缩短，O_2量提高时，这种缩短效应减弱。在Cl^-含量很低时出现SCC一般均具有Cl^-富集或浓缩的现象。

316系的不锈钢比304系有更强的耐Cl-SCC的能力。丹麦采用“变形加载法”，即试件加外力使其变成U形，使试件具有内应力，在沸腾温度下的饱和$MgCl_2$中，其试验结果S30408约为108.5℃以下、S31603约为131.5℃以下时，无论Cl^-含量多少，基本不会发生Cl-SCC，见图4-131、图4-132。但大多数研究认为S30408不发生Cl-SCC的温度小于50℃，S31603小于60℃。

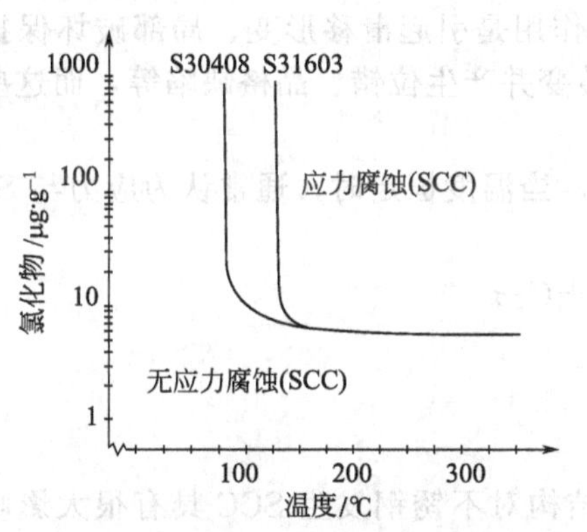

图4-131 300系列不锈钢发生SCC温度与Cl^-含量关系

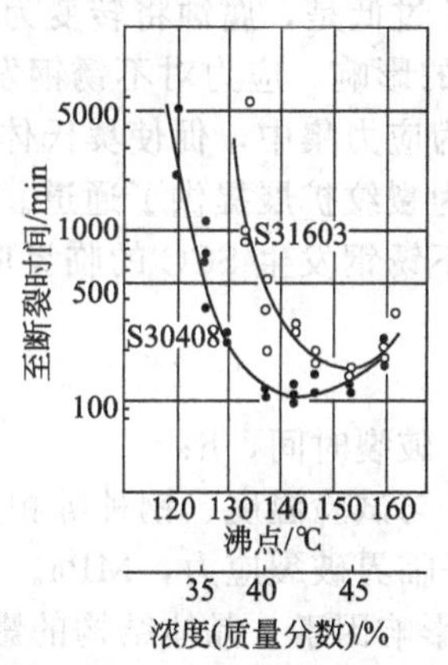

图4-132 300系列不锈钢发生SCC时间与温度、Cl^-含量关系

氯化物水溶液引起的奥氏体不锈钢SCC的影响因素主要有：环境因素，如介质成分、温度、pH值、电位、应力等；材料内部因素，如不锈钢的成分、组织结构等。

环境因素影响。

a. 介质影响　几乎所有氯化物水溶液都能引起奥氏体不锈钢发生SCC，其中又以$MgCl_2$溶液最易引起SCC，而且程度最为严重。对于不同的氯化物溶液，影响程度按Mg^{2+}、Fe^{2+}、Ca^{2+}、Na^+、Li^+等顺序排列。

$MgCl_2$溶液因具有对SCC的强烈作用，早在20世纪40年代初就有人提出了用沸腾$MgCl_2$溶液来检验奥氏体不锈钢等的SCC敏感性。应当指出，用$MgCl_2$溶液是一种加速试验，主要用来对比不同材料的Cl-SCC的敏感性，得出的规律和结论不能完全说明在其他氯化物溶液中发生的SCC问题。

一般认为，随着氯化物溶液浓度增加，奥氏体不锈钢SCC的敏感性也随之增大，而产生破裂所需要的时间缩短，但如果溶液中氯化物浓度过高，却可使其发生破裂的时间有所延长，见图4-129。

b. 温度的影响　由于温度对于化学反应速率、位错运动、物质迁移速度、析出相的稳定性及表面膜的生长等都有影响，因此，它对裂纹产生时间、扩展时间和破裂时间都会有很大影响。如图 4-128、图 4-129 所示。

研究表明，在 Cl^- 质量分数为 0～600μg·g^{-1}时，在热水和高温水中，Cl^- 对 Cr-Ni 奥氏体不锈钢的影响主要是 Cl^- 在金属表面的吸附作用，Cl^- 吸附的结果是 Cl^- 排挤表面膜中的氧离子并在溶解时形成 $FeCl_2$，$FeCl_2$ 在膜中形成孔隙，而孔隙处于应力集中处。所以可以认为，Cl^- 的作用在于破坏表面膜，缩短不锈钢 SCC 的孕育期，从而加速其断裂过程。温度对 S30408 不锈钢断裂的影响研究，发现在质量分数为 100μg·g^{-1}的 KCl 溶液中，温度为 100℃、80℃ 和 60℃ 时的平均断裂时间约为 160h、600h 和 3800h，表明温度上升，S30408 不锈钢的 SCC 时间缩短。

c. pH 值和电位的影响　镍、铬、铁的标准电极电位（SHE）分别为 －0.23V、－0.71V和－0.44V，不锈钢在 $MgCl_2$ 溶液中发生 SCC 的电位在镍和铁的电位之间，因此在 $MgCl_2$ 溶液中 Fe、Cr 易溶解而 Ni 则不易溶解。此外，由于 H^+ 浓度对于阴极还原过程有影响，氢还原电位在 pH 值很宽的范围内都高于铬和铁的电极电位，在 pH 值的较窄范围内稍高于镍的电极电位。而且 pH 值低的区间的比 pH 值高的区间的氢的还原电位和铬、铁电极电位之间的差值更大，因此，溶液的 pH 值越低，不锈钢的腐蚀速率越大，这将使破裂时间缩短。但 pH 过低是，腐蚀将转变为以全面腐蚀为主。

d. 应力的影响　应力对不锈钢发生 SCC 的作用是引起滑移形变、局部破坏保护膜；腐蚀处还可因为应力集中，促使奥氏体向马氏体转变并产生位错、晶格缺陷等，而这些晶格缺陷的存在又为裂纹扩展提供了通道。

奥氏体不锈钢发生 SCC 的临界应力值很低，当温度恒定时，通常认为应力与 SCC 时间有如下关系：

$$\lg t_i = C_1 + C_2\sigma \tag{4-44}$$

式中　t_i——破裂时间，h；

C_1，C_2——与试验温度、钢种等相关的系数；

σ——临界破裂应力，MPa。

e. 材质影响因素　晶体结构的影响，晶体结构对不锈钢发生 SCC 具有很大影响。在沸腾 $MgCl_2$ 溶液（154℃）中进行的试验表明，具有面心立方结构的不锈钢其 SCC 时间比具有体心立方结构的不锈钢的 SCC 时间小得多。原因是，具有面心立方结构的奥氏体组织，即使在很小的应力作用下也很容易发生滑移，所以此种晶体就容易产生 SCC。具有体心立方结构的铁素体组织不锈钢则由于屈服强度比奥氏体不锈钢的屈服强度高，而且其滑移系统多，容易产生交错滑移，结果反而难于产生粗大的滑移台阶，所以铁素体钢较难发生 SCC。但也有例外，如在一般情况下不发生 Cl-SCC 的铁素体钢（如 18Cr、25Cr 等）中添加入某些合金元素（如质量分数 1%以上 Ni 或 0.5%Cu）后，会变得容易引起 SCC。

合金元素的影响，由上述不锈钢中组织结构对其抗 SCC 性能的影响可知，奥氏体组织对于不锈钢抗 SCC 性能不利，铁素体组织则较为有利。因此，一般认为，在不锈钢中对于稳定奥氏体组织有利的元素，如 C、N、Mn、Co、Ni 等将增加不锈钢 SCC 的敏感性。相反，对于稳定铁素体组织有利的元素，如 Cr、W、Ta、Mo、Nb、Si、Ti、V、Al 等则降低不锈钢 SCC 的敏感性。

Cr 和 Ni 是奥氏体不锈钢中 2 个最主要的合金元素，在一般情况下，当不锈钢含 Cr 质量分数大于 12%时，Cr 含量越高则其破裂敏感性越大，而当其含量在 5%～12%时，其破裂敏感性最小。Ni 的影响如图 4-133 所示，在 Cr-Ni 合金中，当 Ni 质量分数小于 8%时，随着 Ni 含量降低其 Cl-SCC 的敏感性也降低，这是因为在这种条件下形成的双相钢和铁素体不锈钢具有比较低的 SCC 敏感性。当 Ni 质量分数大于 8%时，则随着 Ni 含量的增高，其

SCC的敏感性也降低。因为随着含Ni量的增加，奥氏体不锈钢的层错能增加，容易出现网状结构位错，从而降低穿晶破裂的敏感性。

加入质量分数2%～4%的Si，能显著降低奥氏体不锈钢Cl-SCC的敏感性，但Si也能降低C在奥氏体中的溶解度，增加碳化物在晶界上的析出，从而提高奥氏体不锈钢晶间SCC的敏感性。加入Mo主要是为了提高其抗点蚀和抗晶间腐蚀的能力，但是如果加入量不充分，如质量分数1%，则反而可以增加18-8型不锈钢SCC的敏感性，只有Mo质量分数大于4%才能提高其抗SCC的能力。

P会使奥氏体不锈钢容易出现层状位错结构，因此它对Cr-Ni不锈钢的SCC是有害的。如18Cr-11Ni钢中加入质量分数0.2%的P，在沸腾$MgCl_2$溶液中试验，应力仅为屈服点的20%，产生SCC时间可以从48h缩短到19h。

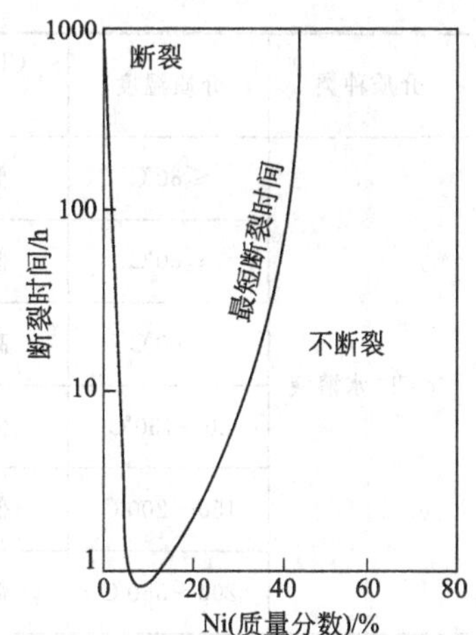

图4-133 Ni对18%Cr不锈钢在沸腾$MgCl_2$溶液中SCC的影响

f. 制造工艺影响因素 相变、时效热处理等都会引起晶格缺陷、位错分布、组织变化、力学性能和电化学性质的变化，这些变化是复杂的，因此它们对于奥氏体不锈钢在Cl-SCC的影响也是十分复杂的。

表面处理对Cl-SCC敏感性的影响也不同，一般认为，在沸腾的$NgCl_2$溶液中，普通机械抛光较真空退火和电解抛光具有更大的Cl-SCC敏感性。电解抛光对Cl-SCC的敏感性较低，这主要是因为电解抛光能使表面形成牢固的钝化膜。

奥氏体不锈钢Cl-SCC的控制措施。

a. 应力与强度。降低拉伸应力可降低奥氏体不锈钢Cl-SCC敏感性。奥氏体不锈钢压力容器制造过程中，一般不能进行焊后消应力的热处理。也不宜采用机械加工、喷丸等表面处理来抑制SCC。因此，应在通过控制焊接工艺来尽量降低焊接接头的残余应力，振动法是降低焊缝残余应力的有效措施；在设计上和安装、使用中避免产生应力集中。

b. 改善介质和环境条件。降低Cl^-和O_2的含量。在核反应设备的不锈钢热交换器中，经常将冷却水Cl^-和O_2的含量降至10^{-9}数量级，在其他设备中，也设法脱去水中的氧。

c. 添加缓蚀剂。最常使用的缓蚀剂有磷酸盐和铬酸盐等无机缓蚀剂，它们在稀的Cl^-溶液中由于水解提高了pH值，起了缓蚀作用。

d. 温度是重要的环境因素，在奥氏体不锈钢制压力容器的设计上和操作上都要设法避免不必要的过热现象，防止局部反复蒸发浓缩。

e. 选材。常用的300系列奥氏体不锈钢正是Cl-SCC敏感性最大的材料，这虽然是一种巧合，也正是从这里找到降低Cl-SCC的一些有效途径。如，选用高Ni或高Si的奥氏体不锈钢、双相不锈钢或高纯的铁素体不锈钢。部分介质的防止不锈钢等合金SCC的选材见表4-19。

表4-19 部分介质的防止不锈钢等合金SCC的选材

介质种类	介质温度	Cl^-和$[OH]^-$（质量分数）	浓缩或富集情况	可考虑选用的不锈钢
高浓氯化物	沸腾温度	高浓Cl^-	无	高硅Cr-Ni不锈钢、铁素体不锈钢、高镍不锈钢和合金

续表

介质种类	介质温度	Cl^-和$[OH]^-$（质量分数）	浓缩或富集情况	可考虑选用的不锈钢
含Cl^-水溶液	≤60℃	低浓度Cl^-	无	300系不锈钢、铁素体不锈钢、双相不锈钢
	≤60℃	低浓度Cl^-	有	铁素体不锈钢、双相不锈钢
	≤60℃	高浓度Cl^-	有	铁素体不锈钢、双相不锈钢；高Cr、Mo的高镍不锈钢
	60～150℃	低浓度Cl^-	有	铁素体不锈钢、双相不锈钢；高Cr、Mo的高镍不锈钢
	150～200℃	低浓度Cl^-	有	
	200～350℃	低浓度Cl^-	有	铁-镍基合金
$H_2S_xO_6$	室温	无Cl^-	无	含Ti、Nb的300系不锈钢并经稳定化处理
含H_2S水溶液	≥60℃	无	无	铁-镍基合金、300系不锈钢
		低浓度Cl^-	有	双相不锈钢
		高浓度Cl^-	有	高镍不锈钢
	<60℃	高浓度Cl^-	有	高镍不锈钢
NaOH	≤120℃	NaOH≤20%无	无	300系不锈钢
	85℃	NaOH 50%	—	300系超低碳不锈钢
	85℃	NaOH15%～25%	—	
	140℃	NaOH 45%	—	高铬钼钢、铁-镍基合金
	300～350℃	NaOH<10%	—	铁-镍基合金
	300～350℃	NaOH>10%	有	铁-镍基合金

f. 阴极保护。对于阳极溶解型的SCC系统，阴极极化可以减慢腐蚀速度，应用外加电位的阴极保护来防止奥氏体不锈钢的Cl-SCC是有效的，但由于破坏位置难以准确预测，工程上实施阴极保护还有一定困难，尚未见过真正工程实用的报道。阴极保护另一途径是涂层，有利用锌镀层成功地进行不锈钢阴极保护的实例。

高温水对奥氏体不锈钢引起的SCC，试验表明，300系不锈钢在高温水中腐蚀时存在着一个SCC敏感的温度范围，即约在200～250℃范围内的敏感性最大。仅含O_2而不含Cl^-的高温水介质，如沸水反应堆中的高温水，其溶解氧在120～300$\mu g \cdot g^{-1}$、工作温度为288℃时，可使敏化的S30408和S31608不锈钢断裂。

案例1：乙二醇装置蒸发器开裂原因分析

乙二醇装置是使用乙烯和氧气反应生成环氧乙烷，经过用水吸收成为含水体积分数15%的乙二醇溶液，再经过蒸发系统逐级蒸发，得到99%以上的成品乙二醇。吸收系统使用的水主要来自蒸发系统的循环水。蒸发系统主要设备的工况见表4-20。

表 4-20 蒸发系统主要设备的工况

编号	名称	前温度/℃	后温度/℃	前压力/MPa	后压力/MPa
T530	0效	195	180	1.17	0.76
T531	1效	180	165	0.87	0.53
T532	2效	170	155	0.67	0.40
T533	3效	160	145	0.46	0.27
T534	4效	150	135	0.30	0.15
T535	5效	120	120	0.06	0.07
T536	6效	80	80	120mmHg	120mmHg

注：1mmHg=133.322Pa。

a. 现场检测情况　2001年大检修期间发现从0～5效的6个不锈钢设备中有5个在封头与筒体的环焊缝附近存在大量的裂纹，6效的碳钢塔体也严重腐蚀减薄。裂纹的分布与宏观形态见表4-21。

表 4-21 裂纹的分布与宏观形态

编号	名称	材质	壁厚/mm	裂纹的分布与宏观形态
T530	0效	碳钢+不锈钢	16	上、下封头与筒体不锈钢衬里的焊缝热影响区密集微裂纹
T531	1效	1Cr18Ni9Ti	14	上封头与筒体焊缝热影响区密集微裂纹
T533	3效	同上	14	上、下封头与筒体焊缝热影响区环向裂纹及密集纵向微裂纹
T534	4效	同上	14	下封头与筒体焊缝热影响区整圈密集纵向微裂纹
T535	5效	同上	14	2001年8月大检修后筒体中部母材发现环向贯穿裂纹
T536	6效	碳钢(A3R)	16	严重减薄最小壁厚为5mm，局部有穿孔

b. 现场覆膜金相　乙二醇装置中T530不锈钢蒸发器焊缝热影响区部位的现场覆膜金相照片见图4-134，可以很明显地看出，组织形貌中有沿晶界析出的碳化物，以及沿晶界的裂纹。T531焊缝热影响区部位现场金相也有不同程度的沿晶裂纹，在焊缝部位形成"人字"形裂纹，如图4-135所示。

c. 工艺情况　查阅2001年11月到2002年上半年的U550测点的pH值记录、2001年11月12日～16日期间乙二醇装置中U550、S9101和T536的pH值记录。从记录可以看出：乙二醇装置蒸发系统的pH值有比较大的波动，其中最低的4.6，最高的10.1。尤其2002年2月对T510、T530和T532的循环水连续监测3d，pH值波动也比较大。

d. 检测分析　从蒸发系统更换下来的E538再沸器封头上切取带有焊缝的样品。经过宏观检查，焊缝的热影响区有明显裂纹。

• 金相检测　对现场取样焊缝热影响区有明显裂纹的部位截取金相试样进行检查，主裂纹为沿晶裂纹，在主裂纹附近还有沿晶开裂区域，说明裂纹带有分枝，见图4-136。焊缝熔合线和热影响区的金相组织可以看到热影响区有敏化现象，见图4-137。

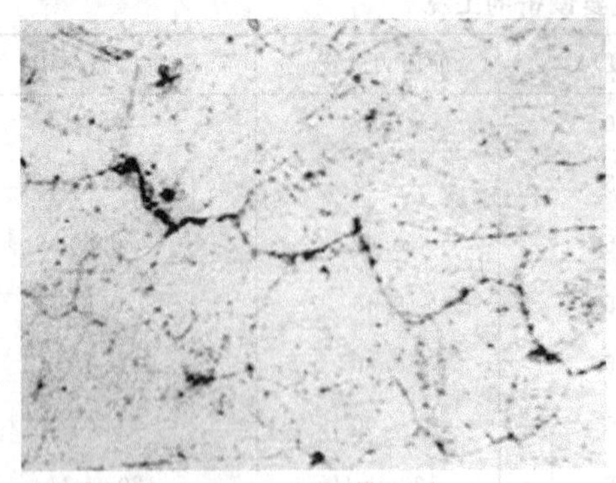

(a) 沿晶界分布的微裂纹 (1200×)

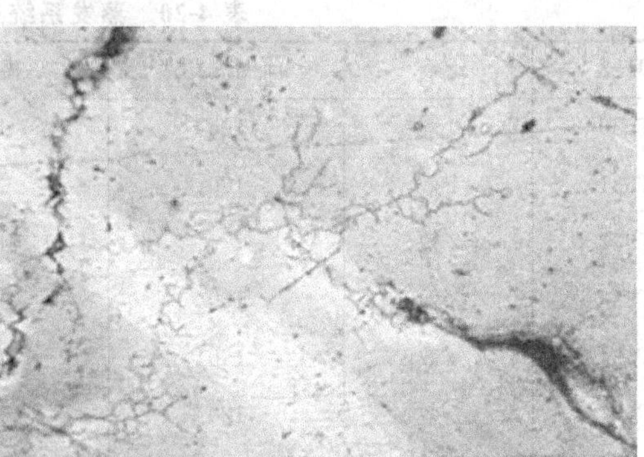

(b) 沿晶裂纹形成的主裂纹 (500×)

图 4-134 T530 蒸发器材料微观组织和裂纹形貌

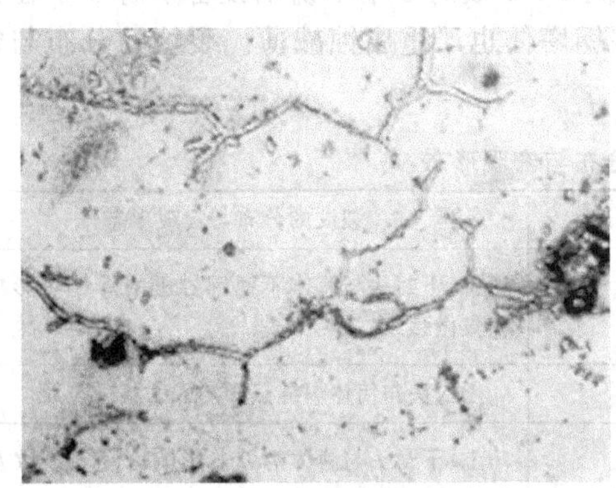

(a) 热影响区沿晶裂纹 (1200×)

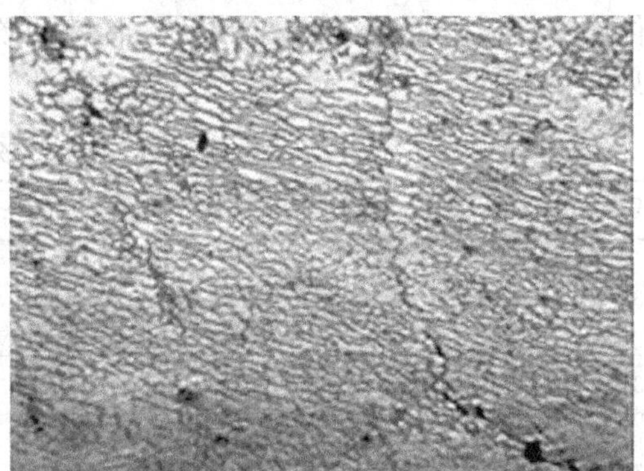

(b) 焊缝上沿晶裂纹 (500×)

图 4-135 T531 不锈钢蒸发器上裂纹形貌

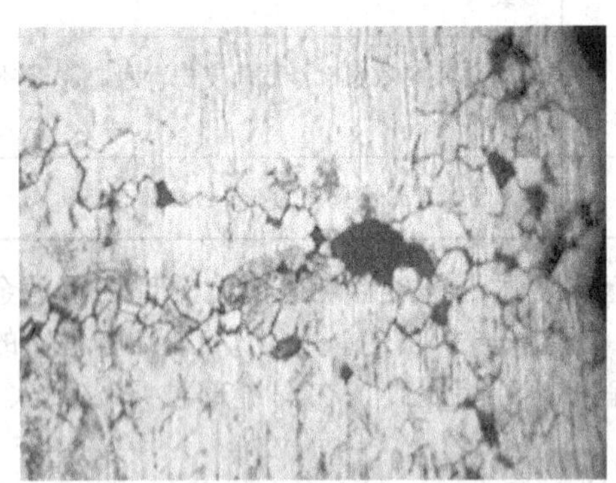

图 4-136 主裂纹附近沿晶裂纹（100×）

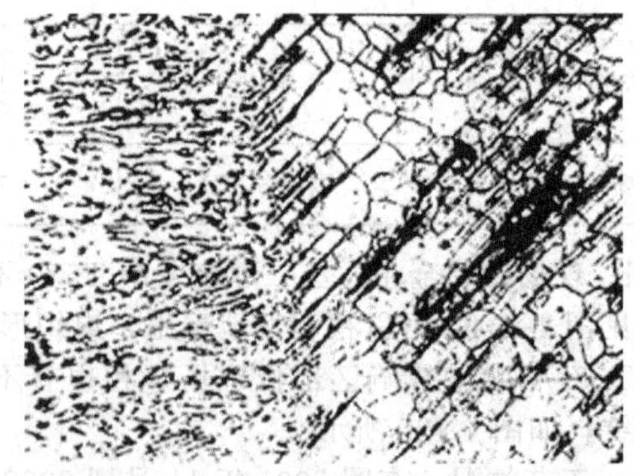

图 4-137 焊缝熔合线热影响区组织（100×）

• 电子显微镜断口分析　把现场所取的样品沿裂纹掰开，不经清洗，在扫描电镜下观察。在起裂部位的断口表面覆盖着一层腐蚀产物，但仍然可以看出沿晶开裂的特征，见图 4-138；在裂纹尖端的部位，新鲜断口可以看出沿晶开裂冰糖状特征断口花样，见图 4-139。

• 能谱成分分析　利用能谱仪对起裂部位带有腐蚀产物的断口表面进行检测，结果除了不锈钢的基本成分外，还含有 Mg、Al、P、S、Cl、Ca 和 Cu。在裂纹尖端部位的新鲜断口表面，P、S、Cl 和 Cu 的含量相对减少，见表 4-22。

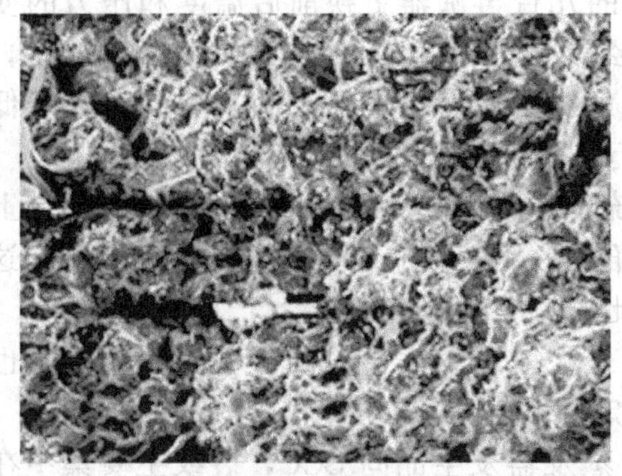

图 4-138 起裂部位腐蚀产物和沿晶形态

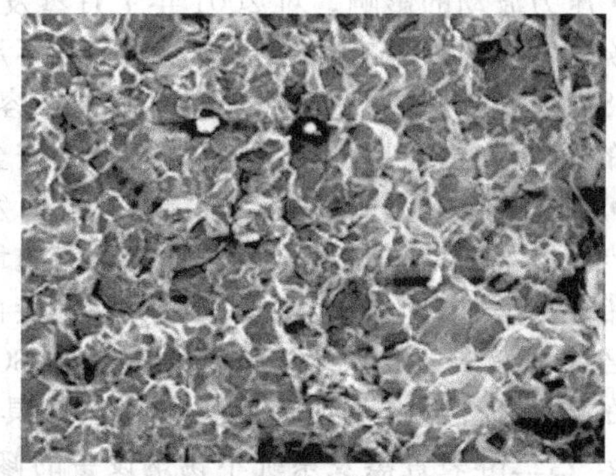

图 4-139 新鲜断口表面的沿晶形态

表 4-22 裂纹断口表面腐蚀产物能谱分析（质量分数） %

元素	Mg	Al	Si	P	S	Cl	Ca	Cr	Mn	Ni	Cu	Fe
起裂	1.08	1.86	2.19	1.31	0.58	0.25	0.83	38.5	0.68	3.61	13.71	余量
	1.45	1.92	2.26	1.35	0.70	0.32	0.76	37.20	0.73	3.10	15.20	
尖端	1.53	1.33	2.05	0.93	0.55	0.0	0.41	29.92	0.58	5.90	2.93	

e. 同类型某厂现场设备检验情况　同类型某厂乙二醇装置 2002 年 7 月进行检修。发现 T531 塔上下封头与筒体的环焊缝热影响区有纵向密集的微裂纹。表面进行着色检测后发现 T531、T532 和 T533 在上下封头与筒体的环焊缝热影响区均有纵向密集的微裂纹，以 T531 塔最为严重。使用 022Cr18Ni11 不锈钢制造的 T534 未见裂纹。碳钢制造的 T535 设备，检测时容器内部的防腐涂层基本完好，未见明显腐蚀坑。表面着色探伤的裂纹显示情况见图 4-140。

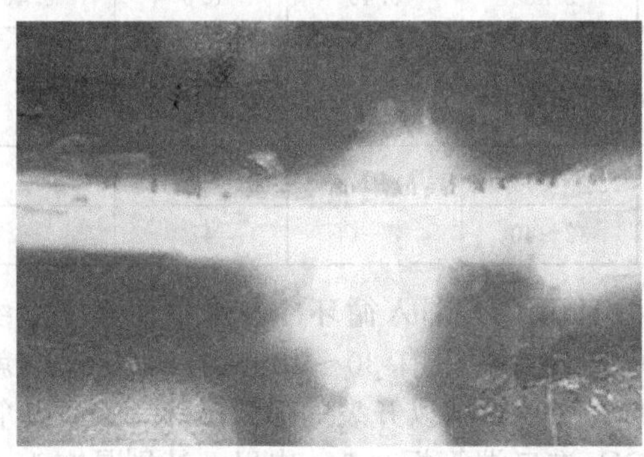

(a) T531顶

(b) T531底

图 4-140 T531 表面着色探伤的裂纹显示情况

f. 讨论

• pH 值。U550 的循环水 pH 值波动比较大，pH 值降低，对不锈钢的 SCC 有比较大的影响。

• 对 P、S、Cl 和 Cu 的来源经过现场调查，Cl 来自前面反应流程中的二氯化碳，Cu 来自再沸器换热管，Cu^{2+} 的存在会导致加速不锈钢的晶间腐蚀。S 的来源有两个方面：一是水处理使用的硫酸；二是乙烯原料脱硫系统脱硫不干净。P 的来源有可能是由于加热器列管泄漏后加热蒸汽窜入工艺介质，把磷酸盐等阻垢剂带入系统。

• 压力波动的影响。对 2001 年 7 月蒸发系统的几台再沸器更换前后温度和压力的变化情况分析表明，更换前由于再沸器的容量不足，经常造成系统的压力波动，安全阀起跳，会加速 SCC 裂纹的扩展。而通过对再沸器扩容，既解决了生产中的瓶颈效应，同时又降低了系统的压力和温度波动值，为压力容器的安全运行创造了良好的环境。

• 制造残余应力的影响。乙二醇装置蒸发系统不锈钢设备发生 SCC 的部位主要是上下封头与筒体相连焊缝的热影响区及筒体错边量、角变形比较大的地方，这一现象说明在这些设备制造过程中，筒体与封头的组对和焊接存在比较大的残余应力。

乙二醇装置蒸发系统不锈钢设备发生 SCC 不仅在该厂发生，在同类型的其他厂家也在相同的部位发生过，说明该系统发生 SCC 具有一定的共性特点。

g. 乙二醇装置蒸发系统不锈钢设备的修复　蒸发器发生晶间 SCC，裂纹主要集中在较大错边和棱角度的焊接部位，表现出局部性。作为现场尽可能保证生产和来不及更换设备这种考虑，对于有裂纹部位，通过内贴补或外贴补的方法进行现场局部的修复方法。采用较薄的 S31608 不锈钢进行内贴补，既可将介质与原设备使用的材料隔离，防止进一步腐蚀，也可保证结构强度；另一方面，如果内表面裂纹较深，可通过内贴补和外贴补共同使用的方法来防止进一步腐蚀和确保结构强度。

案例 2：CO_2压缩机段间冷却器的 SCC 及其对策[81,82]

在尿素生产工艺中，CO_2压缩机段间冷却器的作用是降低压缩机出口 CO_2的温度，减少能耗，从而提高压缩机的效率。该冷却器为管壳式换热器，壳体为碳钢，换热管为 S30408 不锈钢，管程走 CO_2压缩气，壳程走循环冷却水，表 4-23 为 CO_2压缩机段间冷却器的主要工作参数，三段冷却分离器为 U 形管式换热器。

表 4-23　CO_2压缩机段间冷却器的主要工作参数

项目名称		1 段		2 段		3 段	
		管程	壳程	管程	壳程	管程	壳程
压力/MPa		0.52	0.40	2.40	0.40	8.0	0.40
进口温度/℃	设计	210	32	210	32	210	32
	操作	210～225		230～260		130～175	
出口温度/℃	设计	42	—	42	—	58	—
	操作	30～38	—	32～40	—	42	—

该设备因管束频繁的 SCC 破坏造成停车，并且因 CO_2漏入循环冷却水中使整个系统设备腐蚀，其中以第三段冷却器最为严重。运转周期最短的只有 30～40d，有的开工 3a 就更换了 5 台第三段冷却器。对损坏的换热管进行的检查，管子以开裂的形式破坏，裂纹从管外壁向内壁发展，断口呈脆性。裂纹主要集中在 CO_2进口端管板 3.3m 内以，特别是在 1.45m 的范围内更严重。有的列管已经断裂。

a. 开裂列管的检查

• 开裂列管的宏观检查。从第三段冷却器切取泄漏的列管进行检查分析，管外壁表面沿纵向排布许多的小米粒大小的腐蚀产物鼓包。有些鼓包聚集在一起，一些斑点之间有很细的线条相连接，如图 4-141 所示。用针拨开鼓包和斑点上面的腐蚀产物，下面是腐蚀坑，见图 4-142。

• 金相检测、能谱分析和断口电镜观察。从泄漏的管段上切取环状试样进行金相检测，结果见图 4-143，斑点之间细线条剖面下是带有分叉的裂纹，鼓包下面蚀坑底部有裂纹。将带裂纹的管段压扁，得到裂纹的断口为于脆性断裂。用能谱仪对列管外壁腐蚀产物和断口表面的腐蚀产物进行分析，结果含有一定量的Cl和S，见表4-24。

图4-141 列管外壁表面的腐蚀产物鼓包、斑点和连接的细线条

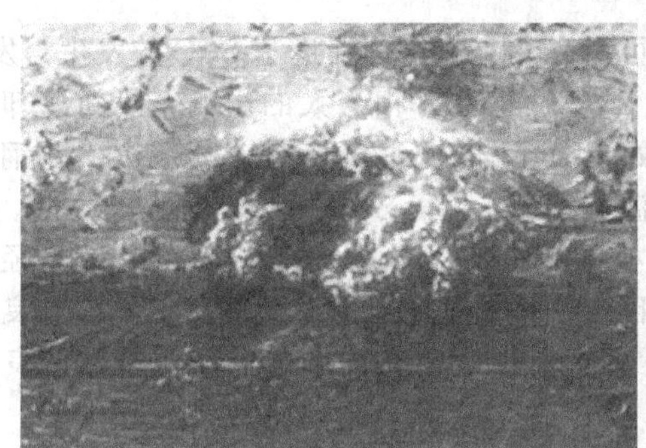

(a) 列管表面腐蚀鼓包放大

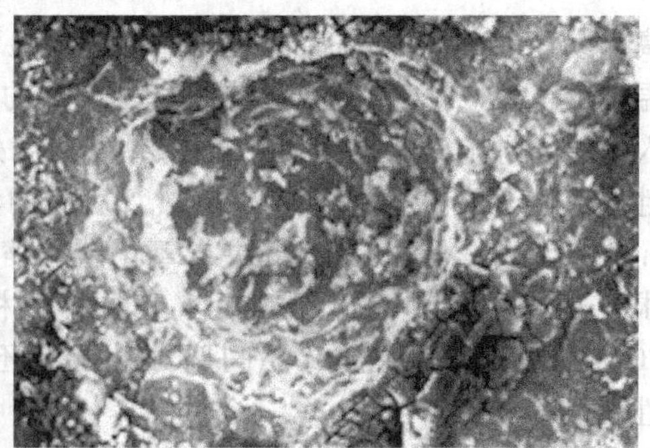

(b) 鼓包下的腐蚀坑

图4-142 管外壁表面腐蚀形态

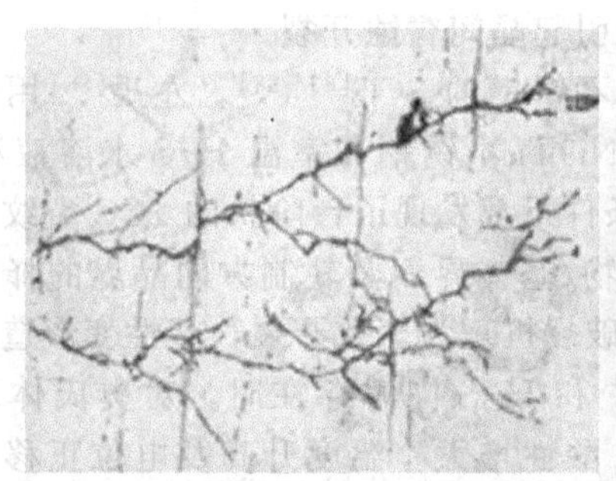

(a) 斑点间细线条剖面的分支裂纹

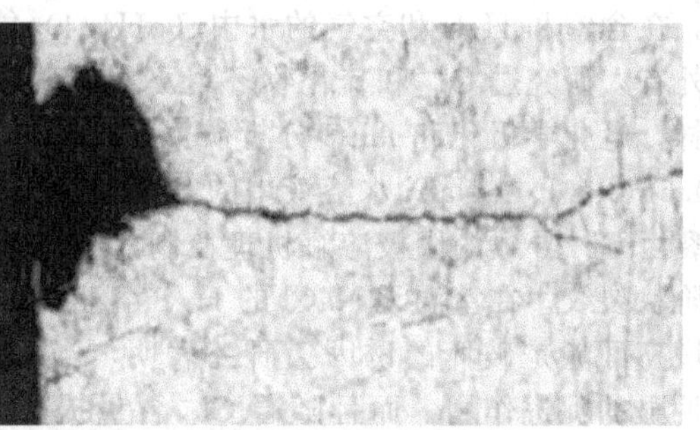

(b) 鼓包下面蚀坑底部的裂纹

图4-143 裂纹微观形貌

表4-24 列管外壁和断口表面的腐蚀产物能谱分析结果（质量分数） %

位置	Mg	Si	S	Cl	Ca	Cr	Mn	Fe	Ni
起裂处	8.39	8.44	0.81	0.97	13.01	10.92	1.79	49.96	5.71
裂纹中部	2.80	3.06	0.32	0.60	5.83	13.73	1.31	49.40	7.11
裂纹尖端	0.52	1.36	0.94	1.74	5.85	17.74	2.62	67.20	6.26

电镜观察经过清洗的断口为解理断口花样，其中有鱼骨状花样，扇形花样和准解理花样，见图4-144。这些都是奥氏体不锈钢氯化物SCC的典型断口形态。

b. 列管开裂原因分析 二氧化碳压缩机段间冷却器管外壁是与循环冷却水相接触的，各厂冷却水中的Cl^-含量在（40～200）$\times10^{-6}$之间。为了提高循环冷却水的冷却效率，冷却水要经过凉水塔冷却，从而使水中始终保持着常压饱和溶解氧。现场分析还发现，在裂纹和水垢缝隙处浓缩富集的Cl^-可达千分之几。换热管与水接触的界面温度可超过150℃，并

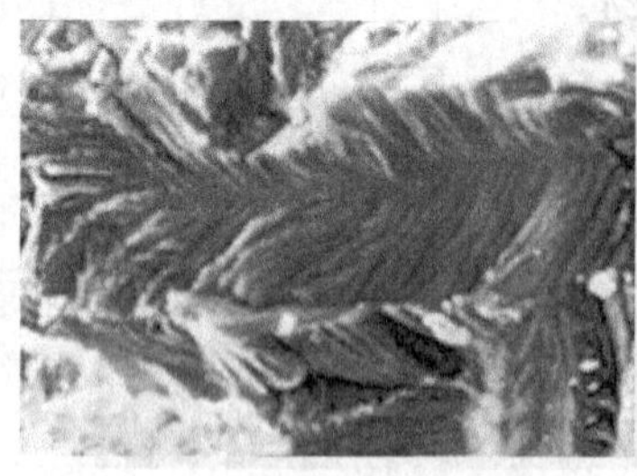

(a) 鱼骨状花样

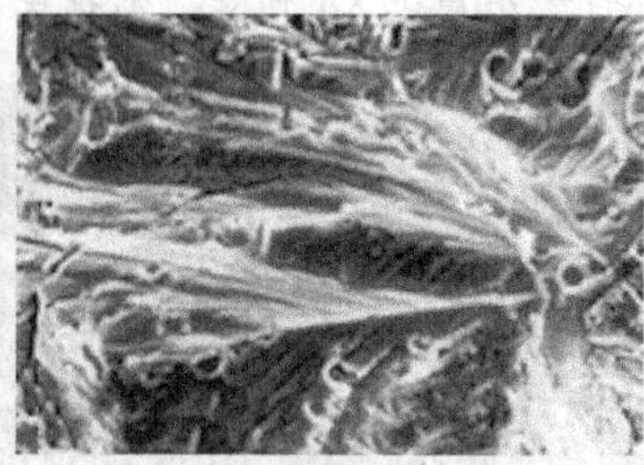
(b) 扇形花样

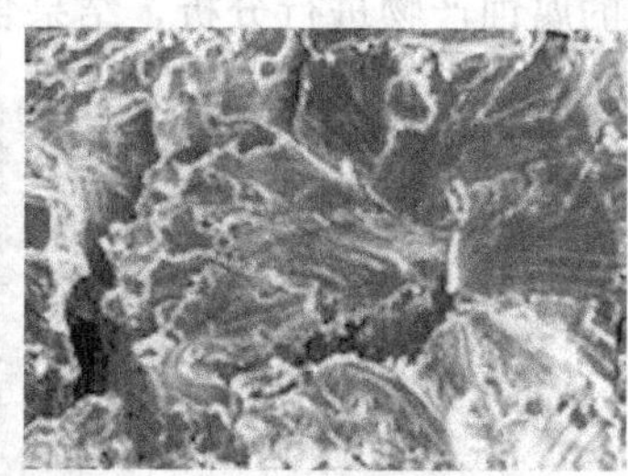
(c) 准解理花样

图 4-144 列管的裂纹断口特征

由于高温易于结垢，结垢后既不利于传热，又可引起 Cl^- 富集，促进了 SCC 的发生与发展。

温度对 06Cr18Ni9 不锈钢在含 Cl^- 水中的 SCC 敏感性有相当大的影响，段间冷却器的 CO_2 入口端，即前管板附近换热管的界面温度处在 150～200℃之间，06Cr18Ni9 不锈钢 SCC 敏感性大，随着冷却水的冷却，换热管后段的温度逐渐下降，SCC 敏感性也大大降低。

c. 防止对策 从根本上解决二氧化碳压缩机段间冷却器早期 SCC 破坏的有效途径之一是寻求抗 SCC 的材料，应用铁素体-奥氏体双相不锈钢是有益的。双相不锈钢不仅有良好的耐 SCC、点蚀、缝隙腐蚀及晶间腐蚀性能，还具有高强度、高韧性、低膨胀系数和良好的导热性能。

② 不锈钢湿硫化氢 SCC 对奥氏体不锈钢在湿 H_2S 环境中的 SCC 研究还比较少，Ryabchenkov 等人曾报道在室温 H_2S 饱和水溶液中，经 650℃/19h 敏化处理的奥氏体不锈钢有晶间开裂现象，他们还发现了淬火-退火试样的晶间开裂。对 650℃/14h 下敏化的奥氏体不锈钢，在含饱和 H_2S 和空气的水中（pH4.4）能引起晶间腐蚀开裂。

此外有人研究过 Cl^- 和硫化物环境下的奥氏体不锈钢的 SCC[83～88]，左禹[86]用恒应变 U 形试样，电化学极化和 AES 分析研究了 06Cr18Ni9Ti 不锈钢在室温 H_2S 水溶液和 90℃ H_2S+0.5mol·L^{-1} NaCl 水溶液中的 SCC，两种条件下都发现了台阶状的 SCC 裂纹。90℃时的破裂由 Cl^- 导致的阳极溶解机理控制，沿夹杂物/基体界面及轧制方向晶界的择优溶解导致台阶状裂纹。在室温无 NaCl 的 H_2S 溶液中，破裂机理为氢致开裂，塑性变形造成的局部硬度增高可能是破坏的诱因。研究表明，当 Cl^- 和 H_2S 同时存在时，对奥氏体不锈钢 SCC 有明显的促进作用，而且随着 Cl^- 含量提高，酸性增大，温度升高及电位正移，奥氏体不锈钢在 H_2S 溶液中的破裂倾向增大。

文献［84］研究认为，在室温的饱和 H_2S 溶液及饱和 H_2S+5%（质量分数）NaCl+0.05%（质量分数）HAc 水溶液中，S31603 表现出较高的抗硫化物 SCC 性能，而 S31608 则较为敏感。溶液中加入微量的 Na_2CO_3 后能明显提高 S31608 不锈钢在这种环境下的抗 SCC 能力，而加 HCl 降低 pH 值，使得 S31608 和 S31603 在上述溶液中的 SCC 敏感性增强。经敏化处理的 S31608 的抗晶间腐蚀性能较差，并稍微增大了其在溶液中的 SCC 敏感性，而 S31603 则表现出较强的敏化免疫性。

文献［87，88］采用 SSRT 法研究了 S31603 SCC 敏感性与 Cl^-、H_2S、温度和 pH 值的关系发现，S31603SCC 敏感性指数 F（A）逐步回归结果显示，Cl^- 含量和温度对 S31603 的 SCC 敏感性指数 F（A）影响均较显著，pH 值与 F（A）无显著的相关关系，H_2S 含量和温度对 F（A）将产生交互作用。随着 Cl^- 含量和温度的升高，S31603 钢 SCC 敏感性指数 F（A）增大，而 H_2S 含量和 pH 值的影响相对较小。从试样断口分析，Cl^- 含量为 250mg·L^{-1}以下时，属塑性断裂，在 250mg·L^{-1}时，出现了 SCC 的特征，当达到 310mg·L^{-1}时，SCC 敏感性指数 F（A）为 30%时，SCC 特征明显。在 100℃以下，随温度升高，

S31603 的 SCC 敏感性指数显著增大。文献［89］通过 SSRT 法 SCC 试验，回归出计算 SCC 敏感性指数的方程，表明水溶液中 Cl^- 对 S31603 的 SCC 影响较大，而 H_2S 的影响小。S31603 不锈钢在含 H_2S 和 Cl^- 复杂介质中 SCC 属阳极溶解型，其中 Cl^- 引发了裂纹源并促进腐蚀的进行，H_2S 的毒化作用加速了腐蚀裂纹的扩展。

文献［90］用电化学测试及 SSRT 法对 S30408 在饱和 H_2S 溶液和 NACE 标准溶液中的 SCC 行为进行研究，结果表明，S30408 在饱和 H_2S 溶液中不具有 SCC 敏感性，而 Cl^- 能显著降低 S30408 不锈钢在饱和 H_2S 溶液中的腐蚀电位和点蚀电位，增加点蚀倾向，并降低抗 H_2S SCC 能力。

文献［91］通过 U 形弯曲恒应变 SCC 试验、点蚀试验和全面腐蚀试验系统研究了 300 系列奥氏体不锈钢材料在高含 Cl^-、H_2S 和 CO_2 复杂环境下的腐蚀特性，结果表明，在复杂环境下，温度高于 50℃时，300 系列奥氏体不锈钢存在较强的 SCC 和点蚀敏感性。目前的标准规范都没有涉及不锈钢在复杂环境下的应用范围的限制，NACE MR0175[49,92] 对于奥氏体不锈钢在湿 H_2S 环境下的使用规定的限制范围为：60℃以下，不含单质 S，在生产环境中的原位 pH 值下，当 H_2S 分压小于 100kPa 时，Cl^- 含量不受限制；Cl^- 含量小于 $50mg \cdot L^{-1}$ 时，H_2S 分压应小于 350kPa。HG 20581[51] 没有关于奥氏体不锈钢在湿 H_2S 环境中的使用规定。

案例 3：芳烃装置不锈钢换热器 U 形管破裂分析

芳烃装置中的加氢处理工艺流程是将反应原料和补充氢混合后经过换热提高温度，加热到反应所要求的温度 370℃，然后进入反应加热炉。从顶部进入，自上而下通过催化剂床进行加氢反应。换热器的主要参数为：规格为 ϕ1000mm×802mm×22mm，U 形换热管 292 根、规格 ϕ25mm×2.5mm，材质为 S30403；管程介质氢气和烃；设计压力：5.9/5.2MPa（壳程/管程）、操作压力：5.1/4.6MPa（壳程/管程）；壳程进口温度 230℃，管程 275℃。

1993 年 4 月发现使用仅 1 个月左右的换热器泄漏，将换热器管束抽出后发现所有 U 形弯管外侧存在密集性环向裂纹和部分纵向裂纹。

a. 换热器列管的检测

• 宏观开裂特征　开裂发生在 U 形管外侧，管束半径最小的弯管，发生纵向裂纹，其他弯管以环向裂纹为主，见图 4-145，所有开裂的部位均无明显的塑性变形。对列管剖开检查，管内壁表面上有腐蚀层和点蚀坑分布，表明裂纹从内壁起源向外壁发展。

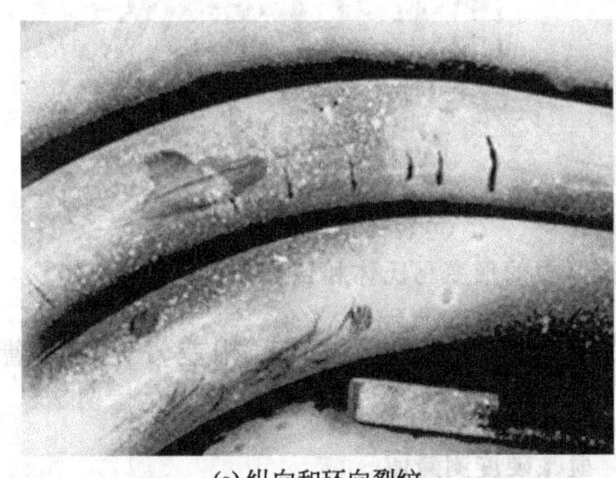
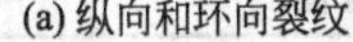
(a) 纵向和环向裂纹

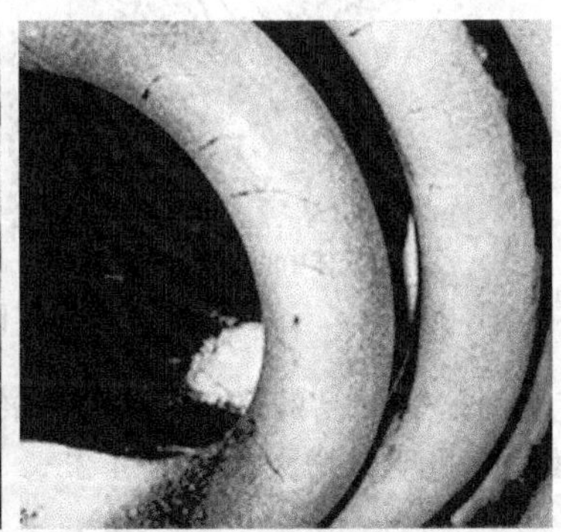
(b) 环向裂纹

图 4-145　弯管部位开裂管段宏观形态

• 金相检测　将 U 形弯管横切和纵切制取金相试样在显微镜下观察，发现裂纹均由内表面产生；裂纹形态多数有分叉、呈树枝状，见图 4-146。由于冷弯加工变形使得一部分奥氏体产生孪晶组织或转变为形变马氏体，见图 4-147，形变加剧形变马氏体增多，加剧了对

SCC的敏感性。

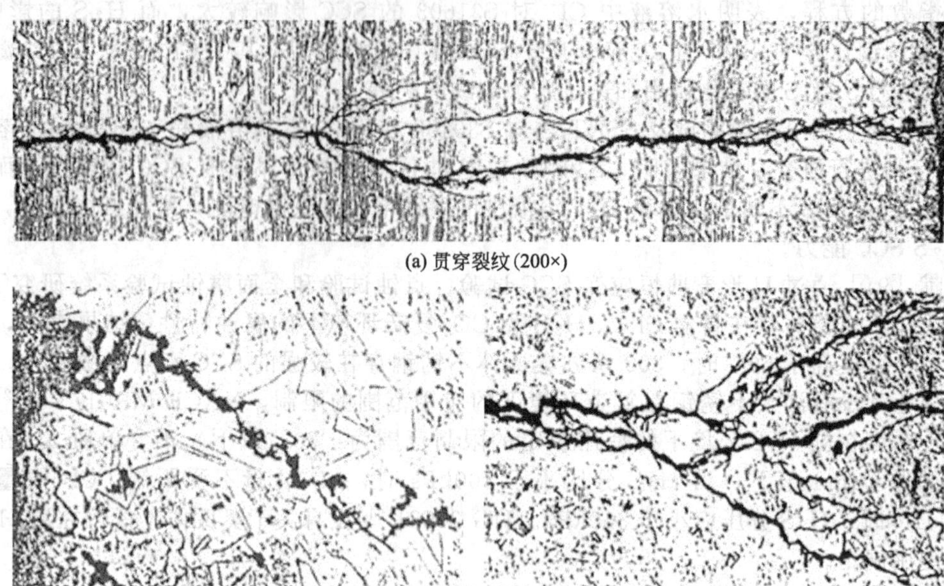

(a) 贯穿裂纹(200×)

(b) 内壁起裂(250×)

(c) 贯穿裂纹(100×)

图 4-146 裂纹源区和扩展特征

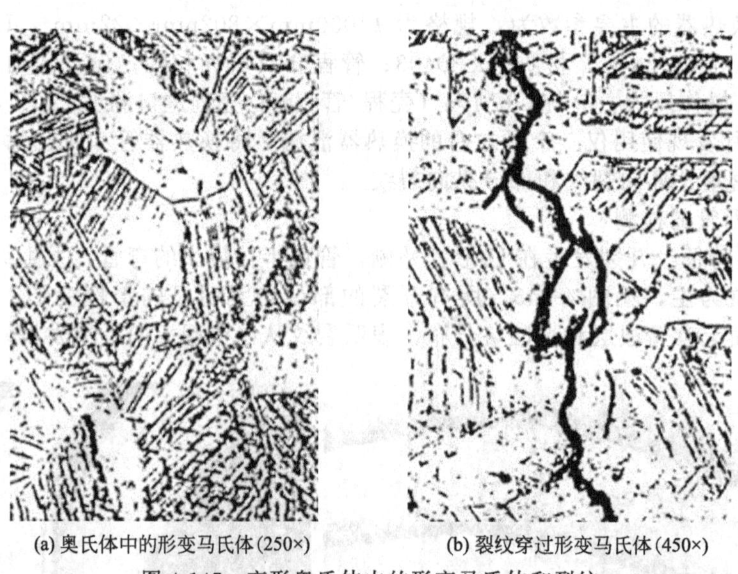

(a) 奥氏体中的形变马氏体(250×)

(b) 裂纹穿过形变马氏体(450×)

图 4-147 变形奥氏体中的形变马氏体和裂纹

• 硬度测量 各样品的显微硬度由于冷变形量不同而显微硬度相差较大，随着冷变形量增加，显微硬度也明显增大，见表 4-25。

表 4-25 显微硬度测量值 HV

试 样	1#(环)	2#(环)	3-1#(环)	3-2#(纵)	焊缝(3#)
平均硬度	288	277	171	192	205

• 断口形貌 将弯管上裂纹打开的断口在扫描镜上观察，断口形貌属穿晶解理脆性断口，与 SCC 的断口形貌特征一致，见图 4-148。

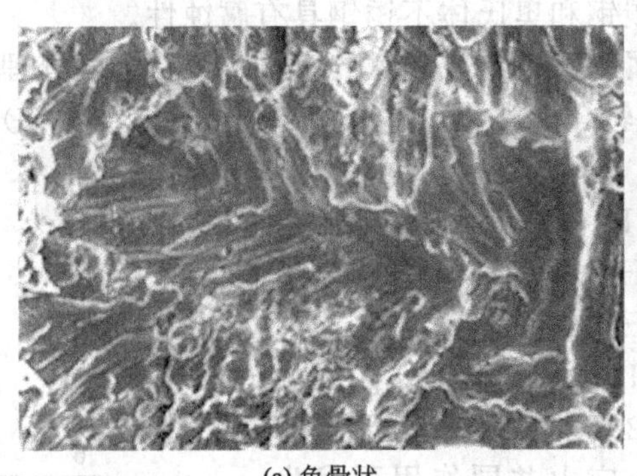
(a) 鱼骨状

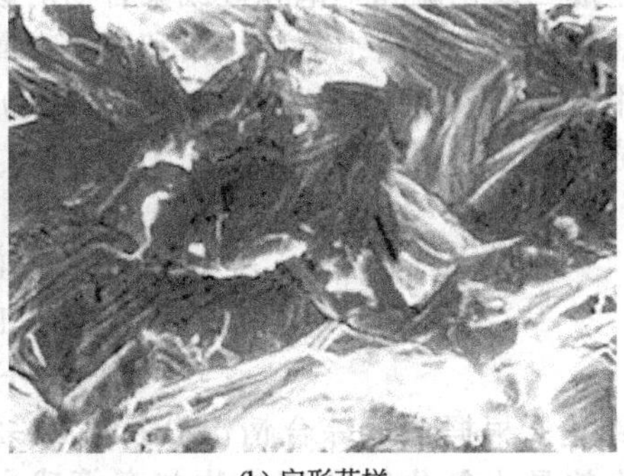
(b) 扇形花样

图 4-148 横向裂纹扩展特征

• 腐蚀产物能谱分析 未清洗的断口及管程/壳程腐蚀产物较厚，故存在较多的泥状花样，见图 4-149，能谱分析结果见表 4-26。

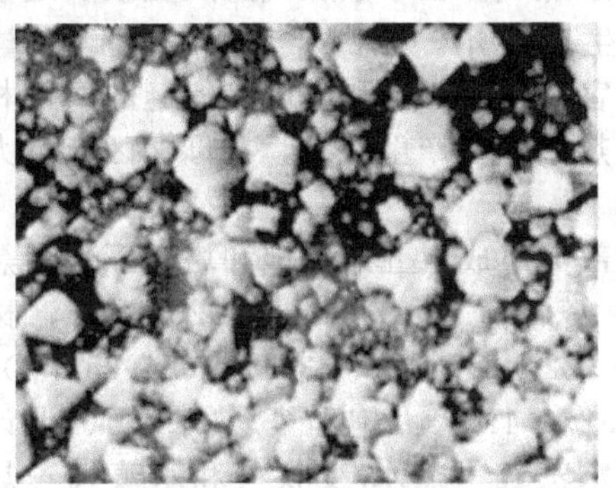
图 4-149 断口腐蚀产物泥状花样（500×）

表 4-26 腐蚀产物能谱分析结果（质量分数） %

位置	Si	S	Cl	P	Ca	Mn	Cr	Ni	Fe
断口起裂处	0.77	1.0	3.3	—	—	—	19.4	7.4	68.1
断口裂纹尖端	0.77	0.11	—	—	—	—	19.9	6.6	72.6
管程管箱	0.37	14.8	28.2	—	—	1.47	—	—	55.1
弯管外壁	30.3	—	—	4.7	13.2	1.3	—	—	50.4

b. 讨论

• 弯管受力特点 U形管束的工作应力及温差应力都不大。主要应力一方面为冷弯过程中形变造成的位错在一定界面上大量增殖集聚以及产生的形变马氏体使材料内壁产生了较大的组织应力；另一方面为U形管组装应力，据对 $R=5d$ 的U形管两腿压缩5mm实测，弯管外侧残余应力达到90～100 MPa。

从硬度值的变化结果及金相组织显示的大量变形马氏体组织都表明该U形管在冷弯制作后没有进行消除应力处理，故存在形变强化和较大的残余应力。

• 腐蚀介质因素 断口上集聚较多的Cl和S，表明破裂与卤化物和硫化物有关。

从1989年10月15日至1990年4月16日发现从400单元来的环丁砜带水。环丁砜用于芳烃抽提，是一种较好的溶剂，低于220℃情况下具有较好的稳定性，高于此温度发生缓慢分解生成二氧化硫和不饱和烃或聚合物对碳钢和奥氏体不锈钢具有腐蚀性。

加氢处理脱去原料中的砷、铅和铜等金属以及硫、氮和氧的有机物，在加氢处理过程中使原料中 S、N、O 产生断链反应，而卤化物转化成卤化氢，式（4-45）～式（4-48），烯烃被饱和成烷烃。

$$—S— + H_2 \longrightarrow H_2S \tag{4-45}$$

$$—N— + H_2 \longrightarrow NH_3 \tag{4-46}$$

$$—O— + H_2 \longrightarrow H_2O \tag{4-47}$$

$$Cl— + H_2 \longrightarrow HCl \tag{4-48}$$

c. 结论　根据上述综合情况分析，EA-201C 不锈钢 U 形弯管的开裂失效是由氯化物和硫化物与弯管残余应力共同作用下发生的 SCC。

案例 4：热水饱和塔内壁开裂原因分析

我国中小氮肥厂，以煤和重油为原料的加压变换制氢流程中均使用热水饱和塔直接加热半水煤气。在半水煤气进入变换炉之前加入蒸汽，以降低合成氨的生产成本。但由于热水中溶解大量的 CO_2、H_2S、O_2 及 Cl^- 等有害杂质，对饱和塔内壁焊缝的腐蚀相当严重，以致在塔内壁焊缝及热影响区产生裂纹，在母材区产生大量的蚀坑。

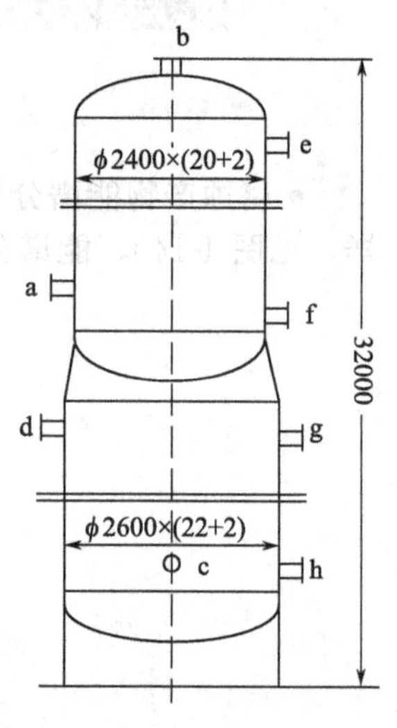

图 4-150　饱和热水塔结构示意图

热水饱和塔由上、下两部分组成，上部为饱和塔，下部为热水塔，结构如图 4-150 所示。塔体直径 ϕ2400mm/ϕ2600mm，材质 Q345R/ S30408（20＋2）/（22＋2)、封头 S30408（24/28mm）饱和塔/热水塔)，设计压力 2.2/2.1MPa（饱和塔/热水塔)、设计温度 200℃，介质半水煤气和水蒸气＋热水/变换气和水蒸气＋热水(饱和塔/热水塔)。饱和塔下端的水由回流管进入热水塔的顶端，热水塔下端的水经过热水泵、水加热器进入饱和塔上端，从而形成水的循环。饱和塔中水与水煤气相向流动，热水塔中水与变换气相向流动，它们气液相成分见表 4-27、表 4-28，气相入口温度 50℃，出口 170～180℃。液相入口温度 200℃，出口 140～150℃。

表 4-27　气相成分（体积分数）　%

H_2	CO	N_2	CO_2	O_2	$H_2S/mg \cdot m^{-3}$
40	30	20	9	＜0.5	＜200

表 4-28　液相（热水中）成分和 pH 值

$Cl^-/mg \cdot L^{-1}$	$SO_2/mg \cdot L^{-1}$	pH
11～150	177.6～799.4	2～8.5

a. 检验结果　在饱和塔中气相为水蒸气与半水煤气的混合物，其中 H_2S 含量的允许值为 30mg・m^{-3}。由于操作不当原因，使 H_2S 平均含量经常大于允许值。软水中 Cl^- 含量远超过 20mg・L^{-1}，最高可达 150～200mg・L^{-1}。取塔壁的腐蚀产物进行分析，Cl^- 质量分数可达 0.5%、半水煤气入口管内沉积物 Cl^- 含量达 3.62%。可见，塔内有 Cl^- 局部富集现象。根据统计的结果约 40%的时间内，塔中热水的 pH 值小于 4。

某厂该设备运行一段时间后，发现饱和塔筒体衬里层与下封头焊接环缝处发生裂纹并产生泄漏。对饱和塔进行全面检查，发现环缝两侧存在许多垂直于环缝的裂纹，有的横穿环缝，裂纹长度在40～70mm之间。下封头内表面在拼缝的周围存在着许多裂纹，长度在60～300mm之间，有的裂纹呈网状。从外形上看，裂纹上面都堆积着凸起的灰色腐蚀产物，形成一条灰线，比完好的金属表面高，擦掉灰垢即可发现裂纹。裂纹的走向垂直于环缝和打磨疤痕，这些特点均与典型的SCC相吻合。

b. 挂片试验

• 挂片制作　挂片采用3mm厚的1Cr18Ni9Ti板材，尺寸100mm×100mm，夹在两块带ϕ80mm圆孔的200mm×200mm×20mm的夹具中，单面焊成ϕ70mm环形焊缝，焊后随即快冷，至室温时打开夹具，使其获得一定的焊接残余应力，制成挂片如图4-151所示。

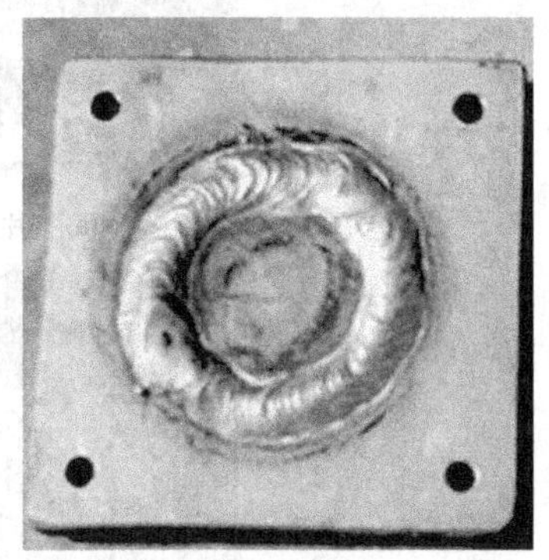

图4-151　制成的腐蚀挂片

每组挂片由9块组成，采用不同的焊条施焊，见表4-29。片与片之间用聚四氟乙烯垫片绝缘，并用不锈钢丝串联在一起。试验过程中共制作了3组相同的挂片，两组悬挂于饱和塔水喷头上方；另一组挂在水喷头下面。另外还放入1块不带焊缝的母材挂片。

表4-29　挂片编号与施焊焊条对照表

挂片编号	0	1	2	3	4	5	6	7	8
焊条牌号	J422	A137	S31603	3RS61	JUNGO4465	A302	THERMANIT19/15H	316CuL	A137

注：0# J422打底，A137盖面；8#在母材上开环形凹槽后用A137焊接。

• 挂片腐蚀情况　在饱和的半水煤气气氛中两组挂片放置8个月，另一组放置12个月之后，与母材挂片一起取出进行分析研究。挂片表面均被红褐色腐蚀产物所覆盖，除去腐蚀产物后，挂片表面有一层黑色的膜，用砂纸磨至挂片露出金属光泽，可见挂片正面出现了与环形焊缝相应的断续环形裂纹，见图4-152（a）、（b）；背面则出现了径向及切向（相对正面焊道）裂纹，见图4-152（c）、（d）。大部分挂片的正面裂纹分布在焊缝的熔合线（环形焊缝的外圈），热影响区及近缝母材区。在远离焊缝的母材上未发现裂纹。12个月的挂片产生的裂纹缝隙较宽，缝隙内的腐蚀产物较多。垂直于裂纹方向截取试样；从截面可见，裂纹均从表面向内部延伸，但极少穿透挂片。

母材挂片没有产生裂纹。这一现象说明在没有加工和焊接残余应力的作用下，尚不会发生SCC。

• 金相分析　在金相显微镜下观察，挂片裂纹均呈树枝状。但有的分枝较多，有的分枝较少。浸蚀后发现，裂纹具有沿晶和穿晶的特征，且从母材向焊肉及热影响区扩展，见图4-153。

通过金相观察，发现焊缝热影响区有明显的敏化现象，见图4-154。对析出物能谱X射线的线扫描，图中最高位置的水平线，当水平线经过碳化铬时，中间的Cr线向上跳跃，出现一个峰，而最下面的Ti线则无变化，继续保持水平；当水平线经过碳化钛时，中间的Cr线反而下降，而最下面的Ti线则向上跳跃，出现一个峰，说明碳化钛中不含铬。在图4-154（a）、（b）和（d）中可以看到，裂纹的尖端沿着析出的碳化铬附近扩展。这是由于试片的焊接残余应力随着裂纹的发生和扩展逐渐降低，而腐蚀的作用随着裂纹的加深、腐蚀介质的浓缩而加强，在贫铬区产生了阳极溶解过程。

• 断口形貌及电子探针分析　电镜分析表明，断口以穿晶断裂特征为主，表面有散落的腐蚀产物颗粒，见图4-155，伴有沿晶断裂特征，见图4-156。用电子探针对裂纹微区进行分析，结果发现，这些微区的Cl和S含量都比较高。

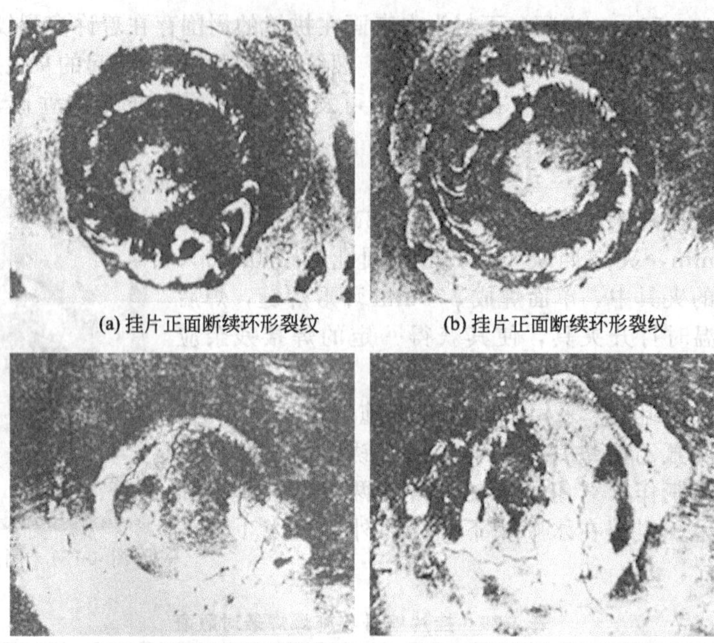

(a) 挂片正面断续环形裂纹　(b) 挂片正面断续环形裂纹

(c) 背面径向及切向裂纹　(d) 背面径向及切向裂纹

图 4-152　挂片裂纹形貌

(a) 裂纹扩展低倍特征　(b) 裂纹扩展微观特征

图 4-153　裂纹从母材向焊肉及热影响区扩展

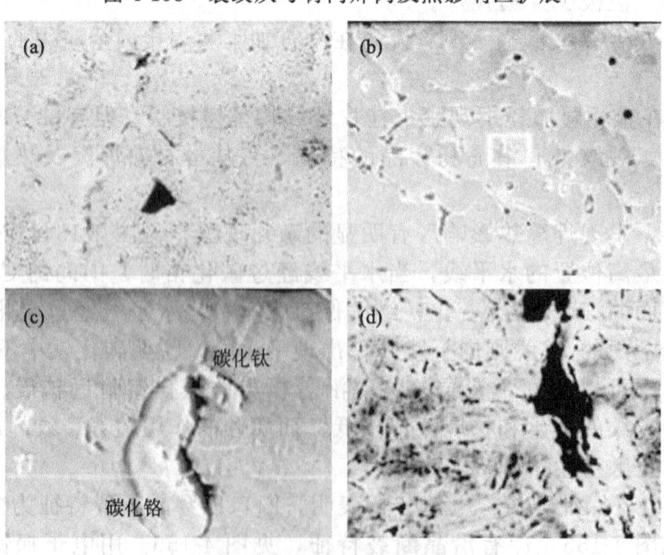

图 4-154　焊缝热影响区有明显的敏化现象

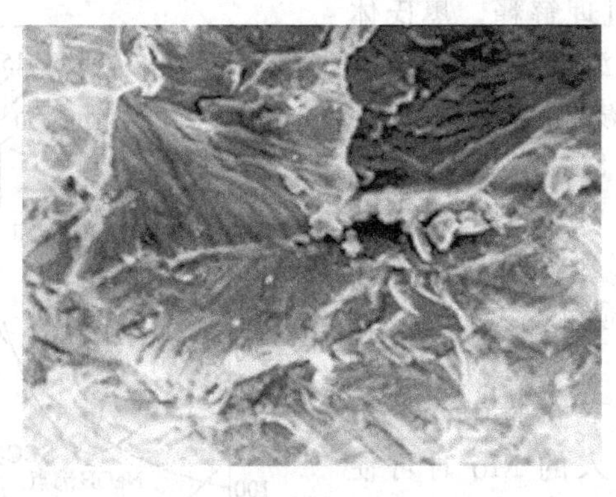

图 4-155 解理断口

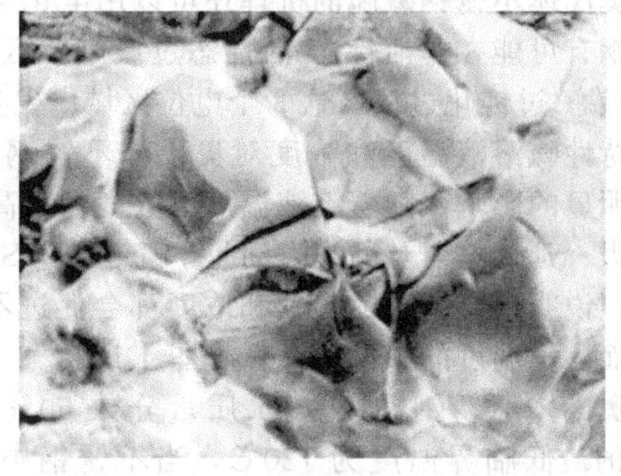

图 4-156 沿晶断裂特征

c. 裂纹产生原因分析 Q345R/S30408 复合钢与 S30408 不锈钢在焊接时，在与 Q345R/S30408 一侧熔合成的焊缝金属中出由于 C 的扩散，S30408 钢焊缝一侧形成高硬度的增碳层，抗裂性能显著降低。另外，在焊接过程中，Q345R 与 S30408 线膨胀系数差异很大，焊接接头存在很大的焊接应力。

封头在热压成形后，由于未采取相应的固溶处理措施，其金相组织发生变化，由单一的奥氏体组织转变成奥氏体+形变马氏体的混合相组织，更重要的是奥氏体不锈钢封头在热压成形过程中，经过敏化温度（500～800℃）范围时间较长，造成晶间敏化现象。在经过后来焊接和返修的再次热加工时更加趋于劣化。焊接金属较厚，最终将在环缝两侧形成很大的残余拉应力。

封头直边段边缘的加工硬化倾向较严重，在特定介质的作用下将诱发 SCC，且有选择地分布在环缝两侧及补焊打磨部位，裂纹走向垂直于拉应力方向。

饱和塔工作介质是半水煤气和变换气，含有 CO、CO_2、H_2、N_2、O_2和水蒸气等腐蚀性介质，特别在下封头位置浸泡在呈弱酸性的热水中，工作压力 2.0～2.2MPa，温度 200℃。介质中 Cl^- 含量在 $150mg \cdot L^{-1}$以上，这些构成了 SCC 的介质敏感因素。

从腐蚀介质和腐蚀产物分析，主要是高温下氧、水和硫对铁的腐蚀。腐蚀产物中含有大量的 Cl，裂纹微区电子探针分析也确认了 Cl 和 S 的存在。奥氏体不锈钢在含 Cl^- 的介质中，SCC 往往是穿晶发生的，而在湿态 H_2S 系统中，SCC 是沿晶、穿晶混合型的。饱和塔的工作应力不高，挂片及饱和塔所产生的 SCC 为 Cl^- 浓度较高的情况下产生的，所以，Cl^- 是影响饱和塔寿命的主要因素。

在湿 H_2S 系统中，300 系不锈钢的 SCC 是由于 H 的渗透和聚集，而 H 又促进了 γ 相向 α 相转变，氢致马氏体的形成容易形成了裂纹。饱和塔气相中 H_2S 的含量很高，对氢诱发裂纹起到了加速或促进作用。所以，H_2S 也是影响饱和塔寿命的一个重要因素。

在裂纹尖端由于 Cl^- 的浓集，使 pH 值降低，从而使酸度升高，使阳极溶解速度加快，在裂纹尖端起“自催化”作用。

d. 结论 Cl^- 和 H_2S 是引起挂片 SCC 的主要因素。温度、压力的升高，溶解氧的增多以及 pH 值的降低都会促使 SCC 的发生。

③ 奥氏体不锈钢的碱脆 奥氏体不锈钢的碱脆机理也可用膜破裂理论模型来解释。奥氏体不锈钢的碱脆一般不需要氧的存在，当奥氏体不锈钢表面钝化膜在应力的作用下破裂后，新鲜金属又与富集浓缩的 OH^- 发生反应生成 Fe_3O_4 的保护膜，此膜受应力作用下而被破坏，继而再钝化使膜修补，当这两方面处于平衡状态时，便发生了阳极溶解性的 SCC。300 系列不锈钢以沿晶开裂为主，有时有明显的穿晶树枝状分叉裂纹。

奥氏体不锈钢碱脆的机理还可以用电化学机理解释，奥氏体不锈钢有可能在非活性态-活性态过渡电位区、活性态-钝态过渡区、钝态-过钝化过渡区这3个电位区域中发生碱脆。

苛性碱溶液温度和浓度对奥氏体不锈钢的SCC敏感性有着比较明显的影响。随着溶液温度和浓度的升高，不锈钢的最大断裂应力、延伸率以及断裂时间呈下降趋势，SCC敏感性因子明显增大，说明提高介质的温度和浓度都会促进不锈钢SCC的发生，相对而言，温度的影响更大，见图4-157。

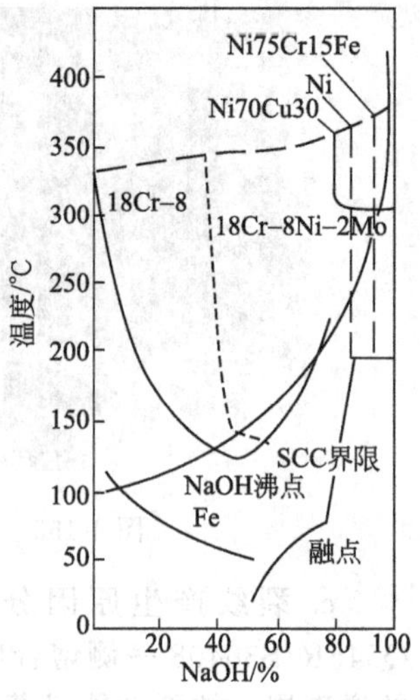

图 4-157 几种合金产生SCC的NaOH质量分数和温度的关系

奥氏体不锈钢在NaOH质量分数50%以下介质中，产生SCC的最低临界温度为120℃，当不锈钢中加入的Mo时可使SCC向高浓度区域移动。镍基合金在温度高于315℃的苛性碱溶液或熔融苛性碱中也存在敏感性。如，在200℃条件下，NaOH质量分数从1%提高到5%，SCC敏感因子$F(\delta)$增幅为19%，当温度升高到280℃后，$F(\delta)$增幅达到86%，说明提高温度会剧烈增加S31603不锈钢的SCC敏感性。因此，在生产中如果需要对奥氏体不锈钢的设备进行碱洗，应当严格控制碱液的浓度和温度。若要改变碱洗工艺，在提高碱液温度或者提高碱液浓度都可以满足工艺要求的情况下，建议采用提高浓度的方法，以降低碱洗对设备的影响。

奥氏体不锈钢（如S30408），可以用在最高温度93℃的苛性碱中，如果使用温度更高时，需要选用镍基合金或镍200（N02200）。当高温条件下苛性碱中存在硫的化合物时，应当使用镍201（N02201）。在温度允许的情况下，可以选用非金属内衬。

由于焊接也会使普通等级的不锈钢（S30408、S31608、S31708）敏化，所以，在焊接制造中常用低碳等级不锈钢（S30403、S31603、S31708L）或化学性能稳定等级不锈钢（S32168、S34778）消除敏化问题。300系列奥氏体不锈钢不能用回火热处理来降低焊接接头的残余应力，因此，要保证在整个焊接过程中奥氏体不锈钢不被硬化，所以，300系列奥氏体不锈钢的中间焊道温度常限制在149℃以下，以维持材料的耐腐蚀性能。当判断残余应力是不可接受的时候，需把材料加热到843～899℃温度范围并保持15～60min，然后迅速冷却到室温，可显著减少应力，但这并不适用与压力容器的筒体和封头等部件。

案例5：氧化铝床预热器列管开裂分析

石油树脂生产中聚合反应生成的混合粗树脂溶液在加氢之前，先用导热油在氧化铝床预热器中将物料加热到270℃，使其中的有机氯化物分解释放出氯，大部分氯化物被活性的氧化铝吸附而除去。物料中含有已失活的催化剂$AlCl_3$、有机氯以及少量NaOH水溶液。预热器参数，管程：物料入口温度80～90℃、出口温度270～280℃、工作压力2.0MPa；壳程：导热油，温度300～328℃，工作压力0.7MPa。氧化铝床预热器为U形管结构，管束为水平排布的U形管，共计45根，规格ϕ19mm×2mm。

第一台氧化铝床预热器的列管采用Hastlloy B3，管箱和管板接触物料的部分也采用哈氏合金B3做衬里。运行时间约60d发现管束泄漏，有的列管断裂。第二台氧化铝床预热器管束采用S30403和S31603制造，运行时间约48h就发现管束泄漏。

a. 检验分析

• 现场检查取样情况　根据现场检查，发现氧化铝床预热器管束的列管4#、5#和6#都有裂纹，故抽取这3根列管，又从下部对称部位抽取1#、2#和3#列管，如图4-158所示。

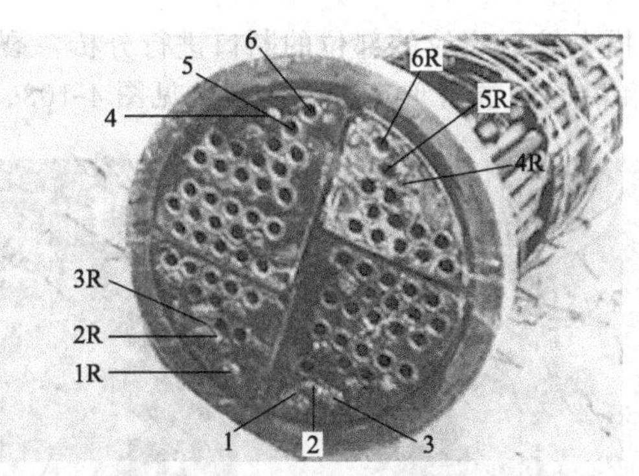

图 4-158 氧化铝床预热器堵管和抽管情况

抽出的 4# 和 5# 管上部有大量横向裂纹，6# 管仅在弯管处发现有裂纹。列管上凡有裂纹的部位，附近都有黑色的焦斑和白色的碱渍，见图 4-159。沿裂纹处将列管掰断，发现所有原始裂纹的断口为脆性特征，如图 4-160 所示。

图 4-159 列管外表面宏观

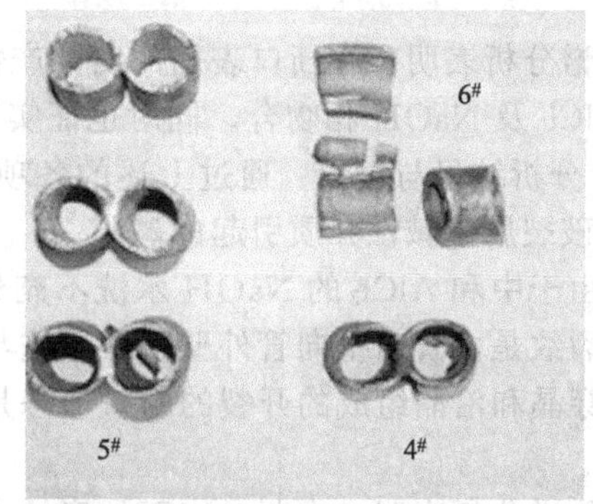

图 4-160 打开纹处断口的宏观形态

断口以及裂纹附近列管的内外表面均呈蓝紫色，用 pH 试纸测试开裂的裂纹表面，pH 值在 12～14 之间。说明在开裂部位有 NaOH 浓缩和聚集。

• 列管内外表面 PT　将 6 根列管随机各取一段（约 1m），用铣床沿轴向剖开，进行 PT，发现 4# 和 5# 内外表面都有裂纹，但内表面裂纹都比外表面多，这说明裂纹自管内壁向外壁扩展。

• 金相检验　对有裂纹的 4# 和 5# 试样进行金相检验，发现裂纹多以穿晶为主，伴有部分沿晶的混合型开裂形态，裂纹有少量的分支，且裂纹从管内壁向管外壁扩展，见图 4-161、图 4-162。

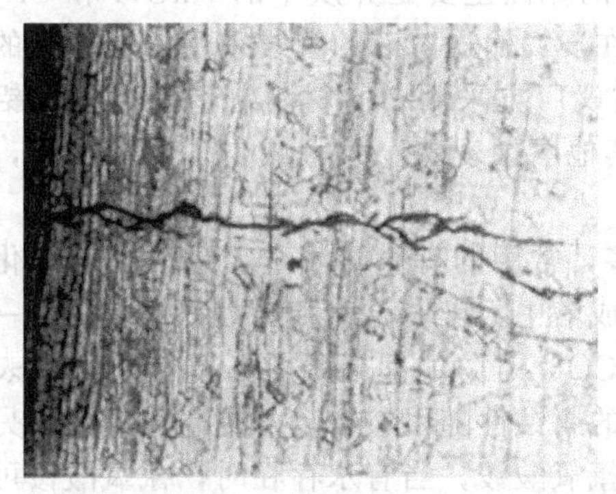

图 4-161 管环向裂纹从内壁向外壁扩展（80×）

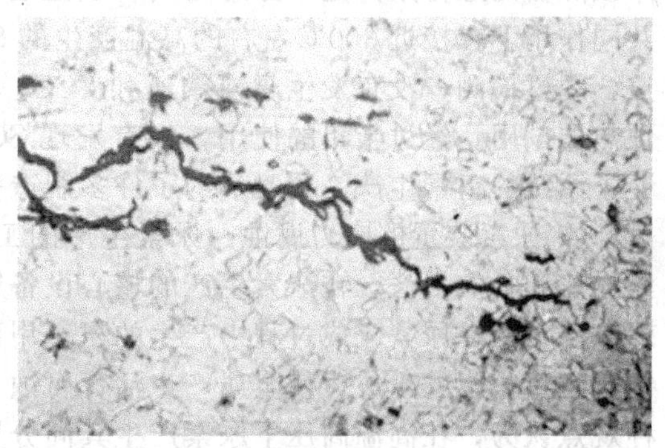

图 4-162 环向混合型裂纹（200×）

• 断口分析 使用扫描电镜对裂纹的部位的断口进行分析，裂纹发展尖端部位（腐蚀产物覆盖较少），可见穿晶和沿晶的混合形态及二次裂纹见图 4-163、图 4-164。

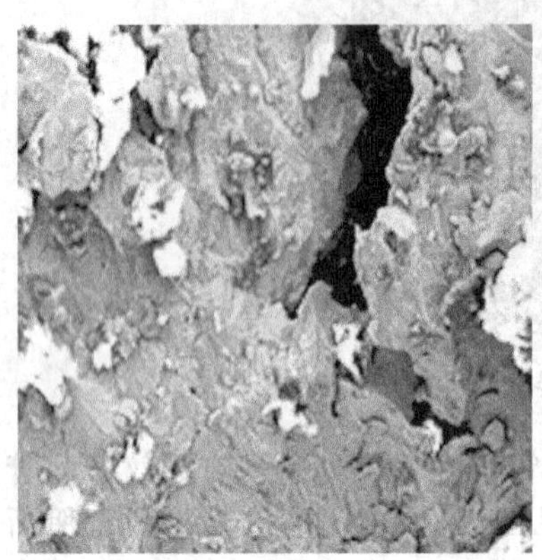

图 4-163 穿晶和沿晶及二次裂纹

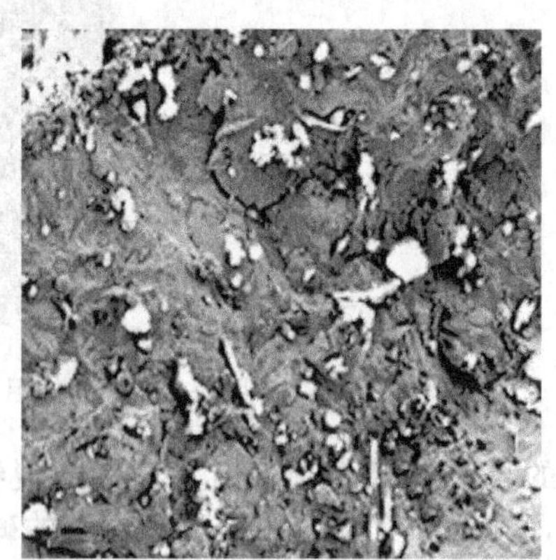

图 4-164 管内壁纵向小裂纹

能谱分析表明：在断口表面的腐蚀产物中含有大量的 Na、Al 和 Cl，这与管程物料中所含的 $AlCl_3$ 及 NaOH 相吻合。同时也证实了它们在裂纹发生处存在浓缩的条件。

b. 分析结果与讨论 通过上述的各项检验，联系预热器的使用环境，可以判定预热器管束的破裂属于碱性介质引起的碱脆。

• 由于中和 $AlCl_3$ 的 NaOH 水洗不充分，在预热器管束内部存在浓缩的条件。

• 裂纹是由管内壁向管外壁扩展，这与管内壁的介质相吻合。

• 穿晶和沿晶组成的开裂的断口形态是不锈钢在碱溶液和 Cl^- 共存时 SCC 脆性断裂的典型特征。

• 能谱分析表明，在断口表面的腐蚀产物中含有大量的 Na、Al 和 Cl，这与管程物料中所含的 $AlCl_3$ 及 NaOH 相吻合。同时也证实了它们在裂纹处确实存在浓缩。

• 在 200℃以上，质量分数 20%的 NaOH 溶液引起 18-8 型不锈钢的碱脆的速度是非常快的，不锈钢制造的氧化铝床预热器在约 48h 损坏也是符合碱脆的特征。

在高温（约 300℃）NaOH 溶液中不锈钢的 SCC 敏感性大，短时间内就产生裂纹。氧化铝床预热器列管无论从材料情况，还是工作条件下介质的浓度和温度都处在开裂的敏感范围内。为了避免列管开裂，还应当从选材上着手解决。

c. 建议 根据第一台氧化铝床预热器列管采用哈氏合金 B3，运行 60d 就发现管束泄漏，第二台管束采用 S30403 和 S31603 制造运行时间约 48h 就发现管束泄漏的情况，说明氧化铝床预热器的运行条件是十分恶劣的。引起管束开裂的原因主要是介质中的 NaOH 和 Cl^- 的共同作用下在接近 300℃左右的高温产生的 SCC。在现场输送溶液的管线采用的是 20g 的管道，经过检测，没有发生腐蚀减薄和 SCC。为此建议厂方采用 20g 材料制造一台氧化铝床预热器试用。经过半年的使用，没有发现 SCC 和其他腐蚀现象。大大减少了停车次数，保证了系统的正常生产。同时节约了许多制造费用。

④ 尿素装置的应力腐蚀 尿素生产的工艺很多，常用的有水溶液全循环法、二氧化碳汽提法和氨汽提法。在尿素生产的核心设备尿素合成塔中，操作温度和压力都比较高。一种观点认为，在尿素合成过程中产生的氨基甲酸根（$COONH_2^-$）呈还原性，能阻止金属表面钝化型氧化膜的生成，使金属产生活化腐蚀。介质的腐蚀性随甲铵含量的提高而增大。另一种观点认为，在高温高压下尿素产生其同分异构体氰氧酸铵，当有水存在时，氰氧酸铵可离解产生氰氧酸根，氰氧酸根具有强还原性，使钝化型金属在其中不易形成钝化膜，而产生严

重的活化腐蚀。总之，是尿素甲铵溶液破坏了不锈钢表面的钝化膜。

在尿素反应液中，若存在少量的Cl^-，在高温高压的操作条件下，随着Cl^-的富集，会使钢材表面形成点蚀坑或缝隙腐蚀而成为SCC的破裂源。在腐蚀性介质和拉应力的共同作用下形成裂纹并不断扩展而断裂。通常温度越高，越易产生SCC。一般SCC发生50～300℃。为防止尿素不锈钢设备产生SCC事故，应严格禁止Cl^-进入尿素甲铵液中。

⑤ 连多硫酸对奥氏体不锈钢引起的SCC（PTASCC） 连多硫酸（$H_2S_xO_6$）和亚硫酸SCC主要是发生在炼油工业，尤其是在催化裂化、脱硫塔、加氢裂化装置、催化重整等装置，是在停工和检修期间发生的。

PTA和亚硫酸会导致敏感的奥氏体不锈钢和镍基合金发生SCC。焊接态普通或高碳不锈钢如S30408/S30409和S31608/S31609，在焊缝热影响区对PTASCC特别敏感。低碳钢（<0.03%C）在低于371℃（800℉）下较不敏感。化学特性稳定的不锈钢牌号如S32168和S34778对PTA较不敏感，特别是它们经热稳定处理时。合金和化学特性稳定或热稳定处理的材料对PTA的敏感性可以在根据ASTM G35[93]通过实验室腐蚀实验来确定。

产生PATSCC，往往与奥氏体不锈钢的晶间腐蚀密切相关。这种腐蚀首先是引起连多硫酸晶间腐蚀，接着引起PATSCC。在形貌上，裂纹总是为晶间型，且萌生和扩展时要求相对低的拉伸应力。奥氏体不锈钢在运行中与介质中的硫化物作用，在表面生成FeS，在停工检修时，设备表面与大气中的氧和水分接触而生成连多硫酸，即：

$$FeS+H_2O+O_2 \longrightarrow H_2S_xO_6 (x=3、4、5) \tag{4-49}$$

影响PATSCC主要因素如下。

a. pH值 介质环境必须达到一定酸度才可能发生，对300系不锈钢来说，环境的pH值必须小于5时才可能发生；有研究发现在0.38mol·L^{-1}的连多硫酸溶液中，S31603表面形成的钝化膜能有效地隔离介质对合金的侵蚀；

b. 材料的影响 奥氏体不锈钢中C质量分数小于0.08%时，若焊接或操作温度达到敏化温度范围，通常会发生PATSCC。低碳（质量分数小于0.03%）不锈钢钢和稳定化不锈钢，由于长期暴露在敏感温度范围中也可能变为敏感材料。存在结焦情况时，敏感过程更迅速。S31603长期服役在650～720℃下，钢中σ相析出是导致钢在腐蚀环境下产生SCC的内因，连多硫酸中的Cl^-破坏了S31603表面的钝化膜，不仅增加敏化S31603的PATSCC倾向，同时又加速PATSCC过程。

控制措施有：

a. 采取干燥氮气吹扫和封闭工艺设备，使其与氧（空气）隔绝的方法来预防。

b. 根据NACE SP 0170[94]（原NACE RP0170[95]）规程，减少或消除PTA的方法包括停机和暴露于空气后立即用碱或纯碱溶液冲洗设备以中和硫化物，或在停机期间用干氮气吹扫以防止暴露于空气中。采用碱液洗清所有设备表面，中和各处可能生成的连多硫酸。推荐的碱洗液是质量分数2%的Na_2CO_3，清洗液中的氯化物的含量应限制150mg·L^{-1}；也可加入质量百分数为0.5%的$NaNO_3$以防奥氏体不锈钢由氯化物引起的SCC。适当的加入表面活性剂，可以提高碱液对金属表面的润湿效果，提高碱洗质量；应注意如果硝酸钠过量也会引起碳钢的SCC。

c. 选用含稳定性元素的不锈钢，如S32168、S34778。日本研制了改进型347AP不锈钢，其主要特点是降低C含量，由原347型的C质量分数小于0.08%降到小于0.02%，同时提高了Nb的含量，由原347型的Nb大于10×C，提高到15×C。为弥补C的降低引起合金强度下降，又增加了N（质量分数小于0.01%）。

⑥ 双相不锈钢的SCC 双相不锈钢是中等合金化的不锈钢，其固淬组织中铁素体相与奥氏体相约各占一半，其具有奥氏体不锈钢的优点，对脆性也不敏感。2205型双相不锈钢

热导率比 S31603 热导率高约 30%，屈服强度高 1 倍以上。双相不锈钢中加入适量的氮不仅改善了钢的耐点蚀和耐 SCC 性能，而且不会由于焊接热影响区晶粒严重粗化而使塑韧性大幅降低，对焊接热裂纹也不敏感，因而焊接热影响区的耐蚀和力学性能有所提高，在许多介质中的耐 SCC、耐磨损腐蚀和腐蚀疲劳性能都优于奥氏体不锈钢[96~100]，特别是在含 Cl^- 的环境中抗 SCC 的性能尤为优异[101]，在抗 H_2S SCC 性能优于 S30403 和 S31603[100]。20 世纪 80 年代后，双相不锈钢被广泛用于制造腐蚀环境中的换热器、洗涤器、干燥器、分离器、搅拌器、离心机、泵、阀及紧固件等。2205 型双相不锈钢波纹板片换热器已工业化生产和应用，在常减压装置已有大量的 2205 型双相不锈钢板式空冷器产品代替原来的奥氏体不锈钢板式换热器或 2205 型双相不锈钢管式换热器[100]；塔里木油田使用了大量 2205 型双相不锈用于分离器、集输管线衬里来抗 CO_2 腐蚀，设备已安全运行 10a 以上。双相不锈钢一般可分为 4 类：

低合金型——代表牌号 UNS S32304（23Cr-4Ni-0.1N），PREN（16N）值 24～25；

中合金型——代表牌号 UNS S31803（22Cr-5Ni-3Mo-0.15N），PREN（16N）值 32～33；

高合金型——代表牌号 UNS S32550（25Cr-6Ni-3Mo-2Cu-0.2N），PREN（16N）值 38～39；

超级双相不锈钢——代表牌号 UNS S32750（25Cr-7Ni-3.7Mo-0.3N），PREN（16N）值＞40。

超级双相不锈钢型，含高 Mo 和 N，有的含 Cu 和 W，可用于苛刻的介质条件，有良好的耐腐蚀和力学性能，可与超级奥氏体不锈钢相比美。低合金型 UNS S32304 不含钼，在耐 SCC 方面可代替 S30408 或 S31608 使用；中合金型 UNS S31803 的耐蚀性能介于 S31603 和 6%（质量分数）Mo＋N 奥氏体不锈钢之间；高合金型一般含 Cr25%（质量分数），还含有 Mo 和 N，有的还含有 Cu 和 W，这类钢的耐蚀性能高于 22%（质量分数）Cr 的双相不锈钢。

表 4-30 为几种代表牌号的双相不锈钢主要合金化学成分。从表中可以看出 S32205 是由 S31803 派生出的钢种，1999 年 ASTM A 240/240M[9] 纳入，我国对应的牌号为 GB/T 20878[80] 中的 022Cr22Ni5Mo3N，并且其板材已纳入 GB/T 4237[101] 和 GB/T 3280[102]，管材已纳入 GB/T 21833[103] 和 GB/T 21832[104]。它的 Cr、Mo 和 N 元素的区间都比较窄，容易达到相的平衡（即两相约各占一半），改善了钢的强度、耐腐蚀性和焊接性能，多用于性能要求较高和需要焊接的材料，如油气管线等。

表 4-30 几种代表牌号的双相不锈钢主要合金化学成分[101]（质量分数） %

类型	UNS 牌号	C	Cr	Ni	Mo	Cu	N
低合金型	S32304	≤0.03	21.5～24.5	3.0～5.5	0.05～0.60	0.05～0.6	0.05/0.20
中合金型	S31803	≤0.03	21.0～23.0	4.5～6.5	2.5～3.5	—	0.08/0.20
	S32205	≤0.03	21.0～23.0	4.5～6.5	3.0～3.5	—	0.14/0.20
高合金型	S32550	≤0.04	24.0～27.0	4.5～6.5	2.9～3.9	≤0.5	0.10/0.25
超级 DSS	S32750	≤ 0.03	24.0～26.0	6.0～8.0	3.0～5.0	1.5～2.5	0.24/0.32

双相不锈钢的连续使用温度范围为－50～250℃，下限取决于钢的脆性转变温度，上限受到 475℃脆化的限制，因此需严格控制热处理和焊接工艺，以免出现有害相，导致其抗腐蚀和力学性能下降，其使用温度必须控制在 300℃以下[98]。双相不锈钢的塑韧性、焊接性和成型性能不如奥氏体不锈钢，价格较奥氏体不锈钢高，也制约了它的应用。

尽管双相不锈钢有较好的耐局部腐蚀性能，但从文献中获取的数据很多是实验室的腐蚀试验结果，往往与工程实际条件有差距。因此在必要时需要进行实际介质中的腐蚀试验或现场条件下的挂片试验，甚至模拟装置的试验。

在中性氯化物环境中，300 系奥氏体不锈钢有产生点蚀和 SCC 的危险，而双相不锈钢正好可以解决这一问题。多年来，国内外有关双相不锈钢在中性氯化物介质中，尤其大量用作接触含 Cl^- 冷却水的热交换器的管材损坏事例的报道不多，但是在高温下，Cl^- 富集处或含有 H_2S 的酸性氯化物溶液中也会出现 SCC 现象。在高塑性的形变区，如弯管时的强烈冷变形导致残余拉应力过高，硬度急剧升高，在高温含 Cl^- 环境中也可能发生 SCC。所以控制双相不锈钢变形部位的硬度和使用环境是其成功应用的前提。

2205 型双相不锈钢有在 100℃以下，含 Cl^- 和 H_2S 数百毫克每升的近中性环境中成功使用数年的经验[100]。文献 [91] 通过 U 形弯曲恒应变 SCC 试验、点蚀试验和全面腐蚀试验系统研究了双相不锈钢材料在高含 Cl^-、H_2S 和 CO_2 复杂环境下的腐蚀特性，结果表明，在复杂环境下，中合金双相钢在复杂环境中，60℃以下全面腐蚀速率极低，点蚀和 SCC 敏感性较低，可以用于温度低于 60℃的复杂环境；但在有 Cl^- 浓缩的情况下，80℃以上有 SCC 和点蚀风险。随着温度和 pH 值上升，2205 的自然腐蚀电位和点蚀电位明显下降。随着介质中 Cl^- 含量、H_2S 和 CO_2 分压下降，自然腐蚀电位和点蚀电位明显上升。从极化曲线上看，2205 母材和焊接接头经热处理后，在复杂介质中，120℃下耐全面腐蚀性能优异，耐晶间腐蚀性能良好，常温下抗 SCC 和点蚀性能良好，但在 100℃以上有 SCC 的风险。在复杂介质中综合耐蚀性能与 2205 相比较，没有优势。

文献 [105] 双相不锈钢选用说明和设计规范对 2205 型和 2507 型双相不锈钢的化学成分、力学性能、热处理焊接、显微组织、冲击试验、硬度测量和腐蚀试验做了详细说明，认为该钢种还是存在 SCC 和 SSCC 风险，选用时，应对其在使用环境下的 SCC 和 SSCC 风险按 NACE MR 0175[49] 进行评价，在设计上应限制使用温度 S31803 为 −40～280℃、S32704 为 −30～250℃。双相不锈钢的热处理较奥氏体不锈钢要更敏感，存在双相钢中由于有害相的析出导致材料的韧性和耐蚀性下降风险，由于热处理保温时间不足，析出的有害相未能完全溶解，或者在高载荷作用下材料长时间暴露在有害相析出的温度范围。热处理温度和时间对材料冲击强度的影响见图 4-165[99]，适宜的热处理温度见表 4-31，要求冷却速度尽可能的快。

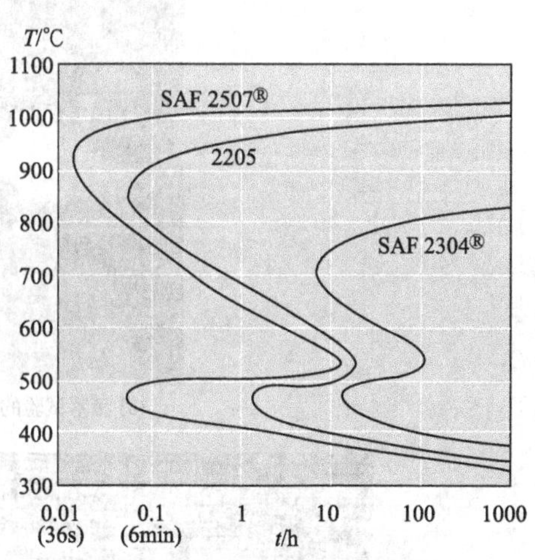

图 4-165 固溶退火条件下冲击强度下降 50%温度与时间曲线

表 4-31 双相不锈钢板和管热处理温度 ℃

钢种	ASTM A790[107]	EN[108]	冷却
S32304	925～1050	950～1050	空冷或水冷
S31803	1020～1100	1020～1100	空冷或水冷
S32750	1025～1125	1040～1120	空冷或水冷

文献 [109] 研究了双相钢冶金和焊接、热处理等因素对耐蚀性的影响。认为，焊接接头的化学成分、焊接和热处理过程决定了其特性，添加 N 可以提高抗点蚀能力，但热处理

后铁素体含量下降其抗 SCC 能力下降，当铁素体含量小于 30%时，有发生 SCC 的风险。

双相钢的显微组织即奥氏体和铁素体的相平衡是影响其性能的重要因素，对于双相钢中的铁素体含量，取决于其化学成分和热循环史，研究认为材料和焊接接头的相比例对其耐蚀性有重要影响，相比例的评定应执行 GB/T 13305[110]。对于母材，铁素体含量控制应在40%～50%，大多数情况下是母材铁素体含量 40%～60%，焊缝金属 30%～60%。当铁素体含量大于 70%时，其抗点蚀性能下降；当铁素体含量小于 30%，抗 SCC 性能恶化。

文献［111，112，113］按 ISO 15324[114]（GB/T 20122[115]）采用滴落蒸发试验（drop evaporation test，DET）研究了双相钢在海水和不同含量的 NaCl 介质中的 SCC 敏感性与温度的关系。结果表明 22Cr 和 25Cr 双相钢发生 SCC 的温度低于105℃。在工程上，避免双相钢衬里腐蚀推荐的临界温度还应向下修正到 70℃。在 90%$R_{p0.2}$ 的应力作用下，发生 SCC 的临界温度为 70℃和 80℃。产生 SCC 主要原因是因为化学品的沉积，在盐垢下试样上发现有点蚀坑，导致沉积物下金属腐蚀和微观塑性的降低，试验 SCC 形貌见图 4-166。22Cr 双相钢在 70%$R_{p0.2}$ 的应力作用下，100℃时未观察到腐蚀和 SCC，试验结果见表 4-32。文献［116］研究 2205 在 42%（质量分数）$MgCl_2$ 溶液中，沸点温度下（145℃）有强烈的 SCC 倾向，而在 25%（质量分数）$MgCl_2$ 溶液中，沸点温度下（110℃）母材和焊接接头试样均未发生开裂。

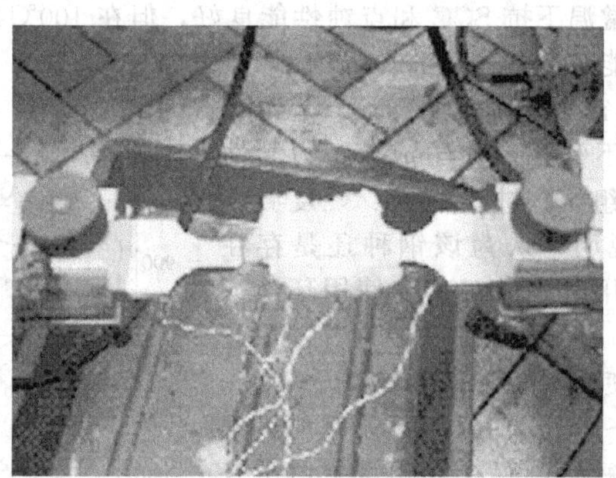

(a) 滴落试验的典型失效(22Cr试样 88%$R_{p0.2}$ 100℃)

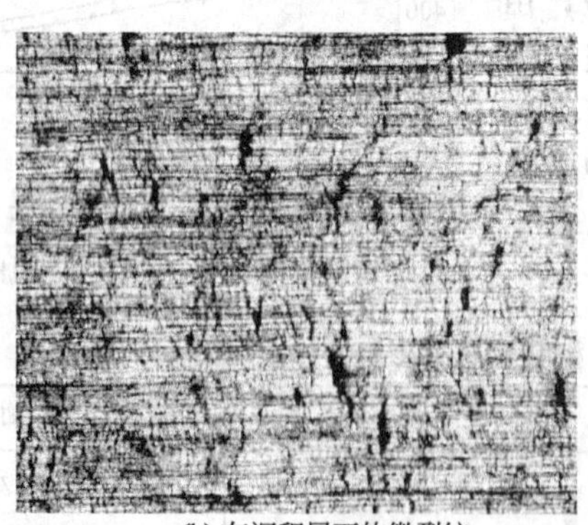

(b) 在沉积层下的微裂纹

(c) 在沉积层下边缘位置的大裂纹

图 4-166　22Cr 试样 DET 断裂形貌

表 4-32 滴落蒸发试验结果

温度/℃	22Cr DSS			25Cr DSS		
	应力/MPa	应力 $R_{p0.2}$/%	结果	应力/MPa	应力 $R_{p0.2}$/%	结果
110	418	88	断裂	471	88	断裂
110	395	83	断裂	445	83	断裂
105	—	—	—	494	92	断裂
100	335	70	通过	494	92	断裂
90	452	92	断裂	507	92	断裂
80	—	—	—	507	90	断裂
73	461	90	通过	518	90	通过

文献［99］对比了奥氏体不锈钢和 2205、2507 双相钢抗氯化物点蚀、缝隙腐蚀和 SCC 的性能，结果见图 4-167～图 4-169，结果表明，双相钢的耐蚀性大大优于奥氏体不锈钢。

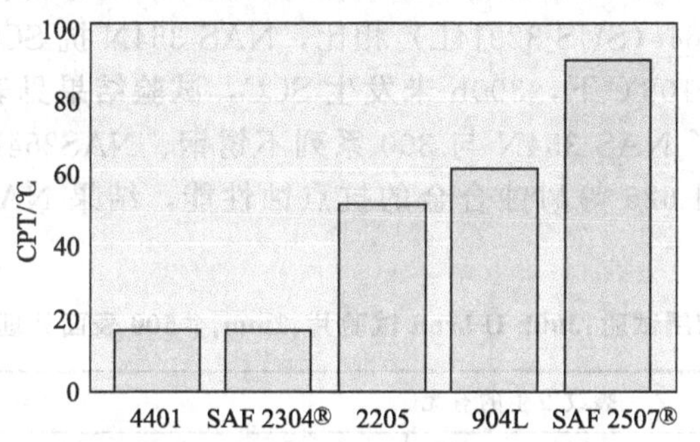

图 4-167 几种不锈钢在 1mol·L^{-1} NaCl 溶液中 CPT 的典型值

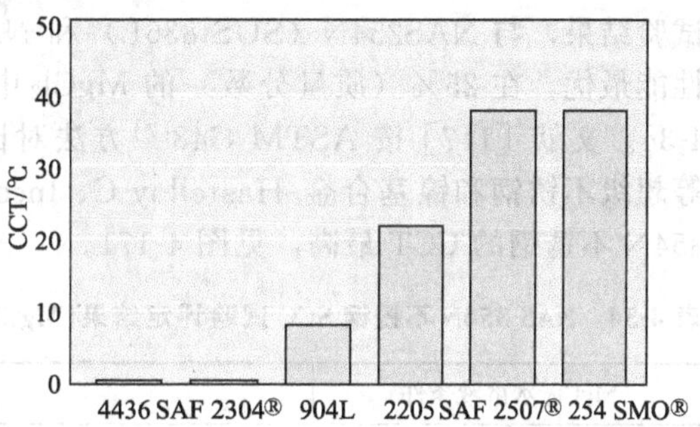

图 4-168 几种不锈钢在 6%（质量分数）$FeCl_3$ 溶液中 CCT 的典型值

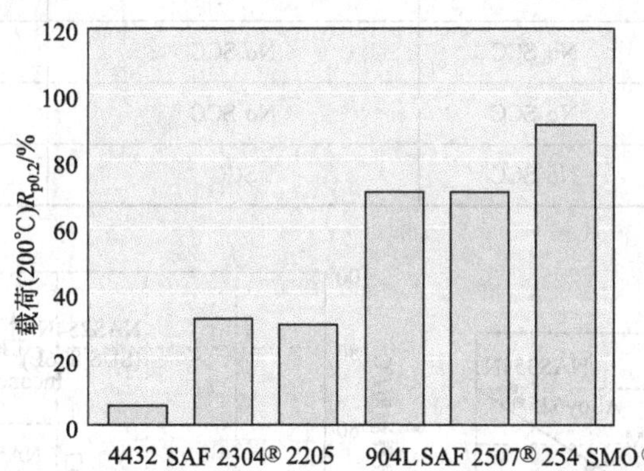

图 4-169 几种材料在强蒸发条件下 500h 断裂的相对应力门槛值

对双相钢的抗 SCC 性能，取决于环境因素和材料的冶金状态，还没有一个简单的实验室试验能划分含氯环境的等级来预测发生 SCC 的可能性，不推荐用某些项目问卷调查的方式来指定试验。对于油气生产上的 SSCC 敏感性，取决于环境的 H_2S 分压和材料因素，其使用范围应符合 NACE MR 0175[49]规定，2205 型双相不锈钢限制使用环境的 H_2S 分压应小于 10kPa。

⑦ NAS 354N 不锈钢　NAS 354N 不锈钢是镍基奥氏体不锈钢[117]，化学成分见表 4-33，是近年来新开发的抗 Cl-SCC 和抗湿 H_2S-SCC 的钢种，ASTM B625[118]将该钢种纳入标准，牌号为 UNS N08354，供货态为固溶态。管材标准有 ASTM B674[119]、ASTM B677[110]和 ASTM B673[121]。适用于煤炭火力发电用烟气脱硫装置、制盐设备、海水淡化装置等含有高含 Cl^-（质量分数≥1%）环境、高氧化性 Cl^- 腐蚀环境的反应容器以及配管等设备，具有优良的抗 Cl-SCC 性能，在含 H_2S 和 Cl^- 介质中也有良好的抗 SCC 能力[99,122]。但该材料的应用实例较少，未见在油气田酸性环境下使用经验的报道。

表 4-33　NAS 354N 不锈钢化学成分[117]（质量分数）　%

材料	C	Si	Mn	P	S	Cr	Ni	Mo	N	Fe
N08354	≤0.03	≤1.00	≤1.00	≤0.030	≤0.010	22.0～24.0	34.0～36.0	6.0～7.0	0.17～0.24	余量

文献［122］按 ASTM G48[7]方法对比了 NAS 354N 与 S31603、904L、NAS255NM（UNS N08926）含 6%Mo 的超级不锈钢和镍基合金 Alloy625 的抗晶间腐蚀性能，结果 NAS 354N 不锈钢的 CCT 最高，见图 4-170。在 42%（质量分数）$MgCl_2$介质中，U 形弯曲试验结果，与 NAS254N（SUS 836L）和 NAS64（SUS 329J4L）相比，NAS 354N 抗 SCC 性能最优，在 25%（质量分数）的 $MgCl_2$中，108℃下，300h 未发生 SCC，试验结果见表 4-34。文献［117］按 ASTM G48[7]方法对比了 NAS 354N 与 300 系列不锈钢、NAS254N 等超级不锈钢和镍基合金 Hastelloy C、Inconel 625 等耐蚀合金的抗点蚀性能，结果 NAS 354N 不锈钢的 CCT 最高，见图 4-171。

表 4-34　NAS 354N 不锈钢 SCC 试验评定结果（$MgCl_2$ 沸腾试验：300h U-bend 试验片，2mm，＃500 表面处理）

$MgCl_2$ 水溶液条件		裂纹发生的有无		
浓度/%	温度/℃	NAS354N	NAS254N(SUS 836L)	NAS64(SUS 329J4L)
20	108	No SCC	No SCC	No SCC
25	110	No SCC	No SCC	No SCC
30	115	No SCC	No SCC	SCC
35	126	No SCC	No SCC	SCC
42	142	No SCC	SCC	SCC

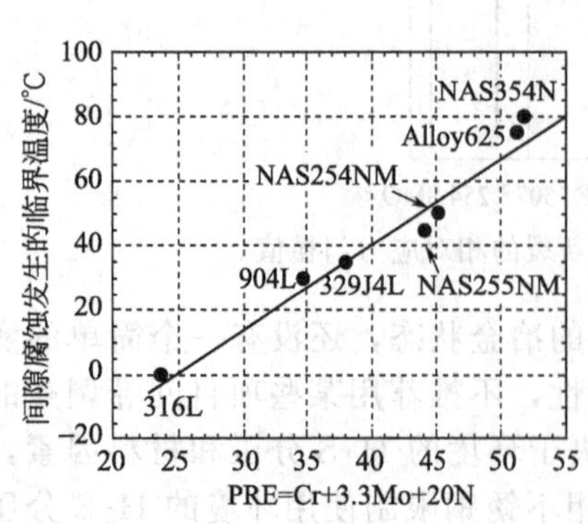

图 4-170　NAS 354N 与其他材料 CCP 对比

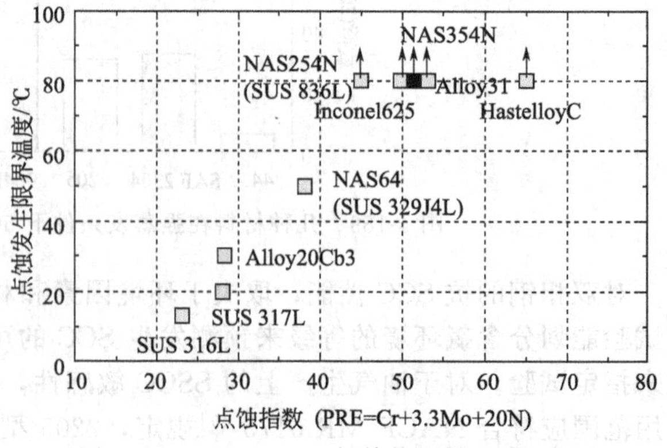

图 4-171　NAS 354N 与其他材料 CTP 对比

⑧ 254SMO超级不锈钢 254SMO是高含Cr、Ni、Mo和N的高合金奥氏体不锈钢，是近20年来发展的新钢种，对其耐蚀特性研究还较少，但已明确其具有优良的抗全面腐蚀、抗多种介质的Cl-SCC、点蚀和缝隙腐蚀性能，在湿H_2S环境下，也有良好的抗SCC性能。有良好的延展性和可焊性，其冷加工硬化倾向较S30408不锈钢要小，深度冷加工后，经完全退火处理可以提高抗SCC能力。为保证耐蚀性能，固溶热处理制度为最低1150℃保温，急冷，用作压力容器的适用温度为−60～400℃。在化学工业的过程设备、果汁和造纸的漂泊设备、燃气净化、海水处理和换热器上应用广泛[123]，较300系列不锈钢更具有耐全面腐蚀、SCC和点蚀能力，而较镍基合金更省钱。

254SMO为瑞典Avesta和Outokumpu牌号[123,124]，按ASTM A959[12]牌号为S31254，GB/T 20878[80]牌号为015Cr20Ni18Mo6CuN。该材料目前有板、带、棒和管等，涉及的标准除Avesta的"Standard Cr-Ni-Mo Stainless Steels"[125]企业标准外，主要有ASTM A240/A240M[9]、ASTM A249/A249M[126]、ASTM A269[127]、SATM A270[128]、ASTM A276[129]、ASTM A312/A312M[130]、ASTM A479/A479M[131]和GB/T 20878[80]、GB/T 3280[102]等。化学成分见表4-35。

表4-35 254SMO[9,123]不锈钢化学成分（质量分数） %

C	Si	Mn	P	S	Cr	Ni	Mo	N	Cu
≤0.02	≤0.80	≤1.00	≤0.030	≤0.010	19.5～20.5	17.5～18.5	6.0～6.5	0.18～0.22	0.50～1.00

Avesta等[124,125]按ASTM G48标准在沸腾的42%（质量分数）$MgCl_2$介质中对254SMO进行SCC试验，结果其焊接管较2205双相钢具有明显的优势，2205典型的平均开裂时间为小于24h，而254SMO为200h。按ISO 15324[114]的SCC评价结果见图4-172，试验表明254SMO抗Cl-SCC性能明显优于S31608、2205、2507和904L。

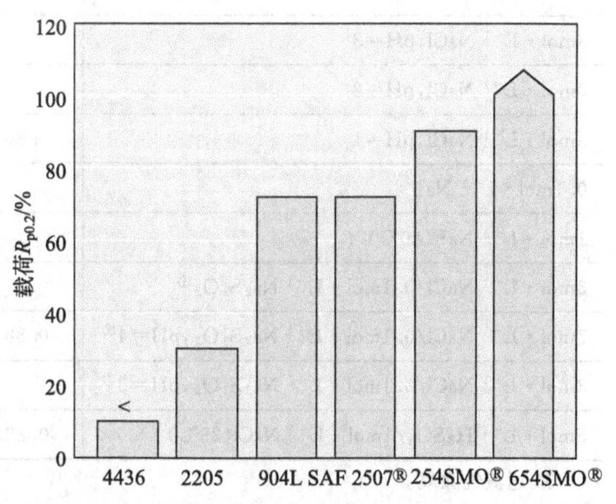

图4-172 用DET法测量的不同材料临界应力值

文献［132］研究认为，由于254SMO在600～1000℃热循环时，晶界无有害相析出，因此，即使是焊接接头也无晶间腐蚀风险。在3mol·L^{-1} NaCl溶液中对敏化态的254SMO进行SSRT试验，结果见图4-173，表4-36为固溶态和敏化态254SMO在不同溶液中由阳极极化曲线获得的点蚀点位和耐蚀性能、SSRT试验测得的断面收缩率（$\varepsilon_A/\varepsilon_I$）比值、点蚀点位、抗拉强度和耐蚀性能。$Cl^-$含量由1mol·L^{-1}增加到3mol·L^{-1}、或在3mol·L^{-1} NaCl溶液中pH值由6到2，断面收缩率没有显著改变，如果按$\varepsilon_A/\varepsilon_I$大于0.8，不存在SCC，则敏化态254SMO在3mol·L^{-1} NaCl、pH大于2的80℃溶液中不会发生SCC。但在pH小于1时，敏化态的254SMO的$\varepsilon_A/\varepsilon_I$为0.54，固溶态的为0.86。断口扫描电镜分析结果见图4-174、图4-175，结果表明敏化态的试样断裂为准解理扩展和二次裂纹，呈SCC特征；点蚀电位值显示，在3mol·L^{-1} NaCl中，pH值小于1时，材料呈活化态。研究结果表明，在强酸性条件下（pH<1），80℃时敏化态的254SMO和C275、S31603一样具有晶间形SCC（IGSCC）危险，而固溶态的无SCC风险。

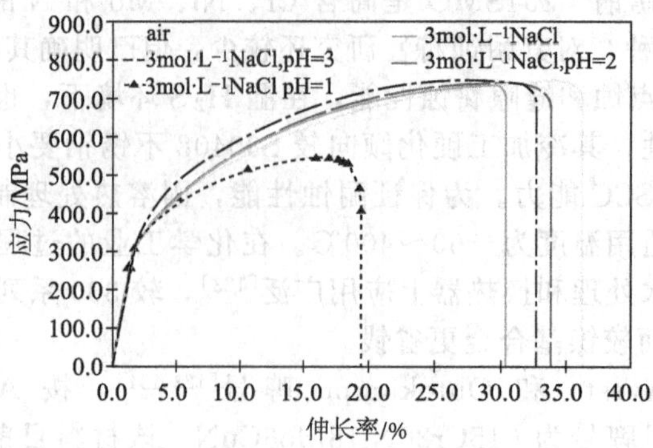

图 4-173 敏化态 254SMO 在 80℃的 $3mol\cdot L^{-1}$ NaCl 中 pH 值对应力和伸长率的影响

表 4-36 254SMO 在 80℃溶液中的 $\varepsilon_A/\varepsilon_I$ 比值、Ep (vs. $E_{Ag/AgCl}$)、R_m 和耐蚀性能

项 目	固溶态			敏化态		
	$\varepsilon_A/\varepsilon_I$	E_p	R_m/MPa	$\varepsilon_A/\varepsilon_I$	E_p	R_m/MPa
$0.5mol\cdot L^{-1}$ NaCl		315			150	
$1mol\cdot L^{-1}$ NaCl(70℃)		1000				
$1mol\cdot L^{-1}$ NaCl		100		0.90	120	756
$3mol\cdot L^{-1}$ NaCl		100		0.84	20	771
$3mol\cdot L^{-1}$ NaCl,pH=3				0.90	−30	771
$3mol\cdot L^{-1}$ NaCl,pH=2		100		0.93	−60	761
$3mol\cdot L^{-1}$ NaCl,pH=1	0.86	全面腐蚀	518	0.54	全面腐蚀	551
$0.1mol\cdot L^{-1}$ NaF				0.94	350	751
$1mol\cdot L^{-1}$ NaF(80℃)		320		0.91	350	744
$3mol\cdot L^{-1}$ NaCl/$0.1mol\cdot L^{-1}$ $Na_2S_2O_3$①		210		0.74	−120	800
$3mol\cdot L^{-1}$ NaCl/$0.1mol\cdot L^{-1}$ $Na_2S_2O_3$,pH=4①	0.88	160	671	0.72		799
$3mol\cdot L^{-1}$ NaCl/$0.1mol\cdot L^{-1}$ $Na_2S_2O_3$,pH=3①		90		0.72	−250	800
$5mol\cdot L^{-1}$ H_2SO_4/$1mol\cdot L^{-1}$ NaCl(25℃)	0.89	全面腐蚀	697	0.66	全面腐蚀	755

① 通氮气除氧。

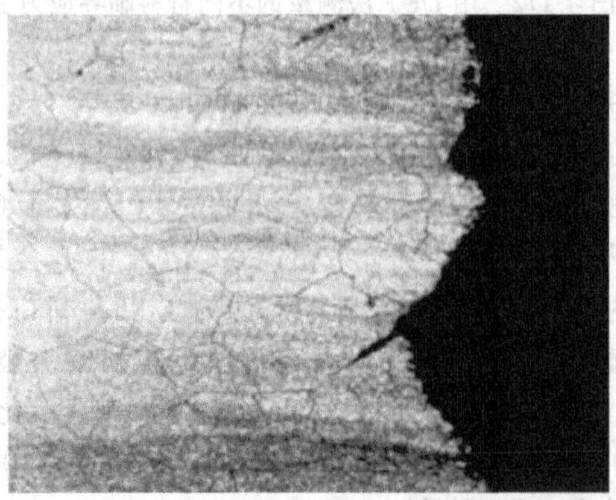

图 4-174 固溶态 254SMO SSRT 试验后

图 4-175 敏化态 254SMO SSRT 试验后

由于 254SMO 的质量分数在 6% 以上，点蚀指数 PRE（16N）为 43，所以，与其他材料相比，点蚀倾向较小。因材料中的 Cr、Mo 和 N 含量较高，所以具有良好的抗缝隙腐蚀性能。Avesta[123]的研究结果，结果表明其抗点蚀和缝隙腐蚀性能大大优于 300 系列不锈钢和 2205 型双相不锈钢，与镍基合金接近。

文献［133］研究发现，按 ASTM G150[19]电化学方法试验，采用药芯 GTAW（gas tungsten arc welding）焊接，其焊接接头耐蚀性与母材相比，耐蚀性下降较小，而无药芯的焊接，导致其点蚀性能大大下降，见图 4-176，这主要是因为焊接接头化学成分和金相组织不连续造成的。

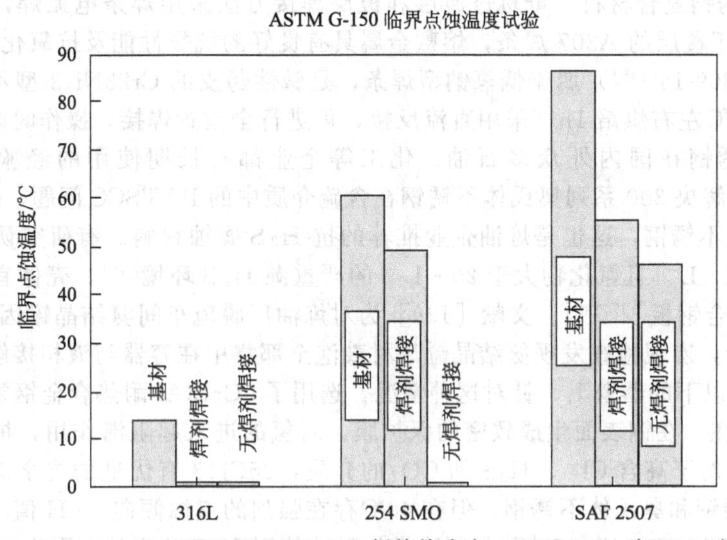

图 4-176 S31603、254 SMO 和 SAF 2507 焊接接头在 ASTM G150 中 CTP 试验结果

在湿 H_2S 环境下，NACE MR 0175 [49] 和 Avesta 研究结果[123]允许 254SMO 在退火状态下和冷加工后硬度在 35HRC 以下使用。

⑨ 06Cr13（0Cr13）不锈钢 06Cr13 不锈钢旧牌号为 0Cr13[80]，ASTM A240[9] 中为 S4100S，日本为 SUS410S[134]，化学成分见表 4-37。

表 4-37 06Cr13（0Cr13、S4108S）不锈钢化学成分[9,80]（质量分数） %

C	Si	Mn	P	S	Cr	Ni
0.08	≤1.00	≤1.00	≤0.040	≤0.030	11.5～13.5	≤0.60

06Cr13 中 Cr 含量约为不锈钢必须 Cr 含量的最低值（Cr 的质量分数＞12%），通常为马氏体不锈钢，当 C 含量较低时为铁素体不锈钢，以往旧标准中 0Cr13 通常被认为是铁素体不锈钢，而现行标准中通常将其归于马氏体不锈钢。其耐蚀性与其他不锈钢类似，能够耐大气、水、硝酸、碱、盐、有机酸、有机化合物及其他氧化性环境的腐蚀，不耐非氧化性酸的腐蚀，在含卤素离子的溶液中可能产生点蚀和 SCC。因其含 Cr 量较低，且不含 Ni，所以一般耐蚀性低于 Cr17 铁素体和 C18Ni9 奥氏体不锈钢[135]。作为马氏体钢的代表钢，虽然强度高，但不适合于在苛酷的腐蚀环境下使用；但在某些含硫介质中对 SCC 的敏感性低于奥氏体不锈钢，抗 CO_2 腐蚀性能远远优于碳钢，价格较低，可以作为容器的衬里或螺栓使用。在炼油常减压蒸馏装置塔顶循环系统和温度低于 150℃部位的 $HCl+H_2S+H_2O$ 型腐蚀环境中，对于碳钢为均匀腐蚀，对于 0Cr13 钢为点蚀，对于奥氏体不锈钢则为 Cl-SCC。

Cr13 型不锈钢，其组织以马氏体或铁素体为基体，焊接性差，且导热性差，有强烈的淬硬倾向，焊后有较大的残余应力，在正常淬火温度加热时产生的碳化物不能完全固溶，淬火后的组织为马氏体+碳化物，硬度很高。在焊接过程中，由于焊接温度很高，相当于对焊缝组织进行了一次热处理过程，所以有高硬度的淬火组织，其残余应力是Cr13不锈钢易产生焊接裂纹的主要原因。此外，焊接接头的脆化也是Cr13焊接时的主要问题，因为，马氏钢在焊接高温下晶粒粗化倾向比较大，在快速冷却时，近缝区将形成粗大的马氏体，塑、韧性急剧下降。当冷却速度较小时，对大多数成分处于马氏体-铁素体边缘的马氏钢，则可能出现粗大的铁素体和碳化物组织，导致接头脆化，使材料的抗晶间腐蚀能力下降。因此Cr13复合板的焊接，主要问题是焊缝易产生冷裂纹及母材对焊缝的稀释、接头脆化。

Cr13型不锈钢复合材料，母材过渡层和覆层焊接方法采用焊条电弧焊，焊接材料选用含Cr、Ni量高于覆层的A307焊条，熔敷金属具有良好的抗裂性能及抗氧化性能。A307焊条（符合GB E309-15[136]）属于低氢钠型焊条，是碱性药皮的Cr23Ni13型不锈钢焊条。焊前焊条须经250℃左右烘焙1h，采用直流反接，可进行全位置焊接，操作时电流不宜过大。

06Cr13不锈钢在国内外众多石油、化工等企业都有长期使用的经验，用0Cr13或0Cr13Al钢可以解决300系列奥氏体不锈钢在含硫介质中的PATSCC问题，抗Cl-SCC性能也优于300系列不锈钢，这也是炼油企业推荐的抗H_2S腐蚀材料。有研究认为，对于H_2S含量大于50 mg·L^{-1}且氰化物大于20·L^{-1}的严重湿H_2S环境[51]，壳体宜选用碳钢或碳锰钢+0Cr13复合钢板[137,138]。文献[139]为对炼油厂脱硫车间氨结晶罐因湿H_2S腐蚀产生氢鼓泡的分析，宏观检查发现氨结晶罐母材鼓泡全部集中在容器与液相接触的器壁上，即容器底部1.5m以下的器壁上，针对这种情况，选用了0Cr13Al耐热合金钢复合板，由于合金元素Al的存在，在钢表面生成致密的保护膜，对氢的进入起阻滞作用，提高抗氢腐蚀和抗氢脆的性能。对于高含Cl^-、H_2S和CO_2的介质，06Cr13有优良的抗全面腐蚀性能，抗SCC性能优于碳钢和奥氏体不锈钢，但在40℃存在强烈的点蚀倾向，pH值小于6时，全面腐蚀速率较大。NACE MR0175[49]限制这类材料的使用H_2S分压的上限为10kPa。

⑩ 超级奥氏体不锈钢

a. Cronifer 1925 hMo-合金926[140]：与合金904L具有类似化学成分的奥氏体不锈钢，是在Cronifer 1925 LC的基础上提高了Mo、N含量研制而成，其N质量分数提高到了0.2%左右、Mo约为6.5%。N和Mo含量的提高显著增加Cronifer 1925 LC的性能，尤其是在卤化物介质中具有突出的耐局部腐蚀性能和极好的力学性能。出色的耐局部腐蚀性能加上25%（质量分数）的Ni含量使合金926在Cl^-介质中具有尤其突出的耐腐蚀性。在Cl^-含量$10\times10^{-3}\sim70\times10^{-3}$、pH值5～6、工作温度50～68℃的石灰石浆料的各种FGD（烟气脱硫装置）系统中的试验表明，经过1～2a的试验期，合金926基本上没有发生点腐蚀、缝隙腐蚀和Cl-SCC。已获得应用于压力容器制造相关认证（VdTUV-196～400℃及ASME认证）。

b. AL-6XN合金：为高Ni（质量分数24%）-Mo（质量分数6.3%）超奥氏体不锈钢，它比标准的300系列合金对Cl^-具有更高的抗点蚀、缝隙腐蚀和SCC能力，比传统的抗腐蚀镍基合金成本低，而且能提供比300奥氏体不锈钢更高的强度，因此经常应用于设备中较薄的部分。

c. URANUSÒ B6 and B6N[141]：为含20Cr-4.3Mo-1.5Cu和N的超级不锈钢，ASTM B625[118]牌号为UNS N 08904。具有优良的抗SCC、点蚀和缝隙腐蚀性能。该材料在天然气和海水处理、烟气脱硫、造纸漂白设备和高温高氯化物环境、含硫酸性环境下使用良好。

d. AL4565合金（UNS Designation S34565）（EN Designation 1.4565）[142]：为高含Cr、Mo和N的超级奥氏体不锈钢。由于其N含量高，所以较其他6Mo超级不锈钢有更高的强度和微观组织稳定性（抗σ相析出），有优异的抗点蚀、缝隙腐蚀、Cl-SCC和碱脆性能，焊接性能好，在高含氯环境，如污水处理、海洋油气设备和海水淡化设备上使用良好。

e. Incoloy 25-6Mo[47]（UNS N08926/W. Nr. 1.4529，前身为 UNS N08925）[118~120,122]：ASME Code Case 2120（Ni-Fe-Cr-Mo-Cu-Low Carbon alloy N08926）定义了它的化学成分，最大许用应力值和力学性能要求。它含有6%的 Mo 并通过添加 N 提高性能，高的 Mo 含量以及 N 使得它能够抗点蚀、缝隙腐蚀和 SCC，含有的 Cu 能够提高它对硫酸的抗腐蚀性。该合金的 PREN 为 47，比低 Ni 含量的 S31708 和双相钢明显要好的抗 Cl-SCC 性能，是一种经济实惠的抗强氯化物腐蚀的合金，材料在退火态下的较 S31608、904L 有更高的强度，有利于减小是设备壁厚，从而进一步减少设备发生 SCC 的风险。为 ASME 锅炉与压力容器代码认可的材料，特别适用于一些处理高氯化物的环境中，如盐水、海水、腐蚀性氯化物以及纸浆厂的漂白系统。它的应用包括化工和食物工程、纸浆和纸的漂白设备、海洋和近海石油平台设备、盐厂的蒸发器、大气污染控制系统以及电厂的冷凝管道系统、循环水管道系统和供水加热器等。此外，在一些海洋和化工环境中该合金还可作为高镍合金的一种经济的替代品。

f. Allegheny Ludlum AL 904L[a] alloy[143]（UNS N08904[170]，URANUSO B6[144]）：是中高合金的奥氏体不锈钢，Ni 质量分数 25%、Cr 含量高，添加了 Mo（质量分数 4.5%）和 Cu，C 含量低，具有良好的抗 SCC 性能，抗点蚀性能优于 S31608 和 S31708 型不锈钢。

g. Avesta 654SMO®[145]（UNS32654[9]）：高 Cr、Mo 和 N 合金，在 1150℃固溶退火处理可以得到完全奥氏体化的结构，没有普通不锈钢的氯化物点蚀和缝隙腐蚀问题，抗 Cl-SCC 性能优于 254SMO。在海水和苦水处理系统、氯化物和二氧化氯漂白系统、化工设备、脱盐系统、城市污水和板式换热器上已有应用。

控制不锈钢 SCC 的主要途径如下。

从上述不锈钢发生 SCC 的特点中可知，对 SCC 敏感的合金、特定的介质及拉伸应力状态是产生 SCC 的基本条件。因此，设法改善或消除这些因素是防止发生 SCC 的出发点。

a. 正确使用金属材料。应针对不同的用途和使用条件合理选择耐 SCC 不锈钢，如，在容易产生晶间型 SCC 条件下，压力容器结构材料宜选用超低碳或含 Ti、Nb 稳定化元素的不锈钢，在容易产生由点蚀而引起 SCC 的条件下则可选用含 Mo 或含高 Cr、Mo 不锈钢以兼顾抗点蚀和 SCC 性能，在容易出现缝隙腐蚀作用的条件下，则可选用高 Cr、Ni、Mo 不锈钢，在高浓氯化物溶液中，根据使用情况一般可选不含 Ni、Cu 或仅含微量 Ni（质量分数≤0.5%）、Cu（质量分数≤0.3%）的低 C、N 高 Cr 铁素体不锈钢、高硅奥氏体不锈钢。

b. 消除不锈钢压力容器及承压元件的残余应力。固溶热处理。为了使奥氏体不锈钢具有良好的耐蚀性能，特别是耐晶间腐蚀性能，一般采用固溶处理方法，这种方法的主要过程是把不锈钢加热到高温 1000～1050℃保温一定时间，使碳化物溶入奥氏体中，然后快冷以防止碳化物在晶间析出。实践证明，这种方法可以很好地防止不锈钢晶间腐蚀的产生，并在一定条件下可以防止晶间型 SCC，但对较大的压力容器及其承压元件难以实现。

为了保持压力容器或承压元件的尺寸稳定性，也可以在 500～600℃温度下进行回火处理，然后缓冷，合理选择热处理温度和时间，温度越高，时间越长，残余应力越低。这种处理方法仅适于晶间腐蚀倾向小而且允许有一定残余应力的压力容器和承压元件。

对于无法进行整体热处理的大型压力容器或经过加工、焊接后具有较高局部应力的设备，可以考虑进行局部热处理以消除应力。当选择在 700～900℃消除应力时，要注意铁素体-奥氏体双相的出现，因为这可以使钢的塑性和韧性下降。供货态的 18-8 型铬镍不锈钢板及管材通常是经固溶处理后急冷、平整、矫直、酸洗后出厂。对于要求耐 SCC 的材料应在平整、矫直后再进行一次消除应力的热处理，然后进行酸洗，应注意酸洗后的清洗要彻底，以免残留有易于引起 SCC 的 F^-、Cl^- 和其他酸根等离子。

喷丸处理可以使材料表面层产生塑性变形，造成表面压应力，从而起到降低钢表面产生SCC敏感性的作用。尤其对于外层为结构钢，里层为不锈钢衬里的压力容器，由于它们的线膨胀系数不同，会产生残余应力。当不能采用退火的办法消除应力时，则可以采取喷丸处理。但是喷丸处理一般不适于在容易产生点蚀的钢种或介质中应用，也不宜用于易产生晶间SCC的材料和介质中。

水冷焊接，能把焊接的残余应力变为压应力，同时清除了焊接过程中出现的材料敏化现象。振动法对降低焊接接头的残余应力也非常有效。

对焊接后的管外壁用短时间高频加热办法可以消除残余应力。

c. 优化压力容器结构设计。

d. 电化学保护。

e. 合理控制水质。奥氏体不锈钢在水中发生SCC需要有Cl^-和O_2的存在，降低Cl^-和O_2的含量可以改善或避免其SCC。同时加入碱性磷酸盐等可以减小有害离子的作用，如在含有$700\mu g\cdot g^{-1}$磷酸盐的300℃高温水中（pH10.5）Cr-Ni奥氏体不锈钢经300h试验而未发生SCC，而在同一条件下当所含的磷酸盐小于$50\mu g\cdot g^{-1}$时，经100h试验便出现了SCC。但加入过量的磷酸盐也会由于在气液相交界面处游离碱的浓缩作用而导致碱脆。

在高温水中氧对氯化物引起的SCC的作用极大，氧含量较高，即使Cl^-含量很低，也会出现SCC，因此，水中含氧量应控制小于$0.1\mu g\cdot g^{-1}$。

在压力容器中的垢物引起的垢下腐蚀可诱发SCC，因此，需要对不锈钢系统及设备进行定期清洗。

f. 表面保护。表面状态对耐蚀性能有很大影响，对不锈钢进行阳极氧化处理，以提高其耐蚀性能。如对不锈钢在约$2.5mol\cdot L^{-1}$ H_2SO_4中进行阳极氧化处理后，可以大大提高其抗点蚀的能力，从而提高其抗SCC能力。

(2) 镍基合金的应力腐蚀

镍具有较大的钝化倾向，在常温下镍的表面覆盖一层氧化膜，这层氧化膜使它在水及许多盐类水溶液中具有耐蚀性。在室温下非氧化性稀酸中，如质量分数<15%HCl、<15% H_2SO_4和许多有机酸中相当稳定。但在增加氧化剂（$FeCl_3$、$CuCl_2$、$HgCl_2$、$AgNO_3$和次亚氯酸盐）和通气时，镍的腐蚀速度显著增加。

蒙乃尔合金在还原性介质中比镍耐腐蚀，在氧化性介质中又较铜耐腐蚀，在H_3PO_4、H_2SO_4、HCl、盐类溶液和有机酸中都比镍和铜更为耐腐蚀。但蒙乃尔合金容易发生SCC，最好在530～650℃退火消除应力后使用。

常用的哈氏合金有哈氏B（B-2、B-3）和哈氏C-276，它们在非氧化性的无机酸和有机酸中有高的耐蚀性，如耐70℃的稀H_2SO_4，耐所有浓度的HCl、H_3PO_4、HAc和HCOOH，特别能耐热浓HCl，在苛性碱中是稳定的，在有机介质、海水及淡水中完全耐蚀。哈氏合金的力学性能非常突出，它具有高强度、高韧性的特点，所以在机加工方面有一定的难度，而且其应变硬化倾向极强，当变形率达到15%时，硬化约为300系不锈钢的2倍。哈氏合金还存在中温敏化区，其敏化倾向随变形率的增加而增大。当温度较高时，哈氏合金易吸收有害元素使它的力学性能和耐腐蚀性能下降。

① Hastelloy® C-276[146]（UNS N10276[147]）。Hastelloy合金分为耐蚀合金和耐热合金，耐蚀合金又分为3个主要系列即B、C、G。B系列有B、B-2、B-3；C系列有C、C-276、C-4、C-22、C-2000；G系列有G、G-3、G-30、G-50等。Hastelloy耐蚀合金中最通用的是C类合金。

Hastelloy® C-276通常被认为是万能的抗腐蚀Ni-Cr-Mo合金，化学成分见表4-38，哈氏C-276合金的各种腐蚀数据是有其典型性的，但是不能用作规范，尤其是在不明环境中，必须要经过试验才可以选材。Hastelloy® C-276 合金的厚板、薄板、带材、棒材、管子已按美国统一编号 UNS 的牌号 N10276N 分别列入 ASME 标准中[147~151]。C-276 合金是一个经改进的锻造 C 合金，它的优点在于在焊接热影响区不存在连续的晶粒边界偏析，因此不会产生严重的晶间腐蚀，焊接后可以不用再进行固溶热处理，并在其加工性能上也有了很大的改进。当 C-276 合金的焊接接头受到环境的腐蚀后，应该考虑使用 C-22® 合金作为焊接的填充金属。除非客户特别要求，所有 Hastelloy® C-276 合金都是在 1121℃作固溶热处理并随后快速淬冷。如果可能的话，经热加工的部分最好能在最后制造或安装前进行固溶热处理。

表 4-38 C-276[146]（N10276[147]）标准化学成分（质量分数） %

Ni	Co	Cr	Mo	W	Fe	Si	Mn	C	V
57	2.5	14.5～16.5	15.0～17.0	3.0～4.5	4.0～7.0	0.08	1.0	0.01	0.35

由于 C-276 合金对于在大多数洗涤器中可能遇到的硫化物和 Cl^- 有很好的抗力，故它也能用于烟气脱硫系统。同时，它也是少数可以承受湿 Cl_2、次氯酸盐、二氧化氯腐蚀作用的材料之一，其抗腐蚀性能见表 4-39。Hastelloy C 系列合金作为一个系列具有极佳的抗点蚀能力，在极恶劣介质中的对比实验显示 Hastelloy C-22 合金在这一系列中具有独一无二的抗点蚀能力。

表 4-39 Hastelloy C 系列合金抗腐蚀性能对比

合金	试验项目					
	6%（质量分数）$FeCl_3$ 缝隙腐蚀平均腐蚀速率/mm·a^{-1}			154℃ 45%（质量分数）$MgCl_2$ 溶液中开裂时间/h	4%NaCl＋0.1% $Fe_2(SO_4)_3$＋0.021mol·L^{-1} HCl	
	25℃	50℃	75℃		24h CPT/℃	100h CCT/℃
Hastelloy® C-276 合金	0.005	0.005	0.035	1000(无裂纹)	150	80
Hastelloy C-22® 合金	0.0025	0.0025	0.0125	1000(无裂纹)	>150	102
Hastelloy C-4 合金	0.0075	0.0125	0.5	—	140	50
Ferralium® 255 合金	0.01	20.275	16.575	—	50	35
Haynes 625 合金	0.0375	3.1	12.75	1000(无裂纹)	—	—
20Cb-3 合金	5.125	9.5	17.5	22	20	≤−5
S31603 不锈钢	7.8	11.5	19.5	1～2	20	≤−5
825 合金	18.25	17.675	17	46	—	—

② Hastelloy C-4。具有显著的高温稳定性，当置于 650～1040℃长期时效后，呈现良好的延展性和耐晶间腐蚀性能。在焊接热影响区无晶界沉积的形成。在合金 C-4 中，除了大幅度降低 C 和 Si 含量外，主要变化是从基本化学成分中除去了 W，减少 Fe 添加 Ti。这种成分上的调整显著改进了热稳定性，消除合金中金属间化合物的析出和晶界偏析。在很多腐蚀环境下合金 C-276 和 C-4 的一般抗腐蚀性实质上是一样的，在强还原性介质（如 HCl）中合金 C-276 表现更好一些，在高氧化性介质中合金 C-4 的耐蚀性更胜一筹。但在高氧化性环境下，C-276 和 C-4 均不能提供有效耐蚀性，这种缺点被其他合金的发展所克服，如 C-22 和 VDM59 等。

③ Hastelloy C-22。合金 C-276 和 C-4 在氧化性非卤化物的溶液中腐蚀很快，因为它们的 Cr 含量是 C 类合金中最低的。针对氧化性环境需要一种高 Cr 合金，且 Cr、Mo、W 达到

优化平衡，这样就获得一种有高耐蚀性和良好热稳定性能的合金，C-22 既耐氧化性酸腐蚀又能满足高温稳定性的需求。尽管这种合金在高氧化性环境中的耐蚀性比合金 C-276 和金 C-4 优越，但它在强还原性环境中和在严重缝隙腐蚀条件下的表现不如合金 C-276 和 59，因为合金 C-276 和 59 中都含有 16%的 Mo。合金 C-22 常应用于烟气脱硫系统腐蚀环境及复杂的制药反应器中。

④ Haynes 625。Haynes 625 是在 20 世纪 60 年代初期商业化的合金。合金中 Mo 质量分数降到 9%，加入 Nb 提高了合金抗晶间腐蚀的热稳定性，使材料可在焊接后直接使用。Cr 质量分数从合金 C 的 15.5%提高至 22%，增加了合金在许多强氧化性介质中的耐蚀性，如沸腾的 HNO_3。但在还原性介质中不如 C 类合金通用，因 Haynes 625 的含 Mo 量较低。Haynes 625 对所有浓度的 HF 及大多数工业条件下 HF 的混合酸如 HNO_3-HF、H_2SO_4-HF、H_3PO_4-HF 都具有耐蚀性。对加热至沸点以下的 HCl 和低浓度的 H_2SO_4腐蚀也有相当的抗力。

⑤ VDM 59。是 C 合金家族中 Ni 含量最高的合金之一，并有最高的 Cr、Mo 含量，Fe 含量最少，通常质量分数小于 1%，没有添加任何其他元素，是最“纯真”的 Ni-Cr-Mo 合金。它克服了合金 C-22 和合金 C-276 的缺点，C、Si 含量极低，不易于在热成形或焊接过程中产生晶界沉淀，热稳定性非常好。对矿物酸如 HNO_3、H_2SO_4、H_3PO_4、HCl 耐蚀性好，尤其适用于 H_2SO_4 和 HCl 的混合酸，耐 40℃下全浓度 HCl 的腐蚀，对 Cl-SCC 不敏感。

⑥ Inconel 686。Inconel 686 Ni-Cr-Mo-W 合金化程度很高，具有单一的奥氏体结构。686 与 C-276 合金组成非常相似，Cr 质量分数从 16%增加到 21%，保持 Mo 和 W 含量在相似水平。686 合金是含有 Cr、Mo 和 W 质量分数共 41%的过度合金化材料。686 适合在两性酸或两性混合酸，尤其是两性混合酸中含有高浓度 Cl^- 的腐蚀环境中应用。在海水中具有优异的抗均匀腐蚀、电化学腐蚀、局部侵蚀和氢脆的能力，海水对其疲劳强度的影响也极小。686 的焊接材料是理想的钢铁表面堆焊耐蚀材料。

⑦ Hastelloy C-2000。Hastelloy C-2000 是在合金 59 配方的基础上添加质量分数 1.6%的 Cu 而成。然而，铜的添加导致局部腐蚀抗力的大幅度下降，而且热稳定性也逊于合金 59。该合金的耐点蚀和缝隙腐蚀的能力优于 C-276，成形、焊接、机加特性与 C-276 相似。

案例 6：HK-40 转化管外伸段焊缝的 SCC

某厂引进法国年产 500kt 合成氨装置一段转化炉共有炉管 290 根，材料为 HK-40 合金离心铸造，炉管在炉内立式布置。炉管外径为 ϕ143mm，壁厚为 20.5mm，长度为 11.3m。设计工作温度为 900℃，实际操作温度约为 869～880℃。炉管外伸段有 1 个活套碳钢法兰，用螺栓与上法兰连接，见图 4-177 (a)。上法兰装有热电偶并和上猪尾管焊接在一起。法兰短管与炉管材质相同，炉管外伸段焊缝测温部位见图 4-177 (b)。蒸汽-石脑油混合物 (4∶1) 在 3.8MPa、440℃下由上猪尾管进入炉管，经过转化反应，在 3.4MPa、790℃下由下猪尾管进入集气管。

1982 年 7 月，发现有 278 根炉管在炉管外伸段法兰短管部位存在裂纹，进行了打磨焊补处理。1983 年 9 月和 1984 年 2 月的检查发现这种开裂仍在继续发生，炉管累计运行时间约 38000h，运行情况见表 4-40。

表 4-40 运行情况统计表

检查时间	开停车数	检查及处理情况
1981 年 2 月	20 次	1 根炉管外伸段法兰短管部位泄漏并更换
1982 年 7 月	16 次	又有 1 根炉管泄漏并更换，有 278 根炉管存在裂纹，进行了打磨焊补处理

续表

检查时间	开停车数	检查及处理情况
1983年9月	13次	首次打磨消除裂纹的炉管在打磨处仍然继续发生开裂。焊补过的173根炉管中60根有裂纹。之前未开裂的12根中发现有2根产生了裂纹。进行了打磨焊补处理
1984年2月	6次	发现97根炉管有裂纹,其中1983年处理过有48根

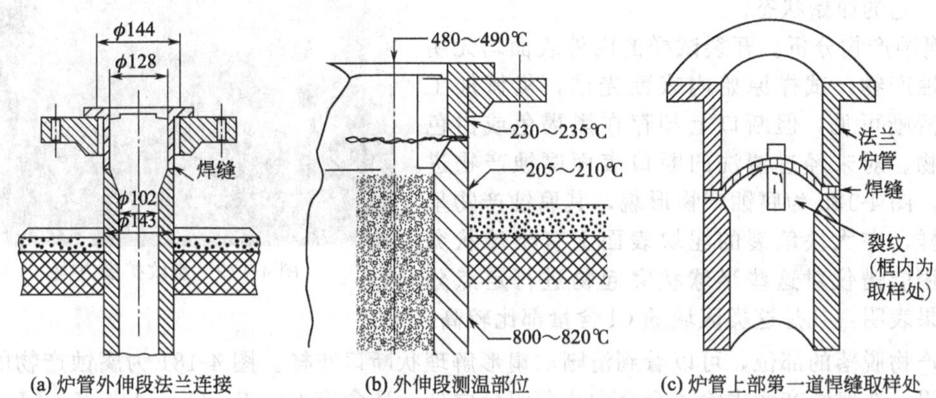

(a) 炉管外伸段法兰连接 (b) 外伸段测温部位 (c) 炉管上部第一道焊缝取样处

图 4-177 炉管外伸段法兰连接结构、测温部位和取样情况示意图

a. 裂纹状态检查

• 裂纹的宏观形貌。从炉管上部第一道焊缝周围取样，见图 4-177（c）。裂纹有 2 类：一类为出现在焊缝热影响区的环向裂纹；一类为焊缝下方附近母材上的纵向裂纹。凡纵向开裂的裂纹，都只有在内壁才能观察得到，还没有形成贯穿裂纹。环向开裂的裂纹，也是由内壁开始，向外壁扩展以至贯穿泄漏。裂纹多出现在母材一侧，在焊肉上也有少量小裂纹存在，属脆性断裂。

• 金相组织分析。转化管原料气入口温度为 480～490℃，外伸段外壁实测温度为 230℃左右，平均壁温约 300℃左右。在这样低的温度下使用，金属组织不会产生明显的变化。图 4-178 为炉管开裂处电镜低倍照片，照片下部为炉管内壁，可以看到裂纹由内壁向外壁扩展，

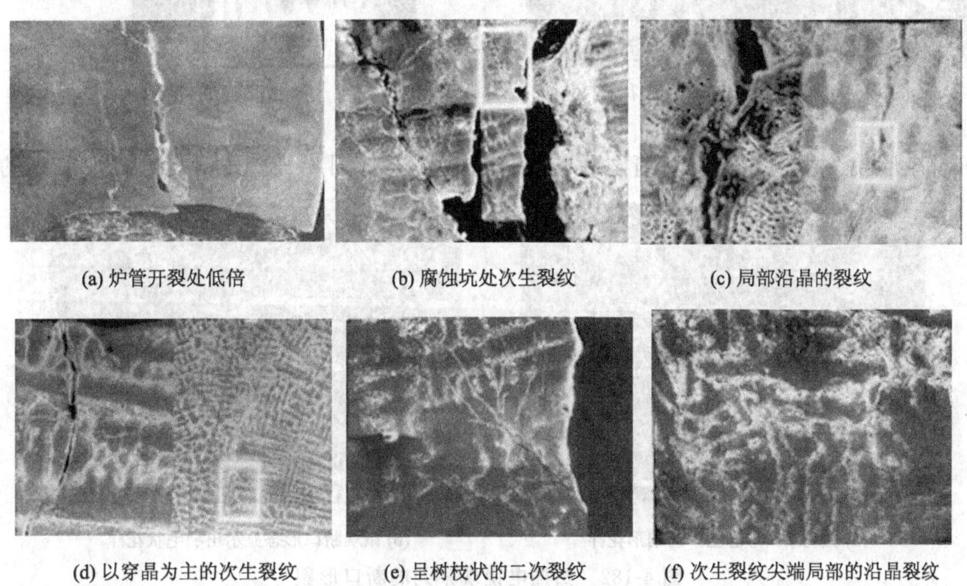

(a) 炉管开裂处低倍 (b) 腐蚀坑处次生裂纹 (c) 局部沿晶的裂纹

(d) 以穿晶为主的次生裂纹 (e) 呈树枝状的二次裂纹 (f) 次生裂纹尖端局部的沿晶裂纹

图 4-178 主裂纹形貌

并带有明显的主裂纹上次生的分枝裂纹，分枝裂纹有些发生在主裂纹表面的腐蚀坑（沟槽或台阶）处。次生的裂纹也带有分枝，裂纹以穿晶为主，也有沿晶的裂纹，是氯化物引起的不锈钢 SCC 的典型裂纹特征。

图 4-179 是裂纹由热影响区的母材一侧向补焊区域延伸的情况，一次碳化物沿奥氏体晶界呈骨架状分布，有少量二次碳化物析出，金属组织基本保持了它的原始状态。

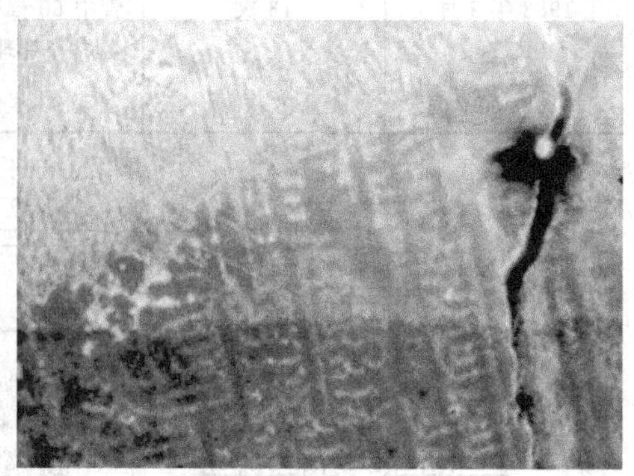

图 4-179 裂纹扩展方向

• 腐蚀产物分析。开裂试样的内外表面均无明显的腐蚀产物，试样原始内表面光洁，机械加工的刀痕清晰可见，但断口上却存在黑褐色或白色腐蚀产物。对未经过清洗的断口表面腐蚀产物进行分析，图 4-180 为腐蚀产物形貌，其腐蚀产物呈泥状花样，在大块龟裂的泥块表面上有半球状突起，采用能谱仪对这些半球状突起物进行定点分析，结果表明：凡是这类区域的 Cl 含量都比较高。在腐蚀产物脱落的部位，可以看到清晰的扇形解理状断口花样。图 4-181 为腐蚀产物的能谱分析结果，在腐蚀产物中除了合金中主要组分之外，还含有 Cl、S、Ca、Al、K、Mg 和 Na 等元素存在。主裂纹剖面的能谱面扫描图中可以看到，Cl、S、Ca、和 K 在主裂纹边沿的腐蚀坑中都有富集。

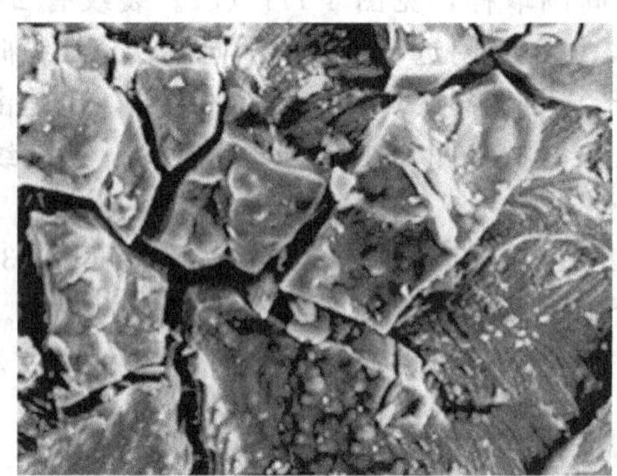

图 4-180 腐蚀产物呈泥状花样

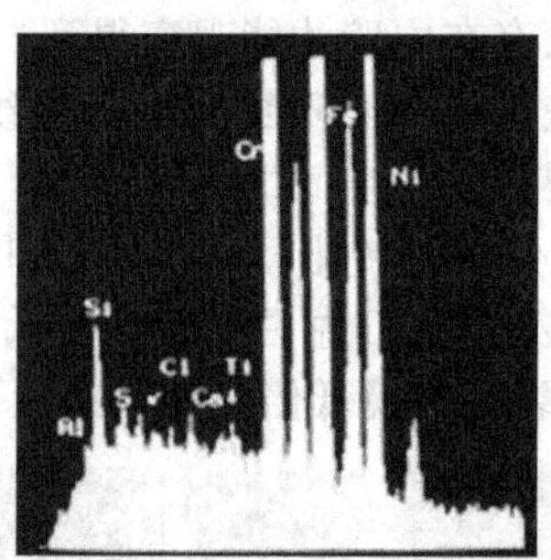

图 4-181 腐蚀产物的能谱图

• 断口形貌。用扫描电镜对清洗后的断口进行观察。图 4-182 为扫描电镜观察到的断口

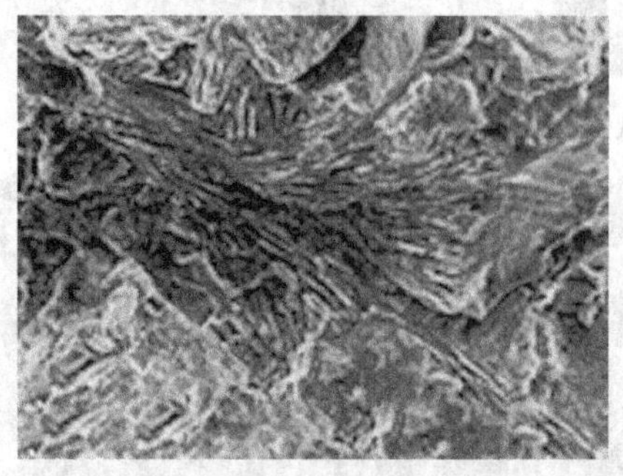

(a) 微观断口形态显示的扇形花样

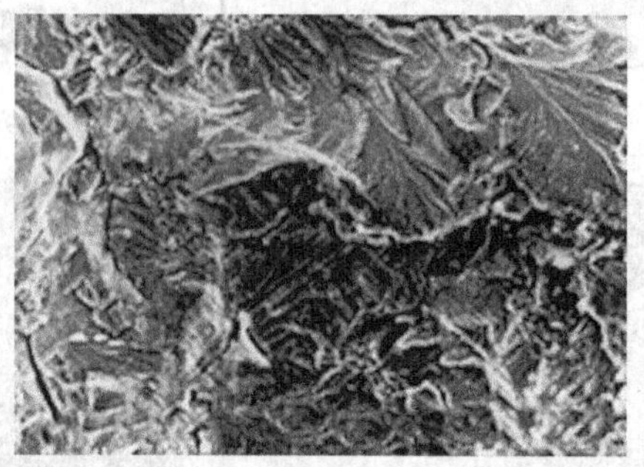

(b) 微观断口形态显示出羽毛状花样

图 4-182 扫描电镜观察到的断口形貌

形貌，微观断口形态显示出清晰的扇形花样和羽毛状花样。这是氯化物的SCC断口典型的解理花样特征。这些解理花样往往起源于晶界和夹杂物等缺陷比较多的部位，引起这种开裂的过程是由于在不同平面上SCC裂纹连接的结果。通常是多条裂缝之间互成一定角度，从而形成一系列小的解理平面状。这一系列的小平面在扩展过程中相互连接起来就形成了一个个的扇形花样和羽毛状花样。

b. 开裂原因分析　在炉管外伸段的制造、安装和使用过程中使外伸段与转化管相连接的第一道焊缝上及其附近存在着比较复杂的应力系统。包括焊接的残余应力、安装过程中施加的装配应力以及频繁开停车时附加的变化的工作应力和温差应力等都对炉管外伸段的开裂起到了重要的作用。

根据该厂操作记录，在1980年1月16日发生海水倒灌，使供水系统污染事件。事后，仅对辅锅供水1月17日测定，Cl^-达2909×10^{-6}、1月18日Cl^-达3990×10^{-6}。1月17日A系列一级脱盐水Cl^-达255.6×10^{-6}，到1月18日原水中Cl^-才达到$19.2\mu g\cdot g^{-1}$，恢复正常。这次事故以后，第二年即发现炉管SCC破坏事件。虽然当时采取措施使锅炉用水恢复了正常，但由于锅炉用水很大一部分是循环使用的，带入锅炉用水中的Cl^-在很长一段时间内难以清除干净。导致了Cl^-在适合的部位滞留、聚集和浓缩。由此可以确定，蒸汽质量对于外伸段焊缝的开裂有重要影响。

c. 改进意见

- 结构与材料的改进。Kellogg型炉管结构是HK-40/C-Mo钢或HK-40/Cr-Mo钢异种钢焊接。这种焊缝有如下几个特点：外伸段短管是C-Mo钢或Cr-Mo钢，它对Cl-SCC敏感性很小；Kellogg型炉管焊缝坡口近旁的内外壁原始铸造层均机械加工处理，这对预防焊接裂纹的产生是有利的。在Kellogg型炉管异种钢焊缝上也曾发生过焊缝接头开裂的问题，经过改进焊接工艺，焊缝接头开裂的问题已经得到很好的解决。
- 加强操作管理。注意控制蒸汽质量和油品质量，减少有害元素进入系统；减少开停车次数和注意控制开停车时的升温和降温速度，降低温差应力。

(3) 钛合金的应力腐蚀

① 腐蚀机理。目前比较一致的看法是，钛合金的SCC机理分为阳极溶解型和氢致开裂型2类[152~154]。关于阳极溶解型SCC机理的最新研究表明，SCC发生时，随着表面钝化膜或疏松层的形成和保持，会产生一个很大的附加拉应力，在很低的外应力下，位错就开始发射和运动。当腐蚀促进局部塑性变形发展到临界状态，局部地区（如无位错区或位错塞积群前端）的应力集中等于原子键合力，从而导致SCC微裂纹形核。由于介质的作用，这种微裂纹并不钝化成空洞，而是解理或沿晶扩展，从而引起低应力脆断。

氢致开裂型SCC涉及H^+的迁移和放电，以及吸附在金属表面变成溶解型吸附原子，并通过扩散进入金属内部，在应力的作用下，它们富集在应力集中区，导致材料的低应力脆断。

有人对钛合金在近中性NaCl水溶液中的SCC进行了研究，用微电极法和pH试纸法测定的楔块加载的Ti5Al2.5Sn和Ti5Al4V合金在近中性的3.5%（质量分数）NaCl水溶液中SCC裂纹尖端溶液的pH值。结果表明，SCC尖端溶液的pH值由本体溶液的6.5下降到1.7～2.0。工业纯钛试样以同样条件加载后，未发生裂纹扩展，用同样方法测定的结果也表明，其预制疲劳裂纹尖端溶液的pH值没有下降，同时也不易形成封闭电池[155]。裂纹扩展的金相显微镜动态观察结果。试样加载后，在裂纹尖端前沿形成一个小的塑性区A，见图4-183（a）；随着时间的推移，塑性区有所扩大。经过60～70h后，在塑性区中形成了1条小裂纹B，见图4-183（b）；而B的前端又形成另一条小裂纹D，120h后，裂纹B反向扩展，在F处与主裂纹连通，同时向前扩展与小裂纹D连通，而在E处又正在形成小裂纹，见图 4-183（c）。SCC 裂纹如此以间断方式发展。由于所加载荷不大，K_{I}只稍高于K_{ISCC}，所以裂纹扩展不到 2mm 即停止。再一次加载后，裂纹才可继续发展图 4-183（d）～（f）。

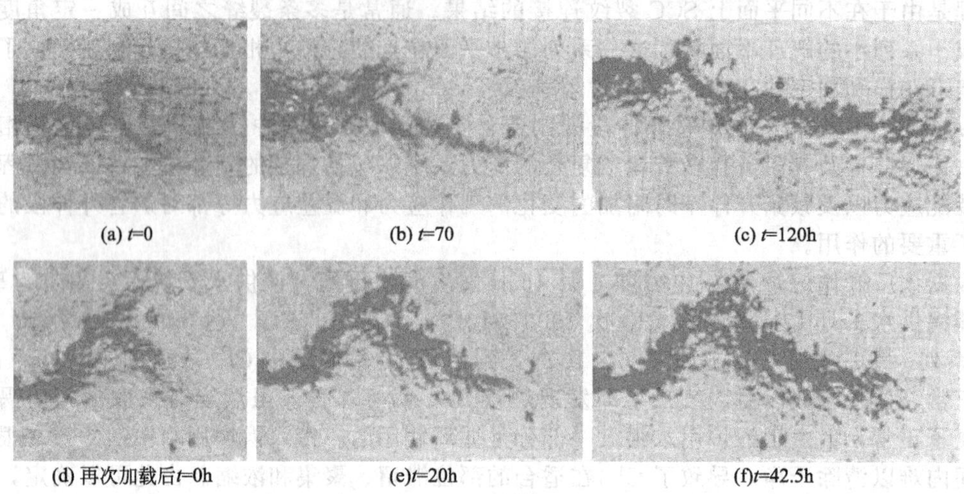

(a) t=0　(b) t=70　(c) t=120h

(d) 再次加载后t=0h　(e)t=20h　(f)t=42.5h

图 4-183　Ti5Al2.5Sn 在近中性 3.5%（质量分数）NaCl 水溶液中 SCC 的过程

对于钛合金 SCC 的这些现象，可作如下解释：裂纹尖端析出的氢进入基体后，在应力场梯度诱导下，聚集到裂纹前端，使这里主要滑移面两边的金属原子间键合力减弱，从而降低了位错运动的临界分切应力。过饱和的氢在这种局部应变的作用下生成氢化物，从而提供了小裂纹的源。

SCC 断口显微形貌分别如图 4-184（a）、（b）所示，以脆性解理为主。在 Ti5Al4V 断口上还可以看到一些二次裂纹。特别值得注意的是在 SCC 形核处（即预制疲劳裂纹与解理断口之间）有条宽约 1mm 的狭窄脆性沿晶断口，见图 4-184（c）。可以清楚地看到沿晶界附着的腐蚀产物，它们上面的许多小圆孔洞，是连续逸出的氢气泡留下的痕迹。

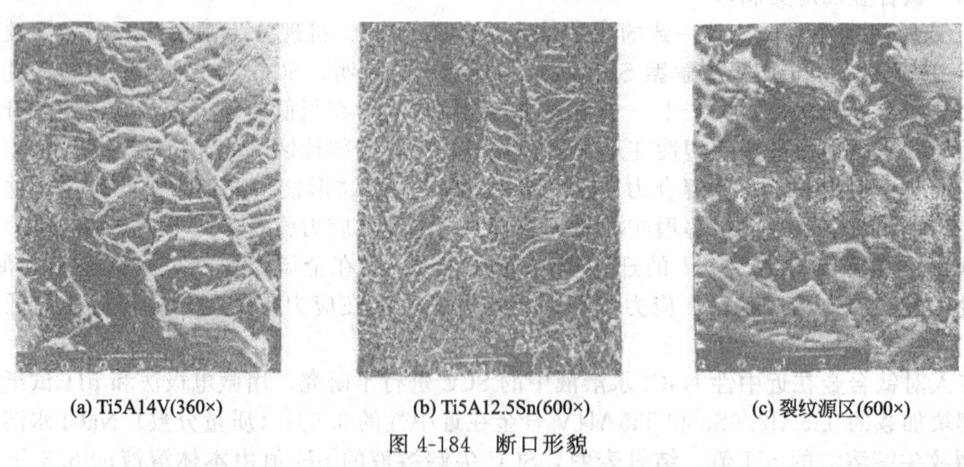

(a) Ti5A14V(360×)　(b) Ti5A12.5Sn(600×)　(c) 裂纹源区(600×)

图 4-184　断口形貌

通过对钛合金在近中性 NaCl 水溶液中 SCC 的研究，提出钛合金 SCC 的模型为：SCC 中的裂纹形成主要是选择性阳极溶解，一旦 Ti^{2+} 局部水解，使裂纹尖端的 pH 值降到足够低，以及浓缩的 Cl^{-} 使裂纹尖端金属电位降到足够低，因而存在析氢反应的条件，包括阴极的析氢反应和阳极表面的置换反应。这时腐蚀产生的氢进人裂纹尖端区，SCC 则转为氢致开裂为主的控制机制。氢主要起到以下 3 个作用：

a. 氢易偏聚在裂纹的压应力区和裂纹的内表面区域，并形成氢化物；

b. 氢降低裂纹的表面能，促进裂纹的发展；

c. 在腐蚀介质作用下裂纹尖端基体金属发生阳极溶解，氢在裂纹处的偏聚起加强微电极的极化作用，形成脆性的氢化钛组织，有利于裂纹扩展。

文献［156，157］用 ϕ3.5mm 试样，研究了钛合金在甲醇溶液中的 SCC 行为，试验用 TA7 钛合金，选择 3 种实验介质：第一种为质量分数≥99.5%的 CH_3OH；第二种为质量分数 1.6% H_2O +98.4%CH_3OH；第三种为质量分数 0.6%HCl+1.0% H_2O+98.4% CH_3OH。采用 SSRT 试验方法，拉伸速率 $2.5\times10^{-5}s^{-1}$，温度为室温。极化曲线参见图 4-185，相关的电化学结果见表 4-41。

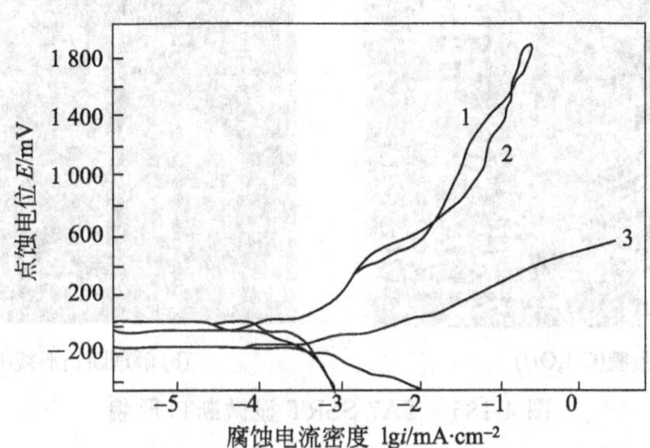

图 4-185 TA7 在甲醇类溶液中的动电位极化曲线

1—CH_3OH；2—1.6% H_2O+98.4%CH_3OH；3—0.6%HCl+1.0% H_2O+98.4% CH_3OH

表 4-41 TA7 在甲醇类溶液中的电化学参数

溶液	E_{corr}(SHE)/mV	点蚀电位(SHE)/mV	腐蚀电流密度/mA·cm^{-2}
CH_3OH	−147	>1800	156
1.6%H_2O +98.4%CH_3OH	92	>1800	134
0.6%HCl+1.0% H_2O+98.4% CH_3OH	−227	—	501

试验结果表明，TA7 在甲醇和 1.6%水-甲醇溶液中可以保持自钝化状态，而且点蚀电位均高于 1.8V（SHE）。甲醇中加入水可以有限地减轻甲醇对钛合金材料的腐蚀作用。而甲醇中加入的盐酸则使得 TA7 自腐蚀电位 E_{corr} 负移，明显加速了材料的腐蚀，使得 TA7 呈现出完全活化状态。

TA7 合金在空气中、甲醇和 0.6%盐酸-甲醇溶液中经 SSRT 试验的断裂寿命、延伸率和面收缩率依次降低，在 0.6%盐酸-甲醇溶液中降低明显，见表 4-42。这是 TA7 合金在甲醇和 0.6%盐酸-甲醇溶液中具有 SCC 敏感性的表征之一。

表 4-42 TA7 合金 SCC 试验的试验结果

溶液	断裂寿命/h	伸长率/%	面收缩率/%
空气	102	9.3	35.8
CH_3OH	81	7.3	30.8
0.6%HCl+1.0% H_2O+98.4% CH_3OH	8	0.7	0.3

钛合金 TA7 在甲醇和 0.6%盐酸-甲醇溶液中经 SSRT 试验后，在扫描电镜下观察其显微断口形貌，见图 4-186。钛合金 TA7 在甲醇中的断口形貌为准解理+解理断口。在 0.6%盐酸-甲醇溶液中的断口形貌为典型的解理形貌，河流花样，并观察到了二次裂纹。

金相观察表明，在 SSRT 试样侧面，可以明显观察到点蚀孔和垂直于拉伸应力方向的 SCC 初始裂纹，见图 4-187。

为了进一步研究 HCl 浓度对 TA7 合金在 CH_3OH 溶液中 SCC 敏感性的影响，分别测定了不同 HCl 含量（质量分数 0.01%、0.09%、0.6%）对 CH_3OH 溶液中 TA7 合金的 SSRT 断裂寿命的影响，试验结果参见图 4-188。

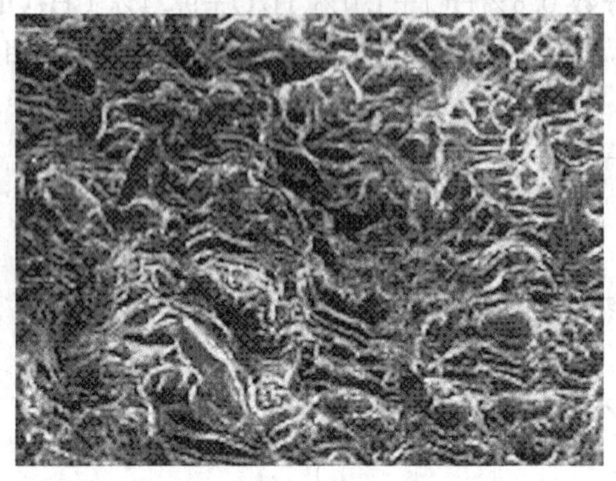

(a) 解理断口形貌(CH_3OH)

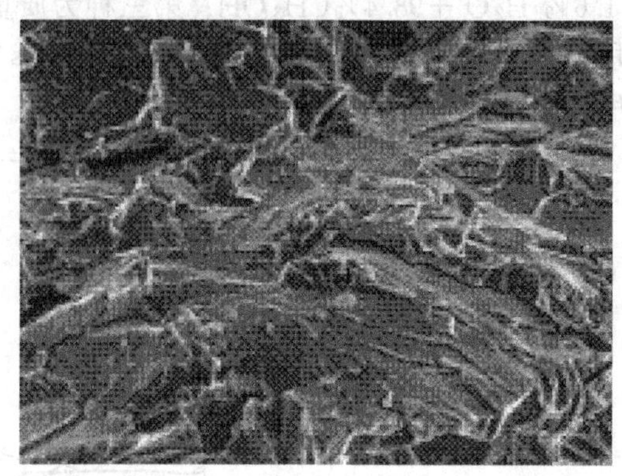

(b) 解理断口形貌(0.6%HCl+CH_3OH)

图 4-186 TA7 SSRT 显微断口形貌

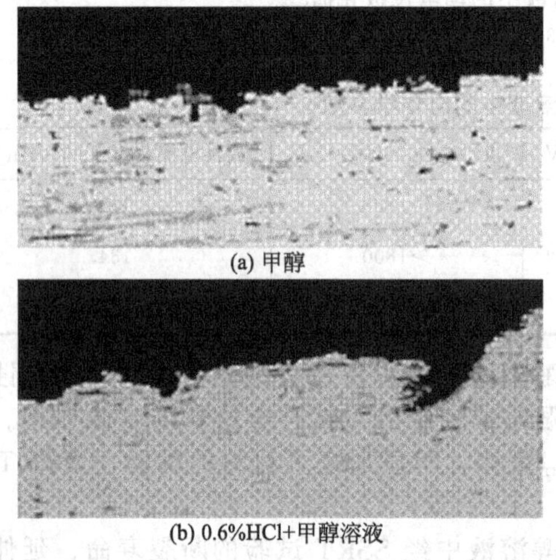

(a) 甲醇

(b) 0.6%HCl+甲醇溶液

图 4-187 TA7 SSRT 试样侧面的 SCC（250×）

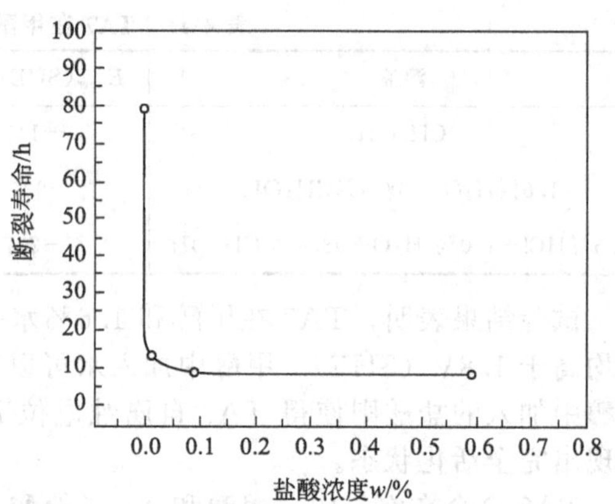

图 4-188 HCl 含量对 TA7 合金在 CH_3OH 溶液中断裂寿命的影响

结果表明，TA7 合金在甲醇溶液中具有 SCC 敏感性，甲醇中加入 HCl 则使得 TA7 合金 E_{corr} 负移，TA7 合金呈现出完全活化状态，明显加速了材料的腐蚀。随着 HCl 浓度的增加，SCC 敏感性提高，SCC 源自点蚀孔底部。

② 影响钛合金 SCC 的因素。

a. 环境对钛合金 SCC 的影响　钛是一种高活性金属，但它的表面在氧化气氛中能形成稳定和完整的自愈合的氧化膜，故在有 SCC 的环境中，比其他合金具有更好的抗 SCC 的能力。耐湿 Cl_2 和 $NaClO_3$、亚氯酸盐、次氯酸盐等氯化物溶液的腐蚀，在海水中的耐蚀性仅次于铂。如在质量分数 42% 的沸腾 $MgCl_2$ 或 10% NaOH 溶液中承受应力时，钛合金件不会开裂，而不锈钢件却几乎全部开裂。但在某些环境中钛合金对 SCC 却较敏感，如在干燥的甲醇、发烟硝酸、无水 N_2O_4、热盐等环境下有 SCC 倾向，甚至在 NaCl 水溶液中都发生 SCC。在生产实践中已发生过由于钛的氢吸收或 SCC 造成开裂的事故。如工业纯钛在质量分数 10%的 HCl 溶液中有 SCC 的敏感性，在质量分数 0.4%的 HCl 甲醇溶液中钛产生 SCC。钛合金易发生 SCC 的环境见表 4-43。

表 4-43 容易使钛合金发生 SCC 的几种环境介质[153]

介质	温度/℃	发生 SCC 合金
Cd	>320	TiAl4Mn
Hg	常温	Ti(99%)，Ti6Al4V
Cl_2	290	Ti8Al1Mo1V
发烟硝酸	常温	Ti，Ti9Mn，Ti6Al4V，Ti5Al2.5Sn
氯化物	290～425	全部工业钛合金
海水	常温	Ti(99%)，Ti9Mn，Ti5Al2.5Sn，Ti6Al4V，Ti11Sn2.25Al5Zr1Mo0.25Si

电位对 SCC 程度的影响至关重要。合金与介质组成的腐蚀体系不同，其 SCC 敏感电位不同。如β-钛合金在含卤化物的水溶液中，当电位在－600mV（SHE）附近时，SCC 加重；在过钝化电位下，裂纹也要产生；但在低于－1000mV 电位下则未出现裂纹。在含 Cl^- 和 Br^- 的水溶液中，Ti8AlMoV 的 SCC 敏感电位为－600～－500mV（SHE），而在含 I^- 的水溶液中，0mV（SHE）以下是敏感电位区。

一般情况下，当 pH 值为 2～12 时，对钛合金 SCC 敏感性没有多少影响；当 pH 值≥12 时，随着 pH 值增大，钛合金 SCC 敏感性减小，当 pH 值为 13～14 时，往往可抑制 SCC；当 pH 值<2 时，钛合金 SCC 敏感性增大。

温度是影响钛合金产生 SCC 的重要因素之一，温度升高，SCC 敏感性增大。在热盐空气环境中 Ti6A13Mo2Zr5Sn 合金在 450℃以上对 SCC 敏感；

b. 应力的影响 钛合金在冷加工、锻造、焊接、热处理或装配过程中产生的残余应力所造成的 SCC 事故占整个 SCC 事故的 40%。此外，工作时产生的外应力或由于腐蚀产物的体积效应而造成的不均匀应力等都是产生 SCC 的应力来源。应力水平越高，出现 SCC 的时间就越短。

通过整体或局部退火，可消除零部件制造后产生的局部残余应力，但此时应考虑热处理对材料强度、塑性或韧性产生的负面影响。

c. 材料的影响 在同一环境介质中，如果材料的化学成分、偏析、组织、晶粒度、晶体缺陷、性能、热处理以及表面状态等不同，钛合金 SCC 行为和程度也不同。

α-钛合金一般来说对 SCC 敏感性大。当 Al 质量分数超过 5%～6%时，容易形成析出相，造成表面氧化膜局部破裂，使金属暴露于腐蚀介质中。在 α + β 合金中，β 相可起到阻止裂纹扩展作用，提高抗 SCC 性能。经峰值时效处理的 Ti6Al4V 和 Ti15V3Cr3Al3Sn 合金的 SCC 敏感性高于退火态。当 Ti6Al4V 合金中的氧质量分数低于 0.13%时，可大大降低 SCC 敏感性。

③ 钛合金 SCC 案例。

案例 1：多层反应塔衬钛层裂纹成因分析[158]

脱硫装置中有 1 台衬钛反应塔，1985 年 9 月投产，1993 年以来曾 2 次发生腐蚀穿孔破裂的严重事故，导致停工，受较大的经济损失。

反应塔是新日铁公司制造的多层绕带式压力容器。其内筒衬有 3mm 爆炸成形的钛板，内筒外绕有 3 层碳钢卷板。规格：内径 1.3m、高 21m、容积 25.7m^3；设计压力 9.5MPa，工作压力 7.5MPa，设计温度 280℃，工作温度 273 ℃。反应塔内介质含硫酸根、硫氰酸根、氨、硝酸、硫代酸根等。

每年大修时，在塔盘附近钛焊缝上都发现裂纹和针孔，最长的裂纹有 100mm，裂纹大多位于焊缝及热影响区，裂纹尖端较钝，无分叉。采用焊接贴补小块钛板的方法进行修复。但贴补处又成为新的裂纹发生处。所以整圈更换塔盘附近钛板环焊缝的盖板并对换下的钛板进行了分析。

a. 试验方法及分析结果

• 金相分析和扫描电镜分析。对更换的原反应塔的钛板进行金相分析，并与新的钛板进行对比，见图 4-189。

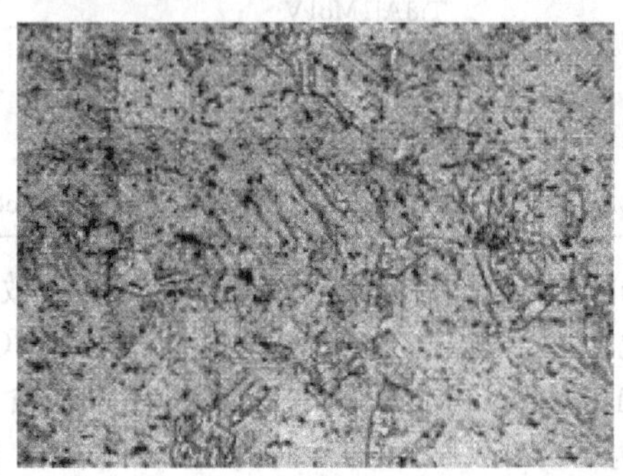

(a) 新材料　　(b) 旧材料

图 4-189 新旧钛板的显微组织

新旧材料基体都为 α 相，某些晶粒内有孪晶，旧材料沿晶界处分布有明显的黑色条纹。扫描电镜对旧材料进行分析，见图 4-190，黑色条纹物是一种化合物而不是裂纹。

• 氢含量分析。对材料进行了氢含量分析，结果新材料含氢质量分数为 22×10^{-6}，旧材料为（160～550）$\times10^{-6}$，比新材料的高出 1 个数量级。

• X 射线衍射分析。采用 X 射线衍射仪分析旧材料上的黑色条纹化合物，确认存在着氢化钛，结果见图 4-191。

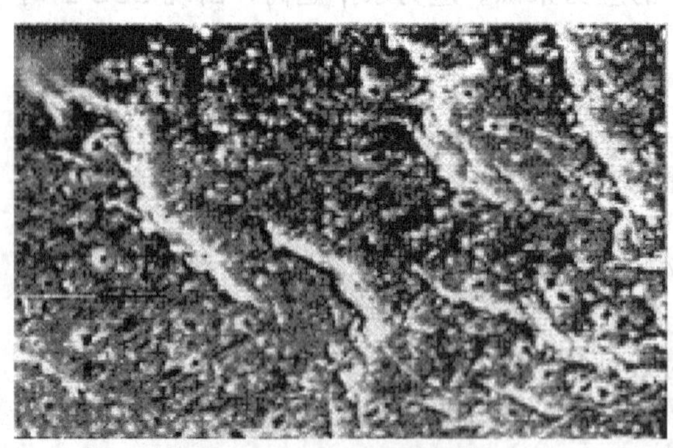

图 4-190 旧钛板的 SEM 图像

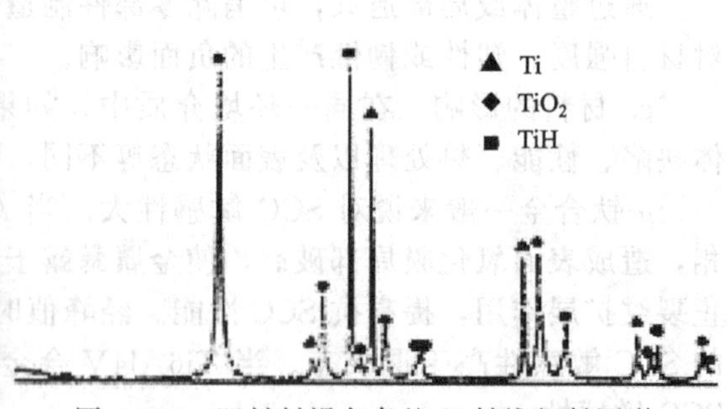

图 4-191 旧材料褐色条纹 X 射线衍射图谱

b. 分析与讨论

氢化钛是钛在含氢介质中易形成的一种化合物。当钛表面存在铁污染或氧化膜被破坏时，钛的电位降至析氢电位下，腐蚀电化学反应生成的氢被钛吸收生成氢化钛，发生氢脆，氢脆的程度随温度及压力的升高而增大。尤其在返修过程中，焊缝及其热影响区存在很高的残余应力，已脆化的材料更易发生开裂。并且贴补的小钛板在开停车及升降温过程中会产生附加的热应力，也加剧了氢化钛开裂。所以裂纹常在塔盘附近的焊缝处出现。

案例2：醋酸环境反应器中钛合金螺母开裂[159]

醋酸反应器中的钛制紧固件螺母使用1a多发生开裂，材质为Ti6Al4V钛合金，使用温度180℃，介质主要为醋酸、对二甲苯，氧气等，含有S^{2-}、Cl^-等杂质。螺母有1条贯穿裂纹和数条平行的裂纹。

a. 检验分析　螺母抛光观察，裂纹中充满氧化物，见图4-192，裂纹尖端有分支，见图4-193。

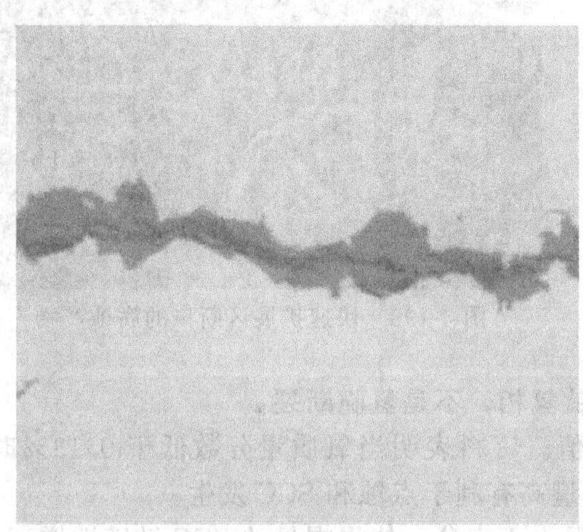

图4-192　裂纹形态

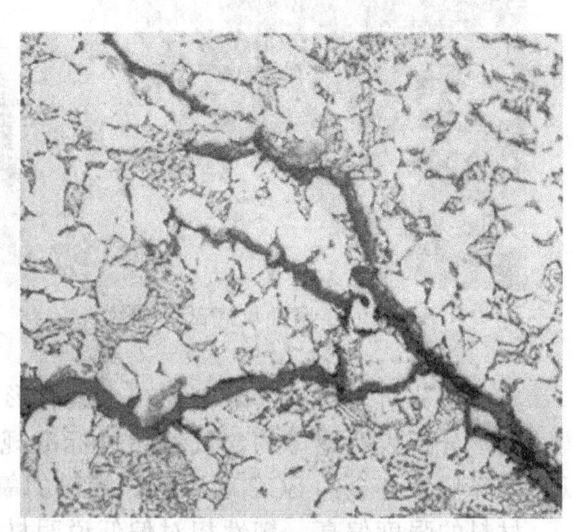

图4-193　裂纹尖端有分支

扫描电镜对螺母断口进行观察，图4-194为低倍形貌。可以看到断口分为3部分，其中裂纹源区及缓慢扩展区占断口的一半以上，快速扩展区占断口接近一半，最后有少量剪切唇。图4-195可以看到裂纹起源于腐蚀坑的底部，裂纹源区断口表面有一层较厚的腐蚀产物，断口无塑性变形，为穿晶脆性断裂。图4-196为快速扩展区形貌。

b. 讨论　螺母断口呈张开状，螺母原始拉应力较大，断口无塑性变形为脆性开裂。Ti6Al4V为α+β形钛合金，金相分析显示裂纹在α相中开裂，沿着α与β相界面扩展，裂纹呈树枝状，裂纹中充满腐蚀产物，具有典型的SCC特征。微观分析显示主裂纹产生于腐蚀坑底部，沿轴向两边扩展。在裂纹源区与扩展区为穿晶准解理断口，剪切唇为韧性断裂。

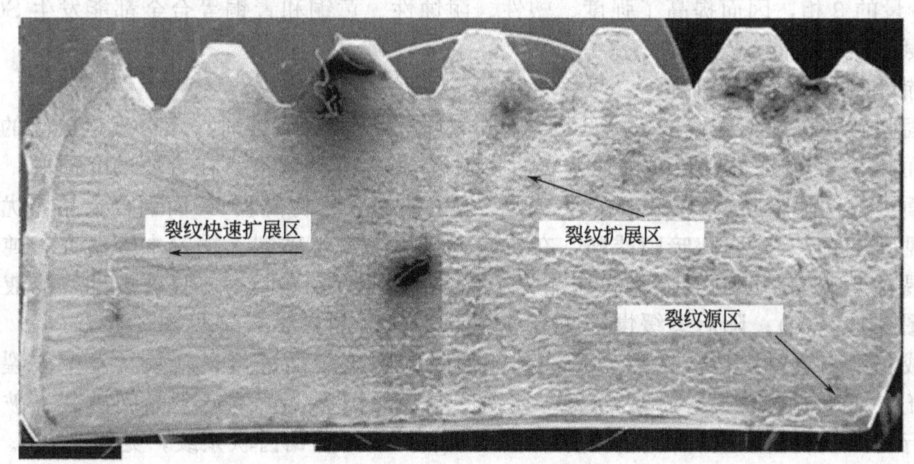

图4-194　裂纹源区低倍形貌

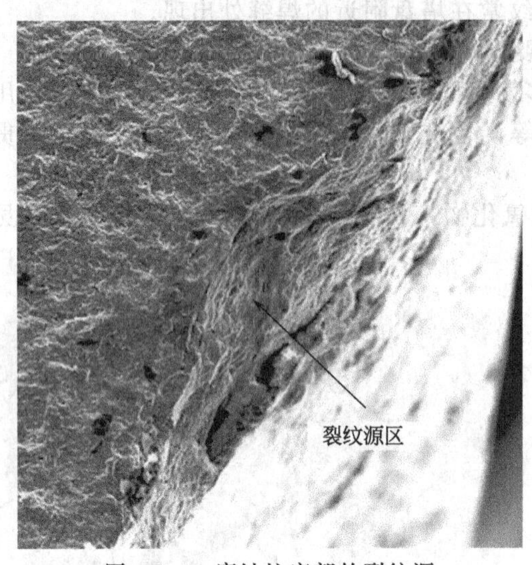

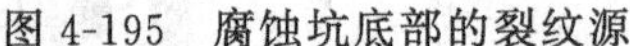

图 4-195 腐蚀坑底部的裂纹源

图 4-196 快速扩展区断口的腐蚀产物

氢含量分析表明氢含量不高，也没有形成钛氢相，不是氢脆断裂。

化学分析表明螺母的含氧量超过标准规定值。资料表明当氧质量分数低于 0.13%时可以大大降低钛合金的 SCC 敏感性，螺母的氧含量高有利于点蚀和 SCC 发生。

材料的强度偏高，韧性相对偏低说明材料退火不充分，使得螺母的 SCC 敏感性增高。

c. 结论 裂纹起源于点蚀底部，沿钛合金两相界面扩展。由于螺母在加工过程中存在残余应力、紧固应力、腐蚀产物的体积效应应力叠加，加速裂纹扩展，最终导致螺母开裂。

(4) 铜合金的应力腐蚀

铜具有面心立方晶体结构，易于加工成形，具有高的导电性及导热性。铜为正电性金属，离子化为 Cu^{2+} 和 Cu^{+} 时，标准电极电位分别为 0.337V 和 0.521V，因此，铜有较好的耐蚀性，是最广泛使用的有色金属。

常用的铜及铜合金有 4 种：纯铜，黄铜，青铜（锡青铜 Cu-Sn、铝青铜 Cu-Al 和硅青铜 Cu-Si）和白铜（Cu-Ni），在压力容器中纯铜与黄铜使用较多。纯铜是指铜质量分数不低于 99.5% 的工业铜。黄铜系 Cu 和 Zn 组成的二元合金。锌质量分数＜30%～40%的黄铜具有 α 相与少量的 β 相，因而提高了强度、塑性、耐蚀性。黄铜和青铜等合金都能发生 SCC，纯铜在含氨介质中也能产生 SCC。

① 铜和铜合金 SCC 机理。

表面膜破裂机理：由铜的 E-pH 图可知，铜在水溶液中腐蚀时，不会发生放氢的阴极反应，因而其 SCC 不是氢致开裂机理。表面膜破裂 SCC 机理认为，在含氨的介质中，铜和铜合金表面生成“晦暗膜”（tarnish，以 Cu_2O 为主体的氧化物薄膜），而铜合金晶界优先生成此膜，见图 4-197（b）。晦暗膜质脆，在拉应力作用下发生破裂。据铃木等研究，纯铜上晦暗膜在晶粒上破裂，黄铜上晦暗膜在晶界上破裂，见图 4-197（c）。膜破裂处，溶液腐蚀晶界，见图 4-197（d）；随后又缓慢地重新生成膜，并沿晶界生长，见图 4-197（e），当新生成的膜成长到一定厚度以后，形变量达到能使晦暗膜破裂的程度，新膜又发生破裂，见图 4-197（f）。如此循环往复，造成 SCC。纯铜产生穿晶破裂，黄铜产生晶间破裂。破裂是不连续进行的，破裂面应呈阶梯状，见图 4-197（g）。断口呈锯齿状条纹，见图 4-198。

虽然 Cu-30Zn 黄铜在含氨的水溶液中 SCC 时，可有沿晶及穿晶两种断裂类型，但是实际遇到的黄铜 SCC（过去习惯上称为季裂）都是有膜的沿晶断裂。

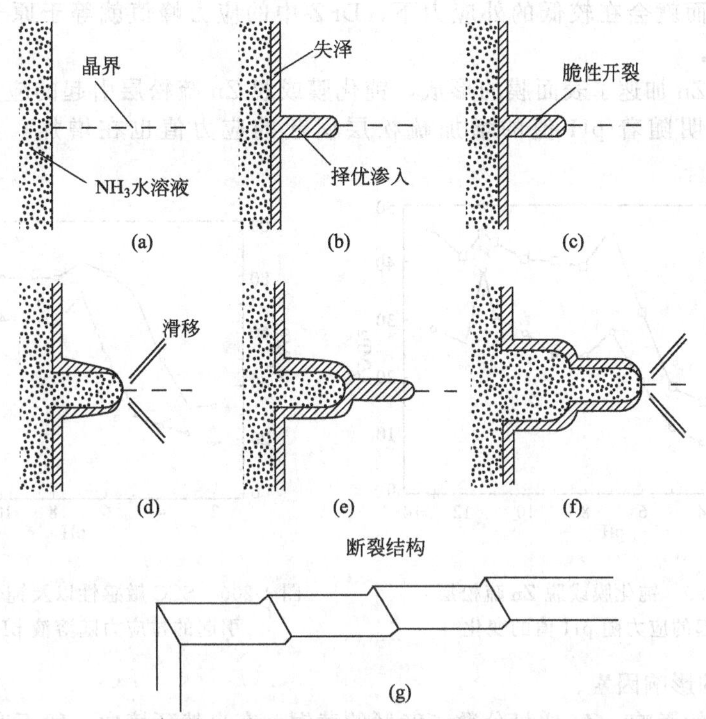

图 4-197　黄铜在成膜的水溶液中 SCC 机理的物理图像和断裂过程示意图

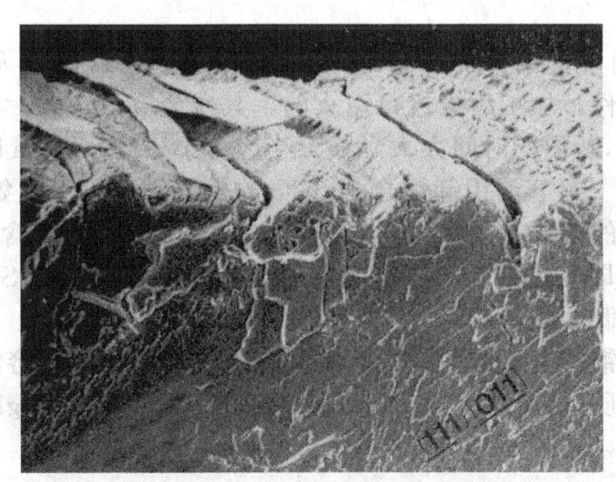

图 4-198　黄铜 SCC 断口呈锯齿状条纹

郭献忠等人研究了黄铜 SCC 敏感性与腐蚀引起拉应力的对应性[160,161]，提出了 SCC 过程形成钝化膜或疏松层的同时会产生一个附加拉应力，从而在较低的外应力下，位错就能发射和运动，导致 SCC 微裂纹形核的机制。

在 SCC 过程中表面脱 Zn 层将不断增长，从而就会在脱 Zn 层和基体界面处产生一个拉应力，这个附加拉应力一直在起作用。TEM 原位观察表明，SCC 时裂尖首先发射位错，保持恒位移时就会形成无位错区（DFZ），然后 SCC 微裂纹在 DFZ 或原裂纹顶端（已钝化成一个尖缺口）形核。计算表明，形成 DFZ 后，在尖缺口顶端以及 DFZ 中某一点存在两个应力峰值，测出稳定的界面拉应力为 0.2 倍的屈服强度。当外加应力较高时，应力峰值可接近或等于原子键合力，微裂纹就将在 DFZ 或原裂纹顶端形核。由此可知，腐蚀过程形成钝化膜或疏松层的同时会产生一个附加拉应力，从而在较低的外应力下，位错就能发射和运动，并形成 DFZ，进而就会在较低的外应力下，DFZ 中的应力峰值就等于原子键合力，导致 SCC 微裂纹形核。

铜合金中的 Zn 加速了表面膜的形成，钝化膜或脱 Zn 疏松层引起的应力随 pH 值的变化。试验结果表明随着 pH 值的增加疏松层引起的应力值也在增加，见图 4-199～图 4-201[161]。

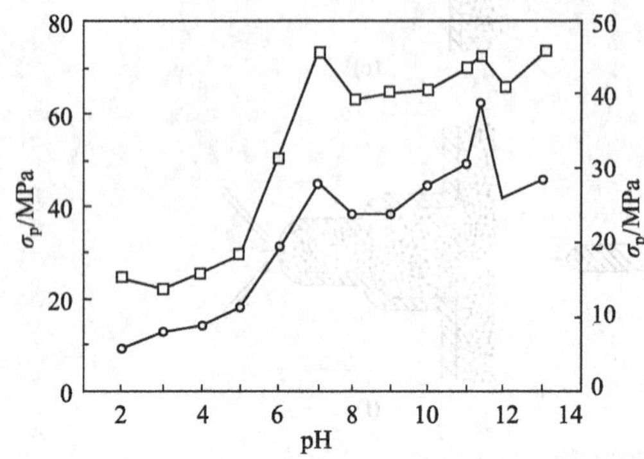

图 4-199 钝化膜或脱 Zn 疏松层引起的应力随 pH 值的变化

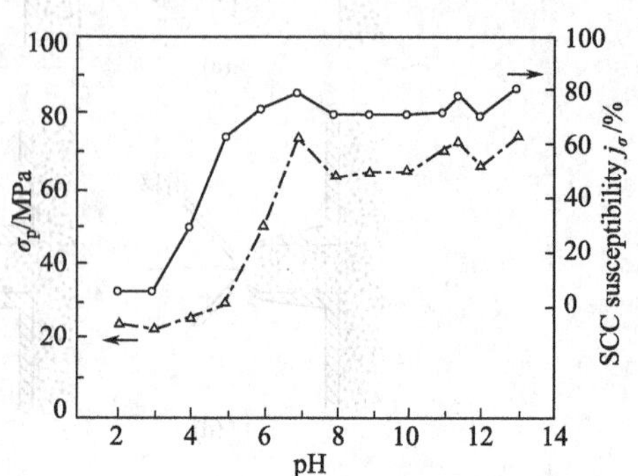

图 4-200 SCC 敏感性以及钝化膜（或疏松层）引起的拉应力随溶液 pH 值的变化

② 铜 SCC 的影响因素。

a. 合金成分的影响 Zn 质量分数＜20%的黄铜，在自然环境中一般不产生 SCC。Zn 质量分数＞20%的黄铜，含 Zn 量越高，SCC 敏感性越大。黄铜中加入 Al、Ni、Sn 能减轻 SCC。

b. 应力作用的影响 黄铜件的 SCC 都是在有残余应力（甚至无负荷）的情况下发生的。冷加工变形的黄铜件，加工后未进行退火的，其残余应力较大，在腐蚀性介质中容易引起 SCC。当应力减小时，断裂的时间大大延长。当应力小于约 98MPa 时，黄铜便显得很稳定。

c. 环境介质的影响 最容易引起铜合金 SCC 的是氨和可以派生氨（或 NH_4^+）的物质，以及硫化物。受拉应力的黄铜在淡水、高温高压水和蒸汽以及一切含氨（或 NH_4^+）的介质中，都可能发生 SCC。即使是微量的氨也能使受拉应力的黄铜产生 SCC。水分或湿气、氧、SO_2、CO_2和氰等物质都会加速破裂。

汞盐溶液也能使黄铜产生腐蚀断裂。具有高应力的黄铜在汞盐溶液中只要几秒钟间就会断裂。常用的试剂是在质量分数为 1%HNO_3中加入 1%～10%的 $HgNO_3$，后者的浓度与断裂时间有很密切的关系，见图 4-202。

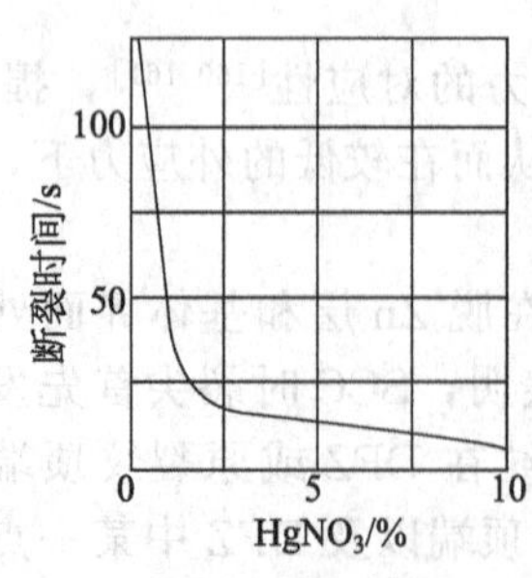

图 4-201 黄铜在 1%HNO_3中 $HgNO_3$含量对断裂时间的影响

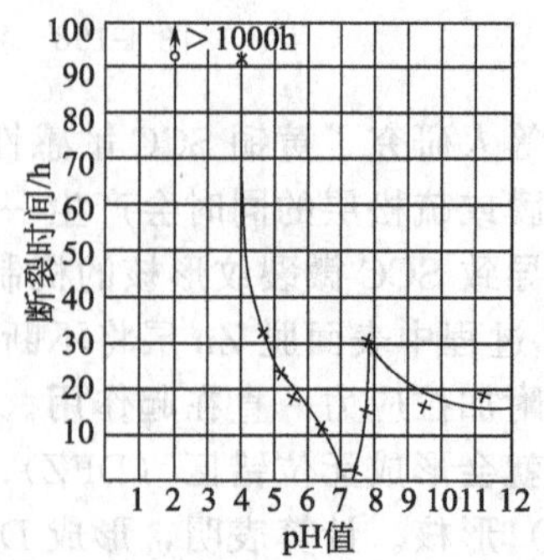

图 4-202 pH 值对黄铜在 0.05mol · L^{-1} $CuSO_4$ 中断裂时间的影响

H_2S会加剧铜及铜合金、碳钢和合金钢的腐蚀，尤其是加速凝汽器铜合金管的点蚀，用被H_2S严重污染的海水冷却的凝汽器铜合金管的腐蚀速率比用清洁海水冷却的铜合金管要高20倍，但H_2S对铝合金没有腐蚀性。

d. pH值对于的黄铜季裂时间的影响　如图4-203所示，碱性溶液中断裂时间较短；pH=7.3时，断裂时间最短，其表面覆盖着发亮的黑色Cu_2O；当pH≤4时，断裂时间剧增，pH=2时，1000h也未断裂。因此，季裂敏感的pH值范围在5～11之内。

黄铜在氨水中溶解时，发生如下阳极反应：

$$Cu+2NH_3 \longrightarrow Cu(NH_3)_2^+ + e^- \tag{4-50}$$

$$Zn+4NH_3 \longrightarrow Zn(NH_3)_4^{2+} + 2e^- \tag{4-51}$$

有O_2存在时，$Cu(NH_3)_2^+$不稳定，因此，反应形成Cu_2O膜，必须有足够高的$Cu(NH_3)_2^+$含量及pH值。如图4-203所示，这个形成膜的临界铜离子含量与电位的急剧变化（a）、最大腐蚀速度（b）、穿晶向沿晶断裂转变（c）相对应，并随NaOH的浓度的增加而降低。铜合金中的Zn加速了膜的生成，但膜是多孔的，孔底黄铜中Zn择优溶解后，促进了Cu的溶解。α黄铜的季裂是沿晶的，β黄铜的季裂却是穿晶的。而α+β黄铜则是穿过β晶粒及沿着α晶界发生季裂的。

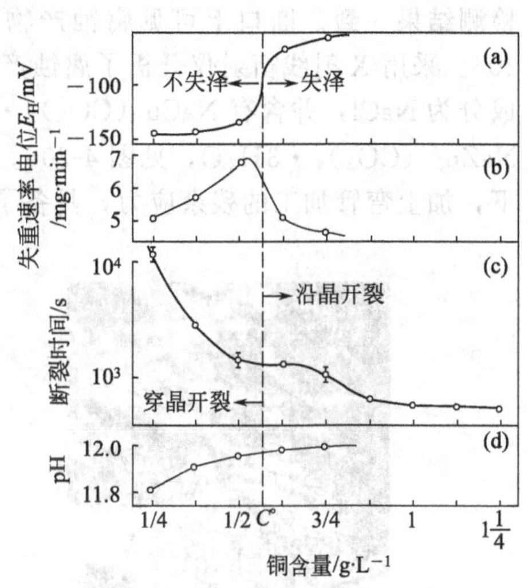

图4-203　溶解铜量对Cu-30Zn黄铜在1mol·L⁻¹ NH_4OH水溶液中成膜条件（a）、腐蚀速度（b）、断裂时间和方式（c）和pH值（d）的影响

e. 不同氢含量对脱锌层应力的影响　由不同氢含量的试样形成脱锌层前后在空气中SSRT曲线测出脱锌层引起的附加应力，可见脱锌层应力随氢含量的升高而升高。

③ 防止SCC的措施。

a. 降低和消除应力　改进结构设计，避免或减小局部应力集中的结构形式。结构设计应尽量避免缝隙和可能造成腐蚀液残留的死角，防止有害物质的浓缩。

消除应力处理，在加工、制造、装配中应尽量避免产生较大的残余应力。消除应力退火是减少残余应力的最重要的手段，特别是对焊接件，退火处理尤为重要。

b. 控制环境　改善使用条件，首先应控制环境温度，在条件允许时降低温度。此外，减少温差，避免反复加热、冷却，防止热应力带来的危害。

避免与任何形式的氨和铵盐接触，加入缓蚀剂，如苯并三唑，可抑制SCC。

保护涂层，使用有机涂层可将材料表面与环境隔离，或使用对环境不敏感的金属作为敏感材料的镀层，都可减少材料的SCC敏感性。

电化学保护，由于SCC发生在3个敏感的电位区间，理论上可通过控制电位进行阴极或阳极保护防止SCC。

c. 改善材质　在满足其他条件(性能、成本等)的情况下，结合具体使用环境，尽量选择在该环境中尚未发生过SCC的材料，或对现有可供选择的材料进行试验筛选，择优使用。

冶炼工艺和热处理工艺控制，采用冶金新工艺对减少材料中的杂质、提高纯度、避免SCC是有益的。通过热处理改变组织、消除有害物质的偏析、细化晶粒等，对减少材料SCC敏感性起重要作用。

④ 铜合金SCC案例。

案例 1：H65 黄铜管开裂[162]

H65 黄铜管在弯管后没有进行退伙处理，使用不到 1 年，在弯头处开裂。检测发现大量环向裂纹，由管内壁向外壁扩展，管内壁积聚大量的浅绿色腐蚀产物。

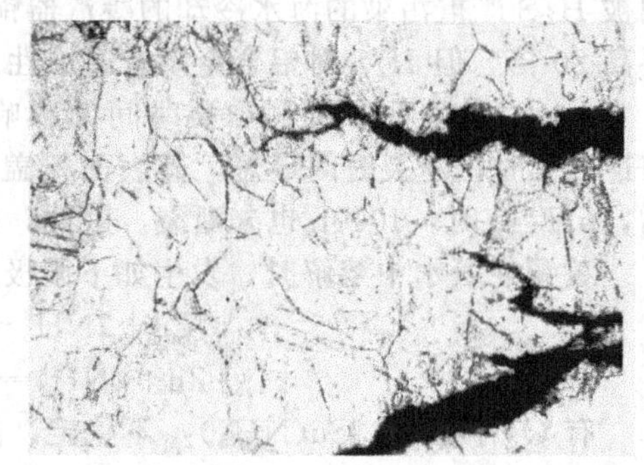

图 4-204　H65 铜管组织和穿晶扩展裂纹（400×）

金相检测，H65 铜管的组织为单相 α 相。裂纹穿晶扩展，见图 4-204。

对贯穿内外壁的裂纹打开后进行扫描电镜断口分析，可见断口为脆性穿晶形态，与金相检测结果一致。断口上可见腐蚀产物，见图 4-205。采用 X 射线衍射仪分析了腐蚀产物，主要成分为 NaCl，并含有 $NaCu(CO_3)_2 \cdot 3H_2O$ 和 $NaZn_3(CO_3)_4 \cdot 3H_2O$，见图 4-206。由此可见，弯头长期处于 NaCl 含量很高的积水环境下，加上弯管加工的残余应力，具备了引起 SCC 的条件。

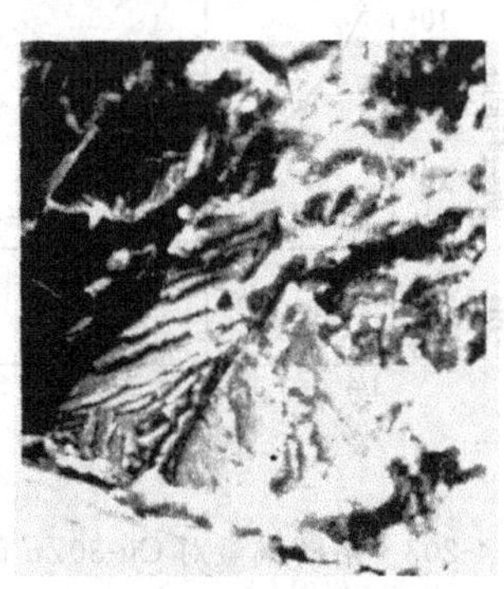

图 4-205　断口腐蚀产物

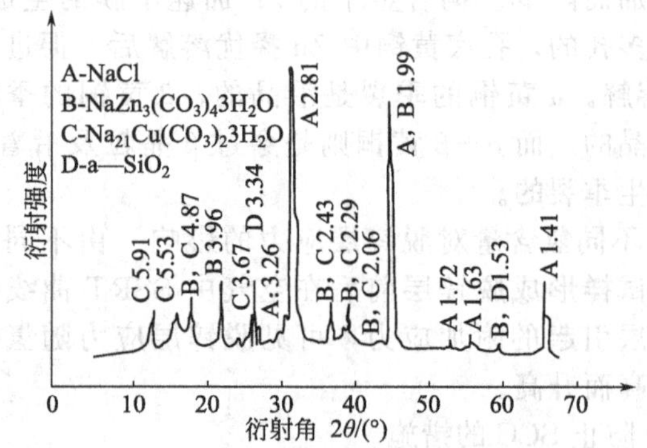

图 4-206　腐蚀产物 X 射线分析

Kawashima 等人采用 SSRT 技术比较了海军黄铜在多种非铵介质中的 SCC 的敏感性，得出了阴离子对黄铜 SCC 敏感性的影响以下的次序排列：$NO_2^- > ClO_2^- > SO_4^{2-} > MoO_4^{2-} > Cl^- > WO_4^- > HCO_3^- > B_4O_7^{2-} > CrO_4^{2-}$。虽然 Cl^- 引起黄铜 SCC 的实验报道很多，但是实际发生 Cl^- 造成设备损坏的案例还不多。这个案例支持了 Kawashima 等人的实验结果。

案例 2：低压加热器黄铜管换热器管束的应力腐蚀[163]

某化肥厂低压加热器（JD-270），铜管管束产生 SCC，致使管束整体报废，造成巨大的经济损失。

该换热器为立式 U 形管束换热器，筒体材质为 Q345R，管束由材质 Q345Ⅲ、厚度为 112mm 的管板与材质为 HSn70-1 的 19 组共 610 根的 U 形管组成，铜管冷弯成形，规格为 ϕ20mm×1mm。设备参数，设备设计压力 2.12MPa（管程）/0.66MPa（壳程）、工作压力 1.96MPa（管程）/0.54MPa（壳程），设计温度 160℃（管程）/277℃（壳程）、工作温度 150℃（管程）/261℃（壳程），工作介质水（管程）/饱和蒸汽（壳程）。

设备制造时，在壳程水压合格后，转入壳程氨渗工序。由于不具备 C 法氨渗条件，故施工人员按 B 法进行，致使氨渗 2～3h 后发现管头大面积泄漏，抽出管束发现管束外表面整体成淡蓝色，直管段与弯管段有不同程度的贯穿性裂纹，用手就能将裂纹处撕开。腐蚀外观情况见图 4-207，黄铜管碎片情况如图 4-208 所示，金相检查发现裂纹沿晶界扩展见图 4-209。

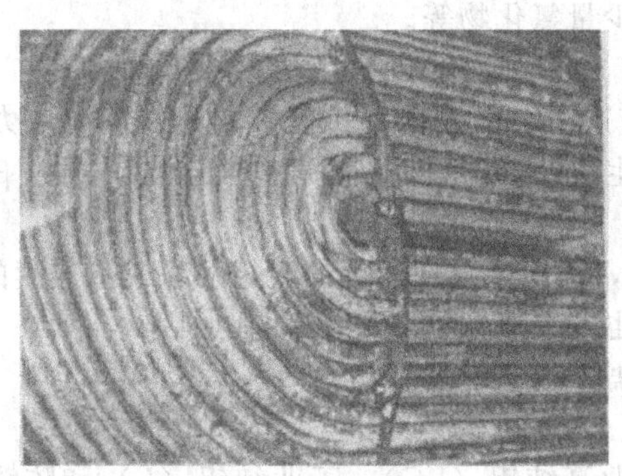
图 4-207 腐蚀外观

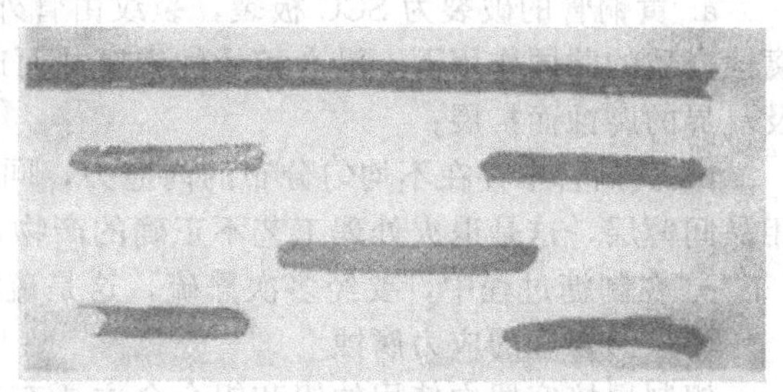
图 4-208 黄铜管碎片

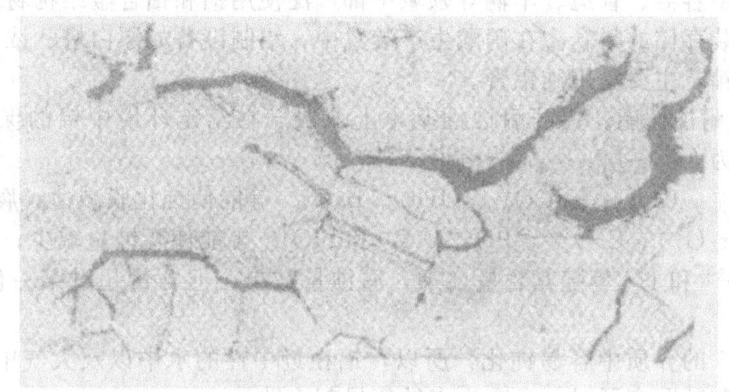
图 4-209 裂纹沿晶界扩展

锡黄铜管在拉制成型后存在残余应力，水压试验后，筒体内部未能被真正吹干、干燥，致使在按 B 法氨渗时给锡黄铜管形成了一种氨气、铵盐共存的腐蚀性极强的潮湿的环境。锡黄铜管含 Zn 质量分数为 28%，在潮湿的大气及含氨的情况下极易产生腐蚀致使黄铜管破裂。

案例 3：糖机热交换器 H62 黄铜管开裂分析[164]

糖机热交换器使用 H62 黄铜管，管子规格 ϕ45mm×2mm。在调试和试生产过程中，有 200 多根管子出现纵向破裂。破裂部位大都在管子中段，部分在管接头附近。管内介质为 0.3MPa 的蒸汽，管外表面与糖浆接触。在制糖过程中，要经多次熏硫。铜管工作在有应力及腐蚀介质的环境。

铜管外表面宏观残余应力测定结果为 156.9MPa，管表面为周向拉应力，比工作应力大得多，这是导致铜管 SCC 拉应力的主要来源。

黄铜管的金相组织由 $\alpha+\beta$ 两相组成。组织明显不均匀，一边组织较细密，另一边较粗大，β 相呈长条状沿变形方向拉长，并且呈连续网状分布，在一个或多个晶粒范围对 α 相构成包围，β 相的粗细也很不均匀，由此而引起合金内部应力分布不均匀。在局部应力集中的区域，如一些大块 β 相上，化学浸蚀易于加深。在金相检验时还看到，在 β 相界面上形成微裂纹，这些裂纹大致方向相同，呈树枝状。β 相是富锌相，相对于 α 相来说是阳极相，因而腐蚀首先从 β 相界面开始。通过 β 相阳极溶解而形成裂纹，裂纹取向是垂直于拉应力轴。

扫描电镜断口分析发现黄铜管的外表面边缘处有两处低凹的狭长的腐蚀源区，腐蚀裂纹扩展形成较深弧形腐蚀区。说明开裂是从管外壁产生，向管内壁扩展。

能谱分析表明，断裂面上小颗粒为 Cu_2O，小块状颗粒为 $ZnSO_4$，绒毛状相为富锌相

(脱锌产物)。除此之外,还有硫酸盐、碳酸盐和少量氯化物等。

结论:

a. 黄铜管的破裂为SCC板裂,裂纹由管外壁产生,向管内壁扩展。它是在静拉应力及腐蚀介质的共同作用下,沿β相处优先腐蚀而产生裂纹。随后,裂纹由应力导向,通过β相及晶界的腐蚀而扩展;

b. 黄铜管中存在不均匀分布的内应力,同时,组织中存在连续的β相网络或不连续的β相晶间薄层,这是退火处理工艺不正确的产物,也是造成铜管SCC的内在原因;

c. 在制糖过程中,要经多次熏硫,这是硫酸盐的主要来源。

(5) 铝合金的应力腐蚀

铝制焊接容器中使用的铝和铝合金主要有工业高纯铝(LG)、工业纯铝(L)和防锈铝(LF),此外在锻件、棒材螺栓中还有硬铝(LY)和镀铝(LD)等。近年来,航空航天、船舶、桥梁、大型容器、管道、车辆等领域中都广泛使用铝和铝合金结构材料。多用于空分装置的冷箱,包装存储的料仓。在硝酸生产装置中,铝制设备如漂白塔、浓硝储槽等。小氮肥厂的碳化塔水箱,主要是用纯铝管。

① 铝合金的耐蚀性能。铝的耐蚀性基本上取决于在给定环境中铝的保护膜的稳定性。按介质作用可分为3类:

a. Cl^-、NO_3^-、CO_3^{2-}、HCO_3^-、OH^-、$B_4O_7^{2-}$ 等能使钝化膜减薄,腐蚀量加大;

b. SO_4^{2-}、$Cr_2O_7^{2-}$、CrO_4^{2-}、PO_4^{3-}、F^-和SiO_3^{2-} 等能使腐蚀量减少;

c. Cu^{2+}、Fe^{2+}和H^+等随其含量增加,腐蚀量减少,但含量超过某一值后,腐蚀量会重新增加。

铝在pH4~8的介质中容易钝化,所以,铝在近中性的水中以及大气中是非常耐蚀的,但当介质中存在某种阴离子时,会产生点蚀等局部腐蚀。

铝耐硫和硫化物(如SO_2和H_2S)腐蚀,在许多有机酸中耐腐蚀,特别是耐无水醋酸腐蚀,但当含水量大于0.2%及温度大于50℃时,会发生严重的局部腐蚀。

对于纯铝和低强度铝合金,一般不产生SCC。高强度铝合金则容易产生SCC。例如Al-Cu-Mg(2000系列)、Al-Mg-Mn(5000系列),Al-Cu、Al-Mn-Si(6000系列),Al-Mg、Al-Mg-Zn和Al-Zn、Al-Zn- Mg-Cu(7000系列)等强度较高的铝合金等。含铜、镁、锌量高的铝合金SCC敏感性最高。

② 铝合金SCC特征。铝合金的SCC主要发生在含Cl^-的水溶液、湿气、某些液态金属、有机溶剂等环境中。铝合金在大气中,特别是海洋大气中和海水中常产生SCC。温度、湿度、Cl^-含量越高,pH值越低,则越易发生SCC。此外,在不含Cl^-的高温水和蒸气中也会发生SCC。应力升高,SCC敏感性升高。

铝合金在3.5%(质量分数)NaCl溶液环境中,呈活化状态的表面为腐蚀电池的阳极,氧化膜未受破坏的部分保持钝态为阴极,这样组成的活化-钝化电池,形成了小阳极大阴极,很快产生较深的点腐蚀。腐蚀产物体积膨胀,容易使铝合金因腐蚀产物的楔入效应而形成晶界腐蚀、剥蚀腐蚀乃至SCC。

在NaCl水溶液中,铝合金的SCC有以下几个特征:

a. 铝合金的SCC是沿晶的;

b. 强度高的铝合金SCC的敏感性大,这种敏感性按照下列铝合金系列的顺序为:7000系列>2000系列>5000系列>6000系列;

c. 溶液温度升高和腐蚀性增强都会加大铝合金的SCC敏感性;

d. 电化学极化对铝合金的SCC敏感性有显著的影响,并且阳极极化的作用要比阴极极化强。阳极极化时,其SCC机制以阳极溶解为主,阴极极化时以氢致开裂为主;

e. 对于同一系列铝合金，“过时效”处理比“欠时效”处理后的SCC的敏感性要小得多。

③ 铝合金SCC机理。滑移-溶解理论及氢脆理论[165]。Al-Li-Cu-Mg合金在NaCl溶液中SCC敏感性与合金在变形过程中的滑移特征有很大的关系。欠时效状态下，粒子与基体间呈非共格关系，在滑移过程中形成平面滑移，滑移分布不均匀，容易破坏钝化膜，增加SCC的敏感性；过时效条件下粒子是半共格的或共格的，形成的滑移分布均匀，不容易破坏钝化膜，因而提高了合金的SCC抗力。

滑移-溶解理论中包括有经典的阳极溶解、氧化膜（钝化膜）撕裂、晶界溶质偏析、裂纹尖端拉伸带不稳定等假说，以及由它们发展出的阳极通道、无沉淀区的优先溶解、晶界上粒子大小与间距以及晶界溶质贫乏、晶界富溶质影响钝化膜等子模式。

a. 经典的阳极溶解　即SCC是由于沿晶界优先腐蚀的结果，溶解的可以是晶界本身或晶界上的强化相，也可以是晶界附近的溶质贫乏区。如图4-210（a）所示。在这种假说中假定裂纹尖端的扩展受金属与裂纹中介质间化学反应控制。化学反应是热活化过程，其活化能对应力是敏感的，因此当裂纹尖端应力场比较大时，其化学反应也就比较快。基于这些想法，人们定量地计算出裂纹扩展速度，并与试验得出的v-K曲线（裂纹扩展速度-应力强度因子）第Ⅰ区结果相符。不足的是它没有说明什么样的裂纹尖端才能提高溶解速度，同时也没有考虑到裂纹尖端处塑性变形的影响。

阳极溶解是一个电化学过程，必须具备以下先决条件：在晶界区域分布有连续不断（或部分连续）阳极段；腐蚀介质的选择性作用；拉伸应力加速阳极部分的溶解，并暴露了新的阳极部分。沿着晶界阳极选择性地溶解伴随形成了显微缺口。当此处应力集中高于材料强度极限时就产生了裂纹的扩展。

b. 氧化膜（钝化膜）撕裂　假定SCC是由于晶界钝化膜撕裂引起的，如图4-210（b）所示。高强度铝合金的SCC过程包含有裂纹尖端局部塑性变形、撕裂氧化膜、去除氧化膜和金属表面暴露在腐蚀环境中并产生溶解等几个阶段，如图4-211所示。氧化膜被破坏，而破损处相对其他有膜覆盖的表面来说是阳极，金属原子溶解成为离子，形成沟形裂纹。应力集中于裂纹尖端，使附近区域发生塑性变形。这种情况又反过来加快阳极溶解，阻碍膜的再生。同时在裂纹两边的有效应力很快消失，可以再生成膜又成为阴极。这样裂纹在应力作用下，通过电化学过程继续发展，最终导致金属开裂。

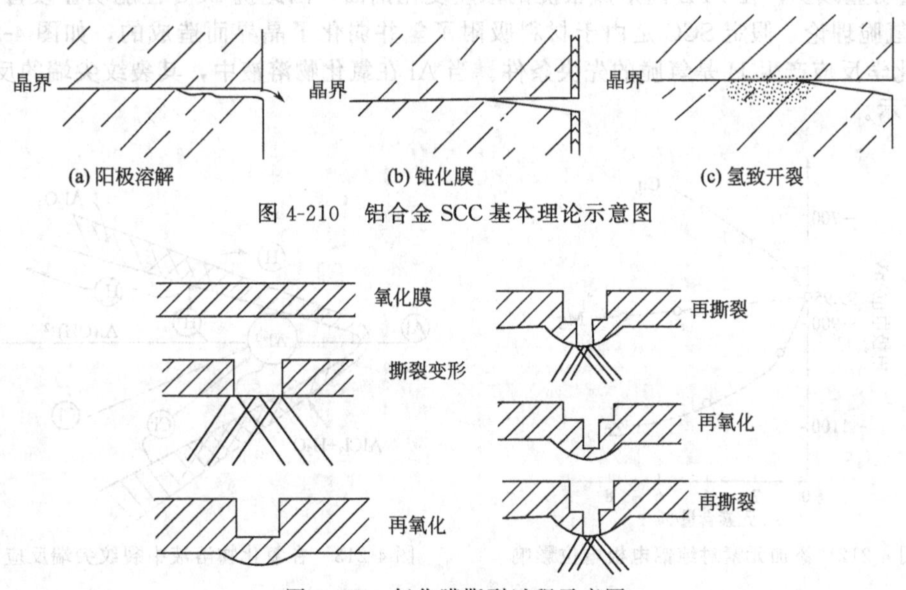

图4-210　铝合金SCC基本理论示意图

图4-211　氧化膜撕裂过程示意图

c. “阳极通道”模式　由于铝合金晶界沉淀或晶界区域与晶内有较大电位差（有人测定达 100mV），因此就有许多“阳极通道”，SCC 就是沿阳极通道腐蚀的过程。由腐蚀产生的微裂纹，在垂直通道的拉应力作用下局部裂纹尖端产生应力集中。应力的作用是张开裂纹、破坏氧化膜、暴露新鲜表面，然后沿新的阳极通道溶解，如此反复进行即形成了 SCC。“阳极通道”虽属经典模式，却很好地解释了热处理与抗 SCC 之间关系，特别是 7075 - T73 比 7075-T6 有优越的抗蚀性的原因。

d. “无沉淀区优先溶解”和“晶界上粒子大小、间距”子模式　沉淀相之间形成无沉淀区（precipitate-free zone，PFZ），PFZ 中的溶质浓度小、强度低，在应力作用下首先滑移，钝化膜被撕裂并使 PFZ 溶解。Al-Zn-Mg 合金中 SCC 速度受晶界处 $MgZn_2$ 粒子在铝固溶体中的溶解量、迁移速度控制。因此，高强铝合金 SCC 过程就是应力加速晶界处 $MgZn_2$ 粒子间铝固溶体的溶解过程，晶界上粒子越密，抗 SCC 性就越差。反之，如粒子大而且间距宽，抗蚀性就好。过时效处理正是为获得后一种显微组织。

e. 拉伸带不稳定性　假定在腐蚀裂纹尖端头部能形成一个很薄、尺寸又很小的“自由带”，它能切断开裂的电桥作用。在拉应力作用下这个带能被拉伸到不稳定程度。如果材料在腐蚀介质中，临界应变值就会大大减小，自由带也就很容易被破坏，抗蚀性下降。

自由带围绕较大的非共格粒子形成，自由带尺寸等于粒子间距或者等于晶界沉淀的间距，当过时效使粒子长大，间距加宽时，这个“自由带”也就加宽，抗 SCC 性随之提高。

f. 晶界区溶质偏析假说　Cu、Mg 和 Zn 等对 Al 的电极电位有明显影响，图 4-212 为这种影响的示意图。Zn、Mg 的加入会使 Al 的抗蚀性变差，Al-Zn-Mg 合金在固溶处理、时效之后在距晶界 0.5μm 区域会产生溶质元素浓度差。在 466℃/0.5h 水淬＋180℃/0.5h 时效后，晶界处 Zn 的浓度几乎与晶内一致，随时效时间加长（180℃/7h）晶界处 Zn 的浓度减少，因此抗蚀性也就提高。Mg 的变化也是如此，只是它对抗蚀性的影响比较小一些。

晶界溶质的偏析对抗蚀性影响不仅在对晶界区域电化学特性的改变，更主要的是影响了氧化膜特性。纯铝氧化膜能有效地抵制氯的离解与穿透，但当各种合金元素进入到氧化膜后就大大降低了它的保护性能。

特别是 Mg 在中性和弱酸性溶液中比纯铝更容易溶解。因此，能使晶界处 Zn、Mg 浓度减少的热处理对合金的抗蚀性都有利。在 Al-Zn-Mg 合金中加入 Cr 或 Cd 时能使晶界处 Zn、Mg 含量明显减少，在 PFZ 内形成很陡的浓度变化剖面，因此抗 SCC 性能明显改善。

g. 氢脆理论　假定 SCC 是由于材料吸附了氢并弱化了晶界而造成的，如图 4-210（c）所示，化学反应产生 H 是氢脆的先决条件。当 Al 在氯化物溶液中，其裂纹尖端的反应如图 4-213 所示。

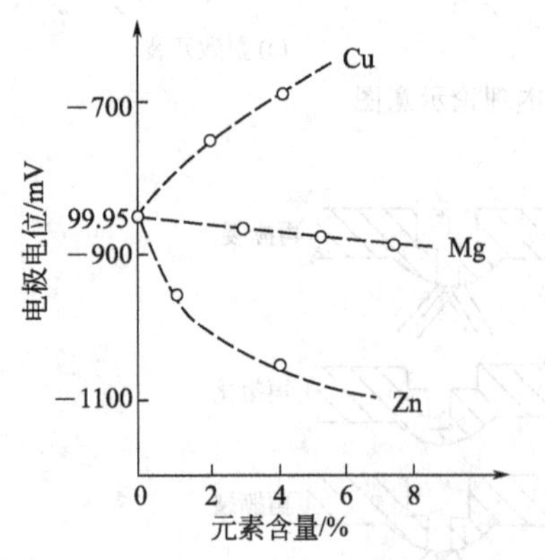

图 4-212　添加元素对纯铝电极电位影响

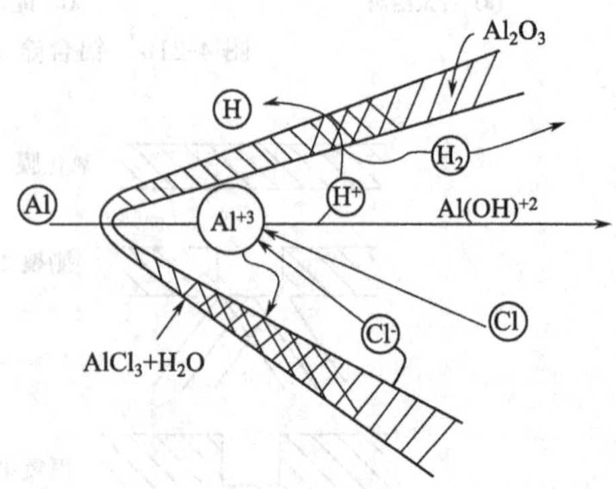

图 4-213　在氯化物溶液中裂纹尖端反应

在拉伸应力作用下，晶界与表面相交处的水分与铝合金反应生成活性原子 H。H 原子进入晶格中，沿晶界优先偏聚，导致晶界强度下降引起开裂。当合金经过人工时效处理或者在 NaCl 溶液中加入 HCl 及 As_2O_3时，合金的 SCC 敏感性增加。HCl 使腐蚀电流密度和析氢量增加，H 在腐蚀反应过程中进入合金中从而造成金属力学性能降低。

氢对 SCC 有以下 3 种机理。

• 氢能使晶界的结合强度大大降低，弱化晶界，造成晶间断裂。应力的作用是使金属与氢的交换更容易，并促使氢沿晶界扩散。这种理论能很好地解释在真空中已经氢脆材料在应力作用下能保持一段时间，塑性可以恢复，以及脆化了的试样断裂时有氢逸出等现象。

• 开裂是由氢压力过高造成的。当裂纹尖端的氢一旦达到临界含量，其压力会使金属机械破坏，造成裂纹扩展。当空穴中的原子 H 形成 H_2时所产生的压力足以使金属开裂。

• 氢在晶界处降低晶界溶解的活化能，从而使晶界更容易被溶解。

在不同条件下导致 SCC 的主要作用机制可能发生变化。环境介质、预渗氢时间和极化电位都对 SCC 有影响。在干燥空气中不发生 SCC，而在潮湿空气中发生 SCC。在潮湿空气和阳极极化条件下，铝合金的 SCC 机理是以阳极溶解为主，氢几乎不起作用；延长预渗氢时间可加速铝合金的 SCC。在预渗氢或阴极极化条件下，氢脆起主要作用。

从电位方面考虑，在高于临界电位的极化下，合金的 SCC 属阳极溶解型，在足够低（<－1000mV SCE）电位下，合金的 SCC 属氢脆型，中间电位的 SCC 属混合型。

晶界沉淀往往作为阳极，使 SCC 伴有晶界沉淀优先溶解的倾向。有人认为 7××× 系列铝合金的 SCC 机理包含氢脆，原因是 SCC 对 H 渗透具有敏感性。而且，在潮湿环境中预充氢使合金延伸率下降。位错、空穴引起的扭曲晶格、固溶体中的 Mg 和相沉淀等都是合金中 H 的陷阱点。

随着应力强度的增加，SCC 扩展时，发生了从阳极溶解到氢脆的过渡转变。温度与 K_{ISCC}间的关系表明，在裂纹扩展第 1 阶段，主要以阳极溶解模式为主；在裂纹扩展第 2 阶段，主要是氢脆为主。

综上所述，铝合金 SCC 机理最基本的是阳极溶解理论和氢脆理论。前者对解释 2××× 系合金的 SCC 更合适，而对 7××× 系合金多用氢导致开裂理论来说明。

除了铝合金 SCC 的阳极溶解和氢脆 2 种机理外，有人还提出以下一些理论[166]。

a. SCC 的无位错区模型　当裂纹尖端应力强度因子（Local Stress Intensity Factor）大于临界值 K_e时才会在裂纹尖端发射位错，使裂纹尖端前存在 DFZ。随着裂纹区内 H 的增加，形成 DFZ，裂纹扩展。过时效合金有较大的晶界沉淀，这些沉淀可作为 H 陷阱。在靠近晶界的滑移面上发射位错，位错离开裂纹尖端形成 DFZ。在这种力的作用下，裂纹沿晶界而不是沿邻近滑移面扩展。

b. “Mg-H”复合体理论　由于 7000 系铝合金的 SCC 裂纹扩展一般沿着晶界进行，因此晶界的化学成分必将对合金的 SCC 行为有重要的影响。晶界上 Mg、Zn、Cu 偏析量与 SCC 的扩展速率有着明显的对应关系。晶界上存在着过量的自由 Mg，即晶界 Mg 偏析，由于 Mg 和 H 相互作用而易形成“Mg-H”复合体，氢在晶界上的偏聚将降低晶界的结合能，从而促进了裂纹的扩展。

合金内部形成的 η′（$MgZn_2$）相体积分数不断增加，这样就会首先消耗掉晶粒内部的自由 Mg，从而形成贫 Mg 区；而晶界上大量的 Mg 的偏析，形成了富 Mg 区。由于浓度差，富 Mg 区自由 Mg 将通过空位扩散到贫 Mg 区，消耗了晶界上的自由 Mg，导致晶界上 Mg 总量减少。另外，在晶界上也会形成 η′相，这样晶界上的自由 Mg 就会进一步减少，这样就会导致 3 个作用：①η′（$MgZn_2$）相是 H 的陷阱，能减轻基体中晶界附近 H 原子的聚集从而降低了 SCC 敏感性；②Mg 偏析减少，使晶界断裂应力及晶界结合能提高，降低晶界 Mg

脆化作用；③减少了Mg-H相互用，从而减少氢在晶界上偏聚，减少了氢脆的作用。此外，由于上述转变的进行，使得合金基体析出大量细小均匀的η'相，对合金基体有很好的强化作用。

④ SCC的影响因素。铝合金SCC特征是晶间破裂，这说明铝合金SCC与晶间腐蚀有关。能引起铝合金晶间腐蚀的因素，再加上应力的作用，就可能导致SCC。

a. 合金元素 铝中加入合金元素主要是为了获得较高的力学、物理性能或较好的工艺性能，靠合金化的方法显著提高铝耐蚀性能的可能性较小，一般铝合金的耐蚀性很少能超过纯铝。能使铝强化的元素主要有Cu、Mg、Zn、Mn、Si等；补加的元素有Cr、Fe、Ti等；为特殊目的而少量加入的有Be、Bi、B、Pb、Ni、P、Zn、Sn、Sb等。

铝合金的耐蚀性与合金中各种相的电极电位有很大的关系。一般基体相为阴极相，第二相为阳极相的合金有较高的耐蚀性；若基体相为阳极相，第二相为阴极相，则第二相电极电位越高，数量越多，铝合金腐蚀越严重。铝合金中各种常见相的电极电位列于表4-44。

表4-44 铝合金各相在$NaCl-H_2O_2$溶液中的电极电位 V

固溶体或化合物	电极电位	固溶体或化合物	电极电位
α(Al-Mg)或Mg_5Al_8	−1.07	Al-Mg-Si(1%Mg_2Si)固溶体	−0.83
Al-Zn-Mg固溶体	−1.07	Al-1%Si固溶体	−0.81
β(Zn-Mg)或$MgZn_2$	−1.04	$NiAl_3$	−0.73
Al-4%Zn固溶体	−1.02	Al-4%Cu固溶体	−0.69
Al-1%Zn固溶体	−0.96	Fe_2SiAl_8	−0.58
Al-4%Mg固溶体	−0.87	α(Al-Fe)或$FeAl_{303}$	−0.56
α(Al-Mn)或$MnAl_6$	−0.85	$CuAl_2$	−0.53
高纯铝	−0.85	Si	
$FeMnAl_{12}$	−0.84		

注：1. 电解质——每升含53g NaCl及$3gH_2O_2$。

2. 参比电极——0.1N甘汞电极。

由表中数据可见，与纯铝相比，含锌及镁的固溶体为阳极，而含铜的固溶体为阴极；因此，Al-Mg和Al-Mn合金具有较高的耐蚀性，而Al-Cu合金耐蚀性能较差。

高强度铝合金抗SCC能力受化学成分和显微组织控制。如Al-Zn-Mg-（Cu）合金峰值时效敏感性比过时效大，而Al-Cu基合金欠时效比峰值时效易发生SCC。

Mg和Zn的含量越多，晶界沉淀越多，PFZ越窄，则SCC敏感性越大。

添加微量Sc可提高Al合金的耐剥蚀性和力学性能，含Zr的铝合金可提高抗SCC的性能，Al-Li，Al-Li-Zr，Al-Mg-Li-Zr合金抗SCC的能力都很强。高强铝合金中添加质量分数0.05%～0.15%Zr能促进η'相的析出，合金中含有Sc和Zr可加速$Al_3(Sc_{1-x}, Zr_x)$和Al_3Sc颗粒沉淀，能提高合金的耐蚀性。T76处理的η相颗粒主要以分开的形式排列在晶界处，PFZ狭窄（20～35nm），因此可提高强度性能。

7×××系铝合金为热处理可强化合金，成分由主合金元素Zn、Mg、Cu和微量元素Mn、Cr、Zr、Ni、Ti等以及杂质元素Fe和Si组成。Fe和Si是有害杂质，在合金中主要以不溶或难溶的、硬而脆的$FeAl_3$和游离Si的形式存在，对合金的耐蚀性能影响较大，因此合金中应尽量降低Fe和Si的含量。合金中Zn和Mg形成的主要的强化相是$MgZn_2$，它在合金中的溶解度随温度的降低而急剧下降，具有很强的时效硬化能力。在固溶极限范围内提高Zn、Mg含量可以大大提高合金强度，但会导致合金的韧性和抗SCC性能降低。因此合理控制合金中Zn、Mg的含量极其重要。

另外，扫描电子显微分析表明，由于金属间化合物Al_3Sc的存在，合金具有亚晶和精细纤维结构，断口表面的韧窝均匀，没有沿晶开裂趋势，说明合金具有很好的耐蚀性。

Sc、Ni、Ce的加入能净化微结构，阻碍再结晶；而Ni能促进晶格的生长，因此C912系列合金的抗SCC性有所提高。

Si与Al的电位虽然相差甚远，但在双相合金中抗蚀性能仍然很好，这是由于有氧存在或在氧化介质中，在合金表面生成有保护性的氧化膜缘故；

b. 热处理制度的影响[167,168] 热处理工艺的不同导致了7000铝合金组织参数的微小变化，其SCC敏感性会发生大幅度波动。常见的热处理工艺主要有固溶处理、时效处理等，而时效处理对合金SCC敏感性影响较大。

峰值时效的影响。峰值时效后，合金晶粒内部析出细小的半共格的P区；晶界上也分布着连续链状的弥散相。这种晶界组织对SCC和剥落腐蚀十分敏感。尤其是在有Cl^-存在的情况下，厚件的短横向SCC敏感性十分明显。另外，这种状态下存在着严重的Mg偏析，很有可能是由于Mg-H作用导致合金的SCC敏感性较高。

双级时效的影响。双级时效（如T73、T74等）能使合金具有优良的抗SCC性能。孙志华等研究了70B4合金T6、T73和T74 3种状态下的SCC情况，结果表明，T6状态下的SCC门槛值为120MPa，T74状态下为300MPa，而T73状态下的SCC门槛值最小。主要原因双级时效后合金晶界上分布着断续粗大的沉淀相，而这种相是H的陷阱，减少H在晶界上的偏聚，从而降低了合金的SCC敏感性。但是，要指出的这种粗大的相较大幅度地降低合金的强度、塑性等。因此，双级时效并不是降低铝合金SCC敏感性的理想途径。

回归再时效（Retrogression and Re-aging，RRA）处理的7×××系列铝合金，使晶界沉淀（Grain Boundary Precipitates，GBP）$MgZn_2$粗糙，颗粒较大，是H陷阱，减轻基体中晶界附近H原子聚集。晶界内的$MgZn_2$保持精细分布。从而降低SCC敏感性。

“双峰”时效的影响。20世纪80～90年代，阎大京等在研究7×××铝合金超长时间时效过程中发现两个时效硬化峰，两个峰状态下的合金强度相差不大，而且第二峰状态下合金具有良好的塑性，并发现第二峰状态下合金的SCC敏感性比第一峰低得多。他们认为第二峰状态下合金SCC敏感性低，主要是因为在这种状态的合金Mg的偏析相较少，一方面减轻了因Mg偏析使晶界断裂应力及晶界结合能下降，导致晶界脆化的作用；另一方面也减轻了因Mg-H作用促进H在晶界上偏聚而导致进一步脆化晶界的作用。

在潮湿空气和溶液环境中7×××系列峰时效T651的SCC门槛应力最小，SCC最敏感，欠时效T7651次之，过时效T7351耐SCC最好，但强度却下降约10%。

c. 预应变的影响 时效前进行拉伸或压缩变形可以提高合金的SCC抗力。通常冷变形2.5% SCC抗力会增加3～4倍。

d. 外部环境对7000系合金SCC敏感性的影响[168～170] 气体环境的影响。通常干燥的气体（如H_2、N_2、O_2、Ar等）或干燥空气都不会引起铝合金的SCC，但水蒸气存在的情况下则不然，对合金7079-T651、7479-T651等的试验表明，当试样转移到这些干燥空气中，扩展着的SCC停止扩展，而当把其转移到水蒸气中之后，SCC裂纹又开始扩展。采用SSRT试验研究了干燥空气和潮湿空气对LC9合金力学性能的影响，发现合金在干燥空气中不发生SCC，而在潮湿空气中则发生明显的SCC。另外，在水蒸气中通入O_2对SCC敏感性有重要影响。7050-T7451合金的SCC敏感性随着O_2含量的增加而提高。

水溶液的影响。蒸馏水对铝合金的SCC几乎没有影响。但是当水溶液中的存在Cl^-、Br^-和I^-等离子时则能加速铝合金在溶液中的SCC的裂纹扩展速率。它们引起的SCC的扩展速率比其他阴离子的高两三个数量级。一般认为Cl^-、Br^-和I^-能加速缝隙腐蚀和晶间腐蚀从而促进了 SCC。这些离子在腐蚀性弱的介质中更容易引起 SCC，因为，当溶液为中性时，合金的钝化膜比较稳定，此时的溶液容易引起局部腐蚀，而局部腐蚀通常是 SCC 的形核位置。另外，在水溶液中很少有阳离子对 SCC 的裂纹扩展产生影响，但是 Hg^{+} 和 H^{+} 离子除外。Hg^{+} 能引起较快的晶间腐蚀，而很可能因为 Hg 沉积而引起 SCC，H^{+} 能够阻止和防止 SCC 的阴极保护。

Al^{3+} 通过水解反应生成 $AlOH^{2+}$，$AlOH^{2+}$ 再和 Cl^{-} 反应，又分别生成 $AlCl^{2+}$ 和 Al(OH) Cl^{+}，然后它们再反复进行水解反应，随着溶液逐渐呈酸性，裂纹表面生成 $Al(OH)_2Cl$ 和 $Al(OH)_3 \cdot H_2O$ 之类的凝胶体物质。裂纹侧壁上一旦形成这类腐蚀生成物的"盐层"，就会发生钝化，溶解反应只能集中在裂纹尖端，保持了裂纹尖端形状的锐利度，具备了所谓由侧壁抑制溶解的"电化学刀的条件"。这不仅是构成阳极溶解机理的前提条件，而且在氢脆机理中又起到 H 的吸附和浓化局部介质集中在裂纹尖端的作用。

pH 值，对 7050-T7451Al 合金在溶氧的 3.5%（质量分数）NaCl 溶液中，pH<4 时，钝化膜遭破坏，不能自动修复，晶间腐蚀将促进裂纹形成和长大；4<pH<10 时，将产生点蚀，生成裂纹，增加 SCC 敏感性；pH>10 时，试样遭受均匀腐蚀，极少发生 SCC。然而，在去氧的 3.5%（质量分数）NaCl 溶液中，几乎不发生 SCC。

⑤ 防止铝合金 SCC 措施。

a. 加入微量 Mn、Cr、V、Zr 等元素，改善 SCC 性能。

用热处理方法调整铝合金的组织状态，减少 Zn、Mg 在晶界的偏析以及使晶界沉淀 $MgZn_2$ 粗糙，颗粒大，减轻基体中晶界附近 H 原子聚集。晶界内的 $MgZn_2$ 保持精细分布。从而降低 SCC 敏感性。

b. 采用滚压或喷丸的方法使表面产生压应力，消除表面残余拉应力。

c. 表面涂以保护层，隔离腐蚀介质。

⑥ 高强铝合金的 SCC 测试方法。SCC 实验可按 GJB 1742[171] 附录 B"铝镁系合金抗应力腐蚀试验方法"进行。实验介质为 3.5%（质量分数）NaCl 溶液，实验温度 35℃±1℃。剥落腐蚀按附录 A"铝镁合金抗剥落腐蚀试验方法"进行。实验介质：$1.0mol \cdot L^{-1}$ NH4Cl，$0.25mol \cdot L^{-1}$ NH_4NO_3，$0.01mol \cdot L^{-1}$ $(NH_4)_3Cit$，$3g \cdot L^{-1}$ H_2O_2，pH 值调至 5.2～5.4。温度 65℃，实验时间 24h。

a. 恒载荷法　该法的 SCC 评定指标为 SCC 寿命，还可求出初始应力对 SCC 的影响；

b. 恒应变法　按照 ASTM G44[172]，在 3.5%（质量分数）NaCl 溶液中交替浸渍以评定金属和合金的耐 SCC 性。试样浸渍 10min，然后从溶液中取出停放 50min，重复上述步骤直至断裂。铝和铁合金一般需要 20～90d 甚至更长，由合金在盐水中的耐蚀性而定。

ASTM G64[173] 为热处理铝合金耐 SCC 的分类标准。该标准适用于锻造 2×××，6×××和 7×××系列热处理铝合金。试样按 ASTM G44 交替浸渍，分 4 个等级进行评定。ASTM G47[174] 为高强铝合金产品 SCC 敏感性的测定方法，适用于高强 2××× [18%～70%（质量分数）Cu] 和 7××× [0.4%～2.8%（质量分数）Cu] 铝合金产品，特别是短横取向（Short Transverse Direction）拉伸试样在恒应变载荷下测定，C 形环试样在 3.5%（质量分数）NaCl 溶液中交替浸渍测试，其评定方法为宏观裂纹和金相显微分析；

c. SSRT 法　通常使用的应变速率范围为 10^{-4}～$10^{-8}s^{-1}$，持续拉伸使表面钝化膜反复破裂，出现滑移台阶。然后，裸露金属表面发生活化溶解形成裂纹。

d. 电子显微镜辅助分析方法　用扫描电镜分析断口形貌，评定材料的耐 SCC 性。一般来说，7×××系列铝合金的 SCC 常以 IGSCC 为主。

利用透射电镜可研究材料微观结构与材料 SCC 性能之间的关系。

e. 电导率方法　电导率可用于材料分类，热处理状态不同，电导率会发生变化，而热处理条件对材料的 SCC 有影响，因此，电导率可作为评定材料耐 SCC 性能的指标之一。此法只是一种正在尝试的评定高强铝合金 SCC 敏感性的辅助方法，因此一般很少采用这种方法。

f. 电化学测试方法 在氯化物水溶液中，时效 Ag-Zn-Mg-Cu 合金对沿晶环境所致断裂（Environment assisted Cracking，EAC）是敏感的，裂纹生长与电极电位相关。实验结果表明，裂纹生长速度 da/dt 随着应用电极电位（Applied Electrode Potential，APP）的增大而增加。

各种 SCC 测试方法的评价指标见表 4-45。

表 4-45 SCC 测试方法的评价指标

使用方法	评价指标
恒载荷试验	断裂时间，断裂强度和伸长率
恒变形试验	SCC 强度因子、开裂率
慢应变速率试验	SCC 因子、断裂应力、伸长率、断裂能
电子显微镜	电子显微镜断口分析、微观结构观察
热分差分析	相变化
电导率测量	电导率
电化学分析	极化电位、极化电流

⑦ 铝合金 SCC 案例。

案例 1：燃油箱的箱体裂纹分析[175]

变形铝中的不可热处理强化铝合金（即防锈铝）是用于焊接结构的主要铝合金。防锈铝有 5A06、5A02、5A03、5083 等种类。其中 5A06 铝合金适合于制作能盛放有一定腐蚀性介质的容器。

某型号燃油箱的箱体上在使用中出现了一条裂纹，有燃油漏出。该油箱有关焊接部位结构如图 4-214 所示，箱体厚度为 3mm，隔板厚度为 2mm。隔板与箱体断续焊连接，焊角高 2 mm。隔板焊接时卷成“L”形。焊接电流 120～150A，焊丝型号 331，直径 ϕ3.0mm，氩气流量 11～15L·min^{-1}。

图 4-215 是裂纹的外观图，长约 43mm，表面有油漆剥落。该裂纹在母材上出现，而裂纹的背面是一条隔板焊缝。通过分析认为油箱上的焊缝表面存在氧化和过烧。在焊接后冷凝时，Mg 从液相中析出。焊缝的晶粒组织变得粗大，且产生了低熔点共晶化合物，它们分布在晶界处。加上焊接热应力，使微裂纹在晶界处形成，工作中由于燃油对油箱有很大的冲击力，使母材受到拉力而导致宏观裂纹的产生。

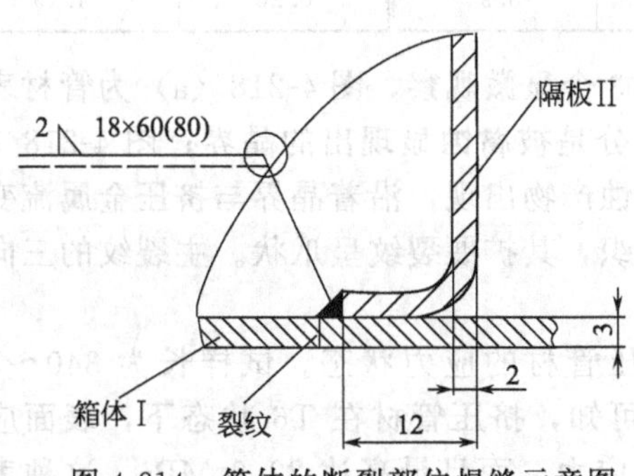

图 4-214 箱体的断裂部位焊缝示意图

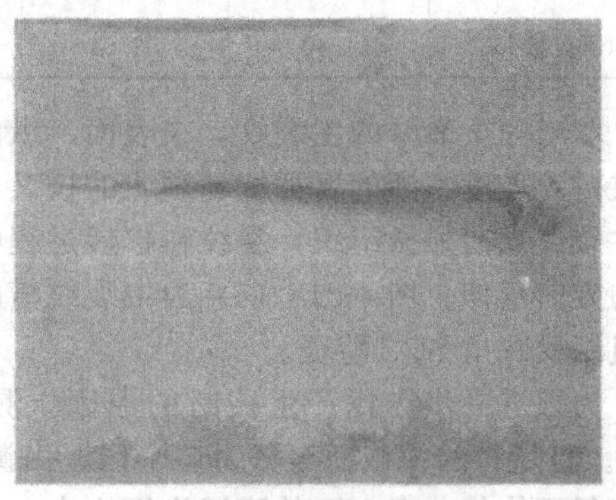
图 4-215 箱体裂纹的外观

案例 2：铝合金管材破裂分析[176]

7075-T6 铝合金管材使用数月后，发现少数管材破裂。裂纹由表面开始沿受拉应力方向扩展，当裂纹达到一定尺寸后，扩展方向改为沿管材纵向撕裂（以下称主裂纹），如图 4-216（a）中（1）区和图 4-216（b）所示。图 4-217 为主裂纹的断口，其上可见黑色和灰色相间的带状区在断口的匹配面上对称形分布，表明了裂纹的扩展过程。在断口的起始部分和扩展区，表面均有明显的覆盖物。这种断口特征，与 SCC 断的特征相同。断口表面覆盖物的能谱分析结果见表 4-46，可见，覆盖物中有 Cl 元素的存在。

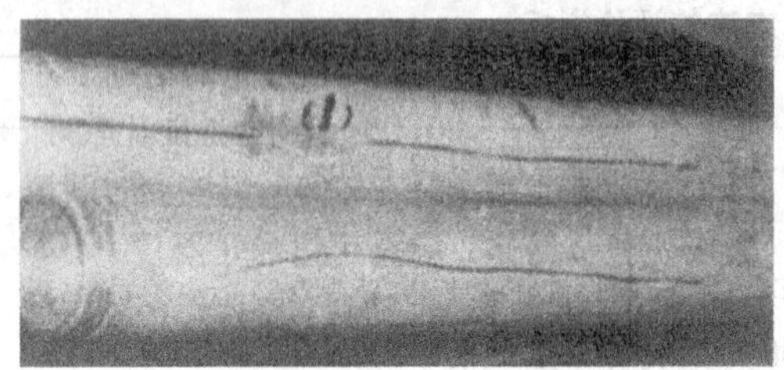

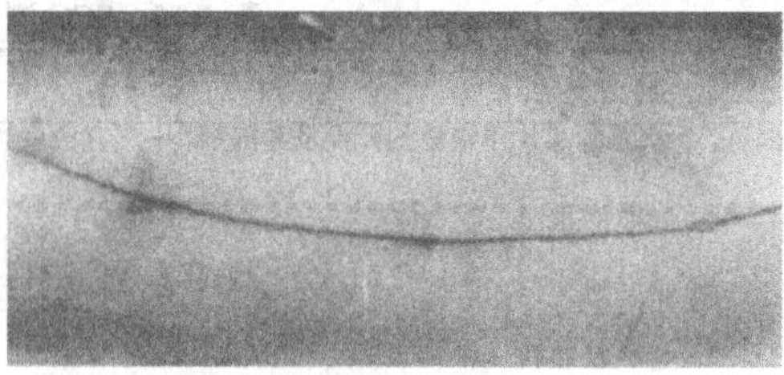

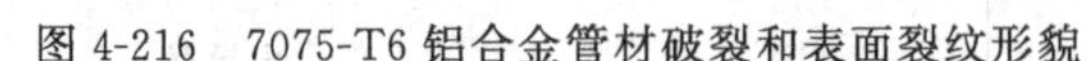

(a) 管子破裂位置　　(a) 裂纹宏观形貌

图 4-216　7075-T6 铝合金管材破裂和表面裂纹形貌

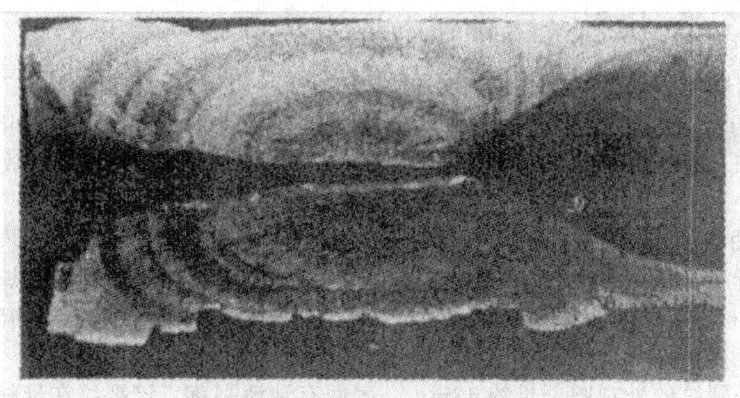

图 4-217　断口的匹配面上对称形分布

表 4-46　断口上覆盖物能谱分析结果

元素	Mg	Al	S	Cl	Cu	Zn
质量分数/%	3.66	77.33	0.63	8.43	0.57	9.39
原子分数/%	4.40	83.64	0.57	6.94	0.26	4.19

取未完全断开的主裂纹，在表面、纵向和横向 3 个显微观察，图 4-218（a）为管材表面裂纹，为连续不断的腐蚀坑和须状的枝叉，延伸部分是被腐蚀显现出的晶界；图 4-218（b）为主裂纹纵向显微组织，裂纹在扩展过程中伴随腐蚀产物出现，沿着晶界与挤压金属流变相同的方向延伸；图 4-218（c）为主裂纹横向显微组织，其扩展裂纹呈爪状。主裂纹的三向显微组织反映出 SCC 特征。

为了进一步寻找产生破断的原因，测定了挤压管材的应力状态。试样长为 340～380 mm。将管材的横截面等分为 5 个区，由测试数据可知，挤压管材在 T6 状态下，表面应力分布很不均匀，有 1/5 的区城为压应力，其他为拉应力，而且最高达 22.9 MPa。这种表面状态具备了产生 SCC 的力学条件。

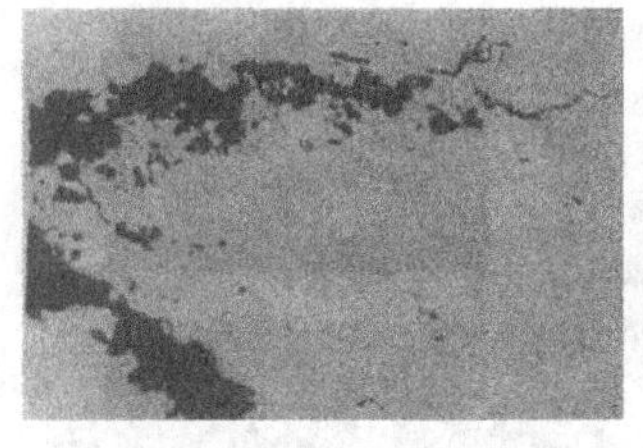

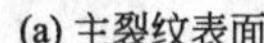

(a) 主裂纹表面

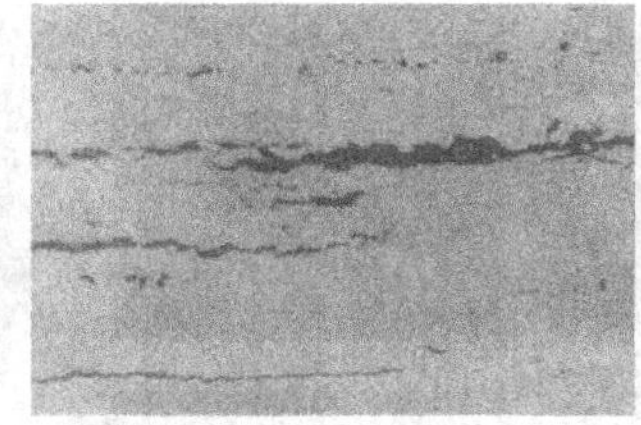

(b) 纵向

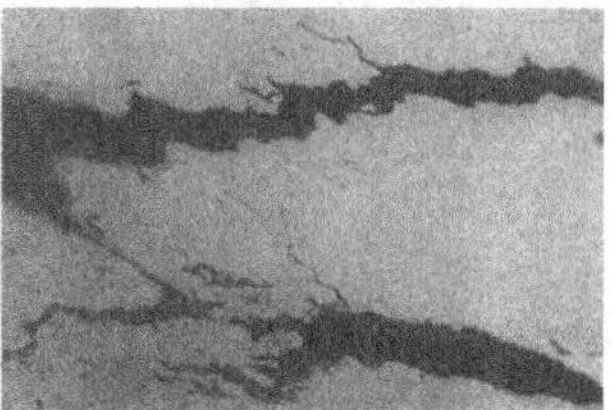

(c) 横向

图 4-218 裂纹扩展形貌和显微组织

研究人员将正在发生 SCC 的试样，迅速投入液氮中冷冻，然后打开裂缝，缓慢溶化，用试纸检验 pH 值的变化，结果裂缝尖端内溶液的 pH 值为 3.5。

案例 3：5A06 铝合金焊接接头裂纹失效分析[177]

5A06 铝合金为 Al-Mg 系防锈铝，具有较高的强度、化学稳定性和良好的焊接性等特点，是防锈铝合金中的典型合金，在一些需严格防火的压力容器等得到了广泛应用。

某 5A06 防锈铝合金压力容器产品焊接后使用一段时间出现裂纹，裂纹 1 为横贯焊缝的长裂纹，裂纹 2 较短，其长度为从内孔边缘到达焊缝处。为了分析裂纹产生的原因，将产生裂纹的壳体和支柱局部取样后进行分析，见图 4-219。壳体材料为轧制成型的铝合金板，经过卷圆成形；支柱材料经热挤压成型后机械加工而成。

图 4-219 试件装配、焊接及裂纹存在部位示意图

壳体与支柱通过焊接连接在一起，其中包括 2 条焊缝，如图 4-215 所示的外部焊缝和内部焊缝，两焊缝均采用钨极氩弧焊进行焊接。用手工钨极氩弧焊打底，然后采用钨极氩弧焊进行焊接，焊接电流 150～160A，电压 12～15V。焊缝余高 3mm，焊后采用机械加工的方法去除余高并磨平。内部焊缝不开坡口，焊接电流 140～150A，电压 12～15V。由于结构的影响，内部焊缝采取断续焊接，焊后也不做清理。焊后产品整体进行 200℃退火处理。

对壳体材料的横截面和轧制面进行了金相组织分析见图 4-220。可见壳体组织较细小，晶粒大小不很均匀，平均晶粒尺寸为 5～20μm，并且材料中存在一些夹杂物。支柱金相如图 4-221 所示，可见支柱组织沿挤压方向存在粗大的带状组织。

对外部焊缝进行金相观察，焊缝宏观照片如图 4-222 所示，(a) 为外部焊缝的整体形貌，(b) 为焊缝熔合区，(c) 为焊缝组织，由图可以发现焊缝组织细小，较为均匀，热影响区组织较粗大。

裂纹的扩展方向如图 4-223 所示。发现支柱材料中心孔径缺陷处为裂纹源，向壳体方向发展。裂纹呈断续状，穿过材料中的缺陷部位见图 4-224，图 4-224 (e) 可以发现母材晶界存在析出相，为裂纹扩展提供了有利条件；图 4-224 (f) 可以发现材料中存在缺陷，裂纹会在缺陷处产生并沿着晶界及缺陷的部位进行扩展。

将试件沿裂纹 1 拉断，断口宏观照片如图 4-225 所示。图 4-225 (a) 中可见截面中大部分为陈旧性裂纹，壳体裂纹已通过外部焊缝，支柱裂纹已扩展至下部边缘。支柱断口存在大量的二次裂纹，见图 4-225 (b)，可见支柱断口中存在粗大的纤维状，取向明显。壳体断口较细，焊缝及热影响区断口也均匀细致。

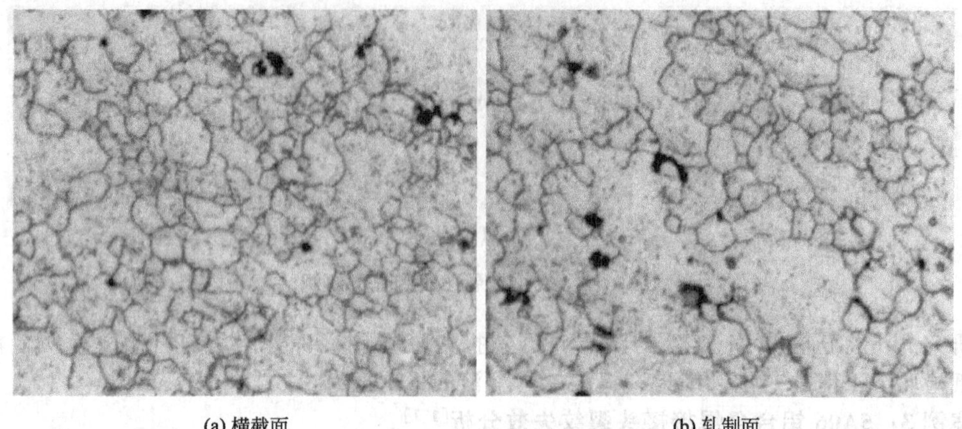

(a) 横截面　　(b) 轧制面

图 4-220　壳体组织

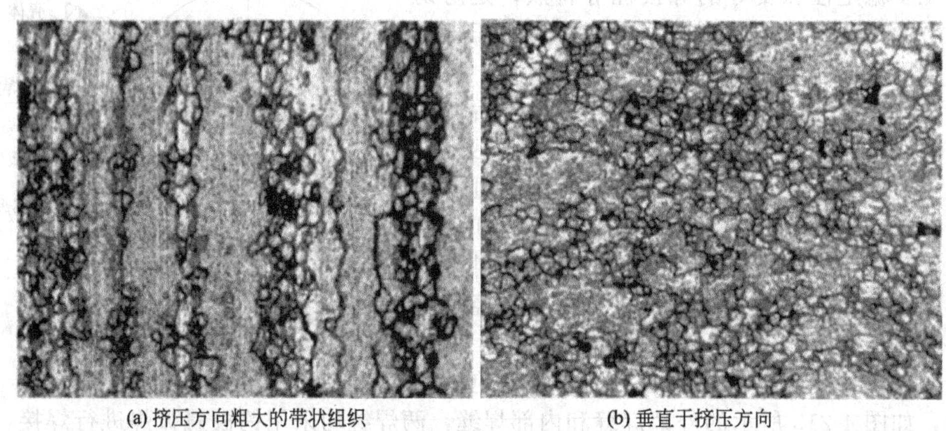

(a) 挤压方向粗大的带状组织　　(b) 垂直于挤压方向

图 4-221　支柱组织

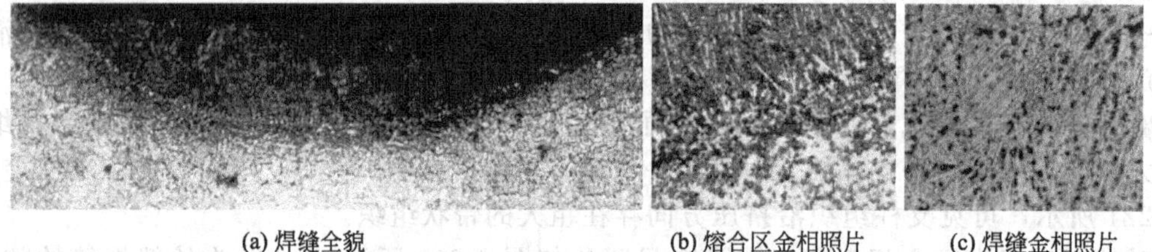

(a) 焊缝全貌　　(b) 熔合区金相照片　　(c) 焊缝金相照片

图 4-222　试件焊缝金相照片

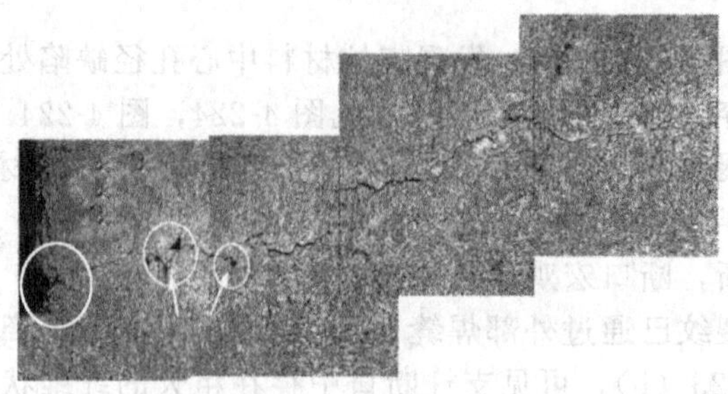

图 4-223　裂纹扩展方向

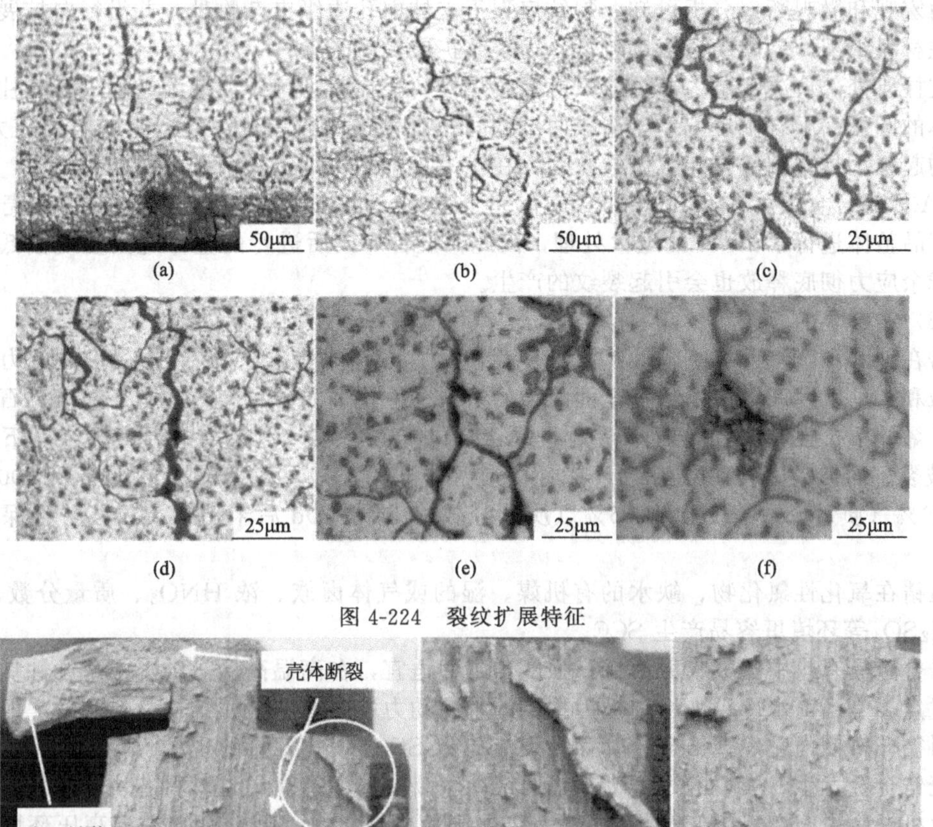

(a) (b) (c)

(d) (e) (f)

图 4-224 裂纹扩展特征

(a) 截面中陈旧性裂纹 (b) 支柱断口二次裂纹 (c) 支柱断口二次裂纹

图 4-225 断口宏观

图 4-226（a）、(b）为壳体断口微观形貌，晶间存在大量的微观裂纹，结合强度较低，断面有腐蚀产物存在。图 4-226（c）、(d）为支柱的微观断口形貌，为粗糙的柱状断口，存在二次裂纹和腐蚀坑存在。图 4-226（c）、(f）为人为断口的微观形貌，断口中以韧性断裂为主，存在大量的撕裂韧窝。

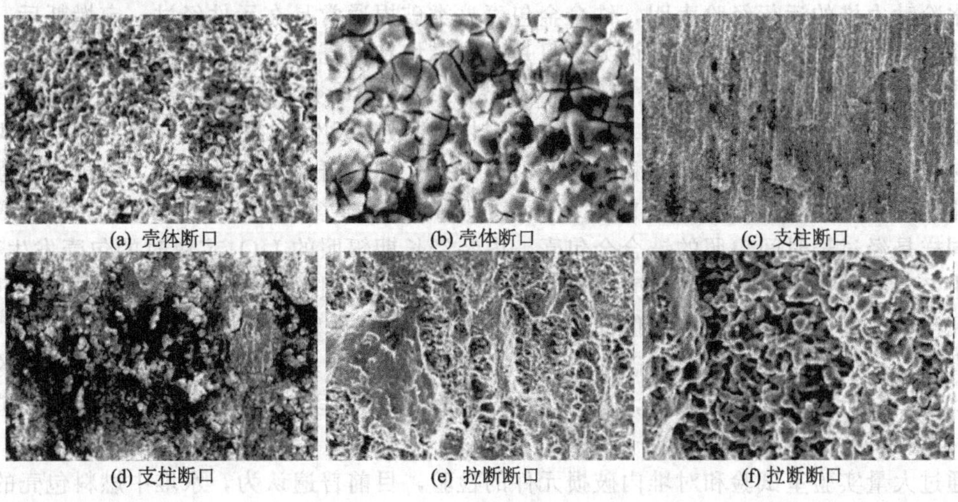

(a) 壳体断口 (b) 壳体断口 (c) 支柱断口

(d) 支柱断口 (e) 拉断断口 (f) 拉断断口

图 4-226 断口微观形貌

由宏观和微观断口分析可知，裂纹启裂于支柱内孔边缘夹杂物处，并沿径向扩展，粗大的支柱材料组织，晶间结合强度较低，为裂纹扩展提供了条件。

支柱所处部位决定了内部焊缝只能断续焊接，存在应力集中。装配过程中，支柱圆弧面与壳体的圆弧面配合出现偏差，造成两试件间距有较大的偏差，焊后产生较大的应力集中。裂纹均起源于焊缝端部，产生微裂纹后，在应力集中的作用下，引起裂纹的扩展。

5A06 铝合金焊后在 280～305℃进行完全退火，可以消除残余应力。支柱与壳体焊接后，产品整体进行了 200℃的退火处理，因此，设备焊接后进行的整体退火温度偏低，未使焊接残余应力彻底释放也会引起裂纹的产生。

（6）锆合金的 SCC

锆在纯水和蒸汽、非氧化性氯溶液、苛性碱、H_2S 中等介质中有抗 SCC 的能力，是在熔融碱和各种浓度碱溶液中唯一全面耐蚀的材料。一些高耐蚀材料，如钽、玻璃、石墨和聚四氟乙烯并不抗强碱腐蚀，而不锈钢和镍合金虽抗碱腐蚀，但在某些温度和浓度下会发生 SCC 破裂。而锆在沸腾的浓 NaOH 中，U 形弯曲试样表明，温度从 150℃升高到 300℃，含量从 50%（质量分数）变化到 85%（质量分数），试验 20d 后未出现裂纹，并且保持原有延性。

但锆在氧化性氯化物、缺水的有机媒、湿的或气体卤族、浓 HNO_3、质量分数 64%～69%H_2SO_4等环境里容易产生 SCC。

锆合金具有热中子吸收截面低，强度和延性适宜，在高温高压高纯水中耐蚀性良好等一系列优点，是当前水冷动力堆中极为重要的水冷动力堆的堆芯金属结构材料之一。但在反应堆燃料循环寿期内曾发现锆合金管存在发生碘致 SCC（I-SCC）的现象[178]。研究表明，燃料包壳锆合金发生 I-SCC 的过程为，辐照或功率瞬变温度升高导致燃料芯块肿胀，对锆合金管产生机械应力，燃料裂变产物 I-131 等与包壳管内壁接触，锆合金在高温高压环境承受的应力使其局部变形，导致表面氧化膜破裂，氧化膜的破裂与再形成往复交替作用，这些因素的协同作用，导致锆合金管内表面形成 I-SCC 微裂纹、继而形成穿透裂纹，造成锆管破裂[179～181]。

在水冷动力堆使用的燃料元件中，锆合金包壳同时在裂变产物的化学作用和芯块包壳机械作用的条件下，会产生 SCC，这种现象现在通常又被称为燃料芯块-包壳相互作用（PCI）破损。燃料元件的破损关系到核反应堆的正常安全运行，也关系到核反应堆的经济性问题。20 世纪 70 年代以后，这个问题成为锆合金包壳性能研究方面的一个突出问题。

水冷动力堆的运行经验表明，锆合金包壳这类破损通常是在元件经过一定燃耗后，快速提升功率时发生的。起初，人们认为这只是燃料芯块和包壳发生机械相互作用的结果。因为在反应堆运行温度下，UO_2芯块和锆合金包壳的线膨胀系数不同（UO_2为 11×10^{-6}℃$^{-1}$，锆合金为 6.2×10^{-6}℃$^{-1}$），功率跃增会使燃料芯块破裂发生麦捆形，并使芯块与芯块交界处的包壳表面产生环脊，以致包壳过度变形而破裂。随着研究工作的进展，发现仅仅强调机械的相互作用是不全面的，它不能解释一些重要的基本事实。如，在同样的功率跃增条件下，同样是经过长时间辐照的锆合金包壳，内装经长期辐照的 UO_2芯块时的包壳发生破裂，而装未经辐照的新的芯块时的包壳则不发生破裂。包壳破损的断口具有明显的形貌特征，这些特征与单纯的应力破断不同，但却与堆外 I 或 Cd 造成的 SCC 的断口形貌极其相似。在包壳破裂断口，往往观察到有大量碘 I-131 存在，包壳中的许多裂纹都面对着燃料芯块的开裂处。从功率开始跃增到包壳破损，有一段“滞后时间”，这段时间是与 SCC 的生成和扩展所需的时间相联系的。

通过大量实验室试验和对堆内破损元件的检验，目前普遍认为，水堆中燃料包壳的破裂是由芯块和包壳的机械相互作用与化学作用共同造成的，是在包壳内表面的拉应力超过了其临界应力，腐蚀性裂变产物的浓度超过了临界浓度情况下的SCC。功率跃增，芯块膨胀量加大，UO_2芯块破碎程度加剧，裂变产物释放增多，包壳的环形方向上的拉应力提高，从而为SCC提供了必要的条件。

SCC的临界应力与锆合金管的冶金状态、结构、辐照以及内表面腐蚀性裂变产物的浓度有关。表4-47列出了Zr2和Zr4合金的SCC临界应力的某些试验结果。

表4-47 锆合金的SCC临界应力

合金状态和试验温度	临界压力/MPa	合金状态和试验温度	临界压力/MPa
未受辐射消除应力的Zr2 320℃	34.0	未受辐射消除应力的Zr4 360℃	30.8
未受辐射退火的Zr2 320℃	28.8	未受辐射消除应力的Zr4 360℃	20.6

引起锆合金包壳SCC的裂变产物的种类尚未完全确定，但一般认为主要是I，Cd也能使锆发生SCC。堆外碘腐蚀试验结果表明，锆包壳产生SCC所需的碘的浓度极低，为3～7mg·L^{-1}。

水堆内的燃料元件在达到足够的燃耗（约5000MW·d/tU）后，如果快速提升反应堆功率，就可以达到产生SCC所需之临界应力与临界碘浓度的条件。

① PCI/SCC断口特征与破裂机理

a. 断口特征　锆合金包壳PCI/SCC断口的形貌呈典型的脆性断裂，断口伴随的应变很小。其破裂区具有如下结构特征。

• 裂纹从包壳内表面开始，且垂直于包壳内表面。初始裂纹呈树枝状，根部很细。开始为晶间破裂，裂纹达到一定深度后转为穿晶破裂。

• 有一明显的环形劈裂区。在劈裂面上有时可观察到平行的凹槽结构。通常认为，劈裂和凹槽是锆合金SCC的特征。锆晶体在滑移面上剪切位移产生劈裂，某些结晶方向相差较大的晶体在劈裂时来不及滑移而产生的塑性断裂可能形成凹槽。

• 在紧靠包壳外表面的区域，可明显地观察到标志延性特征的小旋涡。这是因为在裂纹扩展后期，作用于未断包壳上的应力越来越高，最终导致包壳延性破裂的结果。

b. 破裂机理　锆合金包壳PCI/SCC的破裂过程大体上可分成两个阶段。第一个阶段是初始裂纹生成阶段，第二个阶段是裂纹扩展直到贯穿包壳壁厚的阶段。

• 初始裂纹生成阶段　在这一阶段中，包壳内表面的氧化膜由于芯块-包壳的机械作用而碎裂，挥发性的裂变产物（如I等）穿过裂口与锆基体作用，形成微型蚀坑，造成了SCC源。若微型蚀坑区有足够大的应力（应变），足够浓的裂变产物腐蚀介质，就会侵入晶间而导致微观裂纹。经过一段时间后，微观裂纹汇集发展成宏观裂纹。初始宏观裂纹生成阶段所需的时间（裂纹的-潜伏期）约占破裂全过程所需时间的50%～90%，因此这个阶段是破裂全过程中的主要阶段。

裂变产物I对微观裂纹的生成起着重大作用。堆外I-SCC试验表明，I首先吸附在锆表面上，与锆反应生成均匀的ZrI_x层。在局部地区，反应特别强烈可形成微型蚀坑，在应力作用下进而发展成微裂纹。在裂纹尖端暴露出的锆基体与ZrI_x作用形成ZrI_y（$y<x$），与此同时，裂纹扩大并继续向前推进。

• 裂纹扩展阶段　初始宏观裂纹生成阶段之后，进入裂纹扩展阶段。实验表明，在裂纹扩展阶段中，裂纹扩展速率取决于裂纹尖端的应力强度因子K_I；

• SCC破裂全过程所需的时间　裂纹生成阶段所需的时间取决于作用在包壳上的应力值。

应当指出，对于CPI/SCC的机制，目前仍然不很清楚，特别是在化学作用方面。如，一般认为 SCC 的腐蚀剂是碘。但 I 的裂变产额比铯小得多，且碘和铯的结合力很强，可结合形成一种稳定的 CsI 化合物，它不会对锆合金起腐蚀作用。因此，碘能否成为主要腐蚀剂还是令人怀疑。但也有人认为，堆外的热力学分析不完全适用于堆内，CsI 在堆内可被辐照分解，还有许多其他的类似问题，它们涉及到底什么是腐蚀剂，腐蚀剂在堆内的化学状态如何，在什么条件下起作用以及如何起作用等重要问题。在机械作用方面，虽然目前已有相当数量的计算程序可以用来预测包壳与芯块发生接触前后的应力应变状态，但是，关于芯块的实际裂纹状态、芯块裂纹的发展和弥合过程、芯块与包壳作用的详细情况以及包壳在对着芯块裂纹部位的局部应力集中等比较复杂的问题还有待进一步深入研究。今后有待于把化学相互作用和机械相互作用结合起来，进行统一分析并预测燃料元件的 PCI/SCC 发展过程。

② 控制 PCI/SCC 的方法　PCI/SCC 是燃料元件具有一定燃耗后，反应堆功率跃增时所发生的芯块-包壳机械作用与包壳和芯块释放的腐蚀性裂变产物的化学作用的共同结果。其控制途径包括控制反应堆运行条件、改进燃料芯块设计和包壳设计以及采取其他措施来改善芯块-包壳机械作用状况或防止裂变产物对包壳的化学腐蚀等。

a. 控制反应堆的运行条件　燃料元件释放的裂变产物浓度与其所达到的燃耗深度密切相关，而功率跃增中达到的最高限功率、功率跃增幅度、功率跃增速率以及在最高功率下的停留时间则对芯块的温度分布、芯块开裂程度以及裂变产物的释放率都有影响。因此控制这些有关反应堆运行的参数，特别是元件的功率、功率跃增幅度与速率，乃是在不改变元件设计前提下防止 PCI/SCC 的一种有效办法，而且，它也是目前较为流行的一种措施。

但是，控制反应堆的运行条件并不是解决这个问题的最好办法，解决的根本办法是设计新的元件。

b. 改进芯块设计　元件结构的几何参数，例如芯块的几何参数和尺寸、包壳-芯块的初始间隙等，都对芯块与包壳间的机械作用有直接影响。减小芯块高径比、设置倒角、端面带碟形、或空心芯块都可以使芯块与包壳间的机械作用有所减弱，使包壳的应力应变有所降低；较大的芯块-包壳初始间隙可推迟芯块-包壳机械作用的发生。目前已经提出的新的芯块设计约有几十种，其中大部分都已进行了堆内考验。

大晶粒度的芯块能减少裂变气体的释放，有利于降低芯块-包壳间隙中腐蚀性裂变产物的浓度。内层燃料浓度低，外层燃料浓度高的双层燃料芯块可以降低芯块中心温度和芯块内温差，因而减小了芯块开裂的几率，这都有利于抗 CPI/SCC。

c. 改进包壳设计　目前，水冷动力堆多用 Zr4 合金作元件包壳，在今后相当长的时间内仍将继续使用这种材料，且合金成分改变的倾向不大。采用极厚的包壳，试图降低包壳中的应力也是不实际的（在正常运行条件下，元件包壳中的应力通常高于的 CPI/SCC 临界应力）。现已提出的改进包壳设计的主要措施是改进包壳的制造工艺以提高包壳的性能。如，对锆合金管内壁进行喷砂处理，使包壳内表面形成一层加工硬化层（为包壳壁厚 1/10），其残余应力大于材料的 $R_{p0.2}$ 的 50%；通过适当的加工工艺，使包壳管基极结构的倾角接近于其最低角度；改善热处理工艺，提高包壳管闭端爆破性能的环向延伸率等。

在包壳管内表面引入中间层，中间层或防止裂变产物直接与锆基体接触，起阻挡层的作用；或作为一种润滑剂，减少芯块与包壳间的摩擦力，减少包壳的局部应力集中现象。采用的方法有，涂石墨层、涂硅氧烷层、镀铜。

相对而言，在包壳管内壁涂石墨层可使中子损失最少，而且工艺简单、成本低。这种方案已为加拿大的重水堆采用。但是，对于高燃耗的轻水堆，石墨涂层的有效性还有待于实践去证明。硅氧烷涂层对碘有强烈的吸附作用，因而能较好地提高元件抗破裂的能力。但是，由于其制作工艺复杂、成本较高等原因，迄今未见到在堆内实际应用的例子。锆管内壁镀铜的元件现正处于堆内考验阶段，可望应用于轻水堆。

③ 其他 SCC 防护措施 锆合金中元素的添加及其在合金中所形成的中间相对腐蚀的影响很大，锆合金由于其对温度的敏感性，故再结晶退火温度选择至关重要，是腐蚀性能综合考虑的必要条件之一；锆合金表面加以适当的处理，可确保组件在整个运行中的抗腐蚀性提高[182]。

应力大于 240MPa 才会使锆合金出现延迟氢化物裂纹，因此，避免持续的高度拉伸应力，表面进行喷丸硬化处理、应力释放处理，控制介质 pH 值、添加缓蚀剂、控制腐蚀性组分的含量、控制介质温度等改善使用环境，可以延迟材料中氢化物裂纹的产生，如在锆 705 材料焊接后在 14d 内要做应力释放处理，减低发生延迟氢化物裂纹的可能性[178～184]。

4.4.8 压力容器应力腐蚀寿命评估

(1) 断裂力学在压力容器应力腐蚀断裂及控制中的应用

断裂力学是研究带缺陷或裂纹材料和结构的强度以及裂纹扩展规律的一门学科。它建立于 20 世纪 50 年代后半期，半个多世纪以来，断裂力学发展迅速，其研究的内容越来越广、越来越深，已从力学扩展到物理化学等领域，并在压力容器应力腐蚀断裂、控制和寿命预测研究中得到应用。

我国 20 世纪 70 年代引入这一学科，由于它对机械工程的许多方面特别是关系到国家财产和人民生命安全的重大设备（如压力容器、飞机、船舶、桥梁、原子能设备、电站设备、输气管线、火箭导弹等）的安全运行具有重大应用价值，现已广泛用于这些重大设备的安全设计、合理选材、用材指导、改进工艺、提高产品质量制定科学检验标准、正确评价结构的可靠性、防止事故等方面，具有重要的应用价值观。

① 压力容器的设计 安全设计方面，随着压力容器正日趋大型化、操作条件向高温、高压、高速发展，压力容器等设备如再继续沿用经典的强度理论进行强度及结构设计，已不适应设备要求。按传统强度理论及方法严格检验合乎要求的化工压力容器和输气管线等却在低应力状态下发生突然爆炸这样灾难性的事故，这引起了人们严重的关注。经大量研究发现，这些事故都与材料中存在缺陷有关。过去的经典强度理论是以材料是均质完整的物体的假设为前提，因这不符合实际的情况因而限制了它进一步发展。断裂力学却基于前述事实，首先承认构件或材料内部有缺陷或裂纹存在，进而研究裂纹尖端局部应力和变形的情况以及材料抗脆性断裂性能与裂纹之间的定量关系，从而确定带缺陷构件的承载能力。经研究发现裂纹尖端的应力应变场可由应力强度因子 K 描述，它可由计算得出。而结构发生脆断的条件是 $K_{I}=K_{IC}$，K_{IC}是材料在平面应变条件下裂纹发生失稳（快速）扩展时 K_{I} 的临界值，称平面应变断裂韧性。实验还证明材料 K_{IC} 值是材料固有的力学性能，因而它已成为材料性能的重要指标之一。应力腐蚀断裂是材料在特征介质中、在一定拉应力作用下而产生的典型低应力脆断，其发生的条件是 $K_{I}=K_{ISCC}$。K_{ISCC} 被称为应力腐蚀临界应力强度因子。对于一定的材料和介质，K_{ISCC} 为一常数，它反映了该材料在某介质中裂纹抵抗应力腐蚀扩展的能力，所以也称为应力腐蚀断裂韧性。通常以 K_{ISCC}/K_{I} 比值作为衡量材料应力腐蚀断裂敏感性的指标，比值越小，说明对应力腐蚀断裂越敏感。设计压力容器时材料的 K_{I} 须小于 K_{ISCC} 或 K_{IC}，使设计从过去的无限寿命设计改进为现在的破坏安全设计，如美国锅炉压力容器设计规范增加了防脆断设计一章。我国已在石油化工压力容器、核压力容器等产品上进行了断裂分析缺陷处理和改进设计、在役压力容器缺陷评定方面做了大量工作。

② 指导合理选材用材 过去传统的选材方法是强度设计法，即盲目追求强度，认为强度高的材料才能使结构轻巧、性能可靠。而从断裂事故的分析中，发现线弹性断裂在应力小于 0.3 倍的屈服强度时结构已破坏，这是因为材料的断裂韧性差，还没有用到设计强度时已经由于太脆而破坏了。断裂力学的指导使人们认识到选用材料既要注意强度，也要注意断裂

韧性，当断裂韧性相同而强度不同时，选用强度高者可以延长使用寿命。

根据实际发生的破坏情况，可以将断裂划为如表 4-48 所示的几个类型。

表 4-48 断裂类型对比

类型	断力分析	断裂阻力	应力范围	断口外貌
线弹性断裂	线弹性平面应变断裂力学	高脆 $K_{IC}/\sigma_y=0.1\sim0.5$ 脆 $K_{IC}/\sigma_y=0.6\sim2$	$<0.3\sigma_y$ $<0.3\sigma_y$	平断口
弹塑性断裂	弹塑性断裂力学	低阻力 高阻力	$0.3\sim0.5\sigma_y$ $0.5\sim1.0\sigma_y$	小剪切边缘 大剪切边缘
全塑性断裂	全塑性断裂学(平面应力)	低阻力 高阻力	$>\sigma_y$ $\gg\sigma_y$	混合型断口 倾斜断口

国内应用断裂力学原理指导选材用材方面，从 20 世纪 70 年代开始做了大量工作。为适应压力容器大型化及操作条件高温、高压、低温的要求，适应我国较为缺镍、铬的国情，开发了一批压力容器用普通低合金钢，如 Q345R、15MnV、09MnCuTiRe 等，既充分利用了国内资源，也在相当大程度上提高了压力容器用钢的强度和断裂韧性，使国产压力容器用钢提高了一个档次。

用爆炸焊接等方式生产复合板，把复层的高耐腐蚀性和基体金属的力学性能紧密结合起来，既节省贵重金属又保证压力容器安全运行。对压力容器用钢，用喷丸强化工艺提高疲劳寿命，用细化、超细化晶粒热处理工艺和降低钢中有害元素含量改进材料性能，以减少压力容器破坏事故的发生。

③ 改进制造工艺提高产品质量　由于断裂力学的发展，使人们进一步认识生产少缺陷、高强度、高韧性材料的重要性，因而从各方面改进工艺，提高了压力容器制造用材料的产品质量。而材料的断裂韧性与材料的化学成分、金相组织、精细结构、热处理工艺、强化工艺、制造工艺有关。

在材质方面为了提高压力容器用锻件的质量，多年来采取如下措施：真空浇铸及除气；碱性电炉熔炼，改进造渣，纯净钢水；真空碳脱氧；进行凝固分析，改进锭模和热顶设计，以减少铸锭收缩而发生的多孔性；降低奥氏体化温度以细化晶粒尺寸；减少 C、Mn、Mo 含量，增加 Ni 含量；建立 NiCrMoV 钢系，增加淬透性和下贝氏体转变温度；用水淬加速从奥氏体的冷却，改进转变产物。美国用上述方法使断口形貌转变温度 10 年内降低 83℃，得到了屈服强度高于 770MPa，而断口形貌温度转变温度低于−18℃的电站锻件材料。

④ 合理选择热处理温度寻求最佳配合的材料性能　可根据不同情况找出最佳配合性能（K_{IC}与 R_{eL}的关系）的热处理工艺，如通过热处理，可以将钢的断裂韧性提高，而强度下降很少。

⑤ 改进强化工艺　在氮化工艺上，国外有两种不同意见：第一，由于氮化使裂纹周围材料强化变脆，对裂纹扩展起促进作用；第二，由于氮原子渗入基体，促使体积膨胀，裂纹尖端造成压应力，使裂纹闭合，起延缓裂纹发展作用，有利于提高产品的寿命，提高产品质量。

⑥ 制定科学检验标准　国际焊接学会提出了从脆断破坏观点评定缺陷的推荐方法，其基本思路为：根据缺陷性质、形状、部位与尺寸，将实际裂纹换算成当量穿透裂纹 $\bar{a}$，分析结构应力应变情况；根据材料断裂韧性及受力情况求出相应允许裂纹尺寸 $\bar{a}_m$，两者对比如，$\bar{a}<\bar{a}_m$ 则可接受，以此来评定焊接结构的缺陷。英国、瑞典都已根据上述方法制定了国家标准。

⑦ 正确评价结构可靠性防止事故　因为断裂力学建立了材料韧性、结构应力和缺陷间

的定量关系，因而能正确评价有缺陷结构的可靠性，防止事故。

(2) 在役压力容器应力腐蚀寿命评估

① 线弹性断裂力学的断裂判据　断裂力学的强度条件称断裂判据，为保证构件中的裂纹不致产生失稳扩展而造成脆性断裂，要求构件裂纹端部处的应力强度因子 K_{I} 小于材料的平面应变断裂韧性 K_{IC}，即断裂判据：$K_{\mathrm{I}} \leqslant K_{\mathrm{IC}}$。

对于任何形式的裂纹体，只要它属于Ⅰ型变形，而且裂纹端部只有“小范围屈服”，则裂纹体的安全与否，可作如下判断：

$K_{\mathrm{I}} < K_{\mathrm{IC}}$，安全；

$K_{\mathrm{I}} = K_{\mathrm{IC}}$，临界状态，极不稳定，具备了裂纹失稳扩展脆性断裂的条件；

$K_{\mathrm{I}} > K_{\mathrm{IC}}$，裂纹已失稳扩展，脆性断裂。

应力强度因子 K_{I} 可按公式计算，断裂韧性 K_{IC} 只能由实验测定。应该指出，在断裂判据中还是有一些储备的，因为一般的裂纹端部不可能全部处于平面应变状态，所以实际的断裂韧性值总比 K_{IC} 要大些，介于 K_{C} 与 K_{IC} 之间断裂判据选择为 $K_{\mathrm{I}} \leqslant K_{\mathrm{IC}}$ 是为了偏于安全。

② 复合应力下的断裂判据　上面所述的都是裂纹和主应力方向垂直的情况，如裂纹对主应力方向倾斜一个角度，那么裂纹所受的是正应力和剪应力的复合应力。压力容器上如有周向和纵向裂纹，它们都和主应力的方向相垂直，受到的都是简单的拉伸应力。但如裂纹的方向倾斜一个角度，它们受到的就是拉伸与剪切的复合应力。

如一压力容器壁上有一条与母线成β倾角的裂纹，在内压力作用下，此裂纹端部的应力强度因子既有第一型的 K_I，又有第二型的 K_{II}，像这种情况的断裂通称为复合型断裂，要判断这类裂纹在什么条件下将发生临界扩展，不能单依靠前述的 $K_{\mathrm{I}} = K_{\mathrm{IC}}$ 这样的断裂判据。为解决复合型断裂问题，必须建立相应的复合型断裂判据。

关于复合型断裂判据，在线弹性范围内开展了一些研究工作，主要有投影法判据、应变能密度 S 判据、最大主应力 σ_0 判据、裂纹扩展能量率 G 判据，以及等应变能密度线上最大周向应力判据，但都还缺少实践方面的充分证明。

③ 断裂力学解决强度问题的方法及其应用

a. 选材、定尺寸　选材是设计的重要问题之一，传统的设计方法是根据强度储备来选择材料、确定构件尺寸的。先对屈服强度或强度极限取一定安全系数 n_{s} 或 n_{b} 作为许用应力 $[\sigma]$，然后使构件的设计应力不超过该值，即 $\sigma < [\sigma]$，认为是安全的，其安全强度储备即为安全系数。断裂力学的设计方法是根据韧性储备来选择材料与确定构件尺寸的，其安全系数为 $n_{\mathrm{k}} = K_{\mathrm{IC}}/K_{\mathrm{I}}$。这2种方法，在高强度钢设计上是不一致的。

为了防止低应力脆性断裂，选材时首先要保证断裂韧性，其次才是强度问题，尤其要注意高强度钢的断裂韧性较低的问题。因此，按断裂力学观点，在设计高强度构件选材时应适当降低强度储备选用，选用屈服强低而 K_{IC} 高的材料。

b. 确定带裂纹构件的极限承载能力　已知缺陷尺寸，由 $K_{\mathrm{I}} = \sigma(\pi a)^{1/2}$ 及破裂时 $K_{\mathrm{I}} = K_{\mathrm{IC}}$，可以确定构件的极限承载能力：

$$\sigma_{\mathrm{c}} = \frac{K_{\mathrm{IC}}}{\sqrt{\pi a}} \tag{4-52}$$

式中，σ_{c} 为临界应力，MPa。

c. 确定构件的临界裂纹尺寸　裂纹的存在是构件低应力破坏的主要因素，断裂力学对带裂纹体的质量验收，应该突出哪些裂纹是允许存在的，哪些裂纹是不允许存在的，理论上允许存在的最大裂纹尺寸被称之为临界裂纹尺寸 a_{c}，对之取一定的安全系数则得许用裂纹尺寸 $[a]$。

$$a_c \leqslant \frac{1}{\pi}\left(\frac{K_{IC}}{\sigma}\right)^2 \tag{4-53}$$

$$[a] = \frac{a_c}{n_a} \tag{4-54}$$

特别应该指出的是，裂纹体中初始裂纹尺寸 a_I 往往是比较小的，但是它在使用中会逐渐扩大（称为亚临界扩展），当它扩大到临界尺寸 a_c 时，就会发生脆断。在设计中必须重视和考虑这一情况。从初始裂纹 a_I 扩大到临界裂纹尺寸 a_c 的时间，就是裂纹体的使用寿命。断裂力学估算裂纹体的使用寿命是通过裂纹扩展速率（da/dN）来确定的，N 是交变载荷的循环次数或疲劳次数。

断裂力学中的裂纹扩张力 G_I 及临界裂纹扩张力 G_{IC} 物理意义是当裂纹扩展力达到临界值时裂纹开始失稳扩展，也可以理解为裂纹扩展单位距离形成了上下两个自由表面所需消耗的弹性变形能，这些能量也就是消耗在形成新断裂面的表面能。和 K_I、K_{IC} 一样，都是断裂力学判据，前者系能量判据，后者为应力场强度判据。$K_I = K_{IC}$ 的判据在工程实践中运用较普遍。判据的提出是一种假设，它的有效性，即是否能预计实际的断裂，则完全要依赖于实践的检验，只有通过大量实验，才能确定这种判据的有效性。

④ 弹塑性断裂力学的断裂判据　工程结构中常常会碰到一种弹塑性断裂问题。结构的某些元件或部位往往要经受较大的变形，例如压力容器的接管部分和结构的开孔边缘，其应力集中程度较高，为了使整个结构安全地工作，这些部位的变形和强度就成了问题的关键。一旦这些部位有了裂纹，则问题就归结为在材料屈服并产生较大变形下裂纹的扩张和断裂规律的研究。这就是一个弹塑性断裂问题。

在工件的加工工艺过程中（如焊接、铸造、热处理、加工以及安装）都有可能产生残余应力，叠加上工作应力后常会接近或超过材料的屈服极限，这些局部存在的裂纹就要按弹塑性断裂力学来进行分析。

在线弹性断裂力学中，虽然也指出裂纹尖端不可避免地存在一个塑性区，用有效裂纹长度，把小范围屈服经过弹性化处理，进行塑性区修正，使线弹性断裂力学得出的应力强度因子 K_I 仍然适用。但是，对于前述弹塑性断裂问题，即使引入塑性区修正，线弹性断裂力学方法也已不再适用。

从测定断裂韧性的试件来说，线弹性断裂是指裂纹长度 a、韧带宽度 W_{-a} 和试样厚度 B 至少比裂纹端部塑性区 $\left[\approx 0.1\left(\frac{K_{IC}}{\sigma_s}\right)^2\right]$ 大一个数量级的断裂，如果满足不了上述条件，就会产生大范围屈服，塑性区比较大这就是弹塑性问题了。

弹塑性断裂又称为大范围屈服断裂或普遍（全面）屈服断裂。弹塑性断裂的基本特征是指断裂前裂纹端部附近产生大范围屈服，这种大范围屈服以后的断裂具有以下基本特征。

a. 宏观变形方面，弹塑性断裂产生的塑性变形量是很大的，同时出现缩颈现象。

b. 应力方面，断裂时的名义应力较高，一般接近或超过材料的屈服限，断裂面与主应力方向大致成 45°。

c. 宏观断口，呈纤维状，收缩较大，且存在拉边，（剪切唇）一般呈暗灰色，不像脆断有晶粒的光泽。从微观角度看，出现了塑性孔坑。

d. 能量，弹塑性断裂消耗的能量较大，裂纹的扩展需要外力继续做功来完成，也就是裂纹在扩展时遇到的阻力较大，因此弹塑性断裂的传播速度较慢。

⑤ 弹塑性断裂的分析方法　一是裂纹端部张开位移法（COD 法），这种方法是对裂纹端部的塑性区作出一定假设，然后建立一种计算模型，如 D-M 模型。在此模型的基础上建立裂纹端部张开位移法。二是弹塑性方法，即能量观点的 J 积分方法，这种方法主要是对

裂纹端部进行弹塑性分析，并建立一个能表征裂纹端部弹塑性应力场的参数，称之为 J 积分。

a. COD 法的基本概念和小量屈服方程。用应力的观点去讨论裂纹扩展对于脆性或半脆性的材料比较适合用，而应变的观点去研究裂纹的扩展对韧性（弹塑性）材料比较适宜。COD 法概念的提出和发展就是针对韧性较好的中低强度钢中的裂纹断裂扩展和失稳扩展问题的。

COD 主要是研究在裂纹端部产生了塑性区，但裂纹本身还没有扩展时，裂纹端部所产生的张开位移。COD 的概念之所以非常有用，是因为通过实验发现当裂纹即将要扩展时，裂纹端部的张开位移值是一定值，是材料的属性，与材料的厚度试件的形状加载方法无关。这样就可利用小试件，在全面屈服之后，测得裂纹在即将扩展时的裂纹端部的张开位移值，以此去判断大试样或大部件的低应力脆断的断裂强度。

b. D-M 模型。为了分析裂纹端部的张开位移，Dugdale 应用 Muskhelishuili 的方法，研究薄板拉伸（平面应力）时穿透直裂纹端部的塑性变形，假设裂纹两端的塑性区呈尖劈的形式向两端伸展，图 4-227。图 4-227（b）中涂黑部分，也可称为曲线三角形部位，注意塑性区上下两个面不是自由表面。

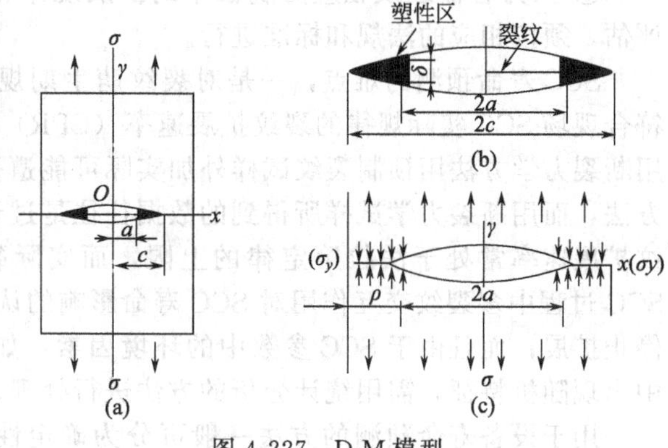

图 4-227 D-M 模型

Dugdale 假设塑性区上下两面受有均匀的应力，其值等于材料的屈服应力，也就是说假定材料无应变硬化，为理想塑性体。做力学分析时，取塑性区内的材料为分离体如图 4-227（b），而代之的应力作用了图 4-227（c）上。屈服强度的作用是防止上下两面分离，因此其方向是使塑性区闭合。Dugdale 实质是采用这种办法将裂纹尖端的弹塑性问题进行弹性化处理，认为外面的弹性区在中心包着一个扁平的椭圆。塑性区的大小应该使这个扁平椭圆的尖端（即塑性区的端部）的应力无奇点，扁平椭圆由 $-C$ 到 $+C$。

裂纹及其塑性区的外侧弹性区有两套应力：其一是外加的均匀应力 σ，这套应力是使裂纹开裂的；其二是非均匀的，只存在于（$-C$，$-a$）和（$+C$，$+a$）之间，这一套应力使裂纹捏合，和第一套应力的作用相反，方向也相反。薄板内存在的这两套应力就属于弹性力学问题，可以由弹性力学来求解。

c. J 积分。针对材料的弹塑性断裂或全塑性断裂，弹塑性断裂力学首先必须要解决的问题是如何在大范围屈服条件下，确定一个能定量地描述裂纹尖端应力形变场强度，而又易于实验测定及计算的参量。1968 年 Rice 提出了一个能量线积分，又称 J 积分，初步解决了这些问题。

在全面屈服情况下，只要总体的屈服程度不太高，应变区限制在裂纹端部较小地区包围它的广大弹塑性区还是小应变区。这样在高应变区中的形变能只占总形变能中的一小部分。用 J 积分描述裂纹端部的弹塑性场，像参数 K_{I} 描述裂纹尖端的弹性场，但 J 积分比 K_{I} 更优越，它既可适合于小范围屈服，也可以适合于大范围屈服。

J 积分的重要特点是在一定条件下，即小应变区中包括弹性和塑性形变，它的值可以证明与积分路线无关。

积分的断裂判据可以这样来认为，既然 J 积分是描述裂纹端部弹塑性场的应力、应变参数，那么在裂纹开裂时的 J 积分值就称为 J 积分的临界值，以平面应变 J_{IC} 表示。其判据为：

$$J=J_{IC}\text{（平面应变）}\tag{4-55}$$

J_{IC}的测定主要有两种方法，一种是J积分的试验标定法，也称多试件法，另一种为单试件法。

综上所述，积分方法的优点在于它的积分数值与积分回路的无关性，它避开了难于计算分析的裂纹尖端，这个有严格定义的应力应变场参量，其数值可用简单的实验方法可靠地进行标定。

积分也有它的局限性，因为J积分是二维的，所以J积分只能适用于平面问题，而不能适用于三维问题。由于塑性应变是不可逆的，因而J积分方法就不允许卸载。它不适用于在裂纹明显扩展之前已有亚临界扩展的材料。因此，J积分只能说明扩展的起始，而不能描述整个过程。

⑥ 压力容器裂纹在应力腐蚀中的扩展规律和寿命估算　对于压力容器的应力腐蚀寿命评估，须按相应的法规和标准进行。

SCC 寿命预测的难点，一是对裂纹萌生期规律缺乏机理性的定量认识，二是难以取得符合现场 SCC 实际规律的裂纹扩展速率（CPR）的数据。SCC 寿命预测需 CPR 的数据，采用断裂力学方法用预制裂纹试样外加实际可能遭受的应力是最常采用的实验室获取 CPR 的方法，而用断裂力学试样所得到的数据往往是过于保守的。其原因之一是上述试验所得的裂纹扩展速率常处于法拉第定律的上限，而实际裂纹并非是以如此高的速率扩展；再者对 SCC 过程中多裂纹交互作用对 SCC 寿命影响的认识较少，Parkins 认为很大的裂纹也有可能停止扩展；而且由于 SCC 参数中的环境因素，如环境组成、电位、温度等在设备运行过程中出现随机特征，需用统计分析的方法进行处理，简单的模型处理不能奏效。

用于设备寿命预测的方法一般可分为确定性（deterministic）方法及统计（statistical）方法两种。确定性方法通过计算裂纹扩展速率以求出 SCC 寿命，而 SCC 萌生期常需采用统计分析方法处理。用于腐蚀设备寿命预测的统计方法常采用极值统计方法，其分布形式一般有 Gumbel 分布、Cauchy 和 Weibull 分布 3 种。Gumbel 分布常用于最大点蚀深度的分布，也有少数研究采用 Gumbel 分布处理 304 不锈钢在高温高压水中的 SCC 数据；而 Weibull 分布常用于 SCC 寿命预测[185]。

a. 应力腐蚀临界应力强度因子。具有原始裂a的压力容器器壁，在非腐蚀环境中工作，当$K_I<K_{IC}$时，裂纹是稳定的，只有当$K_I\geqslant K_{IC}$时裂纹才有可能快速断裂。

若在特征腐蚀介质中工作，虽然当$K_I<K_{IC}$，但裂纹也有可能扩展，并且随着裂纹的扩展，K_I逐渐增大，直至裂纹扩展至a_c，压力容器即将发生破裂。

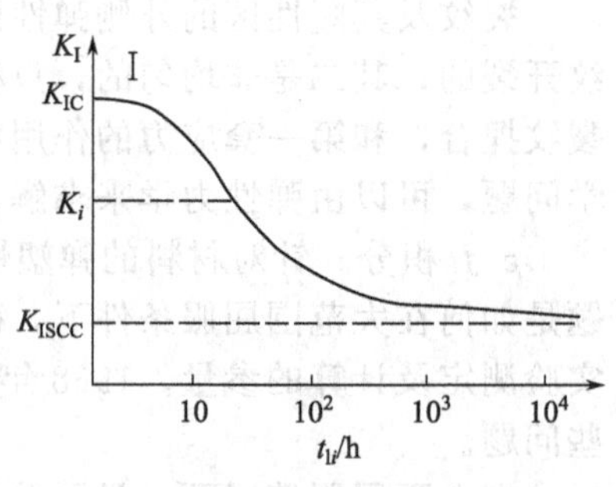

图 4-228　$K_{Ii}-T_{Ii}$曲线

裂纹在特征腐蚀介质和拉应力的共同作用下，由原始裂纹尺寸a扩展到临界值a_c这一段扩展过程，称为裂纹在应力腐蚀中的亚临界扩展，加速亚临界扩展的动力是应力强度因子K_I。通过试验，在某一恒拉应力值和特征腐蚀介质共同作用下可得K_{Ii}-t_{Ii}曲线，如图 4-228 所示。由图 4-228 可知，当$K_{Ii}=K_{IC}$时，$t_{Ii}=0$；$K_{Ii}<K_{IC}$时，t_{Ii}随K_{Ii}的下降而增大。K_{Ii}下降到某一值K_{ISCC}时，$t_{Ii}\rightarrow\infty$，由此可找出K_{ISCC}值。当$K_{Ii}<K_{ISCC}$时，裂纹即使缓慢地发生扩展，但要从$a\rightarrow a_c$需要的时间很长。因此，可以认为不会发生扩展。此值称为应力腐蚀临界强度因子K_{ISCC}。

$$K_{ISCC}=\sigma\sqrt{\pi a}\text{ 或 }K_{ISCC}=\sigma_{th}\sqrt{\pi a}\tag{4-56}$$

式中　a——原始裂纹尺寸，mm；

$\bar{a}$——不产生应力腐蚀开裂的最小裂纹尺寸，mm；

σ_{th}——应力腐蚀开裂的临界应力，MPa。

K_{ISCC}和K_{IC}一样，对于一定的材料和介质K_{ISCC}是一个常数，可用于过程设计。

有关σ、σ_{th}、a、$\bar{a}$ 和a_c 的评定，如图 4-229 所示。当原始裂纹尺寸 a 的外加应力$\sigma \geqslant \sigma_{th}$时，即开裂，发生亚临界扩展一直到达相对应的$a_c$，产生失稳断裂。

当原始裂纹尺寸 a 的外加应力$\sigma < \sigma_{th}$，而 $a < \bar{a}$ 时，则不会产生开裂。

当$K_I \geqslant K_{ISCC}$时，裂纹即开裂发生亚临界扩展。

当$K_I \geqslant K_{IC}$，裂纹立即产生失稳断裂。

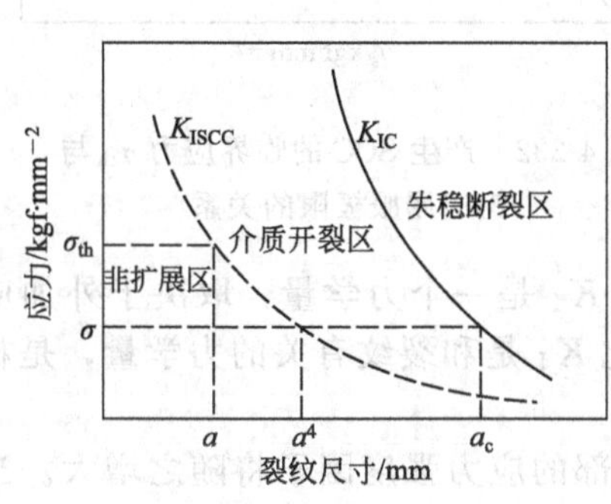

图 4-229 应力腐蚀裂纹开裂评定示意

1kgf/mm² = 9.8MPa

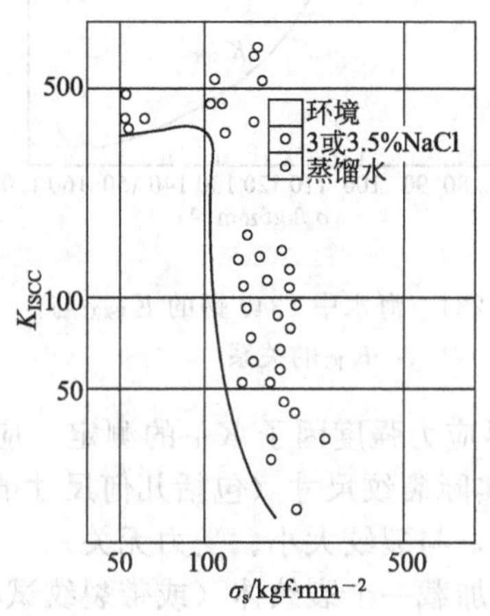

图 4-230 高强度钢的K_{ISCC}与屈服强度的关系

当腐蚀环境一定时，K_{ISCC}因材料的强度不同而有所不同，图 4-230 中可见，在σ_s (R_{eL}) $>$980MPa 时，σ_s 越大，K_{ISCC}越低，因此，高强度钢具有很大的应力腐蚀开裂敏感性。K_{ISCC}与K_{IC}有一定的对应关系，如 4340 钢在海水中的K_{ISCC}与K_{IC}的关系，如图 4-231 所示，曲线变化表明，$K_{IC} > K_{ISCC}$，当$\sigma_s >$105MPa 时，K_{ISCC}急剧下降，而$\sigma_s >$140MPa 时，K_{ISCC}才变化缓慢，但K_{IC}一直是缓慢地下降的。

在腐蚀环境一定时，应力腐蚀裂纹的形式及σ_{th}与σ_s 的关系如图 4-232 所示，并见表 4-49。

表 4-49 SCC 形式及σ_{th}与σ_s的关系

区域	典型腐蚀环境	典型材料	σ_{th}与σ_s关系	SCC形式
A	42%$MgCl_2$水溶液	奥氏体不锈钢	$\sigma_{th} \approx \sigma_s$	APC
B	H_2SrO_6(晶间腐蚀领先，拉应力起加速作用)	奥氏体不锈钢	$\sigma_{th} \approx 0$	APC
G	高温高压力	奥氏体不锈钢	$\sigma_{th} < \sigma_s$ (0～σ_s之间)	APC
C	氢分压p_{H2}大的环境如H_2S饱和水，液氨，酸洗液等[p_{H2}增大，$(\sigma_{th})_{ISCC}$值降低]	$\sigma_s <$50kgf·mm⁻² 低碳钢及低合金钢	$\sigma_{th} \approx \sigma_s$ [$(\sigma_{th})_{ISCC} \approx$50kgf·mm⁻²]	HEC
D		σ_s=50～100kgf·mm⁻² 低合金调质钢	$\sigma_{th} < \sigma_s$ (σ_s增大，σ_{th}降低)	HEC
E	氢分压p_{H2}小的环境，如海水，雨水，NaCl水溶液等(对缺口敏感性大)	$\sigma_s \approx$80～100kgf·mm⁻² 低合金高强度钢	$\sigma_{th} \approx \sigma_s$ [$(\sigma_{th})_{ISCC} \approx$100kgf·mm⁻²]	HEC
F		[$\sigma_s >$100kgf·mm⁻²] 高强度钢	$\sigma_{th} < \sigma_s$ (σ_s增大，σ_{th}降低)	HEC

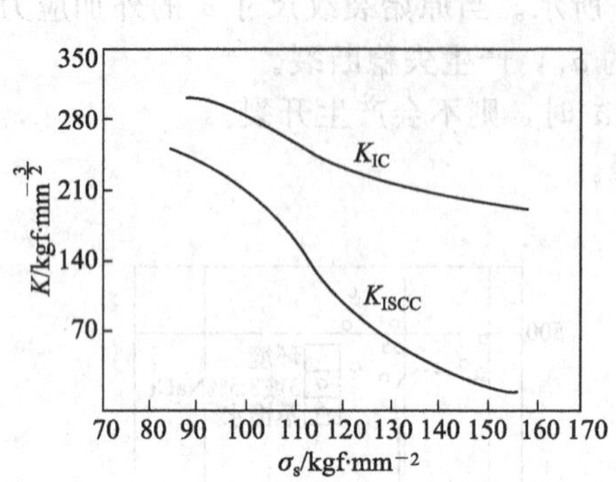

图 4-231 海水中 4340 钢的 K_{ISCC} 与 K_{IC} 的关系

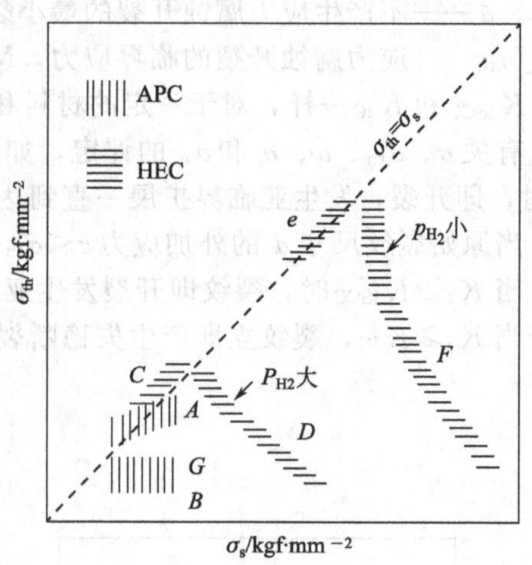

图 4-232 产生 SCC 的临界应力 σ_{th} 与钢的屈服极限的关系

b. 临界应力强度因子 K_{IC} 的测定。应力强度因子 K_I 是一个力学量，取决于外加应力（负荷）及实际裂纹尺寸（包括几何尺寸的影响），因此 K_I 是和裂纹有关的力学量，是材料固有的属性，与裂纹大小、受力无关。

当逐渐加载一个裂纹体（或带裂纹试样），裂纹端部的应力强度因子将随之增大。当应力强度因子 K_I 达到某一定值时，裂纹将发生急剧的不稳定扩展，这一定值即为应力强度因子的临界值，或称材料的断裂韧性。

K_C 是平面应力状态下的断裂韧性，它和板材或试样厚度有关。而当板材厚度增加到达到平面应变状态时，如果裂纹端部处于平面应变状态，那么裂纹特别容易扩展，断裂韧值就出现一个稳定的低值，称为平面应变断裂韧性 K_{IC}，它反映材料抵抗裂纹失稳扩展的能力，是材料的一种力学性能。断裂韧性 K_{IC} 可以按 ASTM E399[186] 或 GB/T 4161[187] 规定的方法进行测定。

测定 K_{IC} 值的基本原理是用一带裂纹长度为 a 的直三点弯曲试件，在试验机上加力 P 使试件弯曲。随着 P 值增加，K_I 值也增加。当 P 值低于临界载荷时，相应的 K_I 值也低于临界值 K_{IC}，裂纹不会失稳扩展。但当 P 值大到临界值时，裂纹就要开始失稳扩展，此时值也已达到临界值 K_{IC}。绘制 P-v 曲线，以平面应变断裂韧性的条件值 K_Q 作为 K_{IC}。

c. 应力腐蚀裂纹扩展速率测定。当 $K_{ISCC}<K_I<K_{IC}$ 时，裂纹发生亚临界扩展。实验证明，在恒拉应力情况下应力腐蚀裂纹扩展速率 $\mathrm{d}a/\mathrm{d}t=f(K_{Ii})$，而 $K_{Ii}=g(a_i)$，即随着裂纹的扩展，a 在变，K_{Ii} 也在变，$\mathrm{d}a/\mathrm{d}t$ 的瞬时值也在变。

$\mathrm{d}a/\mathrm{d}t=f(K_{Ii})$ 的具体函数关系很复杂，目前仅依赖于实验测定，$\mathrm{d}a/\mathrm{d}t$-K 曲线可分为三个阶段，如图 4-233 所示。

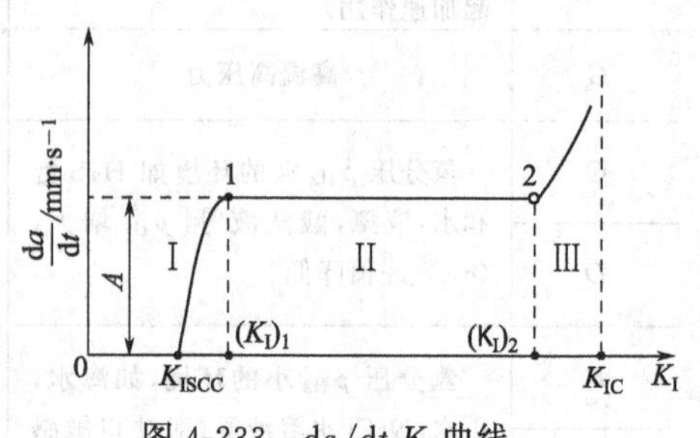

图 4-233 $\mathrm{d}a/\mathrm{d}t$-K 曲线

Ⅰ阶段：当 K_I 稍大于 K_{ISCC}，经过一段孕育期，$\mathrm{d}a/\mathrm{d}t$ 剧增，即 $\mathrm{d}a/\mathrm{d}t\approx K_I^2$，此阶段内 $\mathrm{d}a/\mathrm{d}t$ 对 K_I 很敏感。

Ⅱ阶段：K_I 的变化对 $\mathrm{d}a/\mathrm{d}t$ 影响不大，这一段是纯腐蚀过程，它起着控制作用。

Ⅲ阶段：当 K_I 趋近 K_{IC} 时，$\mathrm{d}a/\mathrm{d}t$ 剧增，并伴

随着断裂过程。

实验证明应力腐蚀裂纹的扩展速度一般不超过 $10mm \cdot h^{-1}$，远比钢的脆性断裂速度小，但换算成腐蚀电流密度则可达 $1mA \cdot mm^{-2}$，比普通的钢腐蚀过程要快得多。

d. 应力腐蚀下压力容器的寿命估算。应力腐蚀下的压力容器寿命预测是从缺陷的初始尺寸积分到临界尺寸来估算寿命的，而寿命控制正好与之相反，是事先指定寿命，然后反求初始缺陷尺寸，并通过无损检测可靠性方法检出结构中大于该尺寸的缺陷，对检出的缺陷进行维修或更换相应的零部件，从而保证整个结构在指定寿命期内的安全。

·断裂力学法　在应力腐蚀条件下工作的压力容器进行寿命估算和寿命分析时，首先根据 $K_{ISCC}=\sigma(\pi\bar{a})^{1/2}$ 来确定不发生应力腐蚀的最小裂纹尺寸 $\bar{a}$。若外加应力一定，可测得的裂纹原始尺寸为 a。

若 $a<\bar{a}$，可不考虑应力腐蚀问题；

若 $a>\bar{a}$，需根据 $da/dt=f(K_{Ii})$ 曲线来估算寿命 t_{Ii}。

估算实际压力容器的 t_{Ii} 时，为了安全和简单起见，一般取保守使用寿命，即以占总寿命大部分的第Ⅱ阶段寿命作为压力容器寿命，且近似地认为该阶段 CPR 为常数 A。

当 $a>\bar{a}$ 时，由 $(K_I)_2=\sigma\sqrt{\pi a_2}$ 得：

$$a_2=\frac{1}{\pi}\left[\frac{(K_I)_2}{\sigma}\right]^2 \tag{4-57}$$

$$则：t_{fII}=\int_0^{t_2}dt=\int_a^{a_2}\frac{da}{A}=\frac{a_2-a}{A} \tag{4-58}$$

相当低的 CPR 使得实验室模拟试验周期相当长，从而使得模拟条件下的 SCC 试验数据及现场数据较少，且相当一部分的试验数据较分散，这给 SCC 寿命预测带来了很大的困难。目前所发展的高温水中的 SCC 寿命预测有其自己的特点，即多数采用确定性方法通过计算裂纹扩展阶段的 CPR 来估计相关条件下的设备剩余寿命，如 GE（通用电气公司）的 Ford 和 Andresen 根据滑移-溶解机理提出的 SCC 预测模型（slip-dissolution，S-D）、D. D. Macdonald 和 U. Macdonald 环境耦合断裂模型（coupled-environment fracture model，CEFM）、A. Turnbull 模型、Jiang 及 Staehle 提出的化学/力学模型（chemical/mechanical，C/M）均是采用确定性方法加以模型化。确定性模型方法的优点在于其能够提供对控制变量的机理性的认识，从而可以评估操作环境的影响，但其局限性在于由于不同模型所采用的假设条件不同而使得模型在有关实际工程的适用性方面常引起争论[186]。

·统计分析方法的运用　R. N. Parkins 等运用统计分析方法成功地进行了油气管道的 SCC 寿命预测。由于现场及实验室高温水中的 SCC 裂纹萌生与扩展数据具有一定的随机特征，采用统计分析方法来进行核电材料 SCC 寿命分析有其理论基础。R. Post 等人提出基于统计分析的 SCC 寿命因子理论，运用该理论成功地确认采用核电级 316 不锈钢替代易发生 SCC 的 304 不锈钢的可行性。K. Yamauchi 等人提出了用一个称为 F 因子的参数来表示给定 SCC 体系与参照 SCC 体系 SCC 寿命之间的比例，通过分析实验室 SCC 寿命数据得出各个影响因子的寿命因数，该方法在评价实验室与现场数据方面有一定作用。P. Scott 等人的研究结果表明，Weibull 分布可用于 600 合金在 PWR 一回路水中 SCC（PWSCC）的预测，Weibull 分布参数可较好地预测外加应力、温度以及材料 SCC 敏感性等的影响，Monte Carlo 模拟则是用于验证预测相关性的一种有效的方法[185]。

(3) 在役压力容器应力腐蚀开裂的处置

应力腐蚀是压力容器最危险的腐蚀形式，除了须要做好预防工作外，对于已发生 SCC 的压力容器，又常常须要继续使用，这样问题来了，如何才能保证这些容器的安全运行呢？

① 检验　对于在使用过程中出现应力腐蚀开裂的压力容器，应首先进行全面检验，检

验以表面检测为主，确定裂纹位置、深度和长度。检验前必须根据设备的结构、材质和介质等情况正确地确定检验的重点部位，制订出合理的检验工艺，并严格按检验工艺实施检验，确保表面裂纹性缺陷的检出，防止错检、漏检。重点检验部位有：

a. 容易造成液体滞留或固体物质沉积的部位，如容器底部，底封头等；

b. 连接结构中容易形成缝隙死角的部位，如胀接结构，容器内支承件等；

c. 应力集中部位，如容器开孔、T 型焊结构等，焊缝缺陷部位，错边、咬边等部位；

d. 容器的气液相交界部位；

e. 局部温差变化大的部位，如容器内的局部过热区；

f. 容器进料口附近和管口对面壁体；

g. 返修补焊部位等。

② 返修　根据检验结果，制定返修方案。返修方案须在确保消除所有裂纹的同时，不得使返修部位的材质劣化。消除裂纹后，应首先对消除裂纹后的凹坑缺陷进行安全评定，对于安全评定允许存在的凹坑，不进行补焊处理。大面积的裂纹缺陷，应尽可能采用挖补的方法修复。对于消缺产生的凹坑或挖补部位的补焊和焊接修复须采取以下措施。

a. 严格控制焊接预热温度、层间温度和后热温度及时间。

b. 对低合金钢的返修，补焊或焊接宜选用低强度酸性焊条，如 J502 焊条，因其氧化性药皮可将扩散富集至焊接接头处的氢反应消耗一部分，从而能有效降低焊接接头中的氢含量。

c. 对返修补焊的焊接接头进行严格的无损探伤检查。

d. 热处理。降低焊接接头处的残余应力和硬度。如对球罐进行高温回火热处理，既可使低合金钢焊接接头熔合区的马氏体组织分解，又可降低焊接接头的残余应力，还能使焊接接头处的氢部分逸出。硬度测点的冲击痕须在热处理前打磨消除。实践证明 16Mn 钢通过焊后热处理可改善耐应力腐蚀性能，达到安全水平。

③ 防护

a. 表面处理。对于碳钢或低合金钢容器，特别是发生了湿硫化氢应力腐蚀开裂的容器，采用喷砂处理，消除所有腐蚀产物，是防止今后容器在使用过程中再次发生 SSCC 的重要方法。对完成检验、补焊或焊接修复的容器，内部采用喷丸硬化技术，可以有效地提高容器的抗 SCC 性能。

b. 内部采用覆盖层防腐。

c. 不锈钢等耐蚀合金容器的应力腐蚀裂纹消除后，须按原焊接工艺评定的焊接工艺进行补焊或焊接。必要时，须要进行腐蚀试验验证。

d. 采取措施降低焊接接头残余应力，如振动法可以降低局部残余应力。改进结构，降低外加应力和容器局部应力集中。

e. 声发射技术用来对压力容器的应力腐蚀过程进行监控，根据声发射信号强度及其变化可以较准确判断设备的运行状况，定量确定压力容器的服役年限或检修周期。

f. 采取工艺措施，消减介质腐蚀性组分，或改变介质组分防止 SCC 发生。

4.4.9 压力容器应力腐蚀控制

前已论述压力容器应力腐蚀主要受力学因素、环境因素和冶金因素这三大要素的控制和影响，所以压力容器应力腐蚀的控制也应从这三个方面来研究和采取有效措施的途径。

控制压力容器发生 SCC 的措施主要有：合理选材，改变合金成分（低 C，高 Cr、N、Mo）、改变合金组织（热处理）；改变应力，避免应力集中、减少外应力、消除内应力、改变应力方向、结构合理；改变环境，调整环境温度、浓度、pH 值、加缓蚀剂、环境处理、电化学保护、阴极保护、阳极保护、介质隔离（覆盖层）等。但在很多情况下，由于制造、焊接和热循环造成的残余应力是不能避免的，介质环境也是难以改变的，所以，这时采用具有足够合金化的合金成了唯一的解决办法。

(1) 设计、制造和使用

设计人员须掌握有关SCC的基本知识，对可能发生应力腐蚀的产品，在图样上明确焊接工艺和热处理制度，不应简单地说按GB 150、GB/T 151标准进行制造。一台设备是否会发生应力腐蚀，不仅和介质（包括介质中微量杂质的所有组成及含量）有关，还和温度、钢种及其杂质含量有关，情况复杂，在标准中难以用简单条文说清楚，还是由设计者根据具体情况确定为宜。

在压力容器设计时要根据工艺条件，保证使压力容器在设计规定的工艺条件下不发生SCC，在结构设计上应避免应力集中、异种钢连接、附着物沉积、结构件间的缝隙等。对于操作条件和所接触介质已经确定了的压力容器要严格遵守操作规程，不得提高腐蚀介质的浓度、不得改变操作温度和压力、也不得改变溶液的运动速度。

(2) 力学因素方面的控制途径和措施

① 减小压力容器受压元件的应力。引起压力容器应力腐蚀的力学因素是材料承受的应力之和超过临界压力σ_{SCC}（σ_{th}），为使压力容器不产生应力腐蚀，需减小压力容器的拉应力，使材料的工作应力和残余应力之和降到应力腐蚀临界应力以下。从力学因素方面应采取以下控制措施。

a. 严格控制压力容器的运行压力不超过设计压力。对于运行过程中经常出现冲击载荷（如移动式压力容器）和应力状态复杂的压力容器（如非圆形截面压力容器）在确定设计压力数值时应留有一定的余量。在运行操作中，一定要严格执行操作工艺过程不超压。要保持装置运行尽量平稳，减少开停车次数，避免已产生的微裂纹疲劳扩展、应力腐蚀及腐蚀疲劳。

b. 严格控制压力容器的操作温度不超过设计温度。某些压力容器内外壁温差很大，壳壁温度高的一侧受的温差应力是压应力，温度低的一侧受的温差应力是拉应力。温差应力中的拉应力与内压引起的工作拉应力相叠加增加了产生应力腐蚀的可能性，因而要严格控制，使之不产生超温运行。另外容器长期在高温下运行会产生蠕变，这是应该避免的。

c. 进行压力容器结构设计时必须注意不允许出现过高的应力集中区，结构的过渡要采用圆角过渡，内角采用流线型设计。在容器的结构设计方面不要人为地制造应力集中区，除尽力防止机械残余应力和应力集中外，还要努力防止或减小热应力。

d. 在压力容器冷加工各工序，要采取有效控制措施防止产生错边、角变形等引起机械残余拉应力的根源。如果容器内表面需要机械加工，必须保证制造工艺要求的加工精度，使表面不产生缺陷和裂纹。

e. 残余应力。一般在焊缝金属和热影响区产生拉应力，峰值在焊缝金属上，可达到材料的屈服强度值，稍远处的母材上产生压应力。压力容器焊接时必须严格按焊接工艺规范操作，容器的各部分组焊时，应使温度尽可能均匀分布，使之产生尽可能小的焊接残余应力。通常可以采用焊前预热，焊后整体热处理控制或消除残余应力。

冷加工残余应力。冷加工使材料的强度和硬度上升，产生的残余应力峰值可达到材料的屈服强度值，需要高温回火消除加工残余应力。

压力容器制造完成后，必须进行消除残余应力退火热处理时，要根据不同的材料采用不同的热处理规范。对于球罐、大型液化气体储存压力容器、移动式压力容器来说在压力容器制造完毕后要进行整体热处理。一般卧式圆筒形压力容器和移动式压力容器罐体用大型热处理炉进行整体热处理，对于球罐和大型普通圆筒形压力容器要进行现场整体热处理。热处理时防止过少或欠烧，保证温度均匀是压力容器抗 SCC 的关键。

② 取控制措施使压力容器接触腐蚀介质的表面处于压应力状态。金属材料表面处于压应力状态可使微裂纹闭合，应力腐蚀的电化学过程无法进行，因而可避免或减缓应力腐蚀。超高压容器的自增强、绕丝容器、多层缩套都可在容器内壁产生压应力（至少是减小了拉应力），高压容器的层板包扎、多层热套、型槽钢带、扁平钢带倾角错绕、绕板式、螺旋绕板等型式都可使内筒内壁表面处于压应力状态（至少是减小了拉应力）。对于中低压压力容器使内壁表面产生压应力的控制措施有选用爆炸复合板、喷丸、锤击或振动、辊压、蒸汽喷射等方法，这种方法能使其对 SCC 起相当程度的预防或减缓作用。

（3）环境因素方面的控制途径和措施

环境方面有以下 7 个影响因素，即介质的腐蚀属性、浓度、温度、压力、溶液流动速率、pH 值和氧含量。为在环境因素方面控制应力腐蚀的产生还应采取以下措施。

① 采取行之有效的措施尽可能地减少介质中氧和氯化物的含量，使之达到千万分之几可以有效地防止不锈钢制容器、热交换器和锅炉的 SCC。除氧的方法有加热除氧法、真空除氧和化学除氧法等。

脱水和脱硫是防止 SSC 的有效措施，脱水要达到其露点温度低于系统的运行温度，脱硫达到 SY/T 0599[50] 或 NACE MR 0175[49] 标准，即达到 H_2S 分压临界值以下。这对于 LPG 储罐、天然气储罐和管线非常重要。

② 在腐蚀介质中添加缓蚀剂也有可能在某种条件下减少或消除 SCC 产生的可能性；添加缓蚀剂在理论上是可靠的，但现场试验证明，要准确的使介质和环境处于受控状态是困难的。因此，他只能作为一种减缓 SCC 的措施，而不能单独使用。

③ 压力容器结构设计要力求合理。必须从金属腐蚀控制的角度进行全面考虑，消除腐蚀介质的停滞和聚集以及产生电偶腐蚀等，要避免在有拉应力存在的地方发生腐蚀介质浓缩的可能性（如材料是不锈钢这点更重要）。在设计容器时应考虑消除可能积聚沉淀的死角，采用圆角比方角易于处理。对于盛装液体的压力容器，腐蚀介质液体在容器某处积聚或沉淀会造成应力腐蚀，设计时应考虑有一个能将全部液体放出的出口，液体出口管的装配要避免容器底部出现比出口还要低洼的地方，使其在液体放空时不会有残余液体留存在压力容量底部，同时也便于清洗。

设计金属结构时要避免电位差很大的金属材料互相接触以免发生电偶腐蚀。当必须把不同材料装配在一起时，应该用不导电的材料把它们隔离开来。如果两种不同电位的材料无法避免接触时，尽可能避免大阴极小阳极，因为这样会使阳极电流密度过大从而加剧了应力腐蚀。

要防止容器与多孔性基础直接接触以避免发生缝隙腐蚀，尽量不采用铆接和胀管法制造容器和热交换器的承压元件，而采用对焊和连续焊。

④ 采用阴极保护控制应力腐蚀。阴极保护对于控制某些金属的 SCC 有很好的效果，如阴极保护对防止海水或河水中的压力容器和冷凝器、冷却器、热交换器等的应力腐蚀是比较有效的。

⑤ 选择合适的表面覆盖层。压力容器常用的表面保护层有金属衬里、化学镀、喷镀、辗压等金属表面保护层和涂料、搪瓷和玻璃等非金属表面保护层。

辗压表面保护层在压力容器中应用较为广泛，这种方法是将耐蚀的合金用机械力量辗压使它附着压在基体金属上面，这种方法可以使底层金属的优良力学性能与表面金属优良的耐腐蚀性能很好地结合起，这一方法所造成的表面保护层不仅很紧密而且可以任意增加厚度，所以坚固耐久。来近年来国内外又采用爆炸焊接法代替辗压法，这种方法形成的复合材料耐蚀层与基体材料结合得更牢固，效率又高，是一种很有发展前途的方法。

整体热浸镀铝具有铁铝合金层、纯铝层、三氧化二铝防护层，对 H_2S、SO_2、CN^-、环烷酸、有机酸、无机盐等腐蚀介质具有很高的耐蚀性能。换热器管束、壳体经整体热浸镀铝处理后，可以很大程度消除焊接、胀接、液压产生的残余应力，全面消除管束中存在的死角和缝隙。因此，可以很好地克服管束的应力腐蚀和缝隙腐蚀。管束经整体渗铝后，耐高温氧化、抗高流速磨料冲蚀；改善了换热管支撑条件，降低了诱导振动带来的损坏和噪声污染。此外，管束镀铝后表面光滑，具有不易结垢的优点。其使用寿命是一般碳钢制品的4～10倍，耐应力腐蚀、硫化物腐蚀、缝隙腐蚀，耐高温腐蚀超过1-18不锈钢、合金钢，而价格却十分低廉。

但按 NACE MR 0175[49]和 SY/T 0599[50]的规定，压力容器使用镀层或覆盖层后，基体金属仍应符合抗 SCC 性能要求，才可以使用。标准还规定，渗氮、金属涂层（电镀和非电镀）、转化型涂层、塑料覆盖层和衬里不应用来防止 SSC。碳钢和低合金钢的覆盖层如果采用焊接、银钎焊或喷涂金属等热加工，基体金属的热处理状态不发生改变时，可用于酸性环境。当基体金属升温超过下临界温度，应进行热处理，使基体金属恢复到标准规定的基体金属硬度小于或等于22HRC，基体金属的最终热处理状态应符合相关要求。使用表面覆盖层时，应考虑到热处理还可能影响耐蚀合金衬里、镀层或其他覆盖层的性能，覆盖层在使用期间性能劣化，可能影响其耐蚀性能和力学性能。

⑥ 开停车控制。一些装置运行条件下并没有发生 SCC 的倾向，但在开车或停机检修时，若不注意防护也会发生低温下的应力腐蚀问题，如不锈钢的连多硫酸腐蚀问题，用于高温下的含硫环境的碳钢设备在停机后也会产生湿 H_2S 应力腐蚀问题等。同样高温含水气体经过低温部位时，可能会形成露点腐蚀问题，如催化裂化再生器的露点温度下的应力腐蚀问题，加热炉的空气预热器、烟气、余热锅炉的管道的都可能因露点腐蚀导致应力腐蚀问题。因此，需要制定适宜的开停车保护措施，防止应力腐蚀。

如为防止奥氏体不锈钢的连多硫酸应力腐蚀，NACE SP 0170[94]制定了碱洗、干燥充氮保护方法。

(4) 冶金因素方面的控制途径和措施

每种金属材料或合金都有产生应力腐蚀的特征介质，因此设计压力容器时要避开对该种介质环境应力腐蚀敏感的材料。

① 金相组织结构　由于奥氏体不锈钢、铁素体不锈钢、马氏体不锈钢的应力腐蚀特征介质各不相同，因此选用不锈钢时要因腐蚀介质不同而选择不同金相组织的不锈钢。目前国外又发展了抗应力腐蚀的不锈钢体系如高镍奥氏体钢、双相不锈钢钢、超级不锈钢、高纯奥氏体不锈钢、超纯高铬铁素体钢等。

具有体心立方（bcc）结构的铁素体钢的脆性转变温度较高，脆性断裂倾向较大，密排六方结构（hcp）次之；面心立方结构（fcc）的金属如铜、铝、镍和奥氏体类钢则基本上没有这种温度效应，即没有低应力脆断。事实上除非存在第二相或处于导致产生应力腐蚀的介质环境下，面心立方晶体金属一般不发生脆性断裂。

② 应控制夹杂物含量、形态和偏析　选用晶粒度小、断裂韧性高、材料强度与断裂韧性比值低的材料。压力容器用钢含有尽可能低的C、O、N是非常重要的，因为这3种元素是促进压力容器用钢低应力脆断的重要原因。

③ 强度和硬度　按照相关规范，尽可能选用低强度材料，严格控制焊接接头的硬度。

④ 选材　为解决 SCC 问题，合理选材十分重要，应按相应的规范选用适宜的材料。如我国目前普遍选用普通低合金钢来防止压力容器的 SSCC，这些钢材由于添加了几种元素既细化了晶粒，又提高了断裂力学性能是符合我国国情的比较理想的压力容器用钢材。但要注意，任何不符合标准的设计、制造、安装、使用等情况都可能导致抗 SSC 材料对 SSC 敏感；

⑤ 焊接工艺和质量　焊接接头硬度≥350HV，即认为有淬硬倾向，以此作为确定预热温度的依据。预热还应综合考虑设计要求、结构形式、工件厚度、焊接材料等因素。层间温度一般比预热温度高20～30℃。线能量按材质、板厚、焊接材料、焊接方法等选定，使线能量满足要求，并尽可能使用小规范焊接。限制热影响区最高硬度即要考虑冷裂纹，又要考虑防止产生热裂纹。焊接接头的硬度应控制在相关规范允许的范围内。

在应力腐蚀环境中，通常不允许有异种钢焊接。

焊缝成形质量对焊接接头的抗SCC性能有重要影响，图4-234为某碳钢衬不锈钢管线，严重的焊接缺陷导致焊接接头在湿 H_2S 环境中1d内开裂泄漏。焊缝应保持几何形状连续，不允许存在咬边等线性缺陷，必要时可将焊缝磨平。用里氏硬度计测试硬度后，必须打磨消除硬度计探头对材料表面造成的冲击痕。

(a) 管线焊缝熔合区纵向裂纹及内壁缺陷

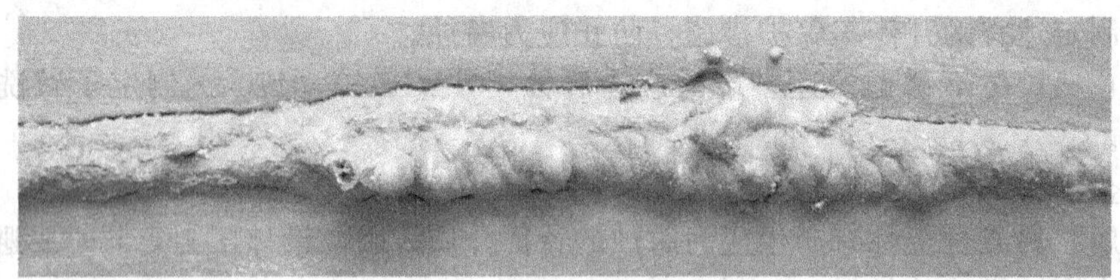

(b) 管线焊缝熔合区纵向裂纹(外壁)

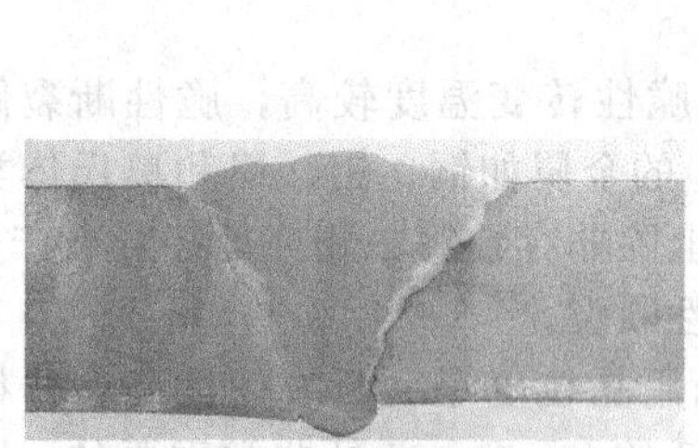

(c) 焊缝裂纹横向剖

(d) 管线焊缝熔合区纵向裂纹断口

图4-234　劣质焊接导致SCC

⑥ 腐蚀试验　在实验室对材料和焊接接头可以进行其抗SCC性能的全面验证，考虑到在实验室内全面模拟现场介质环境是困难的，是人为施加一定的应力于试样上的模拟方法进行SCC试验来反映材料的性能，同时影响材料抗SCC性能的因素很多，所以用单一的试验

方法来评定材料抗 SCC 性能是不全面的。所以，在压力容器制造中，一般实验室试验通常是作为材料验收或验证焊接工艺评定的依据。

4.5 腐蚀疲劳

压力容器受开停车、压力波动、温度波动的影响，或受到介质流动、搅拌等引发振动、外部管系交变载荷作用，在腐蚀介质共同作用下会发生腐蚀疲劳破坏。是材料在交变应力作用下导致疲劳裂纹萌生、亚临界扩展，最终失稳断裂的过程。

4.5.1 腐蚀疲劳定义

腐蚀疲劳（Corrosion fatigue，CF）是在腐蚀和材料交替应变联合作用下引起的损伤过程，常导致破裂。他是载荷环境和材料冶金因素相互作用的结果，对于给定的材料，其疲劳强度在腐蚀环境中都会降低。

与疲劳破坏一样，腐蚀疲劳可分为高周腐蚀疲劳和低周腐蚀疲劳。严格地讲，除真空中的疲劳是真正的机械疲劳外，其他任何环境（包括大气）中的疲劳都是腐蚀疲劳，但人们常把大气中的疲劳排除在腐蚀疲劳之外。

高周疲劳为低应力、高寿命的疲劳破坏。应力小于材料的屈服极限，应力循环周数（N_f）较高，一般 N_f 超过 10^6～10^7，为最常见的一种疲劳破坏，如曲轴、弹簧等零件的断裂。在压力容器上，由于机械振动或流体引发的振动，可能导致高周腐蚀疲劳破坏，开裂一般发生在构件受约束的部位。

低周疲劳为高应力、低寿命的疲劳破坏。应力近于或等于材料的屈服极限，N_f 少于 10^4～10^5。例如，压力容器、核反应堆外壳等的断裂，某些传热元件、膨胀节由于温度差产生的腐蚀疲劳破坏。

有时将 $10^4 < N_f < 10^6$ 称为中周疲劳。

4.5.2 腐蚀疲劳对压力容器的危害

腐蚀疲劳往往造成突发事故，如 1980 年 3 月北海油田一采油平台发生腐蚀疲劳破坏，致使 123 人丧生。四川某市公交公司一大客车 1 只 CNG 气瓶发生爆炸，气瓶爆炸是由于瓶内天然气水、H_2S 含量较高，在介质与交变应力的作用下，产生腐蚀疲劳，使其结构强度降低，导致爆炸。20 世纪 80 年代末，在造纸、石化和燃料油工厂的脱气塔都有多种腐蚀疲劳开裂问题。循环锅炉在使用过程中有数百次冷启动，因为膨胀系数不同，保护性 Fe_3O_4 膜不断开裂，使腐蚀继续。

承压设备的疲劳破裂大部分都是腐蚀疲劳破裂，腐蚀使疲劳裂纹萌生所需时间及循环周次都明显减少，裂纹扩展速度增大，使金属材料的疲劳极限大大降低，造成设备的承压元件早期失效，导致原来按疲劳准则设计的压力容器寿命远低于预期寿命。

4.5.3 腐蚀疲劳形貌

由于机理上的关联性，腐蚀疲劳断口与机械疲劳、SCC 和氢脆断口有相似之处，应注意区分。在起源和扩展的不同阶段，可能发生腐蚀疲劳与其他断裂机理之间的转变，或者多种机理同时起作用。

与一般机械疲劳相同，腐蚀疲劳断口也拥有 3 个形貌不同的区域：疲劳源、疲劳区、瞬断区，见图 4-235，随材质、应力状态的不同，3 个区的大小和位置不同。腐蚀疲劳与机械疲劳断口主要区别如图 4-236 所示，腐蚀疲劳断口表面上常见明显的腐蚀和点蚀坑。要注意区分腐蚀是在开裂之后发生的还是与开裂同时发生的，如果断口局部区域有腐蚀，而四周无腐蚀，并且存在截然分明的边界，则应是开裂之后发生的腐蚀。

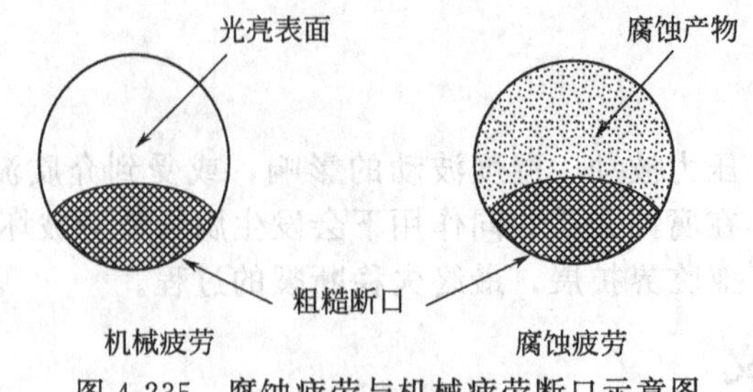

图 4-235 腐蚀疲劳与机械疲劳断口示意图

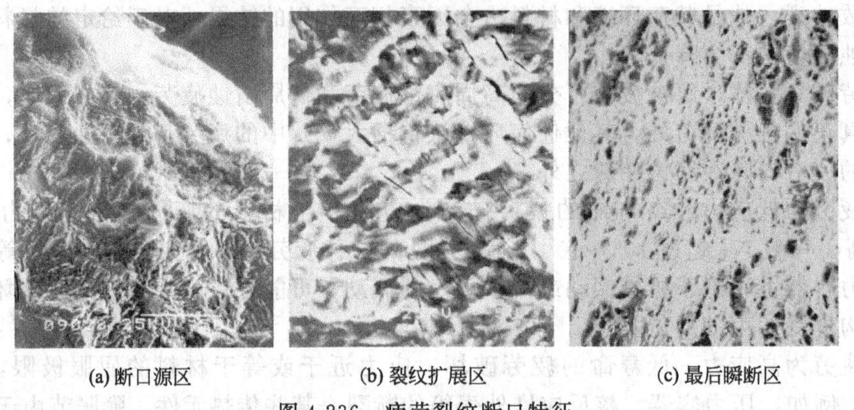

图 4-236 疲劳裂纹断口特征

腐蚀疲劳裂纹一般起始于表面腐蚀坑或表面缺陷处，包括点腐蚀、晶间腐蚀和应力腐蚀等，因此，在大多数腐蚀疲劳断裂的源区可见到腐蚀损伤特征，在源区虽看不到疲劳弧线，但有向外发射疲劳弧线的中心。

图 4-237 镀铬层上的疲劳裂纹向基体扩展

腐蚀疲劳裂纹往往成群出现，金属表面涂镀层上产生的疲劳裂纹通常可以穿透涂镀层后向基体扩展，见图 4-237。腐蚀疲劳和机械疲劳都可能有多个起始点并扩展汇合成一条单一裂纹，但腐蚀疲劳经常有多条裂纹形成并同时平行扩展，见图 4-238，导致碳钢和低合金钢在中性腐蚀介质中的疲劳断口呈现多平面特征。而机械疲劳可能在工件的一个区域中的几个点上萌生出多条裂纹，但经常是一条裂纹成为主裂纹，其他裂纹没扩展多远就汇入这条裂纹中。

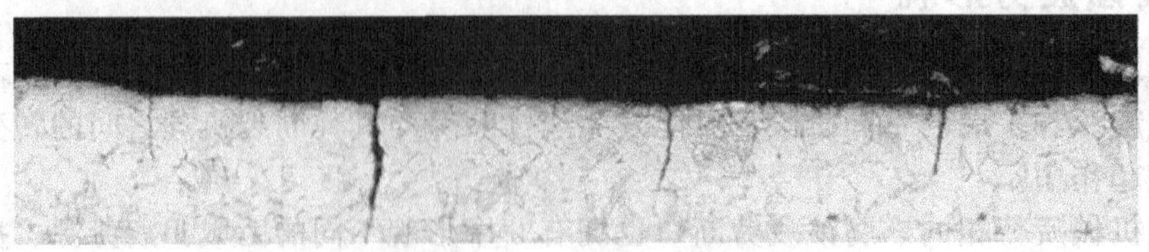

图 4-238 与主裂纹平行的多条平行微裂纹图

疲劳裂纹宏观常见切向和正向扩展，并多呈锯齿状和台阶状，断口较平整，呈瓷状或贝壳状，有向外辐射的放射台阶或放射状条纹、疲劳弧线，疲劳源等。微观上裂纹一般无分支，尖端较钝，裂纹平面垂直于主应力，小部分断口较为光滑，断口有疲劳条纹、疲劳辉纹等，呈脆性断裂等。对于低合金钢的腐蚀疲劳，还可根据提高钢的强度、耐蚀性或排除腐蚀介质的作用后，是否仍出现破坏来断定。如果由于钢强度提高，疲劳断裂消失或寿命延长，则可断定原断裂为机械疲劳，否则可断定原断裂为腐蚀疲劳。

腐蚀疲劳除具有机械疲劳的一般特征外，还有表面容易观察到有短而粗的裂缝群。裂缝多为穿晶型，但也有可能出现沿晶的或混合的。腐蚀疲劳也是一个脆性的开裂，断口无明显的宏观塑性变形；裂纹尖端一般充满了腐蚀产物，断口表面大部分有腐蚀产物覆盖，断口上既有腐蚀的特点，如腐蚀坑、腐蚀产物、二次裂纹等，又有疲劳的特点，如疲劳条带、疲劳辉纹等，但由于腐蚀的作用而比较模糊，有时由于腐蚀太严重以致断口上没有细节；小部分腐蚀疲劳断口较光滑。

腐蚀疲劳与应力腐蚀的根本区别在于，一是在应力腐蚀中，载荷基本上是恒定的，而腐蚀疲劳是交变的；二是应力腐蚀通常发生在敏感的材料和特定的环境条件下，而腐蚀疲劳没有这种选择性，几乎所有的金属在任何腐蚀环境中都会产生腐蚀疲劳。腐蚀疲劳裂纹很容易在材料表面形成，所以腐蚀疲劳的裂纹扩展寿命占总寿命的绝大部分，这一特点与SCC以及大气中的光滑疲劳试验正好相反。

腐蚀疲劳强度与其耐蚀性有关，耐蚀材料的腐蚀疲劳强度随抗拉强度的提高而提高，耐蚀性差的材料腐蚀疲劳强度与抗拉强度无关。一般容易发生点蚀的腐蚀环境，材料的疲劳性能显著降低。

在腐蚀疲劳断裂过程中，当腐蚀损伤占主导地位时，腐蚀疲劳断口呈现穿晶与沿晶混合型，其典型形貌上可见脆性疲劳条带，穿晶与沿晶以及腐蚀源等形貌特征。当 $K_{\max} > K_{\mathrm{ISCC}}$，在频率很低的情况下，腐蚀疲劳断口呈现出穿晶解理与韧窝混合特征。如果使用温度超过等强温度，断口形态除上述特征外，还会出现沿晶断裂特征。

低周疲劳宏观断口除具有上述疲劳断裂宏观断口的一般特征之外，还有如下特征。

① 具有多个疲劳源，且往往是线源。源区间的放射状棱线（疲劳一次台阶）多而且台阶的高度差大。

② 瞬断区的面积所占比例大，甚至远大于疲劳裂纹稳定扩展区的面积。

③ 疲劳弧线间距大，稳定扩展区的棱线（疲劳二次台阶）粗且短。

④ 整个断口高低不平，随着 N_f 的降低，断口形貌愈来愈接近静拉伸断口。在一般情况下，当疲劳寿命 $N_f < 90$ 次时，断口上为细小的韧窝，没有疲劳条带出现；当 $N_f \geqslant 300$ 次时，出现轮胎花样；当 $N_f > 10^4$ 时，才出现疲劳条带，此时的条带间距较宽，有时可达 $2 \sim 3\mu m$。

上述断裂特征并非在每一具体腐蚀疲劳断裂失效件上全部具备，对某一具体失效件究竟具备上述特征的哪几项，是随力学因素、环境因素和材质冶金因素而定的。

4.5.4 腐蚀疲劳机理

腐蚀疲劳涉及材料、环境和交变载荷之间的交互作用，断裂呈现多种形态，并且没有介质的选择性，裂纹扩展速率也表现多种规律，因此，腐蚀疲劳断裂机理也可能有多种假设。如，环境裂纹形核模型、氧化膜下合金堆聚形成裂纹模型、气相吸附降低表面合金理论、孔蚀应力集中模型、滑移带有限溶解模型等。

通常用金属材料的疲劳机理和电化学腐蚀作用结合来说明腐蚀疲劳的机理。一般认为，金属在交变应力的作用下，某些部位先产生塑性变形，造成表面电化学性质的不均匀，形成腐蚀电池。金属应变部位为阳极，而未变形处为阴极，阳极腐蚀生成微裂纹，裂纹在应力和腐蚀介质共同作用下沿滑移面扩展，故多产生穿晶开裂。

(1) 腐蚀疲劳机理模型

常见的腐蚀疲劳机理模型主要有以下 4 种。

① 点蚀加速裂纹形成理论　在腐蚀疲劳初期，金属表面固有的电化学性不均匀和疲劳损伤导致滑移带形成所造成的电化学性不均匀，腐蚀的结果在金属表面形成点蚀坑。点蚀孔是控制低应力和低寿命腐蚀疲劳的最重要因素，点蚀孔在疲劳实验的早期阶段形成，并成为疲劳裂纹萌生源，这是因为，点蚀孔导致局部应力集中以及闭塞电池溶液化学的形成，有利于疲劳裂纹的扩展，在孔底应力集中产生滑移。

孔蚀或其他局部腐蚀造成缺口，缝隙，引起应力集中，造成滑移。滑移台阶的腐蚀溶解使逆向加载时表面不能复原，成为裂纹源。反复加载使裂纹不断扩展，腐蚀作用使裂纹扩展速度加快。在交变应力作用下，滑移具有累积效应，表面膜更容易遭到破坏。裂纹越深、缺口效应越严重，尖端应力水平上升，腐蚀电位升高，腐蚀加剧等。

实际工程构件的疲劳裂纹大都在零件表面缺陷、晶界或第二相粒子处萌生。

② 形变活化腐蚀理论　循环应力下滑移带的形成使金属电化学性不均匀，滑移带集中的变形区域与未变形区域组成腐蚀电池，变形区为阳极，未变形区为阴极，阳极不断溶解而形成疲劳裂纹。

③ 保护膜破裂理论　对易钝化的金属，腐蚀介质首先在金属表面形成钝化膜，在循环应力作用下，表面钝化膜遭到破坏，在滑移台阶处形成无膜的微小阳极区，周围大面积有膜覆盖的阴极区。因此，阳极区快速溶解，直到膜重新修复为止，重复以上滑移—膜破—溶解—成膜的过程，在交变应力作用下促进了裂纹的扩展，逐步形成了腐蚀疲劳裂纹。

④ 吸附理论　金属与环境界面吸附了活性物质，使金属表面能降低，从而改变了金属的力学性能。氢脆是吸附理论的典型例子。

腐蚀疲劳对应力集中不及大气中的疲劳敏感，尺寸因素对腐蚀疲劳的影响则和大气中的疲劳相反。

S-N 曲线和疲劳极限。工程材料的疲劳性能是通过疲劳试验得出的疲劳曲线（*S-N* 曲线）确定的，建立应力幅值与相应的断裂循环周次 N_f 的关系，疲劳强度是材料在疲劳寿命为 N（10^7～10^8 周次范围）时不发生疲劳断裂的最大应力。在腐蚀环境中疲劳极限不存在，即在低应力下造成断裂的循环数仍与应力有关。为了便于对各种金属材料耐腐蚀疲劳性能进行比较，一般是规定一个循环次数（如 10^7），从而得出名义的腐蚀疲劳极限，又称条件疲劳极限。纯疲劳机理与腐蚀疲劳 *S-N* 曲线差别示意图如图 4-239 所示。

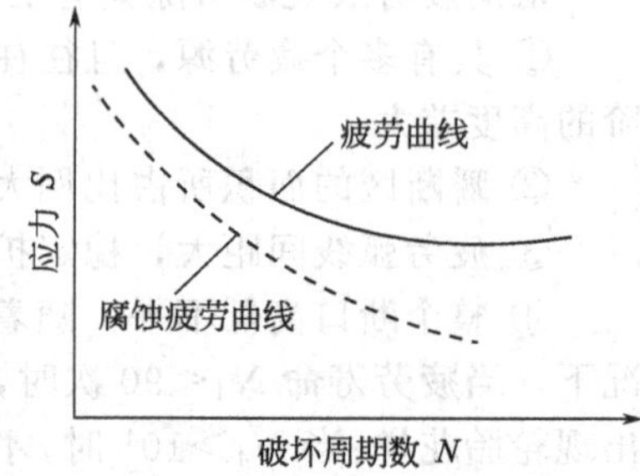

图 4-239　腐蚀疲劳和纯疲劳 *S-N* 曲线对比示意图

(2) 疲劳裂纹的扩展

疲劳裂纹的稳定扩展按其形成机理与特征的不同又可分为两个阶段。

① 疲劳裂纹稳定扩展的第一阶段　是在裂纹萌生后，在交变载荷作用下立即沿着滑移带的主滑移面向金属内部伸展。此滑移面的取向大致与正应力成 45°角，这时裂纹的扩展主要是由于切应力的作用。对于大多数合金来说，第一阶段裂纹扩展的深度很浅，大约在 2～5 个晶粒之内。这些晶粒断面都是沿着不同的结晶学平面延伸，与解理面不同，其显微形貌取决于材料类型、应力水平与状态以及环境介质等因素。

② 疲劳裂纹稳定扩展第二阶段　疲劳裂纹按第一阶段方式扩展一定距离后，将改变方向，沿着与正应力相垂直的方向扩展，此时正应力对裂纹的扩展产生重大影响。断面上最重

要的显微形貌是疲劳条带（疲劳辉纹），断口两匹配断面上的疲劳条带基本对应。在实际断口上，疲劳条带的数量与循环次数并不完全相等，因为它受应力状态、环境条件、材质等因素的影响很大。

(3) 疲劳条带的类型及其形态

疲劳条带的形成机理是在研究疲劳裂纹扩展机理的基础上提出的，通常将疲劳条带分成延性疲劳条带和脆性疲劳条带。目前主要有裂纹的连续扩展模型和裂纹的不连续扩展模型两种。形成疲劳条带的必要条件是在疲劳裂纹的前端必须处于张开型平面应变状态，通常，在张开型平面应变状况下，延性材料比脆性材料易于形成疲劳条带，面心立方晶系金属比体心立方晶系金属容易形成疲劳条带。

(4) 应力腐蚀与腐蚀疲劳产生条件差异

应力腐蚀与腐蚀疲劳产生条件的差异及其鉴别见表4-50。

表4-50 应力腐蚀与腐蚀疲劳产生条件的差异及其鉴别

产生条件	断裂性质	
	应力腐蚀	腐蚀疲劳
应力条件	① 高于临界应力的静拉伸应力 ② 慢应变速率的动应力 ③ 压应力敏感性低 ④ 多为残余应力	① 具有振幅的动应力(包括压应力) ② 静应力不产生 ③ 多为工作应力和热应力
材料/介质条件	① 材料与介质一般有特定的配合 ② 容易在极耐蚀的材料上产生	① 材料与介质没有特定的组合，任何介质中均可产生 ② 介质的腐蚀性越强越易产生 ③ 温度升高，对纯疲劳影响小，腐蚀疲劳性能下降
电化学条件	多出现在钝态不稳定的电位，但在活化态亦能产生	在活化态与钝化态均能产生 阴极极化：裂纹扩展速度降低，但进入析氢电位区对高强钢腐蚀疲劳性能有害 阳极极化：加速活化态碳钢腐蚀疲劳；提高氧化性介质中碳钢、不锈钢的腐蚀疲劳强度

4.5.5 影响压力容器腐蚀疲劳寿命的主要因素

(1) 材料强度

条件疲劳极限同金属材料在大气中的力学性能无直接的关系，纯机械疲劳中，可采用的一些提高材料疲劳强度的措施，如提高材料屈服极限或拉伸强度；但材料强度对腐蚀疲劳的条件疲劳极限影响很小，有时甚至会起相反的影响作用。

(2) 力学因素

腐蚀疲劳与循环加载的频率和波形强烈相关，而在纯机械疲劳中，应力交变频率和波形对疲劳性能影响甚微。一般说来，循环加载的频率越低，每一循环应力与环境的共同作用时间愈长，腐蚀疲劳便愈严重。压力容器的钢制受压元件在产生腐蚀疲劳时，对表面微观几何特征以及应力集中不敏感或较少敏感，这是低周腐蚀疲劳一个重要特征。

各种类型的疲劳断裂失效均是在交变载荷作用下造成的，因此，载荷的类型对断口的特征形貌有决定性的影响。

① 反复弯曲载荷引起的疲劳断裂 构件承受弯曲载荷时，其应力在表面最大、中心最小。所以疲劳裂纹总是在表面形成，然后沿着与最大正应力相垂直的方向扩展，弯曲疲劳断口一般与其轴线成90°。

单向弯曲疲劳断口，在交变单向弯曲载荷作用下，疲劳在交变张应力最大的一边的表面起源。

双向弯曲疲劳断口，在交变双向弯曲载荷作用下，疲劳破坏源则从相对应的两边开始，几乎是同时向内扩展。

② 旋转弯曲疲劳断口 旋转弯曲疲劳的应力分布是外层大、中心小，故疲劳源区在两侧，两侧的裂纹扩展较快，中心部位较慢，且其疲劳线比较扁平。由于在疲劳裂纹扩展的过程中，轴还在不断的旋转，疲劳裂纹的前沿向旋转的相反方向偏转。因此，最后的破坏区也向旋转的相反方向偏转一个角度。

③ 拉-拉载荷引起的疲劳断裂 当材料承受拉-拉（拉-压）交变载荷时，其应力分布是轴的外表面远高于中心。由于应力分布均匀，使疲劳源区的位置变化较大。源区可以在构件的外表面，也可以在零件的内部，这主要取决于各种缺陷在构件中分布状态及环境因素等；

④ 扭转载荷引起的疲劳断裂 轴在交变扭转应力作用下，可能产生一种特殊的扭转疲劳断口，即锯齿状断口。在双向交变扭转应力作用下，在相应各个起点上发生的裂纹，分别沿着±45°两个侧斜方向扩展（交变张应力最大的方向），相邻裂纹相交后形成锯齿状断口；在单向交变扭转应力的作用下，在相应各个起点上发生的裂纹只沿 45°倾斜方向扩展。当裂纹扩展到一定程度，最后连接部分破断而形成棘轮状断口。

（3）环境因素

任何金属（包括纯金属）在任何介质中都能发生腐蚀疲劳，即不要求特定的材料-环境组合。温度、介质的腐蚀性、外加电流等对腐蚀进程有影响的因素，对材料的腐蚀疲劳行为都有显著影响。环境的腐蚀性增强，腐蚀疲劳强度越低、寿命缩短。

（4）材料耐蚀性

耐蚀性较高的材料，抗腐蚀疲劳较好，反之亦然。组织结构和组织的均匀性、夹杂物形状、表面状态等对材料抗应力腐蚀性能有影响的因素都对材料的抗腐蚀疲劳有显著影响。

4.5.6 压力容器腐蚀疲劳的控制

① 优化设计，减少应力集中、加大危险截面面积等，防止介质流动引起设备振动，消除管系振动对设备的影响。

② 消除或减少残余应力，延长疲劳裂纹的形核期。

③ 选用耐蚀材料。

④ 金属表面强化。如喷丸、表面滚压、镀锌或镀镉等使金属表面产生压应力；表面感应淬火，提高表面层的强度；表面渗碳、氮化、渗铬、渗碳化铬等均可提高腐蚀疲劳抗力。

⑤ 覆盖层防护。金属表面涂镀各种防腐蚀覆盖层、热喷涂耐蚀合金，使腐蚀介质与金属表面隔离。如，当有质量分数为 3.5％的 NaCl 腐蚀介质存在时，不管基材强度高或低，表面喷焊都使材料的腐蚀疲劳强度（10^7 寿命）提高 30％以上[190]。

⑥ 保持金属表面的完整性，提高表面光洁度。

4.5.7 压力容器腐蚀疲劳失效案例

案例 1：氢化反应器换热板及连接件腐蚀疲劳断裂

某氢化反应器设计压力：管程 0.6MPa、壳程 2.89MPa，操作压力：管程 0.6MPa、壳程静压；设计温度：管程 25℃、壳程 150℃；操作温度：管程 23℃、壳程 70℃；介质成分：管程循环水、壳程生活消防水。换热板材质为 022Cr17Ni12Mo2、连接件管 06Cr18Ni11Ti，使用 72h 时发生换热板连接件进水分管和总管角焊缝疲劳开裂，换热板发生应力腐蚀开裂。

失效样品宏观形貌见图 4-240。

检验分析如下。

① 宏观检查 换热板连接件沿进水分管和总管角焊缝的分水管一侧断裂，见图 4-241，连接件无明显变形，断面无金属光泽，壁厚无减薄。

图 4-240 失效样品宏观形貌

图 4-241 连接件断裂部位

② 硬度检查 按 GB/T 4340.1《金属维氏硬度试验 第1部分：试验方法对角焊缝各部位进行硬度测试》，结果见表 4-51，检查结果表明焊缝硬度偏高。

表 4-51 角焊缝各部位进行硬度测试结果

检测部位	支管	主管	角焊缝
硬度/(HV_1)	219 210 210	187 182 196	242 241 234

③ 金相检验 管子均为奥氏体＋带状 α 铁素体＋晶界点状析出，见图 4-242，角焊缝为奥氏体＋铁素体。连接管件焊接接头，见图 4-243。总管开坡口，深度不足总管壁厚 1/2，小管插入外部焊接，内壁为未焊透结构，见图 4-244。连接管件金相组织中存在带状铁素体、晶界析出物和形变马氏体，说明材料固溶处理不好。晶界析出物和形变马氏体影响材料的耐腐蚀性能。连接件小管内壁存在腐蚀特征，见图 4-245。

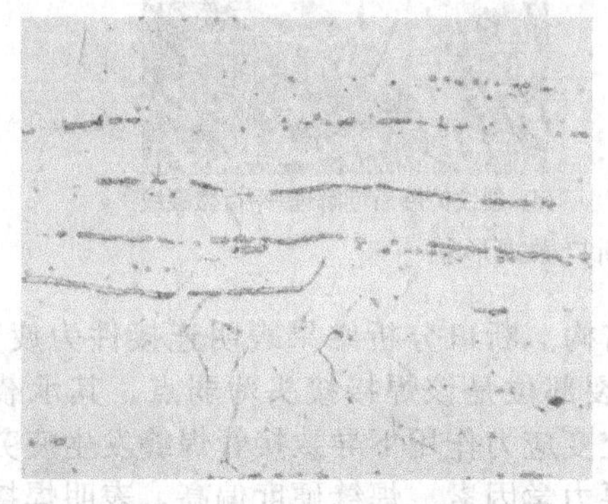
图 4-242 管子母材带状组织

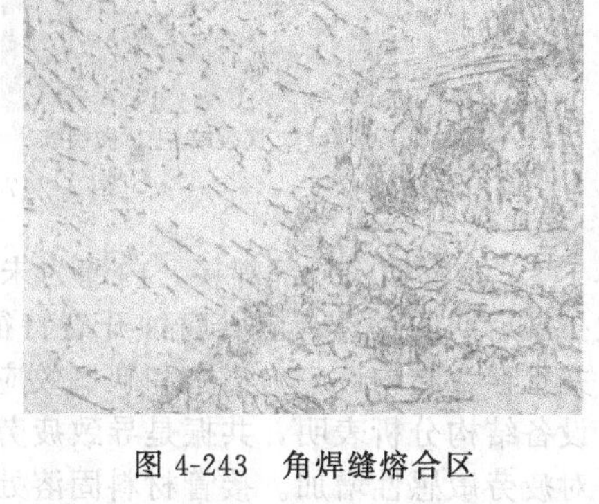
图 4-243 角焊缝熔合区

图 4-244 连接管件焊接接头

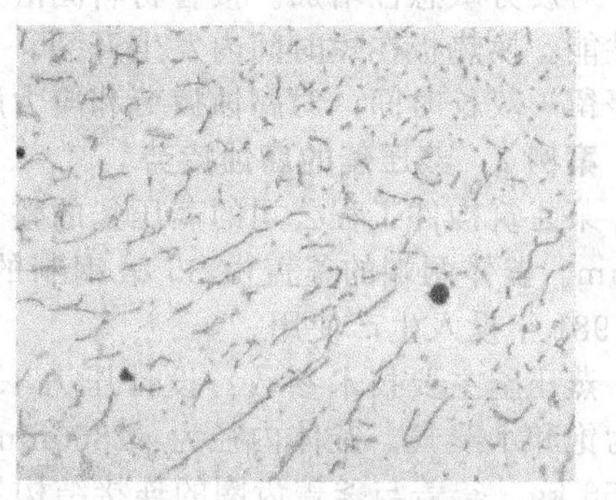
图 4-245 小管内壁表面

④ 断口分析　连接件沿进水管与总管角焊缝的进水管一侧断裂，断面无塑性变形，壁厚无减薄、无明显的腐蚀特征，断面无金属光泽；裂纹多源期裂，起始于内外壁表面，扩展初期断面较平齐，随裂纹的扩展断面起伏大，并出现多个台阶，如图 4-246 所示，呈脆性特征。

微观形貌，分别取连接件小管裂纹源区，裂纹扩展区和裂纹扩展后期进行观察，裂纹源区和扩展初期，特征呈条纹和解理，裂纹扩展后期为平行微裂纹＋解理，见图 4-247。扩展区有二次裂纹，表明同时存在应力腐蚀开裂特征，见图 4-247 (c)、(d)。

图 4-246　断裂面宏观形貌

⑤ 综合分析　连接管件焊接接头总管坡口深度不足总管壁厚 1/2，小管插入外部焊接，内壁为未焊透结构。断口分析结果表明连接件为疲劳断裂，裂纹扩展后期同时具有应力腐蚀开裂特征。断裂部位是该焊接接头薄弱点，其承载能力不足，并且存在结构性应力集中和缺口效应，在交变应力作用下导致接管焊缝发生疲劳断裂。

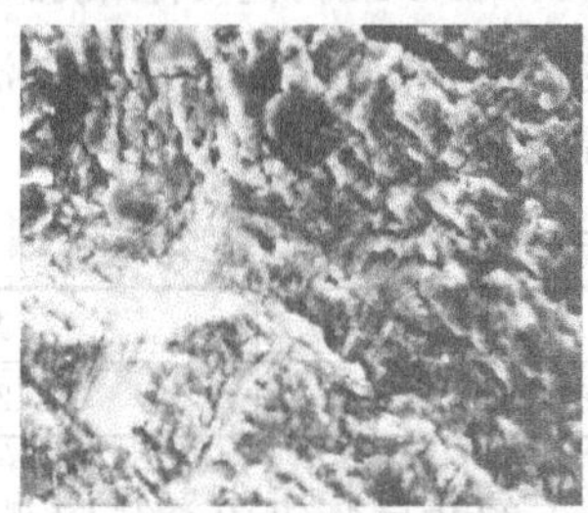

(a) 裂纹扩展初期 条纹

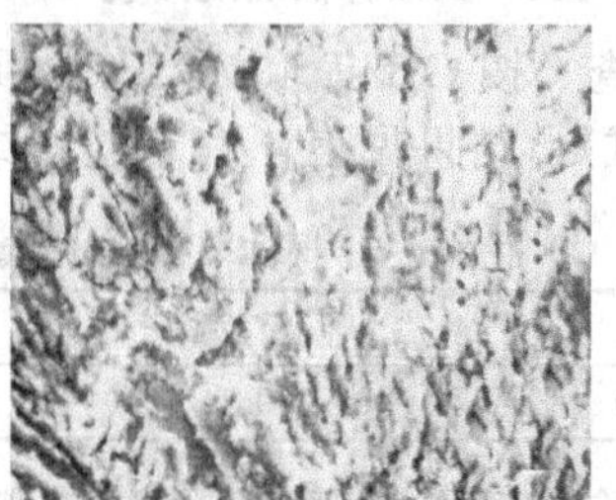

(b) 裂纹扩展区解理+条纹

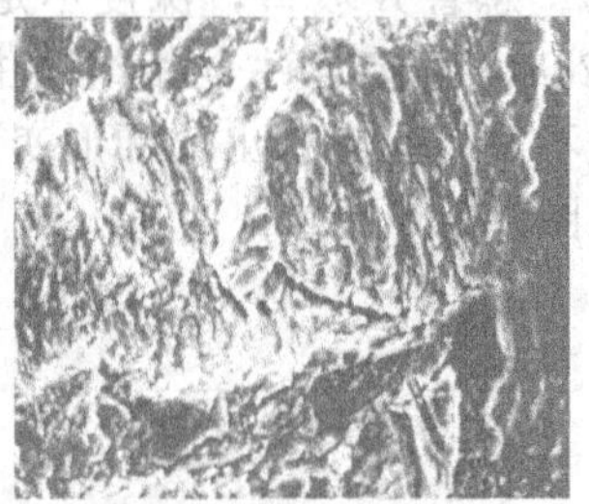

(c) 二次裂纹+平行微裂纹

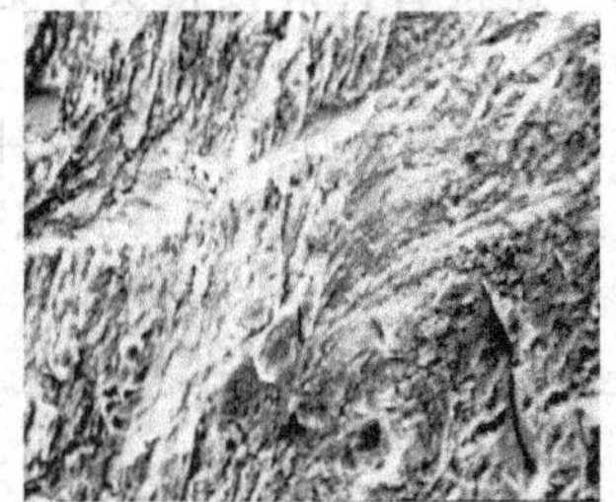

(d) 裂纹扩展后期解理+平行微裂纹

图 4-247　接管断口微观形貌

设备结构分析表明，共振是导致疲劳的主要力学因素。焊缝硬度偏高，表明焊接工艺失控，对疲劳敏感性增加。接管材料固溶处理不好，晶界析出物和形变马氏体影响材料的耐腐蚀性能。换热板在短时间内发生开裂，说明水质中的 Cl^- 含量较高，且运行中应在 80℃以上停留了较长时间，对腐蚀疲劳和应力腐蚀起到促进作用。

案例 2：蒸压釜的腐蚀疲劳

某建筑构件工程公司的蒸压釜的整个釜体由若干筒节焊接组成，筒体材质 16Mn，厚为 20mm。釜体两端的釜盖由 35 锻钢制的齿圈和 16Mn 钢板焊制成，并支承在一排支座上。于 1981 年投入生产使用。

蒸压釜主要技术参数：设计压力 1.6MPa，工作压力 1.3MPa，工作温度为 195℃，介质为饱和水蒸气。釜体内径为 ϕ2850mm，釜体有效长度 39000mm，总容积 225m^3，总质量 91256 kg。釜盖与釜盖齿圈的连接结构见图 4-248。

(1) 开裂部位

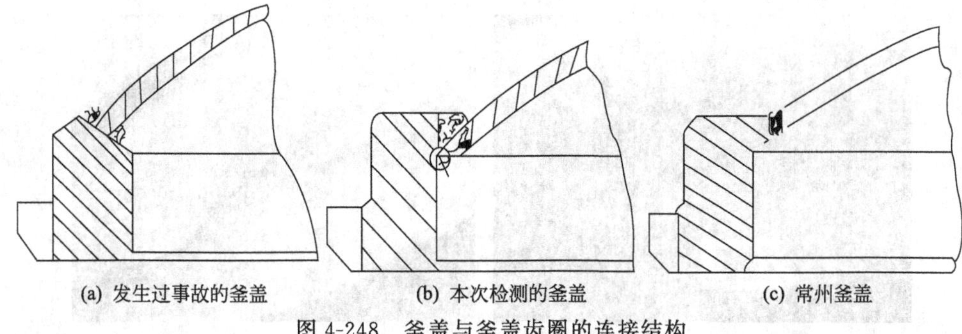

图 4-248 釜盖与釜盖齿圈的连接结构

1987 年 12 月对 2# 釜进行检查时发现在釜盖与齿圈焊接处周围有断续的周向裂纹。

另外在筒节内壁的西侧第四条环焊缝热影响区上发现了一处平行于环焊缝的表面裂纹，裂纹长约 40mm，开口约 0.6mm，经使用超声波检查裂纹深度为 6～8mm。取样分析时，用砂轮片从裂纹两侧 7mm 处按照大约 60°的夹角从表面向下打磨切割。当深度达到 7mm 时，裂纹表面的张口开始扩大。为防止打磨发热使裂纹尖端过热氧化，破坏断口的表面形态，改用扁铲把裂纹整体取下来。掰开裂纹后观察断口，取样深度比裂纹深了 1mm 多。断口的表面略带锈层。

(2) 裂纹断口扫描电镜观察

使用扫描电镜对掰开的裂纹断口进行观察，表面有一层腐蚀产物，如图 4-249 所示。采用 20%(mass) HNO_3 溶液加入 Lan-826 缓蚀剂对其中一片裂纹的断口进行清洗后，再在扫描电镜下观察。图 4-250 (a)、(b) 是断口的宏观形态，清洗后的断口形态有两个大的台阶；图 4-250 (c) ～ (f) 为疲劳扩展条纹，靠近起裂部位可见疲劳条纹，接近快速扩展区，疲劳条纹间距增大；图 4-251 为裂纹尖端快速扩展区的解理断口形态。

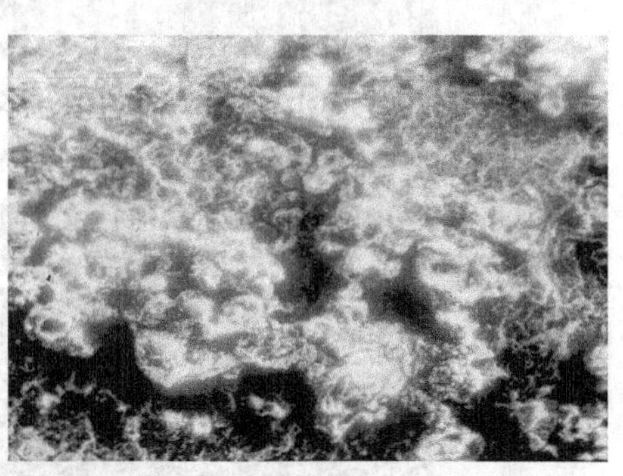

图 4-249 断口表面腐蚀产物

(3) 筒体釜开裂原因分析

蒸压釜每一个工作周期都要经过抽真空、升压、保压和降压几个阶段。从受力角度来说，在每一周期里都是受外压再转换为内压，压力随之低→高→低变化。每昼夜一般 1～2 次工作循环。由于压力和温度的周期变化，蒸压釜承受着交变载荷作用，而且釜的有些部位，例如釜底、法兰与筒体，釜盖齿啮合连接处应力很高，这就决定了蒸压釜为低周疲劳容器。交变载荷也比较复杂，除受抽真空的外压和通入蒸汽的内压外，釜内还承受蒸养车装有大量制品压在钢轨上。蒸养过程产生大量的冷凝水还引起釜顶与釜底的温差应力。

① 应力分析 应力分析包括工作应力，焊接残余应力，几何形状不规整引起的应力集中，以及釜体轴向弯曲应力所造成的拉应力和热应力等。

在正常操作条件下，釜体外壁设有良好的保温层，釜体内的冷凝水会沿着釜体斜度从排水管及时排出，所以釜体内、外壁及釜体顶部和底部的温差不应该很大。釜体支承在可以滚动的支座上，在升降温过程中可以自由地膨胀收缩，故温差应力和热应力可以忽略不计。

但如果冷凝水不能及时排放就会形成釜体上下部温差过大，或如果釜体在长度方向上不能自如的膨胀收缩将会引起相当可观的温差应力，使支座受力不均，支撑跨度加大。比如，釜体上下部温差为 40℃时，最大温差应力为 10MPa，与釜体的工作应力相当，如果釜体在长度方向上的膨胀完全受阻，最大热应力可达 500MPa，相当于 16Mn 钢的拉伸强度。

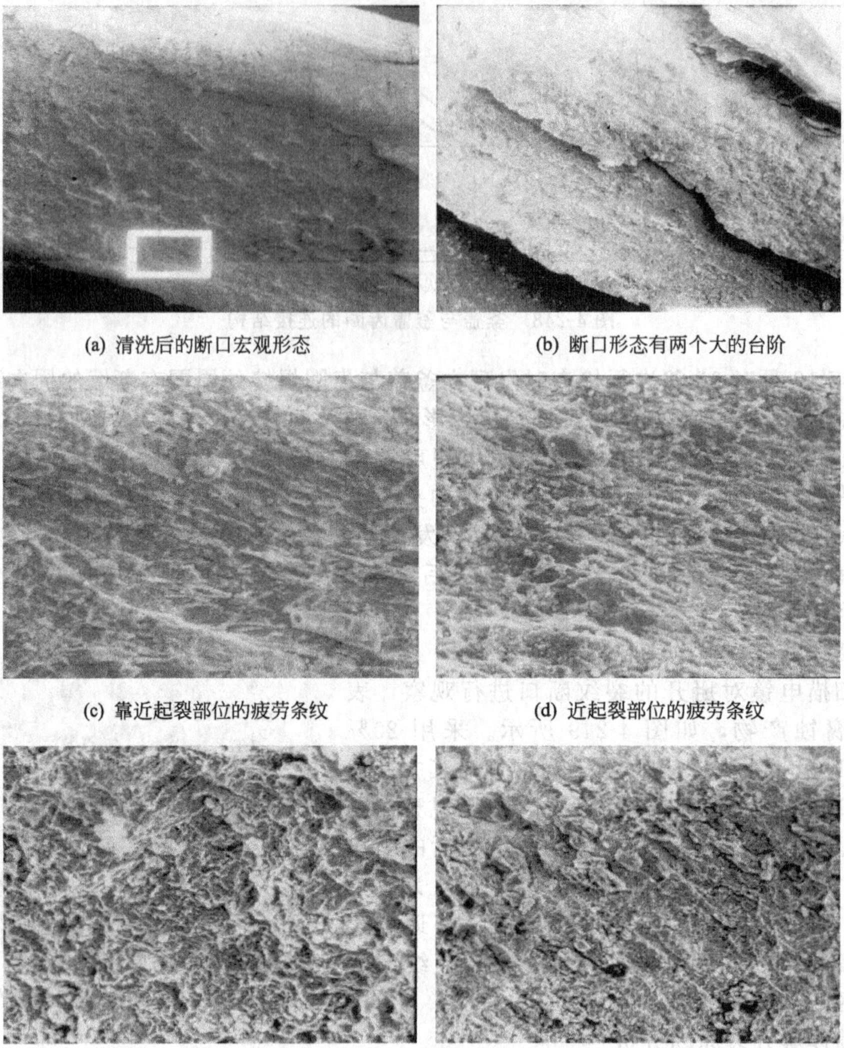

(a) 清洗后的断口宏观形态　　(b) 断口形态有两个大的台阶

(c) 靠近起裂部位的疲劳条纹　　(d) 近起裂部位的疲劳条纹

(e) 断口中部　　(f) 接近快速扩展区

图 4-250　断口微观形貌

蒸压釜的工作环境差，一是空气，二是冷凝水和料渣。据测定 80%以上的饱和蒸汽将在釜内变成冷凝水，而 85%的冷凝水又是在升温阶段约 2 个小时内析出来的。冷凝水在釜内有两个破坏作用，一是冷凝水积聚在釜内，会使与之接触的釜内钢板产生严重的电化学腐蚀；二是使釜体上下产生温度差。这个温度差不仅会使釜内温度不均匀从而影响制品的强度不一致，而且会使釜体上拱变形导致釜壁产生巨大的温差应力。

图 4-251　快速扩展区解理

釜顶与釜底温差大小与冷凝水的排放直接有关，在釜内积存冷凝水的情况下，运行时釜体上下部产生的温差可使釜体产生上背弯最高达 50mm，由此引起釜的诸多安全问题，见图 4-252。

按每天开停 1～1.5 次计，1a 的总开停次数为 300～450 次，使釜体在交变载荷作用下产生裂纹和亚临界扩展。

② 腐蚀产生的原因　蒸压釜在操作时，釜门关闭前釜内积存的冷凝水与大气充分接触，溶解氧呈饱和状态。釜门关闭后，从顶部或两侧通入的蒸汽受筒体温度影响，变成冷凝水顺着釜壁及制品流入釜底，当疏水系统合理设置并能正常工作时，则冷凝水由疏水孔流至釜外。但是当釜疏水困难时，釜底则会积存大量冷凝水，在釜底容易形成电化学腐蚀电池。釜内制品中的空气被热蒸汽压出，随着压力的升高，釜内空气体积缩小，冷凝水氧含量增加，溶解氧的阴极去极化作用使腐蚀加速。

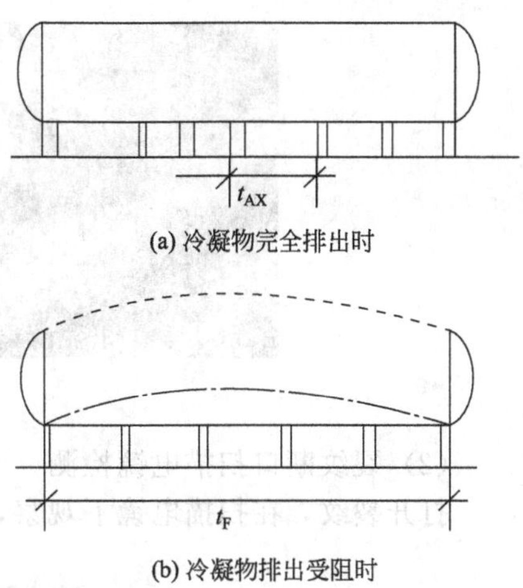

(a) 冷凝物完全排出时

(b) 冷凝物排出受阻时

图 4-252　冷凝水积存产生的温差应力可使釜体产生上背弯

蒸压釜为间歇式运行，每次运行后有一定的停釜时间，停釜时间有时较长，停釜后釜门处于开启状态，加之生产过程中对釜底杂物不及时清除，在沉积物下面的金属发生腐蚀，形成蚀坑。

发生碱腐蚀的原因是在釜体内局部地方发生了碱的浓缩。由于冷凝水在操作中采取间歇排放法，在釜体内的冷凝水含有 $Ca(OH)_2$，达到能导致碱腐蚀的危险浓度，使得钢铁表面的氧化膜失去保护作用，从而形成碱腐蚀。

经采样分析，冷凝水中 Cl^- 含量一般为 $156mg \cdot L^{-1}$，促进了垢下腐蚀的发展。

(4) 筒体缺陷的修复

① 裂纹处理

a. 完全消除表面裂纹，并经 MT 确认。

b. 深埋裂纹一律返修，不允许存在未焊透。

② 腐蚀坑的处理　对于腐蚀深度小于 4mm，且在直径 200mm 范围内的蚀坑可不做补焊处理，可用磨光机打磨，使其圆滑过渡；超过上述范围的腐蚀坑，应在清理打磨后进行补焊。焊后用磨光机将焊点打磨至与母材平齐，并应对补焊部分进行 MT，以确认没有裂纹产生。

③ 釜盖的修复　釜盖的搭接角焊采用立车加工掉原焊道，按与此相关的异种钢角焊接的焊接工艺评定重新焊接。为避免 35 钢在补焊时出现裂纹，应进行焊前预热和焊后消氢处理。

(5) 腐蚀的预防

a. 冷凝水的排放是最主要的。要保证阻汽排水装置的灵敏可靠，经常检查清理，防止堵塞。同时对冷凝水的排放情况进行监督。

b. 设置或完善冷凝水液位计并保证其灵敏可靠，控制釜上下部温差在小于40℃内运行。

c. 定期检查釜基座有无变形和下沉情况，以防止釜体变形，造成冷凝水积存。

d. 釜体底部内表面按铅直方向 20°范围内焊缝表面高于母材部分要磨平，以利冷凝水及残渣排放。

e. 每次出料后，及时清渣，防止垢下腐蚀。

案例 3：焊接板式换热器板片开裂原因分析

某焊接板式换热器参数，操作温度 冷侧 31～36℃、热侧 32～37℃，操作压力 0.6MPa，介质水，板片材质 S30406，厚度 0.5mm。在热侧进口附近发生疲劳开裂。

(1) 损坏板片的宏观形态

板片裂纹宏观相貌见图 4-253。

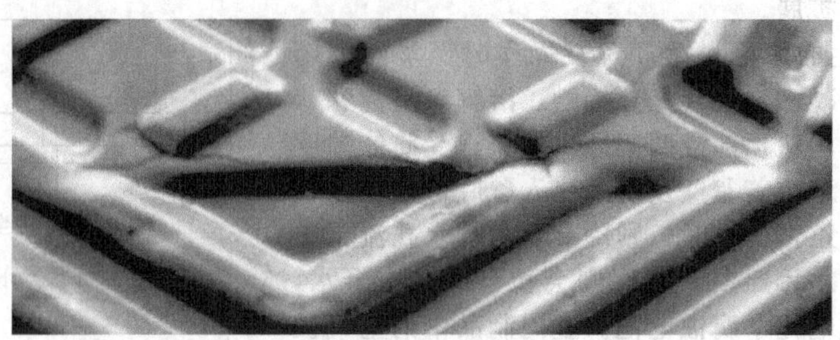

图 4-253 板片裂纹

(2) 裂纹断口扫描电镜检测

打开裂纹，在扫描电镜下观察，裂纹源区和扩展区可见疲劳条纹，见图 4-254。

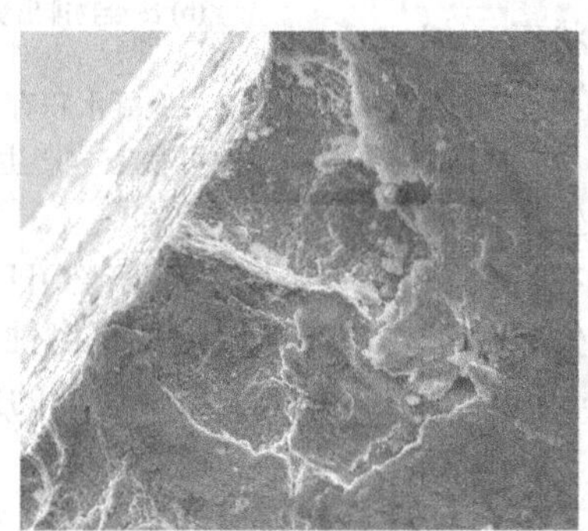

(a) 裂纹源的疲劳条纹

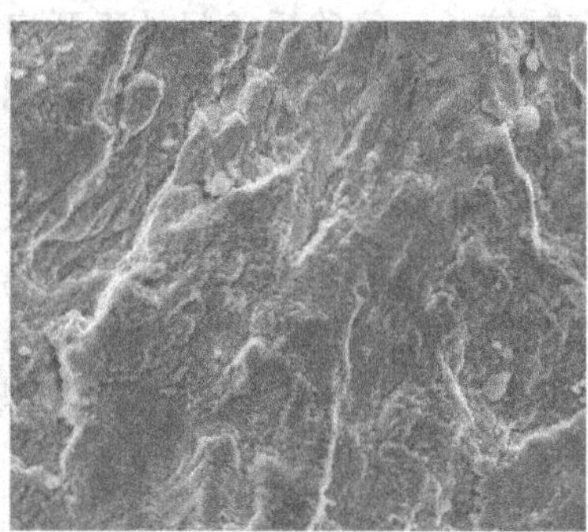

(b) 扩展区疲劳条纹

图 4-254 裂纹断口疲劳条纹

(3) 产生腐蚀疲劳开裂的原因

a. 蒸汽系统不稳定。

b. 换热器板片偏薄。

c. 换热器在热侧入口处结构可能有缺陷，容易引起板片振动。

S30406 不锈钢在 40℃以下，对循环水有良好的耐蚀性能，断口上和整个板片上也未观察到腐蚀迹象，裂纹为机械疲劳开裂。

案例 4：气氨混合器分布板脱落原因分析

气氨和空气进行混合器（M101）是气氨和空气进行混合后进氨反应器。气氨和尾气混合器（M102）是气氨和尾气进行混合，混合后进尾气反应器。

M101 的工作压力 0.478MPa，工作温度 170～245℃，分布板材料 S30403（304L），厚度 4mm；M102 的工作压力 0.408～0.63MPa，工作温度 262℃，分布板材料和厚度同 M101。两台混合器的结构单元型式为 SX 型，单元共 2 件，相邻两单元 90°交叉布置。

(1) M101 和 M102 的损坏情况

M101 和 M102 的损坏情况见图 4-255、图 4-256。开裂多发生在焊接点及其附近，也有一些板片整个一条边被撕裂断开；从宏观断口观察，表面比较平齐，无大的塑性变形。断口上可以看到扇形或弧形条带花样，有些断口表面有淡黄色覆盖物，见图 4-257、图 4-258。

(2) 断口扫描电镜形貌观察

扫描电镜下可见焊缝和母材在熔合线被撕开，起裂点可见焊接缺陷和疲劳条纹，断口表面有腐蚀产物并且有明显的平行的条纹，呈典型的腐蚀疲劳扩展特征。裂纹扩展过程中突变形成了台阶，局部受力方向变化引起扩展的角度也产生了局部变化，见图 4-259。

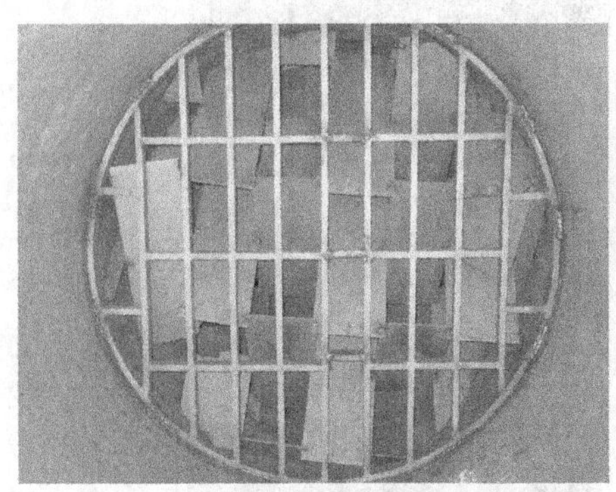
(a) 混合器分布板全貌

(b) 混合器分布板局部

图 4-255 混合器分布板脱落情况

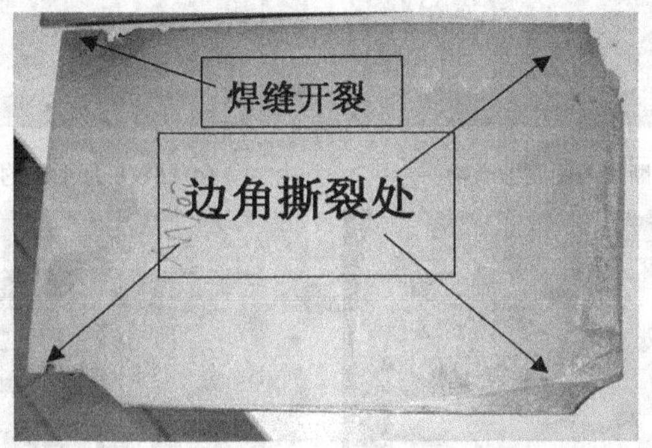

图 4-256 混合器分布板开裂位置

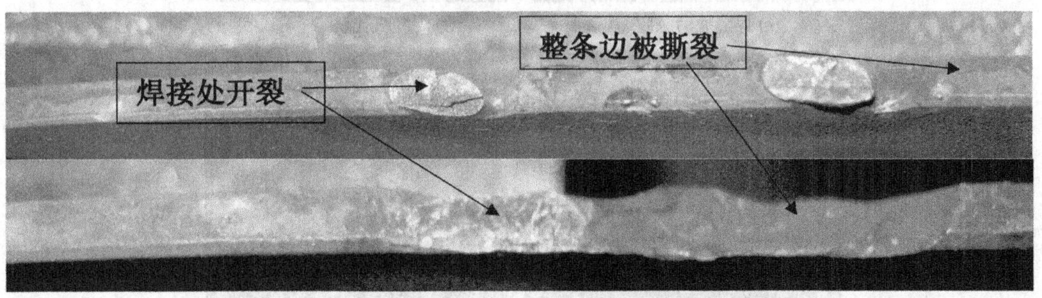

图 4-257 混合器分布板开裂断面宏观形貌

图 4-258 混合器分布板焊缝断口宏观形貌

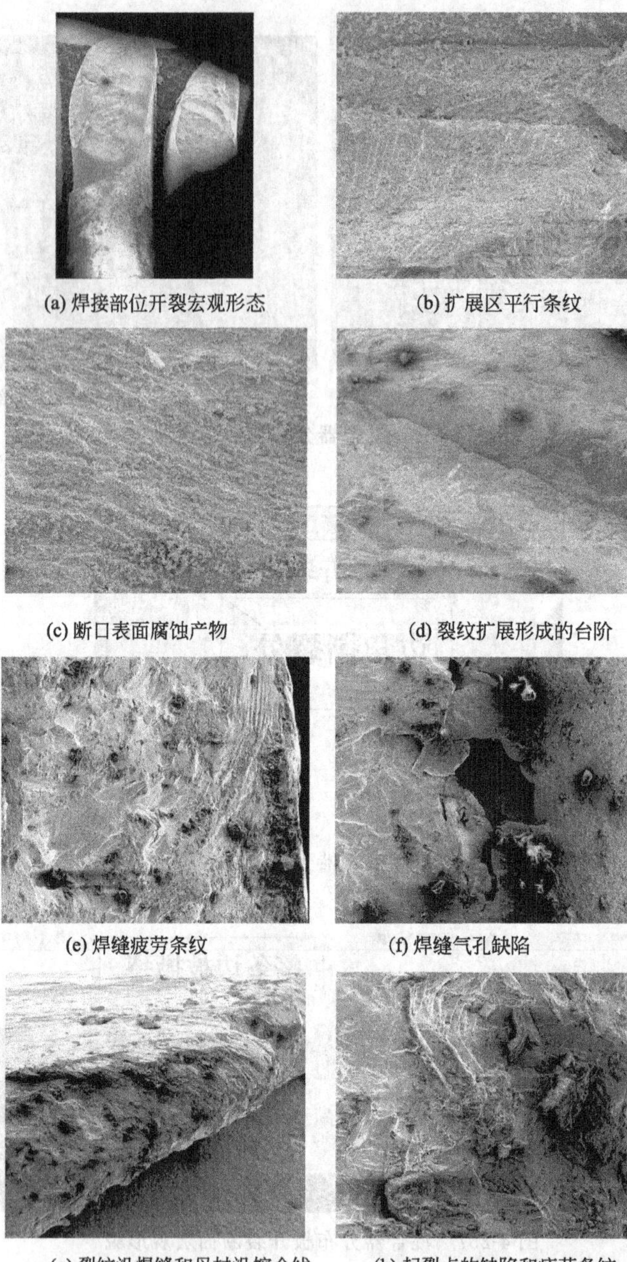

(a) 焊接部位开裂宏观形态　(b) 扩展区平行条纹

(c) 断口表面腐蚀产物　(d) 裂纹扩展形成的台阶

(e) 焊缝疲劳条纹　(f) 焊缝气孔缺陷

(g) 裂纹沿焊缝和母材沿熔合线　(h) 起裂点的缺陷和疲劳条纹

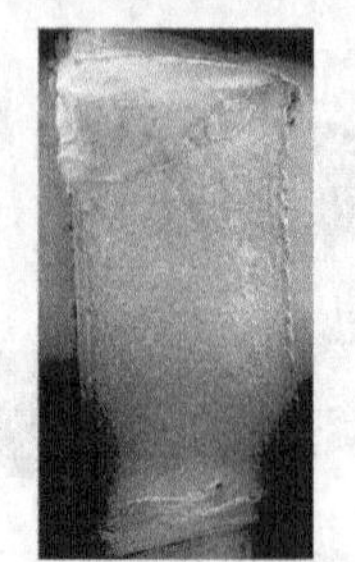

(i) 焊缝附近母材断口宏观形貌

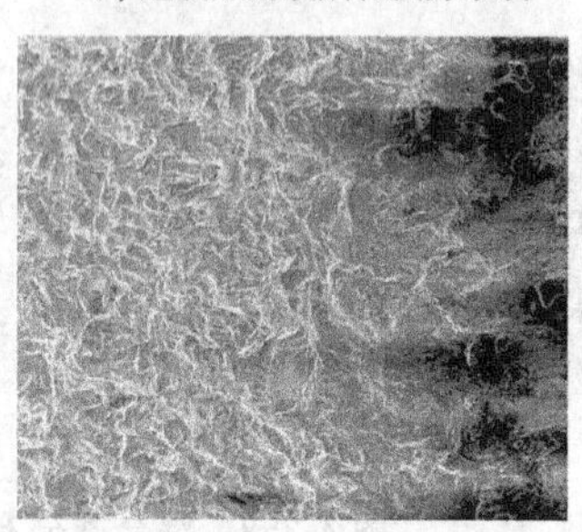

(j) 焊缝附近母材断口疲劳条纹

图 4-259　断口微观形貌

(3) 分布板断裂原因分析

① 结构原因 M101 和 M102 的结构存在支撑不足的问题。分布板由于倾斜装配在筒体中部，采用点焊的方法与上部挡环连接，相邻分布板之间也是采用点焊的方法连接。在高速大风量的运行条件下，局部的振动是不可避免的。

② 介质原因 由于进气有可能会有水滴产生，水滴溶解氨气产生碱性液体，在150℃以上对 304 不锈钢产生腐蚀。

(4) 建议

① 工艺条件改善，减少水滴的数量和形成水滴的条件。

② 结构方面，建议增加挡环的数量，由最上部的 1 个增加到 3 个，即在内件单元上部，90°交叉布置相邻两单元之间和两单元的底部都加上挡环。这样会明显改善分布板的受力状态以及振动幅度，延缓应力腐蚀或腐蚀疲劳的发展。

③ 建议采用 2520 不锈钢，提高材料抗碱腐蚀能力。

4.6 磨损和冲刷腐蚀

流动的腐蚀介质或在腐蚀介质中的两个金属的接触面发生相对运动，则金属表面即发生腐蚀作用，又存在机械作用导致的金属破坏，两者协同作用，从而使腐蚀或磨损的速率大大加速。虽然磨损是一个渐进的过程，正常情况下磨损直接的结果也并非灾难性的，但有时也会导致压力容器的爆炸事故发生，因此，腐蚀磨损造成材料的加速损坏已经引起了人们极大的关注和重视。实际上，机械设备的磨损失效造成的经济损失是巨大的。我国每年因摩擦磨损造成的经济损失在 1000 亿人民币以上，仅磨料磨损每年就要消耗 300 多万吨金属耐磨材料。

4.6.1 磨损和冲刷腐蚀定义

当材料的表面相互接触或材料表面与流体接触并作相对运动时，由于物理和化学的作用，材料表面的形状、尺寸或质量发生变化的过程，称为磨损腐蚀（wear corrosion），也称为磨耗腐蚀。磨损有多种形式，根据相对运动的特点，可分为 3 种形式：腐蚀磨损、冲击磨损和空泡腐蚀。根据失效机理也可以分为：黏着磨损、磨料磨损、冲击磨损、微动磨损、腐蚀磨损、疲劳磨损等。

(1) 腐蚀磨损

腐蚀磨损是摩擦副接触表面的机械磨损与周围环境介质发生的化学或电化学腐蚀的共同作用，导致表层材料流失的现象。常发生在矿山机械、工程机械、农业机械、冶金机械等接触部件或直接与砂、石、煤、灰渣等摩擦的部件，如磨煤机、矿石破碎机、球磨机、溜槽、振动筛、螺旋加料器、刮板运输机、旋风除尘器等。

① 微动性损伤 微动性损伤有微动疲劳、微动磨损和微动腐蚀等。微动腐蚀属于腐蚀磨损，又称摩振腐蚀，微动指名义上相对静止的两个固体的相互接触表面在一定法面载荷作用下互相挤压，在周期性小幅相对滑动（通常为振动）的固体表面因磨损与腐蚀交互作用所导致的材料表面损伤现象。产生微动腐蚀的相对滑动极小，振幅一般为 5～400μm。腐蚀使金属表面呈现麻点或沟槽，在麻点或沟槽周围是腐蚀产物。他同时破坏了零部件接触面所允许的公差，使紧配合松动。

② 黏着磨损 黏着磨损是在两摩擦表面相对滑动时，材料发生“冷焊”后便从一个表面转移到另一个表面，成为表面凸起物，促使摩擦表面进一步磨损的现象称。

③ 磨料磨损 由外部进入摩擦面间的硬颗粒或突出物在较软材料的表面上犁刨出很多

沟纹，产生材料的迁移而造成的一种磨损现象。常会产生一些小的磨粒或碎屑，进一步加重表面的磨损。

对于磨料磨损还可以进一步按不同分类方法进行分为两体磨损、三体磨损、凿削磨损、高应力磨损、低应力磨损、切削磨损和变形磨损。

(2) 冲击磨损（Erosion 或 Erosive wear）

指流体或固体粒子（通常粒径不超过 1mm）以一定速度（通常不超过 $500m \cdot s^{-1}$）和角度对材料表面进行冲击所造成的材料表面流失的现象，也称为侵蚀或侵蚀磨损。根据流动介质可以分为：气固冲蚀磨损、液固（浆体）冲蚀磨损、液滴冲蚀磨损等。

材料在静止的或低速流动的腐蚀介质中，腐蚀并不严重，而当腐蚀流体高速运动时，因为破坏了金属表面具有保护作用的表面膜或腐蚀产物膜，表面膜的减薄或去除加速了金属的腐蚀过程，因而冲蚀是流体的冲刷与腐蚀协同作用的结果。流体输送管道、旋流分离器、旋风分离器、容器的进料口（物料冲蚀），锅炉管道（燃烧粉尘冲蚀），喷砂机的喷嘴，各种排料泵（磨粒对叶轮和泵体的冲蚀）等都可能受到冲刷腐蚀。据统计，在用管道输送物料的气动运输装置中，弯头处的冲蚀磨损比直通部分严重 50 倍；锅炉管道的失效分析表明，在管道事故中约有 1/3 是由于冲蚀磨损造成的。英国 Eyre 估计，冲蚀磨损约占工业生产中磨损总量的 8%。

① 气固冲蚀磨损是当含有固体微粒的流体冲击材料表面造成的一种磨损现象。

② 浆体（液体-固体）冲蚀磨损是液体介质携带固体粒子以一定的角度和速度对材料表面进行冲击，使材料表面产生磨损的现象。

③ 液滴冲蚀磨损是液滴或连续射流冲击材料表面产生的磨损。

(3) 气蚀磨损（Cavitation corrosion，erosion corrosion）

气蚀磨损（空泡腐蚀）是一种高速相对运动的、局部的冲击腐蚀，属于冲击腐蚀的特殊形式。

当流体高速运动达到湍流时，在流体内形成负压区，从而产生气泡。气泡受到压缩时，内压升高而发生溃灭，气泡溃灭产生高压冲击波，压力可达 10^3 MPa 以上，由于液流中不断溃灭的气泡产生的高压强以及溃灭时的微射流的反复冲击作用，使材料表面产生破坏的现象称为气蚀（或空蚀）磨损。常发生在水轮机叶片、高速螺旋桨、阀门、管路、水冷发动机缸套、水工泄水建筑物等处。除水以外，其他液体也常发生气蚀磨损，如原子能电站中常用的传热介质——液态金属钠、钾、铋等；一些飞行器中的液态氢；油泵或轴瓦中的润滑油等。

4.6.2 磨损和冲刷腐蚀对压力容器的危害

腐蚀和冲蚀并存会加速劣化的速率，使设备寿命大大缩短。当磨损和冲刷腐蚀发生在压力容器的壳体上时，往往因壳体局部承压能力的下降导致容器爆炸事故的发生。换热器管束也常因为微动磨损、冲刷腐蚀导致内漏，使装置非计划停车。

4.6.3 磨损和冲刷腐蚀形貌

不同的磨损类型，有不同的宏观和微观特征，共同的宏观特征是受损部位严重减薄。

(1) 腐蚀磨损

① 磨粒磨损　大部分磨粒棱角比车床、刨床所用刀具刃口钝得多，因此磨粒切削过程使材料表面产生更大程度的塑性变形。典型的微切屑形貌，一面是磨屑形成时与磨粒表面摩擦产生的微细磨痕，另一面是磨粒切削时产生的剪切变形皱折。微切屑的长宽比一般比较大，常有卷曲现象。

但脆性材料，塑性变形很小，裂纹扩展导致断裂脱落的机理可能占支配的地位。当断裂发生时，压痕四周外围的材料都要被磨损剥落，因此磨损量比塑性材料的磨损量大。

② 微动磨损 材料表面形成凹坑或麻点，并在摩擦表面上伴有腐蚀斑点，这些是集结的氧化物，常布满在表面的凹坑或麻点中。有些凹坑及凹坑边缘可见材料疲劳或塑性流动特征。

(2) 冲刷腐蚀

常发生在容器进出口接管的弯管外弯处，设备正对气体介质入口的筒壁，换热器管板、折流板、U形弯、筒体接管入口处的管束，折流板及入口防冲板附近壳体器壁等部位。宏观形貌有方向性沟槽。

湍流腐蚀和冲击腐蚀是冲刷腐蚀的两种重要形式，高速流体或流动截面突然变化形成了湍流或冲击，湍流形成的切应力使表面膜破坏，不规则的表面使流动方向更为紊乱，产生更强的切应力，在磨损和腐蚀的协同作用下形成腐蚀坑。湍流常发生在管道截面或流向突变部位，在介质的入口端，金属表面凸出、凹陷、缝隙、沉积物等处都易形成湍流。受到湍流腐蚀的金属表面往往呈现沟槽、波纹、凹谷和马蹄形外观，且与流向有明显关系。

(3) 气蚀磨损

材料表面局部出现圆形或椭圆形的深浅不同的凹穴和麻点，有的甚至呈蜂窝状，并产生裂纹和剥落。

4.6.4 磨损和冲刷腐蚀机理

(1) 腐蚀磨损的机理

① 微动腐蚀 微动磨损不是一单独的磨损形式，而是黏着磨损、氧化磨损、磨料磨损，甚至还包含着腐蚀作用引起的磨损和交变载荷作用的疲劳磨损。所以，微动磨损是几种磨损形式的复合，究竟以哪一种形式的磨损为主，要视具体情况而定。微动腐蚀机理有以下2种机理。

a. 磨损-氧化 在承载情况下，接触部位处于黏着和焊合状态，接触点被破坏，金属颗粒脱离，被氧化，磨粒强化磨损，见图4-260。在受压金属表面上，某些微小突起部分，发生了冷焊，随后沿接触面的相对运动，使冷焊区局部断裂，形成微小的金属碎片，而摩擦热又氧化这些碎片。这3个基本过程循环进行，在接触面上形成小坑或细槽，并积存了氧化物碎屑。

b. 氧化-磨损 金属表面存在氧化膜，突出部位的氧化膜脱离，成为磨粒，暴露的金属表面被氧化，见图4-261。大多数金属表面都有一层氧化膜，某些微小突起部分的氧化膜在高压下局部破裂成碎片，暴露出的新鲜金属表面或者重新氧化或者冷焊。接触面的相对位移使冷焊区或氧化膜局部断裂，摩擦热又氧化金属碎片或新鲜金属面，这些基本过程循环进行，产生微动腐蚀。这个机理强调了氧化的作用。

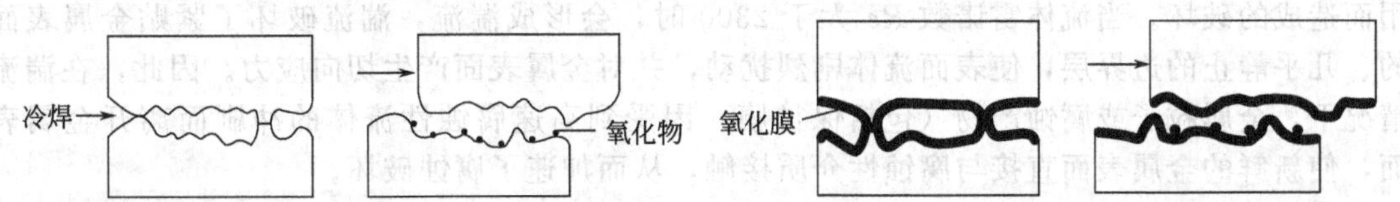

图4-260 微动腐蚀的磨损-氧化机理示意图　　图4-261 微动腐蚀的氧化-磨损机理示意图

这种机理尽管在细节上有些区别，但都指出这三个单元过程冷焊、局部断裂及氧化在起作用，说明了微动腐蚀的结果——接触面受到损伤，并积存了氧化物碎屑。微动腐蚀残存在接触面上的氧化物一般较硬，会加剧磨损。由于微动腐蚀时，载荷是变化的，因而也可产生微动腐蚀疲劳。

由于两摩擦表面的紧密配合，磨屑不易排出，这些磨屑起着磨料的作用，加速了微动磨损的过程。

② 黏着磨损

a. 两个接触的表面在凸起处焊合。

b. 在足够的外力下焊合处断裂，表面相对滑移。

c. 表面滑移导致物质剥落，并产生碎屑。

③ 磨料磨损 磨料磨损与黏着磨损区别在于没有微焊接的发生。在磨料磨损过程中，材料的迁移主要有以下 3 种方式：

a. 切削 磨料颗粒作用在材料表面，颗粒上所承受的载荷分为切向分力和法向分力。在法向分力作用下，磨粒刺入材料表面，在切向分力的作用下，磨粒沿平面向前滑动，带有锐利棱角和合适攻角的磨粒对材料表面进行切削，见图 4-262。磨粒锐利棱角，材料像被车刀车削一样从磨粒前方被去除，在磨损表面留下明显的切痕，在磨屑的切削面上也留有切痕，而磨屑的背面则有明显的剪切皱褶。磨粒棱角不锐利，或者没有合适的攻角，材料便发生犁沟变形，磨粒一边向前推挤材料，一边将材料犁向沟槽两侧。

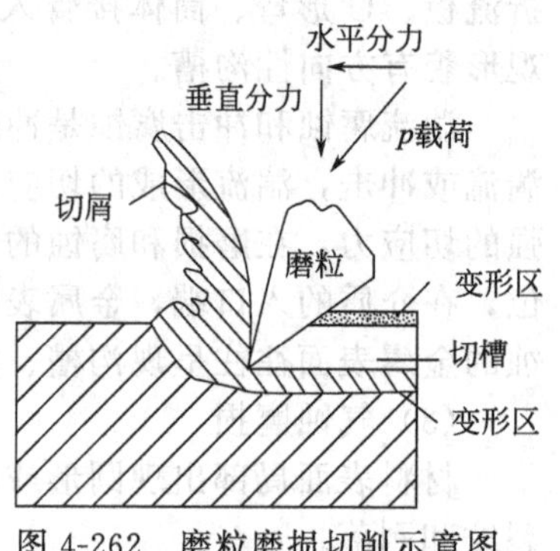

图 4-262 磨粒磨损切削示意图

b. 变形 在滑动磨粒磨损中，由于磨粒不具备有利的攻角，在磨粒的反复多次作用下，形成薄的片状碎屑，这种磨屑表面比较光滑，看不到磨痕和剪切褶皱，这类磨损则属于变形机制。

当磨料以较大的角度作用于材料表面时，材料不具备被切削的条件，此时，磨料颗粒将材料从坑中挤出，在众多磨粒反复作用下，材料多次变形硬化失去塑性，直到应力超过材料的强度极限后形成扁平状磨屑脱落。

c. 脆断 硬而脆的材料遇到磨粒磨损，不易被切削，也不易刺入材料使材料发生塑性变形，材料以脆性断裂、微观剥落的机制发生迁移，宏观上便是发生了磨损。

不同韧性的材料所对应不同磨损机理，不同的磨损机理在不同性质材料之间可以转化。

(2) 冲蚀磨损

冲蚀磨损的理论有微切削磨损理论、变形磨损理论、挤压-薄片剥落磨损理论、绝热剪切与变形局部化磨损理论、断裂磨损理论和低周疲劳理论等。

冲刷腐蚀是以流体对金属电化学腐蚀行为的影响、流体产生的机械作用以及二者的交互作用为特征的。冲刷是对腐蚀的促进，腐蚀亦是对冲刷的促进。

也可以认为，冲刷腐蚀是金属材料在液体湍流中的一种破坏形式，但不包括由于空蚀作用而造成的破坏。当流体雷诺数 Re 大于 2300 时，会形成湍流，湍流破坏了紧贴金属表面的、几乎静止的边界层，使表面流体剧烈扰动，并对金属表面产生切向应力。因此，在湍流情况下，金属粒子或腐蚀产物（包括保护膜）因受到高速腐蚀性流体的冲刷而离开金属表面，使新鲜的金属表面直接与腐蚀性介质接触，从而加速了腐蚀破坏。

浆体冲蚀磨损是比喷砂式气-固冲蚀磨损更为复杂浆体冲蚀磨损，因为，液、固两相介质的流动及对靶材表面的作用都比较复杂，并且，液相介质对被靶材产生腐蚀作用。迄今尚未建立起较为完善的理论模型。一般认为流速不高的浆体冲蚀磨损主要是由其中的固体磨粒造成的，因而认为浆体冲蚀磨损的机理与固体粒子冲蚀磨损相同，其不同点在于以下几点。

① 磨粒的实际冲角。磨粒必须穿过磨粒之间以及磨粒与靶材表面之间的液膜才能到达靶材表面，使磨粒的冲蚀速度降低。根据流体力学理论，一束流体冲击在材料表面上，流体

将沿着材料表面铺展。在浆体冲蚀磨损中，磨粒的运动方向将向流体运动的方向偏斜。一部分磨粒的实际冲角将比名义冲角小，另一部分磨粒的实际冲角将比名义冲角大。除 90°外，综合效应使大多数磨粒的实际冲角减小。

② 浆体的连续性。固体粒子冲蚀磨损时，固体粒子是不连续的，而浆体却是连续的。由于浆体的铺展作用，只有铺展层中离靶材表面较近的那些磨粒能冲击到材料表面产生磨损，而离靶材表面较远的浆体中，一部分磨粒不能参与冲蚀而流失，所以浆体冲蚀磨损时，实际参与磨损的磨粒数目要少得多。

③ 浆体的冲刷作用。一个磨粒冲击到靶材表面往往形成一个压坑，压坑的末端产生变形唇。在浆体冲蚀磨损时，由于浆体的冲刷作用，使变形唇或变形的凸体很容易被冲刷掉，因而在浆体冲蚀磨损中，靶材的硬度所起的作用更为重要，而延性所起的作用相对减小。

④ 浆体的冷却作用。固体粒子冲蚀磨损时，由于局部产生剧烈的变形和绝热剪切作用，靶材表面局部地区会产生很高的温升，使材料的组织发生变化，甚至熔化。而在浆体冲蚀磨损时，由于液相的存在，起到冷却作用，温升不会很高，热效应大为减小。

⑤ 液滴冲蚀的破坏过程为：

a. 受液滴冲击，材料表面产生凹坑或环形裂纹；

b. 高速液流沿径向流动，与材料表面凸峰点相切而产生裂纹；

c. 随后高速液流剪切另一凸峰点而产生裂纹；

d. 由于冲击波引起的高能量微射流作用，使冲击区的深点坑加速破坏。

（3）空泡腐蚀

在承压设备中，因流体流动或高速搅拌作用，流体压力分布不均匀，在低压的金属表面的局部区域，形成流体的空泡，随后这类空泡溃灭，产生压力可达数千兆帕的高压冲击波。这种冲击波产生 3 种效应：

① 使软的金属表面发生高速形变；

② 使韧性差的金属表面层崩落；

③ 破坏金属表面保护膜，加速腐蚀。

在各种气蚀破坏理论中，普遍认为机械疲劳破坏是最基本的破坏机理，即液流中气泡溃灭时产生的冲击波和微射流的反复冲击作用是导致材料表面破坏的主要原因。

空泡腐蚀时，力学因素及化学因素是协同作用的，冲击波破坏了表面保护膜，促进腐蚀，而蚀坑形成后，粗糙表面可促进空泡的形核，且已有的蚀坑，又可起到应力集中作用促进崩落。因此，要区分力学因素和化学因素的单独贡献是有困难的。

4.6.5　影响压力容器磨损和冲刷腐蚀寿命的主要因素

材料的耐磨性不是材料自身固有的性质，它是磨损系统的函数，同一材料在不同工况下表现出的磨损特性不尽相同。因此，有必要了解磨损系统中各参量对材料的耐磨性和磨损失效的影响。

流体的流动状态、流速、第二相（气泡或固体颗粒），腐蚀产物膜的成分、厚度、硬度、韧性、与基体附着力及再钝化能力，电偶效应对冲刷腐蚀都有重要影响。

（1）磨损环境条件的影响

a. 磨损环境　磨损环境条件决定了磨损腐蚀的类型。

b. 压力的影响　一般来说，随着磨损压力的增加，磨损量随之增大，因为随着压力的增大磨料对于材料的刺入深度增加，对材料表面进行切削或变形的能量随之增强。

c. 速度的影响　对于不同磨损种类，磨损速度的影响不同。速度对滑动磨损影响不明显，对冲蚀磨损有重要影响，当冲击速度高到一定程度时，原本在滑动磨损或低速情况不造成磨损的物料此时也可以造成磨损，这是因为速度决定输入给磨损表面的能量，能量越高，磨损越严重。

(2) 影响黏着磨损的主要因素

a. 同类的摩擦副材料比异类材料容易黏着，采用表面处理（如热处理、喷镀、化学处理等）可以减少黏着磨损。

b. 脆性材料比塑性材料抗黏着能力高。

c. 材料表面粗糙度越小，抗黏着能力也越强。

d. 控制摩擦表面的温度，采用的润滑剂等可减轻黏着磨损。

e. 载荷越大，磨损速度越大。

(3) 影响磨粒磨损的主要因素

a. 磨料粒径的影响　磨料粒径对磨损的影响，最初随着粒径的增大磨损呈线性关系增大，当达到临界粒径之后，磨损的增长就变得缓慢，或不再增长。

b. 磨粒形状的影响　磨粒的形状对磨损有很大的影响，尖锐磨粒的磨损能力很强，而圆钝的磨损能力相对较弱。这是因为尖锐的磨粒可以比较容易地刺入材料表面，引起材料的塑性变形，或者直接切削材料，而切削是一次成屑，所以尖锐磨粒的磨损能力很强。

c. 磨料中水分的影响　磨料磨损的磨损量先是随着水分增加而增加，达到最大值后，随水分的增加而下降，其极端情形为砂浆磨损。

d. 材料特性的影响　材料特性对磨损的影响非常大，工程耐磨材料主要有金属和非金属两大类，用于耐磨用途的非金属材料主要有陶瓷、橡胶。

在低角度磨损时，陶瓷材料，特别是在高温工况下显示出了优异的耐磨性。在大角度冲击磨损工况下，橡胶材料，特别是在湿磨料磨损时耐磨性能优异。

金属材料硬度的影响，对于纯金属，随着材料硬度的增加，相对耐磨性随之增加并呈现出较好的线性关系。而对于某一种碳素钢或合金钢，采用热处理使之硬度在200～800HV之间变化时，随硬度增加其相对耐磨性的增加比较缓慢。

不同的材料在同样磨损条件下所表现出的磨损特性不尽相同。在工程上，材料与磨料的相对硬度，或者说是硬度比值对材料的磨损有重要意义。磨料的硬度小于材料的硬度（Hm）时，随着磨料硬度（Hs）的增加，磨损上升缓慢；而当磨料的硬度上升到材料硬度左右时，磨损对磨料硬度最为敏感；当磨料硬度超过材料的硬度后，继续提高磨料的硬度对磨损没有影响。将大量的实验结果归纳起来可以将磨损分为以下3个区域。

Ⅰ低磨损区，Hs＜Hm［Hm/Hs＞(1.25～1.13)］，磨损不严重，在这个区域内的磨损称之为软磨料磨损，其磨损机理还不很清楚，有的学者将其归结为化学抛光作用。

Ⅱ过渡磨损区，0.8Hs＜Hm＜1.25Hs，大多数工程意义上的磨损常常发生在该区，提高工件的硬度可以显著地提高工件的耐磨性。

Ⅲ高磨损区，Hm＜1.25Hs，磨损不再随磨料的硬度增加或增加得缓慢，在此区内盲目地提高材料的硬度，无助于磨损的改善，并且增加了成本。

(4) 冲蚀磨损

材料的冲蚀磨损常用冲蚀磨损率（或磨损比）来表示，即单位质量的磨料所造成的材料冲蚀磨损的质量或体积

$$E=\frac{\text{材料的冲蚀磨损量（mg 或 }\mu m^3\text{）}}{\text{磨料质量（g）}} \tag{4-59}$$

式中，E为磨损率，$mg \cdot g^{-1}$。

材料的冲蚀磨损率不是材料的固有性质，而是冲蚀磨损系统中的一个参数，它主要受以下3方面因素的影响，环境因素如冲蚀速度、冲角、冲蚀时间、环境温度等，磨粒性质如磨

粒硬度、形状、粒度、破碎性等，靶材性质如靶材保护膜的特征、硬度、组织、力学性能、物理性能等。

① 气-固冲蚀

a. 冲蚀速度的影响　冲蚀磨损与磨粒的动能有直接的关系，冲蚀磨损量与磨粒的速度之间存在以下关系式：

$$E=Kv^n \tag{4-60}$$

式中 E——磨损率，$mg \cdot g^{-1}$；

K——常数；

v——磨粒的冲蚀速度，$m \cdot s^{-1}$；

n——速度指数，一般情况下 $n=2\sim3$；延性材料波动较小，$n=2.3\sim2.4$；脆性材料波动较大，$n=2.2\sim6.5$。

研究发现，存在一个速度门坎值，低于这个数值则不产生冲蚀磨损，只发生弹性变形。例如铁球冲蚀低碳钢的速度门坎值是 $0.67m \cdot s^{-1}$。速度门坎值与磨粒大小有关，如直径为 $225\mu m$ 的石英冲蚀 11%Cr 钢的速度门坎值为 $2.7m \cdot s^{-1}$。

b. 冲角的影响　冲角对冲蚀磨损的影响与靶材有很大的关系，见图 4-263。

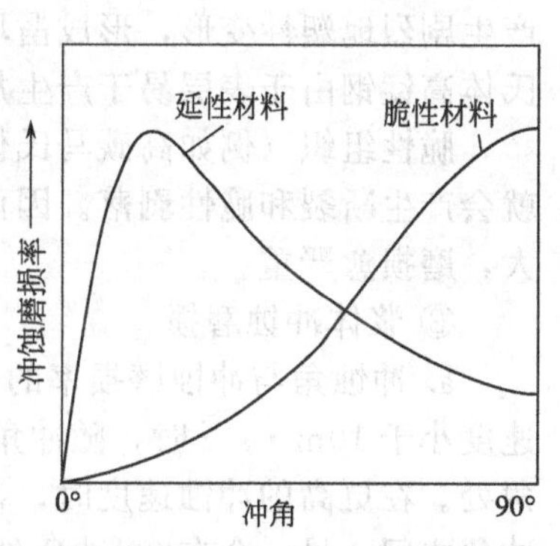

图 4-263　冲角对延性材料和脆性材料冲蚀磨损的影响

对延性材料，冲蚀磨损开始随冲角增加而增大，当冲角为 20°～30°时，磨损最大，然后随冲角继续增大而减小。低角度冲蚀时，以微切削和犁沟为主；高角度冲蚀时，延性材料起初表现为凿坑和塑性挤出，多次冲击经反复变形和疲劳，引起断裂与剥落。

对脆性材料，在大尺寸磨粒和大冲击能量的垂直冲击下，以产生环形裂纹和脆性剥落为主，往往一次冲击就能使材料流失。但在小尺寸磨粒、冲击能量较小时，则可能具有延性材料的特征。随冲角的增加，磨损量不断增大，当冲角为 90°时，磨损最大。这表明脆性材料不适合在大角度冲蚀工况下使用。

c. 冲蚀时间的影响　冲蚀初期，靶材并不立刻产生流失，甚至产生增重（孕育期或潜伏期），经过一段冲蚀磨损后才达到稳态冲蚀磨损，材料的失重与冲蚀磨粒的质量大致呈线性关系。孕育期是由于在冲蚀磨损初期，靶材表面塑性变形、粗糙化和加工硬化，甚至磨粒在材料表面沉积、嵌入而产生增重现象。孕育期一般随冲蚀角增大而延长，随磨粒冲蚀速度增加而缩短。在同样冲蚀条件下，延性材料的孕育期较长，脆性材料及钢铁等工程材料孕育期较短，甚至没有明显的孕育期。

d. 温度的影响　温度对冲蚀磨损的影响比较复杂。温度升高，介质的腐蚀性增强，冲蚀速率提高。但高温下，材料延性材料随着塑性的提高，耐磨性也有所提高。也有人认为在高温下材料表面形成氧化膜，对冲蚀磨损也有一定的影响。

e. 磨粒的影响　冲蚀磨损量是磨粒硬度的函数，一般冲蚀磨损率与磨粒硬度指数呈线性关系。磨粒形状对冲蚀形貌和产生最大磨损的冲角也有一定的影响，尖角形的磨粒比圆球形磨粒在同样条件下产生更大的冲蚀磨损。当圆球形磨粒冲蚀时，靶材以犁沟变形为主，而多角形磨粒则以切削为主。多角形碳化硅、氧化铝磨粒产生最大冲蚀磨损的冲角约为 16°，而钢球则约为 28°。脆性材料产生最大冲蚀磨损的冲角与磨粒形状关系不大。

随着磨粒尺寸增大，靶材的冲蚀磨损也增大，当磨粒尺寸增大到一定值时，即临界尺寸时，磨损几乎不再增加。临界尺寸与靶材有关。

磨粒在冲击靶材表面时，往往会产生大量碎片。这些碎片能除去磨粒在以前冲击时在靶材表面形成的挤出唇或翻皮，形成二次磨损，增加靶材的磨损率。

f. 靶材的影响　靶材宏观硬度（或流动应力）愈高，抗冲蚀磨损性能愈好。但是对于经不同热处理的1045钢和工具钢进行冲蚀磨损发现，热处理后其硬度增加3倍，但耐磨性却没有明显的变化。

g. 加工硬化的影响　奥氏体钢在冲角$\alpha=20°$时，加工硬化能提高材料低角度冲蚀磨损的耐磨性。在冲角$\alpha=90°$，加工硬化降低材料大角度冲蚀磨损的耐磨性。冲蚀磨损后的材料硬度与相对失重之间更接近直线关系。

h. 材料组织的影响　在低冲角（小于20°）时，相同成分的碳钢，马氏体组织比回火索氏体更耐冲蚀磨损。当组织相同时，含碳量高耐磨性高。冲蚀磨损与碳化物的类型、数量、大小和分布有很大的关系。因为，低角度冲蚀磨损机制主要是微切削和犁沟，硬的基体更能抵抗磨粒的刺入。

大角度（如冲角$\alpha=90°$）冲蚀磨损的情况相反，硬度高的组织比硬度低的磨损加剧。韧性高的组织（例如奥氏体、回火索氏体、低碳马氏体等）受磨粒的垂直冲击时，材料表面产生剧烈地塑性变形，形成凿坑，塑性挤出。经过多次反复塑性变形而导致断裂和剥落。奥氏体高锰钢由于表层易于产生加工硬化，因而在同样条件下，更容易断裂和剥落。

脆性组织（例如高碳马氏体、碳化物等）受磨粒垂直冲击时，往往一次（或几次）冲击就会产生断裂和脆性剥落。因而碳化物的存在是个不利的因素，碳化物的数量愈多、尺寸愈大，磨损愈严重。

② 浆体冲蚀磨损

a. 冲蚀角与冲蚀磨损率的关系　对铝、铜和低碳钢等延性材料进行研究发现，在冲蚀速度小于$10\mathrm{m\cdot s^{-1}}$时，随冲角α增大，材料的冲蚀磨损率不断增加，最大冲蚀率在90°冲角处。在更高的冲蚀速度时，冲蚀磨损的E-α关系曲线上出现两个峰值，一个在40°～60°冲角之间，另一个在90°冲角处，不锈钢、脆性材料等都存在两个峰值。

b. 冲蚀速度与速度指数　浆体冲蚀磨损不仅由于磨粒受到流体的黏性阻力，而使磨粒减速，而且对速度指数也有影响。浆体冲蚀磨损的速度指数n随冲角而变化，且比固体粒子冲蚀磨损时要小，冲角α在20°～90°时，速度指数n在1.62～2.12之间。

c. 浆体性质对冲蚀磨损的影响　液相的存在对冲蚀磨损的影响主要在黏度、润滑性和固体磨粒的浓度方面。与相同条件的固体粒子冲蚀磨损相比，磨损率约小一个数量级。

d. 靶材的影响　随着靶材硬度的升高，冲蚀磨损率降低。浆体冲蚀磨损时，材料的延性所起的作用不像固体粒子冲蚀磨损那样重要。因为，固体粒子冲蚀磨损时磨屑的形成与材料的反复变形有很大的关系，而在浆体冲蚀磨损时，材料表面一旦由于变形形唇或产生凸起，随即被浆体的冲刷作用去除，所以材料硬度的影响更大，而延性的作用相对减小。

③ 液滴冲蚀磨损

a. 液滴冲蚀速度的影响　液滴冲蚀速度大于临界速度V_c时靶材才出现失重，液滴冲蚀磨损量（失重）M与冲蚀速度的关系为：

$$M \propto (V-V_c)^n \tag{4-61}$$

式中　M——液滴冲蚀磨损量；

V_c——临界速度；

n——速度指数，与实验方法、靶材性能等有关，数值一般在2～5之间；

V——磨粒的冲蚀速度，$\mathrm{m\cdot s^{-1}}$。

b. 冲蚀角的影响　与固体粒子冲蚀磨损不同，液滴冲蚀速度的垂直分量对材料磨损起主要作用，而切向分量的作用不大。冲蚀磨损率E与冲蚀角θ的关系为：

$$E \propto (V\cos\theta - V_c)^n \tag{4-62}$$

式中 E——冲蚀磨损率；

θ——液滴冲蚀速度方向与试样表面垂直方向的夹角；

V——磨粒的冲蚀速度，$m \cdot s^{-1}$；

V_c——临界速度。

c. 液滴直径 液滴直径增大，冲蚀磨损增加。临界冲蚀速度 V_c 也与液滴大小 d 有关，液滴直径 d 增大，临界冲蚀速度 V_c 减小。即：

$$C = V_c^2 d \tag{4-63}$$

式中 C——常数；

V_c——临界速度；

d——液滴直径。

(5) 气蚀磨损（空泡腐蚀）

① 气蚀磨损率与时间的关系 按单位时间材料的质量损失（即气蚀磨损率）情况，可以把材料的气蚀磨损过程分为孕育期、增长期、减弱期和稳定期4个阶段。

② 速度和压力的影响 一般认为气蚀磨损率随液流速度的增加按6次幂上升，也有人认为按7～9次幂上升，有的研究者认为速度指数不是常数。压力对气蚀程度的影响可能与试验方法有关，流动式气蚀试验结果表明，若速度保持不变，则随着压力升高，气蚀磨损增加，达最大值后下降。振动式气蚀试验结果，随着压力升高至4个大气压，气蚀率持续增加。

③ 温度影响 许多研究结果表明，随液体的温度升高，气蚀率开始上升，达到最大值后下降，至液体的沸点下降到零。

④ 金属振动影响 在部件振动频率保持不变时，气蚀随振幅的增高而增加。一般认为，在振幅保持不变时，气蚀率随频率降低而增大。

⑤ 流体性质的影响 流体性质对气蚀磨损的影响非常复杂。一般认为，随流体的密度、表面张力和蒸汽压的增加、黏度的减小，气蚀磨损增大。

⑥ 材料性能的影响 随着材料硬度的增加，抗气蚀能力有增加的趋势。同时，晶粒大小、应变硬化能力、表面处理、夹杂物含量、合金偏析等对材料的气蚀抗力有重要影响，甚至超过材料的原始硬度的影响。

4.6.6 压力容器磨损和冲刷腐蚀的控制

不同的磨损机理，腐蚀控制的方法完全不同。一般可以通过改进设计、降低表面流速和避免恶劣的湍流出现，控制环境温度、pH、氧含量，添加缓蚀剂，澄清和过滤流体中的固体颗粒，避免蒸汽中冷凝水的形成，去除溶解在流体中的气体、选择更耐蚀的材料、表面处理与保护阴极保护等方法减轻磨损或冲刷腐蚀。

(1) 微动腐蚀

① 微动腐蚀可以从改变接触状况和消除滑动两个方面得到有效的抑制，最可靠的办法是避免可能引起微动的连接或接触方式，如采用焊接、粘结等使连接件成为一个整体，或加大间隙避免接触。

② 对接触表面进行润滑可以消除或减少微动腐蚀的磨损过程，磷酸盐处理后再加润滑油，效果更好。

③ 在接触表面之间加入隔离或衬垫材料，如涂层或垫圈，减轻微动腐蚀。

④ 可通过增加接触面的法向载荷或增加表面粗糙度，阻止接触面之间的微动。

⑤ 合理选材和表面强化，提高接触材料的硬度；采用异种材料接触，因为同类材料相

接触要比异类材料相接触时磨损情况严重得多。电镀低熔点金属，降低摩擦系数，或涂镀高熔点金属，则不易发生冷焊。

一些常用金属材料的拉伸强度、10^7 次疲劳强度及微动腐蚀疲劳强度见表 4-52。

表 4-52 常用金属材料的拉伸强度、10^7 次疲劳强度及微动腐蚀疲劳强度

材料	拉伸强度/MPa	10^7 次疲劳强度/MPa	10^7 次微动腐蚀疲劳强度(本身自磨)/MPa
0.2C 钢	509	255	150
0.4C 钢	772	266	87
0.7C 钢(正火)	940	216	154
0.7C 钢(冷拔)	1360	525	139
18Cr-9Ni 不锈钢	598	295	160
70-30 黄铜(退火)	328	89	80
70-30 黄铜(冷加工)	508	139	90
Al 4Cu 1Mg 1Mn	430	108	60
Al-4Mg-0.7Mn	314	100	73
Ni 基合金 718	1316	500±275	550±120
工业纯 Ti(IM1130)	675	201	123
Ti-2-5Cu	578	278	123
Ti-6Al-4V	1095	540	154
Ti-4Al-4Mo-2Sn-0.5Si	1125	634	139
Ti-6Al-5Zr-0.5Mo-0.25Si	1054	432	154

(2) 黏着磨损

① 通过合金化、选材或表面处理提高材料的耐磨性能，注意使摩擦副的两个表面具有相近的硬度可降低磨损率。

② 使用减摩材料或润滑剂。

③ 降低载荷和温度。

(3) 冲刷腐蚀

① 选材　首先必须考虑耐蚀性，其次考虑耐磨性。根据设备和工况条件选用耐蚀耐磨金属、非金属衬里，堆焊耐蚀耐磨合金等。

② 提高硬度　应用材料表面强化方法，提高材料的表面硬度。

③ 改变环境　降低介质颗粒冲击功和介质腐蚀性。降低介质流速、加大弯管的弯曲半径为管径的 3～5 倍、减小湍流，改变冲击角度、介质中添加缓蚀剂、降低介质或金属温度等降低介质的腐蚀性。

掌握不同材料在特定磨损工况下的最大磨损角度和最小磨损角度，对于冲蚀磨损下耐磨材料的选择和抗磨对策的制定有重要指导意义。

④ 改进设备结构　在设备介质进口加设防冲板，加厚承受冲蚀的部位的有效壁厚，并使之易于更换。

(4) 气蚀磨损（空泡腐蚀）

防护及控制措施与冲击腐蚀相似，此外，还可以采取以下针对性措施：

① 设计时从水力学考虑，尽量降低压力差，减少空泡的形成；

② 降低表面粗糙度，减少空泡形核几率；

③ 采用弹性高的橡胶或塑料涂层，吸收冲击波；

④ 阴极保护，在金属表面产生的氢气泡，对冲击波可以起到缓冲作用。

4.6.7 压力容器磨损和冲刷腐蚀失效案例

案例 1：酒精厂立式蒸煮罐破裂[191]

1997 年 2 月 9 日，某酒精厂 3# 蒸煮罐破裂，沸腾的玉米糊喷出；死亡 1 人，重伤 3 人，轻伤 1 人。该设备 1993 年 9 月设备启用，运行 3 年多。

设备结构如图 4-264 所示，5 个串联使用，罐内介质下进上出，接管端部与罐壁平齐。壁厚 10mm，壳体材料 Q235C，设计压力 0.605MPa，压缩机出口压力 0.5～0.6MPa，到第 5 个时为 0.1～0.2MPa，呈降压过程；设计温度 200℃，工作温度 145℃。

检查确定，进料口补强圈上沿 30mm 处起裂，纵向裂纹，1020mm 长，裂纹处壁剩余壁厚 0.4～0.9mm，进料口上部区域严重减薄。

据调查，另一工厂同样工况，采用插入式接管结构，未发生壁厚局部减薄现象。

结论与建议：气蚀、磨损腐蚀是事故的主要原因，将接管端部与罐壁的“平齐结构”改为“插入式结构”，见图 4-265，可避免此类事故。

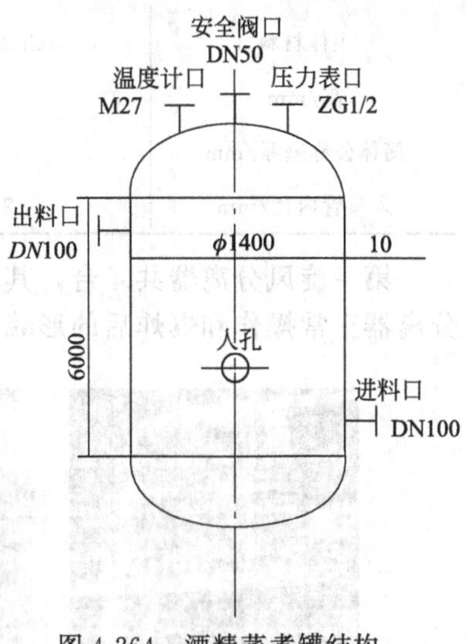

图 4-264 酒精蒸煮罐结构

案例 2：搅拌釜合并进出口引发爆炸[191]

一间歇操作搅拌釜，为减少容器开孔、布管紧凑，将液态物料“进、出料口”合并，位于下封头中心，见图 4-266。

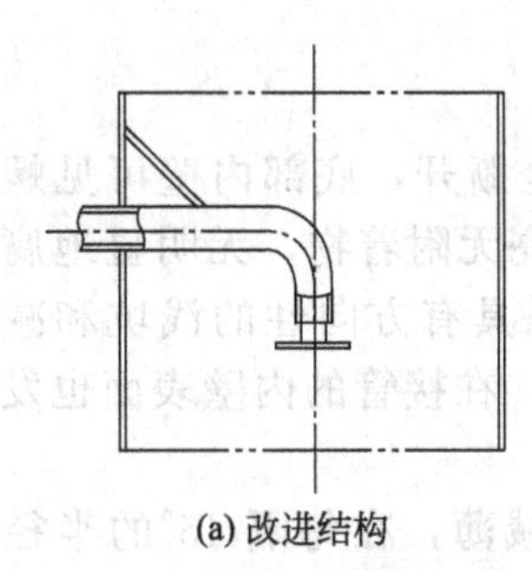

图 4-265 酒精蒸煮罐改进结构

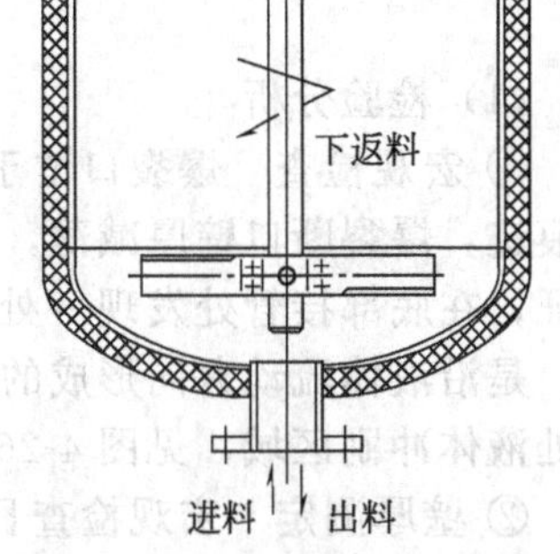

图 4-266 搅拌釜进出口示意图

接管端部与下封头采用“平齐结构”，以满足排液需要，但引发气蚀、闪蒸，使管口附近封头壁厚减薄。物料中含固体颗粒，桨叶的下返料搅拌作用加速下封头磨损。

“进、出料口”附近成为检测死角。内部检测受到搅拌轴、桨叶限制；外部检测受到外保温层、管法兰限制。由于对此类情况重视不够，使管口附近下封头壁厚严重减薄，引发搅拌釜爆炸。

经验教训，液体由狭窄的管路进入相对宽阔的容器空间，在压力有所降低的同时，会产生气蚀、闪蒸、磨损腐蚀，使管口附近容器壳体局部壁厚减薄。

案例 3：一级旋风分离器爆裂失效分析[192]

刘化集团尿素装置气化工段的第一旋风分离器为第二类压力容器，1980 年投入运行。原操作介质为渣油气化的裂化气和水，2002 年后改为天然气裂化气和水。容器的设计和操作参数见表 4-53。

表 4-53 第一旋风分离器设计和操作参数

设计压力/MPa	3.4	操作压力/MPa	3.0
设计温度/℃	250	操作温度/℃	220
主体材料	1Cr18Ni9Ti	内径/mm	500
高/mm	3308	容积/m³	0.51
筒体公称壁厚/mm	8/12	封头公称壁厚/mm	10
入口管内径/mm	216	介质流量(标准状态)/m³·h⁻¹	35100

第一旋风分离器共 4 台，其中 2# 于 2006 年 1 月 28 日夜在正常操作时发生爆炸，旋风分离器正常操作和爆炸后的形貌见图 4-267。

(a) 一级旋风分离器

(b) 爆裂后的一级旋风分离器

图 4-267 一级旋风分离器

(1) 检验分析

① 宏观检查 爆裂口位于底部封头，沿底部接管加强圈完全撕开，底部内壁可见螺旋线痕迹，爆裂断口壁厚减薄，最薄处 0.84mm，罐底内壁表面光亮无附着物，无明显地腐蚀特征，在底部接管处发现一处明显的液体冲刷区域，该区域内是具有方向性的浅坑和减薄带，是沿液体流动方向形成的凹道。底部接管内存在黑色积垢物，在接管的内壁表面也发现一处液体冲刷区域，见图 4-268。

② 壁厚测定 宏观检查显示，分离器底部封头存在不均匀减薄，在每隔 45°的半径方向，从底部接管开始间隔 30mm 测量厚度，测点位置见图 4-269，结果表明，最小壁厚 2.0mm，在断口附近，最大壁厚 12.6mm，位于椭圆封头直边过渡区。断口边缘较薄，起裂部位壁厚在 0.84～2.18mm，减薄区域（包括底部接管）主要在封头直径约 460mm 以下部分，在直径 280～350mm 范围内最严重。

③ 封头材料化学成分分析 在爆裂封头上取样进行化学成分分析，结果封头材料符合 1Cr18Ni9Ti 材料标准。

④ 断口分析

a. 宏观特征 爆裂口沿底部接管加强圈完全撕开，爆口周围产生塑性变形和翘曲，断面呈 45°斜断口，为灰色纤维状，起裂部位薄而锋利，壁厚有明显减薄。

磨损形貌，罐底内壁表面光亮无附着物，没有明显的腐蚀特征，底部接管焊缝周围有一处明显的液体冲刷形成的具有方向性的浅坑和起伏凹道带。

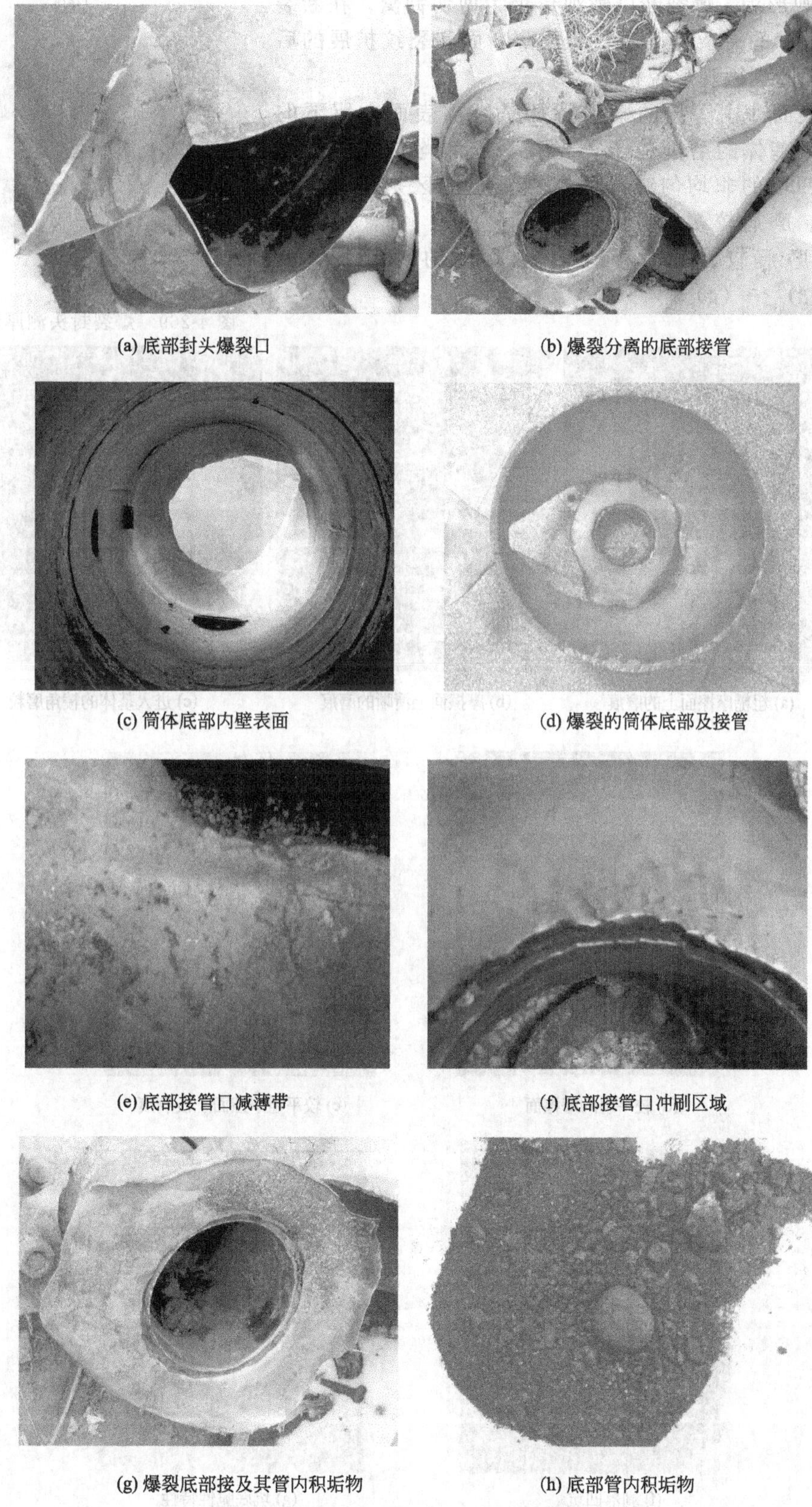

(a) 底部封头爆裂口
(b) 爆裂分离的底部接管
(c) 筒体底部内壁表面
(d) 爆裂的筒体底部及接管
(e) 底部接管口减薄带
(f) 底部接管口冲刷区域
(g) 爆裂底部接及其管内积垢物
(h) 底部管内积垢物

图 4-268 一级旋风分离器爆裂特征

b. 微观形貌　爆裂断口微观形貌为剪切韧窝，在断裂面上还有较多的夹杂物，起裂部位薄断面和裂纹扩展的后期的厚断面断裂微观形貌相同。

底部表面冲刷磨损的微观特征是摩擦表面上留下的磨痕，嵌入基体的磨削粒子。光亮平坦的均匀减薄区和存在冲刷凹坑的非均匀减薄区在微观上的区别是，前者磨痕粗糙，磨屑较多，见图 4-270（a）～（c），后者磨面较细，磨痕较浅，但存在直径较大的剥落坑，见图4-270（d）～（g）。

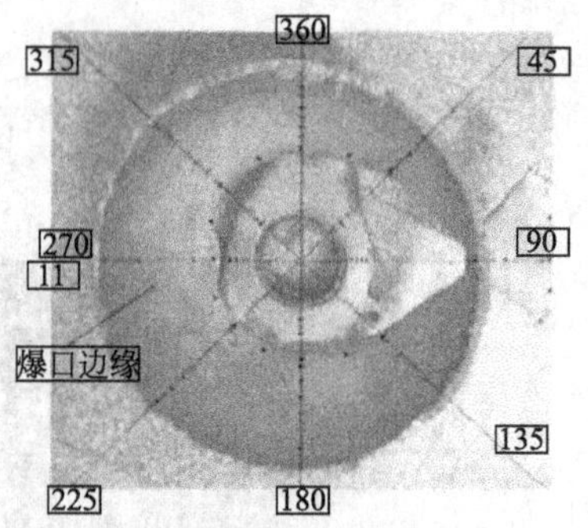

图 4-269　爆裂封头测厚示意图

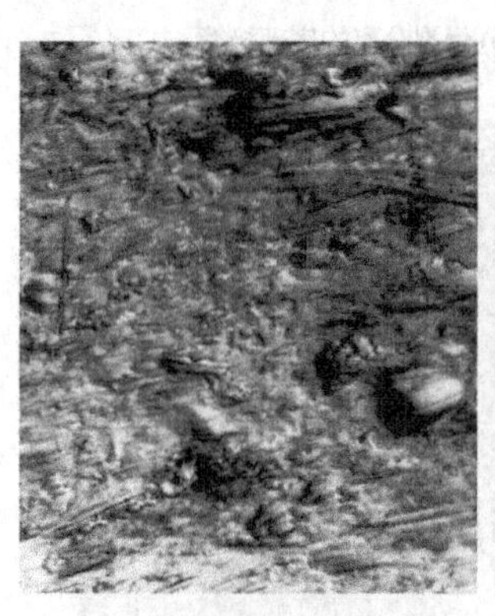

(a) 粗糙摩擦面上的磨痕

(b) 摩擦面上清晰的磨痕

(c) 进入基体的棱角磨粒

(d) 较平坦的摩擦面

(e) 较平坦摩擦面上浅磨痕

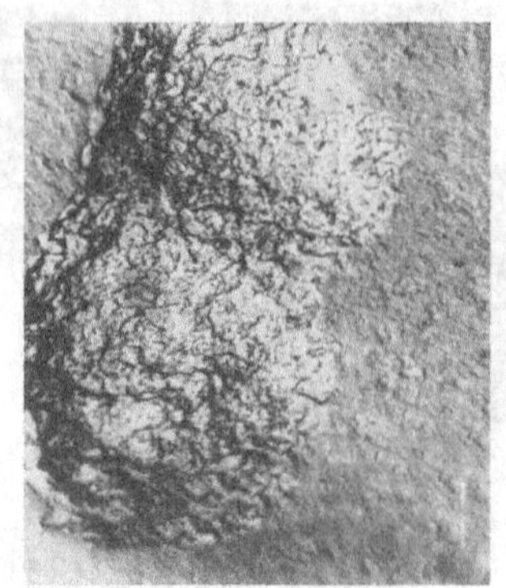

(f) 剥落凹坑

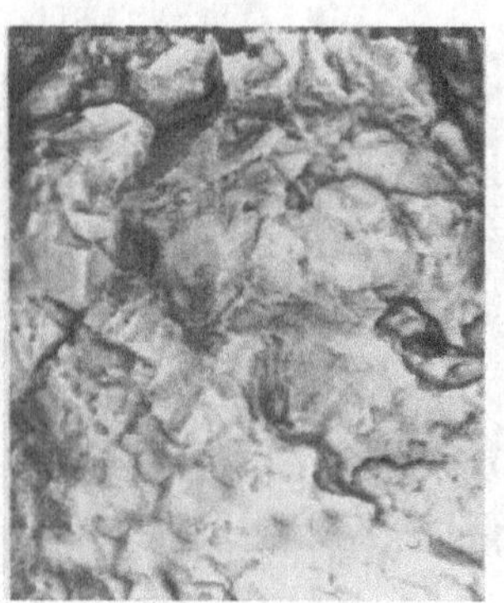

(g) 坑底脆性特性

图 4-270　表面磨损微观特征

断口宏观和微观都表现为韧性断裂的特点，表面磨损特征以大量的光亮平坦磨面为主，局部存在非均匀减薄，也就是在封头底部接管焊缝周围具有方向性的浅坑和起伏凹道带。

冲刷磨损微观上特征为粗短的磨痕，嵌入基体磨痕内的磨削粒子，以及磨屑、直径较大的剥落坑，坑底呈脆性特征，说明冲力很大，磨粒棱角锐利或圆滑。

⑤ 金相组织　封头材料组织为奥氏体＋带状分布的铁素体，组织中存在较多的 TiN 夹杂物，断口剖面金相反映了断裂面存在明显的变形，图 4-271。

图 4-271　断口剖面金相组织

⑥ 沉积物　沉积物 X-ray 成分分析结果，沉积物中含有大量的氧、铝、硅、硫、铬、镍和铁。X-ray 衍射结构分析的衍射谱峰和计算机检索结果见图 4-272，检索到的组分有软铝石 $Al_2(OOH)_2$、Al_2O_3、$Ca_4P_2O_9$ 和 Fe_3O_4 等。

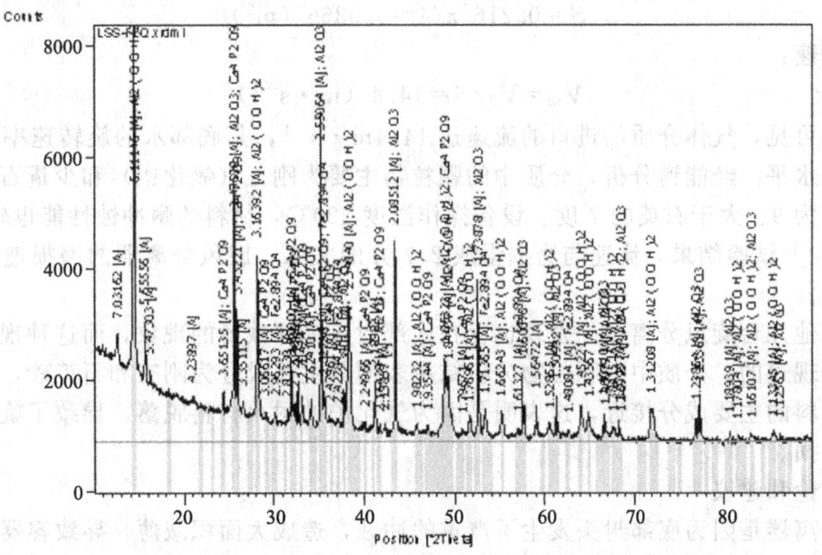

图 4-272　X-ray 衍射结构分析的衍射谱峰和计算机检索结果

(2) 结果分析

① 封头材料 1Cr18Ni9Ti，组织为奥氏体＋带状分布的铁素体，双相组织，轧制特征，基体中存在较多的 TiN 夹杂物，冶金缺陷 TiN 夹杂物聚集分布时，破坏材料的连续性，当它存在于表面时危害性较大。

② 旋风分离器断口宏观和微观都表现为韧性断裂的特点，旋风分离器底部封头的爆裂是因为壁厚减薄，起裂部位最小壁厚仅 0.84mm，局部承受应力超过材料 1Cr18Ni9Ti 的拉伸强度而发生了韧性断裂。

③ 封头壁厚减薄发生在内壁表面，底部中心直径 460mm 以下范围内，磨损减薄特征以大量的光亮平坦磨面为主，在底部封头接管周围存在非均匀减薄区，其特征表现为冲刷磨损面不平整，还有一些具有方向性的凹坑。微观上磨损特征呈现的粗短的磨痕是磨粒在韧性材料上犁刨出的沟槽，同时还可以观察到棱角锐利的磨粒和圆滑的小磨粒嵌入基体的特征。非均匀减薄区较大的剥落坑，是流动微粒冲击材料表面形成的。

根据旋风分离器设备运行工况条件，其磨损失效是以冲刷磨损为主要特征的。在旋风分离器中，介质流量（标准状态）为 35100m³·h⁻¹，以操作压力 3.0MPa、操作温度 220℃，入口直径 216mm 计算介质流速。

设操作介质符合理想气体方程，则操作条件下介质的流量：

$$\frac{p_1V_1}{T_1}=\frac{p_2V_2}{T_2} \tag{4-64}$$

式中 p_1——标准大气压，0.098MPa；

V_1——标准状态下介质流量（标准状态），$35100\mathrm{m^3\cdot h^{-1}}$；

T_1——标准状态下温度，273.15K+25K；

p_2——操作压力，3.0MPa；

V_2——操作状态下介质流量，$\mathrm{m^3\cdot h^{-1}}$；

T_2——操作状态下温度，273.15K+220K。

由此计算：$V_2=1897\mathrm{m^3\cdot h^{-1}}$

入口管截面积：

$$S=0.216^2\pi/4=0.0366\ (\mathrm{m^2}) \tag{4-65}$$

介质流速：

$$V_\mathrm{m}=V_2/S=14.4\ (\mathrm{m\cdot s^{-1}}) \tag{4-66}$$

由计算可见，气体介质的进口的流速达 $14.4\mathrm{m\cdot s^{-1}}$，其底部水的旋转速率应该也可以达到较高的水平。经能谱分析，介质中的颗粒物主要为刚玉（氧化铝）和少量石英砂，刚玉的莫氏硬度为 9、大于石英的 7 度。设备操作温度 220℃，材料的耐冲蚀性能也较常温的低。按文献［193］试验结果，流速与磨损量成 2.7 方的关系，旋风分离器的磨损速率可以达到很高的水平。

检查其他几台旋风分离器，发现也存在底部封头局部减薄的现象，而这种现象是以往检查中没有出现过的。介质中的颗粒物分析结果表明其主要成分为刚玉和石英砂，这与气化炉等的耐火材料的主要成分接近，这表明是因为气化炉的耐火材料脱落，导致了旋风分离器底部封头的磨损。

（3）结论和建议

旋风分离器是因为底部封头发生了严重的冲蚀，造成大面积减薄，导致容器因强度不足而爆炸。

造成冲蚀的原因是耐火材料脱落颗粒，应加强对耐火材料监控，在设备定期检验时，加强分离器底部的检查。

4.7 腐蚀宏电池

广泛的说，所有电化学腐蚀都是电偶腐蚀，根据组成腐蚀电池的电极大小、形成腐蚀电池的主要影响因素和腐蚀破坏的特征，一般将实际中的腐蚀电池分为宏电池（宏观腐蚀电池）与微电池（微观腐蚀电池）两大类，宏电池腐蚀（macrocell corrosion）是电极较大的一类电化学腐蚀。宏电池不仅在两种不同材料接触时可以形成，而且在同一材料各部分所处的环境不同时也可形成，如浓差电池、温差电池等。

在工程技术中，不同金属的组合是不可避免的，几乎所有的换热器、塔器和分离器都是由不同的金属材料部件组合而成，电偶腐蚀非常普遍。

利用电偶腐蚀的原理可以采用贱金属的牺牲对有用的部件进行牺牲阳极阴极保护。

4.7.1 腐蚀电池定义

腐蚀电池是在腐蚀体系中形成的短路伽伐尼电池（Galvanic Corrosion)，金属材料的电化学腐蚀都是腐蚀微电池工作的结果（见 2.3 节电化学腐蚀)。宏电池是指金属的腐蚀过程是由于异种金属接触，合金的选择性腐蚀，或与金属接触的介质的浓度差异（主要是盐浓差、氧浓差)、温度差异、应力差异等使金属表面存在由目视（或不大于 10 倍的放大镜）可分辨的、稳定的电极所构成的“大电池”，该大电池因各电极的自然腐蚀电位不同而导致腐蚀加剧。

广义的选择性局部腐蚀；狭义的选择性腐蚀，在多元合金中由于合金组分的电化学差异而引起的较活泼组分的优先溶解，都是腐蚀电池作用引起的。工程上说的电偶腐蚀仅指异种金属相接触时，在电解质中由于自然腐蚀电位差产生的宏电池的腐蚀。

4.7.2 腐蚀宏电池对压力容器的危害

宏电池腐蚀中电位较正的金属为阴极，发生阴极反应，导致其腐蚀过程受到抑制；而电位较负的金属为阳极，发生阳极反应，导致其腐蚀过程加速。是一种危害极为广泛和可能产生严重损失的腐蚀形式，广泛地存在于热交换器、塔器、储存容器和反应器等压力容器设备中，是一种普遍存在的腐蚀类型。宏电池腐蚀往往会诱发和加速应力腐蚀、点蚀、缝隙腐蚀、氢脆等其他各种类型的局部腐蚀，从而加速设备的破坏。其影响因素比较复杂，而且任一影响因素的改变都可能导致更加严重的腐蚀。

4.7.3 腐蚀宏电池机理

宏观腐蚀电池和微电池仅仅在形式上有区别，工作原理完全相同，热力学和动力学符合电化学腐蚀过程，都是由阳极过程、阴极过程和电流流动 3 个相互联系的环节构成的，如果其中某个环节受到阻滞，则整个腐蚀过程就会缓慢或完全停止。

宏电池系统的腐蚀电位在腐蚀电流的作用下，阴极和阳极的电位将分别极化到同一电位，这个电位称为系统的自然腐蚀电位。电偶腐蚀的驱动力是低电位金属与高电位金属或非金属之间产生的电位差；除去阴极和阳极阻力外的阴、阳极区的电位差值为腐蚀电池的欧姆电位降。

产生宏电池腐蚀（电偶腐蚀）应同时具备下述 3 个基本条件。

① 具有不同自然腐蚀电位的材料。

② 存在离子导电回路。电解质溶液必须连续地存在于接触金属之间，构成电偶腐蚀电池的离子导电回路。电解质溶液可以是凝聚在零构件表面上的、含有某些离子（氯离子、硫酸根等）的水膜。

③ 存在电子导电回路。即低电位金属与电位高的金属或非金属之间要么直接接触，要么通过其他导体实现电连接，构成腐蚀电池的电子导电回路。

电偶腐蚀原理如图 4-273 所示，电偶腐蚀过程见图 4-274 模拟示意图，电偶腐蚀电极极化如图 4-275 所示。

A_a、B_a——A、B 金属阳极区；A_c、B_c——A、B 金属阴极区。i_{A_a}、i'_{A_a}、i_{B_a}、i'_{B_a}——A、B 偶接前后的阳极电流；i_{A_c}、i'_{A_c}、i_{B_c}、i'_{B_c}——A、B 偶接前后的阴极电流。i_g——A、B 偶接后流经外导线的电流，即电偶电流。E_A、E_B——A、B 未偶接时的自腐蚀电位，E_g——偶接后的混合电位。

A、B 偶接前：$i_{A_a}=|i_{A_c}|$、$i_{B_a}=|i_{B_c}|$

A、B 偶接后，产生电偶电流：$i_g=|i'_{A_c}|-i'_{A_a}=i'_{B_c}-|i'_{B_c}|$

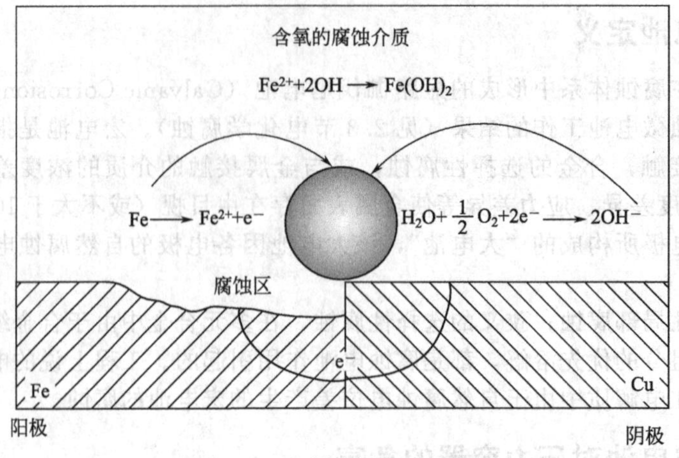

图 4-273 电偶腐蚀原理示意图

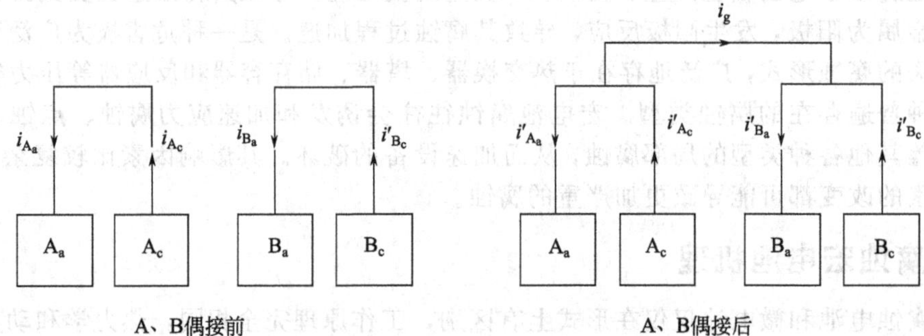

图 4-274 电偶腐蚀过程模拟示意图

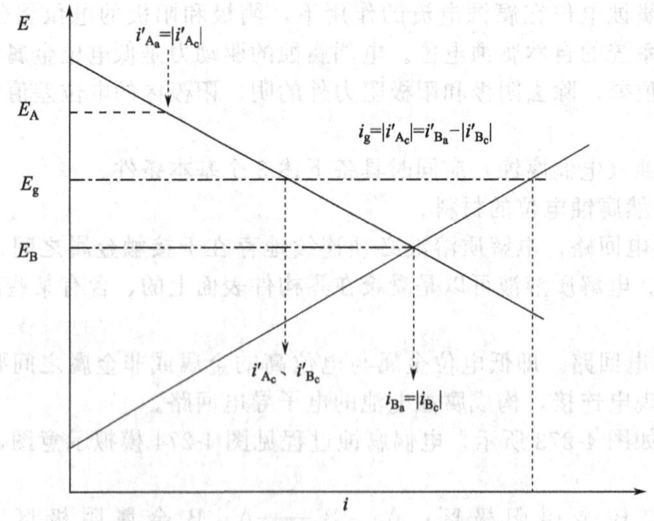

图 4-275 电偶腐蚀电极极化示意图

当 A 得到完全保护时 $i'_{A_a}=0$

电偶腐蚀的严重程度可以用电偶腐蚀效应来表征，当两种金属偶接后，作为阳极的金属的阳极电流密度与未偶接时该金属的阳极电流密度（即自腐蚀电流密度）的比值，用 γ 表示，见式（4-67）。γ 越大，电偶腐蚀越严重：

$$\gamma=\frac{i'_{B_a}}{i_{B_a}}=\frac{i_g+|i'_{B_c}|}{i_{B_a}} \tag{4-67}$$

由于在电偶腐蚀中阳极金属的腐蚀电流分布的不均匀性，造成电偶腐蚀的典型特征是腐蚀主要发生在两种不同金属或金属与非金属导体相互接触的边沿附近，而在远离接触边沿的区域其腐蚀程度通常要轻得多，据此很容易识别电偶腐蚀。电偶腐蚀影响的空间范围与电解质溶液的电阻大小有关。在高电导的电解质溶液中，电偶电流在阳极上的分布比较均匀，总的腐蚀量和影响的空间范围也较大；在低电导的介质中，电偶电流主要集中在接触边沿附近，总的腐蚀量也较小。其他类型的宏电池腐蚀，因阳极和阴极存在渐变的区域，所以宏观形貌边界不是非常明显，阳极区域一般也较大，故腐蚀宏观形貌一般为较大范围的全面腐蚀，造成容器壁厚减薄。

4.7.4 腐蚀宏电池类型

腐蚀宏电池包括浓差电池、电偶（由不同金属构成电极而形成的电偶）、热偶（由于两个部位间的温度差异而引起的电偶）、应力差电偶等。主要有两大类型，一种是异种金属构成的电偶，包括：①两种金属浸于各自盐溶液中形成的电池，如丹尼尔电池；②不同金属浸于同一种电解质溶液中的腐蚀电池。重金属-Cu、Ag、Pb 在电动序表中位于 Fe、Al、Mg、Zn 等之后，即前者的标准电极电位比后者的要高，这些重金属离子可以被碳钢、Al 及其合金、锌及其合金等从介质中置换出来，这些重金属离子通过置换作用，以一个个小阴极的形式析出在比它们活泼的金属表面，形成一个个微电池或宏电池而引起腐蚀，这种腐蚀称为析出腐蚀，这是一种特殊形式的电偶腐蚀。如尿素装置的工艺气铜洗塔，筒体材质 Q345R，操作介质为醋酸铜铵液＋精炼气，使用中在塔底部出现大量 Cu 被置换出来，造成局部电偶腐蚀减薄严重，见图 4-276。

另一种是同一金属浸于同一种电解质溶液中构成的电偶，包括：①供氧差异腐蚀电池，氧含量低的部位为阳极区；②变形或应力分布不均引起腐蚀电池，应力集中区易为阳极区；③盐浓差电池；④温差引起的腐蚀电池，温度高区为阳极区；⑤膜-孔型电池，钝化膜破损区为阳极区；⑥焊接接头或局部热处理等导致的组织差异形成的电池。

(1) 异种金属接触电池腐蚀

异种金属接触电池腐蚀指由不同金属构成电极而形成的电偶腐蚀，又称接触腐蚀或异（双）金属腐蚀。在电解质溶液中，当两种金属或合金相接触（电导通）时，电位较负的金属腐蚀被加速，而电位较正的金属受到保护。如某凝析油加热器为双管程结构，管板为 16Mn，管箱与管板采用紫铜密封垫片，使用 1a 后，在定期检验时发现紫铜密封垫片与碳钢密封槽发生电偶腐蚀，见图 4-277。

图 4-276 铜洗塔底部析出铜引起的电偶腐蚀

图 4-277 紫铜密封垫片与碳钢密封槽发生电偶腐蚀

容器上的焊缝金属成分或金相组织与母材不一样，腐蚀电位也不同，电位低的部位即遭受腐蚀，如氨合成塔内壁衬里焊缝的腐蚀。

标准电位序仅能用来判断金属在标准状态下产生腐蚀的可能性，不能判断金属材料在某一特定腐蚀电解质中电偶腐蚀倾向的大小，为了方便地判断金属材料在某一特定腐蚀电解质中电偶腐蚀倾向的大小而引入了电偶序。

两种金属材料在使用环境中各电极的自然腐蚀电位差不同，在腐蚀电池中，自然腐蚀电位相差愈大，组成电偶对时阳极金属受到加速腐蚀破坏的可能性愈大。将各种金属材料在某种给定环境中的腐蚀电位测量出来，并把它们从低到高排列，便得到所谓电偶序（galvanic series）。利用电偶序可以判断电偶腐蚀电池的阴、阳极极性和金属腐蚀的倾向性大小。接触金属的电位差（即电动势）是电偶腐蚀的推动力，但电偶序只能粗略地判定金属腐蚀的倾向性，在实际腐蚀体系实用时有局限性。不仅环境条件不同，异种金属组合的电位关系不同，即使在同一环境中，随着腐蚀过程的进行，两种金属的腐蚀电位相对关系也会改变。比较腐蚀电位从而确定电偶对中哪个金属是阳极时不能离开环境条件，同一种电偶组合在不同环境条件中不仅腐蚀电位差的数值不一样，甚至可能发生极性反转。

纯金属活动性顺序：K、Ca、Na、Mg、Al、Zn、Fe、Sn、Pb、H、Cu、Hg、Ag、Pt、Au。

一些工业金属和合金在海水中的电偶序，由阴极性到阳极顺序为 Pt、Au、石墨、Ti、Ag、Zr、Chlorimet 3（62Ni18Cr18Mo）、Hastelloy C（62Ni7Cr15Mo）、316 和 317（钝化）、304（钝化）、430（钝化）、Ni（钝化）、Monel（70Ni，32Cu）、70Cu-30Ni、青铜、Cu、黄铜、Inconel（活化）、Ni（活化）、锡、铅、316（活化）、304（活化）、高镍铸铁、Cr13、铸铁、钢或铁、2024 铝、镉、工业纯铝（1100）、锌、镁和镁合金。

在电偶序中腐蚀电位低的金属与离它越远的高电位金属接触，电偶腐蚀的驱动力越大，电偶腐蚀的倾向越高。然而，电偶腐蚀的速率除与电极电位差有密切关系外，还受腐蚀金属电极极化行为等因素的影响。由于金属材料的腐蚀电位受多种因素影响，其值通常随腐蚀反应时间而变化，即金属在特定电解质溶液中的腐蚀电位不是一个固定值，而是有一定变化范围，因此，电偶序中一般仅列出金属稳定电位的相对关系或电位变化范围，而很少列出具体金属的稳定电位值。另外，某些材料（易钝化材料）有活化和钝化两种状态，因此出现在电偶序中的不同电位区间。

（2）新旧材料构成腐蚀电池

压力容器维修时，有时需要挖补或更换筒节，旧材料表面有腐蚀产物层，电极电位比新材料正，成为阴极，加速新材料的腐蚀。

压力容器维修后的局部热处理可能造成该部位的金相组织、表面状况和应力水平与其他部位存在显著差异，由此，也可以构成宏电池腐蚀。

（3）浓差电池

金属表面局部腐蚀的产生和发展都与腐蚀介质的非均匀性有关，在电化学反应中，电极电位与参与这个电极反应的物质浓度之间有关系符合 Nernst 方程式［式（2-14）］，即金属表面电化学反应的物质浓度不同，其电极电位也不同，浓差电池即是由电极表面附近介质中的电极反应物浓度差引起的电位差而形成的腐蚀电池，这样的环境条件引起的电位差，影响电极过程动力学。如，当设备中不同区域存在组分的浓度差，或者氧含量不同，将会形成浓差电池，常见的有盐浓度差电池和氧浓度差电池。容器水线附近通常腐蚀较严重，既是因为浓差电池腐蚀造成的。浓差电池有以下几种形式。

① 盐度浓差电池　由于介质扩散受限或蒸发造成容器部分区域盐分浓度不同，造成腐蚀电位差异。

② 差异充气（氧浓差）电池　取决于邻近金属表面的溶液中的不同溶解氧浓度。差异充气电池的电化学试验表明，在低氧浓度处金属加速溶解，高氧浓度处则发生氧的还原反应；

③ 活化-钝化电池　这种电池有时被认为是差异充气电池的另一种例子。氧化剂的缺乏都可能引起易钝化金属局部腐蚀，因为钝态的建立和维持取决于能否得到足够浓度的氧化剂，氧化剂缺乏会妨碍金属表面上受损害面积处重新形成保护性的氧化膜而成为活化区发生加速腐蚀。

④ 其他浓差电池　除上述浓差电池以外，还有 H^+、缓蚀剂等的浓差电池。

(4) 热偶腐蚀（thermogalvanic corrosion）

热偶腐蚀是由于同一设备中两个部位间的温度差异而引起的电偶腐蚀，又称温差电池腐蚀。如，接触 NaCl 稀溶液的碳钢设备，一般温度较高部位为阳极，温度较低部位为阴极，形成温差电池。热偶的电位差不仅与金属的壁温有关，还与介质的温度有关。根据 Nernst 方程式［式（2-14）］，腐蚀过程中的电极电位还与温度有关，这个温度主要取决于金属表面的壁温，金属表明壁温差值越大，电极电位差值越大。按 Nernst 方程式，温度对电极电位影响似乎并不是很大，但由于介质温度上升，电极反应物和生成物扩散加快，电极反应的浓差极化电位下降，电极表面的离子活度发生明显变化，由此，对反应电极电位影响非常大，如，在 Fe 与 HCl 的反应中，温度由常温上升到 373K，电极电位变化可达到 30mV 左右。

温度变化，还可能引起腐蚀反应发生变化，或电极极性逆转，从而导致电偶腐蚀发生逆转。

(5) 合金选择性腐蚀

合金中呈现不同电极电位的金属相、化合物、组分元素的贫化或富集区，在二元或多元合金中，较贵的金属为阴极，较贱的金属为阳极，构成成分差异腐蚀原电池，较贵的金属保持稳定或与较活泼的组分同时溶解后再发生置换反应而又沉积在合金表面，而使较贱的金属发生溶解。黄铜脱锌即是典型的选择性腐蚀。

Cu-Zn 合金，加 Zn 可提高 Cu 的强度和耐冲蚀性能，但随 Zn 含量的增加，脱锌腐蚀将变得严重。黄铜脱锌即是 Zn 被选择性溶解，留下了多孔的富 Cu 区，从而导致合金强度大大下降。黄铜脱锌是个复杂的电化学反应过程，而不是一个简单的活泼金属分离现象。优先溶解机制认为，在黄铜腐蚀过程中，合金表面的 Zn 首先发生选择性溶解，然后合金内部的 Zn 通过空位扩散继续溶解，电位较正的 Cu 元素被遗留下来，而呈疏松状的铜层。但这种理论难以说明脱锌造成的脆性开裂深度（约 5mm）和锌在室温下扩散系数 $10^{-34}\,cm^2 \cdot s^{-1}$ 太低之间的矛盾。溶解-再沉积机制认为黄铜表面上的 Zn 和 Cu 一起溶解，Zn 留在溶液中，而 Cu 在靠近溶解处的表面上迅速析出从而重新沉积在基体上，但这种机制无法圆满地解释铜不可能溶解时的脱锌现象，因为锌溶解的电位远低于铜的阳极溶解电位，即铜和锌的同时溶解不可能在任何情况下都能发生。其他还有双空位机理、渗流机制等[194]。

影响黄铜脱锌腐蚀的因素主要有合金组织结构因素和外部环境因素，脱锌主要有 2 种型，如图 4-278 所示。

① 均匀的层状脱锌　Zn 含量高的黄铜在酸性介质中易产生均匀的层状脱锌，腐蚀后合金表层的强度显著下降。当黄铜的含 Zn 量质量分数大于 20% 时，在水溶液中 Zn 易被优先溶解而留下多孔的铜，这种腐蚀是用海水冷却的黄铜冷凝管主要的破坏形式，其结果会使黄铜的强度降低，大大缩短冷凝管的使用寿命。

阳极反应：

$$Zn = Zn^{2+} + 2e^- \tag{4-68}$$

$$Cu = Cu^+ + 2e^- \tag{4-69}$$

$$2Cu^+ = Cu + Cu^{2+} \tag{4-70}$$

阴极反应：
$$O_2 + 2H_2O + 4e^- \longrightarrow 4OH^- \quad (4\text{-}71)$$
$$Cu^{2+} + 2e^- \longrightarrow Cu \quad (4\text{-}72)$$

② 不均匀的带状或栓式脱锌　Zn 含量较低的黄铜在一些微酸性、中性或碱性介质中产生这类腐蚀，其腐蚀产物为疏松多孔的铜，严重时会导致管壁穿孔。

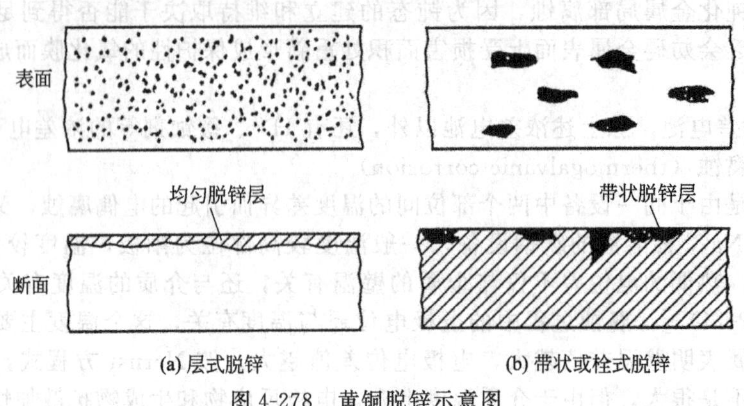

图 4-278　黄铜脱锌示意图

4.7.5　压力容器腐蚀宏电池的控制

（1）电偶腐蚀的影响因素

① 所形成的电偶间的电极电位差　根据电化学理论可以对电偶腐蚀现象作定性判断，一般认为电极电位差大于 250mV 时会产生严重的电偶腐蚀，小于 50mV 则不会产生明显的电偶腐蚀。电偶腐蚀速度，在数量上服从法拉第电解定律。两金属之间的电极电位差愈大、电流愈大，则腐蚀愈快，但对腐蚀的结果还难以作出动力学分析。

各种常见的金属或合金在某些腐蚀介质内的标准电极电位虽已充分了解，但还不能由此确定电偶腐蚀的速度及其结果的实际图像，也就是还不能从电偶中不同金属的可逆电极电位之差直接得到各部位电偶腐蚀速度的定量关系。电偶对的阴极和阳极的腐蚀电位差只是产生电偶腐蚀的必要条件，但它并不能决定电偶腐蚀的实际速率，即电偶腐蚀的效率。因此，分析电偶腐蚀速率时还需了解电偶对电极的极化特性。在工程设计中，往往需要结合在实际介质中的腐蚀电位和可能掌握的极化曲线特征作出判断，并作必要的实际测定和验证。

② 介质条件　电路中的各种电阻按欧姆定律影响电偶腐蚀电流，介质的电导率高，则加速电偶腐蚀。

金属的电极电位因介质条件（成分、浓度、pH、温度等）的不同而异，在腐蚀过程中，当介质条件发生变化时，金属的电偶序有可能发生变化，有时会因出现电位逆转。如，锌合金，温度高于 49℃时，发生晶间腐蚀，高于 54℃时锌阳极的电极电位变正，它与钢铁的极性发生逆转，变成阴极受到保护，而钢铁变成阳极受到腐蚀。易钝化合金活化后，自然腐蚀点负移幅度一般较大，通常会变为阳极而遭受腐蚀。Al 和 Mg 在中性 NaCl 溶液中接触开始时 Al 比 Mg 的电位正，Mg 发生阳极溶解，随后 Mg 的溶解使介质变成碱性，电位出现逆转，Al 变成了阳极。

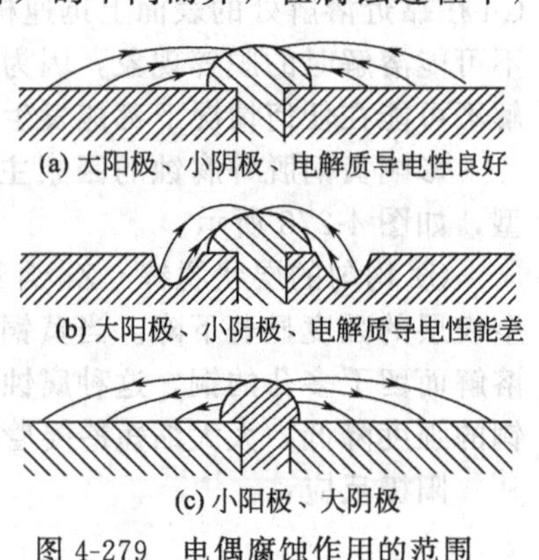

图 4-279　电偶腐蚀作用的范围

溶液电阻对电偶腐蚀作用的“有效距离”影响显著。如图 4-279 所示，溶液的电阻越大，“有效距离”越小，相对引起的局部腐蚀更严重，腐蚀将集中在接触点附近的阳极金属上，腐蚀面积小，程度较重，常是出现一条明显的沟槽；介质导电性好，作用范围大，腐蚀趋于均匀。

电偶腐蚀也能在潮湿大气中发生。湿度越大或大气中含腐蚀性组分越多（如海洋大气、工业大气），则电偶腐蚀越严重。在完全干燥的大气中不发生电偶腐蚀。

温度对电偶腐蚀的动力学影响是比较复杂的，从动力学方面考虑，温度升高，会加速热活化过程的动力学，从而加速电化学反应速度，使得电流密度增大，因此高温条件下金属的电偶腐蚀带来的破坏力更大。但温度变化也会使其他环境因素随之变化，从而影响腐蚀，如温度升高在增加氧扩散速度同时也会降低氧的溶解度，导致腐蚀速度极大值现象。温度不仅影响电偶腐蚀的速度，有时还会改变金属表面膜或腐蚀产物的结构，从而间接影响腐蚀过程。

介质流动造成的搅拌作用因减轻或消除浓差极化而加速电偶腐蚀。介质流动还可能改变充气状况或金属表面状态，从而改变腐蚀速度甚至引起电偶极性的逆转。如不锈钢/铜电偶对在静止海水中由于充气不良，不锈钢处于活化状态而为阳极，但在流动海水中充气良好，不锈钢会处于钝化状态而成为阴极。大量研究表明，电偶腐蚀对流速变化十分敏感，电偶敏感性因子基本上与流速成正比。

pH 值也会对电偶腐蚀行为产生影响。一般来说，当溶液 pH 值小于 4 时，酸性越强，腐蚀速度越大；当 pH 值在 4～9 之间时，与 pH 值几乎无关；当 pH 在 9～14 之间时，腐蚀速度大幅度降低[195]。

③ 金属表面的极化和表面膜的影响　宏电池腐蚀取决于金属的实际腐蚀电位，而实际腐蚀电位却受极化的影响：如，钛在海水中的电位很正，但与电位较负的金属相接触时，电位较负的金属的腐蚀并不很大，或比预料的小很多。这是因为钛在海水中阴极极化较大，使两者电位差减小的缘故。又如介质是循环水封闭体系，溶氧较少且容易耗尽的情况下，则会由于腐蚀速率受阴极极化控制，而不致产生严重的电偶腐蚀。反之，溶液中如加入去极化剂，将使电偶腐蚀加速。

由于阴、阳极反应生成表面膜的致密性影响到金属的活化-钝化状态，膜的导电性影响电极反应的进行，腐蚀产物的沉积对介质的扩散产生影响，由此，影响电偶腐蚀速率。

④ 电偶间的空间布置（几何因素）　电偶腐蚀具有面积效应，即电偶腐蚀的结果也直接与电极的面积大小有关。随着阴极性金属面积增大，阳极性金属的电偶电流密度都增大，电偶腐蚀破坏加重，反之亦然，见图 4-280。如在海水中浸泡 15 个月，铜板钢铆钉和钢板铜铆钉两种腐蚀电偶相比较，前者的钢铆钉会遭到严重腐蚀，而后者只是钢板产生轻微腐蚀，钢板和铜铆钉连接仍牢固，见图 4-281。图 4-282 为某浮头换热器，管箱密封面和管板为 Q345＋不锈钢堆焊层，因不锈钢堆焊层质量较差，存在大量针孔，使用 1a 后，定期检查中发现管箱密封面和管板不锈钢堆焊层下出现了严重腐蚀，这正是大阴极小阳极作用的典型结果。

通常阳极金属腐蚀电流的分布是不均匀的，距结合部越远，电流传导的电阻越大，腐蚀电流就越小。

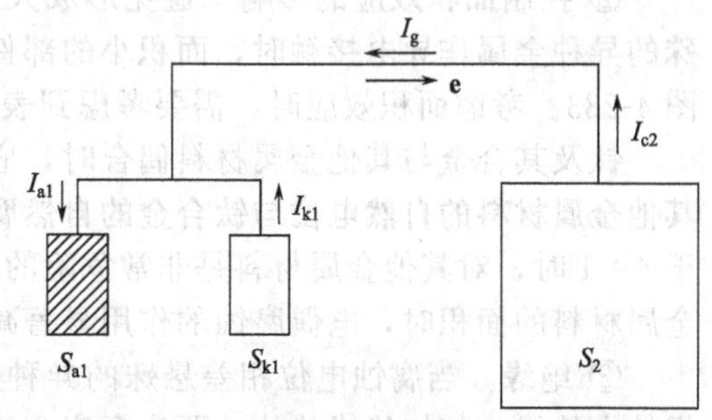

图 4-280　大阴极加速电偶腐蚀示意图

(2) 防止电偶腐蚀的途径

① 选材　尽量避免使腐蚀电位相差悬殊的异种金属作导电接触（包括丝扣连接）。如需要将异种金属组装在一起时，应选那些腐蚀电位尽可能接近的材料。腐蚀电位应通过试验测定，对于个别的具体介质条件，可参考电偶序资料。异种金属腐蚀电位差在 50mV 以内时

可以不考虑电偶腐蚀效应。

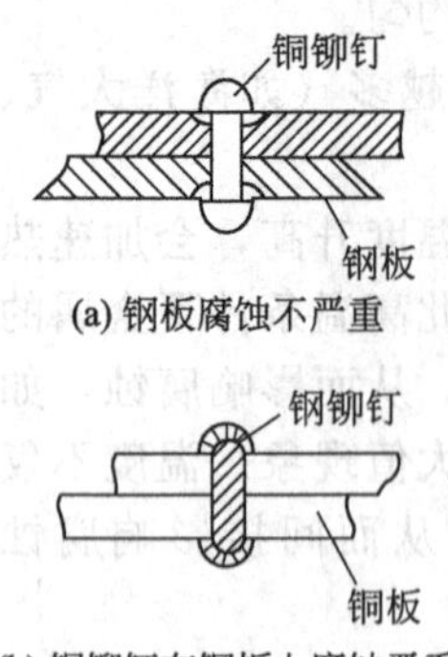

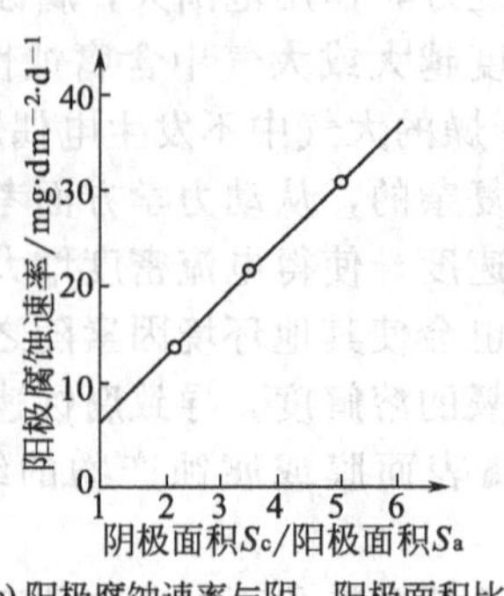

图 4-281 阴阳极面积与腐蚀速率关系

图 4-282 不锈钢堆焊层与基底发生电偶腐蚀

在选择焊接材料时，为防止焊缝与母材之间的电偶腐蚀，应使焊缝金属呈阴极性，且焊缝金属与母材的电位差应尽可能小。

钛及钛合金在静止和流动的海水中具有优异的耐蚀性能，直到流速达 $35m \cdot s^{-1}$ 才可察觉腐蚀率，但钛及其合金与其他材料偶合使用时，会对其他材料产生明显的电偶腐蚀作用。

碳纤维增强树脂基复合材料具有比强度高、比模量高、耐疲劳性优良、性能可设计和易于整体成型等许多优异特性，已广泛用于航空、航天和各种武器装备，对促进结构的轻量化、小型化和高性能化起到了至关重要的作用。在碳纤维复合材料结构件的成型及使用过程中，当碳纤维复合材料与金属材料相互接触时，由于二者之间的电位差，在热力学上具备产生电偶腐蚀的条件。电偶腐蚀会严重影响碳纤维复合材料的力学性能，必须采取措施进行防护。目前，国内外还没有成熟的评定复合材料腐蚀程度和腐蚀速率的方法，通常采用金属材料与复合材料偶接电极的电偶腐蚀电流密度（i_g）的大小来进行评判。Miller 等比较了不同金属与碳纤维环氧复合材料在质量分数为 3.5% NaCl 溶液中的电偶腐蚀情况，根据平均 i_g 值的大小，将电偶腐蚀敏感性分为 3 个等级，平均 $i_g < 5\mu A \cdot cm^{-2}$，允许使用；平均 i_g 为 $5\mu A \cdot cm^{-2} \leqslant i_g \leqslant 15\mu A \cdot cm^{-2}$，采取防护措施后可以使用；平均 $i_g > 15\mu A \cdot cm^{-2}$，不允许接触使用[196]。碳纤维因为价格较高，目前暂时还没有应用到压力容器上，但随着碳纤维价格的不断下降，相信在未来 10～20 年，碳纤维增强树脂基复合材料将会应用到某些特殊的压力容器上。

② 控制面积效应的影响　避免形成大阴极小阳极的不利面积比。在必须用面积相差悬殊的异种金属作导电接触时，面积小的部件（如紧固件）宜用腐蚀电位较正的金属材料，见图 4-283。考虑面积效应时，需要考虑到表面膜、腐蚀产物和垢物沉积的影响。

钛及其合金与其他金属材料偶合时，应尽量控制钛与其他金属材料的面积比，特别是当其他金属材料的自然电位与钛合金的自然腐蚀单位差较大时，钛与其他金属材料的面积比大于 4∶1 时，对其他金属材料是非常危险的。1∶1 的面积比或钛及其合金的表面积小于其他金属材料的面积时，电偶腐蚀的作用显著减轻，甚至经常是允许或可推荐的[197]。

③ 绝缘　当腐蚀电位相差悬殊的异种金属必须组装在一起时，应使不同金属之间作可靠的电绝缘，如加绝缘垫片。要注意完全绝缘，不得留有未绝缘的部分。垫片要固紧，避免形成缝隙，垫片材料要选用不吸湿材料，以防造成缝隙腐蚀，见图 4-284。

④ 阴极保护　设计时选用容易更换的、价廉的材料做成阳极部件，或将它加厚以延长寿命。或者安装一块比电偶接触的两种金属腐蚀电位都更负的第三种金属（即外加牺牲阳极进行阴极保护），见图 4-285。

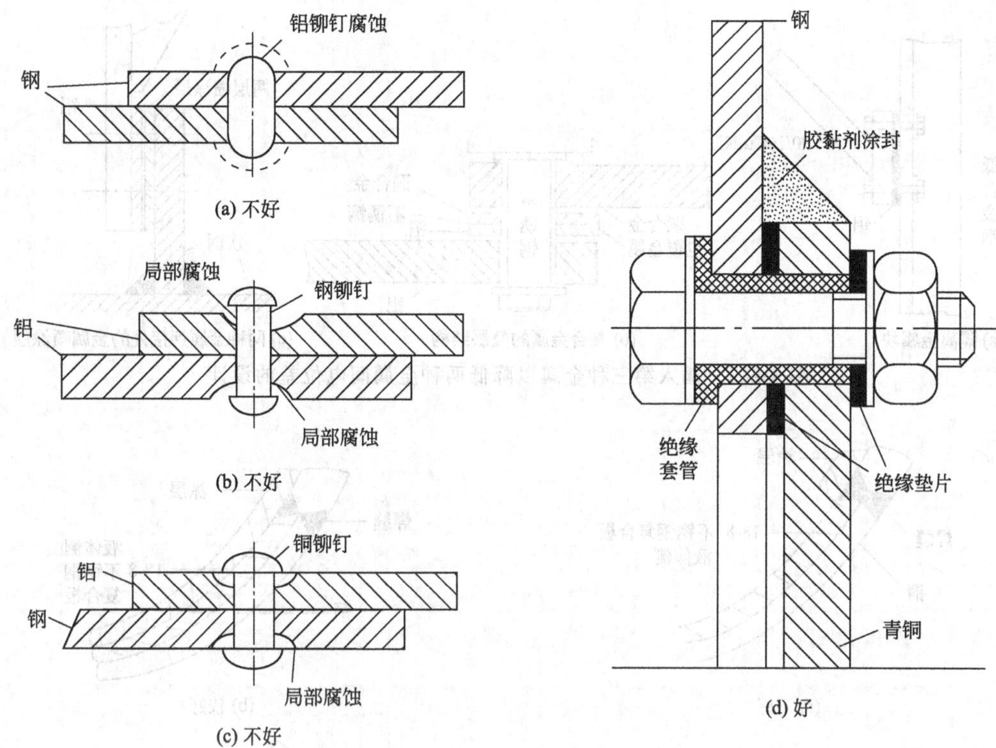

图 4-283 电偶腐蚀面积效应和绝缘连接

⑤ 缓蚀剂 可能时加入缓蚀剂，以减轻介质对金属的腐蚀。

⑥ 覆盖层保护 在金属上使用金属涂层、非金属涂层，或耐蚀合金衬里可以防止或减轻电偶腐蚀。但如果涂层选择不当，在腐蚀电偶的阳极区有涂层时也会出现大阴极小阳极的情况，加速腐蚀。如，某钢储槽的槽底衬不锈钢，碳钢槽壁未衬不锈钢，而是用酚醛涂层防腐，使用几个月槽壁发生穿孔。原因是酚醛漆层具有细孔，溶液通过细孔渗透到碳钢内壁，形成小阳极，造成极严重的腐蚀，迅速穿孔。

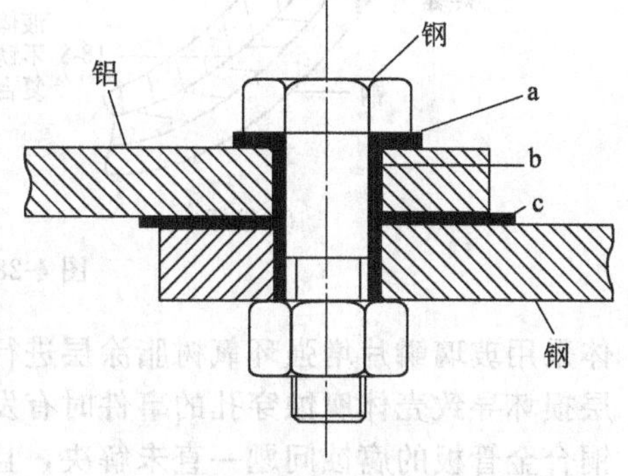

图 4-284 铝/钢螺栓连接电偶腐蚀防护

a～c—绝缘材料（如橡胶）

对异种金属偶接的设备使用涂料时，应该在两种金属表面上全部用涂层覆盖，而不应只涂在电位较负的金属上，见图 4-286。

⑦ 介质控制 使介质电阻增大，调整 pH、流速和流态等。

⑧ 减少温差 在结构设计上尽可能降低设备的温差，加强介质的流动，使容器内温度均匀化。对于高温或低温设备，加强保温层的维护，及时修复破损的保温层，避免因保温层破损，造成的容器壁温差值。

4.7.6 压力容器腐蚀宏电池失效案例

案例 1：核电站凝汽器的腐蚀

大亚湾核电站的凝汽器主要由碳钢壳体、铜合金管板和钛管组成。最初凝汽器的碳钢壳

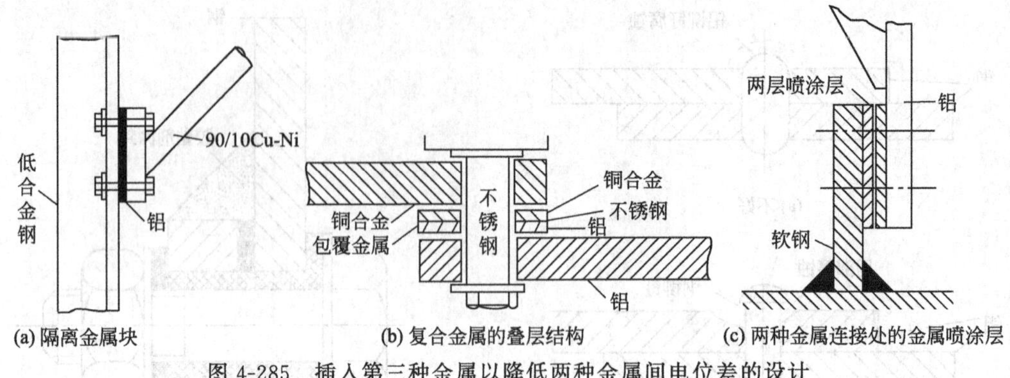

图 4-285 插入第三种金属以降低两种金属间电位差的设计

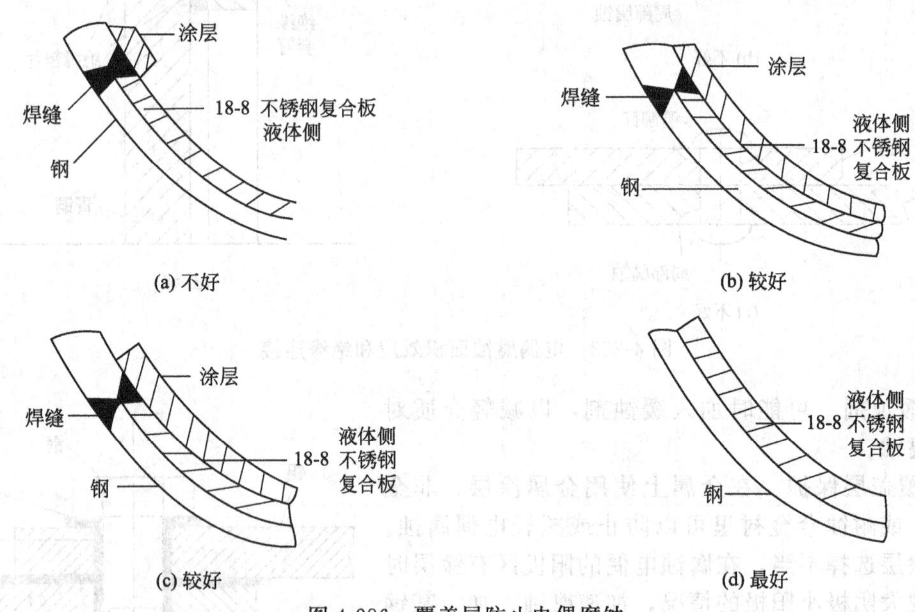

图 4-286 覆盖层防止电偶腐蚀

体采用玻璃鳞片增强环氧树脂涂层进行内防腐，以提高壳体耐冲刷和抗腐蚀的能力。由于涂层损坏导致壳体腐蚀穿孔的事件时有发生而改为衬胶保护，解决了碳钢壳体的腐蚀问题。但铜合金管板的腐蚀问题一直未解决，且在增加衬胶保护后存在一定的加剧趋势，尤其是在电站第 13 次大修过程中，腐蚀现象更为明显。结合现场数据及腐蚀规律推断，管板将无法满足凝汽器的设计使用寿命，为此必须采取措施抑制铜合金管板的腐蚀，以延长凝汽器的使用寿命。

（1）腐蚀机理分析

铜合金管板和钛管紧密结合浸于海水中，形成了典型的宏电池腐蚀（电偶腐蚀）。海水作为电解质溶液，铜合金管板为阳极，钛管为阴极。其电池反应如下。

阳极反应：$Cu \longrightarrow Cu^{2+} + 2e^-$

阴极反应：$O_2 + 2H_2O + 2e^- \longrightarrow 4OH^-$

管板上的绿色产物为阳极发生电偶腐蚀形成的产物，证实了上述反应。

（2）影响电偶腐蚀的因素

① 偶接金属的影响　在海水中铜合金和钛具有不同的自然腐蚀电位，见表 4-54，铜合

金的电位在－0.25～－0.40V 范围（vs. SCE，下同），而由于表面钝化，钛在海水中的自然腐蚀电位为－0.10～－0.15V，铜合金的电位比钛的电位更负。当两者接触时铜合金为阳极加速腐蚀，而钛为阴极受到保护。

表 4-54 海水中铜合金和钛的自然腐蚀电位[198]

金属	电位(vs. SCE)/V
海军黄铜	－0.40
铜	－0.36
黄铜	－0.33
青铜	－0.31
90-10 铜镍合金	－0.28
70-30 铜镍合金	－0.27
工业纯钛	－0.15
高纯钛	－0.10

注：海水流速 4.0 $m \cdot s^{-1}$，温度 25 ℃。

② 面积效应　凝汽器的每个水室内管板上胀接 6808 根钛管，经计算，其有效面积 $160m^2$。铜管板有效面积 $9.86m^2$。钛管的有效面积远大于铜合金管板的有效面积，形成了典型的大阴极小阳极现象，作为阳极的铜合金管板腐蚀加速。

③ 变形和应力的影响　钛管在管板上采用胀接工艺，因此，钛管周围的铜合金管板内部产生晶格歪扭、错位及其他元素的聚集等缺陷。连接处的缺陷导致局部电化学腐蚀活性的增强，显著加速阳极（铜管板）的进一步溶解。

④ 环境的影响　由于电解质溶液为具有高导电率的海水，其电偶作用是长距离的，同时沿着金属结构的整个表面积均匀地展开。并且大亚湾核电站地处热带气候区，海水温度较高，导致电化学活性增强、腐蚀速度加快。

(3) 解决措施

外加电流阴极保护是解决铜合金管板腐蚀的理想防护措施。凝汽器的每个水室都是独立结构，为精确控制每个水室的保护电位，每个水室安装 1 套独立的外加电流阴极保护系统。由于钛管具有吸氢腐蚀的特性，因此，在施加外加电流阴极保护时，必须严格控制电位，防止钛管发生氢脆。

案例 2：变换气冷却塔电偶腐蚀[199]

某化肥厂变换气冷却塔是主要设备之一，因设备内部腐蚀严重，无法继续维持生产。冷却塔技术数据为：设计压力 5.8MPa，操作压力 5.0MPa，设计温度 250℃，操作温度 75/ 225 ℃，介质为变换气（摩尔分数 CO_2 31.05%、CO 3.50%、H_2 65.05%、CH_4 0.20%、N_2 0.11%、Ar 0.09%）/循环水，氢分压 2.6MPa，焊缝系数 1，设备主材 WSTE36。冷却塔结构如图 4-287 所示。

(1) 设备存在的问题

在冷却塔塔内充填两层陶瓷鲍尔环填料。陶瓷填料在使用不到一个生产周期便严重破碎，造成塔内堵塞并使系统水泵内部遭受严重的磨损，从而影响了整个系统的正常运行。

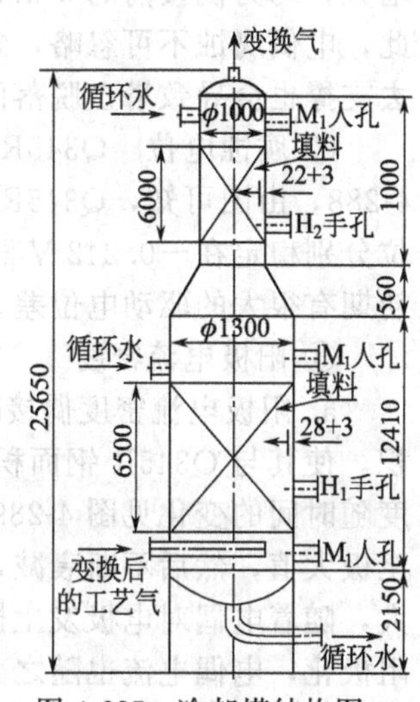

图 4-287 冷却塔结构图

针对上述情况，将陶瓷鲍尔环填料改成不锈钢鲍尔环填料，因管线腐蚀严重，随之将变换水管线更换为不锈钢材质。检测发现在冷却塔填料更换成不锈钢材料后，塔壁减薄有加快的趋势。

1996 年停车对该塔进行测厚发现塔顶部从人孔 M3 往下 600～1000mm 区域内，塔壁壁厚减薄量较大，壁厚由原设计的 21mm 减至 16mm 左右，个别范围内减至 12～13mm，最薄点为 11.5mm。

(2) 腐蚀原因分析

从工艺流程看，变换气自塔底上升后逐渐被冷却，而变换循环水自塔顶向下逐渐被加热，塔内水中溶解的 CO_2 的量自上而下逐渐减少，从而形成了 CO_2 水饱和溶液浓度梯度，pH 值普遍小于 7。操作中在入塔水中注入氨水用来中和水中的 CO_2，提高塔内的 pH 值，以防止金属表面保护膜的破坏。但塔内部是一个极不稳定的环境，特别是由于塔内气相 CO_2 含量比较高，结果 CO_2 在水中的溶解基本上又达到饱和状态。

通过分析塔内发生的各种腐蚀得出：冷却塔内填料由陶瓷更换成不锈钢后，不锈钢填料与合金钢塔体互相接触，两者发生了电偶腐蚀。变换气自塔底上升到塔顶，温度由 225℃ 降到 70～ 80℃，因此，塔上部介质中 CO_2 含量高于下部，这是上段腐蚀大于下段的原因。

(3) 解决措施

因腐蚀是采用了不锈钢填料引起的电偶腐蚀，因此，只有将塔体改为不锈钢才能彻底消除电偶腐蚀。由于塔壁较厚，采用不锈钢复合板是比较经济可行的。冷却塔更新，安全运行 5 a 后检查，设备内部腐蚀甚微，证明设备选材是成功的。

案例 3：Hastlloy C-276 合金与 Q345R 钢在盐酸中的电偶腐蚀行为[200]

石化厂氯丙烯合成急冷塔内支撑圈为 Q345R 钢，下部塔盘为 Hastlloy C-276 合金。进塔物质中含一定量 HCl 气体，在分离系统含水量偏高的情况下，会形成较强的 HCl 腐蚀介质，导致不同材料间发生电偶腐蚀，出现腐蚀穿孔、塔盘脱落等现象，给企业带来很大困扰。

Hastlloy C-276 在低温与中温稀 HCl 中均有较好的耐蚀性能，其与 Q345R 钢等碳钢接触会形成电偶腐蚀。

(1) 电偶腐蚀检测

① 腐蚀速率　从 C-276 和 Q345R (16MnR) 在质量分数 10％HCl 中的自腐蚀速率和电偶腐蚀速可以看出，室温下，Q345R 的自腐蚀速率为 $2.5mm \cdot a^{-1}$ 左右，而 C-276 的仅 $0.05mm \cdot a^{-1}$ 左右，耐蚀性可以达到优良等级。两种金属偶接后，Q345R 钢腐蚀速度急剧增大，约为偶接前的 3 倍；而 C-276 合金的腐蚀速率得到抑制，比偶接前小 1 个数量级。因此，电偶腐蚀不可忽略，急冷塔内的 Q345R 钢支撑圈迅速被腐蚀，尽管塔盘较耐蚀，但失去支撑也会导致塔盘脱落而影响生产。

② 腐蚀电位　Q345R 与 C-276 合金在室温下质量分数 10％HCl 中的稳态极化曲线见图 4-288，由图可知，Q345R 自腐蚀电流远大于 C-276 合金；C-276 合金和 Q345R 的自腐蚀电位分别稳定在－0.242 V 和－0.464 V (Vs. SCE) 左右，两者之差超过 200mV，因此在偶接初期有很大的驱动电位差。

③ 阳极电流密度

a. 阳极电流密度偶接时间的关系。Q345R 钢面积为 $1cm^2$，改变 Hastlloy C-276 合金面积，使其与 Q345R 钢面积比为 18∶1，室温下电偶在质量分数为 10％HCl 中的阳极电流密度随时间的变化见图 4-289。由此可知，在 Q345R 与 C-276 偶接的瞬间，电偶电流急剧升高至极大值，然后不断衰减，最后达到稳定。这是因为在偶接开始阶段，电偶对驱动电位差很大，随着电偶对电极发生极化，驱动电位降低，并且在电极表面生成一层腐蚀产物，造成电阻极化，电偶电流也随之变小并趋于稳定。在偶接开始的 5 h 内，腐蚀速率随时间衰减得很快，5 h 后腐蚀速度仍随时间减小，但衰减速率明显减缓，24 h 后趋于稳定。由于腐蚀速率与腐蚀电流密度呈正比，因而可直接用腐蚀电流密度表示金属的腐蚀速率。

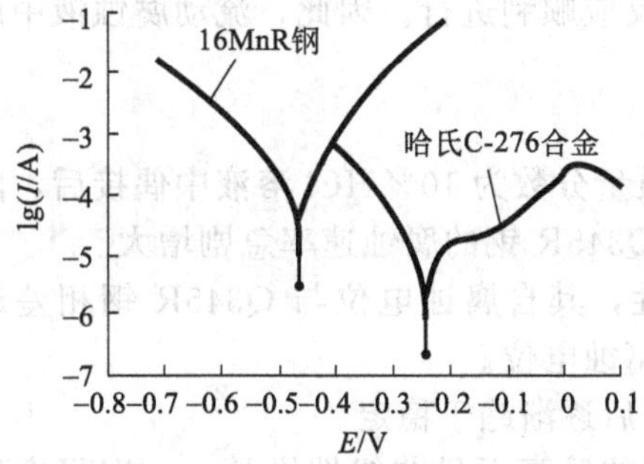

图 4-288 两种金属在室温下 10%（质量分数）HCl 中的稳态极化曲线

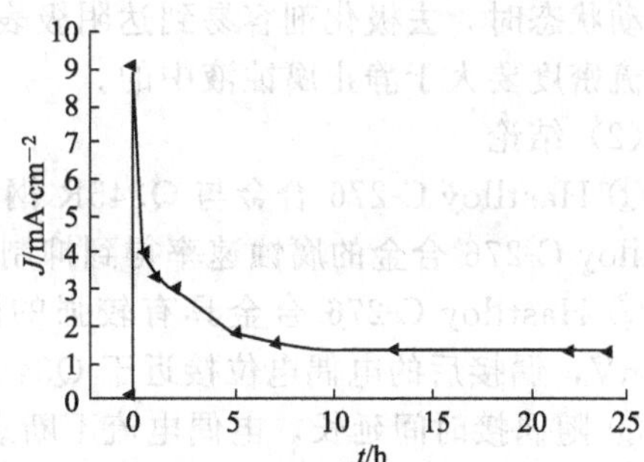

图 4-289 阳极电流密度与偶接时间的关系

b. 阳极电流密度与阴阳极面积比的关系。C-276 与 Q345R 不同面积比偶接时，室温下电偶对在质量分数 10%HCl 中偶接 24h 的阳极电流密度见图 4-290。阳极 Q345R 的腐蚀速率见图 4-291。

由图 4-290 可知，随着阴阳极面积比的增大，阳极电流密度呈上升趋势，Q345R 的腐蚀加重，这是因为阳极面积很小时，阳极电流密度很大，导致腐蚀加剧。从图 4-291 可以看出，随着阴阳极面积比增大，阳极腐蚀速率不断增加，但并不呈线性增长，而是随面积比的增大腐蚀速率增加的趋势变缓，这可能是因为当阴阳极面积比较大时，阴极反应面积增大，表面电位不均匀，面积比对其反应速度的影响变小。

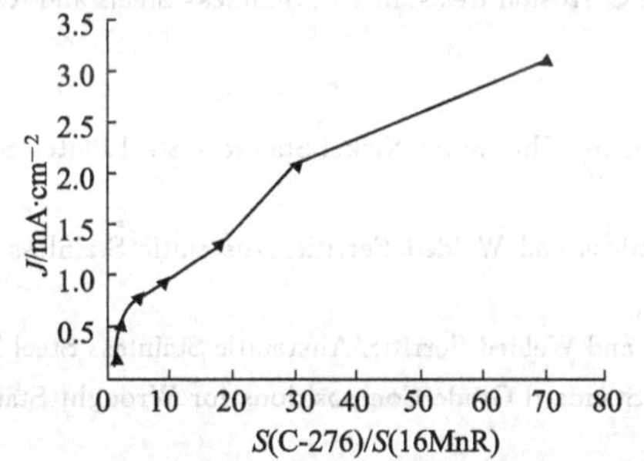

图 4-290 阳极电流密度与阴阳极面积比的关系

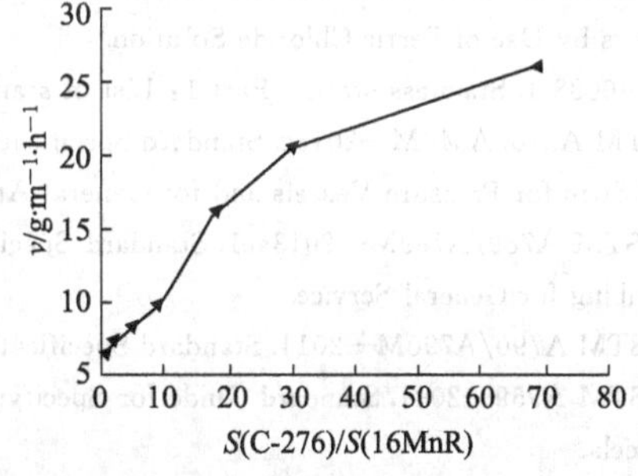

图 4-291 阳极腐蚀速率与阴阳极面积比的关系

c. 阳极电流密度与介质温度的关系。C-276 合金与 Q345R 以面积比 18∶1 在室温下质量分数为 10%HCl 中偶接 24h，不同环境温度下的阳极电流密度见图 4-292。由图可知，阳极电流密度随温度升高明显增大，30～50℃时增幅最大。这与急冷塔内的实际腐蚀情况较吻合，此温度范围内 Q345R 钢支撑圈腐蚀最严重。此腐蚀体系中 H^+ 作为主要去极化剂，温度升高加快了溶液中 H^+ 的扩散速度，使阴极还原反应速度加快，同时阳极金属的溶解速度增大；温度继续升高，盐酸易从溶液中挥发，使参加反应的氢离子浓度减少，电偶电流没有呈线性增加，而是增加趋势变缓。

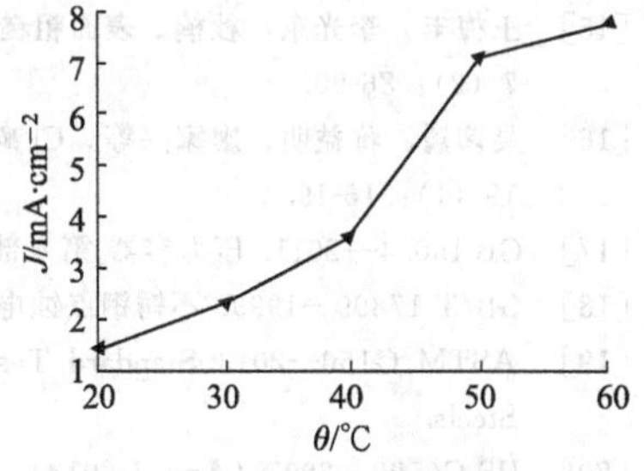

图 4-292 阳极电流密度与介质温度的关系

d. 阳极电流密度与腐蚀液流速的关系。将丙三醇与盐酸按体积比 4∶1 混合以模拟腐蚀液，阴阳极面积比为 18∶1，室温下用磁力搅拌模拟塔内流动，转速为 600r·min^{-1}，偶接 24h。测得电偶对在静态和动态下的阳极电流密度分别为 0.12mA·cm^{-2} 和 0.15mA·cm^{-2}。由于丙三醇的黏度较大，其与 HCl 混溶后形成的腐蚀液电阻较大，H^+ 的扩散速度要小于在纯 HCl 中的速度，所以电流密度都要比相同条件下纯 HCl 溶液中的小。腐蚀液处于流动状态时，去极化剂容易到达阴极表面，可使反应顺利进行。因此，流动腐蚀液中的阳极电流密度要大于静止腐蚀液中的。

（2）结论

① Hastlloy C-276 合金与 Q345R 钢在室温下质量分数为 10%HCl 溶液中偶接后，阴极 Hastlloy C-276 合金的腐蚀速率得到抑制，而阳极 Q345R 钢的腐蚀速率急剧增大。

② Hastlloy C-276 合金具有较强的阴极极化性，其自腐蚀电位与 Q345R 钢相差超过 200 mV，偶接后的电偶电位接近于 Q345R 钢的自腐蚀电位。

③ 随偶接时间延长，电偶电流不断衰减，24 h 后逐渐趋于稳定。

④ 阳极电流密度随阴阳极面积比的增长、温度的升高而呈非线性增长，一定程度后增大趋势变缓。

⑤ 流动的腐蚀液中的阳极电流密度要大于静止腐蚀液中。

参考文献

[1] GB/T 18590—2001. 金属和合金的腐蚀 点蚀评定方法.

[2] Wranglen G. Corr Sci [J]. 1974，14：331-349.

[3] Simsn C E，Dahle F B. AFS Trans [J]. 1938，46：65-108.

[4] 陈学群，孔小东，杨思诚，等. 中国腐蚀与防护学报 [J]. 2000，20 (2)：65-73.

[5] GB/T 18590—2001. 金属和合金的腐蚀 点蚀评定方法.

[6] GB/T 17897—1999. 不锈钢三氯化铁点腐蚀试验方法.

[7] ASTM G48—2011. Standard Test Methods for Pitting and Crevice Corrosion Resistance of Stainless Steels and Related Alloys by Use of Ferric Chloride Solution.

[8] EN 10088-1. Stainless steels - Part 1：List of stainless steel.

[9] ASTM A240/A240M—2013c. Standard Specification for Chromium and Chromium-Nickel Stainless Steel Plate，Sheet，and Strip for Pressure Vessels and for General Applications.

[10] ASTM A789/A789M—2013ae1. Standard Specification for Seamless and Welded Ferritic/Austenitic Stainless Steel Tubing for General Service.

[11] ASTM A790/A790M—2014. Standard Specification for Seamless and Welded Ferritic/Austenitic Stainless Steel Pipe.

[12] ASTM A959—2011. Standard Guide for Specifying Harmonized Standard Grade Compositions for Wrought Stainless Steels.

[13] 黄嘉琥，付逸芳. 耐点蚀当量 (PRE) 与压力容器用超级不锈钢 [J]. 压力容器，2013，30 (4)：41-50.

[14] 天华化工机械及自动化研究设计院主编. 腐蚀与防护手册：第 1 卷. 腐蚀理论、试验及监测 [M]. 第 2 版，北京：化学工业出版社，2008：174-198.

[15] 王梅丰，李光东，杜楠. 表面粗糙度对 304 不锈钢早期点蚀行为影响的电化学方法 [J]. 失效分析与预防，2012，7 (2)：86-90.

[16] 吴玮巍，蒋益明，廖家兴等. Cl 离子对 304、316 不锈钢临界点蚀温度的影响 [J]. 腐蚀科学与防护技术，2007，19 (1)：16-19.

[17] GB 150. 4—2011. 压力容器 第 4 部分：制造、检验和验收.

[18] GB/T 17899—1999. 不锈钢点蚀电位测量方法.

[19] ASTM G150—2013. Standard Test Method for Electrochemical Critical Pitting Temperature Testing of Stainless Steels.

[20] JIS G0590—2005 (Amd 1-2013). Method of critical pitting temperature measurement.

[21] 冯万里. 晶界工程对镍基 690 合金耐晶间腐蚀性能的影响：[D]. 上海：上海交通大学，2011.

[22] 盛钟琦，肖洪，彭峰等. 不锈钢堆焊层的晶间腐蚀 [J]. 核动力工程，1990，11 (3)：48-52.

[23] 张根元，吴晴飞. 固溶处理温度对 304 奥氏体不锈钢敏化与晶间腐蚀的影响 [J]. 腐蚀与防护，2012，33 (8)：695-698.

[24] 罗辉，项东，郭晓斐. 奥氏体不锈钢晶粒度对晶间腐蚀速度的影响 [J]. 山东建筑大学学报，2008，23 (5)：406-409.

[25] 潘锦茂. 1Cr18Ni9Ti 不锈钢晶粒度与晶间腐蚀的关系 [J]. 四川冶金，1999，(3)：65-67.

[26] GB/T 4334—2008. 金属和合金的腐蚀 不锈钢晶间腐蚀试验方法.

[27] GB/T 15260—1994. 镍合金晶间腐蚀敏感性试验方法标准.
[28] GB/T 21433—2008. 不锈钢压力容器晶间腐蚀敏感性检验.
[29] CB/T 3949—2001. 船用不锈钢焊接接头晶间腐蚀试验方法.
[30] HG/T 3173—2002. 尿素高压设备制造检验方法 尿素级超低碳铬镍钼奥氏体不锈钢晶间腐蚀倾向试验.
[31] GB/T 25151. 3—2010. 尿素高压设备制造检验方法 第3部分：尿素级超低碳铬镍钼奥氏体不锈钢晶间腐蚀倾向试验.
[32] GB/T 7998—2005. 铝合金晶间腐蚀测定方法.
[33] GB/T 26491—2011. 5×××系铝合金晶间腐蚀试验方法 质量损失法.
[34] ISO 15329—2006. Corrosion of metals and alloys anodic test for evaluation of intergranular corrosion susceptibility of heat-treatable aluminium alloys. first edition.
[35] ASTM G110—1992 (2009). Standard Practice for Evaluating Intergranular Corrosion Resistance of Heat Treatable Aluminum Alloys by Immersion in Sodium Chloride + Hydrogen Peroxide Solution.
[36] ASTM A262—2013. Standard Practices for Detecting Susceptibility to Intergranular Attack in Austenitic Stainless Steels.
[37] ISO 3651. 2—1998. Determination of resistance to intergranular corrosion of stainless steels. Part 2: Ferritic, austenitic and ferritic-austenitic (duplex) stainless steels. Corrosion test in media containing sulfuric acid.
[38] ISO 9400—1990. Nickel-based alloys. Determination of resistance to intergranular corrosion.
[39] ASTM A763—1993 (2009). Standard Practices for Detecting Susceptibility to Intergranular Attack in Ferritic Stainless Steels.
[40] 高中平，陈范才，赵常就．动电位活化法评价晶间腐蚀敏感性的各种判据［J］．四川化工与腐蚀控制，1999，2（3）：40-44.
[41] 但体纯，王俭秋，韩恩厚等．压水堆核电站蒸汽发生器用600合金管在含铅高温碱溶液中的应力腐蚀行为研究［J］．腐蚀科学与防护技术，2008，20（5）：313-316.
[42] GB/T 10127—2002. 不锈钢三氯化铁缝隙腐蚀试验方法.
[43] GB/T 13671—1992. 不锈钢缝隙腐蚀电化学试验方法.
[44] ASTM G78—2001 (2012). Standard Guide for Crevice Corrosion Testing of Iron-Base and Nickel-Base Stainless Alloys in Seawater and Other Chloride-Containing Aqueous Environments.
[45] 余存烨．钛制化工设备缝隙腐蚀探讨［J］．化工设备与管道，2010，47（5）：61-65.
[46] SH/T 3059—2012. 石油化工管道设计器材选用规范.
[47] SPECIAL METALS. Incoloy alloy 25-6Mo. 2002. 10，出版物编号：SMC-005.
[48] BS 6235—1982. Code of practice for fixed offshore structures.
[49] ANSI/NACE MR 0175—2009. Petroleum and natural gas industries-Materials for use in H2S-containing environments in oil and gas production, Parts 1, 2, and 3.
[50] SY/T 0599—2006. 天然气地面设施抗硫化物应力开裂和抗应力腐蚀开裂的金属材料要求.
[51] HG/T 20581—2011. 钢制化工容器材料选用规定.
[52] 郭志军，周建军，陶小娟等．20R系列材料在油田三高环境的耐蚀性［J］．石油化工腐蚀与防护，2010，27（5）：8-12.
[53] 郭志军，周建军，陶小娟等．16MnR系列材料在油田 H_2S-CO_2-Cl^- 环境下的耐蚀性［J］．腐蚀与防护，2010，31（11）：863-867.
[54] 郭志军，周建军，张玉福等．07/09Cr2AlMoRE钢在油田高含 H_2S、CO_2 和 Cl^- 环境下耐蚀性研究［J］．全面腐蚀控制，2009，23（6）：25-30.
[55] 郭志军，周建军，钟彦平等．NK-HITEN610U2钢板及其焊接接头抗 H_2S 应力腐蚀开裂性能［J］．材料保护，2009，42（7）：7-10，13.
[56] NACE MR0103—2012. Materials Resistant to Sulfide Stress Crac$K_I$ng in Corrosive Petroleum Refining Environments.
[57] SH/T 3096—2012. 高硫原油加工装置设备和管道设计选材导则.
[58] NACE RP0403—2003. Avoiding Caustic Stress Corrosion Crac$K_I$ng of Carbon Steel Refinery Equipment and Piping.
[59] API RP581—2008. Risk-Based Inspection Technology.
[60] API RP571—2011. Damage Mechanisms Affecting Fixed Equipment in the Refining Industry Second Edition.
[61] 张明锋，邓凯，陈学东．16MnR钢和15MnVR钢在碳酸盐环境中的应力腐蚀研究［J］．压力容器，2009，26（12）：9-14，33.
[62] API 579-1 ERTA—2009. Fitness-For-Service. Second Edition.
[63] API 579-2—2009. Fitness-for-service example problem manual. first edition.
[64] 高菊萍，闵祥志，钟彦平等．催化裂化再生器开裂失效分析与对策［J］．材料保护，2000，33（11）：49-51.

[65] 汪兵，刘素娥，朱自勇等．管线钢在近中性 pH 值溶液中的应力腐蚀开裂［J］．腐蚀科学与防护技术，2001，13（2）：71-73.

[66] 刘涛，翟琳，闫茂成等．埋地管线的近中性应力腐蚀［J］．全面腐蚀控制，2013，27（7）：33-36，48.

[67] 唐晓，李焰，Frank Cheng. X70 管线钢近中性 pH 应力腐蚀的微区电化学行为研究［J］．防腐保温技术 2010，18（3）：1-8，29.

[68] 方丙炎，王俭秋，朱自勇等．埋地管道在近中性 pH 和高 pH 环境中的应力腐蚀开裂［J］．金属学报 2001，37（5）：453-458.

[69] 薛河，赵丹，彭群家等．塑性对应力腐蚀裂纹尖端应力应变 场影响的研究［J］．材料工程 2011，39（5）：17-20，25.

[70] 唐伟．微观尺度下核电结构材料应力腐蚀裂纹断裂参量分析［D］．西安：西安科技大学，2012. 6.

[71] 方秀荣．浅小裂纹尖端力学场对核电关键结构材料 SCC 影响的研究［D］．西安：西安科技大学，2013.

[72] 史龙波．应力腐蚀裂纹尖端力学特征分析［D］．西安：西安科技大学，2013.

[73] 杨富强．核电结构材料裂尖蠕变特征和环境致裂定量预测模型研究［D］．西安：西安科技大学，2014.

[74] 唐占梅，胡石林，张平柱．氯和氧对 304N 在高温水中应力腐蚀开裂的影响［J］．原子能科学技术，2012，46（11）：1296-1300.

[75] 彭君．水化学若干因素对核电用异种金属焊接件 SA508-52M-316L 应力腐蚀破裂的影响．硕士论文，北京：机械科学研究总院，2012.

[76] 王光辉，彭君，袁义帆等．硫酸根离子和电极电位对异材焊接件 A508/52M 在高温水中应力腐蚀破裂的影响［J］. 理化检验（物理分册），2013，49（6）：357-361，366.

[77] 李光福，李冠军，方可伟．异材焊接件 A508/52M/316L 在高温水环境中的应力腐蚀破裂［J］．金属学报，2011，47（7）：797-803.

[78] 但体纯，吕战鹏，王俭秋等．690 合金在高温水中的应力腐蚀裂纹扩展行为［J］．金属学报，2010，46（10）：1267-1274 .

[79] 黄小青．高温水环境下 30Cr2Ni4MoV 钢应力腐蚀及其防护技术［D］．上海：华东理工大学，2007.

[80] GB/T 20878—2007．不锈钢和耐热钢 牌号及化学成分．

[81] 杜莲菊．EA-201C 不锈钢 U 形换热器列管开裂原因分析．内部资料，1993.

[82] 左维民，张委佗．二氧化碳压缩机段间冷却器的应力腐蚀开裂及其对策［J］．压力容器，1987，4（1）：35-40.

[83] 肖纪美著．腐蚀与防护全书 应力作用下的金属腐蚀·应力腐蚀·氢致开裂·腐蚀疲劳·摩耗腐蚀［M］．北京：化学工业出版社，1990.

[84] 肖纪美著．不锈钢的金属学问题［M］．北京：冶金工业出版社，1983.

[85] 王荣光，魏云，张清廉等．奥氏体不锈钢 SUS316 及 SUS316L 在含 Cl^- 的饱和 H_2S 水溶液中的应力腐蚀行为研究［J］．中国腐蚀与防护学报，2000，20（1）：47-53.

[86] 左禹，张树霞．1Cr18Ni9Ti 不锈钢在硫化氢水溶液中的台阶状应力腐蚀破裂［J］．北京化工学院学报（自然科学版），1994，21（4）：58-63.

[87] 卢志明，何正炎，高增梁．316L 不锈钢应力腐蚀敏感性指数计算与回归分析［J］．浙江工业大学学报，2007，35（2）：198-200.

[88] 董绍平，袁军国．16MnR、316L 钢在高含硫原油中的腐蚀性研究［J］．压力容器，2002，19（3）：9-11.

[89] 董绍平，袁军国，方德明等．316L 钢在含 H_2S、Cl^- 水溶液中的慢应变速率腐蚀实验研究．化工机械［J］．2001，28（2）：79-81.

[90] 张耀丰，丁毅，陆晓峰等．304 不锈钢在 H_2S 介质条件下的应力腐蚀［J］．中国腐蚀与防护学报，2007，27（2）：101-103，108.

[91] 郭志军，周建军，王克栋．300 系列奥氏体不锈钢在油田 H_2S-CO_2-Cl^- 环境下耐蚀性研究．石油化工设备［J］．2010，39（6）：14-19.

[92] GUIDE Use of International Standard NACE MR0175/ISO 15156 International Standard NACE MR0175/ISO 15156 -Petroleum and Natural Gas Industries - Materials for usein H2S-containing Environments in Oil and Gas Production [R], Canadian Association of Petroleum Producers (CAPP) by the members of the CAPP Pipeline Technical Committee. December 2005.

[93] ASTM G35-98 (2010). Standard Practice for Determining the Susceptibility of Stainless Steels and Related Nickel-Chromium-Iron Alloys to Stress-Corrosion Crac$K_I$ng in Polythionic Acids.

[94] NACE SP 0170—2012. Protection of Austenitic Stainless Steels and Other Austenitic Alloys from Polythionic Acid Stress Corrosion Cracking During Shutdown of Refinery Equipment.

[95] NACE RP0170—2004. Protection of Austenitic Stainless Steels and Other Austenitic Alloys from Polythionic Acid

Stress Corrosion Cracking During Shutdown of Refinery Equipment.
[96] 吴玖．双相不锈钢［M］．北京：冶金工业出版社，1999.
[97] 中国特种钢企业协会不锈钢分会．不锈钢实用手册［M］．北京：中国科学技术出版社，2003.
[98] 吴玖．双相不锈钢的选材要求与应用［J］．石油化工腐蚀与防护，1999，16（1）：23-27.
[99] Duplex Stainless Steel SAF 2304®，2205，SAF 2507®［X］，AvertaPolarit SATINESS. www. avestapolarit. com.
[100] 常春梅，张延丰，郭志军，等．2205型双相不锈钢在板式热交换器中的应用［J］．石油化工设备，2009，38（3）：73-77.
[101] GB/T 4237—2007. 不锈钢热轧钢板和钢带．
[102] GB/T 3280—2007. 不锈钢冷轧钢板和钢带．
[103] GB/T 21833—2008. 奥氏体-铁素体型双相不锈钢无缝钢管．
[104] GB/T 21832—2008. 奥氏体-铁素体型双相不锈钢焊接钢管．
[105] 马鸣图，吴宝榕著．双相钢—物理和力学冶金第2版．［M］. 北京：冶金工业出版社，2009：432-435.
[106] Mats Liljas，Göran Gemmel. Choice of Specifications and Design Codes for Duplex Stainless Steels［R］. AVESTA SHEFFIELD CORROSION MANAGEMENT AND APPLICATION ENGINEERING. Sweden Avesta Sheffield ABand Avesta Sandvik Tube AB，2000.
[107] ASTM A790/A 790M—08. Standard Specification for Seamless and Welded Ferritic/Austenitic Stainless Steel Pipe.
[108] BS EN 10028—7：2007. Flat products made of steels for pressure purposes-Part 7：Stainless steels.
[109] Jargelius-Pettersson RFA，Linder J，Hertzman S. Ranking the resistance ofduplex stainless steels to chlorideinduced stress corrosion cracking［C］，5th World Conference on Duplex Stainless Steels，Maastricht，1997，Book 2：585.
[110] GB/T 13305—2008. 不锈钢中α-相面积含量金相测定法．
[111] A Turnbull，G Hinds. STRESS CORROSION CRACKING OF DUPLEX STAINLESS STEEL UNDERSIMULATED EVAPORATION CONDITIONS［R］，USA，NACE paper 07474，NACE CORROSION 2007 CONFERENCE & EXPO.
[112] G. Hinds，A. Tumbull. Corrosion，2008，Vol. 64（2）：101-106.
[113] M. BLAHETOVá，S. LASEK，R. BLAHETA. STUDY AND COMPUTER MODELING OF STRESS CORROSION CRACKING DURING DET TEST［R］. Sborník vědeckych prací Vysoké školy báňské-Technické univerzity Ostrava，2005.
[114] ISO 15324：2000. Corrosion of metals and alloys-Evaluation of stress corrosion cracking by the drop evaporation test.
[115] GB/T 20122—2006. 金属和合金的腐蚀 滴落蒸发试验的应力腐蚀开裂评价．
[116] 魏斌，白真权，林冠发．22Cr双相不锈钢应用研究［R］．塔里木油田分公司天然气事业部，中国石油天然气集团公司管材研究所，2006.
[117] UNS N08354（NAS 354N）NAS 高耐腐蚀超级不锈钢［X］．日本冶金工业株式会社，2206.
[118] ASTM B625—2005. Standard Specification for UNS N08925，UNS N08031，UNS N08932，UNS N08926，UNS N08354，and UNS R20033 Plate，Sheet，and Strip.
[119] ASTM B674—2005. Standard Specification for UNS N08925，UNS N08354，and UNS N08926 Welded Tube.
[120] ASTM B677—2005. Standard Specification for UNS N08925，UNS N08354，and UNS N08926 Seamless Pipe and Tube.
[121] ASTM B673—2005. Standard Specification for UNS N08925，UNS N08354，and UNS N08926 Welded Pipe.
[122] UNS N08926（NAS 255NM）6%Mo 超级奥氏体不锈钢［X］．日本冶金工业株式会社，2206. 0.
[123] High Alloyed Austenitic Stainless Steel 904L，254SMO®，654 SMO®［X］，AvestaPolarit AB，R&D Centre Avesta，Sweden，2003.
[124] Steel Grades，Properties and Global Standards［R］，Avesta Research Centre，Applications department，2004.
[125] Standard Cr-Ni-Mo Stainless Steels. Avesta Polarit stainless，2002.
[126] ASTM A249/A249M—2008. Standard Specification for Welded Austenitic Steel Boiler，Super heater，Heat-Exchanger，and Condenser Tubes.
[127] ASTM A269—2008. Standard Specification for Seamless and Welded Austenitic Stainless Steel Tubing for General Service.
[128] ASTM A270—2003. Standard Specification for Seamless and Welded Austenitic and Ferritic /Austenitic Stainless Steel Sanitary Tubing.
[129] ASTM A276—2008a. Standard Specification for Stainless Steel Bars and Shapes.

[130] ASTM A312/A312M—2008a . Standard Specification for Seamless, Welded, and Heavily Cold Worked Austenitic Stainless Steel Pipes.

[131] ASTM A479/A479M—2004. Standard Specification for Stainless Steel Bars and Shapes for Use in Boilers and Other Pressure Vessels.

[132] Lorenzo De Micheli，Silvia Maria Leite Agostinho，Giordano Trabanelli，Fabrizio Zucchi. Susceptibility to Stress Corrosion Cracking of 254SMO SS［R］，Received：April 25，2001；Revised：October 18，2001.

[133] Nathan Ames，Mette Ramberg，Matt Johnson，Todd Johns. Comparison of austenitic，super austenitic and super duplex weld properties produced using GTAW flux［R］. Stainless Steel World© 2001 KCI Publishing BV，2002.

[134] JIS G 4305—2005. 冷轧不锈钢钢板和钢带.

[135] 左景伊，左禹. 腐蚀数据选材手册［M］，北京：化学工业出版社，1995：413，662.

[136] GB/T 983—2012. 不锈钢焊条.

[137] 卜全民，温力，姜虹等. 炼制高硫原油对设备的腐蚀与安全对策［J］. 腐蚀科学与防护技术，2002，14（16）：362-364.

[138] 崔克清主编. 化工过程安全工程［M］. 北京：化学工业出版社，2002.

[139] 符国清，陈学兵. 污水汽提氨结晶罐鼓泡原因分析与处理［J］. 长炼科技，2001，28（3）：24-28.

[140] Cronifer® 1925hMo-合金 926［X］. 蒂森克虏伯不锈钢公司的子公司，2003.

[141] URANUSÒ B6 and B6N A multipurpose Austenitic stainless steel with PREN 34［X］，USINOR INDUSTEEL France，1997.

[142] AL 4565 Alloy Corrosion Resistant Stainless Steel（UNS Designation S34565）（EN Designation 1. 4565）［X］，Special Metals Corporation，2002.

[143] Stainless Steel Allegheny Ludlum AL 904L Alloy（UNS Designation N08904）［X］. Technical Data BLUE SHEET Allegheny Ludlum Corporation Pittsburgh，PA 2006. 11，USA.

[144] URANUSÒ B6 and B6N A multipurpose Austenitic stainless steel with PREN 34［X］，USINOR INDUSTEEL France，1997.

[145] 654SMO® UNS32654 Plate，Sheet，Strip，Bar，Tubing，Welding Consumables［X］. Avesta Sheffield，USA. 2001.

[146] Hastelloy C-276 合金［X］. HAYNES INTERNATIONAL INC. 2007.

[147] ASTM B574—06e1. Standard Specification for Low-Carbon Nickel-Chromium- Molybdenum，Low- Carbon Nickel-Molybdenum-Chromium-Tantalum，Low-Carbon Nickel- Chromium-Molybdenum-Copper，and Low-Carbon Nickel-Chromium-Molybdenum-Tungsten Alloy Rod.

[148] ASTM B575—06. Standard Specification for Low-Carbon Nickel-Chromium-Molybdenum，Low -Carbon Nickel-Chromium-Molybdenum-Copper，Low-Carbon Nickel-Chromium- Molybdenum -Tantalum，and Low- Carbon Nickel-Chromium-Molybdenum-Tungsten Alloy Plate，Sheet，and Strip.

[149] ASTM B619—06. Standard Specification for Welded Nickel and Nickel-Cobalt Alloy Pipe.

[150] ASTM B622—06. Standard Specification for Seamless Nickel and Nickel-Cobalt Alloy Pipe and Tube.

[151] ASTM B626—06. Standard Specification for Welded Nickel and Nickel-Cobalt Alloy Tube.

[152] 杨东，郭金明. 钛合金的腐蚀机理及耐蚀钛合金的发展现状［J］. 钛工业进展，2011，28（2）：4-7.

[153] 高娃，侯振声. 钛合金的应力腐蚀开裂分析［J］. 钛工业进展，1977，14（5）：38，39.

[154] 褚洪. 钛合金的应力腐蚀［J］. 北京科技大学学报，2002，48（l）：47，48.

[155] 黄显亚，朱祖芳，王得明等. 钛合金应力腐蚀开裂机理的研究［J］. 中国腐蚀与防护学报，1982，2（4）：37-44，73，74.

[156] 卢剑，丁宝峰，殷京瓯等. TA7 钛合金在甲醇溶液中的应力腐蚀敏感性研究［J］. 钛工业进展，2005，22（1）：20-23.

[157] 吴荫顺，姜应律，褚洪. 钛合金 TA7 在醇溶液中的应力腐蚀敏感性［J］. 北京科技大学学报，2003，25（1）：40-43.

[158] 王晓霞，史进伟. 多层反应塔衬钛层裂纹成因分析［J］. 腐蚀与防护，2005，26（3）：129-132.

[159] 张海峰，李雪峰，张永辉. 钛合金螺母开裂原因分析［J］. 材料开发与应用，2013，35（1）：72-75.

[160] 郭献忠，褚武扬，高克玮等. 不同 pH 值下黄铜应力腐蚀敏感性与腐蚀引起拉应力的对应性［J］. 金属学报，2002，38（9）：925-931.

[161] 郭献忠，高克玮，乔利杰等. 黄铜应力腐蚀敏感性及其与脱 Zn 层拉应力的对应性［J］. 金属学报，2000，36（7）：753-756.

[162] 罗贤竟. 黄铜管开裂失效分析［J］. 腐蚀与防护，1999，20（12）：560，561.

[163] 王尊明，赵乃梁，王正方. 黄铜管换热器管束的应力腐蚀分析及改进［J］. 齐鲁石油化工，2006，34（1）：41-43，91.

[164] 何洁玲．热交换器黄铜管破裂的分析［J］．广东有色金属学报，1992，2（2）：144-148.
[165] 赵英涛．铝合金应力腐蚀开裂假定机理的文献综述［J］．材料工程，1993，44（9）：1-6.
[166] 袁劲松，秦熊浦．铝锂合金的应力腐蚀特征［J］．腐蚀与防护，1999，20（9）：389-391.
[167] 孙志华，刘明辉，张晓云．时效制度对 Al-Zn-Mg-Cu 铝合金应力腐蚀敏感性的影响［J］．中国腐蚀与防护学报，2006，26（4）：232-236.
[168] 陈小明，宋仁国．7000 系铝合金应力腐蚀开裂的研究进展［J］．腐蚀科学与防护技术，2010，22（2）：120-123.
[169] 刘继华，李 荻，张佩芬．氢对 LC4 高强铝合金应力腐蚀断裂的影响［J］．中国腐蚀与防护学报，22（5）：53-55.
[170] 杜爱华，龙晋明，裴和中等．高强度铝合金应力腐蚀研究进展［J］．中国腐蚀与防护学报，2008，28（4）：251-256.
[171] GJB 1742—1993. 舰用 LF15、LF16 铝合金板材规范．
[172] ASTM G44—1999（2013）. Standard Practice for Exposure of Metals and Alloys by Alternate Immersion in Neutral 3.5 % Sodium Chloride Solution.
[173] ASTM G64—1999（2013）. Standard Classification of Resistance to Stress-Corrosion Cracking of Heat-Treatable Aluminum Alloys.
[174] ASTM G47—1998（2011）. Standard Test Method for Determining Susceptibility to Stress-Corrosion Cracking of 2××× and 7××× Aluminum Alloy Products.
[175] 彭非，楚浩，杨兵．5A06 铝合金油箱氩弧焊热影响区裂纹分析及预防措施［J］．电焊机，2007，37（7）：34-37.
[176] 侯绎，张锡龙．7075 铝合金 T6 状态管材破裂分析［J］．轻合金加工技术，2002，30（11）：42-45.
[177] 张红霞，刘晓晴，闫志峰等．5A06 铝合金焊接接头裂纹失效分析［J］．材料工程，2013，64（3）：27-31，37.
[178] 彭倩，赵文金，李卫军等．腐蚀科学与防护技术［J］．2005，17（1）：27-30.
[179] 闫萌，彭倩，赵文金．碘对 N18 锆合金应力腐蚀开裂的影响［J］．核动力工程，2012，33（S2）：47-50.
[180] Novikov V V. Estimation of the Stress Corrosion Fracture Resistance of Fuel Element Cladding Materials［J］. Zavod Lab，1985，51（3）：67-70.
[181] Rozhnov A B. Stress Corrosion Cracking of Zirconium Cladding Tubes：I. Proximate Local SCC Testing Method［J］. Deformatsiya i Razrushenie Materialov，2009，6：44-48.
[182] 刘鹏，杜忠泽，马林生等．核级锆及锆合金腐蚀性能研究现状［J］．材料热处理技术，2011，40（22）：22-24，28.
[183] 崔旭梅，李言荣，陶伯万等．锆合金包壳的碘致应力腐蚀研究进展［J］．材料导报，2004，18（11）：40-42．
[184] 戴训，赵文金．锆合金碘致应力腐蚀开裂试验研究方法概述［J］．中国材料科技与设备，2007，4（6）：20-23，36.
[185] 吕战鹏，杨武．遭受应力腐蚀开裂的设备寿命预测技术［J］．腐蚀科学与防护技术，1999，11（1）：57-64.
[186] ASTM E399—2012e3. Standard Test Method for Linear-Elastic Plane-Strain Fracture Toughness K_{IC} of Metallic Materials.
[187] GB/T 4161—2007. 金属材料 平面应变断裂韧度 K_{IC}试验方法．
[188] TSG R0004—2009. 固定式压力容器安全技术监察规程．
[189] TSG R7001—2013. 压力容器定期检验规则．
[190] 于维成，袁金才，刘明庆．火焰喷焊对碳钢疲劳寿命的影响［J］．焊接学报，1988，9（3）：181-187.
[191] 王非．承压设备的腐蚀与控制-电偶腐蚀、磨损腐蚀，课件，2013.
[192] 李卫权，谭从海，曹维国等．一级旋风分离器爆裂失效分析［J］．石油化工设备，2006，25（5）：94-97.
[193] 阎永贵，郑玉贵，姚治铭等．突扩管条件下材料的冲刷腐蚀机理研究－Ⅱ不锈钢［J］，中国腐蚀与防护学报，2000，20（5）：263-268.
[194] 王吉会，姜晓霞，李诗卓．表面膜对含硼 HA177-2 黄铜腐蚀的影响［J］．材料研究学报，1999，13（1）：1-8.
[195] 陈兴伟，吴建华，王佳等．电偶腐蚀影响因素研究进展［J］．腐蚀科学与防护技术，2010，22（4）：1-4.
[196] 张凯，范敬辉，马艳等．碳纤维复合材料与金属的电偶腐蚀及防护［J］．电工材料，2008，36（3）：20-23.
[197] 王日义．钛及其合金在流动海水中的腐蚀及对其他金属材料的电偶腐蚀作用［J］．金属学报，2002，38（s1）623-625.
[198] 王成铭，王永年，高玉柱等．核电站凝汽器管板的腐蚀分析及外加电流阴极保护［J］．全面腐蚀控制，2012，26（1）：38-41，47.
[199] 刘玉凤，冯立林．变换气冷却塔腐蚀原因分析及改进［J］．大氮肥，2002，25（3）：181-183.
[200] 郝丽敏，李宁，黎德育．哈氏 C-276 合金与 16MnR 钢在盐酸中的电偶腐蚀行为［J］．材料保护，2011，44（1）：49-51.

第5章 几种特殊环境下的腐蚀

CHAPTER 5

5.1 氢损伤

在化工、石油炼制、石油化工、煤化工等行业生产装置中，氢是普遍存在的一种腐蚀介质，这不仅仅在于有许多氢处理生产装置，而石油产品本身就是碳氢化合物，在加工过程中，由于它的分解和聚合，都将释放或吸收氢，容器又往往是高温下操作，临氢设备则更容易受到氢的侵蚀。高温氢腐蚀是典型的氢损伤之一，对压力容器的壳体材料和受压部件会造成极大的氢损伤，导致金属或金属材料的韧性和塑性降低，甚至能造成脆性断裂，发生灾难性的事故。氢损伤危害性很大，严重影响到设备的安全运行，对人民生命财产安全造成了很大的威胁，必须引起高度的重视。

5.1.1 氢损伤定义

氢损伤指的是金属中由于含有氢或金属中的某些成分与氢反应，从而使金属材料的力学性能发生改变的现象。

金属的氢损伤过去又统称为氢脆，按氢的来源不同可将氢脆分成内部氢脆和环境氢脆两种。氢在压力容器使用以前就存在于金属材料内部，是由于在金属材料冶炼、热加工、热处理、酸洗和电镀等过程中吸收了氢，在应力与氢的交互作用下所产生的一种脆性叫做内部氢脆；金属原来不含氢或含氢很低，而在使用时由于环境中氢的作用而产生的脆性叫做环境氢脆，环境中含有的H_2或金属受环境电化学腐蚀时，阴极反应所析出的氢都可能产生金属的氢脆。含氢介质有H_2、H_2S等气体，或在水溶液中腐蚀的阴极过程所释放的氢。本节主要介绍含有H_2的环境所造成的氢损伤。

环境中的氢受到金属表面的物理吸附、化学吸附，H_2分解成H或H^+，然后溶入金属中并向内部扩散，与金属进行交互作用。氢与金属的交互作用可以分为物理作用和化学作用两类。氢溶解于金属中形成固溶体，氢原子在金属的缺陷中形成H_2，这些是物理作用；氢与金属生成氢化物，氢与金属中的第二相作用生成气体产物，这些是化学作用。由于氢在金属中的存在状态不同，金属与氢交互作用的性质不同，引起氢损伤的机理及防止控制途径也就不同。对于钛、锆、铌等与氢有较大亲和力的金属来说，极易产生氢化物，导致脆性；而对于铁而言，却不会产生这种现象。氢和钢的化学作用主要是氢与钢中碳化物等第二相反应生成CH_4等气体。因此，一般把氢对钢的物理作用所引起的损伤叫做钢的氢脆，而把氢与钢的化学作用引起的损伤叫做氢腐蚀。内盛含有H_2或化学反应中可产生H_2的介质的压力容器基本上都采用碳钢或低合金钢，而氢腐蚀又往往比氢脆对钢的危害更大。

5.1.2 氢损伤分类

根据氢引起的金属破坏的条件、机理和形态不同，氢损伤可以分为氢脆、氢鼓包、表面脱碳和氢腐蚀（内部脱碳）四大类。

(1) 氢脆（Hydrogen embrittlement）

氢脆几乎包括所有的氢致材料退化及氢致开裂现象：可逆的内氢脆、环境氢脆、氢反应脆化。

① 氢脆机理　在高强钢中金属晶格高度变形，氢原子进入金属后使晶格应变增大，因而降低韧性及延性，引起脆化，这种现象为氢脆，或称“氢应力开裂（HSC)”。可逆的内氢脆在压力容器壳体材料和受压部件的制造与装配过程中已进入钢中，钢中的氢（10^{-6}级）在应力（外加或残余的）协同作用会导致钢的力学性能下降和开裂，如钢中白点、氢腐蚀、开裂、环境氢与应力交互作用形成的应力腐蚀等。无论以什么方式进入钢内的氢，都将引起钢材脆化，即延伸率、断面收缩率显著下降，高强度钢尤其严重。

氢的溶入不会使钢的组织发生明显改变，钢如在常温空气中长期静置，或在空气，或真空中短期加热，氢会逸出，钢的力学性能可以基本恢复，脆性会消除，这种脆性叫做可逆脆性。

这种氢脆的敏感性与变形速度关系较大，钢中的氢含量小于氢在钢中的溶解度，即氢在钢中呈固溶状态时，钢在慢速变形中会呈现脆性。在应力的作用下，氢可在某些区域（如缺口下的三向拉伸应力区）富集，从而导致脆化，这种氢的富集是通过扩散进行的，需要一定的时间才能达到导致脆化的富集，因此，这种脆化对于应变速率很敏感，因而这种脆化又叫做慢应变速率脆化，这种开裂又叫做滞后破坏。变形速度小时氢脆敏感性大，变形速度越大，则氢脆敏感性越小。当变形速度大于某一临界值后，则氢脆完全消失。

溶有氢的钢，在低于屈服强度的低应力作用下，经过一段孕育期后，钢内会形成裂纹，在应力持续作用下会进行亚临界裂纹的慢速扩展，最后产生脆断。这里存在一个临界应力值，当低于此临界应力时加载时间再长也不致发生断裂。可逆氢脆只在一定温度范围内变形时才会出现，氢脆的温度区间大小取决于变形速度及合金的化学成分，如钢在慢速变形时，在−120～200℃温度区间内可出现氢脆，而在−30～30℃的温度区间中，脆性显得更加明显。图 5-1 为变形速度和温度对可逆氢脆的断面收缩率影响。

具有内氢脆趋势的材料，可以通过排氢处理，使材料的塑性恢复到未充氢时的水平。高强度钢可逆的内氢脆，孕育期主要取决于氢的扩散，而氢的扩散速度愈大，则孕育期愈短。

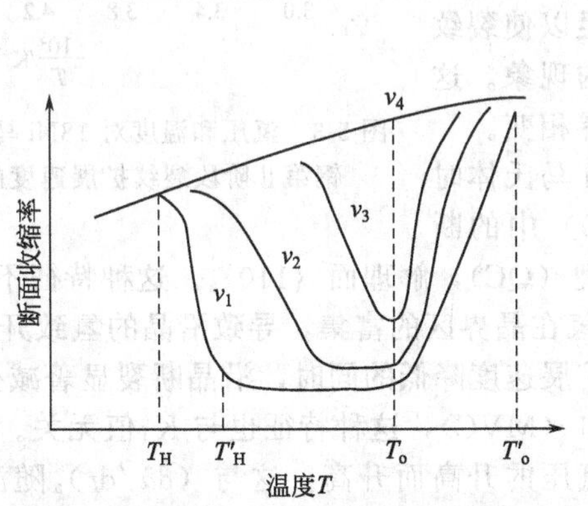

图 5-1　变形速度和温度对可逆氢脆的断面收缩率的影响（$v_1<v_2<v_3$）

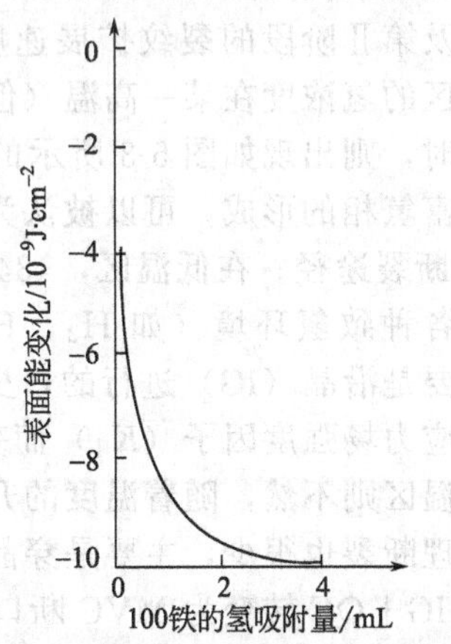

图 5-2　铁吸附氢后表面能的下降

对可逆氢脆的机理有不同的解释。一种是吸附理论，认为当氢扩散到钢内的缺陷中被吸附在缺陷表面时，降低了钢的表面能，图 5-2 为铁吸附氢后表面能的下降。当有一定外力作用时，为了与外力平衡，缺陷得到扩展。另一种是位错理论认为，位错对 Cottrell 气团起了钉扎作用，使其不能自由运动，引起钢材的局部硬化。在工程中要对已经溶入大量氢的钢构件进行变形、焊接等维修时，常先采用高温真空脱氢的方法恢复钢材的塑性。

② 氢脆裂纹扩展的控制过程　氢脆裂纹扩展与温度之间的复杂关系在不同的条件下有不同的激活能，在氢致脆化的各种过程中速度最慢的过程是整个过程的控制步骤。

a. 低温区的三种控制步骤如下。

• 气体输运控制。对于非常活泼的系统，如 H_2S 和清洁金属表面化学反应很快，则过程的控制步骤可以是气体达到裂纹尖端的输运步骤。在这种条件，依据物质守恒，则裂纹扩展使裂纹尖端产生反应位置的速度等于气体输运到裂纹尖端的速度。

• 表面反应控制。若表面反应慢，即在裂纹面通过表面反应产生氢是控制步骤，则裂纹扩展速度正比于表面反应速度。

• 氢扩散控制。若气体输运及表面反应的速度均较快，则氢扩散到关键部位将是氢脆的控制步骤。若以氢扩散速度作为判据，则裂纹扩展过程的激活能将于氢扩散激活能。氢扩散的控制概念已被广泛接受。

b. 热力学分析。如图 5-3 所示，随着氢压的增加，裂纹扩展速度迅速下降的温度增加；温度增加，裂纹扩展速度甚至会急剧地下降，因而在高温区，必须有其他的因素在起作用，甚至起扩散的作用。这种作用将随温度的升高而加强，达到某一临界温度，则裂纹扩散很慢，甚至不扩展。

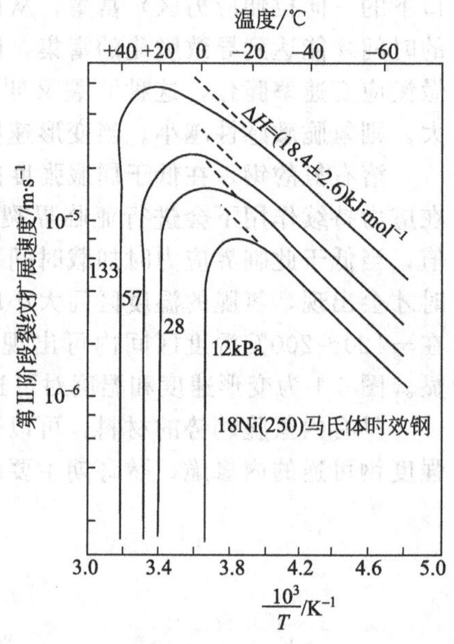

图 5-3　氢压和温度对 18Ni 马氏体时效钢第Ⅱ阶段裂纹扩展速度的影响

高强钢的氢脆敏感性大。高强度钢的氢致开裂一般是按原来的奥氏体晶界进行的，这是两类氢陷阱——三向拉伸区及晶界的相乘效应，其他杂质晶界偏聚所引起的回火脆性，将进一步促进氢致开裂。高强钢的氢脆开裂主要是沿晶进行的，因为氢在晶界区的偏聚，即氢与晶界区这种陷阱形成亚稳相，促进了氢脆的沿晶断裂。晶界区的氢浓度是随着温度的升高而下降的，从而氢脆敏感性及第Ⅱ阶段的裂纹扩展速度也将有类似的趋势。当晶界区的氢浓度在某一高温（但还低到不足以使裂纹扩展）时，则出现如图 5-3 所示的迅速下降的现象。这种晶界富氢相的形成，可以被认为是一种晶界相变。

c. 断裂途径。在低温区，4340 钢及 18Ni 马氏体时效钢在各种致氢环境（如 H_2、H_2S 或 H_2O）中的断裂，主要是沿晶（IG）进行的，少量是准解理（QC），解理面 $\{110\}_{\alpha}$。这种特征不随温度、压力及应力场强度因子（K_{I}）而变；这表明氢在晶界区的富集，导致沿晶的氢致开裂。

高温区则不然，随着温度的升高，裂纹扩展速度降低的同时，沿晶断裂显著减少，穿晶的准解理断裂也很少，主要是穿晶的韧窝断口（MVC），这种特征也与 K_{I}值无关。

从 IG+QC 转变为 MVC 断口的温度随氢压的升高而升高，这与 $(\mathrm{d}a/\mathrm{d}t)_{\mathrm{a}}$ 随温度及压力的变化一致。

③ 环境氢气脆化　是指材料在使用或试验过程中，从环境继续进入材料的氢引起的脆化，环境可以是水溶液，可以是产生氢的气体。前者涉及应力腐蚀的氢致开裂机理及氢鼓包问题，后者包括 H_2、H_2O、H_2S 等气体。若脆化是环境氢气引起的，则称为环境氢气脆化。

致氢气体脆化涉及一系列串联过程：

a. 输运气体到裂纹尖端区；

b. 气体的物理吸着；

c. 气体分解的化学吸附；

d. 氢进入材料；

e. 氢扩散而富集到断裂区；

f. 脆化反应。

脆化反应是相互竞争的并联过程：沿晶或穿晶；氢压或弱键。

在串联过程中，最慢的过程决定了整个过程的速度；在并联过程中，则能量有利的过程，即速度最快的过程，将会起主要作用。

在裂纹扩展3阶段中，第Ⅰ阶段的 K_{ISCC} 或 K_{IH} 和第Ⅲ阶段的 K_{IC}，是临界值，可用能量分析；而第Ⅱ阶段的裂纹扩展速度是动力学问题，一般对 K_I 不敏感，便于用它来研究化学因素的影响。当氢进入材料之后，则内氢脆与环境氢脆没有本质上的区别。

从工程角度来看，材料氢脆敏感性可以分为以下4类。

a. 对环境氢脆极为敏感。表现为缺口强度以及缺口和光滑试样的塑性大为下降，光滑试样的强度也有所下降。这些材料包括高强度钢及一些镍基合金。

b. 严重脆化。表现为缺口强度以及缺口和光滑试样的塑性显著下降，但光滑试样的强度并未降低。这些材料包括压力容器用钢、管线钢、纯镍、某些镍合金、钛合金等。

c. 轻度脆化。表现为缺口强度和缺口试样的塑性的少量下降。这些材料包括亚稳定的铬镍系列的奥氏体不锈钢、铍青铜、工业纯钛等。

d. 脆化可以忽略不计，例如稳定的奥氏体不锈钢、铜等。

一般说来，提高材料的强度，将会增加材料的氢脆敏感性。但是采用特殊的工艺，可以在提高材料强度的同时，并不增加氢脆敏感性，如采用高能率锻造工艺，在高温以很高的形变速度锻造后淬火，可以获得复杂的位错结构。

④ 防护抑制措施　氢脆与钢内的空穴无关，所以仅仅靠使用镇静钢无效。预防措施主要为选用对氢脆不敏感的材料，如选用含 Ni、Mo 的合金钢。在制造过程中，尽量避免或减少氢的产生。

高强度钢的氢脆防护抑制措如下。

a. 降低高强度钢内氢脆敏感性或内氢导致开裂的最有效措施是采用适当的工艺及烘烤处理，降低钢中的氢含量，如200℃烘烤20h以上，否则断裂性能反而变坏。

b. 材料及设计，若有缺口，应增加缺口根部半径，若有可能，应设法降低材料的强度，或采用局部回火，降低关键部位（如缺口根部）的局部强度。

c. 降低能导致回火脆性的钢中杂质，如S、P等。

d. 温度对于高强度钢在 H_2 中裂纹扩展速度的影响，300K时氢脆敏感性最大。对于高强度钢，在水汽中获得类似的结果，但在水中却随温度的升高而增加，这隐含着液相及气相中氢脆的控制步骤不同。

e. 氢分压的影响。在裂纹扩展第Ⅱ阶段，裂纹扩展速度随氢压、硫化氢分压上升而上升。

f. 气氛及环境。潮湿的氩气、纯 H_2 及水均使裂纹扩展，氧气有阻止裂纹扩展的作用，如气氛中含有等体积的氧气，可使裂纹停止扩展。湿氮中只要含有体积分数为0.7%的氧气，即可阻止裂纹的扩展。

g. 低碳低强度钢中氢含量增加，则钢的延伸率下降；当钢中氢含量达到一临界值[25×10^{-6}(原子分数)]以后，则延伸率不再下降。若接受位错输运氢从而导致脆化的机理，则这个临界氢含量相当于饱和位错所需的氢量。低碳低强度钢氢脆的防护抑制措施基本上与高强度钢相类似。

不锈钢可逆的内氢脆机理与防护抑制一般将不锈钢分为铁素体不锈钢、马氏体不锈钢、奥氏体不锈钢 3 大类。前两类是高铬钢，其基体是体心立方晶体结构；第三类主要是高铬镍钢，其基体是面心立方晶体结构。铁素体不锈钢的强度低，它的内氢脆行为与低碳低强度钢类似，氢将降低拉伸塑性，必须长时间的烘烤，才能消除氢脆；马氏体不锈钢的强度高，它的内氢脆敏感性与高强度钢相似，当屈服强度约大于 1380MPa 时，则氢脆敏感性显著增加。

当环境氢进入材料后，则内氢及环境氢的影响，在本质上是一样的，实验表明，氢使马氏体不锈钢在 200K 及 298K 的强度及塑性均下降。

奥氏体不锈钢的氢脆敏感性低于其他两类不锈钢，因而经常被选用于氢环境的压力容器。影响因素有钢中氢含量、温度及应变速度。与低碳低强度钢相似，也可用前述的运动位错输送氢的模型来说明奥氏体不锈钢的氢脆机理。不仅面心立方晶体结构的奥氏体不锈钢有内氢脆敏感性，其他面心立方晶体的合金也具有这种敏感性。如蒙乃尔合金，充氢后在高温进行滞后破坏试验的结果与高强度钢相似。

研究氢脆可用拉伸试验，将预先充氢的试样用断面收缩率的变化来确定其脆化系数。影响钢氢脆的因素是一定浓度的氢、一定的拉伸应力和敏感的显微组织。马氏体组织伴随有较大的相变应力，这种组织对氢脆特别敏感，其次为贝氏体、屈氏体。一般索氏体、铁素体+珠光体，其氢脆敏感性较小。

(2) 白点和氢诱导开裂

白点及氢诱导开裂都是由于 H_2的逸出所导致材料的损伤，特别是结构钢的损伤，它们之间的共性是所形成的氢分压大于材料的断裂强度，因而形成含有 H_2的裂纹，又称氢致开裂。它们之间的区别在于氢的来源不同，白点的氢是内氢，是材料及部件生产及制造过程已引入的氢，而氢诱导的氢是环境氢，是材料及部件使用过程中从环境继续引入的氢。氢诱导开裂包括氢诱导开裂（Hydrogen Induced Cracking，HIC）、应力导向型开裂（Stress Oriented Hydrogen Induced Cracking，SOHIC）和氢鼓包（Hydrogen Bubble，HB）等。

① 白点　白点为钢中氢引起的一种内部裂纹，在断口上面呈现圆形或椭圆形银白色斑点，在显微镜下观察时，白点附近没有任何塑性变形的痕迹，这种开裂是在没有外力的作用下氢原子聚集形成高压 H_2所引起的，多在合金结构钢和部分合金工具钢如钢坯、重轨和大锻件中出现，因其裂纹面是发亮的脆面，则被称作白点。在高温下氢在钢中的溶解度较大，温度下降时溶解度也下降，这时溶入钢中的氢会以分子状氢在钢的缺陷中析出，形成高压 H_2泡，如果高压 H_2泡尚未使缺陷扩展此时仍属可逆氢脆；如果 H_2泡造成应力集中，超过钢的强度极限，在钢内部形成细小的裂纹，又称白点，则为不可逆氢脆。

白点的形成是一种脆性断裂，本身是内部裂缝的侧壁。白点的存在会降低钢的力学性能，当白点的位置垂直于试样的纵中心线时，这种影响尤为突出。白点还起着内部缺口作用，在使用时，由于应力的集中，将成为断裂裂纹源。在锻造或轧制后，由 200℃附近快速冷却时，那些有白点敏感性的钢便会形成白点。此外，白点现象还具备下列几个特点：

- 铸钢中很少发现白点；
- 白点敏感性的钢只要在 200℃附近缓冷 1 次，以后无论冷却快慢，都不会出现白点；
- 含 C 量低（质量分数 0.1%～0.2%）的低合金结构钢中，出现白点的倾向较低，而质量分数 C>0.3%、Cr>0.1%、Ni>3%的镍铬钢、镍铬钼钢、镍铬钨钢及滚珠轴承钢的白点敏感性较高；
- 随着钢锭质量及钢坯厚度增大，钢的白点敏感性也增大；
- 酸性平炉钢的白点敏感性较碱性平炉钢或电炉钢的低；
- 钢中氢量愈高，则白点敏感性愈高。

钢中氢含量是白点形成的必要条件，而相变应力或热应力则是充分的条件。钢中氢含量超过某种限度（如，25CrNiMo钢中含氢超过920×10^{-6}），钢的塑性接近于零，自200℃急速冷却时，氢的急剧析出产生了极大的内应力，在其他内应力的协助下，将会产生脆性裂纹（白点）；而缓慢冷却时，析出的氢有时间扩散，能够由钢内缓慢析出，析出后，便不会再有白点敏感性。大件钢坯中，氢不易扩散至表面，白点敏感性大；铸钢的组织疏松，所析出的H_2可以有地方聚集，因此难以形成白点；酸性平炉钢的氢含量较低，因而白点敏感性也较小。

中国科学院金属研究所的研究结果表明，不同钢种形成白点的临界氢质量分数为$3.5\sim100\times10^{-6}$。一般认为，钢中氢含量低于（2～3）$\times10^{-6}$锻件无白点敏感性，到20世纪80年代钢包冶金即二次精炼技术迅猛发展，应用各种钢包冶金技术如包渣控制、惰性气体吹泡、去除夹杂物的感应搅拌、脱硫、钙铝丝喂入、喷粉和钢包炉等生产超纯净钢。根据需要，它们中的硫含量可低至20×10^{-6}以下，总氧含量$<20\times10^{-6}$，可是在氢含量$<2\times10^{-6}$时，甚至$<1.5\times10^{-6}$的超纯净钢大型钢锭顶部取下的试样中观察到了氢致白点[1]。

防止和抑制白点的措施，因为氢是锻件产生白点的必要条件，所以可以从冶炼和热处理两方面防止和抑制白点。冶炼防止白点的形成，如使用干料、保证适当的沸腾期及精炼期等，尽量降低钢水中的氢含量。大锻件采用钢水真空技术，可使氢含量降低到$3\mu g\cdot100g^{-1}$以下。降低钢中氢含量，可有效地缩短排氢热处理的时间。

热处理可使钢中的氢排出，这种排出是氢的扩散，在400℃以上，保温的温度愈高，则不形成白点所需的保温时间愈短。白点通常在150～200℃以下的温度形成，这是由于马氏体相变的相变应力协助了白点的形成，因而在M_s点以上的温度（如200～300℃）保持较短的时间，由于避免随后的马氏体转变，也可避免白点的形成。

② 氢鼓包　氢原子扩散到金属内部，大部分通过器壁在另一侧结合为H_2逸出。如果氢原子扩散到钢内空穴，并在该处结合成H_2，由于H_2不能扩散，就会积累形成巨大内压，引起钢材表面鼓包甚至破裂的现象称为氢鼓包。低强钢，尤其是含大量非金属夹杂物的钢，最容易发生HB，如果非金属夹杂物分布在板厚较深的位置，则可以发生大型HB。产生氢鼓包的腐蚀环境：介质中通常含有硫化氢、或砷化合物、或氰化物、或含磷离子等阴极毒化剂组分，这些组分阻止了$2H\longrightarrow H_2\uparrow$放氢反应。

在湿H_2S环境中产生应力腐蚀破裂时，所产生的氢致开裂现象分为HB、HIC和SCC等。HB和HIC不需应力存在，而SCC需要有外加应力（外加或残余应力）。

③ 氢诱导开裂　HIC是渗入钢中的氢除了在位错等晶格缺陷处以原子状态聚集外，更多的是以分子状态在非金属夹杂物（如MnS、Al_2O_3、SiO_2等）周围的间隙处聚集，间隙处的压力可以达到数十兆帕。由此，当夹杂物造成的间隙形状带有尖锐缺口时，将在缺口处产生应力集中，导致诱导裂纹形核。在无外加应力的情况下，在氢压作用下裂纹沿钢板的轧制方向扩展，形成的阶梯状裂纹，见图5-4。

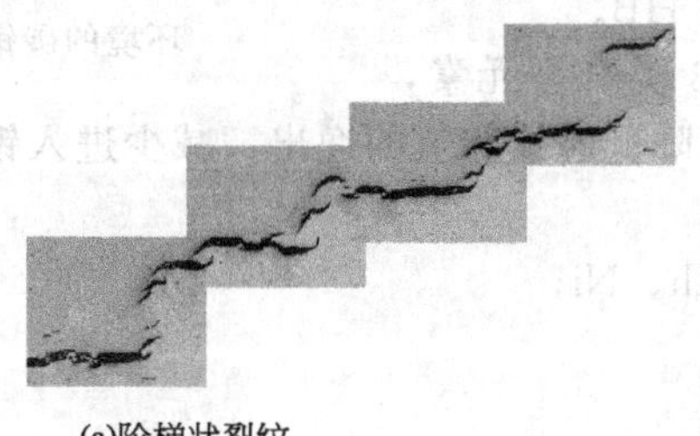

(a)阶梯状裂纹　(b)沿轧制方向控制的HIC

图5-4　氢诱导开裂

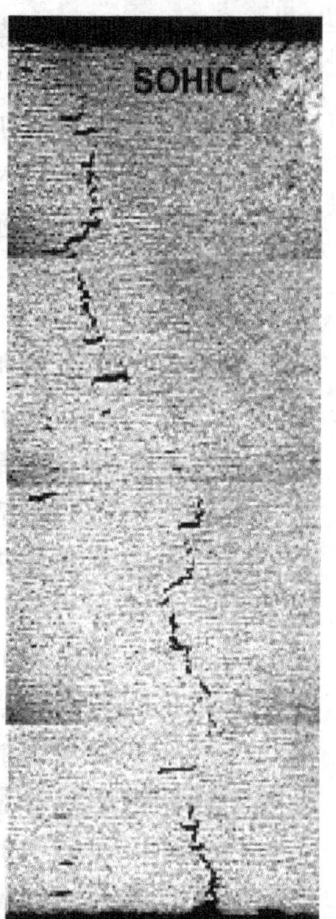

图 5-5 SOHIC

压力容器所用材料的面型缺陷对氢来说是很深的陷阱，它们可以捕捉氢，使氢不易逸出。钢中 S 含量愈高，则所形成的 MnS 夹杂物愈多，则 MnS-α-Fe 的界面愈大，所捕捉的氢量越多，因而能渗透的氢量愈少，故含 S 量高的碳钢中的氢陷阱多。含稀土元素的碳钢由于使硫化物球化，减小了界面积，能保留的氢量较少，故相同 S 量的碳钢氢陷阱较少。陷于深阱的氢，在室温不能离开，陷入的氢在高温可逸出，这些阱叫做不可逆陷阱。陷阱内的氢原子将结合成 H_2，积累的 H_2压力足够高时，便会引起界面开裂，继续膨胀便会使周围发生塑性变形及表面隆起，这种氢损伤易发生在塑性较好的低碳的低强度钢中。

在应力作用下，HB 或 HIC 沿与主应力垂直方向发生串接，形成 SOHIC，见图 5-5。SOHIC 经常出现在焊缝和热影响区附近，因为在内压和焊后残余应力的联合作用下，在此处产生了最大的拉应力。PWHT 可以减轻 SOHIC 的产生和严重程度，但不能完全避免，对设备的安全造成极大的危害。

④ 影响因素

a. 介质因素　凡是能促进氢析出的因素，均将增加 HB 的敏感性。

pH 值在 1～6 范围内，HB 的敏感性随着 pH 值的增加而降低；当 pH＞6 时，则不发生氢鼓包。

H_2S 和 CO_2的含量愈高，则氢鼓包的敏感性愈大，临界 H_2S 含量因钢种而异。图 5-6 示出 H_2S+CO_2的联合作用，可分为 4 区：

①区——高 H_2S、低 CO_2区，HB 区；

②区——低 H_2S、低 CO_2区，无损伤区；

③区——低 H_2S、高 CO_2区，全面腐蚀区；

④区——高 H_2S、及 CO_2区，全面腐蚀及 HB 区。

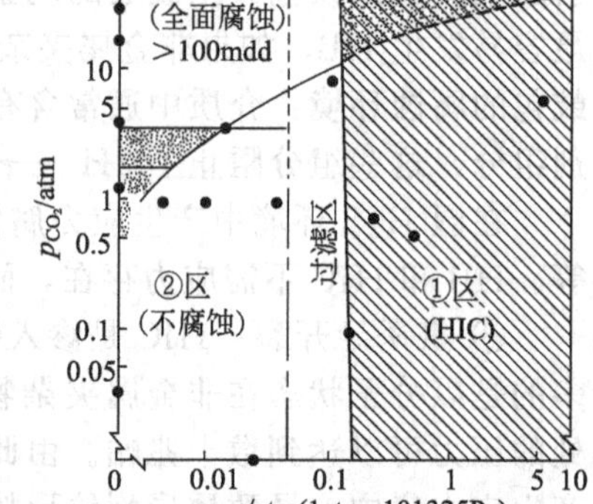

图 5-6 人工海水中 H_2S-CO_2 环境的碳钢腐蚀区

b. pH 影响　在 pH 值为 3.5～4.5 的范围，Cl^- 的存在，使腐蚀速度增加，金属表面吸附的 H 浓度增加，HB 的敏感性增加。

c. 温度影响　25℃时，HB 敏感性最大。

d. 时间　随时间延长，HB 将逐渐严重。试验采用 96h，能初步相对地比较各种介质因素和材料因素的影响。如作为工程设计依据，还需要进行长时间的试验。

e. 材料因素　钢的化学成分、金相组织及工艺以影响氢的产生、进入钢内、富集等，从而影响 HB。

合金化控制钢的腐蚀和氢的渗入，有 3 类合金元素，由于腐蚀产物在钢的表面形成保护膜，从而降低腐蚀和氢的逸出，减少进入钢中的氢量，降低 HB 敏感性：

- 少量第Ⅷ族金属，如 Pd、Pt、Co、Rh、Ni；
- 少量第ⅠB族金属，如 Cu、Au；
- 少量第Ⅵ族金属，如 Cr。

控制硫化锰的量及形状，降硫和加入稀土或钙，是近代降低 HB 敏感性最有效的措施。降低钢中 S 量，可减少所形成的 MnS，从而可降低 HB 敏感性。MnS 在高温状态下有一定的塑性，因而热轧后形成片状夹杂，在钢水中喷入硅钙粉或加入稀土元素，则形成较 MnS 更稳定的而又无热塑性 CaS 或稀土硫化物，它们是分散的球状夹杂物，HB 的敏感性低。

f. 其他工艺因素的影响　大的钢锭由于硫的偏析，使轧制的某些钢材的 HB 敏感性高，用铝脱氧的镇静钢，由于 MnS 在 Al_2O_3 夹杂区的偏聚，其 HB 的敏感性高于用硅脱氧的半镇静钢。

终轧温度愈低，则 CSR 愈低。冷变形量 10%～20%时，材料的 CLR 最小。研究结果表明，HB 敏感性最低的金相组织是淬火后高温回火的金相组织-细小弥散的球状碳化物，马氏体及贝氏体是有害的，因而焊后要求热处理。

预防措施：消除阴极毒化剂组分；如果不能消除，选用空穴少的镇静钢，也可采用对氢渗透低的奥氏体不锈钢。或者采用镍衬里、衬橡胶衬里、塑料保护层、玻璃钢衬里等；有时加入缓蚀剂。

氢致开裂的影响因素和预防措施与 HB 的基本一致。

(3) 氢腐蚀

氢原子或氢离子扩散进入钢中后会在晶界附近以及夹杂物与基体相的交界面处的微隙中结合成 H_2，并部分地与微隙壁上的碳或碳化物反应生成 CH_4。反应为：

H_2与碳化物反应：

$$2H_2 + Fe_3C \longrightarrow 3Fe + CH_4 \tag{5-1}$$

H_2与游离 C 反应：

$$2H_2 + C \Longrightarrow CH_4 \tag{5-2}$$

H 与游离 C 反应：

$$4H + C \Longrightarrow CH_4 \tag{5-3}$$

氢对钢的这种损伤称为氢腐蚀，是一个不可逆的化学过程，其危害比钢的氢脆严重。

① 表面脱碳　当介质中的氢分压较低（对碳素钢，氢分压低于 1.4MPa），而介质的温度又较高（大于560℃）时，由于 H 渗入钢内的速度较慢，而钢中 C 的扩散速度较快，C 与 H 生成 CH_4的反应只在钢材表面进行，式 (5-1) 生成的 CH_4可随时逸去，其反应结果导致表面层的渗碳体减少，而 C 则从邻近的尚未反应的金属层逐渐扩散到这一反应区，于是有一定厚度的金属层因缺 C 而变为铁素体，这时钢材的脱碳叫表面脱碳。

表面脱碳可降低脱碳层的含碳量，使其强度和硬度略有减少，延性增加，疲劳极限降低，当气体介质含有水蒸气时会加速表面脱碳的进程。工程上有时利用这种表面脱碳的方法来降低碳素钢中的含 C 量，提高钢的塑性和韧性，也提高了钢的抗氢腐蚀能力。此类表面脱碳不产生裂纹，它和钢材暴露在空气或二氧化碳中的脱碳相似。

② 内部脱碳　当与钢接触的气体介质的氢分压较高（对碳素钢而言氢分压大于 1.4MPa），介质的温度高于 220℃（对于碳素钢）而又不是太高时，H 或 H^+ 进入微隙并与隙壁上的 C 或碳化物反应成为 CH_4，隙壁的 C 含量即相应下降，造成钢材的脱碳，这种现象叫内部脱碳。

在介质中氢分压较高而温度又不太高时，有可能在没有显著表面脱碳的情况下产生内部脱碳和氢腐蚀。在微隙中生成的 H_2和 CH_4体积较大，不能溶入钢中或向外扩散，实际上被封闭在微隙中。由于 H 或 H^+ 在微隙中很快形成 H_2和 CH_4，H 或 H^+ 在微隙中的浓度或分压始终很低，这将使固溶在钢中的 H 或 H^+ 继续不断地向微隙中扩散形成 H_2和 CH_4分子。而这种形成 H_2的反应直到钢中的氢不再超过溶解度时为止，形成 CH_4的反应往往要使钢中可能参加反应的碳和碳化物消耗殆尽才会终止。微隙中聚集的 H_2和 CH_4会产生数千兆帕的局部高压使微隙壁承受很大应力，当这一应力克服晶格间微隙的表面张力后就形成了 CH_4空穴-裂纹源。CH_4空穴一般为多面体，多在碳化物、夹杂物、亚晶界或位错堆积等高能量界面上成核和长大，如这些微隙靠近钢材表面，将会形成表面鼓包，而在钢材内部的更多的微隙则会发展成为裂纹，严重降低钢的力学性能。

对于低碳结构钢来说，C以自由C的形式存在的量比较少，而主要是以碳化物的形式存。在碳素钢中的C主要以渗碳体的形式存在。因此氢腐蚀的主要按式（5-1）进行，这一反应过程大致可分以下几个步骤：

a. 碳化铁的分解：

$$Fe_3C \rightleftharpoons 3Fe + [C] \tag{5-4}$$

b. C扩散入H_2泡；

c. 生成CH_4：

$$[C] + H_2 \rightleftharpoons CH_4 \tag{5-5}$$

d. Fe从CH_4气泡中扩散出来。

在上述过程中，碳原子在晶格内的扩散以及氢由表面向晶格扩散，在高温高压氢介质的条件下不可能是限制性步骤，决定氢腐蚀的限制性步骤是Fe_3C的分解，以及形成气泡后铁原子由气泡向外扩散的速度。

钢遭受氢腐蚀产生裂纹，最初是微观的。但是在腐蚀的深化阶段，大量微裂纹使钢材的抗拉强度、硬度和延性等产生本质的破坏。如在200℃以上H进入低强钢内与碳化物反应生成CH_4气体，CH_4气体占有很大体积使金属内产生小裂缝及空穴，从而使钢变脆，在很小的形变下即破裂。当钢中含有偏析杂质、条形杂质或分层时，CH_4在这些部位聚集可导致严重的鼓包。高温高压氢对钢造成损伤以前，在一段时间内，用普通的工业试验方法不能检查出力学性能的明显下降，此时间为孕育期，孕育期之后，钢材产生裂纹并造成力学性能下降。孕育期随钢的类型及暴露条件的苛刻情况而变，见图5-7。

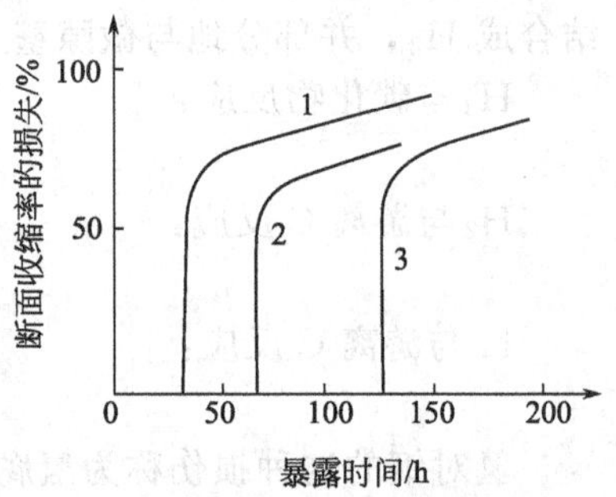

图5-7 碳钢在5.05MPa的氢中暴露时间和温度对塑性的影响

1—537℃；2—482℃；3—426.7℃

③ 影响氢腐蚀因素　从对材料性能的影响来看氢腐蚀可以分为3个阶段，即孕育期、快速腐蚀期和腐蚀终止期。从钢材接触氢介质起，到钢材的力学性能产生了明显恶化的时期称为孕育期，介质中的H_2被钢表面吸附离解成原子渗入钢中，在钢中扩散，进入钢中聚集于晶格之间的亚微观缺陷处，CH_4压力逐渐增大，克服了晶格间的表面张力后在晶格之间形成CH_4空穴使裂纹成核，附近的碳不断向反应处迁移补充，使反应连续进行，裂纹核长大，CH_4空穴长大并聚集而形成小的气泡链，形成微裂纹，这整个过程都属孕育期。孕育期就是安全期，孕育期的长短决定了钢材的使用寿命，提高钢材抗腐蚀能力的问题实质上就是延长孕育期的问题。孕育期后由于CH_4反应的持续进行，CH_4空穴中的压力不断提高，CH_4空穴或微裂纹逐渐长大，各高压气泡间的联结部位被撕裂形成大的气泡链（大裂纹）迅速发展，钢材的性能急剧下降，即成为快速腐蚀期，一般来说孕育期要比快速腐蚀期长得多。如果钢材一直置于氢介质中，甲烷反应将耗尽或趋于耗尽钢中固溶体中的碳和碳化物中的碳，甲烷反应不再进行，裂纹也不再因为氢腐蚀的而继续发展，钢材性能成为一个稳定值，就进入了腐蚀终止期。如果钢中含碳很少，孕育期在进入快速腐蚀期之前就已经进入了腐蚀终止期，这时氢腐蚀过程就只有两个阶段，不出现破坏性强的快速腐蚀期。

对于一定的钢材在一定的氢分压下，存在一个氢腐蚀起始温度，在此温度以下不产生氢腐蚀。另外，不论在什么温度下，还存在一个氢腐蚀起始氢分压，在此压力以下产生的CH_4压力，也很低不足以引起钢材产生裂纹和鼓包，钢材也不会产生氢腐蚀。碳素钢的氢腐蚀起始温度与氢分压的关系列于表5-1。碳素钢的锻轧件的氢腐蚀起始氢分压为1.4MPa，铸焊组织和热作件为0.7MPa。在186℃以下，不论氢分压有多高，都不可能产生氢腐蚀。在化工工艺和设备设计中都首先尽量把H_2的温度降到碳钢的氢腐蚀起始温度以下或者把H_2的氢分压降到碳钢的氢腐蚀起始压力以下，这样设备就可以不采用抗氢钢。

表5-1 碳钢氢腐蚀起始温度与氢分压的关系

氢分压/MPa	3.0～10.0	10.0～20.0	20.0～30.0	30.0～40.0	40.0～60.0	60.0～80.0
氢腐蚀起始温度/℃	280～300	240～270	220～300	210～220	200～210	190～200

充氢时间越长，材质内部脱碳越严重，珠光体的含量越少，晶界上出现空洞或微裂纹的可能性越高，氢腐蚀越严重。高温氢损伤后材质硬度会有所下降，相同温度和氢分压条件下，充氢时间越长，氢腐蚀越严重，材质硬度降低得越多。故硬度测试可以作为判断氢腐蚀程度的一个参数量。

预防措施，选用抗氢钢，如Q345R（HIC）、15CrMoR（相当于1Cr-0.5Mo）、14Cr1MoR（相当于1.25Cr-0.5Mo）、2Cr-0.5Mo、2.25Cr-1Mo、2.25Cr-1Mo-0.25V、3Cr-1Mo-0.25V等。抗氢钢中的Cr和Mo能形成稳定的碳化物，这样就减少了氢与碳结合的机会，避免了CH_4气体的产生。

(4) 氢化物脆化

氢化物脆化是氢反应脆化的一种，氢反应产物是氢化物，是脱溶沉淀的产物。

① 氢化物脆化表象规律

a. 脆化动力学　形成稳定氢化物的金属有ⅣB族金属Ti、Zr、Hf，ⅤB族金属V、Nb、Ta及ⅡA族金属Mg。这些金属的晶体结构不同，从而影响氢的溶解度和扩散系数，以及氢化物的形成和脆化。

慢应变拉伸试样的截面收缩率在250K附近具有最小值。这种脆化一般认为是应变诱发氢化物沉淀引起的，这是一种氢扩散的控制过程。试验温度高时，没有沉淀或沉淀很少，故塑性大；试验温度太低，氢的过饱和度虽然大，但扩散慢，从而氢化物的长大慢，因而塑性也大；当试验温度相同时，低应变速度提供较长的时间形成氢化物，故塑性低。

b. 氢化物沉淀特征　钛合金及锆合金具有密排六方（hcp）晶体结构的α相及体心立方（bcc）晶体结构的β相。氢化物在β相中的溶解度大，故β型合金不易有氢脆问题；氢化物在α相中的溶解度小，故α型合金易于严重脆化，脆化是由于应力下的氢化物沉淀，且是解理断裂。在α+β型合金中，氢化物在α/β界面上形成，断裂也是沿界面进行的。

断裂是沿氢化物，而不是沿基体的晶体学平面断裂的。在Nb-H系中，是沿NbH的{110}沉淀的，而断裂也是沿{110}解理进行的。在Ti-8Al-1Mo-1V合金中，氢致开裂是沿α/β界面进行，而氢化物也是沿界面沉淀的。

氢化物与基体比热容的差异愈大，则共格界面导致的应力愈大，从而影响位错结构和开裂趋势。如氢化镍的晶体结构与镍一样，只是点阵常数膨胀约6%。氢化钯的晶体结构与钯相同，点阵常数膨胀约3.5%。在这几种合金系中点阵常数膨胀愈小的合金沉淀所导致的位错结构变化愈小也愈难开。由于bcc及fcc氢化物的比容比α-Ti分别大4%及18%，所导致的应力场引起氢化物本身开裂或沿氢化物基体界面开裂。

② 脆化机理　物理模型如图5-8所示，已在V-H、Nb-H、Ti-H、Zr-H等系统中得到了证实。并且：

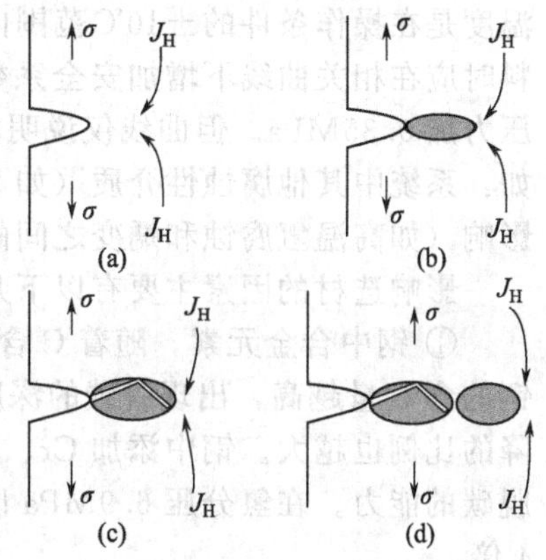

图5-8 氢致脆化机理的物理模型

a. 在应力梯度的驱动下，氢向三向拉伸应力区这种陷阱富集；

b. 这种富集区扩大并在应力诱发下形成氢化物；

c. 氢化物解理断裂使裂纹扩展，裂纹或沿氢化物-基体的界面前进；

d. 重复以上步骤，使裂纹继续扩展。

必须指出上述的脆化过程与塑性变形是相互竞争的过程，氢的富集需要时间，因而这种脆化需要在一定的温度、应变速度的范围内发生。

③ 脆化条件

a. 固溶氢并不显著地影响合金的塑性及断裂形态；

b. 当氢化物形成和解理时则出现脆断；

c. 氢必须足够快地输运到拉伸应力区，导致氢的富集；

d. 形成氢化物时的体积增加，只有这样在拉伸应力作用下，在裂纹尖端形成氢化物，才有利于降低自由焓。形成氢化物时也有剪切应变，故Ⅲ型载荷的切应力也可降低氢化物时的自由焓；

e. 氢化物必须是低塑性相。

（5）抗氢材料

氢腐蚀从理论上分成 4 种，而实际中 4 种腐蚀几乎同时存在。所以遇到氢腐蚀环境（临氢环境）的设备一般按纳尔逊（Nelson）曲线进行选材，并要引起高度重视。

抗氢材料（hydrogen resistant material）是能够抗氢损伤或抗氢脆的金属材料。抗氢材料的主要特点是：面心立方结构合金的抗氢性能优于体心立方结构合金；抗氢合金只在某一温度范围对氢敏感；合金的抗氢性能与其晶粒度和应变率有关，晶粒越细，抗氢性能越好，随着应变率增加，氢脆倾向降低。抗氢材料可在高压氢（715MPa）条件下作结构材料使用，也可用于加氢反应罐的衬里材料及制造储氢压力容器等。常用的抗氢材料有低硫磷的抗 HIC 钢、奥氏体不锈钢、沉淀强化奥氏体合金、低合金钢、铝合金及铜合金等。

美国石油协会（API）自 1940 年以来收集了大量腐蚀事例给出了高温高压临氢作业的安全极限，报道了低于 Nelson 图中安全操作曲线的多例事故，其中包括 27 例 0.5Mo 钢的高温氢腐蚀事故（管线泄漏、鼓包、焊缝晶间开裂及脱碳等），3 例 1.25Cr-0.5Mo 钢管线的表面脱碳、鼓包及晶间开裂，1 例 2.25Cr-1Mo 钢管线三通处焊缝泄漏。我国 SH/T 3059—2012. 石油化工管道设计器材选用规范[2]附录 C.2 临氢作业用钢防止脱碳和微裂纹的操作极限参考了 API RP 941—2008[3]附录 C.3 给出了高温氢气和硫化氢共存时油品中各种钢材的腐蚀曲线。

可按 SH/T 3059（API RP 941）Nelson 曲线选择材料等级，图中各数据点绘制的安全温度是在操作条件的±10℃范围内波动。因为附图是基于大量生产数据绘制的，故在选择材料时应在相关曲线下增加安全系数。温度可取设计温度加 20～40℃，选择的氢分压取设计压力加 0.35MPa。但曲线仅说明材料抗高温氢腐蚀的性能，并没有考虑其他高温影响因素，如：系统中其他腐蚀性介质（如 H_2S），蠕变、回火脆性及其他高温损伤机理，可能叠加的影响（如高温氢腐蚀和蠕变之间的影响）等。

影响选材的因素主要有以下几点。

① 钢中合金元素　随着 C 含量的增加，氢腐蚀一般变得显著。碳钢在 H_2 中及加热时，钢的含 C 量越高，出现脱碳的深度越大。含 C 量越高的钢随着 H_2 压力的增加，拉伸强度下降的比例也越大。钢中添加 Cr、Mo、W、V、Ti 及 Nb 等元素稳定碳化物，能增加抗内部脱碳的能力。在氢分压 6.9MPa 以下，温度低于 538℃情况下，Mo 的抗氢腐蚀能力为 Cr 的 4 倍。

Si、Ni 及 Cu 不增加抗氢腐蚀能力。P 和 S 降低抗氢腐蚀能力。奥氏体不锈钢由于含铬量的作用，甚至在温度高于538℃时，仍能防止脱碳。

② 热处理 临氢作业的铬钼钢的焊后热处理能改进其高温抗氢腐蚀能力。焊后热处理能稳定碳化物，而减少能与氢化合的C的数量，故可以改进抗氢性能。临氢蠕变试验表明提高焊后热处理温度，能对2.25Cr-1Mo钢的高温抗氢腐蚀性起到有益的作用。试验中2.25Cr-1Mo钢经16h 691℃焊后热处理，比此钢在630℃24h焊后热处理有更好的抗氢腐蚀性能。高的焊后热处理温度和较长的处理时间均对抗氢腐蚀有利。同样1Cr-0.5Mo和1.25Cr-0.5Mo钢，提高最低焊后热处理温度，由ASME Ⅷ篇要求的593℃提高到677℃均可改进抗氢腐蚀性能。但此时应注意平衡提高焊后热处理温度和其他因素的利弊，如对钢材强度及缺口韧性的影响。

(6) 材料氢脆的检测

高温氢损伤后，材质会出现“增厚”现象，相同温度和氢分压条件下，充氢时间越长，试块出现“增厚”现象越严重，故超声波测厚法可以判断高温氢损伤的发生及程度。

充氢后，材质声速会发生变化，横纵波波速均降低，纵波波速降低的更快，横纵波声速比会增大。相同温度和氢分压条件下，充氢时间越长，波速下降得越多，声速比的数值越大，故超声波声速比法可以估计高温氢损伤的出现和程度。

发生了氢腐蚀以后，材料内部组织结构发生了变化，充氢时间越长，组织变化越明显，超声波的衰减越明显。

发生氢腐蚀后，TOFD扫描直通波发生了时间延迟，纵波的声速变慢，通过分析图像直通波位置的变化，可以定量给出纵波声速的数值。充氢时间越长，试样的腐蚀越严重，超声波衰减也越严重[4]。

5.1.3 压力容器氢损伤失效案例

氨合成筒体内衬开裂失效分析

某氮肥厂ϕ1000mm氨合成塔在运行巡检时发现外筒体泄放孔漏气，经气体成分分析，查明泄漏气体为合成塔的原料气，遂紧急停车。经查此次事故系因合成塔外筒体内衬板在距筒体上法兰7.8～8.9m的第五筒节处发生向内鼓包和开裂，塔内件在开裂部位至内件下端损坏，不能继续投入生产。事故前操作参数正常，合成塔设计参数和事故发生前的操作参数列于表5-2。

表5-2 合成塔设计参数和事故发生前的操作参数

项目	设计参数	事故前操作参数
工作压力/MPa	32	29
触媒层热点温度/℃	495±5	488～495
一进气体温度/℃	≤40	19～25
二进气体温度/℃	180	95～119
氢氮比	2.0～3.2	2.0～2.7
入口氨含量(体积分数)/%	≤2.5	2.3～2.4
出口氨含量(体积分数)/%	11～16	11～13.7

从检修情况发现合成塔开裂及鼓包位置在塔同一个截面上，见图5-9。塔内层间换热器部分列管被触媒堵塞，可使塔内气体在塔内件形成偏流，有造成外筒体局部过热的现象，因此塔内壁的温度有可能在局部接近触媒层热点温度495℃。

设备经更换第五筒节内衬，于2000年5月26日投入使用后测定了该塔运行中的塔壁温度分布情况，发现在第五筒节处的温度明显高于其他部位，并且该处同一截面上的最大温度差达100℃以上，至6月19日前最高壁温达166℃，至7月中旬第五筒节内的温度已达238℃，外壁温度达200℃。此后采取降负荷的方法可使壁温维持在200℃以下。壁温测试点见图5-10，同一平面圆周上的3个测温点相距120°。测试结果见表5-3（温度为当日最高值）。

表5-3 氨合成塔壁温测试结果 ℃

时间	温度测点											
	7	8	9	10	11	12	7′	8′	9′	10′	11′	12′
5月26日	40	43	41	134	122	57	134	92	91	81	82	52
5月30日	35	42	42	139	129	58	146	91	93	87	79	52
6月2日	35	36	36	142	123	57	157	90	94	70	78	48
6月6日	31	38	35	149	123	60	151	90	93	82	77	48
6月14日	38	40	39	146	126	56	163	95	98	75	80	50
6月16日	33	35	33	143	128	55	166	89	91	81	72	45
6月19日	36	38	37	149	125	59	159	91	95	67	74	50

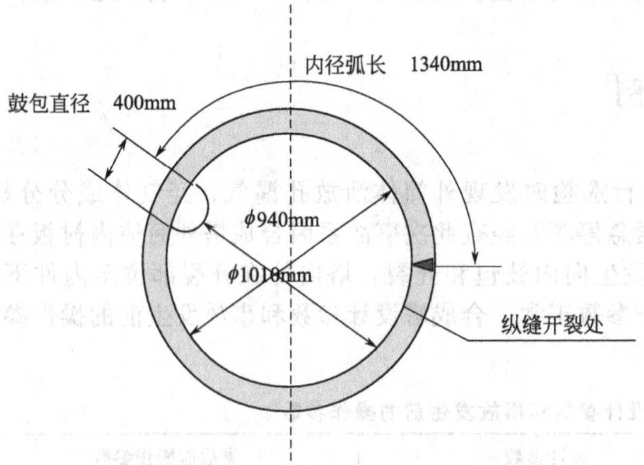

图5-9 塔壁开裂及鼓包位置示意图

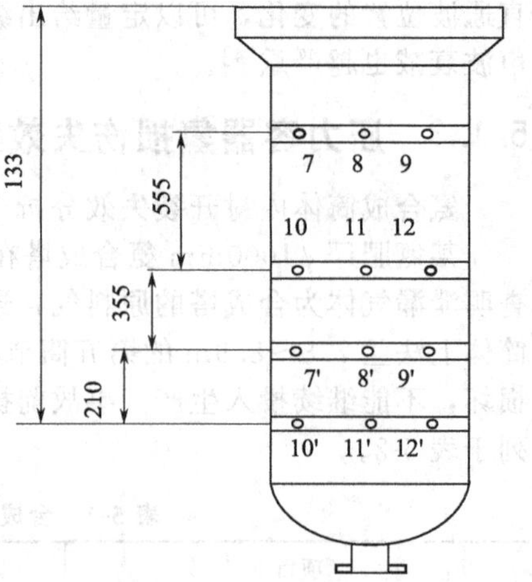

图5-10 塔壁温度测温元件安装布置示意图

（1）分析内容及取样

检验的两块样品取自从氨合成塔上更换下来的开裂和鼓包的衬里，样品为1#板纵缝开裂部位（包括纵缝、母材）和2#板母材鼓包变形部位。对样品分别进行了无损检验、化学分析、力学性能试验、金相组织分析、断口分析和材料含氢量测试、鼓包有限元分析。

（2）检验结果

① 无损检测 PT发现1#试板的纵缝近缝区有长为数百毫米的数条纵向裂纹，裂纹分布在整条焊缝上，部分裂纹已穿透，断口经PT发现有层状裂纹，长达1000mm。MT和PT、UT均未发现2#试板存在表面裂纹和埋藏裂纹。

② 化学分析 筒体各部位化学分析结果各化学元素含量均符合GB 6654—1986.压力容器用钢板中16MnR的标准。

③ 力学性能 测试了1#、2#试板的力学性能，检验结果见表5-4。

表 5-4 开裂板和鼓包板的力学性能

试样编号	板厚/mm	R_{eL}/MPa	R_m/MPa	A_{50}/%	A_{kV}/J
1	24	585	326	27	40,120,40 纵向
2	24	532	321	—	26,20,28 横向
16MnR(GB 6654)	17～25	510～655	≥345	≥21	≥31 20℃横向

设备经过运行后的，内衬16MnR材料性能有一定的下降，屈服强度有所降低，横向吸收功明显下降，低于标准值。

④ 金相及硬度分析 鼓包板为铁素体＋带状珠光体，晶界上分布颗粒状、条状碳化物，见图5-11，硬度173HB。开裂板为铁素体＋带状珠光体，晶界上分布颗粒状碳化物，晶间上已产生微裂纹，见图5-12。焊接接头层间为铁素体＋珠光体，晶粒细小，顶层为沿柱晶分布的铁素体、贝氏体，晶内为针状铁素体和少量珠光体，硬度177HB，HAZ粗晶区为魏氏体＋上贝氏体＋少量珠光体，硬度191HB。

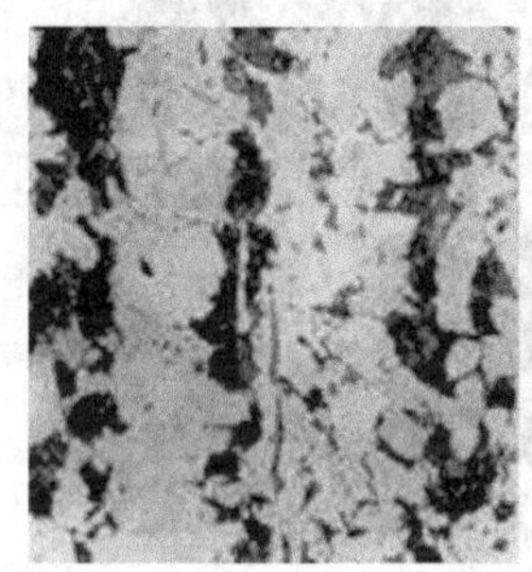
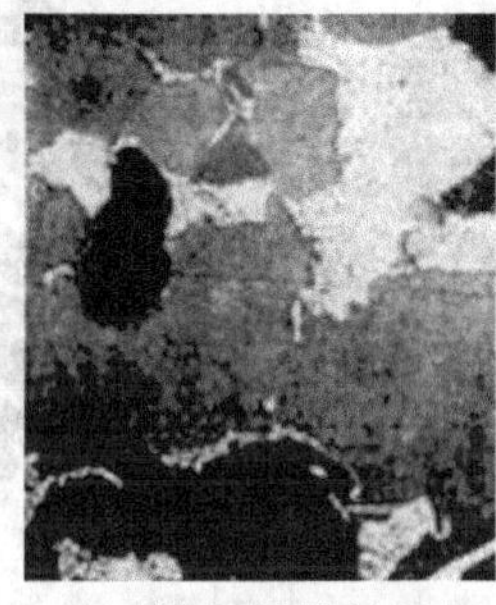
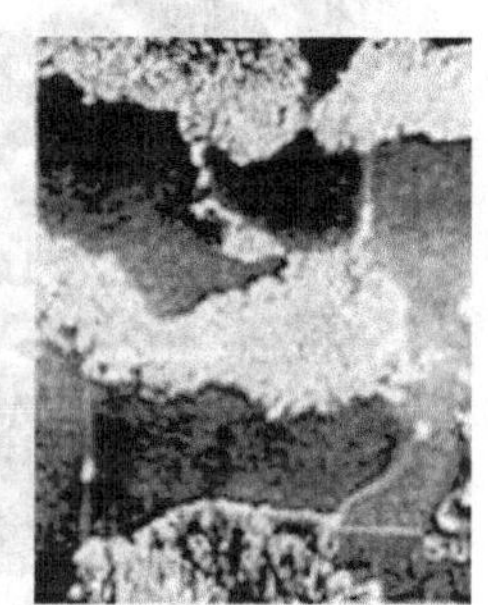

图 5-11 鼓包板母材组织

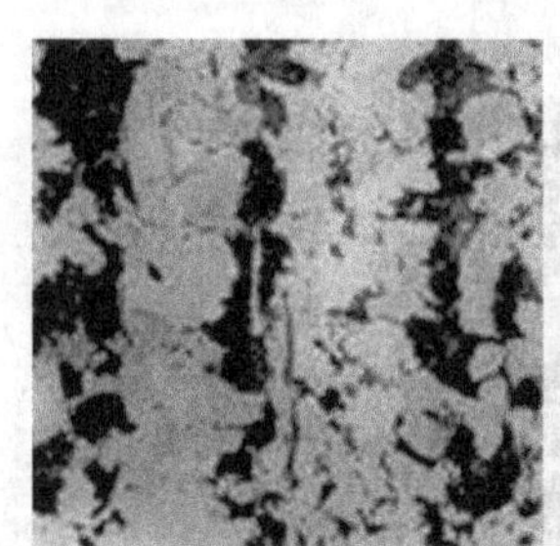

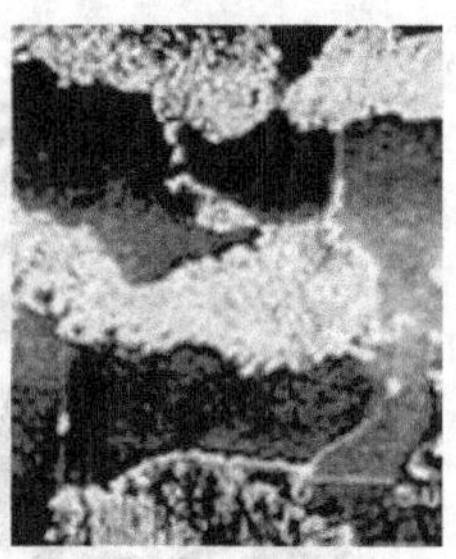

图 5-12 开裂板母材组织

金相检验结果，鼓包部位和鼓包周围的金相组织基本正常，基体的晶界上有条状和颗粒状碳化物析出。开裂板母材组织出现沿晶微裂纹有氢损伤特征。在母材中为沿晶界开裂，微裂纹主要在珠光体和铁素体晶界以及铁素体晶界。在WM和HAZ中微裂纹沿焊缝柱状晶及一次结晶晶界、原奥氏体晶界、先共析组织晶界以及相界面分布。焊接接头各部位组织包括近缝母材中均出现沿晶微裂纹，材料损伤严重。

硬度测定结果表明材料硬度正常。

⑤ 断口分析 裂纹扩展特征，筒体衬里的焊接热影响区上有一条长度为325mm的纵向裂纹，见图5-13，反映了筒体内壁纵向裂纹扩展形态。裂纹平直，无分叉，已穿透板材壁厚。打开的裂纹断面形貌见图5-14，整个断面无塑性变形。在内壁表面深度约2mm范围内的断口粗糙、断面平齐，往内断面呈焊道的波纹状，较内侧断口平细，靠近外壁断面斜面，从侧面观察断口的横截面呈焊缝坡口形状，即裂纹沿焊缝熔合线扩展。

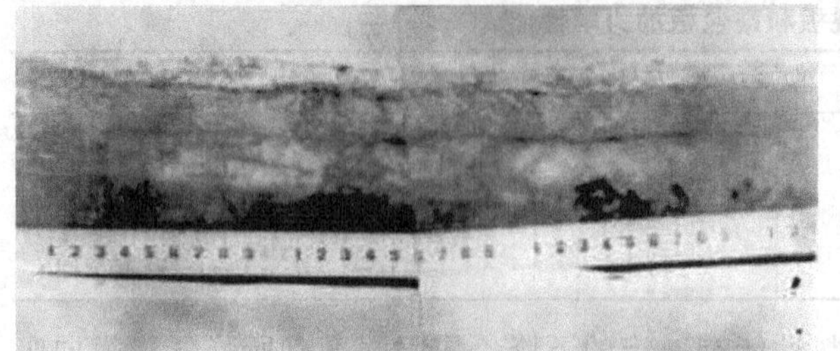
图 5-13 筒体内壁焊缝纵向裂纹

图 5-14 断口宏观形貌

母材断口形貌主要为脆性特征，微观呈沿晶、准解理等花样，断面存在大量二次裂纹，二次裂纹有沿晶分布的，也有解理面上分布的，同时伴有孔洞和腐蚀坑，见图 5-15。裂纹尖端的形貌特征为准解理＋解理面上的微裂纹，见图 5-16，具有典型的氢致开裂特征。

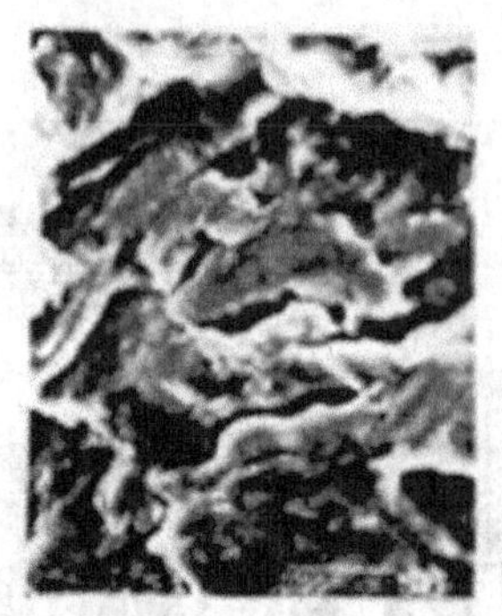
(a)解理面上的微裂纹

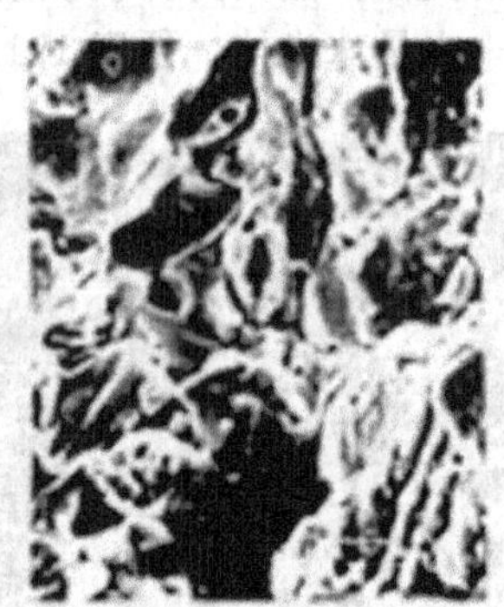
(b)沿晶微裂纹+孔洞

图 5-15 裂纹扩展区断口形貌

(a)准解理+微裂纹+孔洞

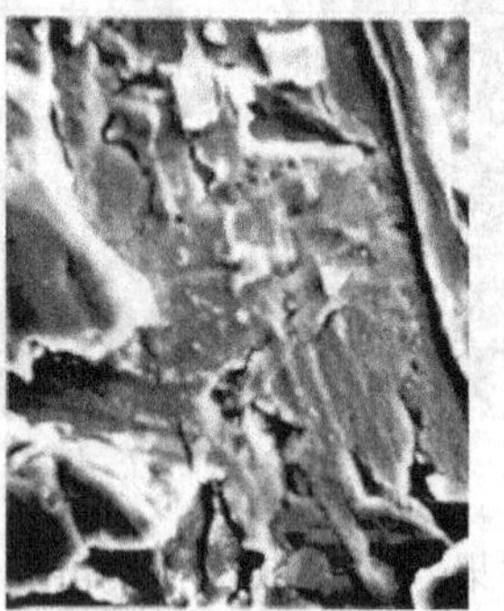
(b)准解理+微裂纹

图 5-16 裂纹扩展尖端断口形貌

PT 检查发现的层状裂纹是主裂纹沿板厚方向扩展的一部分，并非母材发生的层状裂纹。裂纹起始于次表层，在内壁表面深度约 2mm 的断口上观察，断口为准解理＋撕裂岭，同时伴有腐蚀坑和孔洞，见图 5-17。

断口剖面金相检验发现主断面下存在大量裂纹，如图 5-18 所示，裂纹的分布和扩展与组织形态有关。裂纹产生于焊接接头部位，起始于内壁次表层焊缝中，沿焊缝熔合区扩展。宏观断口的特征为无塑性变形，无产物覆盖。断面存在两个明显的特征区，靠内壁断口相对粗糙，断面平齐宽约 2mm，其余断面较平整，呈焊道波纹。

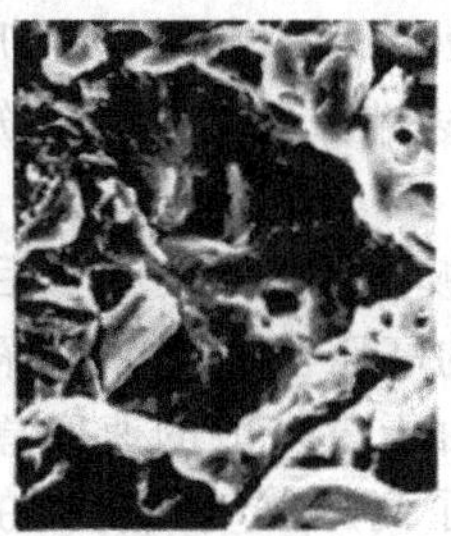
(a)晶界上的孔洞

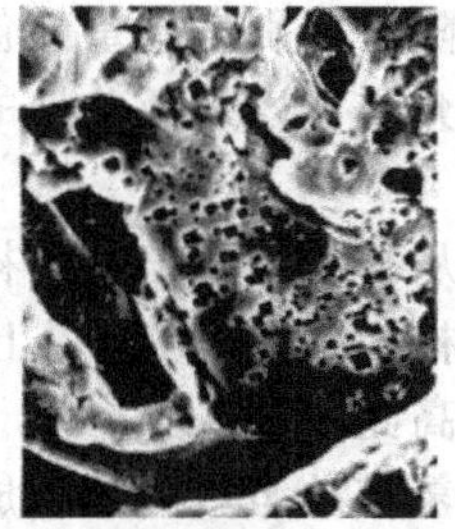
(b)解理面上的蚀坑+孔洞

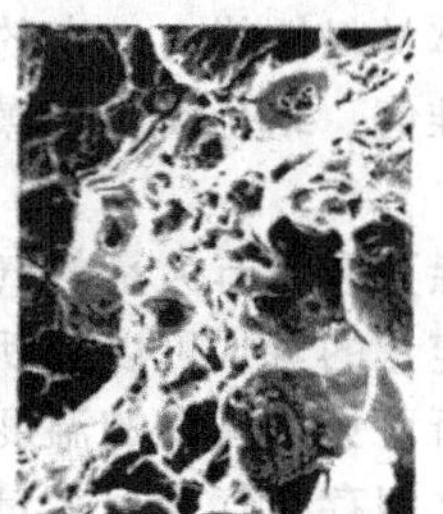
(c)撕裂岭上的韧窝

图 5-17 次表层断口形貌

(a)焊缝中裂纹扩展特征(500×)

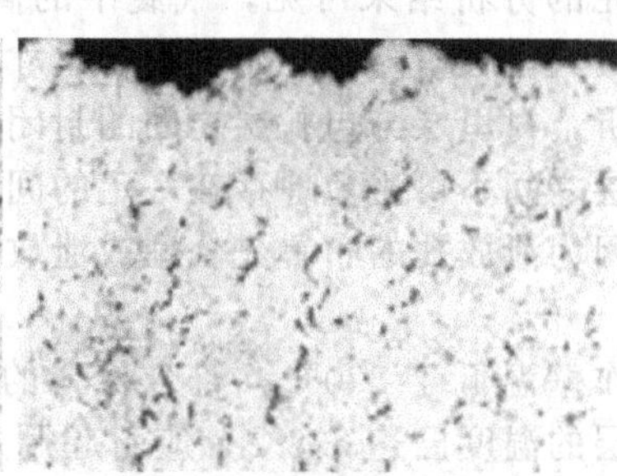
(b)主断面下焊缝中的微裂纹(100×)

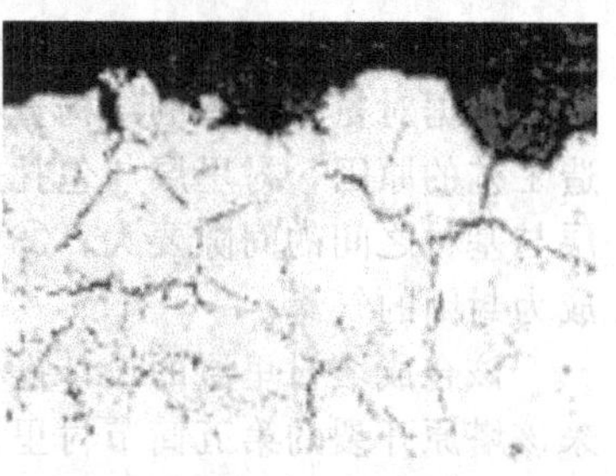
(c)主断面下HAZ中沿晶裂纹(100×)

图 5-18 焊缝断口形貌

⑥ 测氢试验 在设备检修时，采用气割割除开裂的衬板，在气割时发现有大量的气体从材料中逸出，说明材料中的含氢量较高。

采用GB/T 3965—2012[5]中甘油法在45℃下测试样品种的扩散氢含量（GB/T 3965—2012已取消了甘油法），结果为鼓包处材料和含氢量为0.61×10^{-6}，其他部位为0.28×10^{-6}，表明材料中虽然含有一定量的氢，但其浓度已下降到安全线以下，这与试板从设备上取下后放置的时间较长，部分扩散氢已逃逸有关。但从检验结果仍可看出，设备严重鼓包处的材料中扩散氢的含量较其他部位的高。

⑦ 有限元分析 由于合成塔筒体的每个筒节的外包扎层只在上下各开2个泄放孔，因此在塔内衬与筒体之间有可能形成存在一封闭的间隙，形成一气囊，当扩散氢扩散至该处时从钢板中逸出并在此聚集。当气囊温度与内壁表面温度相等时根据氢扩散的热力学原理，在该气囊中的最大氢压可达到合成塔内的氢分压。根据氨合成塔的实际和设计操作参数我们可以计算出氢分压大于15MPa。当合成塔停产或压力大幅下降时，由于气囊中的高压氢气不能快速排出，而导致将内衬层鼓起。ANSYS分析计算可见，当气囊直径为ϕ1100mm（小于实际的鼓包直径），氢分压为15MPa，内衬层厚度为24mm时，一次开停车可导致的最大鼓包处位移达27.5mm，计算结果见图5-19。从该塔的操作记录上可以看出每次开停车都导致了第五筒节鼓包部位的壁温上升，由此也可证明开停车导致了鼓包程度的加剧。

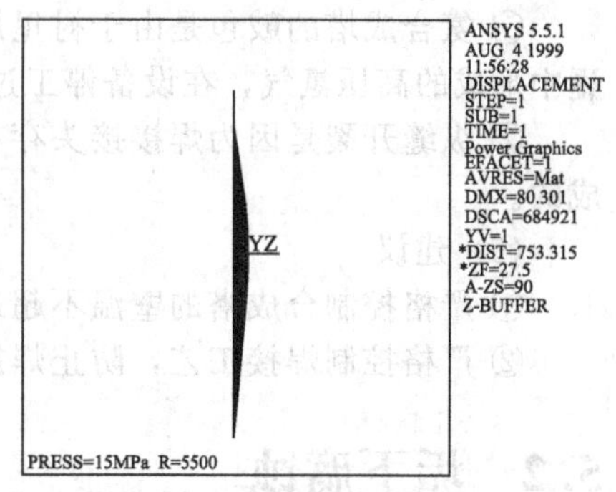

图 5-19 内衬层鼓包有限元分析

(3) 综合分析

内衬材料化学成分及金相组织符合16MnR的相关标准，力学性能测试结果表明设备经过运行后的简体材料性能有一定的下降，特别是严重鼓包处的材料屈服强度明显降低、横向吸收功低于标准值。结合设备的操作介质可以判断此处的材料已遭受了氢损伤，材料有脆化现象。

用气割割除开裂时有大量的气体从材料中逸出，该衬板在放置了 110 天后的扩散氢检测结果仍含有一定量的氢。可以判断该衬板是在 200℃以上的高压氢环境中溶解了大量的氢。

由以上分析可见，塔内的温度升高到 200℃以上时，由于氢扩散的速度急剧上升，当内衬层与包扎层之间存在气囊、大量的氢扩散至气囊处形成了高压氢气气囊。在生产正常进行时由于塔内总压力大于气囊中的氢气压力，内衬层不会发生宏观变形。当操作压力大幅下降至 15MPa 以下或停车时，由于塔内的压力快速降至常压、温度降为常温，气囊内的高压氢气不可能迅速排出。根据有限元的分析结果可见，气囊中的高压氢气可以使 24mm 厚的内衬层发生鼓包，并且该鼓包的最大位移量随着原始气囊的尺寸增大而迅速增加。

根据对氨合成塔的结构分析，衬里层与包扎层之间的封闭气囊的形成是因为：①由于制造工艺的原因，衬里层与包扎层之间不可避免地存在一定的间隙，该间隙远比爆炸复合处理层与基材之间的间隙要大；②因为泄放孔的布置欠合理或泄放孔堵塞，导致某些部位的间隙成为封闭的气囊。

该合成塔衬里层的设计操作壁温低于 220℃，符合材料的使用要求。但 2000 年 7 月以来该塔原开裂的第五筒节衬里层的温度已达 238℃，应引起用户的足够重视。原开裂板在母材发现氢损伤特征，说明该部位的操作温度曾较长时间的超过了 220℃。

金相和断口检测反映纵缝裂纹源起始于内壁次表层焊缝中，裂纹众多，沿焊缝熔合区扩展，开裂具有典型的氢致开裂特征。可以认为是该衬板的焊接接头的焊接工艺控制不当，使该焊接接头存在大量的氢致裂纹。在高压临氢环境中，焊接裂纹发生扩展。由于焊缝熔合线是组织非连续变化区和应力集中区，在应力导向的作用下氢原子向高应力区迁移并聚集形成高压气团，从热力学上分析裂纹沿熔合线扩展所需的自由能最低，因此裂纹沿熔合线扩展。

整条裂纹长达 1000mm 以上，而断口瞬断区宽度仅 2mm 左右（两层瞬断区宽度之和），说明衬板所承受的环向工作应力较小。

(4) 结论

① 氨合成塔的鼓包是由于衬里层与包扎层之间存在封闭气囊，塔内的氢气扩散至该气囊中形成的高压氢气，在设备停工过程中使衬里层产生了鼓包。

② 纵缝开裂是因为焊接接头存在原始焊接氢致裂纹，该裂纹在临氢环境下发生扩展造成的。

(5) 建议

① 严格控制合成塔的壁温不超过 200℃。

② 严格控制焊接工艺，防止焊接氢致开裂。

5.2 垢下腐蚀

垢下腐蚀是一种特殊的缝隙腐蚀（见 4.3 缝隙腐蚀）形式。是冷换设备、结晶器、反应器和储罐等压力容器上广泛存在的一种腐蚀，常造成设备局部减薄，甚至穿孔，或者诱发其他局部腐蚀。如上海石化公司精对苯二甲酸（PTA）装置多年来出现的奥氏体不锈钢设备应力腐蚀开裂、氢脆与腐蚀疲劳开裂事例，既是因物料沉积导致有害离子浓缩及设备存在的残余拉应力造成的[6]。结垢和垢下腐蚀问题也成为影响装置长周期运行的重要因素之一。

5.2.1 垢下腐蚀定义

垢下腐蚀（under-deposit corrosion）是一种特殊的局部腐蚀形态，是由金属表面沉积物产生的腐蚀，又称沉积物腐蚀。

沉积物有多种形式，总之，所有在金属表面形成的沉积物，都可以认为是"垢"。主要包括以下 4 种形式。

① 无机盐结垢（scale）　由于水中的微溶性盐类沉积在换热面上而形成的垢层，主要有碳酸盐结垢、硫酸盐结垢和硅酸盐结垢等。

② 污垢（fouling）　污垢是包括水垢在内任何不溶解物质的固形物的集合体。包括腐蚀产物、氧化皮、机械杂质、粉尘和泥沙、油污、破损的涂层、天然有机物群生物群体等；主要来自于补充水、空气和系统本身的污垢。

③ 生物黏泥（slime，biological fouling）　由微生物及其产生的黏液，与其他有机和无机杂质混在一起，黏着在物体表面的黏滞性物质。

④ 物料沉积（feedstock deposition）　介质中的物料因各种原因沉积在金属表面，包括因温度或浓度变化产生的无机盐结晶体、有机反应中的反应物或产物的沉积、原油或天然气处理设备中的结蜡等。

5.2.2 垢下腐蚀对压力容器的危害

在石化、热电的生产过程中，冷换设备占设备数量的 40％以上，其结垢是一种常见的故障，结垢可使设备传热效率下降、装置的生产能力降低、增加介质流动的阻力、使输送设备能耗上升；垢层引起的设备垢下腐蚀，还是冷换设备内漏的最主要失效原因，沉积物覆盖在金属表面，阻碍介质扩散，形成浓差腐蚀电池，引起这些金属设备的局部坑蚀穿孔，缩短了设备的使用寿命，影响装置的平稳生产，甚至导致非计划停车。

在催化裂化、加氢裂化分馏塔的塔顶轻油部位、加氢装置高压空冷器 NH_4Cl 和 NH_4HS 结晶引起的垢下腐蚀，常导致换热器穿孔，使装置紧急停车。

储存类容器，也会因垢下腐蚀造成介质泄漏，如 1996 年至 1998 年间，某石化企业 LNG 球罐发生开裂，导致大量 LNG 泄漏；用该企业生产的 LNG 充装的居民生活用石油液化气钢瓶在进行正常使用期间，也发生了穿孔泄漏，直接威胁了居民的生命财产安全。经查，球罐和钢瓶内存在的大量沉积物，导致球罐和钢瓶内存在大量蚀坑，并因沉积物和 LNG 中 H_2S 含量较高，导致所有球罐都存在湿硫化氢 SSCC，而钢瓶穿孔的直接原因既为垢下腐蚀。因当时的检验和设备水平所限无法在检验中检出有穿孔危险的钢瓶，为安全起见，不得已停用了 40000 余只液化气钢瓶[7,8]。

垢下腐蚀还阻止缓蚀剂和阻垢剂到达金属表面发挥其缓蚀与阻垢作用，阻止杀生剂杀灭黏泥中和黏泥下的微生物，降低这些药剂的功率。

垢下腐蚀问题还制约了某些技术发展和应用，如低温多效海水淡化技术就是因为结垢和垢下腐蚀问题难以经济有效的解决，使该项技术的应用受到了很大的限制。

5.2.3 垢下腐蚀形貌

垢下腐蚀都以垢下金属全面腐蚀减薄为主，不同的腐蚀体系，可能存在坑蚀、点蚀、晶间腐蚀、应力腐蚀等局部腐蚀。

垢下腐蚀在金属表面产生凹凸不平的腐蚀坑，见图 5-20～图 5-22，坑内有疏松的腐蚀产物。有时几个坑陷连成一片，但腐蚀范围有大有小，腐蚀深度不一，受重力影响，向上的表面一般腐蚀较重，严重时可穿孔。碱性垢下腐蚀在水循环较弱或死角处有大量的黑褐色具

有磁性的 Fe_3O_4 为主的沉积物存在。酸性垢下腐蚀的沉积物表面有半球状鼓包（见 4.3 缝隙腐蚀中图 4 38）。

图 5-20 换热器管束内壁微生物沉积产生的垢下腐蚀

图 5-21 分馏塔碳钢塔盘 NH_4Cl、NH_4HS 垢下腐蚀

图 5-22 天然气处理设备 Q345R 挂片因结蜡产生的垢下腐蚀

5.2.4 垢下腐蚀机理

(1) 腐蚀机理

金属的垢下腐蚀机理与点蚀机理相似，都是一种闭塞电池腐蚀的自催化过程，腐蚀区域与点蚀相比较大。由于受设备几何形状和腐蚀产物、沉积物的影响，使得介质在金属表面的流动和电介质的扩散受到限制，闭塞区域腐蚀体系内的电解质难以与外界的介质进行对流和扩散，造成被闭塞的空腔内介质化学成分与整体介质有很大差别，空腔内介质 pH 值发生较大变化，垢下金属的电极电位下降，形成闭塞电池腐蚀。

垢下腐蚀按垢下积累的 H^+ 或 OH^- 的浓度大小可分为酸性腐蚀和碱性腐蚀两种，通常循环冷却系统等形成低温下的垢下腐蚀为酸性腐蚀，垢下封闭区金属为阳极，阳极反应为金属的溶解和水解，金属离子的水解作用导致 H^+ 活度增加，使垢下介质的 pH 值进一步降低，腐蚀反应动力增加，加速了金属的腐蚀。锅炉给水等形成高温下的垢下腐蚀为碱性腐蚀。

酸性腐蚀阴极反应如为氢的去极化作用（$2H^+ + 2e \longrightarrow H_2$），腐蚀产物主要是可溶性盐类，因腐蚀有氢气产生，所以在沉积物表面会产生半球状鼓包；阴极反应如为氧去极化（$O_2 + 2H_2O + 4e = 4OH^-$）时，腐蚀沉积物中主要以氢氧化物和氧化物为主，但严重的碱腐蚀可引起金属的碱脆。

垢下腐蚀的形成需要一定的条件和孕育期，主要条件是介质中存在侵蚀性的阴离子以及氧化剂。金属中的 MnS 等夹杂物、表面缺陷、轧制氧化皮和表面附着物（特别是疏松的硫化物)、静止的介质、介质中的Cl^-及较高的温度将促进闭塞电池的形成和发展。介质中的硫化物与钢铁表面形成一定厚度的非致密硫化膜有利于维持闭塞区的水分，并妨碍闭塞区介质向外扩散，从而加速了闭塞电池的形成和坑蚀的发展。而光滑、清洁的表面有利于阻止闭塞电池的形成，所以，闭塞电池形成后，可以用清洁表面的方法减缓腐蚀的进程。

热交换设备传热面结生的水垢，其密度、厚度和化学组成通常呈不均匀状态，这种不均匀的污垢覆盖，造成了金属表面电化学不均匀性，很容易引发化学腐蚀反应，结垢还会使水中的某些腐蚀成分如H^+、OH^-、Cl^-、Mg^{2+}和S^{2-}等在垢下金属表面富集并产生化学腐蚀反应，使局部金属减薄。溶液中氧的质量分数越大，在水、垢两相中质量浓度差就越大，则阴阳两极的电位差也越大，Fe越易与氧反应产生腐蚀。垢层越厚，则越易在垢下产生腐蚀，并向纵深发展直至穿孔。

碱性腐蚀主要发生在锅炉等设备上，碳钢在锅水中，如果与氧作用生成Fe_3O_4或与碳酸根、磷酸根生成$FeCO_3$和$Fe_3(PO_4)_2$致密保护膜，覆盖在金属表面。正常的锅水pH值保持在9～11之间，保护膜稳定，不会脱落，因而锅炉金属腐蚀轻微。当金属表面上有沉积物时，金属管壁温上升，渗透到沉积物下的介质会发生强烈蒸发浓缩，使沉积物下的锅水中的各种杂质浓度升高，甚至达到饱和。当锅水中存在有游离NaOH时，沉积物下介质的pH值升得很高，在高pH值（pH>13）下，金属表面上的Fe_3O_4膜会溶于锅水而遭到破坏，其反应为：

$$Fe_3O_4 + 4NaOH = 2NaFeO_2 + Na_2FeO_2 + 2H_2O \qquad (5\text{-}6)$$

反应产物$NaFeO_2$和Na_2FeO_2在高pH值下被溶解以后，金属与NaOH继续反应，阳极区位于沉积物下高OH^-浓度处反应为：

$$Fe = Fe^{2+} + 2e \qquad (5\text{-}7)$$

$$Fe^{2+} + OH = Fe(OH)_2 \qquad (5\text{-}8)$$

$Fe(OH)_2$不稳定，容易进一步和水中某些物质发生反应，生成二次腐蚀产物。如：

$$4Fe(OH)_2 + 2H_2O + O_2 = 4Fe(OH)_3 \qquad (5\text{-}9)$$

$$Fe(OH)_2 + 2Fe(OH)_3 = Fe_3O_4 + 4H_2O \qquad (5\text{-}10)$$

Fe_3O_4为具有磁性的黑色晶体，不同比例的Fe^{2+}和Fe^{3+}的氢氢化物相混合，其颜色有绿色和灰色，若全部为Fe^{3+}，则变成红褐色氢氧化铁沉淀。一般当锅炉发生碱性垢下腐蚀时，因停炉时间较长，腐蚀产物中的氢氧化亚铁与空气接触氧化生成红褐色的氢氧化铁。

阴极是无沉积物附盖的金属表面，其反应氢去极化，所以生成的氢气没有任何阻拦，可以很快进入汽水混合物中，从而被带走，所以阴极没有任何微观和宏观变化，检验时也无法确定其位置。

(2) 水垢的形成机理

水垢的形成过程是难溶盐的沉积过程，当介质或金属表面温度升高时，水中的盐类发生浓缩或溶解度下降、或因受热分解转变为难溶性盐类，当其浓度超过该温度下的溶解度时就会产生沉积；如硫酸钙、硫酸镁、磷酸钙等则随温度升高溶解度下降并析出，在炉水中，当SiO_2的浓度对碱度而言偏高时也会析出。可溶性重碳酸盐$Ca(HCO_3)_2$、$Mg(HCO_3)_2$则受热分解，转变为难溶性$CaCO_3$、$MgCO_3$而导致沉积。

水垢产生的严重程度与锅炉或循环冷却水给水水质或循环水的浓缩倍数有着非常密切的关系。

给水分原水与软化水，原水也称生水，是未经任何处理的天然水（如江河水、湖水、地下水等）或自来水，这种水水质差别很大，自来水水质较稳定，而直接采用地下水的水质硬度大。有些用户取用未经过滤处理的地表水，水质不稳定，水中含有悬浮物、胶体物质及各种溶解性杂质，尤其是雨季，水中泥砂含量较高。使用这种水的锅炉或冷换设备极易沉积泥砂垢或泥砂与水垢结成一体的混合垢。软化水有钠离子交换水或炉内处理水，前者应用最多；经钠离子交换树脂处理的水，其硬度一般能满足工业锅炉的要求，司炉中只要定时排污，水垢不易沉积。但是有些用户，因为水处理设备容量小，处理的水量不足，有时则向炉内补充部分原水，从而加快了水垢的沉积。近年来，由于石化企业的节水考核指标压力过大，某些用户的循环冷却水浓缩倍数过高，有些甚至只补充新鲜水而不排放浓缩水，导致冷换设备结垢严重。

采用水质稳定剂处理的水，往往由于加药量不足或不及时、排污不严格等原因，水的硬度和碱度不易控制，使用这种水较使用离子交换水更易产生水垢。当采用磷酸盐作为水处理剂时，还可能产生硬的黏附着的褐色磷酸铁垢。

(3) 生物黏泥的沉积机理

循环冷却水中的微生物种类很多，主要分成 3 大类：细菌、真菌、藻类。

在冷却水循环系统中，含有微生物的补充水不断进入，与此同时冷却水又从空气中捕集了大量的微生物进入冷却水系统，冷却水的水温范围又特别利于某些微生物的生长，一些水质处理药剂及水中的盐类为微生物提供了营养源及所需能量的来源，敞开系统冷却水溶入了大量的氧气，为好氧性微生物提供了必需的条件，而一些污垢等沉积物又为厌氧性微生物提供了生存条件，因此在循环水系统中存在着大量的细菌、微生物及藻类。微生物在冷却水系统中大量繁殖，会使冷却水水质恶化，同时会形成大量黏泥使冷却效率降低，并引起严重的垢下腐蚀。

细菌是循环水中数量最多，危害最大的一类微生物，细菌一般是似单细胞或多细胞的菌落生存，形状有球状、杆状、螺旋状、少数丝状。形体大小：球菌直径为 0.5～2μm；杆菌以长宽表示：为 (1～1.5) $\mu m \times 0.5 \mu m$；细菌种类主要有异养菌和自养菌 2 种类型，这是以微生物对营养源中碳源的摄取的不同来源进行的划分，凡是以有机物为碳源的细菌都称为异养菌，而自养菌是以 CO_2、碳酸盐作为碳源的细菌。产黏泥细菌又称黏液形成菌、黏液异养菌等，是冷却水系统中数量最多的一类有害细菌。它们既可以是有芽孢细菌，也可以是无芽孢细菌。在冷却水中，它们产生一种胶状的、黏性的或黏泥状的、附着力很强的沉积物。铁细菌能在冷却水系统中产生大量氧化铁沉淀，因为它们能够把可溶于水中的 Fe^{2+} 转变为不溶于水的 Fe_2O_3 的水合物，并从该化合反应中获取能量，成为其代谢作用的组成部分。硫酸盐还原菌能把水溶性的硫酸盐还原为 H_2S，在循环冷却水系统中，硫酸盐还原菌会对碳钢、不锈钢、镍或其他合金产生严重的腐蚀。

在于循环冷却水中的真菌包括霉菌和酵母菌 2 类，它们生长在冷却塔的木质构件上、水池壁上和换热器中，能利用木材作为有机养分，并分解纤维素，使冷却塔木质结构的设备腐烂损坏；真菌的生长产生的黏泥可沉积覆盖在换热器中换热管的表面上，降低冷却作用和引起垢下腐蚀。

藻类是低级的绿色植物，又叫原植体植物，藻类与菌类的主要区别在于具有色素体的色素，能进行光合作用，制造营养物质，是光合自养型生物，在循环冷却水系统，常出现的有蓝绿藻、绿藻、硅藻 3 大类。在循环冷却水池藻类进入循环冷却系统成为沉积物的一种成分，同时在一些水体中还可能含有由于细菌腐烂而分解产生的 H_2S 和 NH_3，对金属产生腐蚀。

5.2.5 影响压力容器垢下腐蚀的主要因素

(1) 垢物的产生和影响因素

① 矿化度高，特别是钙镁离子含量高的水，结垢倾向大。

② 介质流动死角或停滞区、流低于 $1 m \cdot s^{-1}$ 容易导致结垢、沉积。

③ 工艺侧的温度高于 60℃，新鲜水会存在结垢倾向，矿化度高的水出口温度高于 46℃，会导致严重的结垢。

④ 在催化裂化、加氢裂化分馏塔的塔顶轻油部位，加氢装置高压空冷器中极易形成由于 NH_4Cl 和 NH_4HS 结晶析出而结垢，严重可堵塞设备和管线。

⑤ 冷却循环系统携带的黏泥等杂质容易沉积形成泥垢、微生物垢。

⑥ 空气中粉尘含量高的地区，敞开循环系统携带的泥沙较多，容易形成沉积。

⑦ 碳钢和低合金钢设备或装置，容易形成腐蚀产物沉积。而不锈钢等耐蚀合金设备则不易产生腐蚀产物沉积。

(2) 垢下碱性腐蚀影响因素

较高的热负荷，这种腐蚀的部位一般是向火侧。此处热负荷较高，能够蒸发和浓缩介质。检验中尚未发现背火侧有碱性腐蚀，没有沉积垢的金属即使是向火侧也未发现这种腐蚀。

(3) 设备几何因素

沉积物容易在设备的底部、换热管等的向上表面沉积，在介质流速或流向突变部位容易产生沉积物聚集。在气液交界面、反复蒸发浓缩等部位容易产生盐类结晶析出。

垢下腐蚀的发展受到重力因素的影响，重力作用使容器底部的腐蚀发展速度远高于垂直面和向下表面的小孔，导致容器底部率先穿孔。

(4) 氧化还原电位

氧化还原电位对系统中微生物生长有明显的影响，它与溶解氧、pH 值有关，好氧微生物最适宜的氧化还原电位值为 0.3～0.4V (SHE)，而厌氧微生物只能在 0.1V (SHE) 以下生长。冷却水中氧的分压高，pH 值较高，因而其氧化还原电位更适宜好氧微生物的生长，如硝化菌群中的亚硝化菌、硝化菌等，由于受这些影响在冷却水中增大了对微生物、生物黏泥、亚硝酸根等有效控制的难度。

(5) 操作管理

操作和管理不善也会产生或加速垢的形成，水处理管理不严，水质波动达不到质量指标，会加速水垢的形成。不定时排污，同样会加速水垢的产生。

5.2.6 压力容器垢下腐蚀控制

目前，冷却器的结垢主要采用周期性的停工清洗（化学清洗或高压清洗）的办法进行处理。这是一种事后的处理办法，不能解决冷却器运行期间因结垢导致的效率低下与垢下腐蚀等问题。用物理或化学清洗的方法去除微生物黏泥，可去除大部分的微生物，并破坏了微生物赖以生存的环境，微生物繁殖的速度受挫。对于一个已经被微生物严重污染的冷却水系统来说，清洗是一个十分有效的措施。

(1) 除垢

除垢方法主要有机械除垢、碱洗除垢和酸洗除垢、物理除垢、电子除垢仪除垢等。

① 机械除垢　主要采用扁铲、钢丝刷及手锤等工具进行机械除垢。此法比较简单，成本低，但劳动强度大，除垢效果差，易损坏金属表面，只适用于结垢面积小，且构造简单，便于机械工具接触到水垢的表面。

近年来，由于清洗专用的高压水枪的应用，使水力冲洗的机械除垢发展较快，该技术适用于机械清洗条件的设备。它具有清洗能力强，适用范围广的特点。如喷嘴为 70MPa 以上时，水从特制的喷嘴以超声速的速度射向被清洗物件，可将各类结垢物清除，清除质量远优于人工清洗。高压水力冲洗效果较原始的机械工具有很大的提高，且较为安全、方便。但目前高压水力除垢仍仅限于结构较简单的工业锅炉和容器，当换热器管束已堵塞时，也无法清洗。

② 碱洗（煮）除垢　碱煮的作用主要是使水垢转型，同时促使其松动脱落。单纯的碱煮除垢效果较差，常需与机械除垢配合进行。碱煮除垢对于以硫酸盐、硅酸盐为主的水垢有一定的效果，但对于碳酸盐水垢，则远不如酸洗除垢效果好。碱洗煮炉也常用于新安装锅炉的除锈和除油污，有时也用于酸洗前的除油清洗或垢型转化。

碱洗药剂用量应根据设备结垢和污物的程度来确定。一般用于除垢时的用量（每吨水的用量）为：工业 Na_3PO_4 5～10kg，Na_2CO_3 3～6kg，或 NaOH 2～4kg。这些碱洗药剂应先在溶液箱中配制成一定浓度，然后再用泵送入容器内，并循环至均匀。

碱煮除垢后，应及时加以机械（或高压水力）辅助清垢，以免松软的水垢重新变硬。

③ 酸洗除垢　目前在各种除垢方法中，以酸洗除垢效果较好，在酸洗液中加入络合剂或螯合剂，可以去除众多类型的水垢。但酸洗工艺若不合适或控制不当也会影响除垢效果或腐蚀金属，为了确保锅炉酸洗的安全和质量，国家质量监督检验检疫总局专门制定颁发了 TSG G 5001—2010《锅炉水（介）质处理监督管理规则[9]》，并规定：锅炉使用单位和化学清洗单位应当按照《条例》（特种设备安全监察条例）的规定，接受检验机构实施的水（介）质处理检验。

压力容器的酸洗除垢目前没有资质要求，容器在酸洗前应预先取有代表性的垢样进行成分分析，制定清洗方案。进酸开始时须在容器内和酸箱内挂入与设备相同材质的腐蚀试片。酸洗工艺流程及酸洗液的温度、浓度、流速、酸洗时间等应按清洗方案实施和控制，清洗过程中应不断取样分析酸洗液的 Fe^{2+} 含量和 pH 值，并如实作好记录。清洗结束后，应对清洗质量进行验收。如清洗后主要受热面上仍覆盖有难以清理的水垢时，应在设备投用 1 个月左右再停车，用人工或高压水枪清理脱落的垢渣和残垢。由于经酸洗后残留的硬垢往往已有所松动，当设备投入运行后会逐渐地脱落，若不作再次清理极易发生事故，所以当残留垢较多时必须加以处理。对不宜使用清洗液的设备或表面，可以考虑使用清洗膏涂抹在金属结垢处，除垢后，在用水或碱液清洗干净。

设备的清洗表面应形成良好的钝化保护膜，金属表面不出现二次浮锈，无点蚀。

④ 物理除垢　利用介质压力为动力，用不同型号、规格的软体球投入管线，将管线或设备内的水垢堵塞物清洗掉。

⑤ 电子除垢仪除垢　电子除垢仪除垢在循环水系统等取得了很好的除垢效果，不仅高效节能，而且具有无污染、无腐蚀等优点。

电子除垢仪是在高频电磁场中，在不改变原有的介质化学成分的条件下，使水中矿物质的物理结构发生变化，原来缔合链状的大分子断裂成单个水分子，水中溶解盐类的正负离子（垢分子）被水分子包围，使水中的钙、镁、盐等结垢物的针状结晶体改变为粒状结晶体，它们相互黏附与聚集的特性受到破坏，从而在受热面或管壁上结成软垢，部分则成微粒状，随排污孔排出，起到防垢的效果。同时由于水分子偶极距的增大，使其与盐类的正负离子吸引力增大，使受热设备和管壁上的原来的旧垢逐渐开裂、疏松、自行脱落、从而起到除垢的作用。

（2）阻垢

① 杀菌剂　根据水体中生物的种类，加入各种化学药剂，灭杀微生物，防止生物垢物在装置中形成沉积。

采用曝气处理，以除去水等介质中的游离 CO_2，添加石灰等碱性物质，中和 CO_2 以提高介质的 pH 值，这些都有利于除去铁细菌赖以生存的铁，可以控制铁细菌的滋生和繁殖。

投放高效低毒的杀生剂，如循环水中使用液氯、ClO_2 等，在炼油厂的某些环境中，添加对硫酸盐还原菌敏感的非氧化性杀生剂，如氯甲基砜等；

② 水质处理　水质稳定剂能与水中 Ca^{2+}、Mg^{2+} 等成垢物质形成稳定的络合物，易溶于水，起良好的螯合、分散、缓蚀作用，阻止结垢并对老垢层起到疏松作用，便于清垢。对碳钢、不锈钢有较好的缓蚀、阻垢作用。常见的产品有缓蚀阻垢剂、缓蚀中和阻垢剂等，主要成分为有机膦系列阻垢缓蚀剂、螯合剂、聚羧酸类阻垢分散剂等。

对给水采用混凝、澄清和过滤等技术处理，采用软化处理或离子交换处理水，也可有效减缓或防止结垢。对于闭式循环，也可以采用蒸馏水防止结垢。

③ 采用杀生涂料　用添加有能抑制微生物生长的杀生剂（如偏硼酸钡、氧化亚铜、氧化锌、三丁基氧化锡等）的特种涂料涂刷换热器的冷却水一侧，既能保护金属不受腐蚀，又能防止微生物黏泥的沉积，并且对水垢的沉积也有一定的预防作用。这种涂料的热阻较小，对换热效果影响不大，在循环水的冷换设备上已得到大量使用，但其应用受到环境保护的限制。

用由酸性水玻璃、氧化亚铜、氧化锌和填料等组成的无机防藻涂料涂刷在冷却塔和水池内壁上，可有效地控制藻类的生长。

④ 减缓微生物的生长　措施有防止循环系统流入营养源和悬浮物、杀菌灭藻处理、抑制微生物增殖处理、防止附着处理、剥离处理和部分过滤处理等。

采用各种方式防止或减少阳光直接照射冷却水，可大幅降低藻类繁殖的速度。

噬菌体法也叫细菌病毒，是一种能吃掉细菌的微生物，是一种生物杀菌方法。噬菌体靠寄生在"宿主"的细菌里繁殖，繁殖的结果是将"宿主"吃掉，这种过程叫溶菌作用。噬菌体繁殖的后代又寄生到其他的细菌里，其数量成百上千地增长，因此用噬菌体法杀菌只须加少量噬菌体即可，靠它的自我繁殖可达到杀菌的目的，因此费用较低。据报道，噬菌体法杀菌对控制滨海火力发电站冷却水系统及造纸厂冷却水系统微生物繁殖十分有效，但在其他系统中应用效果未见类似的报告。

(3) 设备选材

因垢下腐蚀的闭塞区介质与本体介质有巨大的差异，所以，在金属材料的选用上应十分慎重，通常情况下，不应选用奥氏体不锈钢代替碳钢。抗垢下腐蚀选材应以实践经验为主，钛及钛合金在循环水系统有较好的抗垢下腐蚀性能，但在应用于其他场合的抗垢下腐蚀，还需要实际验证。

非金属材料，如玻璃、陶瓷、搪瓷等抗垢下腐蚀较好，玻璃钢在循环水系统中也有较好的抗垢下腐蚀能力。

(4) 介质控制

做好水质清洁工作，去除水的油、悬浮物等微生物的营养物。对于在含尘量较大的环境中的冷却水系统，最好加装旁滤设备。

控制水质的矿化度、调整 pH 值和操作温度、控制液位防止在受热表面发生反复蒸发浓缩是防止盐类结垢的根本措施。

为控制循环冷却水系统的腐蚀和保证设备的换热效率，GB 50050[10] 结合国情和国内外先进技术和经验规定了各种工业循环冷却水系统的水质、水处理、监测、控制和检测的强制要求。对保证循环水系统的冷换设备安全运行，减少用户非计划停车、减少事故起到了很好的作用。

(5) 阴极保护

采用外加电流保护法或牺牲阳极保护法，可控制阴极金属上硫酸盐还原菌的繁殖。

(6) 垢下碱性腐蚀的预防

要防止碱性垢下腐蚀，关键在于使金属表面不产生沉积物，尤其是不能产生铁的腐蚀产物沉积，并控制和调节锅水的 pH 值。实践证明，减少锅水中的游离 NaOH 量，例如采取措施降低给水的碳酸盐碱度等，当锅水的 pH 值控制在 10～12 时，可以减缓或避免锅炉的腐蚀。当锅炉已经发生碱性腐蚀，必须进行煮洗，以清除锅内的腐蚀产物，同时形成新的保护膜。

5.2.7 压力容器垢下腐蚀失效案例

案例 1：循环水系统冷换设备的垢下腐蚀与防护

(1) 结垢及腐蚀原因

对于大多数冷却器，水走管程，因冷却水中含有 Ca^{2+}、Mg^{2+} 和 HCO_3^-，当冷却水流经金属的传热表面时生成难溶的 $CaCO_3$ 和 $MgCO_3$，当水中加有聚合磷酸盐作缓蚀剂时存在如下反应：

$$3Ca^{2+} + 2PO_4^{3-} \longrightarrow Ca_3(PO_4)_2 \downarrow \tag{5-11}$$

此外，溶解在冷却水中的氧还会造成金属腐蚀，形成铁锈，反应如下：

$$2Fe + 2H_2O + O_2 \longrightarrow 2Fe(OH)_2 \downarrow \tag{5-12}$$

反应的结果在传热面上逐渐结垢，同时伴随铁锈的生成。当冷却器运行时，由于垢层的影响，换热效果严重降低，个别管束使用不到 1a 换热管内已被堵死。由于水垢的存在，造成管内壁的垢下腐蚀，使管束的使用寿命下降。

(2) 解决措施

① 用 7910 涂料进行管束内壁防腐　7910 涂料主要成分为高分子的环氧与氨基树脂的合成物，该材料属热固化型，抗耐弱酸强碱及水中氧化剂腐蚀特别好。防腐后的管束可以在壳程入口温度小于 160℃下使用，基本解决了管束内壁金属表面腐蚀问题。

该方法用在润滑油系统比较好，因润滑油系统冷换设备一般壳层为润滑油，对管束外表面不腐蚀或腐蚀很小。

② 除垢

a. 高压水射流技术　生产装置检修的同时，采用高压水射流对管束内壁进行清洗锈垢层。

b. 化学清洗技术　适合进行化学清洗除锈的冷却器数量较多，清洗步骤为：设备预处理—除油脱脂—酸洗—漂洗—钝化，对无法停车的设备可采用化学清洗的方法。通过试验筛选，管子内壁采用硝酸溶剂，因为它溶垢迅速，并且所形成的硝酸盐在水中溶解度大，操作简便等优点。因硝酸溶液本身对金属有强烈的腐蚀作用，在酸洗过程中必须加入缓蚀剂及其他助剂。对管子外壁腐蚀产物主要成分为 FeS_2、Fe_3O_4、和 Fe_2O_3 的垢物，通过对比试验采用盐酸溶液加入的缓蚀剂的方法效果较好，同时费用最低。

c. 在线自动清洗技术　在线技术（也叫弹簧自动在线清洗）是一种机械的方法。其核心是以螺旋形弹簧和固体元件组合成一个简单的机械系统，安装于换热器管内。在流体的作用下，产生连续不断的径向、轴向振动，扰动流体在管内壁部位的层流底层，促进湍流程度，有效地抑制了污垢的沉积，从而减少管内的热阻，增加了强化作用。另外，螺旋弹簧振动与管壁反复摩擦，也使污垢得到清除。该方法同化学清洗及其他机械方法相比，不需要外加动力设备，不需停工、停产，在生产运行中就能发挥作用，能使设备在运行中长久、稳定，保持最佳传热状态。使用时要注意循环水的质量，保持水中没有较大的固体杂质。

③ 管束外壁腐蚀控制　一般情况下，冷换设备壳层多数走轻质油品，由于油中的有害杂质，使管束外壁腐蚀很严重。从受腐蚀表面看，管束间被疏松腐蚀产物及污物填满，金属表面出现蚀坑。同时，锈蚀产物增加了流体阻力和热阻，使设备的换热效果下降。

a. 采用 5454 Al-Mg 合金管束　由于 5454 合金很容易与氧结合生成稳定的 Al_2O_3 钝化膜。这种膜一旦破坏，能迅速再生，使金属表面处于钝化状态，从而保持耐蚀性。因此，5454 合金具有良好的抗循环冷却水和轻质油品腐蚀性能，用在燃料油系统的冷换热设备，如塔顶的冷凝器、冷却器取得了很好的效果。

采用 5454 管束，管内壁污垢层极少，管外壁没有锈蚀层，可以不考虑这些垢层的热阻。该管束的使用寿命相当于碳钢管束 5～8 倍，是一种综合性能好的材料，解决了炼油厂冷却器腐蚀难题。

b. 管束采用化学镀 NiP 合金镀层　由于部分冷却器介质温度压力（$t>160$℃、压力 $p>1$MPa）偏高，不适合使用 5454 管束。NiP 镀层是非晶态组织，不存在晶界、位错等晶体缺陷，有较高耐蚀性，在一些介质中，NiP 镀层比钛合金还要好。同时 NiP 镀层均匀性好、附着力强、硬度高、抗磨性优良，因此，具有一定的抗冲刷腐蚀性能。该镀层还具有防污性能，可以使管束不易结垢。NiP 镀层成本约为碳钢管束造价的 70%～100%，特别是对于有机涂料防腐、5454 管束不适用的位置，该方法是一个很好的补充。另外，NiP 层是金属镀层，其热导率与钢铁相近，不会降低传热效率。

20 世纪 90 年代以来，我国一些常减压、催化裂化、气体分馏、糠醛装置上的冷换设备上采用了碳钢镀 NiP 管束，效果良好。如：糠醛装置的蒸汽发生器管程为糠醛汽，壳程为水汽，由于高压醛汽对碳钢设备具有较强的腐蚀性，该部位设备腐蚀非常严重，每年检修都要更换芯子。为了解决上述问题，该部位的碳钢管束内外壁采用了 NiP 层，经过 4a 多使用，没有发生因腐蚀而泄漏的现象。

但 NiP 镀层是相对碳钢是阴极性镀层，换热管束长度较大，管子的内外表面清洗除锈难度较大，因此，管束上的 NiP 镀层难免有缺陷，镀层厚度分布不均，所以在苛刻环境中镀 NiP 镀层的管子极易发生局部腐蚀，导致管子快速穿孔。如，某天然气净化装置的酸性气再沸器，化学镀镍磷管束使用 2 周，即因为镀层缺陷导致严重的局部腐蚀而穿孔。

5.3　露点腐蚀

露点腐蚀普遍发生在石油、石化、电力、冶金等行业的设备、管道内外表面，内部由工艺介质腐蚀，外部由大气和各种腐蚀介质的组合腐蚀。

低温露点腐蚀一般发生在工业加热炉、锅炉、燃料空气预热器、热交换器、催化裂化塔顶冷凝系统、除尘器、垃圾焚烧炉、烧结炉、烟道、烟囱及酸厂的引风管道等的低温部位，是含酸性的气体经由该部位遇冷冷凝下来的腐蚀液局部作用于设备管道器壁上，从而造成对材料的腐蚀。上世纪末，我国炼油企业由于催化裂化装置大量掺炼重油和蜡油等，有十余套催化裂化装置的再生器、三旋、烟道等装备发生了严重的应力腐蚀开裂，开裂的材料有 SPV36、16Mn、16MnR、20g 等几乎所有的中低强钢，经分析证明再生器等设备的应力腐蚀开裂是由于露点腐蚀造成的。炼油厂的常顶油气换热器与常压塔顶换热器一样属 $HCl-H_2S-H_2O$ 腐蚀环境，主要的腐蚀形式是盐酸的露点腐蚀。

5.3.1　露点腐蚀定义

露点（Dew point），又称露点温度（Dew point temperature）；露点腐蚀是指饱和蒸汽因冷却而凝结成液体对材料造成的腐蚀。关于露点或露点温度的定义较多，综合起来有气象和化学两种解释。

在气象学中是指空气在水汽含量和气压都不改变的条件下，空气中所含的气态水达到饱和而凝结成液态水所需要降至的温度。在该温度下，凝结的水飘浮在空中称为雾、而沾在固体表面上时则称为露，因而得名露点。一般把 0℃以上称为“露点”，把 0℃以下称为“霜点”。霜点温度下，因水分变为固体，而几乎对材料没有腐蚀性。

化学中指在一个单相气体体系中，由于温度和压力的改变，系统中出现第一个液滴时的温度或压力。化工中，将不饱和空气等湿冷却到饱和状态时的温度称为露点，相应的湿度称为饱和湿度。

在石油天然气工程中，露点指在温度一定的情况下，开始从气相中分离出第一批液滴的压力，或在压力一定的情况下，开始从气相中分离出第一批液滴的温度。根据 GB 50251[12]，烃露点（hydrocarbon dew point）为气体在一定压力下析出第一滴液态烃时的温度。酸露点温度可用酸露点仪直接测定，也可用经验公式和图表进行计算。

露点腐蚀按照冷凝液的不同种类可以分为硫酸露点腐蚀、盐酸露点腐蚀、硝酸露点腐蚀以及水露点腐蚀等。其中硫酸和盐酸露点腐蚀造成的危害在现代工业中相当严重，这些酸性的气体排放到大气中又成为一大社会公害。

硫酸露点腐蚀是露点腐蚀中最常见的一种，是指在电力、冶金、石油石化等工业领域，在采用高硫燃料（重油、煤等）的锅炉，或硫黄回收装置中的换热器等的设备上，因介质中的 SO_2 有一部分氧化成 SO_3，SO_3 可和介质中的水蒸气结合成 H_2SO_4 蒸气，在低温（100～160℃）部位，如引风机挡板、冷却器、省煤器、集尘器、空气预热器、烟道和烟囱等处结露成 H_2SO_4 液体，对设备造成腐蚀。因 SO_2 对露点温度的影响很小，在相当大的浓度范围内，露点的波动不超过 1K[13]，一般情况下可以忽略，所以主要是 SO_3 含量对露点温度影响。这种在露点温度下形成 H_2SO_4 而造成设备腐蚀的现象，称之为“硫酸露点腐蚀”。

炼油行业常减压蒸馏装置、加氢装置及其冷凝循环系统的 $HCl-H_2S-H_2O$ 露点腐蚀，是由于蒸馏塔顶的温度较高，油气被冷凝时，油气中的 HCl 首先被冷凝下来，此时油气介质约有 50%的 HCl 溶解在 5%的初凝水中，初凝水中 HCl 质量分数为 1%～2%，几乎全部 HCl 溶解于先凝结的 20%的水中。这使露点部位初凝水中 HCl 的含量很高，pH 值小于 1，温度又相对较高，引起初凝区金属的强酸性腐蚀。

5.3.2 露点腐蚀对压力容器的危害

长期以来，露点腐蚀严重影响了火力发电、冶金、炼油装置的长周期安全运行。随着节能压力的不断加大，一般企业为实施节能，在许多燃烧装置上都装备有大量空气预热器、省煤器、余热锅炉等余热回收设备。因要求排烟温度越来越低，而燃料中的硫含量又难以得到有效控制，由此，造成余热回收设备的换热面上发生强烈的低温露点腐蚀，某些换热器、管道等因严重腐蚀，几个月即发生穿孔，使整个装置不能正常运行。如某厂 1996 年 4 月新增加的 2 台锅炉空气预热器在运行仅 1a 左右的时间，因腐蚀穿孔被迫停炉更换，分析结果认为燃料硫含量高、烟气流速偏低和存在水蒸气形成硫酸露点腐蚀是空气预热器腐蚀的主要原因。某企业煤化稀硝车间的 2 台低压反应水冷凝器为固定管板式换热器，运行约 5a 后发现腐蚀严重，失效分析结果，其腐蚀原因为硫酸露点腐蚀。

为了保护设备，往往又不得不提高烟气最终排放温度，使金属表面温度高于露点温度，从而防止或减少结露产生酸腐蚀。所以，烟气酸露点腐蚀成为降低排烟温度、提高热效率的主要障碍。

在加热炉和余热回收系统中，高温烟气穿过孔隙率较高的衬里材料（例如陶瓷纤维毯、毡和模块）在低温的炉壁板上冷凝出酸性冷凝液，对金属材料和炉衬保温钉产生破坏性的腐蚀，严重时，可造成炉墙衬里脱落，炉壁板严重腐蚀减薄，甚至穿孔。

在化工、石化行业，工艺介质的冷凝过程中，介质温度不可避免地要经过露点温度，如硫黄回收装置中的硫冷器、常减压装置的塔顶冷凝系统，这些装置的换热设备往往因露点腐蚀导致传热元件腐蚀失效，造成装置非计划停车。有些还因为腐蚀穿孔，造成可燃物质泄漏，影响安全生产。

露点腐蚀还是导致不锈钢设备、过热蒸汽设备发生 SCC 的重要因素。如，某烯烃厂的 ARGG 装置投产仅 4 个月发现该装置能量回收系统四旋至临界流速喷嘴间烟气管道多处被点蚀穿孔，并有少量烟气和催化剂细粉漏出，腐蚀失效机理分析表明硝脆、硫酸露点腐蚀和诸多应力的存在使烟气管道产生了应力腐蚀开裂。

露点温度下形成的液珠，在高流速下，还可以对设备产生严重的冲刷腐蚀，因此，GB 50251 规定，进入输气管道的气体烃露点应低于最低输送环境温度等。

5.3.3　露点腐蚀形貌

因冷凝的介质组分和材料的不同组合，可以产生不同的腐蚀形态。包括空气预热器、省煤器、对流段冷进料、常减压塔顶出料换热器、催化裂化再生器、硫冷器、炉壁、烟囱等的低温部位。露点腐蚀主要是电化学腐蚀，在强酸性条件下以全面腐蚀减薄为主，酸性较弱的情况下，可能诱发点蚀、应力腐蚀裂纹、氢诱导开裂等。如，某炼油厂焦化炉烧高硫渣油，对流段注水管进料温度在 100℃以下，碳钢注水管因露点腐蚀穿孔，见图 5-23；某乙烯装置裂解炉 SHS（超高压蒸汽）系统不锈钢蒸汽管道内壁露点腐蚀诱发的应力腐蚀开裂，见图 5-24；原油长输管道加热炉空气预热器钉头管因外壁露点腐蚀造成全面腐蚀减薄，钉头管根部焊缝发生电偶腐蚀，加速局部腐蚀减薄，见图 5-25；制氢转化炉不锈钢空气预热器烟气出口端酸露点腐蚀造成不锈钢板片和碳钢烟道全面腐蚀减薄穿孔，见图 5-26。腐蚀最严重的部位在初凝点位置，随着冷却温度降低，冷凝液酸浓度由浓到低，腐蚀速率一般也由高到低。

图 5-23　焦化炉注水管全面腐蚀穿孔

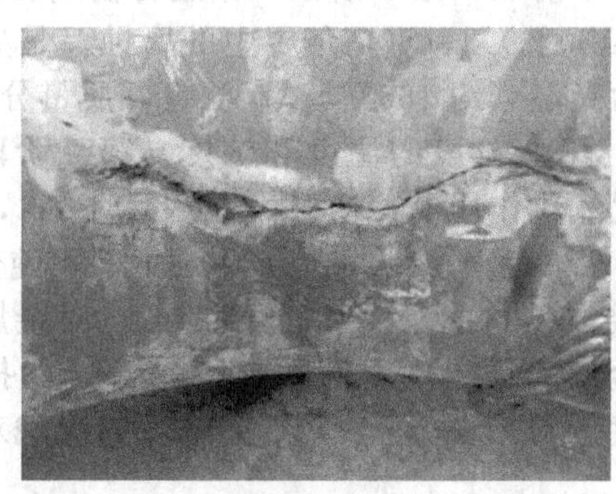

(a)裂纹宏观形貌

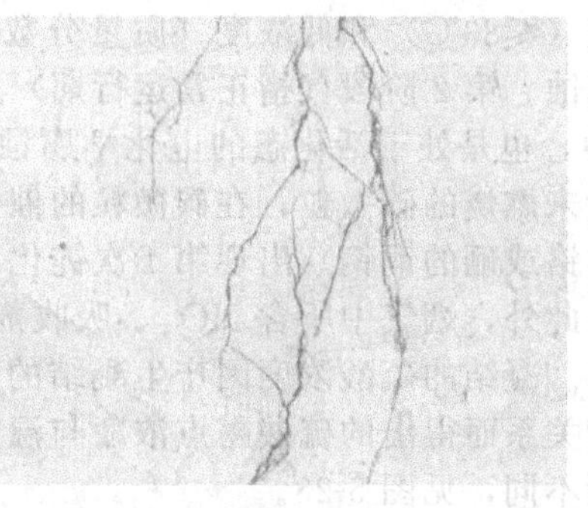

(b)裂纹微观形貌

图 5-24　SHS 不锈钢蒸汽管道露点腐蚀诱发的应力腐蚀

图 5-25　加热炉空气预热器露点腐蚀

图 5-26　制氢转化炉空气预热器烟气出口端酸露点腐蚀

5.3.4 露点腐蚀机理

露点腐蚀是因为 HCl、CO_2、CO、SO_2、SO_3、NO_x 等极性气体和水在设备低温部位冷凝，产生的酸性腐蚀，高温下运行的压力容器、管道在保温不良的部位（如人孔、接管、支吊架和膨胀节等部位）或破损处，盲肠、关闭的旁路、带保温堵头的冷端等位置容易发生壁温偏低的现象，这些部位容易出现露点腐蚀。

（1）硫酸露点腐蚀

硫酸低温露点腐蚀关键是 SO_3 的生成，燃料中的 S 在燃烧中被氧化成 SO_2，而后在一定条件下再进一步氧化成 SO_3，当烟气温度降到 400℃以下时 SO_3 将与烟气中的水蒸气化合生成硫酸蒸气，硫酸蒸气凝结到受热面上发生低温硫酸腐蚀，所以 SO_3 是导致硫酸露点腐蚀的最重要因素。一般认为加热炉中 $SO_2 \rightarrow SO_3$ 的转化机理是在高温火焰中直接氧化的，燃料中的 S 及其含量的多少直接关系到硫酸露点腐蚀的程度。一般说来 S 含量越高，烟气中 SO_3 的浓度也就越高，从而硫酸露点腐蚀也就越加严重。

关于 SO_2 转化为 SO_3 的条件，研究表明，除了与 SO_2、O_2 的分压直接相关外，普遍认为 Fe 和 V 与其他元素形成的化合物以及烟尘积灰起到转化的催化作用。在经验上，有人提出，如果燃料 S 的质量分数为 3%时，有 1%～3%的 SO_2 转化成 SO_3。燃烧的过剩空气量除了与热效率直接相关外，还和水分含量都直接与腐蚀速率相关。但是设备零件的工作温度是一个先决条件，也就是只有在酸露点温度以下运行时才能发生这种腐蚀。而且露点温度是随着多种因素的变化而变化的。如燃料中 S 的含量，燃烧中过剩空气量，大气中或烟气中的水分和 SO_3 含量、设备零件与烟气接触处的工作温度、设备结构及操作工艺和工况、季节等都是露点温度变化的条件。

日本小若等人认为，锅炉的运行可分为 3 个阶段，第 1 阶段（指运行初期和停运时）为在较低温度（≤80℃）和低浓度（质量分数≤60%）H_2SO_4 介质中的腐蚀，是处于活化态的电化学腐蚀。第 2 阶段（指正常运行期）为高温（约 160℃）、高浓度（质量分数约 85%）H_2SO_4 腐蚀，也是处于活化态的电化学腐蚀。第 3 阶段的温度和浓度与第 2 阶段相同，但是含有大量未燃烧的碳微粒，在碳微粒的催化氧化作用下，使 Fe^{2+} 氧化为 Fe^{3+}，Fe^{3+} 使耐蚀钢（含有铬或硼的铜钢）出现第 1 次钝化、腐蚀速率降低，但非耐蚀钢却不钝化，腐蚀速率仍很高。此外，烟气中所含 NO_x、吸收剂浆液中的水及水中所含的 Cl^- 对金属基体也具有腐蚀能力。凝结的硫酸浓度因产生凝结的金属表面温度不同而异，图 5-27 为按照 Taylor 的气液平衡关系而得出的硫酸露点浓度与温度的对应关系[14]，不同浓度的硫酸对材料的腐蚀性也有所不同，见图 5-28。

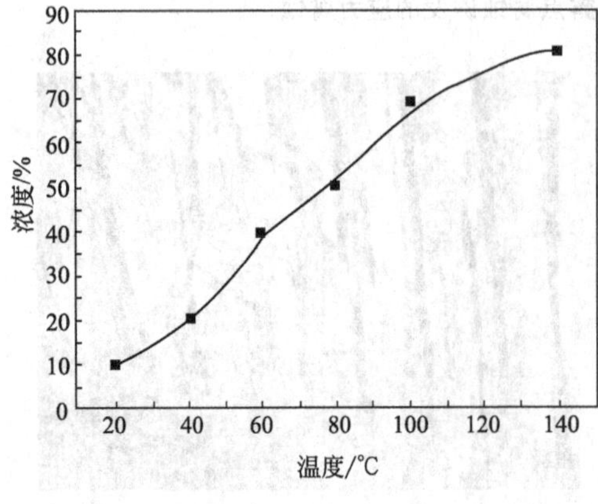

图 5-27 硫酸露点浓度与温度的关系

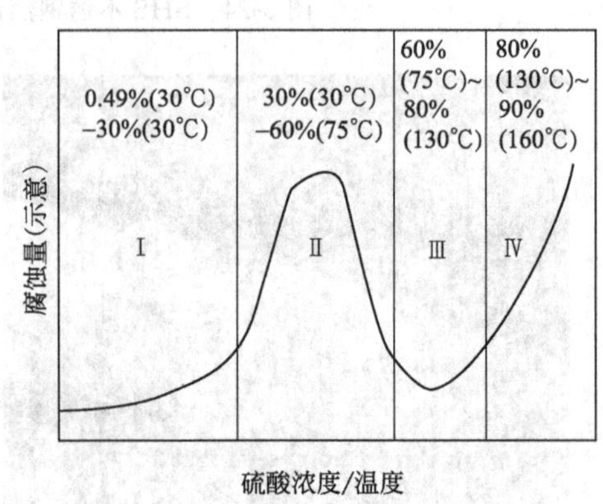

图 5-28 模拟硫酸露点温度环境下碳钢的腐蚀速率

(2) 炼油催化裂化装置 $HCl+H_2S+H_2O$ 型露点腐蚀

炼油催化裂化装置初凝区构成的 $HCl+H_2S+H_2O$ 型循环腐蚀环境，反应如下：

$$Fe+2HCl \longrightarrow FeCl_2+H_2\uparrow \tag{5-13}$$

$$FeCl_2+H_2S \longrightarrow FeS\downarrow+2HCl \tag{5-14}$$

$$Fe+H_2S \longrightarrow FeS\downarrow+H_2\uparrow \tag{5-15}$$

$$FeS+2HCl \longrightarrow FeCl_2+H_2S \tag{5-16}$$

随着油气被冷却，冷凝水量增多，NH_3逐渐溶入水相，在30%冷凝水析出处，氨急剧溶解pH值升高，冷凝水50%时100%氨溶解。但即使HCl全部被中和，由于NH_4Cl的水解作用，溶液仍显酸性，仍具有较强的腐蚀性。此后，随着温度的进一步下降，H_2S开始溶解进入水相生成NH_4HS，当气相H_2S含量较高时，即使pH值为6.6～8.8，仍有NH_4HS存在。铵盐常引起设备垢下腐蚀穿孔，注有机胺也同样存在类似的问题，但结垢明显减轻。此后由于NH_3的不断溶入，pH值继续升高，全部生成$(NH_4)_2S$，则腐蚀性减低。

(3) 露点温度的确定

由于影响烟气露点温度的因素很多，而且各因素又与实际操作条件有关，所以用理论方法进行准确计算是很困难的，所以一般用经验公式或现场实测方法确定。

① 根据烟气组分求露点温度。我国锅炉行业的锅炉本体及辅助设备的多种计算中，一部分是改革开放后自己制定的，一部分来自于前苏联（如锅炉机组热力计算），还有一部分是近若干年引进国外技术带来的算法。若干书籍文章中所用的烟气酸露点温度的计算公式都不太准确。长期以来（自20世纪80年代以来），国内《锅炉原理》教科书和一些参考文献所引用到的锅炉烟气酸露点公式都有错误，但仍有若干工程技术人员用它来计算[15]。现在可以用一些商业软件计算，在使用商业软件计算时应注意其结果和实际值有一定的偏差。

② 根据燃料含S量可直接从有关曲线中查得露点温度。

③ 用酸露点仪进行实际检测，由于影响烟气露点温度的因素很复杂，所以对于运转中的加热炉，一般要使用露点仪进行测定。

酸露点仪工作原理为，探测单元有两个铂电极埋入玻璃表面下，内部两个电极形成铂热电偶，用来测量探头的表面温度。当酸液的冷凝速率与酸液的蒸发速率相同时，两电极间的电流将趋于稳定状态，这时探头所测出的温度即为烟气的露点温度。

测量时需要给探头连上空气冷却机构，用来降低探头的表面温度，冷却空气量应能足以使酸液能在其上冷凝。探头的型号不同，其最高使用温度也不同。

5.3.5 影响露点腐蚀的主要因素

因露点腐蚀是蒸汽结露才发生，因此腐蚀速度除受介质成分和材料耐蚀性等因素的影响之外，很重要一点是它要受蒸汽凝结速度和腐蚀介质在凝结水中的传输速度的影响。硫酸露点温度与氧含量、水蒸气含量、介质中硫含量成正比。

(1) 材料的化学成分

低合金耐硫酸露点腐蚀钢的耐蚀性由其钝化特性决定，而严格的控制合金化学成分，合理配比添加合金元素及保证化学成分的均匀性是根本的前提条件。化学成分设计的原则是保证钢板的耐硫酸露点腐蚀性能的同时，保证钢板的强度和塑性指标。由于特种合金元素的添加，钢板焊接性能有恶化的趋势，需要配套的焊材和焊接工艺。

① C。C是主要的强化元素，在保证力学性能的情况下，C含量应偏下限，以减少钢中Cr的碳化物形成，从而充分发挥Cr的耐蚀作用。C与Cu共存时，碳使钢的耐蚀性稍许降低，低碳含铜钢的耐蚀性能最为优异。同时考虑到钢的可焊性，C含量不宜过高，GB/T 28907[16]标准设计C质量分数不大于0.15%。

② Si。Si 是固溶强化元素，对于强度要求不太高的耐硫酸露点腐蚀钢，Si 含量宜降至与普通钢相同（质量分数 0.15%～0.50%），从而减少焊接时的飞溅。

③ Mn。随着钢中 Mn 含量的提高，其腐蚀产物中锰含量也提高，由于锰化合物的易溶于酸中，而 Cu、Cr、Ni、V 等腐蚀产物很难溶解，锰化合物的溶解致使锈层有微细孔洞，不利于锈层的保护作用。

④ P、S。P、S 为有害杂质元素，为保证可焊性和 Cu 耐蚀作用的发挥，控制 P、S 质量分数≤0.035%。

⑤ Cr。Cr 含量的提高，能保证钢的强度和耐蚀性，兼顾成本确定 Cr 的范围。

⑥ Ni。Ni 能提高钢的耐蚀性和韧性，并防止铜造成的龟裂，以提高钢材的表面质量。考虑到成本的主要因素，因而减少 Ni 的含量。

⑦ Sb、Cu。耐硫酸露点腐蚀钢一般是在钢中加入 Cu、Sb 金属元素，其耐腐蚀原理是通过 Cu、Sb 抵制阳极反应，在钢材表面形成 Cu_2Sb 皮膜又可抑制阴极反应，因而有效地防止了硫酸露点腐蚀，提高部件的使用寿命。Sb 不宜过高，Sb 含量偏高则钢的焊接性能变差，同时会影响铸坯质量。Cu 作为耐腐蚀的主要合金元素，一般认为质量分数 0.20%～0.40%为宜，Cu 含量过高，不但不会再增加耐蚀性，而且还会产生热脆性。

⑧ Nb、Ti、V。为保证材料的耐硫酸露点腐蚀性能、优良焊接性能和强度，选择加入 Nb、Ti、V 细化晶粒元素，主要起细晶强化和析出强化的作用。

(2) 其他因素

介质中的其他极性气体对露点温度和冷凝液的 pH 值有影响，设备的选材和热处理状态可能影响到腐蚀类型，特别是在有点蚀或应力腐蚀的环境-材料组合上，腐蚀类型会随着腐蚀的进程而发生改变。

设备的几何形状影响到冷凝液的聚集和流动，从而影响设备腐蚀的分布和腐蚀程度。

5.3.6 露点腐蚀控制

(1) 选材

碳钢由于其耐 H_2SO_4 露点腐蚀性能很差，腐蚀严重，使用寿命很短。如采用耐酸不锈钢，工程建设成本将大幅度的增加。因此，研制、开发了一批低合金耐硫酸露点腐蚀钢。

20 世纪 80 年代，日本新日铁株式会社研制生产了耐硫酸腐蚀钢 S-TEN1 以及后来开发的耐硫酸、盐酸腐蚀钢新 S-TEN1，1995 年日本住友公司也研制生产了耐硫酸腐蚀钢 CRIA，并向我国很多企业推广使用。我国 1991 年 2 月开始，上钢三厂、华东电力设计院、上海宝山钢铁总厂等 8 家单位共同研制开发出了 NS1-1、NS1-2 耐硫酸腐蚀用钢，并为国内火电厂广泛应用，在石化行业方面先后采用该钢种制作乙烯裂解炉或空气预热器、鼓风机等，耐腐蚀效果良好。

ND 钢是目前较理想的耐硫酸低温露点腐蚀用钢材，还具有耐 Cl^- 腐蚀的能力，耐蚀性能远优于 S31603 (316L)[17]，ND 钢主要的参考指标（70℃，质量分数 50% H_2SO_4 溶液中浸泡 24h）与碳钢、日本进口同类钢、不锈钢耐腐蚀性能相比，要高于这些钢种。ND 钢已广泛用于制造在高含硫烟气中服役的省煤器、空气预热器、热交换器和蒸发器等装置设备，产品经国内各大炼油厂和制造单位使用后受到广泛好评，并获得良好的使用效果。

奥氏体不锈钢并不能用于抗硫酸或盐酸的露点腐蚀，在硫黄回收装置有些用户因腐蚀问题，管束材质由最初的碳钢改为不锈钢，结果不锈钢管束使用 6 个月后也出现泄漏，失效分析认是硫酸露点腐蚀引起的应力腐蚀开裂造成的。

GB/T 28907[16] 的目的就是为解决材料的耐硫酸露点腐蚀能力制定的，该标准重点参照了新日铁等先进企业的实物数据。根据国内耐硫酸露点钢的实际需求和发展趋势，参考国内、国外生产企业的钢级设置情况划分为 2 个等级的牌号 Q295NS 和 Q315NS。钢的牌号由代表屈服强度的汉语拼音字母“Q”、规定屈服强度的目标值和“耐酸”的拼音首位字母“NS” 3 个部分按顺序排列。

例如：Q315NS

Q——屈服强度中“屈”字汉语拼音的首位字母；

315——钢的 R_{eL} 的下限值，MPa；

NS——分别为“耐”“酸”的汉语拼音的首位字母。

表 5-5 为国外已开发的抗 H_2SO_4 露点腐蚀低合金钢化学成分。

表 5-5　国外已开发的抗 H_2SO_4 露点腐蚀低合金钢化学成分（质量分数）　‰

钢种	C≤	Si	Mn	P	S	Cu	Cr	Ni	Sb	其他
STEN1	1.4	≤5.5	≤9.0	≤0.25	≤0.25	2.5～5.0	—	—	≤1.5	—
STEN2	1.4	1.5～5.5	≤9.0	≤0.35	≤0.35	2.5～5.0	5.0～10	—	—	Ti≤1.5
STEN3	1.4	1.5～5.5	≤9.0	≤0.35	≤0.35	2.5～5.0	8～13	—	≤1.5	—
NAC-1	1.5	≤4.0	≤5.0	≤0.30	≤0.30	2.0～6.0	3.0～9.0	3～8	0.2～1.5	Sn 0.4～3.5
RIVER	1.5	≤4.0	2.0～5.0	0.20～0.60	≤0.40	2.5～5.0	2.0～6.0	≤5.0	—	Nb≤0.00
CRIA	1.5	2.0～5.0	≤14	≤0.25	0.13～0.30	2.5～3.5	10～15.0	—	—	—
CAUCOR	1.5	≤5.0	≤10	≤0.40	0.15～0.40	1.5～5.0	9.0～11	—	—	Al 0.0～1.5
SCR-TEN2	1.5	1.5～5.5	≤9.0	≤0.35	≤0.35	2.0～5.0	5.0～10	≤5.0	—	Al≤1.5

Hastelloy C-276 或 C-22、Monel 合金、Incoloy 625 合金、钛及钛合金等耐硫酸露点腐蚀较好，在重要的传热设备上已有成功的应用。低合金抗硫酸露点腐蚀专用钢，比一般人们概念中的各种不锈的高级材料（如纯铜、蒙乃尔合金、各种铬镍奥氏体钢）的抗低温露点腐蚀性能要好，而多数高铬镍钢在抗低温露点腐蚀方面并不优于碳钢，有的甚至还要差。

双相不锈钢、钛及钛合金在炼油装置上抗 $HCl-H_2S-H_2O$ 的露点腐蚀较好，但在脱硫和脱盐效果较差、注水量不足时仍可在初凝区发生严重的全面腐蚀。

玻璃纤维增强塑料（FRP 或 GRP），用于制作烟气脱硫装置始于 20 世纪 70 年代初，尤其是酚醛环氧乙烯基酯树脂的开发，以及大直径玻璃钢缠绕技术的问世，使玻璃钢脱硫装置得到较为广泛的应用。美国是最早将玻璃钢应用于烟气脱硫领域的国家，现已在湿法脱硫系统的以下方面获得了成功应用：吸收塔塔体、石灰溶解槽、集液器、除雾器、浆液输送管路、烟道、烟囱等。1984 年，德国 BASF 公司在其位于 Ludwigshafen 和 Marl 的燃煤电厂采用 Wellman-Lord 湿法洗涤塔。每个电厂建 2 座洗涤塔，直径 9.5m，高度 35.5m。当时，经过长达 18 个月的实验室研究（模拟使用环境），预计不需维护至少可使用 20a。

（2）降低过剩空气系数

降低过剩空气系数，可以降低 SO_2 进一步转化成 SO_3 的转化率，见图 5-29，这是减缓酸露点腐蚀的主要措施之一。但降低过剩空气量抑制 SO_3 的生成来提高排烟露点温度，受原料供应状况、操作可行性及热效率等因素的制约。

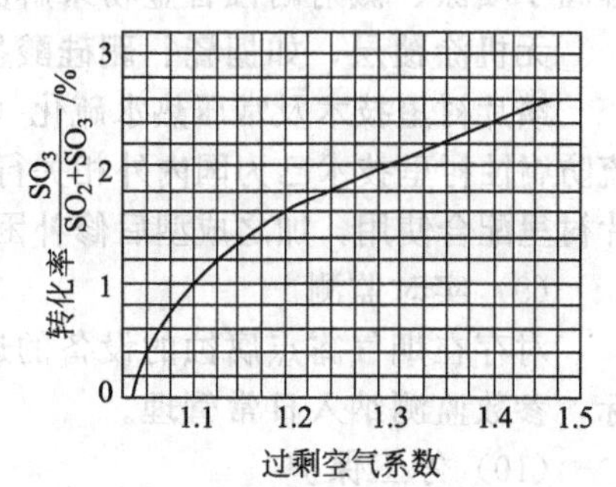

图 5-29　过剩空气系数与 SO_3 转化率关系

（3）控制金属壁温

若将金属壁温控制在稍高于介质的露点温度，可以完全防止露点腐蚀的发生。一般取金属表面温度比露点温度高 5～10℃，换热器设计的节点温度差应该为 20℃。注意气候变化，在强风或暴雨影响壁温部位加阻挡实施。

高壁温开式相变换热技术利用热管技术中相变高效换热的技术原理，创造了“相变段”概念，提出了以“壁面温度”作为换热器第一设计参数的全新理念，改变了排烟温度和金属壁面温度之间的函数关系，将换热器的金属壁面温度处于可控可调状态，始终保证换热器金属壁温在酸露点之上，在根本上解决了低温腐蚀难题的同时，为大幅度回收余热提供了可能。

(4) 改善结构

防止冷凝液聚集、浓缩。烟气自上向下流动，及时排凝。改变初凝点位置，使严重腐蚀区域避开设备的薄弱位置。

(5) 工艺操作参数调整

随燃料硫含量的变化随时调整工艺操作参数。

(6) 燃料品质的管理

加强燃料品质的管理，燃料品质的恶化是加剧受热面积灰、结垢、腐蚀的首要因素。降低燃料中的含硫量是减缓酸露点腐蚀的重要手段。应按燃料中的硫含量不同，混合配比，控制使用燃料中的硫含量在一定的限量以下，减少烟气露点温度的波动范围。

燃料气脱硫，烟气脱硫脱硝，可以降低烟气露点温度。但湿法脱硫工艺对烟气中的 SO_2脱除效率较高，而对造成烟气腐蚀的主要成分 SO_3脱除效率并不高，仅 20%左右。脱硫后，由于烟气湿度通常较大，温度较低，烟气中单位体积的稀硫酸含量会相应增加，因此，脱硫后的烟气仍然属于强腐蚀性等级，对烟囱的腐蚀并没有减弱，相反地，脱硫后的烟气环境可能使烟囱的腐蚀状况进一步恶化。

(7) 加中和剂

在烟气中采用添加中和剂，是为了中和烟气的酸性物质。添加剂的种类很多，如白云石、环烷酸锌、环烷酸镁、吡啶、$Mg(OH)_2$、ZnO、NH_3等，其中认为注入 NH_3的办法最有前途。但是这些添加剂都有副作用，要根据设备的具体结构特点选择合适的注入部位、添加剂、剂量和添加办法，以获得最佳效果。

(8) 覆盖层应用

采用防护涂覆层的方法防止露点腐蚀是目前国内外研究的热门，从分类上可以分为有机、无机覆盖层（包括搪瓷、玻璃鳞片等）、玻璃钢、渗贵金属和热喷涂等，具体的涂覆层种类十分繁多。发达国家对聚四氟乙烯基酯类、聚苯硫醚等有机涂层都做了大量的试验研究工作，其中认为聚苯硫醚效果较好，能耐高浓度高温硫酸的有机材料只有含氟树脂。

选择覆盖层材料要考虑露点，材料施工难度，经济性及可维护性。有机涂层在工艺上相对简单，成本较低，但耐温低，传热差，耐高温腐蚀的涂覆层固化工艺复杂，成本也较高。等离子喷涂、溅射耐蚀合金粉来解决高温腐蚀在国外已经比较成熟[18]。

无机涂覆层，如搪瓷、硼硅酸盐、钾硅酸盐水泥、玻璃钢等效果尚不够理想。

鳞片衬里技术及常压热水硫化（或预硫化）橡胶衬里技术作为火电厂烟气脱硫装置两大主流防腐蚀衬里技术已为国内外相关行业界普遍认同。但由于橡胶衬里成本高于鳞片，且尚需鳞片衬里配合使用，加之成型后修补困难，故在该领域腐蚀工程技术应用中首选鳞片衬里。

(9) 实时监测

对存在烟气露点腐蚀的设备的运行情况、燃料的硫含量进行实时监测，严格遵守控制指标，参数监测纳入日常管理。

(10) 停工保护

停工期间，对存在烟气露点腐蚀的设备要执行停工保护等相关规定。

5.3.7 失效案例

案例1：催化裂化再生器开裂失效分析及对策[11]

随着我国催化裂化装置大量掺炼重油和腊油等，自1994年以来我国有10余套催化裂化装置中的再生器、三旋、烟道等装备发生了严重的应力腐蚀开裂问题，开裂的材料涉及几乎所有的中低强钢，裂纹发生在装置的所有部位。如，玉门炼油化工总厂在1998年设备年检时发现一套催化裂化装置二段再生器在封头、筒体焊接接头和母材、保温钉焊缝发生开裂。

(1) 二段再生器设计和操作参数

整体尺寸 ϕ4400/4000mm×17466mm×16mm，材质：筒体16MnR、封头SPV36、保温钉0Cr13、1Cr13、1Cr18Ni9等混用，120mm双层龟甲网衬里，工作压力0.195MPa (g)，工作温度：介质温度620～700℃、设备外壁100～300℃，工作介质：烟气、催化剂。

再生器焊接采用双面对接焊，坡口为不对称X形，焊接材料J506，焊缝有80余处返修，部分返修3次，未进行SR处理，于1989年8月投用，累计运行约5200h。1995年10月在其外部对球形封头和筒体的上半部焊缝进行了以UT抽查为主的无损检验，未发现缺陷，壁厚无显著变化。1998年5月1日，拆除再生器衬里和保温钉，内壁经喷砂处理后进行了MT检验，发现球形封头上的9条焊缝中有8条焊缝产生开裂，筒体焊缝和母材裂纹共有100余条，最长约200mm，有些裂纹已穿透，保温钉根部焊接接头存在大量微裂纹。

(2) 取样及分析

根据MT检验结果确定了取样部位，包括母材、焊缝裂纹、焊缝熔合区和热影响区裂纹、保温钉及其焊缝裂纹等不同状况的样品。

① 外观检查　焊缝余高较大，焊波较深。裂纹集中在球形封头拼缝、环缝及近缝区，多次返修处开裂更为严重，纵缝开裂较少。裂纹具有分叉特征，穿透性裂纹均发生在球形封头拼缝和环缝区，无起始于保温钉角焊缝上的穿透性裂纹，见图4-126。纵向裂纹沿FL或HAZ分布，横向裂纹与焊波重合横穿焊道，并穿过HAZ向母材扩展。母材裂纹发生在外壁有结构件焊接的部位，为网状或与焊缝平行的裂纹。

② 金相检验　封头、筒体母材金相组织和硬度正常。焊接接头及热影响区组织正常，硬度偏高。母材外壁焊缝热影响区和保温钉焊缝热影响区存在板条马氏体，硬度＞350Hm。保温钉及其焊缝金相检验结果表明至少使用了两种材料的保温钉，并且保温钉的焊接使用了至少两种焊接材料，一种是低碳钢，另一种是不锈钢，并且在保温钉根部有大量氧化皮等夹杂物。

③ 化学成分分析　筒体和封头材料的化学成分符合有关标准，实际使用的保温钉材料有1Cr13和1Cr18Ni9等。

④ 材料力学性能　材料服役9a后，母材力学性能试验结果符合相应的标准，焊缝及近缝区力学性能试验结果与焊接工艺评定结果相比较抗拉强度提高，冲击韧性下降，表明材料有劣化倾向。

⑤ 断口分析

a. 宏观特征　母材主裂纹平行于环缝呈树枝状，主断面呈斜面。焊缝裂纹具有分叉特征，焊缝熔合区纵向裂纹起源于的焊接接头的熔合线部位，由内壁向母材外壁扩展，焊缝热影响区纵向裂纹起源于焊接热影响区，裂纹在近缝母材中纵深扩展，具有分叉特征。保温钉角焊缝内部有微裂纹和大量夹杂物存在。

b. 微观特征　母材主裂纹较宽，裂纹尖端较细，主裂纹二侧分布二次沿晶微裂纹和夹杂物，并伴有阶梯形开裂特征。焊接接头各部位的裂纹以沿晶扩展为主（图4-127），热影响区裂纹产生于熔合区焊缝一侧，沿熔合区向纵深扩展。在裂纹附近母材中发现与轧制方向平行的阶梯状埋藏裂纹，有氢致开裂特征。保温钉焊缝裂纹为焊缝区沿熔合线向母材发展的沿晶开裂，深1mm左右。

c. 断口形貌特征　宏观形貌为断口表面粗糙，无明显的塑性变形、有黄褐色的腐蚀产物覆盖。微观形貌为母材裂纹断口起源于内壁表面呈放射状向外壁扩展，断面上有腐蚀产物和具有交叉特征的二次裂纹，同时有腐蚀坑和沿晶二次裂纹。断口分析表明裂纹具有应力腐蚀开裂和氢致开裂特征。

⑥ 腐蚀产物分析　经能谱X射线成分分析和X射线衍射晶体结构分析，断面腐蚀产物中含有少量的S、Si、K、Ca和大量的Fe、O等元素，晶体结构分析结果，产物中含有FeO(OH) 和 Fe_2N。腐蚀产物中的S元素含量较低，说明裂纹内硫酸盐和亚硫酸盐含量较低，Fe^{3+}的存在说明腐蚀介质中有一定量的氧化剂，FeO(OH) 存在说明裂纹内的pH值较高，Fe^{3+}水解彻底；符合 CO_2-CO-H_2O 腐蚀体系的应力腐蚀产物特征。

由于设备的壁温达不到材料表面渗氮的温度，而 Fe_2N 亦非 NO_x 作用产生的腐蚀产物，所以 Fe_2N 可能来源于材料的冶金过程。

(3) 讨论

① 再生器纵缝工作应力大于环缝和封头拼缝的工作应力，而裂纹却主要发生在封头拼缝和环缝上，证明设备操作条件下的膜应力不足以使焊缝产生应力腐蚀开裂。裂纹均发生在焊缝区，如筒体外壁焊接结构件处、环缝和纵缝、保温钉焊接接头部位，接接头表面和内部存在大量缺陷和熔合区组织不良，设备未进行焊后热处理，造成这些部位存在极大的残余应力。保温钉焊缝裂纹随着裂纹的扩展，应力得到释放，裂纹逐渐停止扩展，事实上已开裂的所有再生器中尚未发现起始于保温钉焊缝的穿透性裂纹，由此证明，焊接接头的残余应力对起裂起到重要作用，结构应力对裂纹的扩展起到重要作用。

② 筒体外壁焊接结构件处的裂纹断面不垂直于材料表面说明该部位承受了较大的结构应力。

③ 再生器烟气成分主要为 N_2、O_2、CO_2、CO、SO_x、NO_x、NH_3、HCl 和 H_2O 等，当介质温度低于其露点温度时，冷凝液对低合金钢有产生应力腐蚀的倾向。综合烟气成分和裂纹内的腐蚀产物成分、裂纹断口分析结果说明开裂属 CO_2-CO-H_2O 体系的应力腐蚀开裂。介质中的 SO_x 和 NO_x 等极性成分对裂纹的产生和扩展有促进作用。

④ 力学试验表明，材料服役9a后的力学性能虽有一定的劣化倾向，但尚能满足设计要求，说明选用低合金钢制造再生器等装置是合适的。

⑤ 设备主体焊缝的焊接质量差，大量焊缝经过多次返修，焊后未经过SR处理，某些焊缝组织存在板条状马氏体，使焊缝及近缝区残余应力水平较高，抗应力腐蚀能力大大低于母材。球形封头拼缝和环缝产生大量穿透性裂纹，说明这些部位承受了较大的残余应力和结构应力加速了裂纹的扩展。

⑥ 在裂纹附近发现的母材阶梯状开裂是典型的氢损伤，茂名等炼厂也出现了类似的情况。腐蚀过程中生成的活性氢在向母材中扩散过程中于材料中的MnS等夹杂物区域聚集导致材料氢致开裂。某些研究机构对失效样品的检验中未发现母材中的氢含量上升，这是因为在装置的使用温度下材料中的扩散氢将快速逸出，故样品中不可能有较高浓度的扩散氢存在，而造成材料氢损伤的非可逆氢无法在常规试验中测出。失效件的力学性能劣化和某些开裂再生器经焊接修复后在短时间内即在补焊处再次开裂印证材料发生了氢损伤。

⑦ 根据对锦州石油化工公司二催化等10余套开裂装置的情况综合分析，发现设备是否开裂仅与装置的壁温有明显关系，壁温低于露点温度的装置均发生了开裂，与烟气中极性组份的浓度等的关系并无统计意义上的关系，不能说明 SO_x、NO_x 的浓度和冷凝水pH值对

设备是否开裂起到了决定性的作用。

(4) 结论

① 再生器开裂为露点温度下 CO_2-CO-H_2O 腐蚀体系的应力腐蚀开裂。

② 球形封头拼缝和环缝、焊接外构件部位存在较大的残余应力和结构应力是产生穿透性裂纹的主要力学因素。

(5) 预防措施建议

许多研究认为催化裂化系统装置的开裂是因为露点温度下的硝脆引起的，烟气中不仅含有 NO_x，而且还含有 SO_x 等多种气体成分，SO_x 不仅对露点温度起着决定性作用，而且往往还会影响开裂敏感性。在催化裂化烟气体系 SO_x-NO_x-H_2O 中的热力学计算表明，烟气体系露点温度与 SO_x 的分压有关，与其在液相中 H_2O 的浓度有关，与体系的总压有关，与 NO_x 气体的含量无直接关系。NO_x 对露点温度的影响是通过对体系的总压表现出来的，所以在含有 SO_x、NO_x、H_2O 等其他气体的催化裂化烟气体系中，在较高的温度下金属表面上的露液主要是硫酸酸性薄液，而在较低温度下，才会形成含有硫酸的硝酸盐薄液。所以，实际上是较低温度下硝酸盐+硫酸的薄液腐蚀问题。研究表明 16MnR、Q235A、20g3 种焊接材料比基材更易产生 NO_x 露点腐蚀开裂，16MnR、Q235A 比 20g 有更高的硝酸盐露点腐蚀开裂敏感性。SO_x 增加了 NO_x 露点腐蚀开裂敏感性的原因是 SO_x 溶入溶液中生成硫酸，增加了对膜的破坏作用[19~21]。

国外再生器的设计壁温通常都高于露点温度，并且未见再生器的开裂报道，可以说装置的壁温提高到露点温度以上是防止开裂的有效方法。中石化已正式下文取消了对再生器等设备设计壁温应低于 120℃的限制。考虑到采取提高壁温的措施后，在冬季、雨季、开停车等条件下设备的壁温仍有可能低于露点温度，所以，改善设备承受的结构应力状况、改进设备的制造工艺和提高焊接质量以提高焊缝及近缝区的抗应力腐蚀能力仍是必要的。限制再生器壳体选用碳钢、碳锰钢的最高屈服强度，设备焊接完成后，采取焊缝局部 SR 处理，可有效地提高焊缝及近缝区的抗应力腐蚀开裂能力，某些炼厂的实际经验也证明了这一点。

案例 2：硫黄回收装置硫冷器露点腐蚀

国内天然气等硫黄回收装置一般采用克劳斯等工艺，末级硫冷器壳体、管束都是采用碳钢材料，国外设备运行周期 5～15a，而国内设备一般仅 0～3a，最好的也只有 7a 左右。硫冷器工艺操作条件都是相近的，介质主要含有 H_2S、SO_2、CO_2、S (g)、H_2O (g) 等，操作温度 130～165℃。

某天然气净化厂，末级硫黄冷凝器为固定管板式换热器，B 型管板结构，工艺气、S 走管程，锅炉水走壳程；后管箱外设有蒸汽加热盘管。管程设计压力 0.4MPa、设计温度 343℃，壳程设计压力 6.0/FV MPa、设计温度 200/150℃。管箱材质 SA 516 Gr65，管板材质 SA 266 Gr. 2，换热管材质 SA 179，壳体材质 SA 516 Gr65。

设备投用 1a 内陆续出现泄漏，堵管修复后，短时间内又出现泄漏，并出现管头焊缝开裂泄漏。换热管内壁穿孔，内窥镜检查管内有腐蚀坑，集中在距进口管板 500～1000mm 的范围。管内壁结垢严重，高压水枪或其他机械方法未能将垢物去除。

出现泄漏的管子主要分布在管板下部，上部有少量管子泄漏。人孔盖等低温部位全面腐蚀明显较其他部位严重，管板和管子腐蚀宏观形貌见图 5-30。可见管板全面腐蚀，部分管接头焊缝和管子下部严重腐蚀，上部腐蚀相对较轻。出口端管板腐蚀较进口端严重，补焊时导致相邻的管接头开裂泄漏。

根据腐蚀形貌看，腐蚀特征为强酸性条件下造成的全面腐蚀。该硫冷器管程介质为克劳斯法制硫产生的过程气，其燃烧炉内的化学反应十分复杂。据报道，H_2S 和空气在高温下反应时，生成物可达 40 余种，按平衡计算其中浓度超过 0.1×10^{-6} 者约有 25 种，如果加上

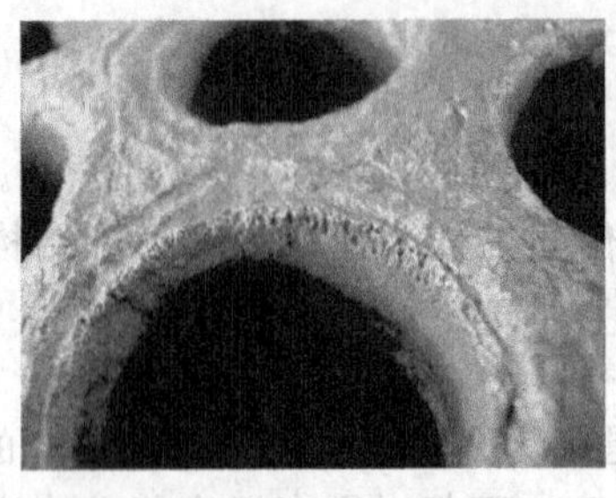

(a)管程进口中部角焊缝处腐蚀形貌

(b)管内壁腐蚀形貌

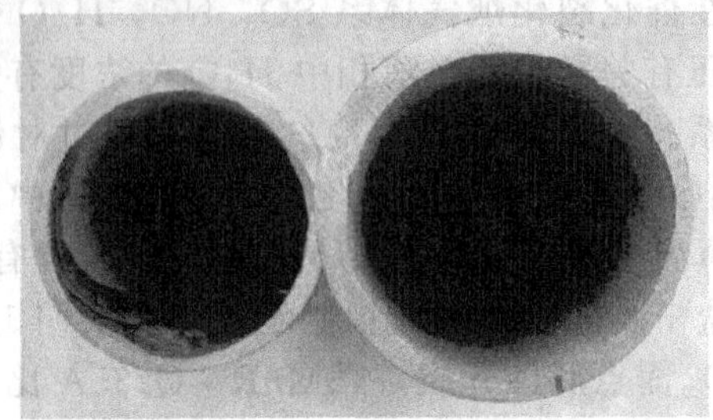

(c)管子内壁不均减薄

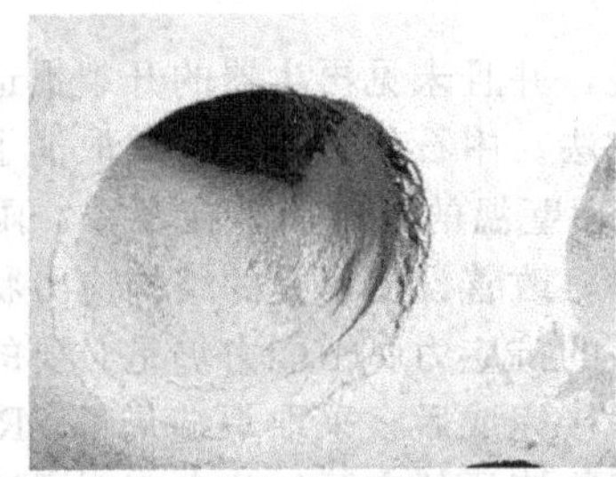

(d)管程出口管子内壁

(e)人孔盖腐蚀形貌

图 5-30 硫冷器腐蚀宏观形貌

酸气中含有的 CO_2、H_2O、NH_3 和烃类，涉及的反应更加复杂。有报道指出，NH_3 燃烧时生成的 NO，特别是当炉膛火焰温度超过 1600℃时，还会生成多种氮氧化物（NO_x），在转化器中可催化促进 SO_2 转化成 SO_3。空气过剩，也可能造成反应气中有 SO_3。当介质中含有钒等金属氧化物时，450℃以上 SO_2 即可转化成 SO_3，生成的 NO_x 和 SO_3 溶于水后形成 HNO_3 和 H_2SO_4，将对碳钢设备产生强烈的全面腐蚀。

换热管内腐蚀产物能谱分析结果，其中含有硫酸铁，间接证实了换热管内存在硫酸露点腐蚀。

从管板和换热管腐蚀情况看，出口端腐蚀较严重，即低温段腐蚀较严重，符合露点腐蚀的特征。

管程出口端有固态硫结垢，表明管程出口端操作温度低于 119℃ [单质硫有几种同素异形体，主要是菱形硫（S_8）熔点 112.8℃，单斜硫（S_8）熔点 119.0℃]，较设计的出口温度低。

结合该硫冷器的失效特征，可以判定，造成目前这种腐蚀的状况的重要原因为酸露点腐蚀。因此，建议用户尽快对硫冷器的管程介质做全面的成分分析，重点关注 NO_x 和 SO_3 的含量，并实测过程气的酸露点温度，以便确定腐蚀机理。介质分析的取样部位应尽可能靠近硫冷器的管程进口。

后经实测过程气的酸露点温度，发现此硫黄回收系列的过程气的酸露点温度变化范围较大，最高露点温度 168℃，最低 120℃。证明了这些硫冷器缺失存在酸露点腐蚀条件。

5.4 高温腐蚀

金属在高温下工作的环境日趋复杂化，在众多的工业领域都可能腐蚀高温腐蚀，如化学工业中高温过程，合成氨、尿素和石油化工等领域。燃烧的各个过程产生的复杂气氛高温氧化、高温高压水蒸气氧化腐蚀、高温烟气带来的熔融盐腐蚀；煤的气化和液化、炼油企业的高温硫和环烷酸腐蚀；垃圾焚烧产生的氯化腐蚀、核反应堆运行过程中高温蒸气腐蚀。在压力容器制造时的热处理过程中也可能发生高温氧化腐蚀等。

国内外对电厂、炼厂和化工承压设备失效案例统计分析表明，高温腐蚀失效约占总失效案例的 5%，碳钢高温腐蚀占碳钢腐蚀失效的 6%，不锈钢占高温腐蚀占不锈钢腐蚀失效的 3%。高温氧化、硫化、氧化＋硫化、渗碳和融盐腐蚀在石油化工的乙烯裂解炉和化肥系统制氢转化炉中成为影响炉管使用寿命的主要因素。

5.4.1 高温腐蚀定义

高温腐蚀是指干腐蚀或直接化学结合，这样的腐蚀在高于环境露点时发生，并且通常伴随有高温。各种气体是典型的腐蚀剂，在实际的工业领域中，高温介质既有气态物质，又有液态、固态物质；气态介质既有处于单质状态的，也有处于化合物状态、金属盐状态的；介质的作用既可能是单一物质的作用，也可能是上述物质混合物的综合作用。

在高温条件下，金属与环境介质中的气相或凝聚相物质发生化学或电化学反应而遭受破坏的过程称高温氧化，亦称高温腐蚀（High Temperature Corrosion）。

也有定义为，材料在高温下与环境介质发生化学或电化学反应，导致材料变质的现象称为高温腐蚀。该定义认为，某些高温腐蚀过程也有电化学过程发生，如熔融碱、盐也可以是离子导电的电解质，对金属的腐蚀过程，可以有阳极和阴极反应过程。

狭义的金属高温氧化仅指金属（合金）与环境中的氧在高温条件下形成氧化物的过程。广义的高温金属氧化包括水蒸气高温氧化、硫化、卤化、氯化、碳化、金属尘化、高温氮化、液态金属腐蚀、熔融碱盐腐蚀、混合气体氧化、热腐蚀、载荷下高温氧化等现象。

不同腐蚀环境或工业领域下的高温腐蚀的温度下限并不一致，一般以引起金属材料腐蚀速度明显增大的下限温度作为高温的起点。如，在空气中，碳钢从 570℃开始，氧化速度明显增大，所以钢铁材料的高温氧化是指 570℃以上的空气介质中的氧化；发生高温硫腐蚀最严重的温度范围是 200～400℃，因此对于高温硫腐蚀来说，200℃已是高温范围。炼厂腐蚀以 260℃（500℉）为界限，在低于 260℃（500℉）的温度下，并且存在水时，发生的腐蚀为低温腐蚀，高于 260℃（500℉）的温度下，并且没有液相水时，发生的腐蚀为高温腐蚀。

火力发电厂的高温腐蚀又称煤灰腐蚀，它指的是高温积灰所生成的内灰层含有较多的碱金属，它与飞灰中的铁铝等成分以及烟气中通过松散外灰层扩散进来的硫氧化物在较长时间的化学作用下，生成碱金属的硫酸盐等复合物。熔化或半熔化状态的碱金属硫酸盐会与再热器和过热器的合金钢会发生强烈的氧化反应，使壁厚减薄、应力增大以致引起管子产生里蠕变，最后导致损坏而爆管。

高温腐蚀按环境介质状态分类如下。

(1) 高温气态介质腐蚀

气态介质中包括有单质气体分子、非金属化合物气体分子、金属氧化物气态分子和金属盐气态分子。由于这种高温腐蚀是在高温，干燥的气体分子环境中进行的，所以常被称为“高温气体腐蚀”“干腐蚀”“化学腐蚀”。有以下 4 种形式。

① 单质气体分子的高温腐蚀　单质气体分子是靠非极性共价键组成的分子态气体，它包括 H_2、N_2、O_2、Cl_2、S_2蒸气等。一种是发生界面反应生成外腐蚀氧化皮，如 O_2、S_2、Cl_2等，生成氧化物、硫化物、氯化物等氧化皮；另一种是在界面上，气体分子分解为原子，溶于金属表层中，形成内腐蚀间隙相，如 H_2（H_2腐蚀常表现为氢脆）和 N_2。

② 非金属化合物气态分子的高温腐蚀　由极性共价键组成的非金属化合物，包括 H_2O 蒸气、NO_2、SO_2、CO、CO_2、CH_4、NH_3、H_2S、HF 等。腐蚀产物同时包括内外两层，金属与化合物发生氧化还原反应，与负价元素形成外腐蚀氧化皮，另一被还原的非金属元素向合金深处扩散形成内腐蚀锈化物；如：金属在 SO_2 中，外腐蚀氧化皮是氧化物，内腐蚀层是硫化物。

③ 金属氧化物及金属盐气态分子的高温腐蚀　金属氧化物包括 MoO_3、V_2O_5等，金属盐包括 Na_2SO_4、NaCl 等，这类腐蚀物通常表现为气态氧化物（金属盐）与金属材料间或是与金属氧化物之间发生界面化学反应。

④ 混合物气体的高温腐蚀　气体以不同的组成混合而作用于金属材料表面时，腐蚀过程将由于多种介质的综合破坏而加速。

（2）高温液态介质腐蚀

液态介质（包括液态金属，液态熔碱、盐及低熔点氧化物）对固态金属材料的高温腐蚀。这种腐蚀包括界面化学或电化学反应，也包括液态物质对固态物质的溶解。其介质有：

① 低熔点金属氧化物、苛性碱等；

② 液态金属有 Na、Na-Hg、Pb、Sn、Bi、Hg 等；

③ 液态融盐有硝酸盐、硫酸盐等。

（3）高温固态介质腐蚀

金属材料在带有腐蚀性的固态颗粒状物质的冲刷下发生的高温腐蚀。这类腐蚀包括固态燃灰、盐颗粒、粉尘、腐蚀产物和机械颗粒等对金属材料的腐蚀，还包括这些固态颗粒状物质对金属材料表面的机械磨损，即“磨蚀”或“冲蚀”。

5.4.2 高温腐蚀对压力容器的危害

高温腐蚀给金属材料的生产与使用带来严重的破坏后果，严重的高温腐蚀，造成传热元件腐蚀穿孔或承压元件厚度减薄，导致容器发生爆炸事故。炼油厂中，高温设备通常也是高压设备，高温腐蚀问题会导致设备发生泄漏或爆裂，引发火灾事故。

高温腐蚀生成的氧化皮造成了金属材料的直接损失，在压力容器设计上，需增加腐蚀裕量，或采用耐高温的合金，增加了设备的成本。高温氧化或碳钢和低合金钢高温表面脱碳层，减小了金属材料横截面积，使金属承受的应力值增加，加剧了材料的蠕变。金属材料内部腐蚀（氧化，点腐蚀）改变了金属的组织，并引起金属内部性能的变化，使金属高温疲劳和热疲劳性能下降，破坏了设备的使用性能。表面渗碳、氮化等造成材料脆化，造成设备开裂。由于热腐蚀常造成金属材料灾难性氧化，在实际工业中可能造成灾难性事故。

5.4.3 高温腐蚀形貌

高温腐蚀一般以金属材料全面腐蚀为主，耐蚀合金材料在高温环境下，因晶界析出或其他相的析出，导致晶界和析出相的耐蚀性下降，故腐蚀通常伴有晶界或析出相的优先腐蚀。

在高温高压氢气中操作的设备所发生的高温氢腐蚀有表面脱碳和内部脱碳两种形式。高温熔盐热腐蚀时，合金表面沉积一层硫酸盐或其混合盐膜，熔融盐膜中的S穿透氧化膜，扩散至合金内部形成硫化物，破坏和溶解氧化膜，使盐更具腐蚀性，在表面层形成疏松多孔、不黏着的氧化物和硫化物的混合层，合金内部产生沿晶的内硫化，腐蚀极其严重。典型的热腐蚀，腐蚀产物为疏松多层的氧化物和硫化物，合金内部产生内硫化。

5.4.4 高温腐蚀机理

金属高温化学腐蚀热力学和动力学过程见“2.2 化学腐蚀”。高温腐蚀的化学反应机理与腐蚀系统密切相关。

(1) 钢铁的气体腐蚀

① 氧化　金属材料一般在较低温度下具有良好的抗氧化性能，随着温度和氧分压的升高，氧化速率由抛物线形转变为直线型，氧化膜失去保护作用，腐蚀加速。

② 脱碳　高温和/或高压下，O_2、CO_2、H_2O、H_2 等与碳钢和低合金钢表面的渗碳体发生反应，使金属表面形成脱碳层，主要反应有：

$$Fe_3C + O_2 \xlongequal{} 3Fe + CO_2 \tag{5-17}$$

$$Fe_3C + CO_2 \xlongequal{} 3Fe + 2CO \tag{5-18}$$

$$Fe_3C + H_2O \xlongequal{} 3Fe + CO + H_2 \tag{5-19}$$

$$Fe_3C + 2H_2 \xlongequal{} 3Fe + CH_4 \tag{5-20}$$

③ 高温氯腐蚀[22]　高温氯腐蚀主要发生在垃圾焚烧处理厂，由于垃圾中含有氯等大量有害元素，垃圾焚烧锅炉金属受热面的腐蚀要比传统的燃煤、燃油锅炉严重得多，导致的事故频率也大大增加。

我国第一个垃圾焚烧发电站，深圳市环卫综合处理厂引进了日本两台马丁炉排型焚烧炉，其中 1 号锅炉投运仅 100d，就发现过热器管壁减薄开裂，大面积失效，不得不全部割除。经分析发现，爆管的主要原因是由于沉积的硫酸盐和氯化物的高温复合腐蚀作用导致过热器的过早损坏。

高温氯腐蚀机理为，垃圾中的废塑料、橡胶和厨房废料都含有 Cl，尤其是一些有机塑料热解能产生 Cl_2、HCl、SO_2 等酸性气体。金属在高温氯化腐蚀环境中的腐蚀特点与氧化腐蚀明显不同，氯元素起到了一种自催化作用，这一过程只需要很少的氯含量就能维持下去。一般说来，主要有以下几个形式：

a. HCl 和 Cl_2 气体直接与金属或金属氧化物反应形成低熔点氯化物，部分低熔点固态氯化物在高温下转化为气态氯化物，通过挥发造成材料的流失；

b. 金属或金属氧化物与沉积盐中的低熔点氯化物如 NaCl、硫酸盐结合形成低熔点的共晶混合物，还能生成 HCl、Cl_2 等腐蚀性强的高活性气体；

c. 氯扩散到金属的晶界、空隙等缺陷处造成基体的内氯化，增加了锅炉内高温部件金属材料的腐蚀速率。

④ 高温氢腐蚀 (HTHA)[23]　高温氢腐蚀是指钢暴露在高温、高压的氢气环境中，氢原子在设备表面或渗入钢内部与碳化物发生反应生成甲烷，使钢脱碳，力学性能受到永久性的破坏。在钢内部生成的甲烷无法外溢而集聚在钢内部形成巨大的局部压力，从而发展为严重的鼓包开裂。

有两种反应和 HTHA 相关，首先是 H_2 分解成能在钢中扩散的 H 原子：

$$H_2 \xlongequal{} 2H \tag{5-21}$$

在高温和高氢分压下，形成原子氢的反应更容易发生。因此，当温度和氢分压都增大时，发生 HTHA 的驱动力会增加。第二个反应发生在原子氢和金属碳化物之间

$$4H + MC \xlongequal{} CH_4 + M \tag{5-22}$$

HTHA 对钢材的破坏有两种形式，因甲烷气体在碳化物基体界面上积聚而产生内部脱碳、裂缝和由原子氢和钢材表面或临近表面的碳化物发生反应产生的表面脱碳，在该表面甲烷气体可溢出而不会形成裂缝。内部裂缝一般可在碳钢、C-0.5Mo 钢和高氢分压下的Cr-Mo

钢中观察到，而表面脱碳在高温和低的氢分压下的Cr-Mo钢中更普遍观察到。

⑤ 高温下硫的腐蚀[22]　高温硫化物腐蚀通常是一种全面腐蚀的形式，它发生在约204℃以上的温度，往往和油品中的环烷酸一起产生腐蚀，环烷酸的腐蚀通常是局部的。炼油企业典型的高温含硫化合物的腐蚀环境是指240℃以上的重油部位硫、H_2S和硫醇形成的腐蚀环境，存在于常减压蒸馏装置常减压塔的下部和塔底管道、常压渣油和减压渣油换热器等；流化催化裂化装置（fluid catalytic cracking units）主分馏塔的下部，延迟焦化装置主分馏塔的下部等。在这些高温含硫化合物的腐蚀环境，碳钢的腐蚀速率都在$1.1mm \cdot a^{-1}$以上。在加氢裂化和加氢精制等临氢装置中，由于氢气的存在加速了H_2S的腐蚀，在240℃以上形成高温H_2S+H_2腐蚀环境，如，加氢裂化装置和加氢脱硫装置的反应器以及催化重整装置原料精制部分的石脑油加氢精制反应器等。

a. $S+H_2S+RSH$腐蚀　原油中的硫化物主要包括H_2S、S、硫醇、硫醚、多硫醚、噻吩和二硫化物等。S质量分数在0.1%～0.5%的原油为低硫原油，大于0.5%为高硫原油。高温硫腐蚀速率的大小，取决于原油中活性硫的多少，与总硫含量也有关系，硫化物含量越高对设备腐蚀性越强。温度的升高，一方面促进活性含硫化合物与金属的化学反应，同时又促进非活性硫的分解。温度高于240℃时，随温度的升高，硫腐蚀逐渐加剧，特别是H_2S在350～400℃时，能分解出硫和氢，分解出来的S比H_2S的腐蚀性更强，到430℃时腐蚀最剧烈，至480℃时分解接近完全，腐蚀开始减弱。

高温硫腐蚀开始时速度很快，一定时间后腐蚀速率会保持恒定，这是因为生成了FeS_x保护膜的缘故。而物流的流速越高，保护膜就愈容易脱落，脱落后腐蚀将重新开始。

对于高温重油部位，其腐蚀特点是环烷酸和高温硫对钢铁金属全面腐蚀。高温硫是由于有机硫化物在278℃以上时发生分解产生大量H_2S和活性S，H_2S和活性S与钢铁金属表面的Fe、Ni等极易发生硫化反应，生成FeS_x膜和H_2。由于环烷酸的存在，金属和FeS_x溶解，加速腐蚀，生成的H_2又倾向于同有机硫化物作用生成H_2S，还能与C结合阻止在金属表面的结焦，保持金属表面的清洁，促进金属的腐蚀。所以钢铁在高温硫化物中的腐蚀行为实际上是H_2+H_2S环境中的腐蚀，生成的FeS_x膜通常是脆性片状疏松、多孔的，对基体材料无保护作用，反应为：

$$RSH \xlongequal{} RH+S \tag{5-23}$$

$$Fe+xS \xlongequal{} FeS_x \tag{5-24}$$

$$2RCOOH+Fe \xlongequal{} Fe(RCOO)_2+H_2 \tag{5-25}$$

$$FeS_x+2RCOOH \xlongequal{} Fe(RCOO)_2+H_2S+(x-1)S \tag{5-26}$$

b. $S+H_2S+RSH+RCOOH$（环烷酸）型腐蚀　环烷酸能形成可溶性的腐蚀产物，腐蚀形态为带锐角边的蚀坑和沟槽，在高温区随温度的升高有两个腐蚀峰值（在270～280℃和350～400℃）。流体的流速对腐蚀影响更大，流速增加，腐蚀速率也增加。而H_2S的腐蚀产物是不溶的，多为全面腐蚀，随温度的升高而加速。两者的腐蚀作用同时进行，若S含量低于某一临界值，其腐蚀情况加重。即环烷酸破坏了H_2S腐蚀产物，生成可溶于油的环烷酸铁和H_2S，使腐蚀继续进行。若S含量高于临界值时，H_2S在金属表面生成稳定的硫化铁保护膜，减缓了环烷酸的腐蚀作用。也就是平常所说的，低硫高酸腐蚀比高硫高酸的腐蚀还严重。但对于酸值超过$0.5mgKOH \cdot g^{-1}$的原油，无论S含量多高，腐蚀机理都是环烷酸腐蚀。$S+H_2S+RSH+RCOOH$型腐蚀部位与$S+H_2S+RSH$型腐蚀部位的腐蚀情况基本相同，但加工高酸值原油的炼油厂，其严重腐蚀部位集中在减压炉、减压转油线及减压塔进料段下部。

c. H_2+H_2S型腐蚀环境　在高温H_2S+H_2型腐蚀环境中，影响腐蚀速率的主要因素是温度和H_2S含量。H_2S体积分数在1%以下时，随着H_2S含量的增加，腐蚀速率迅速增加。

当超过 1%时，腐蚀速率基本不再变化。在 315～480℃范围内，随着温度的增加，腐蚀速率急剧增加。温度每增加 55℃，腐蚀速率大约增加两倍。腐蚀速率随着时间的增长而逐渐下降。超过 500h 的腐蚀速率仅为短时间的腐蚀速率的 1/11～1/3。

压力对腐蚀速率没有影响。但在单纯高温氢气中，压力对氢腐蚀则有很大影响。

(2) 热腐蚀[24～29]

早期的热腐蚀是指金属在高温工作时与其表面沉积物质（如 Na_2SO_4、K_2SO_4、V_2O_5 等）相互作用而发生的一种高温腐蚀现象。现在热腐蚀还包括范围更广泛的熔盐引起的加速氧化，如锅炉中的低熔点（570℃）Na_3VO_4、快速增殖反应堆中的裂变产物 CsI 和 CsO 的络合物、PbO、碱金属碳酸盐、燃煤灰渣等。这类腐蚀通常称之为高温熔融盐的热腐蚀。易于发生熔融盐热腐蚀的温度范围在 680～980℃。热腐蚀使得防护性的氧化膜破坏，形成一层疏松的、无保护性的氧化物，加速基体氧化过程的进行，造成灾难性氧化。

热腐蚀至今还没有完善的腐蚀机理，早期的研究比较重视硫的作用，因此提出了硫化模型。此后的研究发现，氧化物在熔盐中的溶解度对热腐蚀有重要影响作用，提出了酸碱熔融模型，此外还可以从电化学的角度来解释金属的热腐蚀行为。

① 硫化模型 1955 年西蒙斯等人首先提出一个热化学腐蚀机制模型——硫化模型，认为热腐蚀分为两个阶段：诱发阶段和自催化过程。其过程分为：

$$Na_2SO_4 + 3R \longrightarrow NaO + 3RO + S \tag{5-27}$$

$$M + S \longrightarrow MS \tag{5-28}$$

$$M + MS \longrightarrow M \cdot MS(\text{共晶}) \tag{5-29}$$

式中 R 表示某种还原性的组分，即 R 从 Na_2SO_4 中还原出来的硫与合金组成的硫化物，硫化物与金属接触是形成低熔点的金属与金属硫化物的共晶体。M・MS 共晶被穿过盐膜的氧所氧化形成氧化物和硫化物，硫化物可再次与金属基体的组元形成共晶，从而使反应能持续进行；

② 酸碱熔融模型 酸碱熔融模型是在 20 世纪 70 年代提出的，目前已经受到广泛的认可。该模型认为，金属或合金发生热腐蚀时，使得在氧化物/熔盐交界面处的熔盐的碱度增高或降低，导致保护性氧化物层发生碱性或酸性溶解；电化学模型认为熔盐腐蚀的本质是电化学腐蚀，结果造成材料的加速腐蚀。不论是碱性还是酸性腐蚀，有一个共同的必要条件，即从合金熔盐界面至熔盐气体界面存在氧化物溶解度的负梯度。

如 Cr_2O_3 和 NiO 在 Na_2SO_4 熔盐中的碱式溶解反应为：

$$4NiO + 2Na_2O + O_2 \longrightarrow 4NaNiO_2 \tag{5-30}$$

$$Cr_2O_3 + Na_2O \longrightarrow 2NaCrO_2 \tag{5-31}$$

$$2Cr_2O_3 + 4Na_2O + 3O_2 \longrightarrow 4Na_2CrO_4 \tag{5-32}$$

酸式溶解反应为：

$$NiO + Na_2SO_4 \longrightarrow NiSO_4 + Na_2O \tag{5-33}$$

$$Cr_2O_3 + 3Na_2SO_4 \longrightarrow Cr_2(SO_4)_3 + 3Na_2O \tag{5-34}$$

$$2Cr_2O_3 + 4Na_2SO_4 \longrightarrow 4CrS + 4Na_2O + 9O_2 \tag{5-35}$$

③ 电化学机制模型 由于表面沉积一层熔融薄盐膜而引起的金属热腐蚀与常规的金属在水溶液中腐蚀有相似之处。已明确，如果介质是离子导体，那么金属腐蚀过程总是按电化学腐蚀的途径进行。金属是电子体相，引起热腐蚀的熔融盐是离子导体相，快速的热腐蚀反应正是发生在这种不同相的界面上。热腐蚀的电化学机制模型认为，在熔盐体中也存在金属阳极溶解和氧化剂的阴极还原的电化学过程。

热腐蚀的标志是金属在熔盐中产生了一层多孔的非保护性氧化膜，根据相对腐蚀率与温度的关系，可将热蚀分为两类：低温热腐蚀 600～850℃、高温热腐蚀＞850℃。

硫酸盐体系。在各种燃油和燃煤的动力装置中，由于燃料中含有S、K、Na、V等杂质，在燃烧时形成SO_2、SO_3等气体，与环境中的O_2、NaCl等反应生成Na_2SO_4，可能反应如下：

$$2NaCl + SO_2 + 1/2O_2 + H_2O \longrightarrow Na_2SO_4 + 2HCl \quad (5\text{-}36)$$

$$2NaCl + SO_3 + H_2O \longrightarrow Na_2SO_4 + 2HCl \quad (5\text{-}37)$$

纯Na_2SO_4熔点为844℃，如果混合其他盐，混合盐的熔点会降低。因此表面沉积Na_2SO_4时，温度高于844℃时发生的是高温腐蚀，低于844℃则可能发生低温热腐蚀。Na_2SO_4使金属表面氧化膜破坏，反应为：

$$Na_2SO_4 = Na_2O(\text{碱性}) + SO_3(\text{酸性}) \quad (5\text{-}38)$$

$$Al_2O_3 + 3SO_3 \longrightarrow Al_2(SO_4)_3 \quad (5\text{-}39)$$

$$Al_2O_3 + Na_2O = 2NaAlO_2 \quad (5\text{-}40)$$

裂解环境高温炉管常遇到的是V_2O_5和Na_2SO_4的高温熔融盐的热腐蚀。V_2O_5熔点690℃，当与Na_2SO_4共存时，则会形成低熔点的共晶物和氧化物的熔融相，附着在炉管外壁，熔化或熔解炉管合金表面的保护性氧化膜，造成合金基体的严重腐蚀。V_2O_5的存在加速了高温腐蚀，因为V_2O_5不仅是离子导体也是电导体。由于V_2O_5的存在，使得合金中的Cr、Ni元素及介质中的O、S和V等元素的扩散都加快。

5.4.5 影响压力容器高温腐蚀的主要因素

除了温度以外，材料和环境的差异对腐蚀的形态、机理、速率及腐蚀产物都有明显的影响。

(1) 材料

① 化学成分　材料的合金成分和包括化学成分的均匀性、微量元素的分布情况、杂质与其偏聚程度等都对材料的高温腐蚀有影响。

② 组织结构　无论材料组织单相还是多相、体晶格缺陷包括点缺陷（间隙与空位）、线缺陷（位错与晶界）和面缺陷（层错，相界）、组织和晶粒尺寸、微观疏松程度对材料的高温腐蚀性能都有影响。

晶粒度对合金高温氧化速度影响具有两重性，即有正效应与负效应。晶粒度越大（晶粒尺寸愈小），氧化速度常数愈小-称为晶粒尺寸正效应，即晶粒细化可改善抗氧化性能，如，高合金奥氏体耐热钢、铁与镍基高温合金、金属间化合物基合金。晶粒度越大，氧化速度常数越大，称粒尺寸负效应，如低合金钢2.25Cr-1Mo。

合金晶粒尺寸效应机理为晶界扩散系数比体扩散系数大数十倍，细晶合金中成膜元素的扩散比在同成分粗晶合金中扩散快数十倍，加速了稳态氧化膜的生成。如合金元素选择性氧化生成具有保护性氧化膜，则晶粒细小起正尺寸效应；如形成的氧化膜不具有良好保护作用，则合金晶粒尺寸效应为负。同一种材料在不同的温度或不同的氧化阶段下，合金晶粒尺寸效应可能相反，如Inconel 600合金，在800℃水蒸气中氧化，在360h以前，因未能形成连续的保护性的Cr_2O_3膜，所以，随晶粒度减小氧化增重减少，360h以后，氧化膜的内层形成连续Cr_2O_3层，晶粒度减小氧化速度增大。

③ 相组成　相的热力学稳定性和化学活性，以及在高温氧化期是否相变。

④ 其他性能　包括扩散系数、热膨胀系数、弹性模量、泊松比等物理性质。

(2) 氧化膜性质

金属表面形成的氧化膜的性质对进一步氧化起到重要作用，表现在如下几方面。

① 金属与其氧化物体积比（PBR）　该性质决定氧化膜的完整性与致密度以及氧化膜的生长应力。

② 氧化物热力学稳定性　氧化物生成自由能、熔点、蒸汽压等。

③ 氧化膜相组成　相的稳定性，结晶结构，缺陷类型与密度，是单层还是多层等。

④ 氧化膜的力学性质　膜生长应力、热应力分布，膜的塑性与强度等。

⑤ 膜的物理性质　如热膨胀系数、扩散系数、弹性模量等。

(3) 氧化膜-金属界面

氧化膜与金属基体界面的状态与性质，如黏附性（adhesion），氧化膜与材料的外延生长关系对氧化膜应力的影响、界面的几何形状、界面非接触面积等物理缺陷、氧化过程界面迁移变化、界面的化学变化、有无有害杂质如硫等的偏聚、界面能和界面结合强度对氧化膜保护性十分重要，如界面结合强度比氧化膜自身结合强度弱，则称为弱结合界面，氧化膜受力时自界面开始剥落。

(4) 氧化膜-气体界面

① 氧化膜与气体界面上有无沉积物以及沉积物的物理化学性质，如沉积硫酸盐、低熔点氧化物的积灰层。

② 氧化物表面有无自催化反应或者氧化-还原循环反应。

③ 氧化膜表面形貌，如有无瘤状氧化物以及表面裂纹等形貌。

(5) 气相

气相环境的各种参数是直接决定和影响材料氧化的根本因素。

① 气相的化学成分；是单一氧气还是含两种以上反应气体的混合气体，以及气体杂质。

② 气相的总压力和反应性气体组分的分压以及压力的变化。

③ 气体流动状态（静态层流或紊流）、流速等。

④ 流动气体中的固体颗粒，颗粒的形状、尺寸，硬度以及冲角等。

⑤ 温度波动。

⑥材料的应力状态。

(6) 应力的影响

在高温腐蚀中应力的存在会产生不利影响，特别是由于二次应力（如热应力、焊接残余应力或由冷作加工所引起的应力）的存在更会加速高温腐蚀。

(7) 影响高温氢腐蚀的主要因素

① 温度、压力和暴露时间的影响　温度越高或者压力越高发生高温腐蚀的起始时间就越早，腐蚀速率越大。

② 合金元素和杂质元素的影响　氢腐蚀的机理是不稳定碳化物的分解，所以在钢材中添加能形成稳定碳化物的元素（Cr、Mo、V、Ti、W）就可使 C 的活性降低，从而提高钢材抗氢腐蚀的能力。

③ 热处理的影响　钢材的抗氢腐蚀性能，与钢材的显微组织也有密切的关系。

④ 应力的影响　同其他高温腐蚀一样，应力也加速高温氢腐蚀。

5.4.6　几种特殊的高温腐蚀

(1) 氮腐蚀

N_2是一种不易离解的气体，不易溶于钢，也不易与金属生成化合物，但 500℃高温下氮化物可分解产生活性氮，它们向金属内部扩散导致形成裂纹或与合金元素化合生成氮化物即氮化，对薄壁筒形设备影响很大。合成氨在 300～500℃时，也能在铁表面上分解，并形成初生态的氮，而这种初生态的氮能和很多金属元素，如 Fe、Mn、Cr、W、V、Ti、Nb 等形成氮化物。

氮化使钢材发脆，塑性和韧性显著降低，当腐蚀严重时，钢材就极容易发生脆裂。

1Cr18Ni9Ti 不锈钢具有较强的耐氮化腐蚀能力，故常用 1Cr18Ni9Ti 钢作氨合成塔的内件。

(2) 尘化腐蚀[30]

Fe 基、Ni 基合金渗碳腐蚀（Metal dusting corrosion，尘化腐蚀）是高温碳氢环境下发生的灾难性腐蚀。常发生在石油化工、天然气工业、煤气转化及热处理等具有饱和碳气氛的加热转化设备上，发生尘化的材料表面碳过饱和，析出大量的碳化物，长时间后碳化物分解，并且发展迅速造成灾难性的后果。如，Cr5Mo 钢在 600℃、CO-H_2-H_2O 气氛下的尘化腐蚀，表现为均匀腐蚀，材料自表面向内依次析出 Fe_5C_2 和 Fe_3C 脆性腐蚀产物，经 560h 腐蚀后的试样平均腐蚀深度约为 200μm，而基体材料性质无明显改变。应力可促进尘化腐蚀进程。

(3) 液态金属脆

液态金属脆（liquid metal embrittlement，LME）是指材料与液态金属接触发生腐蚀，塑性降低乃至低应力脆断的现象。这种自发的脆化是由液态金属吸附进入固态金属而引发的，通常是产生沿晶裂纹。液态金属沿晶界渗入，通常发生在焊接、加热和燃烧过程中。金属脆断的机理一直有争议，一般认为吸附降低表面能（或原子键合力），从而导致脆断。

能使材料致脆的液态金属主要有碱金属（Li、Na、K）、非碱金属（Hg、Ca、Zn、Se、Cd、Sn）以及 Pb-Bi 合金、Ni-Sn 合金、NaHg 齐等，如镀锌钢的液态金属脆裂[31]。

(4) 灾难性氧化

灾难性氧化是材料在高温下氧化迅速放热不能及时散发，氧化速率随时间不断上升（如 Ti）或氧化物升华（如 Mo、W、V）等导致材料快速氧化。低熔点易挥发氧化物的产生往往是造成灾难性高温腐蚀的重要原因之一。

5.4.7 压力容器高温腐蚀的控制

(1) 设计选择适当的金属材料

金属材料在高温环境中的腐蚀行为取决于金属在环境中的热力学稳定性和它们表面生成的氧化皮对腐蚀反应的抑制能力，通常利用合金化来提高合金的抗氧化性。高温抗蚀合金耐蚀原理是合金在腐蚀环境下能形成热力学稳定、能抑制界面化学反应进行的保护膜，如 Cr_2O_3、Al_2O_3、SiO_2 和尖晶石结构的 $NiCr_2O_4$、$NiAl_2O_4$、$CoCr_2O_4$、$FeCr_2O_4$ 等，Cr、Al、Si 等加入到合金中所起的作用即在于它们能生成致密 Cr_2O_3、Al_2O_3、SiO_2 氧化膜隔离了金属与环境介质的接触，减缓了氧化皮的增长速率。选择金属材料时，首先应注意它们的使用温度范围与高温介质的匹配性。如，在空气中，碳钢小于 500℃、珠光体低合金钢 500～650℃、马氏体不锈钢 650～850℃、奥氏体不锈钢 850～1150℃、铁素体不锈钢 1250℃。在 600～800℃的高温空气动载荷条件下，应该选择耐热钢或高温镍基合金。温度在 1000℃以下或是含 S 介质中，主要选择生成含 Cr 元素氧化皮的合金；在温度高于 1000℃的氧化气氛中，则以选择生成含 Al_2O_3 氧化皮的合金为宜。

① 铁及铁基合金材料的高温抗蚀性　金属铁在 570℃以下具有良好的抗氧化性，高于 570℃，抗氧化性急剧下降，生成顺序由内到外 FeO-Fe_3O_4-Fe_2O_3 3 层组成的氧化皮。

碳钢的氧化皮也是由 FeO-Fe_3O_4-Fe_2O_3 3 层组成，故它的抗氧化性和 Fe 的差别并不大，温度高于 700℃时碳钢脱碳严重，因为脱碳时逸出气态 CO_2 使 FeO 氧化皮中出现更多的缺陷，使碳钢比金属 Fe 的抗氧化性更差。

② 合金钢的高温抗氧化性　当使用温度超过 650℃以上，而且需要承受一定的机械负荷时，应使用含有较大量 Cr、Al、Si 和少量稀土元素的合金钢，如不锈钢等。此时生成由 Cr_2O_3、Al_2O_3、$FeCr_2O_4$ 组成的致密的氧化膜来保证高温抗氧化性。

③ 镍基合金的高温抗氧化性　纯镍在高温空气中氧化时只生成一种稳定的氧化物 NiO，

它与基体 Ni 有着相近的热膨胀系数，而且塑性好，可牢固地黏附在镍金属的表面。NiO 的特点保证了 Ni 的抗氧化性优于 Fe，Co，略低于 Cr，它的抗氧化稳定可达 1100℃。

一般镍及镍合金在含硫气氛中的耐蚀性差，含铬的铁基合金较好。常用镍基合金有：

a. Ni-Cr 合金　由于 Cr 的选择性氧化，合金表面可形成致密的 $NiCr_2O_4$ 及 Cr_2O_3 保护膜，使合金的抗氧化温度达 1100℃。

b. Ni-Cr-Al 合金　Al_2O_3 的热稳定性比 Cr_2O_3 更高，合金可以在 1300℃下使用。

④ 含铌耐腐蚀高温合金　用于高温炉管，解决乙烯裂解炉、舰船、飞机、气垫船和发电用的燃气涡轮发动机部件受空气或燃油的盐氛污染而造成的热腐蚀问题。

⑤ 抗 HTHA 选材　增加钢中合金的含量，进而提高碳钢在临氢条件下的稳定性可减缓或避免 HTHA。仅含有 Fe_3C 碳化物的碳钢，其抗 HTHA 的性能大大低于任何一种含 Cr、Mo 碳化物的 Cr-Mo 合金钢，因为 Cr、Mo 碳化物更加稳定，具有更高的抗 HTHA 性能。

API RP 941[3] 根据工业经验绘制了一系列碳钢和低合金钢的不发生 HTHA 的温度和氢分压曲线（Nelson 曲线），在这些温度和氢分压范围，这些钢已经得到成功应用而没有发生 HTHA 造成的破坏。材料牌号主要为 12CrMo、15CrMo、12Cr1MoV 等，不锈钢一般都有良好的抗 HTHA 性能。

热处理，固溶处理使耐蚀合金组织更稳定，并消除内应力。回火处理降低材料焊接接头和冷作成型内应力，特别是 Cr-Mo 钢回火且回火温度越高，形成的碳化物越稳定，抗氢腐蚀能力得到改善。

(2) 控制环境

控制介质中的盐和其他杂质的含量。环境中的 O_2、S 和 NaCl 是导致金属发生热腐蚀的主要环境因素。因此，提高燃料的质量，包括减少燃料中的杂质及添加一些缓蚀剂，可以减轻金属的热腐蚀。

在进行热加工和焊接等工艺操作时，为避免或减少高温腐蚀，需要选择或控制处理气氛，如真空、保护性气体。采用真空热处理是把金属材料放到负压的真空炉中进行加热与冷却处理，可以避免金属的高温氧化。在惰性气体 He 和 Ar 中热处理也同样可避免金属表面高温腐蚀氧化皮的生成，N_2、H_2、CO_2 等也常作为惰性保护气体。但需要根据材料控制温度，否则 N_2 有时会渗入钢中，H_2 有时导致钢的脱碳与氢脆，CO_2 在高温下也具有氧化性。

降低金属表面温度，防止或及时清除换热表面结垢，可以有效地降低高温腐蚀速率。

(3) 表面预处理和覆盖层保护

高温预氧化处理是在设备使用之前将容器或部件放在可获得最佳抗蚀性氧化膜的可控环境中加热。目的是避免在波动的环境介质中出现抗高温腐蚀性低劣的氧化皮，高温预氧化处理不仅可以改善合金的高温抗蚀性，而且还可以改善合金表面的物理、力学性能。预氧化处理工艺参数主要包括预处理气氛的组成与分压、加热温度、加热冷却速率及金属的表面处理等。

当在特定的腐蚀环境中，金属材料自身不能生成保护膜时，可以在金属材料表面附加一层防护层（涂层、衬里等），包括抗氧化、抗硫化、抗热腐蚀和抗冲蚀等覆盖层，如高温合金、金属陶瓷防护涂层来隔离金属与环境的直接接触。

① 金属（合金）材料

a. 在高温介质中不易反应的贵金属 Ag、Au、Pt 等。

b. 可生成抗氧化性优良氧化膜的金属 Ni、Cr、Al 等。

c. 具有优良高温抗蚀性的多元合金，包括 Ni-Cr，Co-Cr 二元合金，Ni-Cr-Si，Co-Cr-Al 三元合金，Ni-Cr-Al-Y 等四元合金，它们高温氧化时可选择氧化或生成尖晶石型高温抗蚀氧化膜。

② 陶瓷材料涂层

a. 致密的氧化物涂层，如 Al_2O_3、Cr_2O_3、ZrO_2 等，其抗氧化温度达 1800℃。

b. 硅化物类陶瓷涂层，SiO_2、Si_3N_4 和 SiC 等硅基陶瓷的抗燃气腐蚀温度可达 1300℃。

c. 抗高温热冲击和高温腐蚀的热障涂层，将基体合金与炽热气体隔开，达到降温目的。最常用的热障材料 ZrO_2-Y_2O_3 与金属材料具有相似的热膨胀系数，同时具有优良的隔热能力。

(4) 内衬耐火材料

炼油、合成氨等气化炉等高温容器、换热器常用耐火隔热材料降低壳体、管板等的金属壁面温度。

5.4.8 压力容器高温腐蚀失效案例

案例 1：反应器分配器接管断裂分析[32]

反应器分布器是合成丙烯腈的重要装置，其作用是将预热 66℃的丙烯和液氨按比例充分混合，并均匀地分布于反应流床上，使其与在流床底部预热上升的热空气反应，从而合成丙烯腈。合成反应室的控制温度为 455℃。反应工艺原理：丙烯与氨进行氧化反应生成丙烯醛，然后丙烯醛再与氨反应生成丙烯腈。在正常运行中，分布器的分布管多次发生断裂。

分布器材质 15CrMo，分布管规格 ϕ22mm×4mm×195mm，设计压力 0.246MPa、操作压力 0.148MPa，介质丙烯、氨、丙烯腈、氢氰酸，设计温度 482℃、操作温度 455℃。

(1) 外观检查

① 断裂均发生在分配器接管角焊缝，检验的 5 根断裂管中有 1 根管子裂纹起始于内壁表面，其余 4 根裂纹均起始于外壁表面。环向断裂，其中有两件带有纵向裂纹，纵向裂纹起始于环向裂纹断口，该裂纹贯穿壁厚，长度分别为 102mm 和 150mm，见图 5-31。

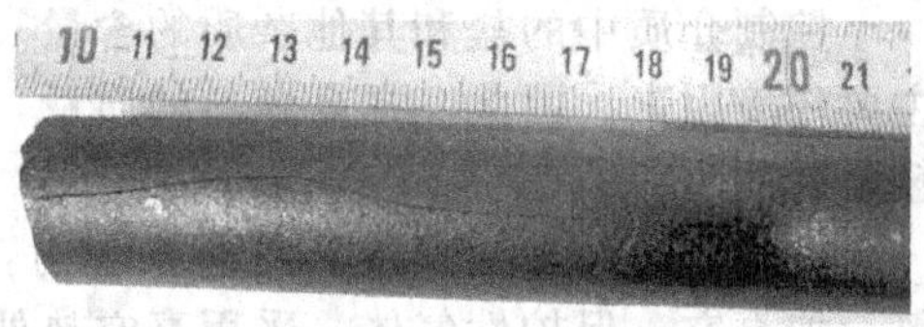

图 5-31 断裂的分配器接管

② 分配器接管表面呈铁褐色，光亮、细腻光滑；断裂前管件未发生变形，无减薄。

③ 环向断口外表面起裂，断面粗糙，有台阶、有腐蚀产物和环向弧线，断面无塑性变形、无减薄、无剪切唇，呈脆性特征。

纵向断口外表面起裂，断面粗糙呈灰色，具有闪亮的小刻面，源区有台阶和腐蚀产物，灰色断面上局部有褐色斑点，断裂面无塑性变形、无减薄、无剪切唇，呈脆性特征。

④ 断裂面壁厚不均匀，壁厚 3.44～4.30mm。

(2) 化学分析

去除管子表面硬化层后，取样分析，结果管子化学成分符合 GB 9948[33] 中的 15CrMo。

(3) 硬度测量

按 GB/T 4340.1[34] 测量了接管横断面内壁向外壁的硬度梯度（HV1.0），见表 5-6。结果表明，内壁因氮化硬度较高，外壁因氧化脱碳硬度相对较低。

表 5-6 接管断面硬度分布 HV

距内表面距离/mm		0.2	0.5	1.0	1.5	2.0	2.5	3.0	3.5	4.0
1#	断口附近	686	683	633	551	467	421	355	302	282
	管端	567	589	561	515	496	533	515	497	393
2#	断口附近	659	603	194	522	506	450	384	398	290
	管端	708	659	563	510	542	533	410	394	235

(4) 金相检验

检验取样部位：断口附近和距断口一定距离任意部位取样，检验结果见表 5-7。

表 5-7　分布管进行组织检验结果

检测部位		金相组织
断口附近	外表面	铁素体+珠光体，存在氧化腐蚀和裂纹，氧化层深度约 0.05mm，局部氧化孔洞深入基体，深度约 0.2～1.2mm，见图 5-32(a)、(b)
	心部	铁素体+珠光体，晶界有碳化物颗粒析出，见图 5-32(c)
	内表面	铁素体+晶界网状氮化物+晶内针状氮化物，氮化层中存在裂纹和孔洞，氮化白亮层深度约 0.2mm，见图 5-32(d)、(e)
距断口一定距离	外表面	铁素体+珠光体，存在氧化腐蚀，氧化层深度约 0.05mm
	心部	铁素体+珠光体，晶界有碳化物颗粒析出
	内表面	铁素体+晶界网状氮化物+晶内针状氮化物，表层存在孔洞、氮化，白亮层深度约 0.5mm

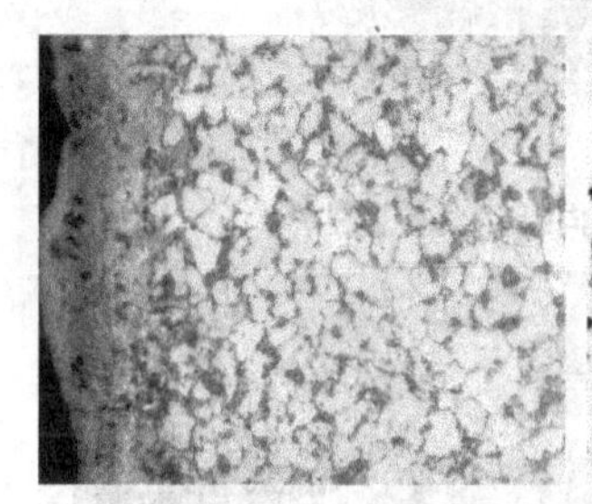

(a)外表面氧化特征及组织

(b)外表面氧化孔洞及裂纹

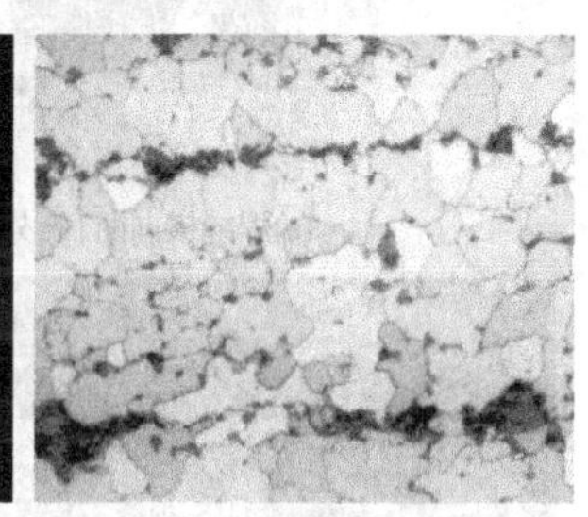

(c)芯部组织

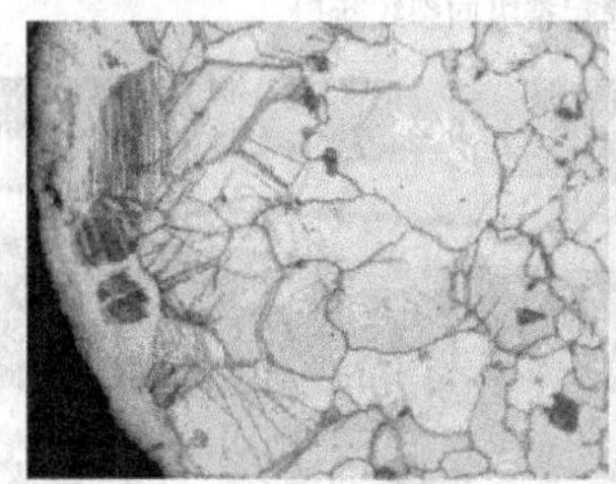

(d)内表面氮化组织

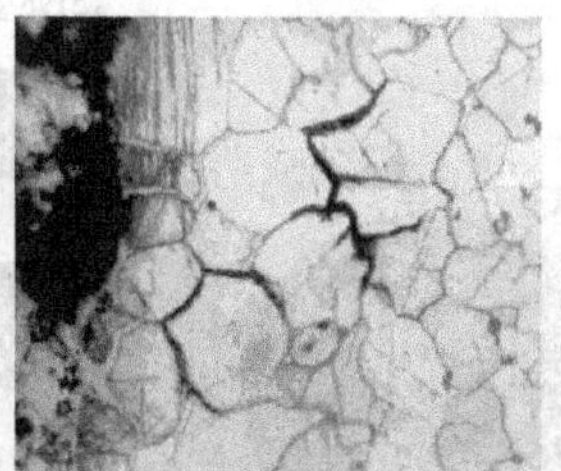

(e)内表面氮化组织及裂纹

图 5-32　断口部位组织特征

组织特点：

① 基体为铁素体+珠光体，渗氮层硬度较高；

② 内表面存在明显的氮化特征，氮化物在晶界网状析出和晶内针状析出，氮含量超过溶解极限时，导致合金变脆；

③ 外壁表面存在氧化腐蚀特征，表面晶粒有所长大，氧化孔洞深入基体，破坏基体连续性，表面氧化层及氧化裂纹产生应力集中，成为裂纹起始源点；

④ 接管材料存在氮化、氧化孔洞和裂纹、碳化物晶界析出等高温劣化特征；

⑤ 断裂部位与其他部位无显著区别。

(5) 断口分析

宏观特征如下。

① 环向断口表面起裂，断面粗糙，有起伏、台阶、腐蚀产物和环向弧线，断面无塑性变形、无减薄、无剪切唇，呈脆性特征，见图 5-33（a）、（b）。纵向断口外表面起裂，断面粗糙呈灰色，具有闪亮的小刻面，源区有台阶和腐蚀产物，灰色断面上局部有褐色斑点，断裂面无塑性变形、无减薄、无剪切唇，呈脆性特征，见图 5-33（c）。

② 分配器接管已脆化，取样过程中即可产生断裂，断口特征见图 5-33（d）、（e），断面粗糙呈灰色，具有闪亮的小刻面，断面无塑性变形、无减薄、无剪切唇，呈脆性特征。

③ 纵向新断口断面除了以上脆性特征外，局部有褐色氧化腐蚀区域，均分布在外壁及

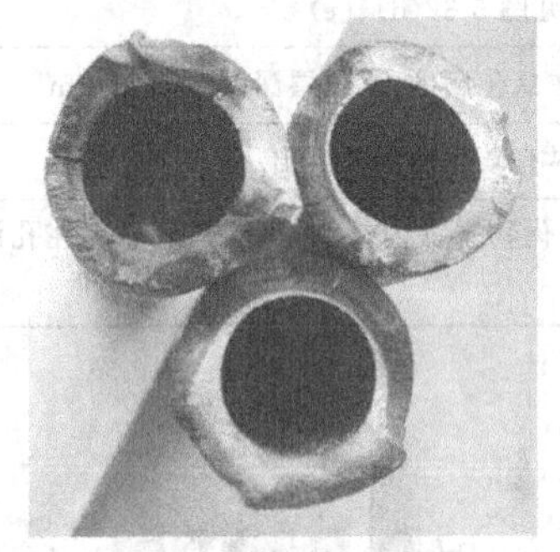

(a)焊缝横向断口(外壁起裂)

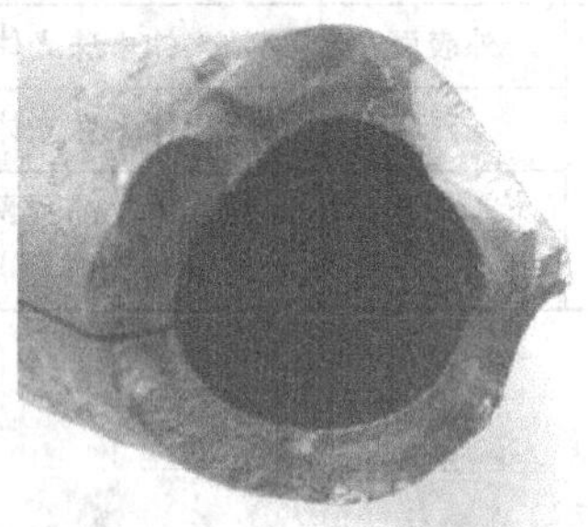

(b)焊缝横向断口(内壁起裂)

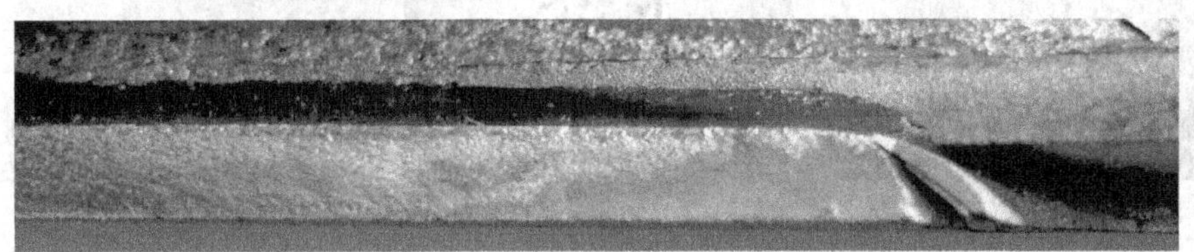

(c)外壁起裂纵向裂纹断口

(d)新断口(横向)

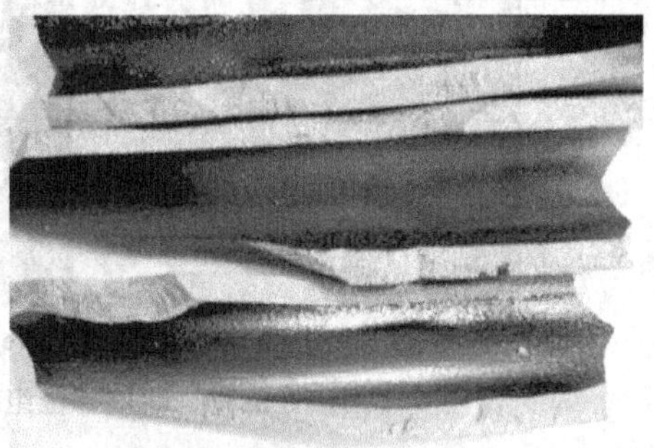

(e)新断口(纵向)

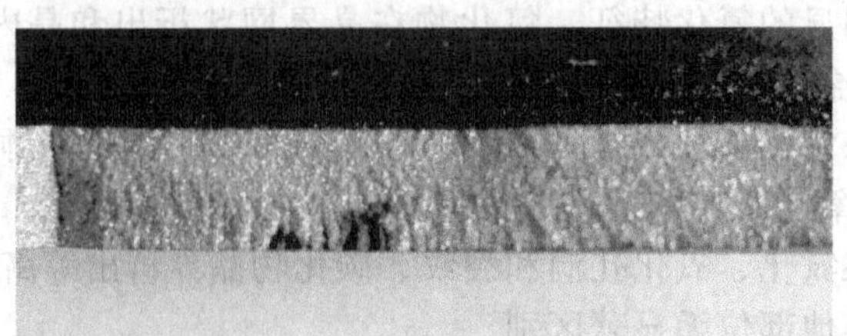

(f)纵向新断口外壁氧化特征

图 5-33 断口宏观特征

其附近，见图 5-33（f）。

微观形貌分别取环向断口、纵向断口和新断口进行电子显微镜分析，断裂微观形貌基本相同，呈混合断裂特征。

① 环向裂纹断口和纵向裂纹断口均为氧化腐蚀产物覆盖，在裂纹尖端可观察到以解理为主，少量沿晶和晶界孔洞特征，见图 5-34（a）、（b）。氧化腐蚀区存在腐蚀产物。

② 新断口断裂形貌以解理为主，伴有沿晶裂纹和晶界孔洞，见图 5-34（c）。

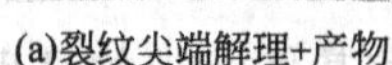
(a)裂纹尖端解理+产物

(b)横向裂纹断口解理+沿晶+晶界孔洞

(c)新断口 解理

图 5-34 断口微观形貌

断口分析结果：

① 环向裂纹均分布在接管焊缝处，绝大多数裂纹起始于外壁，和高温氧化有关；

② 纵向裂纹都存在表面氧化和内氧化特征，与高温氧化有关；

③ 接管沿晶裂纹和晶界孔洞等断裂特征，表明材料明显脆化和劣化；

④ 材料氮化是接管脆化的主要原因。

（6）结论

① 接管断裂是高温损伤引起的脆性开裂。

② 接管材料发生了组织劣化和性能劣化。

③ 接管内外环境气氛不同，形成不同的高温损伤，外壁以氧化腐蚀为主，内壁以氮化腐蚀为主；氨在高温下分解产生活性氮原子，对材料产生了氮化腐蚀是造成材料脆化的主要原因。在分布器的工况条件下，分布管外表面氧化腐蚀，导致表面晶界氧化裂纹萌生；管内介质 NH_3 分解导致内壁渗氮，生成氮化物材质脆化；在振动作用下，由管内、外壁起裂，导致失效。

案例 2：表面蒸发空冷器管腐蚀失效分析

重油催化裂化、两酸、连续重整、产品精制和酚精炼装置中的表面蒸发空冷器管件受到不同程度的腐蚀。管子材质 10 和 20 钢。

（1）宏观检查

① 重催　外壁存在大片较厚的、坚硬的氧化皮，呈红褐色，壁厚无明显的减薄；内壁呈铁褐色，见图 5-35（a）。

② 连续重整　外壁有腐蚀产物，表面呈红褐色，壁厚无明显的减薄；内壁呈铁褐色，见图 5-35（b）。

③ 两酸　内外均有少量腐蚀产物，外壁呈铁锈红色，管壁厚略有减薄，见图 5-35（c）（上）。

④ 产品精制　内外壁均有腐蚀产物，外壁呈铁锈红色、黄色和黑色，易剥落，表面呈腐蚀坑；管内为铁褐色，管壁厚无明显的减薄，见图 5-35（c）（下）。

⑤ 酚精炼　外壁呈黑色，壁厚无明显的减薄，见图 5-35（d）。

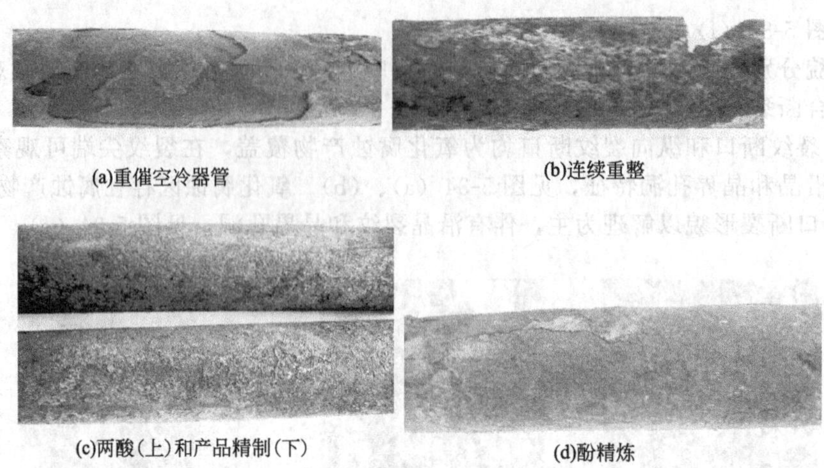

图 5-35　各装置管件外壁腐蚀形貌

(2) 腐蚀微观形貌

电子显微镜下观察腐蚀形貌特征主要是腐蚀产物、腐蚀坑和基体组织的显现，如图5-36所示。

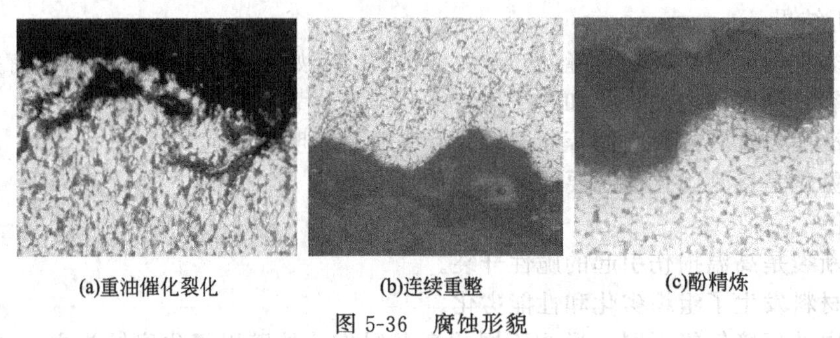

图 5-36　腐蚀形貌

(3) 金相组织

分别进行了组织和表层腐蚀观察、球化级别评定、晶粒度评定。

① 产品精制　组织为铁素体＋珠光体，珠光体已球化，开始在晶界聚集，球化 3 级(轻度球化)，内外壁都存在腐蚀坑和腐蚀产物，晶粒度 6.5 级。

② 两酸　组织为铁素体＋珠光体，珠光体已球化，开始在晶界聚集，球化 3 级（轻度球化)，内外壁都存在腐蚀坑和腐蚀产物，晶粒度 7 级。

③ 重油催化裂化　组织为铁素体＋珠光体，珠光体未球化，内壁有腐蚀产物和腐蚀坑，晶粒度 8 级。

④ 连续重整　组织为铁素体＋珠光体，呈带状，珠光体未球化，内壁有腐蚀产物和腐蚀坑，晶粒度 8 级。

⑤ 酚精炼　组织为铁素体＋珠光体，珠光未球化，内外壁都存在腐蚀坑和腐蚀产物。晶粒度 6 级。

金相检验反映了以下问题：

① 产品精制和两酸的管件组织中珠光体已经开始分解，产生轻度球化，说明管件使用温度较高；

② 所有管件内外壁都存在腐蚀坑和腐蚀产物；

③ 重催管件虽然组织球化特征不明显，但外壁腐蚀产物较厚，氧化腐蚀孔洞已深入基

体 0.2mm，说明其使用温度也较高。

（4）腐蚀产物分析

从管件上取垢物粉末进行 X 射线成分分析，分析结果，腐蚀产物中含有大量的 O、S、Fe 等元素，产物中主要是铁的硫化物和氧化物。其中两酸和酚精炼管件产物中还含有较多的其他元素。

（5）结论

管线因高温氧化和高温硫腐蚀造成全面腐蚀失效。从腐蚀产物分析和腐蚀形貌上看，这些管子主要遭受了高温氧化和高温硫腐蚀，腐蚀特征为全面腐蚀。

案例 3：毫秒炉炉管爆裂原因分析

某石化厂毫秒炉炉管使用美国的 Incoloy 800H 合金，辐射区裂解炉管规格为 ϕ40mm×5.7mm×12000mm，辐射出口过渡管规格为 ϕ60mm×7.84mm，裂解炉管设计温度 1093℃、寿命 50000h。炉膛实际操作温度 1060℃，裂解气出口温度为 860℃，裂解时间为 0.03s。在正常运行中发生炉管爆裂。

炉管使用石脑油作为裂解原料，裂解生成乙烯、丙烯。裂解过程会在炉管内壁形成结焦，需要周期性的烧焦，以保证裂解持续进行。烧焦周期由原来为 15d 缩短至 5d 左右，烧焦时的起始温度为 820℃，末期达 890℃。烧焦时空气和水蒸气混合之比为 1∶0.9。一段时间来石脑油干点从 184℃提高到 220℃。

（1）破坏管段的检测分析

从现场取运行了将近 3a 的 1 根辐射出口过渡段炉管和 4 段辐射区裂解炉管，分别为距离炉底 3m、5m、6m 和 9m，1 根运行了 0.5a 的炉管。

① 宏观检查　爆裂管段为距离炉底 9m 的管段。外径为 ϕ40.5mm，内径为 ϕ30mm，破口为纵向开裂，管内壁呈黑色，爆裂破口为深灰色。管段用锤敲击极易破碎，已无强度和韧性。目视观察碎块发现靠近内壁一周为黑色，无金属光泽，深度为 1～3mm。靠近外壁为白亮色，有明显金属光泽。

② 金相检查

a. 运行 0.5a 的裂解炉管　分别按照距离炉底 3m、5m、6m 和 9m 处取样进行金相检验。金相组织见图 5-37。可见，管内壁渗碳层的深度一般在 0.2～0.5mm 之间，并发生了比较轻微的沿晶界的氧化现象，氧化层的厚度在 3～4 个晶粒之间。在此区域内，晶界上除了氧化物之外还有碳化物，晶内有大量的颗粒状的碳化物，在中间区域为正常的奥氏体组织。列管外壁可以看到晶界和孪晶界上有粒状的析出物使得晶界和孪晶界成为链状组织形态，而在晶内则有大量的粒状、块状和棒状碳化物析出。

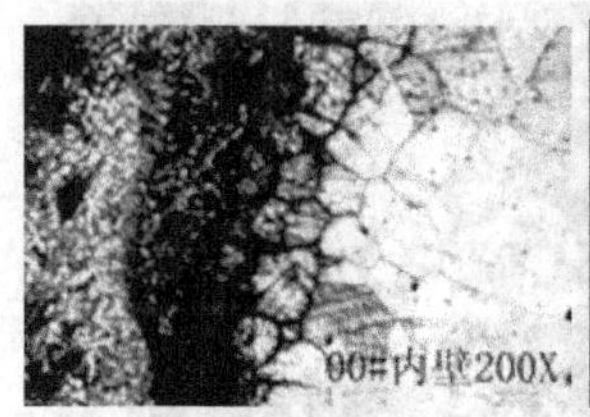

(a)内壁渗碳层

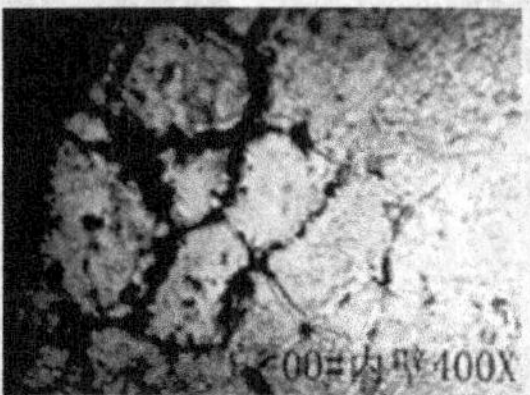

(b)内壁氧化层

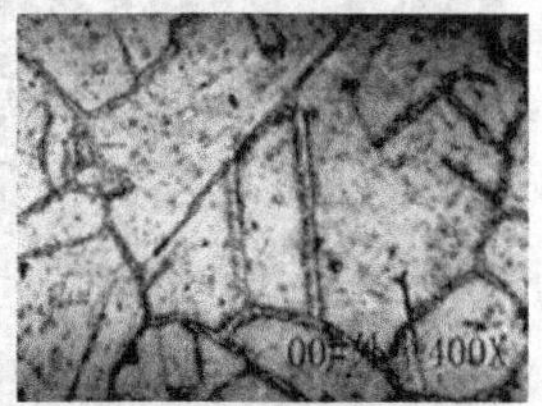

(c)外壁晶内和晶界碳化物析出

图 5-37　使用了 0.5a 的炉管金相组织

b. 运行 3a 的辐射区裂解炉管　距离炉底 9m 的炉管段的金相组织，见图 5-38，渗碳几乎已经贯穿整个壁厚，并且含有纵向穿透性裂纹。管内壁渗碳并氧化严重，呈现为沿晶界的氧化现象，同时向晶内发展，使得晶内的组织成为岛状。内壁黑色层为沿晶网状结构形态，在黑色层与白色区交界处，可看到有黑色线条向外壁伸延，即微裂纹，金属白色区有明显的颗粒状碳化物。氧化区与非氧化区交界处可以看到氧化过程沿晶界向外壁方向扩展，形成裂纹。非氧化区碳化物沿晶成串分布，晶内也有大量大块状碳化物。裂纹起源于渗碳和未渗碳层之间，然后向内壁和外壁沿着径向的晶界扩展最终导致沿晶界断裂，见图 5-39 和图 5-40。

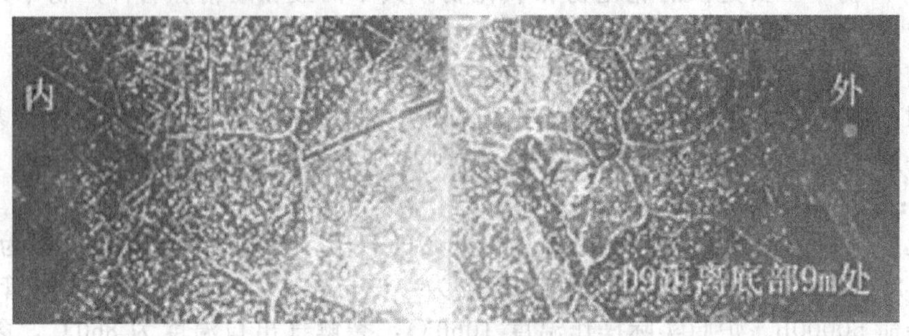

(a)整个壁厚渗碳层深度

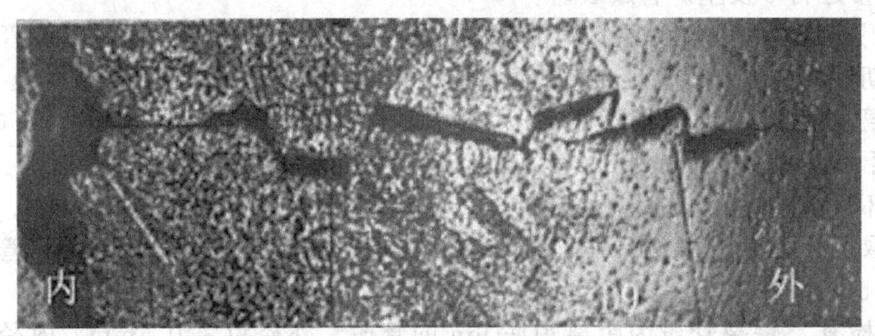

(b)穿透性裂纹

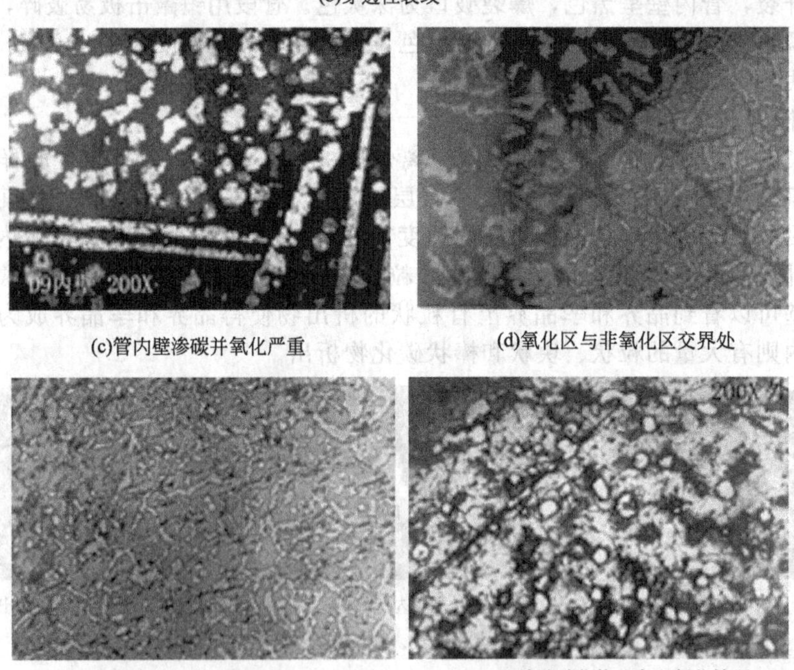

(c)管内壁渗碳并氧化严重　(d)氧化区与非氧化区交界处

(e)非氧化区碳化物沿晶分布　(f)外壁碳化物分布和氧化情况

图 5-38　距离底部 9m 处的渗碳和氧化情况

距离底部 6m 处的金相组织。渗碳和氧化情况比较轻，在晶内碳化物为细小的颗粒状，有轻微孪晶出现。块状碳化物在内壁晶界析出不连续，在外壁晶界上几乎观察不到。距离底部 5m 和 3m 处的渗碳和氧化情况比距离底部 9m 处更轻，内壁沿晶氧化有 2～3 个晶粒深。与使用 0.5a 的炉管金相组织一致。

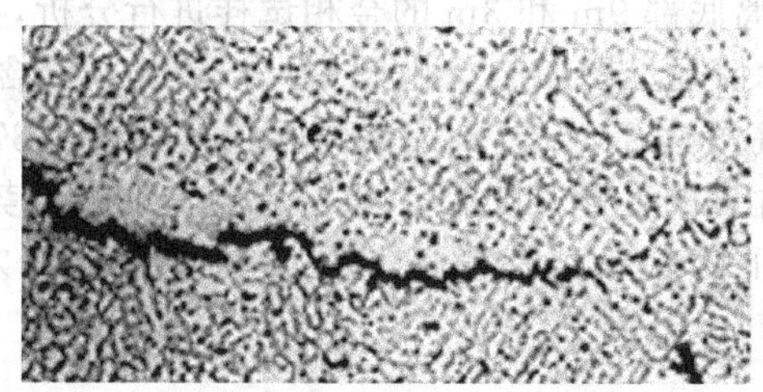

图 5-39 焊缝附近的裂纹

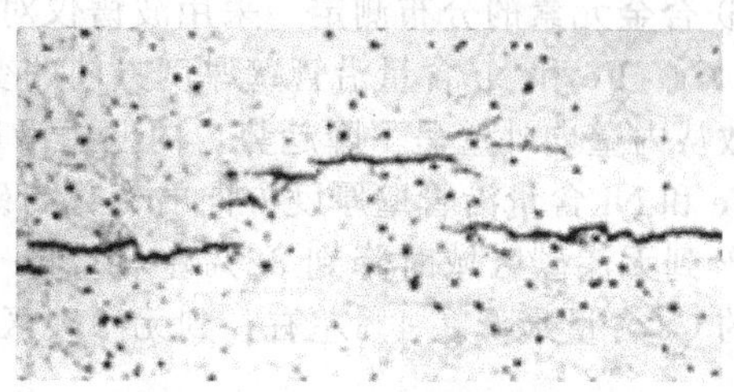

图 5-40 检测的炉管上发现的裂纹

从以上的金相组织分析中可以得到以下的共同特点：随着炉管距离底部越远，炉管温度越高，渗碳和氧化的程度就越严重。从金相组织看，距底部 6m 以上渗碳层的厚度逐渐增加，达到 9m 时，已经几乎到达外壁。随着温度升高，碳化物在晶界和晶内由细小的颗粒状析出发展到呈块状和棒状析出，在晶界由细小的珠状发展成粗大的块状和棒状的链条。氧化层深度也在加大，从沿晶界到向晶内扩展，加深加宽，严重时使晶内组织成为岛状。氧化区与非氧化区交界处可以看到氧化过程沿晶界向外壁方向一直扩展，形成裂纹。另外，在 6m 以上的管段，逐渐出现孪晶组织，这种组织与滑移线相似，越来越粗大，成为片层状组织。这与渗碳过程中产生的体积应力和热应力引起的材料变形有关，当奥氏体组织产生滑移后，随后渗入的碳在滑移面上沉积并以碳化物的形式析出而形成的特殊组织。在与受力方向成为合适的夹角时，最容易产生裂纹。

③ 断口分析 用扫描电镜观察爆裂管的破裂处，断口以沿晶为主、晶界表面有大量的碳化物碎片和凹坑，见图 5-41。观察敲碎的管段碎片断口，以穿晶形态为主，其特征为解理小平面，晶界清楚，见图 5-42。在靠近管内壁的黑色层，晶界和晶内均有很多碳化物碎片，而在靠近外壁的金属光泽区这种碎片明显减少，见图 5-43。

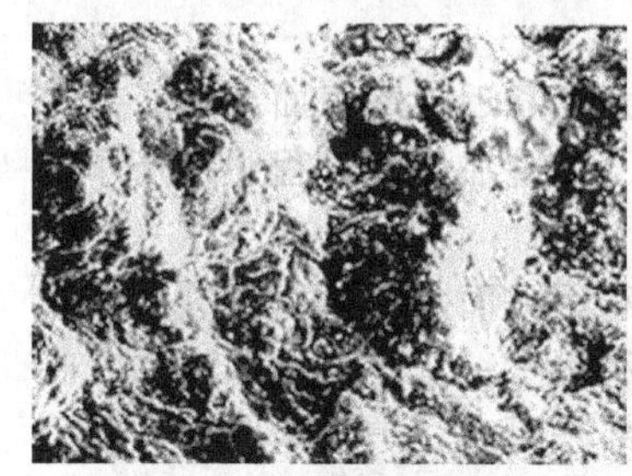

图 5-41 爆裂管的破裂处

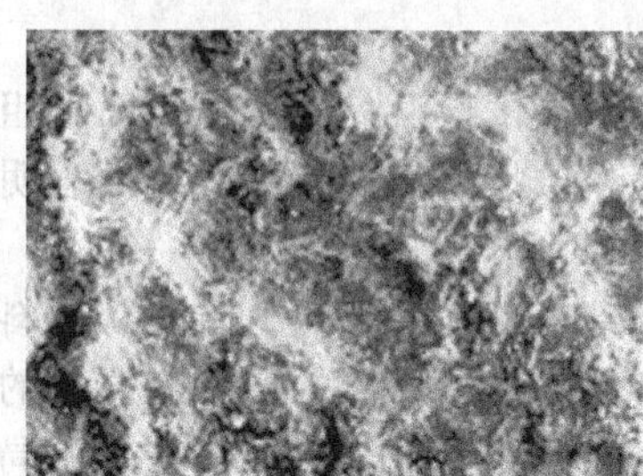

图 5-42 敲碎的管断口

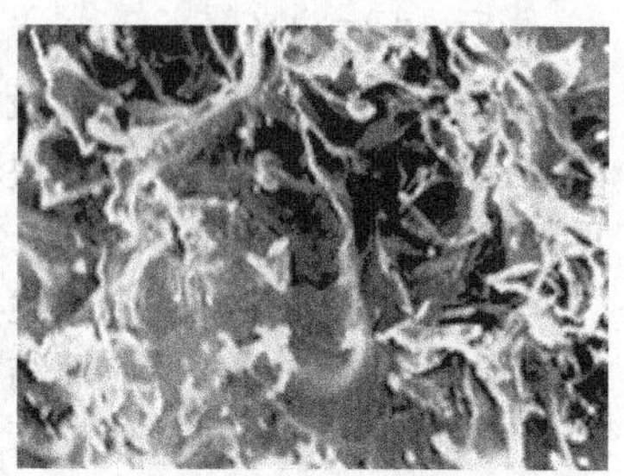

图 5-43 外壁附近

④ X 射线波谱和能谱探针分析 对爆管段金相样品内壁黑色层的黑色网状组织和外壁附近金属光泽区进行 X 射线波谱分析，通过对 C 和 O 元素的对比分析可以发现，在黑色网状组织中明显特点是含有较多的 C、O 和 Cr，而金属光泽区沿晶界的白色碳化物网状组织中未见氧元素分布。这证明了黑色网状组织的形成是由渗碳引起的沿晶碳化物，经过进一步的氧化所致。采用能谱分析黑色网状组织中 Cr 含量比较高，而 Fe 和 Ni 的含量相对比较低，这通过能谱的元素面分布分析结果得到进一步证实。

⑤ X 射线衍射分析 对距离底部 9m 的管段的金相试样的渗碳层、渗碳层的前沿和离渗碳层比较远一点的非渗碳层 X 射线衍射分析结果。表明渗碳层中的碳化物是 M_7C_3 型，渗碳层的前沿和离渗碳层比较远一点的非渗碳层的碳化物是 $M_{23}C_6$ 型。对于炉管内壁和外壁

进行X射线衍射分析。炉管外壁氧化皮中的氧化物为Cr_2O_3和$NiFe_2O_4$；而内壁氧化皮中的氧化物为Cr_2O_3和Fe_3O_4。

⑥ 合金元素的分布测定　采用波谱仪对距离底部9m和3m的金相试样进行分析，测量出C、Cr、Fe和Ni含量沿管壁厚度方向的变化情况见图5-44。由图中可以看出，C含量质量分数从内壁向外壁呈下降趋势，内壁边沿最高可达2.8%，到无渗碳区域时降到0.37%左右；Fe和Ni含量沿管壁厚度方向的变化与碳含量的变化相类似，基本上也呈下降趋势，N从47%到无渗碳区域时降到32%左右；Fe的下降趋势稍有缓解，从49%降到45%左右；内壁的Cr含量最低在4%左右，到无渗碳区域时上升到22%左右。

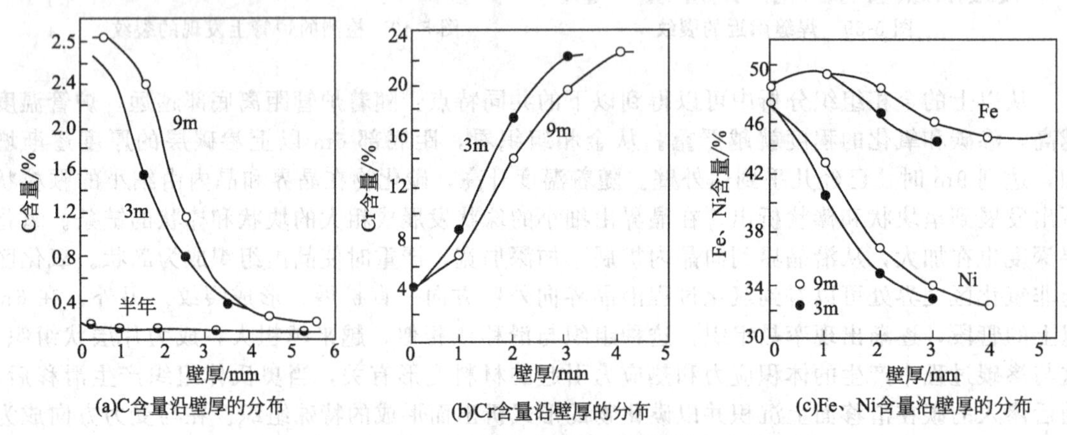

图5-44　C、Cr、Fe和Ni含量沿管壁厚度方向的分布

合金元素含量沿管壁厚度方向的变化与炉管的渗碳现象有关，因为在渗碳层中形成的是以M_7C_3为主的碳化物，所以在渗碳层中C含量比较高而Cr含量比较低，Fe和Ni的含量相对升高。正是由于渗碳后Cr含量比较低，造成了炉管内壁耐腐蚀和抗氧化性能的下降，是渗碳引起炉管开裂的原因之一。

(2) 分析讨论

检验结果表明，爆裂管段管壁碳化物沿晶网状分布已很粗大、靠近内壁表面出现了严重的沿晶氧化现象；晶内也有块状和条状碳化物析出，从而表明了炉管在使用过程中经历了严重的渗碳和氧化过程。

由于结焦生碳，就会给生产带来不良的影响。首先从原料利用方面来看，由于裂解生成的乙烯、丙烯进一步反应而结焦，降低了烯烃的产率和原料的利用率；从生产操作来看，在炉管内壁的结焦生炭会使炉管表面温度上升。有结焦的地方局部热阻大，炉管壁厚方向温度梯度变大，导致炉管表面出现局部过热点，使得炉管内达不到正常的裂解温度。

裂解管中的气体在高温下是一种渗碳气氛，活性很高的碳吸附在金属表面，沿着管壁逐层扩散渗透，所以渗碳是碳向合金基体扩散的过程。在初始碳化物长大和晶粒内析出$M_{23}C_6$的阶段，随着碳的进一步渗入，$M_{23}C_6$转变为M_7C_3并伴随碳化物长大。由于碳是由内壁逐层向管外壁渗透的，所以，炉管管壁的组织也是沿壁厚方向逐层的由$M_{23}C_6$向M_7C_3转化。

结焦产生炉管内壁的严重渗碳，影响炉管的强度和韧性，特别是钢管的热膨胀系数比固体焦层的大，若在停炉前未经清焦，则在炉膛冷却过程中炉管收缩要比焦层快，收缩的幅度比焦层大，使炉管外壁会受到拉应力，经过多次热变化，易使炉管出现疲劳而破坏，严重影响炉管的使用寿命。

渗碳应力是造成渗碳炉管的最终破坏的主要因素之一，所观察到的渗碳炉管主要是以蠕变断裂的破坏型式出现。渗碳应力与渗碳层厚度有关，炉管在室温下的应力释放测定表明，宏观渗碳深度达到壁厚 40%～50%的炉管，炉管的渗碳层和未渗碳层之间的渗碳应力最大。所以，裂纹起源于渗碳和未渗碳层之间，然后向内壁和外壁沿着径向的晶界扩展最终导致沿晶界断裂

另外，炉管内结焦减小介质的流通截面，结焦严重时甚至阻塞炉管，使管子温度异常升高，加速氧化和渗碳进程。

(3) 结论

随着石脑油干点的提高，其中的重组分增加，裂解过程中的碳势大大提高，形成很强的结焦渗碳过程；而在烧焦过程中通入空气和水蒸气，使氧含量提高、氧化性增大，内壁附近的碳化物向氧化物转化，因而形成了内壁氧化物沿晶网状分布。由于结焦渗碳和烧焦氧化过程的交互变化，频率加快，炉管本身的受热变化和温度的不均匀分布而产生了热疲劳过程，在氧化区与非氧化区之间出现了微裂纹。随着裂纹的扩展和长大，导致了爆裂管事故的发生。

案例 4：毫秒炉炉管外壁腐蚀原因分析

毫秒炉曾在一段时间里采用渣油作燃料加热炉管，在短短的几天内，发现管外壁出现许多的腐蚀坑，有的蚀坑连成串或连成片，形成了溃疡状的腐蚀形态。

(1) 检测与试验

① 现场金相覆膜检验。在炉管外表面未见裂纹，为正常的奥氏体组织。

② 油品和腐蚀产物分析。能谱分析结果，炉管外壁腐蚀产物、渣油的灰分和渣油烧结后产物中含有较多的 S 以及 Na、Al、Si 和 Ca。

渣油成分分析结果：S 质量分数 0.13%～0.17%、N0.4%和微量的 Pb、V。

(2) 实验室模拟腐蚀试验

试验分为 2 部分。第一部分在空气和渣油介质条件下进行对比试验，将未使用过的毫秒炉炉管制成的试样，放入盛有渣油的坩埚中，在马弗炉中进行加热腐蚀试验，结果见表5-8。由此可见，试样在渣油中的腐蚀失重比在空气中氧化的失重要大。

表 5-8 渣油热腐蚀试验结果

样品	介质	温度/℃	时间/h	腐蚀速率/$g \cdot m^{-2} \cdot h^{-1}$
1	渣油	950	5	2.75
2	渣油	950	5	1.25
3	空气	950	5	0.88
4	渣油	750	6	1.12
5	渣油	750	6	1.62
6	空气	750	6	4.88

第二部分试验是在 $Na_2SO_4+V_2O_5$ 介质中进行，$Na_2SO_4:V_2O_5=1:3$，试验温度分别为 700℃、800℃和 900℃。试验时间为 17～18h。同样是将未使用过的炉管制成的试样，试样埋入盛有 $Na_2SO_4+V_2O_5$ 介质的坩埚中，在马弗炉中进行加热腐蚀试验，试验结果图 5-45。

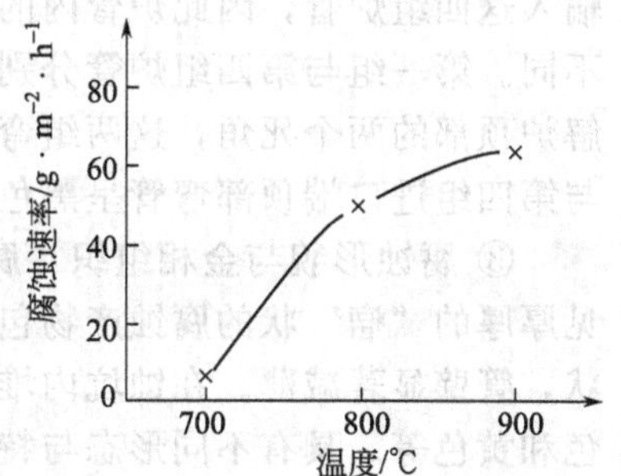

图 5-45 热腐蚀试验的腐蚀速率与温度的关系

试验结果表明：随着温度升高，热腐蚀试验的腐蚀速率加大。试样的金相组织没有发生变化，仍然是正常的奥氏体组织。

(3) 结论

对于毫秒炉炉管，单纯的硫腐蚀作用，炉管不会发生如此严重的腐蚀。由于该厂的渣油中含有 S 和 V，渣油的

烧结物中含有S和Cl等有害元素，在渣油的燃烧过程中这些有害元素形成$Na_2SO_4+V_2O_5$高温熔融盐的热腐蚀环境，导致被炉管快速腐蚀。

案例5：乙烯裂解炉弯管腐蚀原因分析

某厂乙烯裂解炉是从日本引进的设备，炉管材质为日本的HK-40改良型合金，其设计寿命为10^5h。投产后，经过20000 h多的运行，发生了裂解炉顶部90°弯管腐蚀穿孔喷火事故，被迫停炉更换弯管。后经多次对弯管的壁厚测定发现每台炉子的第1和第4组炉管进口端顶部弯管壁厚普遍减薄，一般每年要减薄3～4mm，不得不经常更换。

乙烯裂解炉炉管材料采用HK-40改良型合金，其主要成分列于表5-9。

表5-9 HK-40改良型合金的化学成分（质量分数） %

元素	C	Si	Mn	P	S	Cr	Ni	Mo	Fe
标准值	0.35～0.50	<1.75	<1.6	<0.04	<0.04	23.0～27.0	38.5～41.0	<0.5	余量
分析值	0.47	1.11	0.97	<0.01	0.006	24.16	40.10	0.079	余量

炉管形状和尺寸为：进口段直管为120mm×50mm，壁厚13mm，长为12m的扁形管；炉管直管采用ϕ145mm熔造管，壁厚约19mm，长12m。弯管采取整体铸造，90°弯曲呈L形，壁厚在20～23mm左右。炉管与弯管的连接采用焊接方式。

裂解炉的工作条件为原油经过常压塔蒸馏，所得的煤柴油经过换热器和对流段预热，再配入1∶0.75比例的蒸汽进入裂解炉炉管，对流段出口的油气的温度设计为665℃，实际操作低于620℃。辐射段每组炉管进口端第一只90°弯管内壁的温度估计为500℃。气流流速为$110m \cdot s^{-1}$。反应管出口压力为0.21MPa。裂解炉炉膛用油气燃烧加热，炉膛最高温度为1130℃，压力为负压。

（1）检测分析方法与结果

① 油品　煤柴油是原油的蒸馏产物，原油的质量直接影响到煤柴油的质量。在原油较好时，其总含硫量在0.12%（质量分数）左右，所得的煤柴油含硫量在0.02%～0.03%（质量分数）左右；而当原油较差时，其总含硫量可达0.31%（质量分数），所得煤柴油含硫量一般达0.06～0.07%（质量分数）左右，最高含硫量达到0.15%（质量分数）左右。

1978年和1979年的煤柴油含硫量一般都较高［含硫量经常超过0.06%（质量分数），峰值可达0.15%（质量分数）左右］。弯管第一次腐蚀穿孔破坏发生在1979年6月，而后在1979年8月至1980年8月更换了4只受过严重腐蚀的弯管。

② 腐蚀破坏炉管的位置　乙烯裂解炉共有5座，每座裂解炉内有并联4组炉管，炉管的配置如图5-46所示。只有第一组和第四组炉管的进口端顶部90°弯管内壁发生严重腐蚀，而第二组与第三组炉管对应部位的弯管内壁腐蚀却相对轻微。煤柴油混合气体经对流段同时输入这四组炉管，因此炉管内的介质条件应基本类似，它们的差别主要在于炉管的位置有所不同。第一组与第四组炉管分别位于裂解炉膛的两侧靠近炉墙，进口端顶部弯管分别位于裂解炉顶部的两个死角，这两组弯管的实际温度相对较低。在炉子运行时可以观察到：第一组与第四组进口端顶部弯管呈黑色，而第二组与第三组的呈暗红色。

③ 腐蚀形貌与金相组织　腐蚀发生于弯管内壁的上半部弯曲的局部区域。这里可以看见厚厚的“瘤”状的腐蚀产物包，剖开瘤包有明显分层，且管内壁因遭受局部腐蚀出现凹坑状，管壁显著减薄。在蚀坑内堆积着的层状腐蚀产物有红褐色、灰黑色、黑色还夹杂着黄绿色和黄色等。具有不同形态与特征的分层，大致可分为8层。腐蚀产物与管壁之间有一定的黏着性，不易剥离。腐蚀产物厚度不均匀，厚的地方可达10mm以上，如图5-47所示。弯管内壁的下半部腐蚀一般很轻。

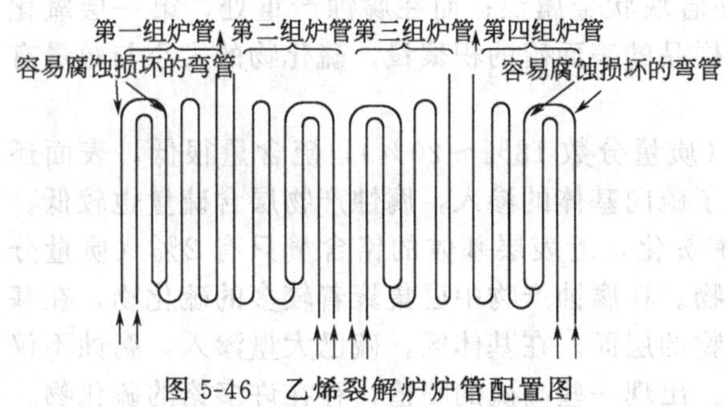

图 5-46　乙烯裂解炉炉管配置图

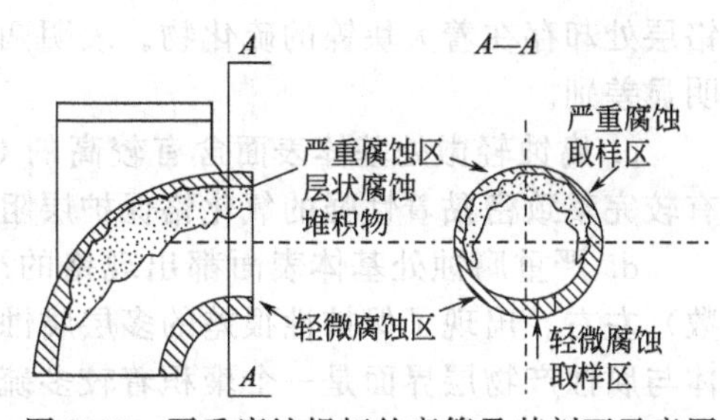

图 5-47　严重腐蚀损坏的弯管及其剖面示意图

④ 腐蚀产物的 X 射线分析　腐蚀产物的 X 射线衍射分析样品是从腐蚀层逐层剥离研成粉末，使用 Cu 靶进行分析，腐蚀产物各层的相列于表 5-10。

表 5-10　腐蚀产物各层的 X 射线衍射分析结果

腐蚀产物层的层次	腐蚀产物		
	主要相	次要相	可能存在的相
第一层	Cr-O，Ni_3S_2，Fe_3O_4，Ni(Fe)尖晶石	Ni_3S_4，Fe_7S	Cr_3O_4，NiS_2
第二层	Ni_3S_2，C，Fe_3O_4，Cr-O，Ni(Fe)尖晶石	Ni_3S_4，Fe_7S_6	Ni(Fe)，Fe_3S_4
第三层	Ni(Fe)，Cr-O，Ni(Fe)尖晶石，Fe_3O_4	Fe_3S_4，C	
第四层	Ni(Fe)，Cr-O，Ni(Fe)尖晶石，Fe_3O_4	CrO_2	Ni_3S_2
第五层	Ni(Fe)，C，Ni(Fe)尖晶石，Fe_3O_4	Cr-O	
第六层	Ni(Fe)，Ni_3S_2，Ni(Fe)尖晶石，Fe_3O_4	Fe_3S_4，Cr-O	FeS_2，Ni_7S_6
第七层	Fe_3O_4，Ni(Fe)，Ni_3S_8，C		Fe_7S_8
第八层	Fe_3O_4，Cr-O，$NiCr_2O_4$，C，Ni(Fe)尖晶石	Ni(Fe)	Ni_3S_2，NiO

分析表明腐蚀产物的各层相组成极复杂，它由多相混合构成。

a. 铁的氧化物在各层中普遍存在，它以 Fe_3O_4 和尖晶石型氧化物的形式成为各层的主要相之一。铬的氧化物主要以含氧不确定的 Cr-O 相存在，尤其在第 1 层最集中；镍以 $NiCr_2O_4$ 和 Fe（Ni）尖晶石型氧化物相存在。在第 3～7 层中都证明存在大量的金属镍（铁）相。

b. 在腐蚀产物的许多层中，硫化物也大量存在。其中主要是镍的硫化物（如 Ni_3S_2 等），其次是铁的硫化物（如 Fe_3S_4 等）。镍和铁的硫化物在第 1、2、6 和 7 层中以主要相存在。

c. 在腐蚀产物各层中 C 也普遍存在，在第 2、4、5 和 8 层中都有较多的 C。

此外，用 Co 靶对腐蚀产物各层进行 X 射线衍射分析，所得的结果与上述用 Cu 靶的结果基本相同。只是用 Co 靶分析的结果中第 6 层和第 7 层中除了氧化物和硫化物外，还确定有结晶硫存在。

⑤ 腐蚀样品的电子探针分析　通过电子探针检测，从受腐蚀的基体到腐蚀产物最外层都有较高的 S 含量。有许多硫的高峰值，表明腐蚀产物含有大量硫化物且 S 含量很不均匀。选择有代表性的部位进行定点元素分析。

a. 轻微腐蚀处其腐蚀产物层中高硫含量只维持在离界面很近的区域（20μm）以内；而严重腐蚀处其腐蚀产物层中的高硫含量可以延伸至离界面很远的地方。

b. 在轻微腐蚀处第一层氧化铬层还存在着块状金属镍；而在腐蚀严重处，第一层氧化铬层处却存在着大块镍的硫化物。表明两种样品的表面硫的积聚量，硫化物的大小与数量有明显差别。

c. 腐蚀轻微处基体表面含有较高的 Cr（质量分数 18%～20%），硫含量很低，表面还有较完整致密黏着性强的氧化铬保护层阻止了硫向基体的渗入，腐蚀产物层含硫量也较低。

d. 严重腐蚀处基体表面都出现铬的严重贫化，近表层基体的铬含量只有 2%（质量分数）左右。出现了保护性很差的多层腐蚀产物。在腐蚀产物中已集聚着较多的硫化物，在基体与腐蚀产物层界面是一个聚积着较多硫化物的层面。在基体区，硫已大量渗入，腐蚀不仅沿着晶界，而且向晶内扩展。在腐蚀的前沿，出现一些高硫的峰值，存在许多铬的硫化物。

（2）讨论

① 管内气氛和腐蚀类型　裂解炉的工艺气氛是一种由多种气体、油和水蒸气组成的多相混合物。煤柴油中往往含有较高的硫份，硫和硫的化合物在局部管壁黏附、集聚和堆积，从而进一步升高硫势。因此，裂解炉管内为氧和硫共存的腐蚀气氛。但管内介质温度 500℃左右，可以排除高温硫腐蚀因素。

② 金属氧化-硫化腐蚀原理　金属硫化物离子缺陷的浓度往往远大于相应的氧化物中的浓度，例如镍的硫化物中的缺陷浓度至少比镍的氧化物高 2 个数量级。使金属离子更易向外扩散，因此硫化物比氧化物更易生长。这些硫化物的部位往往成为金属离子加速向外扩散的渠道。金属硫化物分子体积大，锈层中应力就大。特别是在氧化物中夹杂着硫化物时，就会增加氧化膜应力，使其产生裂纹和沟槽而加速破坏。

有些金属硫化物的熔点很低，容易生成低熔点共晶物。如 Ni 和 Ni_3S_2 在 635℃就形成 Ni-S 熔体，熔体一旦形成，保护膜则将遭到融蚀破坏。

即使反应初期只生成氧化物，由于 S 在初始氧化物中的扩散和渗透，在氧化物内部氧势不断降低而硫势却不断升高，从而在氧化物内部、金属和氧化物界面或金属基体内部总会形成硫化物。

在氧化-硫化过程中，基体的内硫化还具有自催化作用。金属晶界是缺陷集中的地方，它可以成为 S 和 O 向金属内部扩散的隧道。由于 S 的渗透能力更强，所以晶界首先发生硫化反应。S 与合金中的 Cr 和 Cr 的碳化物发生反应，生成硫化铬。

$$S + Cr \longrightarrow CrS \quad (5\text{-}41)$$

$$8S + 6Cr \longrightarrow 2Cr_3S_4 \quad (5\text{-}42)$$

$$Cr_{23}C_6 + 23S \longrightarrow 23CrS + 6C\text{(反应生成的碳又渗入到金属中)} \quad (5\text{-}43)$$

上述反应在晶界析出铬的硫化物，铬通过铬的硫化物之间的空隙扩散到金属外层被熔融盐所消耗，从而在金属内层形成贫铬区。随着氧沿着晶界扩散，氧势升高，于是铬硫化物不再稳定，这时会发生铬的硫化物的再氧化：

$$2CrS + 3O = Cr_2O_3 + 2S \quad (5\text{-}44)$$

$$2Cr_3S_4 + 9O = 3Cr_2O_3 + 8S \quad (5\text{-}45)$$

反应所放出的硫又会进一步沿晶界向内扩散，再与 Cr 或 Cr 的碳化物反应成铬硫化物，依次循环氧化-硫化，使 S 沿晶界的侵蚀越来越深，自催化作用加速，侵蚀速度大大加快。因此氧化-硫化腐蚀的危害更为严重。

探针分析结果证实基体内晶界腐蚀的前沿是铬的硫化物，而靠近基体表面的晶界则存在着较多的铬的氧化物，这是晶界氧化-硫化循环反应的结果。

③ 氧化-硫化侵蚀的简单模型

a. 在裂解炉管内存在氧势和硫势的环境下，合金表面氧化反应与硫化反应同时进行，铬优先氧化，镍优先硫化。合金表面形成夹杂着镍硫化物（Ni_3S_2）的铬氧化膜（Cr_2O_3），见图 5-48（a）。

b. 硫渗透氧化膜在基体-氧化物界面集聚，膜的保护性变差。金属离子沿氧化物与硫化物中的阳离子空位加速向外扩散，氧化膜与硫化膜生长都很快。同时，硫、氧透过锈层的晶界与微裂纹向内渗透促使硫、氧沿晶界向基体扩散。硫的扩散比氧更快，先在晶界与铬或铬的碳化物发生反应，生成 CrS，造成晶界的内硫化，见图 5-48（b）。

c. 硫化物集聚造成了表面氧化膜的破裂与疏松，局部脱离合金表面。氧化膜裂缝处有铬、铁氧化物与镍的硫化物散布，并沉积了大量的从油气中带来的碳。金属离子向外扩散与硫和氧向内的渗透及界面反应都加剧。由于表面氧化膜的不断破坏又再生长和合金基体内氧化-硫化发展，基体表面的铬逐渐贫化，氧化膜的修复能力与保护性变差，见图 5-48（c）。

d. 在腐蚀产物各层之间或者层内，往往出现裂缝，裂解油气又给这些裂缝处沉积了更多的硫与碳，使 H_2（H）渗透进腐蚀产物。由于 C 与 H_2（H）还原作用，使腐蚀产物中(特别是裂缝的两边)，出现了白亮色的块状、条状金属镍（铁）。镍的硫化物在腐蚀产物中大量存在，它们与沉积的活性硫一起维持着基体表面的高硫势，使基体遭受持续的氧化-硫化。基体晶界的内氧化-硫化也沿晶界发展得更深，见图 5-48（d）。合金保护性氧化膜完全破坏，表面铬的氧化物层消失，无保护性的层状多相氧化物与硫化物不断迅速生长，基体表面的铬已严重贫化。合金完全失去了对氧化-硫化的抗蚀性，引起弯管的穿孔破坏。

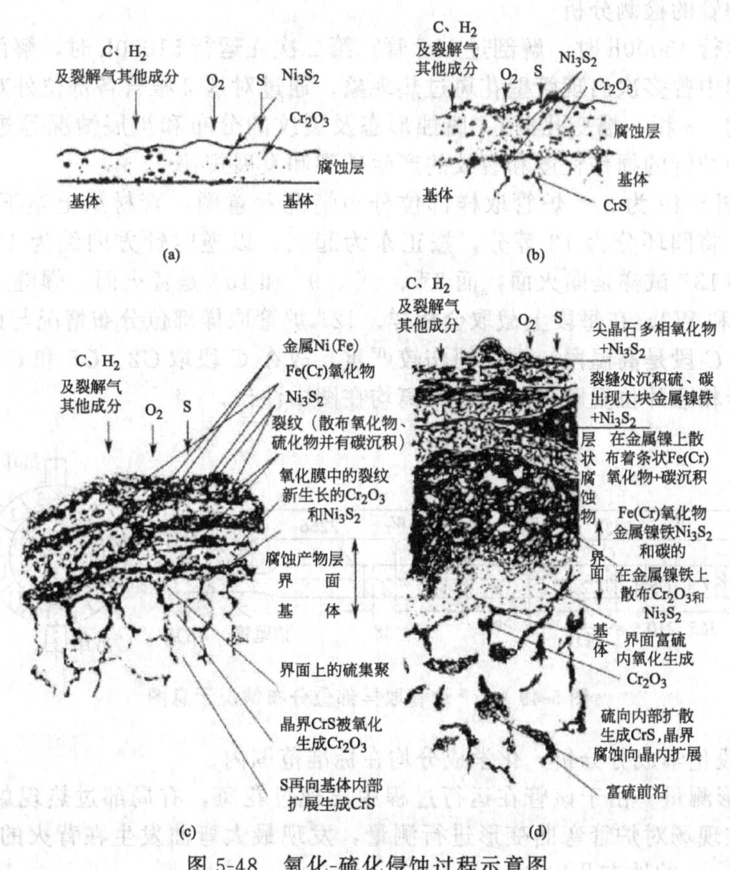

图 5-48 氧化-硫化侵蚀过程示意图

(3) 结论

① 弯管的腐蚀破坏与煤柴油中的含硫量有密切关系，在煤柴油中高硫含量的条件下运行，导致了弯管的短期腐蚀破坏。

② 弯管的腐蚀破坏与弯管在裂解炉内的部位即弯管的实际温度有关。裂解炉内靠炉墙的2组进口管顶部90°弯管腐蚀严重，而且腐蚀主要发生在这些弯管的内壁上部，其腐蚀形式是不均匀的局部坑状腐蚀。

③ 弯管腐蚀破坏是由于高温氧化-硫化侵蚀所造成的。腐蚀产物层下表面基体区出现沿晶界的内氧化-硫化腐蚀，受腐蚀的晶界由铬的硫化物与铬的氧化物混合构成疏松的沿晶界的腐蚀产物，在晶界腐蚀的前沿是高硫含量的区域。

④ 弯管轻微腐蚀处表面形成较致密的铬的氧化膜，膜内含硫量很低。基体晶界没有出现内氧化-硫化；而弯管严重腐蚀处其基体表面的铬质量分数已下降到15%以下。整个腐蚀产物区由层状疏松的富氧化物与富硫化物的多相混合层相间组成，基体晶界的内氧化-硫化发展很深，晶界腐蚀前沿为高硫区，腐蚀由晶界向晶内扩展。

⑤ HK-40 改良型合金抗高温氧化-硫化侵蚀性能较差，合金中高镍质量分数（40%）对抗高温氧化-硫化侵蚀是有害的。

案例 6：转化炉炉管破裂分析

某化肥厂合成氨车间一段转化炉为双排中心排列侧壁燃烧炉。炉管为离心浇铸的ϕ152mm×15mm HK-40 炉管。其管内工作压力为2.1MPa，管壁温度为825～980℃，管内介质为原料气和蒸汽。这台转化炉投入使用初期发生炉管大量破裂。

（1）破裂炉管的检测分析

第一次在运行43000h时，解剖过12#管；第二次在运行51000h时，解剖27#炉管，该炉管在运行过程中曾多次出现管壁花斑过热现象。通过对这2根管各部位外观尺寸、金相组织（包括碳化物，σ相、蠕变孔洞）、腐蚀形态及裂纹的分布和扩展情况等进行检查，全面了解一段转化炉炉管的损伤程度和裂纹的产生破裂和发展规律。

① 取样　图5-49为27#炉管取样部位分布情况示意图，管材从上至下，按A、B、C和D 4段编号。将圆环分为12等分，按正东为起点，以逆时针方向编为1#～12#。其中1#、6#、7#和12#试样是向火面，而3#、4#、9#和10#是背火面。焊缝从上到下分别为W0、W1、W2和W3。在每段上截取金相样。12#炉管取样部位分布情况与此方法相类似。

观察得知，C段是高温段，蠕变损伤较严重，故在C段取$C2$、$C5$和$C8$ 3个环进行金相观察。每个金相磨片位置距各焊缝的距离均在图中注出。

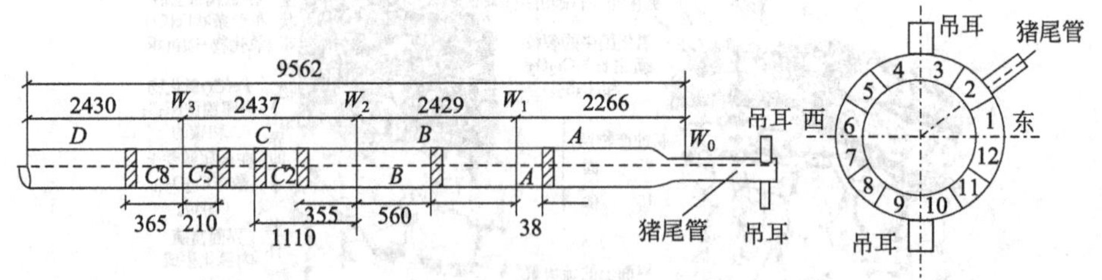

图5-49　27#炉管取样部位分布情况示意图

② 炉管各段化学成分分析　化学成分均在标准范围内。

③ 弯曲变形测量　由于该管在运行过程中出现过花斑，有局部过热现象，炉管下部弯曲较为明显。在现场对炉管弯曲变形进行测量，发现最大弯曲发生在背火的方向。在A段距W_0焊缝420mm的地方凸出20mm左右。

④ 蠕胀率的测定　炉管外径名义尺寸为ϕ117mm，炉管经过51000h使用后，对炉管全长分38点测量直径。从异种钢焊缝W_0开始，每250mm为1个测量点。结果，在离$W_0$6m的C段直径最大，为ϕ117.97mm；在离$W_0$3.75m的D段直径最小，为116.69mm。测量直径表明，直径变化了大约0.8%，蠕胀最大仍是炉内最高温度区的C段。

⑤ 炉管各段的裂纹部位形态　炉管各段的裂纹部位形态尺寸见表5-11。

表5-11　炉管各段的裂纹部位形态尺寸

<table>
<tr><th colspan="2">管段 / 炉管号</th><th>A</th><th>W₁</th><th>B</th><th>W₂</th><th>C</th><th>W₃</th><th>D</th></tr>
<tr><td rowspan="3">27#管</td><td>裂纹部位</td><td rowspan="3">无裂纹</td><td>内壁</td><td rowspan="3">无裂纹</td><td>内壁靠B管段</td><td rowspan="3">无裂纹</td><td rowspan="3">无裂纹</td><td rowspan="3">无裂纹</td></tr>
<tr><td>裂纹形态</td><td>周向裂纹</td><td>周向裂纹</td></tr>
<tr><td>裂纹深度</td><td>2.22mm</td><td>9.87mm</td></tr>
<tr><td rowspan="3">12#管</td><td>裂纹部位</td><td rowspan="3">裂纹从内壁穿到外壁</td><td rowspan="3">无裂纹</td><td>内壁</td><td>焊根部</td><td>内壁</td><td rowspan="3">无裂纹</td><td rowspan="3">内壁有少量细小裂纹，2.5mm左右</td></tr>
<tr><td>裂纹形态</td><td>纵向</td><td>环向</td><td>纵向</td></tr>
<tr><td>裂纹深度</td><td>5～14.00mm</td><td>3.00～2.5mm</td><td>8～12.5mm</td></tr>
</table>

严重过热的27#炉管，各段都有宏观裂纹。在A段靠近W_1焊缝约300mm处有1条穿透性裂纹。B段有1条裂纹，深达24mm。C段也有若干条裂纹深达9.5～12.5mm，D段在内壁有细小裂纹存在，见图5-50。裂纹多发于炉管的高温区，即距炉底1/3的迎火面处，裂纹与高温蠕变孔洞以及碳化物的析出有关。

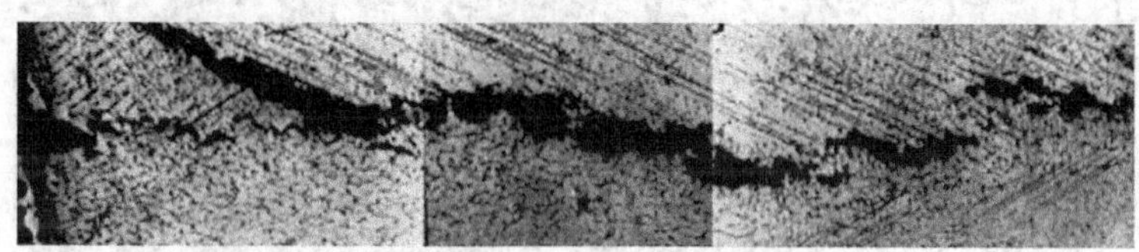

图5-50　裂纹由内表面向外扩展

⑥ 金相显微组织

a. 母材显微组织观测　分别对各段金属组织进行显微镜观察。金属组织中孔洞率，裂纹形状和尺寸，碳化物及σ相的含量和尺寸等列于表5-12。

表5-12　母材显微组织观测

试样号	空洞率/%	最长裂纹/mm	碳化物		σ相	
			含量/%	尺寸/mm	含量/%	尺寸/mm
A1	0.82	穿透型23	2.83	14.23	1.04	17.88
A9	0.73	腐蚀5	1.48	8.86	4.37	13.20
B1	1.68	腐蚀6	2.98	9.23	3.74	15.20
B9	2.0	断续6	3.67	12.85	2.31	14.88
C5-1	0.77	10.5	6.17	13.70	0.05	13.14
C5-9	0.23	8	3.81	8.21	0.14	9.27
C8-1	0.73	无	4.79	无	1.0	无
C8-9	1.13	无	4.64	无	0.89	无
D1	0.73	2.6	4.99	13.10	0.68	17.61
D9	1.04	无	3.53	6.39	1.79	13.17

b. 碳化物　炉管经过长期高温使用，使奥氏体的骨架状共晶碳化物逐渐在晶界析出碳化物。在温度较低部分析出的碳化物呈细小点状。随着温度升高，运行时间愈长，碳化物逐

渐聚集到晶界处，并且碳化物周围的贫碳析出带越宽。由于贫碳而造成高温蠕变强度下降，使之容易发生蠕胀破裂。图 5-51 为炉管从上到下截取 4 段所观察的结果，其中炉管上部温度较低，碳化物析出较细小，而中部温度较高则碳化物聚集在晶界处并连成串。

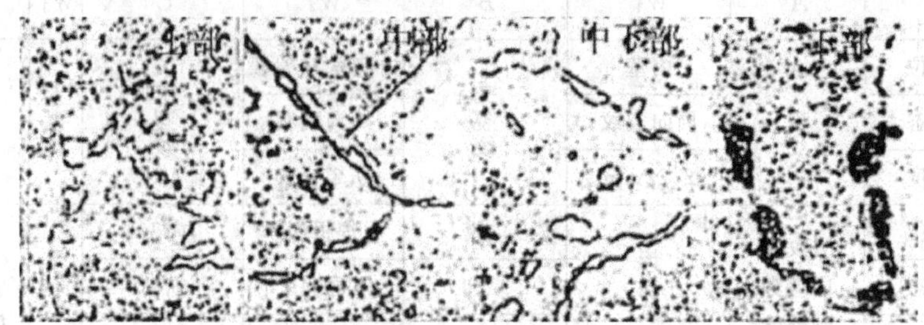

图 5-51 炉管从上到下截取 4 段所观察的结果（250×）

c. 孔洞测量 孔洞多发生在碳化物或 σ 相处，晶界处的杂质也是孔洞源形成的原因之一。图 5-52 是炉管在长期高温运行后的划分孔洞级别代表性的显微组织的图片。按照孔洞的大小、数量（密度）和分布情况，可以把孔洞级别划分为 5 级。

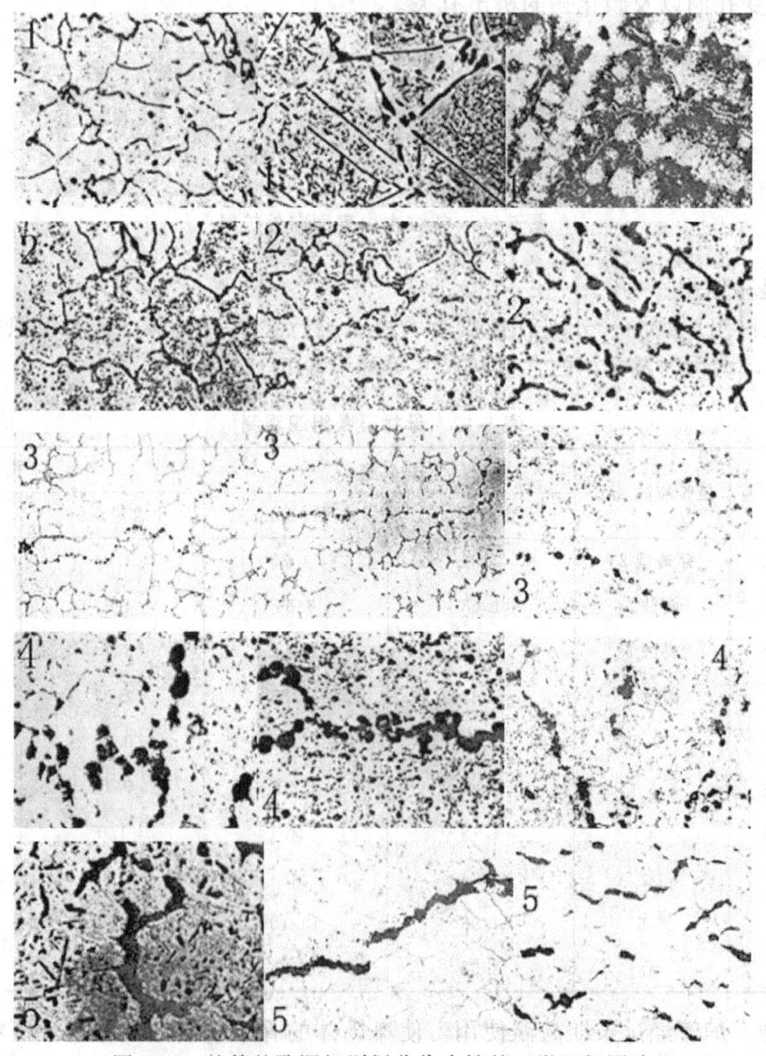

图 5-52 炉管的孔洞级别划分代表性的显微组织图片

第Ⅰ级：孔洞极小，数量极少，散乱分布；第Ⅱ级：孔洞数量比Ⅰ级稍多，仍是散乱分布；第Ⅲ级：孔洞沿晶界已形成孔洞串，但孔洞仍是分离的；第Ⅳ级：在孔洞串中，部分孔洞已联结起来；第Ⅴ级：已形成明显的小裂纹。

d. 渗碳和氧化　高温部位的腐蚀主要表现在渗碳和氧化方面。对超温严重的管子进行金相检查发现其炉管内表面存在比较严重的渗碳和氧化现象，有的深达几个毫米，炉管内表面存在比较严重的渗碳和氧化现象并且伴有裂纹产生，见图5-53。

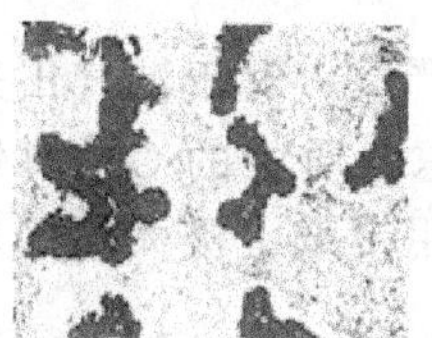
(a)晶界严重渗碳和氧化

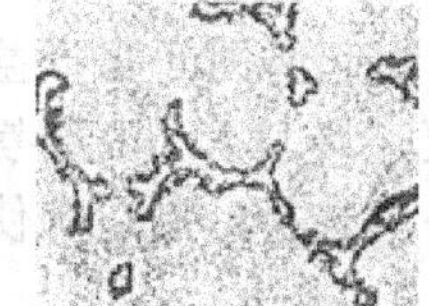
(b)比较轻微的渗碳和氧化

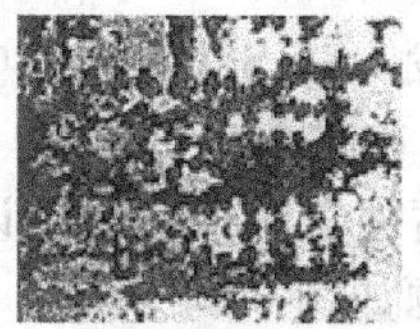
(c)管内表面严重的渗碳、氧化

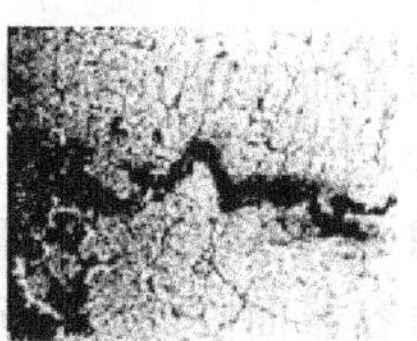
(d)裂纹

图5-53　炉管内表面存在比较严重的渗碳和氧化现象并且伴有裂纹产生

(2) 讨论

在晶界碳化物附近夹杂在高温蠕变时大多形成孔洞的核心并逐渐扩大连接成裂纹。分析发现严重超温的管子其内表面存在的渗碳和氧化，并沿晶向材料内部腐蚀，有的深达几个毫米。这种腐蚀产物热胀系数与炉管基体材料不同，导致内表面的附加应力形成。而导热不良则造成管子超温，超温又加速了渗碳及氧化。从超温的管子外表面出现的大面积凹坑，分析为碳化物、氮化物和硫化物。硫的腐蚀向内迅速扩展形成凹坑。

(3) 改进措施

① 原料气的净化脱硫。转化炉管内的镍催化剂对硫中毒最为敏感，微量的硫就会造成催化剂的活性下降，引起转化率降低。为了控制炉管出口残余CH_4含量，在这种情况下往往就采取提高温度的办法来强化反应，使炉管管壁温度高达980℃，从而大大降低了炉管的寿命。为此，在入炉前加一脱硫设备，使入炉原料气硫含量由原来的30×10^{-6}下降到0.55×10^{-6}以下，因此保持催化剂活性，无须采取提高温度的办法来强化反应，大大提高了炉管的寿命。另外，对燃料气进行净化脱硫，还大大减轻了转化炉管的腐蚀；

② 提高原料气入炉温度。转化炉原设计原料气经对流段预热后达370℃进入转化炉管，由于进口原料气体温度低，所以原料气进入炉管数米以后才能达到正常的反应温度，使炉管有效利用率不能得到充分发挥，导致出炉气残余CH_4含量超标。要保证出炉气合格必须提高转化炉管的温度，因此，容易使炉管中下部超温。

此外，在上部炉管内原料气在450～500℃与蒸汽混合易在催化剂表面结炭，影响转化率。同时结炭严重的部位使催化剂颗粒黏结在一起，阻力增大，造成炉管温度分布不均，在炉管外表面的颜色发花（表面颜色一片发暗一片发白）。发白的区域就是炉管局部过热的区域，发暗的区域就是炉管局部欠热的区域，也就是转化反应不好的区域。

为此在对流段加大原料气预热器换热面积，使入炉温度由370℃增加到500℃。这样即越过了结炭区，又提高了上部炉管温度。不仅减轻了催化剂表面结焦的问题，而且使转化反应的区域增加，使反应更加充分，出炉气残余CH_4含量达到指标要求，同时也减轻了炉管下部负荷，使炉管上下温差缩小，避免了炉管局部过热。

③ 对火嘴进行改造并加强火嘴使用管理。这台炉子原设计火嘴的直径为$\phi40mm\times2mm$的管子，由于小火道在高温下易氧化和硫化产生腐蚀产物，加上燃料气中的杂质经常使喷头堵塞，使火嘴的点燃率下降。另外，这种火嘴火焰直喷炉管，使炉管温度分布不均。火嘴损坏多的地方炉管温度低，转化率下降；而火嘴点燃比较多和比较集中的地方炉管温度高，转

化率相对高，炉管的负荷大，非常容易使炉管发白超温。为此，采用平火焰侧壁火嘴取代前者。这种火嘴火焰不直舔炉管，这样不仅使炉膛的温度趋于均匀，而且使运转稳定不易出现故障。同时使点燃率一直保持在99%以上，炉管间的温差由130℃降到20℃，大大延长了炉管寿命。

5.5 石油化工压力容器腐蚀

随着油气田的深度开发，H_2S、CO_2和Cl^-引起腐蚀问题日益严重，对于油气田采出水中高含Cl^-、H_2S、CO_2、高矿化度的介质（复杂环境），既要考虑介质中的Cl^-腐蚀，又要考虑H_2S和CO_2垢下腐蚀等腐蚀，这给设备的选材、制造和使用带来了极大地困难。这类压力容器面临的腐蚀问题如图5-54所示。

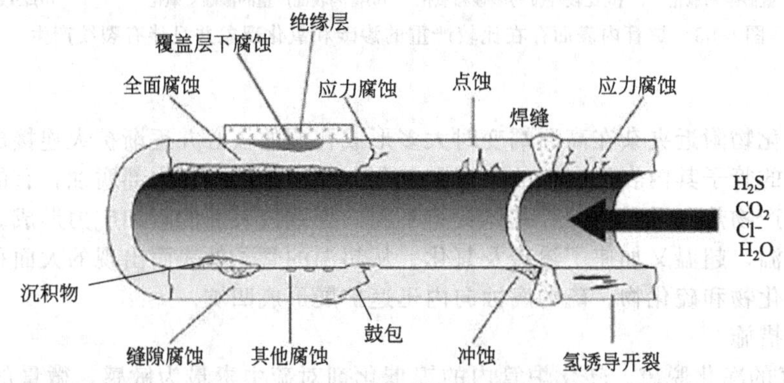

图5-54 复杂环境下设备面临的腐蚀

近年来，我国高硫高酸原油加工比例逐年上升，2006年原油资源中平均S含量质量分数为1.11%，同比上升0.09个百分点，平均酸值0.37mgKOH·g^{-1}，同比上升0.1mgKOH·g^{-1}。设备腐蚀已成为影响炼油装置平稳运行的首要问题，形成这一问题的因素有4个方面：

① 加工高硫、高酸原油的比例逐年增加；

② 装置材质不能满足当前加工高硫、高酸原油的需要；

③ 原油混兑失控，一个炼厂经常混炼各种原油，因原油调和措施不足等原因，操作上原料油品种切换频繁，经常出现进装置原油硫含量或酸值超出装置允许的现象；

④ 腐蚀控制管理失控，管理人员对腐蚀控制认识不足，腐蚀控制措施还存在差距。

原油中的硫化物主要包括：硫化氢，硫和硫醇；硫醚，多硫醚，噻吩，二硫化物等。含硫量在0.1%～0.5%的原油叫做低硫原油；含硫量大于0.5%者为高硫原油；硫化物含量越高对设备腐蚀就越强（见3.4.1化学腐蚀）。根据原油中含硫及酸值的高低，可将我国原油分为下列4种类型：

① 低硫低酸值原油（原油含硫0.1～0.5%，酸值≤0.5mgKOH·g^{-1}），如大庆原油。

② 低硫高酸值原油（原油含硫0.1～0.5%，酸值大于0.5mgKOH·g^{-1}），如辽河原油，新疆原油；

③ 高硫低酸值原油（原油含硫>0.5%，酸值≤0.5mgKOH·g^{-1}），如胜利原油；

④ 高硫高酸值原油（原油含硫>0.5%，酸值>0.5mgKOH·g^{-1}），如孤岛原油和“管输原油”。

原油中的无机盐类主要有NaCl、$MgCl_2$、$CaCl_2$等，盐类的含量质量分数一般为（5～

130)×10^{-6}，其中 NaCl 约占 75%、$MgCl_2$约占 15%、$CaCl_2$约占 10%。这些盐类在常减压蒸馏过程中会水解出 HCl，对设备造成腐蚀。

环烷酸（RCOOH，R 为环烷基）是石油中一些有机酸的总称，主要是指饱和环状结构的酸及其同系物。此外还包括一些芳香族酸和脂肪酸。其分子量在很大范围内（180～350）变化。环烷酸在常温下对金属无腐蚀性，但在高温下能与铁等生成环烷酸盐，引起剧烈的腐蚀（见 3.4.1 化学腐蚀）。

石油中所含氮化合物主要为吡啶、吡咯及其衍生物。在高温及催化剂作用下可分解成可挥发的氨和氰化物。分解生成的氨将在焦化及加氢等装置形成 NH_4Cl，造成塔盘垢下腐蚀或冷换设备管束的堵塞。但焦化塔顶的碱性含氨、含酚水可作为常减压装置防腐蚀措施“注水”的用水，以控制常压塔顶冷凝系统的 $HCl-H_2S-H_2O$ 的腐蚀。催化分馏塔顶的含氨冷凝水也可代替氨液注入减压塔顶冷凝冷却系统，以控制其腐蚀。HCN 的存在对催化装置低温 H_2S-H_2O 部位的腐蚀起到促进作用，造成设备的氢鼓包、氢脆和硫化物应力开裂。

气体脱硫、润滑油精制均要使用有机溶剂，如乙醇胺、糠醛、二乙二醇醚、酚等。生产过程中这些溶剂会发生降解、聚合、氧化等作用而生成某些腐蚀设备的物质。

在炼油厂中，各种碳钢及不锈钢由烧碱造成的应力腐蚀开裂也是常见的。

烷基化装置使用氢氟酸代替硫酸作为催化剂，氢氟酸与钢反应可形成氟化物保护膜而钝化金属。若这些保护膜被稀酸破坏，将产生严重腐蚀。

石油化工压力容器设备的主要腐蚀类型见表 5-13，蒸馏装置主要腐蚀机理见表 5-14。

表 5-13 石油化工压力容器设备的主要腐蚀类型

序号	腐蚀类型	序号	腐蚀类型	序号	腐蚀类型
1	高温硫腐蚀	14	氯化铵腐蚀	27	湿硫化氢腐蚀
2	高温 H_2/H_2S 腐蚀	15	硫(氢)化铵腐蚀	28	氯化物应力腐蚀开裂
3	环烷酸腐蚀	16	氧化	29	碱脆
4	高温氢腐蚀	17	石墨腐蚀	30	碳酸盐应力腐蚀开裂
5	酸性水腐蚀	18	耐热衬里退化	31	胺开裂
6	苛性碱腐蚀	19	汽蚀	32	氢致裂纹
7	CO_2腐蚀	20	侵蚀/冲蚀	33	硝酸盐应力腐蚀
8	HCl 腐蚀	21	脱金属(脱锌/脱镍)	34	连多硫酸腐蚀
9	H_2SO_4腐蚀	22	烟气露点腐蚀	35	氢脆
10	HF 腐蚀	23	烟灰腐蚀	36	脱碳
11	胺腐蚀	24	液态金属脆化	37	渗碳
12	微生物腐蚀	25	苯酚(石碳酸)腐蚀	38	氮化
13	电化学腐蚀	26	钛氢化	39	腐蚀疲劳

表 5-14 蒸馏装置主要腐蚀机理

部位	腐蚀机理
原油进料换热器、电脱盐系统	HCl 腐蚀、碱脆、碱腐蚀
原油换热器	高温硫腐蚀
常压炉	高温硫腐蚀、环烷酸腐蚀、蠕变开裂、PATSCC、Cl-SCC、高温氧化、冲蚀、燃灰腐蚀

续表

部位	腐蚀机理
常压转油线	高温硫腐蚀、环烷酸腐蚀、冲蚀、Cl-SCC
常压塔顶冷凝器	湿硫化氢腐蚀、NH_4Cl 垢下腐蚀、HCl 腐蚀、冲蚀、PATSCC、氨应力腐蚀、液态金属脆
常压塔顶分液罐	湿硫化氢腐蚀、NH_4Cl 垢下腐蚀、HCl 腐蚀、冲蚀
常压塔顶气体分液罐	湿硫化氢腐蚀
常压塔中段回流	NH_4Cl 垢下腐蚀、HCl 腐蚀
常压塔侧线	高温硫腐蚀、环烷酸腐蚀
常压塔底	高温硫腐蚀、环烷酸腐蚀、冲蚀、Cl-SCC、475℃脆化
常压塔底管线	高温硫腐蚀、环烷酸腐蚀
减压炉	同常压炉
减压转油线	高温硫腐蚀、环烷酸腐蚀、PATSCC、冲蚀、Cl-SCC
减压真空系统	HCl 腐蚀、冲蚀、CO_2 腐蚀
减压塔侧线 LVGO	环烷酸腐蚀
减压塔侧线 HVGO	高温硫腐蚀、环烷酸腐蚀
减压塔底	高温硫腐蚀、环烷酸腐蚀、PATSCC、Cl-SCC

5.5.1 湿硫化氢应力腐蚀开裂案例

案例 1：湿硫化氢环境中重沸器失效分析

稳定塔底重沸器是炼油厂催化装置稳定工段的换热设备，其壳程介质是未经脱硫的稳定汽油，管程介质是分馏中段油，稳定汽油从重沸器壳程出来后再进入碱洗脱硫工序。重沸器的主要工艺参数为操作压力 1.0MPa/1.2MPa（管程/壳程），入口温度 200℃/141℃（管程/壳程）、出口温度 180℃/165℃（管程/壳程）。

该重沸器壳程材质为 16MnR。为一进二出结构，稳定汽油从壳体下部中间进入，加热后从上部两端出来。于 1997 年 7 月投入使用，使用不到 3 个月，壳体下部出现了泄漏。检修开裂的重沸器时，有较浓的 H_2S 气味，壳体下部两端沉积了很厚的一层泥垢。清洗后，发现在内表面环焊缝和支座补强板焊缝处有密集的裂纹。壳体外表面也检测到与焊缝垂直的裂纹。

（1）重沸器的检测

① 介质成分　壳程介质稳定汽油中硫含量为 300～350mg·L^{-1}，氨氮 7～10mg·L^{-1}，Cl^- 4～10mg·L^{-1}，壳程介质 pH4～5。

② 壳体开裂部位的宏观检测　壳体下部开裂部位的宏观形态见图 5-55，剖面开裂情况见图 5-56，将带裂纹的试样沿裂纹掰开后的断口宏观形态见图 5-57。

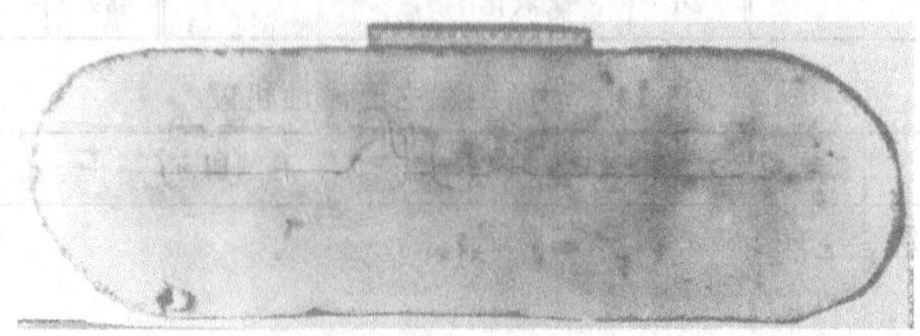

图 5-55　壳体下部开裂部位的宏观形态

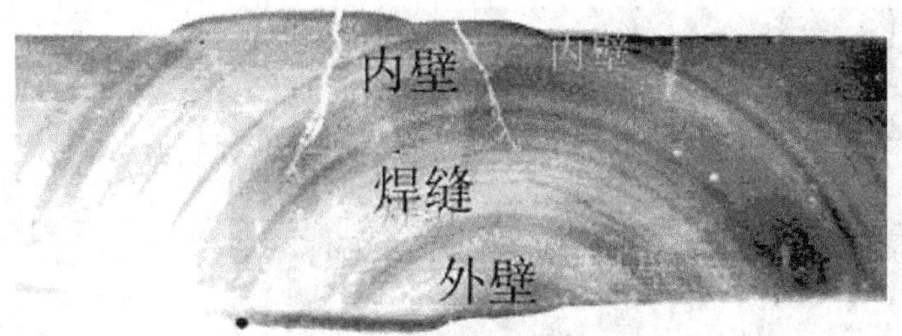

图 5-56　环焊缝剖面开裂情况

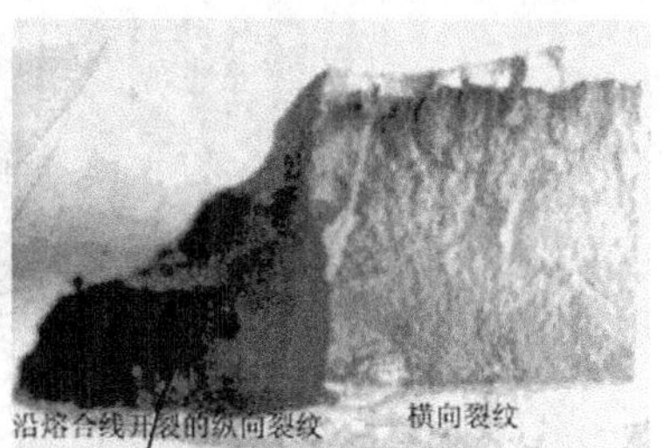

图 5-57　带横向裂纹的试样沿裂纹掰开后的断口宏观形态

③ 金相检测和断口观察　图 5-58 为剖面上的氢致裂纹，大裂纹的尖端两侧都有扩展的细小裂纹，图 5-59 为氢致裂纹的尖端，细小裂纹呈断续层状，已经开始出现沿晶的特征，并逐步连接在一起。图 5-60 为金属内部的 MnS 夹杂处氢致裂纹，MnS 脱落，由于积聚的氢压不足不能引起两端开裂，图 5-61 为氢致裂纹在金属内部的 MnS 夹杂处，MnS 还没有脱落，一端已经开裂。

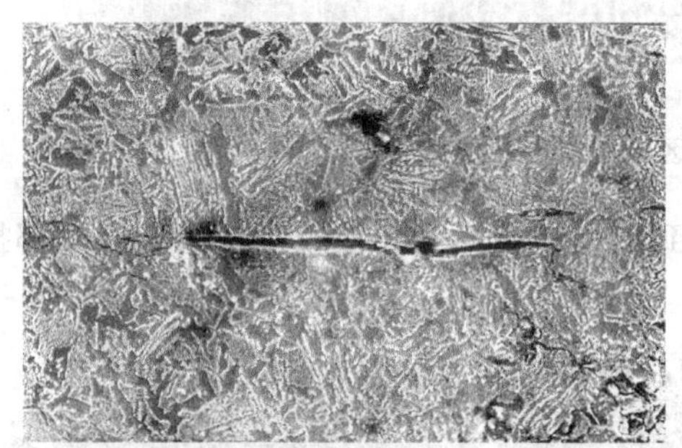

图 5-58　金相剖面上的氢致裂纹

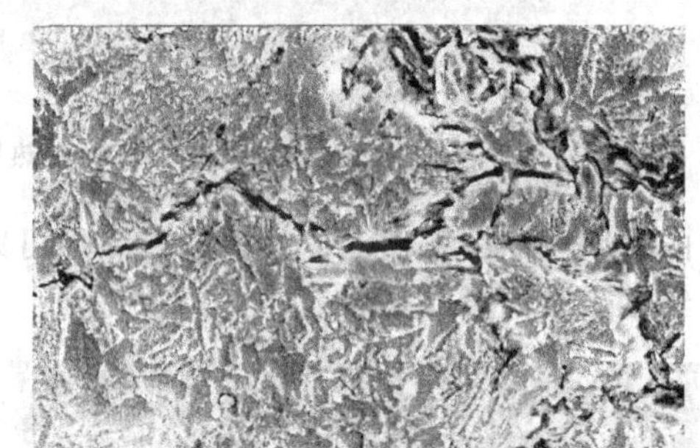

图 5-59　氢致裂纹的尖端

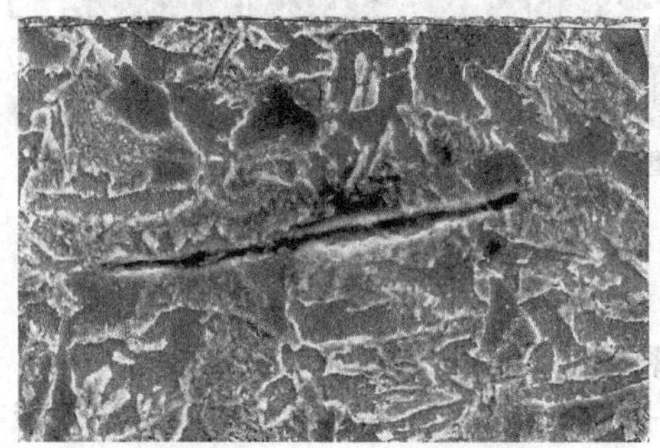

图 5-60　MnS 夹杂处氢致裂纹（MnS 脱落）

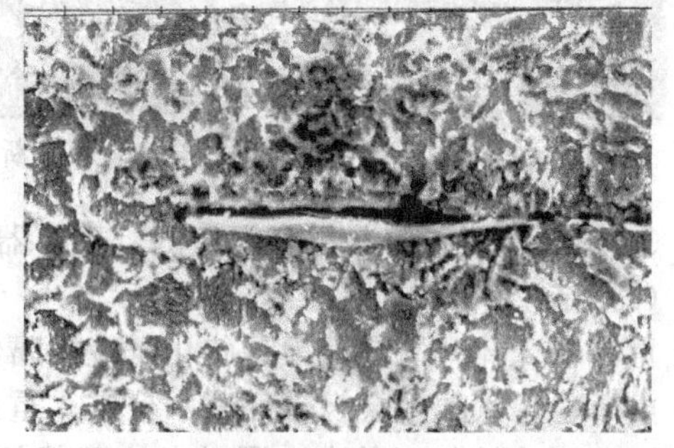

图 5-61　MnS 夹杂处氢致裂纹（一端已经开裂）

非金属夹杂物形成的偏析带和夹杂带，形成了原子氢的陷阱。原子氢最容易聚集在这里，从而形成高的氢压，进而引发裂纹直至最终产生分层，导致 HIC 和 HB 的发生。

④ 扫描电镜断口形态观察　图 5-62 为母材和热影响区的断口宏观形态，为混合断口。有的以穿晶为主带有大量的二次裂纹形成的层状和台阶状裂纹，断口中有典型的氢鼓包。热影响区断口为混合型断口，氢致沿晶二次裂纹，有明显的鸡爪形花样。

内壁热影响区靠近母材一侧焊接回火区的裂纹断口形态，为混合断口。有的以穿晶为主，带有大量的沿晶二次裂纹。有的又以沿晶为主，带有大量的明显的鸡爪形花样。

图 5-63 为将断口试样按照一定的角度斜磨成金相试样，以便同时在扫描电镜下观测断

(a)二次裂纹形成的层状和台阶状裂纹形态

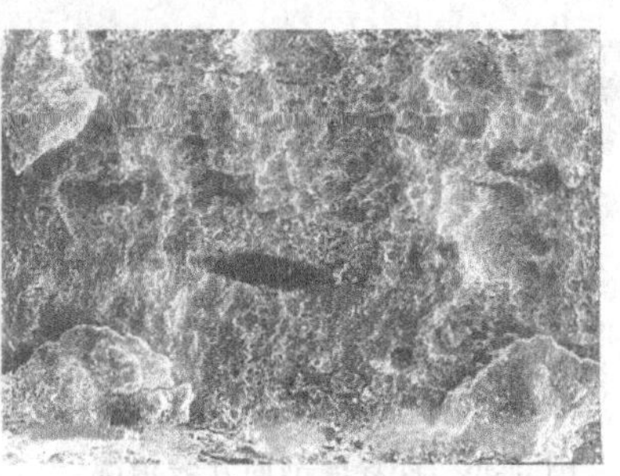
(b)断口中典型的氢鼓包

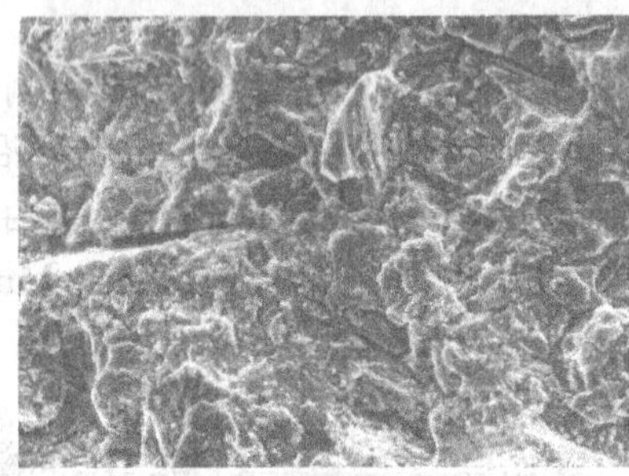
(c)热影响区混合型断口

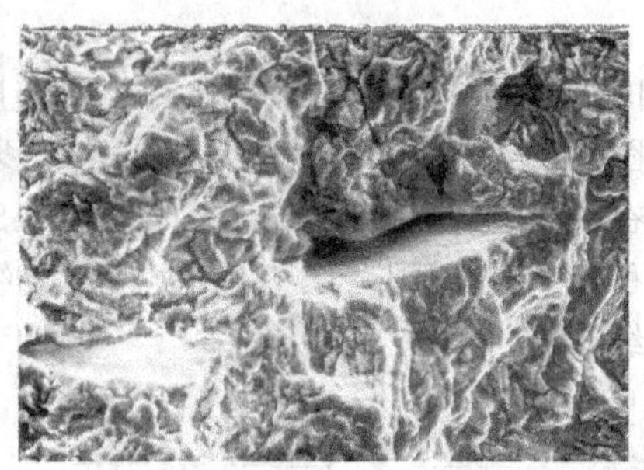
(d)氢致二次裂纹、鸡爪形花样

图 5-62 母材和热影响区的断口宏观形态

口中的裂纹在断口下面的扩展情况。图中可以看到，断口表面的二次裂纹在向金属内部扩展时已经逐步转向沿晶扩展。

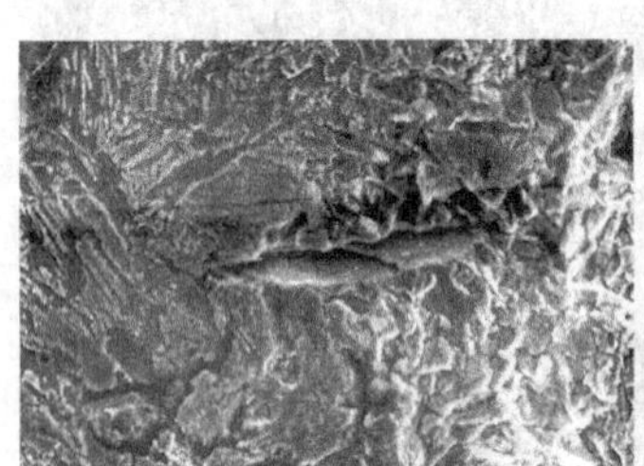
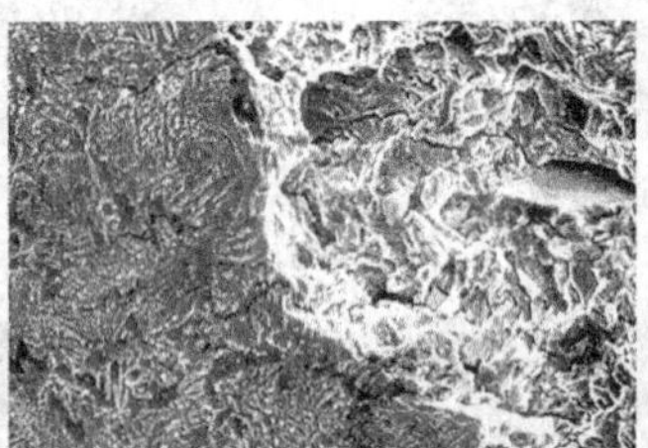
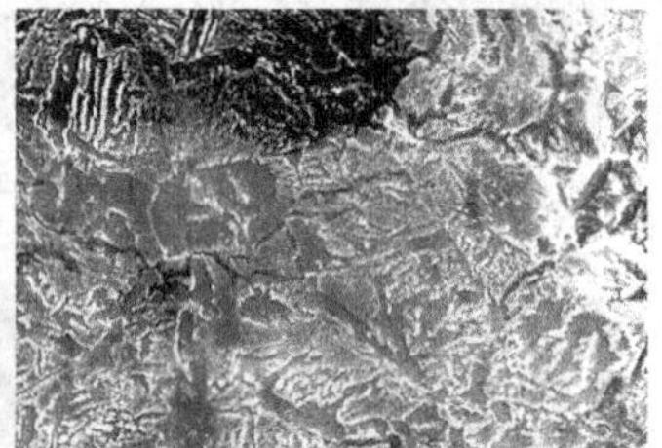

图 5-63 由断口斜磨成金相试样

⑤ 腐蚀产物能谱分析 据检测，重沸器的腐蚀产物还含有一定量的 Cl。

(2) 结论

重沸器壳体开裂是因为湿硫化氢应力腐蚀开裂造成的。

由于稳定汽油中会携带部分水分进入重沸器中，在壳体的底部温度相对较低的区域有冷凝水，H_2S 会溶解于其中。同时壳体下部的两侧区域也成为稳定汽油的滞留区，稳定汽油中所含杂质容易在此处沉积也会加剧该部位的垢下腐蚀。又因为重沸器未进行热处理消除残余应力，加剧了焊接部位的应力腐蚀开裂。

案例 2：400m³ LPG 球罐湿硫化氢腐蚀开裂

某企业液化气站有 400m³ 石油液化气储罐 10 台，1 号至 8 号球罐为混合式结构，于 1996 年建成后相继投入使用。9 号、10 号球罐为橘瓣式结构于 1988 年建成投用。1998 年 8 月 19 日凌晨 2 号球罐突然发生破裂，造成大量液化气向外泄漏。

10 台球罐的技术参数为直径 9200mm、材质 16MnR，设计压力 1.8MPa、最高工作压力 0.9MPa、设计温度 50℃。球罐的整体热处理工艺记录表明，在整体消除应力热处理时没有很好的保温，降温速率达到 120℃ · h^{-1}，远远超出规定的 30～50℃ · h^{-1}要求，没有达到预期消除焊缝应力的作用。部分球罐是在冬季施工，未采取相应的保温措施。

1 号至 10 号液化石油气球罐在使用中充装液化石油气是随机的，介质中 H_2S 含量记录显示，通常其含量大于 150mg·m^{-3}，最高含量为 6309mg·m^{-3}。

(1) 球罐裂纹的检验和检测

① 现场检测和取样分析　经现场检查，破裂部位在球罐顶部北极中板环焊缝上，长度为 990mm，宽 5mm，最大错边量为 6.2mm。球罐赤道带以上部位的水平焊缝出现的裂纹较多，裂纹大多数是与焊缝平行。共计检验发现缺陷 88 处，工具卡点缺陷 11 处。

对其他球罐也进行了检验，发现内壁普遍存在裂纹。经过打磨焊补修复后重新投用。1999 年 5 月对 1 号至 8 号球罐进行了第二次开罐检验，结果仍存在大量缺陷。再次使用原返修方案进行修复后投用。2000 年 4 月再次开罐检验，依然发现大量裂纹，而且程度更为严重，有的裂纹深度已达 10mm。

为了对 2 号罐开裂原因进一步的了解，切取了一块带有裂纹的试样如图 5-64 所示。可见裂纹沿焊缝的熔合线扩展，开口比较窄，裂纹平直，并且属于多源起裂。

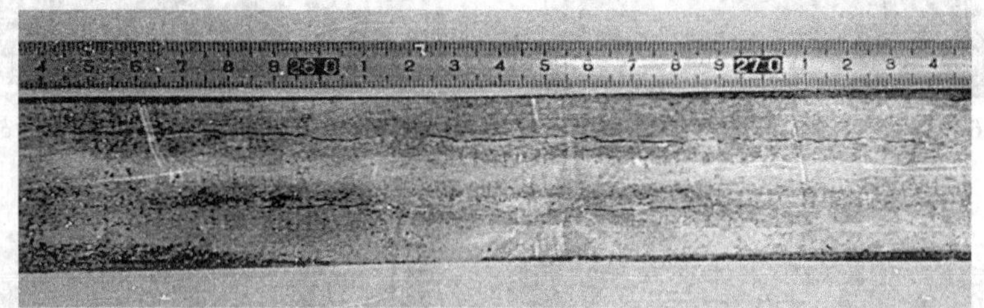

图 5-64　2 号球罐环焊缝所取试样的裂纹全貌

对 2 号球罐环焊缝硬度实测结果（HB）母材 154～180、焊缝 165～219、热影响区 230～266（个别 311），可看出热影响区硬度明显高于母材及焊缝。

对 2 号和 8 号球罐的热影响区采用小孔法进行了残余应力实测。2 号罐下部环焊缝附近的最大应力 σ_1＝727MPa。应力偏高与强力组装和整体热处理工艺不佳有关。

② 金相观察　将所取到的球壳板试样切开，在材料内部不同部位均发现大量平行裂纹，为应力导向型氢诱导开裂（SOHIC）特征，图 5-65。

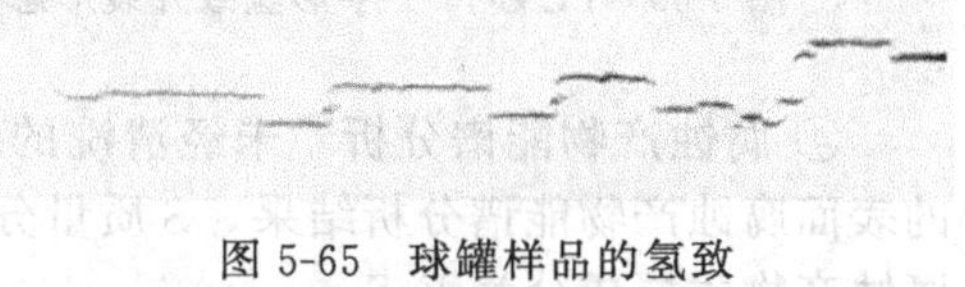

图 5-65　球罐样品的氢致开裂剖面层状裂纹形态

从图 5-65 看出，裂纹平行于金属表面，沿裂纹所在的平面向四周扩展，不同平面位置的裂纹相互平行形成了层状裂纹，层状裂纹之间相互连接又形成台阶状裂纹。分层的形成是由于渗入金属内部的 H 在板材轧制过程中形成的片状珠光体组织的界面积聚并形成微裂纹，裂纹内部存在压力，致使层与层之间的界面分开，随后在更大压力作用下，使层间金属继续发生分离，形成间隙宽度不同的分层结构。而不同平面位置的裂纹连接起来，则形成锯齿状的裂纹形貌。

有的研究人员对这种不同平面位置的裂纹连接起来形成的锯齿状裂纹浸蚀后进行观察，发现原来直线状的珠光体带组织已经变为弧形。说明裂纹内部氢压的作用已经导致裂纹周围的金属层发生局部塑性变形。图 5-66 为经过浸蚀的试样表

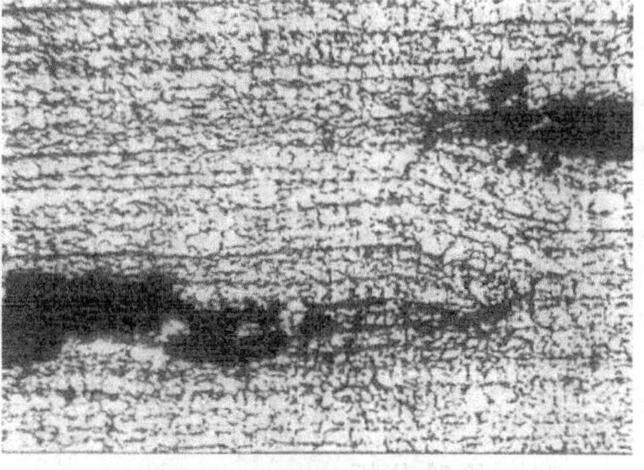

图 5-66　裂纹内的压力已使裂纹尖端组织变形（200×）

面上呈现出来的氢损伤锯齿状裂纹尖端，裂纹内的压力已使裂纹尖端组织变形。

③ 断口扫描电镜分析　从球罐宏观开裂的情况可知，裂纹的主要走向是在焊缝近缝区的熔合线和热影响区，裂纹的尖端向母材扩展。图 5-67 为起源于熔合线处的低倍形貌，断口焊道中间存在夹杂和气孔；图 5-68 是焊缝断口放大，沿晶断裂且有大量的沿晶二次裂纹。图 5-69 熔合线处的断口，沿晶开裂及二次裂纹，典型的 T 字形氢致开裂形态；图 5-70 裂纹内壁边缘焊缝热影响区马氏体的断口形态，沿晶＋穿晶的混合状态。

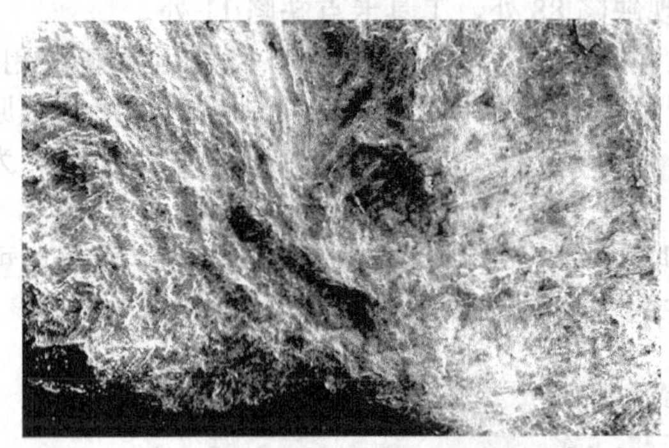

图 5-67　起源于 FL 的低倍断口

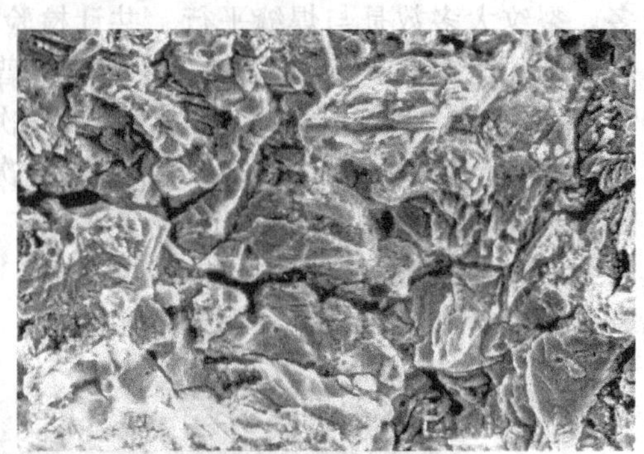

图 5-68　焊缝断口　沿晶＋沿晶二次裂纹

图 5-69　FL 断口 T 字形氢致开裂形态

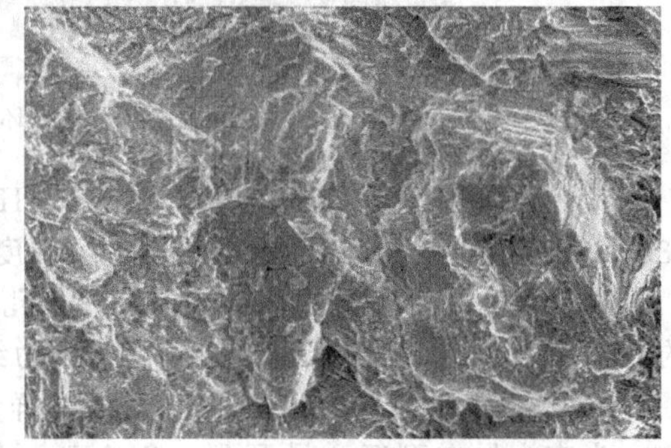

图 5-70　HAZ 马氏体断口（沿晶＋穿晶）

④ 腐蚀产物能谱分析　未经清洗的断口表面沉积着许多腐蚀产物，呈泥状花样。断口的表面腐蚀产物能谱分析结果，S 质量分数 40%。该腐蚀产物与空气会逐渐自燃，可以判定腐蚀产物主要成分为 FeS。

（2）结论

球罐焊缝热影响区存在马氏体组织，在消除应力整体热处理操作过程中保温不好，没有达到预期的效果，影响了金属材料抗湿 H_2S 应力腐蚀开裂的能力。球罐在使用中，充装的 LPG 介质中 H_2S 含量较高，加速了球罐 H_2S 应力腐蚀的开裂。

案例 3：400m³ LPG 球罐焊接微裂纹湿硫化氢腐蚀开裂

某公司液化石油气储配站 400m³ 球罐球皮材料 16MnR，焊接材料 J507 焊条，球面板热压成型，组装成带后施焊。施焊时预热 200℃，后热 300℃ 1h。1979 年 5 月投入运行，液化石油气 H_2S 含量高。1980 年 7 月开罐检查，在球罐外表面发现裂纹。内壁检查比外壁更严重，是一条贯穿北温带与北中温带环缝的裂纹，见图 5-71，对该裂纹部位进行了挖补处理。

（1）检验分析

① 断口检测　挖下带裂纹部分样品，用压机压开断口，如图 5-72 所示。其中 A 为位于

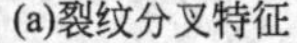

(a)裂纹分叉特征

(b)裂纹扩展宏观特征

图 5-71　裂纹宏观形态

球罐内表面焊接卡具的焊疤位置，E 位于纵、环缝交叉的丁字口，AE 是主裂纹的走向，F 是一个支裂纹的走向，G 是另一个支裂纹的一小部分断口。

主裂纹断口中黑色带锈斑部分是原球罐上开裂的断口，白色部分是用油压机启开时造成的新鲜断口。由断口中人字形指向可见：A 处是主裂纹的起裂点，E 位于焊接卡具角焊缝的根部。裂纹自 A 处起，首先沿着球罐内表面向左右扩展，穿过 B 后边，向 E 扩展。裂纹扩展至环缝根部角变形的尖角 D 处，沿熔合线向厚度方向扩展，形成穿透性裂纹。观察凸凹面断口，未见宏观的非金属夹杂物，分层等缺陷。

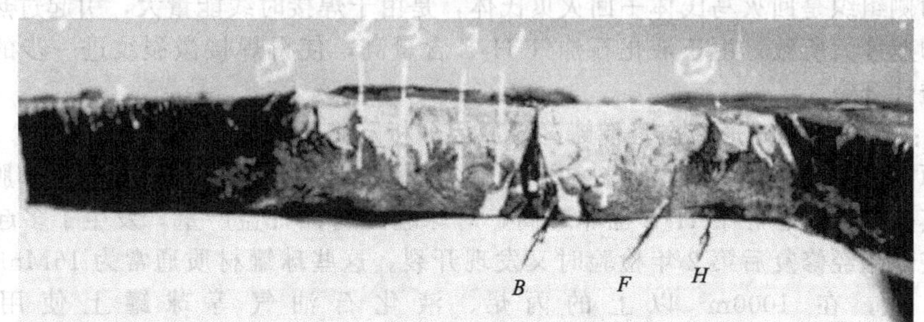

图 5-72　断口形貌

② 硬度检测　主裂纹断口两侧热影响区靠近母材一侧的硬度 200～220HV_{10}，靠近焊缝一侧的热影响区由于碳弧气刨清根和多次焊接，硬度值较高，282～300HV_{10}。焊缝中部为 220～240HV_{10}。

③ 金相分析　母材由铁素体＋珠光体组成。穿过母材的主裂纹两侧有支裂纹，裂纹为沿晶、穿晶混合型断裂，见图 5-73。

球罐环缝是不对称的 X 形坡口，多层多道双面焊，焊缝组织中有保留粗大树枝状结晶的铁素体＋索氏体区域，也有因下一道焊缝的回火作用而形成的网状铁素体＋回火索氏体区域，见图 5-74。主裂纹起裂点正位于焊接卡具的角焊缝的根部，穿过角焊缝的热影响区，派生支裂纹，裂纹为穿晶型，见图 5-75。主裂纹边沿的焊缝和过热区组织组织为回火马氏体＋回火贝氏体，见图 5-76。

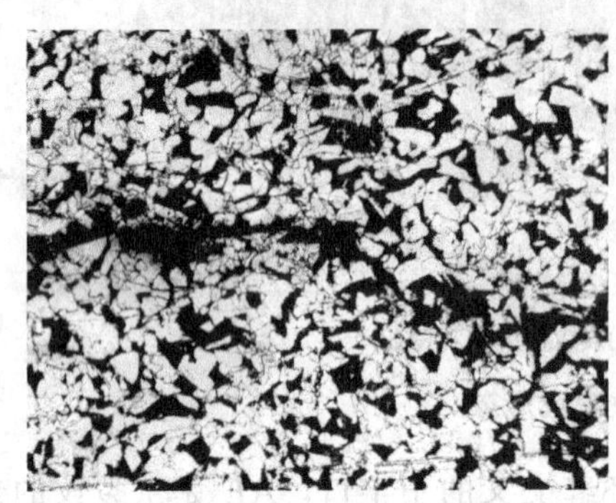

图 5-73　母材裂纹扩展区

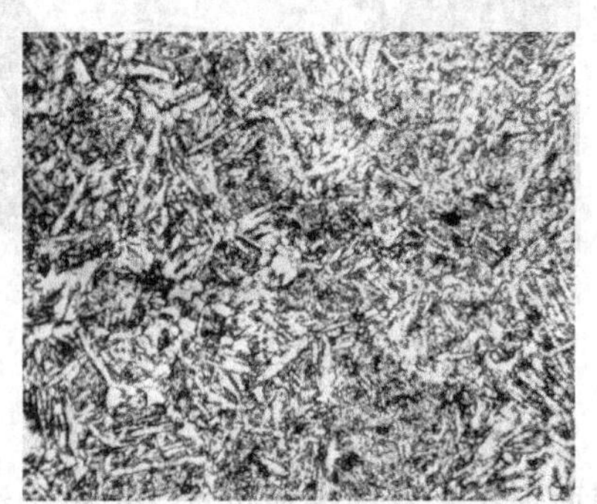

图 5-74　焊接接头（网状铁素体＋回火索氏体）

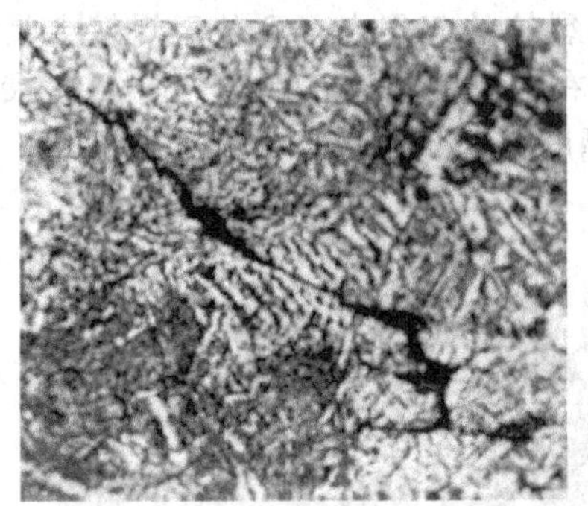

图 5-75　穿晶型冷裂纹（500×）

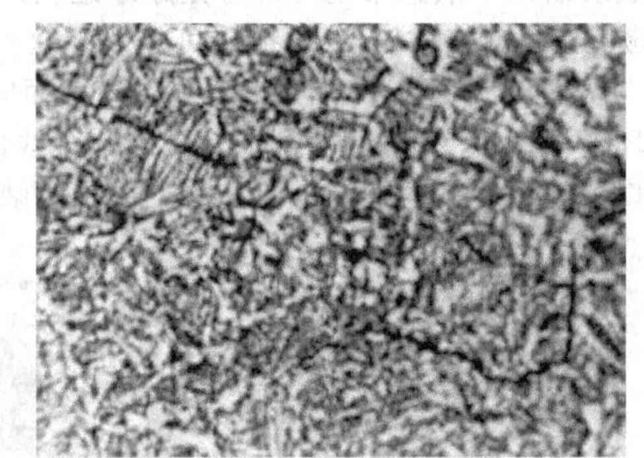

图 5-76　过热区　回火马氏体＋回火贝氏体（500×）

（2）裂纹形成的主要原因

裂纹两侧组织是回火马氏体＋回火贝氏体，是由于焊接时线能量大，引起过热区加热温度高和冷却速度大所致。由于液化石油气 H_2S 含量高，使得焊接微裂纹进一步的扩展，导致球罐穿透性开裂。

案例 4：在用钢制球形液态烃储罐开裂原因分析及修复[35]

随着原油品质的恶化，炼厂原料油中的硫含量越来越高，某些液态烃脱水和脱硫处理不严格，使其生产的液态烃中 H_2S 也非常高，对球罐的腐蚀日益严重，发生了多起球罐开裂实例，有些球罐经修复后第 2 年检验时又发现开裂。这些球罐材质通常为 16MnR，随着球罐的大型化，在 1000m^3 以上的丙烯、液化石油气等球罐上使用了 CF62 (07MnCrMoVR)[36]、NK-HITEN610U2[37,38] 中高强钢。液态烃球罐的设计压力通常小于 2.4MPa，设计使用温度 0～60℃，根据球罐的大小、设计压力和材质的不同，球壳板的壁厚为 26～46mm。近年来发生了多起液态烃球罐开裂事件，造成其开裂的原因也已有定论[7,37,39,40]。

（1）球罐开裂情况

近 20 多年来国内许多炼油厂发生了多起液态烃球罐开裂实例，如某公司由于原油含硫高使后序工艺中 H_2S 含量超标 12d，致使一球罐泄漏；某炼油厂 LPG 储罐以前使用多年无问题，而近几年全部开裂，有些球罐经修复后第 2 年检验时又发现开裂。这些开裂球罐涉及的材料有 16MnR、16Mn、15MnVR、Q235、日本 SM53B、德国 FG43 和 CF62 等中低强度钢。所以，腐蚀开裂已成为各个高硫油田和炼油厂液态烃球罐普遍存在的问题。同时生产液态烃的异构化装置中的吸收、稳定系统的稳定塔顶回流罐、平衡蒸发罐等容器也发生了严重的氢鼓包和开裂和 HIC[41]。

（2）修复

对于开裂的液态烃球罐修复取得了一些成功的经验[7,39,40]，但某些球罐也存在修复后又反复开裂的情况，修复方案不合理和补焊工艺控制不到位是造成反复开裂的重要原因之一。

① 全面检验　按压力容器定期检验规则[42]对球罐进行全面检验，内表面无损检测是整个球罐的检验重点。应采用湿荧光磁粉对球罐内表面进行 100% 检测，这是发现内表面湿 H_2S 应力腐蚀裂纹的最有效的检验方法[23]。为提高检测灵敏度，必须使用旋转磁场探伤机，灵敏度用 A 型 30μm 试片确定。对于宏观检查发现有氢鼓包的部位应采用 5N14Z 直探头进行内外表面的超声波全面扫查，确定母材是否存在分层和分层的角度。

超声波检测的重点是制造和历年检验发现埋藏缺陷部位，必要时辅助射线检测验证，检测缺陷是否有扩展到趋势和确定是否应进行返修。对于埋藏缺陷，考虑到返修质量控制较难，故对于超标缺陷首先应进行安全分析，对于经几次检验都没有扩展到缺陷，应尽可能不进行修复。

硬度和金相检查是判断球罐焊接和热处理质量的关键，应对每条焊缝进行不小于 3 点的硬度检查，对于硬度值大于 220HB 的部位做出详细记录。对于开裂部位和硬度大于 250HB 的部位须进行现场金相或覆膜金相检查，以确认其热处理质量。硬度测定后，须打磨消除硬度测点冲击痕，以免该部位诱发应力腐蚀。

② 缺陷消除和补焊　对于受到硫化物污染的球罐，应在宏观检查完成后，首先进行内壁全面喷砂处理，磨料应具有一定的硬度和冲击韧性，使用前应经筛选，不得含有油污。天然砂应选用质坚有棱的金刚砂、石英砂、硅质河砂等，其含水量不应大于 1%。严禁使用海砂和河砂。表面处理要求达到 Sa2.5 级或 Sa3 级[43~46]，以彻底消除金属表面的产生的硫化物腐蚀产物。

喷砂处理后，进行消缺，对于在检验过程中发现的裂纹（包括开裂的氢鼓包）和超标的埋藏缺陷应打磨消除，如裂纹较深较长，可以使用炭弧气刨消除，并经渗透探伤确认，裂纹消除后产生的凹坑可按 GB/T 19624[47] 评定是否需要补焊修复。对于不需要补焊的凹坑，应加大圆滑过渡的半径，且打磨时用力应尽可能小，不得出现局部过热现象，避免金属表面发红产生硬化层，最后修磨的深度应不大于 0.5mm。

对于需要补焊的凹坑，应将凹坑修成返修坡口，经渗透检查无裂纹后进行施焊，最后采用角磨机将焊接部位及周边 25mm 范围内打磨直至露出金属光泽。焊接前应进行焊接工艺评定，焊接方法宜采用手工钨极氩弧焊或焊条电弧焊，焊后按 JB/T 4730[48] 进行无损检验，MT 和 UT 均Ⅰ级合格。

对于分层角度大于 10°的球壳板应进行挖补或更换。

对于硫化物应力腐蚀开裂设备的返修，焊前消氢预处理是非常必要的。返修部位较少时可以采用局部加热的方法进行消氢，方法为，将焊接部位及周边 200mm 处采用电加热方式加热至 350°并保温 3h 后缓冷至 100℃开始焊接。典型的补焊要求和工艺如下。

a. 焊接方法：焊条电弧焊。

b. 焊接位置：立焊＋横焊。

c. 焊接材料：宜采用低 S、P 含量，高韧性的 J507SHA 焊条或焊丝，须按照 GB/T 3965[5] 进行扩散氢复验，扩散氢含量应小于 $5mL \cdot 100g^{-1}$。

d. 焊接工艺评定：需立焊焊接工艺评定一项（试板热处理时应考虑制造、现场以前返修、此次热处理的累加时间）。

e. 焊工资格：需具备焊接立焊、横焊资格。

f. 焊接电源：直流反接。

g. 焊接参数：见表 5-15。

表 5-15 补焊焊接工艺

焊接位置	规格/mm	焊接电流/A	焊接电压/V	焊接速度/mm·min^{-1}	线能量/kJ·mm^{-1}	层间温度/℃
立焊	ϕ3.2 打底	60～80	20～22	≥60	2.0～3.5	150
立焊	ϕ4.0	80～110	20～24	≥60	2.4～4.2	150
横焊	ϕ4.0	80～110	20～24	≥120	2.4～4.2	150

注：或者以焊接工艺评定合格的焊接参数制定。

③ 焊后热处理

a. 后热。焊后将焊接部位及周边 150mm 范围加热至 300℃保温 2h 后缓冷至室温（如焊后立即进行消应力热处理此项工序可省略），对补焊焊缝进行 100%UT 和 100%MT，Ⅰ级合格。

b. 消应力热处理。焊后无损检测确认修复部位无缺陷后，对球罐应进行整体热处理。热处理参数为：升降温速度≤200℃·h^{-1}、温度（620±10)℃、保温时间 2h，缓冷。

c. 热处理后，原则上不允许再动焊。

④ 复检

a. 压力试验　热处理后按图纸技术要求进行压力试验。

b. 无损检测　压力试验合格后，对焊接部位进行 100%UT、100%MT 复检，Ⅰ级合格。对于复检发现的裂纹须打磨消除。

c. 硬度检测　检查焊缝及热影响区硬度，硬度值应小于 200HB。硬度测试完成后，须打磨消除硬度测点的冲击痕。对硬度异常部位进行金相检测，组织中不得有马氏体相存在，否则应打磨消除或重新进行热处理。

复检后需要动焊修复的部位，可进行局部焊后热处理。

⑤ 耐压试验　耐压试验采用洁净水，水温不得低于 5℃，试验压力为设计压力或核定的最高使用压力的 1.25 倍，必要时在水压试验过程中可对球罐进行声发射检测，以确定保留缺陷的活动性。

(3) 修复效果

采用上述方法修复了遭受湿 H_2S 腐蚀的 200～400m^3 液态烃球罐 10 余台。对于修复后的球罐的运行，要求监测罐内游离水中的 S^{2-} 含量，其含量应低于 50mg·L^{-1}。严禁未脱硫、脱水的液态烃进入球罐，游离水中 CN^- 和 NH_4^+、有机胺含量均应在 10mg·L^{-1}以下、pH 值应为 6～8。事故状态下，如 H_2S 超标，超标的液态烃只能进入指定的球罐，事后应尽快安排对该球罐的内部检验。

经 5 年来的跟踪检验，发现经喷砂处理过的球罐开裂倾向明显降低，即使在介质中 H_2S 含量超标的情况下，球罐内表面焊缝开裂和母材氢鼓包的数量较未经喷砂处理的要低 90% 以上，裂纹的深度一般都小于 1mm。未补焊的凹坑部位未发现裂纹。

采用 J507SHA 焊条补焊部位几乎没有开裂，而用普通 J507 焊条补焊的部位有不同程度的开裂。

(4) 结语

湿 H_2S 可以造成材料的全面腐蚀、SSCC、HIC、SOHIC、HB 和 HE 等 6 种破坏形式，可以在极低的应力下（5%～10%R_{eL}或远小于 K_{IC}）产生 SSCC，SSCC 的发展速度，特别是对于强度较高材料有时很快，造成设备突发性破坏事故，如日本川崎市就曾发生过球罐仅运行 30d 便产生穿透性裂纹的事故。对于使用低合金钢制造的球罐，控制进入球罐的 LPG 中 H_2S 和游离水中的 S^{2-} 含量，是防止球罐开裂的根本性措施。

管理者应对 H_2S 腐蚀问题有足够的认识，球罐制造质量低劣、整体焊后热处理失控可能导致球罐在湿 H_2S 介质中对开裂敏感，但制约球罐安全运行的重要因素是介质的 H_2S 含量及其他有害介质（如氨、有机胺、CN^-）的含量，对于已发生过 SSCC 的球罐，更应谨慎控制介质中的 H_2S 含量。而对发生了 SSCC 的球罐，也不能仅仅是消除发现的裂纹了事，必须对球罐内壁进行全面的喷砂处理，才能保证减少将来球罐开裂的风险。否则，金属表面的硫化物腐蚀产物还将在使用过程中参加腐蚀反应而放出 H_2S，继续导致球罐的开裂。

16MnR（HIC）是抗湿 H_2S 腐蚀的专用钢种，使用该钢种制造液态烃球罐，可减少这类球罐发生 SSCC、HB 和 HIC 风险，减少相应的维修工作。

5.5.2　在碱溶液中的应力腐蚀开裂（碱脆）

石油化工企业的碱脆主要发生在预热回收蒸汽发生系统和循环水冷却系统，一般是由于蒸汽冷凝液或循环水的反复蒸发浓缩导致介质中的碱性组分浓缩造成的。

案例 1：余热锅炉蒸发管开裂[49]

泽普石化厂引进的发电机组余热锅炉运行 156h 后发生蒸发管漏水事故。余热锅炉燃气进口温度 518℃，出水温度 200℃，蒸发管为 95mm（翅片直径）×50.8mm（中心管外径）×4.5mm（壁厚），材质为 ASTM A192 高压锅炉管，工作压力 1.57MPa。

（1）检验结果

① 漏水蒸发管的硬度（64.7HRB）比原始态（76.5HRB）下降 16%。

② 漏水蒸发管的珠光体组织比原始态发生了明显球化。

③ 通过试验数据对比，漏水管的工作温度达 450℃，高于未严重腐蚀的蒸发管。

④ 腐蚀坑中的腐蚀产物为 $Fe_3O_4+\alpha-Fe_2O_3$，是在 300～500℃形成的，腐蚀产物为多孔疏松状、与金属附着力差。

⑤ 扫描电镜观察腐蚀坑底的形貌为沿晶和二次裂纹特征。

⑥ 炉水采用纯磷酸钠处理，PO_4^{3+} 含量为 6～44mg·L^{-1}，pH 值为 8.8～11.2，说明炉水中存在游离的 NaOH。

（2）运行记录

从调试记录中发现，为解决“循环泵压低-报警-停机”的矛盾，调试时在蒸发器联箱入口处增加了一块 ϕ28mm 的节流板。由于原设计中该处无此板，这对原设计中的水力参数和热力参数带来一系列重大影响。锅炉的（平均）循环倍率 K 降至 1.87，小于控制指标的 2.5。因此，蒸发器管束的运行工况远离设计点，处于危险状态。

从运行记录中发现，试运行锅水的 PO_4^{3-} 含量偏离了规定指标。规定在 pH 值为 10.5～11.5时，PO_4^{3-} 应为 50～100mg·L^{-1}，但实际为 6～44mg·L^{-1}。究其原因是电厂当时因 Na_2HPO_4 未到货而未进行协调磷盐处理。导致锅水 pH 值和 PO_4^{3-} 指标大都在含有游离的 NaOH 范围，当炉管结垢或发生汽水分离时，极易造成碱腐蚀。

水力偏差分析，在平均循环倍率 1.87 时，远离法兰的一组或几组管束的实际循环倍率很可能降至 1 或接近于 1，必然会造成锅水停滞和汽水分离现象。

（3）结论

综合分析结果为，蒸发管局部过热、内壁高温碱腐蚀和碱脆、汽水腐蚀是早期腐蚀穿孔的主要原因。

(4) 改进措施

经计算增设一块 ϕ66mm 的孔板，流量为 120$m^3 \cdot h^{-1}$，循环倍率为 5.0，符合余热锅炉的设计规定，同时循环泵扬程由 0.20MPa 升高到 0.25MPa，这不仅使泵功率降低，而且改善了蒸发器的水力特性。

对锅炉重新进行化学清洗和煮炉，以清除锅水浓缩时的炉管积垢，重新建立 Fe_3O_4保护膜。该余热锅炉已安全运行了 10a。

(5) 处理措施

① 全部更换，氩弧焊打底，J427 盖面。

② 630℃消除应力，安装 6 条金属软管。

③ 加强伴热线使用管理。

案例 2：炼油厂 E1023 蒸汽发生器碱脆

馏分油加氢 E1023 蒸汽发生器在使用过程中发现管板有泄漏。壳程材质 16MnR、管程 10 钢；介质：管程为柴油、壳程为脱盐水产生 1.0MPa 饱和蒸汽；换热管与管板连接型式为强度焊加贴胀。

检查发现部分换热管与管孔之间存在 1mm 左右的间隙。管板裂纹部位金相组织为锻件的索氏体组织，76 处裂纹，裂纹走向多数为焊缝根部，部分裂纹穿过管桥，见图 5-77。以管板进口处较为严重。裂纹沿晶界扩展，呈现曲折的网状，见图 5-78。

开裂原因分析：由于蒸汽发生器制造问题，管板与换热管之间留有较大间隙，锅炉水蒸发过程在间隙内发生碱浓缩，造成碱脆。

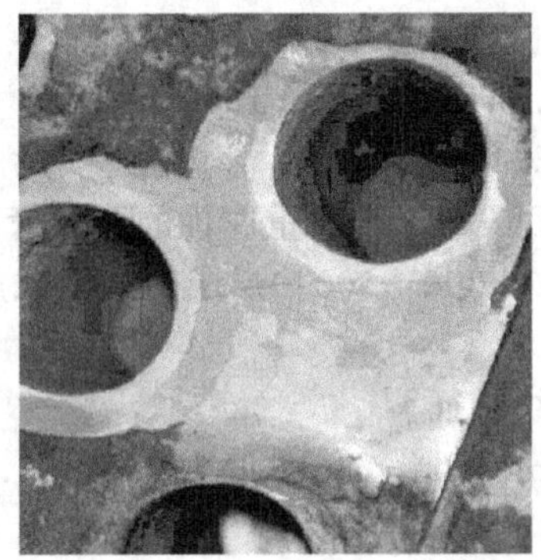

图 5-77 管板裂纹宏观形貌

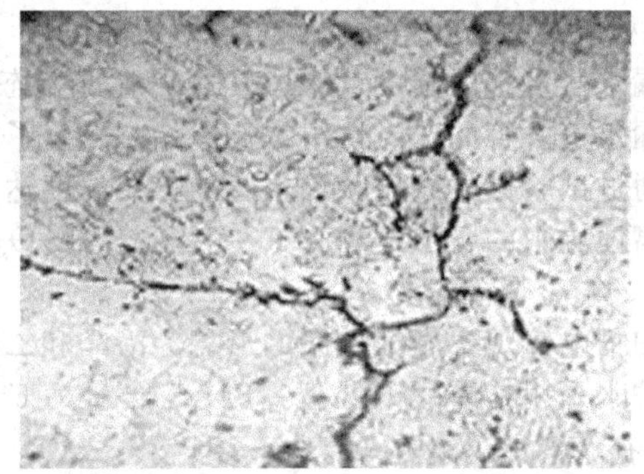

图 5-78 裂纹尖端沿晶扩展特征

案例 3：炼油厂三催化蒸汽发生器泄漏

三套催化分馏系统有 2 台循环油浆蒸汽发生器 E1216/A、B，规格型号 BJS1600-2.5/4.64-547-6/25-6Ⅱ。管板材料 16Mn 锻件，管子材料 20 钢。多次发生管头泄漏，大部分为环向裂纹，裂纹长度占焊缝长度的 1/3～1/2，焊缝产生裂纹的管头大部分位于管束的第 2、3、4 管程。检验分析结果为壳程除氧水进入缝隙后，产生浓缩，引起焊缝碱脆开裂。

案例 4：硫酸烷基化装置碱脆

硫酸烷基化装置分馏段碱洗和水洗设施下游的热设备未经过焊后热处理，因为碱携带发生碱脆。氢氟酸烷基化装置酸再生器底部管线发生碱脆。

案例 5：炼油厂制氢转化炉管裂纹

在制氢装置中，应用催化剂在高温下使甲烷和水蒸气发生水气反应来制取氢气。水蒸气和 CH_4重整为 H_2、CO 和 CO_2。然后，CO 再与 H_2O 反应，生成 CO_2和 H_2。流出气体再与 K_2CO_3溶液接触，除去 CO_2。

两套转化炉西侧 54 根炉管中已发现有 8 根炉管底部开裂，开裂在离支管焊缝上方 50mm 处，见图 5-79。炉管内壁有一层灰色物覆盖，可以看到有一明显的水线，此处的外壁温度（实测）在 128～188℃，内壁温度在 200～300℃，压力 2.5MPa，有冷凝水出现。裂纹断口呈脆性状，沿晶开裂，断口表面褐色产物所覆盖，经电子探针分析主要为 $CaCO_3$，垢样水溶液呈现出强碱性。分析表明是因支管应力集中处的碱脆裂纹。

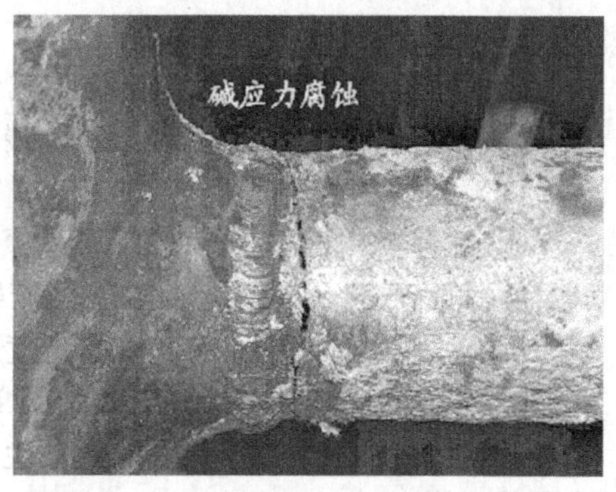

图 5-79　制氢转化炉管裂纹宏观形貌

案例 6：炼油厂 LPG 碱洗罐开裂

罐体规格：ϕ3200mm×8048mm×22mm，材料 16MnR，未消除应力处理，介质为 LPG＋NaOH15％（质量分数）＋H_2S（质量分数≤10×10^{-6}），操作压力 1.5MPa，操作温度为常温，事故前用 150℃蒸汽吹扫 24h。

检验结果：焊缝硬度＜90HB；残余应力检测结果焊缝 0.34R_{eL}，热影响区 0.49R_{eL}；裂纹宏观以垂直于焊缝为主，有分叉，见图 5-80；金相显示沿晶脆性断裂，见图 5-81；断口腐蚀产物有氧化物和硫化物。分析结果为碱应力腐蚀开裂。

图 5-80　裂纹宏观形貌

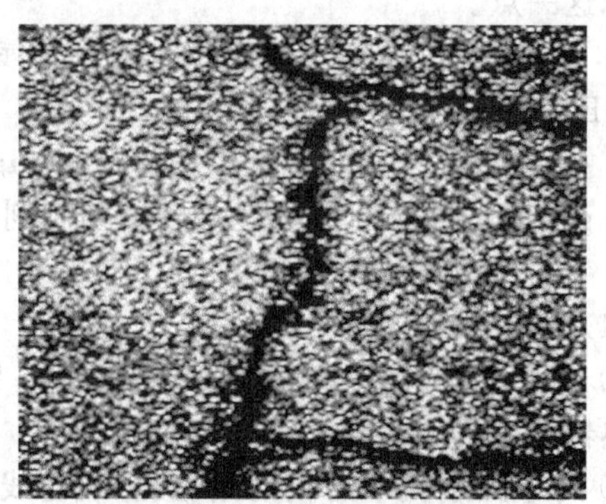
图 5-81　裂纹微观形貌

5.5.3　氨致应力腐蚀开裂（NH_3SCC）

在铜合金换热管中，常见这种类型的腐蚀，并且，当设备被打开时，因为有氧进入而会加剧这种腐蚀。为防止工艺侧腐蚀，含有 NH_3 的分馏塔塔顶系统冷却水冷凝器有时选用海军黄铜管束，如管子制造或胀接后存在残余应力，这些管子就会发生氨致应力腐蚀开裂。

有些炼厂水系统中选用了铜合金，如果水系统里含有有机质，它们腐烂变质后会在系统里生成 NH_3，也会出现类似的问题。黄铜和青铜是最容易发生氨致应力腐蚀开裂的铜合金，铜镍合金发生开裂的几率较低。

碳钢和低合金钢在液氨中也有 SCC 风险。300 系列 SS 和镍基合金不耐 NH_3SCC。

(1) 敏感性因素

① 铜合金

a. 铜锌合金（黄铜），包括海军黄铜和铝黄铜，容易发生开裂；黄铜中的锌含量影响敏感性，尤其是 Zn 质量分数超过 15％时。

b. 必须存在 NH_3 或铵化合物的水溶液，并有氧，但是痕量的氧已足够。

c. pH 高于 8.5。

d. 在任何温度下都会发生。

e. 残余应力促进开裂，轧制区域十分敏感。

② 碳钢和低合金钢　见 4.4.6 碳钢和低合金钢的应力腐蚀。

(2) 损伤的外观或形貌

① 铜合金

a. 表面开裂，有浅蓝色的腐蚀产物。

b. 换热器管束表面有单一或高度分支的裂纹。

c. 裂纹可以是穿晶或沿晶的，取决于环境和应力水平。

② 碳钢和低合金钢　裂纹会发生暴露的未热处理的焊缝和热影响区上，网状或多分叉的沿晶开裂。

(3) 防护措施

① 铜合金　当 Zn 质量分数降低到 15%以下时，铜锌合金的耐蚀性能提高。90-10CuNi 和 70-30CuNi 几乎不腐蚀。蒸汽环境中的 SCC 有时可以通过防止空气的进入来控制。

② 碳钢

a. 钢铁的氨脆可以通过 PWHT 或向 NH_3 中加入少量的 H_2O（质量分数 0.2%）来防护；因为 NH_3 在水相中的分配会导致气相空间含水质量分数可能会低于 0.2%，在使用中必须考虑这一点。

b. 选用抗拉强度低于 588MPa 的钢种，控制设备的焊接硬度不超过 225BHN (220HB)。

c. 加入缓蚀剂，如，液氨中加入 $100\mu g \cdot g^{-1}$ 的冷冻机油或 $5\mu g \cdot g^{-1}$ 的菜籽油或 $10 \sim 50\mu g \cdot g^{-1}$ 的硅油作为液氨应力腐蚀抑制剂。

d. 防止空气进入设备。

(4) 检查和监测

① 铜合金。检查水样品 pH 和 NH_3，以评价铜合金的敏感性。采用涡流检测或目测检查换热器管束的开裂。

② 对于无水氨中的碳钢储罐和/或管线：储罐内部焊缝采用湿荧光磁粉检测、外部 UT 横波扫查和声发射检测。

(5) 炼厂氨致应力腐蚀开裂

① H_2S-NH_3-H_2O 型腐蚀　加氢裂化装置进料中，由于常含有 S 和 N，经加氢之后，在其反应流出物中为含 H_2S、NH_3 和 NH_4HS 的腐蚀性介质，NH_4HS 的升华温度约为 120℃，因而，此流出物在高压空冷器内被冷却过程中，常在空冷管子和下游管道中发生固体的 NH_4HS 盐的沉积结垢。由于 NH_4HS 能溶于水，一般在空冷器的上游注水予以冲洗，形成 H_2S-$NH_3 \cdot H_2O$ 型腐蚀。此腐蚀发生的温度范围在 38～204℃之间，正是此类空冷器的通常使用温度区间。这种腐蚀多半是局部性的，多发生在高流速或湍流区及死角的部位（如管束入口或转弯等部位）。

NACE 在 1975 年曾对几十套加氢裂化和加氢脱硫等装置的反应流出物空冷器在使用中的腐蚀情况进行详细调查后认为，影响此形式腐蚀的主要因素有：

a. NH_3 和 H_2S 的浓度越高，腐蚀越严重；

b. 管内流体的流速越高，腐蚀趋剧烈；当然流速过低，会使铵盐沉积，导致管子的局部垢下腐蚀；

c. 某些介质存在的影响，如氰化物的存在，对腐蚀将产生强烈影响，氧的存在（主要是随着注入的水而进入）也会加速腐蚀等等。

高压空冷器的腐蚀是一个很复杂的现象，非由某个或几个参数所能确定的，有时要同时采取多种措施才可控制与防止。一般来说，对于选用碳钢材质时，应控制好以下使用条件：

a. 总进料中的NH_3的摩尔百分数与H_2S的摩尔百分数的乘积（称KP系数）必须小于0.5；

b. 管内流体的流速应控制在4.6～6.1m・s^{-1}范围内；

c. 减少如氰化物、氧等其他能促进腐蚀组分的含量。

否则，应采用更高档的合金材料，如SUS 430、Monel合金和Incoloy 800等。

在裂化轻质烃回收装置中，主要的换热设备为冷却器、冷凝器或塔的重沸器。一般来说，工艺侧，即冷却器的壳程，多选择碳钢材料，但是，有时候设计也会针对工艺侧腐蚀性选择铜合金，假如工艺介质是碱性富含NH_3的含硫污水，如果选用铜基合金，如海军黄铜、铝黄铜和铜镍合金，就可能会有氨致应力腐蚀开裂的腐蚀风险。因此，常常选用其他既抗冷却水又抗含硫污水腐蚀的合金，如低碳钢或双相不锈钢。

裂化轻烃回收装置中的腐蚀问题是低温腐蚀机理，腐蚀是由H_2S+NH_3+HCN水溶液的共同作用造成的，这属于含硫污水腐蚀。腐蚀速率差别非常大，取决于上述组分的浓度以及特定的工艺参数。在裂化轻质烃回收装置中，生成的H_2S、NH_3和HCN的总量，通常随裂化轻质烃回收装置进料中的S和N的总量而有所不同。此外，裂化轻质烃回收装置反应器系统的实际操作条件，即反应器温度和催化剂燃烧程度，也会影响一定进料中生成的H_2S、NH_3和HCN的总量。

如果没有CN^-，pH值大于8的硫化物水溶液一般是不会腐蚀碳钢，因为碳钢表面会生成一层FeS保护膜。这层硫化铁很软，容易受水流影响，如在湍流或高速流动流体的影响下，这层保护膜会破裂。假如CN^-的量很大，它会破坏这层FeS保护膜，并把它转化成可溶性氰亚铁酸盐［$Fe(CN)_6^{4-}$］络合物。结果，没有受到保护的钢会非常迅速地腐蚀。此时的腐蚀速率主要取决于HS^-浓度，而在较小程度上取决于CN^-浓度。实际上，在裂化轻质烃回收装置中的HS^-和CN^-，通常不会造成碳钢严重腐蚀。但是，如果装置的分馏塔里有过量的氯化物，即多得足以生成氯化铵盐，那么在分馏塔塔顶第一冷凝区中，可能发生酸性聚凝。

假如生成过量的NH_3，并且pH值升高到8.0～8.5，则铜基合金就容易发生加速腐蚀和NH_3致应力腐蚀开裂。腐蚀也是因为生成可溶性氰化物络合物引起的，因为它会与铜基材料发生反应。在这些使用条件下，已经成功使用蒙乃尔合金，因为温度低得足以维持硫化物保护膜。含Cr材料产生更稳定的复合硫化物膜，因此，能够改进材料抗含硫污水腐蚀的能力。

塔顶冷凝器中的海军黄铜管要暴露在高浓度的氨中，这些管子常因为发生氨致应力腐蚀开裂而破坏。有些装置中，压缩机后冷器里的海军黄铜管只用了几个月就报废，为了延长管子的使用寿命，常有必要改用双相不锈钢或钛钢管。

② 硫酸烷基化塔顶氨致应力腐蚀开裂　为了控制分馏段塔顶系统过度的腐蚀，对反应器产物进行碱洗和水洗来除去酸性杂质是非常重要的。在塔顶系统中，有时已经使用中和型和成膜型胺类缓蚀剂。为了降低腐蚀速率并尽可能减少缓蚀剂的用量，使用中和型胺或NH_3可以把塔顶水冷凝液中和到pH值6～7。但是，在有些情况下，NH_3可引起塔顶冷凝器中的海军黄铜管发生应力腐蚀开裂。

③ 催化重整氨致应力腐蚀开裂问题　在催化重整装置中，能够发生3种类型的应力腐蚀开裂，其中之一就是氨致应力腐蚀开裂，NH_3存在于预处理反应器和重整反应器的流出物里，溶解在水里形成氨水，使铜基合金迅速发生应力腐蚀开裂。

④ 延迟焦化装置氨致应力腐蚀开裂问题　延迟焦化装置中的设备容易受到许多低温腐蚀机理的影响，其中包括铜基合金的氨致应力开裂，焦化塔在执行水急冷、水蒸气清焦和放空作

业时，这些腐蚀机理起作用。但是，由于所有焦化塔通常都有放空管道和排污罐，它们几乎持续暴露在湿放空蒸汽和液体中。急冷水和放空蒸汽和液体中通常含有大量 H_2S、NH_3、NH_4Cl、NH_4HS 和氰化物，这些腐蚀剂是从焦化装置进料的热裂化反应释放出来的。

在焦化装置中，由于有 NH_3，在溶液的 pH 值比较高的地方，铜合金管会发生氨致应力腐蚀开裂。

⑤ 硫黄回收装置腐蚀问题氨致应力腐蚀开裂　气体进料通常富含 H_2S 和饱和水蒸气，还可能含有夹杂的烃和胺。这些使用条件下能够造成 H 渗透进入钢材，因此，要考虑到气体进料存在氢致开裂（包括氢鼓包）和硫化物应力开裂（SSC）的危险。此外，气体进料里也可能有 NH_3，会引起 NH_3 致应力腐蚀开裂，如还有氰化物，就会加快腐蚀速率。

5.5.4 CO_2-H_2O 环境中的腐蚀

CO_2 溶于水后，对材料的破坏称为 CO_2 腐蚀，这个术语最早由 API 于 1925 年采用，1943 年首次确认 Texas 油田的气井井下油管的腐蚀为 CO_2 腐蚀。NACE 出版了《CO_2 Corrosion Oil and Gas Production》(1984) 和《Corrosion Control and Monitroing in Gas Pipelines and Well Systems》(1989) 2 个关于 CO_2 腐蚀与控制的专著。随着我国高含 CO_2 油气田的相继开发，对由此产生腐蚀破坏、主要的影响因素、破坏机理和腐蚀防护措施进行了广泛的研究，继含硫油气的腐蚀防护研究后，形成了 20 多年来油气开发中腐蚀防护研究中的一个新热点[50,51]，国内许多关于 CO_2 腐蚀与控制的理论和论据都是引用的这几个文献。

(1) CO_2-H_2O 环境腐蚀机理

比较各种 CO_2 腐蚀机理的研究，被大家广泛接受的是 CO_2 溶于水中生成碳酸，并发生二级电离，降低溶液的 pH 值、促进碳钢和低合金钢的全面腐蚀和点蚀：

$$H_2CO_3 \rightleftharpoons H^+ + HCO_3^- \tag{5-46}$$

$K_{a1(表观)}=4.45\times10^{-7}$、$K_{a1(真实)}=1.32\times10^{-4}$[52]

$$HCO_3^- \rightleftharpoons H^+ + HCO_3^{2-} \tag{5-47}$$

$K_{a2}=4.69\times10^{-11}$[52]

在金属表面发生电化学反应：

$$阳极反应\quad Fe = Fe^{2+} + 2e \tag{5-48}$$

$$Fe^{2+} + CO_3{}^{2-} = FeCO_3 \tag{5-49}$$

$$阴极反应\quad H^+ + e = H(ab) \tag{5-50}$$

$$2H(ab) = H_2 \tag{5-51}$$

实际上，腐蚀的整个电化学过程要复杂得多，但可以肯定的是腐蚀速度和腐蚀机理取决于腐蚀环境中的 CO_2 分压（或逸度）和温度。

上述腐蚀机理是对裸露的金属表面而言，在常温无氧的 CO_2 溶液中，钢的腐蚀速率是受析氢动力学所控制。实际上，在含 CO_2 油气环境中，钢铁表面在腐蚀初期可视为裸露表面，随后将被碳酸盐腐蚀产物膜所覆盖。所以，CO_2 水溶液对钢铁腐蚀，除了受氢去极化反应速度的控制，还与腐蚀产物是否在钢表面成膜，膜的结构和稳定性有着十分重要的关系。

(2) 影响 CO_2-H_2O 腐蚀的主要因素

CO_2 腐蚀的影响因素概括为两大类，一类是环境因素，主要包括 CO_2 分压、温度、水质矿化度、pH、Cl^-、HCO_3^-、Ca^{2+}、Mg^{2+}、H_2S、O_2、SO_4^{2-}、细菌、蜡含量、载荷、流速及其流动状态、结垢等。另一类是材料因素，包括材料的种类、合金元素及其含量等。

① CO_2 分压的影响　CO_2 在水中的溶解度与其分压和温度关系较大，当 CO_2 分压低于 0.5MPa 时，溶解度与 CO_2 分压成正比，CO_2 分压大于 0.5MPa 时，由于碳酸的形成，溶解度大幅度上升。介质中的 CO_2 分压对碳钢的腐蚀形态有显著的影响，当 CO_2 分压低于

0.05MPa 时，腐蚀轻微或无腐蚀，CO_2分压在 0.05～0.2MPa 之间可能发生孔蚀，CO_2分压大于 0.2MPa 时，发生严重的局部腐蚀。当 CO_2分压小于 1.4MPa 时，随着 CO_2分压上升，金属的腐蚀速率直线上升，CO_2分压大于 1.4MPa 以上时，其分压上升对腐蚀速率影响不大，见图 5-82[53]。

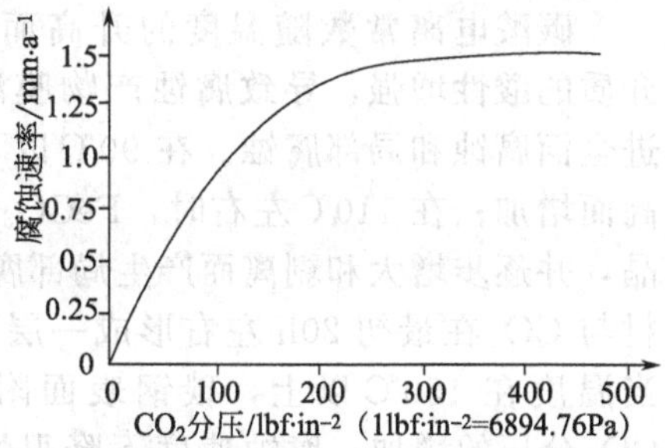

图 5-82　CO_2分压与腐蚀速率关系

Ward 对碳钢和低合金钢的 CO_2 腐蚀提出经验公式：

$$\lg v_c = 0.67\lg p_{CO_2} + C \tag{5-52}$$

式中　v_c——腐蚀速率，mm·a^{-1}；

p_{CO_2}——CO_2分压，MPa；

C——温度常数。

该经验式在 60℃下的层流介质中有良好的符合性，当温度高于 60℃时，由于腐蚀产物的影响，计算值偏高。

② 温度的影响　CO_2在水中的溶解度与其分压和温度关系较大，CO_2与所有气体一样，在水中的溶解度随其分压上升而上升，相同分压下，CO_2溶解度随温度上升而下降，见表 5-16。

表 5-16　CO_2在水中的溶解度[52]

温度/℃	0	10	20	25	30	40	50	60
mL·L^{-1}	1713	1194	878	759	665	530	436	359
体积分数	1.71	1.19	0.88	0.76	—	—	—	0.36

注：CO_2为 1atm（1atm＝101325Pa）、0℃下的体积。

在碳酸环境中，碳钢表面会形成 $FeCO_3$ 腐蚀产物膜，温度对 $FeCO_3$ 膜的形成有很大影响，碳酸铁膜会影响腐蚀的进展。不同温度下 CO_2 对碳钢腐蚀有 4 种情况。

a. 60℃以下。$FeCO_3$膜不易形成或即使形成也会逐渐溶解，钢表面主要发生全面腐蚀。

b. 60～110℃，尽管具备 $FeCO_3$ 膜的形成条件，但是因为碳钢表面上 $FeCO_3$ 核的数目较少，以及核周围结晶生长慢且不均匀，故基材上生成一层粗糙多孔较厚的 $FeCO_3$ 膜，钢表面主要发生孔蚀和坑蚀。

c. 110℃附近，腐蚀产物为厚而松的 $FeCO_3$ 结晶，全面腐蚀速率高，局部腐蚀严重。

d. 150℃以上，大量的 $FeCO_3$ 结晶核均匀地在基体表面上出现，迅速结晶生成一层致密、均质、附着良好的 $FeCO_3$ 膜，使介质与基体隔绝开来，碳钢表面基本不受腐蚀。

不同温度下碳钢表面的 $FeCO_3$ 膜形态及腐蚀类型如图 5-83 所示。

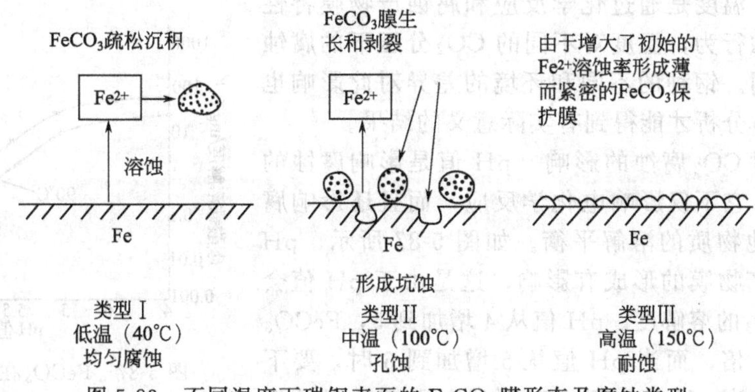

图 5-83　不同温度下碳钢表面的 $FeCO_3$ 膜形态及腐蚀类型

碳酸电离常数随温度的升高而增加，所以温度上升，介质的酸性增强，导致腐蚀产物膜溶解、疏松，并因此促进全面腐蚀和局部腐蚀。在90℃以下其腐蚀速率随温度升高而增加；在110℃左右时，$FeCO_3$保护膜上出现粗大的结晶，并逐步增大和剥离而产生局部腐蚀；在150℃左右，钢材与CO_2在最初20h左右形成一层薄而致密的保护膜[50]。当温度在150℃以上，碳钢表面附着$FeCO_3$膜时，随着CO_2分压的增加，腐蚀速度下降很快，这是由于随着CO_2分压增加，提高了$FeCO_3$膜沉积速度，基体表面容易形成致密的碳酸铁膜，因而大大降低了腐蚀速度，见图5-84。

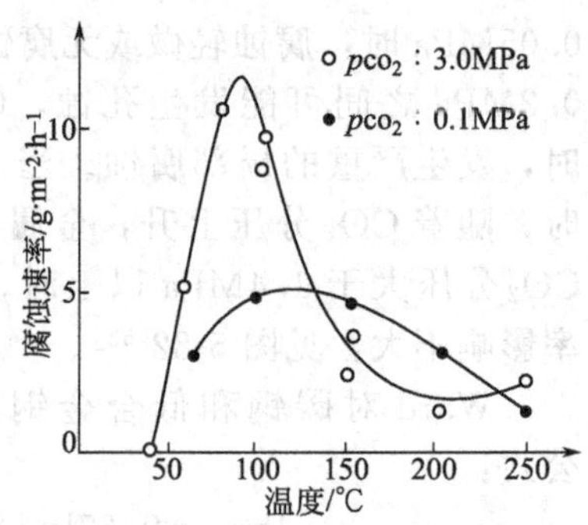

图5-84 温度和CO_2分压与腐蚀速率的关系

不同温度下，介质中的临界流速也有所不同，实验证明，在CO_2分压为0.1MPa和60℃下，随着流速的增加，腐蚀速度急剧增大。腐蚀速度在低流速时，部分反应受扩散控制，在超过一定流速的范围内，腐蚀速度完全由反应速度或电荷传递速度所控制。扩散过程和电荷传递决定反应速度的流速转折点为$0.32m \cdot s^{-1}$，因此，温度和流速对腐蚀速度的影响是紧密相关的。

林冠发等研究了CO_2压力对金属腐蚀产物膜形貌结构的影响，研究发现在模拟油田采出液，温度90℃下，3种碳钢油管材料的膜厚度和膜结构随不同的CO_2分压变化的情况。在压力小于6.89MPa时，膜厚度随CO_2分压的升高而增加，腐蚀产物膜表面晶粒大小先随压力增加而增加，随后再减小（图5-85、图5-86）。3种材料的腐蚀产物膜的厚度和晶粒度较小，由此推测几种金属表面在90℃下可能产生了类似的钝化行为[54]。

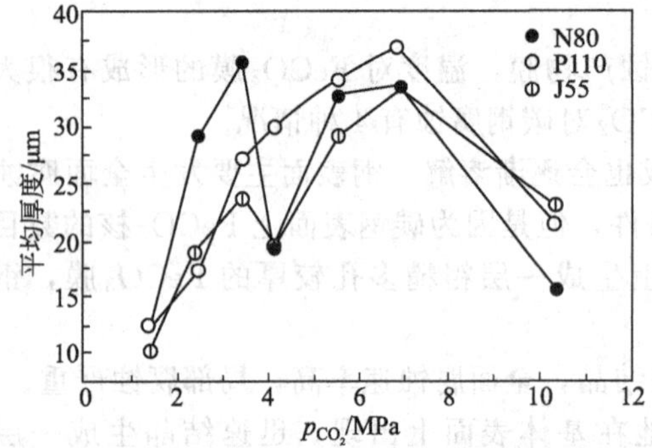

图5-85 CO_2分压与腐蚀产物膜平均厚度关系

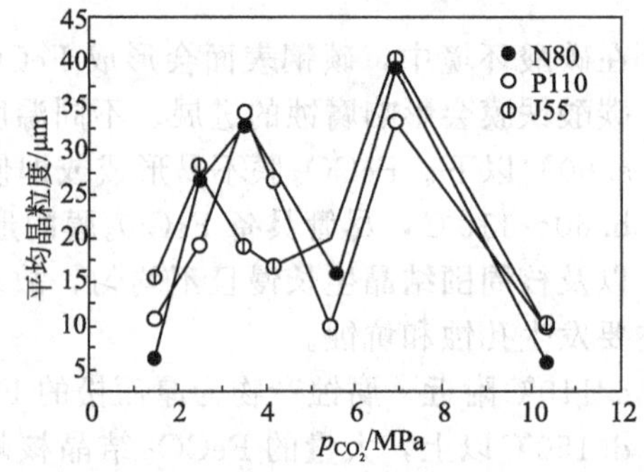

图5-86 CO_2分压与腐蚀产物平均晶粒度关系

以上表明，温度是通过化学反应和腐蚀产物膜特性来影响钢的腐蚀行为，温度对不同的CO_2分压下的腐蚀影响会完全不同。钢种的不同和环境的差异对此影响也很大，故需具体分析才能得到有实际意义的结果。

③ pH值对CO_2腐蚀的影响 pH值是影响腐蚀的一个重要因素，它不仅影响电化学反应，而且还影响腐蚀生成物和其他物质的溶解平衡。如图5-87所示，pH值对CO_2腐蚀产物膜的形成有影响，这是由于pH值会直接影响$FeCO_3$的溶解度。pH值从4增加到5，$FeCO_3$的溶解度下降5倍，而当pH值从5增加到6时，要下降上百倍，所以当pH值大于5时碳酸对碳钢的腐蚀速

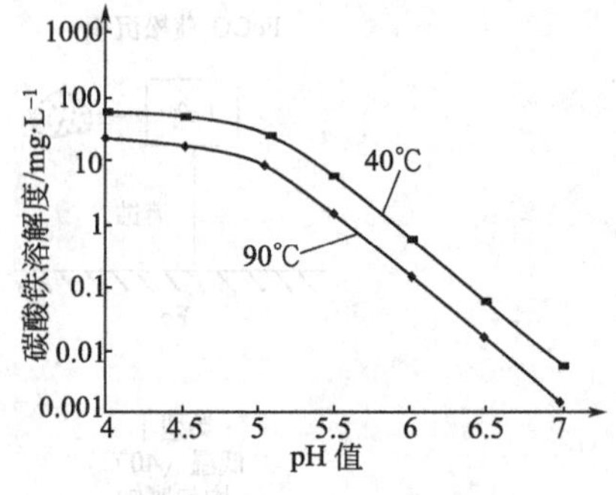

图5-87 $FeCO_3$在CO_2分压为0.2MPa时的缓冲溶液中的溶解度

度下降很快。在 pH 值小于 5 时，$FeCO_3$膜在变成过饱和的 $FeCO_3$沉淀膜之前是多孔的，所以在低 pH 值时，由于没有被致密的保护性腐蚀产物膜封闭，基体碳化铁（Fe_3C）会发生腐蚀。因此，pH 值的增加改善了 $FeCO_3$膜的保护作用。

在特定的条件下，与腐蚀产物结合的水相物中含有的盐分能够缓冲 pH 值，从而减缓腐蚀的速度，使保护膜或锈类物质沉淀更易形成。

pH 值的变化直接影响 CO_2在水中的存在形式，如图 5-88 所示。pH 小于 4 时，主要以 H_2CO_3存在，在无 O_2条件下，碳钢腐蚀主要是 H^+去极化作用。pH4～10 之间以 HCO_3^- 存在，研究表明，在相同 pH 值介质溶液中，含有 CO_2的阴极腐蚀电流更大，表明 CO_2对碳钢的腐蚀阴极过程有催化作用。pH 大于 10，主要以 CO_3^{2-} 存在，有利于碳酸盐结垢的形成和稳定。

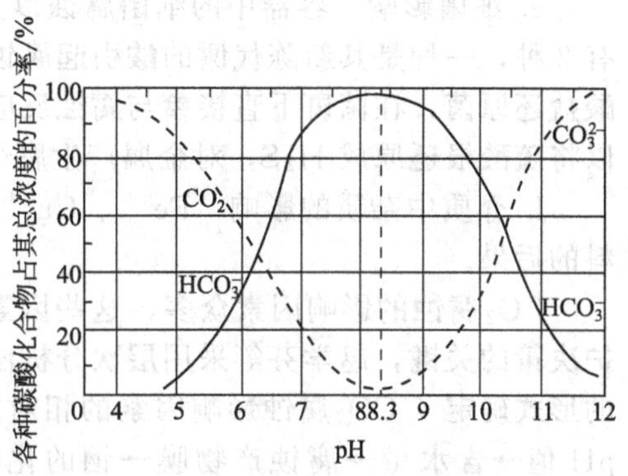

图 5-88　pH 值对 CO_2在水溶液中存在形式的影响

pH 值的变化也直接影响材料在 CO_2环境中腐蚀产物的形态、腐蚀电位等，根据介质温度、pH 值和腐蚀电位，可以从热力学上确定腐蚀产物。反之，也可以从腐蚀产物来推断材料所处的腐蚀环境。

④ 腐蚀产物膜的影响　钢被 CO_2腐蚀最终导致的破坏形式往往受碳酸盐腐蚀产物膜的控制。当钢表面生成的是无保护性的腐蚀产物膜时，被均匀腐蚀；当钢表面的腐蚀产物膜不完整或被损坏、脱落时，会诱发局部点蚀而导致严重穿孔破坏。当钢表面生成的是完整、致密、附着力强的稳定性腐蚀产物膜时，可降低均匀腐蚀速率。

CO_2除了引起低合金钢的全面腐蚀外，更重要的是造成材料的局部腐蚀。局部腐蚀可能以 3 种基本形式出现，蚀坑、台面侵蚀和流动诱导局部腐蚀。从不流动到适当流动的条件下，蚀坑可能在整个操作温度范围内出现，但没有一个简单的法则来预测钢产生点蚀的敏感性。碳钢在 CO_2-H_2O 体系中还会发生应力腐蚀开裂，但这方面的研究很少，观点也不一致。一般认为 CO_2会使高强钢发生阳极溶解性的应力腐蚀开裂。

以 $CaCl_2$型为主的采出水，结垢往往是混合垢。根据介质的组成和依据各组分在一定温度下的溶度积可以预测结垢物的组成，在较高温度（80℃左右）下，碳酸铁盐垢更易形成，均匀腐蚀速度将相应地减缓。当系统压力减小时（如分离器以后流程），CO_2分压也相应减小，介质的 pH 值上升，$CaCO_3$结垢倾向增加，使金属表面易产生垢下腐蚀或与裸露金属产生电偶腐蚀。

垢可以被氯化物或酸破坏，也可以被高速（垢面速度为 15～20m·s^{-1}）流体冲刷侵蚀，在湍流介质条件下，金属表面难以形成保护膜而发生流动诱发局部腐蚀。但是容器腐蚀系统中单相流体在平滑流状态下实际流动速度很低（进出口有可能较高），难以达到冲刷侵蚀的水平。

金属表面结蜡可以抑制全面腐蚀，但可能诱发蜡层下的垢下腐蚀。

⑤ 流速的影响　高流速易破坏腐蚀产物膜或妨碍腐蚀产物膜的形成，使钢始终处于裸露初始的腐蚀状态下，于是腐蚀速率高。流速增加，腐蚀反应速度逐渐受电化学步骤控制，腐蚀速度增加，并导致严重的局部腐蚀。

⑥ Cl^- 的影响　Cl^- 的存在不仅会破坏钢表面腐蚀产物膜或阻碍产物膜的形成，而且会进一步促进产物膜下钢的点蚀。

⑦ 合金元素　碳钢、低合金钢和不锈钢材料中的合金组分对 CO_2腐蚀的影响很大。

⑧ 腐蚀的其他影响因素

a. 矿化度 在较低矿化度下，腐蚀速率随其增加而增大。但介质矿化度增加，可减轻结垢。

b. 氧含量 O_2对碳钢的腐蚀性将大幅增加，但对不锈钢的钝化有利。

c. 载荷 载荷加速 SCC，且连续载荷比间断载荷的影响更严重。

d. 腐蚀时间 介质组分和温度不同，失重法测得的腐蚀速率变化规律不同。

e. 细菌影响 容器中的细菌腐蚀以其沉积物的垢下腐蚀为主。好氧菌的腐蚀作用主要有 2 种，一种是其新陈代谢的酸引起腐蚀；另一种是造成氧浓差极化腐蚀。厌氧菌主要是硫酸盐还原菌，在菌斑下直接参与腐蚀反应，使金属产生点蚀或坑蚀，另一个重要的问题是可以将硫酸根还原成 H_2S，对金属产生腐蚀。

f. 介质中杂质的影响 Fe^{3+}、Cu^{2+}、Hg 和有机酸等杂质可能对腐蚀控制产生无法预料的后果。

CO_2腐蚀的影响因素众多，这些因素对 CO_2腐蚀影响的相对权重是进行腐蚀预测和防护决策的关键，赵学芬等采用层次分析法，结合相关文献给出了影响因素的权重集，以定量的形式确定了 CO_2腐蚀影响因素的相对重要度，其从大到小的顺序为：温度→CO_2分压→pH 值→含水量→腐蚀产物膜→钢的化学成分→流速→氧含量→CO 含量→液膜→Cl^-含量→钢的热处理→H_2S含量→载荷→细菌→应力→钙镁离子含量→有机酸含量→碳酸氢根离子含量→沙粒，前 5 种因素权重相差 5 倍，温度与沙粒权重相差 44 倍[55]。

(3) 易发生 CO_2腐蚀的设备

受到 CO_2腐蚀影响的，主要有炼油厂的锅炉原料水和凝结系统，制氢装置变换转换器中的流出气体物流段，除 CO_2装置的再生塔塔顶系统。当流出物温度降低到露点以下，大约为 149℃时，会形成 CO_2腐蚀环境。曾发现腐蚀速度高达 $25mm \cdot a^{-1}$。碳钢的 CO_2腐蚀损伤外观形貌，主要有局部减薄和点蚀（图 5-89、图 5-90）。在湍流区域，碳钢会遭受深的坑蚀和沟槽，腐蚀通常发生在湍流和冲击区，有时在管道焊缝的根部。

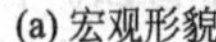

(a) 宏观形貌

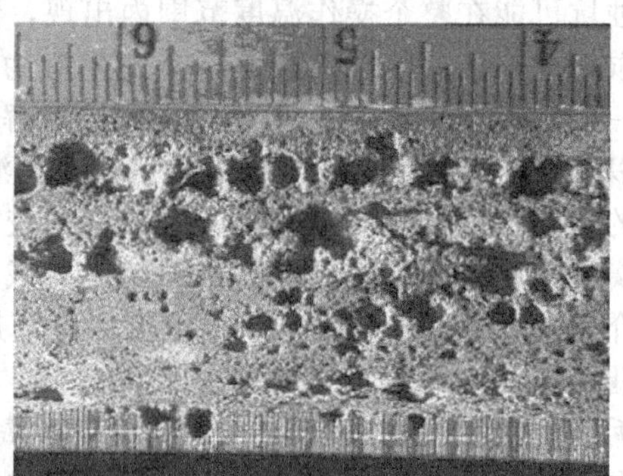

(b) 宏观高倍形貌

图 5-89 碳钢油气产品线的 CO_2腐蚀

(4) CO_2腐蚀的防护

采用汽相缓蚀剂可以降低蒸汽凝结系统的 CO_2腐蚀，将凝结物的 pH 值提高到 6 会降低蒸汽凝结系统的腐蚀。在大多数 CO_2腐蚀环境中，300 系列不锈钢十分耐蚀。对于生产或去除 CO_2的操作装置，可能需要升级材料到不锈钢。钢铁中 Cr 质量分数的必须增加 12%以上，才能明显提高耐蚀性能。采用 400 系列不锈钢和双相不锈钢，对于防止 CO_2腐蚀也十分有效。

(5) CO_2腐蚀的检查和监测

CO_2腐蚀的检查和监测应当重点放在有水的部位，应用 VT、UT 和 RT 技术检查均匀

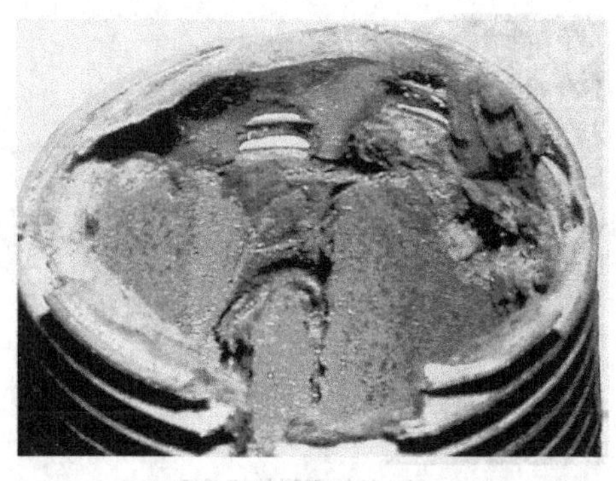
(a) 宏观形貌

(b) 接头的内部腐蚀形貌

图 5-90 在含 CO_2 水中碳钢管线接头的腐蚀

或局部减薄。焊缝部位可能会优先腐蚀，需要角探针进行 UT 或 RT。如果有分离的水相，会在沿管线的底部表面发生腐蚀。如果湿气系统有凝结物产生，管线的上表面将会发生腐蚀。在弯头和三通的湍流区域也是发生腐蚀的薄弱部位。通过分析检测工艺介质的 pH 值、Fe^{2+} 含量，以判断操作条件的变化，间接分析 CO_2 腐蚀情况。

(6) 炼厂 CO_2 腐蚀案例

某石化总厂制氢装置以液态烃为原料，采用蒸汽转化法制氢。制氢装置的流程主要为：原料液态烃经加热炉升温后进入加氢反应器及脱硫槽中，脱硫后与水蒸气在转化炉中反应生成约体积分数为 70%H_2、10%CO、10%CO_2，经余热锅炉进入中变反应器，将 CO 全部转换成 CO_2，含量约为 20%，与其他少量杂质进入一系列换热器及分离器中，温度从 400℃左右降到 40℃后，进入变压吸附分离出 99.9%的 H_2。在制氢装置产生氢气的同时，还伴随 CO、CO_2 和 H_2O 的生成，在一系列换热后进行分离过程中，气态介质冷却到露点以下，就会形成含有碳酸的低 pH 值的冷凝液，这种冷凝液对碳钢及低铬钢（铬质量分数<5%）产生严重腐蚀。腐蚀呈坑蚀状态，压力越高、含水越多，则露点越高，腐蚀愈严重。

该石化总厂制氢装置运转 1.5a 后，发现冷凝液管线有 1m 管段发生腐蚀，渗漏严重，冷凝液管线材质为碳钢，管线温度为 80～120℃。之后又发现该管段后的汽提塔筒体也出现严重腐蚀，汽提塔材质为碳钢，原始壁厚为 8mm，腐蚀最严重处已穿透。通过比较管线泄漏处和汽提塔压力，发现管线泄漏处压力高于汽提塔压力，导致管线处首先发生泄漏。汽提塔腐蚀最严重的部位是介质流体进入汽提塔的正对面（冲刷面）。该厂对汽提塔进行了检修，但仅将壁厚由 8mm 增加至 10mm，而材质仍选用碳钢。运行 1a 后，其腐蚀最严重的部位减薄量已达 4mm，说明露点温度下碳酸冷凝液工况条件下不宜选用碳钢材质。为此，之后将冷凝液管线材料更换为 S32168（1Cr18Ni11Ti），该材料对防治 CO_2 腐蚀效果良好。

5.5.5 碳酸盐应力腐蚀开裂

石油、炼油装置碳酸盐腐蚀开裂有酸水存在，可用 3 个关键参数来评估钢制件的碳酸盐腐蚀敏感性，它们是酸水的 pH 值、酸水中碳酸盐浓度和拉伸应力水平。

碳酸盐裂纹通常离焊缝的坡角更远，有多条平行裂纹，图 5-91 为 FCC 气体装置服役 15a 后在焊缝及附近发生碳酸盐开裂。碳酸盐开裂为表面开裂缺陷，主要为晶间裂纹，呈现为非常细小的裂纹网络，其间充满了氧化物[56～58]。

炼厂碳酸盐应力腐蚀开裂案例。

某石化公司加氢裂化炉过热蒸汽管的直管与弯管材质 20G，管道内温度为 200～260℃，压力 1.3MPa，炉管内介质为过热蒸汽。用于产生过热蒸汽的软化水中，主要离子含量分别

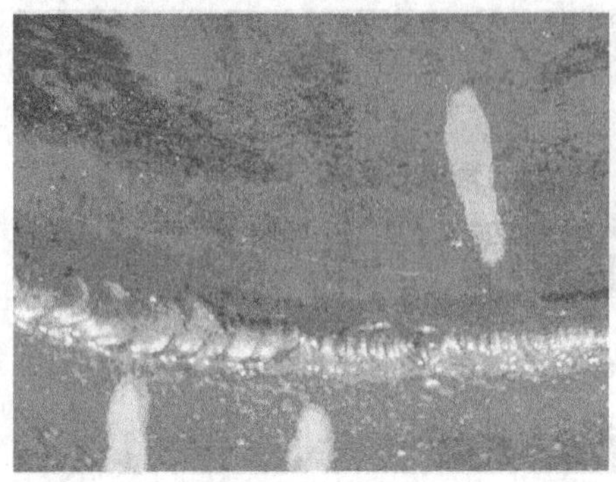

(a) 焊缝处裂纹宏观形貌

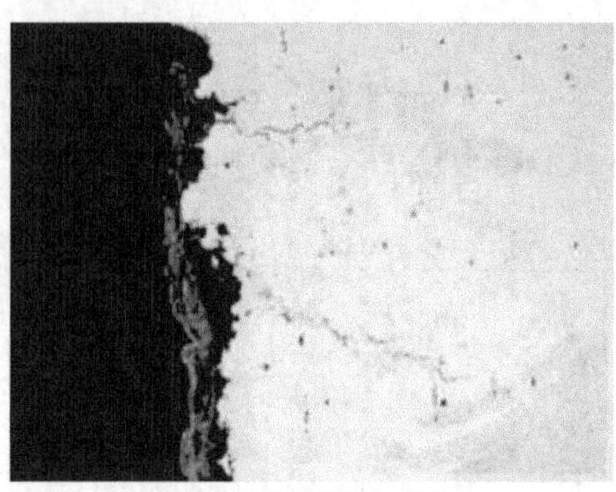

(b) 基体开裂的横截面

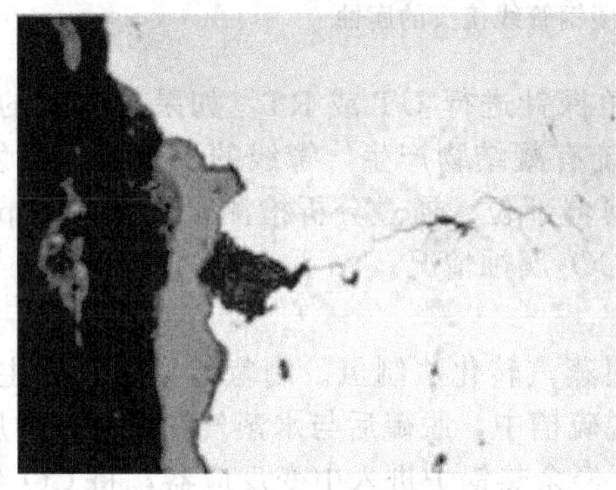

(c) 基体裂纹从腐蚀坑开始

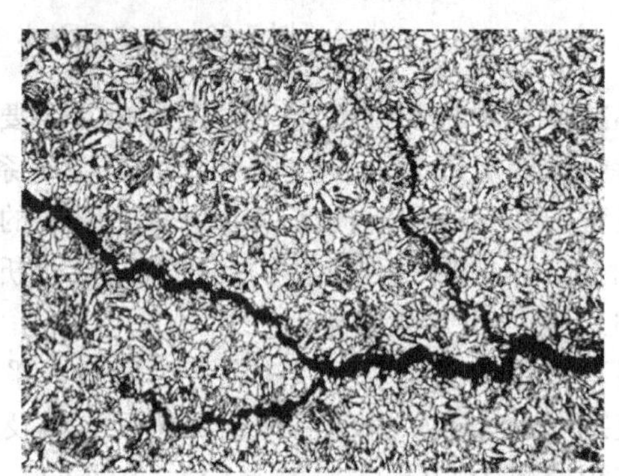

(d) 基体金属开裂的横截面

图 5-91 FCC 气体装置的一条未经 PWHT 的管线焊缝

为：CO_3^{2-} 27mg·L^{-1}、Cl^- 2.66mg·L^{-1}、SO_4^{2-} 5.15mg·L^{-1}、Ca^{2+} 2mg·L^{-1}。

过热蒸汽管焊接接头处发生断裂，设备运行时间约为 3 个月，图 5-92 为焊接接头断口分布的二次裂纹。

图 5-92 断口分布的二次裂纹

软化水中含有较多碳酸盐，是由于加入了含碳酸盐的缓蚀剂，而在断口表面的白色物质经能谱分析也为碳酸盐或重碳酸盐结晶物。进一步检测发现焊缝碳元素偏高，提高了脆性开裂的敏感性。

碳酸盐应力腐蚀开裂的环境因素即为软化水中的碳酸盐介质，应力来源于过热蒸汽管接头焊接产生的残余应力，以及运行时的工作应力。造成过热蒸汽管焊接接头开裂的原因是焊接材料的含碳量高，使焊缝组织硬度偏高，增大了脆性断裂倾向。同时软化水中硬度偏高，而加入的缓蚀药剂造成碳酸盐富集，致使炉管最终开裂破坏。为此采取了防护措施，严格控制焊接材质含碳量，并优化焊接工艺，尽量减少粗大魏氏体组织出现，降低淬硬倾向，并加强水质管理，防止药剂产生次生危害。

5.5.6 H_2S-CO_2-H_2O 环境中的腐蚀

油气开发生产过程中，油气水分离设备可能面临的 CO_2 和/或 H_2S 腐蚀，其中 CO_2 源于地层蕴藏及开工艺中 CO_2 的回注，H_2S 产生于酸性油层、钻井液的热分解及硫酸盐还原菌反应产物。大量的试验和实践表明，CO_2 和 H_2S 共存时的腐蚀行为远比它们单独作用时复杂。尽管对单独的 CO_2、H_2S 腐蚀规律及其影响因素已有初步的认识，但对在 $CO_2+H_2S+Cl^-$（三高环境）共存的苛刻条件下设备的腐蚀规律及影响因素方面的实验及理论研究还不是很多，有些问题尚待进一步探索和研究。同时相关的研究和应用在我国油气田特别是西部油田的开发生产中越来越多地受到了关注[59]。

(1) H_2S-CO_2-H_2O 环境腐蚀机理

H_2S 水溶液是一种常见的弱酸，与 H_2CO_3 类似，可以被视为一种额外的反应氢离子蓄水池。因此，在 H_2S 的存在的情况下，可以预期会发生析氢反应。H_2S 分子可以吸附在钢表面上，接着 H^+ 被还原和钢中的铁被氧化，可以用一个反应方程式表示：

$$Fe(s)+H_2S \longrightarrow FeS(s)+H_2 \tag{5-53}$$

试验证据表明 H_2S 引起的碳钢腐蚀，先是 H_2S 在钢表面的吸附，随后是在钢表面极快速的氧化还原反应形成附着的 FeS 膜（就像一块污垢）。最初的 FeS 膜非常薄（$\leqslant 1\mu m$）但相当致密，并作为参与腐蚀反应物中的一个固态扩散屏障。因此，这一薄 FeS 膜是最重要的控制 H_2S 腐蚀速率的因素。它也抑制了其他到达钢材表面物质的活动，即使在少量的 H_2S 存在时也会影响 CO_2 对钢铁的腐蚀速率。硫化物层的量和保护性由不同的形成和去除过程的平衡确定，硫化物层是多孔的，并松散地附着在钢表面，随时间开裂、剥离和碎裂，这一过程会被紊流加速。

在这些不同的铁硫化物中，四方硫化铁是在较低的 H_2S 浓度和较低的温度下，碳钢腐蚀过程中形成的。随着 H_2S 含量的增加，四方硫化铁逐渐减少而磁黄铁矿成为主要的腐蚀产物。当 H_2S 的浓度很高时，黄铁矿和元素硫出现。而从铁硫化物的热力学角度，腐蚀产物更倾向于形成其他硫化物而非四方硫化铁，而四方硫化铁形成的快速动力学有利于它作为最初的腐蚀产物出现在大部分情况下。FeS 膜将随时间转化为其他难溶、更稳定的铁硫化物（磁黄铁矿和硫铁矿）。

总的来说，目前没有针对硫化物层本质和层下腐蚀过程关系的清晰定义。普遍认为，所有类型的硫化亚铁层均能为碳钢提供某种程度的腐蚀保护。在很高的 H_2S 浓度下，大量的元素硫会因为温度和压力的变化从气相沉积，甚至会堵塞管束，元素 S 会出现并导致严重的局部腐蚀。

H_2S 和 CO_2 对腐蚀的协同作用。p_{H_2S} 和 p_{CO_2} 决定了 H_2S 和 CO_2 在介质中的溶解量，不同的 H_2S 与 CO_2 比例，导致介质中的 HS^-、S^{2-} 和 HCO_3^-、CO_3^{2-} 的比列不同，在不同的温度下形成的腐蚀产物膜有所不同。硫化物膜对钢铁表面有保护作用，这种保护虽然不能量化，但当金属暴露在低浓度的 H_2S 中时，比暴露在类似温度及 CO_2 分压和无硫系统中的腐蚀速度要小。

不同温度下 H_2S 对 CO_2 腐蚀影响可分为 3 类，第一类是 60℃左右，H_2S 通过加速腐蚀的阴极过程而加速腐蚀的进程；第二类是 100℃左右，H_2S 含量超过 $33mg \cdot kg^{-1}$ 时，局部腐蚀速度降低而全面腐蚀速度上升；第三类是 150℃附近，金属表面形成 $FeCO_3$ 或 FeS 保护膜，使腐蚀速度下降[60]。

CO_2 对 SSC 敏感性影响取决于 pH 值，在较低的 pH 值条件下，CO_2 增加 SSC 敏感性；在较高的 pH 值中则相反。

Cl^- 与 H_2S 和 CO_2 对腐蚀的协同作用。常温下，随着 Cl^- 含量上升，CO_2 的溶解度减少，碳钢的腐蚀速率下降。但有 H_2S 存在时，腐蚀速率上升。李国敏等研究 CO_2、H_2S 与 NaCl 对碳钢的腐蚀表明[61]，在 80℃以下，温度升高，腐蚀速率增大；到 120℃时腐蚀速率反而下降为原来的 20%～30%，其原因是高温加速了腐蚀反应的阴极过程，而抑制了阳极过程。80℃以下，H_2S 质量浓度 $400mg \cdot L^{-1}$ 时腐蚀速率达到最大值，此后，腐蚀速率随 H_2S 含量升高而下降，这是因为此时 H_2S 抑制了腐蚀反应的阴极过程。在较高温度（120℃

以上）时，随 H_2S 含量增大，腐蚀产物由 $FeCO_3$ 转变为多硫化铁，阳极过程被抑制，阴极过程被加速，腐蚀速率缓慢增加。

文献［62］采用氢扩散法、交流阻抗法和电子探针分析研究碳钢在弱酸条件下的 NaCl 溶液中加入 CO_2 和微量 H_2S 的腐蚀过程和渗氢量之间的关系、CO_2 和 H_2S 的浓度在不同 pH 值对这个过程的影响。实验表明，pH 值在 4～6.5 之间时，CO_2 和 H_2S 对腐蚀过程和渗氢过程有着明显的加速作用，随着 pH 值的降低，CO_2 和 H_2S 对渗氢量的增加有明显的促进作用。在 pH 值为 4.0～6.5 时，CO_2 在水溶液中主要以 HCO_3^- 的形式存在，因 HCO_3^- 既可直接还原析出氢，又可在金属表面和铁离子反应生成结合力强的 Fe（HCO_3）$_2$膜，但这膜可发生变化，转化成结合力弱的 $FeCO_3$ 膜，因为 $FeCO_3$ 的体积比 Fe（HCO_3）$_2$小，转化过程中体积收缩，形成微孔的保护性较差的 $FeCO_3$ 膜，从而引发碳钢的腐蚀（主要是点蚀），图 5-93 为低碳钢在 60℃、pH6，p_{CO_2} 0.77MPa，p_{H_2S}0.12kPa，试验周期 25d 时的表面腐蚀产物的微观形貌。当加入 H_2S 后，在弱酸性环境中，H_2S 溶于水中后离解出 HS^- 和 S^{2-}，HS^- 和 S^{2-} 吸附在金属表面，形成可加速电化学腐蚀的吸附复合物离子 $Fe(HS)_{ad}$，吸附的 HS^- 和 S^{2-} 使金属电位移向负值，促使阴极放氢加速，同时阻止 H 结合成 H_2，促使 H 向金属内部扩散，这又使铁原子间键强度减弱，使铁更容易进入溶液，加速阳极反应，这和氢扩散实验结果一致。同时，当 H_2S 浓度较低时，能生成致密的硫化铁膜（主要是 FeS 和 FeS_2），该膜能阻止 Fe^{2+} 通过，可显著降低金属的腐蚀速度，甚至使金属处于钝化状态。当 H_2S 浓度较高时，生成的硫化铁膜呈黑色疏松分层状或粉末，其主要成分是 Fe_9S_8，该膜不但不能阻止 Fe^{2+} 通过，反而与钢铁形成宏观电池，硫化铁是阴极，碳钢是阳极，因而加速了金属腐蚀。实验所生成的硫化铁膜主要是疏松粉状的硫化铁膜，这和氢扩散和交流阻抗及电子探针实验结果一致。H_2CO_3 和 H_2S 都能与 Fe 反应生成 $FeCO_3$ 和 FeS_x，但在电子探针的分析中往往没有 $FeCO_3$，因为由溶度积原理[52]，可知 $FeCO_3$ 的 $K_{sp}=2.5\times10^{-11}$，Fe_9S_8 的 $K_{sp}=6\times10^{-18}$，因此 $FeCO_3$ 可完全转化为 Fe_9S_8。故此，氢扩散和电子探针无法反映碳钢腐蚀产物的变化，但是交流阻抗极化 100mV 的结果可反映这一点。

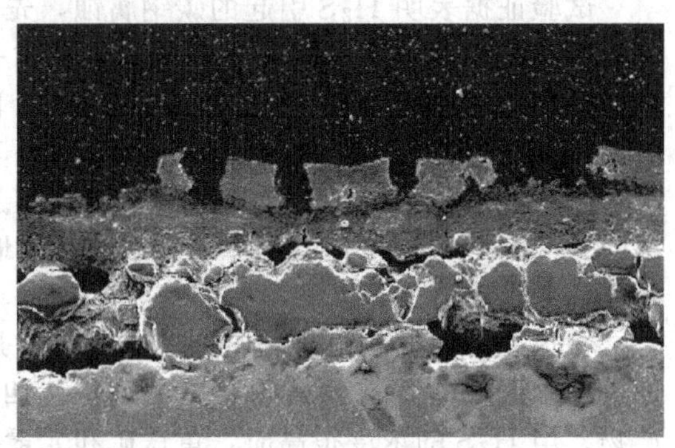

图 5-93　低碳钢表面形成的混合 $FeCO_3$ 和 FeS 层的横截面 SEM 图像

大多数不锈钢在 Cl^- 环境中的局部腐蚀问题已有明确的结论，但对其在 H_2S-CO_2-H_2O 环境中 Cl^- 的作用机理研究很少。

腐蚀形态，对碳钢为氢鼓包及硫化物应力开裂，对 CrMo 钢、Crl3 型不锈钢及低合金钢使用奥氏体焊条则为焊缝处的硫化物的应力开裂。

碳钢在 H_2S 水溶液中的局部腐蚀没有均匀腐蚀研究的透彻，案例表明 H_2S 水溶液中的局部腐蚀与其他因素相关，例如高 Cl^- 含量，元素硫的存在，硫化物从一种类型转化成另一种的过程。

在三高环境下，容器表面都能以垢的形式生成腐蚀产物层而减缓全面腐蚀速度，但局部垢下腐蚀倾向会增大。垢的形成过程和保护作用受多种因素的影响，如与碳酸值和其他盐类的存在有关，与垢层下金属表面状况和腐蚀反应速度有关。在高流速和焊接接头处，由于垢层的破裂，局部腐蚀的速度更快。这种垢层的作用常使短期试验的数据变得难以解释，因此对于短期试验的数据应谨慎对待。疏松的膜产生阻塞区，使垢下介质酸化，产生严重的局部垢下腐蚀，这是造成设备失效的关键。

因为硫化物膜下的过程非常复杂，并且缺乏对机理的解释，对碳钢在三高环境中的腐蚀，可以通过假设控制步骤是CO_2通过FeS的扩散。

(2) 影响碳钢H_2S-CO_2-H_2O腐蚀因素

① H_2S分压的影响　极低H_2S分压下的碳钢腐蚀速率，常压下实验，p_{H_2S}在0.13～32Pa范围内变化，相当于在0.1MPa的CO_2气相中的变化范围为（1～250）$\times 10^{-6}$。H_2S的存在控制了腐蚀速率，即使当H_2S含量在最低分量时，因为薄四方硫化铁的形成，也会使纯CO_2的腐蚀速率降低到10%～30%。在更高的p_{H_2S}下，在极高总压（$p=13.8$MPa）和高p_{CO_2}（p_{CO_2}1.38MPa）高压釜实验的结果可以观察到相同的效果（纯CO_2腐蚀速率约20mm·a^{-1}）。在最高的p_{CO_2}/p_{H_2S}比率下（$p_{CO_2}/p_{H_2S}=3500$，p_{CO_2} 1.38MPa，p_{H_2S}0.04kPa），CO_2的影响占腐蚀速率的约70%，35%归因于H_2S。在低p_{CO_2}/p_{H_2S}比率下（$p_{CO_2}/p_{H_2S}=1800$，p_{CO_2}1.38MPa，p_{H_2S}0.116kPa），CO_2对腐蚀速率的影响占约57%，43%归因于H_2S。

高p_{H_2S}（p_{H_2S}0.3～2.0kPa）和高p_{CO_2}（p_{CO_2}30～128kPa）时，暴露4d，碳钢腐蚀速率试验结果，H_2S是决定腐蚀的物质。在最高的p_{CO_2}/p_{H_2S}下（$p_{CO_2}/p_{H_2S}=1.8$，p_{CO_2} 0.53MPa，p_{H_2S}300kPa），H_2S产生86%的腐蚀速率。在最低的p_{CO_2}/p_{H_2S}下（$p_{CO_2}/p_{H_2S}=0.2$，p_{CO_2}0.4MPa，p_{H_2S}2MPa），H_2S产生97%的总腐蚀速率。据报道，某现场案例相同条件下点蚀速率30mm·a^{-1}，这与实验开始阶段在保护性的FeS膜形成之前，H_2S驱动的极高速率的腐蚀有关。

② 温度　在H_2S-CO_2-H_2O的腐蚀环境中，碳钢的腐蚀速率随着温度升高先增大后减小，在90℃时达到最大值，当超过110℃时腐蚀速率趋于平缓。

③ 流动的影响　液体流动速度对H_2S腐蚀的影响。流动循环实验在苛刻条件下持续15～21d，p_{H_2S}1.0～3.0MPa、p_{CO_2} 0.33～1.0MPa、pH值2.9～3.2、流速1～5m·s^{-1}。因为厚的保护性硫化物膜的建立，使得在试样暴露过程中均未观察到速度对均匀腐蚀的影响。

(3) 易发生H_2S-CO_2-H_2O腐蚀的设备

腐蚀发生在油气开采中的油气水分离器、脱硫装置再生塔的冷凝冷却系统（管线、冷凝冷却器及回流罐）的酸性气部位。某些炼油厂，由于原料气中带有HCN，而在此部位形成HCN-CO_2-H_2S-H_2O的腐蚀介质，由于HCN的存在，加速了H_2S-H_2O的均匀腐蚀及硫化应力开裂。

(4) H_2S-CO_2-H_2O腐蚀防护

对于p_{H_2S}340Pa以上的H_2S-CO_2-H_2O腐蚀环境，应以防止硫化物应力开裂为主，控制方法参见湿硫化氢应力腐蚀开裂的控制。其他情况下，以控制CO_2腐蚀为主。

(5) H_2S-CO_2-H_2O腐蚀的检查和监测

H_2S-CO_2-H_2O腐蚀的检查和监测要点同湿硫化氢应力腐蚀开裂或CO_2腐蚀。

(6) 炼厂H_2S-CO_2-H_2O腐蚀案例

炼厂环境下，H_2S-CO_2-H_2O腐蚀主要发生在脱硫装置再生塔的冷凝冷系统的酸性气体设备。塔顶酸性气的组成为H_2S（体积分数50%～60%）、CO_2（40%～30%）及水分，温度40℃，压力约0.2MPa，此部位主要腐蚀影响因素是H_2S。腐蚀形态对碳钢为氢鼓包及硫化物应力开裂，对Cr5Mo、1Cr13及低合金钢使用奥氏体焊条，则为焊缝处的硫化物应力开裂。

某炼油厂再生塔顶冷凝冷却器碳钢壳体呈环向，纵向焊缝硫化物应力开裂20多处。再生塔顶回流罐碳钢内外壁有800多处氢鼓包，最大鼓包位于罐外壁，直径250mm。

某炼油厂再生塔顶冷凝冷却器使用1个多月，出现碳钢壳呈环向、纵向焊缝硫化物应力开裂、氢鼓包等问题，同时在焊缝裂纹处，漏出普鲁士蓝色物质（亚铁氰化铁$Fe_4[Fe(CN)_6]_3$）。

5.5.7 低温 $HCl-H_2S-H_2O$ 的腐蚀

该腐蚀环境主要存在于炼油常减压蒸馏装置塔顶及其冷凝冷却系统，温度低于120℃的轻油部位，如常压塔、初馏塔、减压塔顶部塔体、减压塔部分挥发线和冷凝冷却系统、塔盘或填料、塔顶冷凝冷却系统。一般情况下，介质为气相的部位腐蚀较轻微，液相的部位腐蚀相对严重，尤以气液两相转变部位即“露点区”腐蚀最为严重。

常减压蒸馏装置是石油加工中的第一道工序，为下游装置提供加工原料，因此常减压蒸馏装置操作平稳情况关系整个炼油厂的正常运行。

（1）低温 $HCl-H_2S-H_2O$ 的腐蚀机理[63,64]

$HCl-H_2S-H_2O$ 腐蚀主要是由原油中的氯化物水解后生成 HCl 而引起的，Cl 的来源为原油中的无机氯化物和有机氯。因此，不论原油含硫量及酸值的高低，只要原油中含氯化物就会引起这类腐蚀。

原油中的无机氯化物主要有 NaCl、$MgCl_2$ 和 $CaCl_2$，其中，$MgCl_2$ 和 $CaCl_2$ 分别在120℃和200℃左右开始发生水解，在340～370℃时95%左右 $MgCl_2$ 和10%左右 $CaCl_2$ 发生水解；NaCl 比较稳定，在340℃时大约只有2%发生分解。3种无机盐在不同温度下的水解曲线见图5-94。有研究还发现原油中存在环烷酸或某些金属化合物时能促进无机氯化物的水解。

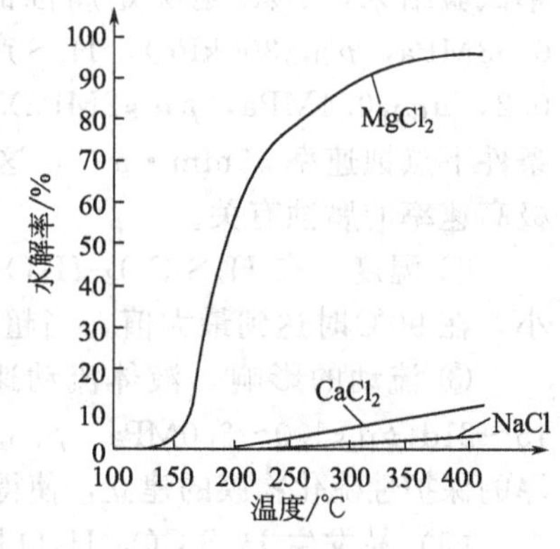

图5-94 无机盐在不同温度下的水解曲线

原油中有机氯是在采油过程中添加的含氯代烃化学助剂以及在炼油过程中使用的含有机氯的药剂。常规原油电脱盐工艺不能将有机氯脱除，在蒸馏过程中部分有机氯发生水解产生 HCl，水解反应温度和程度与有机氯的结构有一定关系，其水解反应为：

$$R—Cl + H_2O \longrightarrow R—OH + HCl \quad (5\text{-}54)$$

塔顶冷凝系统的 H_2S 来自原油中存在 H_2S 以及硫化物裂解产生 H_2S。

HCl、H_2S 处于干态时，对金属无腐蚀。当含水时，在塔顶冷凝冷却系统冷凝结露出现水滴，HCl 即溶于水中成盐酸。此时由于初凝区水量极少，HCl 质量分数可达1%～2%，成为一个腐蚀性十分强烈的“稀盐酸腐蚀环境”。若有 H_2S 存在，可对该部位的腐蚀加速。目前对于 $HCl-H_2S-H_2O$ 腐蚀环境造成的腐蚀破坏机理尚无统一认识，多数人接受的观点是该类型腐蚀是由于 HCl 和 H_2S 的相互促进构成的循环腐蚀而引起。具体腐蚀反应如下

$$Fe + 2HCl \longrightarrow FeCl_2 + H_2 \quad (5\text{-}55)$$

$$FeCl_2 + H_2S \longrightarrow FeS\downarrow + 2HCl \quad (5\text{-}56)$$

$$Fe + H_2S \rightarrow FeS\downarrow + H_2 \quad (5\text{-}57)$$

$$FeS + 2HCl \rightarrow FeCl_2 + H_2S \quad (5\text{-}58)$$

此外，在油井酸化、原油脱盐脱水过程中，使用到如甲酸、乙酸、丙酸等小分子有机酸提高油井产量及原油脱水效果，原油中这些小分子有机酸伴随油气上升到蒸馏装置塔顶，进入水相降低冷凝水 pH 值，加剧塔顶腐蚀。

（2）影响 $HCl-H_2S-H_2O$ 腐蚀的主要因素

① Cl^- 含量　在 $HCl-H_2S-H_2O$ 腐蚀环境中，HCl 的腐蚀是主要的，其关键因素为 Cl^- 含量，Cl^- 含量低则腐蚀轻，Cl^- 含量高则腐蚀加重。由于 HCl 主要来源于原油中的氯化物

水解，原油虽经脱盐处理，但脱盐后，不易水解的 NaCl 占含盐量的 35%～40%，而易水解的 $MgCl_2$、$CaCl_2$仍占 60%～65%，这些镁盐、钙盐成为系统中的 Cl^- 的主要来源。即使炼制低硫原油，如脱盐效果不好或不进行脱盐，塔顶冷凝冷却系统的 $HCl-H_2S-H_2O$ 腐蚀同样严重。

② H_2S 含量　H_2S 含量对常减压装置塔顶冷凝冷却系统腐蚀的影响较轻。

③ pH 值　在未添加中和剂情况下，塔顶低温部位“露点区”的 pH 值可能低至 2～3，此时会形成强酸性腐蚀环境，导致设备管线严重腐蚀；但注中和剂后，可使塔顶内介质的酸性降低甚至成为弱碱性，这样可有效控制氢的去极化作用，以减轻腐蚀。当采用注氨的方法时，氨形成氯化氨和硫氢化氨，可引起垢下腐蚀。

④ 注水量和注水方式　注水量和注水方式对初凝点的腐蚀影响很大。

⑤ 原油酸值　实验证明，随着原油酸值的增大，原油中氯化物的水解率也逐渐增大，说明石油酸可以促进无机氯化物水解。但目前尚没有两者间关系的定量结论或公式。

(3) $HCl+H_2S+H_2O$ 腐蚀的判断

在 $HCl+H_2S+H_2O$ 型腐蚀环境中，冷凝液吸收 HCl 形成盐酸露点腐蚀；设备材料与硫化氢形成的保护膜受盐酸腐蚀而破坏。腐蚀形态为碳钢部件的全面腐蚀、均匀减薄；其他耐蚀材料除全面腐蚀减薄外，还可能发生局部腐蚀，如 0Cr13 钢的点蚀、奥氏体不锈钢的 Cl-SCC。

(4) 防止 $HCl+H_2S+H_2O$ 腐蚀发生的措施

低温 $HCl-H_2S-H_2O$ 环境防腐应以工艺防腐为主，材料防腐为辅，并同时应用腐蚀监测等技术手段。

工艺防护即“一脱二注、一脱三注、一脱四注等”。“一脱四注”系指原油深度脱盐，脱盐后原油注碱、注氨（或胺）、注缓蚀剂、注水。该项防腐蚀措施的原理是除去原油中的杂质，中和已生成的酸性腐蚀介质，改变腐蚀环境和在设备表面形成防护屏障。一般工艺防腐应达到如下指标：原油经电脱盐后含盐量小于 $3mg \cdot L^{-1}$、塔顶冷凝水中 Fe^{2+} 小于 $3mg \cdot L^{-1}$、Cl^- 小于 $30mg \cdot L^{-1}$，pH 值为 7.5～8.5。

① 原油预处理。应用电化学分离或加热沉降方法脱除原油所含水、盐和固体杂质，主要目的是防止盐类水解产生 HCl 而腐蚀设备和盐垢沉积。

采用电化学分离时，在原油中要加入破乳剂（离子型破乳剂或非离子型聚醚类破乳剂）和软化水，然后通过高压电场（电场强度 $120～150kV \cdot m^{-1}$），使含盐的水滴聚集沉降，从而除去原油中的盐、水和其他杂质。电化学脱盐常以两组设备串联使用（二级脱盐）以提高脱盐效果。

② 优化电脱盐工艺，确保 $MgCl_2$ 和 $CaCl_2$ 有较高脱除率，同时阻止其发生水解反应。

③ 用较难水解的 NaCl 代替易水解的 $MgCl_2$ 和 $CaCl_2$。

④ 在原油电脱盐处理过程中加入少量 NaOH，中和由氯化物水解产生的 HCl。

⑤ 减少含氯助剂的使用量。

⑥ 研究合理有效的新脱氯方法，特别是有机氯的脱除方法。

⑦ 材料选用。在完善工艺防腐情况下，一般可采用碳钢设备，当炼制高硫原油时可用 20R+0Cr13 复合板制造常压塔顶部位的壳体（顶部五层塔盘部位）。由于 Cl^- 的作用，该部位不能采用奥氏体不锈钢，蒙乃尔、镍基合金、双相不锈钢和钛材在该环境下具有优异的耐腐蚀性能，但价格昂贵，某些炼油厂在常压塔塔顶衬里及冷凝冷却器试用 00Cr18Ni5Mo3Si2 双相不锈钢，但如果脱盐不好，注水量不足，仍可使这些耐蚀材料在初凝点部位发生严重的全面腐蚀或点蚀、应力腐蚀。

⑧ 表面处理。在加强工艺防腐的基础上，制造的换热器、空冷器在保证施工质量的前

提下，采用表面处理（转化膜、覆盖层等）防腐的方案也是有效的腐蚀防护手段。

⑨ 腐蚀监测。合理的腐蚀监测对于掌握设备腐蚀状况、调整工艺防腐措施有着重要的指导意义。低温 $HCl-H_2S-H_2O$ 腐蚀环境常用的腐蚀监测包括：注剂点后安装在线腐蚀监测探针、塔顶冷凝液 pH 值在线监测、管线定期定点测厚、塔顶冷凝水腐蚀性物质及腐蚀产物含量分析等。

(5) $HCl-H_2S-H_2O$ 腐蚀案例

案例 1：某石化常压塔顶腐蚀

① 腐蚀状况

a. 2009 年大检修时发现，常压塔第 1～3 层塔盘（常顶回流、常顶循回流层）部分塌陷，浮阀与卡子几乎全部脱落。

b. 常顶冷凝系统的常顶油气换热器 E1002B/C/D（材质为 09Cr2AlMoRe）先后因腐蚀更换换热器管束共 6 台，维修堵漏 5 次。

c. 常顶 4 台空冷器 EC1002A/B/C/D（材质为 16MnR/10）管束腐蚀严重，均发生泄漏，堵漏管束非常多，且翅片管束也有腐蚀泄漏情况。

d. 常顶换热器进口管线和常顶安全阀总线腐蚀严重且出现泄漏，泄漏部位周围管线有明显减薄，常顶换热器 E1002B 进口管线大面积剩余厚度为 3mm，弯头部位剩余厚度仅为 2mm。

② 腐蚀类型　典型的 $HCl-H_2S-H_2O$ 环境所造成的腐蚀。

③ 防腐措施

a. 电脱盐超声波破乳　利用装置检修对电脱盐系统进行改造，采用超声波破乳脱盐技术代替传统的破乳剂，利用超声波的物理作用方式对注水后的原油进行处理，提高电脱盐效率。

b. 优化塔顶工艺防腐　常压塔顶采用注中和缓蚀剂和弱碱性水的方法来控制塔顶系统的腐蚀。通过工艺防腐优化，将塔顶凝液的 pH 值控制在 6.5～7.5 的范围内。

c. 选材　常顶油气换热器管束材质原为 09Cr2AlMoRe，常顶空冷器材质原为 16MnR/10。2011 年 6 月常顶换热器 E1002C 发生泄漏后，换热器管束材质升级为钛材，效果良好。

案例 2：某石化常压塔顶换热器出口管线腐蚀

① 腐蚀状况

a. 原油/常顶油气换热器 E-1002/1 出口弯头（ϕ377mm×10.5mm，材质 20 钢）腐蚀穿孔泄漏。

b. 原油/常顶油气换热器 E-1002/1 出口阀后 20 钢异径三通（ϕ530mm×12mm、ϕ377mm×10.5mm 相贯线）的焊口腐蚀泄漏，用美特铁堵漏后，继续运行，焊缝腐蚀泄漏处扩展至长 20mm、宽 2mm 左右，随后用环氧树脂加玻璃丝布包裹，最后加套管施焊。

c. 原油/常顶油气换热器 E-1002/1.2 出口阀前后管线腐蚀泄漏，在装置不停车的情况下，将管线整体外加了一层套管。

d. E-1002/2 出口管线阀门前弯头腐蚀减薄极为严重，弯头本体已经损耗殆尽，套管部分也腐蚀较重。

② 腐蚀类型　典型的 $HCl-H_2S-H_2O$ 环境所造成的腐蚀，且工艺防腐控制不当加剧了设备管线腐蚀。

③ 防腐措施

a. 加强缓蚀剂与中和剂的质量控制。对目前正在使用和将要使用的缓蚀剂和中和剂的质量进行控制，并采用蒸汽携带中和剂的加药方式，使得中和剂加入到系统中雾化效果更好，挥发性和分散性更佳，能与塔内酸性汽更好地均匀混合，这样在形成“露点”时，中和剂会与酸性汽一起凝结，中和剂不易流失，从而更好地发挥作用。

b. 加强工艺防腐控制。通过监测塔顶冷凝水的 Fe^{2+} 含量和 pH 值，加强分析数据对工艺操作的指导，在 Fe^{2+} 含量和 pH 值超标时，工艺操作应及时进行调整，采用有效的应对措施防止设备发生快速腐蚀。

案例 3：某石化减压塔顶冷却器腐蚀

① 腐蚀状况　减顶冷凝水采样分析结果显示，冷凝水中 Fe^{2+} 含量明显增加（大于 $3mg \cdot L^{-1}$），Fe^{2+} 含量明显增加的同时，排水量逐日加大。经多次排查确认，减顶一级冷却器 H-231AB 管束发生内漏。

② 腐蚀类型　典型的 $HCl-H_2S-H_2O$ 环境所造成的腐蚀。

③ 防腐措施　加强减顶工艺防腐管理，严格控制中和剂及缓蚀剂加注量和 pH 值；持续长期减顶排水采样分析，监控 Fe^{2+} 含量的变化；增加减顶系统管线的定期超声波测厚点数，扩大检测范围。

5.5.8 氯化物应力腐蚀开裂（Cl-SCC）

在用奥氏体不锈钢、双相不锈钢、某些镍基合金等耐蚀合金制造的压力容器中，如果有氯化物溶液存在，会产生应力腐蚀。

(1) 氯化物应力腐蚀机理

见 4.4.7 耐蚀合金的应力腐蚀奥氏体不锈钢氯化物应力腐蚀开裂（Cl-SCC）。

Cr 和 Ni 是不锈钢获得耐腐蚀性能最主要的合金元素，Cr 和 Ni 使不锈钢在氧化性介质中生成一层极薄的、黏着性好的、半透明的氧化铬薄膜，使不锈钢钝化，降低了不锈钢在氧化性介质中的腐蚀速度，使不锈钢的耐蚀性能提高。不锈钢表面膜一旦遭到破坏，钢中的铬与大气中的氧发生化学反应就能迅速地恢复这层薄膜，同时，机械损伤处也能很快再生成一层保护薄膜。但是，如果受到离子的化学侵蚀，比如 Cl^-，可能难于抵抗侵蚀，这就可能因氧气毫无阻挡地进入，而使腐蚀加剧。

Cl^- 的活化作用对不锈钢氧化膜的建立和破坏均起着重要作用。虽然至今人们对 Cl^- 如何使钝化金属转变为活化状态的机理还没有定论，但大致可分为两种观点。

成相膜理论的观点认为，由于 Cl^- 半径小，穿透能力强，故它最容易穿透氧化膜内极小的孔隙，到达金属表面，并与金属相互作用形成了可溶性化合物，使氧化膜的结构发生变化，金属产生腐蚀。

吸附理论则认为，Cl^- 破坏氧化膜的根本原因是由于 Cl^- 有很强的可被金属吸附的性能，它们优先被金属吸附，并从金属表面把氧排掉。因为氧决定着金属的钝化状态，Cl^- 和氧争夺金属表面上的吸附点，甚至可以取代吸附中的钝化离子与金属形成氯化物，氯化物与金属表面的吸附并不稳定，形成了可溶性物质，导致了腐蚀的加速。

电化学方法研究不锈钢钝化状态的结果表明，Cl^- 对金属表面的活化作用只出现在一定的范围内，存在着一个特定的电位值，在此电位下，不锈钢开始活化。这个电位便是膜的击穿电位，击穿电位越大，金属的钝态越稳定。因此，可以通过击穿电位值来衡量金属钝化状态的稳定性以及在各种介质中的耐腐蚀能力。

(2) 影响氯化物应力腐蚀敏感性的主要因素

① 温度增加，开裂的敏感性增加。

② Cl^- 含量增加，开裂的可能性增加。

③ 在有浓缩条件存在下，没有最小 Cl^- 浓度限制。如传热条件、干湿或蒸汽和水的交替变换因 Cl^- 浓缩会明显增加开裂的敏感性。

④ 通常发生在 pH 高于 2 的环境。在更低 pH 值下，以全面腐蚀为主。在碱性 pH 区

域，Cl-SCC 倾向降低。

⑤ 尽管在更低的温度下也有发生，但开裂通常发生在金属表面温度高于 60℃时。

⑥ 应力可以是外加的，也可以是残余的。高应力或冷加工的部件、焊接接头开裂的可能性高。

⑦ 水中溶解的氧通常会加速 Cl-SCC，但不清楚是否有氧的浓度极限，低于这个值氯化物 SCC 就不会发生。

⑧ 合金的镍含量是影响耐蚀性的主要因素。敏感性最高的是含镍质量腐蚀 8%～12%，Ni 含量高于 35%，其耐蚀性高，高于 45%基本不发生 Cl-SCC。

⑨ 低镍不锈钢，如双相钢，耐蚀性比 300 系列要高，但也会被腐蚀。碳钢、低合金钢和 400 系列 SS 对 Cl-SCC 不敏感。

(3) 氯化物应力腐蚀的判断[56]

判断因素包括氯化物含量、pH、温度、应力、氧的存在和合金成分。

① 损伤的外观或形貌。表面开裂裂纹可能发生在工艺侧或外部保温层下，见图 5-95。

② 材料通常没有全面腐蚀的迹象。

③ 应力腐蚀裂纹的特征是有许多分支，目测可以发现表面龟裂现象。图 5-96 为在 232℃蒸汽环境下操作的 S31603 管束的壳程侧开裂形貌，PT 在中间的管子（箭头处）可以看到裂纹，图 5-97 为微距图像显示的网状裂纹。金相显示为分支的穿晶裂纹（图 5-98），有时敏感的 300 系列不锈钢还会发现晶间裂纹，见图 5-99。

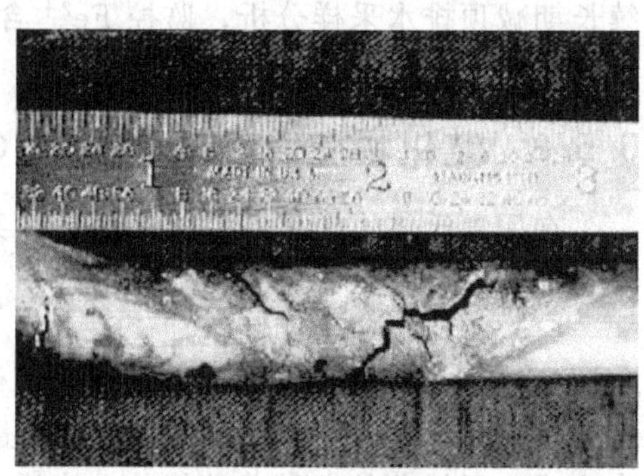

图 5-95　304SS 仪表管在保温下的外部开裂

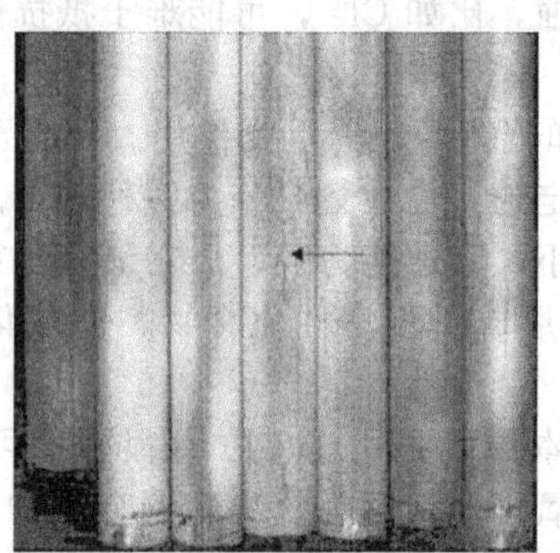

图 5-96　管束的壳程侧开裂特征

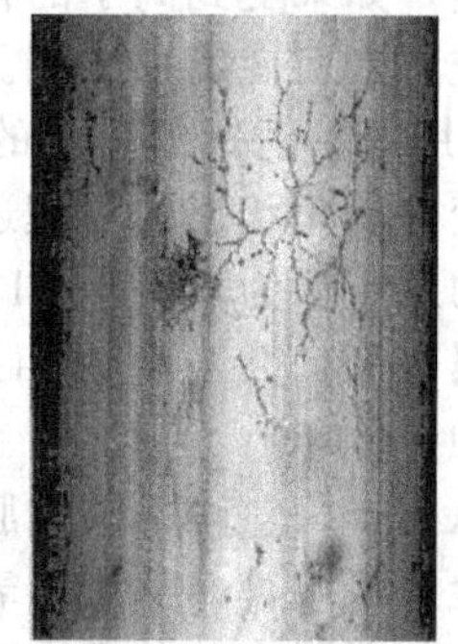

图 5-97　网状的开裂外观

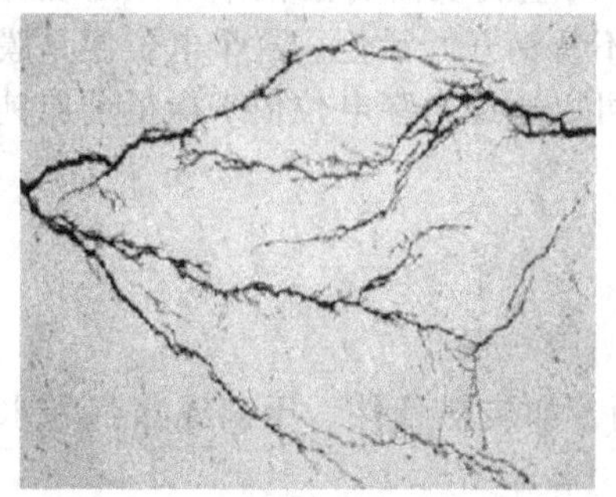

图 5-98　横截面细小的分支裂纹（未腐蚀）

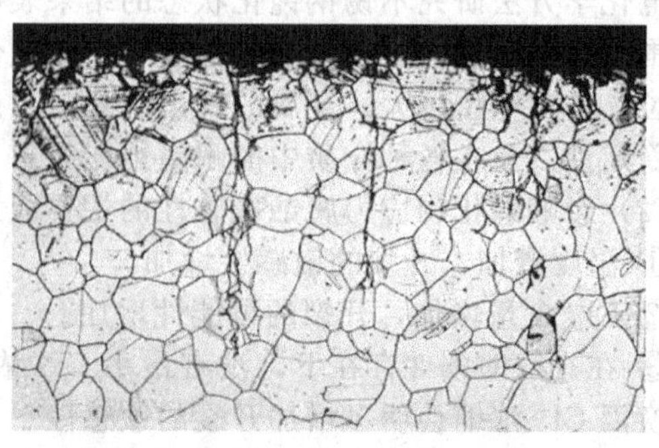

图 5-99　裂纹的穿晶模式（腐蚀后）

④ 300 系列不锈钢的焊缝通常含有一些铁素体，产生一个双相结构，有可能更耐 Cl-SCC。

⑤ 断面呈脆性特征。

(4) 防止 Cl-SCC 发生的措施

① 选用耐蚀的结构材料。

② 合理的结构设计，减缓应力集中和降低残余应力，避免出现反复浓缩。

③ 水试压时，使用含氯化物低的水，并尽快全面干燥。

④ 在保温层下正确使用涂料，防止水分侵入。

⑤ 避免产生滞流区域的设计，在该部位氯化物可能浓缩或沉积。

⑥ 制造后 300 系列不锈钢的高温应力释放会降低残余应力。但是，必须考虑可能发生的敏化增加 Cl-SCC 的敏感性、可能的变形问题和潜在的再热开裂。

⑦ 可采用振动法消除或降低焊接、加工残余应力。

⑧ 检查和监测。表面开裂有时可以通过目测发现，推荐使用 PT 或相分析 EC 技术；对于冷凝器管束、管道和压力容器，可以使用涡流检测。

采用 PT 很难发现微小的裂纹。在有些情况下需要采用特殊的表面处理方法，包括磨光或高压水清洗，尤其是在高压操作中。通常，UT 对于不锈钢或镍基合金不敏感；裂纹除非已经发展成为明显的网状裂纹，可用 RT 检测。

(5) Cl-SCC 案例

所有 300 系列不锈钢的管线和压力容器部件都可能发生 Cl-SCC；如换热器和常压塔顶冷却器的工艺侧常发生 Cl-SCC。

案例 1：循环冷却水系统 Cl^- 浓度超标导致设备发生 Cl-SCC[65]

某厂循环冷却水系统 Cl^- 浓度超出 $1000mg \cdot L^{-1}$ 的控制指标，对循环水系统水冷器带来应力腐蚀的危害。为此，采取以下措施，严格控制循环水 Cl^- 浓度、控制循环水浓缩倍数，采用不含 Cl^- 的新型强力溴杀菌剂，定期进行强制清洗置换。

案例 2：加氢装置的排水不正确清洗，在开停工过程中发生开裂[66]

某炼厂催化柴油加氢精制装置运行 2a 后，逐渐发生反应系统的压降增大，高压热交换器的换热效果下降问题。在 2007～2008 年装置计划检修前的物料处理过程中，发现反应流出物/分馏塔进料热交换器管束有轻微泄漏现象。该换热器管箱壳体、管板材质均采用 15CrMoR，换热管为 0Cr18Ni10Ti。清洗管束时发现，有很多换热管内部被白色结晶物堵塞，而且大部分出现在管程下半部的低温区域，这些白色物质确认为 NH_4Cl 结晶物。在运行中，NH_4Cl 在换热管内结晶堵塞管束，由于此时管束内没有游离水，铵盐不会溶解产生 Cl^-，所以管束不会发生应力腐蚀开裂。当设备停止运行时，被铵盐堵塞在换热管内无法流动的介质中的气态水冷凝为液态水，这些液态水会溶解部分 NH_4Cl 产生 Cl^-，为发生应力腐蚀开裂提供了环境。停工检修使用蒸汽吹扫热交换器壳程时，管束会受热产生热应力，为发生应力腐蚀开裂提供了条件。

2008 年装置再次停工小修时，鉴于前次检修发现有换热管堵塞和泄漏情况，因此再次对该热交换器进行检查，观察换热管堵塞与腐蚀情况。检查结果与前次基本相同，但换热管被白色结晶物堵塞的情况明显没有上次严重。在随后的试压过程中，又有 7 根换热管泄漏，同样进行了堵管处理。分析腐蚀原因为：管束清洗过程持续时间较长，对管束清洗时残存的水分未及时处理，造成管束长时间浸泡在含有 Cl^- 的溶液中，发生腐蚀开裂。

防护措施：

在装置加工原料和设备材质确定的实际情况下，只有通过改善注水条件和改进检修方法来防止腐蚀的发生。

a. 增设注水点　在高压热交换器管程注水能够有效地溶解 NH_4Cl，防止其结晶堵塞换热管，并使其随介质流向装置下游，避免在局部产生 Cl^- 含量高的溶液。

b. 改善清洗管束方法　当换热管内有大量氯化铵盐结晶时，清洗难度虽然比较大，但还是要在尽量短的时间内采用高压水枪等方法疏通管束。切不可采用浸泡的方法使其自然溶解，这样局部会产生 Cl^- 含量高的溶液。另外在管束疏通后，还需用水枪反复冲洗换热管多次，以便带走残留的 NH_4Cl 结晶物和 Cl^- 溶液，有条件时可用压缩空气吹干管内水分。

案例 3：纹管和仪表管线 Cl-SCC[67]

波纹管和仪表管线，尤其是与含氯化物的氢循环物流有关的，会受到影响。腐蚀破坏已经占到所有波纹管膨胀节破坏的 97.4%。以往大多将波纹管膨胀节的腐蚀破坏归类于点蚀或晶间腐蚀，但通过对大量的波纹管膨胀节上裂纹的断口分析来看，应力腐蚀裂纹已成为波纹管膨胀节的主要腐蚀原因。对波纹管膨胀节裂纹事故统计分析发现，应力腐蚀裂纹易出现在波纹管的如下部位：波纹管的波峰与波谷、波纹管和接管的焊接处。

为了减少波纹管应力腐蚀的发生，可以采取以下措施。

a. 选材　根据介质的腐蚀情况，通过合理选材避免应力腐蚀。

b. 制造　通过合理选择焊接材料，合理制定装焊工艺以及消除应力处理等来减小应力腐蚀程度。

c. 工艺　进行防腐处理，如隔离介质（涂层、衬里）、介质处理、电化学防腐等。

d. 监测　监控分析，如定期检查、及时修补等。

e. 保温　防止保温层破损，当保温材料变湿后，在被保温的表面可能会发生外部 Cl-SCC。

5.5.9　连多硫酸应力腐蚀开裂（PATSCC）[56]

PATSCC 是一种通常发生在开停工和有水、湿气存在的操作过程中的应力腐蚀开裂。在敏化的奥氏体不锈钢上，通常靠近焊缝或高应力区域，开裂扩展迅速，在数分钟或小时内就会穿透部件的壁厚。

燃油（气）、焦炭和大多其他燃料的燃烧加热器会受影响，这取决于燃料中的 S 含量。在 FCC 装置发生过严重的开裂（气动环、压力通风系统、滑阀、旋分器部件、膨胀节波纹管和管线）。加氢装置（加热炉管，热进料/流出物换热器管束，波纹管）、常减压和焦化装置（管线）、暴露在含硫燃烧产物的锅炉和高温设备、常温下在含硫油气和湿硫化氢环境中使用的不锈钢设备都有可能发生 PTASSC。

（1）PATSCC 机理和影响因素

见 4.4.7 耐蚀合金的应力腐蚀连多硫酸对奥氏体不锈钢引起的应力腐蚀开裂（PTASCC）。

（2）PATSCC 的判断

① 受影响材料通常为 300 系列不锈钢、合金 600/600H 和合金 800/800H 等。

② 需要环境、材料和应力的共同作用。

③ 环境-金属部件在含硫化合物环境中表面形成硫化物垢。垢可以和空气（氧）和湿气作用形成连多硫酸。

④ 材料必须处于敏感的或“敏化”的状态。

⑤ 应力可以是残余或外加的，大多部件的残余应力通常都足以促进开裂。

⑥ 损伤的形貌。通常发生在焊缝附近，有时也发生在金属本体，非常局部而且不容易发现，直到开工或有时在操作中出现裂纹时才发现。裂纹沿晶扩展（图 5-100、图 5-101），厚度损失可忽略。

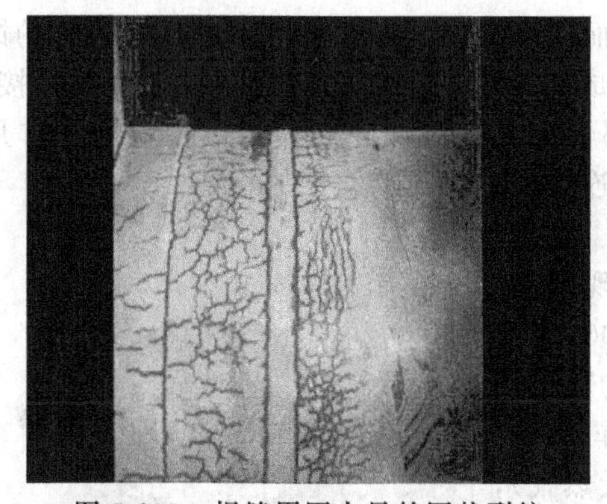
图 5-100 焊缝周围大量的网状裂纹

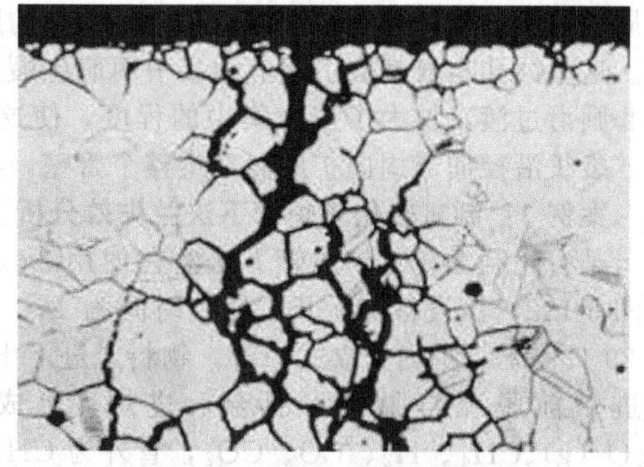
图 5-101 晶间开裂和晶粒脱落

⑦ 检查和监测。PATSCC 开裂对于检验来说是一个挑战，因为开裂直到条件正好转变时才发生。在操作过程中监测 PATSCC 开裂不现实，因为，在操作过程中，没有导致发生 PATSCC 的条件。

PT 可以用于检测 PATSCC 开裂，但是，因为裂纹充满坚硬的垢物，需要采用研磨的方法来提高 PT 灵敏度。

(3) 控制 PATSCC 发生的措施

① 如果设备打开或暴露在空气中，应当采取防护方法以降低或消除 PATSCC，包括在停工过程或停工后立即用碱或苏打灰溶液冲洗设备，或在停工中用干燥的氮气或氮气/氨保护，以防止接触空气。

② 对于加热炉，保持燃烧室加热到露点温度以上，以阻止在加热炉管表面形成酸。

③ 低碳等级不锈钢如 S30403/S31603/S31703 比控制碳等级不锈钢性能好，但如果在 538℃中暴露几小时或长期在 400℃以上操作，低碳级别也会发生敏化。

可以通过向这些合金添加少量的 Ti 和 Nb 来提高耐 PATSCC 的能力。常用有化学稳定级别（奥氏体不锈钢 321 和 347 系列，镍基合金 825 和 625）。

④ ASTM 规范允许轧制产品在稳定状态而不是退火状态下运行。这种热处理可以降低潜在的敏化问题，尤其是 S32168。

⑤ 在化学稳定不锈钢所有的焊缝完成后要进行 899℃的热稳定处理，以降低敏化和 PTA 敏感性，但这种热处理在现场很难进行。

⑥ PATSCC 敏感性可以参照 ASTM A262[68] Practice C 通过实验室腐蚀测试来获得。对 L 和/或化学稳定级别，在测试前通常要进行敏化热处理。

(4) PATSCC 案例

案例 1：加氢精制设备 PATSCC[69]

1998 年某炼油厂加氢精制车间的高压分离器（简称高分）和液位计沉筒等连接的几个接管，在使用 8 个月后相继发生开裂。宏观检查发现，接管的裂纹最长达 66mm，且都为贯穿性裂纹。管壁内表面 1/3 的部位有蚀孔，焊缝附近的蚀坑相当密集，并且残存少量深棕色产物，裂纹边缘也有一些蚀孔。断口呈台阶状，未发生塑性变形，说明属多源性开裂。在扫描电镜下观察裂纹呈沿晶腐蚀断裂，裂纹从内壁蚀坑开始向外扩展。由于蚀坑分布不在一条直线上，蚀坑成为断裂源后构成了台阶形开裂，当这些裂纹连通后就形成了 66mm 的穿透裂纹。

分析认为腐蚀原因为，在停工过程中形成的连多硫酸沉积在高分接管的内表面，形成了腐蚀环境，使接管内壁发生腐蚀。晶界是杂质偏聚、碳化物沉淀产生点蚀的敏感位置，当晶粒周围被腐蚀后，晶粒或沉淀相就会一个个的脱落而产生点蚀，再逐步扩大成目视可见的蚀孔。这些蚀孔本身就会引起应力集中而萌生裂纹，成为断裂源。加之接管内壁呈直角连接，而非圆滑过渡，加大了应力集中的程度，使这些部位蚀孔成为优先启裂源，在应力的作用下，裂纹沿径向、周向扩展而穿透整个管壁，符合连多硫酸沿晶型腐蚀的特征。

案例 2：制氢转化炉炉管下法兰失效分析

某石化制氢转化炉炉管下法兰在使用 2a 后发现裂纹，见图 5-102，该设备实际开工使用时间为 1a，于 2006 年 5 月 29 日停工。炉内为立式炉管，物料上进下出。物料天然气进炉前脱硫与脱盐水混合后进炉，形成工作介质：H_2O (g)、CH_4、H_2、CO、CO_2，管外为 CH_4（天然气），下法兰部位物料为反应后的 H_2、CO、CO_2。操作温度 90℃以上（外法兰盖测温），工作压力 2MPa，炉管材料 HK40，炉管下法兰材料 0Cr18Ni9 锻件。

图 5-102　开裂法兰

① 检验分析

a. 宏观检查　经 PT 发现，焊缝和法兰母材都存在裂纹，裂纹长度 5～12mm。法兰内壁母材上呈多条平行，纵向分布，深度较浅。裂纹由内壁起始，焊缝附近的裂纹已穿透壁厚，如图 5-103 所示。

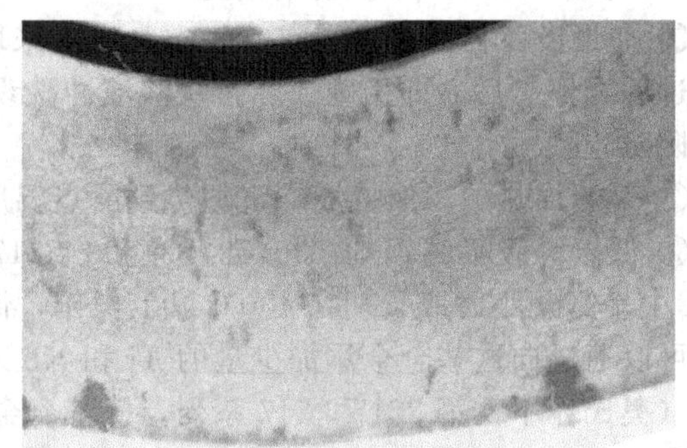

(a) 法兰内壁表面裂纹分布特征　　(b) 法兰母材内表面多条平行裂纹

图 5-103　法兰裂纹特征

b. 化学成分分析　在开裂的法兰上取样进行化学成分分析，结果元素质量分数与 HK40 比较 Cr 15.78%、Ni 6.48%都明显低于标准值，而 C 0.14%、Mn 2.38%含量则高于标准值。

c. 金相分析　母材、焊缝热影响区和母材裂纹部位组织及其硬度检验结果见表 5-17。

表 5-17　取样部位及其金相组织

检验部位	组织特征	硬度(HV_{10})
母材	奥氏体，晶界有析出物，夹杂和晶界微裂纹，晶粒度大于 3 级	200 210 205
焊缝	奥氏体，呈柱状晶特征，沿晶界析出颗粒状和点状物	202 207 209
热影响区	奥氏体，晶界有析出物，夹杂和晶界微裂纹	207 215 204
母材裂纹	沿晶界扩展，具有呈树枝分叉特征状，并存在晶间腐蚀特征	
热影响区裂纹	沿焊缝热影响区穿晶扩展，平直，尖端钝粗，内有腐蚀产物，见图 5-104	

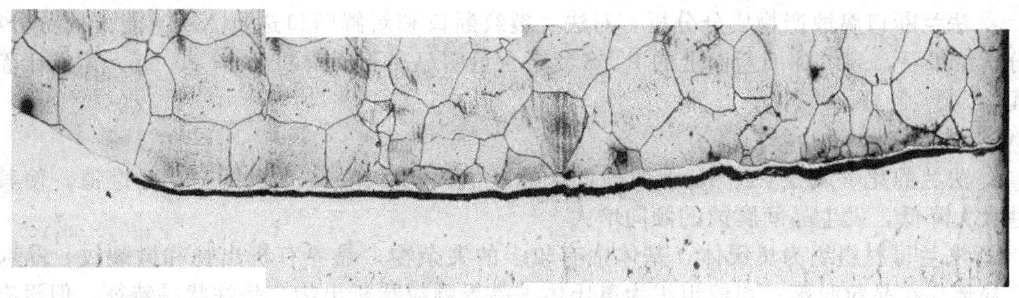

(a) 焊缝热影响区裂纹及其扩展特征

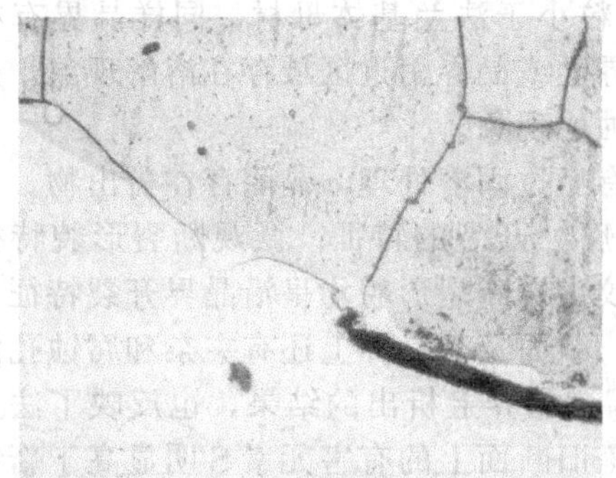

(b) 裂纹尖端

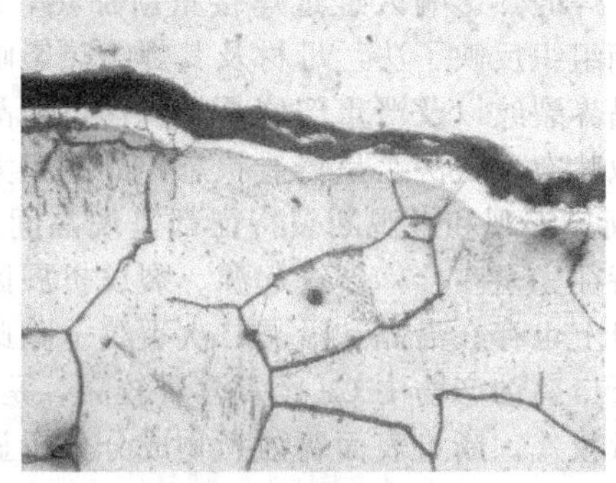

(c) 裂纹内腐蚀产物

图 5-104　法兰金相组织及裂纹扩展特征

金相检查法兰组织及开裂具有以下特点：

- 法兰母材组织粗大、夹杂物较多，晶界存在析出物，为铸件状态且没有固溶处理；
- 法兰焊缝组织中存在二次析出相，与成分及热过程有关；
- 母材组织已存在晶间腐蚀特征，晶界变粗或开裂，裂纹附近更为明显、严重；
- 母材裂纹内表面起裂，沿晶界扩展，存在分叉特征和晶间腐蚀特征；焊缝热影响区除了沿晶裂纹外，还存在穿晶扩展裂纹。

d. 断口分析

- 断口宏观特征。断面粗糙，无金属光泽，起伏大，断口表面无塑性变形，裂纹断面呈铁灰色，新鲜断口呈灰色。
- 断裂微观形貌。裂纹起源、裂纹扩展区和裂纹尖端断裂形貌呈沿晶特征，同时在断面上存在沿晶二次裂纹和夹杂以及腐蚀孔洞等缺陷，新鲜断口特征为韧窝＋沿晶，同时存在沿晶二次裂纹，见图 5-105。综合以上法兰断裂特征，具有沿晶脆性和晶间腐蚀的特点。

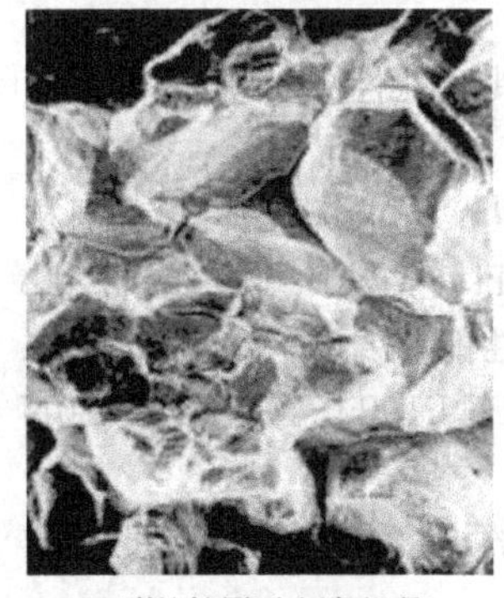

(a) 裂纹扩展区尖端(沿晶)

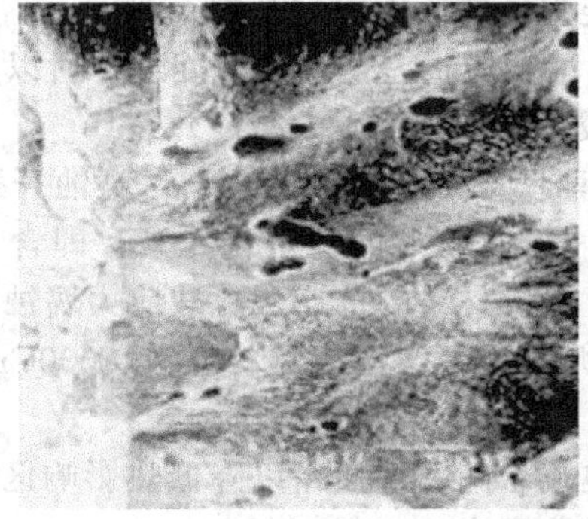

(b) 断面上的缺陷

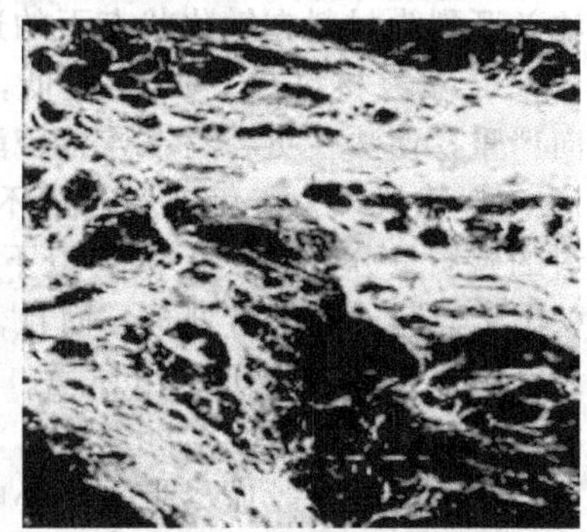

(c) 新鲜断口(韧窝+沿晶)

图 5-105　法兰断口微观形貌

e. 法兰断口腐蚀产物成分分析　对法兰裂纹断口和新鲜断口进行 X-ray 能谱成分分析。从分析结果看，裂纹陈旧断面上的 P、S 元素含量明显高于新鲜断面，Cr、Ni 元素低于新鲜断面。

② 结果分析

a. 法兰的化学成分 Cr、Ni 都明显低于标准值，而 C、Mn 含量则高于标准值，使其耐蚀性大大降低，发生晶间腐蚀的倾向增大。

b. 法兰母材组织为奥氏体，基体中有较多的夹杂物，晶界有析出物和微裂纹，晶粒粗大，局部存在晶粒脱落；焊缝组织为奥氏体＋晶界颗粒状析出物，呈柱状晶特征，但没有发现裂纹；焊缝热影响区经过焊接重新加热，组织晶粒小于法兰基体母材，同样晶界有析出物。金相组织反映了法兰母材及其焊缝热影响区晶界上或晶界附近区域存在溶解现象，晶界变粗、晶界裂纹以及严重部位晶粒脱落，即晶间腐蚀的现象。

组织状态反映法兰呈铸造状态，晶粒粗大，没有经过固溶处理，晶间存在析出物。

c. 断口宏观和微观断裂特征都呈现晶间型应力腐蚀开裂的特征。微观断裂形貌特征与其组织特征完全吻合，裂纹起源、裂纹扩展区和裂纹尖端断裂形貌均呈沿晶界开裂特征，在新鲜断口上也存在沿晶和沿晶二次裂纹。除此之外，断面及其晶界上还有夹杂和腐蚀孔洞等缺陷。断口腐蚀产物中 Cr 元素含量较高，是 $Cr_{23}C_6$ 在晶界上析出的结果，也反映了法兰的冶金质量较差。断口表面腐蚀产物成分分析显示，陈旧断面上的有害元素 S 明显高于新鲜断面，表明介质中的 S 元素参与了腐蚀反应。

d. 18-8 型奥氏体不锈钢在固溶状态下呈亚稳状态，因为在固溶温度（1000～1100℃）下奥氏体中饱和大量的 C 和 Cr，随后在迅速冷却中固定在奥氏体内，由于 C 在钢中的溶解度随温度的降低而减少，在适当的温度条件下（450～850℃），C 会从过饱和的固溶体中以 $Cr_{23}C_6$ 的形式沿晶界析出，晶界耐蚀性降低，使奥氏体不锈钢易产生晶间腐蚀，晶间腐蚀后破坏了晶粒间结合力，导致材料强度下降，严重时晶粒脱落，完全丧失材料强度。

e. 转化炉炉管下法兰操作温度约 90℃，炉管内介质含有 H_2S，在使用中可在金属表面形成硫化膜，在介质中的水蒸气露点温度下和微量氧（工艺气中通常含有少量过量的氧）的作用下，硫化膜转化成连多硫酸。此外，在设备停工检修期间硫化膜与空气接触也可以形成连多硫酸，从而造成连多硫酸应力腐蚀开裂。

f. 法兰焊接时，由于焊缝主要在法兰侧，造成这一侧的焊缝热影响区材料进一步敏化，晶界上碳化物析出严重，焊接残余应力较大，并且焊后难以进行固溶处理，使其抗连多硫酸应力腐蚀能力进一步下降。

③ 结论

a. 根据奥氏体型不锈钢材料特性和其组织特点，以及该法兰使用条件和开裂特征，该法兰开裂为材料在敏化状态下的连多硫酸应力腐蚀开裂。

b. 法兰材料 Cr、Ni 含量低，冶金质量差，未固溶处理，所以其耐蚀性差，晶间腐蚀倾向严重，使法兰更容易在连多硫酸环境中产生应力腐蚀开裂。

④ 建议　为避免连多硫酸环境下奥氏体不锈钢的应力腐蚀开裂，要求奥氏体不锈钢材料的碳质量分数应在 0.03%以下，并含有 C 的稳定化元素，即含 Ti（$Ti/C>10$）或含 Nb（$Nb/C>8$），经固溶处理。而且，铸造材料的抗连多硫酸应力腐蚀性能本身较差，因此，原设计材质并不适用于使用环境。所以，建议将法兰材质改为 00Cr18Ni10Ti、00Cr18Ni10N 等，锻造法兰，经固溶处理。

法兰焊接时，应尽量采用小电流，间断焊接，以降低热影响区的温度和在敏化温度下的停留时间，减轻法兰热影响区的敏化程度。

今后的操作中，应严格控制介质中的含 S 量，介质气相 H_2S 含量应小于 10×10^{-6}（体积分数)。如工艺允许，易将该部位温度提高的水露点温度以上，并控制工艺气中含氧量在0.2%（体积分数）以下。检修时，应对整个系统进行酸洗钝化处理（要确认整个被清洗系统管线和设备全部为奥氏体不锈钢），以消除设备上已产生的硫化膜。

今后设备停工时，应按防止奥氏体不锈钢连多硫酸应力腐蚀规范NACE SP0170[70]进行碱洗处理，并用高纯氮气密封。

5.6 尿素装置压力容器的腐蚀

5.6.1 尿素装置压力容器腐蚀的概况

尿素生产过程中，在高温、高压环境下，液氨、CO_2、尿液、氨水、冷凝液和蒸汽等都会对设备产生腐蚀作用，但主要设备的腐蚀作用是尿素甲铵液对设备产生腐蚀。尿素合成塔（尿塔）是尿素生产中的关键设备，尿素合成介质具有良好的导电性，对金属的腐蚀为电化学腐蚀过程。目前用于尿素设备的不锈钢、钛、锆等耐蚀材料均为钝化型合金，其腐蚀的电化学行为与在无机酸中相似。甲铵预热器和甲铵分离器，所选用的耐蚀材料一般都能满足耐蚀性要求。

尿素生产装置的腐蚀包括了全面腐蚀、局部腐蚀的孔蚀、电偶腐蚀、缝隙腐蚀、选择性腐蚀、应力腐蚀、腐蚀疲劳、冲刷腐蚀和空泡腐蚀等各种电化学腐蚀类型。尿素生产过程中，在高温和高压情况下接触尿素甲铵溶液的设备见表5-18。

表5-18　与尿素甲铵溶液接触的高温高压设备

工艺流程	与尿素甲铵溶液接触的设备
水溶液全循环法	尿塔、一段加热分解吸收设备、高压甲铵泵、减压阀及有关管道
二氧化碳汽提法	尿塔、汽提塔、高压甲铵冷凝器、高压洗涤器、高压甲铵泵、有关阀门及管道
氨汽提法	尿塔、汽提塔、甲铵冷凝器、甲铵预热器、甲铵分离器、高压甲铵泵及有关阀门和管道
ACES法	尿塔、汽提塔、甲铵冷凝器、洗涤器、高压分离器、高压甲铵泵及有关阀门和管道
IDR等压双循环法	尿塔、高压甲铵分离器、2台汽提塔、2台甲铵冷凝器、高压甲铵泵及有关阀门和管道

尿素生产过程中的中间产物尿素甲铵溶液在高温高压情况下，其腐蚀性很强，在不加氧的情况下，不锈钢并不耐甲铵溶液的腐蚀。尿素甲铵溶液的腐蚀机理有以下几种解释。

① 氨基甲酸根的腐蚀　氨基甲酸铵在水中离解出氨基甲酸根（$COONH_2^-$）呈还原性，能阻止金属表面氧化膜的生成，使金属产生活化腐蚀。

② 氰氧酸根的腐蚀　尿素甲铵液的腐蚀是由于在高温高压条件下尿素会产生同素异构物氰氧酸根，例如在100℃时可有5%的尿素转化为氰氧酸铵。氰氧酸根有强烈的还原性，使钝化型金属不易形成钝化膜而产生活化腐蚀。

③ 氨络合作用引起的腐蚀　有人研究了S31603不锈钢在尿塔气相介质中的腐蚀。不锈钢表面的氧化物被氨络合并溶解到氨液中，同时被水离解金属表面。这样形成络合、溶解、离解的循环过程，造成了金属的腐蚀。在不锈钢被氨络合和溶解过程中，表面氧化膜的溶解次序为：氧化镍—氧化铬—氧化铁—氧化钼（氧化钼完全不络合）。

④ 形成羰基物　有人认为，不锈钢在尿素甲铵溶液中的腐蚀是由于金属与介质发生了羰基化反应，生成了金属羰基物。镍和不锈钢中的镍容易生成$Ni(CO)_4$，所以镍最不耐蚀。

⑤ HCO_3^-的作用　有人根据NH_4^+浓度和HCO_3^-浓度对S31603不锈钢阴极电流密度影响试验结果，发现阴极电流只随HCO_3^-浓度的增加而增加。

人们也采用模拟实际生产的试验装置，进行电化学测试。结果发现，加入溶液中的氧对降低不锈钢的腐蚀速度起着重要的作用，氧使不锈钢的腐蚀电位升高，但仅当氧含量高于某一临界值时，才能对不锈钢起到保护作用。对于不同尿素生产工艺腐蚀特性有一定的差别，则起钝化作用的氧含量（临界值）也不一样；过高的氧含量对生产工艺带来不利的影响。

尿塔的腐蚀与防护是一个比较复杂的问题，除了与操作人员、管理人员的责任心、操作水平有密切相关外，还与合成塔本身的材料、设计结构、制造质量、安装及维护等相关联。只有严格按照操作规程，执行工艺指标，定期对尿塔的检测与维护，才能确保尿塔的安全，稳定，长周期运行。

尿素装置中，尽管氨水和尿液对碳钢的腐蚀性较强，但现在与它们接触的设备材质都为不锈钢或非金属材料，所以这些设备的腐蚀问题并不多见。

5.6.2 尿塔的腐蚀

尿素合成溶液具有良好的导电性，其对金属的腐蚀属于电化学腐蚀过程。国内尿塔衬里用耐腐蚀材料有 S31603、2RE69（Cr-Ni-Mo，25-22-2）和工业纯钛，衬里厚度为 8～11mm。

合成塔的降液管、塔盘、耳座等内件大都采用尿素级 S31603 材料。这些内件遭受双面腐蚀，其年腐蚀速率可达到 $0.1\text{mm}\cdot\text{a}^{-1}$。美国 CPI-Allied 法尿塔操作温度高达 230℃，采用锆作为耐蚀衬里材料，尿塔的转化率可达 80%～90%（一般工艺的尿塔转化率只有60%～70%）。

尿塔安全运行的首要问题是解决好筒体衬里及上下封头堆焊层的腐蚀问题。如果衬里或堆焊层一旦被腐蚀穿透，碳钢壳体会很快被甲铵液腐蚀穿透，造成泄漏进而产生严重后果。尿塔衬里不可避免的会出现大面积的均匀腐蚀，但对于局部腐蚀如针孔腐蚀、刀线腐蚀、微观裂纹等缺陷应特别注意，因为这些缺陷很容易向深度方向扩展，甚至穿透衬里层。

(1) 全面腐蚀

甲铵液对碳钢和低合金钢年腐蚀速率高达几百至上千毫米。在介质不加氧的情况下，不锈钢、钛材及锆等耐蚀金属也处于活化态，双相不锈钢的年腐蚀速率也在 10mm 左右。在正常生产中，在甲铵液中含有足够的氧时，不锈钢、钛材及锆等才能维持钝化状态，尿塔衬里的腐蚀速率一般应控制在 $0.05\text{mm}\cdot\text{a}^{-1}$ 以下。但如果设备出现超温、断氧、硫化物含量超标等异常情况，这些材料也会出现活化腐蚀。如某厂尿塔因介质含氧量不足，导致衬里出现严重活化腐蚀，并且，焊缝金属与母材形成了电偶腐蚀，导致焊缝金属优先腐蚀，见图 5-106。

图 5-106　尿塔 S31603 内衬全面腐蚀形貌

对尿塔腐蚀的宏观检查，重点是关注焊缝上的气孔、针孔、起弧和收弧处有无变色的褐斑或黑斑以及微小的裂纹。焊缝两侧有无刀线腐蚀和焊接飞溅点的腐蚀。对于堆焊层，还需要注意焊道搭接缝之间的颜色变化；对尿塔塔盘耳座与衬里的角焊缝，要仔细检查有无针孔和裂纹；接管焊缝除了宏观检查外，必要时应进行表面渗透探伤。

① 封头带极堆焊层　封头带极堆焊焊道之间因腐蚀而出现褐斑或黑斑及点蚀坑，见图 5-107。

(a) 褐斑

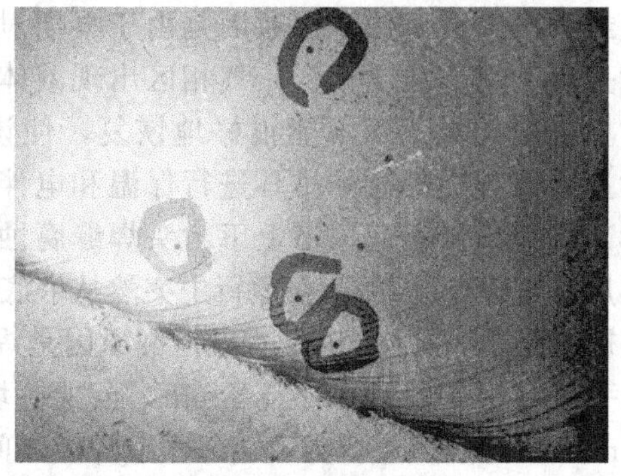

(b) 点蚀坑

图 5-107　上封头带极堆焊焊道腐蚀形貌

② 内壁衬里及焊缝　焊缝边缘与焊缝上的腐蚀坑和焊接气孔，见图 5-108。

(a) 腐蚀坑

(b) 焊接气孔

图 5-108　焊缝边缘与焊缝上的腐蚀坑和焊接气孔

(2) 冷凝腐蚀

尿素生产装置中，汽相空间的耐蚀层由于遭受冷凝液腐蚀的失效事故也比较多。尿塔上封头冷凝液腐蚀的深坑形貌见图 5-109。

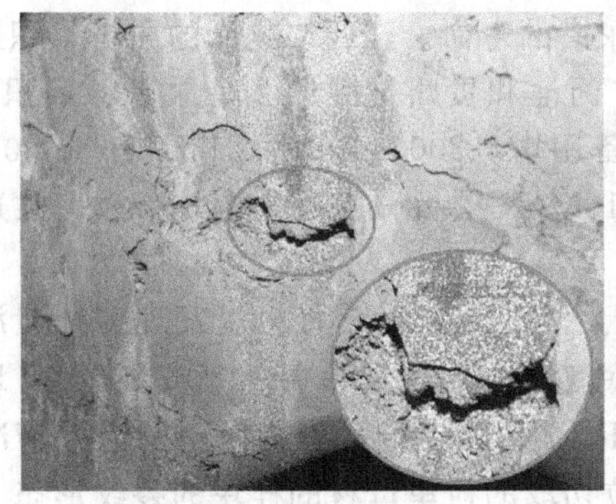

(a) 母材形成的深坑形貌

(b) 焊缝区的深坑形貌

图 5-109　尿塔封头冷凝腐蚀形貌

冷凝腐蚀实质也是一种活化腐蚀。从合成氨系统带来的触媒等灰垢吸附于合成塔上封头的汽相区域的内壁，形成致密并且结合力很强的垢层。在保温效果不好的情况下，冷凝液流淌渗入灰垢层下，导致难以发现的垢下腐蚀。在汽液交界区域由于冷凝腐蚀导致腐蚀沟槽表面处于活化状态，液位产生波动使腐蚀沟槽遭受甲铵腐蚀更加严重。

上封头冷凝液腐蚀主要原因是由于早期对上封头外壁焊接的吊耳没有进行保温，所以造成上封头内部局部温度偏低，气相区出现液体冷凝向下流动。冷凝液中的氧含量低，使液面下的衬里金属的氧化膜不能很好地恢复，使该部位腐蚀速率高于其他区域。发现这个问题后，对上封头外壁焊接的吊耳进行保温和电伴热，上封头冷凝液腐蚀问题基本得到解决。

(3) 焊接质量引起尿塔上下封头焊缝腐蚀泄漏

某厂尿塔投产 5a 后，在运行中突然从塔底下封头甲铵液进口管补强处喷出大量的甲铵液，全装置被迫停车，抢修 35d。查其泄漏原因是焊接质量问题引起，原设计要求甲铵液进口管加强板处手工堆焊层总高不小于 8mm，至少应堆焊 3 层，但实际上只堆了 1 层，总厚度仅有 1.6～4mm。堆焊层质量低劣，相邻两道焊波之间搭接宽度太小（应为 1/3 以上），多处未焊透。两道焊波的波谷处厚度极不均匀，且很多地方还带有气孔或焊瘤等缺陷。焊缝缺陷处形成大量的缝隙和孔隙，给腐蚀提供了极为有利的条件，使其发生快速的缝隙腐蚀而泄漏。

某厂尿塔发生上封头与筒体连接处不锈钢衬里环焊缝热影响区几乎整圈开裂，汽相出口管和外部吊耳一段约 650mm 长已经裂透，并出现腐蚀坑露出碳钢层。在穿透性裂纹的两侧有大、小鼓包多个。在损坏区和鼓包区背面出现了不同程度的腐蚀坑，最深达 33mm。除了冷凝腐蚀原因外，与环缝焊接时采用的焊接工艺（如层板间的封焊、堆焊过渡层等）不当，致使焊缝质量差以及用常规方法难于检测而使缺陷未能即早发现和处理都有关系。

(4) 尿素装置的应力腐蚀开裂

尿素装置发生 SCC 的情况较多，如果尿素生产原料 NH_3 和 CO_2 中的 S 含量较高，而生产过程中水的加入或多或少增加了介质中 Cl^- 的含量，则很容易导致尿素设备衬里、堆焊层、管束内壁和内件所有与介质接触的金属表面产生 SCC。现场金相检验证实大多数为晶间型开裂。如果在开裂初期，采取措施控制，刚产生的微裂纹会随着全面腐蚀而“消除”。否则，将导致裂纹严重扩展。此外，在高压换热器管板堆焊层上（主要是 CO_2 汽提塔的上管板堆焊层上）由于介质中杂质的沉积，在使用多年后堆焊层大面积发生 SCC；在换热器的壳程侧，由于冷凝液导水的杂质含量过高可导致换热器管束产生 SCC 失效；合成塔顶部筒形衬里和封头耐蚀层过渡焊缝处于介质气液交界区，介质中的有害杂质富集于表面，并且由于衬里在开停车过程中的伸缩应力集中于焊缝上，所以此处焊缝和衬里也易于产生 SCC。合成塔塔体层板有发生碱脆的风险。

尿塔衬里和层板的应力腐蚀破坏直接影响尿塔的寿命。江西二化肥的尿塔累积运行 1 年 2 个月，资江氮肥厂尿塔累积运行 1 年 5 个月，河池和贵州化肥厂 2 个尿塔各累积运行近 2 年，都因出现衬里层的应力腐蚀而报废或改作备用塔。2005 年 3 月 21 日 21 时 20 分左右，平阴鲁西化工第三化肥厂有限公司发生尿塔因 16MnR 层板碱脆发生爆炸事故，共造成 4 人死亡，32 人受伤，直接经济损失约 780 万元。

资江氮肥厂 1# 尿塔在 1977 年 9 月投入运行，至 1978 年 5 月衬里发现多处泄漏。经过多次的检修补焊，衬里更换两节，仍然无法彻底解决。1979 年 9 月重新安装了 2# 塔，单层筒体材质 18MnMoNb，衬里材质 00Cr18Ni12Mo2。尿塔运行过程中发生的泄漏情况和检修工作见表 5-19。图 5-110 为合成塔的检漏孔部位切取的衬里母材的样块的裂纹形态。裂纹由外壁向内扩展，裂纹在外壁表面的母材上与筒体轴向成 10°～15°夹角平行多条排布，在外壁表面起裂部位有成串的腐蚀坑，多数带有分支，以穿晶形态为主。

表 5-19 2# 尿塔泄漏和检修情况

次数	时间	检修原因	检查和检修内容	运行时间
1	1981.3	底部检漏管漏氨	下部第 16 环缝穿孔，焊缝补焊 21 处	合计运行 2543h

续表

次数	时间	检修原因	检查和检修内容	运行时间
2	1982.10	正常停车大检修	衬里层上部褐色，下部白色。焊缝补焊4处	期间运行11766h
3	1984.1	正常停车大检修	衬里减薄至4.4mm，焊缝补焊94处	期间运行7982h
4	1984.7	上部检漏管漏氨	第2环缝下方50mm穿孔贴板补焊	期间运行3368h
5	1985.2	上中部检漏管漏氨	第4环缝附近穿孔2个，UT发现周围有裂纹，补板530mm×500mm 1块，上部4道环缝全部补焊	期间运行744h
6	1986.5	中上部检漏管漏氨	第12、13环缝之间母材有1条30mm裂纹，第14、15、16和17环缝均有穿孔，补板3块	期间运行2491h
7	1986.11	中部检漏管漏氨	第10环缝下方有1个穿孔，切割下200mm×170mm衬里1块；低合金钢筒体内壁对应位置有2条腐蚀沟槽，分别为120mm×30mm×12mm和150mm×20mm×10mm。贴补衬里板200mm×170mm后UT发现周围有裂纹，在其上面又覆盖衬里板1块。UT发现第3环缝下部背面裂纹，贴补衬里板1块	期间运行146h
8	1987.1	上中部检漏管漏氨	第1、2、4、6和7环缝均有穿孔补板9块	期间运行855h
9	1987.3	中部检漏管漏氨	第10环缝有穿孔，挖补520mm×320mm衬板，低合金钢筒体内壁对应位置有1条腐蚀沟槽分别为50mm×15mm×30mm凹坑，UT发现第7、8和9环缝部背面有8个裂纹区，共贴补衬里板11块	期间运行960h

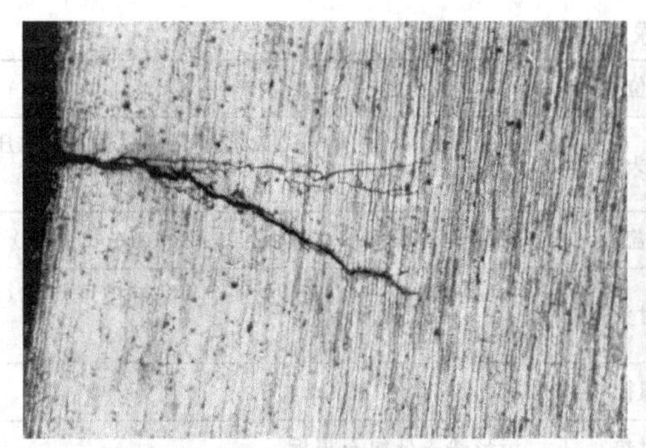

(a) 起源于焊缝热影响区的裂纹

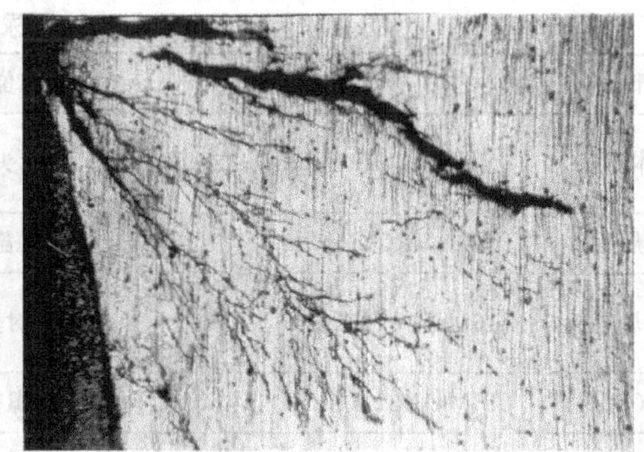

(b) 起源于母材的应力腐蚀裂纹

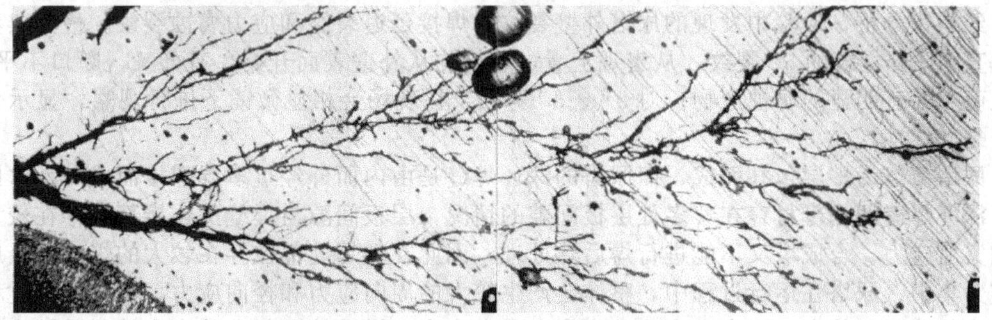

(c) 第10环缝有起源于焊缝热影响区的应力腐蚀裂纹

图5-110 尿塔应力腐蚀开裂的外壁表面裂纹形态和剖面金相形态

江西二化的尿塔曾在1条焊缝的200mm范围内割下衬里板，敲击检查时已无金属声。金相和电镜检查，裂纹从外侧向内侧扩展，有明显分枝。用电子探针分析，衬里外壁表面有

Cl 元素存在。Cl 来源于尿塔的检漏蒸汽，在检漏过程中，蒸汽中的 Cl^- 在衬里外壁局部区域富集产生蚀坑，在工作应力和焊接残余应力的共同作用下，裂纹在坑底应力集中处产生并向内部扩展，以致穿透衬里层而造成尿塔的泄漏。图 5-111 为尿塔取样扫描电镜和金相检查结果。

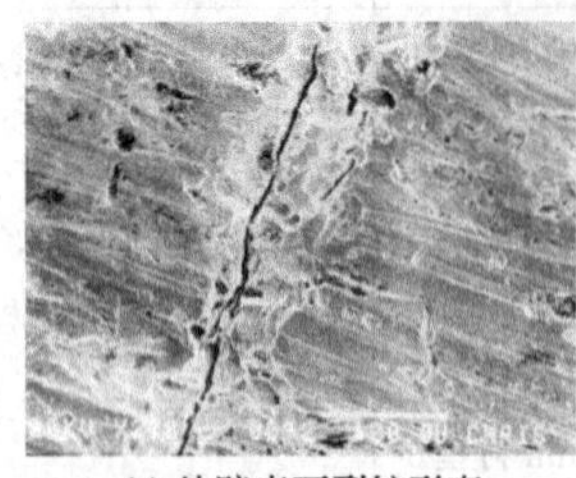
(a) 外壁表面裂纹形态

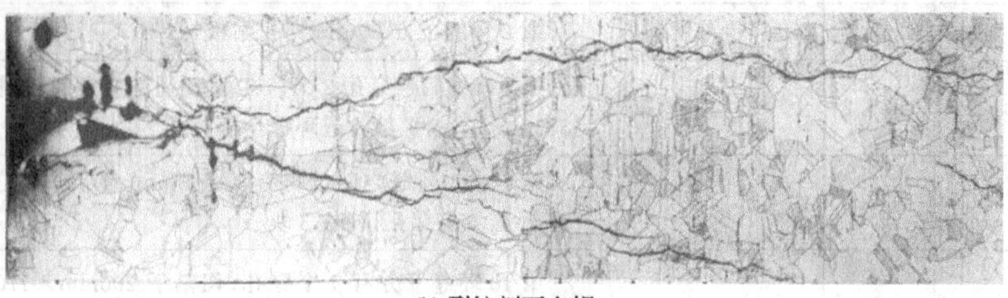
(b) 裂纹剖面金相

图 5-111 裂纹扫描电镜和金相检查形貌

应力腐蚀开裂的尿塔修复工作比较困难，临时性的修复方法是采用局部挖补，对于大面积的裂纹，只能是按照筒节更换衬里或全部补贴一层衬里层。盘锦化肥厂曾对腐蚀严重的一号尿塔进行全部重新贴衬一层衬里修复的工作。

除了尿塔衬里的应力腐蚀开裂外，尿塔的安全生产威胁的另一个因素是尿塔碳钢壳体也发生应力腐蚀开裂。例如某化肥厂大检修时在尿塔外部表面进行 MT 和 UT，共发现表面和近表面裂纹 21 条，其中较严重的裂纹 5 处。最严重的是位于 H2 焊缝上的 1# 裂纹（长 200mm）及垂直于 H6 焊缝的 5# 裂纹（长 45mm）。尿塔主要材料见表 5-20。

表 5-20 尿塔主要材料

部位	材料	部位	材料
筒体衬里	X2CrNiMo18143Mod，δ8mm	上封头体	20MnMoA(锻件)＋X2CrNiMo18-12Mod(冲压贴紧衬里)δ(102＋8)mm
盲层板	15MnVRC，δ6mm	顶盖	20MnMo(锻件)＋X2CrNiMo18-12Mod(衬里)
第一层层板	16MnR，δ12mm	下封头	19Mn6 厚板冲压球形封头，内衬带极堆焊，δ(102＋8)mm
层板(14 层)	15MnVRC，δ6mm	主螺栓	35CrMoA，ϕ110mm
检漏管	3R69，ϕ14mm×4mm(共 39 个)	密封垫	齿形垫＋低氯石棉板

经初步分析，检验中发现的尿塔外壁裂纹为焊接延迟裂纹和应力腐蚀裂纹。最为典型的是垂直于 H6 焊缝的 5# 裂纹。从宏观上看，裂纹均从外壁表面开始，有分叉，断口不平整，裂纹萌生处有明显的腐蚀产物；对 5#、3# 等裂纹在现场金相显微镜下进行观察，显示为沿晶开裂。

尿塔筒节为多层包扎而成，而尿塔的深环焊缝是由内而外经过多层焊接而成的，这即造成了深环焊缝两侧母材存在着多处层板间隙的情况，层板间隙与焊缝的连接部位存在较大的结构突变应力。合成塔又不能进行焊后热处理，因此在环焊缝部位存在较大的焊接残余应力和应力集中。尿塔在运行过程中，整体会产生较大的周向应力和径向应力，在开停车过程中由于内外壁温差较大，还会产生温差应力和交变应力。塔壁处于复杂的应力情况共同作用形成了产生应力腐蚀的应力条件。

尿塔检漏所使用蒸汽的品质较差，蒸汽中含有较多的 $NaHCO_3$、NaOH 等碱性杂质，并且据反映经常有氨混入蒸汽系统的情况。

该塔曾多次出现 ϕ14mm 的检漏蒸汽进汽管断裂的情况。这是由于塔体膨胀伸长与两侧蒸汽进汽总管伸长不同步，从而使两者产生相对位移，强大的剪应力使进汽管产生扭断。检漏蒸汽便窜入保温层和塔外壁之间，并在高温的塔壁表面浓缩，含有氨、钠等碱性物质的蒸汽长期在塔外壁表面浓缩达到一定的浓度，从而对塔外壁产生碱脆。在检验前，车间进行蒸汽检漏操作时检验人员看到了蒸汽从保温层四处泄漏的情况，拆除保温层后发现 5 处进汽管处于断裂状态。该处塔外壁表面有非常严重的锈蚀痕迹和污垢。尿塔外壁保温层的保温效果往往不好，化肥厂空气中弥漫着的氨等碱性物质经常性的与高温塔外壁的接触，也可以对塔壁造成腐蚀侵害。

防止尿塔不锈钢衬里应力腐蚀开裂的关键是严格控制检漏蒸汽中的 Cl^- 含量，这一点从大化尿塔未发生应力腐蚀开裂可以得到证实。另外重视新塔的制造质量，减小制造时的变形和焊接残余应力也是十分重要的。

该塔的层板材料是强度级别为 549～695MPa 的 15MnVR 低合金高强度钢，其对氨液等碱性物质是易产生应力腐蚀的敏感性材料，国家已明确规定今后不得选用 15MnVR 作为尿塔的层板材料。

通过平阴化肥厂尿塔爆炸断口以及远离断口取样的宏观和微观断口分析，证明该尿塔在爆炸前已存在大量的应力腐蚀裂纹，且很多应力腐蚀裂纹发生在母材区。温度比较低的底部筒节产生了比较多和比较严重的应力腐蚀裂纹，形成了承载危险截面。断裂分析表明，纵向应力腐蚀开裂比较严重的热电偶内插管下方的裂纹已经超过了材料的容限尺寸，是爆炸断裂可能的一种原因。爆裂筒节下环焊缝上侧环向截面上多层层板同时发生应力腐蚀开裂，导致该截面净截面积所剩无几，以至于净截面应力超过了材料的拉伸强度，而导致该截面的层板陆续断裂，是爆炸断裂的另一种可能的原因。两种断裂都会引起塔内介质的迅速泄漏，导致塔内介质发生气-液相平衡的破坏，最终发生“平衡破坏型蒸汽爆炸”。

所有证据证明爆炸尿塔所产生的应力腐蚀开裂集中于检漏蒸汽所处的比较低的温度区域，如热电偶内插管下方、塔体的底部筒节、环焊缝上侧等，说明造成该塔应力腐蚀的主要介质原因应是检漏蒸汽液化及液化水溶液中含有导致应力腐蚀的敏感成分。通过对筒体焊缝中应力腐蚀裂纹缝隙和层板缝隙中夹杂物成分电子探针分析，以及第十筒节透气孔渗出物的成分分析，检测到含量很高的 K^+、Na^+，结合对脱盐水的分析和水处理过程的检查，可以认为是蒸汽中微量 K^+、Na^+ 浓缩所致。尿塔的检漏管采用管螺纹连接方式与 16MnR 层板连接，该检漏管密封不严或在使用过程中产生松动，使检漏蒸汽漏入到尿塔的层板之间，漏进层板间的蒸汽中的钠等碱离子被浓缩到较高浓度，从而使多个层板同时产生应力腐蚀开裂，使尿塔在爆炸前存在了大量和严重的应力腐蚀裂纹。经计算证明这些应力腐蚀裂纹中有的已达到和超出层板材料容限尺寸；或者爆炸筒节环向断口断面由于应力腐蚀开裂的作用，致使有的环向截面的净截面应力达到或超出材料的屈服极限乃至拉伸强度，两种情况都具备了尿塔大幅度开裂，并使内部介质严重泄漏的条件，最终产生内部介质的爆沸和爆炸。

(5) 晶间腐蚀

高温高压的尿素甲铵液对奥氏体不锈钢具有很强的晶间腐蚀能力，尤其是焊接接头晶间腐蚀倾向更明显；如不锈钢固溶处理较差，也会出现尿素塔衬里的严重晶间腐蚀。经常可以看到在耐蚀合金衬里层焊接接头呈刀线腐蚀形态或明显的腐蚀沟槽。

目前，国际上对所有尿素设备的耐蚀材料，都要求使用低碳或超低碳合金，以防止晶间腐蚀。研究还表明，在尿素甲铵液中，不锈钢会由于晶间 Si、P 等元素偏析富集而产生非敏化态的晶间腐蚀。故尿素设备用不锈钢中这些有害元素含量都是被严格控制的。

(6) 选择性腐蚀

尿素甲铵液对双相不锈钢及其焊缝有很强的选择性腐蚀能力，即能产生铁素体选择性腐蚀，又能产生奥氏体选择性腐蚀。选择性腐蚀首先从相界面开始，然后向某一组织发展。产生什么选择性腐蚀与尿素甲铵液的氧化性有关。在正常加氧的情况下，溶液产生铁素体选择性腐蚀；当合成介质中因保压停车等非正常因素而导致液相缺氧时，容易产生奥氏体选择性腐蚀。

减轻铁素体选择性腐蚀的主要措施有以下两点。

① 调整化学成分。双相不锈钢只有当铁素体含量大于16%时，才能避免铁素体的选择性腐蚀，否则，要求一般奥氏体不锈钢铁素体含量小于0.6%。

② 衬里层焊接采用焊Cr含量高的25-22-2焊材（BM 310Mo-L焊条或2RE69焊丝），是尿素甲铵液中对奥氏体不锈钢抗铁素体选择性腐蚀的理想焊接材料。

(7) 缝隙腐蚀

与尿素甲铵液接触的设备和内件局部容易产生缝隙腐蚀，尤其是设备内螺栓与螺母间的缝隙、塔盘与筒体衬里间的缝隙、垫片与密封面间的缝隙和焊接缺陷形成的缝隙等处。

(8) 点蚀

尿素甲铵液中不锈钢等产生点蚀，主要是由于介质中含有Cl^-和S^{2-}，所以，在尿素设备中，经常可以看到点蚀和应力腐蚀同时存在。点蚀初期，如果从工艺上控制好介质中的Cl^-和S^{2-}含量，刚产生的点蚀会因全面腐蚀而“消失”，否则，点蚀可快速发展，甚至穿透耐蚀层。

5.6.3 汽提塔的腐蚀问题

(1) 汽提塔的使用情况

绝大多数汽提塔都是由于换热管高温段腐蚀减薄，无法满足生产负荷要求时被更换。国外一般要求，对于25-22-2不锈钢管束的最小壁厚为1.71mm；国内根据检验周期确定不锈钢管束的最小壁厚。检验周期为2a的要求最小壁厚为1.65mm；检验周期为1a的最小壁厚为1.60mm。

汽提塔换热管高温段一般处于上管口向下0.5～3.5m之间。由于此段温度最高，汽提反应时造成的腐蚀也最为严重，一般年腐蚀减薄量为0.05mm。大型厂氨汽提工艺的汽提塔目前使用时间最长的有12～13a。使用钛材的管束，设备运行6a左右就开始进行上管头更换。而中型厂使用时间更短，有些仅使用2a年后，就不得不掉头使用。

(2) 汽提塔腐蚀形式

汽提塔为一降膜式热交换器，管程中的物料为尿素、氨、二氧化碳、甲氨和水，汽提塔列管中进行的反应是甲铵分解的过程，并且是一个体积膨胀鼓泡冲蚀内壁的工况。在高温高压下对设备的腐蚀较为严重。氨汽提塔的腐蚀主要是上管板管口冲刷腐蚀，宏观检查辅以超声波测厚、列管ET、内窥镜检测和管口PT等检测方法可以确定腐蚀程度。汽提塔的上下封头是对称的，当上管板管口腐蚀减薄严重时，可以掉头使用，见图5-112、图5-113。

图5-112 上管板换热管管口冲刷腐蚀

图5-113 掉头后列管管口

某厂的汽提塔钛管对分布于不同位置的 10 根气提管进行跟踪测量，结果表明，减薄区距上管口 400mm 处趋于明显，500mm 处最大，至 800mm 处恢复正常。气提管上部局部出现的减薄远远超出了减薄率＜0.05mm · a^{-1}设计要求，大大缩短了气提塔的使用寿命。对气提管取样解剖分析，管内有壁黄白色的疏松黏附物，见图 5-114。采用能谱 X 射线扫描并结合电镜观察确定表面膜的厚度为 20～40μm，见图 5-115，比正常的氧化膜、阳极钝化膜或高温大气氧化膜厚得多。但表面膜与基体的结合力很低，用 HNO_3＋HF 混合液清洗 3～4min 后，即成块脱落。电镜观察发现表面膜呈现有龟裂泥状花样、凹坑、沟槽或单个裂纹，见图 5-116～图 5-118。由于钛的耐蚀性主要靠表面一层牢固致密的氧化膜，因此可以认为表面膜的破裂是气提管腐蚀减薄的直接原因。由此可见，气提管的减薄是气泡的机械损伤和介质腐蚀联合作用的结果，是一种较为典型的气穴腐蚀。由于气提管内壁的膜厚达 20μm 以上，在塔内正常供氧条件下内壁表面的膜无法完全愈合。所以介质的腐蚀一直在膜下不同的部位进行，形成了一边在造膜，一边在腐蚀，一边又在气泡作用下破坏膜的情况。

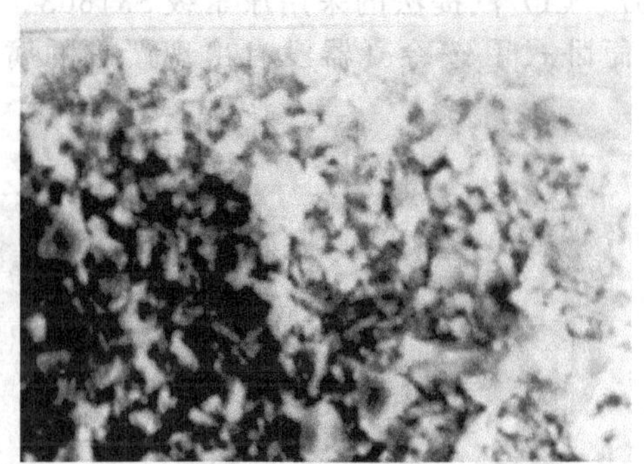

图 5-114　列管表面黄白色的疏松产物

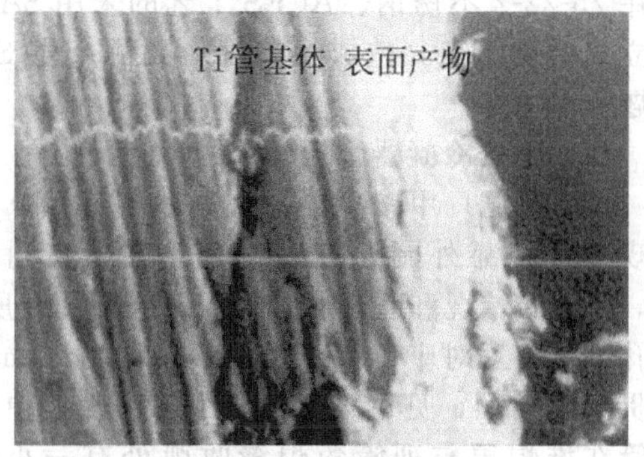

图 5-115　表面膜的厚度

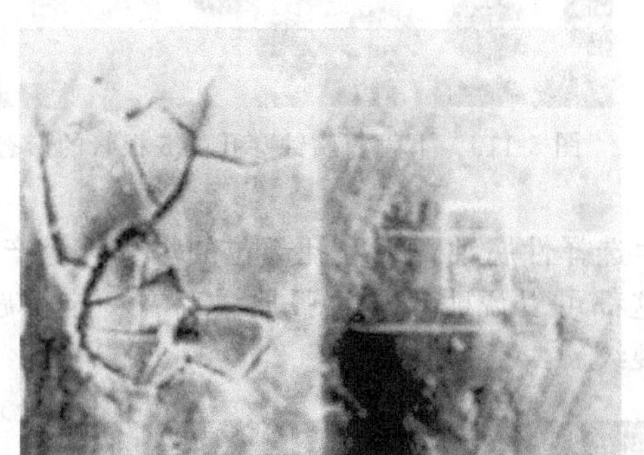

图 5-116　龟裂泥状花样

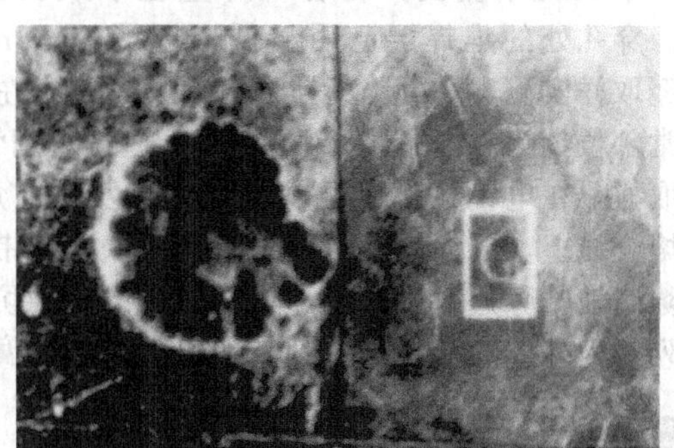

图 5-117　凹坑

一般来说，在尿素甲铵液中，钛材耐蚀性优于 18-8 和 25-22-2 型不锈钢，但抗抗冲刷腐蚀、汽蚀性能不如 25-22-2 型不锈钢。氨汽提工艺的汽提塔换热管有些采用奥氏体不锈钢（2RE69）内衬锆材的复合金属管后，有效的抵抗了该部位的冲刷腐蚀。

根据对大化肥汽提塔 25-22-2 列管减薄情况，腐蚀减薄主要在列管上段距管口 5m 以上的范围内。5m 以下减薄很小，但管内壁结垢逐渐严重。一般的年减薄率小于 0.05mm · a^{-1}，但是赤天化、云天

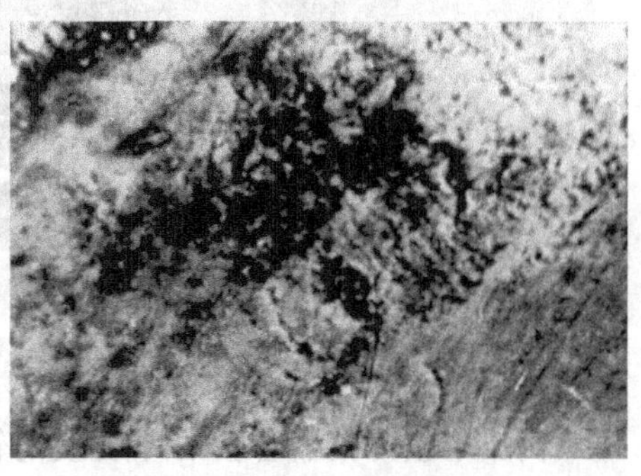

图 5-118　单个裂纹

化、金陵、洞氮、安庆和广石化的减薄率比较高，超过 0.1mm·a^{-1}。造成这种情况的原因有两个方面：一是材质本身的问题，据有关资料介绍，使用西德 VDM 制造的汽提塔列管的有赤天化、云天化、金陵、安庆和广石化 5 个厂家，VDM 厂家汽提管的休氏试验值比 Sandvik 厂家的管束试验值搞出 1 倍，且其化学成分中的有害元素 P、Si 等也比 Sandvik 高，所以这几个厂的汽提管的年腐蚀率比其他 Sandvik 厂的年腐蚀率高近 1 倍；二是生产负荷低工艺操作不稳定，也是一个重要的因素。赤天化和云天化两厂从 1987 年到 1999 年都处于较低负荷下运行，赤天化从 1987 年 10 月到 1989 年 2 月期间，负荷低达 65%，云天化也低于 80%。在这一期间平均年腐蚀率达 0.19mm·a^{-1}。由于生产负荷低，造成工艺操作波动，介质分配不均，供氧量控制困难等问题，这都会引起腐蚀加剧。

5.6.4 甲铵冷凝器的腐蚀[71]

高压甲铵冷凝器是尿素装置中的重要设备，NH_3汽提法工艺的甲铵冷凝器耐蚀材料采用 25-22-2 不锈钢、ACES 工艺的采用 SAF 2207、CO_2汽提法的采用尿素级 S31603。由于立式结构特点，造成换热管从壳侧产生 SCC，而卧式甲铵冷凝器没有出现严重的腐蚀问题。

(1) 甲铵冷凝器管板腐蚀

某大化肥厂甲铵冷凝器在一次停车后，检查发现下管板靠外园处有 5 根列管在管口附近穿孔，其分布情况和管口腐蚀情况如图 5-119 所示。穿孔部位相互对应，碳钢管板形成深度 50mm 左右贯穿的孔洞，见图 5-120。目视观察其中 1 个列管在堆焊层与列管角焊缝收弧处有一小的通孔，水从孔中流出，在管口外壁上形成明显水迹。穿孔处的堆焊层已明显低于周围 3～5mm，后经取样实测穿孔处附近堆焊层仅剩 7mm 左右，正常部位约为 12mm，见图 5-121。通过对列管管口取样，在电镜下观察可以看到穿孔发生在角焊缝熔合线上，沿焊缝熔合线附近的 δ 铁素体带发生选择性腐蚀，靠穿孔部位的焊缝边缘产生缝隙腐蚀。旁边的堆焊层，也有较深的腐蚀坑，这都可以说明该处收弧质量存在一定问题。从列管内外壁观察，未见到有明显的蚀坑及腐蚀裂纹。

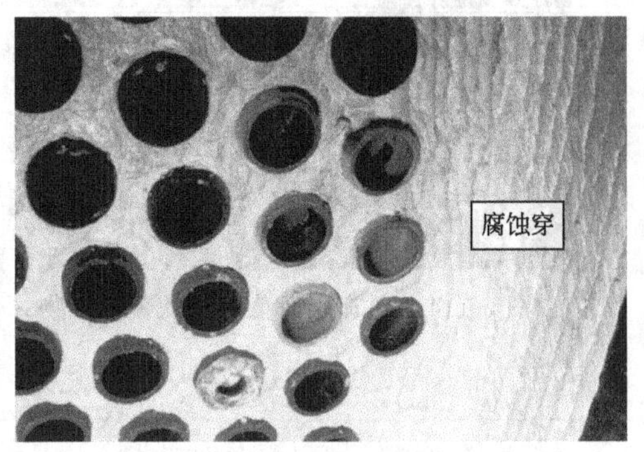

图 5-119 下管板腐蚀穿孔的 5 根管的形态

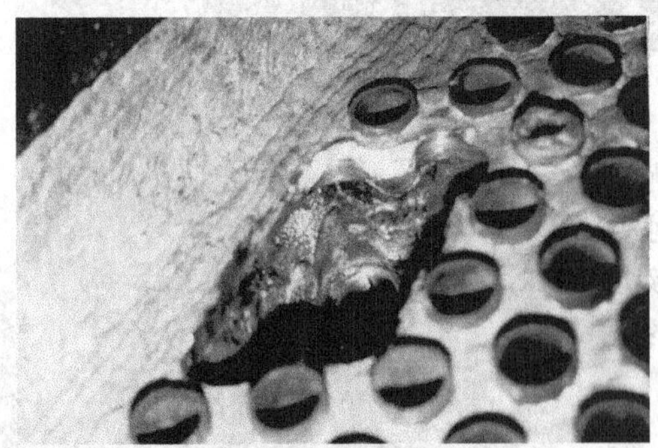
图 5-120 碳钢管板腐蚀情况

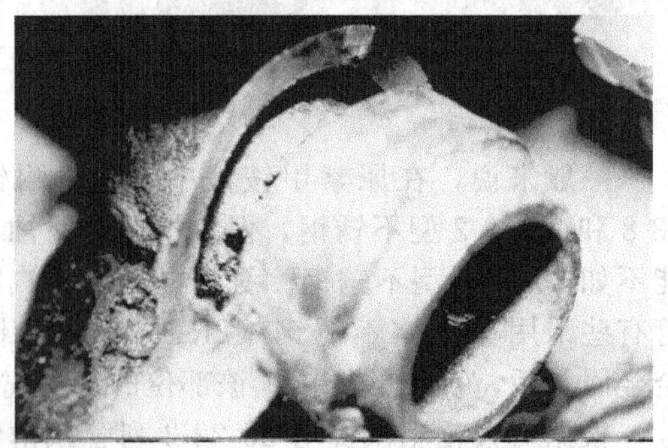
图 5-121 穿孔管形态

高压甲铵冷凝器管板堆焊层碳钢管板与列管之间留有 0.15mm 左右的缝隙，仅将列管与不锈钢耐蚀层用角焊缝连接在一起。一旦产生泄漏，甲铵液就可顺着列管与管板之间的缝隙进入壳侧的冷凝水中，使之电导率迅速升高，达到监测的目的。但该甲铵冷凝器下管板列管口处发生腐蚀穿孔，碳钢管板也受到严重腐蚀为什么未能及时发现？作为腐蚀监测的电导率为么在检修前几个月中的一段时间里仅有 1～1d 超过 10000$\mu s \cdot m^{-1}$以上，大部分时间在 3000$\mu s \cdot m^{-1}$以下，甚至在检修前 1 个月内反而下降到 1000$\mu s \cdot m^{-1}$左右。分析其原因为，甲铵冷凝器多年来由于排污不良，水中的沉积物和腐蚀产物沉降在下管板上表面和列管与管板间的缝隙里，使之严重堵塞。一旦发生碳钢管板以下部位的列管或堆焊层穿孔，甲铵液很难从被沉积物堵塞的列管与管板之间的缝隙漏到壳程的冷凝水中，即使有些间隙未被完全堵塞，由于壳程压力很低，甲铵液除发生分解外，还会闪蒸脱水生成尿素后进一步缩合成缩二脲。这就形成了冷凝水中的电导值在甲铵初期泄漏时有所升高，尔后在一段时间内保持在一个不太高的范围内波动，甚至出现下降到正常值以下或出现脉冲式的波动情况。使得操作人员难以判断究竟是那台高压设备被腐蚀泄漏，什么地方泄漏。

另外，从碳钢管板和列管的腐蚀情况来看，按最大腐蚀速率，碳钢约为 2.7$mm \cdot d^{-1}$，活化下的列管则约为碳钢的 1/10。在缝隙内介质的扩散受到很大限制，又没有 Cl^- 等有害元素的迁移形成的自催化作用，这样腐蚀速率要比上述数值小。有人测量了尿塔入口条件下 S31603 不锈钢的腐蚀速率约为 0.1$mm \cdot d^{-1}$。按此推算，当发生堆焊层的针孔腐蚀泄漏到产生第一根列管穿孔约为 20 多天的时间；而要使得周围碳钢管板腐蚀联通，并使其他几根列管穿孔又需 20 多天。这与统计电导率的结果基本吻合。

高压甲铵冷凝器下管板修复，用铣刀清理其余穿孔的列管管口，清理深度约为距碳钢管板下表面 50mm。对碳钢管板中横向伸延的腐蚀通孔如已影响其附近的未穿孔的列管一并清除。用脱盐水冲洗所要修补区域的列管外壁及管板区域，彻底清除残存的甲铵结晶。用厚度 20～25mm 的 S31603 不锈钢板分两层镶补在清理后的管板，不锈钢板距周围碳钢管板或耐蚀层间距为 2mm，开坡口 40°～45°。先将第一层用千斤顶顶紧后，用 P5 焊条打底，着色检查合格后，其余各层用 19/15H 焊条满焊。第二层不锈钢板还应在外表面开热补偿槽，宽 10mm，深 8mm，距边沿为 8～10mm，边沿开 20°坡口，补偿槽底和两边要经堆焊 1 层，以防端晶腐蚀。用丙酮清洗坡口两侧，用 316LP 焊丝氩弧焊打底，着色检查合格后，其余各层可用 19/15ϕ2.5mm 焊条手工电弧焊填满，再经着色检查和铁素体含量测定合格。

对上管板相应的列管，采用 S31603 材料的空心堵头用 19/15 焊条焊死，焊后作着色及铁素体含量测定。进行氨试漏前用质量分数 20% 的 HNO_3对补焊处进行酸洗钝化，氨检漏时，除补焊部位之外，还应注意原下管板堵过的 13 根管口区域及附近的列管。

对于排污不良的问题重新打了排污孔，使之从壳外侧斜穿过碳钢管板伸到壳内侧碳钢管板的上表面，从而保证管板上表面的污物可以顺利从排污管及时排走。经修复后开车运行至今，设备一直正常运行。

(2) 甲铵冷凝器管束壳侧应力腐蚀破坏

某厂对高压甲铵冷凝器列管进行涡流检验，发现部分列管在蒸汽出口外壁距上管口 300～500mm 处存在严重缺陷。抽管后可看到管外壁距上管板底面 230mm 附近有明显裂纹，外表面有凹坑，划伤等缺陷，直径无明显变化，见图 5-122。微观显示凹坑壁上有纵向微裂纹，向内壁延伸扩展。对 1 个管口外壁与堆焊层角焊缝的位置取样，观察微观组织，发现裂纹尖端有分枝，裂纹沿铁素体/奥氏体相界扩展或穿过奥氏体晶粒，见图 5-123。

经过断口分析，发现裂纹是完全穿晶的，断口表面有较厚的腐蚀产物覆盖，腐蚀产物能谱分析结果有大量 Cl 元素富集，含量 1.3%（质量分数），见表 5-21。

图 5-122 管外裂纹形态

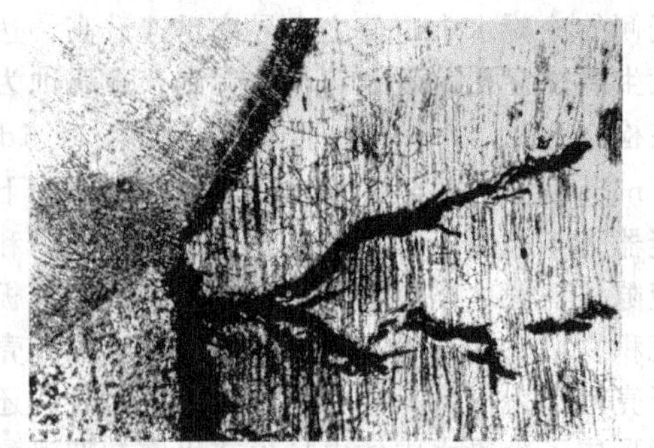

图 5-123 管外壁与堆焊层角焊缝热影响区的 SCC

表 5-21 取样列管的断口表面成分分析（质量分数） %

元素	O	Na	Si	Cl	Ca	Cr	Fe	Ni	Mo
腐蚀产物	21.0	3.32	1.79	1.34	1.43	13.1	42.3	5.93	5.64

对高压甲铵冷凝器列管应力腐蚀开裂发生的部位及走向分析，开裂主要发生在列管外壁距上管板底部 300～500mm 处，下管板范围也有发生，但程度较上管板轻。对壳程介质工作状况分析发现，水蒸气出口部位对应的换热管外表面发生了介质的反复蒸发浓缩，下管板上有较厚的沉积物也可导致 Cl^- 的局部富集，形成应力腐蚀的环境条件。

综合分析，可以认定冷凝器管子破裂主要原因是由于 Cl^- 富集及水蒸气中溶 O_2 导致的应力腐蚀开裂。

(3) 抑制 SCC 措施

裂纹的产生有一定的孕育期。高压甲铵冷凝器列管外壁 SCC，在新设备运行 2a 即可出现。如果水质控制不好，设备运行不到 1a，即可产生 SCC，并且，裂纹一旦形成发展较快，在不长时间里，就会有更多的列管出现应力腐蚀开裂。

一般来说，降低冷凝液中氧含量可抑制应力腐蚀的发生与扩展，因此必须同时控制水中 Cl^- 含量和溶氧量。对壳侧冷凝液一般要求 $Cl^- < 0.2mg \cdot L^{-1}$，$O_2 < mg \cdot L^{-1}$。

双相不锈钢具有较好的耐尿素介质腐蚀性能，同时，其耐应力腐蚀开裂性能优于 S31603，将其作为换热管，应用于高压甲铵冷凝器，是减缓列管应力腐蚀开裂的有效措施。某些厂采用 2205 双相不锈钢列管，其腐蚀率约比 S31603 小 45%，耐 SCC 性能明显优于 S31603 钢。

5.6.5 高压洗涤器

在 CO_2 汽提法高压设备中，高压洗涤器的主要用材为尿素级 S31603。在国内大化肥装置中，有整台更换高压洗涤器的，也有更换了洗涤器的全部管束。主要问题是列管减薄严重，某厂列管壁厚在 2.0mm 以下占总数的 27.3%，最薄的仅为 1.45mm，其中减薄最严重的 11 根管减薄速率达 $0.2mm \cdot a^{-1}$。列管减薄的特点是越靠近边缘的列管越严重，定距杆周围的管子腐蚀较严重，腐蚀最严重的部位在最下一层折流板以下的管段，距下管端 800～1000mm 处。从改进的角度讲，选用 25-22-2 型材料是列管防止与延缓各种腐蚀的有效措施。

某厂在一次大修中，高压甲铵洗涤器封头中心管弯曲无法抽出，不得不将防爆板和中心管的护套割下。在顺便检查上封头衬里时发现了比较严重的腐蚀现象。

(1) 腐蚀形貌

① 焊缝的刀线腐蚀　上封头筒节的焊缝两侧的腐蚀产物有成串的小孔，经打磨后发现熔合线明显下凹。腐蚀沟槽已基本穿透衬里层，见图 5-124。在筒体接管堆焊层与衬里交界

处和上封头封头衬里之间的拼缝处均有上述腐蚀现象。

② 上封头内衬里层的垢下腐蚀　高压甲铵洗涤器上封头 4 片封头衬里上有几处腐蚀凹坑，直径 100～200mm 左右，深度约 3～5mm。打磨后发现腐蚀凹坑处布满龟裂裂纹，经金相检查后确定裂纹为沿晶扩展。在与筒节相交的环焊缝处，封头衬里一侧的热影响区出现明显的环向裂纹，相互交错。直筒的最下部，有高度约 300mm 的一圈形成灰色垢层和褐色母材相互交错，参差不齐。表面蓝灰色垢层的区域比褐色母材表面高出 1～2mm，形成平台，这个平台实际上有 3 层组成，表面有不足 1mm 的疏松层和一层很薄的黑色膜，黑色膜下面是突出的未被腐蚀的母材，见图 5-125。

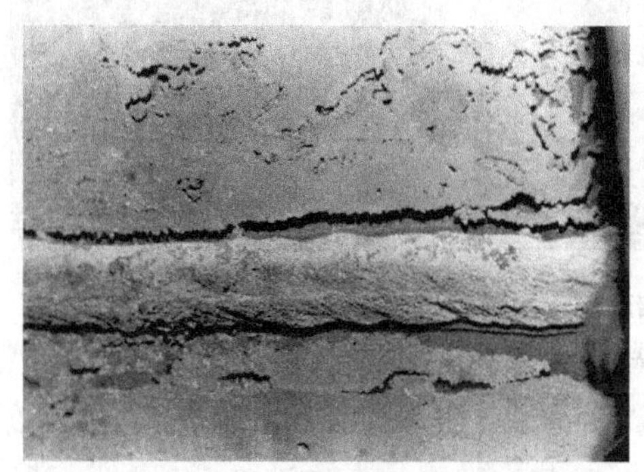

图 5-124　上封头焊缝两侧的腐蚀沟槽

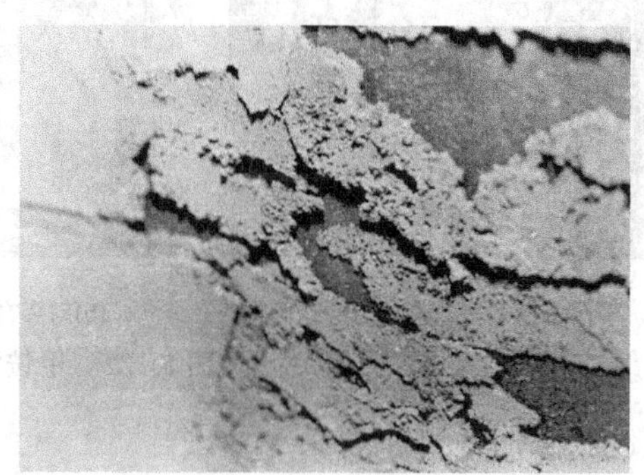

图 5-125　表面蓝灰色垢层的区域

(2) 现场取样及检测分析

对腐蚀产物、金属衬里和防爆板上取样后用扫描电镜进行了腐蚀形态和金相组织的观察、能谱成分分析，并用 X 射线衍射仪进行了结构分析。

① 样品的成分分析。用能谱仪分析了所取金属样品的成分，衬里母材为 S31603，焊缝材料为 19/15H，防爆板为 S31603。

通过分析发现在封头衬里部分晶界裂纹和晶界处存在有一定量的 S 和 Cl，同时发现这些部位的 Cr、Ni 含量偏低。上封头和防爆板腐蚀产物能谱成分分析，结果表明除了封头衬里部位发现存在 Cl 外，直筒节和上封头其余部位都未发现含有 Cl。

② 电镜及能谱仪腐蚀形态和能谱线扫描分析。用电镜及能谱仪对防爆板表面附近的沿晶裂纹进行腐蚀形态二次电子成像和能谱线扫描结合的分析，见图 5-126。Fe 的线扫描在晶界裂纹处上升，而 Cr 和 Ni 的线扫描在通过晶间裂纹处则明显地下降，表明在晶界裂纹处 Fe 含量增加而 Cr 和 Ni 的含量降低。表面疏松的腐蚀产物主要成分是 Fe 元素，其余元素所剩无几。而在致密的腐蚀产物层中随着逐步靠近金属表面，Cr 和 Ni 含量逐渐增多，在靠近金属表面的最里层，往往粘有从表面脱落下来的金属颗粒，Cr 和 Ni 的成分接近 S31603 不锈钢的正常值。

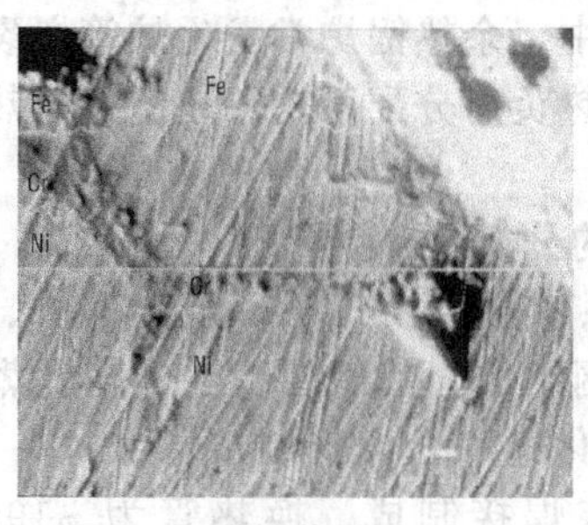

(a)晶间裂纹处

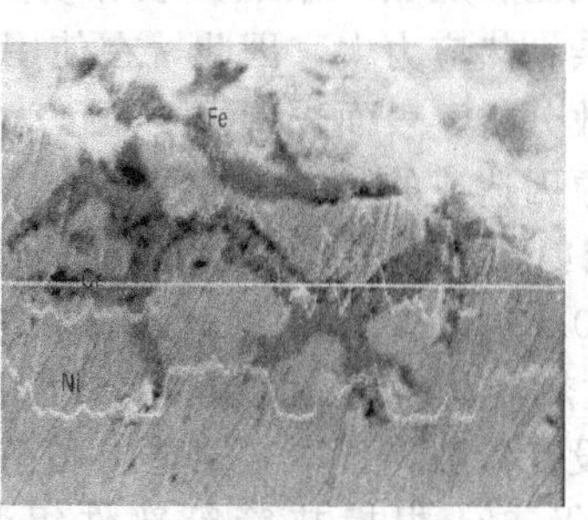

(b)腐蚀产物

图 5-126　防爆板表面沿晶裂纹腐蚀形态和能谱线扫描形态

通过上述分析，反映了在尿素系统甲铵洗涤器上封头衬里层表面沿晶腐蚀的晶界上确实有一个贫铬区存在。

对封头衬里部位的母材金相观察，发现晶粒尺寸约为 150～200μm，直筒节的晶粒尺寸在 100μm 左右，这种差别对封头衬里大面积龟裂有影响。另外金相观察并没有明显的 δ 铁素体相、σ 相或碳化物的析出沉淀相。样品的边沿与尿液介质相接触的表面都出现了明显的沿晶腐蚀形态，伴有被腐蚀产物所包围的脱落晶粒，见图 5-127。

(a)封头衬里表面腐蚀产物形态

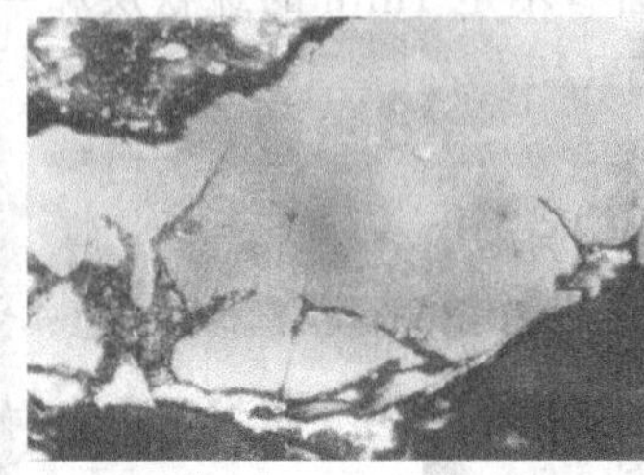

(b)封头衬里低倍形态

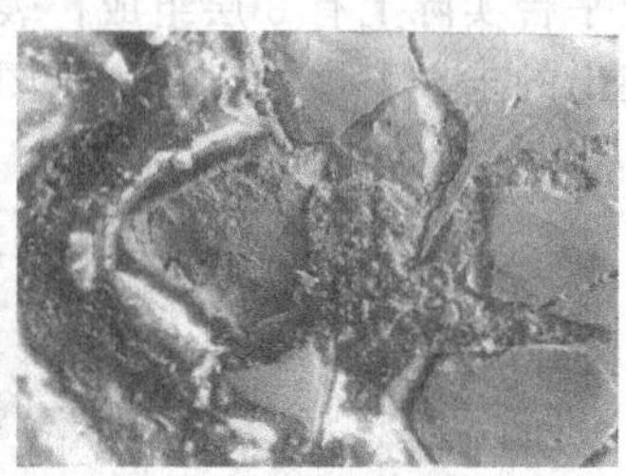

(c)沿晶腐蚀及晶粒脱落的形态

图 5-127　甲铵洗涤器封头衬里部位

(3) 腐蚀机理分析

在汽相区衬里的最外表面是比较疏松的 FeO、Fe_2O_3、Fe3O_4的结晶层，结晶层下面是 Fe 的氧化物与脱落的金属颗粒共存的区域，在基体表面是沿晶腐蚀的区域，该区域很薄仅有几个晶粒的厚度，如图 5-128 所示。这说明在腐蚀产物覆盖层下的金属表面，被介质腐蚀造成沿晶剥落的金属颗粒不可能直接被介质带走，而是逐步在腐蚀介质液膜和液珠作用下，失去 Cr、Ni 和 Mo 等元素形成 FeO、Fe_2O_3、Fe_3O_4的结晶，使表面灰色腐蚀产物层逐渐加厚，或者说沿晶剥落的金属颗粒中的 Cr、Ni、Mo 从金属表面逐步溶解在介质中并随介质穿过表面覆盖的腐蚀产物层而流失的，剩下铁的氧化物构成了表面覆盖的腐蚀产物。随着这种 Cr、Ni 和 Mo 等金属离子溶解过程和流失过程，腐蚀产物在加厚，衬里在不断减薄。正好说明造成晶界贫铬的原因是由于晶界处的 Cr、Ni 在介质中首先溶解和流失，从而形成了 Fe 的氧化物沉积。由于 CO_2 中带有一定量的 H_2S 以及尿液中含有微量的 Cl^-，加速了设备汽相区衬里的腐蚀。

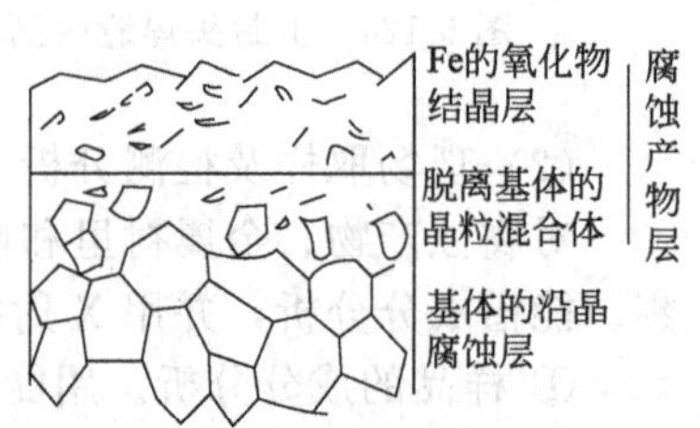

图 5-128　衬里的腐蚀结构形态示意图

5.6.6　余热锅炉的腐蚀[72～82]

余热锅炉是大型合成氨厂余热回收和动力来源的重要设备之一，余热锅炉在高温下工作，烟气组分复杂，热应力大，因此，在使用中，余热锅炉常发生炉管爆裂事件。经过对众多爆裂炉管的失效分析，表面炉管主要是因为热负荷分配不均、超温、过热，气蚀、垢下腐蚀、水质失控等原因造成的。

案例 1：合成氨蒸汽过热器列管断裂原因的分析

某厂年产 200kt 合成氨装置的高压蒸汽系统主要由 101-C 余热锅炉、102-C 蒸汽过热器、103-C 蒸汽过热器及辅锅、汽包和高压管网组成。其中的 102-C 高压蒸汽过热器由美国凯洛格公司提供设计参数，日本三菱重工和南化机联合设计制造。由封头、壳体、膨胀节、耐火水泥保温层及 624 根换热管等部件组装焊接制成。换热管为 ϕ19mm×2.1mm 的 TP321H 不锈钢管，采用胀管及焊接的制造工艺使列管与上下管板相连接而成。过热器投产使用不足半年发现过热蒸汽泄漏。

经内窥镜检查下管板胀管附近的换热管内壁，约有 1/2 以上的管子呈穿透性裂纹，且大都分布在 102-C 的中心部位，其中完全断裂的 25 根，以致需更换整台管束。

102-C 的壳体介质为余热锅炉（101-C）的高温工艺气（含 H_2、CO、CO_2、N_2、CH_4 等），经过换热后去第二转化炉（103-D），管程为来自汽包的 280℃水蒸气。102-C 蒸汽过热器的工作参数为工作压力 3.9/14MPa（壳程/管程）、工作温度进口 728/281～327℃（壳程/管程），出口主线出口 287～338℃、副线出口 382～482℃、管程 281～421℃。

102-C 蒸汽过热器为浮头式列管换热器，在壳侧下部有波纹管膨胀节、设计要求其伸缩量为＋55～－5mm，以补偿壳侧低合金钢和管程不锈钢的热膨胀差，见图 5-129。

（1）检查情况

① 现场检查　在抽出 102-C 管子-管板内件时，发现换热管束严重弯曲变形，见图 5-130。宏观检查 102-C 下管板部位的换热管束表面附着黑色氧化物层，中间的管束因受不同温度梯度影响，而形成氧化程度不同的灰黑色覆盖层。上管板部位的管束变形，呈淡灰色氧化膜，如图 5-131 所示。折流板上均附着粉状沉积物并且在下管板有流水的痕迹，见图 5-132。在 102-C 下管板检查发现有裂纹的管口带有白色结晶物，见图 5-133。102-C 筒体膨胀节上部有明显的液体流过的痕迹，见图 5-134。

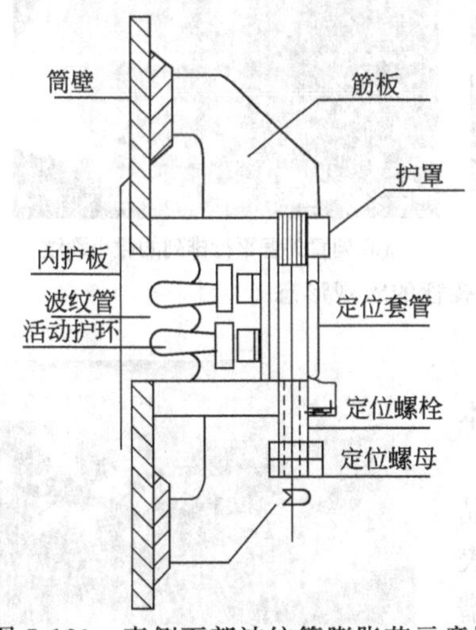

图 5-129　壳侧下部波纹管膨胀节示意图

图 5-130　管束变形情况

图 5-131　上管板部位管束变形变色

图 5-132　折流板上均附着粉状沉积物和下管板流水痕迹

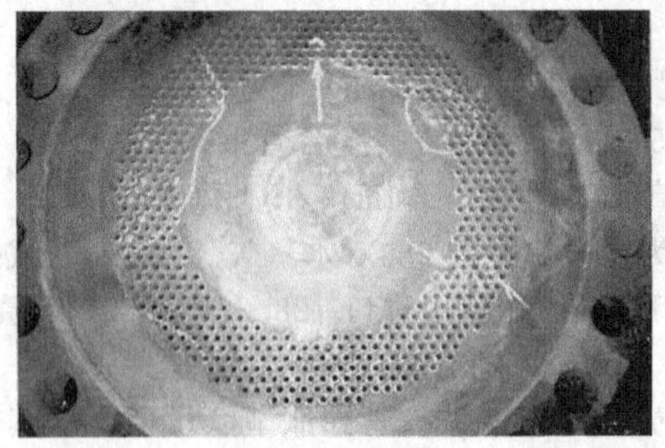

图 5-133 下管板管口裂纹和白色结晶物

图 5-134 筒体膨胀节上部液体流痕

② 泄漏列管的检查 泄漏列管的宏观检查。列管断口表面粗糙、起伏不平，呈锯齿状，无明显变形，呈脆性断裂特征。断面有台阶，高度差约 2mm，环向断裂发生在下管板胀管区内，列管外壁有微小裂纹平行排列，见图 5-135。清洗前断口暗黑，内壁侧白色覆盖物清晰可见，见图 5-136。

(a) 断面台阶

(b) 列管外壁平行排列的微小裂纹

图 5-135 断裂管的宏观形态

(2) 检验分析

① 列管材质分析 管材成分符合日本 TP321 的材质要求。

② 腐蚀产物分析 用能谱仪对所取样品进行了近百个点的能谱分析。包括列管断口表面的产物分析、管内外壁及下管板附着物能谱成分分析、上管板胀管区列管外壁附着物分析以及 102-C 各部位堆积物的成分分析。

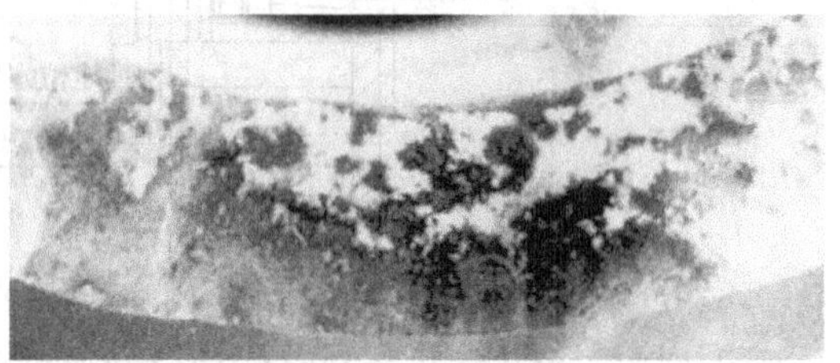

图 5-136 清洗前断口放大

列管断口表面的产物分析表明，断口上除不锈钢主要成分外，还有 Al、Si、K，Na、Ca、S 及 Cl。断口表面的产物外侧厚、内侧薄，且外侧的 S、Cl、K 和 Na 含量高于内侧。除此之外，在一部分附着物和堆积物中还含有许多 As、Zn 等元素。断口中的白色覆盖物结晶主要为 $NaCO_3$，是在列管检漏时由氮气系统带到 102-C 中来的。

上管板胀管区外壁产物不含有 Cl、K，而含 Si、Ca 和少量 S。

为证实腐蚀产物中某些敏感成分的存在，将几种样品用化学分析法再次进行测定，表明 Cl 含量在下管板表面的沉积物和列管与下管板交界处都达到了 $(2700\sim5200)\times10^{-6}$。

③ 断口分析 扫描电镜对断口分析，确定开裂是由列管外壁向内壁发展的。大部分断口外壁起裂是穿晶的起始，最后到内壁变成沿晶。由图 5-137 可见到放射源区有扇形及河流花样，外壁为穿晶、内壁为沿晶，二次裂纹为沿晶开裂。断口可见清晰的放射花样及管内壁的冰糖块花样，裂纹源为腐蚀坑，见图 5-138，坑边缘为放射状起点。

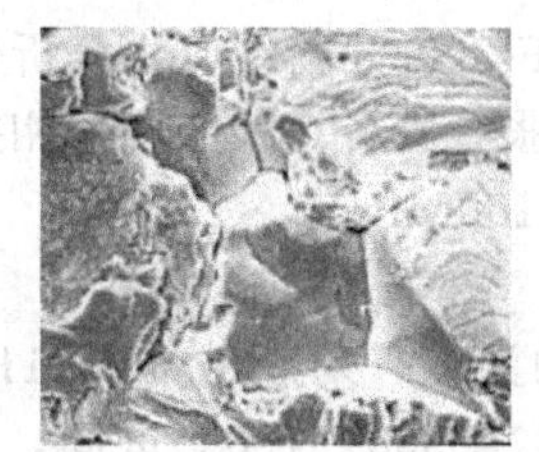
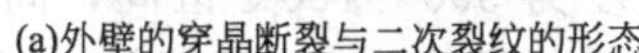
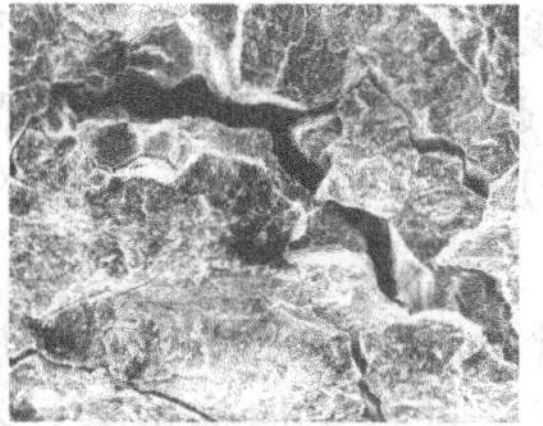

(a)外壁的穿晶断裂与二次裂纹的形态　(b)穿晶+沿晶、二次裂纹　(c)内壁的沿晶断裂的形态

图 5-137　裂纹扩展特征（250×）

图 5-138　断口放射花样及管内壁的冰糖块花样（200×）

断口清洗后观察，断裂从外向内扩展，以沿晶断裂为主，也有少量混合断裂及穿晶断裂的现象。在高倍下观察，发现沿晶断裂断面上有许多与扩展方向垂直的平行条纹，见图 5-139。距管板 205mm 处的断口呈冰糖状脆性沿晶断口，有疲劳条纹分布于晶界表面，见图 5-140，穿晶断口范围明显小得多。

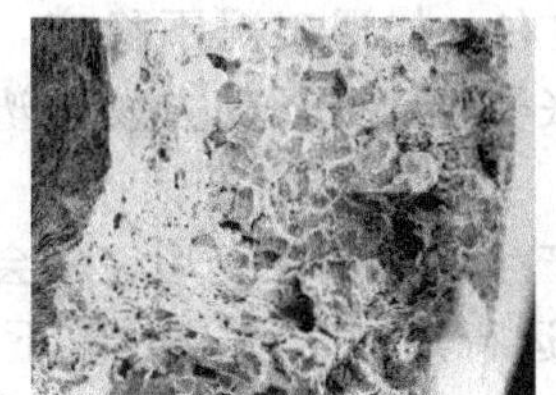

(a)清洗后断口沿晶为主形态　(b)断面上与扩展方向垂直的平行条纹

图 5-139　断口清洗前后的沿晶断裂形态（250×）

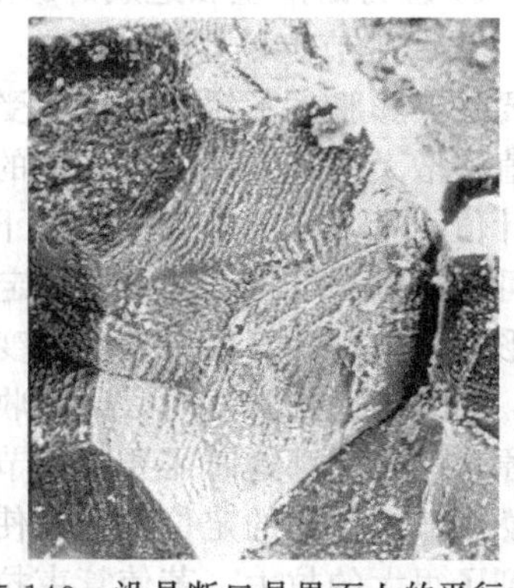

图 5-140　沿晶断口晶界面上的平行条纹

④ 金相检查　图 5-141（a）为裂管 205mm 处横截面上的金相显微形态，特征为裂纹起源于外壁的奥氏体晶界，以沿晶为主；图 5-141（b）为穿晶与沿晶混合裂纹；图 5-141（c）为 S1 侧第 3 根换热管表面裂纹形态，清晰可见晶界处小空穴尚未汇合。表层晶粒既有断续的小空穴又有穿晶裂纹并存的形态。裂纹深度 1.8mm，其内被黑色氧化腐蚀产物所填充。

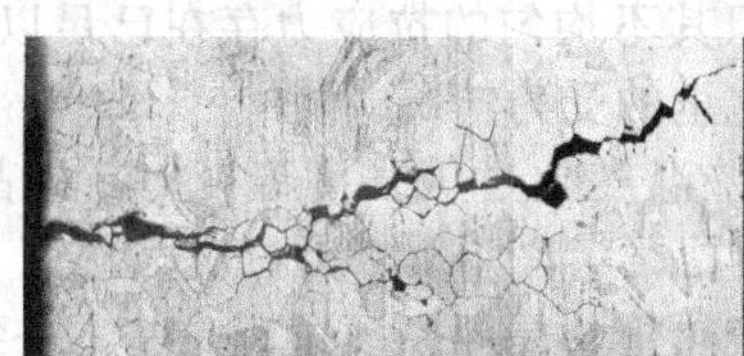
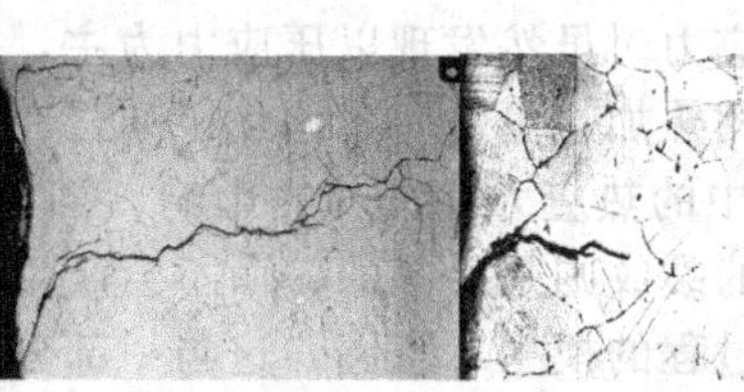

(a)典型高温裂纹的金相显微组织　(b)穿晶与沿晶混合裂纹　(c)晶界空穴与穿晶显微形态

图 5-141　裂纹金相显微扩展特征

⑤ 换热管胀管区轴向表面残余应力测量结果　用 MSF-2903X 射线应力分析仪，测量了试样表面残余应力。共测量 5 根换热管，结果每根换热管胀管区各点残余应力相差较大，多数为压应力，但少数位置却为张应力。其最大值一般高于 100MPa。

(3) 模拟试验

为了探讨 TP321H 不锈钢管不同氧化色泽可能形成的温度，对新的 TP321H 不锈钢管在不同温度下所显示氧化色泽特征进行了加热试验，温度为 300～750℃区间，间隔 50℃，保温 1h，空冷。然后，根据换热管上所显示的氧化变颜色的程度，与经不同加热温度后的试样所呈现的色泽程度进行对比，结果为处于上管板的管束管壁温度大致在 350℃左右，而处于下管板胀管处及其附近的管束管壁温度可能超过 700℃以上。如果考虑管外壁烟气的复杂成分污染，实际温度可能要比 700℃低一些。

(4) 讨论

① 管壁温度增高原因　氧化试验表明，102-C 上下管壁温度相差很大。按设计要求，过热蒸汽的进口温度为 327℃，该区域管束表面的氧化色泽与氧化试验温度 350℃大致相接近。从 102-C 过热蒸汽出口温度为 411.7℃。下管板区域管束表面呈黑色氧化腐蚀层的情况表明，其管壁温度明显高于上管板处管束管壁温度。脆性的黑色氧化覆盖层的出现，只能是在超温下形成的。超温的原因：一是管程进口压力不足引起过热蒸汽流量过低，以致不能很快将管壁上的热量通过蒸汽带走；二是 102-C 的 S3 旁路孔开启时间过长亦将会直接影响管壁温度的激烈增高；三是壳体的高温工艺气所携带的杂质颗粒沉积或附着在靠近进口处的管束的管外壁上，影响了管壁的换热效果，导致管壁的温度升高。而其中二和三与实际情况更接近。

② 应力的产生和造成的影响

a. 膨胀节定位套管的影响　在高温工艺气的作用下，过热器的管束和低合金钢的壳体都要受热膨胀。不锈钢管束的受热膨胀将大于低合金钢的壳体，随着温度的升高，膨胀量的差值将增大，这个差值由壳体的膨胀节补偿。膨胀节补偿设计值为 55mm，经过计算复核，设计值偏紧，在正常工作温度下膨胀量的差值就可达到 55mm 左右，如遇工况不稳定，则有可能越过 60mm。这样在一定高温的条件下，就会导致管束膨胀受阻而受压缩力发生塑性变形。从抽出的管束发生弯曲变形已证实了这一点。

当停车达到常温时，壳体收缩到原来的尺寸，而管束由于已产生弯曲塑性变形，就会短于原来的尺寸。这时需要膨胀节收缩来补偿。由于 102-C 在开车运行期间未能及时取下 28 副膨胀节螺栓上的定位套管，使其只能收缩到零位，不能继续收缩。这样造成管束收缩受阻受到了很大的拉力。若使管束拉长到原来的长度尺寸，每根列管就会受到接近或超过屈服强度的拉伸应力。于是，每一次停车（冷却收缩）都将会使管束产生附加拉应力，而每一次启动（加热膨胀）管束伸长又会受到压缩应力作用而发生高温蠕变失稳（弯曲变形）。经过数次开停车及运行中温度压力的波动等，将给列管带来极大的危害。

b. 制造过程中产生的残余应力　在过热器的制造过程中，列管和管板之间除了在管口焊接外，在管板中间进行了胀管。由于管板孔的加工尺寸偏大，胀管件工具和施工中的不合理因素影响，使胀管区有较大的胀管残余应力。胀管残留的波纹说明胀管不均匀，X 射线测定管束表面残余应力时虽然发现以压应力为主，但其不均匀的拉应力存在已足以引发 SCC。它与上述热应力相叠加，更进一步恶化了列管在这里的受力情况。

c. 运行过程中的热应力和波动的影响　当管壁温度超过等强度温度时，即晶界强度＜晶内强度，产生的裂纹则是沿晶的，而不会产生穿晶的。图 5-142 为拉应力作用下高温蠕变对晶界断裂发展过程的模型示意图，这与一部分换热管的晶界断裂过程是基本一致的。列管高温裂纹的产生，实质上是在高温及拉应力共同作用下的结果，这对较频繁的开停车而言是很容易发生的。其主要特征是裂纹源往往是在晶界产生，裂纹的扩展则是沿晶的，在整个裂纹发展同时亦引起裂纹表面上有氧化层覆盖。

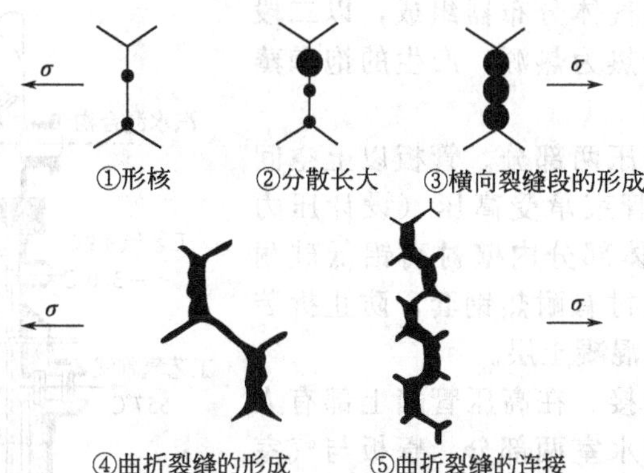

图 5-142　拉应力作用下高温蠕变对晶界断裂发展过程的模型示意图

③ 应力腐蚀断裂原因分析　在过热器下管板附近的列管外壁、管板孔与列管外壁之间及下管板表面都发现有较高含量的 S、Cl，它们在开车运行的高温下会造成对不锈钢列管的高温腐蚀。这些由硫化物和氯化物组成的混合物的熔点比单独硫化物和单独氯化物的熔点都低，在 500～800℃的温度范围内，造成不锈钢的腐蚀。这种腐蚀以孔蚀和沟槽腐蚀为主。在蚀坑和沟槽底部产生局部的应力集中，在拉应力或交变应力作用下产生应力腐蚀或腐蚀疲劳的裂纹源。

在停车时期较低温度和常温下，由于冷凝液体的存在，硫化物和氯化物溶于水中，形成了对不锈钢列管的应力腐蚀开裂环境。在正常运行中过热器的壳侧不会有液体存在，但在停车期间工艺气中未完全反应的水蒸气会在壳侧保留并逐渐冷凝下来，沿着列管外壁流入管板孔和列管胀管区，成为应力腐蚀和腐蚀疲劳的环境。

另外，在设备安装期间，壳体进行内保温材料衬砌，管束在现场的框架上悬挂了几个月。在离装置 200 米左右的地方有一个硫铁矿露天卸料场，硫铁矿粉末随空气飘浮进入管束中，附着于列管的外壁和下管板处。经过对框架上同等高度处的沉积粉尘的分析，确有硫铁矿的成分存在。

由于管束在露天长期悬挂，四川成都潮湿大气中和雾气中的氯离子也可能在列管外壁和下管板上表面及管孔缝隙中积存。

(5) 结论

a. 对上述所取样品的断口表面、列管外壁及下管板表面的产物成分分析表明，均有较多的 S、Cl 等有害元素存在，它们在高温或低温下均会对列管造成腐蚀。在拉伸应力或交变应力的共同作用下产生应力腐蚀或腐蚀疲劳裂纹。

b. 断口形态有的以沿晶断裂为主、混合断裂和穿晶断裂为辅，并在沿晶断裂的晶界上有和裂纹扩展方向垂直的平行条纹出现，从而判断它是在腐蚀介质作用下的热应力疲劳断裂(或蠕变断裂)，而另有一些断口以穿晶为主，局部为沿晶和混合型断裂，这表明属于应力腐蚀断裂。

产生这两种不同的断裂情况，除了腐蚀介质的作用外，还表明了管束受力的复杂性，这与换热器制造中的焊接、胀管等工序的残余应力以及列管所处的位置，设备运行中的温度场的分布，管束受流体作用的振动情况不同有很大的关系。

案例 2：U 形管余热锅炉爆管分析

U 形管余热锅炉是安庆、南京和广州 3 个引进法型大化肥装置中的关键设备之一。该锅炉为立式“U”形管束结构的汽包锅炉，本体结构见图 5-143。

U形管余热锅炉是由U形传热管、壳体、管板、折流板、耐热钢套和气体分布器组成，以二段转化炉出口工艺气体的余热为热源，产生的饱和蒸汽压力为10.0MPa。

锅炉壳体分高压和中压两部分。管板以上空间壳体、封头及U形传热管束承受高压（设计压力12.0MPa）。管板以下壳体部分内壁衬高铝低硅耐火混凝土，混凝土表面上衬有耐热钢套，防止拆装U形传热管束时碰坏耐火混凝土层。

管板与壳体用法兰连接。在高压管箱上部有人孔，高压管箱分为气室和水室两部分。管板与气室和水室为一焊接整体，内有隔板将气室和水室分开，管板与U形管束为胀焊结构。管束由646根U形管 ϕ25mm×2mm组成。

管板以下空间壳体承受压力较底（设计压力4.0MPa）。950℃左右的工艺气由下部侧向经多孔锥形气体分配器进入废锅下空间壳体，和U形管束换热后，冷却到340～390℃，由上部主线引出。为提高水汽系统的循环倍率，锅炉除高置汽包外，还配备G1205循环泵。主要技术参数为设计压力3.8/11.8MPa（壳程/管程）、操作压力3.1/10.6MPa（壳程/管程）；设计温度1010℃（进口）/320℃（壳程/管程），操作温度957℃（进口）/314℃（壳程/管程）。工艺气（干气）成分为（体积百分数）：H_2（52.69）、N_2（21.41）、CO（13.66）、CO_2（11.68）、CH_4（0.30）、Ar（0.26）。

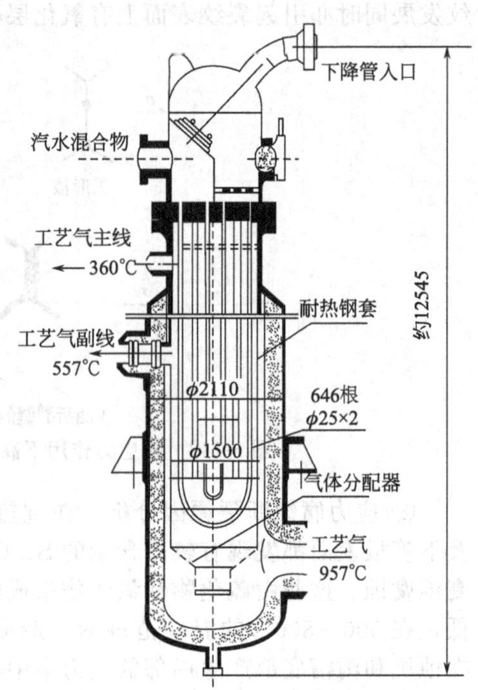

图5-143 立式U形管束结构的汽包锅炉结构图

(1) 爆管的检查和检测

U形管余热锅炉早期运行不到1a，3地的装置相继发生了多起爆管事故。

① 南京栖霞山化肥厂早期爆管 第一次爆管后的检查，通过打开废锅上封头人孔，在高压侧用精制水试漏，发现9根管泄漏。由废锅底部进入下筒体，对U形管束检查发现有以下几种类型的损坏现象：

大爆管1根，开口长度140～160mm，宽度50～60mm，有较大的鼓肚，裂口附近的管壁厚度0.3～0.5mm；小爆管开口长度10～25mm，宽度1～2.5mm，基本无鼓肚，见图5-144。

局部蠕胀管。少数炉管已经出现蠕胀（鼓肚），但还未爆裂，壁厚已经明显减薄。

从取下的20多根列管剖开检查，发现一些管段内壁有沟槽。宽度一般在5～10mm，个别大于10mm，深度0.2～0.5mm，少数达到1mm。有些已经穿透，形成小爆口，见图5-145。

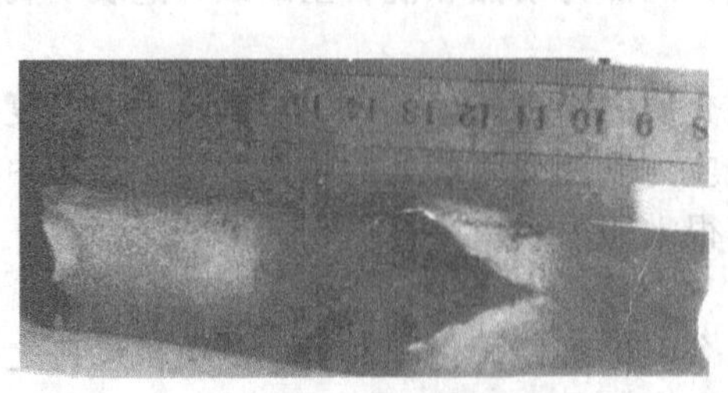

图5-144 爆管的宏观形态

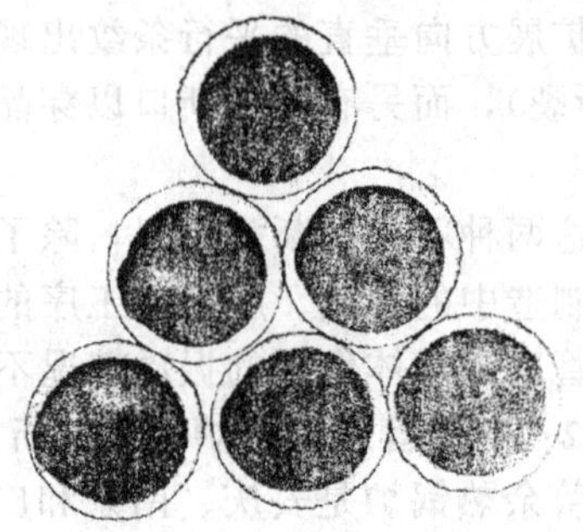

图5-145 U形管剖面形态

爆管部位：大爆管的爆口在 U 形管的汽侧直段部分（上升段），距中心弯曲部位 200mm。小爆管的爆口在 U 形管的水侧的在直段部分，靠近弯曲部位。

第二次爆管后的检查情况。在高压侧内进行试漏发现 3 根漏管。从 U 形管底部外侧发现爆管 1 根，裂口发生在 U 形管转弯处内侧，为小爆口。一共检查出有问题的管子 18 根，破裂的管束均在管束靠壳体一侧的管束外部，全部堵管处理。

② 安庆废锅爆管　从爆管的管束中切取管样共 4 段，全部由中间剖开。爆口裂纹因取样后没有进行处理而产生氧化生锈。4 根管段的编号为 1、2、3 和 4，其腐蚀情况依次减弱。4 号管样无爆口。其中 1# 穿孔为 21mm×8mm，2# 穿孔 18mm×1mm，3# 穿孔 15mm×0.5mm。其穿孔爆裂部位大体相同，都在离 U 形弯管上半弧中心线约 390mm（弧长）处的下降一侧。

管样外壁均呈灰黑色，有腐蚀麻坑。管内壁呈黑色，有两层黑色产物覆盖，不见金属光泽。在 U 形弯管上半弧内壁有密集的小于 0.5mm 的小鼓包。将小鼓包硬壳去掉暴露出直径相近的腐蚀点。在爆口、裂纹区域有较多的腐蚀坑、沟槽，使管壁减薄，最薄处为 0.5mm。

从这次爆管的宏观形态来看，爆管的管壁没有明显的塑性变形，未见短周期超温爆管的桃核形爆口。

③ 管样的化学成分分析　管样的化学成分除 Mo 含量偏高外，成分符合 A209TI。

④ 金相检验　断口表面金相检查未见断口表面组织异常，但发现爆口的横截面有裂纹，属穿晶和沿晶混合型，见图 5-146。在 3# 管腐蚀减薄处发现减薄表面有一变形层，在未减薄表面未发现显微组织变形层。上述现象在各根管样的腐蚀减薄区都能观察到，在变形层和正常基体金属之间，存在大小不同的空穴，见图 5-147。

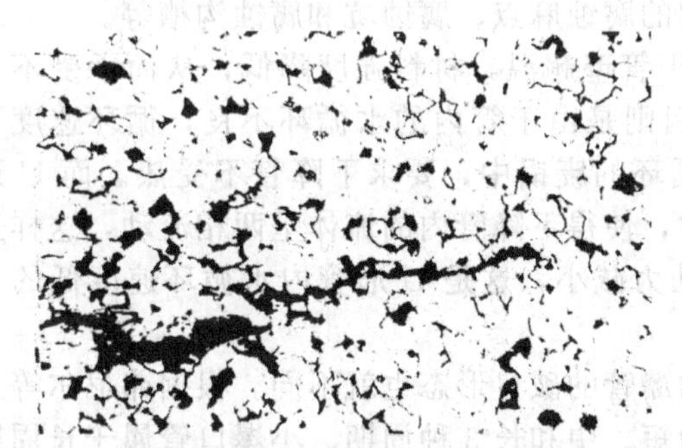

图 5-146　1# 管断口表面组织和显微裂纹（200×）

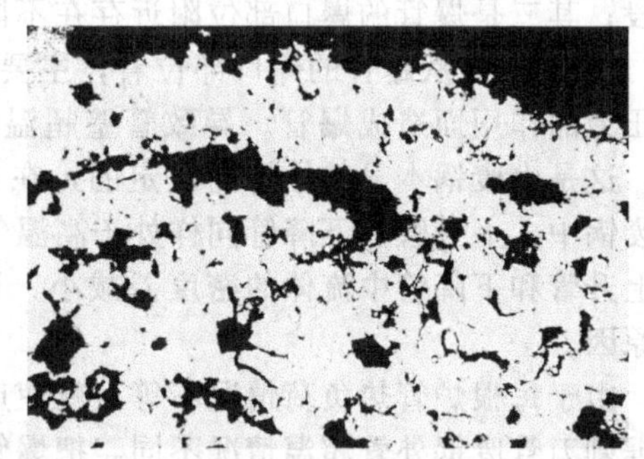

图 5-147　3# 管样变形层金属间空穴（400×）

⑤ 能谱分析　管样内、外表面及鼓包处能谱点扫描分析结果可见，外表面的 Na、Si 元素偏高，内表面的 P 和 Ca 元素偏高，而鼓包上 P、Ca 元素又明显地比内壁，外壁基体金属的含量高。根据点扫描能谱数据提供的信息，为了证实管样内、外表面层产物元素含量，从每根管样的内壁和外壁表面锉取表面层粉末进行能谱分析，结果趋势是一致的，内表面 P 和 Ca，外表面 Si、Na 等元素含量明显偏高。

对列管横截面取样，使用能谱仪沿腐蚀坑底深度方向按照间隔 50μm 进行成分分析，其中主要含有 Na、Mg、P、Ca 等元素，这表明腐蚀坑底发生的是碱腐蚀，见图 5-148。

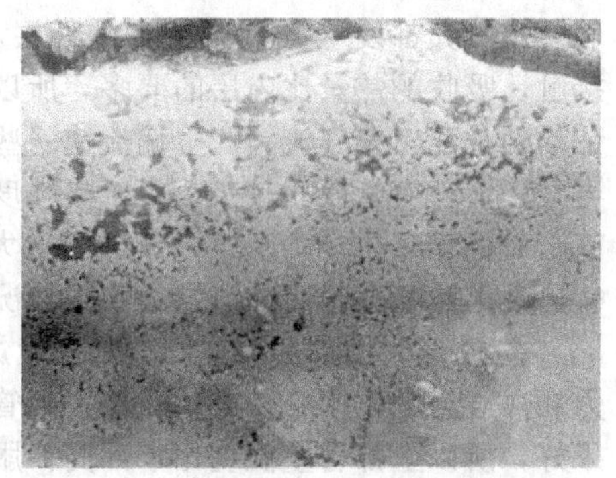

图 5-148　沿腐蚀坑底的腐蚀产物形貌

⑥ 扫描电子显微镜分析　由于断口表面氧化时间较长，断口不易处理干净，并且1# 管样两块断口试样有磨损而无结果。2# 管样裂纹经人工掰开后，取断口观察样，经超声波清洗，在断口上，观察到韧窝形花样。从扫描电镜观察到的韧窝形花样来看，炉管材料在断裂时还是具备一定的塑性。这也与金相检验时观察到的变形层的局部塑性变形的结果相一致。

管样上半弧内壁表面鼓包外观，放大及去除鼓包硬壳，包内扫描电镜图形见图 5-149。

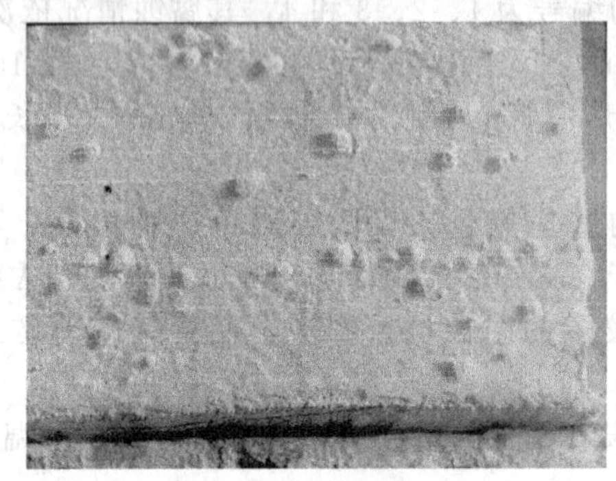
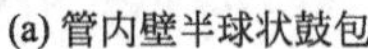
(a) 管内壁半球状鼓包

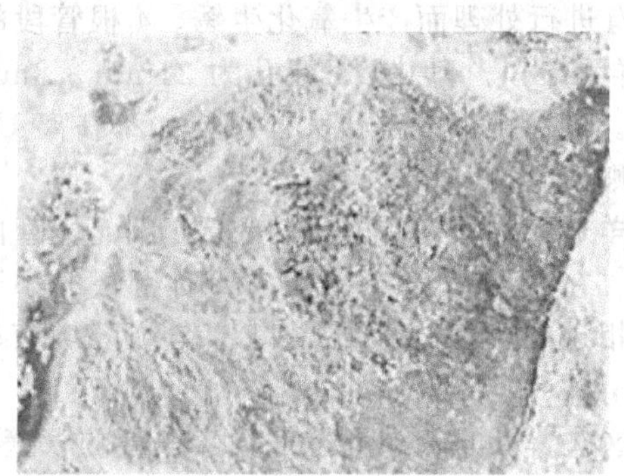
(b) 鼓包底部

图 5-149　管样上半弧内壁鼓包外观及鼓包底部

(2) 爆管原因分析

从上述爆管的事故情况来看，存在以下几个特点：其一是爆管大多数集中在U形管束的最外层和次外层；其二是爆口部位相近，大多数集中在U形管束弯曲部位及其附近的直管段；其三是爆管的爆口部位附近存在不同程度的腐蚀麻点、腐蚀坑和腐蚀沟槽等。

① 超温　从爆管的爆口部位看，主要是由于管壁超温，材料强度降低，从而承受不了内压力的作用而造成爆管。导致管壁超温的原因则是由于管内的水循环不良，循环速度不够，这是由废锅本身的结构而决定的，在自然循环的废锅中，要求下降管不受热。而U形管废锅中，上升管和下降管同样处于高温气流中，使得下降管内的流体呈两相流动，这样造成上升管和下降管中流体的密度差减小，即推动力减小，这是U形管内水循环速度低的主要原因。

由于每根炉管热负荷情况不等，就使产生的爆管的破口形态也就不同。根据弗尼尔等人根据刺刀管废锅外管超温情况不同，把爆管分为短、中和长3种周期。小爆口管属于长周期破裂，估计管壁温度已达600℃左右，过热时间较长；大爆口管属于短周期破裂，估计管壁温度已达650～750℃，过热时间较短。短周期破裂的爆管绝大多数是因为水循环中断而使管壁严重超温造成的。

爆管大都发生在U形管束的外层，这有一定的规律。其一，最外层管子首先和工艺气接触，吸收的热量比内层的要多，所以最外层管子的热强度最高；其二，气体分布器不能保证均匀分配工艺气流，产生偏流使一些管子的热强度比其他管子高；其三，最外层管子曲率半径较大，弯管段比较长，由于热强度最高，产汽率最大，因此流体的阻力也最大。因所有U形管的循环推动力基本一致，阻力大的管束必然流量最小。这样在U形管束最外层的列管出现了热强度最高和流量最小的情况，这些列管最容易产生超温和过热。

在U形管的弯曲部位的上部产生爆口的几率高于下部，这是因为U形管中流体由于重力和离心力的作用容易产生分层，列管下部是水而上部是蒸汽和液珠，由于水比蒸汽传热效果好，所以上部管壁温度比下部高，服役条件更加苛刻，更容易产生爆管。

② 垢下腐蚀　内壁鼓包的形成和U形弯管区的二相流动状态及壁温偏差有关。而且，

从去除鼓包硬壳就暴露出一个腐蚀坑这个现象分析，与长周期腐蚀有关。在两相流的部位，贴近管壁的水滴产生气泡，与此同时水滴中的盐分也会在此过程中产生浓缩和在管内壁附着和沉积，这样很容易产生垢下腐蚀而形成腐蚀坑，蚀坑口被沉积物和腐蚀产物逐渐堆积，造成一个半封闭区域，更有利于垢下腐蚀，形成了鼓包。

U 形管废锅早期爆管大都属短周期和中周期超温爆管。目前，在系统工艺稳定，G1205 泵投入进行，U 形管废锅已能较长周期运转条件下，垢下腐蚀对 U 形管废锅的爆管问题将起重要作用。

③ U 形管内部沟槽产生的原因　从损坏的 U 形管剖面形态可以看出 U 形管内部有明显的沟槽产生。如前所述，当汽水混合物在 U 形管内流动时，由于重力和离心力的作用容易产生分层，此时可能产生以下两种情况：

a. 空泡腐蚀　在 U 形弯头区，汽水二相流不断改变方向，在流线中断处有可能产生空穴，炉水闪蒸。气泡的产生和溃灭，破坏了金属表面膜。这样连续不断的冲击，就会对管内壁形成汽蚀作用而产生沟槽。

从爆破管束所取的管样金相检验情况也可看到，在上半弧减薄缺陷区，发现普遍存在内壁显微组织变形层，而正常壁厚区无此异常变形层，形成原因可能就是空泡腐蚀的结果。

U 形弯管区流型处于环状流或块状流，U 形弯管区上半弧管顶部壁温产生高出几十度的温度差。当流型恶化时，这种温度偏差虽不至于引起材料的金相组织变化化，但在弯管上半弧造成了爆沸的条件，变形层下的空穴则逐层剥落。

b. 垢下腐蚀　循环水中盐分也会产生浓缩和在管内壁沉积，产生垢下腐蚀。

(3) 建议

由于 U 形管余热锅炉水循环系统中存在 U 形弯头的薄弱环节，流型恶化造成传热恶化使弯管上半弧长期超温。在超温幅度不同的情况下存在以下 3 种不同失效途径：

超温→金相变化→材料性能下降→爆管；

超温→爆沸→管壁形成坑、沟槽减薄→爆管；

超温→垢下腐蚀→形成鼓包→腐蚀减薄→爆管。

或这些失效方式相互的组合，而爆沸是其主要失效途径。根据这些失效机理，提出改进意见如下。

① 由于 U 形管废锅设备本身的结构不合理使废锅水循环不良，特别是开工时不易建立自然循环，为此原设计有一台专供开工和事故时使用的强制循环水泵和开工文丘里管，以便帮助建立自然循环。经过运行实践表明，强制循环水泵最好一直连续使用。建议增加一台强制循环水泵作为备用泵。

② 为改善 U 形管束最外层的受热状态，建议对换热管束采用热喷涂技术加以保护。

③ 加强对 U 形管束的检验，对有问题的管子及时处理，决不能只单独堵爆管。

案例 3：余热锅炉刺刀管破裂原因分析

101-CA/CB 余热锅炉是刺刀式的，主要由壳体和管束两部分组成。壳体由水夹套、承压壳体、耐热层、衬板等组成；管束由外管、刺刀管、大管板、小管板、管箱等组成。刺刀管共有 206 根，正三角形排列分布。刺刀管又由套管和内管组成，套管的外径 51mm，有效长度 5.28m；内管插在套管之中，两管之间用隔离钉支撑。隔离钉 3 个 1 套（共 4 组）互为 120°按螺旋式排列于内管外壁表面，结构简图见图 5-150。刺刀管式余热锅炉技术参数为设计压力 11.8/3.4MPa（管程/壳程）、操作压力 10.55/3.09MPa（管程/壳程），设计温度 329/593～1010℃（管程/壳程）、操作温度 314/482～1003℃（管程/壳程），介质为锅炉给水/二段转化气（管程/壳程）。

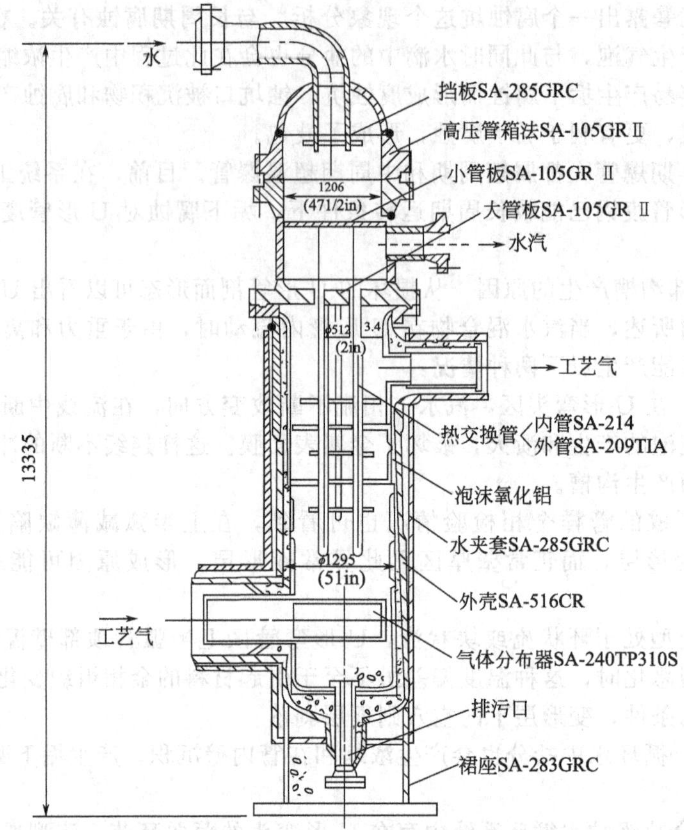

图 5-150 刺刀管式余热锅炉结构简图

(1) 现场情况

某厂大修时，发现 101-CA 炉底积水，检查出 101# 管在距底部封帽焊口约 40mm 处有一长约为 13mm 的纵向裂口，见图 5-151。检查运行期间的操作记录发现半年前入口的平均温度逐渐上升，超温的时间较长，最高温度曾达到 1073℃。热电偶的热偶与套管烧结在一起（套管材料 Incoloy 800），经过校核检查发现温度指示偏低一百多摄氏度，造成误操作，促使余热锅炉超温。

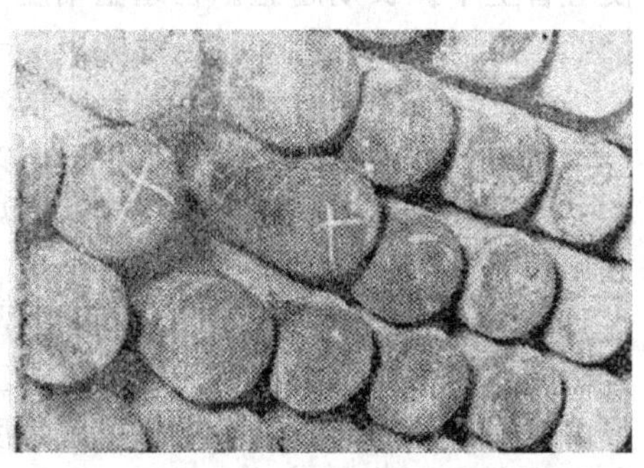
图 5-151 刺刀管 101# 外套管破裂形态

(2) 检验分析

① 宏观检查 外套管破裂处剖面，见图 5-152，可以看到破裂开口较大，裂口宽度约 2mm，破断面比较圆滑，断口边缘有明显的水冲刷痕迹。破裂口两侧的内壁表面发现有大

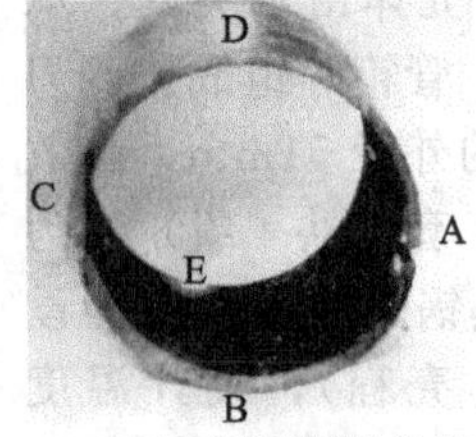

(a) 外套管破裂处样品

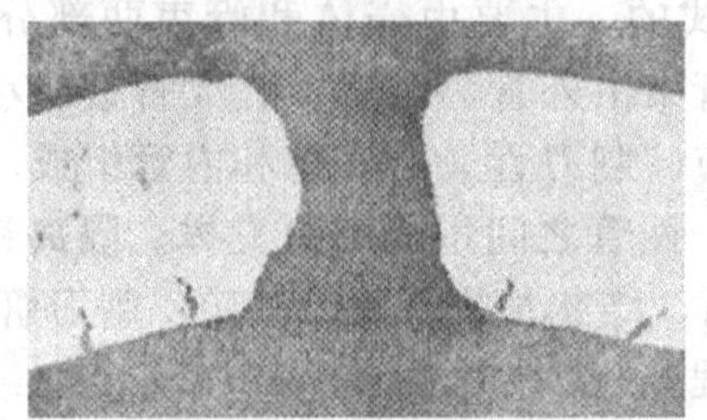
(b) 外套管破裂处剖面破断面和内壁平行裂口的小裂纹(15×)

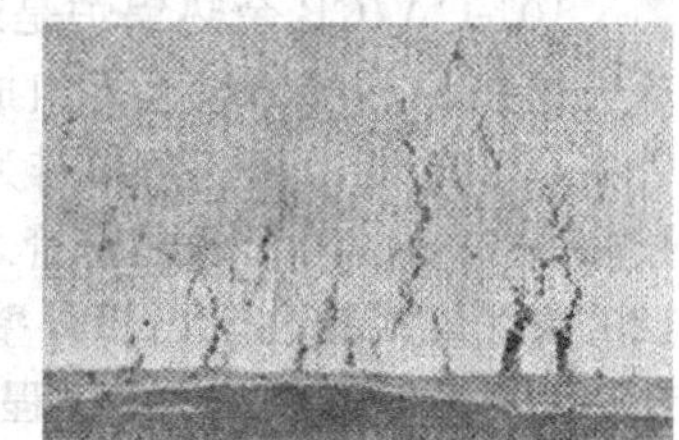
(c) 内壁平行裂口的小裂纹(100×)

图 5-152 破裂的外套管破裂处剖面形态

量与裂口大致平行的微裂，见图 5-152（b）、（c）。破裂处壁厚 1.8～3.2mm，未破裂处 4.0mm；裂口处外径 53.0mm，在距裂口 300mm 的温度低的地方管子外径变为正常值 51.0mm。

裂口处的管内壁散布着很多圆形凹坑，有的已经沿轴向连接成线或片。其中一处凹坑恰好位于第一套隔离钉处，见图 5-153。坑中最薄处仅有 1.8mm，取横剖面观察凹坑时，看到外面小而坑底大，如图 5-154 所示。内套管腐蚀非常严重，下数第一套隔离钉几乎全部消失，内套管端部腐蚀如刀刃。

图 5-153　第一套隔离钉处腐蚀坑

图 5-154　试样腐蚀坑形态

② 金相观察　金相组织都已发生碳化物向球状转化的现象。珠光体的片层状碳化物消失，完全转变为球状碳化物，见图 5-155。图 5-156 显示管内、外表面都有脱碳和开裂现象，碳化物完全球化。未破裂外套管发现外表面脱碳，但内表面没有脱碳现象。

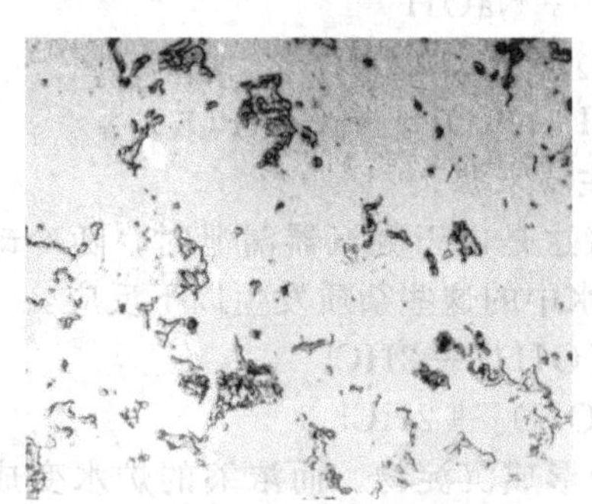
图 5-155　球化现象

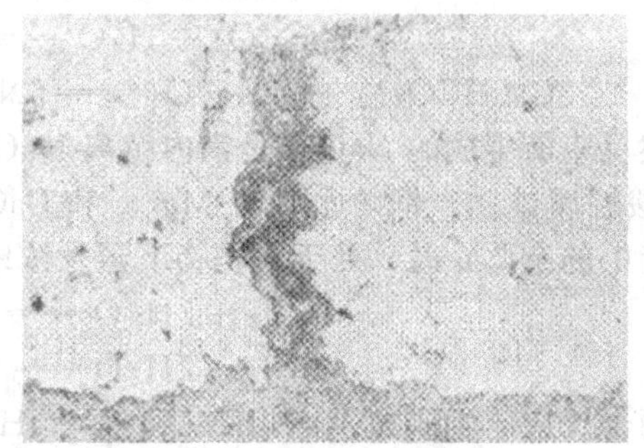
图 5-156　外表面脱碳

（3）破裂原因

根据上述的宏观检查和金相检测，破裂管有以下特征：一是裂口处管子外径略有膨胀；二是裂口处的管内壁散布着很多圆形凹坑，有的已经沿轴向连接成线或片；三是试样中珠光体完全转变为球状碳化物；四是裂口的尖端，外套管内壁一侧有很多与裂口相平行的深浅不一的纵向裂纹。

外套管破裂后，大量的水和蒸汽由破裂口喷泄出来。从而使外套管的破裂口上部汽水流量大大减少，换热不足，致使管壁温度升高，并且发生脱碳现象。而与破裂的 101# 外套管相邻的 86# 外套管也产生碳化物球化现象及外壁脱碳现象，说明了 101-CA 余热锅炉确实存在严重的超温现象。

在切割 101# 外套管时曾发现在裂口内壁上端约 30mm 处有褐色积垢物。在裂口处的管内壁有很多圆形凹坑，这些圆形凹坑的形成是垢下腐蚀和气蚀的结果。由此可见，101# 外套管壁有所减薄与垢下腐蚀有关。破裂处裂口部位圆滑表面是破裂后脆性断裂的断口被高压水和蒸汽喷射冲蚀作用所致。同时，在裂口附近一般也存在与裂口平行的纵向裂纹，这些都是在高温垢下腐蚀形成的裂纹。

锅炉最常见的垢下腐蚀分为碱性腐蚀和酸性腐蚀两种。在正常的运行条件下，锅炉内金属表面上常覆盖着一层致密的 Fe_3O_4 膜，具有良好的保护性能。但是如果 Fe_3O_4 膜遭到破坏，新鲜金属表面就会暴露在高温的炉水中容易受到腐蚀。促使 Fe_3O_4 膜破坏的一个最重要因素，是锅炉水的 pH 值不合适。钢在水溶液中的腐蚀速度，当 pH 值为 10～12 时腐蚀速度最小，pH 值过低或过高都会使腐蚀速度加快。在 pH≤8 下，腐蚀加快的原因是由于 H^+ 起了去极化作用，而且此时反应产物都是可溶性的，不易形成保护膜。

由于炉水中的杂质和溶解的盐分随着温度升高在受热管内壁析出或沉积，逐渐增厚，产生两个作用：一方面阻隔了炉水与管内壁的正常接触而影响传热，使管壁温度升高，从而降低锅炉管在高温下的机械强度；另一方面使沉积物下的炉水进一步浓缩，从而变成腐蚀性很强的溶液，形成沉积物下的腐蚀，造成管壁减薄。

a. 碱性腐蚀　在锅炉水中有游离 NaOH 时，由于沉积物下炉水高度浓缩的结果，会使得浓缩的炉水 pH 值很快升至 13 以上，以致沉积物下发生碱液对金属的腐蚀。

进入锅内的给水中总含有少量的碳酸盐。例如：以单纯“钠离子交换法”制得的软化水作为补给水时，给水中含有碳酸氢钠。以“石灰处理——钠离子交换法”制得的软化水作为补给水时，给水中含有碳酸钠。即使以除盐水或蒸馏水作为补给水时，因凝汽器中循环冷却水的渗漏，水中的碳酸盐也可进入给水中，使给水中也总含有少量的碳酸盐。这些碳酸盐进入锅内后，由于锅内水温高，会发生下列化学反应而产生 NaOH。

$NaHCO_3$ 和 Na_2CO_3 的分解：

$$NaHCO_3 = CO_2\uparrow + NaOH \tag{5-59}$$

$$Na_2CO_3 + H_2O = CO_2\uparrow + 2NaOH \tag{5-60}$$

$$3Ca(HCO_3)_2 + 2Na_3PO_4 = 6NaOH + 6CO_2\uparrow + Ca_3(PO_4)_2\downarrow \tag{5-61}$$

上述反应所生成的 NaOH 是锅内游离 NaOH 主要来源。

b. 酸性腐蚀　当锅炉水中有 $MgCl_2$ 和 $CaCl_2$（这是由于凝汽器漏泄时，随冷却水带入水汽系统中的杂质）时，处于沉积物下蒸发浓缩炉水中的这些杂质发生以下反应：

$$MgCl_2 + 2H_2O = Mg(OH)_2 + 2HCl \tag{5-62}$$

$$CaCl_2 + 2H_2O = Ca(OH)_2 + 2HCl \tag{5-63}$$

这两个反应的生成物 $Mg(OH)_2$ 和 $Ca(OH)_2$ 会形成沉淀物，而浓缩的炉水变成了强酸（HCl）溶液，以致在沉积物下发生酸对金属的腐蚀。

由于阴极反应也发生在沉积物下，生成的 H_2 受到沉积物的阻碍不能很快扩散到外面锅炉管的水汽流中，因此这些氢有可能扩散到金属内部在高温下和碳钢中的碳化物（渗碳体）发生反应：

$$Fe_3C + 2H_2 = 3Fe + CH_4 \tag{5-64}$$

因而造成碳钢脱碳，金相组织受到破坏。并且由于反应产生 CH_4 会在金属内部缺陷处聚集，产生压力，使沉积物下的金属组织中逐渐形成鼓包和裂纹。

发生这种腐蚀时，腐蚀部位的金相组织发生了变化，有明显的脱碳现象，生成细小的裂纹，使金属变脆。严重时，管壁并未变薄就会爆管。这种腐蚀是由于腐蚀反应中产生的氢渗入到金属内部引起的，因此又称为氢脆。

（4）维护与防止腐蚀的措施

要防止沉积物下腐蚀，除主要从防止炉管上形成沉积物附着外，还应消除锅炉水的侵蚀性。一般措施如下：

a. 新装锅炉投入运行前，应进行化学清洗，锅炉运行后要定期清洗，以除去沉积在金属管壁上的腐蚀产物；

b. 调节锅炉水水质，消除或减少锅炉水中的侵蚀性杂质，例如实行锅炉水的协调 pH-磷酸盐处理，消除锅炉水中的游离 NaOH 防止给水系统因腐蚀而使给水的铜铁含量增大；

c. 尽量防止凝汽器漏泄。

做好锅炉的停用保护工作，防止停用腐蚀，以免炉管金属表面上有腐蚀产物附着。还可避免因停用腐蚀产物而增加运行时炉水的含铁量。

5.7 热力发电压力容器的腐蚀

锅炉是火力发电装置中的重要主机，它和其他压力容器一样，承受着内压应力。在正常情况下，锅炉各部分所承受的应力值是在金属强度的允许范围内，并保留了一定的裕度。但是，由于锅炉结构复杂，运行因素多变、蒸发受热面管子可因许多因素使其所承受的应力增大或增添附加应力。如水垢影响传热，使金属温度升高，而使其许用应力降低；炉膛局部热负荷提高或火焰偏斜，使该处受热面管子热应力增加；负荷和参数的提高，使金属所受应力增加；由于管壁腐蚀减薄而使应力值增大；局部腐蚀的凹坑造成缺口效应使应力集中等。

在应力的作用下，材料的腐蚀过程被强化，既加快了腐蚀的进程，也增强了金属的破坏进程。在腐蚀与应力的共同作用下，受热面管子发生早期失效，并常以爆破的形式出现。

锅炉受热面管子的应力腐蚀是在内压引起的拉伸应力作用下产生的。当金属遭受腐蚀时，应力的作用有使腐蚀沿晶发展的趋势，可以在金属无任何塑性变形的情况下发生断裂，这种破坏形式与过热爆破的明显区别是呈脆性爆破特点。由于在爆破前受热面管子外观无任何变化，在锅炉运行中产生巨大爆口或断裂，造成停炉与断电其危害很大。

5.7.1 铆接锅炉的苛性脆化

(1) 铆接锅炉的苛性脆化机理

苛性脆化是对铆接的低压锅炉应力腐蚀破裂的专称，它是在锅炉水的相对碱度超过 0.2，炉水在铆缝内局部浓缩引起的。锅炉整体的膨胀不良及铆接处的巨大应力（含铆钉所承受的应力及铆孔处的应力集中）使原始微裂纹不断扩展，最后发生脆爆。

在采用胀接结构时，胀缝内炉水的局部浓缩与该处应力的集中也是导致腐蚀破裂的原因。采用全焊接结构以及锅炉可自由膨胀后，苛性脆化就改变为碱腐蚀引起的应力腐蚀破裂。

这种铆接的低压锅炉（如田熊式锅炉）所发生的苛性脆化爆炸具有相当的代表性，其 SCC 机理为：锅炉的补充水经钠离子交换软化后相对碱度高达 0.6。炉水自铆钉孔及钢板铆缝处渗出浓缩蒸发，结成盐块。造成在铆缝等处高度浓缩的侵蚀性炉水滞留，使锅炉金属受到腐蚀；另一原因是这类锅炉有结构缺陷，金属存在很大的附加应力，有的部分热膨胀受限制产生热应力，加上工作应力、最大拉应力超过了金属材料的屈服极限，腐蚀处的微裂纹急剧扩展造成应力腐蚀断裂。

(2) 苛性脆化的控制措施

苛性脆化的控制措施主要有以下几点。

① 目前锅炉均采用焊接结构及悬吊式安装，锅炉的附加应力小，严密性好，已消除了金属材料过高应力与炉水局部高度浓缩的结构因素。

② 中参数及其以上的锅炉，不再使用单纯钠离子交换水，使炉水相对碱度降低到≤0.15，控制锅炉炉水碱度＜$1mol \cdot L^{-1}$、pH＜10.5、酚酞碱度≤1/2 总碱度。必要时，采

取协调磷酸盐处理，使炉水处于 Na_3PO_4 和 Na_2HPO_4 缓冲溶液的条件下。

③ 加强锅炉检查和金属检验，对水冷壁管有腐蚀减薄处、焊缝泄漏处或有宏观缺陷处应进行探伤和金相检查，进行金属力学性能试验。注意其强度与韧性下降程度，当发现金属有晶间开裂或者力学性能改变时，应扩大检查范围和更换有疑问的水冷壁管。

5.7.2 碱腐蚀引起的应力腐蚀破裂

(1) 碱腐蚀引起的应力腐蚀破裂机理

碱腐蚀引起的应力腐蚀破裂有两个特点：一是裂纹起源于腐蚀坑；二是这种腐蚀伴随着产生金属组织损伤，使其强度和韧性显著降低，呈脆性断裂。

碱腐蚀引起的穿孔与脆裂有内压的联系，也有一定区别。其内在联系是均由游离碱对钢铁的腐蚀引起，即腐蚀作用的机制有相同之处；其明显的区别是表现形式不同，反映了其腐蚀过程有所区别。即，碱腐蚀引起的穿孔不产生组织损伤和强度韧性下降；碱腐蚀引起的应力腐蚀破裂则由于晶间腐蚀使强度、韧性下降。

碱腐蚀引起的锅炉水冷壁管应力腐蚀破裂都发生在炉管的向火侧，通常是在热负荷集中的地带易于发生。它产生在腐蚀速度相当高的皿状腐蚀坑处。呈开窗状爆破。爆口蠕胀不明显，开口相当大，外形不规则。其爆口边缘厚钝，可有许多道裂纹由爆口向外延伸，见图 5-157。

在爆口处金属断面有明显的脱碳现象，其完全脱碳层可达 1～3mm，半脱碳层为 1～2mm。图 5-158 是碱腐蚀引起应力腐蚀破裂的水冷壁管断面，由该图可以观察到由内壁开始的脱碳层，腐蚀严重处脱碳现象也最严重，腐蚀坑外则无脱碳现象。

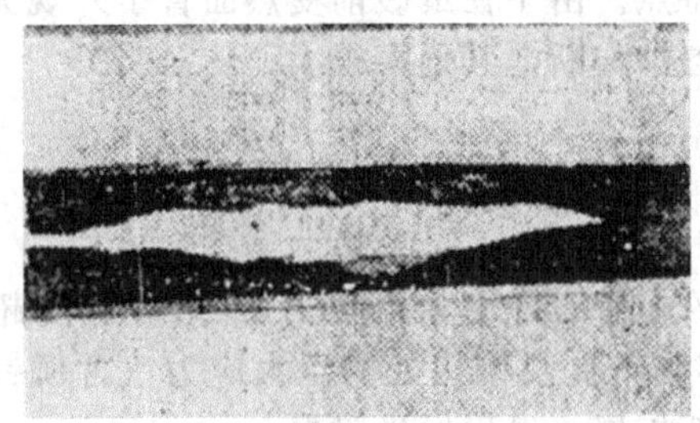

图 5-157 碱腐蚀引起的脆性爆口

图 5-158 水冷壁断面

除了主爆口的裂纹外，碱腐蚀引起的应力腐蚀破裂可产生密如蛛网的微裂纹，它们往往沿晶发展，在裂纹所及之处，珠光体脱碳。图 5-159 是碱脆爆口处未经侵蚀的微裂纹；图 5-160 是碱脆爆口附近的晶间裂纹，由该图片可看到沿晶裂纹附近珠光体组织的脱碳现象。

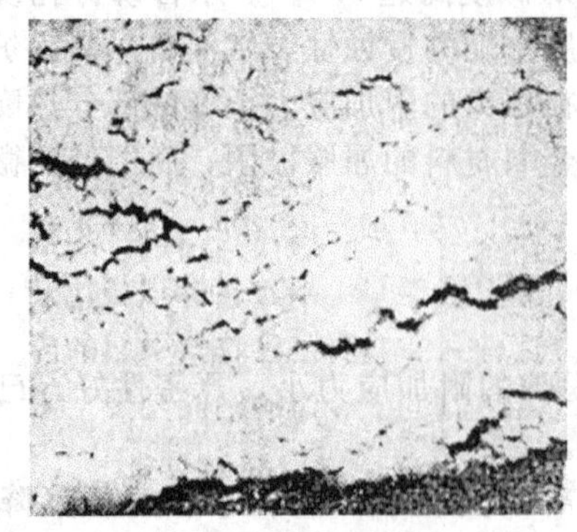

图 5-159 爆口处未经侵蚀的微裂纹（100×）

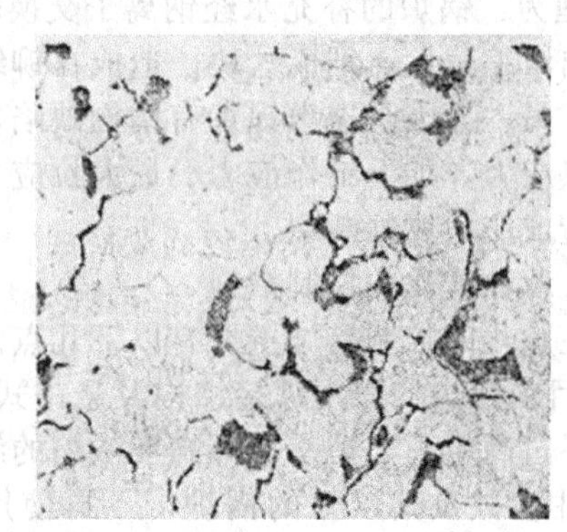

图 5-160 爆口附近的晶间裂纹（100×）

应力腐蚀破裂的断口及大裂纹的断口多呈暗黑色，已失去金属光泽，其腐蚀产物主要是 Fe_3O_4。它不仅存在于腐蚀坑中，还深入到沿晶发展的裂纹中，碱腐蚀引起脆裂时，其腐蚀速度都比较高，因此锅炉蒸汽中含氢量较高，钢铁中氢的含量比单纯的穿孔时更高。

在较高的炉水温度下，尤其是传热不良使金属温度局部升高时，碱性的炉水发生局部浓缩，可使钢铁的表面膜及其本身发生溶解，金属在腐蚀过程中各部分的腐蚀速度不等，宏观上看是表面膜破损处和局部温度较高的处易于腐蚀，微观上看是珠光体比铁素体易于腐蚀，而且晶粒边界处更容易产生腐蚀。

当腐蚀强烈，腐蚀速度相当高时，金属的腐蚀不均匀性可引起质的变化，使腐蚀具有明显的选择性及沿晶发展的倾向，腐蚀沿着晶粒边界的狭小缝隙向基体内部推进形成了晶界处微小的活性阳极溶解区与相对很大的未腐蚀晶粒的阴极区，使腐蚀前沿的阳极溶解加速，形成沿晶发展的腐蚀微裂纹。

在研究上述裂纹形成过程时，不可忽视碱腐蚀的腐蚀产物氢气和亚铁酸钠对腐蚀所起的作用。据计算每腐蚀掉 1kg 铁，要产生 36.1g 氢气，这部分氢气在高压锅炉 10.8MPa、316℃的锅炉参数下，体积为 7.87L。这部分氢气的体积比被腐蚀掉钢铁体积大 61.4 倍，当它们聚集在晶粒边界处时，可产生巨大的压力，迫使晶界扩张和晶粒分离。

腐蚀过程中所生成的亚铁酸钠与渗入的炉水相遇，可水解生成 FeO 和 NaOH。FeO 的密度约为钢铁的 1/2，其体积将比被腐蚀掉的钢铁大一倍，在晶粒边界产生这种刚性的腐蚀产物所引起的应力比可以被压缩的氢气引起的应力更大，促进了裂纹的沿晶发展，水解产物 NaOH 将使晶粒间的腐蚀继续进行。

应力腐蚀破裂断口处的脱碳现象，是珠光体中的渗碳体与碱在高温下所发生的腐蚀造成的，其反应为：

$$Fe_3C + 6NaOH \xrightarrow{>300℃} 3Na_2FeO_2 + CH_4\uparrow + H_2\uparrow \tag{5-65}$$

上式所产生的 $3Na_2FeO_2$、CH_4、H_2 均有促进晶间裂纹发展的作用，由上式可知每腐蚀掉 1kg Fe_3C 可产生 89g CH_4 和 11g H_2，同时，在高压炉的条件下，它们的体积均为 2.4L，其体积也比所腐蚀掉的 Fe_3C 大 37 倍，同样要增加晶间应力。

综上所述，可以认为碱腐蚀引起的应力腐蚀破裂是在强烈的碱性侵蚀下，腐蚀集中于珠光体中的渗碳体和晶粒边界处发生。腐蚀产物 FeO、H_2 和 CH_4 起到了楔入晶间把晶粒撑开胀裂的促进作用。

(2) 碱腐蚀引起的锅炉应力腐蚀破裂的控制措施

为防止由于碱腐蚀引起的锅炉应力腐蚀破裂应从改善水质、消除附加应力和防止水冷壁管过热等方面着手。

① 改善水质　加强水质管理，防止碱腐蚀引起的锅炉应力腐蚀破裂，在水质控制方面与防止碱应力腐蚀破裂的措施相同。应尽量避免炉水中存在游离 NaOH。应该认识到随着锅炉参数升高，由于锅炉工作压力对金属产生的拉伸应力加大，引起应力腐蚀破裂的倾向增加。因此，对水质的要求应该更为严格。

② 消除焊接残余应力　应严格按照规程进行焊接和对焊缝进行消除焊接残余应力热处理，应加强对焊缝处的无损检测，以期提早发现裂纹。

③ 防止水冷壁管过热　当发现受热面水冷壁管存在附着物时，需进行化学清洗除去附着物，这是防止碱腐蚀及由它引起的应力腐蚀破裂的主要措施。不允许锅炉超出力运行，燃料煤品种按设计品种选用，防止炉膛负荷过高。要防止炉膛火焰偏斜，防止局部热负荷集中。

要加强对炉管的定期检查，当怀疑水冷壁管有腐蚀破裂倾向时，应及时更换，以免运行中爆管。

5.7.3 酸腐蚀所致应力腐蚀破裂

(1) 酸腐蚀所致应力腐蚀破裂机理

近年来由酸腐蚀引起的锅炉应力腐蚀破裂频繁发生，这种事故发作快，锅炉破坏范围大，对安全的威胁已超过了碱腐蚀引起的锅炉应力腐蚀破裂。

酸腐蚀脆裂的爆口多呈开窗状或撕裂状，无蠕胀，边缘厚，管壁的脱碳层厚有的可达全部管壁厚度，图 5-161 示为典型的爆口。

在产生了酸腐蚀应力腐蚀破裂的水冷壁管上，可以观察到宏观裂纹与微裂纹，其金相检查结果往往是产生密集的晶间裂纹及珠光体脱碳现象。图 5-162 是常见的锅炉酸腐蚀应力腐蚀破裂的金相组织，可以观察到有晶间裂纹和珠光体脱碳现象。

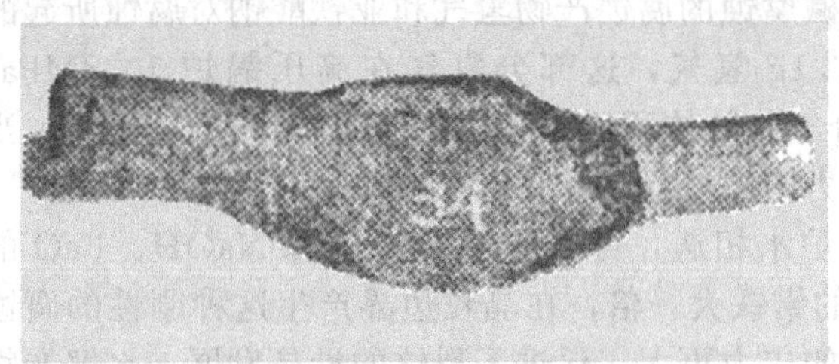

图 5-161 典型的撕裂状爆口

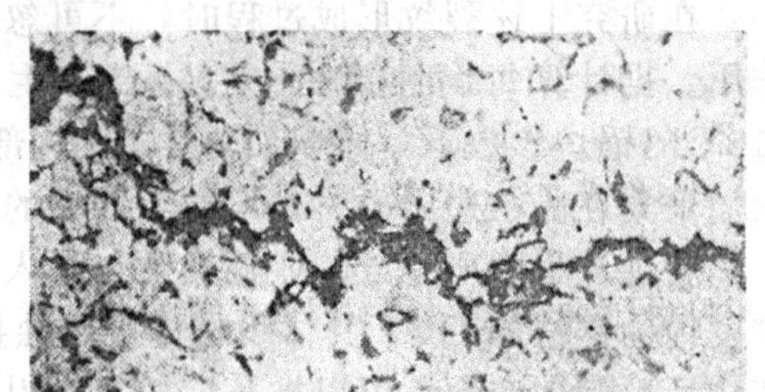

图 5-162 锅炉酸腐蚀应力腐蚀破裂的金相组织

当锅炉产生酸腐蚀应力腐蚀断裂时，炉水 pH 值必然低于 7，有的甚至为 3～5。此时钢铁产生酸腐蚀。酸腐蚀比碱腐蚀强烈，常温下水的 pH 为 5 即可产生典型的酸腐蚀，而 pH 达 14 钢铁才有显著的碱腐蚀。在中压锅炉炉水温度下，pH 低于 7 即可产生酸腐蚀，超过 12，才开始产生碱腐蚀。在高压锅炉炉水温度下，pH 为 7 就有产生酸腐蚀的可能，而超过 10.5 才产生碱腐蚀。在 H^+ 和 OH^- 浓度相等的情况下，酸腐蚀比碱腐蚀高程度高 10 倍以上。因此，尽管每溶解 1kg 钢铁所产生的氢气量在酸腐蚀与碱腐蚀过程中相等，但是由于同样离子浓度下钢铁的溶解量不相等，所以酸腐蚀造成晶粒间氢气的聚集程度高，并可直接引起珠光体脱碳降低钢铁的强度。

(2) 腐蚀速度、离子运动速度对腐蚀的影响

腐蚀速度提高、腐蚀倾向于沿晶发展。这是由于在强烈的腐蚀介质作用下。金属较耐腐蚀部分的腐蚀速度与不耐蚀部分的腐蚀速度出现明显差异，腐蚀在金属薄弱部分优先进行并集中发展，首先是沿晶粒边界选择性地腐蚀，随着腐蚀深入金属内部，形成大量晶间裂纹。

离子在溶液中的运动有电场作用下的迁移和由浓度梯度引起的扩散等形式，H^+ 和 OH^- 的绝对运动速度和迁移率均高于其他的阳离子和阴离子。所以，当溶液中有游离酸时，H^+ 先于其他阳离子到达未发生腐蚀的通道端部；当溶液有游离碱时，OH^- 先于其他阴离子到达腐蚀通道的尖端与未被腐蚀的金属起作用。这种由于离子运动速度不同在腐蚀孔隙通道内形成的离子谱带，决定了金属被优先到达的离子所腐蚀，由于是在腐蚀通道尖端所产生的腐蚀，因此简称为端蚀。

利用端蚀可以解释相对碱度对苛性脆化或应力腐蚀破裂所起的作用，当相对碱度低于 0.2 时，其他阴离子浓度超过 OH^- 的 5 倍以上，在浓度梯度作用下弥补了其扩散系数低于 OH^- 的问题，从而抑制了 OH^- 在晶粒间的端蚀；反之当相对碱度大于 0.2 时，OH^- 以运动速度高的优势在金属内部产生端蚀，形成微裂纹。微裂纹越多、越狭长，端蚀作用越明显，从而产生晶间应力腐蚀破裂。

(3) 酸腐蚀所致应力腐蚀破裂的控制措施

高参数锅炉采用化学除盐后，锅炉水的缓冲性很低，酸腐蚀及其引起的应力腐蚀破裂已居主导地位，应通过监测水质处理等方面的对策控制和防止酸腐蚀引起的应力腐蚀破裂。

① 水质监测。在水质监测方面应连续监测炉水 pH 和电导率，发现炉水 pH 值低于 8 就应做出有酸腐蚀倾向的预报。炉水电导率异常升高，预示有产生闭塞电池酸腐蚀的可能。用海水做冷却水时，应对凝结水电导率做连续监测，以防凝汽器泄漏。

② 蒸汽含氢量监测。监测蒸汽含氢量能预告酸腐蚀的存在。正常的蒸汽含氢量范围是高压锅炉低于 $1\mu g \cdot kg^{-1}$、超高压锅炉低于 $1.5\mu g \cdot kg^{-1}$、亚临界参数锅炉低于 $3\mu g \cdot kg^{-1}$。可以用在线氢表监测。

③ 保持炉水 pH 值，当炉水 pH 低于 8 时，应投加 NaOH 进行中和及防腐蚀处理。在处理过程中，使炉水 pH 不超过 10.8。按照碱度测试计算的 OH^- 应接近零。

④ 加强水冷壁管壁厚检查。已发生酸腐蚀失效时，要考虑到这种失效波及范围大的特点，应扩大检查和换管的范围，当使用测厚仪检查壁厚时，对已减薄 1mm 的水冷壁管必须更换。

5.7.4 高温锅炉中奥氏体钢的 Cl-SCC

铬镍奥氏体不锈钢是亚临界参数及以上锅炉常用的高温过热器和高温再热器管子所用金属材料，它有时还用于水处理设备、阀门和泵、汽轮机的部件。它最大的弱点是处于敏化状态时易产生 Cl-SCC。Cl-SCC 的基本原理和控制方法见 4.4.7 耐蚀合金的应力腐蚀。

5.7.5 凝汽器铜管的应力腐蚀破裂

(1) 凝汽器铜管应力腐蚀破裂机理

黄铜管的应力腐蚀开裂是在铜管残留着拉制过程的残余应力受氨的腐蚀产生的，在氨的气氛中黄铜的内应力达到屈服极限 10%时，就能导致应力腐蚀破裂。黄铜的内应力也可能是来源于转运或安装中的拉伸，氨则是为防止钢铁设备腐蚀而人为加入的。50MW 及以上机组基本上都进行氨处理。

在具有内应力的黄铜管中，应力使其热力学稳定性下降，并使晶界处产生位错和滑移，在晶界处锌原子富集可诱发产生局部阳极区使腐蚀沿晶发展。

(2) 凝汽器铜管应力腐蚀破裂影响因素

① Zn 含量。Zn 质量分数低于 6%不产生应力腐蚀破裂。随着含 Zn 量升高，应力腐蚀破裂倾向明显增长，Zn 质量分数为 40%的黄铜应力腐蚀破裂倾向为含 10%时的 10 倍以上；

② 铜管的残余内应力。铜管的残余内应力>80MPa，在运行中很容易出现应力腐蚀开裂；低于 20MPa 在运行产生应力腐蚀破裂的倾向明显降低。为保证机组安全运行，尽量使其内应力小于 10MPa。

③ 在所有的腐蚀介质中，氨引起凝汽器黄铜管的应力腐蚀破裂的倾向最大，在能保证钢铁设备免于腐蚀的前提下尽量降低含氨量。这不仅对防止铜管氨蚀有利，对防止和减少凝汽器黄铜管的应力腐蚀断裂也是很有利的。

(3) 凝汽器铜管应力腐蚀破裂的控制措施

① 控制黄铜中 Zn 质量分数在 6%以下。

② 控制黄铜管的内拉应力≤10MPa。

③ 在保证钢铁设备免于腐蚀的前提下尽量降低炉水含氨量。

④ 对黄铜管的残余拉伸应力要经常进行检验，发现有残余拉应力超过 10MPa 时，要进行 350℃以上蒸汽加热退火，其保持温度时间应不少于 3h。

5.8 核工业压力容器的腐蚀

5.8.1 核反应堆的分类和各典型堆型的特点[83,84]

核反应堆的类型有多种，通常按照用途、中子能量和冷却剂分类。

按照用途分类有动力堆、生产堆和试验堆。动力堆：主要用于发电，为工业提供电力和热源，或作舰船动力；生产堆：主要用于生产钚和氚以及同位素；试验堆：作为基础研究或应用研究的反应堆。例如核材料和工程试验反应堆，为反应堆设计或新型反应堆研制以及材料辐照提供考核和验证性的数据。

按照冷却剂分类有压水堆、沸水堆、重水堆、石墨水冷堆、气冷堆和钠冷堆。压水堆（PWR）：以水作为冷却剂和慢化剂，在高压（14～16MPa）下，使水温达到300℃而不沸腾。该堆型结构紧凑，功率密度高，技术成熟，比较安全可靠。沸水堆：以水作为冷却剂，由于压力低故冷却水沸腾产生蒸汽，通过一回路利用蒸汽直接推动汽轮机带动发动机发电，省去了蒸汽发生器，热效率高。重水堆（HWR）：重水兼做慢化剂，中子利用率高。石墨水冷堆：石墨做慢化剂，轻水冷却的反应堆，属于压力管型沸水反应堆，是发电生产两用堆。气冷堆：一般用 CO_2 和 He 作冷却剂，石墨作慢化剂；包括石墨气冷堆、改进型气冷堆和高温气冷堆三种类型。钠冷堆：没有慢化剂，金属钠做冷却剂，可以使铀资源得到充分利用。按引起裂变的中子能量分类有热中子反应堆和快中子反应堆，热中子反应堆引起燃料核裂变的中子能量在0.0253MeV左右，快中子反应堆引起燃料核裂变的中子能量在0.1MeV左右。快中子堆没有慢化剂，简称快堆。在快堆中，不能使用水来传递堆芯中的热量，而是使用液态金属钠做快中子反应堆冷却剂，故又称为钠冷堆。国内现阶段运行的核电厂见表5-22。

表5-22 国内现阶段运行的核电厂

名称	类型	运行状态	装机/MW
秦山一期	PWR	正常运行	300
大亚湾	PWR	正常运行	984×2
岭澳	PWR	正常运行	985×2
秦山二期	PWR	正常运行	642×2
秦山三期	HWR	正常运行	728×2
田湾一期	PWR	试运行	1060×2

5.8.2 核电站的海水腐蚀

腐蚀问题对核电站运行的经济性和安全性有重大影响，是核电站材料方面的三大挑战之一，其他两大挑战是反应堆压力容器的中子脆化和核燃料系统的可靠性。

国内核电站都建在海滨，采用海水作为最终冷却介质，海水中由于含有大量的 Cl^- 和其他盐类离子，具有强腐蚀性。同时，为了杀死海水中海生物和微生物，在系统入口加入了 NaClO，在杀死海生物的同时，也增加了海水的腐蚀性。反应堆的运行经验表明，腐蚀问题时有发生，因此，电站设计时就采用了相当多的抗海水腐蚀的措施，如：凝汽器采用钛管、海水管线采用衬胶防腐蚀、其他与海水接触的设备采用耐海水腐蚀的青铜或不锈钢。

（1）海水冷却系统存在的腐蚀问题[85]

例如大亚湾核电站海水管道和凝汽器水室的腐蚀，秦山地区海水泵的冲刷腐蚀，田湾核电站海水冷却系统在调试期间也出现了严重的腐蚀问题等。

核电站海水冷却水系统的流程如图5-163所示，包括海水过滤系统、海水冷却系统、常规岛辅助冷水系统、凝汽器循环冷却水系统和核岛重要生水系统。海水处理系统负责生产次氯酸钠并把它输送到海水过滤系统中，此系统包括的设备有海水提取泵、电解槽、电解槽酸洗设备和次氯酸钠储存及输送设备。

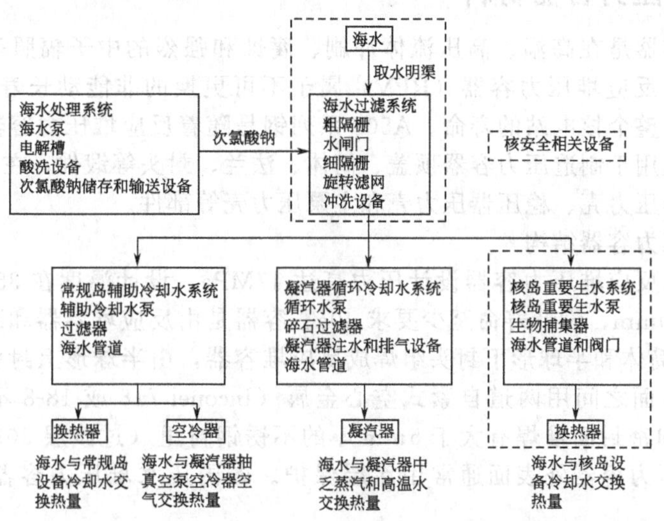

图5-163 核电站海水冷却水系统的流程图

海水冷却水系统的腐蚀大致可分为3类：防腐蚀设计不合理，例如使用耐蚀等级不够的材料、没有考虑设备间的相互影响以至形成电偶腐蚀等；防腐蚀措施失效，例如管道内衬的老化破损、阴极保护失效等；没有进行有效的维护，例如没有进行有效腐蚀检查和处理导致腐蚀问题扩大、介质化学指标超标等。

① 不锈钢材料的腐蚀　在核电站，海水管道有不锈钢、碳钢加内衬（衬涂层、衬胶、衬塑、衬水泥砂浆）、钢筋混凝土管道和塑料管道。其中，不锈钢管道出现的腐蚀问题最多，核电站大都采用S31603作为海水管道，由于海水中Cl^-的含量高，同时管道内外有污物黏附，或一些管道中海水处于静止的状态等，导致S31603经常有腐蚀穿孔发生，即使S317603也不能完全避免腐蚀。

② 电偶腐蚀　海水冷却系统的作用是与其他系统交换热量，而用作交换热量的换热器海水侧部件大多是钛或钛合金材料制成的。钛或钛合金在海水中特别容易钝化，其自然腐蚀电位比碳钢和不锈钢等金属材料都高，从而为电偶腐蚀创造了条件。特别是管道内衬材料破损后，由于形成了大阴极小阳极，将会加速碳钢的腐蚀穿孔。

与电站水化学参数密切相关的电极电位对用于AP1000等的异材焊接件A508Ⅲ-52M-361L的SCC有显著影响，高温水电化学对异材焊接件的SCC行为具有关键作用，而且微量氯离子和硫酸根离子对SCC有促进作用。

(2) 凝汽器的腐蚀[86]

大亚湾核电站的凝汽器主要由碳钢壳体、铜合金管板和钛管组成。最初凝汽器的碳钢壳体采用玻璃鳞片增强环氧树脂涂层进行内防腐，以提高壳体耐冲刷和抗腐蚀的能力。由于涂层损坏导致壳体腐蚀穿孔的事件时有发生而改为衬胶保护，解决了碳钢壳体的腐蚀问题。铜合金管板的腐蚀问题一直未解决，而且在增加衬胶保护后存在一定的加剧趋势，结合现场数据及腐蚀规律判断，管板将无法满足凝汽器的设计使用寿命，为此必须采取措施抑制铜合金管板的腐蚀，以延长凝汽器的使用寿命。

外加电流阴极保护是解决铜合金管板腐蚀的理想防护措施。凝汽器的每个水室是独立结构，为精确控制每个水室的保护电位，每个水室安装1套独立的外加电流阴极保护系统。钛材具有吸氢腐蚀的特性，因此，在施加外加电流阴极保护时，必须严格控制电位，防止钛管发生氢脆。

5.8.3 反应堆压力容器材料[87~89]

反应堆压力容器是在高温、高压流体冲刷、腐蚀和强烈的中子辐照等恶劣条件下运行的。在压水堆中，反应堆压力容器（RPV）属于不可更换的非能动长寿命安全相关部件，其服役寿命决定了整个核电站的寿命。A508系列钢是随着反应堆压力容器的大型化和整体化发展起来的，适用于制造压力容器顶盖、筒体、法兰、封头等锻件，在压水堆核电站中还应用于蒸汽发生器压力壳、稳压器压力壳和主泵压力壳等部件。

（1）反应堆压力容器结构

压水堆核电站反应堆压力容器设计压力高达17MPa，设计温度在350℃左右，直径近5m，厚度超过200mm，设计寿命至少要求40a。容器是由反应堆容器和顶盖组成，由下法兰（含接管段）、筒体和半球形下封头组焊成反应堆容器，由半球形上封头和上法兰焊接组成顶盖。上下法兰面之间用两道自紧式空心金属（Inconel 718或18-8不锈钢）O形环密封。容器内表面和密封面堆焊有大于5mm厚的不锈钢衬里（过渡层309L＋308L）。为防止外表面腐蚀，压力容器外表面通常用涂层保护。各国压水堆压力容器钢的化学成分见表5-23[88]。

表5-23 压水堆压力容器钢的化学成分（质量分数） %

材料	C	Si	Mn	Ni	Cr	Mo	P	S	Cu	V
A212B	0.30	0.15～0.30	0.85～1.20							
A302B	≤0.26	0.13～0.32	1.10～1.55			0.41～0.64	0.035	0.040		
A533B	≤0.25	0.15～0.30	1.51～1.50	0.40～0.70		0.45～0.60	<0.35	<0.40	0.12	
A5082Ⅱ	≤0.27	0.15～0.35	0.50～0.90	0.50～0.90	0.25～0.45	0.55～0.70	<0.025	<0.025	0.10	0.05
美国A5082Ⅲ	≤0.26	0.15～0.40	1.20～1.50	0.40～1.00	<0.25	0.45～0.55	<0.025	<0.025	<0.10	0.01～0.05
20MnMoNi55 德国A5082Ⅲ	0.17～0.23	0.15～0.30	1.20～1.50	0.50～1.00	<0.20	0.40～0.55	<0.012	<0.015	<0.12	≤0.02
16MND5 法国A5082Ⅲ	≤0.20	0.10～0.30	1.15～1.55	0.50～0.80	<0.25	0.45～0.55	≤0.008	≤0.008	≤0.08	≤0.01
SFVV3 日本A5082Ⅲ	0.15～0.22	0.15～0.35	1.40～1.50	0.70～1.00	0.06～0.20	0.46～0.64	<0.003	<0.003	0.02	0.007
中国A5082Ⅲ	约0.190	19～0.27	1.20～1.43	0.73～0.79	0.06～0.12	0.48～0.51	<0.009	<0.006	0.034～0.070	0.005～0.05
俄罗斯 15X2HMΦA	0.13～0.18	0.17～0.37	0.30～0.60	1.0～1.5	1.8～2.3	0.50～0.70	≤0.025	≤0.025	≤0.15	0.30
俄罗斯 15X2HMΦA-A	0.13～0.18	0.17～0.37	0.30～0.60	1.0～1.2	1.8～2.3	0.50～0.70	≤0.02	≤0.02	≤0.05	0.10～0.12

注：俄罗斯钢号中的X、H、M、Φ分别代表Cr、Ni、Mo、V，A表示高质量钢，A-A表示改进型。

（2）反应堆压力容器材料的腐蚀监测

对于压水堆核电站压力容器材料，引起失效或事故的原因主要有脆性断裂、腐蚀、蠕变、疲劳或强度破坏等。脆性断裂常是难以预料的爆发性突然破坏，后果不堪设想，所以压力容器的脆性断裂成为对反应堆安全最大的威胁。反应堆压力容器防脆断的检测方法目前主要有两种：转变温度法和断裂力学法。转变温度法常用于辐照后即在役期间判断压力容器的安危。断裂力学法仅在确定运行限制曲线和寿命末期或遇到异常情况及缺陷尺寸超过标准时用作评定分析。

为了实现在役期间压力容器钢辐照后的监测，往往是通过若干个装有这种材料的监测盒放在反应堆中，按照预定的年限依次定期取出来做相应检测试验，由此测定压力容器钢材的辐照损伤程度，判断压力容器钢的服役年限。主要的检测试验有：

① 夏比V型缺口试验　测出冲击韧性值和脆性转变温度升高值ΔT；

② 断裂韧性检测　测出断裂韧度－温度曲线；

③ 疲劳试验　测出辐照前后总应变幅－疲劳寿命曲线。

（3）国产A508-3钢经中子辐照的性能研究[89]

选用样品试样为国产A508-3，堆内中子辐照试验，对辐照前后国产RPV材料进行力学性能测试，主要包括冲击性能、动态断裂韧性、疲劳性能测试。通过比较材料辐照前后力学性能差异，分析评价材料的抗辐照性能，得到了以下检测结果：

① 国产A508-3钢经中子辐照后，虽然韧性降低，脆性有所增加，但性能仍满足使用要求（ART及上平台能量限制要求）；

② 通过测量A508-3钢辐照前后的动态断裂韧度-温度关系曲线可知，辐照前的参考转变温度T_0为－34℃，辐照后的为－24℃，参考转变温度增量ΔT_0为10℃；

③ A508-3钢辐照后疲劳寿命明显低于辐照前材料，其疲劳寿命（均值）大约是未辐照材料疲劳寿命的2/3，表明中子辐照对于A508-3钢的疲劳特性和疲劳寿命产生了影响。

5.8.4　蒸汽发生器传热管失效[90,91]

蒸汽发生器是压水堆动力装置的关键设备之一，无论是用奥氏体不锈钢，还是用Monel或Inconel 600作管材，其破损主要是由各种形式的腐蚀造成的。腐蚀及失效形式类型有：点蚀、微振腐蚀与高周疲劳、耗蚀与凹痕、应力腐蚀［一次侧应力腐蚀（PWSCC）、二次侧晶间腐蚀和应力腐蚀（IGA和IGSCC）］。

（1）点蚀

点蚀主要发生在蒸汽发生器冷侧管板与第1块支撑板间的泥渣堆中或有污垢的管段上，在该处形成局部垢下腐蚀电池。在氧化环境下或有Cu^{2+}时，会加快点蚀的进程。

（2）微振腐蚀与高周疲劳

引起微振磨损的原因是流体流过管束时产生的振动。传热管在防振条或支撑板的接触处产生磨损，传热管会出现严重的减薄现象。如果在U形弯头区的防振条离支撑点过远或者传热管与防振条之间的间隙太大，都会在U形弯头区出现微振磨损。

高周疲劳是由于在U形弯管区流体流动诱发的振动和含有杂质的工质浓缩而造成的。传热管高的残余应力、微振磨损或微裂纹、工质杂质的浓缩等都会降低Inconel 600的疲劳强度。

（3）耗蚀（wastage）与凹痕（denting）

由于传热管与支撑板之间缝隙较多，可积聚二次侧水中的杂质，水平管板上也会堆积泥渣，这些缝隙和泥渣的堆积为传热管的腐蚀提供了环境条件。二回路系统和凝汽器的泄漏，会吸入空气和污染冷却水，也会对传热管产生腐蚀。早期压水堆蒸汽发生器传热管用

Inconel 600 制造，二次侧水的化学处理为磷酸盐，结果磷酸钠在缝隙和泥渣浓缩，造成在这些区域内传热管的耗蚀（管壁减薄）。现在二次侧水的化学处理由磷酸盐处理改为仝挥发处理（AVT），在严格净化的给水中加入氨，传热管腐蚀（变薄）和耗蚀的发生率下降。但AVT处理又带来另一种腐蚀，pH 会有所下降。这时，当氯化物进入锅水时，支撑板间隙中会形成 $NiCl_2$ 和 $FeCl_3$，加速碳钢支撑板内壁的腐蚀。在酸性环境里，当 Cl^- 含量为 $20\mu g \cdot kg^{-1}$、间隙为 0.305mm 时，预测凹痕腐蚀开始形成的时间为 2.5a。

① 法国蒸汽发生器中的凹痕腐蚀　对于 1300MW 机组蒸汽发生器上发生的传热管变形和破裂，法国电力公司进行了检查和研究。研究发现沉积物成分主要不是泥渣（即腐蚀产物），而是蒸汽发生器二次侧筒体一条环焊缝在现场焊接时，残留焊条焊渣和打磨铁屑进入二次侧，运行前没有除去。运行时，二次侧水温度升高，亚铁化合物粒子被氧化，形成的磁性氧化铁（Fe_3O_4）聚结和膨胀，挤压传热管的胀管过渡段，发生凹痕腐蚀现象，因内壁应力过大而引起一次侧晶间应力腐蚀破裂。

② 美国蒸汽发生器中的凹痕腐蚀　1975 年年底，美国一些核电厂蒸汽发生器里发现了传热管凹痕腐蚀。对传热管作例行 ET 时，发现支撑板内的传热管壁面被压凹，涡流探头不能通过。这种压凹现象是由于碳钢支撑板内的腐蚀产物堆积在传热管与支撑板间隙内而造成的。如果支撑板变形严重，作用在传热管上的力不对称，使得传热管横截面变为肾状。当这些蒸汽发生器继续运行时，可能诱发一次侧或二次侧晶间应力腐蚀。在 U 形弯头支撑板处还会对高周疲劳变得更为敏感。

早期设计的蒸汽发生器中，支撑板为钻孔结构，材料为碳钢。传热管与支撑板接触面很小，接触面所占圆周的角度有限。在接触面附近，由于工质流动受到阻碍，液体不足，导致传热恶化，在传热面上产生干湿交替或在间隙中形成汽垫，而在间隙较大的传热面上则产生正常的沸腾现象。间隙内如积累腐蚀产物，将增大通过间隙的流动阻力，加速间隙中流体不足现象，进而加速杂质的浓缩和沉积。

(4) 一次侧应力腐蚀（PWSCC）

一次侧应力腐蚀集中发生在 Inconel 600 蒸汽发生器，是一种晶间腐蚀破裂。一次侧水温是导致 PWSCC 的一个主要因素。一般只有在热侧胀管过渡区里才发生，在胀管过渡区和凹痕区里，周向和轴向裂纹都会发生。

(5) 二次侧的 IGA 和 IGSCC

有一段时间，蒸汽发生器传热管二次侧的晶间腐蚀（IGA）和沿晶型的应力腐蚀（IGSCC）已成为传热管腐蚀破损的主要机理。这类腐蚀的发生率相当高，并且腐蚀速率很快。IGA 是沿传热管表面晶粒边界出现均匀或比较均匀的腐蚀，发生在蒸干区如泥渣堆和缝隙里。IGA 经常是 IGSCC 的先兆，即在早期发生比较均匀的腐蚀（管壁减薄），应力增加后 IGA 会加速演变为 IGSCC。IGA 与 IGSCC 的主要区别在于应力对 IGA 的影响不显著，在没有拉应力存在的情况下也会发生。而应力对 IGA 的发生和增长有加速作用，IGSCC 需要 3 个条件：即拉应力，敏感的材料和腐蚀环境（高温水并含有腐蚀性杂质）。

IGSCC 的腐蚀形态是裂纹的扩展都是沿晶发展，大多数 IGSCC 的裂纹呈轴向，但在胀管过渡区和凹陷区里也观察到周向裂纹，在较高拉应力下 SCC 发展非常迅速。我国秦山一期和秦山三期核电站蒸汽发生器传热管材料为 800 合金，大亚湾核电站、岭澳核电站和秦山二期核电站蒸汽发生器传热管材料 690 合金。这些镍基合金材料尤其是 690 合金，运行时间不够长，经验还不足；同时 IGA、IGSCC 损伤的影响因素较多（包括水化学情况），所以还必须注意和加强对传热管的防护。一般对镍基合金的 IGSCC 可以得出下列几点：

① Inconel 600 合金传热管在压水堆核电站的环境中能发生 IGSCC；

② 在泥渣堆和缝隙区等具有浓缩机制的情况下，含有游离碱的高温水能使镍基合金传

热管发生 IGSCC；

③ 缝隙和 O_2 对镍基合金传热管在高温水中 SCC 有加速作用；

④ 含有 Pb 和 PbO 的高温水能使镍基合金传热管发生应力腐蚀，腐蚀可能是晶间型、也可能是穿晶型、或者是混合型的；

⑤ 镍基合金在高温水中的 IGSCC，一般需要相当于材料屈服强度的应力。

降低一次侧高温水进口温度并且添加硼酸，定期进行冲洗和浸泡来消除腐蚀性杂质有利于减轻一次侧应力腐蚀。根据运行经验，热侧进口温度必须降到 302℃以下，腐蚀速率才会有明显的下降。

(6) 腐蚀案例

案例 1：奥氏体不锈钢蒸汽发生器应力腐蚀[92]

从运行后有裂纹的传热管及原始管上取样进行金相和电镜分析，裂纹长约 0.5mm，管束上裂纹为轴向，表明裂纹的萌生有先后，扩展速率不等。金相观察面为径向横截面，横截面上的裂纹密集，沿径向由外表面向内壁扩展。裂纹的形态多为平直状，个别有分叉，呈穿晶扩展。将裂纹人工拉开后的断口为半椭圆形，呈棕黑色，断口清洗后可清楚地观察到断口呈阶梯状，每个台阶面较平整，为脆性开裂。由高度不同的两个以上的平面交汇后构成的台阶状断面，说明裂纹由不同平面出发在扩展中汇合。

断口上被腐蚀产物所覆盖，并可观察到腐蚀产物干后的龟裂和泥块状花样。腐蚀产物中含有 Ca、P、Cl 等元素。靠管外壁区域可观察到呈放射扩展的 1 个或多个裂纹源，每个裂纹源处都有一小缺口，与管外壁上的腐蚀坑相对应，表明裂纹起源于腐蚀坑底部。

裂纹源处平滑、细腻，呈锯齿状的二次裂纹周围也很平滑。断口中的条纹为疲劳辉纹，平面锯齿状也属疲劳特征，表明裂纹扩展受交变应力的支配。此外，在较长裂纹（0.5mm）前缘的断面上，可观察到扇形花样及准解理特征，这是应力腐蚀的典型特征，标志着裂纹扩展机制的转变。

根据该管束所处的环境条件，分别考察了 SCC 和 CF 的关系。当频率 f 增加时，依赖于循环负荷的疲劳作用的贡献大。当 f 降低时，依赖于时间的 SCC 贡献大。在较长裂纹的断口上，观察到裂纹前缘处的 SCC 特征，说明裂纹尖端应力场中 K_I 发生变化。一旦裂纹尖端的 K_I 值超过 K_{ISCC}，裂纹扩展的机制将会由 CF 转变为 SCC 扩展方式。

案例 2：蒸汽发生器的腐蚀[93]

田湾核电站一期安装 2 台 1060MW 核能汽轮发电机组，蒸汽发生器的主要作用是将反应堆堆芯所产生的热量传递给二回路的给水，使其产生驱动汽轮发电机组的饱和蒸汽。传热管材料为 08X18H10T（S32168）。

奥氏体不锈钢的应力腐蚀通常发生在热力设备工作温度较高的部位，特别是热传递速度较快以及干湿交替的部位。点腐蚀通常发生在热循环不良、有沉积物的部位。研究表明，Cl^- 浓度增大和 pH 值下降会增大其 SCC 敏感性，随着溶液中 Cl^- 浓度的增大，金属的溶解速度增大；而加入 PO_4^{3-}、OH^-、CrO_4^{2-}、SO_4^{2-}、NO_3^- 后，孔蚀速度明显降低。

田湾核电站 1# 机组热试结束后，对蒸汽发生器传热管进行了无损探伤，发现传热管部分管壁减薄存在缺陷。切管检测发现传热管的外表面出现穿晶型应力腐蚀裂纹，见图 5-164。传热管外表面有一道细小的腐蚀裂纹，图 5-164（a）；横断面可见明显的应力腐蚀裂纹，见图 5-164（b）；图 5-164（c）为横断面腐蚀裂纹形貌。有的部位出现一些大小不同的腐蚀产物鼓包，鼓包呈黑褐色，表面层下的腐蚀产物呈黑色粉末状，腐蚀产物下呈现出细小的腐蚀坑。

针对蒸汽发生器的腐蚀缺陷，及时进行堵管、调整保养措施、调整冲洗方案、调整水质处理方法，使蒸汽发生器运行正常，机组试运行正常。

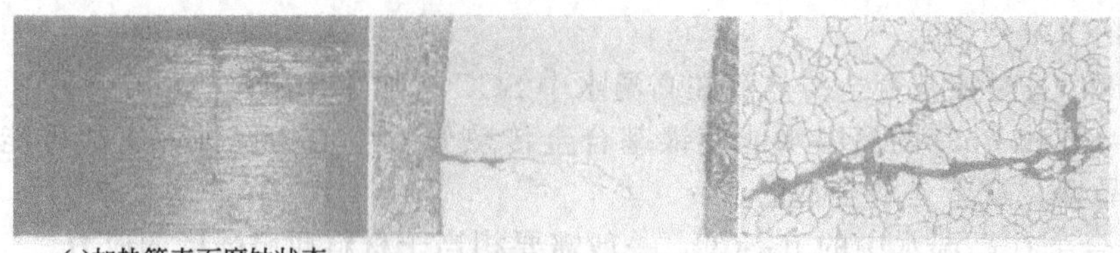

(a)加热管表面腐蚀状态　(b)加热管裂纹横断面宏观　(c)加热管裂纹横断面微观

图 5-164　蒸发器加热管应力腐蚀开裂

案例 3：蒸汽发生器管束外表面的应力腐蚀破裂[94～96]

1972 年 2 月某核动力系统蒸汽发生器发生泄漏事故，管束的破裂率高达 97.2%，单管泵压泄漏率达 70%，最严重的裂纹长达 55mm，开口 6mm，如图 5-165 所示。

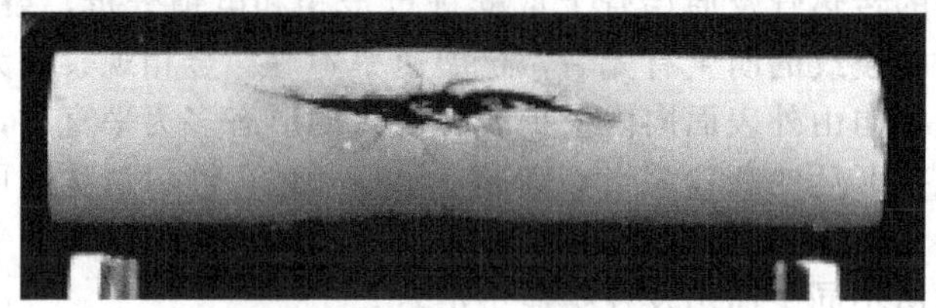

图 5-165　直管段上的张开形裂纹

该蒸汽发生器共有 1714 根传热管，共检查了 1667 根传热管，发现裂纹 19333 处。

① 管束外表面的应力腐蚀破裂形貌　带有腐蚀产物的传热管，在裂纹处具有红棕色的线状腐蚀产物堆积，其宽度和高度约为 0.5～1.0mm，部分裂纹已经明显张开并穿透管壁。由于这种线状腐蚀产物堆积具有非常明显的轮廓，而且在传热管外表面上的附着也很牢固，所以在检查时，很容易为目视检查所发现。裂纹分为树枝状、直线状和短线状等 3 种基本花样，如图 5-166 所示。

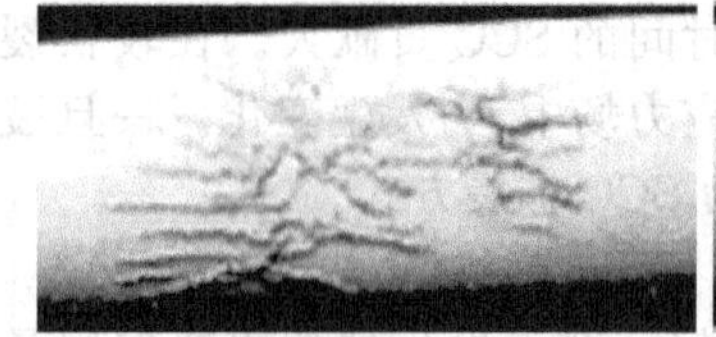

(a)直管段树枝状裂纹

(b)直管段直线状裂纹

(c)直管段短线状裂纹

图 5-166　换热管直管裂纹宏观形貌

在弯管段上，裂纹的走向通常是环向的。弯管段上的裂纹形貌是众多的短线状裂纹和（或）直线状裂纹有规则的排成一列，许多条裂纹拥挤在一起，如图 5-167 所示。

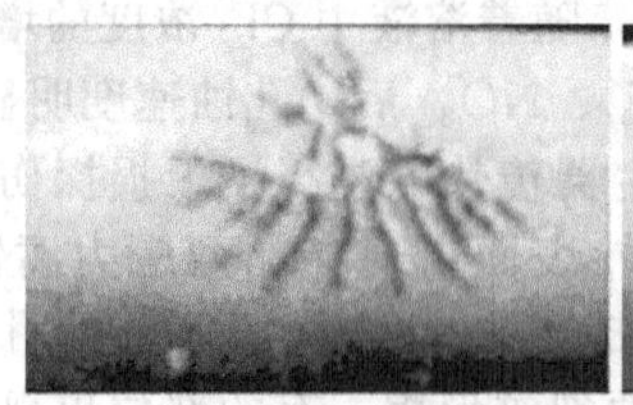

(a)弯管段树枝状裂纹

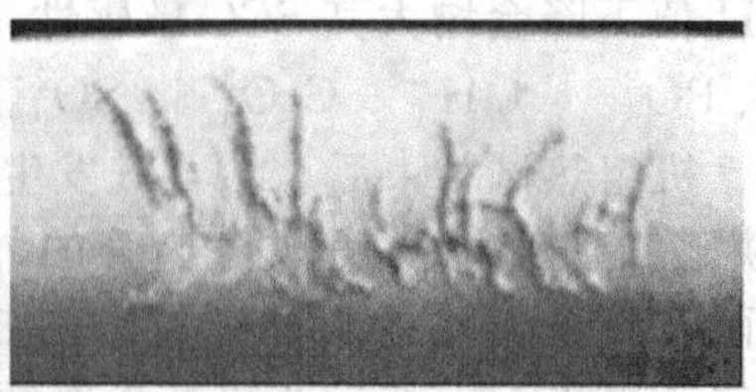

(b)弯管段直线状裂纹

图 5-167　换热管弯管裂纹宏观形貌

② 点蚀与应力腐蚀破裂的关系　在蒸汽发生器的管束表面，还发现有不少的点蚀。这些点蚀可以分为 2 种：一种呈碟状，其特点是斑点都比较浅，直径 1mm，深度约 0.1mm，

斑点内部为凹凸不平；另一种呈针孔状，直径比较小，约为 0.4mm，有的点蚀很深，甚至会导致传热管发生泄漏。两种点蚀的形貌如图 5-168 所示。

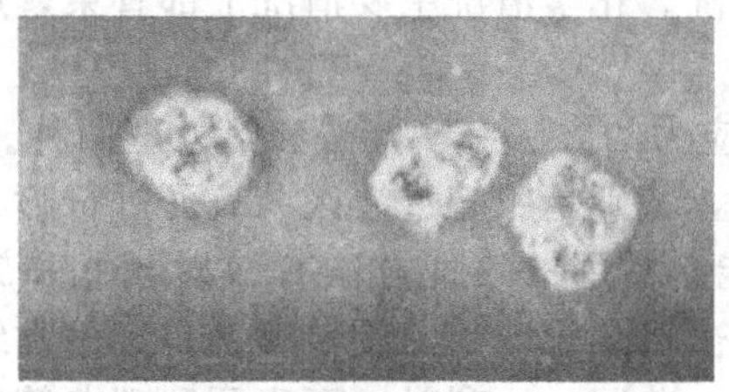

(a)碟状点蚀

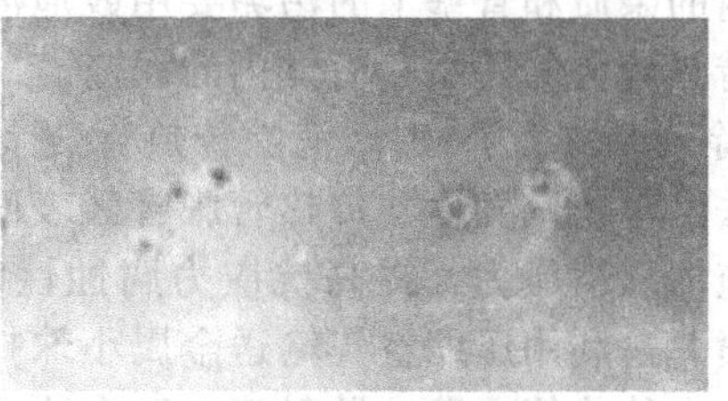
(b)针孔状点蚀

图 5-168 点蚀形貌

③ 隔板缝隙与应力腐蚀破裂的关系 传热管都会与隔板孔构成缝隙，两边环形两侧通常会有很多的红棕色腐蚀产物附着。酸洗后，有粗糙的亮斑，亮斑周围还围绕着一圈不易酸洗掉的黑斑，隔板缝隙内管子上有裂纹和蚀坑。带腐蚀产物检查时，只发现少数预示有裂纹的线状腐蚀产物堆积，起始于隔板缝隙的边缘，向两侧发展，当裂纹较多时往往呈扇形分布，如图 5-169 所示。其穿透性能相当大，因此造成管束泄漏的危险性也很大。

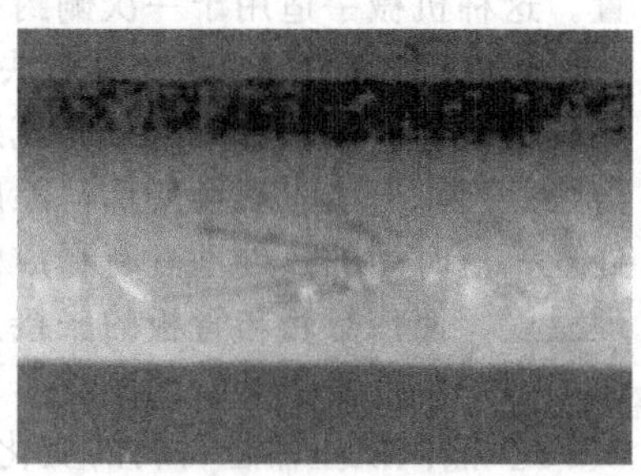
图 5-169 隔板内部穿透型裂纹

断口的电子探针分析发现，在大多数裂纹中，裂纹尖端都有 Cl^- 呈点堆状富集。裂纹前缘 Cl^- 富集处，还有 O、Fe、Cr、Ni 等元素共存。而在裂纹外部则发现有 Cl 和 Na、Mg 共存富集情况。除此之外，裂纹内，特别是裂纹外侧还发现有磷酸盐和硫酸盐的存在。

④ 蒸汽发生器应力腐蚀破损原因分析

a. 水质因素对应力腐蚀破裂的影响 该核动力系统由于氯、氧监测仪表失灵，又未进行人工监测，对水质没有引起足够的重视，氧含量基本上未加控制，鼓泡除氧和加药除氧都因故而没有投入。对 Cl^- 的控制不严格，在整个运行期间，总共进行了 3～4 次排污，以致炉水中的 Cl^- 含量不断增高。因二回路侧的造水机跑盐事故及其他的偶然事故，运行水中 Cl^- 经常超标，事故后水样呈茶色。因此，水质控制不严是造成蒸汽发生器管束迅速发生应力腐蚀开裂的主要因素。

b. 应力因素对应力腐蚀开裂的影响 盲管、套筒、椎体、叶片、疏水管等结构件，都不承受工作应力，也产生了应力腐蚀开裂，并且裂纹优先发生于焊缝、点焊缝、砂轮打磨区等残余应力比较高的地方。这说明，残余应力对应力腐蚀开裂起主要作用。

⑤ 防止蒸汽发生器腐蚀破损的改进措施 上述失效分析结果表明，水中氧、Cl^- 含量及其浓缩条件，不仅直接影响应力腐蚀开裂，还会引起点蚀和晶间腐蚀，从而诱发应力腐蚀开裂。为此，从以下几个方面进行改进。

a. 改善环境条件，严格控制水质。加强除氧措施降低水中氧含量，严格监测给水氯含量。尽量减少水的污染，严格执行排污和清洗制度。

b. 改进热工设计，减少浓缩条件，消除一流程进口侧管束中心部位浓缩严重的现象。

c. 清洗蒸汽发生器，在核电厂运行前和后，清除蒸汽发生器管板上沉积的泥渣相当重要。因为随着泥渣增厚、孔隙和热负荷的增大会导致锅水腐蚀性元素浓缩。铜在泥渣层沉积，直接与传热管表面接触，成为加剧腐蚀发展的因素之一。

清洗的方法主要采用水力清洗和化学清洗。水力清洗的一种方法是停堆时用泥渣枪水力清洗，从中间管廊将高压水流射入管束；另一种方法为CEC IL清洗，使用遥控装置，把高压水喷头直接引入管间，与检查探头相配合，把泥渣冲洗与清洁度检查结合在一起。清除支撑板间隙内的杂质和管壁上的污垢要用鼓泡清洗。化学清洗主要清洗上部管束，适时清除蒸汽发生器传热管上的污垢和筒体内的泥渣。

d. 消除残余应力[86,94]，消除传热管残余应力的方法有喷丸法和热处理两种。

喷丸法：对蒸汽发生器传热管胀管区表面，特别是胀管过渡区内表面进行喷丸处理，能对该区域施加压缩应力，提高抗应力腐蚀性能。常用的喷丸方法有散射喷丸和旋转喷丸两种。散射喷丸是利用压缩空气输送金属小珠打击传热管内壁。旋转喷丸是利用黏结在击打器上的小珠打击传热管内壁。散射喷丸已在法国、美国、比利时、西班牙和瑞典等国的百余台蒸汽发生器上应用。在封头内的多功能机械手，把每根喷丸的传热管固定在喷射接管的位置。这种机械手适用于一次侧封头内的各种操作，如堵管、管端加工和衬管等。

热处理：为了降低U形弯头区的应力，以减轻一次侧应力腐蚀破裂，法国布热核电站、美国勇士核电站和前南斯拉夫克尔什科核电站的蒸汽发生器对U形小弯头都进行了消除应力热处理，方法有现场局部消除应力处理和整体热处理。采用电感应加热至700℃的局部热处理，短时间的热处理具有释放管壁应力，提高抗应力腐蚀的能力。但不能采用过高的热处理温度，使传热管与管板的胀接力松弛，以及传热管与管板焊缝的力学性能下降。

(7) 蒸汽发生器管的改进

① 蒸汽发生器管材料的变化过程　1968年以前，世界各国广泛采用18-8型奥氏体不锈钢作为压水堆蒸汽发生器的管材，例如美国采用AISI 304、347，英、法采AISI 316，俄罗斯采用08X18H10T。希平港1号核电厂蒸汽发生器传热管破裂以来，许多压水堆蒸汽发生器传热管都相继发生了破裂事故，迫使世界各国努力寻找新的传热管替换材料，Inconel 600被认为对Cl-SCC免疫，被选择成为一种替换材料，但Inconel 600对纯水腐蚀不免疫。到20世纪90年代，Inconel 690已成为蒸汽发生器传热管的首选材料。

② 蒸汽发生器的传热管在NaOH溶液中应力腐蚀性能比较[97,98]　图5-170表示了工厂退火Inconel 600、热处理(700℃、16 h) Inconel 600、Incoloy 800 (UNS NO8800)、Inconel 690和316不锈钢的C形环试样在350℃、应力为屈服强度时，不同浓度的NaOH溶液中，发生裂纹长度为500μm应力腐蚀的最短时间。从图中可以得到下列几点：

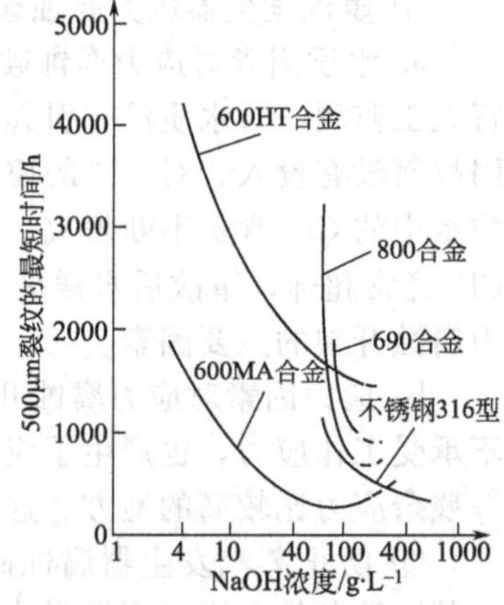

图5-170　传热管材料在350℃下NaOH浓度与应力腐蚀时间的关系

a. 在350℃ NaOH含量小于50g·L^{-1}时，Inconel 690和Incoloy 800对SCC是免疫的；

b. 在含量大于100g·L^{-1}的NaOH中，时间为几千小时，上述5种材料对应力腐蚀敏感；

c. 热处理Inconel 600在NaOH含量小于50g·L^{-1}时，对应力腐蚀敏感，但比工厂退火的敏感性低。与IGA与晶界上析出碳化铬而引起贫铬有关，上述5种材料都能在晶界上析出碳化铬，但Inconel 690由于在成分中提高了铬的含量，在热处理条件下不可能被敏化，所以对沸腾的65%（质量分数）HNO_3试验溶液具有抗力。

③ Inconel 690合金管材的特性[99,100]

a. 应力腐蚀开裂　Inconel 690的U形弯曲试样在沸腾45%（质量分数）$MgCl_2$溶液中暴露30d不开裂。Inconel 690已在核电站中的高温水中进行了应力腐蚀开裂试验，U形弯曲试样在浓度50%（质量分数）的沸腾NaOH溶液中具有抗开裂的能力，在316℃的脱氧的1%（质量分数）NaOH溶液中经9400h不开裂。结果显示，在含氯化物、缝隙条件下的含氧水和脱氧水中，该合金都具有高的抗开裂能力。

b. 氢致开裂　Inconel 690 有氢脆敏感性，具体表现为在 150℃以下的加氢水环境中断裂韧性有很大下降。其原因是由于在 Ni-Cr-Fe 合金中碳化物/基体界面起着氢陷阱的作用，使得碳化物/基体界面上氢浓度局部增大，导致低的断裂应变。在合金中 Ti(C、N) 或 Nb(C、N)析出相可以形成不可逆氢陷阱，因此，对于 Nb、Ti 含量要严加控制。

5.8.5　核电站锆合金的腐蚀问题

(1) 锆材在核电站中的应用-包壳材料和堆芯结构材料

锆合金的热中子吸收截面小、导热率高、力学性能好，具有良好的加工性能以及同 UO_2的相容性，对高温水和高温水蒸气也具有良好的抗蚀性能和足够的热强性。因此，被广泛用做水冷动力堆的包壳材料和堆芯结构材料。现有锆合金主要分 Zr-Sn 合金、Zr-Nb 合金和 Zr-Sn-Nb 合金。不同的动力堆所适用的锆合金不同，见表 5-24[101]。

表 5-24　常见锆合金的化学成分（质量分数）　%

合金	Sn	Fe×100	Cr×100	Ni×100	Nb	O×100	S×100
Zr-2	1.2～1.7	7～20	5～15	3～8	—	—	—
Zr-4	1.2～1.7	16～24	7～13	<0.7	—	—	—
E635	1.3	35	—	—	1	—	—
E110	—	—	—	—	0.9～1.1	—	—
M5	—	—	—	—	0.8～1.2	11～17	0.1～3.5
Zr-2.5Nb	—	—	—	—	2.5	—	—
N18	1	30	10	—	0.3	—	—
N36	1	30	—	—	1	—	—

注：余量为 Zr+其他。

包壳承受着高温、高压和强烈的中子辐照，还要耐高硼水腐蚀和反应产物碘蒸气腐蚀等。锆合金包壳的腐蚀形式有全面腐蚀、疖状腐蚀、应力腐蚀、腐蚀疲劳、吸氢脆化和磨蚀，造成包壳蠕变坍塌、破裂，燃料泄漏。包壳材料需要定期更换，通常换料周期为 12～18 个月。

目前我国已研制出了 2 个拥有自主知识产权的 Zr-Sn-Nb 系新锆合金 NZ2 和 NZ8，并针对我国压水堆燃料元件包壳材料的腐蚀问题，开展新锆合金的研究，所研制的新锆合金比锆-4合金具有更好的耐蚀性能。

(2) 核电站中的疖状腐蚀[102]

① 疖状腐蚀（Nodular Corrosion）定义与特征　疖状腐蚀是沸水堆中锆合金表面经常发生的一种局部腐蚀现象，在反应堆运行条件下锆合金表面除全面腐蚀外，还会出现局部腐蚀即疖状腐蚀，如图 5-171 所示。其多出现于沸水堆中，在压水堆中也时有发生，在堆外高压釜的试验中，疖状腐蚀一般在 450℃以上过程中产生。疖状腐蚀可导致包壳管的过早破损，成为影响燃料元件寿命的关键因素。

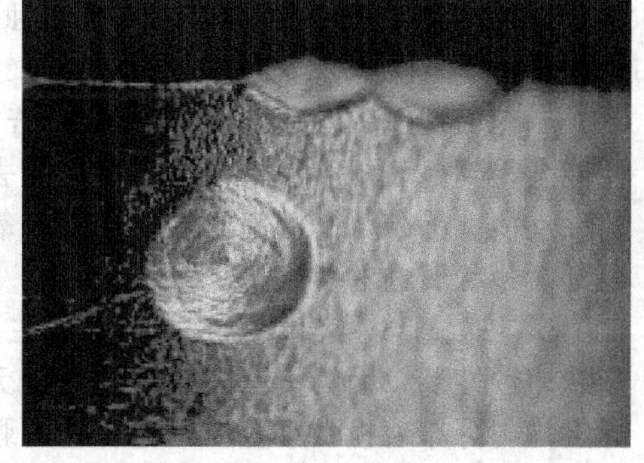

图 5-171　锆合金表面上疖状斑形貌

② 锆合金的疖状腐蚀机理　早期的一些模型认为疖状腐蚀的发生是由于金属活泼表面的小区域氧化，氧化膜的压力引起局部破裂而加速了氧化，最终形成疖状腐蚀。日本学者Kuwae提出了另1种模型，如图5-172所示。

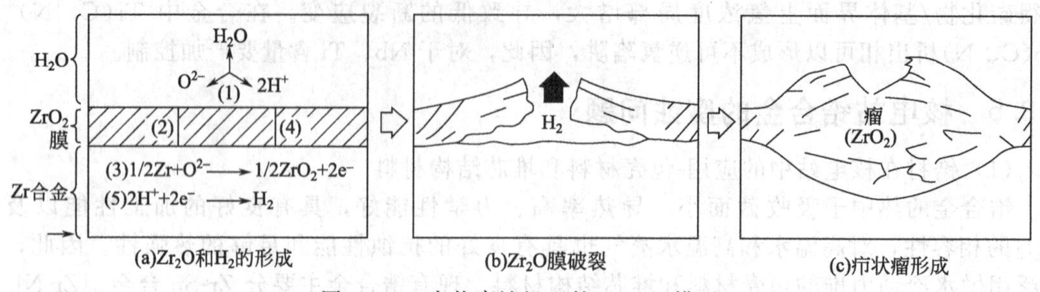

图5-172　疖状腐蚀机理的Kuwae模型

周邦新提出了一种疖状腐蚀成核长大的模型，如图5-173所示。在模型第1阶段［图5-173（a）、（b）］，氧化膜在金属表面发生不均匀生长。由于晶面取向不同引起的各向异性，或者合金元素、析出相不均匀分布导致氧化膜生长速率的不同，都会引起局部氧化膜增厚。在第2阶段［图5-173（c）、（d）］，局部氧化膜增厚处发展成氧化膜肿块。氧化膜形成后内部受到压应力，而与氧化膜接触的金属受到张应力，并且沿厚度方向存在应力梯度。同时这种应力随氧化膜增厚而增大，到足以使氧化膜下的金属发生变形，金属中的位错密度增加，氧离子容易沿位错管道向金属扩散，使氧化膜中的氧贫化，又促使氧从氧化膜表面向内表面扩散，导致氧化加速，发展成氧化膜中的肿块。由于肿块是通过挤压金属变形后一步步的发展，所以疖状斑最终都会成为圆形，而底部为球面形。析出的氢化物也因张应力的存在而改变了分布的方向。在第3阶段［图5-173（e）］，黑色氧化膜的肿块在压应力的作用下，空位发生定向扩散和凝聚。倾向于成串分布，并且垂直于张应力方向，平行于压应力方向。这样从疖状斑截面上观察到的层状结构和横向裂纹也得到解释。

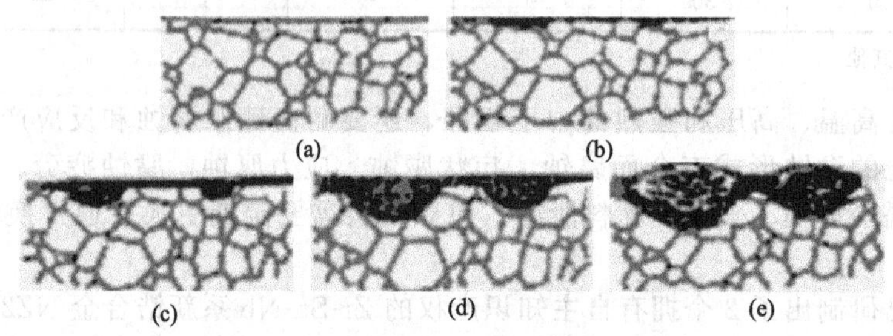

图5-173　疖状腐蚀机制的周邦新模型

③ 疖状腐蚀的影响因素　疖状腐蚀的影响因素有：加工工艺、热处理、合金元素、第二相粒子、H影响和辐照等因素。

a. 表面处理　实验证明机械抛光若能使材料的粗糙度 Ra 小于 $0.3\mu m$，则抗疖状腐蚀性能会得到显著提高。正常的酸洗由于去掉了表面形变层，清洁了表面，也有利提高抗疖状腐蚀性能。另外，高温高压氧化或阳极氧化的方法在锆合金表面预先形成一层预生氧化膜可以延缓疖状腐蚀的发生。

b. 热处理　锆合金的热处理方法主要有α退火，β淬火和α+β淬火。β淬火能够改善疖状腐蚀性能，因为β淬火能够使合金元素均匀化并增加合金元素在α-Zr的固溶含量，晶界上均匀分布着极微小金属间化合物的颗粒，呈网状分布，从而防止疖状腐蚀的发生。

c. 合金元素　锆合金中可以含有Nb、Sn、Fe、Cr、Ni等多种合金元素，它们对提高锆合金的力学性能有帮助，同时经过适当的热处理对疖状腐蚀的发生具有一定的抑制作用。Nb 对锆合金有较大的强化作用，淬火时 Nb 对 β 相起稳定作用，它能有效减少对 H 的吸收，减轻 C、N、Al、Ti 对锆的不利影响。

d. 第二相粒子　在锆合金中存在多种第二相粒子，粒子尺寸大于 175nm 时可能会发生疖状腐蚀。第二相粒子的最佳尺寸范围为 25～175nm，在此范围内的第二相粒子既可以增强壁垒层，又可以防止氢化物的产生。

e. 堆内辐照　辐照对抗疖状腐蚀能力的提高有一定的促进作用，辐照剂量越大，抗疖状腐蚀能力越强。Kubo 认为，辐照造成的析出相的溶解和溶质浓度的提高，可能会提高氧化膜的电导率，从而提高抗疖状腐蚀能力。Huang 等认为在辐照影响下，基体趋于合金元素过饱和状态，均匀腐蚀增加，疖状腐蚀减少或者消失。

④ 改善疖状腐蚀性能的途径　对锆合金进行 β 淬火处理。应尽量提高锆合金产品的表面光洁度，如采用酸洗，应充分冲洗防止氟沾污。也可以采用预生氧化膜处理工艺提高锆合金的抗疖状腐蚀性能。对锆-4 合金而言，降低 Sn 含量、提高 Fe+Cr 含量，并严格控制 C、N 等杂质含量可以有效提高其疖状腐蚀抗力，含 Nb 合金可以避免疖状腐蚀的发生。目前国内外开发的高燃耗新锆合金基本都含有 Nb，如 M5 合金、E635 合金以及国内的 NZ2 和 NZ8 合金等。

(3) 芯块与包壳的相互作用[103]

在反应堆开始提升功率时，包壳呈延性，芯块与包壳的间隙足以适应芯块较大的热膨胀；随后芯块发生开裂并且向外扩张而间隙闭合。燃料芯块与包壳的机械相互作用示意图（见图 5-174），在服役后期包壳受到强中子照射变得脆性，内壁受燃料体积增大，外部受冷却剂压力作用而发生蠕变坍塌。由于燃料芯块呈竹节状膨胀特征，在芯块与包壳内壁产生裂纹和应力集中，最终导致包壳裂纹。这时如果再提升燃料棒功率，就足以引起包壳相互机械作用导致包壳的变形或破裂。燃料棒包壳破损机制（SCC）见图 5-175。

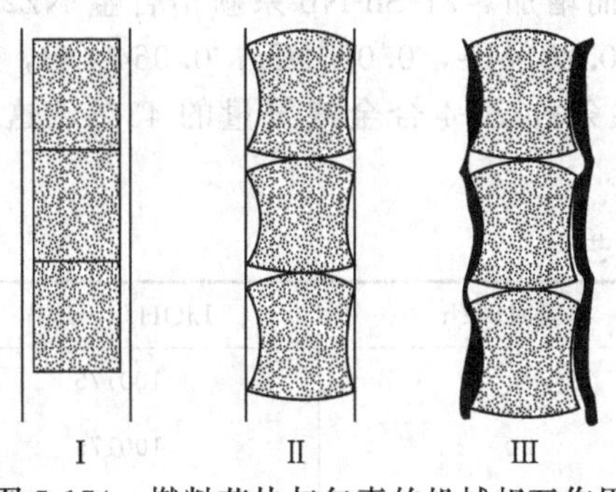

图 5-174　燃料芯块与包壳的机械相互作用

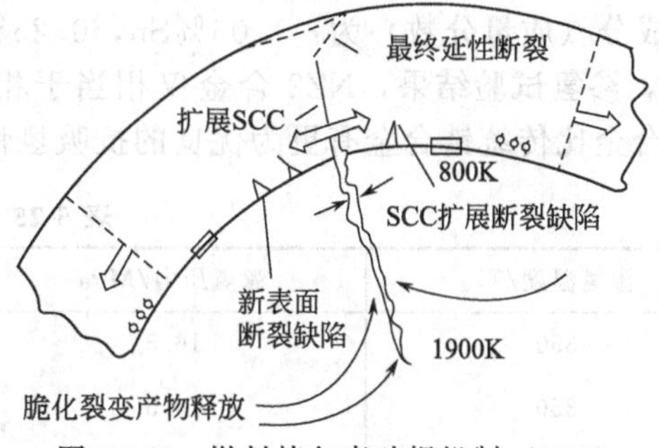

图 5-175　燃料棒包壳破损机制（SCC）

(4) 碘引起包壳的应力腐蚀

燃料芯块与包壳之间一旦产生 PCI（Pellet and Cladding Interaction）效应，很容易导致燃料包壳失效，锆合金包壳破裂的机制是碘致应力腐蚀开裂（Iodine Induced Stress Corrosion Cracking，I-SCC）。织构对 I-SCC 的影响十分强烈，在去应力退火的锆合金中，K_{ISCC}随织构取向不同差别很大。

在反应堆运行条件下，裂变产物 I、Cs 和 Cd 释放到间隙和裂纹引起包壳的 SCC。研究人员进行了碘分压对 N18 新锆合金 I-SCC 行为的影响的试验[104]，试验得出如下结论：

① 碘分压增加，N18 合金对 I-SCC 的敏感性增加，临界应力强度因子 K_{ISCC}降低，裂纹萌生所需的应力降低，裂纹萌生所需的时间缩短；

② 碘分压越高，裂纹扩展过渡到快速的穿晶准解理方式时对应的应力强度因子越低；

③ 碘分压不仅影响腐蚀产物层的形成，而且碘分压较高时容易发生沿晶开裂。

(5) 锆合金的吸氢[105]

在核反应堆长期运行时，包壳管会吸氢并析出氢化物，导致包壳性能降低。美国、瑞士、德国等国家的核反应堆都发生过因包壳管的氢脆而引起的燃料棒破坏。

吸氢是锆合金与冷却水反应的一个重要特性。当冷却剂与氧化膜界面处的水分子被还原放出氢离子团时，它们立即被吸附在膜表面的空隙里，一些进入氧化膜再扩散进入锆基体，超出固溶度的过剩的氢以氢化物析出。氢化物的取向受锆管制作方法所控制，如果锆管采用定径拉拔法减径，在减少壁厚的同时又减少直径，则线状氢化物在管内按照轴向分布，这对锆合金管的强度和延性影响很小；反之，当用无芯棒减径时，氢化物按照径向分布，就会对合金强度和延性产生较大的影响。因为氢化物的体积比锆合金的大 14%，所以氢化物的生成将引起局部体积变化而产生鼓泡或裂纹。如果这发生在包壳的内壁，通常会有一种太阳状破裂的特征。

① 吸氢量与渗氢时间的关系　国内对锆合金材堆外氢化行为做了很多深入的研究，杨芳林等人[106]研究了 Zr-Sn 系合金管材在 LiOH 溶液中的吸氢性能。刘春光等人[107]研究了 Zr-1Nb 合金管材在高温高压 LiOH 溶液中的吸氢行为。周军等人[108]通过对 NZ2 新锆合金的吸氢特性进行研究并且与 Zr-2、Zr-4 锆合金渗氢结果的比较得出如下结果：

在 $42g \cdot L^{-1}$、$100g \cdot L^{-1}$、$175g \cdot L^{-1}$浓度的 LiOH 溶液中进行不同时间渗氢的试验，锆合金的化学成分（质量分数）为：1.9%～1.1%Nb、Sn⩽0.05%、Fe⩽0.05%、O⩽0.099%、C⩽0.02%，其余为 Zr，渗氢工艺见表 5-25，其吸氢量见表 5-26。经不同时间渗氢后的氢化物金相见图 5-176。样品的吸氢数据进行对数处理，可以得出其吸氢量与渗氢时间的对数关系，如图 5-177 所示。从图中可以清晰地看到，两种样品在 LiOH 溶液中的吸氢量和渗氢时间的对数关系呈现两段不同斜率直线的特点，在 30h 处存在吸氢速率发生突变的转折点，Zr-1Nb 合金管材的吸氢量随着时间的延长而增加。Zr-Sn-Nb 系新锆合金 NZ2，其化学成分（质量分数）为：1.06%Sn，0.25%Nb，0.28%Fe，0.09%Cr，0.064%O，其余为 Zr，渗氢试验结果，NZ2 合金仅相当于相同试验条件 Zr-4 合金渗氢量的 43%，这说明 NZ2 合金比传统锆合金有更为优良的抗吸氢性能。

表 5-25　渗氢工艺

渗氢温度/℃	渗氢压力/MPa	渗氢时间/h	$LiOH/g \cdot L^{-1}$
350	16.5	4	100175
350	16.5	20	100175
350	16.5	30	100175
350	16.5	40	42100175
350	16.5	50	175

表 5-26　吸氢量

样品	$LiOH/g \cdot L^{-1}$	吸氢量/$mg \cdot kg^{-1}$				
		渗氢 4h	渗氢 20h	渗氢 30h	渗氢 40h	渗氢 50h
A	42				45	
B	100	26	50	60	85	
C	175	28	75	95	160	196

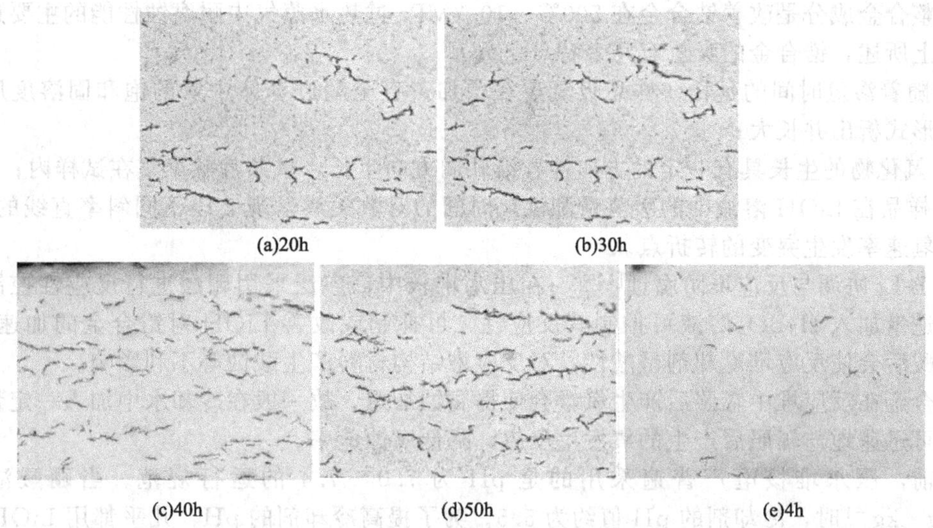

图 5-176　试样在 175g·L^{-1} 的 LiOH 溶液中不同渗氢时间下的氢化物（100×）

锆合金在 LiOH 介质中腐蚀时，合金成分对腐蚀过程会产生明显的影响，NZ2 合金是含 Nb 的新锆合金，由于 Nb 和 Sn 都能部分固溶于 ZrO_2 中，合金元素 Nb 对 Li^+ 进入氧化膜有一定的阻碍作用，而合金元素 Sn 可减缓 Li^+ 进入氧化膜后对耐腐蚀性能的有害作用。锆合金中添加质量分数 0.1%～0.3%的 Nb 时，其耐腐蚀性能明显提高，可明显降低合金在高温高压水和过热蒸汽（500℃）中的氧化速率。尤其当形成的第二相粒子均匀弥散分布在基体中时，含 Nb 锆合金的耐蚀性能最好。

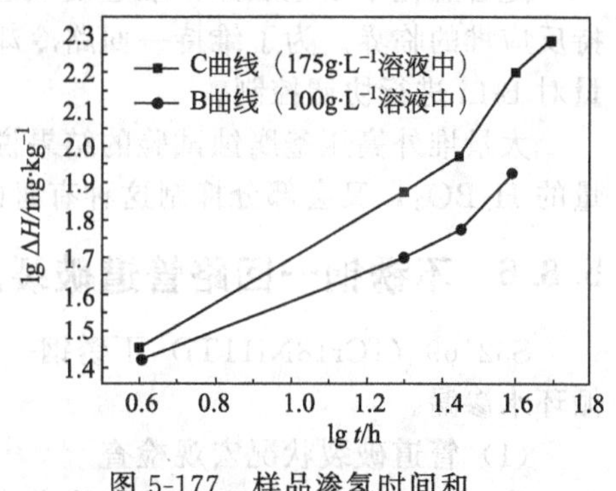

图 5-177　样品渗氢时间和吸氢量的对数关系曲线

② 氢化物金相分析　从图 5-176 金相上可以看出两个特点：一是随着渗氢时间的延长，析出的氢化物片数量增多，尺寸变长变粗。这表明随着渗氢时间的延长，样品吸氢量在增加，直至超过基体中氢的饱和固溶度后以氢化物的形式析出并长大，氢化物呈条片状聚集在试样内。二是氢化物的生长具有一定的方向性，沿轧向方向生长。产生氢化物择优取向析出的原因可能有两个方面：一是氢化锆从 α-Zr 中沿一定的晶面析出，由 α-Zr 转变成氢化锆（δ 相）后，体积会增大 14%～17%，在应力的作用下，氢化锆容易在垂直于张应力、平行于压应力的方向析出。氢化物的产生导致金属组织的体积膨胀，使得氢化物质点会优先在晶界处形核，氢化物条沿晶界生长最为有利。因此氢化物沿长度方向长大，最终形成条、片状；二是氢化锆的取向分布与锆合金的结构密切相关。在锆合金管中，氢化物主要平行于包壳表面分布。板材轧制后在 400～800℃退火后，生成的条片状氢化物的取向从金相上表现为与轧向平行。

③ Zr-Fe-Cr 合金的合金总量与腐蚀　王均等人员研究了新型高温锆合金在过热蒸汽中的腐蚀行为[109]，认为 Zr-Fe-Cr 合金中的合金元素质量分数大于 0.6%时，在 500℃水介质中腐蚀，合金的氧化膜才能起保护作用；当合金元素含量小于 0.6%时，锆合金的氧化膜不起保护作用。

在 500℃、10.3MPa 过热蒸汽中，含有少量合金元素的 Zr-Fe-Cr 和 Zr-4 合金会发生疖状腐蚀，而含有适当 Fe、Cr 的 Zr-Fe-Cr 合金是均匀腐蚀，且其耐过热水蒸气腐蚀能力优于 N18 合金。含不同 Fe、Cr 元素的实验锆合金由于成分不同，耐腐蚀性能也有明显的差别，说明调整合金成分是改善锆合金在500℃、10.3MPa过热水蒸气中耐腐蚀性能的主要途径。

综上所述，锆合金的吸氢有几个特点：

a. 随着渗氢时间的延长，样品吸氢量在增加，直至超过基体中氢的饱和固溶度后以氢化物的形式析出并长大；

b. 氢化物的生长具有一定的方向性，沿轧向方向生长，呈条片状聚集在试样内；

c. 样品在LiOH溶液中的吸氢量和渗氢时间的对数关系呈现2段不同斜率直线的特点，存在吸氢速率发生突变的转折点。

④ B-Li协调与反应堆防腐蚀[109]　在压水堆核中，广泛采用硼酸进行反应性控制，回路水中适量加入H_3BO_3溶液可控制其反应性，可抑制或改善LiOH对锆合金的加速腐蚀。加入硼酸后会使反应堆冷却剂呈酸性，对反应堆结构材料产生酸蚀等不利影响。

锆合金在反应堆中辐照后产生氧，会使得腐蚀加重，故一般在冷却水中加入一定量的溶解氢，可迅速地与辐照后产生的氧发生反应，降低腐蚀速率。

目前，压水堆核电厂普遍采用的是pH为7.0～7.4的运行规范。当硼酸浓度在1200mg·kg^{-1}时，冷却剂的pH值约为5.5。为了提高冷却剂的pH，几乎都用LiOH来调节冷却剂pH值。

随着燃耗不断地加深，堆芯的反应性不断减小，冷却剂中B浓度必须不断降低，以维持反应堆的临界。为了维持一回路冷却剂合适的pH值，必须根据B的下降量和Li的产生量对B-Li进行协调控制。

大量堆外高压釜腐蚀试验的结果说明添加LiOH会加速锆合金的腐蚀，如同时添加足够量的H_3BO_3，又会部分抑制这种有害的作用。

5.8.6 不锈钢一回路管道破裂原因及扩展规律研究

S32169（1Cr18Ni11Ti）不锈钢一回路管道经过长期使用，发现管道外壁有数条裂纹，循环水渗漏。

（1）管道破裂状况宏观检查

① 破裂部位　不锈钢回路管道出水管破裂管段在两个卡箍之间，卡箍1坐落在水泥墩上，卡箍2用来支撑阻尼器，两个卡箍之间的距离为730mm。在这一段管子上，有一条纵焊缝和一条环焊缝，环焊缝为现场安装焊缝。纵焊缝宽17mm，高3mm，环焊缝宽25mm，高1～1.5mm。裂纹分布在纵焊缝上部，位于圆心角为150°的扇形面上，见图5-178。1#取样区有3条较为集中的横向裂纹，1#主裂纹在管道的环焊缝一侧，该裂纹由12条微裂纹组成。主裂纹两端伸入环焊缝，总长约210mm；2#主裂纹呈Y形，由3条微裂纹组成，下端已穿过纵焊缝，总长约170mm；3#主裂纹由5条微裂纹组成，裂纹总长157mm。1#主裂纹的最大宽度不超过0.1mm，2#和3#主裂纹更为微细。除3条主裂纹外，在1#裂纹左侧，2#裂纹上方，还发现一些同主裂纹平行的由蚀坑相连形成的微裂纹。

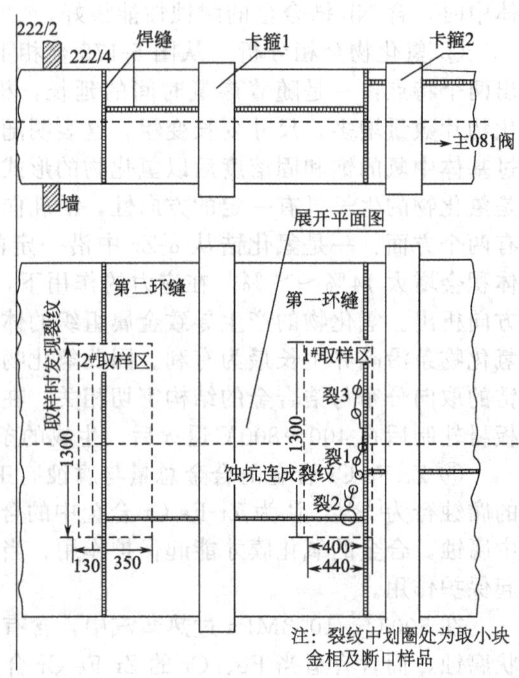

注：裂纹中划圈处为取小块金相及断口样品

图5-178　不锈钢回路管道裂纹分布图

② 内壁宏观检查　从不锈钢回路管道上取下含有裂纹的大样块后观察，发现内壁有一层均匀致密的棕色膜，传热管底部有一层约 10mm 厚的由发亮的小片状颗粒组成的沉积物。在 1# 裂纹内壁的 T 字焊缝处的纵焊缝一侧有明显的补焊焊瘤，该处旁边的裂纹已穿透，外壁该处也有手工补焊痕迹。内壁用砂纸打磨后，发现 2# 裂纹也已穿透。

③ 裂纹宏观形貌　在 2# 取样区大样块清洗后，发现在第二环缝左侧约 100mm 处，有大量平行的横向裂纹，也有少量纵向裂纹伸入环焊缝中。经机械加工剖开后发现裂纹由外壁向内壁扩展，有些裂纹已经穿透，裂纹明显呈树枝状分支。

④ 传热管壁厚度测量情况　对裂纹附近的管壁厚度进行了测量，结果在 10.2～10.8mm 之间，管子名义厚度为 10mm。因此可以认为，传热管经过长期的使用壁厚未发生明显变化，无全面腐蚀与溃疡性腐蚀发生。

(2) 管道材质成分及力学性能测试

① 管道材质　化学成分分析结果与 1Cr18Ni9Ti 标准值相比，C 和 Ti 含量偏低，母材材质与 S30403 相近，焊缝材质与 S31603 相近。

② 拉伸试验　在 2# 取样区取制了拉伸试样，试验结果其力学性能无显著变化。观察拉伸样品的断口形貌，可以看到在大拉伸试样非正常断裂的区域断口都有原始裂纹区，断口显示出扇形和羽毛状花样，断裂呈现出明显的脆性解理断裂特征。在大、小拉伸试样正常断裂的区域，无论是试样边沿的剪切断裂区还是中心的纤维区，断口都呈现出韧窝花样，为韧性断口，见图 5-179。

(a)大拉伸试样非正常断裂口宏观形貌

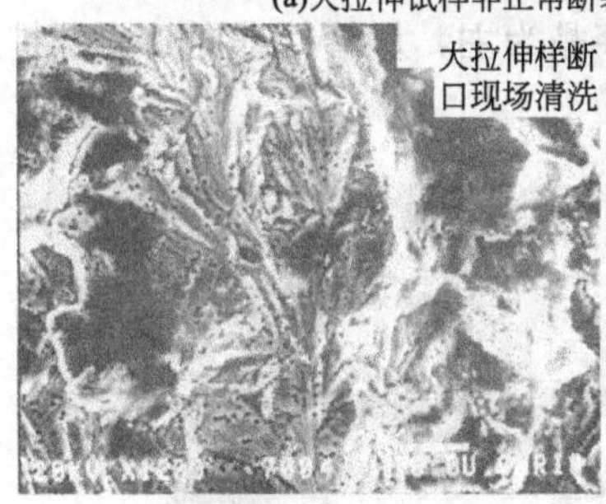

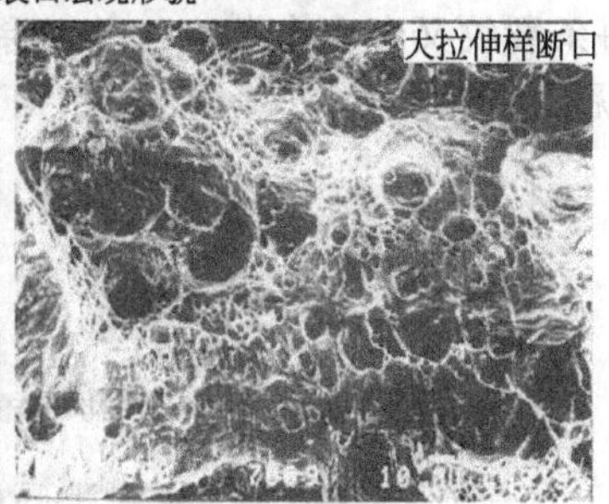

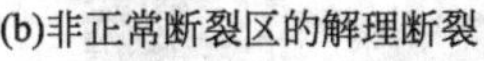
(b)非正常断裂区的解理断裂　　(c)正常断裂区的韧窝花样

图 5-179　大拉伸试样断口宏观和电镜微观形貌

③ 弯曲试验　弯曲试验的试验条件：$d=3a$，$a=10$mm，$\alpha=180°$。试验结果：环焊缝 4 件合格。母材 4 件合格。模拟试样 3 件合格。1 件因母材表面出现裂纹而不合格，经检查为由原始裂纹引起。

④ 冲击试验　冲击试验选用的试样尺寸为 55mm×5mm×10mm，试验结果（A_{kV_2}/J）：焊缝 56、57、54，热影响区 65、62、65，母材 75、76、68。从试验结果可看出回路管道母材和焊缝在未发现裂纹的部位，其韧性较好。

⑤ 硬度测定　显微硬度结果（HV），母材 229、224、229，焊缝 292、292、292，热影响区 254、244、254。测定结果表明：母材硬度与 18-8 型不锈钢硬度相符，焊缝硬度略高。

(3) 管道裂纹的断口形貌观察

4组断口宏观观察可见，新鲜断裂区断口表面干净，其形态和正常断裂试样断口一致，属韧性断裂；原始裂纹区表面为棕色（深褐色），从外壁边沿向中心颜色逐渐变浅，属脆性断裂。扫描电镜观察未经清洗的断口，发现起裂区有很厚的腐蚀产物，中部为解理花样且带有很多破碎的腐蚀产物，裂纹尖端部位为解理花样。新断裂区（最后断裂区）则以韧窝为主，在原始裂纹尖端和瞬断区交界处出现了滑移带和较大的二次裂纹，见图5-180。

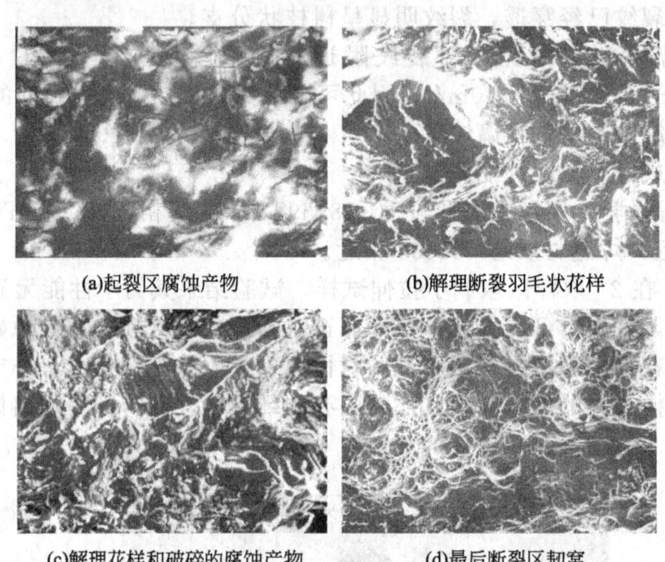

图5-180 清洗前的裂纹断口形貌（1-1#板块）

(4) 金相检测

对管道破裂部位1#取样区的3条主裂纹和2#取样区发现的裂纹观察，发现所有样块均有多条裂纹，每条裂纹又有多个分支，并以穿晶为主，从管外壁向管内壁扩展，显示出典型的SCC形态，见图5-181。

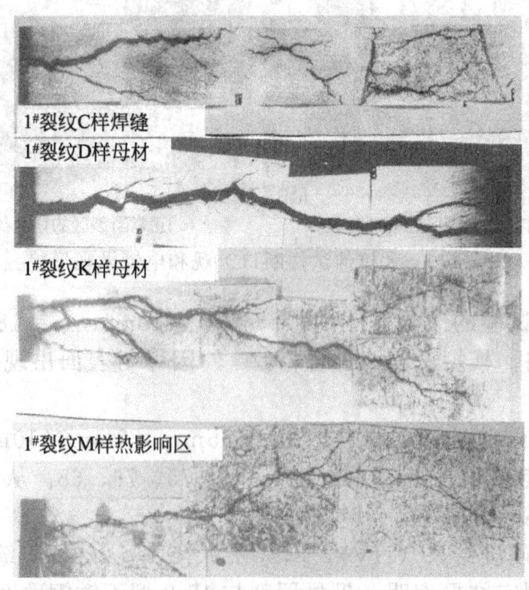

图5-181 1#取样区1#裂纹样块的微观形貌

根据对管道裂纹宏观观察和金相检测，发现在开裂部位及其附近有腐蚀坑存在，部分蚀坑底部萌生了 SCC 裂纹，见图 5-182。

图 5-182　蚀坑底部萌生了 SCC 裂纹

(5) 样品 X 射线能谱分析

对管道保温水泥、管外壁水垢、管内壁棕色膜和断口腐蚀产物采用 X 射线能谱仪和 X 射线衍射仪进行了成分分析，结果在 3# 裂纹 f 样块和 1-1# 样块断口中部腐蚀产物中发现有 Cl（质量分数 0.3%～1.7%）；在保温水泥样中也发现有 Cl（质量分数约 1%）；说明不锈钢回路管道的开裂与氯化物有关。同时在断口腐蚀产物中发现 Mg 含量很高。

(6) 管系的有限元应力分析

以管道的约束点、支撑点、载荷作用点及管线走向折点为单元的划分点，共划分出 67 个节点，66 个单元。除了管线长度尺寸测量外，还对管线的沉降情况进行了现场实测。

根据计算结果，应力最大点 σ_{eq} 已经与 1.5 $[\sigma]$ 比较接近，达到 87.8%，但也趋安全。但是考虑到不锈钢回路管道破裂部位的环焊缝是现场组对，在“T”字焊缝内外壁又经过补焊，故存在有一定的组对和焊接残余应力，加上运行中的热应力和工作应力等，根据经验可以判定破裂部位截面承受的应力已经接近或超过屈服应力。

在实际生产中，常有工业水漏至破裂部位，工业水中 Cl^- 偏高，因此，破裂部位的裂纹为 Cl^- 的应力腐蚀引起。

(7) 建议

① 在不锈钢回路管道设计方面要保证设有合理的排水系统。在运行中要加强监护，杜绝不锈钢回路管道受水浸泡。

② 鉴于不锈钢回路管道破裂的情况，应对遭受工业水浸泡过的管段进行更大范围的检查，重点在焊缝两侧 200mm 范围内和弯头等应力较大的区域，以表面着色渗透方法为主。

③ 重视不锈钢回路管道的焊接质量，减少焊接残余应力。

5.8.7　核燃料循环和乏燃料后处理设备的腐蚀[110,111]

(1) 乏燃料后处理的主要任务

核燃料循环和乏燃料后处理的任务有 4 个方面：

① 分离（提取）和纯化新生的核裂变产物；

② 分离（回收）和纯化没有消耗完的可裂变物质和未转化完全材料；

③ 分离（提取）有用的核裂变产物同位素和超铀元素；

④ 将使用过的辐照燃料元件拆除包壳，溶解乏燃料，并且安全妥善处置放射性废物。

(2) 乏燃料后处理的工艺

普雷克斯（Purex）流程，该方法首先将乏燃料的经过适当的预处理转化成硝酸盐溶液，然后用磷酸三丁酯（TBP）进行萃取分离和纯化，达到核燃料回收和去污净化的目的。由此可见，乏燃料后处理是在硝酸体系中进行的。因此，防爆、防辐射和防腐蚀就成为这个工艺流程特别要注意的问题。

(3) 乏燃料后处理设备的腐蚀

我国的核反应堆后处理厂放化设备的失效原因主要是局部腐蚀引起的泄漏。常见的局部腐蚀有晶间腐蚀、缝隙腐蚀、空泡腐蚀、换热器管的冲刷腐蚀和过钝化腐蚀。

① 晶间腐蚀　由于乏燃料后处理是在硝酸体系中进行的，并且含有强氧化性的裂变产物离子，因此对于放化设备需要进行晶间腐蚀倾向试验时应首先采用硝酸法。

② 过钝化腐蚀　乏燃料后处理放化设备包括燃料元件溶解、废液蒸发和HNO_3回收等工艺设备。再沸器的工艺条件为60%～65%（质量分数）的沸腾HNO_3，工作压力为负压约33.34kPa，再沸器的材质使用过S32169、S30403、00Cr25Ni20和Ti材。不锈钢设备在这种沸腾的高浓度HNO_3或含有Cr^{6+}等强氧化性离子的沸腾硝酸溶液中，处于过钝化区的腐蚀电位区域。Cr^{6+}是极强的阴极去极化剂，这种去极化反应加速了不锈钢的腐蚀，在腐蚀电池的阴极区被还原成Cr^{3+}。不锈钢在沸腾HNO_3溶液中过钝态腐蚀是典型的晶间腐蚀，而且会产生非敏化态的晶间腐蚀，甚至超低碳的奥氏体不锈钢也都不能抵抗这种过钝化腐蚀。例如我国某乏燃料后处理厂的HNO_3回收再沸器，在9个生产周期里先后更换过5台再沸器，使用最短的不到3个月，最长的也不到3a。

③ 缝隙腐蚀　我国某乏燃料后处理厂的HNO_3回收再沸器、外加热式蒸发器和输送物料的管道采用单面焊的焊接接头曾因为缝隙腐蚀而泄漏。其主要原因是焊接接头根部材质未焊透或其他焊接缺陷，形成了缝隙腐蚀的条件而发生腐蚀泄漏。

④ 换热器管进口端腐蚀　换热器管进口端腐蚀是乏燃料后处理厂列管式换热器常见的一种腐蚀形式。许多列管式换热器在换热器管进口端大约30～40mm范围内产生一些沟槽和凹坑。有的甚至穿透管口，其形貌如同朽木，如图5-183所示。

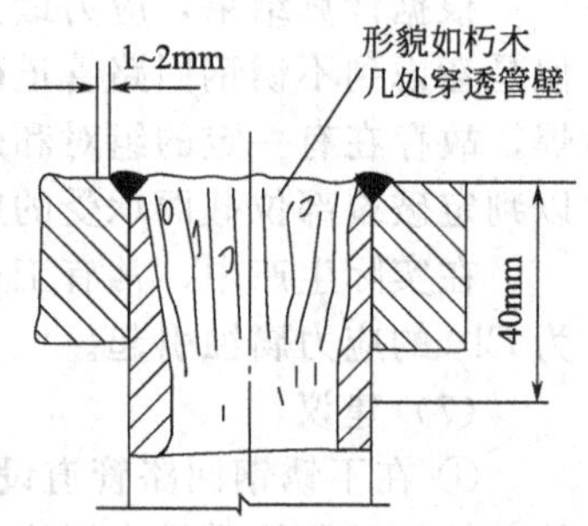

图5-183　换热器管进口端腐蚀

换热器管进口端腐蚀是腐蚀和冲刷联合作用的结果，流体的冲刷破坏进口端表面的钝化膜，腐蚀性介质直接腐蚀管口的新鲜金属，形成活化腐蚀状态。这种冲刷与腐蚀的恶性循环使得管口腐蚀速度加快。

另外，管口是列管与管板焊接部位，管口内壁属于焊接热影响区。所以这里的抗腐蚀性比管子其他部位要差。

换热器管进口端腐蚀主要受两个因素的影响。一个是钝化膜抗冲刷的能力和在腐蚀溶液中再钝化的能力。钝化膜抗冲刷的能力强，不容易被流体破坏，管口金属受保护的时间就长。即便被冲刷局部破损了，也会比较快的再钝化，管口金属遭受腐蚀的损伤就轻。反之亦然。另一个影响因素是流体的流速和流态，流速高，相对的冲刷能力就强，流体在湍流的状态下会产生强烈的搅动，使流体和管口金属表面的接触和冲击更加频繁和强烈。换热器的流体从接管进入换热器管箱，再进一步进入列管时，流速、流道和流态都会发生变化。往往在进口端十几～几十毫米范围内形成湍流，造成进口管端的腐蚀。

根据乏燃料后处理厂列管式换热器设备和工艺的特点，可采用下列方法改善换热器管进口端腐蚀：

a. 选择合适的耐腐蚀材料；

b. 做好管板和列管管口的焊接接头的设计、焊接工艺的控制和焊接质量的检测，以缓解湍流的程度，提高管口焊接的耐腐蚀性；

c. 设计足够的管箱缓冲空间和有利的流体进入管口的方向；

d. 在流体入口处设置合适的挡板，减少对于换热器进口管端的腐蚀。

⑤ 空泡腐蚀　国内一个乏燃料后处理厂有台旋风分离器曾经发生过空泡腐蚀。该设备的下椎体拼接接头内表面没有打磨平，高出母材。高速流体通过这个焊缝接头时在流

体方向的焊接接头背侧形成负压区，使介质中的液滴汽化形成蒸汽泡随后气泡破裂造成附近区域空泡腐蚀。产生许多粗糙的线型沟槽，有些地方撕成空洞，不到 2 个月就出现泄漏。

空泡腐蚀与流体的流速紧密相关。据资料介绍，18-8 型奥氏体不锈钢产生空泡腐蚀的流体临界流速为 50～60m·s^{-1}。而这台旋风分离器此处的流速达到 70m·s^{-1}。经过对旋风分离器设计改进，增大结构尺寸，控制流体的流速不超过 40m·s^{-1}，并且磨平焊缝，消除了空泡腐蚀。对其他的同类旋风分离器进行检测，其流速都在 30～40m·s^{-1}范围之内，故没有空泡腐蚀现象。可见避免空泡腐蚀的关键是控制流体的流速，提高设备表面的平整度。

参 考 文 献

[1] 毕梦熊．钢中氢致白点及其预防［J］．上海冶金情报，1998，(3)：41-49.

[2] SH/T 3059—2012. 石油化工管道设计器材选用规范．

[3] API RP 941—2008. Steels for Hydrogen Service at Elevated Temperatures and Pressures in Petroleum Refineries and Petrochemical Plants.

[4] 张伟．压力容器高温氢腐蚀的超声波检测与分析［D］．杭州：浙江工业大学，2011.

[5] GB/T 3965—2012. 熔敷金属中扩散氢测定方法．

[6] 余存烨．不锈钢设备环境敏感断裂分析［J］．石油化工腐蚀与防护，2004，21 (1)：33-38.

[7] 白金亮，王春燕，周建军等．LPG 球罐腐蚀开裂失效分析［J］．石油化工设备技术，2001，22 (3)：15-17.

[8] 石仲谋，陈建华，刘保平等．石油液化气钢瓶腐蚀穿孔失效分析［J］．石油化工设备，1999，28 (5)：19-21.

[9] TSG G5001—2010. 锅炉水（介）质处理监督管理规则．

[10] GB 50050—2007. 工业循环冷却水处理设计规范．

[11] 高菊萍，闵祥志，钟彦平等．催化裂化再生器开裂失效分析与对策［J］．材料保护，2000，33 (11)：49-51.

[12] GB 50251—2003. 输气管道工程设计规范

[13] 李彦，武彬，徐旭常．SO_2、SO_3 和 HCl 对烟气露点温度影响的研究．环境科学学报［J］，1997，17 (1)：126-130.

[14] 松岛岩著．低合金耐蚀钢-开发、发展及研究［M］．靳裕谷译．北京：冶金工业出版社，2004：138.

[15] 蒋安众，王昱，石书雨等．锅炉烟气酸露点温度计算公式的研究［J］．锅炉技术，2009，40 (5)：11-13，17.

[16] GB/T 28907—2012. 耐硫酸露点腐蚀钢板和钢带．

[17] 顾国亮，杨文忠．ND 钢、316L、20 碳钢在硫酸介质中的腐蚀行为［J］．腐蚀与防护，2005，26 (8)：336，337.

[18] 崔思贤．低温露点腐蚀与防护［J］．腐蚀与防护，1989，10 (3)：48-51.

[19] 柳曾典，陈进，王印培．第二催化裂化装置再生器开裂失效分析［J］．石油化工设备技术，1998，19 (6)：43-47.

[20] 李明，陈华，李晓刚等．低碳钢及焊缝硝酸盐露点腐蚀开裂研究［J］．腐蚀科学与防护技术，2003，15 (5)：259-262.

[21] 王志彬，王德武．二套催化再生系统设备失效分析［J］．化工腐蚀与防护，1998，15 (1)：37-41.

[22] 魏琪，王瑞，李辉，等．高温氯化腐蚀现状及防护研究．第十三届国际热喷涂研讨会论文（ITSS 2010）/第十四届全国热喷涂年会论文（CNTSC 2010）．

[23] API RP 581—2008. Risk-Based Inspection Technology.

[24] 朱日彰，何业东，齐慧滨．高温腐蚀及耐高温腐蚀材料［M］．上海：上海科学技术出版社，1995：1-352.

[25] （美）伯格斯，（美）迈尔，（美）佩带特著，金属高温氧化导论［M］．辛丽、王文译．第 2 版．北京高等教育出版社，2010：1-297.

[26] 瞿金坤．金属高温腐蚀［M］．北京：北京航空航天大学出版社，1994：1-146.

[27] 张允书，史良，李选明等．碱金属硫酸盐沉积引起的铁基合金在中温下的热腐蚀［J］．腐蚀科学与护技术，1992，4 (4)：250-257.

[28] 于凤昌，娄世淞，徐晓等．燃油加热炉熔灰腐蚀研究进展［J］．石油化工腐蚀与防护，2003，20 (5)：1-5，11.

[29] 赵志农．腐蚀失效分析案例［M］．北京：化学工业出版社，2009：393-427.

[30] 康元浩，周昌玉，胡桂明．弯曲载荷作用下薄板的金属尘化腐蚀模型研究［J］．南京工业大学学报［J］，2011，33 (1)：37-41.

[31] 菊地進，江藤元大，船見国男，等．日本における液体金属脆化に关する研究の历史．机械技术史—第一届中日机

械技术史国际学术会议论文集，1998.
[32] 宋文明，张玉福，张金伟等．反应器分布器分布管断裂分析 [J]．材料开发与应用，2008，23 (5)：67-70.
[33] GB 9948—2006. 石油裂化用无缝钢管．
[34] GB/T 4340.1—2009. 金属材料　维氏硬度试验　第1部分：试验方法．
[35] 蒋跃宁．在用钢制球形液态烃储罐开裂原因分析及修复 [J]．石油化工设备，2009，38 (5)：100-103.
[36] 王泽军，吴海，陆金明等．CF62 钢制丙烯球罐的检验与分析 [J]．中国锅炉压力容器安全，2000，16 (1)：25-28.
[37] 刘福禄，朱保国，严国华等．8000m^3 商品液化石油气球罐设计研究 [J]．石油化工设备，1999，28 (1)：21-25.
[38] 汪琳．NK-HITEN610U2 钢制 1000m^3 丙烯球罐设计 [J]．化工设备与管道，2002，39 (5)：55-56.
[39] 王玮，王春生，王忠等．液化气球罐氢致开裂及修复 [J]．石油化工设备，1999，28 (5)：46-48.
[40] 贾航．液化石油气 H_2S 应力腐蚀裂纹返修 [J]．化工机械，2008，35 (3)：173-175.
[41] 李永健，吴学纲，谢申等．异构化装置腐蚀原因分析及对策 [J]．石油化工设备，2007，36 (5)：98-101.
[42] TSG R7001—2004. 压力容器定期检验规则 [S]．
[43] GB/T 8923.1—2011. 涂覆涂料前钢材表面处理　表面清洁度的目视评定　第1部分：未涂覆过的钢材表面和全面清除原有涂层后的钢材表面的锈蚀等级和处理等级．
[44] GB/T 8923.2—2008. 涂覆涂料前钢材表面处理　表面清洁度的目视评定　第2部分：已涂覆过的钢材表面局部清除原有涂层后的处理等级．
[45] GB/T 8923.3—2009. 涂覆涂料前钢材表面处理　表面清洁度的目视评定　第3部分：焊缝、边缘和其他区域的表面缺陷的处理等级．
[46] GB/T 8923.4—2013. 涂覆涂料前钢材表面处理　表面清洁度的目视评定　第4部分：与高压水喷射处理有关的初始表面状态、处理等级和闪锈等级．
[47] GB/T 19624—2004. 在用含缺陷压力容器安全评定．
[48] JB/T 4730—2005. 承压设备无损检测．
[49] 陈仁贵．泽普石化厂余热锅炉炉管穿漏故障分析 [J]．热能动力工程，2000，15 (2)：180-182.
[50] 张学元，邸超，雷良才．二氧化碳腐蚀与控制 [M]．北京：化学工业出版社，2000.
[51] 严焱诚，陈大钧．油气井中 CO_2 的腐蚀防护与综合利用 [J]．全面腐蚀控制，2003，17 (6)：22-24.
[52] B. A. РАБИНОВИЧ，З. Я. ХАВИН，简明化学手册 [M]．伊承烈等译．北京：化学工业出版社，1983：517，188，208.
[53] 《油气田腐蚀与防护技术手册》编委会．油气田腐蚀与防护技术手册 [M]．北京：石油工业出版社．1999.
[54] 林冠发，白真权，赵国仙等．CO_2 分压对金属腐蚀产物膜形貌结果的影响 [J]．中国腐蚀与防护学报，2004，24 (5)：284-288.
[55] 赵学芬，姚安林，赵忠刚等．二氧化碳腐蚀影响因素的层次分析法 [J]．全面腐蚀控制，2006，20 (3)：14-17.
[56] API RP571—2011. Damage Mechanisms Affecting Fixed Equipment in the Refining Industry Second Edition.
[57] Ikeda，A. and Veda M et al. CO_2 corrosion behavior and mechanism of carbon steel and alloy steel [C]．Corrosion. 83，NACE：1983. 45.
[58] Arne Dugstad and Liv Lunde et al. Parametic study of CO_2 corrosion of carbon steelCorrosion [C]．94，NACE：1994. 14.
[59] 朱世东，刘会，白真权等．模拟油田 CO_2/H_2S 环境中 P110 钢的动态腐蚀行为 [J]．石油与天然气化工，2009，38 (1)：65-68.
[60] EFC Publications No. 16，Guidelineson Materials Requirements for Carbonand Low Alloy Steels for H_2S-Containing Environmentsin Oil and Gas Production. Reprinted with Corrections [S]．1998.
[61] 李国敏，刘烈伟，郑家燊．碳钢在含硫化氢及高压二氧化碳饱和的 NaCl 溶液中的腐蚀行为 [J]．中国腐蚀与防护学报，2000，20 (4)：204-210.
[62] 彭建雄，刘烈炜，胡倩．碳钢在 CO_2-H_2S 体系中的腐蚀规律研究 [J]．腐蚀与防护，2000，21 (2)：60-63.
[63] 段永锋，于凤昌．油气田缓蚀剂评价方法进展 [J]．全面腐蚀控制，2014，28 (3)：15-18，87.
[64] 史军歌，杨德凤．原油中主要无机氯化物的水解反应研究 [J]．石油化工腐蚀与防护，2013，30 (4)：1-3，16.
[65] 李旻．减轻循环水氯离子腐蚀危害的方法 [J]．炼油与化工，2011，22 (5)：39-41.
[66] 王维龙，孙先辉．热交换器管束应力腐蚀开裂分析 [J]．石油化工设备，2011，4O (2)：96-98.
[67] 师顺勇．波纹管膨胀节应力腐蚀裂纹倾向控制 [J]．管道技术与设备，2012，20 (3)：40，41，44.
[68] ASTM A262-2013. Standard Practices for Detecting Susceptibility to Intergranular Attack in Austenitic Stainless Steels.
[69] 刘双元．不锈钢设备的连多硫酸应力腐蚀开裂与预防 [J]．石油化工腐蚀与防护，2003，20 (4)：32-34，45.

[70] NACE SP0170—2012. Protection of Austenitic Stainless Steels and Other Austenitic Alloys from Polythionic Acid Stress Corrosion Cracking During Shutdown of Refinery Equipment.
[71] 化学工业部化工机械研究院．腐蚀与防护手册——化工生产装置的腐蚀与防护［M］．北京：化学工业出版社，1991，10：133-181.
[72] 化工机械研究院高压余热锅炉组．高压余热锅炉结构特性分析［D］．兰州：化工机械研究院，1979，9.
[73] 南京栖霞山化肥厂．引进U形管式高压余热锅炉爆管原因探讨［D］．南京：南京栖霞山化肥厂，1980，3.
[74] 安庆石油化工总厂化肥厂．H1201爆管原因探讨［D］．安庆：安庆石油化工总厂化肥厂，1979，12.
[75] 冶金部金属研究所．101-CA/CA余热锅炉损坏报告［D］．北京：冶金部金属研究所，1978，2.
[76] 王允嘉．101-CA/CA损坏原因分析［D］．辽河化肥厂，1979，10.
[77] 徐静安，王瑞萍．安庆石油化工总厂化肥厂H1201余热锅炉爆管分析［D］．兰州：化工机械研究院，1984，1.
[78] 冶金部钢铁研究总院．四川化工总厂101-C余热锅炉膨胀节开裂及护板脱落原因分析［D］．北京：冶金部钢铁研究总院，1992，4.
[79] 化工机械研究院．川化101-C余热锅炉膨胀节失效分析报告［D］．兰州：化工机械研究院，1992，4.
[80] 中国科学院金属研究所．四川化工总厂年产20万吨合成氨装置高压蒸汽过热器（102C）管束断裂原因分析［D］．沈阳：中国科学院金属研究所，1991，7.
[81] 江子年．高压蒸汽过热器管束断裂原因分析［D］．南京：南京化学工业公司化机厂，1991，7.
[82] 化工机械研究院．川化102-C过热器列管断裂分析［D］．兰州：化工机械研究院，1991，7.
[83] 李文琰主编．核材料导论［M］．北京：化学工业出版社，2007：1-10.
[84] 陈孝渝．腐蚀与控制．岭澳核电工程防腐问题及其对策［A］．第三届海峡两岸材料腐蚀与防护研讨会论文集，北京：化学工业出版社，2002：167-172.
[85] 刘飞华，任爱，杨帆．核电站海水冷却系统的腐蚀与防腐蚀设计［J］．腐蚀与防护，2007，28（6）：313-316.
[86] 王成铭，王永年，高玉柱．核电站凝汽器管板的腐蚀分析及外加电流阴极保护［J］．全面腐蚀控制，2012，26（1）：38-47.
[87] 吕铮．核反应堆压力容器的辐照脆化与延寿评估［J］．金属学报，2011，47（7）：777-783.
[88] 李承亮，张明乾．压水堆核电站反应堆压力容器材料概述［J］．材料导报，2008，（9）：65-68.
[89] 林赟，张长义，宁广胜．国产压力容器材料辐照性能研究［J］．中国材料进展，2011，30（5）：7-10.
[90] 丁训慎．核电厂蒸气发生器凹痕腐蚀，二次侧水化学处理及其清洗［J］．清洗世界，2010，26（6）：29-35.
[91] 沈长斌，陶晓杰，杨怀玉．高温高压水环境下传热管失效形式及防腐措施研究进展［J］．腐蚀科学与防护技术，2003，15（4）：223-227.
[92] 赵文金，高棣华．蒸汽发生器传热管裂纹扩展性质的确定［J］．核动力工程，1990，11（1）：24-28.
[93] 程芳婷，孙立忠．蒸汽发生器的腐蚀失效分析［J］．中国腐蚀与防护学报，2006，26（6）：376-379.
[94] 王曰义．蒸汽发生器管束外表面的应力腐蚀破裂规律［J］．装备环境工程，2006，3（6）：13-17.
[95] 王曰义．蒸汽发生器管束外表面的应力腐蚀破裂规律（续）［J］．装备环境工程，2007，4（1）：28-34.
[96] 王曰义．蒸汽发生器管束外表面的应力腐蚀破裂规律（续完）［J］．装备环境工程，2007，4（2）：11-16，31.
[97] 丁训慎．核电站消除蒸汽发生器传热管应力腐蚀的方法［J］．设备管理与维修，2005，26（7）：27，28.
[98] 丁训慎．核电站蒸汽发生器传热管二次侧晶间腐蚀和晶间应力腐蚀及防护［J］．腐蚀与防护，2002，23（10）：441-444.
[99] 张红斌，李守军，胡尧和等．国外关于蒸汽发生器传热管用Inconel690合金研究现状［J］．特钢技术，2003，（29）4：2-11.
[100] D. M. Symons. The effect of carbide precipitation on the hydrogen-enhanced fracture behavior of alloy 690［J］. METALLURGICAL AND MATERIALS TRANSACTIONS A-PHYSICAL METALLURGY AND MATERIAL1998，29A（4）：1265-1277.
[101] 刘鹏，杜忠泽，马林生．核级锆及锆合金腐蚀性能研究现状［J］．材料热处理技术，2011，40（22）：22-24，28.
[102] 薛祥义，白新德，田振业．锆合金疖状腐蚀研究综述［J］．稀有金属材料与工程，2004，33（9）：902-906.
[103] 彭倩，沈保罗．锆合金的织构及其对性能的影响［J］．稀有金属，2005，29（6）：903-907.
[104] 彭倩，赵文金，李卫军等．碘对N18锆合金应力腐蚀开裂的影响［J］．腐蚀科学与防护技术，2005，17（1）：27-30.
[105] R. W. 卡恩等主编．材料科学与技术丛书．核材料（第10B卷）．核应用中的锆合金（中译本）［M］．北京：科学出版社，1999：3，48.
[106] 杨芳林，张建军，宋启忠．锆合金管材在氢氧化锂溶液中的吸氢研究［J］．稀有金属，1999，23（3）：77-80.
[107] 刘春光，成亚辉，李小宁．Zr-1Nb合金在氢氧化锂溶液中的吸氢性能研究［J］．钛工业进展，2010，27（2）：

37-40.

[108] 周军，李中奎，王文生．新锆合金板材在LiOH溶液中的吸氢行为研究［J］．热加工工艺，2007，36（6）：7-9.

[109] 王均，冲生，熊计等．新型高温锆合金在过热蒸汽中的腐蚀性能［J］．核动力工程，2009，30（5）：58-61.

[110] 刘新福，张乐福，高明华．秦山第二核电厂混合堆芯水化学控制技术探讨［J］．核动力工程，2008，29（5）：138-141.

[111] 郑津洋，陈志平著．特殊压力容器．北京：化学工业出版社，1997，8：155-184.

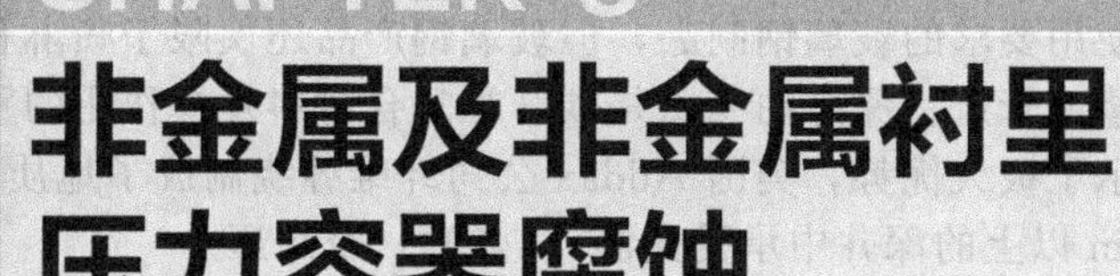

CHAPTER 6 第6章 非金属及非金属衬里压力容器腐蚀

6.1 非金属压力容器的种类

随着过程工业的发展，强腐蚀性、强氧化性介质越来越多，非金属压力容器因具有耐强酸强碱腐蚀、重量轻、强度高、阻燃和耐冲击等特点，越来越广泛地应用于化工产品的生产、储存和运输过程。尤其是随着聚四氟乙烯材料的改进、可焊聚四氟乙烯材料的产生等，使塑料的材料性能、可加工性得到了提高和改进，塑料衬里的制造难度降低，制造成本也大大降低，聚四氟乙烯、聚乙烯、聚丙烯、橡胶等衬里的使用越来越广。如：航空航天和交通运输中已广泛采用复合材料制成的非金属压力容器盛装液化燃料气体。2004 年 6 月，国家质量监督检验检疫总局颁布的《非金属压力容器安全技术监察规程》（TSG R0001—2004）[1]所限定的非金属压力容器的范围为最高工作压力≥0.1MPa（不含液体静压），且压力与容积的乘积≥2.5MPa·L，其工作介质为气体、液化气体和最高工作温度高于或等于标准沸点的液体的非金属压力容器，包括石墨压力容器、纤维增强热固性树脂压力容器、全塑料压力容器和移动式非金属压力容器等。非金属衬里的质量直接关系到整台压力容器的安全，所以，《压力容器监督检验规则》（TSG R7004—2013）[2]附件 A 的适用范围扩展到了石墨及石墨衬里、玻璃纤维增强塑料（玻璃钢）及玻璃钢衬里、塑料及塑料衬里压力容器（包括非金属壳体、零部件及衬里），并增加了搪玻璃压力容器。

按非金属材料的结构可以分为单层和多层非金属压力容器，多层非金属容器最内层为内衬材料，可采用喷涂法、电沉积或纤维缠绕的方法制作，第二层是承载层，可以是石墨树脂等材料构成，第三层是保温绝热层，最外层是复合材料阻燃或抗冲击层。

非金属衬里设备除纤维增强材料、塑料、橡胶等有机材料衬里外，还包括搪玻璃等无机材料衬里压力容器。

玻璃钢指玻璃纤维作增强材料、合成树脂作黏结剂的增强塑料，国外称玻璃纤维增强塑料。随着我国玻璃钢事业的发展，作为塑料基的增强材料，已由玻璃纤维扩大到碳纤维、硼纤维、芳纶纤维、氧化铝纤维和碳化硅纤维等，这些新型纤维制成的增强塑料（fiber reinforced polymer，FRP），是一些高性能的纤维增强复合材料，考虑到历史的由来和发展，通常采用玻璃钢复合材料这一名称。

复合材料压力容器和压力管道成型方法通常采用连续纤维缠绕方法，用于缠绕的纤维主要有玻璃纤维（GF）、碳纤维（CF）、芳纶纤维（KF）、硼纤维（BF）、氧化铝纤维（AF）和碳化硅纤维（SF），而其中玻璃纤维和碳纤维应用最为广泛，芳纶纤维次之。树脂性能的不同赋予玻璃钢不同的耐腐蚀性能，使其在不同酸碱、盐、有机溶剂的气、液介质的腐蚀环境下长期使用。根据不同的腐蚀环境，可选用不同的防腐树脂，主要包括：间苯型不饱和聚酯树脂、乙烯基树脂、双酚 A 树脂、环氧树脂及呋喃树脂等。

石油化工是玻璃钢压力容器的重要应用领域之一。除传统防腐工程外，玻璃钢高压管道、储罐、塔器等产品持续增长，玻璃钢在地下储油罐（双壁罐）和海洋石油工程中的应用成为热点。在我国，玻璃钢在脱硫系统中的应用还处于上升阶段，已有不少玻璃钢企业能够提供满足脱硫系统使用要求的玻璃钢制品，但玻璃钢产品还仅限于喷淋管、极少数烟塔合一脱硫设施的烟道和浆液管道。深海油气田是碳纤维复合材料发挥作用的重要领域，在深井勘探方面复合材料显示了极大优势，美国 Addax 公司纤维缠绕制成了地质勘探取样压力容器，这种容器能在 3000m 以上的深井中承受高温（149℃）及高压。

塑料压力容器是塑料板材通过热压成型后经焊接而成，目前，塑料压力容器用材料主要为聚乙烯、聚丙烯、聚氯乙烯等，产品类型主要为容器、储罐、塔器、换热器等。不同种类的塑料材料，具有不同的耐腐蚀性和耐温性能，应依据介质的腐蚀性和最高使用温度选用不同的塑料材料。

塑料衬里压力容器主要通过塑料板材贴衬焊接和热压焊接，以及滚塑、缠绕烧结等方法，在金属筒体内表面形成完整的塑料衬里层。目前，衬里容器中聚四氟乙烯衬里制压力容器居多，衬里的产品类型为反应容器、换热容器、分离容器、储存容器等。

搪玻璃压力容器的种类有反应容器、储存容器、蒸馏容器、换热容器、塔器等。原监检规中没有搪玻璃过程及成品质量的监检要求。TSG R7004—2013[2] 附件适用于搪玻璃压力容器的金属基体制造及搪玻璃面表面处理、喷粉、烧成等搪玻璃工艺过程和搪玻璃件成品质量的监检。

6.2 非金属材料的腐蚀类型

非金属压力容器的腐蚀类型按材质不同，宏观腐蚀形态各不相同。各种非金属材料的腐蚀类型见“2.6.2 非金属材料的腐蚀”。根据腐蚀程度和腐蚀机理还可以分为以下几类。

（1）按腐蚀程度分类

① 轻度腐蚀　包括鼓泡、溶胀、微裂纹（含裂纹）、变色、变薄等。

② 中度腐蚀　包括脱黏和分层、龟裂、脆化和硬化、形变等。

③ 破坏性腐蚀　包括开裂、粉化、失强、分解、降解、氧化、剥离。

（2）按腐蚀机理分类

① 物理腐蚀　物理腐蚀是指引起非金属材料腐蚀的主要原因是物理因素，其腐蚀过程也是物理过程的腐蚀行为。如介质渗透、应力作用形成的腐蚀。

② 化学腐蚀　化学腐蚀是指引起非金属材料腐蚀的主要因素是化学因素，其腐蚀过程是化学过程的腐蚀行为。如介质与非金属材料中某些官能团产生化学反应，使材料分解形成腐蚀，

③ 大气老化　大气老化是指高分子材料在大气环境中，受紫外线、热辐射、空气中温度、湿度、水分、氧等因素作用，性能随时间的延续而劣化的腐蚀现象。

④ 环境应力开裂　环境应力开裂指有机非金属材料在应力（外加的或内部残余应力）与某种活性介质的共同作用下，在低于材料的正常断裂应力下所发生的开裂。

6.3 非金属压力容器的腐蚀

（1）石墨设备

石墨或石墨衬里压力容器主要是换热器和反应容器。冷凝器一般用于酸性介质，列管式使用温度小于 140℃（采用酚醛树脂作浸渍剂），块孔式使用温度小于 170℃（采用呋喃树脂作浸渍剂）。

电石法氯乙烯生产工艺中，HCl 作为合成氯乙烯的主要原料，贯穿于整个合成工序。为解决盐酸对设备的腐蚀影响，石墨材质的换热器得到了广泛应用，如 HCl 合成工序的矩形块孔式石墨换热器、混合脱水工序的列管式冷凝器和预热器等。

石墨及石墨衬里压力容器腐蚀主要有石墨件表面腐蚀、掉块、裂纹、磨损、粘接部位开裂等。

(2) 搪玻璃压力容器

搪玻璃压力容器的腐蚀主要有腐蚀失光、磨损。

(3) 玻璃钢及玻璃钢衬里压力容器

玻璃钢基体或者衬里压力容器的腐蚀主要有应力腐蚀开裂、龟裂、树脂粉化、溶胀、磨损、腐蚀疲劳等。

(4) 塑料和塑料衬里压力容器

塑料基体或者衬里压力容器的腐蚀主要有腐蚀开裂、龟裂、老化开裂、磨损、溶胀、腐蚀疲劳等。

6.4 非金属压力容器腐蚀控制

6.4.1 非金属部分的检验

(1) 安全状况等级

根据非金属及非金属衬里压力容器的特点，按 TSG R7004[2] 将其非金属部分的安全状况等级分为 5 级，综合评定安全状况等级为 1 级、2 级的，检验结论为符合要求，可以继续使用；安全状况等级为 3 级的，检验结论为基本符合要求，监控使用；安全状况等级为 4 级的，检验结论为不符合要求，不能继续在当前工况（特别是介质）下使用，但可用于其他适合的介质，监控使用；安全状况等级为 5 级的，不符合要求，不能用于腐蚀性介质。

(2) 检验前的准备工作

非金属及非金属衬里压力容器检验前的准备工作除满足 TSG R7004[2] 正文的要求外，还需满足以下要求：

① 进入设备的人员应穿软底鞋，检验人员的衣服不能带有金属等硬质物件，以防止对非金属层的划伤；

② 检测人员和检测仪器进入设备前，容器内表面应当利用软质材料进行有效防护，所有检测设备不允许直接放置在容器内表面上；

③ 严禁在容器内动火和用力敲击非金属部分；

④ 容器内表面应当清洗干净、干燥，不得有物料黏附。

(3) 检验项目、内容和方法

非金属及非金属衬里压力容器的检验由金属基体（包括零部件及安全附件）检验和非金属部分检验两部分组成，金属基体（包括零部件及安全附件）检验的项目、内容和方法按照 TSG R7004[2] 规定执行，非金属部分的检验项目、内容和方法按 TSG R7004[2] 附件 E 的规定执行。

① 搪玻璃压力容器

a. 检验搪玻璃层表面是否有腐蚀迹象，是否有磨损、机械接触损伤、脱落，法兰边缘的搪玻璃层是否有脱落。

b. 依据 GB/T 7993[3]，对搪玻璃层进行直流高电压检测，检测电压为 10kV；如果进行耐压试验，直流高电压检测应当在耐压试验后进行。

c. 依据 GB/T 7991[4] 测定搪玻璃层厚度。

d. 检验搪玻璃层修复部位是否有腐蚀、开裂和脱落现象。

② 石墨及石墨衬里压力容器

a. 容器筒体、侧盖板、上下盖板的变形与腐蚀情况。

b. 石墨件表面是否有腐蚀、磨损、分层、掉块、裂纹等缺陷。

c. 石墨件粘接部位的粘接剂是否完好，有无腐蚀、开裂和渗漏。

d. 石墨衬里压力容器的衬里部分还应当检验石墨衬里层是否有腐蚀、磨损、剥落、裂纹、鼓包，与金属基体是否有脱离，粘接是否开裂。

③ 玻璃纤维增强塑料（玻璃钢）及玻璃钢衬里压力容器

a. 外表面检查。检验玻璃钢压力容器外表面是否有腐蚀破坏、开裂、磨损和机械接触损伤、鼓包、变形。

b. 内表面检查。是否光滑平整，是否有杂质、纤维裸露、裂纹，是否有明显的划痕；是否有变色、龟裂、树脂粉化、纤维失强等化学腐蚀缺陷；是否有破损、裂纹、银纹等力学腐蚀缺陷；是否有溶胀、分层、鼓泡等浸渗腐蚀缺陷；容器角接、搭接及筒体与封头的内粘接树脂是否饱满，是否有脱层、起皮，粘接缝是否裸露，粘接基面法兰是否有角裂、起皮、分层、破损等缺陷；人孔、检查孔、接管法兰及其内补强结构区是否有破损、起皮、分层、翘边等缺陷；容器本体、内支撑架及内件连接是否牢固，连接受力区是否有裂纹、破损等缺陷。

c. 连接部位检查。检验玻璃钢容器管口、支撑件等连接部位是否有开裂、拉脱现象。

d. 附件防腐层检查。检验阀门、压力表、液面计、温度计等附件与介质接触部分防腐层是否完好。

e. 玻璃钢衬里压力容器部分还应当检验衬里是否鼓包、与基体是否有分离等缺陷；用非金属层测厚仪测定玻璃钢衬里层的厚度。

④ 塑料及塑料衬里压力容器

a. 外表面检验。检验塑料压力容器外表面是否有腐蚀破坏、老化开裂、泄漏、磨损和机械接触损伤、鼓包、变形。

b. 内表面检查。检验否有腐蚀破坏、老化开裂、磨损和机械接触损伤、鼓包。

c. 焊缝和连接部位检验。检验焊缝和连接部位是否有开裂、拉脱现象。

d. 塑料衬里压力容器衬里部分应当检验衬里是否鼓包、与基体是否有分离等缺陷；对塑料衬里进行 5kV 直流高电压检测和厚度测定，如果进行耐压试验，直流高电压检测应当在耐压试验后进行。

⑤ 声发射检测技术　20 世纪 70 年代，美国化学工业用玻璃钢压力容器和储罐发生过许多破坏。这类破坏多与选材、设计、运输及制造方面的失误有关，当时对此又没有可行的无损检测方法。1978 年，塑料工业协会成立了增强塑料声发射检测委员会，经合作攻关，于 1982～1983 年相继制定了压力容器与储罐和管道的声发射检测方法，后来又纳入 ASME 规范[5]和 ASTM 标准[6]。至 1986 年，累计检测了 7000 多件压力容器与储罐和 10000 多件管道。

6.4.2 非金属部分的制造和使用

(1) 制造工艺控制

非金属压力容器的制造工艺对其耐蚀性有重要影响，应按其相关标准的要求进行工艺评定和施工。如，石墨制压力容器的粘接工艺评定（CPQ）应符合相关标准的要求，粘接工艺规程（CPS）及材料修补工艺应根据已评定合格的工艺评定进行编制[7]。对材料进行修补，应有详细记录，其内容至少包括粘接形式、粘接部位尺寸、材料牌号、生产厂商、粘接工艺参数（接头间隙、表面质量、凝固温度和时间等）、粘接操作人员工及修补时间等。

玻璃钢压力容器成型工艺有手糊成型、缠绕成型、袋压成型和模压成型，应针对复合材料压力容器的使用特点和容器形状选择适宜的成型方式。从高压容器的受力特点出发，采用预应力优化缠绕技术，使容器在操作压力下内衬容器始终处于低应力水平，而外面缠绕层基本达到等强度应力分布，从而可以大大提高压力容器的安全性、抗疲劳性和抗应力腐蚀性能，同时可以提高纤维强度转化率，而极限承压能力基本保持不变。

（2）使用温度

温度对高分子材料的非金属压力容器腐蚀影响极大，须严格防止超温。玻璃钢制压力容器最低设计温度不应低于－54℃，最高设计温度不应超过121℃或树脂热变形温度减去19℃，两者取其中较低值。使用温度波动范围应尽可能小。

（3）使用介质

介质组分应保持稳定。

（4）选材

非金属或非金属衬里压力容器起防腐蚀作用的主要是内壁防腐层，应根据介质、温度合理地选择非金属防腐层的材质。树脂、纤维种类和比例决定了纤维增强塑料的耐蚀性，石墨设备要注意选择树脂的类型和石墨含量。

（5）修补

非金属和非金属衬里压力容器在制造时需要开孔，在运输、安装和使用中会因腐蚀或机械等原因损坏，如大面积脱落、开裂等，需要进行修补。修补前应进行修补工艺评定，对修补部位，应清理干净，以保证修复层的附着强度和耐蚀性。

6.5 非金属压力容器腐蚀失效案例

案例1：石墨换热器壳体密封面腐蚀原因分析

某厂盐酸冷凝器使用中多次发现换热器管泄漏。其中一次发现上法兰密封面腐蚀形成凹坑，造成大量气体从密封垫下泄漏。另外一次在壳体上法兰下部发生腐蚀，形成了长100mm，宽50mm的孔洞，大量酸性气体泄漏。

盐酸蒸汽冷凝器的几何尺寸为ϕ1600mm×4600mm。石墨管规格ϕ32mm×20mm，共计有880根换热管。运行条件上部进口为103℃的盐酸蒸汽，下部出口为盐酸冷凝液。压力小于0.1MPa；壳程为循环冷却水，下进上出，进口温度为常温，压力0.6MPa。

（1）盐酸冷凝器壳体腐蚀情况检测

第一次，换热器投用几个月后上法兰开始泄漏，先是少量蒸汽漏出，随后逐渐变大，坚持到大检修返厂，拆下上封头，从浮动端推出管束和上管板，看到上法兰密封面被腐蚀掉近200mm的一段，见图6-1。冷凝器上法兰下部腐蚀穿孔，见图6-2。抽出管束后发现靠近泄漏面的2根换热器管已断，抽出壳体后发现管束外表面附着大量锈皮，换热器管束上部有一圈高度为200～300mm变色的区域颜色为蓝、灰和白色。说明了石墨换热器在运行过程中，壳体内部最上部200～300mm高度被气体充满，为纯气相层，见图6-3。从列管断裂错位的情况可以判定它们曾经受到比较大的弯曲应力。壳体内壁可见腐蚀坑和腐蚀沟槽，见图6-4。

（2）换热器管断裂原因分析和结论

从列管断裂检测结果和石墨换热器的操作运行情况分析，断裂原因主要有以下几点。

① 石墨换热器是立式安装，在停车时会有一些空气进入壳体。当壳体开始由壳体下部进水时，空气会被从上部排气孔排出。由于上部的排气孔未被打开，空气没有排净。在出水口和上管板之间形成一个死气层。

图 6-1 上法兰密封面被腐蚀

图 6-2 冷凝器上法兰下部腐蚀穿孔

图 6-3 管束外表面

图 6-4 壳体内部腐蚀情况

② 开车时高温盐酸气体从上部进入石墨换热器时，靠近上管板的空气层被迅速加热。一方面严重影响石墨换热器管的换热，使其处于高温状态，降低换热器管的力学性能；另一方面死气层中的气体快速膨胀，给壳体侧的水面施加压力同时向下管板传递。水面也产生一个反力，并且压缩空气作用在上部的辅助管板上。这个过程引起了液面的波动和压力的波动，从而导致了水击的发生。水击不仅可以使上下管板受到损伤，也可以造成换热器管发生断裂。该厂还发生过石墨换热器上下管板因为这类水击现象导致管板开裂的情况。

(3) 预防措施

① 盐酸冷凝器安装时要检查上管板连接的壳体上法兰的排气孔是否疏通，是否安装了排气管线。

② 在每次开车前检查排气孔连接的排气管线是否处于常开状态，当排气管线排尽气体并且开始排水后，盐酸蒸汽才能从上部接管进口进入。

③ 排气孔应该处于常开状态，可以控制小流量。

案例 2：石墨盐酸冷却器壳体腐蚀穿孔原因分析

设备运行接近 6a 时间，在靠近大约浮动端 1m 的位置中部发现腐蚀穿孔，冷却水流出，如图 6-5 所示。设备规格 ϕ490mm×3822mm，壳体材料 Q245，管束石墨管，设计压力壳体和管束均为 0.6MPa，设计温度 150℃。介质循环冷却水/盐酸（壳程/管程）。

图 6-5 冷却器壳体腐蚀穿孔

(1) 检测分析

① 换热器壳体的宏观检查　抽出石墨管束检

测壳体内部，发现内壁覆盖了很厚的锈层和腐蚀坑，如图 6-6 所示。有许多深的腐蚀坑分布在石墨管束折流板及其附近的位置，见图 6-7。

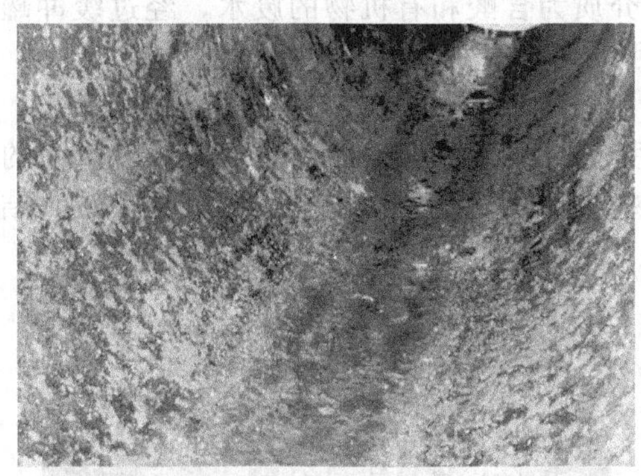

图 6-6　内壁厚锈层

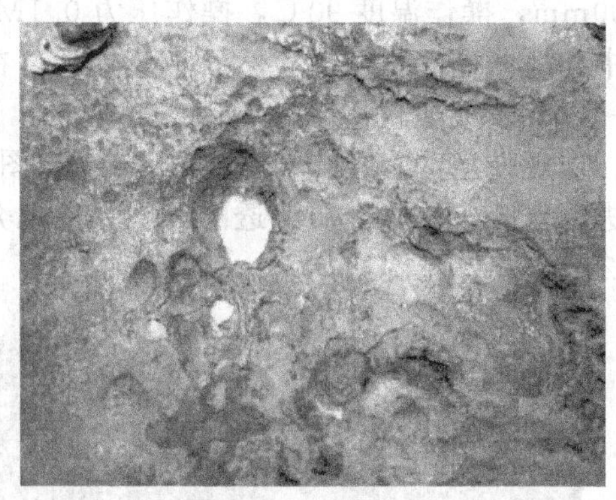

图 6-7　穿孔形貌

② 腐蚀产物能谱分析　壳体内壁腐蚀坑底部及附近的腐蚀产物形貌见图 6-8，能谱分析表明腐蚀产物中含有质量分数约 1%的 Cl、0.5%的 S 和 1%的 P。

(a) 壳体内壁腐蚀坑穿孔部腐蚀产物

(b) 壳体内壁腐蚀穿孔底部

图 6-8　腐蚀产物形貌

(2) 腐蚀原因分析

① 冷却水水质情况　查阅了 2013 年 3 月到 2014 年 5 月的冷却水处理监测的记录，游离的氯在冷却水中的含量规定是 0.2～0.5mg・L^{-1}。但在实际运行中有时会超过 1.76mg・L^{-1}。而缓蚀剂的加量有时又远低于规定值。

② 石墨折流板与碳钢壳体的电偶腐蚀　在循环水冷却系统中，碳钢壳体的下部与石墨换热器管束的石墨折流板相互接触，会产生电偶腐蚀。石墨折流板的电位高于碳钢壳体的电位，碳钢壳体被腐蚀。

另外，石墨管束的折流板与石墨管的定距不是采用定距管来固定的，而是使用石墨胶泥粘接在石墨管束的最外层换热器管上的。这种固定方式在安装管束时以及使用中冷却水冲刷和管束振动都有可能开裂、松动和脱落。这些碎块与碳钢壳体接触，也会产生电偶腐蚀。

③ 垢下腐蚀　腐蚀产物沉积后，随着腐蚀坑的加深，电偶腐蚀的作用逐渐减弱，但垢下腐蚀的作用逐渐加强。

案例 3：玻璃钢（FRP）缓冲罐鼓泡

某化工厂 1 台纯玻璃钢缓冲罐，使用亚仕兰 470 树脂制作。缓冲罐直径 ϕ3600mm，高 7600mm，操作温度 90℃，操作压力 0.1MPa，介质为含酸和有机物的废水，经过缓冲罐用碱中和后做进一步净化，然后焚烧处理。在使用 3a 后内壁的中部出现大面积鼓泡。

（1）鼓泡检查情况

宏观鼓泡的直径在 50～150mm，如图 6-9 所示。经高压水枪冲洗去污后，对鼓泡的部位进行打磨，检测介质渗透的深度。发现介质渗透最深的部位已经超过了抗渗层，进入结构层 2～3mm，见图 6-10。

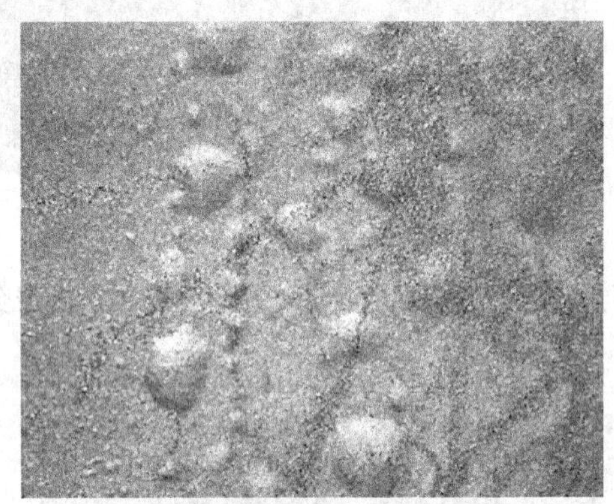

图 6-9 缓冲罐内壁大面积鼓泡

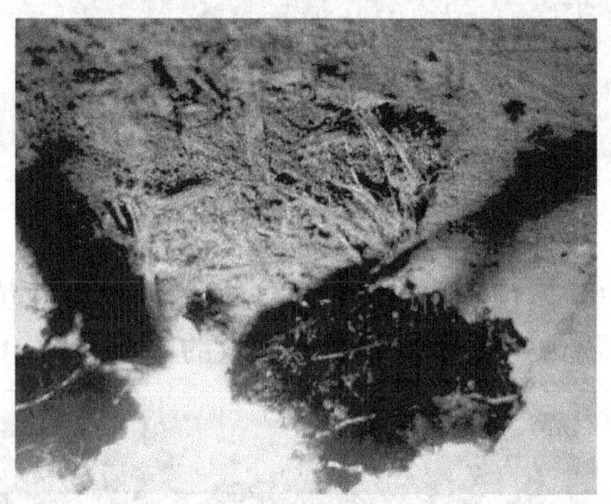

图 6-10 抗渗层下介质渗出

与缓冲罐内壁出现鼓泡相类似的情况也发生在盐酸储罐中。当耐蚀性差的玻璃纤维或抗渗层存在一些缺陷，被盐酸浸蚀时在抗渗层会出现鼓泡。鼓泡在表面毡和第一层短切毡之间形成，它没有影响盐酸扩散的深度，可以观察到绿色退化层，见图 6-11[8]。

图 6-11 鼓泡剖面

（2）造成鼓泡的原因分析

① 高分子结构组成的影响　介质在高分子材料内的渗透与扩散，取决于腐蚀介质的环境条件、高分子材料的性质和成型状态。介质分子在浓度梯度作用下向高分子材料内部迁移的前提条件是高分子材料内存在着空位。由于高分子材料是线型大分子通过分子间作用力相互缠绕聚集而成，不可能排列得非常紧密有序，故自然存在有大量的体积空间。即使是结晶态聚合物也存在大大小小的缺陷。此外，线性大分子是由若干的链段组成，链段的热运动过程将导致材料内自由体积空间移位，同时也把渗入的介质分子带进新的空间。所以，提高结晶度、取向度、交联密度等均可使扩散系数、渗透系数或渗透率下降。表 6-1 表明了大分子结构及交联对渗透性能的影响。

表 6-1　几种高分子材料对水的渗透系数　$10^5 g \cdot mm^{-2} \cdot h^{-1} \cdot mmHg^{-1}$

高分子材料	氟塑料	PVC	酚醛树脂	PE	聚苯乙烯	聚醋酸乙烯
p_{H_2O}	0.05	0.5	0.1	0.2	3.5	30

注：1mmHg=0.1333.2Pa。

② 介质分子的影响　介质在高分子材料内的扩散能力，当材料中的空位或其他缺陷确

定后，在一定的温度条件下取决于渗透介质的分子体积、形状和极性。介质分子的体积越小、质量越小，介质的渗透扩散能力越大；流线型的介质分子比体积蓬松的介质分子扩散能力要强；介质分子的极性越接近高分子的极性，两者的亲和力越大，介质扩散渗透能力越强。图 6-12 所列为支配有机介质在聚乙烯中渗透能力的 3 个主要因素。由于被渗透的材料是非极性的，所以极性小的甲苯与材料的亲和力大，渗透性较好，而苯胺是强极性介质，与聚乙烯难以相互溶解，其渗透率则小得多。正戊烷分子小，对二甲苯分子排列为流线型，易于通过材料内的空位或缺陷渗透；而葵烷分子大，邻二甲苯体积蓬松，在同样的空位或缺陷条件下则渗透阻力要大得多。

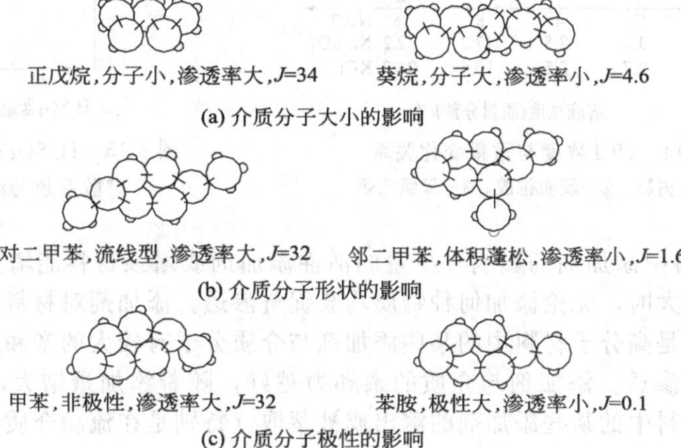

图 6-12　介质分子因素对聚乙烯渗透率的各种影响

③ 介质环境温度的影响　温度对扩散渗透性能有很大影响。温度升高，一方面大分子及其链段的热运动动能增大，使材料大分子间的空隙或自由体积增大并产生位移，也使介质分子易于扩散并因自由体积位移促进介质分子渗透迁移；另一方面，温度升高也使介质分子动能增大，提高其渗透扩散能力。图 6-13 为 HNO_3 在不饱和聚酯中的扩散系数与温度的关系。

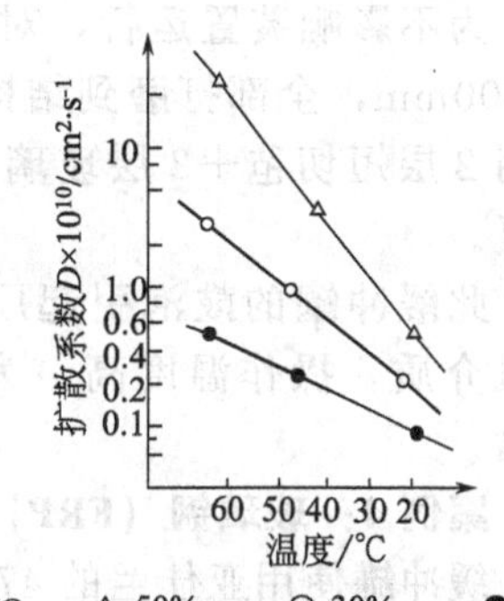

图 6-13　HNO_3 在不饱和聚酯中的扩散系数与温度的关系

④ 介质浓度的影响　介质在高分子材料中的扩散常依赖于介质的浓度。在任何介质溶液体系中，溶剂分子的渗透总是优先于溶质分子，特别是以水作为溶剂的溶液体系。对于不能与高分子材料发生反应的介质溶液，往往是随着浓度的增加，其对材料的浸蚀增重率多表现为下降的倾向。其原因分析有以下几种可能。

一是介质分子与溶剂分子间作用力的影响，当介质分子与溶剂分子间次价键力较强时，溶剂分子的活动被介质分子吸引限制，难以有效渗透。此种情况下，介质浓度越高，分子间作用力越强，介质溶液的渗透越困难。

二是溶质分子解离出来的离子与溶剂水的水合作用（如某些无机酸、碱、盐水溶液），阻碍了水分子及介质分子向材料内部的渗透。介质浓度越高，水合作用消耗的水分子及介质离子越多，介质溶液的渗透越困难。图 6-14 为盐溶液浓度对环氧树脂、硬质橡胶和聚氯乙烯重量变化的影响，图 6-15 为 H_2SO_4 浓度对其在环氧树脂中扩散系数的影响。

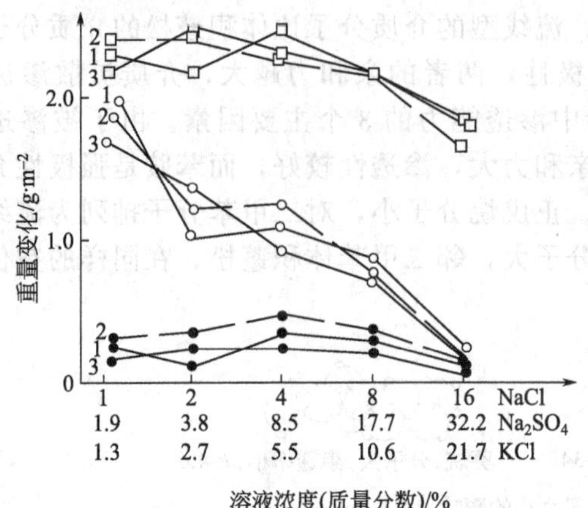

图 6-14 HCl 浓度与重量变化关系

1—环氧树脂；2—硬质橡胶；3—聚氯乙烯

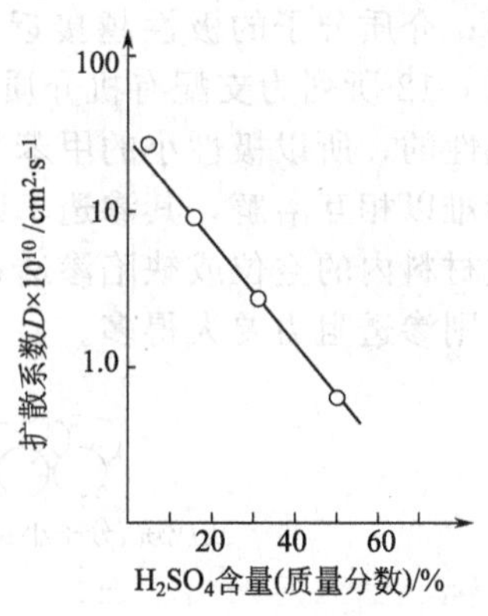

图 6-15 H_2SO_4 在环氧树脂中扩散系数与浓度关系

⑤ 高分子材料中添加剂的影响 少量的活性添加剂或增强材料能增大高分子材料的抗渗能力。但含量过大时，无论添加何种物质均会促进渗透。添加剂对材料抗渗的影响主要表现在两个方面：一是高分子材料中的某些添加剂与介质分子有较大的亲和力，则该类组分的存在有利于介质的渗透。添加剂与介质的亲和力越好，随着添加量增大，介质渗透能力提高；二是高分子材料中的某些添加剂的溶出或被萃取（特别是在流动介质中）使自由体积和孔隙含量增加，导致抗渗能力下降。

(3) 缓冲罐内壁修复处理

为不影响装置运行，对缓冲罐内壁进行了临时修复处理。对出现鼓泡的环带包括上下 300mm，全部打磨到结构层下 3mm，完全去除渗透污染。仍然使用亚仕兰 470 树脂，采用 2 层短切毡＋2 层玻璃布＋2 层短切毡＋2 层玻璃布＋2 层短切毡＋2 层表面毡粘接修复。

此缓冲罐的鼓泡引起厂方的重视，由于缓冲罐废水介质组成比较复杂，有酸有碱和有机介质，操作温度高。为了保证装置稳定运行，1a 后更换为内衬氟塑料的玻璃钢增强罐。

案例 4：玻璃钢（FRP）缓冲罐鼓泡

缓冲罐使用亚仕兰的 470 树脂制作，直径 ϕ3600mm，高 7600mm。操作温度 90℃，操作压力 0.1MPa，介质为含酸和有机物的废水，经过缓冲罐用碱中和后做进一步净化后焚烧处理。在使用 3a 后，内壁的中部出现大面积鼓泡，鼓泡的直径 50～150mm，见图 6-16。

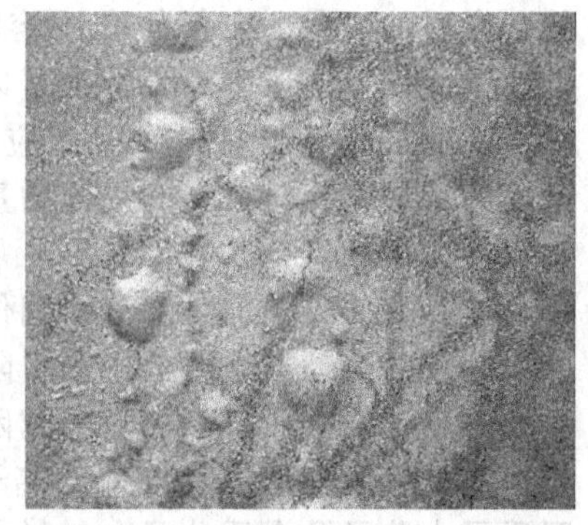

图 6-16 缓冲罐内壁的大面积鼓泡

为了不影响装置的运行，对缓冲罐内壁进行了临时的修复处理。经过高压水枪冲洗去污后，对鼓泡的部位进行打磨，检测介质渗透的深度。鼓泡打磨后抗渗层下还有介质渗出，检测发现介质渗透最深的部位已经超过了抗渗层，进入结构层 2～3mm，见图 6-17。

因此，对出现鼓泡的环带包括上下 300mm，全部打磨到结构层下 3mm，完全去除渗透污染。重新使用 2 层短切毡＋2 层玻璃布＋2 层短切毡＋2 层玻璃布＋2 层短切毡＋2 层表面毡粘接修复。仍然使用亚仕兰的 470 树脂。

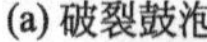
(a) 破裂鼓泡

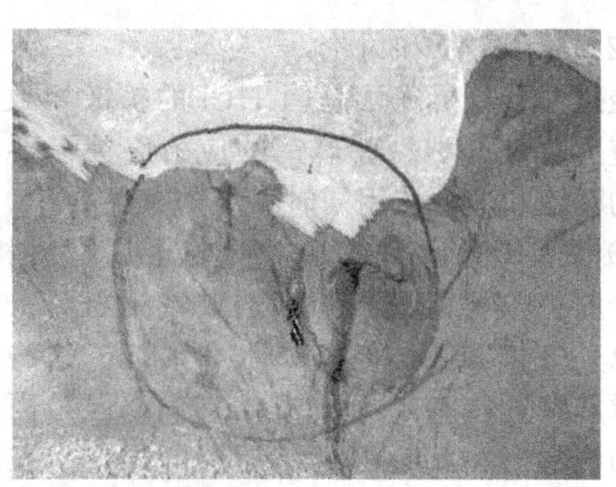
(b) 磨开鼓泡表层

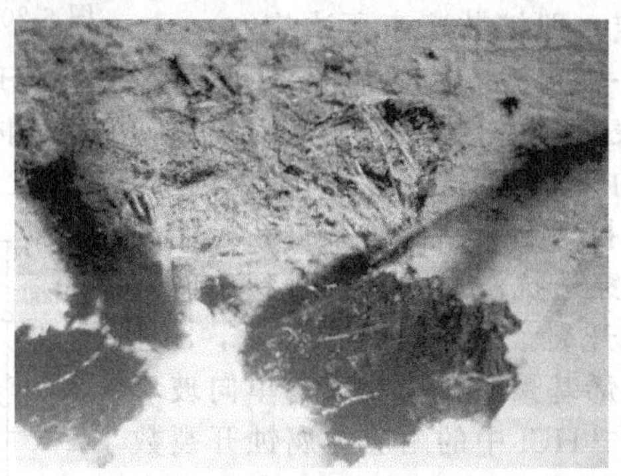
(c) 打磨到抗渗层

图 6-17　鼓泡打磨情况

案例 5：盐酸对玻璃钢储罐的应力腐蚀

1 台生产凝结剂的玻璃钢反应器，见图 6-18，循环操作按批生产凝结剂，加入盐酸反应过程中，压力高于大气压，温度 90℃。使用 10a，物料先沿着反应器底部直边段和下底部平封头过渡区整个圆周区域渗漏，最后突然断裂掉底，见图 6-19，导致 20t 88℃的含有盐酸的物料泄漏。

图 6-18　生产凝结剂的玻璃钢反应器装置

图 6-19　反应器底部断裂掉底

(1) 失效分析检测

光学显微镜剖面切片抛光后观察显示，除了断裂面之外，附近还有一条带有分枝的裂纹。盐酸已经穿透了抗渗层。主裂纹也超过结构层的 4/5，分枝裂纹也已经超过结构层的 1/2，见图 6-20。

（2）原因分析和讨论

经过失效分析确认是因 HCl 的扩散导致了玻璃钢的应力腐蚀开裂。玻璃钢的应力腐蚀需要有一个酸性的环境和应力作用同时存在的条件。

① 酸性介质条件的形成　与金属材料相比较，小分子的扩散可以进入和穿透玻璃钢材料。这些分子可以是气体和液体，例如水和溶剂。这些分子可以扩散和穿透抗渗层而不损伤它们，但是当它们扩散到结构层时，就会引起结构层的损伤。在这种情况下，玻璃钢设备的使用寿命是视这些分子扩散并且穿透抗渗层的时间而确定，即扩散速率所决定。HCl 在玻璃钢中的扩散就是一个实例，在较高的温度下和浓度下，HCl 在玻璃钢中发生扩散，使纯树脂中发生变色和出现表面裂纹。扩散的速率依赖于制成玻璃钢构件使用的玻璃织物，玻璃钢构件所处的环境和承受的应力。当盐酸渗到结构层内部以后，发生应力腐蚀开裂。

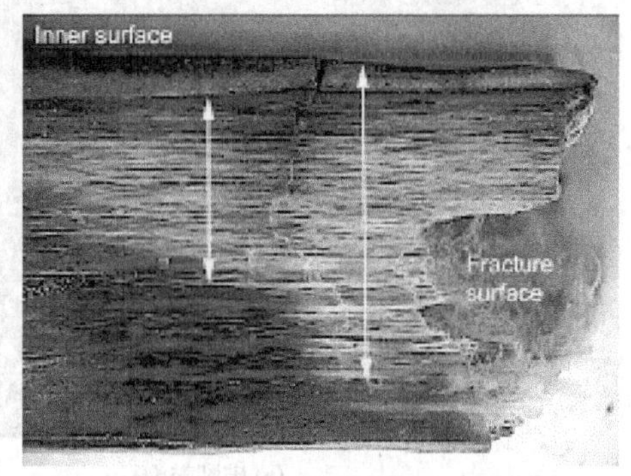

图 6-20　断口剖面微观形貌

② 玻璃钢的应力腐蚀与抗渗层材料的关系　在拉伸载荷的作用下，如果酸性介质穿透抗渗层并且接触到玻璃钢结构层即能够发生应力腐蚀开裂。如图 6-21[9] 所示，3 种不同玻璃纤维和双酚 A 聚乙烯基聚酯树脂制成的单向玻璃钢结构暴露在 25℃ 1mol・L^{-1} HCl 中的耐应力腐蚀开裂数据，使用标准 E-glass 纤维制成的单向玻璃钢结构层在 0.2% 的应变载荷作用下，30d 内发生了应力腐蚀开裂。同时在图中可以看到，不含硼的 E-glass 纤维制成的玻璃钢结构比使用标准 E-glass 玻璃纤维制成的结构耐应力腐蚀开裂的性能好很多。

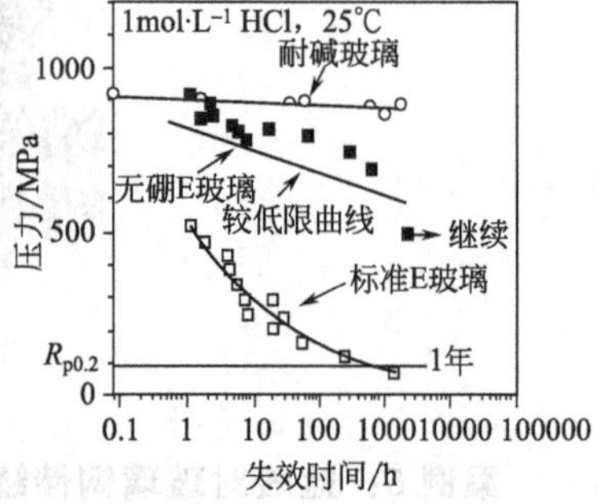

图 6-21　不同玻璃钢结构暴露在 25℃ 1mol・L^{-1} HCl 耐应力腐蚀开裂性能

关于玻璃纤维的几种不同类型及其耐腐蚀性能可以参考文献［10］。按化学组成不同分：

a. 高碱玻璃纤维（A）　化学组成中 R2O 在 14%～17%（质量分数）的钠钙玻璃系统的纤维；

b. 中碱玻璃纤维（C）　化学组成中 R2O 在 8%～12%（质量分数）的钠钙玻璃系统的纤维；

c. 无碱玻璃纤维（E）　化学组成中 R2O 在 0%～2%（质量分数）硅硼硅酸盐玻璃系统的纤维；

d. 特种玻璃纤维　指化学组成适应的特殊用途的玻璃纤维，例如：高强度玻璃纤维（S）、（R）、高弹性模量玻璃纤维（M）和好的电绝缘性玻璃纤维（D）等。另外还有好的导电性的碳纤维材料。

ECR-Glass 纤维材料是 E-Glass 的改进型，在酸性介质中有更良好的耐蚀性，除此之外，相对耐碱性的有 AR-Glass 纤维材料。

在一些化学物质干湿交替作用下可引起玻璃钢层间脆化，抗渗层最外表面可形成龟裂，引起和促进介质的渗透腐蚀或应力腐蚀开裂的萌生，并且对玻璃钢结构的长期性能造成影响。由于玻璃钢结构层玻璃纤维的含量比较高，使得它比抗渗层应力腐蚀开裂的敏感性高很多。在盐酸介质环境中的玻璃钢的使用寿命首先取决于酸扩散穿透抗渗层的时间。

（3）相关的验证试验

① 在使用钴盐固化剂的玻璃钢层间。盐酸扩散的深度依赖于酸的温度和浓度。在使用

钴盐固化剂的玻璃钢层间能够观察到发绿色的变化。通常盐酸与钴离子一起形成一个绿色的复合层，这个绿色的退化层用来指示酸渗透的深度，很容易采用剖面抛光在光学显微镜下观察测量，见图 6-22[8]。图 6-23 是采用剖面抛光在光学显微镜下观察 MEKP 固化系统，Derakane 470 树脂 3 个月在 80℃、质量分数 35％HCl 的绿色退化前沿的图片。图 6-24 是采用剖面抛光在光学显微镜下观察 MEKP 固化系统，Derakane 411 树脂 21d 在 80℃、质量分数 20％HCl 的淡绿色退化前沿的图片。箭头所指为淡绿色退化前沿的扩散深度。

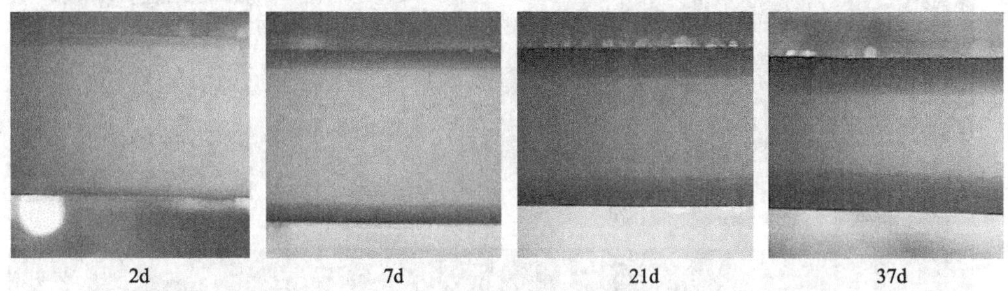

图 6-22 玻璃钢在 80℃、质量分数 20％HCl 剖面抛光的绿色退化前沿

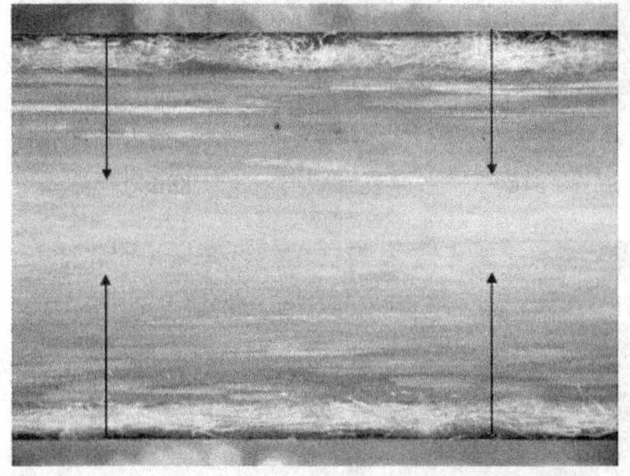

图 6-23 Derakane470 树脂的绿色退化前沿

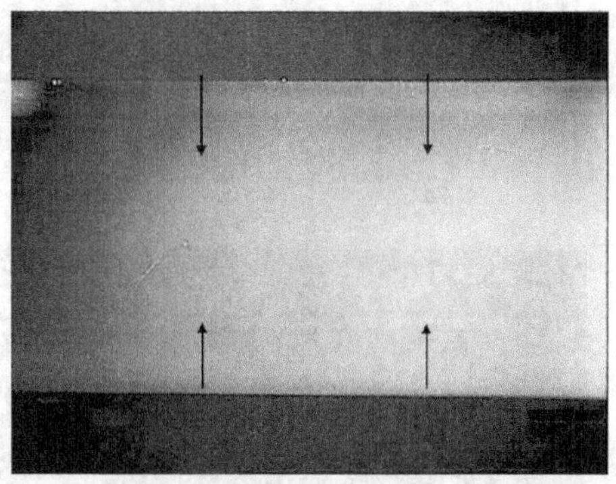

图 6-24 Derakane411 树脂淡绿色退化前沿

图 6-25 是 Derakane470 使用 Nexus 表面毡制作的 FRP 试样在质量分数 35％HCl 中在 40℃、60℃和 80℃温度下浸泡 2d、7d、31d 和 88d 后扩散深度与浸泡天数平方根绘制的曲线，图6-26是重量变化与浸泡天数平方根绘制的曲线。

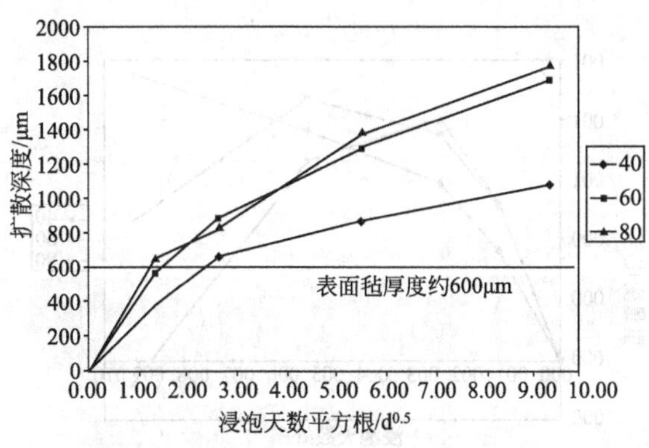

图 6-25 Nexus 表面毡试样扩散深度与浸泡天数平方根关系

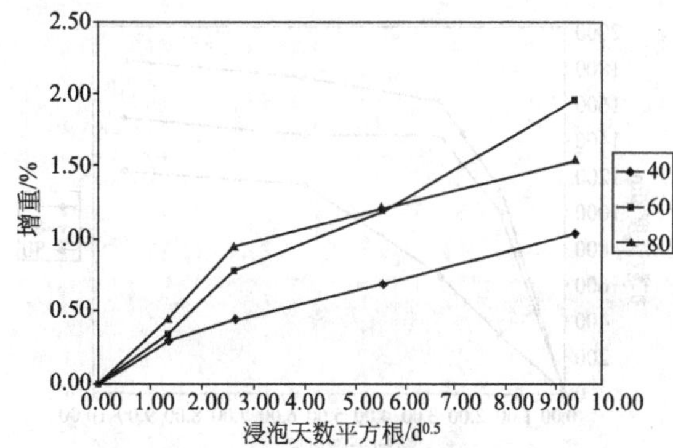

图 6-26 Nexus 表面毡试样重量变化与浸泡天数平方根关系

② 使用低钴含量固化系统制作的 FRP 试样。图 6-27 是 Derakane 411 使用 Nexus 表面毡和低钴含量固化系统制作的 FRP 试样在质量分数 35% HCl 中在 40℃、60℃和 80℃温度下浸泡 2d、7d、31d 和 88d 后，采用 pH 试剂显示抛光剖面扩散深度，在光学显微镜下观察得到的图片。检测到的扩散前沿深度和相应的重量变化见图 6-28 和图 6-29。

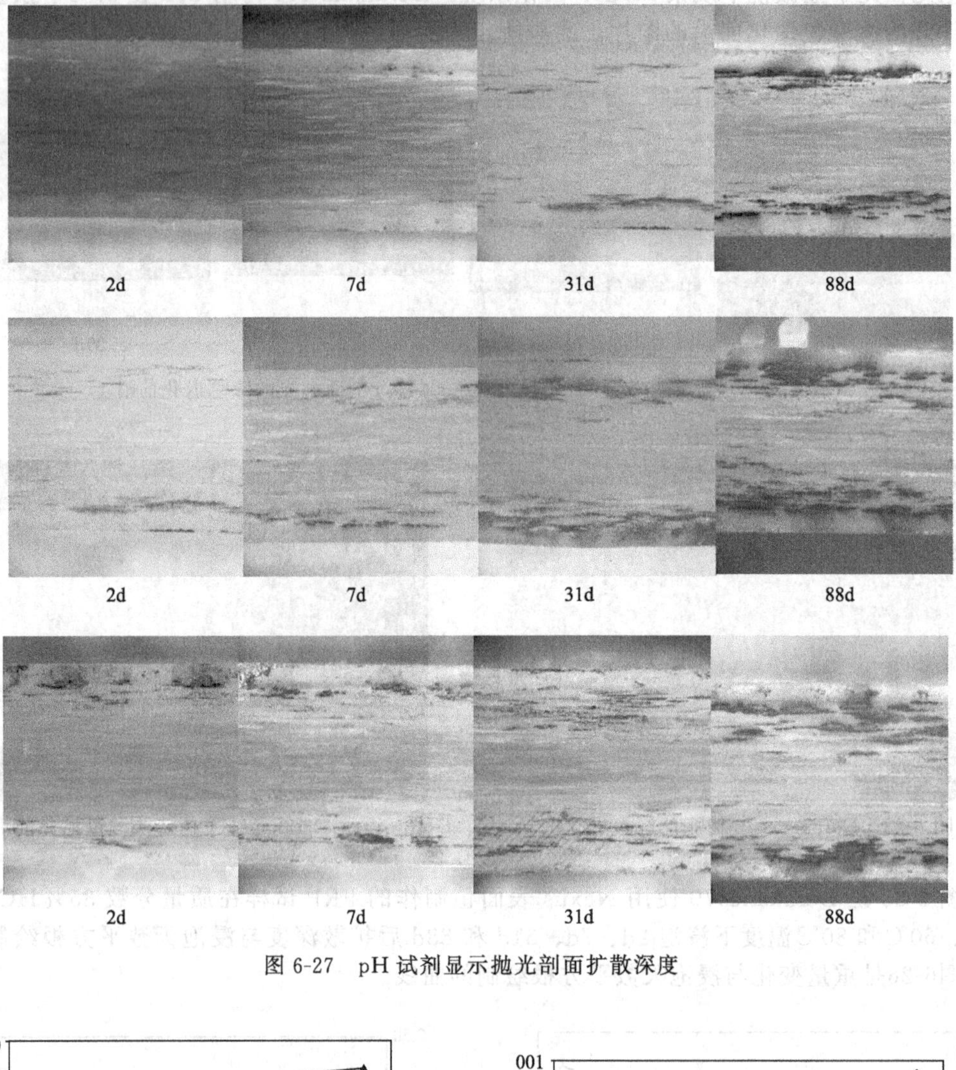

2d 7d 31d 88d

2d 7d 31d 88d

2d 7d 31d 88d

图 6-27 pH 试剂显示抛光剖面扩散深度

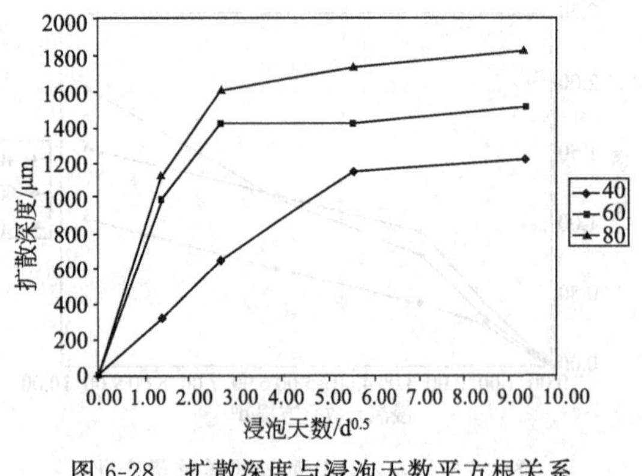

图 6-28 扩散深度与浸泡天数平方根关系

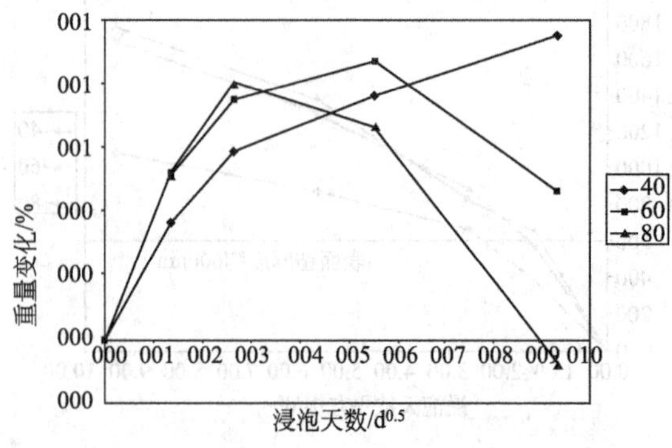

图 6-29 重量变化与浸泡天数平方根关系

从上面的试验结果我们可以看出，玻璃钢在 HCl 浸泡后扩散深度随着浸泡天数增加而增加；随着介质的浓度和温度的升高而增加。而重量变化与浸泡天数平方根的关系是增加到一定数值后会出现下降。这个指标的测量对在用玻璃钢设备的监测存在一定的难度。对试验室的试验有一定的帮助。

③ 负荷应力对高分子材料耐腐蚀性能的影响[9]。在负荷作用下或处于应变状态下的高分子材料，其大分子链及链段会顺着外力作用方向滑移。若为拉伸应力，将导致大分子间间距增大，从而为介质分子的渗透扩散提供了更大的空隙。此外大分子链及链段的滑移，也同时对已渗入介质的渗透迁移提供了推动力，促进介质分子向材料更深层扩散。因此，其重量变化要比静态浸渍时大。所以在实际应用中要充分注意负荷应力的作用，特别是要防止拉伸应力作用的形成。

④ 交变应力对高分子材料耐腐蚀性能的影响。橡胶、塑料具有因低频交变应力使疲劳强度降低的倾向，当将此类材料浸渍在介质中时，其疲劳强度下降的倾向更严重，图 6-30 为硬聚氯乙烯（PVC）在酸、碱溶液中，低频交变应力对其疲劳强度的影响。图 6-31 为水及表面活性剂对 PVC 疲劳强度的影响。试验结果表明：在高应力振幅条件下，材料的抗疲劳性能与抗蠕变性能间差别不大。但在低应力振幅条件下，与蠕变性能相比，材料的疲劳性能迅速下降；在介质与交变应力的联合作用下，PVC 材料的强度下降至 30～50MPa；强腐蚀性介质对材料的疲劳强度破坏性更大。

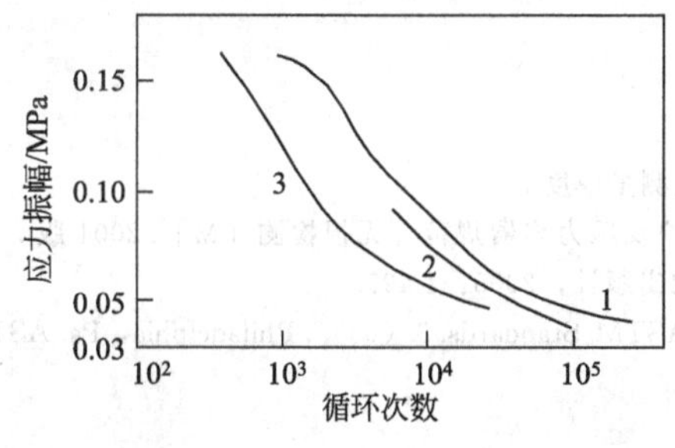

图 6-30　PVC 在酸、碱中的疲劳强度

1—10%NaOH；2—60%HNO_3；3—10%HNO_3

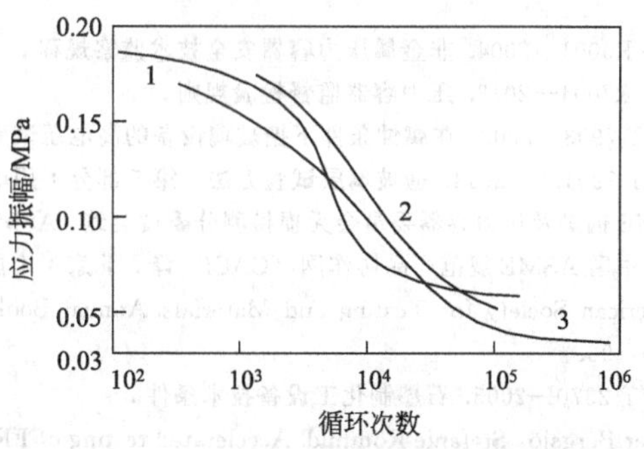

图 6-31　PVC 在水及表面活性剂中的疲劳强度

1—空气；2—水；3—表面活性剂

介质浓度对材料疲劳性能的影响如图 6-32 所示。HCl 使聚酰胺在疲劳试验中呈溶胀型破坏，使聚甲醛呈开裂型破坏，二者的疲劳强度均随 HCl 浓度的增大而下降。

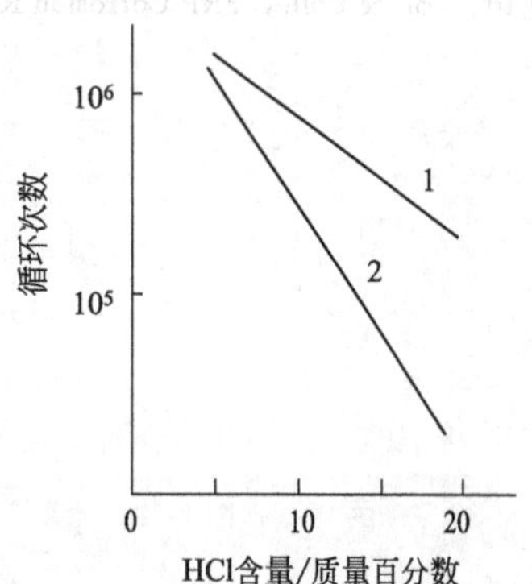

图 6-32　介质浓度对材料疲劳性能的影响

1—聚酰胺；2—聚甲醛

（4）讨论

这次事故的发生，主要存在以下几个问题。

① 设计方面对交变应力对高分子材料耐腐蚀性能的影响考虑不足，表现在对储罐的底部支撑设计得非常单薄。如采用裙座、锅底支座或大面积补强的支座形式，或许会避免此次事故。

② 监管方面的问题。对于运行 10a 之久的玻璃钢设备缺失检测和检验。主要应检测内壁抗渗层的表面状态，包括鼓泡、颜色变化、粗糙程度、硬度和表面起皮以及裂纹等等。如果可以在容器内部的辅助构件取样更好，取样后可以及时的修补完善，不会影响设备今后的运行。对取到的样品可以做剖面

渗透检测、力学性能如拉伸和弯曲性能的检测等，对发现的缺陷和问题及时处理和修复。

（5）启示

这次事故给我们带来非常重要的启示：国内现在有一批大型的纯玻璃钢盐酸储罐在运行，但没有检验和评估方法。目前国内外对玻璃钢压力容器的使用和监管还没有一套行之有效的方法，相应的规范规程也不够完善。具体的检测方法，检测手段和检测的依据也还有大量的研究工作要进行。

国际材料研究协会（Material Technology Institute，MTI）在玻璃钢设备的腐蚀方面给予了很大的重视，前期做了大量的工作。以下几个方面是将来的研究方向。

① 把试验室浸泡试验的剖面深度检测和力学性能试验结合起来，把光学显微镜的检测与扫描电镜和能谱分析结合起来。进一步研究玻璃钢的材料组对、结构形式对腐蚀性介质的抗腐蚀性能。

② 把试验室的试验与现场玻璃钢设备的腐蚀实际结合起来。研究一些适合于现场的腐蚀挂片的方法和形式，从中找出更加合理的玻璃钢设备的监管的方法和依据；

③ 收集和整理关于玻璃钢设备的检验检测的报告及失效的案例，根据各种不同的问题展开攻关研究及讨论。在此基础上形成一个可以通行的（或推荐、或试行的）规程或规范，最大限度地降低或避免因为危险物料腐蚀造成的事故损失。

参考文献

[1] TSG R0001—2004. 非金属压力容器安全技术监察规程.

[2] TSG R7004—2013. 压力容器监督检验规则.

[3] GB/T 7993—2003. 在腐蚀条件下搪玻璃设备的高电压试验方法.

[4] GB/T 7991.5—2014. 搪玻璃层试验方法　第5部分：用电磁法测量厚度.

[5] ASME锅炉及压力容器委员会无损检测分委员会编. ASME锅炉及压力容器规范：无损检测［M］. 2004版. 第5卷. 中国ASME规范产品协作网（CACI）译. 北京：中国石化出版社，2005：1-497.

[6] American Society for Testing and Materials. Annual Book of ASTM Standards. 3（03）. Philadelphia，Pa. ASTM，1976：96.

[7] HG/T 2370—2005. 石墨制化工设备技术条件.

[8] Petter Bergsjö，Stefanie Römhild. Accelerated testing of FRP-Introduction，Test Method，Laboratory experiments and Results. 2006.

[9] 化工机械及自动化研究设计院主编. 腐蚀与防护手册：第1卷. 腐蚀理论及监测［M］. 第2版. 北京：化学工业出版社，2008. 380-443.

[10] Bruce Colley. FRP Corrosion Resin Fundamentals. Ashland. 2012.

第7章 腐蚀控制

CHAPTER 7

腐蚀控制是为了调节材料与环境之间的相互作用，使设备、结构或零部件保持其强度和功能，不致因发生腐蚀而劣化甚至损坏（失效），以实现长期安全运行。经济因素和节能减排是当前腐蚀与防护领域中许多研究工作的原动力。目标是设备、结构或零部件的腐蚀速度保持在一个比较合理的，可接受的水平。

腐蚀控制的意义在于控制腐蚀、节约资源、改善环境、保障安全、创造财富。疏于腐蚀控制会造成巨大损失，严于腐蚀控制将会带来巨大的效益。鉴于腐蚀问题的严重性，国内外对防腐蚀工作都很重视，采取各种措施来减轻腐蚀的危害。各国政府和企业都制定有腐蚀控制的法规，作为设计、施工、管理必须遵循的准则。

7.1 腐蚀控制系统工程学

7.1.1 腐蚀控制系统工程学的形成

金属的腐蚀与防护从学科特点来看，是一门由材料、冶金、化学、电化学、物理、力学和微生物学等多门学科交叉渗透所形成的边缘性的技术科学。近年来随着非金属材料及复合材料在高新技术上的应用日益广泛，对这类与其腐蚀老化规律和机理的研究也逐渐受到重视。因此，在现代设计工作中，获得必不可少的腐蚀及其控制的综合知识是十分必要的。

(1) 防护系统工程学（Terotechnology）

随着工业的发展，为了保障在高参数苛刻环境条件下运行的大型工程设施长期的安全和生产/使用过程的自动化，必须对它们提供整套的综合防护措施，防患于未然，杜绝发生严重腐蚀和恶性破坏事故。为此目的而发展起来了近代设计、维护工程和科学管理的一门新学科—防护系统工程学。这门学科以腐蚀科学与防护技术为基础，与管理科学、冶金、物理、机械工程、数学等学科相结合，为大型工程设施总体结构的合理设计、正确选材、精心施工、因事制宜地采取综合防护技术、腐蚀的无损检测、连续自动的腐蚀监控和适时的维修保养以及优化的财政/经营管理等提供整套技术。

防护系统工程的成套技术将因不同的工程项目而迥然各异。国际上，这项技术已经在石油化工、航空航天、能源工程等部门得到了普遍的重视和广泛的应用。它为在尽可能低的投入情况下，保证高产出的大型成套设备的可靠性作出了显著的贡献[1]。

(2) 设备综合工程学[2]

Terotechnology 也称为“设备综合工程学”，是指以设备一生为研究对象，是管理、财务、工程技术和其他应用于有形资产的实际活动的综合，其目标为追求经济的寿命周期费用。1974 年，英国工商部给这门学科下了如下的定义：“为了求得经济的寿命周期费用而把适用于有形资产的有关工程技术、管理、财务及其业务工作加以综合的学科。涉及到设备与构筑物的规划和设计的可靠性与维修性，设备的安装、调试、维修、改造和更新，以及有关设计、性能和费用信息方面的反馈。” 1975 年 4 月，英国政府还成立了“国家设备综合工程中心”，该中心通过刊物介绍设备综合工程典型实例，并召开各种研讨会以推动设备综合工程学科的发展。主要内容如下。

① 追求寿命周期费用的经济性。有些设备的设置费较高，但维持费却较低；而另一些设备，设置费虽然较低，但维持费却较高。因此，应对设备一生设置费和维持费作综合的研究权衡，以寿命周期最经济为目标进行管理。研究表明，设备一出厂已经决定了设备整个寿命周期的总费用。也就是说，设备的价格决定着设置费，而其可靠性又决定着维持费。因此，设备使用初期的决策，对于整个寿命周期费用的经济性影响甚大，应对设备前期管理给以足够的重视；

② 综合技术、经济和管理因素，对设备实行全方位的管理。设备综合管理包含工程技术管理、组织管理和财务经济管理3方面的内容。一是，设备是科学技术的产物，涉及科学技术的各个领域，要管好用好这些设备，需要多种科学技术知识的综合运用。二是，近年来不断涌现和发展起来的管理科学，如系统论、运筹学、信息论、行为科学及作为管理工具的计算机系统，日益成为设备综合管理的手段。设备从研制开发到报废处理的全过程都应运用科学的管理手段，也只有科学管理才能搞好设备综合管理。三是，企业的经营目标是提高经济效益，设备管理也应为这个目标服务。设备综合工程就是以最经济的设备寿命周期费用，创造最好的经济效益。一方面，要从设备整个寿命周期综合管理，降低费用开支；另一方面，要努力提高设备利用率和工作效率。总之，设备的技术、经济、管理这三个方面，是相互联系的一个整体。其中，技术是基础，经济是目的，管理是手段。只有三者结合，才能实现综合管理的目标；

③ 重视设备的可靠性和维修性。设备的可靠性是指设备在规定的使用时间内、规定的使用条件下能够无故障地实现其规定功能的能力，也就是要求设备使用时准确、安全、可靠。设备的维修性是指设备维修的难易程度，维修性好的设备，应该是结构简单，零部件组合合理，通用化、标准化程度高、互换性强，易于检查、拆卸方便、易于排除故障等。

设备综合工程学是在维修工程的基础上形成的，它把设备可靠性和维修性问题贯穿到设备设计、制造和使用的全过程，即在设计、制造阶段就争取赋予设备较高的可靠性和可维修性。设备综合工程学把可靠性和可维修性设计，作为设备一生管理的重点环节，它把设备先天素质的提高放在首位，把设备管理工作立足于最根本的预防。

④ 强调发挥设备一生各个阶段的效能。这是系统论等现代管理理论在设备管理上的应用。设备管理是整个企业管理系统中的一个子系统，它是由各式各样的设备单元组合而成的。每台设备又是一个独立的投入产出单元。从空间上看，每台设备是由许多零部件组成的集合体；从时间上看，设备一生是由规划、设计、制造、安装、使用、维修、改造、报废等各个环节组成，它们互相关联，互相影响，互相作用。运用系统工程的原理和方法，把设备一生作为研究和管理的对象，从整体优化的角度来把握各个环节，充分改善和发挥各个环节在全过程中的机能作用，才能取得最佳的技术经济效果；

⑤ 重视设计、使用和费用信息的反馈。为了提高设备可靠性、可维修性设计和做好设备综合管理，必须注重信息反馈。设备使用单位向设备设计、制造单位反馈设备使用过程中发现的性能、质量、可靠性、维修性、资源消耗、人机配合、安全环保等方面的信息，帮助设备设计、制造单位改进设计和工艺，提高产品质量。设备制造单位也可通过用户访问、售后服务、技术培训等，帮助使用单位掌握设备性能、正确使用产品，同时收集用户的意见和建议。另外，设备使用单位内部职能部门之间、基层车间之间也要有相应的信息反馈，以便做好设备综合管理与决策。

(3) 设备综合工程学的特点

① 把设备的最经济寿命周期费用作为其研究目的。

② 把与设备有关的工程技术、财务、管理等方面结合起来进行综合性管理。

③ 研究提高设备的可靠性、维修性设计，提高设计的质量和效率。

④ 把设备的一生，即整个寿命周期作为管理和研究的对象。

⑤ 强调设备的设计、使用和费用的信息反馈。

综上所述，无论把 Terotechnology 称为“设备综合工程学”还是“防护系统工程学”，其核心都是把装置/设备一生为研究对象，作为一个系统工程来考虑，追求设备的最经济寿命周期费用。

随着国民经济实力的增长，生活质量的提高，社会将会更有条件接受“在使用寿命期内总费用的技术/经济综合分析”和“防护系统工程学”等新的概念，通过提高建造成本换取维修成本和间接损失的大幅度下降。

(4) 腐蚀控制系统工程学的形成[3,4]

腐蚀控制是一个系统工程，涉及设计、科研、生产、试验、使用和维修等部门和环节，需要通过制定相应的法规、完善标准体系、工程验证等方面来推进腐蚀控制工作。在生产实践中，必须采取综合治理的防护措施，全面控制各种腐蚀因素，才能有效地提高设备的使用寿命，防止腐蚀事故的发生。

腐蚀控制系统工程学思想源自中国腐蚀与防护学会副理事长李金桂研究员于1984年出版的《航空产品腐蚀及其控制手册》及其后陆续发表的十几部专著和近百篇论文，集中体现于2006年出版的《腐蚀控制设计手册》。腐蚀控制系统工程学源于腐蚀科学，又超越腐蚀科学，是腐蚀科学与工业实践紧密结合而繁衍发展的一门新的多学科的边缘科学。它强调人的作用，强调在腐蚀控制过程中设计师、制造工程师的责任、知识与经验；它强调理论与实践相结合，强调腐蚀控制与经济、管理、设计、制造的紧密结合，以及由此而繁衍的设计、制造、使用技术细则，具有用以指导设计、制造、使用的成套理论、原则、技术和措施。其中心思想是：腐蚀控制要从产品的设计开始，贯穿于制造、储存、运输、使用、维护、维修全过程，进行全员、全方位的控制，研究每一个零部件的制造环境、运行环境和周围自然环境及其协同作用，提出控制大纲和实施细节，进行“精心设计、精心制造、精心维护”，以获得最大的技术经济效益和社会效益。腐蚀控制系统工程学从诞生到广泛应用，历经30多年，是千百人参与研究、应用的结果，在我国航空、航天领域得到了广泛应用，但在其他工业领域还应用甚少，特别是还不被企业或政府的管理者所认识。所以，腐蚀控制系统工程学应该成为今后腐蚀控制教育的主要方向。

7.1.2 腐蚀控制系统工程设计原则

腐蚀受到多种环境、材料和设备结构的影响，如在设计和制造过程中排除或控制这些影响因素，就能预防或控制腐蚀，防腐蚀设计原则包括：

① 应将可靠性设计应用于每一个零部件的防腐蚀设计中；

② 选择合适的耐蚀材料，包括主体材料、覆盖层、隔热保温材料等；

③ 结构上有利于介质流动，防止形成死区、气袋，防止或减缓腐蚀产物或其他机械杂质的沉积等，传热设备应防止介质局部反复蒸发浓缩；

④ 避免结构应力集中，降低工作应力；

⑤ 制定合理的加工、制造工序和消除残余应力措施；注意材料从入库到压力容器制造全过程的监控，防止材料在储存、下料、加工、焊接和热处理过程中被污染或性能劣化；

⑥ 观察孔、检查孔的设计有利于发现腐蚀情况；

⑦ 应使监理工程师充分理解防腐蚀设计的要点，实施正确的监理措施；

⑧ 便于检验和维修；

⑨ 压力容器在运输、安装、投用前的腐蚀控制，停车检修期间的腐蚀控制；

⑩ 用户正确的操作，严格执行预定的防腐蚀工艺措施。

只有设计人员充分了解了压力容器存在的腐蚀类型、掌握腐蚀控制系统工程技术，从设计上进行腐蚀控制设计，并通过制造工程师在制造过程中切实地加以实施，不偏离设计要求、不损伤材料固有的耐蚀性能，用户确保压力容器产品在预定的条件下使用，通过检修工程师进行良好的检修和维护，达到全方位全过程的腐蚀控制，才能最大限度的控制腐蚀，延长设备的使用寿命，降低维修成本。

7.1.3 未来腐蚀控制任务

我国腐蚀控制的战略目标是普及防腐蚀知识，强化国家对腐蚀与防护工作的管理，发展防腐蚀高新技术，实现对工业和自然环境的全面腐蚀控制，节约有限资源，保护环境，减少经济损失。具体到压力容器，则是确保压力容器产品在预定的使用条件下，在规定的时间内所发生的腐蚀是可控的、可接受的，压力容器设备不因腐蚀而导致装置或工厂发生非计划停产，更不能因腐蚀发生人员、财产的损失和环境污染事故。

21 世纪是环境的世纪，在资源和能源制约的条件下，可持续发展是工程技术面临的重要课题。在解决有限资源的利用和环境保护等重大课题的过程中，腐蚀控制作为一项可供直接利用的重要技术应该充分发挥自己的作用。世界上工业发达国家的经验已经表明，基础设施投入的高峰期往往就是几十年后腐蚀问题频繁出现的高峰期。预期本世纪我国的腐蚀损失还将保持持续增加的态势，通过有效地腐蚀控制，使腐蚀损失最小化将给国家带来极大的经济利益。

材料的腐蚀与防护是跨行业、跨部门共性的科学技术，与国家经济建设和国防建设的关系十分密切，但始终没有专门机构来管理与指导这项工作。对腐蚀的危害性和防腐蚀工作（即腐蚀控制）的重要性缺乏认识，特别是生产企业的领导及管理人员，普遍认为“材料腐蚀不可避免，损坏就修，报废就换”；甚至当出现腐蚀事故后，用户往往将责任推卸到制造或设计单位了事，而不去深究或隐瞒自身的问题；工程设计与建设人员、生产企业的操作人员与管理人员缺乏腐蚀与防护知识和相互沟通，大多数单位（包括工程建设单位与生产企业）防腐蚀管理工作从人员到制度均十分薄弱，腐蚀管理工作处于无序状态，致使腐蚀与防护科学技术在国家建设中没有充分发挥作用，可以避免的腐蚀经济损失得不到避免。

我国曾是世界上较早注意腐蚀的国家，自从 1956 年制定 12 年科技发展规划开始，国家已把腐蚀作为专题来考虑。1962 年 12 月国家科委、中国科学院和教育部共同制定了腐蚀与防护科技发展规划，虽然其间经历了许多波折未能完全付诸实施，但我国防腐蚀科学技术进步已取得显著成效，如石油化工企业已普遍由原来的 1 年一修，发展到 3 年甚至 6 年一修。40 多年来，我国逐步建立了专门的腐蚀研究机构和教学单位，科技队伍不断成长。但到目前我国材料、制品腐蚀标准与法规建设工作还相当落后，虽然电力、化工、石油、建筑等行业已制定了不少防护设计、施工、试验方法、耐蚀性评价等标准，可与发达国家相比还相距很远，如国际标准化组织（ISO）、美国国家标准局（ANSI）、美国石油协会（API）、腐蚀工程师学会（NACE）、金属学会（ASM）、材料试验协会（ASTM）等研究制定了几千个腐蚀与防护标准和规范。面对加入 WTO 后的新形势，此项工作还不能满足国家建设和国际竞争的需要，急待加强。

近 20 年来我国没有再制定长远的腐蚀与防护科技发展规划，对腐蚀与防护的基础研究和材料环境腐蚀数据积累等基础性工作，缺乏稳定的经费支持渠道，特别是对腐蚀与防护试验研究基地的建设，缺乏必要的经费支持，人员不稳定，进一步提高水平受到限制。多年积累的数据资源由于体制和技术上的原因，很难实现共享，低水平重复的工作很多。

我国工程教育的体制正在改革，新体制下如何普及腐蚀和防护知识，培育创新人才是个新的课题。我国腐蚀领域具有自主知识产权的核心技术不多，其根本原因是腐蚀工程师的专业基础知识和从事学科交叉能力不够。这种情况长期继续下去则很难在国际竞争中取胜。"人才资源是第一资源"，由于企业中的腐蚀工程师地位不高，吸收、凝聚和稳定人才都不容易，加上许多有经验的老工程师正在成批的退休，腐蚀人才问题就更为紧迫。由于大规模经济建设和市场利益的驱动，防腐蚀正在形成一门新兴的产业。当前，我国在劳动力资源方面投入腐蚀领域的比例很大，甚至整县的人以腐蚀产业为生，但合格的工程师和高级管理人员严重短缺，防腐蚀工程队伍的素质的提高是个很大的问题。在国外明确要求必须技校毕业，并经岗位技术培训，考试合格后，持证才能上岗，而我国多数是临时工、农民工承担防腐施工，常识性的错误屡见不鲜，工程质量不易得到保证，留下许多隐患。

鉴于我国的腐蚀与腐蚀控制现状，我们应认真总结我国先进企业的腐蚀与防护工作的经验，结合国情吸收发达国家先进的防护技术和管理经验，由主管部门组织或充分利用各类媒体，促进新技术在我国工程设计、建设单位和生产企业中推广应用。腐蚀要从源头抓起，以预防为主；不同行业，均应制定腐蚀控制设计的标准与规范，使腐蚀控制工作有章可循，有法可依；努力宣传和推广寿命期内总费用全分析和防护系统工程学等近代理念和方法来管理腐蚀，推广综合防护措施；实行防腐蚀施工质量监理制；企业或工程的腐蚀与防护工作，要有专人负责，有专门的队伍从事该项工作；在生产、制造、施工安装、操作运行的每个环节都要加强腐蚀控制管理[5]。

7.2 压力容器的全面腐蚀控制

7.2.1 全面腐蚀控制基本概念[6]

(1) 全面腐蚀控制理念的提出

腐蚀的全面控制是一项系统工程。腐蚀虽然主要表现在设备的使用阶段，但是其产生的原因却孕育于各个阶段之中，而解决的措施也可以在各个阶段实现，这是腐蚀与其他方面的纵向联系，即全过程；而我们面对一台设备或一套装置系统的腐蚀，不能只注意某种材料与环境作用产生的后果，设备或装置系统是由许多材料经过设计、制造、组装而成的一个整体，要把其腐蚀作为一个整体加以考虑，这是腐蚀与其他方面的横向联系，即全面。

全面腐蚀控制（TCC）是在 20 世纪 80 年代中期随着中国化工防腐蚀技术协会的成立而提出的腐蚀控制科学理论观点，经过近 30 年的推行，得到不断充实、完善和发展。

腐蚀是不可避免的，但也并非是无法控制的，随着耐蚀材料和防腐蚀技术的不断开发、推广以及严格的科学管理，腐蚀损失也是可以控制和减少的。腐蚀控制作为一门系统工程，中国化工防腐蚀技术协会从成立开始就提出全面腐蚀控制科学理论观点，即从设计、制造、储运安装、操作运行、维修 5 个方面和教育、科研、管理、经济评价 4 个环节对各种腐蚀进行全面的控制。实践证明只有推行全面腐蚀控制才能把防腐蚀工作从消极、治标的被动局面转变成积极治本的主动局面，而且这一观点在经过近 30 年的不断实践得到逐步充实、完善和发展。

(2) 全面腐蚀控制的提出背景及内涵

上世纪 70 年代从国外引进的 13 套大型尿素装置投产不久，主要高压设备陆续出现了严重的腐蚀问题。我国化工系统曾于 1980 年和 1981 年组织防腐蚀工作者先后对全国 193 家化工企业进行腐蚀调查。据调查表明，这些企业因腐蚀造成的经济损失约占其总产值的 1%～11%。从腐蚀调查及设备事故分析中可以看出，在设备的设计、制造、储运安装、操作运行、维修等方面都存在引起腐蚀的隐患。例如：设计选材时，错误地用18-8不锈钢制盐水预热器，结果，比碳钢制的预热器寿命还短得多；小联碱建厂时，没有对厂房采取相应的防腐蚀措施，投产不到半年被迫停产；尿素设备组装时用粉笔作标记，开车前没有消除，投产后产生孔蚀；钛换热器胀管留有缝隙，引起缝隙腐蚀；某厂生产调度将一台装运盐酸的衬胶槽车误调去装运氟黄酸，衬里立即损坏，50 吨氯黄酸报废等；某天然气净化厂瓦斯分液罐采用玻璃鳞片防腐涂层，但设计上将面漆作为底漆，底漆作为面漆，结果使用 1 年，涂层即大面剥落，容器非严重腐蚀而返厂维修。

分析、回顾过去的工作，设计时，多注重设备的工艺性能，防腐蚀措施常因种种原因而不力，往往到了生产设备出现严重腐蚀而危及正常生产时才考虑防腐蚀应急措施。这时候，进行腐蚀控制会遇到许多人为障碍及技术困难，即使克服，常常也只能治标，难以治本，更谈不上防患于未然。成功的经验和失败的教训告诫我们，要扭转这种局面，有效地、合理地、经济地控制腐蚀，必须进行从设计阶段开始直至制造、储运安装、操作运行和维修过程的全面的腐蚀控制，必须抓教育、科研、管理和经济评价等环节。这 5 个方面的工作人员都要从教育入手，掌握腐蚀与防护科技知识；都要以科技为先导，提供先进的防腐蚀技术；都要以科学管理作为保证，建立必要的组织和规章制度；应做好经济评价，求得最佳的经济效益。这就是在上世纪 80 年代中期，中国化工防腐蚀技术协会在创办阶段，根据我国防腐蚀工作的经验教训提出的全面腐蚀控制科学理论观点，并作为协会的宗旨和会刊的名称。

(3) 全面腐蚀控制的推行及完善

全面腐蚀控制在 20 世纪 90 年代，得到了全面的实施，并在实践过程中进行总结提高，不断赋予新意、不断完善。这一阶段，从理论上进一步阐明了全面腐蚀控制是在借鉴全面质量管理、系统工程等科学理论的基础上而产生的一门科学理论观点，它主要包括两个方面，一是腐蚀控制技术，二是腐蚀控制管理，两者相结合缺一不可。它的核心问题是要进行腐蚀保护必须使防腐蚀技术与科学管理相结合。腐蚀控制学是研究腐蚀控制与腐蚀控制管理相结合的一个独立的腐蚀控制学，其意义就在于它更有力、更有效地直接为国民经济建设服务，其综合评价指标是人员的素质、技术的先进、制度的健全、经济的可行。同时提出全面腐蚀控制作为系统工程，它的基础核心是人的素质的提高，它的体系要求全员都要牢牢树立腐蚀控制的意识，从大处着眼，小处着手，对各环节中可能出现的腐蚀问题事先应有预防手段，事中应有应急措施，事后应有杜绝办法。在此基础上逐步形成规章制度，制定各环节工作质量的验收标准，确保全面腐蚀控制的贯彻执行。

(4) 全面腐蚀控制的充实及发展

人类进入新世纪，随着全球经济一体化的快速发展以及我国加入 WTO 后，对腐蚀控制的内容及要求更为广泛和严格，这一阶段全面腐蚀控制的内容得到进一步充实、提高和发展。在分析和统计腐蚀损失及危害时，提出不仅要计算腐蚀的直接经济损失，更要看它间接损失及对人和环境造成的各种危害，并强调腐蚀控制与其他方面的内在关系。

① 强调腐蚀控制与保护环境的关系。腐蚀造成设备损坏的同时，发生腐蚀、有毒有害物质的泄漏，随之进入大气、江河湖海，直接对环境造成严重污染；腐蚀的形成也必然增加材料制造时所需的能源消耗，从而增加大气中 CO_2、NO_x 和 SO_2 等有害气体的含量，导致全球温室效应和酸雨酸雾的产生。而酸雨酸雾的日益加剧，又对构筑物和建筑物造成更严重的腐蚀。如果长期不加以重视和控制，必将导致腐蚀和环境的关系进入恶性循环。

② 强调腐蚀控制与安全生产的关系。腐蚀也是安全生产的大敌，据统计，在发生的各类安全事故中，约 25%～30%是因腐蚀造成的。由于腐蚀经常引发有害物质泄漏、装置爆炸等恶性突发事故，直接威胁人民生命和国家财产的安全。我国四川天然气管网在 1971 年到 1986 年间由于腐蚀导致爆炸和火灾事故 83 次，其中第一次就死亡 24 人；2013 年，青岛

"11·22"中石化东黄输油管道泄漏爆炸重大事故造成 62 人死亡、136 人受伤，直接经济损失 7.5 亿元，究其原因，腐蚀是元凶。国务院调查组发布报告称，中石化管道分公司对潍坊输油处、青岛站安全生产工作疏于管理，潍坊输油处在 2009 年、2011 年、2013 年先后 3 次对东黄输油管道外防腐层及局部管体进行了检测，均未能发现事故段管道严重腐蚀等重大隐患，导致隐患得不到及时、彻底整改；从 2011 年起，安排实施东黄输油管道外防腐层大修，截至 2013 年 10 月，仍未对包括事故泄漏点所在的 15 公里管道进行大修；对管道泄漏突发事件的应急预案缺乏演练，应急救援人员对自己的职责和应对措施不熟悉。

③ 强调腐蚀控制与人身健康的关系。一方面，防腐蚀作业是直接接触有毒有害物质的特殊作业，采用的防腐蚀技术、产品及施工过程的腐蚀控制方法等都涉及作业者本人及他人的身体健康和人身安全。长期以来，由于缺乏对危险化学品等物质认识以及使用、保护知识等，造成很多防腐蚀作业者本人及他人中毒、死亡、致癌等危害人身健康的大量事例。另一方面。设备因腐蚀造成的泄漏，除污染环境和造成产品损失外，也会危害到操作人员和社会其他人员的身体健康。

全面腐蚀控制在管理方面应针对防腐蚀业的特点提出实行人性化管理，肩负起社会责任，迎接和面对 SA8000[7] 挑战的新要求。

④ 强调腐蚀控制与节约能源、保护资源的关系。腐蚀造成经济损失的同时，也造成了地球上有限资源的极大浪费。全球每年约有 30％的钢铁因腐蚀而报废，其中约 10％变为铁锈而全部消耗，无法循环利用。我国每年损失约 1000 多万吨的钢铁，差不多相当于宝钢全年的钢铁产量。腐蚀的污垢影响热效率，每年多消耗约 1750 万吨标准煤。在石化行业，因腐蚀造成的非计划停车，也同时造成大量的能耗增加。

⑤ 强调腐蚀控制与发展循环经济的关系。大量消耗自然资源的粗放型的传统工业之路已是制约经济发展的瓶颈。只有低投入、低消耗、低污染、高产出、可循环才是发展经济的唯一出路。为此，必须研发和利用新工艺、新技术、新材料、新设备，必须加大耐蚀、可回收、可再用新材料和腐蚀控制技术的开发力度，走循环经济的发展道路。

⑥ 强调腐蚀控制与发展、实现新工艺、新技术的关系。腐蚀阻碍了新技术、新工艺的发展和实现。也可以说，工业发展离不开腐蚀控制技术的发展。如，本世纪初，Cr-Ni 不锈钢开发成功，促进了硝酸生产的工业化；又如，尿素生产工艺早在 1870 年就被提出来，但是由于其高温、高压、强腐蚀和连续生产的特点，人们为寻找实用的耐蚀材料和防护技术奋斗了大半个世纪，直到 1953 年，荷兰的 Stamicarbon 公司提出在 CO_2 原料气中加入氧气作为钝化剂维持不锈钢的钝化，基本解决了不锈钢为尿素装置结构材料的腐蚀问题后，才使尿素工艺实现了工业化。

利用资源，提高资源利用率，确保设施的安全性和耐蚀性，延长使用寿命，这是腐蚀控制最基本，也是第一层次的功能。随着经济发展和科技进步，以及人们生活水平、审美观念的提高，对腐蚀控制的功能提出了更多更高的要求。正如和所有建筑一样，除了最基本的功能以外，还须具有"悦目"和"赏心"两个更高层次的功能。

实践表明，推行全面腐蚀控制是治理腐蚀、减少腐蚀的必由之路，也是工业发展的需要。全面腐蚀控制的内涵也只有通过实践才能不断充实、完善和发展。推行全面腐蚀控制结束了我国防腐蚀工作长期处于无序徘徊的局面，不断朝着决策科学化、管理目标化、治理综合化的方向迈进。事实证明，科学技术的发展，已经为解决腐蚀问题提供了更多的行之有效方法，同样，科学管理工作的有效性与防腐蚀工作的可行性结合是相得益彰的，推行全面腐蚀控制大大促进了行业的技术进步和管理水平的提高。因此，推行全面腐蚀控制是现代科学技术与管理的大势所趋。同时也应当清醒地认识到，解决腐蚀问题是防腐蚀工作者的永恒主题，特别是以工业发展的趋势看，更加要求在推行全面腐蚀控制中加大科技含量，加强腐蚀控制应用技术的研究，加快高级腐蚀控制人才的培养。当前，各行各业为实现节能减排目标，开展资源节约活动，防腐蚀行业更应肩负起这个历史重任，坚持科学发展观，把腐蚀控制纳入资源节约活动，通过全社会努力，进一步推行全面腐蚀控制，争取减少腐蚀损失20%～25%。

7.2.2 全面腐蚀控制的实施

(1) 压力容器腐蚀频繁发生的主要原因

① 用户特别是管理者对腐蚀控制的意义、重要性认识不足，对腐蚀控制技术不掌握或不重视。

② 实际存在的腐蚀并不都是能预测的，特别是由于介质中的少量杂质引起的腐蚀，或用户随意变换操作介质和使用参数而引起的腐蚀。

③ 设计阶段，用户提供的腐蚀环境信息不足，压力容器的设计、制造和使用人员对某些腐蚀无法预测或判断失误。

④ 产品的结构设计、选材、制造工艺、零部件加工、装配、检维修等不符合腐蚀控制要求。

⑤ 使用中出现的腐蚀问题，用户内部未能及时有效地查找原因，或及时反馈给设计制造单位，未能及时采取有效措施。

(2) 腐蚀控制要素

要实现腐蚀的全面控制，必须实行腐蚀控制技术与腐蚀控制管理相结合。要从耐蚀材料的选用、覆盖层保护、添加缓蚀剂、电化学保护等分散、孤立的含义，转变到从设计开始，贯穿于方案论证、结构设计、加工制造、储运安装、操作运行、检修，直到设备、装置退役的全过程的“腐蚀控制系统工程”的概念上来。确定腐蚀控制水平时需要考虑的主要有3个基本要素：腐蚀的对象、腐蚀的性质和腐蚀的后果。影响腐蚀控制的因素主要有：

① 腐蚀对设备使用性能的影响；

② 腐蚀产物给产品质量和生产过程带来的问题；

③ 腐蚀破坏在安全方面造成的后果；

④ 预期的使用寿命；

⑤ 腐蚀经济学。

(3) 全面腐蚀控制的结构控制和有效性

如果单纯处理材料与环境作用形成的腐蚀，其控制手段就只有材料、环境、界面3项。如果材料已分别加工成一台设备，那就还要加上“结构”和“有效性”。

结构控制是指在设计设备的阶段就从设备的形状及安装和布置等方面控制腐蚀速度。

有效性控制是指通过各种管理措施，在设备运转中通过监控关键部位及零件的腐蚀、改善维修方法等措施，来达到最终提高整个设备实际使用可靠性和整台设备的耐腐蚀能力以及运转效率的目的。

(4) 全面腐蚀控制的实施

腐蚀控制从设计入手。腐蚀是从设计开始的。腐蚀是普遍存在的，初看起来，腐蚀似乎是随机的、偶然的，但一旦深入对腐蚀产生的原因进行全面调查和分析，即可发现腐蚀存在许多规律和共性。大量腐蚀案例说明，如果腐蚀设计合理、材料选择适当、制造和安装过程合理、使用维护合理，许多腐蚀是可以避免或是可以接受的。也就是说，腐蚀控制要从设计入手，通过制造、加工、安装、储运、使用和检维修全过程，全面系统地进行；同时，进行经济核算，从产品整体性能、寿命、失效概率和后果等进行全面分析；把腐蚀控制作为一个系统工程来考虑，确定合理的技术和工艺，才能控制好腐蚀。

防腐设计是指在设计阶段，为防止腐蚀而采取的措施，设计阶段腐蚀控制的主要内容如下。

a. 设备寿命，可靠性、失效概率和失效后果分析。尽可能延长设备使用寿命或确定与装置检修周期相匹配的设备寿命，最大限度地减少由于腐蚀造成的损失。

b. 材料的正确选择，通过综合研究材料在环境介质中，表面或界面上发生的各种物理化学、电化学反应，分析腐蚀环境对材料组织结构损坏的普遍及特殊规律，提出材料或其构件在各种不同条件下，控制或防止腐蚀的措施。通过对材料性能分析、成本核算、对材料试验和腐蚀试验提出要求、结构强度核算是否满足防腐蚀的要求、结构及部件的形状设计是否符合防腐蚀的要求、材料制造加工方法、焊接和热处理工艺的选择、对装置在操作中材料性质可能变化的预防措施、材料的腐蚀损耗或破坏，及设计阶段的预期寿命、装置的维修性等。

c. 局部腐蚀的控制。通过合理的选材和结构设计，防止局部腐蚀的发生。

d. 储运中的腐蚀控制。储运中的主要腐蚀因素有气温、空气湿度较高、降雨、盐水（海水）喷溅、空气污染和凝露、风暴、太阳辐射、灰尘等，根据这些情况，制定设备内外部的临时防腐措施，临时防腐蚀措施应能有效地防止运输和库存期间由于环境造成的腐蚀损伤，并要尽可能承受机械应力作用。

临时性防腐蚀措施本身不应给部件带来任何损伤，也不危及其他防护措施，并且应尽可能不干扰操作条件，最好在投产时不需要或至少不需完全去除，或应易于去除。此外，临时防腐蚀系统应尽可能做到使用方便、对表面清洁度要求不高、不含危害健康的物质、价格低廉和能用安全而便宜的清洁剂完全清洗掉。

压力容器的临时性防腐蚀方法包括临时干燥充氮保护、内部使用气相缓蚀剂、涂层、包装防护、库存防护等方法。

e. 安装中的腐蚀控制。安装不合理会造成设备或构件应力集中，成为应力腐蚀开裂的隐患。所以，安装时要严格按设计要求进行，如连接异种金属部件时应采取绝缘措施等。

对于非金属材料衬里设备，如橡胶衬里、玻璃钢衬里、砖板衬里及防护涂层，防腐施工、制作后，不应再进行焊接、打孔等，否则会破坏防护层的完整性而造成局部腐蚀隐患。

对这类需要非金属防腐衬里的设备，须先试压后衬里，不要期望衬里层能承受住所试压力，特别是有法兰封头的衬里设备，法兰一定要用螺栓锁紧，并经试压合格后再对里面法兰作防腐蚀处理。否则，若没有锁紧，又没有经试压检查，使用时由于螺栓变形伸长过大，使衬里层会被拉裂。

采用聚四氟乙烯等塑料松衬的设备，在承压壳体压力试验合格后，须按规定打排气孔，以使设备在使用中排出衬里层与壳体间的气体，否则，衬里层容易损坏。

f. 操作运行中的腐蚀控制。操作运行中，严格遵循操作规程、控制好设计的工艺参数（如温度、压力、浓度、杂质含量、流速等）、正确的开停车工艺是腐蚀控制的关键。

设备的防腐蚀措施是预先根据操作工艺条件设计的，若介质浓度、温度变化超出设计，或甚至生产介质改变，都有可能造成原设计的防腐蚀措施失效。

对于采用添加缓蚀剂的设备，应按设计要求控制好介质中的缓蚀剂浓度和加入点，而确保较高的缓蚀率。

采用电化学保护的设备，应控制好技术参数以确保高保护率，否则会适得其反。例如，阳极保护时，控制的阳极电位若处于活化区会导致设备电解腐蚀，处于过钝化区也会加速腐蚀。阴极保护时，阴极电位若太负会造成钢铁设备因渗氢而氢脆。

压力容器体积大，服役条件苛刻，无备用，在操作运行中应对设备进行腐蚀监控和寿命预测。尤其是对历来发现腐蚀严重的部位更需进行腐蚀监控，及时发现腐蚀问题并设法解决，将事故消灭于萌芽之时。

通常，采用无损检测技术，如超声测厚、电阻探针、极化电阻法等对设备腐蚀进行监控。立足于应用数学概率分析方法的寿命推断，主要是根据测厚后的腐蚀速度推断及点蚀分布的极值分析进行寿命预测，在国外大型化工企业中已进入设备管理规程，国内不少企业已开始应用。

腐蚀挂片监测作为腐蚀监测最基本的方法之一，具有操作简单，数据可靠性高等特点，可作为设备和管道选材的重要依据。工业腐蚀挂片监测包括挂片的安装和监测使用应按相应的标准进行。ASTM G1[8]列出了挂片的准备、清洗和称重步骤。

g. 检修中的腐蚀控制。生产装置停车准备检修时，应除去设备中的积液和腐蚀产物、垢物，以防止大修期间局部腐蚀的发生和加剧。

对设备、构件的腐蚀部位，尤其是应力腐蚀、点蚀等局部腐蚀较重的部位要测量腐蚀深度、裂纹长度和分布等，详细记录相关资料并存档。

通过现场腐蚀破坏的情况，结合设备档案所记载的资料，如介质、温度、防腐蚀措施及以往施工、检修情况，设备的使用时间、材质及原始厚度等，对腐蚀原因进行细致的综合分析，制定正确的检修和改造方案。

对于金属设备，更换局部构件时要注意与原设备材质一致，避免发生电偶腐蚀，若需采用异种金属构件时要进行绝缘；焊接用的焊条也要与本体材质相同，以防止电偶腐蚀。

对于不锈钢材料，焊接时应采取能减少热量输入的有效措施，以避开敏化温度范围，从而消除热影响区的腐蚀隐患；在含硫环境中使用的不锈钢设备，还应采取碱洗措施，以防止连多硫酸应力腐蚀。

对于非金属衬里设备的局部检修，要特别注意与原防腐层搭接牢固，并要考虑与原防腐层材料的粘结强度以及材料间的相容性问题。

检修后对设备表面要认真清理焊渣等污垢以防局部腐蚀。

检修完成时必须进行严格的检查、验收。要尽力消除各种腐蚀隐患，要将全部检修资料和验收资料存档以备查阅。

h. 腐蚀控制管理。全面腐蚀控制的核心是腐蚀控制技术和腐蚀控制管理的结合，要有效地实施腐蚀的全面控制，除了应在上述几个环节全面地、全过程地进行腐蚀控制，还应切实做好腐蚀控制管理工作。腐蚀工程师有责任协助设计、制造、使用和维护人员认清设备或装置可能存在的腐蚀风险，与相关人员共同制定腐蚀控制方案；对于重大设备，应建立设计图纸、制造工艺和工艺防腐蚀方案的腐蚀工程师审查制度。

评价腐蚀控制的综合水平指标包括：从业人员的素质，技术的先进，经济的可行性，管理的科学性。因此，要提高腐蚀控制管理水平，应从教育、科研、经济评估、健全管理制度几方面着手实施。

健全腐蚀控制管理制度。综合考虑腐蚀控制过程中的技术上的可行性、经济上的合理性、管理上的可靠性，三者应权衡并顾。全过程地对腐蚀进行控制、监测、管理、治理、评估、检验、验收等工作，对可能出现的腐蚀问题应有预防手段，出了腐蚀问题要有应急处理措施，事后应有杜绝办法，防患于未然。

7.3 压力容器寿命与腐蚀裕量

7.3.1 压力容器寿命

(1) 压力容器的使用年限

压力容器设计使用年限（寿命）系指容器预期达到的使用年限，但压力容器的设计使用年限问题一直是我国的设计单位和设计者尽量避免涉及和回避的问题，其主要表现在以下两个方面：首先，受技术条件、管理体制和人员观念等因素的制约，设计者对压力容器的设计使用寿命大都不愿或难以给出准确的预报值，从而导致压力容器超期服役现象的存在；其次，由于缺乏相关标准和法规条文对超期服役的压力容器进行必要的规定和限制，使得其使用和检验缺乏有效的依据，处理不好客观上会造成重大的安全隐患。因此，压力容器设计使用年限问题一直是我国设计单位避免涉及的问题。但由于以下的原因，压力容器的设计使用年限事实上是设计者所不能回避的。

① 材料力学性能如高温蠕变和高温断裂对时间的依赖性。

② 腐蚀裕量中的设计寿命因素；GB 150.1—2011[9] 第 4.3.6.2 条明确给出了设计者应考虑容器设计寿命的条款："对有均匀腐蚀或磨蚀的元件，应根据预期的容器设计使用年限和介质对金属材料的腐蚀速率确定腐蚀裕量"，也就是说腐蚀裕量等于年腐蚀速率乘以容器设计使用年限。在腐蚀速率中不仅包括介质对材料的腐蚀，也包括介质流动时对容器材料的冲蚀和磨蚀[10]。

③ 载荷如周期性载荷等的时间性。

④ 违规操作或恶劣环境等非正常因素。

事实上，压力容器的设计使用寿命应该由设计者在图样上标注，设计者在设计时应考虑到影响容器使用寿命的因素。因此，正确的设计途径应是：设计者在确定容器设计使用寿命的基础上，充分地考虑以上 4 个因素的影响，合理地选择材料、确定腐蚀裕度、提出制造、检验和操作要求等。

GB 150 中，由设计者确定的容器设计使用寿命是设计时确定腐蚀裕量的一个重要前提。TSG R0004—2009《固定式压力容器安全技术监察规程》[11] 3.3 设计条件中规定：压力容器的设计委托方应当以正式书面形式向设计单位提出压力容器设计条件，至少应包括以下内容预期使用年限，也明确了设计单位在确定压力容器设计使用寿命上的责任。预期使用年限是设计委托方提出的希望，设计者应当与委托方进行协商，根据压力容器的预期使用工况、选材、安全性和经济合理性确定压力容器的设计使用年限（即设计寿命）。

应该指出，压力容器的设计使用年限不一定等于实际使用年限，它仅仅是设计者根据容器预期的使用条件而给出的估计，实际使用条件与预期使用条件的偏离和设计者对材料和生产工艺的了解会造成二者之间的差别。在设计图样上标注设计使用年限，其作用是提醒容器的最终使用者，当超过压力容器的设计使用年限时应采取必要的措施（如：经常测量厚度和缩短检验周期等）。

压力容器的设计寿命是一个复杂的问题，涉及材料选用、腐蚀基础数据、结构设计等一系列设计因素，能否准确地预计，反映了设计者的经验和水平。无论是按国际压力容器设计的惯例，还是为了提高设计的水平和权威性，都应在图纸上标注压力容器的设计使用寿命，这样做才能真正体现对用户和对设备安全高度负责的精神。没有使用寿命是不合理的，如果不写使用寿命，那就终身负责。

在预定的腐蚀裕量情况下容器预期达到的使用寿命，是设计者按照当年的设计条件（当年的腐蚀速率和预期寿命来确定的腐蚀裕量）设计、当年制造、当年安装投入运行的情况下确定的设计使用年限。它包含了容器的库存时间和实际使用时间两部分，而不是单一的容器实际使用年限，因为容器在存放期内也存在着当地环境对容器内外壁的腐蚀，运输、人为损坏等因素，直接影响着容器实际使用寿命的缩短。压力容器的使用者还应按 TSG R7001[12] 对容器进行定期检验、定级，特别是当操作条件发生变化时，应根据实测壁厚数据，重新估算腐蚀裕量，确定新的使用寿命。

(2) 压力容器设计使用年限的确定

设备是被动的，工艺是主动的，一般 10 年工艺技术会发展一次较大规模的改善。所以一般规定：反应器和塔器使用寿命为15年，其他设备为8年。到了使用寿命后能否再用，应该进行全面的检查、定级，相当于重新设计。

按SH/T 3074[13] 6.5.3规定，除特殊要求外，当腐蚀速率小于或等于0.2mm·a^{-1}时，容器的设计寿命可按以下规定确定。

① 炼油设备

a. 一般容器、换热器壳体及管箱，一般不少于10年。

b. 分馏塔、一般反应器、高压换热器壳体以及其他难于更换的元件或容器，一般不少于20年。

c. 厚壁加氢反应器外壳，不少于30年。

② 石油化工设备

a. 一般容器、换热器壳体及管箱，一般不少于10年。

b. 塔、反应器等主要设备，不少于15年。

7.3.2 压力容器腐蚀裕量的确定

(1) 确定压力容器腐蚀裕量的一般原则

腐蚀裕量是针对全面腐蚀而言的，对于不同类型的局部腐蚀应按局部腐蚀应对方案进行处理。按全面腐蚀的腐蚀速率，材料的腐蚀程度可以分为4个等级，即：不腐蚀、轻微腐蚀、腐蚀、重腐蚀，一般情况下，压力容器的腐蚀裕量可以按腐蚀程度选取，具体数值见表7-1。

表7-1 腐蚀程度与腐蚀裕量的关系

腐蚀程度	不腐蚀	轻微腐蚀	腐蚀	重腐蚀
腐蚀速率/mm·a^{-1}	<0.05	0.05～0.13	0.13～0.25	≥0.25
腐蚀裕量/mm	0	≥1	≥2	≥3

腐蚀裕量的计算，一般应根据材料在介质中的腐蚀速率与容器的设计使用年限的乘积来确定，对有使用经验者可按经验选取。腐蚀裕量分为单面腐蚀和双面腐蚀，总的腐蚀裕量应为双面腐蚀裕量之和。容器壳体、接管和封头的腐蚀裕量一般取值相等。选择不锈钢等耐蚀材料作为容器受压元件时，腐蚀裕量一般取0。其他情况要看盛装介质，然后根据介质手册以及GB 150[9]、SH/T 3074[13]、HG/T 20580～20585[14～19]等进行选取或计算。除了国家标准规定的腐蚀裕量外，其他应该由设备的用户或对介质工况腐蚀性来确定。

(2) GB 150关于腐蚀裕量的规定

GB 150.1中4.3.6.2腐蚀裕量

为防止容器受压元件由于腐蚀、机械磨损而导致厚度削弱减薄，应考虑腐蚀裕量，具体规定如下。

a. 对有腐蚀或磨损的元件，应根据预期的容器寿命和介质对金属材料的腐蚀速率（及磨损速率）确定腐蚀裕量。

b. 容器各元件受到的腐蚀程度不同时，可采用不同的腐蚀裕量。

c. 介质为压缩空气、水蒸气或水的碳素钢或低合金钢制容器，腐蚀裕量不小于1mm。

(3) HG/T 20580关于腐蚀裕量的规定[14]

HG/T 20580中7.3腐蚀裕量（C_2）：

7.3.1 考虑容器腐蚀裕量的原则

1 除本条第6款规定外，与工作介质接触的筒体、封头、接管、人（手）孔及内部元件应考虑腐蚀裕量。

2　工艺系统专业或工程设计文件中对容器的腐蚀裕量有专门的规定或已有实际使用经验时，其腐蚀裕量按规定或经验选取。

3　对有均匀腐蚀的容器，应根据预期的容器设计寿命和介质对金属材料的腐蚀速率的乘积确定腐蚀裕量。

4　设计时，尚应考虑介质对容器壳体或元件的冲蚀、磨损及局部腐蚀的影响。

5　两侧同时与介质接触的元件，应根据两侧不同的操作介质选取不同的腐蚀裕量，两者叠加作为该元件的总腐蚀裕量。

6　下列情况一般不考虑腐蚀裕量

1）介质对不锈钢无腐蚀作用时（不锈钢、不锈钢复合板或不锈钢堆焊元件）；

2）有可靠耐腐蚀衬里（如衬铅、衬橡胶、衬塑料等）的基体材料；

3）法兰密封面；

4）管壳式换热器的换热管、拉杆、定距管、折流板；

5）用涂料可以有效防止环境腐蚀的容器外表面及其外部构件（如支座、支腿、基础环板、托架、塔吊柱等，但不包括裙座）；

6）塔盘板、填料等。

7.3.2　除工艺系统专业或工程设计文件另有规定外，容器的腐蚀裕量可以按以下规定确定。

1　容器筒体、封头的腐蚀裕量。

1）介质为压缩空气、水蒸气或水的碳钢或低合金钢制容器，其腐蚀裕量不小于1.0mm；

2）除本款第1项以外的其他情况，一般可按炼油设备和化工设备选取，见表7-2和表7-3的规定；

3）腐蚀裕量如超过6mm，应采用更耐蚀的材料，如复合板、堆焊层或衬里等；

4）腐蚀速率可根据工程设计实践或查取有关腐蚀手册确定。

表7-2　炼油设备的腐蚀裕量 C_2　mm

腐蚀速率/mm·a^{-1}	腐蚀裕量 C_2				
	塔、反应器	高压换热器壳体	一般容器	换热器壳体(管箱)	隔热衬里容器
≤0.1	2	2	1.5	1.5	2
>0.1～0.2	4	4	3.0	3.0	2
>0.2～0.3	6	6	4.5	4.5	2

表7-3　石油化工设备的腐蚀裕量 C_2　mm

腐蚀程度	极轻微腐蚀	轻微腐蚀	腐蚀	重腐蚀
腐蚀速率/mm·a^{-1}	<0.05	0.05～0.13	>0.13～0.25	>0.25
腐蚀裕量 C_2	0～1	>1～3	>3～5	≥6

其他元件的腐蚀裕量见标准的表7.3.2-3的规定。

(4) SH/T 3074关于腐蚀裕量的规定[13]

SH/T 3074中6.4腐蚀裕量

6.4.1　工艺系统对容器的腐蚀裕量有专门规定时，其腐蚀裕量应按规定确定。

6.4.2　对与工作介质的壳体、封头、人（手）孔及内部构件等，应考虑腐蚀裕量。

6.4.3 设备的腐蚀裕量的确定，应符合下列规定：

a）介质为压缩空气、水蒸气或水的碳素钢或低合金钢制容器，其腐蚀裕量不宜小于1mm。

b）除a）以外的其他情况，一般可按表5（同HG/T 20580表7.3.2-1）确定，石油化工设备的壳体、封头可按表6（同HG/T 20580表7.3.2-2）确定。但最大腐蚀裕量不宜超过6mm，否则应采取工艺防腐蚀措施或其他防腐材料。

6.4.4 下列情况，腐蚀裕量可小于1.0mm：

a）奥氏体不锈钢元件；

b）有可靠的耐腐蚀衬里（如衬铅、衬橡胶、衬塑料等）的基体金属；

c）管壳式换热器的换热管、拉杆、定距管、折流板；

d）法兰密封面；

e）容器外部构件，如支座（不包括裙座筒体）、基础环、塔顶吊架等，以及用涂料能有效地防止环境腐蚀的外部构件。

6.4.5 容器接管（包括人、手孔）的腐蚀裕量，可取筒体的腐蚀裕量。

容器其他内件与筒体材料相同时，容器内件的单面腐蚀裕量。可按标准的表7选取。容器地脚螺栓根径的腐蚀裕量可取3mm。对两侧同时与介质接触的元件，应根据两侧的操作介质选取不同的腐蚀裕量，两者叠加。

7.3.3 压力容器强度校核

TSG R7001[12]对在用压力容器强度校核原则进行了修改，对应进行强度校核的情况“大面积腐蚀及错边量和角变形严重超标”改为“腐蚀深度超过腐蚀裕量”及“名义厚度不明”，壁厚选取原则由“一个使用周期的两倍腐蚀量”改为“减去至下次检验期的腐蚀量”。具体条款为：

第三十一条 对腐蚀（及磨蚀）深度超过腐蚀裕量、名义厚度不明、结构不合理（并且已经发现严重缺陷），或者检验人员对强度有怀疑的压力容器，应当进行强度校核。强度校核由检验机构或者委托有资质的压力容器设计单位进行。

（六）剩余壁厚按照实测最小值减去至下次按验日期的腐蚀量，作为强度校核的壁厚。

7.4 压力容器防腐蚀结构设计

7.4.1 压力容器结构设计对腐蚀的影响

腐蚀是从设计开始的，也就是说，通过设计和制造采取技术措施可以避免或减缓腐蚀损伤。实践经验也证明，压力容器总体结构设计中结构的合理性是防止和减少腐蚀发生的重要手段，是防止容器制造和生产操作中产生破裂的重要环节，小到一个构件、大到整个装置系统的总设计，都可以通过具体的设计措施达到腐蚀控制的目的。

压力容器的结构设计是容器设计中的核心问题之一，压力容器的结构不仅与容器的强度、刚度有关，而且与工艺、材料、制造、腐蚀、操作等因素有关，而且，最有利的设计可能往往需要较高的制造成本，但后期的维护成本却可能较低，从而使压力容器在全寿命期的总费用较低。所以，在结构设计时，经济性也是必须考虑的因素。

关于压力容器等承压设备设计、制造的标准和法规往往注重从材料的力学性能方面来考虑设备的安全性，而对结构与腐蚀的关系几乎没有关注。利用设计和制造技术措施防止腐蚀已成为西方国家腐蚀控制的重点，而我国的压力容器设计者往往注重耐蚀材料的选用，而忽视了具体的设备结构对腐蚀的影响，或几何结构与防护类型不相适应，导致设备的早期腐蚀失效。

综上所述，在压力容器设计时，除须充分考虑介质、温度、压力、设备运行状态及设备所处的外部环境等主要因素外，还应从结构设计方面将压力容器发生腐蚀破坏的可能性降到最小，延长压力容器的使用寿命，确保压力容器安全运行。

7.4.2 压力容器结构防腐蚀设计原则

(1) 结构形状应尽可能简单和合理

形状简单的结构易于采取腐蚀控制措施，而形状复杂的结构，其表面积必然增大，与介质接触的面积增加，死角、缝隙、接头处容易使腐蚀介质滞留和浓缩，使腐蚀环境恶化。

在设计中还应考虑到方便检测和维修，停车时，介质可以完全排除。

(2) 避免过大的应力集中

压力容器主要由受压壳体及零部件组成，各受压部件除有自身的强度和结构外，当其组合成整体容器后，在连接处的局部区域内，原有各构件的薄膜应力将发生变化，容器在压力及某些附件载荷作用下，使其结构中出现不连续应力、局部应力和应力集中。局部区域的高应力，往往成为压力容器发生应力腐蚀、腐蚀疲劳的重要因素。

在压力容器总体结构设计中，必须注意结构的合理性、尽量避免产生过大的局部应力，尽量降低外应力、热应力，避免各种切口、尖角、焊接缺陷。具体措施有：

① 防止结构上的形状突变，对于不可避免的不连续结构，应采取逐渐的圆滑过渡结构；

② 能引起应力集中或削弱强度的结构应相互错开，避免局部应力的叠加；

③ 引起严重应力集中的局部结构必须给以补强；

④ 控制工作应力，特别是温度变化产生的热应力。

(3) 优化焊接结构

容器制造需要焊接，为了尽量减少结构的局部附加应力和控制焊接质量，必须正确设计两构件连接处的焊接结构。受压元件焊接结构设计应遵循以下原则。

① 尽量采用对接焊缝。壳体的纵、环焊缝和封头的拼接焊缝必须用对接焊；对某些要求较高的容器的搭接和角接接头也应设计成对接接头。这样既能保证焊接质量，又可减少应力集中。

② 避免产生较大焊接应力的刚性结构。尽量减少两构件的刚度差，这样可减少结构的焊接附加应力。壳体不等厚度的对焊、加强圈与壳体的焊接都必须注意这个问题。

③ 容器焊接缝坡口形式与焊接形式、构件的厚度及焊接方法等因素有关，设计坡口的基本原则是尽量减少填充金属量，不采用不封闭的焊缝，保证焊透。避免产生各种焊接缺陷，尽量减少焊接变形和残余应力等。在需要搭接时，最小搭接长度应为厚度的5倍。

(4) 应避免的结构形式

压力容器设计时，应避免采用会引起电偶腐蚀（特别是大阴极小阳极）、冲刷腐蚀、缝隙腐蚀、应力腐蚀等易发生腐蚀破坏的不合理结构，避免容器中出现死角引起积聚沉淀物的垢下腐蚀，底部出口必须能排净残液，以防残留液的腐蚀等。

(5) 防止环境差异引起腐蚀

避免由于温度差、通气差、浓度差等原因而造成电位差或浓差极化腐蚀。

7.4.3 压力容器防腐蚀结构设计 [20~22]

(1) 连接

① 不同断面的焊接　对于不同板厚的构件，如果焊缝位于断面变化处，有时可能出现

很高的局部拉应力；如果构件处于应力腐蚀环境中，这些部位就易于发生腐蚀开裂；施加交变载荷时，应力集中会促进这些部位优先出现腐蚀疲劳。

设计措施有：不同壁厚的构件焊接时，焊缝和断面过渡区应彼此分开，控制焊接接头的错边量。为了能进行UT或RT，最好将焊接坡口形式设计为K形或X形，而不用带有坡口根部缺陷的（不再加工时）V形，见图7-1。

② 不同金属间的焊接　根据容器的壁厚选择加合金钢垫板或不加垫板的结构，如图7-2所示，避免或减弱电偶腐蚀。

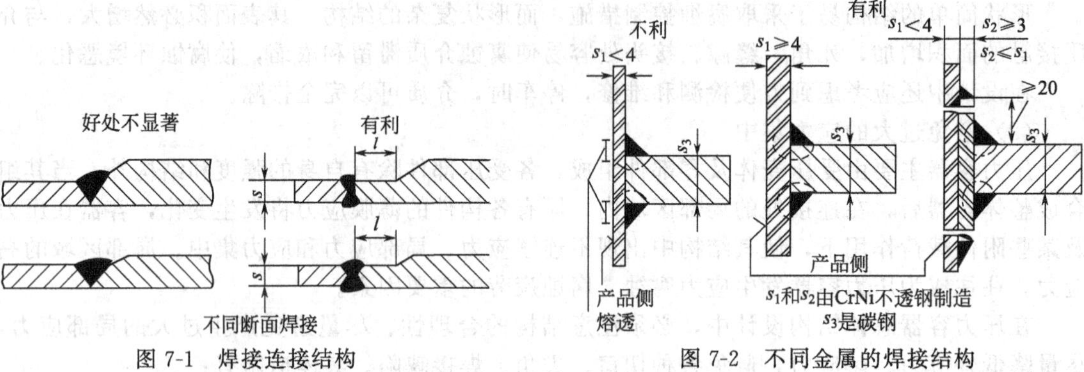

图7-1　焊接连接结构　　图7-2　不同金属的焊接结构

拱形底的容器采用完全封闭的管子做支脚，当容器底板为不锈钢（s＜4mm），支脚为碳钢时，两者之间加一块不锈钢的垫板，防止不锈钢壳体因与碳钢焊接而影响耐蚀性，见图7-3。

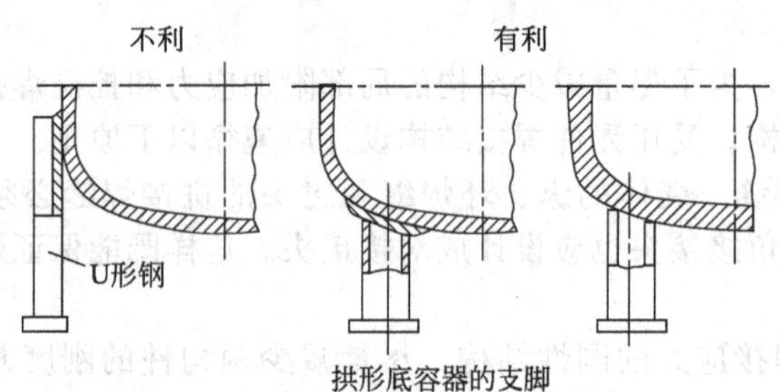

图7-3　不锈钢底容器与碳钢支脚结构形式

③ 螺栓连接　重要构件应尽可能将螺母处四周密封，异种金属连接时，在金属之间充填绝缘物，以避免电偶腐蚀。法兰要有足够的刚度，避免缝隙腐蚀，见图7-4。

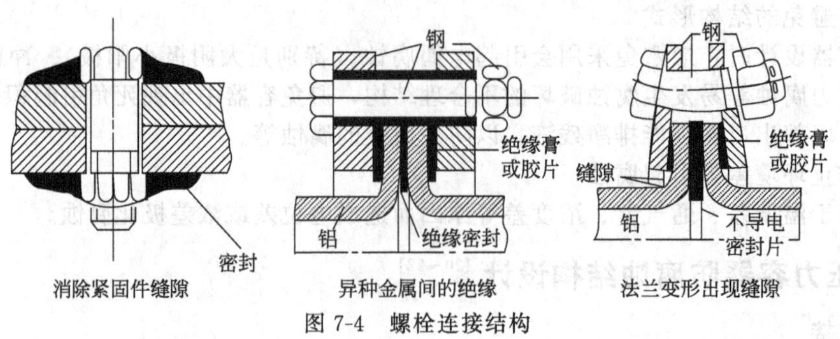

图7-4　螺栓连接结构

④ 管子与管板连接 列管式换热器管子与管板采用胀接或胀后焊接，管子与整个管板紧密贴合，管板上的管孔边缘倒圆，管板内侧和管子可加涂层，管口不要伸出管板，防止滞留沉积，见图7-5。但有些换热器管接头处于焊接强度等的考虑，要求管口伸出管板一定的长度，这时，应尽可能将伸出长度控制在最小。

⑤ 管道连接 管道与管道的连接采用对接焊，搭接或角焊的形式很难消除缝隙，当流入腐蚀性介质可能发生缝隙腐蚀，见图7-6。

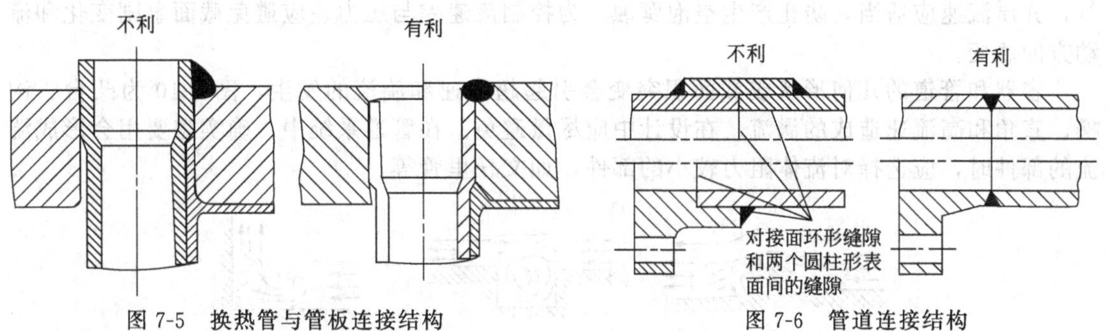

图7-5 换热管与管板连接结构　　图7-6 管道连接结构

⑥ 轴的连接 轴与其他零件的连接采用平键连接。伸入容器的搅拌轴与电机的连接应有减震措施。

(2) 设备壳体与接管结构形式

① 夹套的焊接 加热或冷却夹套的焊接结构应尽可能避免存在缝隙，见图7-7。否则在腐蚀性的热介质或冷介质作用下，易引起缝隙腐蚀，在一定条件下甚至可能发生应力开裂。

② 壳体的保温 壳体外加保温层，设计时，将支脚、吊耳、接管、人孔等与壳体同时、同技术要求绝热保温，绝热材料外加保护板。必要时，还可在这些部位加强保温，或增加伴热装置，防止局部壳体冷却引起露点腐蚀。保温层须选用不易吸水的材料。

③ 接管 为防止介质沿器壁流动，接管应向容器内伸进足够的长度（≥15mm），当浓稀溶液混合时，浓液进口接管有时加长到插入液面下以防止溶液飞溅，见图7-8、图7-9。低温介质接管还应防止在入口附近形成气相介质冷凝区或液相的低温区。

图7-7 夹套的焊接形式

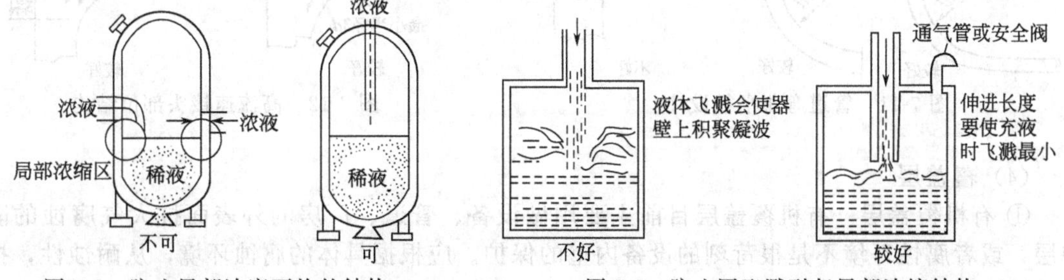

图7-8 防止局部浓度不均的结构　　图7-9 防止因飞溅引起局部浓缩结构

④ 排液管 停产时，必须能将容器内的介质排空。

此外，设计时应避免介质在容器中出现三相界面。

(3) 防止冲刷和振动结构

① 列管式换热器　在侧向液流入口区设置缓冲板，可减轻液流对这一带管束的冲击，同时防止流体入口区管子的磨损腐蚀。安置折流板改善换热，减小罐子振动折流板的间隔小到足以限制管子的振动；折流板上的孔通常比管板上的孔大0.4～0.8mm；在折流板上加套管，防止管子与折流板上的孔壁彼此擦伤。

② 搅拌器上安装扰流挡板　促进溶液与悬浮物的良好混合；有效地减轻腐蚀疲劳破坏。

③ 防止介质流动形式（湍流、涡流等）腐蚀结构　设计时注意避免过度的湍流、涡流等，介质流速应适当，防止产生空泡腐蚀。为控制流速差与压力差应避免截面急剧变化和流动方向急变。

容器和管道的几何形状或截面积突变会引起超流速和湍流的发生，图7-10为凸台、沟槽、直角和高流速造成的涡流，在设计中应尽量避免。在管道系统中，确实需要用会形成湍流的部件时，应选择对流体阻力较小的部件，如文丘里管等。

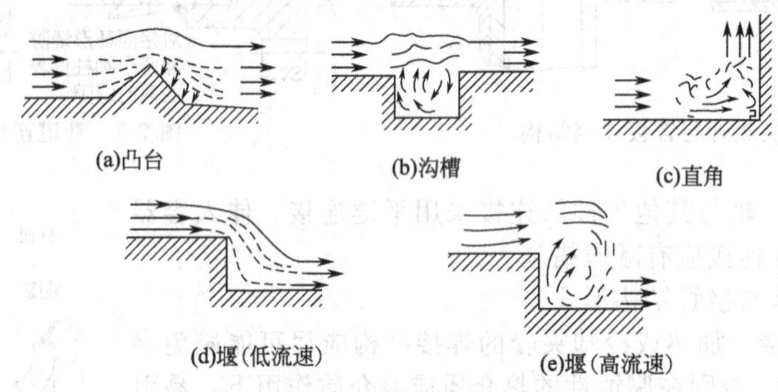

图7-10　几种结构形成的涡流

管线弯曲半径应尽可能大，避免直角弯曲。曲率半径一般为低强度钢管3d、高强度钢管5d。不同管径连接时，渐缩管应用较长的过渡区、高速流体采用流线型逐步过渡的结构。见图7-11。在高流速接头部位，不宜采取T形分叉结构，应采取曲线逐渐过渡的结构，见图7-12。

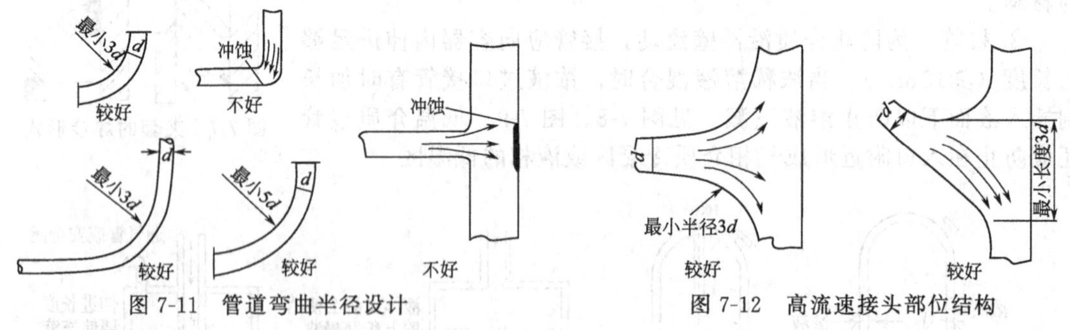

图7-11　管道弯曲半径设计　　图7-12　高流速接头部位结构

(4) 覆盖层

① 有机覆盖层　有机覆盖层目前主要用做设备、管道、厂房的外表面抗大气腐蚀的防护层，或者腐蚀环境不是很苛刻的设备内壁的保护。应根据具体的腐蚀环境，从耐蚀性，抗渗透性，黏结强度及价格等方面设计合理的涂层结构。

② 金属涂镀层　利用电（化学）镀、喷镀、热镀、渗镀等技术，将较耐腐蚀的金属镀覆在耐蚀性较差的金属表面，形成金属镀层。应尽可能选用阳极性覆盖层，因为，阴极性覆盖层的腐蚀电位高于基体金属电位，必须足够完整，否则将加速基体金属的腐蚀。

金属涂镀层一般比较薄，有孔隙、大尺寸和形状复杂的构件、镀覆困难且质量不易保证，在压力容器防腐上的应用受到一定的限制。

(5) 非金属压力容器防腐蚀结构设计

同金属压力容器设计一样，非金属压力容器的设计除了选材问题，同时在设计时也应考虑强度设计和耐蚀结构的设计。聚乙烯、聚丙烯、尼龙等结晶性塑料制品的流动性指数大，分子量大的材料抗环境应力腐蚀断裂性能好，在设计上还应注意减少焊接、加工残余应力。

(6) 设备安装位置

除上述设备结构上的防腐蚀设计外，还应考虑到设备的合理布局，以减轻环境对设备的腐蚀。

7.5 选材、腐蚀试验及腐蚀控制

7.5.1 国内外压力容器腐蚀选材、腐蚀试验及腐蚀控制相关标准规范

(1) 压力容器防腐蚀选材相关标准规范

压力容器防腐蚀选材标准主要以行业标准为主，TSG R0004[11]中只有“2.1 材料 2.1 通用要求”第（1）款规定了压力容器的选材应当考虑材料的力学性能、化学性能、物理性能和工艺性能。

SH/T 3096[23]高硫原油加工装置设备和管道设计选材导则中有关于选材的相关规定，具体内容参见相关标准。

(2) 压力容器其他选材标准

表 7-4、表 7-5 为国内外压力容器相关腐蚀选材、腐蚀试验和腐蚀控制的相关标准。

表 7-4 压力容器耐腐蚀材料和腐蚀管理相关标准

序号	标准号、标准名称	简介
1	GB/T 15008—2008《耐蚀合金棒》	标准规定了镍基、铁镍基耐蚀合金棒材的分类、订货内容、尺寸、外形及允许偏差、技术要求、表面质量、试验方法、检验规则、包装、标志和质量证明书等。适用于供在腐蚀性介质中使用的镍基、铁镍基耐蚀合金热轧和锻制及磨光、剥皮和车光棒材
2	GB/T 15007—2008《耐蚀合金牌号》	标准规定了耐蚀合金牌号和铸造耐蚀合金牌号的分类、表示方法、命名、化学成分等。本标准规定的牌号及其化学成分适用于制、修订耐蚀合金产品标准时采用
3	GB/T 23802—2009《石油天然气工业 套管、油管和接箍毛坯用耐腐蚀合金无缝管 交货技术条件》	标准规定了套管、油管和接箍毛坯用耐腐蚀合金无缝管的交货技术条件。适用于下述四组产品。 第1组：包括马氏体或马氏体/铁素体不锈钢； 第2组：包括铁素体-奥氏体不锈钢，例如双相或超级双相不锈钢； 第3组：包括具有奥氏体组织的铁基耐蚀合金； 第4组：包括具有奥氏体组织的镍基耐蚀合金 本标准不包括将单根管连接成管串的接头连接或其他方法的相关条款
4	GB/T 28907—2012《耐硫酸露点腐蚀钢板和钢带》	本标准规定了耐硫酸露点腐蚀钢板和钢带的定义、订货包括内容、牌号表示方法、尺寸、外形、重量及允许偏差、技术要求、试验方法、检验规则、包装、标志及质量证明书。适用于电厂烟囱、空气预热器、脱硫装置以及烟草行业烤房等厚度不大于 40mm 的耐硫酸露点腐蚀钢板和厚度不大于 25.4mm 的耐硫酸露点腐蚀钢带

续表

序号	标准号、标准名称	简介
5	GB/T 25314—2010《核电厂机械设备腐蚀管理大纲内容要求》	本标准规定了核电厂机械设备腐蚀管理大纲的内容要求，包括腐蚀风险分析、腐蚀敏感关键设备筛选、预防性腐蚀管理及文件体系等内容。适用于核电厂腐蚀敏感关键设备腐蚀管理大纲的制定
6	GB 50393—2008《钢质石油储罐防腐蚀工程技术规范》	规范适用于新建储罐的防腐蚀工程
7	GB/T 20972.1—2007(ISO 15156-1—2001,IDT)《石油天然气工业　油气开采中用于含硫化氢环境的材料　第1部分:选择抗裂纹材料的一般原则》	本部分叙述并提出了在石油天然气生产以及脱硫装置中处于硫化氢(H_2S)环境中设备的金属材料评定和选择的一般原则、要求和推荐方法。本部分有助于避免设备发生这种高昂代价的腐蚀损坏。本部分补充而不是代替相关的设计标准和规范或细则中已有的材料技术要求。本部分描述了所有由硫化氢所引起的腐蚀开裂机理，包括硫化物应力开裂、应力腐蚀开裂、氢致开裂及阶梯型裂纹、应力定向氢致开裂、软区开裂和电偶诱发的氢应力开裂。表1给出了适用于本部分的不详尽的设备清单，包括了允许的例外。本部分适用于按常规弹性准则设计和制造设备所用材料的选择和评定。本部分不一定适用于炼油或下游的加工设备
8	GB/T 20972.2—2008(ISO 15156-2—2003,MOD)《石油天然气工业　油气开采中用于含硫化氢环境的材料　第2部分:抗开裂碳钢、低合金钢和铸铁》	本部分给出了在油气开采及天然气处理厂含硫化氢(H_2S)环境中，设备用碳钢和低合金钢的选择及评定的要求和推荐做法。本部分是对那些合适的设计规范、标准和准则的补充，但不能代替它们对材料的要求
9	GB/T 20972.3—2008(ISO 15156-3—2003,MOD)《石油天然气工业　油气开采中用于含硫化氢环境的材料　第3部分:抗开裂耐蚀合金和其他合金》	本部分给出了在油气开采及天然气处理厂含硫化氢(H_2S)环境中，设备用耐蚀合金(CRA)和其他合金的选择及评定的要求和推荐作法。本部分是对那些合适的设计规范、标准和准则的补充，但不能代替它们对材料的要求。本部分叙述了这些材料抗由硫化物应力开裂(SSC)、应力腐蚀开裂(SCC)和电偶诱发的氢应力开裂(GHSC)引起的破坏的性能
10	SY/T 0042—2002《防腐蚀工程经济计算方法标准》	本标准是为了降低防腐蚀工程成本，规范防腐蚀工程方案比较的经济计算方法制定的。适用于石油天然气行业新建、改扩建和大修项目中的经济比较。参考了 NACE RP 0272-72《腐蚀控制措施经济评价直接计算方法》中的相关内容，对其中的计算式进行了适当的修改。计算方法除执行本标准外，尚应符合国家现行的有关法令、规章及强制性标准规范的规定
11	SH/T 3059—2012《石油化工管道设计器材选用规范》	规定了石油化工管道材料的选用、管道组成件的选用要求和计算方法。本规范适用于石油化工装置中公称压力不大于 PN420(CL2500)、设计温度不超过材料允许使用温度范围的管道组成件的选用。不适用于非金属管道
12	SH/T 3075—2009《石油化工钢制压力容器材料选用标准》	规定了石油化工钢制压力容器用钢材的选用原则、使用范围和保证项目、各种钢材的附加技术要求、腐蚀环境对压力容器用钢的要求、低温容器用钢的要求等。规范的适用范围和不适用范围同 GB 150
13	SH/T 3096—2012《加工高硫原油重点装置主要设备设计选材导则》	导则规定了高硫原油加工装置设备和管道的材料选用原则。适用于石油化工加工高硫原油且以硫腐蚀为主的新建和改、扩建工程项目重点装置主要设备和管道的设计选材

续表

序号	标准号、标准名称	简介
14	SHT 3022—2011 《石油化工设备和管道涂料防腐蚀设计规范》	本规范规定了石油化工设备和管道涂料防腐蚀设计要求。适用于钢质石油化工设备、管道及其附属钢结构的外表面涂料防腐蚀设计
15	HG/T 20581—2011 《钢制化工容器材料选用规定》	标准规定了钢制化工容器用钢和焊接材料的选用、技术要求、使用限制和范围、新材料和按国外标准生产的钢材使用、钢材代用等要求。适用于设计压力不大于 35.0MPa，设计温度高于－20℃的碳素钢、低合金高强度钢、珠光体耐热钢、不锈钢和不锈钢复合钢板焊制化工容器材料的选用。材料的品种包括轧材、锻件、铸件及焊接材料
16	SY/T 4091—1995 《滩海石油工程防腐蚀技术规范》	规范适用于滩海石油工程钢质结构、管道及油气生产设施外表面的防腐蚀设计、施工及验收
17	SY/T 0599—2006 《天然气地面设施抗硫化物应力开裂和抗应力腐蚀开裂的金属材料要求》	标准规定了含硫化氢油气田地面设施用金属材料抗硫化物应力开裂和(或)抗应力腐蚀开裂的金属材料及制造工艺的要求。适用于与含硫化氢介质接触的地面设施，如石油或天然气井场、集气站、处理厂的工艺设备和采、集气管线等
18	SY/T 6601—2004 《耐腐蚀合金管线钢管》	标准包括具有较好耐腐蚀性能的无缝钢管、离心铸造管和焊接合金管线钢管。标准的目的是提供具有较好耐腐蚀性能，适合于石油和天然气行业输送天然气、水和原油的钢管标准。

表 7-5　国际相关压力容器防腐蚀选材标准、报告

序号	标准号、标准名称	简介
1	ANSI/NACE MR0103—2015 腐蚀性石油炼制环境中抗硫化物应力开裂材料的选择	本标准规定了含 H_2S(气相或溶解于含水液相)的酸性石油炼制环境和相关的加工环境中(无论是否存在烃)抗硫化物应力开裂(SSC)的金属材料要求。本标准并不包括也无意包括设计规范。其他形式的湿 H_2S 开裂、环境开裂、腐蚀及其他类型的失效，虽然超出本标准的范围，也宜在设备的设计和操作中加以考虑。恶劣的腐蚀和或充氢状况会导致非 SSC 机理的破坏，宜采用本标准范围之外的方法加以控制 特别指出，本标准旨在防止炼油行业的设备、部件发生 SSC。防止 ASME 锅炉和压力容器规范第Ⅸ卷中的 P-No.1 类碳钢材料发生 SSC，则要求符合 NACE 标准 RP04726
2	ANSI/NACE MR0175—2009 石油和天然气工业，油气产品内含硫化氢(H2S)环境中使用的材料 1、2、3 部分	对在石油、天然气生产和处理厂含 H_2S 环境中使用的碳钢、低合金钢、耐蚀合金和其他合金，可能对公众健康和人员或设备本身造成的安全风险提出了要求和建议。本标准包括了 7 个技术文件
3	NACE RP0391—2001 环境温度下商业浓硫酸(90%～100%)的储运材料	本标准为在环境温度下处理和存储商业浓硫酸的材料选择和设计提供信息。本标准的目的是为在化学过程工业中环境温度下浓硫酸系统和设备的设计，改造和维护的工程师和操作和维护人员提供帮助
4	NACE　SP0403—2008 (formerly RP0403—2003) 避免炼油厂碳钢设备与管线的碱应力腐蚀开裂	本标准建立了避免炼厂碳钢设备和管道的碱性应力腐蚀指南

续表

序号	标准号、标准名称	简介
5	NACE 38423—2004 油田金属学和腐蚀 第3版	适用于石油钻井和生产进程中的金属腐蚀
6	NACE 8X194—2006 湿 H_2S 炼厂环境的新压力容器(新)的材料和制造规程	总结了近年来制造已被用于炼油厂湿 H_2S 环境下新设备材料的选择、加工、热处理、检验、测试和腐蚀控制方法
7	NACE 1F192—2000 用于油田环境中的耐腐蚀合金	耐腐蚀合金(CRAS)的使用作为腐蚀控制方法在石油和天然气生产中日益增加。在恶劣的环境中,它们可以提供一个经济上有吸引力的解决方案和为腐蚀工程师在困难的选材问题上提供许多复杂金属合金,该报告为腐蚀工程师提供了大量CRAS在油田的经验和它们的金属学性能
8	ASTM A409/A409M—2013 腐蚀性或高温使用的焊接大直径奥氏体钢管规范	本规范覆盖了直缝或螺旋缝电熔焊接、亮管、奥氏体铬镍合金钢管的腐蚀或高温服役
9	ASTM A743/A743M—2013 一般用耐蚀铬铁及镍铬铁合金铸件规范	本规范涵盖铁铬和铁铬镍合金铸件通用耐蚀性能,本规范的分类广泛适用于在各种腐蚀环境中的合金铸件
10	ASTM A744/A744M—2013 苛刻条件使用的耐腐蚀镍铬铁合金铸件规范	本规范涵盖用于苛刻腐蚀性条件的镍铬铁合金、不锈钢铸件
11	ASTM A774/A774M—2014 中低温用耐全面腐蚀的焊接锻轧奥氏体不锈钢管配件规范	该规范是在低温和中温及全面腐蚀条件下使用的用来制造低压管焊接锻造奥氏体不锈钢配件,包含五种级别。用户应该注意在一定的腐蚀条件下某些级别可能会被限用。规范涉及的焊接配件外直径为75~1225mm,壁厚为1.6~12.7mm
12	ASTM A858/A858M—2014 低温腐蚀下用经热处理的碳素钢管配件规范	本规范涵盖了在低温腐蚀性条件下使用的经热处理锻造无缝低碳钢管件、电熔焊管件
13	ASTM A871/A871M—2014 抗大气腐蚀的高强度低合金结构钢中厚板规范	本标准包括预定用于管结构和支撑件或其他适用用途的高强度低合金钢板。为满足规定的力学性能要求,两个级别Grade60和Grade65,可以热轧、正火或淬火加回火供应。这种钢在大多数环境下的耐大气腐蚀性能从本质上好于含铜或不含铜的碳素结构钢。当完全暴露于大气中时,这种钢可以在裸露(未加涂层)状态下应用于多种用途
14	ASTM A872/A872M—2014 腐蚀环境用离心铸造铁素体/奥氏体不锈钢管规范	本规范涵盖了用于一般腐蚀性条件下的离心铸造铁素体/奥氏体钢管
15	ASTM A946—95(2004) 耐蚀和耐热用铬,铬-镍和硅合金钢板、薄板和带规范	本规范涵盖了用于耐蚀和耐热的铬含量等于或小于11.0%的合金钢板、薄板和带
16	ASTM A968/A968M—96(2014) 腐蚀和耐热用铬、铬-镍和硅合金钢棒及型材规范	本规范包括用于耐蚀和耐热的铬含量等于或小于11.0%的热、冷轧合金钢棒、方钢、六边形等型钢

续表

序号	标准号、标准名称	简介
17	API RP 941—2008 炼油厂和石油化工厂用高温高压临氢作业用钢	本推荐做法总结了实验测试的结果和工厂实际操作数据，建立了碳和低合金钢在临氢条件下温度和压力实际操作限制。对钢材因氢温度和压力升高与高应力、热处理、化学成分和覆盖层对耐蚀性的影响进行了讨论。本作法并没有解决在低温下(204°C)因氢原子电化学机理进入钢的耐蚀性 适用于处理氢或含氢液体高温和高压炼油厂、石油化工设备、化工设备。也可以应用于制造氨、甲醇、食用油和更高级的醇类
18	API TR 938-C—2015 炼油厂用双相不锈钢(第3版)	包括潜在的环境失效机理和预防措施，典型的炼油厂使用材料和制造规范要求，在炼油厂双相不锈钢应用实例。报告还列出了各种常见的和各种 UNS 代号的双相不锈钢化学成分
19	API RP 932-B—2012 加氢处理反应器流出物空气冷却器(REAC)系统中腐蚀控制的设计、材料、建造、操作和检查指南	提供了指导工程和工厂人员在加氢反应器流出物系统湿部分设备和管道设计、材料选择、制造、操作和检验腐蚀和污染管理。反应器流出物系统包括换热器之间的所有设备和管道上游的注入点和冷凝点，低压分离器。大多数这些系统有一个空气冷却器，然而，一些系统只利用壳管热交换器。反应器流出物系统容易被硫氢化铵(NH_4HS)和氯化铵(NH_4Cl)盐污染和腐蚀

(3) 压力容器选材腐蚀试验相关标准规范

腐蚀研究和试验工作涉及因素多，研究周期长。加速腐蚀试验与实际工况有较大的区别，一般用来对比不同材料的耐蚀性差异，或作为材料验收的试验方法。表 7-6～表 7-8 为相关腐蚀试验标准。

表 7-6 腐蚀试验方法国家标准

序号	标准号、标准名称	适用范围
1	GB/T 5776—2005[ISO 11306：1998(E)，MOD] 《金属和合金的腐蚀　金属和合金在表层海水中暴露和评定的导则》	规定了金属和合金在表层海水中暴露所遵循的条件和方法，以便对不同地点的暴露做出有意义的比较。适用的暴露范围从水平面以上潮湿的重要区带(飞溅区和潮汐区)到水平面以下与表面海水组成相近的深度。本标准规定了海水对金属和合金腐蚀的评定方法。由于海水的可变性和复杂性，为减小可变因素的影响，暴露时间应在 1a 以上
2	GB/T 16545—1996 《金属和合金的腐蚀　腐蚀试样上腐蚀产物的清除》	本标准规定了金属及合金的腐蚀试样，在腐蚀性环境中形成腐蚀产物的清除操作方法。标准所规定的方法，可去除所有腐蚀产物，而基本上不损害金属基体，有可能精确测定金属在腐蚀性环境中产生的质量损失。某些情况下，这些方法也可用于金属涂层，但必须考虑可能对基体产生的影响
3	GB/T 19291—2003 《金属和合金的腐蚀　腐蚀试验一般原则》	标准规定了在一定浸渍条件下进行腐蚀试验最重要的一般原则。其中的一些内容也可用于其他类型的腐蚀试验。标准不适用于应力腐蚀试验程序
4	GB/T 14165—2008 《金属和合金　大气腐蚀试验　现场试验的一般要求》	本标准规定了在大气条件下金属和金属覆盖层静态试验的一般要求，可在敞开或遮蔽条件下进行试验。本标准也适用于室内试验
5	GB/T 14293—1998 《人造气氛腐蚀试验　一般要求》	标准规定了对人造气氛腐蚀试验的试样、试验设备和试验规程的一般要求。适用于永久性或暂时性防蚀措施的金属和合金。本标准规定的要求也可用于涉及人造气氛腐蚀试验、加速腐蚀试验方法和新试验箱结构的其他国家标准

续表

序号	标准号、标准名称	适用范围
6	GB/T 10125—2012 《人造气氛腐蚀试验　盐雾试验》	本标准规定了中性盐雾(NSS)、乙酸盐雾(AASS)和铜加速乙酸盐雾(CASS)试验使用的设备、试剂和方法。适用于评价金属材料及覆盖层的耐蚀性,被测试对象可以是具有永久性或暂时性防蚀性能的,也可以是不具有永久性或暂时性防蚀性能的。本标准也规定了评估试验箱环境腐蚀性的方法。本标准未规定试样尺寸、特殊产品的试验周期和结果解释,这些内容参见相应的产品规范。本试验适用于检测金属及其合金、金属覆盖层、有机覆盖层、阳极氧化膜和转化膜的不连续性,如孔隙及其他缺陷。中性盐雾试验适用于金属及其合金、金属覆盖层(阳极性或阴极性)、转化膜、阳极氧化膜、金属基体上的有机涂层。乙酸盐雾试验适用于铜＋镍＋铬或镍＋铬装饰性镀层,也适用于铝的阳极氧化膜。铜加速乙酸盐雾试验适用于铜＋镍＋铬或镍＋铬装饰性镀层,也适用于铝的阳极氧化膜。本试验适用于对金属材料具有或不具有腐蚀保护时的性能对比,不适用于对不同材料进行有耐蚀性的排序
7	GB/T 19746—2005 《金属和合金的腐蚀　盐溶液周浸试验》	本标准规定了一种确定金属在盐溶液中有、无外加应力下周浸试验耐蚀性的方法。本试验特别适用于金属,包括铝合金和钢铁材料制造过程中的质量控制,也适用于合金开发期间的评定。根据试验溶液的化学成分,本试验可模拟海水飞溅区、除冰液和酸性盐环境的腐蚀效应。周浸试验适用于金属及其合金、某种金属覆盖层(相对于基体是阴极性和阳极性覆盖层、某种转化膜、某种阳极氧化涂层、金属表面的有机涂层
8	GB/T 20121—2006 《金属和合金的腐蚀　人造气氛的腐蚀试验　间歇盐雾下的室外加速试验(疮痂试验)》	标准的目的是为了定义一种评估室外加速腐蚀试验中金属耐蚀性的方法。室外加速腐蚀试验适用于:金属上的有机覆盖层、金属覆盖层(阳极性或阴极性)、化学转化覆盖层、金属及其合金。本方法特别适用于表面处理系统的优化对比试验
9	GB/T 20853—2007 《金属和合金的腐蚀　人造大气中的腐蚀　暴露于间歇喷洒盐溶液和潮湿循环受控条件下的加速腐蚀试验》	标准详细说明了金属在有 Cl^- 存在的环境下抗腐蚀性的测试方法,Cl^- 主要是来自海洋和公路除冰盐的 NaCl 标准规定了用于加速腐蚀测试的设备和试验过程,试验以高度可控制的方式模拟了大气腐蚀条件 标准中金属包括具有腐蚀防护和不具有腐蚀防护的金属材料。本实验室加速腐蚀试验适用于:金属及其合金、金属覆盖层(阳极性和阴极性的)、化学转化覆盖层、金属上的有机覆盖层。尤其适用于表面处理方法最优化的对比试验
10	GB/T 20854—2007 《金属和合金的腐蚀　循环暴露在盐雾、"干"和"湿"条件下的加速试验》	标准规定了用于评价使用于户外盐污染环境中的金属材料耐蚀性的加速腐蚀试验的仪器和试验方法,不论被测试材料是否具有永久性或暂时性腐蚀防护。标准规定了试样循环暴露于中性盐雾、"干"和"湿"试验环境的条件标准对试样的类型和暴露时间不作明确规定 本实验与传统常规的加速腐蚀试验,如中性盐雾试验(NSS)相比,其最大的优点在于它能更好地再现发生在户外盐污染环境下的腐蚀 本标准的加速腐蚀试验适用于金属及其合金、金属覆盖层(阳极性的和阴极性的)、转化覆盖层、阳极氧化物覆盖层、金属材料上的有机覆盖层

续表

序号	标准号、标准名称	适用范围
11	GB/T 24195—2009 《金属和合金的腐蚀 酸性盐雾、"干燥"和"湿润"条件下的循环加速腐蚀试验》	标准规定了两种加速腐蚀试验方法：方法A和方法B，以对比评价户外盐污染/酸雨环境下带有或没有永久性或临时性腐蚀防护的金属材料的耐蚀性能。标准同时规定了试验设备。这两种试验方法包括试样循环暴露于酸性盐雾、"干燥"和"湿润"试验条件。本试验与传统的加速腐蚀试验，如GB/T 10125规定的中性盐雾试验(NSS)相比，其最大的优点在于它能更好地模拟发生在户外盐污染/酸雨环境下的腐蚀。这两种方法对评价外观腐蚀也非常有用。方法A适用于金属及其合金、金属涂层(阴极涂层)、阳极氧化涂层、金属材料上的有机涂层。方法B适用于钢板上的阳极涂层、钢板上带有转换涂层的阳极涂层
12	GB/T 17848—1999 《牺牲阳极电化学性能试验方法》	标准规定了采用常规试验法和加速试验法测试牺牲阳极电化学性能的试验装置、试样制备、试验条件、试验程序和试验结果的表示方法。适用于测试锌合金、铝合金、镁合金牺牲阳极在海水中的电化学性能，以及测试镁合金牺牲阳极在模拟土壤中的电化学性能，对其他类型的牺牲阳极电化学性能的测试也可参照使用
13	GB/T 24196—2009 《金属和合金的腐蚀．电化学试验方法 恒电位和动电位极化测量导则》	本标准规定了金属和合金的腐蚀，实施恒电位和动电位极化测量方法。适用于表征阳极和阴极反应的电化学动力学特征，局部腐蚀开始和金属再钝化行为
14	GB/T 4334.6—2000 《不锈钢5%硫酸腐蚀试验方法》	标准规定了不锈钢5%硫酸腐蚀试验方法的试样、试验溶液、试验设备、试验条件和步骤、试验结果的评定及试验报告。适用于测定含钼奥氏体不锈钢在5%硫酸溶液中的腐蚀失重，以试验不锈钢耐均匀腐蚀性能
15	GB/T 8650—2006 《管线钢和压力容器钢抗氢致开裂评定方法》	标准规定了管线钢和压力容器钢板在含有硫化物水溶液的腐蚀环境中，由于腐蚀吸氢引起的HIC的评定方法。本试验包括小直径(公称管件尺寸[NPS]2～6mm)、薄壁(壁厚为6mm)电阻焊(ERW)和无缝管线钢管试验的特殊步骤或要求。除非标准中特殊规定，这些小直径、薄壁材料应该与其他管道钢管用相同的方法进行试验。试验方法是将无应力的试样暴露在下面两种标准试验溶液中的任一种中，溶液A，常温常压下，含饱和H_2S的含NaCl、CH_3COOH溶液；或者溶液B，常温常压下，含饱和H_2S的人工海水。暴露规定的时间后，取出试样并进行评定。该试验方法不是模拟服役条件。方法只是希望提供一种具有重现性的试验环境，以便能够在相对短的时间内区别不同钢试样对HIC的敏感性。该标准并不包含接受或否决的准则。用来确定接受或否决、不同钢的比较、钢的筛选或其他目的的试验方法是超出该标准范围的
16	GB/T 18590—2001 《金属和合金的腐蚀点蚀评定方法》	标准规定了用于选择识别、检查蚀坑及评价点腐蚀方法的导则
17	GB/T 17897—1999 《不锈钢三氯化铁点腐蚀试验方法》	标准规定了不锈钢三氯化铁点腐蚀试验方法的试样的制备、试验溶液、试验仪器和设备、试验条件和步骤、试验结果和试验报告，适用于评价不锈钢在质量分数6%$FeCl_3$铁溶液中的耐点蚀性能 试验方法所用的试验溶液，氧化性强，酸性强，Cl^-含量较高，因此腐蚀性强。当材料在试验溶液中发生金属间化合物的溶解或有析出物时，往往会加速腐蚀。特别是合金元素铁往往会加剧腐蚀。因此，用本试验方法来比较不同材料的耐点蚀性能，或者把实验数据与实际环境进行比较时，要注意本试验溶液的特性

续表

序号	标准号、标准名称	适用范围
18	GB/T 25996—2010(idt. ISO 11463—1995)《绝热材料对奥氏体不锈钢外部应力腐蚀开裂的试验方法》	规定了绝热材料对奥氏体不锈钢外部应力腐蚀开裂的试验方法。适用于覆盖奥氏体不锈钢用纤维型绝热材料包括岩棉、矿渣棉、玻璃棉、硅酸铝棉等及其制品,也适用于此用途的其他类型绝热材料如硅酸钙、水泥、复合硅酸盐、泡沫石棉、泡沫塑料、泡沫橡塑等
19	GB/T 17899—1999《不锈钢点蚀电位测量方法》	标准规定了不锈钢点蚀电位测量方法的试样、试验溶液、试验仪器和设备、试验条件和步骤、试验结果和试验报告。适用于动电位法测量不锈钢在中性质量分数3.5%NaCl溶液中的点蚀电位
20	GB/T 10127—2002《不锈钢三氯化铁缝隙腐蚀试验方法》	本标准规定了不锈钢$FeCl_3$缝隙腐蚀试验方法的范围、试样的制备和要求、试验装置、试验溶液、试验条件和步骤、试验结果的评定和试验报告。适用于测定不锈钢和含铬的镍基合金在$FeCl_3$溶液中的腐蚀速率,以检验其耐缝隙腐蚀的性能
21	GB/T 13671—1992《不锈钢缝隙腐蚀电化学试验方法》	本标准规定了不锈钢缝隙腐蚀电化学试验方法的原理、试验仪器、试样制备、试验条件、试验步骤和试验报告内容等。适用于评价不锈钢在氯化物环境中的抗缝隙腐蚀性能,特别适用于不同钢种或不同状态的比较
22	GB/T 4334—2008《金属和合金的腐蚀　不锈钢晶间腐蚀试验方法》	标准规定了不锈钢晶间腐蚀试验方法的试样、试验溶液、试验设备、试验条件和步骤、试验结果的评定及试验报告。适用于检验不锈钢晶间腐蚀。包括以下试验方法:方法A.不锈钢10%草酸浸蚀试验方法,适用于奥氏体不锈钢晶间腐蚀的筛选试验,试样在10%草酸溶液中电解浸蚀后,在显微镜下观察被浸蚀表面的金相组织,以判定是否需要进行方法B、方法C、方法D、方法E等长时间热酸试验。在不允许破坏被测结构件和设备的情况下,也可以作为独立的晶间腐蚀检验方法;方法B.不锈钢硫酸-硫酸铁腐蚀试验方法,适用于将奥氏体不锈钢在硫酸-硫酸铁溶液中煮沸试验后,以腐蚀速率评定晶间腐蚀倾向;方法C.不锈钢65%硝酸腐蚀试验方法,适用于将奥氏体不锈钢在65%硝酸溶液中煮沸试验后,以腐蚀速率评定晶间腐蚀倾向;方法D.不锈钢硝酸-氢氟酸腐蚀试验方法,适用于检验含钼奥氏体不锈钢的晶间腐蚀倾向,用温度为70℃的10%硝酸和3%氢氟酸溶液中的腐蚀速率,同基准试样腐蚀速率的比值来判定晶间腐蚀倾向;方法E.不锈钢硫酸-硫酸铜腐蚀试验方法,适用于检验奥氏体、奥氏体-铁素体不锈钢在加有铜屑的硫酸-硫酸铜溶液中煮沸试验后,由弯曲或金相判定晶间腐蚀倾向
23	GB/T 7998—2005《铝合金晶间腐蚀测定方法》	规定了铝合金晶间腐蚀的测定方法。适用于2×××系、7×××系合金以及5×××系合金加工制品的晶间腐蚀检查和测定
24	GB/T 15260—1994《镍基合金晶间腐蚀试验方法》	本标准包括了测定镍基合金晶间腐蚀敏感性的四种方法,方法A:硫酸铁(Ⅲ)-硫酸试验;方法B:铜-硫酸铜－16%硫酸试验;方法C:盐酸试验;方法D:硝酸试验。标准中规定了试样的制备、试样的敏化、试验设备、适用范围、试验溶液、试验程序和试验结果评定。适用于腐蚀环境中所使用的镍基合金。4种方法的选择、合金的处理制度以及结果的判据等由合金的供需双方协商
25	GB/T 26491—2011《5×××系铝合金晶间腐蚀试验方法　质量损失法》	本标准规定了用质量损失法测定5×××系铝合金板材产品晶间腐蚀敏感性的试验方法。适用于5×××系铝合金板材产品晶间腐蚀敏感性的测定

续表

序号	标准号、标准名称	适用范围
26	GB/T 15748—2013《船用金属材料电偶腐蚀试验方法》	标准规定了船用金属材料电偶腐蚀试验的试样制备、试验仪器、试验步骤及试验结果的评定方法。适用于试验室条件下评价两种不同金属在人造海水或其他电解液中电连接状态下的电偶腐蚀行为。现场条件下的电偶腐蚀试验也可参照使用
27	GB/T 19747—2005《金属和合金的腐蚀　双金属室外暴露腐蚀试验》	标准规定了金属和合金、有金属或非金属非有机覆盖层的金属和合金的双金属室外暴露腐蚀试验方法。适用于确定在自然大气中不同金属(有覆盖层金属)接触产生的腐蚀类型和程度,对双金属腐蚀防护措施进行评价
28	GB/T 10119—2008《黄铜耐脱锌腐蚀性能的测定》	本标准规定了黄铜材料耐脱锌腐蚀性能的测定方法。适用于黄铜材料耐脱锌腐蚀性能的测定
29	GB/T 4337—2008《金属材料　疲劳试验　旋转弯曲方法》	标准规定了金属材料旋转棒弯曲疲劳试验方法。适用于金属材料在室温和高温空气中试样旋转弯曲的条件下进行的疲劳试验,其他环境(如腐蚀)下的也可对照本标准执行
30	GB/T 20120.1—2006《金属和合金的腐蚀　腐蚀疲劳试验　第1部分:循环失效试验》	本部分规定了金属及其合金在水或气体环境中的腐蚀疲劳试验和循环失效试验。腐蚀或其他化学活性环境可以促使金属及其合金诱发疲劳裂纹并加快疲劳裂纹扩展速率。腐蚀疲劳过程不局限在特定的金属/环境体系中,如果没有试验室试验测得的数据,对于在所有载荷和环境组合下,疲劳寿命安全性计算均无法进行。本部分不适用于零件或组件的腐蚀疲劳试验,但其中的许多一般原理仍可适用
31	GB/T 20120.2—2006《金属和合金的腐蚀　腐蚀疲劳试验　第2部分:预裂纹试验裂纹扩展试验》	本部分规定了一种断裂力学方法,在可控环境中确定在循环载荷下的预裂纹的裂纹扩展速率,并测量裂纹生长的临界应立强度因子范围。在此范围下,裂纹扩展速率低于各方限定的极限值。本部分适用于在液相或气相环境中金属和合金的腐蚀疲劳试验
32	GB/T 15970.1—1995《金属和合金的腐蚀　应力腐蚀试验　第1部分:试验方法总则》	叙述了当设计和进行评定金属应力腐蚀敏感性的试验时,应考虑的事项
33	GB/T 15970.2—2000《金属和合金的腐蚀　应力腐蚀试验　第2部分:弯梁试样的制备和应用》	涉及弯梁试样的设计、制备和使用程序,用于研究金属应力腐蚀的敏感性
34	GB/T 15970.3—1995《金属和合金的腐蚀　应力腐蚀试验　第3部分:U形弯曲试样的制备和应用》	适用于研究金属应力腐蚀敏感性的U形试样的设计,制备和使用程序。试验的主要优点为简单并适宜于工厂使用,其缺点为应力不能准确定量
35	GB/T 15970.4—2000《金属和合金的腐蚀　应力腐蚀试验　第4部分:单轴加载拉伸试样的制备和应用》	包括设计、制备和使用单轴加载拉伸试样的程序,用于研究金属对应力腐蚀的敏感性。应用恒载荷、恒应变或增载荷、增应变设备,能定量地对单轴加载拉伸试样施加应力
36	GB/T 15970.5—1998《金属和合金的腐蚀　应力腐蚀试验　第5部分:C形环试样的制备和应用》	包括检验金属和合金应力腐蚀敏感性用的C形环试样的设计、制备、加载、暴露及检查等方法,提供了C形环试样应力状态和分布的分析

续表

序号	标准号、标准名称	适用范围
37	GB/T 15970.6—2007 《金属和合金的腐蚀　应力腐蚀试验　第6部分：恒载荷或恒位移下预裂纹试样的制备和应用》	包括了用于研究应力腐蚀敏感性的预裂纹试样的设计、制备以及使用等内容。给出了用于研究应力腐蚀敏感性的预裂纹试样设计、制备和使用建议。因为在裂纹尖端要求维持弹性约束状态，所以预裂纹试样不适合评价如薄板或线材等细的或薄的材料。通常只适用于评价如厚板、棒和锻件等较厚或较粗的材料。预裂纹试样也适用于焊接件 预裂纹试样可用恒载荷设备加载，或用可在施力点产生恒定位移的装置加载；预裂纹试样突出的优点是：从所测得数据可以计算出已知几何形状和承受已知应力构件的界限缺陷尺寸，如果缺陷尺寸超过临界值，就会产生应力腐蚀破裂。预裂纹试样还可以用于测定应力腐蚀裂纹的扩展速率。在监控正在使用的有缺陷的部件时，可以考虑近期的数据
38	GB/T 15970.7—2000 《金属和合金的腐蚀　应力腐蚀试验　第7部分：慢应变速率试验》	内容涉及慢应变速率试验程序，用于研究金属对应力腐蚀破裂和氢致开裂的敏感性。慢应变速率试验的适用范围，包括板、棒、丝、带和管及其组合件；也包括焊接件。试验既可用初始的光滑试样也可以采用缺口或预裂纹试样。试验的主要优点是能够快速评价特定金属与环境组合的应力腐蚀破裂敏感性
39	GB/T 15970.8—2005 《金属和合金的腐蚀　应力腐蚀试验　第8部分：焊接试样的制备和应用》	规定了进行应力腐蚀试验焊接试样的制备及要考虑的附加因素。本部分特别对试样和试验方法的选择提出了建议，以确定金属焊接状态下抗应力腐蚀性能
40	GB/T 15970.9—2007 《金属和合金的腐蚀　应力腐蚀试验　第9部分：渐增式载荷或渐增式位移下的预裂纹试样的制备和应用》	包括了研究金属在渐增式载荷或渐增式位移下应力腐蚀裂纹敏感性的预裂纹试样的设计、制备和应用等内容。本试验的一个主要优点是：考虑了动态应变对应力腐蚀破裂界限值的潜在影响。在足够低的加载速率下。本方法可以更快捷地测定 K_{ISCC} 值，且此值会小于或等于由恒载荷或位移方法测定的值
41	GB/T 20122—2006 《金属和合金的腐蚀　滴落蒸发试验的应力腐蚀开裂评价》	标准规定了在氯化钠滴落蒸发系统中不锈钢和镍基合金抗应力腐蚀开裂的试验方法。给出了断裂临界应力，它的大小可用来对环境中不同合金的相对性能进行分级
42	GB/T4157—2006 《金属在硫化氢环境中抗特殊形式环境开裂实验室试验》	标准规定了在含硫化氢的酸性水溶液环境中受拉伸应力的金属抗开裂破坏性能试验，标准包括4种试验方法：方法A　拉伸试验、方法B　弯梁试验、方法C　C形环试验、方法D　双悬臂梁(DCB)试验
43	GB/T 10567.1—1997 《铜及铜合金加工材残余应力检验方法　硝酸亚汞试验法》	本标准规定了用硝酸亚汞加速试验测定铜及铜合金加工材中残余应力的方法。这种残余应力可能会导致材料在使用或储存中因应力腐蚀破裂而损坏。尽管本方法也适用于试验组装件或零部件，但并非为此目的，作此目的用时需作某些修改
44	GB/T 10567.2—2007 《铜及铜合金加工材残余应力检验　氨熏试验法》	本标准规定了用氨气加速试验检测铜及铜合金加工材中残余应力(包括外加应力)的方法。这种应力均可导致材料在使用或储存过程中因应力腐蚀破裂而损坏。适用于黄铜加工材残余应力的检验，也适用于组装件和零部件(有限尺寸)的检验

表 7-7 腐蚀试验方法行业标准

序号	标准号、标准名称	适用范围
1	YB/T 5344—2006《铁-铬-镍合金在高温水中应力腐蚀试验方法》	本标准规定了铁-铬-镍合金在静态高温水中进行应力腐蚀试验的范围、定义、试样制备和要求、试验仪器和设备、试验溶液、试验步骤、试验结果观察及评定和试验报告。适用于评价不锈钢、铁镍基合金、镍基合金等铁-铬-镍合金在静态高温水中的应力腐蚀性能
2	YB/T 5362—2006《不锈钢在沸腾氯化镁溶液中应力腐蚀试验方法》	本标准规定了不锈钢在恒负荷拉伸，U 形弯曲试验条件下试样制备和要求、试验溶液、试验仪器和设备、试验条件和步骤及试验报告。适用于评价不锈钢在沸腾氯化镁溶液中应力腐蚀敏感性
3	JB/T 7901—1999《金属材料实验室均匀腐蚀全浸试验方法》	本标准规定了金属材料实验室均匀腐蚀全浸试验方法的适用范围、引用标准、试样、试验装置、试验溶液、试验时间、试验条件和步骤、试验结果和试验报告。适用于评价金属材料全浸试验的均匀腐蚀性能
4	JB/T 10579—2006《腐蚀数据统计分析标准方法》	本标准旨在提供腐蚀试验数据统计分析的一般方法。本标准提供了设计腐蚀试验，分析腐蚀数据，确定腐蚀数据的置信度的方法。本标准包括下列内容：误差及其识别、处理；标准差；概率曲线；曲线拟合一最小二乘法；平均值真值的置信区间估计；平均值比较；在概率曲线上进行数据比较；样本量；方差分析；二水平析因实验设计。可以根据处理腐蚀数据的需要，选择采用上述方法

表 7-8 腐蚀试验方法 NACE、ASTM、ISO 标准

序号	标准号、标准名称	适用范围
1	NACE TM0103—2003(作废) 评价湿硫化氢环境下钢板的抗应力导向氢致开裂(SOHIC)性能的实验室试验方法	本标准为用于含水硫化氢(H_2S)环境的碳钢应力导向型氢致开裂(SOHIC)的试验方法，这些环境的开裂试验通常在常在室温下，因为开裂敏感性通常很高。其他情况下，从产生腐蚀的角度来看，在比服役条件更高或更低时，氢渗透、开裂程度可能出现比在室温测试时更严重
2	NACE/ASTM TM0169 G0031 12A 金属实验室浸泡腐蚀试验指南	标准化浸泡腐蚀测试方法，在这一实验室腐蚀测试领域提供一个共识的技术。列举并讨论了为了再现性的测试必须考虑的许多因素，控制和报告
3	NACE TM0177—2006 金属在 H_2S 环境中抗硫化物应力开裂和应力腐蚀实验室试验	这个标准包括金属构件在低 pH 值含 H_2S 水溶液中承受拉伸应力时抗开裂失效试验方法。碳钢和低合金钢通常室温下测试环境开裂，敏感性高。其他类型的合金环境开裂敏感性与温度的关系更加复杂。本标准描述了试剂、测试试样和设备使用，讨论材料基体和试样的特性，并指定测试步骤。本标准描述了四种测试方法：方法 A 标准的拉伸试验；方法 B 标准弯梁试验；方法 C 标准 C 形环试验；方法 D 标准双悬臂梁(DCB)试验
4	NACE TM0193—2000 静态化学清洗溶液中温度低于 93℃(200℉)实验室金属腐蚀试验	本标准是解决包括在温度低于 93℃(200℉)时，金属试样在静态化学清洗溶液中一些实验室腐蚀试验参数测试，本标准没有涵盖在 ASTM D 3263 中，包括表面体积比、缓蚀剂处理、局部腐蚀和点蚀和报告
5	NACE TM0198—2011 酸性油气田中筛选抗应力腐蚀开裂的耐蚀合金的慢应变速率试验方法	提供了一个标准化的用于油气田生产环境中耐蚀合金的筛选方法。慢应变速率测试，这是相对较短的时间，包含了一个应用缓慢的、动态应变速度扩展常数。模拟更苛刻的条件，这导致加速敏感材料裂纹的发生。用于评估不锈钢和镍基合金在模拟油气田生产高温环境抗应力腐蚀开裂
6	NACE TM0284—2011 管线钢和压力容器抗氢致开裂评定方法	本标准规定了管线钢和压力容器钢板在含硫化物水溶液的腐蚀环境中，由于腐蚀析氢引起 HIC 评价方法

续表

序号	标准号、标准名称	适用范围
7	NACE SP0204—2008 (formerly RP0204) 应力腐蚀开裂(SCC)的直接评价方法	本标准为选择潜在的管段，选择这些管段的开挖地点，开挖点的检验、收集和数据分析，建立减缓方案、定义评价区间和应力腐蚀直接评价的有效性提供指南
8	NACE RP0497—1997(R2004) 用金属试样现场腐蚀评价	本标准介绍了如何使用金属试样的现场腐蚀测试，可以得到什么类型的腐蚀信息，以及如何试验架和试样的设计。必须记录的主要数据，解释和报告测试结果的指导原则 腐蚀疲劳可能是一个严重的问题，但没有已知的现场测试的方法。因此，腐蚀疲劳试验在本标准范围之外
9	NACE RP 0775—2005 油田生产中腐蚀挂片的准备和安装以及试验数据的分析	推荐标准是鼓励使用统一和工业生产的方法来监测油田作业的质量损失和点蚀。本标准概述了金属腐蚀试样的制备、安装和分析程序
10	ASTM A262—2014 奥氏体不锈钢晶间腐蚀敏感性检测方法	本规范涵盖了奥氏体不锈钢晶间腐蚀敏感性检测的标准规范。包括5种晶间腐蚀试验，即：①奥氏体不锈钢草酸浸蚀试验浸蚀组织分类；②硫酸铁-硫酸试验；③硝酸试验；④铜-硫酸铜-硫酸试验检测奥氏体不锈钢晶间腐蚀敏感性；⑤铜-硫酸铜-50%硫酸检测含钼奥氏体不锈钢晶间腐蚀敏感性
11	ASTM A763—93(2009) 铁素体不锈钢晶间腐蚀敏感性检测方法	本标准为检测铁素体不锈钢晶间腐蚀开裂敏感性。这些做法包括以下4项试验用于确定铁素体不锈钢晶间腐蚀开裂的敏感性： ① 方法W 氧化性酸浸蚀试验，用浸蚀组织分类图直接评价稳定化铁素体不锈钢晶间腐蚀敏感性 ② 方法X 硫酸铁-硫酸试验检测铁素体不锈钢晶间腐蚀敏感性 ③ 方法Y 铜-硫酸铜-50%硫酸试验检测铁素体不锈钢晶间腐蚀敏感性 ④ 方法Z 铜-硫酸铜-16%硫酸试验检测铁素体不锈钢晶间腐蚀敏感性
12	ASTM A923—2014 奥氏体/铁素体双相钢中金属间有害相的测定试验方法	本试验方法的目的在于检测那些存在于双相不锈钢当中的对金属的韧性和耐腐蚀性具有显著影响的金相间相。如果金属的韧性和耐腐蚀性的降低是由于其他原因造成的，那么采用本试验方法不一定能够检出。试验方法包括： 方法A 用于双相不锈钢腐蚀组织分类的氢氧化钠腐蚀试验 方法B 用于双相不锈钢组织分类的夏比冲击试验 方法C 用于双相不锈钢组织分类的氯化铁腐蚀试验
13	ASTM B858—2006(2012) 测定铜合金对应力腐蚀开裂敏感性的氨蒸气试验方法	本试验方法是一个加速试验，以确定铜合金暴露在特定使用中气氛中的应力腐蚀敏感性和风险等级
14	ASTM D130—2012 用铜带试验法检测石油产品对铜腐蚀性的试验方法	本试验方法适用于航空汽油、航空涡轮燃料、发动机汽油、清洁剂(斯托达德)溶剂、煤油、柴油、馏分燃料油、润滑油和天然汽油或在37.8℃时蒸气压不大于124kPa的其他碳氢化合物对铜腐蚀性的测定
15	ASTM D849—2011 用工业芳烃测试铜带腐蚀性的试验方法	本试验方法适用于测试工业芳烃对铜片的腐蚀性
16	ASTM D1838—2014 液化石油气对铜片腐蚀性的试验方法	这种测试方法用于检测在液化石油气体中对铜有腐蚀性的组分的存在

续表

序号	标准号、标准名称	适用范围
17	ASTM D4778—2010 在传热条件下测定冷却水腐蚀和积垢趋势试验方法	本试验方法为制造和操作同时监测在传热条件下真实和中试冷却水系统的腐蚀和结垢倾向试验装置提供了一个方向
18	ASTM E340—2013 金属和合金宏观浸蚀的试验方法	标准试验方法描述了显示金属和合金宏观结构的浸蚀方法
19	ASTM E381—2001(2012) 钢棒、方钢坯、大钢坯和钢锻件宏观浸蚀试验方法	在低放大倍率下试样的宏观结构检查，常用于钢制品如钢棒、方钢坯、大钢坯和钢锻件
20	ASTM E407—2007 金属和合金的微观组织检验方法	方法包括化学溶液和腐蚀显示金属和合金微观组织的步骤，还包括了安全防护措施和其他各方面信息
21	ASTM F363—99(2011) 垫片腐蚀试验方法	该试验方法包括在不同的温度和压力腐蚀性条件下对垫片的评价。除氢氟酸外，如果测试装置法兰有足够的平面(行业公认的)可用搪玻璃，从而提供抵抗所有的化学品，试验装置可以从低温到260℃(500℉)，从全真空到允许的额定压力，或其他合适的材料
22	ASTM G1—2003(2011) 腐蚀试样的制备、清洗和评定规程	规程包括用于试验的空芯、实芯金属试样的制备，试验完成后腐蚀产物的去除，并评估已发生的腐蚀损伤。重点在有关腐蚀的质量损失和点蚀测量相关的步骤
23	ASTM G2—2006(2011)(作废) 在680°F水或750°F蒸汽下锆、铪及其合金产品的腐蚀试验方法	测试方法包括质量增加的测定和锆、铪及其合金腐蚀测试，在680℉(360℃)水或750℉(400℃)蒸汽中腐蚀试验后的产品表面检测
24	ASTM G3—2014 腐蚀试验中电化测量的约定应用规程	规程包括了报告和表示电化学腐蚀数据的约定。包括电位、电流密度、电化学阻抗和导纳、数据图形的约定
25	ASTM G16—2013 应用统计学分析腐蚀数据的指南	本指南包括并简要介绍了一些公认的用于解释腐蚀试验结果的统计分析方法
26	ASTM G28—2002(2008) 检测锻造高镍铬轴承合金晶间腐蚀敏感性试验方法	本试验方法包括下列两种方法：A法　沸腾硫酸铁-50%硫酸试验，这种方法可能在某种在役腐蚀环境下遇到；B法　氧化性盐、酸混合试验，是指采用沸腾的含的23%硫酸+1.2%盐酸+1%氯化铁+1%氯化铜的试验，用于测量镍基材料和铬轴承合金的晶间腐蚀敏感性 这两种试验方法的目的是发现晶间腐蚀的敏感性在不同成分构成或不同介质中的影响，或者两者兼而有之。显示有敏感性的材料在其他环境下可能或不可能被晶间腐蚀。这必须单独的通过特殊的试验或使用经验予以确定
27	ASTM G30—97(2009) U形弯曲应力腐蚀试验试样的制备和应用规程	包括评价金属应力腐蚀的U形试样的制作和使用。U形试样一般为矩形条围绕预定半径弯曲180°和应力腐蚀试验期间保持在恒定应变条件。有时使用的弯曲小或大于180°
28	ASTM G31—2012 实验室金属浸渍腐蚀试验规程	描述了实验室浸渍腐蚀试验公认的程序和影响因素，特别是质量损失的测定。这些因素包括样品制备，仪器，试验条件，清洗试样的方法，评价结果、腐蚀速率的计算和报告
29	ASTM G32—2010 使用振动装置检测汽蚀侵蚀的标准试验方法	本试验方法适用于浸没在液体中的试样表面在高频振动下产生汽蚀损伤试验。振动会导致液体中空腔的形成和坍塌，而坍塌的空腔会使试样破坏和侵蚀(材料损失)
30	ASTM G34—2001(2013) 2×××和7×××系列铝合金剥落腐蚀敏感性试验方法(EXCO)	本测试方法包括高强度2×××和7×××系列铝合金持续浸泡剥落腐蚀(EXCO)试验过程

续表

序号	标准号、标准名称	适用范围
31	ASTM G35—98(2010) 不锈钢及有关镍铬铁合金对于连多硫酸应力腐蚀破裂敏感性的测定规程	本规程包括室温进行连多硫酸试验的准备和测试程序，22～25℃，确定不锈钢或其他相关材料(镍铬铁合金)的晶间应力腐蚀开裂的相对敏感性
32	ASTM G36—94(2013) 在沸腾氯化镁溶液中金属及合金抗应力腐蚀开裂性能的评定规程	本规程描述了一种用于在沸腾氯化镁溶液中进行应力腐蚀开裂试验的程序
33	ASTM G38—2001(2013) C环形应力腐蚀试验试样的制作和使用规程	介绍C形环应力腐蚀试样的设计和加工、加载、暴露和检测的基本要求。给出了C形环的应力状态和分布的分析
34	ASTM G39—1999(2011) 弯梁应力腐蚀试验试样制备与使用规程	本规程包括了弯曲梁应力腐蚀试验试样的设计、制备和使用程序
35	ASTM G41—90(2013) 暴露在热盐环境应力下金属断裂敏感性的测定规程	本规程为金属暴露在热盐环境应力下的脆化和开裂敏感性是测试方法
36	ASTM G44—1999(2013) 金属及合金暴露在3.5%中性氯化钠溶液法交替浸没试验规程	本规程为在3.5%氯化钠(NaCl)中的交替浸泡应力腐蚀试验的程序
37	ASTM G46—94(2013) 点蚀检测和评价指南	本指南包括了蚀坑的识别、检查程序和点蚀影响程度的评定。本指南不涉及任何安全问题
38	ASTM G47—98(2011) 测定2×××和7×××铝合金制品应力腐蚀开裂敏感性试验方法	本方法包括一个统一的用于表征的抗应力腐蚀开裂的高强度铝合金锻造产品应力腐蚀试验程序
39	ASTM G48—2011 用氯化铁溶液测定不锈钢和相关合金耐点腐及缝隙腐蚀试验方法	本测试方法包括不锈钢及相关合金暴露于氧化性氯化物环境中的耐点蚀和缝隙腐蚀性能的测定方法，有A、B、C、D、E和F 6个方法
40	ASTM G49—85(2011) 直接拉伸应力腐蚀试验试样的制备及使用规程	规程包括为应力腐蚀开裂敏感性研究的ASTM标准拉伸试样的使用、设计和制备程序。轴向加载的试样可以由恒载荷、恒应变，或连续增加应变设备施加应力
41	ASTM G50—2010 金属大气腐蚀试验实施规程	本规程定义了金属和合金暴露的天气条件，提出应遵循的任何大气试验的统一原则。主要关注的是暴露面，以比较获得的数据为目的
42	ASTM G67—2013 通过5×××系列铝合金暴露在硝酸中后质量损失测定晶间腐蚀敏感性试验方法(NAMLT试验)	本测试方法描述了5×××系列铝合金持续浸泡的晶间腐蚀试验方法
43	ASTM G78—2015 海水及其他含氯化物水环境中铁基和镍基耐蚀合金缝隙腐蚀试验指南	本指南包括了进行缝隙腐蚀试验的信息，确定了影响结果和影响结论的因素。标准不涉及任何安全问题。本指南提供的信息进行缝隙腐蚀试验和识别因素可能会影响结果和结论
44	ASTM G103—97(2011) 6%沸腾氯化钠溶液中低铜7×××系列铝锌镁铜合金抗应力腐蚀开裂性能评定规程	本规程主要包括可用于各种试验试样的试验介质和施加应力方法、暴露时间、失效的准则等，这些是可变的，而不是指定的

续表

序号	标准号、标准名称	适用范围
45	ASTM G111—97(2013) 高温或高压环境下或高温高压下腐蚀试验指南	本指南包括对金属材料在高温、高压条件下或高温高压组合条件下进行实验室腐蚀试验的程序、设备和试样
46	ASTM G150—2013 不锈钢电化学临界点蚀温度测试试验方法	该测试方法包括基于不锈钢及相关合金特有的临界点蚀温度测定概念评价其抗点蚀性能的步骤
47	ASTM G157—98(2013) 化学加工工业用变形铁及镍基耐蚀合金腐蚀性能评定指南	本指南目的是为化学过程工业设计提供变形铁和镍基合金的腐蚀性能信息的评价方法，本指南结合了在各种腐蚀环境全面腐蚀、抗氯化物缝隙腐蚀性能和抗氯化物应力腐蚀性能测量试验条件
48	ASTM G168—2000(2013) 预制裂纹双梁应力腐蚀试样的制备与使用规程	本规程包括双梁应力腐蚀试样的程序制作、准备和使用

(4) 压力容器材料复验及制造检验、腐蚀控制相关腐蚀试验标准（见表7-9）

表7-9 压力容器材料复验及制造检验、腐蚀控制相关腐蚀试验标准

序号	标准号、标准名称	适用范围
1	TSG R0004—2009 《特种设备安全技术规范》	3.22 特殊耐蚀要求 对有特殊耐腐蚀要求的压力容器或受压元件，例如存在晶间腐蚀、应力腐蚀、点腐蚀、缝隙腐蚀等腐蚀介质环境时，应当在设计图样上提出相应的耐腐蚀试验方法以及其他技术要求 4.3.5 耐腐蚀性能试件和试样的制备要求 (1)要求做耐腐蚀试验性能检验的压力容器或受压元件，应当制作耐腐蚀性能试件，其试样的截取与试样的数量、型式、尺寸、加工和检验方法以及检验结果的评定，应当符合设计图样和相应试验标准的规定 (2)要求做晶间腐蚀敏感性检验的不锈钢与镍合金制压力容器，其试件及试样应当符合GB/T 21433《不锈钢压力容器晶间腐蚀敏感性检验》或者JB/T 4756的规定。并且同时满足设计图样的规定
2	GB/T 25151.2—2010 《尿素高压设备制造检验方法 第2部分：尿素级超低碳铬镍钼奥氏体不锈钢选择性腐蚀检查和金相检查》	本部分规定了尿素超级低碳铬镍钼奥氏体不锈钢选择性腐蚀深度和显微组织检查的试样选取、制作、检查项目和方法。适用于尿素超级低碳铬镍钼奥氏体不锈钢晶间腐蚀试验后的选择性腐蚀检查和金相检查
3	GB/T 25151.3—2010 《尿素高压设备制造检验方法 第3部分：尿素级超低碳铬镍钼奥氏体不锈钢晶间腐蚀倾向试验》	本部分规定了尿素超级低碳铬镍钼奥氏体不锈钢在65%沸腾硝酸溶液中的腐蚀质量损失作为检验晶间腐蚀倾向的试验方法。适用于考察热处理、焊接工艺对耐腐蚀性能的影响及检测焊缝本身的耐腐蚀性能
4	GB/T 25151.4—2010 《尿素高压设备制造检验方法 第4部分：尿素级超低碳铬镍钼奥氏体不锈钢晶间腐蚀倾向试验的试样制取》	本部分规定了尿素超级低碳铬镍钼奥氏体不锈钢晶间腐蚀倾向试验的取样。适用于尿素超级低碳铬镍钼奥氏体不锈钢晶间腐蚀倾向试验所用取样
5	HG/T 3172—2002 《尿素高压设备制造检验方法 尿素级超低碳铬镍钼奥氏体不锈钢晶间腐蚀倾向试验的试样制取》	适用于尿素高压设备尿素级超低碳铬镍钼奥氏体不锈钢晶间腐蚀倾向试验的取样。如有特殊要求，在协议中另行规定

续表

序号	标准号、标准名称	适用范围
6	HG/T 3173—2002《尿素高压设备制造检验方法　尿素级超低碳铬镍钼奥氏体不锈钢晶间腐蚀倾向试验》	本标准是以尿素级超低碳铬镍钼奥氏体不锈钢在65%沸腾硝酸溶液中的腐蚀失重作为检验晶间腐蚀倾向的试验方法。本试验还可以用来考察热处理、焊接工艺对耐腐蚀性能的影响及检测焊缝本身的耐腐蚀性能
7	HG/T3174—2002《尿素高压设备制造检验方法　尿素级超低碳铬镍钼奥氏体不锈钢的选择性腐蚀检查和金相检查》	适用于按HG/T 3173试验后的试样进行选择性腐蚀检查和金相检查
8	GB/T 21433—2008《不锈钢压力容器晶间腐蚀敏感性检验》	本标准规定了不锈钢压力容器的晶间腐蚀敏感性检验要求与规则。适用的不锈钢压力容器包括不锈钢固定式压力容器、不锈钢热交换器、不锈钢钢瓶、不锈钢移动式压力容器及不锈钢压力管道等。不锈钢常压容器及其他不锈钢机械设备也可参照采用。本标准所适用的制造压力容器的不锈钢指铬含量不低于16%的耐酸钢，包括奥氏体不锈钢、铁素体不锈钢和奥氏体-铁素体双相不锈钢，但不包括马氏体不锈钢和沉淀硬化不锈钢。既包括压力加工不锈钢及其焊接接头，也包括不锈铸钢和堆焊层。本标准既规定了不锈钢压力容器本身的晶间腐蚀敏感性检验要求，也规定了对制造不锈钢压力容器所用不锈钢原材料、焊接材料及外协零部件的相应检验要求。本标准涉及的晶间腐蚀系指敏化态晶间腐蚀，不包括非敏化态晶间腐蚀
9	JB/T 4756—2006《镍及镍合金制压力容器》	本标准规定了镍及镍合金制压力容器的设计、制造、检验和验收要求。镍及镍合金制常压容器亦可参照本标准。本标准适用于设计压力不大于35MPa的容器。适用的设计温度范围按镍及镍合金材料及其复合钢板允许的使用温度确定。镍及镍合金衬里容器适用的设计温度范围除应考虑镍及镍合金衬层和钢壳层材料分别允许的使用温度外，还要考虑衬层和壳层材料弹性模量和热膨胀系数的差别
10	DL/T 438—2009《火力发电厂金属技术监督规程》	本标准规定了火力发电厂金属监督的部件范围，检验监督的项目、内容及相应的判据。适用于以下金属部件的监督：a. 工作温度大于等于400℃的高温承压部件（含主蒸汽管道、高温再热蒸汽管道、过热器管、再热器管、联箱、阀壳和三通），以及与管道、联箱相连的小管；b. 工作温度大于等于400℃的导汽管、联络管；c. 工作压力大于等于3.82MPa汽包和直流锅炉的汽水分离器、储水罐；d. 工作压力大于等于5.88MPa的承压汽水管道和部件（含水冷壁管、蒸发段、省煤器管、联箱和主给水管道）；e. 汽轮机大轴、叶轮、叶片、拉金、轴瓦和发电机大轴、护环、风扇叶；f. 工作温度大于等于400℃的螺栓；g. 工作温度大于等于400℃的汽缸、汽室、主汽门、调速汽门、喷嘴、隔板和隔板套；h. 300MW及以上机组带纵焊缝的低温再热蒸汽管道
11	DL/T 561—2013《火力发电厂水汽化学监督导则》	本标准规定了火力发电厂水汽化学监督的基本技术要求。适用于锅炉主蒸汽压力不低于3.8MPa（表压）的火力发电机组的水汽化学监督
12	SJ 20893—2003《不锈钢酸洗与钝化规范》	本标准规定了不锈钢零件酸洗与钝化的要求和检验方法。适用于不锈钢零件酸洗或钝化后的质量检验
13	SY/T 0319—2012《钢质储罐液体涂料内防腐层技术标准》	本标准适用于储存介质温度不超过120℃，储存介质为原油、污水、清水的钢质储罐液体涂料内防腐层的设计、施工及验收。生活水罐所用涂料应符合国家有关卫生标准的规定
14	JB/T4711—2003《涂覆与包装运输要求》	本标准规定了压力容器及其零部件涂敷与运输包装的有关要求。压力容器及其零部件的涂敷与运输包装除应符合本标准的规定外，还应符合图样的技术要求

续表

序号	标准号、标准名称	适用范围
15	GB/T 22639—2008《铝合金加工产品的剥落腐蚀试验方法》	本标准规定了2×××、5×××、6×××、7×××系铝合金加工产品的恒浸式剥落腐蚀试验方法。适用于2×××、5×××、6×××、7×××系铝合金板、带、管、棒、型、锻件等加工产品
16	GB/T 22640—2008《铝合金加工产品的环形试样应力腐蚀试验方法》	本标准规定了2×××（铜含量1.8%～7.0%）、7×××（铜含量0.4%～2.8%）及6×××系铝合金加工产品的环形试样应力腐蚀试验方法。适用于2×××（铜含量1.8%～7.0%）、7×××（铜含量0.4%～2.8%）及6×××系铝合金板、管、棒、型、锻件等加工产品
17	GBT 17455—2008《无损检测表面检测的金相复型技术》	本标准等同采用ISO 3057：1998《无损检测表面检测的金相复型技术》(英文版)。规定了用硝化纤维、醋酸纤维或塑料材料(带有或不带有载体)进行表面检测的复型技术，该技术用于记录由机械或冶金原因引起的金属表面状态的不均匀性。适用于难以检测的部位或不允许破坏的工件。而且，复型件能在现场用低倍光学装置观测或带到实验室在高倍金相显微镜下检测
18	DL/T 652—1998《金相复型技术工艺导则》	本标准规定了对金属部件采用非破坏的金相复型技术工艺进行微观组织检验的方法。适用于火力发电机组制造、基建安装和长期运行过程中，在现场对常用钢材(碳素钢、低合金珠光体钢、合金结构钢、马氏体钢、奥氏体钢等)的金属部件进行非破坏的微观组织的检验
19	SYT 6151—2009《钢质管道管体腐蚀损伤评价方法》	本标准规定了在役含腐蚀损伤管道的评价方法。适用于钝性的、低应力集中的腐蚀损伤的碳钢和低合金钢管道的评价。管道钝性机械损伤的评价可参照本标准执行
20	ASTM G4—2001(2014) 现场使用条件下腐蚀试验实施指南	本指南包括了在操作条件下对工厂设备或系统进行腐蚀试验的程序，以评估工程材料的耐腐蚀性能。它不包括电化学方法测定腐蚀速率。而主要用于浸泡试验，一般规定适用于工厂环境试样的暴露。本标准不涉及任何安全问题
21	NACE SP0170—2012 炼油装置停车期间奥氏体不锈钢和其他奥氏体合金上连多硫酸应力腐蚀破裂的防护	本标准提供了防止炼油装置停车期间奥氏体不锈钢和其他奥氏体合金上连多硫酸应力腐蚀破裂的缓解方法
22	NACE SP0198—2010 保温层和防火材料下腐蚀控制	提供目前缓解保温层和防火材料下腐蚀的技术和工业经验。采用系统方法包括腐蚀机理、机械设计、保护涂层、绝缘材料以及检查和维修的部分
23	NACE SP0296—2010 (formerly RP0296—2004)炼厂湿H_2S环境设备开裂的检测、维修和防护	本标准是炼油厂环境中现有碳钢炼油设备开裂的一个重要信息源，并提供设备开裂的检测、维修和防护指导
24	NACE SP0472—2008(原RP0472) 防止在役碳钢焊缝在腐蚀性炼油环境下环境开裂的方法和控制措施	本标准规定了防止炼油设备焊缝主要形式的环境开裂的指导方针，包括压力容器、换热器、储罐、管道、阀门、泵和压缩机
25	ASTM G205—2010 原油腐蚀性检测标准指南	本指南介绍了一些公认的实验室方法，用于测定原油的腐蚀性。本指南不包括详细的计算方法，而是一系列发现原油的腐蚀性评价中的应用方法

7.5.2 选材腐蚀试验设计

材料的腐蚀试验是检测金属或其他材料因与环境发生相互作用而引起的化学、电化学或物理（或机械）－化学损伤过程的材料试验。是掌握材料与环境所构成的腐蚀体系的特性、了解腐蚀机制，从而对腐蚀过程进行控制的重要手段。

(1) 试验目的

① 在给定环境中确定各种防蚀措施的适应性、最佳选择、质量控制途径和预测采取这些措施后构件的服役寿命。

② 在特定环境下，评价材料的耐蚀性能，筛选评定各种备选材料的耐蚀性，包括腐蚀速率和局部腐蚀的可能性和速率。

③ 对新材料进行耐蚀性分析。

④ 确定环境的侵蚀性，研究环境中各组分、条件和腐蚀产物等对腐蚀速度、腐蚀形态的作用。

⑤ 研究腐蚀控制方法的有效性及选取最佳的控制参数。

⑥ 研究对腐蚀对环境或产品的污染作用。

⑦ 分析失效原因时作再现性试验。

⑧ 检验材料质量的例行实验，研究或验证制造工艺对材料耐蚀性的影响。

⑨ 验证产品的耐蚀性。

⑩ 研究腐蚀机理。

(2) 试验方法分类

材料的耐蚀性能是与环境条件、化学、物理、机械等因素密切相关的。因此，在腐蚀试验中必须注意试验体系与实际工作条件尽可能有良好的一致性。为比较材料的耐蚀性能，常需要制订标准试验方法来概括可能的工作条件。然而，由于实际腐蚀体系的复杂性，这种方法只能近似和相对地比较所得结果。按腐蚀试验与实际工作条件接近的程度或试验场合的不同，试验方法可分为实验室试验、现场挂片试验和实物试验 3 类。

① 实验室试验　实验室试验是指在实验室内有目的地将专门制备的小型试样在人工配制的、受控的环境介质条件下进行的腐蚀试验。

优点是可孤立地研究某一因素的作用或几个因素的共同作用。为缩短试验周期，常在不改变实际腐蚀机制的前提下强化试验条件，进行加速腐蚀试验。可充分利用实验室仪器、控制设备，自由选择试样的大小及形状，可严格地控制有关的影响因素，试验时间较短，可精确和灵活性地进行试验，试验结果的重现性较好。所以，腐蚀试验一般应先在实验室进行，实验室试验如下。

a. 模拟试验　是一种不加速的长期试验，在实验室的小型模拟装置中，尽可能地精确地模拟自然界或工业生产中所遇到的介质及条件，虽然介质和环境条件的严格重现是困难的，但主要影响因素可充分考虑。这种试验周期长，费用大，但实验数据较可靠，重现性也高。

b. 加速腐蚀试验　是一种强化的腐蚀试验方法，把对材料腐蚀有影响的因素如介质浓度、化学成分、温度、流速等加以改变，使之强化腐蚀作用，从而加速整个试验过程的进行。可在较短时间内确定材料发生某种腐蚀的倾向，或若干种材料在指定条件下的相对耐蚀顺序。

缺点是只能强化一个或少数几个控制因素。除特殊腐蚀试验外，一般不应引入实际条件下并不存在的因素，也不能因引入了加速因素而改变实际条件下原来的腐蚀机理和特征。

② 现场挂片试验　指把专门制备的试样置于现场的实际环境中进行的腐蚀试验。试验方法和过程较简单，环境条件的真实性使它的试验结果比较可靠，结果更具有代表性。但现场试验中的环境因素无法控制，很难按需要来改变试验条件，结果的重现性较差，试验周期较长，且试验用的试样与实物状态之间存在较大的差异。

在实验室实验获得初步结果后，除理论研究和常规检验外，一般都需要进一步进行模型或现场试验。这是因为实验室试验通常有加速性质，小试件的表面状态与设备的大表面有较大的差别，试验环境不可能模拟生产环境，在生产中的介质环境可能有变化等。

③ 实物试验　指将试验材料制成实物部件、设备或小型试验性装置，在现场的实际应用下进行的腐蚀试验。解决了实验室试验及现场试验中难以全面模拟的问题，而且包括了结构件在加工过程中所受的影响，能够较全面正确地反映材料在使用条件下的耐蚀性。但费用较大，试验周期长，且不能对几种材料同时进行对比试验。因此，实物试验应在实验室试验和现场试验的基础上进行。

自然环境中的暴露试验周期都很长，如在大气或海洋中观察试件的失重和外观变化，试验周期可长达20～30a以上。实验数据的积累是一项重要的工作。

(3) 试样的准备

① 试样材料　对所用试样的各种原始资料应尽可能地详细了解，其中包括材料的牌号、化学成分和力学性能等，对于金属还应包括试样的冶金和加工工艺特征、热处理及金相组织等。这些资料的了解，对于腐蚀结果的分析有重要的参考作用。

② 试样的形状与尺寸　取决于试验的目的、试验的方法、材料的性质、试验的时间和试验的装置等。试样的外形要求简单，以便于精确测量表面积、清除腐蚀产物和进行加工。

为消除边界效应的影响，试样表面积对边缘面积之比应尽量大，试样表面积对试样重量之比也要尽量大些。

通常实验室所用的试样尺寸为：矩形50mm×25mm×(2～3)mm，圆盘形ϕ(30～40)mm×(2～3)mm，圆柱形ϕ10mm×20mm等。

③ 试样的表面处理　试样表面的粗糙度、均一性和洁净程度是影响腐蚀实验结果重现性和可比性的重要因素，因此在试验前应经过严格的表面处理。

通常从原材料上切取试板、经适当的机械加工和必要的研磨抛光制成试样，再经统一的清洗使之具有相近的表面状态。

④ 平行试样的数量　为提高试验结果的准确性，每次试验时须用一定数量的平行试样。平行试样越多，结果的准确性就越高。

通常一般试验的平行试样为3～12个，常用5个，最少3个。加载应力试验，试样为5～20个，常用10个，最少3个。在同一试验容器中只可进行1个或几个同一材质的平行试样的腐蚀试验。

(4) 腐蚀的暴露条件

① 腐蚀介质

a. 直接取自生产现场。

b. 按现场介质成分人工配制，应当用蒸馏水和纯度为化学纯以上试剂精确地配制试验溶液，以严格控制试液的成分。

在试验过程中，还必须防止由于溶液蒸发及其他原因引起介质浓度、成分和体积的变化，以免影响介质的腐蚀性能和结果的可靠性。介质体积与试样面积比须符合标准的规定。

② 试验温度　腐蚀试验温度应尽量模拟实际腐蚀介质的温度。实验室控温方法有水浴、油浴或空气恒温箱等。控制的温度应是整个试样的表面温度，但为简便起见，往往以介质温度为控制对象。

③ 试验时间　材料的全面腐蚀速率很少是恒定不变的，经常随时间而不断变化，因此试验的时间一般取决于材料的腐蚀速度。

局部腐蚀试验时间应按相关试验标准进行。全面腐蚀试验在实验室里一个周期的试验时间通常为24～168h，即1～7d。如果腐蚀速度是中等以下，则可由下式粗略地估计试验时间，该式仅适用于已知大概腐蚀速率的试验。

$$试验时间(h)=50/腐蚀速率(mm\cdot a^{-1}) \tag{7-1}$$

④ 试样暴露的条件　在实验室试验中，根据试验目的的不同，试样可全部（全浸）、部分（半浸）或间断（间浸）暴露于腐蚀介质中，以模拟实际应用中可能遇到的各种情况。

⑤ 试样安放与涂封

a. 防止电偶效应。试样的安放应保证试样与试样之间、试样与容器之间、试样与支架之间电绝缘；保证试样有恒定的暴露面积，用绝缘材料将试样部分表面涂封遮蔽。在进行电化学测试时，必须在试样上引出导线，导线和试样的结点必须涂封，以防电偶腐蚀的干扰。涂封要求绝缘好、牢固、简便。

b. 防止缝隙腐蚀。试样与试样之间、试样与容器之间、试样与支架之间不产生缝隙，试样表面与介质充分接触。同时，要求试样装取方便、牢固可靠，支架本身耐蚀等。

c. 防止水线腐蚀（浓差腐蚀）。

（5）腐蚀结果评定

① 全面腐蚀速率　常用的腐蚀速率评定方法有失重法、线性极化法、电阻法和塔费尔极化曲线外推法等。

② 孔蚀的评定　孔蚀试验的试样比失重试样大，一般约数十平方厘米。评定指标有：最大孔蚀深度、平均孔蚀深度、孔蚀密度和单位面积失重等。

③ 晶间腐蚀试验　一般腐蚀试验都可以用来检查晶间腐蚀。可用拉伸或弯曲试验评定晶间腐蚀引起的力学性能损失，或用金相显微镜观察晶间的腐蚀情况。

④ 应力腐蚀试验　应力腐蚀试验方法有很多种，试样也有多种类型，适用于各自特定目的，其加载应力、腐蚀暴露方法和时间、计算应力和评定结果的方式各不相同，其特点和局限性也不同，须根据试验目的和实际条件来选择加载方式、试样类型和试验方法。一般，按载荷加载方式来分有恒载荷、恒变形、慢应变速率3种。而具体试样的类型又可以分成以下几种：光滑试样，弯梁试样、C形环试样、U形试样和O形试样；缺口试样；预裂纹试样，增K形试样、恒K形试样、降K形试样。

a. 慢拉伸速率试验（SSRT）　是将拉伸试样放在特定介质中，通过慢拉伸速率拉伸试验机，以一个相当缓慢的应变速率对置于应力腐蚀环境中的试样施加应力，通过强化应变状态来加速腐蚀裂纹的发生和发展过程。SSRT方法提供了在传统应力腐蚀试验不能迅速激发应力腐蚀的环境里确定延性材料应力腐蚀敏感性的快速试验方法，它能使任何试样在较短时间内发生断裂，因此是一种相当苛刻的加速试验方法。SSRT的提出者认为：在发生应力腐蚀体系中，应力的作用是为了促进应变速度，真正控制应力腐蚀裂纹产生和扩展的参数是应变速率而不是应力本身。

不同的行业、不同的材料有不同的慢应变速率应力腐蚀试验标准，试验标准有ISO 7539.7[26]、GB/T 15970.7[27]、HB 7235[28]、HB 5260[29]等。慢应变速率法中应变速率的确定至关重要，如果应变速率过快，则试样还没来得及产生有效的应力腐蚀，就已经产生韧性断裂；如果应变速率过慢，在试样表面膜破裂后还没来得及产生有效的腐蚀，裸露的金属就再发生钝化，使应力腐蚀不发生，最后也将产生韧性断裂。不同的腐蚀体系采用的临界应变速率也不一样，见表7-10。

表7-10　不同腐蚀体系SSRT临界应变速率

材料-介质体系	应变速率/s^{-1}
不锈钢-氯化物溶液	10^{-6}
碳钢-碳酸盐、氢氧化物、硝酸盐、液氨	10^{-4}和10^{-7}

续表

材料-介质体系	应变速率/s^{-1}
铝合金-氯化物溶液	10^{-6}
铜合金-含氨和硝酸盐溶液	10^{-6}
镁合金-氯化物/铬酸盐	10^{-5}
钛合金-氯化物溶液	10^{-5}
不锈钢-高温溶液	10^{-7}

慢应变速率法应力腐蚀敏感性表征参量慢应变速率试验结果通常与在不发生应力腐蚀的惰性介质（如油或空气）中的试验结果进行比较，以两者在相同温度和应变速率下的试验结果的相对值表征应力腐蚀的敏感性。主要有以下几个评定指标。

• 断裂应力　在腐蚀介质中和惰性介质中的断裂应力比值愈小，应力腐蚀敏感性就愈大。

• 断裂时间　从开始试验到载荷达到最大值时所需的时间 t。应变速率相同时，腐蚀介质中和惰性介质中断裂时间比值愈小，则应力腐蚀敏感性愈大。

• 吸收的能量　应力-应变曲线下的面积代表试样断裂前吸收的能量。惰性介质（空气）和腐蚀介质试验中吸收能量差别愈大，应力腐蚀敏感性也愈大。

• 塑性损失　用腐蚀介质和惰性介质中的延伸率、断面收缩率的相对差值来度量应力腐蚀敏感性。

• 断口形貌　对大多数压力容器钢材，在惰性介质中断裂后将获得韧窝性断口，而在腐蚀介质中，拉断后往往获得脆性断口。其中脆性比例愈高，则应力腐蚀愈敏感。如介质中拉断后断面存在二次裂纹，也可以用二次裂纹的长度和数量来衡量应力腐蚀的敏感性。

在载荷-拉伸曲线上，将在惰性介质中的各特征参数与在腐蚀介质中的特征参数进行 SSRT 试验结果评定：

$$I_{SCC}=(I_{惰}-I_{腐})/I_{惰}\times 100\% \tag{7-2}$$

式中　I_{SCC}——应力腐蚀敏感性指数；

$I_{惰}$——在惰性介质中的试验参数；

$I_{腐}$——在腐蚀介质中的试验参数。

评定应力腐蚀开裂敏感性指数 I_{SCC}，目前比较认可的参数有：R_{eL}、R_m、A、Z、da/dt、内积功。I_{SCC}衡量应力腐蚀开裂敏感性大小的一般评定：

当 I_{SCC}大于 35%，研究体系具有明显的应力腐蚀倾向；

当 I_{SCC}介于 25%～35%之间，研究体系有应力腐蚀倾向；

当 I_{SCC}小于 25%，研究体系没有明显的应力腐蚀倾向。

b. 断裂力学方法　运用断裂力学理论，研究应力腐蚀开裂，不仅可以定量地测定材料在特定环境中的应力腐蚀开裂门槛应力强度因子 K_{ISCC}，而且能够测定材料在特定环境介质中的裂纹扩展速率 da/dt。K_{ISCC}标志着结构件中可以存在而又不引起应力腐蚀裂纹扩展的最大缺陷的尺寸，也就是规定了允许的最大临界尺寸，da/dt 反映了材料在环境介质中抗开裂的能力，这两个重要参数可直接提供工程设计和材料研究使用，具有相当大的实际意义。

材料在应力腐蚀破坏过程中，其破坏寿命包括裂纹扩展前的孕育期和裂纹慢扩展期两部分组成。如果已经测得了裂纹扩展速率 da/dt，那么就可以估算构件材料的安全使用期。为了测定应力腐蚀裂纹扩展速率，Brown 等人于 1965 年首先使用 WOL 形试样采用了恒定位移法进行了研究。恒位移试样具有以下优点。

• 用螺钉自行加载，故不需要用试验机，可以大批量测试。特别是可以把试样放在实际使用的环境中做试验，从而可以获得现场条件下的试验数据。

• 随着裂纹扩展，恒位移试样的 K_I 下降，当降到 K_{ISCC} 时裂纹将停止扩展。因此用 1 个试样就可以测出止裂的 K_{ISCC}，同时也可测出 da/dt。

• 可带载荷在显微镜下直接观察裂纹的形核和扩展过程。

• 对于 WOL 试样，也可在线切割后不预制裂纹，但不能加载到出现裂纹，只要初始 K_I 略大些或经过长的孕育期后就可从缺口处产生滞后裂纹。一旦出现裂纹后再降低初始值，则裂纹在扩展一段长度后就会止裂，由此可得 K_{ISCC}。

c. 各种 SCC 试验方法对比　以加载方式区分的 3 种 SCC 物理试验方法的评定方式、优缺点特征列于表 7-11 中。因为各种试验方法的评定对象和优缺点各不相同，所以实际选用时要考虑到材料、介质、试验要求等多方面的因素，选用合适的试验方法。

表 7-11　应力腐蚀试验方法的特点

实验方法	评定方法	优点	缺点
恒变形法	① 发生裂纹时间 T_f ② 裂纹深度 ③ da/dt ④ K_{ISCC}	① 筛选试验 ② 多试样同时试验 ③ 可以在实际工况下进行试验	① 初始条件确定困难 ② 裂纹扩展观察困难
恒载荷法	① 发生裂纹时间 T_f ② 门槛应力 σ_{th}	① 由断裂时间作出定量评定 ② 力学条件明确	① 出现裂纹后变形速度明显增加，不能检测开裂敏感性 ② 实验设备昂贵
SSRT	① 发生裂纹时间 T_f ② 最大应变 $\varepsilon\sigma_{max}$ ③ 最大应力值 σ_{max} ④ A、Z 等	① 试验时间短 ② 可以得到裂纹扩展情况	① 忽视了裂纹萌生过程 ② 实验设备昂贵

(6) 腐蚀试验设计

试验设计在科学实验、工业生产和工程设计中能发挥重要的作用，例如：提高产量；减少质量的波动，提高产品质量；大大缩短新产品试验周期；降低成本；延长产品寿命等。

试验设计方法是一套完整的系统方法，如何安排实验，使实验次数尽量少，而又能达到好的试验效果，这是经常会碰到的问题。解决这个问题有一门专门的学问即“试验设计”。

20 世纪 60 年代，华罗庚教授在我国倡导与普及的“优选法”，与我国的数理统计学者在工业部门中普及的“正交设计”法都是试验设计方法。这些方法经普及后，已为广大技术人员与科学工作者掌握，取得一系列成就，产生了巨大的社会效益和经济效益。“优选法”是单变量的最优调试法，即假定我们处理的实际问题中只有一个因素起作用，但这种情况几乎是没有的，所以在使用时，只能抓“主要矛盾”，即突出一个因素，而将其他因素固定，这样来安排实验。因此“优选法”还不是一个很精确的近似方法。

“正交设计”的基础是拉丁方理论与群论，可以用来安排多因素的试验，而且试验次数对各因素的各水平的所有组合数来说是大大地减少了，但对于某些工业试验与昂贵的科学实验来说，试验仍嫌太多，而无法安排。

1978 年，七机部由于导弹设计的要求，提出了一个 5 因素的试验，希望每个因素的水平数要多于 10，而试验总数又不超过 50，显然优选法和正交设计都不能用，王元和方开泰提出了一个新的试验设计，即所谓“均匀设计”，将这一方法用于导弹设计，取得了成效。均匀设计属于近 30 年发展起来的“伪蒙特卡罗方法”的范畴，将经典的确定的单变量问题的计算方法推广后用于多变量问题的计算时，计算量往往跟变量个数有关。乌拉母(S. Ulam)与冯诺依曼(J. von Neumann)在 20 世纪 40 年代提出蒙特卡罗方法，即统计模拟方法，这个方法的大意是将一个分析问题化为一个有同样解答的概率问题，然后用统计模拟的方法来处理后面这个问题，这样使一些困难的分析问题反而得到了解决，例如多重定积分的近似计算。蒙特卡罗方法的关键是找一组随机数作为统计模拟之用，所以这一方法的精度在于随机数的均匀性与独立性。不论是均匀设计或配方均匀设计，其数据分析都要借助于回归分析，要用到线性回归模型、二次回归模型、非线性模型，以及各种选择回归变量的方法（如前进法、后退法、逐步回归、最优回归子集等）。

影响腐蚀的因素众多，要通过试验来摸索，试验设计得好，则会事半功倍。均匀设计的思想也能用于配方试验，已在我国包括腐蚀研究的领域有较广泛的普及与使用[30]，取得了一系列可喜的成绩。

但均匀设计只具有充分均匀性，而正交设计还具有齐整可比性。试验设计倾向对不同的方法取长补短，在不同阶段适当结合。均匀设计的分批是按试验结果直接逼近最优点，经计算机验证可知，均匀设计的分散性程度很强，突出性效果亦很好，因此特别在试验前期可以出一些好结果。但是对出好成果的均匀设计若改用正交设计，其平均效果可能也会很好。用均匀设计和正交设计从事开发工作，远比不采用设计好得多[31]。

① 试验的因素和水平

a. 因素　在实验中，影响试验考核指该指标的量称为因素，因素是自变量（X_s），如试验中的材料、时间、温度、成分、浓度、流速、pH 值等。通常将固定的因素在试验方案中并不称为因素，只有变化的因素才称为因素，固定因素称为因子。

b. 水平　是试验中各因素的不同取值，这些值称作该因素的水平。如因素 A、B、C 均有 3 个取值，D、E 均有 6 个取值等。为了便于试验的安排，每个因素要根据以往的经验来选择一个试验范围，然后在试验范围内挑出几个有代表性的值来进行试验。

② 因素和水平的选择　选择因素和水平是关系到一个试验能否成功的关键，使用试验设计应注意以下几点。

a. 因素选择。在一项试验中，应由有经验的研究人员和工人共同讨论决定从众多的有关因子中挑选出试验方案中的因素，在一次试验中，因素不宜选得太多（如超过 10 个），否则可能会造成主次不分。相反地，因素也不宜选得太少，如只选定 1、2 个因素，这样可能会遗漏重要的因素，或遗漏因素间的交互作用，使试验的结果达不到预期的目的。因素和水平的含意可以是广义的。例如 5 种材料用于试验，要比较不同材料的耐蚀性，这时“材料品种”可设定为 1 个因素，5 种材料就是该因素下的 5 个水平。

在试验设计时，试验因素（输入变量）有两种，一种是在试验时可以人为进行控制的，称可控因素；一种是人为无法控制的，称噪声（随机）因素。

b. 试验的范围控制。如果试验在试验室进行，试验范围大比较容易实现；如果试验直接在生产中进行，则试验范围不宜太大，以防产生过多次品，或产生危险。试验范围太小，不易获得比已有条件有显著改善的结果。历史上有些重大的发明和发现，是由于“事故”而获得的，也就是说试验的范围大大不同于有经验的范围。

c. 试验范围和每一因素的水平个数应匹配。试验设计的目的在于捕捉各试验因素对输出变量的最大影响，因此在选择试验因素的水平时，水平范围要足够宽，否则就可出现缩小甚至抵消变量影响，同时也看不出因素间交互作用对输出的影响。当然因素水平设置也不可过宽，否则同样可能缩小此因素的影响，或将其他因素的影响掩盖掉。过宽还可能超出允许操作范围，造成意外损失。

d. 水平的间隔和生产控制精度是密切相关的。如压力容器的工艺物料温度设定控制在 100℃，控制精度只能作到±5℃，于是在生产过程中温度将会在 100℃±5℃，即 95～105℃波动。则试验温度设定的 3 个水平 95℃、100℃、105℃之间间隔太小，应当加大，如 90℃、

100℃、110℃。

③ 因素的主效应和因素间的交互效应　在试验中用来衡量试验结果的量叫试验指标，在数理统计中，称试验指标为响应（response）。根据试验的目的，要预先确定一项或多项试验指标。

由于试验中总存在一些偶然因素的干扰，如室温变化、介质浓度波动、材料的不均匀性，这些偶然因素总称为随机误差。由于试验误差的存在，不可能产生理想的情况。实际上，当试验的水平和相应的结果为连续变量时，其数学模型也可以用回归方程来表达。有一点必须注意的是，模型中的主效应或模型中的线性回归效应都强烈地依赖于试验条件、试验范围。实际情况是多种多样的，例如 X 和 Y 之间可能有非线性回归关系，或其他相关关系。

④ 因素间交互作用的概念　首先，设有两个因素 A 和 B 它们各取 2 个水平 A_1、A_2 和 B_1、B_2。这时共有 4 种不同的水平组合，其试验结果如图 7-13 所示。当 $B=B_1$ 时，A_1 变到 A_2 使 Y 增加 30－10＝20；类似地，当 $B=B_2$ 时，A_1 变到 A_2 使 Y 也增加 40－20＝20。这就是说 A 对 Y 的影响与 B 取什么水平无关，见图 7-13（a）。类似地，当 B 从 B_1 变到 B_2 时，Y 增加 20－10（或 40－30＝10），与 A 取的水平无关。这时，我们称 A 和 B 之间无交互作用。判断 A 和 B 之间有没有交互作用，选用图 7-13（b）的作图方法更为直观。当图中的两条线平行时（或接近平行时），判断 A 和 B 之间没有交互作用，图 7-13（c）、（d）给出了一个有交互作用的例子。

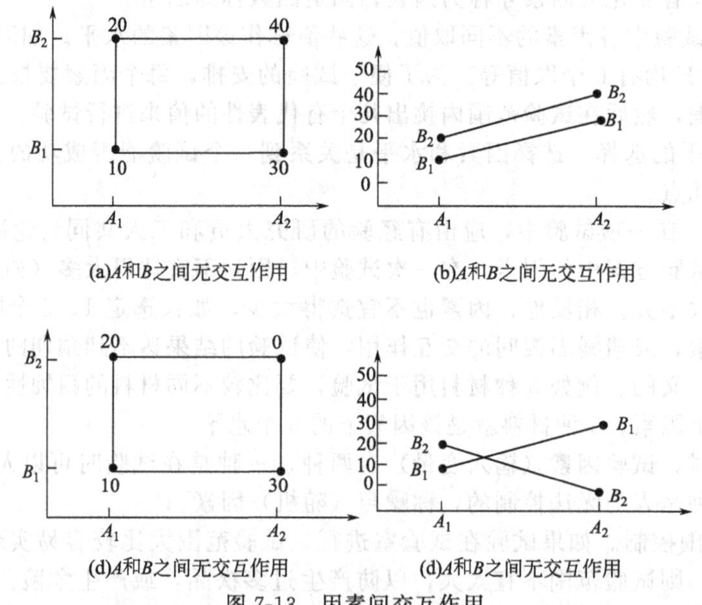

图 7-13　因素间交互作用

交互作用在实际中是大量存在的，特别是在腐蚀试验中，许多因素间都有交互作用。当因素 A、B 及其它们的试验指标 Y 都为连续变量时，可以建立 Y 和 A、B 之间的回归方程。若回归方程为式（7-3）时，A 对 Y 的影响由回归系数 β 完全决定，不受 B 取哪个水平的影响；同样，B 对 Y 的影响由回归系数 γ 完全决定，不受 A 取哪个水平的影响；类似地，对 Y 的影响由回归系数 α 决定，不受取哪个水平的影响。这时 A 和 B 没有交互作用。

$$Y=\alpha+\beta A+\gamma B+\varepsilon \tag{7-3}$$

当 A 和 B 之间有交互作用时，回归模型不可能为线性的，其中一定有非线性的。最常见的模型之一为：

$$Y=\alpha+\beta A+\gamma B+\delta AB+\varepsilon \tag{7-4}$$

式中，α、β、γ、δ 为回归系数，ε 为随机误差。这时若 $\delta>0$，称 A 和 B 之间有正交互作用；若 $\delta<0$，称 A 和 B 之间有负交互作用。

⑤ 全面试验和多次单因素试验　在一项试验中，当因素和水平确定后，如何设计该项试验主要有两种方法。

a. 全面试验　该方法将每一个因素的不同水平组合做同样数目的试验，例如将每个因素的不同水平组合均作一次试验。在一项试验中若有 m 个因素，它们各有 l_1、…、l_m 个水平，则全面试验至少需做 $l_1 \times l_2 \cdots \times l_m$ 次试验。当因素的个数不多，每个因数的水平数也不多时，常用全面试验的方法，并且通过数据分析可以获得较为丰富的结果，结论也比较精确。当因数较多，水平数较大时，全面试验要求较多的试验。对绝大多数场合，做这么多次试验是不可能的。

b. 多次单因素试验　这个方法在工程和科学试验中常被人们所采用。当因素之间没交互作用时，这个结论是正确的；当因素之间有交互作用时，该结论一般不真。因此，多次单因素试验法有局限性。特别是，当因素的数目和水平数更多时，常常会得到错误的结论，不能达到预期的目的。

c. 正交试验法（正交设计）　所有的试验设计方法本质上就是在试验的范围内给出挑选代表点的方法。正交设计是根据正交性准则来挑选代表点，使得这些点能反映试验范围内各因素和试验指标的关系。统计学家将正交设计通过一系列表格来实现，这些表叫做正交表。例如表 7-12 就是一个正交表，并记为 L_9 (3^4)，这里“L”表示正交表，“9”表示总共要作 9 次试验，“3”表示每个因素都有 3 个水平，“4”表示这个表有 4 列，最多可以安排 4 个因素。还有一批混合水平的表在实际中也十分有用，如 L_8 (4×2^4)、L_{12} $(2^3\times3)$、L_{16} $(4^4\times2^3)$ 等。

表 7-12　正交表 L_9 (3^4)

No.	1	2	3	4
1	1	1	1	1
2	1	2	2	2
3	1	3	3	3
4	2	1	2	3
5	2	2	3	1
6	2	3	1	2
7	3	1	2	2
8	3	2	1	3
9	3	3	2	1

在表 7-13 的正交试验设计中，可以看到有如下的特点：每个因素的水平都重复了 3 次试验、每两个因素的水平组成一个全面试验方案。这 2 个特点使试验点在试验范围内排列规律整齐，称为“整齐可比”。另一方面，如果将正交设计的 9 个试验点点成图（图 7-14），我们发现 9 个试验点在试验范围内散布均匀，这个特点被称为“均匀分散”。正交设计的优点本质上来自“均匀分散，整齐可比”这两个特点。

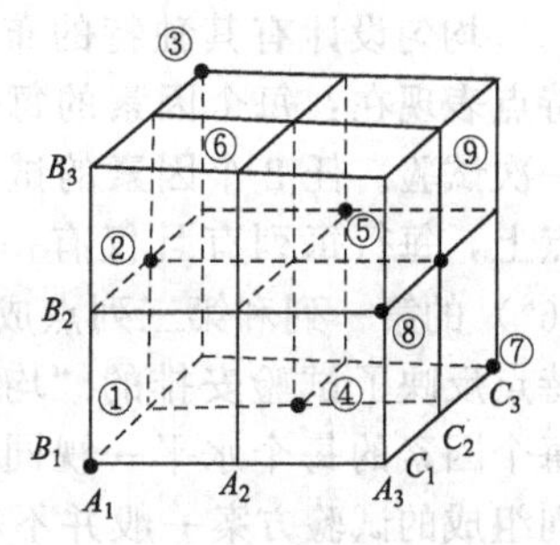

图 7-14　正交设计均匀分散性

d. 均匀设计　正交设计在挑选代表点时有两个特点：均匀分散，整齐可比。“均匀分散”使试验点有代表性；“整齐可比”便于试验数据的分析。为了保证“整齐可比”的特点，若

在一项试验中有 s 个因素，每个因素各有 q 水平，用正交试验安排试验，则至少要作 q^2 个试验，当 q 较大时，q^2 将更大。对这一类试验，若要减少试验的数目，只有去掉整齐可比的要求。

均匀设计就是只考虑试验点在试验范围内均匀散布的一种试验设计方法，和正交设计相似，也是通过一套表来进行试验设计的，每一个均匀设计表有一个代号 U_n（q^s）或 U^*n（q^s），其中"U"表示均匀设计，"n"表示要做 n 次试验，"q"表示每个因素有 q 个水平，"s"表示该表有 s 列。右上角加"*"和不加"*"代表两种不同类型的均匀设计表，见表 7-13。通常加"*"的均匀设计表有更好的均匀性，应优先选用。

表 7-13 U_7^*（7^4）

项目	1	2	3	4
1	1	3	5	7
2	2	6	2	6
3	3	1	7	5
4	4	4	4	4
5	5	7	1	3
6	6	2	6	2
7	7	5	3	1

每个均匀设计表都附有一个使用表，它指示我们如何从设计表中选用适当的列，以及由这些列所组成的试验方案的均匀度。如表 U_6^*（6^4）最多可以安排 4 个因素的试验。若用正交表安排 3 个 6 水平因素，至少要采用 $L36$（6^3），该表最多能安排 3 个因素，可要做 36 次试验，而两个表的偏差一个为 0.1875（U_6^*），另一个为 0.1597（L_{36}），相差并不十分大。由此例可见均匀设计的优点。表 7-14 是 U_6^*（6^4）的使用表，它告诉我们，若有 2 个因素，应选用 1、3 两列来安排试验；若有 3 个因素，应选用 1、2、3 三列……最后 1 列 D 表示刻划均匀度的偏差（discrepancy），偏差值越小，表示均匀度越好。当试验数 n 给定时，通常 U_n 表比 U^*n 表能安排更多的因素。故当因素 s 较大，且超过 U^*n 的使用范围时可使用 U_n 表。

表 7-14 U_6^*（6^4）的使用

s	列号				D
2	1	3			0.1875
3	1	2	3		0.2656
4	1	2	3	4	0.2990

均匀设计有其独特的布（试验）点方式，其特点表现在：每个因素的每个水平做一次且仅做一次试验。任 2 个因素的试验点点在平面的格子点上，每行每列有且仅有一个试验点，如表 U_6^*（6^6）的第一列和第三列点成图 7-15（a）；这两个特点反映了试验安排的"均衡性"，即对各因素，每个因素的每个水平一视同仁；均匀设计表任两列组成的试验方案一般并不等价，例如用 U_6^*（6^6）的 1、3 和 1、4 列分别画图，得图 7-15（a）、（b）。可见图 7-15（a）的点散布比较均匀，而图 7-15（b）的点散布并不均匀。均匀设计

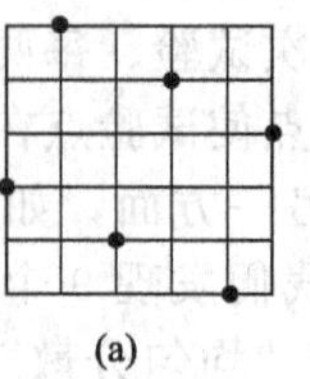
(a)

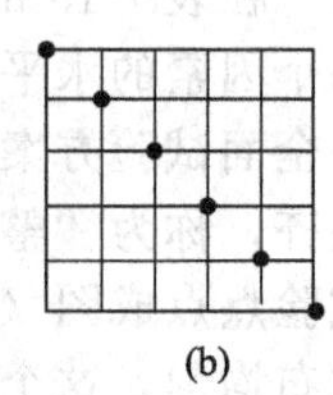
(b)

图 7-15 均匀设计的均衡性

表的这一性质和正交表有很大的不同，因此，每个均匀设计表必须有一个附加的使用表。

当因素的水平数增加时，试验数按水平数的增加量在增加。如当水平数从9水平增加到10水平时，试验数 n 也从9增加到10。而正交设计当水平增加时，试验数按水平数的平方的比例在增加。当水平数从9到10时，试验数将从81增加到100。由于这个特点，使均匀设计更便于使用。

均匀设计表的使用步骤和正交设计很相似，但也有一些不同之处。通常有如下步骤：

- 根据试验的目的，选择合适的因素和相应的水平；
- 选择适合该试验的均匀设计表，然后根据该表的使用表从中选出列号，将因素分别安排到这些列号上，并将这些因素的水平按所在列的指示分别对号。

7.5.3 覆盖层的选择及施工

覆盖层保护是用耐蚀性较强的金属或非金属来覆盖耐蚀性较差的金属表面，将受保护的金属与腐蚀性介质机械隔离开来，以达到防腐蚀的目的。世界各国防腐蚀实践表明，覆盖层防腐蚀是最有效、最经济、应用最普遍的方法，覆盖层不但可以保护金属不受环境的侵蚀，同时还有装饰、标志等作用。覆盖层施工简便，适应性广，不受设备面积、形状约束，重涂和修复方便。可与其他防腐蚀措施联合使用（如阴极保护等）以获得较完善的腐蚀控制系统。工业上普遍应用的覆盖层有金属覆盖层和非金属覆盖层两大类。它们的实现方法有化学方法、物理方法和电化学方法。

(1) 覆盖层体系

广义的覆盖层包括各种沉积层（单层或多层的）及对基体金属的处理。即用物理的、化学的或者其他方法，在金属或非金属基体表面形成的一层具有一定厚度、不同于基体材料且具有一定的强化、防护或特殊功能的覆盖层。

按 NACE TM0108[32] 定义，覆盖层体系（或称涂层体系）（coating system）为：The complete number and types of coats applied to a substrate in a predetermined order（按照既定要求施工到基材上的全部涂层类型和总量）。GB/T 28699[33] 定义覆盖层体系为：具有防护和装饰功能的金属涂层或涂料涂层构成的多层涂层。

(2) 覆盖层分类

覆盖层应满足结构紧密、不透过介质、与底层金属黏结力强；高硬度，耐磨；分布均匀等基本要求。通常可分为金属覆盖层和非金属覆盖层。金属覆盖层有金属镀层（包括电镀、化学镀、热喷涂、热浸镀、浸镀）和堆焊、金属衬里、双金属复合板，非金属覆盖层有玻璃钢衬里、涂料（有机或无机）覆盖层、塑料覆盖层、搪瓷、橡胶衬里等。按 GB/T 28699[33] 中4.5防护涂层体系分类如下。

按涂装防护体系结构分类。

热喷涂金属涂层体系：

a. 金属热喷涂涂层＋封闭涂层＋面漆涂层；

b. 金属热喷涂涂层＋封闭涂层＋中间漆涂层＋面漆涂层。

涂料涂层体系：

a. 防腐蚀底气＋面漆；

b. 防腐蚀底气＋中间漆＋面漆。

按防护涂层体系使用环境分类：

a. 大气腐蚀环境下防护涂层体系；

b. 水和土壤环境下防护涂层体系；

c. 特殊环境下防护涂层体系。

① 金属涂层（镀层） 金属涂层为在基体材料表面形成金属或合金保护（膜）层。金属涂层是一层或多层金属、合金或化合物膜，厚度一般为千分之几或百分之几毫米。使材料表面具有抗高温氧化、耐腐蚀和耐磨损等优良性能，防止或减轻材料及其制品的腐蚀，同时还能获得装饰性外观。

a. 按在介质中的腐蚀行为分类 金属涂层按在介质中的腐蚀行为可分为阳极性涂层和阴极性涂层两种。

• 阳极性涂层 覆盖层金属在介质中的电位比基体金属电位更负，则涂层为阳极，基体金属为阴极。阳极性涂层除机械隔离保护以外，在覆盖层缺陷处形成的腐蚀电池中，覆盖层是阳极，能够对基体金属形成牺牲阳极的阴极保护。如碳钢上镀（喷）锌、镉、铝等，即使涂层有一些微孔，由于涂层金属本身的电化学保护作用，能使基体金属受到保护。涂层越厚，这种阴极保护作用延续越久。

• 阴极性涂层 金属涂层在介质中的电位比基体金属电位正，则涂层为阴极，基体金属为阳极。如果覆盖层存在缺陷，基体金属为阳极，将加速基体金属的腐蚀。如，碳钢上的锡、铅、铜等镀层都属于阴极性涂层。阴极性涂层仅起机械隔离作用，保护能力取决于其孔隙率，孔隙率越低，防蚀效果越好。有时为了改善因涂层破损造成的电化学腐蚀，而有意增加涂层的孔隙度或形成大量微裂纹的涂层，以增加阳极基体的面积，减少基底的腐蚀。

覆层的极性不是绝对的，当环境条件改变时，覆层和基体金属的电偶关系可能发生反转。例如在有机酸中，锡比铁电位负，为阳极。60℃以上中性介质中，锌为阴极，碳钢为阳极。

b. 按金属涂层的获得方法分类

• 电镀 利用直流或脉冲电流作用从电解质中析出金属，并在工件表面沉积而获得金属覆盖层的方法。镀件为阴极与直流电源负极相连，镀层金属为阳极与直流电源正极相连。

电镀适应范围广，从正电性金属到负电性金属，从低熔点金属到高熔点金属，从高纯金属到合金，都可以进行电镀。电镀镀层金属纯度高，可以根据需要调节镀层组分，镀层厚度分布均匀并容易控制，与基体金属结合牢固。为获得同样保护效果所需要的覆层金属最少。一般在常温下进行，施工较容易。但电镀层一般都有一定的孔隙，需要进行封孔处理。因生产效率较低，并且对于大型设备，镀层质量难以控制，所以不适用压力容器的大面积防腐。

• 化学镀 不使用外电源，利用化学方法使溶液中金属离子还原并沉积在基体表面的过程，包括化学还原镀、置换镀。可以在金属、半导体、非导体材料上沉积铜、镍、锡、钴、银、金、钯、铂、铑的金属或合金。

化学还原镀是依据氧化还原反应原理，利用强还原剂在含有金属离子的溶液中，将金属离子还原成金属而沉积在各种材料表面形成致密镀层的方法。常用化学镀有化学镀银、镀镍、镀铜、镀钴、镀镍磷、镀镍磷硼等。化学镀镍磷合金是近年来在压力容器（特别是换热器）上使用较多的镀层，和电镀一样，镀层一般都存在一定的针孔，并且镍磷镀层对碳钢基体为阴极性镀层，所以，用化学镀镍磷合金镀层作为压力容器的防腐蚀覆盖层，应特别慎重。

• 热喷涂（喷镀） 将（接近）熔化的涂层材料的微粒喷到制品表面上形成覆盖层的方法。热喷涂可分为气喷涂、电弧喷涂和等离子喷涂。喷镀材料有锌、铝、镍、铜、铅、钼、钨、钽等金属或合金。可在碳钢、不锈钢等表面喷涂。一般热喷涂表面粗糙、结合力不牢固，耐蚀性差，需要用乙烯基树脂、酚醛、改进型环氧酚醛树脂或聚氨树脂等材料填充孔隙。热喷涂在压力容器防腐中不太使用，近年来，有球罐、瓦斯分液罐用热喷涂铝或 Al-Ni 合金防腐蚀的案例，但使用效果不佳。

• 渗镀（表面合金化） 渗镀分为固体渗镀和气体渗镀。常用于提高抗氧化性（抗蚀性）、耐热性和耐磨性等。渗镀层与基体金属之间是靠形成合金来结合的，与金属基体构成一个整体，因而结合牢固，其结合强度超过电镀、化学镀层与基体金属机械结合的结合强度，镀层不易脱落。渗层具有不同于基体金属的成分和组织，可使基体表面获得特殊的性能，如抗高温氧化、耐腐蚀、耐磨损等性能。对钢铁渗镀比较普遍，目前应用最多的渗剂元素有锌、铝和铬。

固体渗镀是通过固体扩散，使一种或几种金属元素渗入基体金属表面形成表面合金层的方法，故又称表面合金化。如在钢铁、铜、钼、镍、铌、钛、钨等表面，渗 Zn、Al、Cr、CrAl、AlSi、CrAlSi 等，厚度可达数百微米。

气体渗镀是在高温下将气态、固态或熔化状态的欲渗镀的物质（金属或非金属元素）通过扩散作用从被渗镀的金属的表面渗入内部以形成表层合金镀层的一种表面处理的方法。

受渗镀的装备尺寸和温度限制，渗镀仅适用于压力容器的小型零部件和换热管等的防腐。

• 热（浸）镀 热浸镀简称热镀。热镀是把被镀件浸入到熔融的金属液体中使其表面形成金属镀层的一种工艺方法，热浸镀是将被镀件浸入熔融金属或合金中获得金属或合金涂层的方法。在基体金属与镀层金属之间形成合金层，并当被镀金属基体从熔融金属提出时，在此合金层表面附着一层熔融金属，经冷却凝固后形成镀层。形成热浸镀层的前提条件是被镀金属与熔融金属之间能发生溶解，通过化学反应形成化合物或通过扩散过程形成固溶体。

镀层金属的熔点必须必被镀金属的熔点低得多，故热镀层金属都采用低熔点金属及其合金，如锡（231.9℃）、铅（327.4℃）、锌（419.5℃）、铝（658.7℃）及其合金。广泛用于钢铁防腐所用的热浸镀涂层包括：热镀锌、铝及其合金，其中，热镀锌层属阳极性涂层，因具有良好的抗大气、淡水、海水及土壤腐蚀的性能，用于防止钢铁制品的锈蚀，已有 200 多年的历史，目前仍占有重要地位，全世界生产的金属锌约有一半用于热镀锌，其中镀锌钢带所消耗的锌，约占 60%以上。

• 金属衬里 在碳钢或低合金钢设备内部衬上耐蚀金属薄板，既可满足设备耐蚀性能方面的要求，又可节省耐蚀金属材料，克服衬层金属强度不足的缺点，是压力容器常用的腐蚀控制方法。常用的衬里金属有不锈钢、铝、铅、钛。衬里方法有局部固定法包括焊接和爆炸复合。

整体松衬法是将衬里壳体焊接好，经检验合格后放入外壳内。这种方法的缺陷是外壳和衬里层之间存在间隙，影响承压和传热。在整体衬里后进行热膨胀或爆炸，可以清除壳体与衬里层的间隙。

双金属复合板是将两种不同金属板材迭合制成复合板。碳钢（或低合金钢）-不锈钢复合板（简称不锈复合钢板）主要用热轧法制造，覆层不锈钢板厚度通常为 1.5～3.5mm，能大大节省不锈钢。碳钢-钛复合板主要用爆炸复合，覆层厚度通常为 2～3mm。

碾压（包镀）是将耐蚀金属或合金用机械力量碾压使它们附着在基体金属上，得到紧密且可任意增加厚度的衬层。

• 气相沉积 利用气相中发生的物理化学过程，在材料表面形成具有特种性能的金属或化合物涂层的过程，是物质从气态向固态转化的结果。可分为物理气相沉积、化学气相沉积，包括物质气化、气相运输和粒子沉积成膜或涂层 3 个基本过程。

物理气相沉积（PVD）是通过蒸发，电离或溅射等过程，产生金属粒子并与反应气体反应形成化合物沉积在工件表面。物理气象沉积方法有真空镀、真空溅射和离子镀等，目前应用较广的是离子镀。

化学气相沉积（CVD）是两种或两种以上的气态原材料导入到一个反应室内，然后他们相互之间发生化学反应，形成一种新的材料，生成的固态物质沉积在加热的固态基体表面，进而制得固体材料的工艺技术。化学气相沉积有耐磨涂层（TiC）、耐磨蚀涂层（铼、钨、碳化硼）、耐腐蚀涂层（钽、铌、铬、钼、铝）、防扩散涂层（TiC、TiN）和装饰性涂层（TiC、TiN）。

气相沉积因费用较高，和渗镀一样受到装置尺寸影响，仅适用于压力容器的小型零部件等的防腐。

对覆层金属的选择，主要考虑能否在预定使用的环境中有良好的耐蚀性和与基体金属的电偶关系，以及设备对覆层金属的物理、力学性能方面的要求，并应进行经济性比较。

② 非金属覆盖层　将设备金属/环境界面代之以金属/非金属层/环境的界面，利用非金属材料的耐蚀和抗渗性能保护金属免受环境的侵蚀，从而延长其使用寿命。非金属覆盖层包括涂料覆盖层（油漆）、塑料覆盖层、橡胶覆盖层、沥青或柏油覆盖层、搪瓷或玻璃覆盖层、灰泥或混凝土等。防腐蚀涂层对钢铁的保护是因为涂层对介质具有屏蔽作用、缓蚀钝化作用和牺牲阳极保护作用。

涂料漆膜层的屏蔽作用在于隔离被保护基体与腐蚀介质的直接接触。如果防止金属表面被腐蚀，必须要求漆膜层能阻止外界环境与金属表面的接触，从而达到防腐效果。缓蚀钝化作用是借助涂层中含有的防锈颜料，在溶液中解离出缓蚀离子，使基体表面钝化，抑制腐蚀进程。牺牲阳极保护作用是在涂料中加入一些比被保护基体更活泼的金属粉，如锌粉作填料，当电解质渗入到被防护金属表面发生电化学腐蚀时，涂料中的金属就作为牺牲阳极而被溶解，使得基体金属免遭腐蚀；如富锌涂料，在涂料中加入大量的作为阳极的金属粉，以涂料的施工方法覆盖在金属的表面上形成保护层。在腐蚀过程中，它作为阳极被腐蚀，基体金属被保护。

a. 涂料覆盖层（油漆）　有机涂料（俗称油漆）由主要成膜物质（油料、树脂）、次要成膜物质（颜料）、辅助成膜物质（溶剂、助剂）组成。

• 成膜物质　作为涂料的基础，黏结其他组分，牢固富着于被涂物的表面，形成连续的固体涂膜。

• 颜料及固体填料　着色、遮盖、装饰作用。

• 分散介质　使涂料分散成黏稠的液体，调节涂料的流动性、干燥性和施工性。

• 助剂　改善涂料制造、储存、使用中的性能。

涂料的基本特征是由成膜树脂所决定的，成膜树脂主要是有机高分子化合物，其固有特性则是由它的分子结构所决定的。因此，影响防腐涂料性能的主要因素是成膜树脂的分子结构，每种树脂分子都含有多种化学结构和基团，而且多种化学结构和基团之间相互影响，再加之遇到的腐蚀介质和所处的腐蚀环境不同，因此在分析成膜树脂结构对防腐涂料的影响时，要具体分析，这样才能取得预期的效果。从结构上看，碳链聚合物形成的涂膜其耐腐蚀性能比杂链聚合物的要好。如酚醛树脂、聚乙烯树脂等，含亚甲基的烃系树脂，具有较好的耐化学药品性、耐水性、耐腐蚀性；环氧树脂、酚醛树脂等含醚键，具有很好的耐腐蚀性；若以氟、氯等元素取代碳链上的氢原子，因氟、氯等原子的半径较小，对碳-碳键的间隙有充填屏蔽作用，加之氟-碳键和氯-碳键的键能高于碳-碳键的键能，因此，可提高其耐腐蚀性能。

结合我国目前涂料品种的具体情况，以涂料基料主要成膜物质为基础，将涂料分为 17 大类，若主要成膜物质是由两种以上的树脂混合而成，则按在涂层中起主要作用的一种树脂为基础，具体见表 7-15。

表 7-15 按主要成膜物质的涂料分类

序号	代号	类别	主要成膜物质
1	Y	油脂漆类	天然植物油、精油(熟油)、合成油等
2	T	天然树脂漆类	松香及其衍生物、虫胶、干酪素、动物胶、大漆及其衍生物等
3	F	酚醛树脂漆类	改性酚醛树脂、纯酚醛树脂
4	L	沥青漆类	天然沥青、石油沥青、煤焦沥青
5	C	醇酸树脂漆类	甘油醇酸树脂、季戊四醇醇酸树脂、其他改性醇酸树脂
6	A	氨基树脂漆类	脲醛树脂、三聚氰胺甲醛树脂、聚酰亚胺树脂等
7	Q	硝基漆类	硝基纤维素酯
8	M	纤维素漆类	乙基纤维素、苄基纤维素、羟甲基纤维素、醋酸纤维、醋酸丁酸纤维以及其他纤维酯及醚类
9	G	过氯乙烯漆类	过氯乙烯树脂、改性过氯乙烯树脂
10	X	乙烯漆类	氯乙烯共聚树脂、聚醋酸乙烯及其共聚物、聚乙烯、醇缩醛树脂、聚二乙烯乙炔树脂、含氟树脂、聚苯乙烯树脂、氯化聚丙烯树脂
11	B	丙烯酸漆类	丙烯酸酯树脂、丙烯酸共聚物及其改性树脂
12	Z	聚酯漆类	饱和聚酯树脂、不饱满和聚酯树脂
13	H	环氧树脂漆类	环氧树脂、改性环氧树脂
14	S	聚氨酯漆类	聚氨基甲酸酯
15	W	元素有机漆类	有机硅、有机钛、有机铝等元素有机聚合物
16	J	橡胶漆类	天然橡胶及其衍生物、合成橡胶及其衍生物
17	E	其他漆类	未包括在以上所列的其他成膜物质,如无机高分子材料等

其他分类方法还有：

• 按涂料的形态分为水性涂料、溶剂性涂料、粉末涂料、高固体分涂料等；

• 按施工方法分为刷涂涂料、喷涂涂料、辊涂涂料、浸涂涂料、电泳涂料等；

• 按施工工序分为底漆、中涂漆（两道底漆）、面漆、罩光漆等；

• 按功能分为装饰涂料、防腐涂料、导电涂料、防锈涂料、耐高温涂料、示温涂料、隔热涂料、防火涂料、防水涂料等；

• 按用途分为建筑涂料、罐头涂料、汽车涂料、飞机涂料、家电涂料、木器涂料、桥梁涂料、塑料涂料、纸张涂料等；

• 按漆膜性能分为防腐漆、绝缘漆、导电漆、耐热漆等；

• 按基料的种类分类：可分为有机涂料、无机涂料、有机-无机复合涂料。有机涂料由于其使用的溶剂不同，又分为有机溶剂型涂料和有机水性（包括水乳型和水溶型）涂料两类。无机涂料指的是用无机高分子材料为基料所生产的涂料，包括水溶性硅酸盐系、硅溶胶系、有机硅及无机聚合物系。有机-无机复合涂料有两种复合形式，一种是涂料在生产时采用有机材料和无机材料共同作为基料，形成复合涂料；另一种是有机涂料和无机涂料在装饰施工时相互结合。

b. 塑料覆盖层 塑料覆盖层包括喷塑涂层和各种软质或硬质塑料衬里。如聚氯乙烯、聚乙烯、聚四氟乙烯塑料，塑料覆盖层抗酸碱盐的侵蚀性能优于普通有机涂层，聚四氟乙烯几乎能抵抗各种化学介质的侵蚀。将塑料粉末喷涂在金属表面，经加热固化可形成塑料涂层（如聚乙烯、聚氯乙烯、聚氨酯等），比喷漆效果更佳。塑料这种覆盖层致密光洁、色泽艳丽，兼具防蚀与装饰的双重功能。

c. 沥青或柏油覆盖层　耐酸性能好，价格低廉，对基体表面要求较低，施工容易。厚度大，多用于管道或设备内部的防腐蚀，不要求美观。用于保护与酸类气体或酸液接触的金属设备。

d. 非金属衬里　大多是在钢铁或混凝土设备上选衬各种非金属材料，是一种综合利用不同材料的特性，具有较长使用寿命的防腐方法。

对被粘物表面要求有良好的润湿性、表面具有一定的粗糙度和表面清洁。用接触角大小来衡量胶黏剂对固体表面的润湿性，接触角 $\theta=0°$，完全润湿；$\theta<90°$时，润湿较好；$\theta>90°$时，润湿较差；$\theta=180°$时，完全不润湿。

洁净的金属或无机材料的表面有较强的吸附性，再加上外力的涂布，$\theta<90°$，即可达到完全润湿的程度。适当的提高表面的粗糙度（工业上通常采用喷砂处理），增强了界面的镶嵌效果，毛细管作用促进胶黏剂的扩展，提高黏结强度，过高的粗糙度使黏度降低。洁净的金属表面具有较高的表面自由能，表面存在锈层、氧化物、油、水等，影响胶黏剂对金属表面的润湿性。锈层和油、水等污染物本身的内聚力很小，夹杂在胶黏剂和被粘物的界面上，造成黏结强度降低，为了保证衬里的质量，加工金属表面氧化皮必须去除。

• 砖板衬里　防腐衬里用胶黏剂要求高的黏结强度高、耐蚀性良好、致密抗渗透、热稳定性好、固化收缩率低，经济、便于施工。常用于砖板衬里的胶黏剂有硅酸盐胶黏剂、树脂类胶黏剂。

树脂类胶泥大多使用热固性树脂（酚醛、环氧、呋喃、环氧-呋喃、环氧-酚醛等）添加填料、固化剂等配制而成，对非氧化性酸有较好的耐蚀性；环氧、呋喃适用于酸碱交替的场合，酚醛胶泥常用于渗透性较大的稀酸介质。环氧-呋喃胶泥提高呋喃胶泥的黏结强度，环氧胶泥黏结强度高、收缩性小、抗渗透性好、价格贵，一般用于挤缝和勾缝。

砖板衬里的质量取决于胶黏剂的结构的正确设计、合理选择与施工，结构设计中应注意设备直径不宜小于 700mm；密闭设备设有人孔和可拆卸大法兰，衬里法兰处加翻边隔离层，法兰转角处衬贴耐腐蚀材料。焊缝采用对焊接，内表面焊缝平整、凸起高度<2.5mm；液面以下器壁尽可能不安装接管，必须安装接管时，严格注意质量，深入设备的接管端部与设备内表面齐平，避免斜插管。中心插入保护套管，接管直径较大，无合适的套管，则衬一层小的瓷板或不透性石墨板，见图 7-16。介质腐蚀性较强时，最好衬两层。

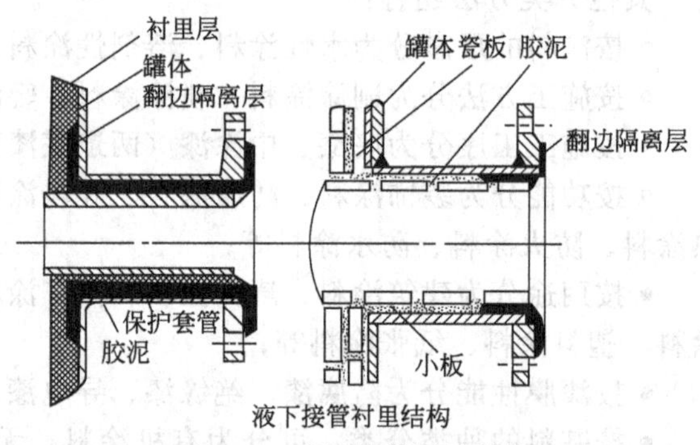

图 7-16　液下接管衬里结构

设备内直接通入蒸汽加热时，蒸汽管出口不得对准砖板衬里层；同时有搅拌器时，蒸汽出口应与搅拌方向一致，见图 7-17。

• 玻璃钢衬里　玻璃钢具有优良的物理和化学性能，玻璃钢的密度通常在 1.8～2.1kg·dm^{-3}之间，是钢材的 1/5～1/4，比钢、铸铁、塑料性能优越，玻璃钢的线膨胀系数与钢大体相当，而热导率只有钢的 0.5%，而且玻璃钢的最大的优点是它具有特殊的耐化学腐蚀性能，可以耐多种酸、碱、盐和有机溶剂。玻璃钢设计灵活，它可以根据不同使用条件，采用不同的防腐施工方案，以适应不同的要求。通过防腐层树脂选取、结构层厚度来调整不同的介质与载荷。

一般玻璃钢的衬里层是由四部分构成，即底层、腻子层、玻璃钢增强层及面层。常选环氧树脂做底层涂料，环氧胶黏剂的黏附力强，固化收缩率小，固化过程中没有小分子副产物

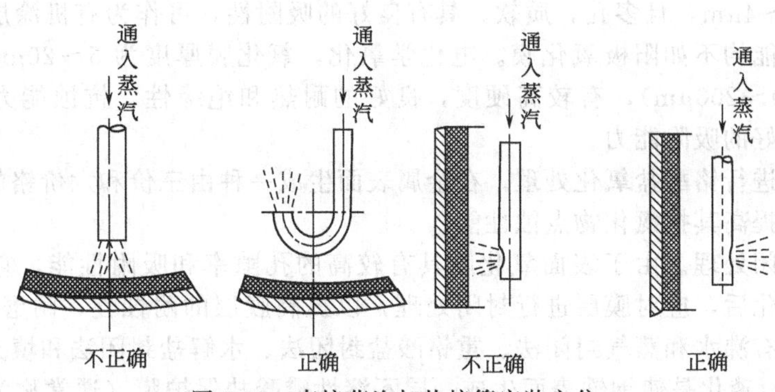

图 7-17　直接蒸汽加热接管安装方位

产生。玻璃钢衬里常用的胶黏剂有酚醛、环氧、呋喃、聚酯以及他们的改性胶黏剂。

玻璃纤维衬里的抗渗性不够理想、不耐磨；玻璃纤维的表面处理不好，介质渗到树脂与玻璃纤维的界面间，破坏树脂与金属的黏合，使用范围受限；如发生腐蚀，可能出现鼓泡，使衬里层剥离。为保证衬层耐蚀性，在满足衬层的整体性和厚度的前提下，尽量少用玻璃纤维，衬贴3～4层玻璃布（气相、弱腐蚀介质）；衬里总厚度＞3mm（苛刻的腐蚀环境）。内应力超过玻璃钢衬层强度，使衬层破裂；或局部应力集中使衬层翘曲或局部龟裂。此外，玻璃钢衬里的施工劳动卫生条件差，可能影响施工质量。

• 橡胶衬里　橡胶具有良好的化学稳定性，可耐一般非氧化性、酸、有机酸、碱溶液和盐溶液，在强氧化性酸和芳香族化合物中不稳定。耐蚀性、耐老化性、黏结强度：硬橡胶＞半硬橡胶＞软橡胶。耐磨、耐寒性、抗冲击性：软橡胶＞半硬橡胶＞硬橡胶。

软橡胶适用温度变化大，有冲击振动的场合，不能单独做衬里层，要和硬橡胶、半硬橡胶组合使用。硬橡胶适用于温度变化小、无磨损冲击的强腐蚀介质中，可单独使用、与软橡胶联合衬里的底层，做旋塞、泵等的衬里。聚异丁烯橡胶近年在化工防腐中用做砖板衬里的严密底层。

• 化工搪瓷　在钢铁表面涂覆高含硅量的瓷釉，经高温煅烧而形成的致密玻璃质耐蚀层，通常由底釉和面釉两层组成。化工搪瓷主要应用于耐蚀（除HF，含氟化物溶液、浓热磷酸、强碱外）和导热（可用于需要加热或冷却的场合）设备，耐温度剧变性能不高（最高＜300℃，ΔT＜120℃），压力条件只适用于内压≤0.25MPa，真空度≤700mmHg，外压≤0.6MPa的设备。金属设备外表面不允许有焊接接触面很宽或很厚的附件；必要时可采用过渡板连接，如果设备上开孔较多，一般不焊加强板而是增加壁厚，设计时尽量减少焊缝并且严格控制焊接质量。避免瓷面直接承受液汽的冲击以及局部过热、过冷。

e. 化学/电化学处理层（转化膜）　金属（包括镀层金属）表层原子与特定介质通过化学或电化学反应，在金属表面形成的附着性良好的难溶于水的腐蚀生成物膜层，如氧化物、硫化物、磷酸盐、铬酸盐和草酸盐等作为覆盖层。如化学氧化处理、电化学氧化处理、磷化处理等。金属转化膜可改善金属的耐蚀性，防止大气腐蚀，还可增加金属滑动的表面的耐磨性，提供金属冷加工时的塑性润滑膜层，提供氧化性交联黏结力，改善涂料的黏结性。

• 化学氧化处理　钢铁用化学、电化学或加热氧化的方法，使钢表面生成的连续而致密，由稳定的磁性氧化铁（Fe_3O_4）所组成的膜层。随着钢铁成分的不同，氧化膜色泽也不同。如碳素钢和低合金钢呈黑色或蓝黑色，称为“发蓝”或“发黑”。

处理方法有碱性发蓝法、蒸汽发蓝法、无碱发蓝法等，膜厚度只有几个微米，可以认为没有改变制品原来的尺寸，且氧化膜具有较大的弹性和润滑性，适用于腐蚀性不强的场合。

• 电化学氧化处理　铝及铝合金的氧化处理的方法主要有两类。化学氧化，氧化膜较薄，厚度为0.5～4μm，且多孔，质软，具有良好的吸附性，可作为有机涂层的底层。但其耐磨性和抗蚀性能均不如阳极氧化膜。电化学氧化，氧化膜厚度为5～20μm（硬质阳极氧化膜厚度可达60～200μm），有较高硬度，良好的耐热和绝缘性，抗蚀能力高于化学氧化膜，多孔、有很好的吸附能力。

在不锈钢上进行铬酸盐氧化处理，在金属表面生成一种由三价和六价铬的化合物组成的铬酸盐膜层，可提高其抗氯化物点蚀性能。

氧化膜的封闭处理。由于表面氧化膜具有较高的孔隙率和吸附性能，它很容易受到污染，所以阳极氧化后，应对膜层进行封闭处理，以提高膜层的耐蚀性，耐磨性以及绝缘性。常用的封闭方法有沸水和蒸气封闭法、重铬酸盐封闭法、水解盐封闭法和填充封闭法。

• 磷化处理　磷化是使钢铁表面生成一层不溶性磷酸盐保护膜（通常称为磷化膜）的过程。它可以提高有机涂层与钢铁制件间的结合力，增强产品的耐蚀性，延长产品使用寿命。

工件表面在除油、除锈后，一般不能立即涂漆，为防止重新生锈和提高涂膜的附着力，常通过一定的化学处理，使基材表面形成一层保护性的薄膜，常用的有氧化、磷化等方法。对于黑色金属，这一工序很重要，一般不能轻易省略，因为氧化膜和磷化膜也有防腐的作用。

f. 临时性覆盖层　主要用于设备或零部件工序间、储运期间的防腐。主要有，矿物油(几天)、凡士林、石蜡、羊毛脂（1～2a)、可剥性塑料膜（取代油封）。

(3) 覆盖层选择及施工

覆盖层防腐，要求覆盖层能承受环境的腐蚀，并且要材料来源广泛、质量可靠、经济合理和易于施工。覆盖层要求完整无针孔、与金属牢固结合，使基体金属不与介质接触，能抵抗加热/冷却或受力状态（如冲击、弯曲、变形应力等）变化的影响。覆盖层的保护效果和使用寿命取决于3个方面的因素：

a. 覆层材料在使用环境中的耐蚀性、强度、塑性和耐磨性；

b. 覆层的均匀性、孔隙和缺陷；

c. 覆层与基体金属的结合力。

覆盖层的耐蚀性可以通过分析失效机理，合理选材来解决。覆盖层保护效果受到覆盖层的连续性、缺陷和与基体结合力的影响，这些需要从施工技术的选择和施工质量方面来解决。

对于有机涂层，除满足以上要求外，覆盖方法的选择主要考虑需要的覆层厚度，对覆层孔隙率的要求，以及覆层施工能否适应设备的结构和尺寸。通常还要求：

a. 良好的电绝缘性；

b. 良好的粘接性，耐阴极剥离；

c. 良好的物理、化学稳定性，要能抵御由于环境介质与涂层反应而导致涂层性能变差；

d. 足够的机械强度，要求有一定的抗冲击强度和良好的抗弯曲性，以避免在搬运、安装等施工环节中对涂层的机械损坏；

e. 能机械化连续生产，满足工程建设需要；

f. 易于现场补口补伤。

(4) 评定有机涂层防腐性能的方法

目前除广泛采用的常规测试方法，如盐雾试验、湿热试验、浸渍试验和耐候试验外，还可采用直流电化学法、交流阻抗谱法、电化学噪声法、氢渗透电流法等。

① 直流电化学法　涂层钢板防腐蚀性的直流电化学法测试法分为电位/时间法、直流电阻法、极化曲线法和极化电阻法等。这些方法主要用在实验室研究中，并不适宜用来评定涂层钢板的耐蚀等级。其中电位/时间法最简单，采用极化曲线法所测得的结果与实际情况有

差别。

② 交流阻抗谱法（ELS）　直流电化学法测试法是迫使离子以一种方向透过漆膜，这样会引起涂层钢板腐蚀速率发生变化，而交流阻抗谱法避免了此缺陷。使用交流阻抗谱法可以得到涂层在不同交流频率下的阻抗和电容值，以及涂层下金属界面的信息。从电容值可以衡量涂层的吸水量，从电阻值可以衡量涂层的防蚀性能，由涂层下面金属电化学腐蚀电荷传递电阻可以估算金属腐蚀速度，这样可以对腐蚀发生时涂层下面金属界面的变化进行比较直观的研究；

③ 电化学噪声法（ENM）　电化学噪声法是通过测量工作电极和参比电极之间或两个相同电极之间产生的自发电流和（或）电压波动来分析，在研究涂层的性能时，双电极结构的应用最普遍。

④ 氢渗透电流法　氢渗透电流法是应用涂层下阴极还原反应产物氢的渗透原理，通过测量氢的渗透量和变化规律，可确定涂层下腐蚀反应过程的难易程度，进而评价涂层耐蚀性和耐剥落性。氢渗透电流法的优点是可在实际工况条件下分析、研究内防腐涂层的防护效果及其影响因素、腐蚀规律以及涂层与金属界面间的电化学行为，进而评价涂层的综合性能。它可用于指导涂层材料的配方研究和施工工艺选择，为经济防腐涂层材料及其结构设计提供依据，并对涂层使用寿命进行预测。

对覆盖层的耐蚀性可以按 GB/T 6461[34]或 GB/T 9789[35]试验或评级。

(5) 容器内部非金属防腐覆盖层设计施工技术规范

在石油、化工等行业，许多容器上使用了非金属覆盖层（以下简称防腐涂层）和阴极保护防腐蚀技术，近年来的腐蚀调查结果表明，在防腐涂层和阴极保护设计、施工和使用上存在较多的问题，导致涂层防护效果不佳，如牺牲阳极消耗过快，使容器发生严重的全面腐蚀和局部腐蚀，严重的腐蚀缺陷可导致容器的穿孔、泄漏，甚至导致压力容器发生爆炸，造成环境污染和人身、设备等重大事故，使国家财产遭受严重损失，给人民生活和生命带来极大的威胁。

① 相关标准　工程上，压力容器设备防腐涂层和阴极保护防腐蚀主要涉及下列标准。

GB/T 1720—1979《漆膜附着力测定法》

GB/T 728—1979 (1989)《漆膜、腻子膜干燥时间测定法》

GB/T 1730—2007《漆膜硬度测定法　摆杆阻尼试验》

GB/T 1732—1993《漆膜耐冲击性测定法》

GB/T 4956—2003《磁性基体上非磁性覆盖层　覆盖层厚度测量　磁性法》

GB/T 4957—2003《非磁性基体金属上非导电覆盖层　覆盖层厚度测量　涡流法》

GB 6514—2008《涂装作业安全规程涂漆工艺安全及其通风净化》

GB/T 6739—2006《色漆和清漆　铅笔法测定漆膜硬度》

GB 6950—2001《轻质油品安全静止电导率》

GB 7692—2012《涂装作业安全规程涂装前处理工艺安全及其通风净化》

GB/T 8264—2008《涂装技术术语》

GB/T 8923.1—2011《涂覆涂料前钢材表面处理　表面清洁度的目视评定　第1部分：未涂覆过的钢材表面和全面清除原有涂层后的钢材表面的锈蚀等级和处理等级》

GB/T 8923.2—2008《涂覆涂料前钢材表面处理　表面清洁度的目视评定　第2部分：已涂覆过的钢材表面局部清除原有涂层后的处理等级》

GB/T 8923.3—2009《涂覆涂料前钢材表面处理　表面清洁度的目视评定　第3部分：焊缝、边缘和其他区域的表面缺陷的处理等级》

GB/T 8923.4—2013《涂覆涂料前钢材表面处理　表面清洁度的目视评定　第4部分：

与高压水喷射处理有关的初始表面状态、处理等级和闪锈等级》

GB 13348—2009《液体石油产品静电安全规程》

GB 15599—2009《石油与石油设施雷电安全规范》

GB/T 19816.1—2005《涂覆涂料前钢材表面处理 喷射清理用金属磨料的试验方法 第1部分：抽样》

GB/T 19816.2—2005《涂覆涂料前钢材表面处理 喷射清理用金属磨料的试验方法 第2部分：颗粒尺寸分布的测定》

GB/T 19816.3—2005《涂覆涂料前钢材表面处理 喷射清理用金属磨料的试验方法 第3部分：硬度的测定》

GB/T 19816.4—2005《涂覆涂料前钢材表面处理 喷射清理用金属磨料的试验方法 第4部分：表观密度的测定》

GB/T 19816.5—2005《涂覆涂料前钢材表面处理 喷射清理用金属磨料的试验方法 第5部分：缺陷颗粒百分比和微结构的测定》

GB/T 19816.6—2005《涂覆涂料前钢材表面处理 喷射清理用金属磨料的试验方法 第6部分：外来杂质的测定》

GB/T 19816.7—2005《涂覆涂料前钢材表面处理 喷射清理用金属磨料的试验方法 第7部分：含水量的测定》

GB/T 21448—2008《埋地钢质管道牺牲阳极阴极保护设计规范》

GB 50058—2014《爆炸危险环境电力装置设计规范》

GB 50160—2008《石油化工企业设计防火规范》

GB 50393—2008《钢质石油储罐防腐蚀工程技术规范》

GBZ 1—2010《工业企业设计卫生标准》

HGJ 229—1991《工业设备、管道防腐蚀工程施工及验收规范》

SH/T 3022—2011《石油化工设备和管道涂料防腐蚀设计规范》

SHS 01034—2004《设备及管道涂层检修规程》

SH 3022—2011《石油化工设备和管道涂料防腐蚀技术规范》

SY/T 0042—2002《防腐蚀工程经济计算方法标准》

SY/T 0047—2012《油气处理容器内壁牺牲阳极阴极保护技术规范》

SY/T 0063—1999《管道防腐层检漏试验方法》

SY/T 0078—1993《钢质管道内腐蚀控制标准》(已废止)

SY/T 0319—2012《钢制储罐液体环氧涂料内防腐层技术标准》

SY/T 0326—2012《钢制储罐内衬环氧玻璃钢技术规范》

SY/T0407—2012《涂装前钢材表面预处理规范》

SY/T 0599—2006《天然气地面设施抗硫化物应力腐蚀和抗应力腐蚀开裂的金属材料要求》

SY/T 6536—2012《钢质水罐内壁阴极保护技术规范》

EN ISO 8501.1—2007《Preparation of steel substrates before application of paints and related products - Visual assessment of surface cleanliness - Part 1：Rust grades and preparation grades of uncoated steel substrates and of steel substrates after overall removal of previous coatings》(涂料和相关产品使用前钢衬底的制备 表面清洁度的目测评估 第1部分：未涂覆钢衬底和彻底清除原有涂层后钢衬底的锈蚀等级和制备等级)

EN ISO 8501.2—2001《Preparation of steel substrates before application of paints and related products - Visual assessment of surface cleanliness - Part 2：Preparation grades of previously coated steel substrates after localized removal of previous coatings》(涂装油漆和有关产品前钢材预处理 表面清洁度的目视评定 第2部分：局部去除原有涂层后钢材的除锈等级)

EN ISO 8501. 3—2007《Preparation of steel substrates before application of paints and related products - Visual assessment of surface cleanliness - Part 3: Preparation grades of welds, edges and other areas with surface imperfections》(涂料和相关产品应用前钢基底的制备 表面清洁度的视觉评估 第3部分：具有表面不完整性的焊缝、边缘和其他区域的制备等级)

ASTM D257—2014《Standard Test Methods for DC Resistance or Conductance of Insulating Materials》(绝缘材料直流电阻或电导的标准试验方法)

NACESP0178—2007 (formerly RP0178)《Design, Fabrication, and Surface Finish Practices for Tanks and Vessels to Be Lined for Immersion Service》(拟进行衬里的储罐和容器设计、制造和表面精加工)

NACE SP0181—2006《Liquid-Applied Internal Protective Coatings for Oilfield Production Equipment》(油田生产设备用液体内部防护涂料)

NACE TM 0174—2002《Laboratory Methods for the Evaluation of Protective Coatings and Lining Materials on Metallic Substrates in Immersion》(评估浸渍服务中金属基板的防护涂料和衬里材料的实验室方法)

NACE TM0183—2006《Evaluation of Internal Plastic Coatings for Corrosion Control of Tubular Goods in an Aqueous Flowing Environment》(水流动环境中管类材料腐蚀控制的内部塑料涂层评估)

NACE TM 0186—2002《Holiday Detection of Internal Tubular Coatings of 250 to 760μm (10 to 30 mils) Dry Film Thickness [250～760μm (10～30 mils)]》(干膜厚度的内部管涂料的漏点检测)

NACE TM 0384—2002《Holiday Detection of Internal Tubular Coatings of Less Than 250 Micrometers (10 mils) Dry-Film Thickness [低于250μm (10 mils)]》(干膜厚度的内部管涂料的漏点检测)

Q/GD 0168—1994《储油罐防静电环氧涂料及涂层技术规定》中国石油天然气管道局

Q/GD 0169—1994《储油罐防静电涂层施工及验收规范》中国石油天然气管道局

② 一般规定

a. 容器内是否需要采取涂层保护和阴极保护等腐蚀控制方法，应考虑以下因素：

• 腐蚀检测，运行记录及容器检验检查记录；

• 从其他类似的系统和环境中考察试验的结果；

• 工程设计规范以及安全性和经济性。

b. 腐蚀控制方法应考虑容器所处环境和经济性。

• 储存的介质的性质、工作温度、温差引起的金属膨胀和收缩。

• 对防腐蚀工程的经济性按 SY/T 0042 进行防腐蚀工程经济学评价。

c. 容器内壁是否需要腐蚀控制，应根据介质腐蚀性或避免铁离子污染的要求，决定容器的内壁是否需要采取腐蚀控制措施。腐蚀控制可参照 SY/T 0078 的规定进行。

• 选用的内防腐涂层寿命不应小于5年。介质含硫化氢的设备材质选择应符合 SY/T 0599 的规定。

• 钢质石油储罐采取采用涂层保护时，防腐蚀涂层的设计寿命罐内不应低于7年。工艺设备防腐蚀涂层的设计寿命不应低于1个检修周期。

• 容积大于1000m^3的钢质石油储罐的外底板应采用阴极保护，阴极保护设计寿命不得低于20年；新建100000m^3及以上的石油储罐外底板应采用强制电流法阴极保护，阴极保护设计寿命不得低于40年。

• 原油储罐内底板和油水分界线（约1.5m高）以下的内壁板应采用牺牲阳极和绝缘型防腐蚀涂层保护联合的保护形式；其他容器油水分界线下也可采用牺牲阳极和绝缘型防腐蚀涂层保护联合的保护形式，并且涂层应具有耐温性和耐酸碱性，涂层的表面电阻率应达到高于$10^{14}\Omega\cdot m$，牺牲阳极应采用铝合金阳极。其中，低硫原油储罐应采用铝-锌-铟-镉阳极，含硫及高硫原油储罐应采用铝锌铟系阳极。设计保护电流密度不得低于$10mA\cdot m^{-2}$。

• 涂层施工表面处理、涂装方法及要求、环境控制等，按SHS 01034附录A《防腐涂装施工技术要求》的规定执行。防腐蚀工程的施工应按设计文件规定进行，当需要变更设计、施工方案、材料代用或采用新材料时，应征得设计部门确认。

• 防腐蚀工程施工所用材料，应具有产品质量证明文件，并符合国家或行业现行标准的规定；其中，产品质量证明文件，应包括下列内容：设计、施工、使用材料、检测及其他技术文件齐全，施工图纸和施工方案已经会审；完成施工方案和技术交底，并进行了技术培训和安全技术教育；各种所用原材料、施工机具和检验仪器等经检测合格；防护设施安全可靠，原材料、施工机具和施工设施齐全，施工水、电、气能够满足现场连续施工的要求。

• 压力容器防腐蚀工程施工过程中应有监理单位（第三方）进行跟踪检查和监督。

• 容器内防腐蚀工程应经验收，并在养护期满后应立即投入使用；闲置期间不得充水。如果闲置时间超过两周，则应采取必要的保护措施；宜充氮气，罐内氮气压力应保持0.02～0.03MPa（20℃时）。

• 设计和施工所涉及的有关工业卫生、安全、劳动保护和环境保护除应按GB 50160《石油化工企业设计防火规范》、GB 7692《涂装作业安全规程涂装前处理工艺安全及其通风净化》、GB 6514《涂装作业安全规程涂漆工艺安全及其通风净化》、GBZ 1《工业企业设计卫生标准》和GB 50058中的规定执行外，还应执行国家现行有关标准的规定。

③ 设计准则

a. 对于预计腐蚀速率超过允许范围的容器，可以考虑采用覆盖层保护，根据覆盖层的保护效果，可以考虑增加牺牲阳极阴极保护。

b. 对于介质的组分，除明确其主要组分外，还应测定下列腐蚀性杂质的含量和操作参数：水分、细菌、二氧化碳、硫化氢和其他硫化物、氯离子和其他无机盐、有机酸、氧、固体颗粒（成分、粒度、硬度，其他沉积物、pH值、温度、介质流速、设备几何尺寸和内部结构、设备主体和内构件材质等）。

c. 根据介质和允许含有的腐蚀性杂质的组成及含量，预测可能造成的有害影响，应考虑的主要有：由于减薄、坑蚀、氢鼓包、应力腐蚀等导致容器破损；腐蚀产物对介质的污染；

d. 当介质含有的杂质可导致容器有害腐蚀时，应考虑对介质进行附加处理，降低其腐蚀性。介质的流速应控制在其腐蚀为最小的范围，尽可能避免间歇流。流速的下限值应使杂质悬浮在容器介质中（储存容器除外），使容器中积存的腐蚀性杂质降至最少，当达不到时，应考虑设计清理方法。流速的上限应使磨蚀和气蚀、冲蚀最小。

e. 容器内部设计应尽可能避免死角。

f. 设计者应了解降低介质腐蚀性的处理费用，并与其他腐蚀控制方法，如材料升级、使用缓蚀剂、增加开罐清理次数、内覆盖层和阴极保护等措施的费用比较。

g. 储罐内壁除经实践或经调查证明不需设计阴极保护外，一般应采取阴极保护措施。腐蚀控制系统应设有检查和监测设施。

④ 非金属防腐覆盖层的设计 用于容器内防腐的防腐涂层有机涂层，是将有机涂料涂覆于金属表面所形成的保护膜层。

a. 一般规定

• 涂层系统的设计。涂层系统的设计应包括涂料的选用、施工工艺、基体金属表面的处理方法和质量级别、各道涂层施工方法和干膜厚度（必要时应有湿膜厚度）、涂层质量验收规范和职业卫生规范。

• 涂料的选用，应遵守下列原则：与被涂物的使用环境相适应，应具有抗介质、污物、缓蚀剂和添加剂（如果有）的侵蚀能力，具有适当的耐温性能；与被涂物表面的材质相适应；各层涂层正确配套；安全可靠，经济合理；具备施工条件。

• 碳素钢、低合金钢的设备可以使用涂层保护。除设计另有规定外，不锈钢和有色金属表面、镀层和高合金衬里表面不应涂漆。

• 涂装在钢材表面上的底漆涂料，宜选用按 GB/T 1720 中测定附着力 1 级的底漆。

• 下列情况应在施工现场涂漆：在施工现场组装大设备及其内部附属钢结构；在制造厂已涂底漆，需要在现场对损坏部位修整和涂漆的设备及内部附属钢结构。

• 根据设备内表面最高工作温度，选用相应的耐热涂料。

• 涂层不能用来防止设备的应力腐蚀。

b. 对于基体的要求

• 钢制设备的钢材表面不得有伤痕、气孔、夹渣、重叠皮、严重腐蚀斑点，加工面必须平整，表面凹凸不得超过 2mm。

• 设备表面的锐角、棱角、毛边必须彻底打磨清理。

• 设备接管不应伸出设备内表面，设备盖、塔节、插入管应采用法兰连接。

• 基体表面处理应经全面检查合格、办理工序交接手续，经签证后，方可进行防腐蚀施工。

c. 对焊缝的要求 涂装对焊缝的要求见图 7-18。

• 设备壳体焊缝宜采用双面对接焊。内表面焊缝要平整，无气孔、焊瘤和夹渣。焊缝高度不得大于 2mm。须彻底清除焊接飞溅物，焊缝宜磨平或圆弧过渡。

• 设备壳体宜采用连续焊，焊缝不得有裂缝或连续咬边，咬边深度不应超过 0.5mm。

• 设备转角和接管部位应保证焊接要求，焊缝应饱满，并应打磨成钝角，形成圆弧过渡，不得有毛刺和棱角。

• 角焊缝的圆角部位，焊脚高度应为 $H\geqslant 5mm$，一般凸出角应为 $R\geqslant 3mm$，内角应为 $R\geqslant 10mm$。

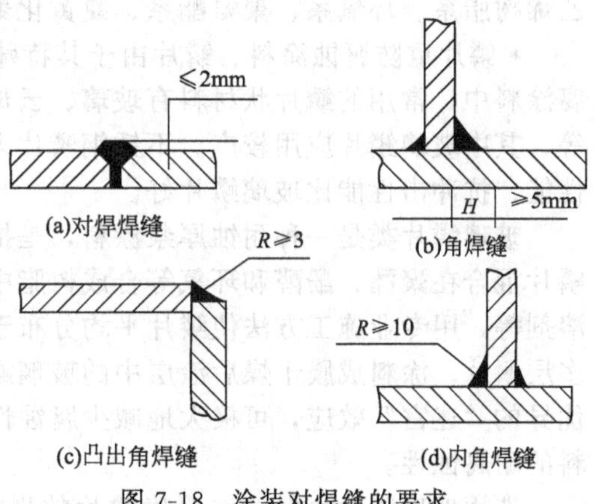

图 7-18 涂装对焊缝的要求

• 在清理组对卡具时，严禁损伤基体母材。施焊过程严禁在基体母材上引弧。

d. 涂装时机 涂装施工应在设备焊接全部完成，并在阴极保护系统（如果有）的焊接件完成，热处理（如果有）和水压试验、无损检测全部完成并检验合格后进行。涂装后不得再进行任何动火作业，如确需动火，必须制定涂层的修补措施。

⑤ 涂料的选择

a. 应根据容器的不同情况（钢材材质、存储介质、温度、部位、外部环境等）采取合理的涂层保护方案。

b. 容器内防腐的防腐涂料选用可参考 SHS 01034 附录 B《设备与管道防腐蚀常用涂料及选用》，表 6.2-1，表 6.2-2；储罐、设备采用涂层内防腐设计的具体配套可参考附录 E《储罐重防腐涂层配套》，表 6.2-3。

c. 必须选择正规涂料生产厂家的涂料，涂料供方应提供符合国家现行标准的涂料施工使用指南，施工使用指南应包括下列内容：

• 防腐蚀涂装的基层处理要求及处理工艺；
• 防腐蚀涂层的施工工艺；
• 防腐蚀涂层的检测手段；
• 防腐蚀涂层的维护预案。

d. 当采用绝缘型防腐蚀涂层时，涂层的表面电阻率应不低于 $10^{14}\Omega\cdot m$。

e. 采用导静电型防腐蚀涂层时，涂层应采用本征型导静电防腐蚀涂料或非碳系列的浅色添加型导静电防腐蚀涂料，涂层的表面电阻率应为 $10^{8}\sim10^{11}\Omega\cdot m$。

采用碳系导静电涂层时，涂装厚度偏小是导电涂料失效的主要原因，因此设计厚度为必须大于 300μm。

导静电涂料涂层的防腐蚀效果一般较差，在强腐蚀介质中应谨慎使用。用导静电涂料与牺牲阳极联合保护将造成牺牲阳极消耗过快，设备金属可能发生严重腐蚀。

f. 重防腐蚀涂料的选用。重防腐蚀涂料是指在严酷的腐蚀条件下，防腐蚀效果比一般腐蚀涂料高数倍以上的防腐蚀涂料。其特点是耐强腐蚀介质性能优异，耐久性突出，使用寿命至少 7 年以上。重防腐涂装的初期费用比一般的防腐要高许多，但因耐腐蚀性能优异、使用期长、维护费用少，所以年度费用较低。目前常用的重防腐蚀涂料主要有：

• 作为底漆的重防腐蚀富锌涂料　分厚膜型有机富锌涂料、富锌预涂底漆和无机富锌涂料 3 个系列；

• 重防腐蚀中间层涂料和面漆　这类涂料可直接涂在富锌底漆上，主要有氯化橡胶系、乙烯树脂系、环氧系、聚氨酯系、氯黄化聚乙烯系、环氧焦油系等重防腐蚀涂料；

• 鳞片重防腐蚀涂料　鳞片由于其特殊的性能，在涂料中得到广泛的应用，目前在重防腐涂料中，常用的鳞片状材料有玻璃、云母粉、云母氧化铁、片状锌、片状铝、不锈钢鳞片等，其中玻璃鳞片应用较广。不锈钢鳞片因为具有金属固有的特点，所以其机械性能、耐磨性能、抗冲击性能比玻璃鳞片好。

玻璃鳞片类是一种耐蚀厚浆涂料，是把片径数毫米、厚度 2～10μm 的高耐蚀的 C 玻璃鳞片混合在聚酯、酚醛和环氧等合成树脂中，辅以必要的偶联剂、增塑剂、固化剂、颜料和溶剂等，用专业施工方法使鳞片平均分布于树脂涂层中，每毫米厚的树脂中可平行分布 100 多层鳞片。涂料成膜干燥后涂层中的玻璃鳞片平行交错排列，形成了独特的屏蔽结构，具有优异的“迷宫”效应，可极大地减少腐蚀性介质在涂层上的渗透速率，从而大幅度地提高涂料的耐腐蚀性。

选用玻璃鳞片涂料时要明确鳞片的规格，包括鳞片的目数、鳞片厚度及涂料中鳞片的含量。

g. 原油储罐的防腐蚀工程应满足下列要求。

• 原油储罐内底板和油水分界线以下的内壁板应采用绝缘型防腐蚀涂层；底漆可采用厚浆型环氧玻璃鳞片、厚浆型环氧云母或富锌类防腐蚀涂料，面漆应采用耐酸碱、耐盐水、耐硫化物、耐油和短期耐温 180℃的防腐蚀涂料；涂层干膜厚度不得低于 350μm。

• 浮顶罐钢制浮顶底表面和浮顶外侧壁应采用耐油的导静电防腐蚀涂层；涂层干膜厚度不得低于 250μm。

• 浮顶罐内壁顶部和浮顶上表面应采用耐水耐候性防腐蚀涂层，底漆宜采用富锌类防腐蚀涂料，面漆可采用氟碳类防腐蚀涂料，涂层干膜厚度不得低于 250μm；其中，内壁顶部的涂装宽度宜为 1.5～3.0m。

• 拱顶罐内壁顶部应采用导静电防腐蚀涂层，底漆宜采用富锌类防腐蚀涂料，面漆应采用耐水、耐油和耐候性的导静电防腐蚀涂料；涂层干膜厚度不得低于 250μm。

h. 中间产品储罐的防腐蚀工程应满足下列要求：中间产品储罐的内壁均应采用耐温、耐油性导静电防腐蚀涂层；底漆宜采用无机富锌类防腐蚀涂料，面漆可采用环氧类和聚氨酯类导静电防腐蚀涂料；涂层干膜厚度不得低于 250μm，其中，罐底涂层干膜厚度不宜低于 350μm。

i. 污水储罐和污油储罐的防腐蚀工程要求同 h。当容器采用喷金属外加封孔涂层保护时，金属涂层厚度不宜低于 180μm，封孔涂层厚度不宜低于 60μm。

j. 换热设备防腐涂层。换热设备的防腐一般至少要采用中等级防腐，最好采取加强级防腐。为了保证能达到一定级别的防腐，应具备相应的涂层厚度及相应涂装道数。因为成品不宜再采用电火花检验，往往用厚度作为检验依据。通常的防腐层为 6～8 层，厚度控制在 200～250μm。

安装过程中禁用钢丝绳直接接触涂层换热器以免破坏涂层；使用过程当中，应该保持操作平稳。

k. 当采用涂层与阴极保护联合防腐时，涂层应有良好的抗阴极剥离性能。

⑥ 涂装施工　施工队伍资质要求如下。

• 容器防腐蚀施工应由具有三级及以上防腐工程专业承包资质或具有二级及以上化工石油工程施工总承包资质的企业实施。

• 从事容器防腐蚀施工的企业还应符合下列要求：应熟悉容器的结构及相关技术特点、熟悉和掌握容器防腐蚀相关技术规程规范和标准、应具有相适应的生产条件和检测手段、应具有健全的质量管理体系和责任制度。

• 从事容器防腐蚀施工的企业各级人员应熟悉和掌握国家、行业、企业相关的有毒、有害、易燃、易爆、腐蚀性等化学品的安全技术和劳动保护、卫生等方面的法律法规。

⑦ 涂装工艺规程的编制　涂装工艺规程的拟定是把涂装工艺和操作规程按设计内容固定下来的一套科学、合理的技术文件形式，这是保证涂层质量的必要条件。完善的涂装工艺规程应该包括：涂料的品种、涂装工序及其技术条件、使用的设备和工具、质量标准和工时等，具体内容见表 7-16。

表 7-16　涂料工艺规程的主要内容

内容	要　求
涂装工序	涂装工序从被涂物的表面处理开始，直至面漆养护为止，每一步工序都要详细列出，包括每一工序的干燥时间、工序间的表面处理、每一工序的要点等
技术条件	包括涂料品种的确定，涂装方法的选择，作业温度，涂料干燥的温度与时间，涂装用的稀释剂等，都要做出详细的规定，这是保证涂层质量的关键性内容
设备和工序	涂装作业中每一工序所使用的设备和工具都应列入操作规程，作为操作人员的施工依据
质量标准	涂装中每一工序应达到的质量标准是检查评定涂装质量的依据。操作人员可根据这些标准进行自检和互检，是最终验收的质量标准
其他	附加说明，可视具体情况加以补充

涂装工艺规程的编制无统一格式，一般以适用性文件或工艺卡的形式来拟定涂装工艺，结合各单位的生产技术水平和被涂物的具体情况灵活编制，形成具有先进的技术水平、合理

的、能指导生产的技术文件。因此，在编制涂装工艺时须了解和熟悉以下几方面的内容：涂料的性能和用途、涂装目的和涂层类型、涂装条件、涂装行业的技术水平、职业卫生要求。

a. 表面处理。应根据容器钢材表面不同的锈蚀情况和涂装设计要求编制合理可行的表面处理施工方案，并严格按照施工方案组织施工。

• 基体表面处理方法及质量等级参照 GB/T 8923 的规定，质量等级按表 7-17 规定，有产品说明书的按说明书要求进行，有特殊要求的应按规定进行。

表 7-17 底层涂料对钢材表面除锈等级的要求

底层涂料种类	除锈等级		
	强腐蚀	中等腐蚀	弱腐蚀
酚醛树脂底漆	Sa2.5	St3	St3
沥青底漆	Sa2.5 或 St3	St3	St3
醇酸树脂底漆	Sa2.5	St3	St3
过氯乙烯底漆	Sa2.5	Sa2.5	—
乙烯磷化底漆	Sa2.5	Sa2.5	—
环氧沥青底漆	Sa2.5	St3	St3
环氧树脂底漆	Sa2.5	Sa2.5	—
聚氨酯防腐底漆	Sa2.5	Sa2.5	—
有机硅耐热底漆	—	Sa2.5	Sa2.5
氯黄化聚乙烯底漆	Sa2.5	Sa2.5	—
氯化橡胶底漆	Sa2.5	Sa2.5	—
无机底漆	Sa2.5	Sa2.5	—

• 涂装前应对待涂表面进行表面处理，应按下列规定进行预处理：对钢表面进行预检，如发现漏焊、断焊、裂缝、拉口、穿孔等缺陷，应报告相关部门进行整改；涂装前应确定待处理表面的锈蚀等级和除锈等级；应采用动力或手工工具对焊缝、焊渣、毛刺、边缘弯角和喷射处理无法到达的区域进行处理。

• 底层涂料对钢材表面除锈等级的要求，应符合 SHS 01034 附录B表 6.3-2 的规定，对锈蚀等级为 D 级的钢材表面，应采用喷射或抛射除锈。储罐、设备内涂层防腐蚀除锈等级应按高一等级处理。

• 表面不作喷砂处理的螺纹、密封面及光洁面应妥善保护，不得受损。

• 经酸洗处理的设备、管道应立即用水冲洗、中和钝化及干燥。

• 基体表面处理的质量经质检人员检查确认合格后，方可进入下道工序。如发现有返锈，需重新进行表面处理。

b. 表面除锈可以采用下列方法。

• 干喷射法。宜采用石英砂为磨料，以 0.4～0.7MPa 洁净干燥的压缩空气喷射时，喷射后的金属表面不得受潮。当金属表面温度低于露点温度以上 3℃时，喷射作业应停止。环境露点温度确定，可参考附录 C。

• 手动工具除锈法。采用敲锈榔头等工具除掉钢表面上的厚锈和焊接飞溅物，再用钢丝刷、铲刀等工具刷、刮或磨，除掉钢表面上松动的氧化皮、疏松的锈和旧涂层等。

• 动力工具除锈法。用动力驱动旋转式或冲击式除锈工具，如旋转钢丝刷等，除去表面上松动的氧化皮、疏松的锈和旧涂层等。钢表面上动力工具和喷射不能达到的地方，必须用手动工具做补充清理。当采用冲击式工具除锈时，不应造成钢表面损伤，采用旋转式工具除锈时，不宜将表面磨的过光。

• 被油脂污染的金属表面，除锈前，可采用溶剂或碱洗的方法去除油污，油污去除后，应用水或蒸汽冲洗。

• 表面旧涂层可以用下列方法清除：机械法；火烧法，对薄壁容器应有防止壳体变形的措施，并不适用于经过热处理的设备；热碱溶解法，采用本法时应有排放残液的措施，并不适用于耐碱腐蚀的涂层；脱漆剂法，采用本法时应有排放残液和保护操作人员皮肤的措施，脱漆完成后应用汽油冲洗、擦净后才能进行涂装。

c. 喷砂处理规定。

• 喷砂处理时，应采取妥善措施，防止粉尘扩散。

• 压缩空气应干燥洁净，压缩空气流应经过脱水脱油的处理，不得含有水分和油污，并经以下方法检查合格后方可使用：将白布或白漆靶板置于压缩空气流中 1min，其表面目视观察应无油、水等污迹。空气过滤器的填料应定期更换，空气缓冲罐内积液应及时排放。

• 应按附录 A 的规定选用合适的磨料和设备进行表面处理。磨料应具有一定的硬度和冲击韧性，磨料必须净化，使用前应经筛选，不得含有油污。天然砂应选用质坚有棱的金刚砂、石英砂、硅质河砂等，其含水量不应大于 1%。严禁使用海砂。

• 喷砂处理薄钢板时，磨料粒度和空气压力应适当。

• 要求达到 Sa2.5 级和 Sa3 级时，不宜使用河砂作为磨料。

• 当喷嘴出口端的直径磨损量超过起始内径的 20%时，喷嘴不得继续使用。

• 磨料需要重复使用时，循环使用的磨料应有专门回收装置，并必须符合有关规定。

• 磨料的堆放地及施工现场应平整、罩实，防止磨料受潮、雨淋或混入杂质。

• 表面喷射处理后，应采用洁净的压缩空气吹扫、真空吸尘器清理或使用棉纱、棉布擦拭所有待涂的钢表面，并应尽快实施底涂。

• 喷砂枪气流的出口压力宜为 0.5～0.8MPa。

d. 容器钢表面经处理后表面粗糙度应符合下列要求。

• 采用涂料涂装时，锚纹深度应为 40～80μm。对有机富锌涂料为 40～60μm、对无机富锌涂料为 60～80μm。

• 表面粗糙度尚应符合设计文件和所用涂料规定的要求。

• 表面清洁度和表面粗糙度可按附录 D 进行测定。测定时，也可参照现场制作的样板或图像样本，但现场制作的样板应采取适当的措施妥善保护。容器钢表面经处理后表面清洁度必须符合下列要求。采用磨料喷射处理的钢表面应达到 Sa2.5 级或 Sa3 级；采用手工或动力工具处理的局部钢表面应达到 St3 级；表面可溶性氯化物残留量不得高于 30mg • m^{-2}。测定方法见附录 D。

e. 表面处理质量抽查。

• 宏观检查主要被处理表面是否有漏除部位，并应注意转角部位除锈质量和表面油污、浮尘的清除。

• 局部抽样检查应将除锈表面与 GB/T 8923 中的典型样片照片进行对比检查。设备应逐台检查，每台抽查 5 处，每处检查面积不小于 100cm^2。附属钢结构按类别进行检查，每类不少于 5 处，每处检查面积不小于 100cm^2。

• 发现不合格应重新处理，直至合格。

⑧ 涂料的施工规定

a. 一般规定。

• 涂料防腐蚀工程的原材料质量，应符合规范的规定，应有产品质量合格证，产品应符合出厂质量标准。过期的涂料必须经检查合格后，方可使用，必要时应进行小样试涂。

• 不同种类的涂料，如需混合调配使用，应经试验确定。不同基的涂料不得掺和使用。不同厂家、不同品种的防腐蚀涂料，不宜掺和使用。

• 使用稀释剂时，其种类和用量应符合油漆生产厂标准规定。配制涂料时，应搅拌均匀，必要时可用细钢丝筛网过滤后使用。

• 对被涂表面进行清理，将污物清除干净，经检查合格方可涂装。

• 腻子、底漆、中间过渡漆、面漆、罩面漆应根据设计文件规定或产品说明书配套使用。

• 表面处理后至实施底涂前，钢材表面温度应至少比露点温度高出 3℃，容器内空气相对湿度不宜高于 80%。施工环境温度宜为 5～38℃。

• 涂料的黏度应在涂料施工允许的范围内，涂料黏度使用“涂-4 黏度计”测定。

• 基体表面在处理后，相对湿度小于 60%时，8h 内进行涂装施工；相对湿度 60%～85%时，4h 内进行涂装施工；相对湿度大于 85%时，2h 内进行涂装施工。

• 每道涂层自然干燥后再进行下道工序。判断涂层实干的方法以手指用力压涂层不出现指纹为准。

• 不应在风沙、雨、雪天进行室外施工。

• 当使用同一涂料进行多层涂刷时，宜采用同一品种不同颜色的涂料调配后逐层刷涂，以防止漏涂。

b. 防腐蚀涂料和稀释剂在储存、施工及干燥过程中，不得与酸、碱及水接触，并应防尘、防曝晒，严禁烟火。

c. 设备防腐蚀涂层的施工宜在设备的强度试验和气密试验合格后进行。如在试验前进行涂覆，应将全部焊缝预留，并将焊缝两侧的涂层作成阶梯状接头，待试验合格后，按设备的涂层要求补涂。

d. 进行涂料施工时，应先进行试涂。

e. 使用涂料时，应搅拌均匀，如有结皮或其他杂物，必须清除后方可使用。涂料开桶后，必须密封保存。

f. 涂料配制与施工用的工具应保持干净，不能随便混用。

g. 基层表面如有凹凸不平、焊缝波纹及非圆弧拐角处，应刮涂与涂料匹配的腻子。腻子干净后，应打磨平整，擦拭干净后进行底漆施工。

h. 涂层的施工方法，可采用刷漆、滚涂、空气喷涂或高压无空气喷涂。刷涂时，层间应纵横交替，每层宜往复进行（快干漆除外），直到涂匀为止。

i. 涂层数应符合设计要求，面层应顺介质流向涂刷。表面应平滑无痕，颜色一致，无针孔、气泡、流挂、粉化和破损等现象。

j. 防腐蚀涂层全部完工后，应完全固化后方可交付使用。

⑨ 质量标准与验收方法

a. 一般要求。涂层质量应符合设计文件的规定。涂装质量直接关系到产品本身的质量和经济效益，要评定质量是否合格，须有准确的检测仪器和可靠的检测方法，对涂装作业中的每一重要环节进行检测。涂装质量检测的主要内容有：

• 涂装前的表面质量检测；
• 涂料产品质量检测，包括物理形态、涂料组成和储存稳定性等；
• 涂装过程中的质量检测；
• 涂装后的质量检测；
• 涂料产品的物理性能检测。

b. 检验仪器应具有良好的重复性和再现性。

c. 表面处理检验，采用喷砂或抛丸进行处理的金属表面清洁度应符合 GB 8923.1 中规定的 Sa2.5 级标准要求，手工和动力工具除锈的零部件表面应符合 St3 级标准要求，采用照片或样块对照法进行检验；粗糙度达到 $Ry=40\sim80\mu m$，用粗糙度检测量具进行测量。

喷砂前应检查压缩空气是否合格，表面处理后将罐内污物和浮尘清理干净。

d. 涂料的种类、名称、牌号及涂装道数和厚度应符合设计要求。

e. 检验涂装指标的区域选择应具有代表性。每一受检区域面积应为 $10m^2$，受检区域的面积之和不得小于总面积的5%（重点部位不得小于10%）。

f. 检验时涂层表面应是干燥的，无附着物。

g. 宏观检查。涂层表面不应黏附砂粒和灰尘，不得有漏涂、不匀、皱皮、气泡、刷痕、流挂、堆积或颜色不一等缺陷，并用5～10倍放大镜检测涂层的针孔情况，抽查率应不小于涂装面积的5%，检验质量参照表7-18。

表 7-18　涂装质量要求

项次	检查项目	质量要求	检查方法
1	脱皮、漏刷、反锈	不允许	目测
2	透底、流挂、皱皮	大面积不允许	目测
3	光亮与光滑	光亮、均匀一致	目测
4	分色界限	允许偏差±3mm	钢尺
5	颜色、刷纹	颜色一致，纹通顺	目测
6	干燥涂膜厚	不小于设计厚度	磁性测厚仪

h. 涂层厚度的测量。应采用磁性测厚仪对涂层厚度进行测量，可按 GB/T 4956 测量。检测应逐台进行，漆膜实干后，用测厚仪对涂层测厚。要求涂层厚度均匀，验收标准采用“85-15 规则”，即85%的测定值要达到规定的膜厚，允许15%数值偏低，但必须大于“规定值的85%”，重点工程要采用“90-10 规则”。

测量过程应符合下列要求：

- 按要求选择检测区域位置；
- 在检测区域内选择5个检测点，每个检测点面积应为 $100cm^2$ 的正方形；
- 在检测点内任意取3个点进行测量，测量结果取平均值；
- 测量弯曲表面（如加热盘管等）时，仪器应进行专门的校准。

i. 涂层孔隙率的测量。可应采用电火花检漏仪对涂层孔隙率进行测量，测量时，应按照 SY/T 0063 中方法 B 的规定执行。测量过程应符合下列要求：

- 按要求选择检测区域位置；
- 探测电极沿涂层表面移动时应始终保持与涂层表面紧密接触，并通过观察电火花出现来确定孔隙的位置；
- 确定检测区域孔隙的个数；
- 电火花检漏仪检测电压应符合以下公式的规定：

$$V=3294\sqrt{T_c} \tag{7-5}$$

式中 V——检测电压，V；

T_c——涂层厚度，mm。

在现行的国家颁布的有机防腐层检漏方法中，未规定适合于导静电涂层的检漏方法，SY/T 0063 的方法对导静电涂层不适用。

j. 涂层表面电阻率的测量。应采用涂料电阻率测定仪，按 GB 16906 对涂层表面电阻率进行测量。测量过程应符合下列要求：

- 按要求选择检测区域位置；
- 在检测区域内选择 5 个检测点，每个检测点面积应为 $400cm^2$ 的正方形；
- 在检测点内任意取 3 个点进行测量，测量结果取平均值。

导静电涂料，漆膜实干后，用涂料电阻率测定仪进行涂层电阻率的测定，验收标准按 GB 16906，涂层电性能测试结果面电阻均应小于 $10^9\Omega$，或体电阻率小于 $10^9\Omega\cdot m$，且测试结果均应在同一数量级内。验收规程见附录 D 石油罐导静电涂料施工及验收规程。

k. 其他检测项目。

必要时进行下列项目的检测。

- 光泽　按 GB/T 1743 用光电光泽计测定；
- 涂层颜色及外观　按 GB/T 1729 进行，与标准色板、样品进行比较评定；
- 硬度　按 GB/T 1730 进行；
- 柔韧性　测定方法为 GB/T 1731；
- 冲击强度　测定方法为 GB/T 1732；
- 附着力　测定方法为 GB/T 1720；
- 耐磨性　测定方法为 GB/T 1768。

l. 检查与验收。

- 按上述质量标准，对施工各质量控制点进行检查确认。
- 设备的防腐工程验收包括：涂刷前检查、中间检查和竣工后的检查。
- 按规定办理验收手续，并提交下列文件：涂料质量证明文件、检验或复验报告；涂层质量检查验收记录；设计变更、材料代用等施工过程中有关的技术问题的处理记录；返修记录。

⑩ 涂料的病态　涂料在配方设计、生产、储存和涂装使其成膜的过程中可能产生各种病态，严重地影响涂装质量。

a. 涂料在储存过程产生的病态　涂料在储存过程中易出现的病态有发混、变稠、沉淀、结皮、变色、发胀等。对于出现病态的涂料应根据具体情况进行处理，病态严重的涂料不能使用，涂装过程和涂装后产生的病态必要时须去除重涂。

b. 涂装过程产生的病态　涂装过程产生的病态主要有流挂、咬底、慢干和返粘、起粒、发白、发花、皱纹、橘皮、收缩、针孔、气泡、露底、变黄或变黑、渗色、发汗、起霜或起雾等病态。

c. 涂装后出现的病态　涂装后出现的病态主要有施工后不久就出现剥落、失光、粉化、龟裂、生锈等现象。

（6）阴极保护体系的设计

容器内的阴极保护可用来弥补防腐涂层的局部缺欠，有效地抑制浸水表面的腐蚀，从而控制腐蚀的发生，而不能修复已产生的腐蚀破坏。应根据投资额、维护、覆盖层的类型和状况、有无经济可靠的电源及系统的使用年限，进行阴极保护体系的系统设计。

阴极保护设计取决于容器的内部结构和覆盖层的质量。牺牲阳极系统的设计应确保阳极在设计寿命内阴极保护的有效性和可靠性。良好的防腐涂层质量是保证牺牲阳极正常工作和正常寿命的关键。阳极的设计寿命应与设备的检验周期相匹配，一般为大于 6 年。采用牺牲阳极保护时，被保护的容器内壁应具有良好的绝缘性覆盖层，新的覆盖层的电阻不小于 $10000\Omega\cdot m^2$，否则（如采用了导静电涂层或无覆盖层）不宜采用牺牲阳极。旧覆盖层根据需要决定。

当容器内有裸露的金属填料时、无内防腐涂层的压力容器中不宜采用阴极保护。

如被保护设备接管外部采用了阴极保护，则接管与设备本体应根据需要设置绝缘接头或绝缘法兰。在有分隔室或挡板、隔板、烟管的容器中，每个与腐蚀液体接触的分隔室至少要安装1个阳极。若容器无法装设对整体有效的阴极保护系统时，必须改进或重新设计容器的内部结构，让阳极达到需要阴极保护的部位。

① 保护准则。正常情况下的阴极保护效果应达到下列指标之一或全部。

a. 碳钢被保护金属表面相对于饱和 $Cu/CuSO_4$（CSE）参比电极的阴极极化电位应低于－850mV［或，饱和甘汞电极（－780mV）、银/氯化银电极（－800mV）、锌电极（＋250mV）］。测量时，必须考虑"*IR*"降的影响，以便对测量结果做出准确评价。可以采用近参比电极法（距测试表面距离小于30mm）或瞬时断电法等其他方法消除IR降。

b. 被保护金属表面对于CSE的阴极极化电位差最小为－100mV，这一参数可以是极化建立或衰减过程中的数据。

c. 对于有应力腐蚀开裂倾向的介质材质组合，此时的阴极保护极化电位应比－850mV（vs. CSE）更负。含硫化物介质（如 H_2S），保护电位应负于－950mV（vs. CSE）。

d. 带有内覆盖层的容器的保护电位应尽可能保持在最小电位附近。为避免被保护体覆盖层产生阴极剥离，阴极保护的电位不应过负，低于－1100mV（vs. CSE）时可能引起覆盖层破坏。

e. 内壁阴极保护的测点应设在容器内中心及罐壁的上、中、下处。可采用挂片试验来监测阴极保护的效果，试样必须与容器材质相同并与容器电连通，用挂片试验的失重来评价保护效果。

f. 阴极保护效果要求达到保护率100%、保护度大于85%，强制电流保护的运行率大于98%。

② 阴极保护的设计。

a. 阴极保护系统的选择。如果保护电流大或介质电阻高，一般选用强制电流保护。强制电流保护系统通常比牺牲阳极系统需要更多的检测和维护，使用恒电位仪系统可以减少欠保护或电力消耗过多，以及过保护引起覆盖层剥离的现象。为控制每个阳极的输出电流，各阳极应单独与直流电源连接。

当无电源或不能获得经济的电源、保护电流较小时，应采用牺牲阳极阴极保护系统。无论采用哪种形式的保护，都必须保证介质与阳极的化学性质相匹配，并考虑罐内构件的复杂性对保护电流分布的影响。

b. 阴极保护系统设计时应考虑下列因素：

- 容器的设计（可接近性、缝隙、屏蔽区域）；
- 覆盖层的类型、现状和将来状况；
- 不同牺牲阳极的驱动电位、材料及规格、阳极的寿命及更换方法；
- 辅助设备；
- 参比电极的位置；
- 遭受破坏的可能；
- 水质分析报告。

c. 牺牲阳极阴极保护系统设计之前，应获取下列有关资料：

- 容器的尺寸，包括进出口、内构件、各独立区域；
- 连续或间歇浸水表面积和表面状况，包括罐内构件与腐蚀介质接触的所有面积；
- 保护电流密度；
- 水质分析变化范围、电导率和pH值。

- 介质流速；
- 覆盖层的类型、状况和寿命，覆盖层表面电阻；
- 介质温度范围，极端温度；
- 其他有关资料，包括容器的寿命和使用情况及连接方式。

d. 设计保护电流密度不宜低于 $10mA \cdot m^{-2}$；其中，涂装的钢表面保护电流密度范围应为 $10\sim30mA \cdot m^{-2}$；含有去极化剂（如 H_2S 和 O_2）和较高温度的环境下，需要较高的电流密度和较低的保护电位。

e. 参比电极宜为长效 CSE 电极。参比电极的引入口必须与阳极入口同时安装，在每个分隔室，参比电极应尽可能远离阳极，以求尽可能确保测得的钢表面电位具有代表性。这些引入口一般焊在每个分隔室容器壁上，并装配 1 个全开式专用阀门，以方便参比电极的插入和取出。参比电极也可通过取样口放入，也可使用能承受相应温度和压力的参比电极永久安装在容器中。

f. 罐内阳极的分布应符合下列规定：

- 阳极块应均匀分布；
- 阳极块的下表面与罐底板的距离应不小于 50mm；
- 在水相接管出口部位应适当增加牺牲阳极；
- 牺牲阳极设计应采用专业厂提供的定型产品。

g. 一般情况下，应进行现场腐蚀评价和前期设计勘测。

h. 牺牲阳极设计应综合考虑材料费、安装费、维修费，达到技术上、经济上最优。

③ 牺牲阳极阴极保护系统的设计。牺牲阳极阴极保护系统的输出电流设计应符合下列要求。

a. 牺牲阳极阴极保护系统必须能够提供足够的电流，满足系统设计寿命内保护容器的最低标准，包括预期的覆盖层失效。

b. 保护电流密度应根据裸露表面在实际介质中的试验实测值计算，牺牲阳极输出的总电流应按覆盖层破损 20%时达到完全保护所需的电流密度计算。要注意介质成分、流速、温度和 pH 值等对保护电流密度的影响。

c. 输出电流是由驱动电位与回路电阻计算得出。

d. 应考虑介质的温度和电导率的改变而引起的回路电阻的变化。最大回路电阻应根据牺牲阳极消耗 85%时的结构形状进行计算。

④ 牺牲阳极选择应符合下列要求。

a. 牺牲阳极由镁及镁合金、锌及锌合金或专用铝合金制造。

当介质电阻率大于 100Ω·cm 时，适合采用镁及镁合金牺牲阳极。当介质电阻率小于 100Ω·cm 时，适合采用铝合金牺牲阳极，使用铝合金牺牲阳极时，应考虑铝合金牺牲阳极产生的腐蚀产物可能在容器内沉积，造成堵塞。锌阳极一般不用于容器中，因为锌阳极的驱动电位随温度的上升而降低，并在温度高于 54℃时可能发生极性逆转，成为钢的阴极。

b. 阳极材料不影响介质的用途。

c. 牺牲阳极应有一钢芯贯穿整个长度，用以固定阳极。

d. 牺牲阳极的技术条件应符合 GB/T 21448 的技术要求。

e. 牺牲阳极的布置及安装应符合下列要求：

- 牺牲阳极的布置应能保证提供均匀的电流分布；
- 牺牲阳极的安装，应防止其在高流速、排污时受到损坏，并应注意结冰对牺牲阳极的影响。

⑤ 牺牲阳极阴极保护系统的监测和测试应符合下列要求。

a. 被保护的设备，宜在外部安装固定测试箱，并配有连接长效参比电极和罐体的接线端子。

b. 牺牲阳极与罐体应在接线盒内电连通。

c. 如牺牲阳极直接与罐体连接，参比电极应置于已知的涂层漏点（约 $5cm^2$）附近，远离最近的阳极，使 IR 降影响最小。

目前，国内钢质容器内壁多采用牺牲阳极阴极保护方法，且多是把阳极直接固定在罐体上，无测试系统。因此，牺牲阳极阴极保护的效果也无法测量。

⑥ 牺牲阳极寿命设计时应符合下列要求。

a. 用额定的运行电流密度和消耗率计算牺牲阳极的寿命。

b. 计算牺牲阳极的寿命时，牺牲阳极的利用系数不超过85%。

⑦ 牺牲阳极阴极保护用电缆及焊接应符合下列要求。

a. 与牺牲阳极连接的电缆，应用焊接方法连接，焊接处应绝缘密封。

b. 电缆与容器应用焊接连接。

c. 电缆接头应使用高压连接器或焊接方式连接。

d. 容器内的测试电缆应适用于介质的侵蚀。

⑧ 牺牲阳极的安装。

a. 牺牲阳极阴极保护系统的施工应按施工图和相关规范进行，如需变更，必须经设计方书面认可，所有变更均应记录在案。

b. 阴极保护系统安装前应按下列要求进行检查和处理。

• 检查阳极材料、规格、导线长度及连接方式是否符合设计规范，确保阳极无损坏。电缆连接牢固，导线绝缘层无损坏。

• 长效参比电极应按产品说明书进行测试和验收，并用标准参比电极进行校准。如有差异，应记录差值。

c. 牺牲阳极的安装应符合下列要求。

• 接线盒应安装在安全易接近处。

• 严防电缆磨损或割伤，确保电缆与储罐或护管之间不短路。

• 牺牲阳极直接固定在罐体时，不得使用铜螺栓。焊接或螺栓连接时，焊缝和螺栓处必须采取可靠的绝缘密封。

⑨ 运行及维护。

a. 牺牲阳极阴极保护系统应进行测试和调整，使其连续工作并提供有效的罐-水电位。

b. 牺牲阳极阴极保护系统应进行测试和维护，包括：

• 通常情况下，牺牲阳极阴极保护系统应进行年度测试；

• 应对系统进行测试确定是否满足保护准则，如不满足应调整回路电阻值；

• 长效参比电极在断电条件下进行校核，如电位差值显著，应更换。

c. 当开罐检修时，应对阳极进行检查，更换损坏的阳极，同时检查阳极的消耗，当阳极消耗接近85%或不能工作到下一个检修周期时，应更换。

d. 应记录容器全部资料及使用情况，包括：

• 容器设计、制造、安装标准和设计、制造、安装单位和日期；

• 容器材质、尺寸、简图及容量；

• 装置名称、容器位号；

• 投用日期；

• 覆盖层体系、表面处理及材料，覆盖层修补及更换记录；

• 容器检修记录；

- 容器的建造及相关维护费用；
- 覆盖层和阴极保护的有效性。

e. 应记录介质的全部数据，包括：

- 水位的变化情况；
- 水质分析报告（pH、温度、电导率、矿化度、Cl^-、溶解氧、二氧化碳、硫化氢等）；
- 水腐蚀性测试报告；
- 缓蚀剂等药剂的使用情况；
- 介质流量；
- 清罐情况。

f. 应记录阴极保护系统安装及设计的全部资料，包括：

- 牺牲阳极的规格和数量；
- 牺牲阳极的成分、型号和制造商；
- 长效参比电极的种类、型号和制造商；
- 导线和阳极支撑；
- 电路示意图；
- 单个牺牲阳极电阻和并联电阻；
- 带开关的接线箱；
- 阳极投用日期、初始电流和电位。

g. 应保存所有的维修记录，包括：

- 牺牲阳极输出电压、电流等；
- 年检报告；
- 维修费用（含覆盖层费用、阴极保护检修费用）。

⑩ 强制电流阴极保护系统。

a. 电源。强制电流阴极保护对直流电源的要求能满足长期不间断供电。一般情况下应采用整流器或恒电位仪供电。

直流电源设备应配置适当的保护和监测设备，电源设备应在全电压范围内既可手动又可自动控制。有覆盖层的容器内壁应采用自动强制电流系统，用恒电位仪施加阴极保护，调节罐-水电位在给定的电位值，电源输出的电流应能在额定值的 0～100％之间连续可调，电源应能自动调节电流输出，使罐-水电位维持在给定值的±25mV 之内。参比电极的电位漂移应在±10mV 之内。

直流电源设备的输出电流可根据保护面积和保护电流密度计算。有覆盖层时，输出电流密度可按覆盖层破损 20％时达到完全保护所需的电流密度计算。

直流电源设备的输出电压取决于电流密度和回路电阻，应考虑系统寿命期内导线压降和阳极对水产生的压降。

b. 辅助阳极设计时应考虑下列因素：

- 辅助阳极宜均布在罐内，数量、直径及长度的选择应满足设计电路的电阻和电流要求；
- 设计中应防止辅助阳极与罐体表面短路；
- 防止阳极及罐内结冰。

辅助阳极材料有高硅铸铁、石墨、陶瓷或钛镀铂、钛涂氧化物等不溶性阳极材料，材料的选择应适合其使用的环境。消耗的阳极材料不能污染介质。

辅助阳极寿命取决于所用材料的消耗速率、重量以及系统输出的电流，设计应明确阳极的使用寿命。

c. 强制电流阴极保护系统的设计应考虑长效参比电极的布置。

d. 强制电流阴极保护辅助阳极的支撑及连接导线应有最佳的经济寿命。对于悬挂的辅助阳极系统，应提供检修孔或安装相应的设备，检修孔应设防护罩。

水平安装的辅助阳极系统一般置于水面以下，不需提供检修孔，但要有放水装置。

容器外面的所有导线均应加装保护管，罐内辅助阳极导线可设成明线。

e. 强制电流阴极保护系统的安装。强制电流阴极保护系统的施工安装应依据施工图和相关规范进行，如需变更，必须经设计方书面认可。所有变更均应记录在案。

f. 阴极保护系统安装前应进行下列检查和处理。

• 检查直流电源，确保内部构件连接牢固，无损坏。直流电源参数应满足设计要求及相关规范。

• 检查阳极材料、规格、导线长度及连接方式是否与设计规范一致。在检查和安装期间应避免损坏阳极。所有导线应确保绝缘层无损伤。

g. 阳极系统安装时应按下列要求进行。

• 安装电源时应将损坏的可能性降至最小。

• 在交流回路中应安装1个外部断路开关，电源箱应接地。

• 在无其他因素制约时，电源都宜安装于地上适当的高度，以便于维护保养。

• 阳极电缆必须确保绝缘层无破损，所有电缆和接头必须防水。严防电缆割伤，确保电缆与容器或护管间无短路。

• 阳极电缆应避免在水中接头，阳极主导线之间必须牢固连接且有良好的导电性，连接处必须做好防水密封。

h. 强制电流阴极保护系统的运行及维护。强制电流阴极保护系统必须保持连续运行，并根据保护准则调整到所需的罐-水电位。阴极保护系统应进行月检和年检。

月检应符合下列规定：

• 每月检查一次电源设备；

• 对手动控制体系，应测量电源的电压和电流及罐-水电位，如电位超出了正常范围，应查明原因并做相应调整；

• 对于自控体系，应测量罐-水电位，如电位超出了正常范围，应查明原因并做相应调整；

• 当腐蚀条件苛刻时应增加检查次数；

• 参比电极必须定期校核，如偏差超过了±10mV，应更换。

年检应符合下列要求：

• 每年对强制电流阴极保护系统的部件进行1次彻底的检查，应按要求对电源、阳极、导线及参比电极进行检测和更换；

• 电源设备月检发现的任何缺陷都要维护和更换。年检应包括检查所有的导线是否牢固，不受腐蚀的影响，如果需要，应对箱体和外壳进行涂漆，并定期清理灰尘；

• 根据辅助阳极的设计寿命，更换辅助阳极。当罐内有结冰时，应在冰化后，更换阳极。如开罐检查，必须检查辅助阳极和导线的状况，记录覆盖层状况和腐蚀、结垢的情况；

• 检查参比电极和连接导线，确定是否能连续运行到下次年检。所有导线和参比电极的连接点都应完全绝缘。

i. 应记录罐体的全部资料。容器全部资料及使用情况，包括：

• 容器设计、制造、安装标准和设计、制造、安装单位和日期；

• 容器材质、尺寸、简图及容量；

• 装置名称、容器位号；
• 投用日期；
• 覆盖层体系、表面处理及材料，覆盖层修补及更换记录；
• 容器检修记录；
• 容器的建造及相关维护费用；
• 覆盖层和阴极保护的有效性。

介质的全部数据，包括：

• 水位的变化情况；
• 水质分析报告（pH、温度、电导率、矿化度、Cl^-、溶解氧、二氧化碳、硫化氢等）；
• 水腐蚀性测试报告；
• 缓蚀剂等药剂的使用情况；
• 介质流量；
• 清罐情况。

阴极保护系统安装及设计的全部资料，包括：

• 电源容量（直流、交流）；
• 辅助阳极数量及分布，阳极的成分、型号和制造商，阳极的设计寿命；
• 长效参比电极的种类、型号和制造商；
• 导线和阳极的安装方式；
• 电路示意图；
• 带开关的接线箱；
• 阳极通电日期、初始电流和电位；

所有的维修记录，包括：

• 每个阳极的阴极保护输出电压、电流等；
• 年检报告；
• 所有修补及新增部件、维修费用（含覆盖层费用、阴极保护检修费用）。

j. 阴极保护的安全。

• 在原油处理容器周围可能存在易燃易爆气体，必须采取措施避免产生电火花。

• 在直流电源运行时，严禁将外加电流系统中的电缆与阳极接头断开，或者把阳极移开。

• 在安装或维护含有油气的容器阴极保护系统前，必须按常规预防措施防火防爆。
• 在含硫化氢的容器中进行阴极保护系统监测或维修时，必须采取预防措施。
• 直流电源外壳、外部交流电接线盒及所有相关的金属设备都必须安全接地。
• 根据场所分类，确定是否采用防爆直流电源和电气设备。
• 在用火焰加热的容器中，宜使用耐高温的密封垫来固定阳极。

7.5.4 电化学保护

电化学保护是根据电化学腐蚀原理，依靠外部电流的流入改变金属的腐蚀电位，通过对腐蚀电位的电化学控制，升高或降低金属在电介质溶液中的电极电位，即对被保护金属进行阳极或阴极极化，从而使金属钝化或抑制阳极反应的进行，从而减小其电化学腐蚀速度的方法。适用于电解质溶液中连续液相部分的保护。根据对金属的腐蚀电位极化方向，可以将电化学保护分为阳极保护和阴极保护两类。从伽法尼电池的两个金属电极来观察，腐蚀总是发生在阳极上。伽伐尼保护是从连接辅助电极与被保护金属构成的腐蚀电池中获得保护电流所实现的电化学保护，伽伐尼保护可以是阴极或阳极保护。为降低运行费用，电化学保护与涂装结合则更为经济。

（1）阳极保护

① 阳极保护原理 阳极保护是通过改变极性或移动金属的阳极极化电位，使阳极电流高于阴极电流，金属以阳极反应为主，当电位高于致钝电位时，阳极极化曲线进入钝化区，阳极极化使金属的表面形成钝化膜，阳极过程受到抑制或停止，金属发生钝化，达到钝态区来抑制或降低金属腐蚀速率，即通过提高金属的腐蚀电位到钝态电位区实现的电化学保护。图 7-19 为典型的钝性金属阳极化曲线，曲线中表示出 4 个特性区。

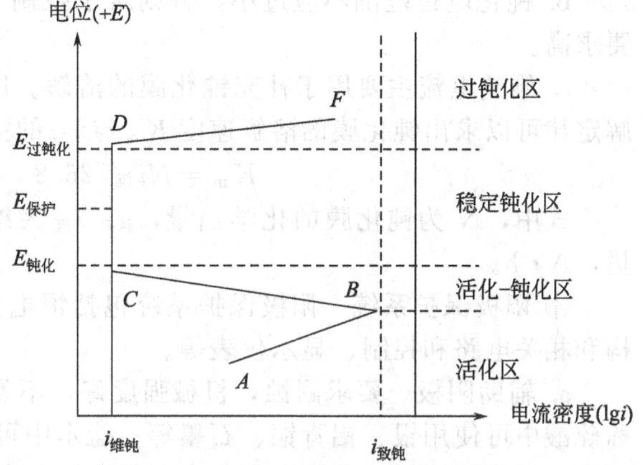

图 7-19 典型的阳极极化曲线

a. 活化区（*AB* 段） 施加阳极电流时，金属表面发生阳极反应，此区处于活性溶解状态，且随电位升高，腐蚀电流密度上升，电流密度的大小反映出腐蚀速率的大小。当电流密度超过峰值点后（图中 *B* 点），电流急剧下降，这个峰值点对应的 $i_{致钝}$ 称为致钝电流密度，对应的电位称为“致钝电位”。

b. 活化-钝化区（*BC* 段） 金属处于由活化状态向钝化状态的突变过程中，金属开始钝化，腐蚀电流密度急剧下降，在金属表面可能生不稳定钝化膜。此区域阳极反应中活化溶解与钝化过程同时共同存在。

c. 稳定钝化区（*CD* 段） 金属元素发生氧化反应生成高价稳定氧化物（膜），这种氧化物溶解量很小，即金属腐蚀速率很低，称之为“钝化区”。表现出随着电位的变化对应的电流变化很小的特征。对应的电流密度称为“维钝电流密度”。

d. 过钝化区（*DF* 段） 当电位高于稳定钝化区，电流又出现增大现象，钝化膜转化成可溶性的氧化物而遭受破坏，金属腐蚀重新加剧，这个区域称为过钝化区。

图 7-20 为典型的容器内部阳极保护示意图[36]。

实际应用中，在特定的电解质溶液中，理论阳极极化曲线出现钝化区的金属，不处于自钝化状态，将该金属与外加直流电源的正极相连，将金属进行阳极极化至一定电位，使其建立并维持稳定的钝态，阳极过程受到抑制，金属得到了保护，即通过外加电流使金属处于电化学钝化状态，即电化学钝化或阳极钝化。

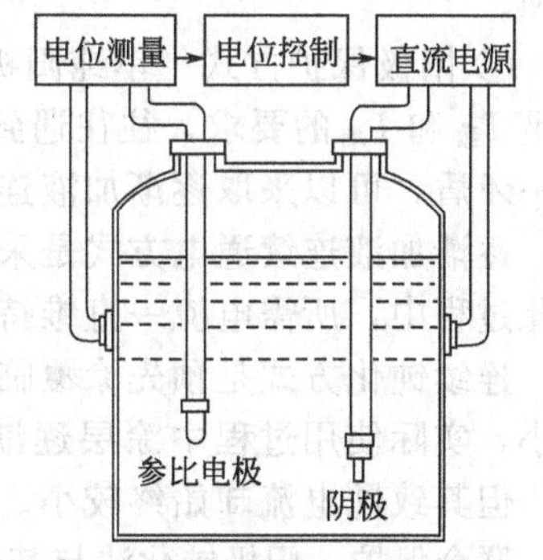

图 7-20 储罐阳极保护设备示意图

② 阳极保护的主要参数

a. 致钝电流密度（i_{cp}、$i_{致}$） 即临界电流密度。是产生钝化所需最小阳极极化电流密度，它相当于金属阳极溶解的最大值，只有超过此值的电流部分才能形成钝化膜。

b. 维钝电流密度 稳定钝化区电位下的外电流密度，是使金属在给定环境条件下维持钝态所需的电流密度。维钝电流密度即金属的腐蚀电流密度，反映出阳极保护的效果和电能消耗的大小。

c. 钝化区的电位范围 是在阳极保护过程中允许被保护金属的电位变化的范围，钝化区的范围宽，在操作运行的过程中不会受外界电位的变化造成金属的活化或过钝化，阳极保护的可操作性好。

③ 应用条件

a. 致钝电流密度不应过小，否则钝化时间比较长，容易造成金属的活化溶解。钝化膜的生成需要一定的电量，极化电流密度越大，转化为钝化状态所需时间（t）越短，其间大体有如下关系：

$$(i_a - i_{致})t = 常数 \tag{7-6}$$

实际应用中要求 $i_{致}$ 不宜过大，若太大则极化初期消耗功率大，使设备庞大而造价较高。

b. 钝化电位范围不应过小，否则难于控制金属的电位，受外界的影响大，对外电源的要求高。

c. 维钝电流主要用于补充钝化膜的溶解。因此，$i_{维}$ 越小越好，且消耗电能少。根据电解定律可以求出钝化膜的溶解速度 K_m 与 $i_{维}$ 的关系为：

$$K_m = Ni_{维}/26.8 \quad (g \cdot m^{-2} \cdot h^{-1}) \tag{7-7}$$

式中，N 为钝化膜的化学当量，g；$i_{维}$ 为维钝电流密度，$A \cdot m^{-2}$；26.8 为电化学当量，A・h。

④ 阳极保护系统　阳极保护系统包括恒电位仪、辅助阴极、参比电极、被保护金属结构和相关电路和控制、显示仪表等。

a. 辅助阴极　要求耐蚀，机械强度好，不发生氢脆。浓硫酸中可使用铂、金、铸铁等；稀硫酸中可使用银、铝青铜、石墨等；盐水中可使用高镍或高铬合金、钛镀钌铱钛、碳钢；碱液中可使用碳钢。阴极布置力求最佳电流分布，使被保护体均处于钝化稳定区。阴极安装须绝缘、牢固、方便维修。阴极的配置只要满足致钝阶段的要求，维钝阶段就一定能保证。阴极的布置常常需要通试验来确定。

b. 参比电极　有甘汞电极、氯化银电极、硫酸亚汞电极、氧化亚汞电极等，根据介质性质和使用要求选定。铂在硫酸中，银在盐酸中或食盐水中具有稳定电位，也可作参比电极使用。参比电极应分别设置在距离阴极近、中、远 3 处，平时以中间为监控标准，近、远处的参比电极可用来观察电位分布或临时使用。

c. 恒电位仪　工业用一般要求为 6～24V，50～500A。根据阳极保护 3 参数和被保护体面积估算。配电与走线要求安全合理，注意接地，防止因线路漏电引起设备的杂散电流腐蚀。

⑤ 阳极保护方式　单纯阳极保护，连续通电式和间歇通电式。用同一套电器设备同时满足 $I_{致}$ 和 $I_{维}$ 的要求，往往遇到实际困难。因为两者数值往往相差几个数量级，为了解决这一矛盾，可以采取逐渐加液连续通电方式或连续钝化方式。

逐渐加液连续通电方式是采取逐步加液，逐步钝化，直至容器中盛满液体和完全钝化，在此过程中，所需电流一直维持较小数量级。

连续钝化方式是预先涂覆临时性涂层，由于涂层有针孔，露出的面积很小，钝化电流也较小，实际使用过程中涂层逐渐破损，破损处很快钝化，直至涂层完全剥落，容器完全钝化，但其致钝电流却始终较小。

联合保护：阳极钝化法与其他防腐方法相结合的联合保护技术往往具有更好的防腐效果，经常采用的联合保护主要有下列 3 种方式，即与涂层结合、与缓蚀剂结合或与电偶结合。

因为阳极保护只适用于可钝化的介质-材料环境，并且可靠性较差，如稳定钝化区的电位范围很窄，生产工艺条件稍有波动，金属就有可能重新活化，阳极保护的实施就很困难。所以，在承压设备中的应用显著少于阴极保护。主要用于保护钢、不锈钢和钛等在浓硫酸和磷酸等强介质中的腐蚀。

(2) 阴极保护

① 阴极保护原理　阴极保护是在电解质溶液中，利用牺牲阳极（如锌、铝等）或外加

电流的惰性阳极，使被保护的钢铁结构成为伽法尼电池中的阴极。通过降低被保护金属的电位而达到保护目的。主要用于防止土壤、海水等中性介质中的金属腐蚀。根据保护电流的来源，阴极保护有外加电流法和牺牲阳极法。

外加电流法是由外部直流电源提供保护电流，电源的负极连接保护体，正极连接辅助阳极，通过电解质环境构成电流回路。

牺牲阳极法是依靠电位负于保护体的金属（牺牲阳极）自身消耗来提供保护电流，保护体直接与牺牲阳极连接，在电解质环境中构成保护电流回路。

在同一腐蚀环境中，活性较大的是阳极，较小的是阴极。例如在海水中，锌与低碳钢间如构成电解电池，锌是阳极，钢是阴极；但如果钢与不锈钢形成电解电池时，钢又变为阳极，不锈钢是阴极。所谓阴极，实际上是使电解液中的阳离子获得电子而还原的一个电极。因此，利用外加直流电源使它获得电子补充，也属于阴极保护方法。

地下金属设备可采用这种保护方法，但需要注意杂散电流不致影响邻近地下金属设施的加速腐蚀。

② 阴极保护的主要参数

a. 最小保护电位　保护电位是指阴极保护时使金属停止腐蚀所需的电位值。为了使腐蚀完全停止，必须使被保护的金属电位极化到活泼的阳极“平衡”电位。对于钢结构来说，这一电位即铁在给定电解质溶液中的平衡电位。保护电位值有一定范围，例如铁在海水中的保护电位在－0.90～－0.80V（vs. Ag/AgCl）之间，当电位比－0.80V更正时，铁不能得到完全的保护，所以该值又称为最小保护电位。当电位比－1.0V更低时，阳极上可能析氢，使阳极表面上的涂层鼓泡损坏，并可能产生氢脆，同时保护电流密度增大造成浪费，因而还要确定最大保护电位即析氢电位。

b. 最小保护电流密度　阴极保护时使金属的腐蚀速度降到最低程度所需的最小电流密度值。最小保护电流密度作为阴极保护的主要参数之一，与被保护的金属种类、介质、保护系统中电路的总电阻、金属表面覆盖层的种类和质量、外界环境条件等因素有关，必须根据经验和实际情况才能确定。

c. 保护度

$$Z=\frac{V_0-V}{V_0}\times 100\% \tag{7-8}$$

式中 V_0——阴极保护前金属的腐蚀速度；

V——阴极保护后金属的腐蚀速度；

Z——保护度，%。

d. 最佳保护电位和最佳保护电流密度确定　日常维持阴极保护的电流消耗小，保护电位低；电流密度高，保护度高，电量消耗大。需要平衡电量消耗和保护度之间的关系。

e. 防止“过保护”的产生　保护电位太负，会造成金属表面产生大量氢气，pH值升高。可能引起碳钢等金属发生氢脆而破坏，金属表面涂层起泡、脱落，两性金属如铝、锌等产生碱性腐蚀。

③ 应用条件

a. 电流回路　介质导电，能形成电流的回路，并具有一定介质的量，须覆盖金属的表面，以使金属表面电流分布均匀。

b. 经济性　被保护体易于阴极极化，否则电能消耗大。

c. 材料方面　钝化金属不采用、两性金属不采用。

d. 金属设备和构件的形状结构　简单，避免出现“屏蔽现象”，出现局部保护不足和过保护现象。

外加电流和牺牲阳极阴极保护适用性的比较见表 7-19。

表 7-19 外加电流和牺牲阳极阴极保护适用性比较

阴极保护方法	有利因素	不利因素
外加电流阴极保护	输出电流连续可调，环境电阻率影响小，保护范围大。保护装置寿命长。工程越大越经济	需要外部电源，对邻近构筑物干扰大，维护管理工作量大
牺牲阳极阴极保护	不需要外部电源，对邻近构筑物无干扰或很小，投产调试后可不需管理。保护电流分布均匀、利用率高。工程越小越经济	高电阻率环境不适用，保护电流几乎不可调。覆盖层质量必须好，投产调试工作复杂，消耗有色金属，存在环境污染可能

④ 阴极保护系统　阴极电流的来源，直流电源或具有低平衡电极电位的金属。外加电流阴极保护法，被保护的金属与直流电源的负极相连。牺牲阳极保护法被保护的金属与平衡电极电位低的金属相连。

⑤ 阴极保护设计的要点

a. 确定合理的保护度，电流密度增大到一定程度的时候会可能产生“过保护”现象，通常保护电流密度与保护度关系如图 7-21 所示。

b. 阳极材料的选择。辅助阳极具有良好的导电性和机械强度，本身不受介质的腐蚀、已加工、价格便宜，如石墨、高镍或高铬合金、钛镀钌铱钛等；废钢因价格便宜，也常作为辅助阳极。牺牲阳极只适用于电导率高的介质，阳极不易钝化、电流效率高、能够定期更换的场合。目前常用牺牲阳极的种类有锌合金阳极、铝合金阳极、镁合金阳极、锰合金阳极和铁合金阳极。在容器中常用的牺牲阳极铝合金阳极。

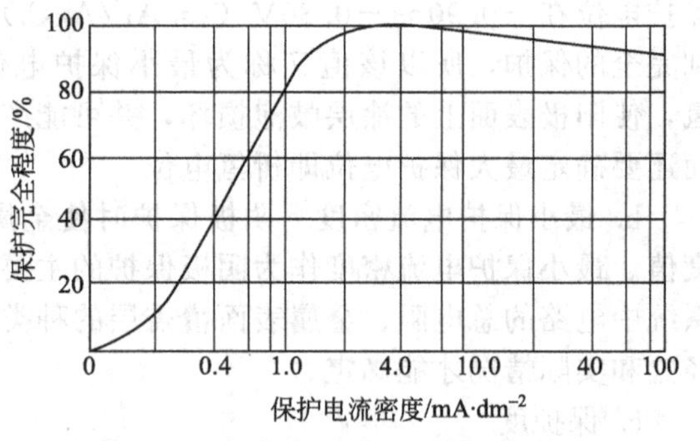

图 7-21　保护电流密度与保护度关系

选用牺牲阳极时，还应注意阳极的腐蚀产物应可溶于介质或被介质带走；介质温度的变化或充气条件的变化可能导致牺牲阳极和被保护体的极性反转。

牺牲阳极的性能要求如下。

• 阳极电位　牺牲阳极要有足够负的电位，不仅要有足够负的开路电位，而且要有足够负的工作电位，并能与被保护金属之间产生较大的驱动电压，另外要求阳极本身极化小，电位稳定。

• 电流效率　牺牲阳极的电流效率是指实际电容量与理论电容量的百分比，用%表示。工程要求牺牲阳极具有较高的电流效率和较小的自腐蚀速度。

• 阳极消耗率　牺牲阳极的消耗率是单位电量所消耗的阳极质量，单位是 $kg \cdot A^{-1} \cdot h^{-1}$。对于牺牲阳极来说，实际测得的消耗单位质量牺牲阳极所产生的电量（$A \cdot h \cdot kg^{-1}$）越大，则阳极消耗率越小。

• 腐蚀特征　牺牲阳极的表面腐蚀特征是评定阳极性能的指标之一。对于性能良好的阳极，要求表面腐蚀均匀，无难溶的沉积物。阳极使用寿命长，不产生局部腐蚀脱落。牺牲阳极本身的合金组织成分及熔炼铸造工艺条件是决定阳极腐蚀特征的重要因素。

c. 牺牲阳极或辅助阳极的合理配置。阳极的数量和配置恰当，使电流的分散均匀，避免发生电流“遮蔽作用”，并考虑安装的环境（如流速等）条件。被保护设备上距离阳极最近的部位，集聚很高的电流密度，而离阳极较远的部位，往往不能获得足够的电流密度，致使保护度降低，甚至完全得不到保护。对特殊部位要单独进行设计（如焊接与应力集中处，复杂结构部位和腐蚀严重区域），以达到最佳效果。

d. 要预留保护参数的监测点。在实际保护条件下，金属表面的保护电流密度受各种因素的影响会有较大的波动，为了便于对保护参数进行测量和监控，在被保护设备上应预留保护参数的监测点。由于保护电流密度很难直接测量，实际上都是监控保护电位。

e. 对于腐蚀性不太强的介质宜采用阴极保护；强腐蚀介质中，电能或护屏材料的消耗大，不经济。

f. 参比电极选用的总体要求，工作稳定、可靠、便宜、易于制作、安装和使用方便。参比电极的安装位置一般选在距阳极最远或电位最低的部位。两类常用的参比电极为：

可逆电极：甘汞电极、铜-硫酸铜电极、银-氯化银电极等；

固体金属电极：不锈钢、铅、铸铁、碳钢等。

g. 阳极数量的确定。对于根据总的保护面积、保护电流密度和保护寿命，计算所需阳极重量和数量。阳极设计和安装的应满足关系式：

$$I=\sum_{a=1}^{n} I_{\mathrm{a}}=\sum_{a=1}^{n}(I_{\mathrm{c}} S_{\mathrm{c}})_{a} \tag{7-9}$$

式中　I——所需总的保护电流，A；

I_{a}——每个阳极可提供的保护电流，A；

n——阳极个数；

I_{c}——每个阳极所负担的被保护面积 S_{c}上的平均保护电流密度，$\mathrm{A \cdot m^{-2}}$。

阳极使用寿命的为：

$$Y=\frac{W\mu}{BI} \tag{7-10}$$

式中　Y——阳极的有效寿命，a；

W——阳极的重量，kg；

μ——阳极利用率，%；

B——阳极消耗量，$\mathrm{kg \cdot A^{-1} \cdot a^{-1}}$；

I——阳极的保护电流，A。

由于每个阳极的输出电流除与驱动电压有关外，还与阳极的形状，尺寸和介质电阻率有关，因而可以通过每个阳极的输出电流与所需总电流量比较来验算阳极数量。按欧姆定律计算阳极输出电流 I_{a}的为：

$$I_{\mathrm{a}}=\Delta E/R \tag{7-11}$$

式中　ΔE——阳极驱动电压，V；

R——回路总电阻，Ω。

驱动电压是牺牲阳极工作电位与被保护体阴板极化后的电位之差。回路总电阻中主要是阳极接水电阻 R_{a}，实际情况下，阳极接水电阻与介质电阻率、阳极大小和形状有关。长条状阳极接水电阻为：

$$R_{\mathrm{a}}=\frac{\rho}{2\pi L}\left(\ln\frac{4L}{r}-1\right) \tag{7-12}$$

式中　ρ——介质电阻率，$\Omega \cdot \mathrm{m}$；

L——阳极长度，m；

r——阳极的当量半径，m。

⑥ 阴极保护影响因素

a. 腐蚀电池的极化。由于阴极保护是在被保护金属表面阴极极化的基础上进行的，所以原来腐蚀电池的极化性能对阴极保护有很大的影响。在阴极极化率较大和阳极极化率较小的情况下，被保护金属的腐蚀主要受阴极控制，在这种情况下较易达到完全保护。如果阴极极化曲线为扩散控制部分，则保护电位正好处于该范围内，则 I_p 与 I_{corr} 基本相等。在阴极极化率和阳极极化率相等的情况下，或阳极极化率较大的情况下，要达到完全保护，使系统达到保护电位 E_a，则 $I_p \gg I_{corr}$，即保护电流要比腐蚀电流大得多。

b. 周围介质腐蚀性的增大，会使保护电流相应加大，介质浓度的增加，含氧量的增大，介质搅动速度加快均使阴极极化减弱，从而使极化所需的电流增加，即保护电流增大。

c. 介质中化学成分的变化，含氧量的多少，pH 值及离子种类，悬浮物的多少，对阴极保护都有影响。含氧量、pH 值及介质电导率都会影响阳极极化速度，使得所需的阴极保护电流发生变化。悬浮物的增多会使阴极表面发生磨损，导致阴极极化减弱，腐蚀电流增加，所需的保护电流相应增大。

温度也会影响极化率，温度升高使氧的溶解度降低，但同时扩散速度加快，电极反应速度加快，最终往往使需要的保护电流密度有所变化。

d. 涂覆层。金属表面的油漆涂层可以使金属与周围介质隔离，但由于涂层并不是完全致密的，往往具有微小的孔隙和缺陷，在此局部会发生腐蚀。若阴极保护与油漆联和保护，则使得这些局部得到保护，而且所需保护电流密度比裸露金属要小得多。

在阴极保护时，接触海水的阳极表面由于 pH 值升高而形成石灰质垢层。由于金属表面被覆盖，增加了表面电阻，降低了需要电流。由于形成石灰质垢层后保护电流密度会大幅度降低，电位分布更趋均匀，因而在阴极保护过程中，常常最初控制较大电流密度，使表面尽快形成致密的石灰质垢层，然后采用较小的电流密度来维持。

对于简单压力容器的阴极保护可以用经典、传统的经验设计，对于复杂的容器可以用有限元分析方法设计。

7.5.5 缓蚀剂评价与使用

缓蚀剂保护是通过添加少量能阻止或减缓金属腐蚀速度的物质，即缓蚀剂，以防止或减缓金属腐蚀的方法。不但对金属的全面腐蚀可采用缓蚀剂保护，对应力腐蚀、孔蚀、缝隙腐蚀、晶间腐蚀和腐蚀疲劳等也可采用缓蚀剂保护。缓蚀剂可以是单组分物质，或者多组分，用量很少，虽然它不能改变金属在介质中的腐蚀倾向，但它能在金属表面形成保护膜，从而减缓金属的腐蚀速度，从而抑制金属的腐蚀；多种缓蚀剂的配合使用，还可以同时保护与腐蚀介质接触的多种金属材料。缓蚀剂还可以和涂料、电化学保护等联合使用。

缓蚀剂保护的特点是药剂直接投加到腐蚀系统，设备和操作简单、一次投资少，收效快。采用合适的缓蚀剂及保护工艺，保护效率可达 99%～100%。缓蚀剂不仅可有效地减缓金属的腐蚀，有时在保护金属的机械强度、加工性能以及改善生产环境、降低原料消耗上也有一定的效果。广泛应用于石油、化工、钢铁、机械、航空航天、动力和运输部门，是重要的防腐蚀方法之一，主要用于腐蚀性为中等或较轻的系统的中长期保护，或对某些强腐蚀介质的短期保护。如，美国阿波罗登月计划中，在 N_2O_4 介质中加入少量 H_2O 或 NO，解决了钛合金制容器的应力腐蚀问题，即是缓蚀剂应用的典型案例。

(1) 缓蚀剂的分类

缓蚀剂的品种繁多，常用的如亚硝酸钠、铬酸盐、磷酸盐、石油黄酸钡、亚硝酸二环己胺等，至今尚难以有统一的分类方法。常见到的分类方法有以下几种。

① 按缓蚀剂作用的电化学理论分类

a. 阳极型缓蚀剂　也称阳极抑制型缓蚀剂，是通过抑制腐蚀的阳极过程而阻滞金属腐蚀的物质。这种缓蚀剂通常是由其阴离子向金属表面的阳极区迁移，它们能增加阳极极化，从而使腐蚀电位正移。氧化金属使之钝化，从而阻滞阳极过程。例如，中性介质中的铬酸盐与亚硝酸盐。一些非氧化型的缓蚀剂，例如苯甲酸盐、正磷酸盐、硅酸盐等在中性介质中，只有与溶解氧并存，才起到阳极抑制剂的作用。该类缓蚀剂属于"危险型"缓蚀剂，钝化剂的缓蚀率很高，但用量必须足够。否则，导致腐蚀加速或发生孔蚀。

作用过程如下。

• 具有强氧化作用的缓蚀剂，使金属钝化，主要有亚硝酸钠，高铬酸等。

• 具有阴极去极化性的钝化剂，在阴极被还原，加大阴极电流，使体系的氧化还原电位向正方移动，超过钝化电位，而使腐蚀电流达到很低的值。主要有亚硝酸盐、硝酸盐与高价金属盐、铬酸盐、磷酸盐、钼酸盐、钨酸盐等在酸性溶液中。

铬酸盐有很强的氧化能力，发生氧化反应时Cr^{6+}还原为Cr^{3+}，铬酸盐在较高浓度时是十分有效的阳极钝化剂。铬酸盐对碳钢的钝化与碳钢在H_2SO_4中的电位极化相似，钝化时铁表面发生的反应为：

$$Cr_2O_7^{2-}+8H^++6e^-\longrightarrow Cr_2O_3+4H_2O \tag{7-13}$$

反应时被还原的铬酸盐以Cr_2O_3的形态吸附在铁的表面和铁表面同时生成的Fe_2O_3共同组成钝化膜。钝化膜充分脱水，结构致密，防腐性能好。而其他缓蚀剂处理铁都无法得到这样的膜，甚至用$KMnO_4$强氧化剂也不能达到铬酸盐钝化铁的这种程度。

铬酸盐对钢铁和铜、锌、铝及其合金都能给予良好的保护作用，适用 pH 值范围宽（pH6～11），使用铬酸盐作缓蚀剂时，碳钢的腐蚀速度可低于$0.025\text{mm}\cdot\text{a}^{-1}$。铬酸盐的缺点是毒性大，环境保护部门对铬酸盐的排放有严格的要求，容易被还原而失效，不宜用于有还原性物质的炼油厂的冷却系统中。

b. 阴极型缓蚀剂　通过抑制腐蚀的阴极过程而阻滞金属腐蚀的物质。这种缓蚀剂通常是由其阳离子向金属表面的阴极区迁移，或者被阴极还原，或者与阴离子反应而形成沉淀膜，使阴极过程受到阻滞，增大酸性溶液中氢析出的过电位，使腐蚀电位向负移动。例如聚磷酸盐、$ZnSO_4$、$Ca(HCO_3)_2$、As^{3+}、Sb^{3+}可以分别和OH^-生成$Zn(OH)_2$、$Ca(OH)_2$沉淀或被还原为 As、Sb 覆盖在阴极表面，以阻滞腐蚀。此类缓蚀剂是"安全型缓蚀剂"。

作用过程如下。

• 成膜型阴极缓蚀剂，腐蚀过程在阴极生成的OH^-与缓蚀剂反应生成的不溶性物质使金属表面形成膜层，阻碍阴极反应。如硫酸锌，碳酸氢钙及镁，锰等钢铁缓蚀剂。

• 提高阴极反应过电位的缓蚀剂。此类缓蚀剂的作用在于增大腐蚀电池的阴极极化，使阴极反应速度降低，从而减小金属的腐蚀。如，增加H^+放电过电位的缓蚀剂，硫化物和在酸性溶液中砷离子、锑离子等在金属表面析出时，提高了H^+放电的过电位而抑制H^+的还原反应。这类化合物可能导致金属的氢损伤（氢鼓泡、氢脆等）。

• 阴极去极化型缓蚀剂。加入了阴极缓蚀剂后，只改变了阴极反应过程，而阳极反应不发生变化。如亚硝酸盐。

• 除氧剂型缓蚀剂。这类缓蚀剂可以在腐蚀介质中可以消耗其中的氧气，从而降低阴极反应速度。这类缓蚀剂有亚硫酸钠、肼等还原剂。如肼与氧反应：

$$N_2H_4+O_2\longrightarrow N_2+2H_2O \tag{7-14}$$

c. 混合型缓蚀剂　这种缓蚀剂既可抑制阳极过程，又可抑制阴极过程。如含氮、含硫以及既含氮含硫的有机化合物、琼脂、生物碱，硅酸钠，铝酸钠等。

金属在腐蚀介质中的腐蚀电位＞零电荷电位时，金属表面带正电荷，易吸附阴离子型缓蚀剂；金属在某腐蚀介质中的腐蚀电位＜零电荷电位时，金属表面带负电荷，易吸附阳离子型缓蚀剂；金属在某腐蚀介质中的腐蚀电位接近零电荷电位时，金属表面几乎没有电荷，易吸附中性分子缓蚀剂。

② 成分分类

a. 缓蚀剂，如亚硝酸盐、硝酸盐；铬酸盐、重铬酸盐；磷酸盐、多磷酸盐；硅酸盐；钼酸盐；含砷化合物等。无机缓蚀剂多半是使金属生成不溶性钝化膜层或反应膜层（苯甲酸钠与无机缓蚀剂作用相似）来阻止腐蚀。

b. 有机缓蚀剂，有机缓蚀剂大多含氮或硫，或者二者都有。如，有机硫化合物（硫醇、硫醚、硫脲及其衍生物等）、胺和胺盐、醛类、炔醇类、有机磷化合物、羧酸及其盐类；黄酸及其盐类；杂环化合物等。有机缓蚀剂大部分主要是吸附在金属表面，改变金属表面的状态而起缓蚀作用。

③ 缓蚀剂所形成保护膜的特征分类

a. 化膜型缓蚀剂 通过使金属表面形成致密的、附着力强的氧化膜而阻滞金属腐蚀的物质。例如，铬酸盐、重铬酸盐、亚硝酸钠等。由于它们具有钝化作用，故又称为钝化剂。氧化膜型缓蚀剂必须具备两个条件，即氧化电位足够高（热力学）、氧化还原反应速度要足够快（动力学）。

该缓蚀剂能直接或间接氧化金属，成膜厚度 5～10nm，一般对可钝化的金属具有良好的保护作用。而对铜、锌等金属效果较差或没有效果，也可能是促进腐蚀。

b. 淀膜型缓蚀剂 能与介质中的有关离子反应并在金属表面生成有一定保护作用的沉淀膜，从而阻滞金属腐蚀的物质。可以分为阳极型和阴极型。阳极型的有磷酸盐、硼酸盐、硅酸盐、苯甲酸盐等。阴极型的主要有 Ca、Mg、Zn、Mn、Ni 的盐类，如 $Ca(HCO_3)_2$、$ZnSO_4$等。成膜厚度几十到几百纳米，多孔。沉淀型缓蚀剂常也是“安全缓蚀剂”，用量不足不会增加金属的腐蚀。但沉淀型缓蚀剂的沉淀膜与金属的结合力较差，保护效果一般不如钝化剂，缓蚀效果较差，并可能造成结垢。

c. 吸附膜型缓蚀剂 能吸附在金属表面形成吸附膜从而阻滞金属腐蚀的物质。多为有机物，因有机缓蚀剂都含有极性基团和非极性基团。根据吸附机理不同，可分为物理吸附（如胺类、硫醇和硫脲等）和化学吸附型（如吡啶衍生物、苯胺衍生物、环状亚胺等）两类，在酸性介质中效果较好。吸附机理可用软硬酸碱理论来解释，硬酸与硬碱形成物理吸附，软酸与软碱形成化学吸附。该类缓蚀剂对金属表面清洁度要求较高，与不洁净的金属表面吸附不好，影响缓蚀效果。

• 物理吸附 缓蚀剂在金属表面的吸附源于缓蚀剂离子和金属表面的静电引力和范德华力，其中静电引力起到重要作用，这种吸附迅速、可逆，其吸附热小，受温度影响大。

物理吸附型多数属于阴极型缓蚀剂，该类缓蚀剂的分子往往是由极性基团和非极性基团组成，分子结构对吸附的影响首先取决于极性基团和非极性基团的性质，极性基团中含有电负性高的 O、N、P、S 等元素，非极性基团主要是 C、H 元素。其中极性基团是亲水性的，可吸附于金属表面活性点或整个表面。而非极性基团是疏水或亲油的，将金属表面和腐蚀介质隔开。

• 吸附 化学吸附是指缓蚀剂分子中极性基团中心原子的未共用电子对和金属形成配价键而引起吸附。

供电子型有机缓蚀剂分子中，含有以 O、N、S、P 为中心原子的极性基团，这些原子具有未共用的孤对电子，具有一定的供电子能力。缓蚀剂中的双键、三键上的键类似于孤对电子，也有提供电子的能力。缓蚀剂和金属两者可以形成配位反应而发生化学吸附，该吸附具有明显的吸附选择性，化学吸附多为抑制阳极反应，过程为不可逆。缓蚀剂的分子结构会影响化学吸附作用，受温度影响小。

供质子型缓蚀剂当极性基团中的中心原子吸引相邻H上的电子时，会使H上的电子偏向中心原子，使H类似于带正电荷的质子一样，这样氢就可以和金属表面多电子的阴极区发生吸附作用。

④ 缓蚀剂的用途分类　可分为冷却水、油气井、酸洗、气相缓蚀剂等。

⑤ 缓蚀剂的溶解特性分类

a. 溶性缓蚀剂　如亚硝酸盐、磷酸盐、苯甲酸盐、1-羟基苯并三氮唑等；工业用水缓蚀剂方面，聚丙烯衍生物（聚丙烯酸、聚丙烯酰胺等）、含磷有机酸聚合物（POCA）在工业冷却水中具有较好的阻垢、缓蚀等多功能作用。

聚乙烯吡咯烷酮及聚乙烯亚胺等高分子聚合物可以作为磷酸中低碳钢的缓蚀剂。果胶(P)、羧甲基纤维素（PEG)、聚乙烯醇（PVA)、聚乙二醇（PEG)、聚丙烯酸（PAA)、聚丙烯酸钠（Na-PAA）等高分子聚合物在不同的酸溶液中缓蚀效果有明显的差别，但其共同点是对生态环境不会造成不良影响。

防锈水即是水溶性的缓蚀剂与各种辅剂（消泡、增稠、浸润等）的水溶液，通常用于短期的工序间防锈。

b. 性缓蚀剂　油溶性缓蚀剂，如石油黄酸钡、十二烯基丁二酸等；油溶性缓蚀剂分子结构的特点是不对称性，一般由极性和非极性的两个基团构成。常见的极性基团有—OH、—COOH、—SO_3H、—NH_2等，它们与金属、水具有很强的亲和力；非极性基团主要是烃基，具有亲油憎水性。因此，当油溶性缓蚀剂与金属接触时，会发生缓蚀剂分子在油-金属界面的定向吸附。主要类型如下。

羧酸及其皂类［RCOOH及（RCOO)$_n$·M_m］：有硬脂酸、油酸、蓖麻油、棕榈酸、环烷酸、氧化石油及氧化地蜡、烯基丁二酸、壬基苯氧基醋酸、羟基脂肪酸等。羧酸皂的防锈效果比相应的酸性强，故皂类常用于封存油品。

酯类（RCOOR)：蜂蜡、羊毛脂，酯类缓蚀剂在高温下易氧化变质。

胺类及其他含氮化合物：胺类有三乙醇胺、单乙醇胺、尿素等，含氮化合物有苯并三唑、哌啶等。

黄酸盐及其他含硫化合物：石油黄酸盐、石油黄酸的钠皂、钡皂和钙皂都可以用作油溶性缓蚀剂。巯基苯并噻唑、烷基黄酸钠等。

磷酸酯及其他含磷化合物：常见有酸性磷酸酯、酸性亚磷酸酯及硫代磷酸酯等。

防锈油即为基础油脂＋油溶性缓蚀剂＋辅剂组成的，国内常用的油溶性缓蚀剂有石油黄酸钡、二壬基萘黄酸钡、十二烯基丁二酸、氧化石油脂及其皂类、硬脂肪铝、环烷酸锌、羊毛脂及其皂类、苯并三唑、咪唑啉衍生物等。辅剂指抗氧化、助溶、消泡、抗熔、抗凝固以及提高低温附着力的助剂。

作用机理有两种理论，膜理论理论认为，缓蚀剂分子吸附在金属表面后，会与金属发生化学反应，生成难溶于水的钝化膜（相膜），从而阻滞了腐蚀电池的电极过程。如铜缓蚀剂苯并三氮唑（BTA）即属于该类。吸附理论分为物理吸附和化学吸附，当在金属表面涂敷防锈油之后，便迅速形成了3层吸附膜防护层，即在油-金属界面上的缓蚀剂分子定向排列的吸附层，与缓蚀剂分子非极性尾相互交溶而垂直向外的有序排列的油分子层，以及缓蚀剂分子在气-油界面上的一层单分子吸附膜。

c. 相缓蚀剂　气相缓蚀剂，即挥发性缓蚀剂，能在常温下自动挥发出气体，依靠它所挥发的缓蚀分子或缓蚀基团在金属表面作用，从而阻止金属锈蚀或降低金属大气腐蚀速度。其作用机理是气化以后，和空气中的湿气一起凝结在金属表面，形成液膜。

气相缓蚀剂具有经济、有效、干净、清洁的特点，由于气体是无孔不入的，所以无论是金属制品的表面，还是内腔、沟槽甚至缝隙部位均可得到保护。气相缓蚀剂使用时不必直接接触金属表面，特别适合于结构复杂的金属制品与构件的非涂装性保护，主要作为气相防锈包装材料应用于金属制品的储存和运输。

为了使气相缓蚀剂能有效发挥作用，使用空间应当是封闭的。气相缓蚀剂的应用方式很多，如，将气相缓蚀剂粉末装入布袋内或直接散布于机械设备的不同部位；将制成不同形状的片、丸、锭剂；还可以制成气相防锈纸、气相防锈液、气相防锈油。

气相缓蚀剂应当有比较大的蒸汽压，容易挥发充满金属设备所在空间。有机二胺或多胺化合物作是通过阻止金属腐蚀的阳极过程来减缓腐蚀。有机胺分子量较小且有较高的饱和蒸汽压，在一定条件下容易挥发，在金属表面形成一种保护膜，或者能与酸性气体发生反应，从而抑制金属的气相腐蚀。而且，缓蚀剂的稳定性能很好，不因光、热等因素的影响而降低缓蚀剂性能，即使空气湿度增加。

气相缓蚀剂主要种类如下。

• 机酸与有机酸的铵盐　如苯甲酸铵、碳酸铵、亚硝酸二环己胺、亚硝酸二异丙基胺等。它们主要是钢铁的缓蚀剂，少数对 Cu、Al 也有缓蚀作用。

• 基化合物及其胺盐　如硝基甲烷、间硝基苯酚、α-硝基氮茂等。主要适合于黑色与有色金属的缓蚀剂。

• 酯类　如邻苯二甲酸二丁酯、己二酸二丁酯和醋酸异戊酯等。

• 混合型　如亚硝酸钠＋磷酸氢二铵＋碳酸氢钠、亚硝酸钠＋苯甲酸铵、亚硝酸钠＋乌洛托品、亚硝酸钠＋尿素等，适用于黑色金属。

有机胺均有很大毒性，因为挥发性大，气相缓蚀剂在排放过程中很难处理，容易被人体吸入，使用受到限制。氨基酸具有无毒、易分解特点，是气相缓蚀剂的发展方向。

⑥ 金属材料的品种分类　分为黑色金属（如亚硝酸盐、钼酸盐、胺等）、铜（如苯并三氮唑、2-巯基苯并噻唑等）、铝（如硫脲、硅酸盐等）、不锈钢（如 $CdSO_4$、$CaSO_4$ 等）缓蚀剂等。

⑦ 介质的酸碱性分类　分为酸性介质、中性介质和碱性介质缓蚀剂。

a. 性介质中的缓蚀剂　是指在 pH 值为 6～8 的水溶液中使用的缓蚀剂。该类缓蚀剂是水溶性的。常见的有聚磷酸盐、铬酸盐、硅酸盐、碳酸盐、亚硝酸盐、苯并二氮唑、2-巯基苯并噻唑、亚硫酸钠、氨水、肼、环己胺、烷基胺、苯甲酸钠等。

亚硝酸钠适用于黑金属，但不能用于铜等有色金属。

三乙醇胺与油酸作用后可作为乳化剂，用于配制乳化切削液，也用于气相防锈剂。

六次甲基四胺（乌洛托品）与其他水溶性防锈剂配合使用。

苯甲酸钠可与其他缓蚀剂配合使用。

b. 性介质中的缓蚀剂　一般酸性介质缓蚀剂均属于吸附型缓蚀剂，该类缓蚀剂一般用于金属除锈及除氧化皮的酸洗过程中，故称酸洗缓蚀剂。该类缓蚀剂的作用是在酸溶解金属上的氧化皮、锈蚀产物的同时，抑制酸对金属基体的溶解。常用的酸性介质缓蚀剂有二邻甲苯基硫脲，主要用于黑色金属酸洗，但有促进渗氢的危险；乌洛托品适用于硫酸、盐酸除锈液，对降低渗氢有效，缓蚀效率较高；若丁，邻二甲苯基硫脲、糊精、氯化钠、皂角粉的混合物，用于黑色金属。KC 缓蚀剂、动物蛋白及其水解产物，对钢铁在硫酸中有缓蚀效果。

c. 性介质中的缓蚀剂　常温条件下，在 NaOH、Na_2CO_3、氨水等稀碱溶液中，一般金属（除铝、铅、锡等两性金属外）的腐蚀速率很低。然而在环境温度升高、碱溶液浓度增加时，则有可能产生明显的腐蚀过程。此外，当碱溶液中有溶解氧存在时，铜及铜合金的腐蚀进程加剧。为此，针对不同的金属材料和介质开发了在碱性环境下使用的缓蚀剂以解决金属材料在碱性环境下的全面腐蚀、点蚀和应力腐蚀等。如，稀 NaOH（质量分数 2%～3%）溶液中，可采用向介质中通入 H_2S 的方法抑制海军黄铜腐蚀；糖类有机化合物可抑制氨水对铜及铜合金的腐蚀。

(2) 缓蚀剂的性能指标

① 缓蚀效率　通过测量添加和未添加缓蚀剂条件下金属的腐蚀速度来评价，确定出缓蚀剂的缓蚀效率或抑制效率 η。η 一般要求 85%以上，η 越接近 100%，缓蚀效果越好，η 为负时，加速腐蚀。缓蚀效率的表示方法有以下几种。

a. 腐蚀速率法　对比添加和未添加缓蚀剂的溶液中金属材料的腐蚀速率或失重变化，求得缓蚀效率 η。

$$\eta=\frac{V_0-V}{V_0}\times 100\% \tag{7-15}$$

式中　η——缓蚀率，%；

V_0——未加缓蚀剂时金属的腐蚀速率或失重；

V——添加缓蚀剂后金属的腐蚀速率或失重。

b. 腐蚀电流密度法　可通过测量添加和未添加缓蚀剂溶液中金属材料的腐蚀电流密度，求得缓蚀效率 η。

$$\eta=\frac{i^0_{\mathrm{corr}}-i_{\mathrm{corr}}}{i^0_{\mathrm{corr}}}\times 100\% \tag{7-16}$$

式中　η——缓蚀率，%；

i^0_{corr}——未添加缓蚀剂条件下所测量的腐蚀电流密度；

i_{corr}——添加缓蚀剂条件下所测量的腐蚀电流密度。

腐蚀速率法和腐蚀电流密度法只适用于均匀腐蚀的缓蚀效率。对于孔蚀、应力腐蚀等局部腐蚀要用评价局部腐蚀的方法来表示。

② 缓蚀剂最低浓度　用缓蚀剂能保持缓蚀能力的最低浓度来表示。

③ 缓蚀剂的后效性能　缓蚀率与缓蚀剂的种类、加入量和使用条件相关。当缓蚀剂停加以后，缓蚀率随时间逐渐下降。这段时间称为缓蚀剂的后效时间，表示缓蚀剂保护作用的持久性。持久性时间越长，缓蚀剂的后效性能越好，则表明护膜的寿命越长。

在判定缓蚀剂的性能好坏时，首先要考察上述两项指标。此外，它的毒性、成本、发泡性能、环保要求和使用成本（价格）等也应加以考虑。

(3) 缓蚀剂缓蚀作用机理

根据缓蚀剂的分类，缓蚀剂的作用机理主要有吸附、成膜、电化学和化学反应去除腐蚀性组分等机理。

① 吸附理论　缓蚀剂分子极性基团与金属表面由于有静电引力和分子间作用力而发生物理吸附，或缓蚀剂分子和金属表面形成化学键而发生化学吸附。缓蚀剂通过物理或化学吸附作用吸附在金属表面上，形成了连续的吸附层，把腐蚀介质与金属表面隔离开，改变了金属表面的电荷状态和界面性质，使能量状态稳定化，从而降低了腐蚀反应倾向（能量障碍）。同时，非极性基团形成一层疏水性的保护膜，阻碍腐蚀性物质向金属表面移动（移动障碍），从而起到抑制腐蚀的作用，见图 7-22。

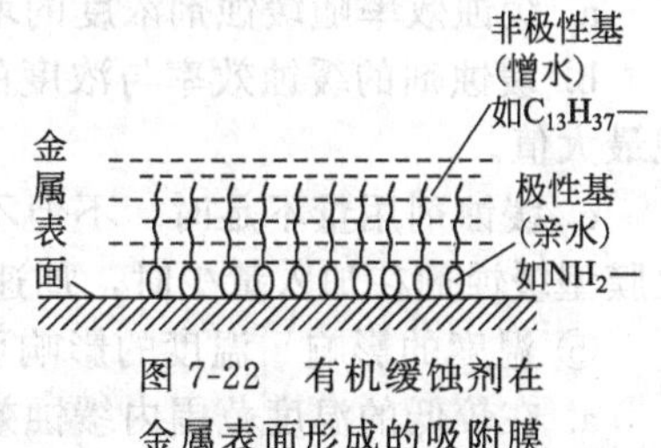

图 7-22　有机缓蚀剂在金属表面形成的吸附膜

缓蚀剂在界面上的吸附是一个动态过程，缓蚀剂吸附的效果取决于缓蚀剂的结构和化学性质、腐蚀金属的性质、腐蚀介质的成分等多种因素。

② 成膜理论　缓蚀剂能在金属表面生成一层难溶的保护膜，这种保护膜可以是缓蚀剂氧化金属表面生成的氧化物膜，也可以是缓蚀剂与腐蚀介质中的分子或离子反应生成的沉淀膜。如，K_2CrO_4 在中性水中可以氧化铁的表面而生成氧化铁钝化膜。$ZnSO_4$ 在中性水中可

以在铁表面生成 $Zn(OH)_2$ 沉淀膜。

③ 电化学理论　根据电化学学说，认为缓蚀剂是通过加大腐蚀的阴极过程或阳极过程的阻力（即极化），从而减缓金属腐蚀的，3 种影响过程见图 7-23。

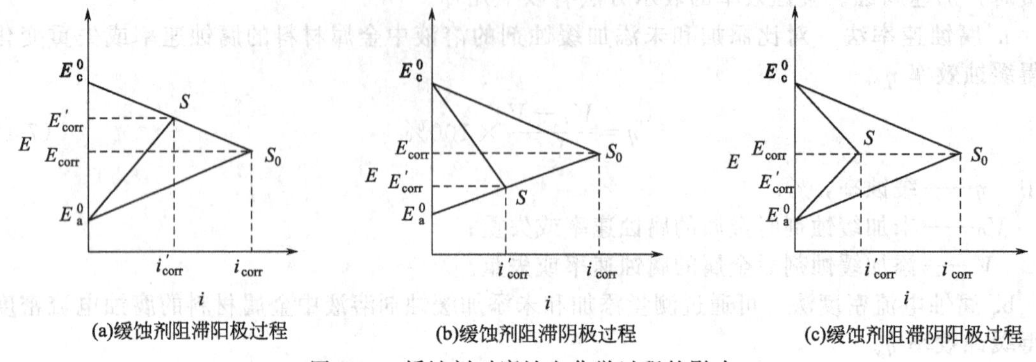

图 7-23　缓蚀剂对腐蚀电化学过程的影响

④ 缓蚀剂与腐蚀性介质的化学反应　缓蚀剂与腐蚀性介质发生化学反应，使腐蚀性介质转变为不活泼物质，如：锅炉用水中的溶有氧在高温时强烈地腐蚀金属，在水中，加入少量强还原剂物质，如亚硫酸盐、肼可与溶解在水中的氧气进行还原反应，减少溶液中氧气的含量，从而显著地抑制金属腐蚀。

(4) 缓蚀剂缓蚀作用的影响因素

① 介质的组成　介质的组成是最重要的影响因素，缓蚀剂要根据材料-环境的组合进行选择。缓蚀剂的性质必须与介质相容，即不但可以分散于介质中，而且不应与介质发生中和、氧化还原等反应，从而造成缓蚀剂失效。介质中的杂质离子对缓蚀作用可能产生的影响应特别注意。

② 介质的 pH 值　几乎所有的缓蚀剂都有一个有效缓蚀作用的 pH 范围。在中性介质中，严格控制其 pH 值是保证缓蚀剂持久有效的重要条件。例如，亚硝酸钠在 pH＜5.5～6.0 时失效；多磷酸盐在 pH 为 6.5～7.5 时使用。

③ 微生物　微生物会从 3 个方面影响腐蚀与缓蚀作用，因此可能导致缓蚀剂失效。

- 微生物参加腐蚀过程，生产大量腐蚀产物，产生垢下腐蚀。
- 凝絮状真菌的生长与积累会妨碍介质的流动，使缓蚀剂不能均匀分散于金属表面。
- 细菌会直接破坏缓蚀剂，缓蚀剂可能成为微生物的营养源。

④ 浓度的影响　浓度的影响可分为 3 种不同情况。

a. 缓蚀效率随缓蚀剂浓度的增加而增加。

b. 缓蚀剂的缓蚀效率与浓度的关系有极值，当缓蚀剂浓度达到某一值时，缓蚀效率出现最大值。

c. 缓蚀剂用量不足时，不但不起缓蚀作用反而会加速腐蚀。如：“危险型”缓蚀剂中氧化膜型缓蚀剂在加入量少时，加速腐蚀，出现局部腐蚀。

⑤ 温度的影响　温度的影响可分为 3 种不同情况。

a. 在较低的温度范围内缓蚀效果好，温度升高时，缓蚀效率显著下降。

b. 温度高，吸附作用下降，增大介质与金属作用的表面积，增大了金属的腐蚀速度。温度高，介质的扩散加快，电解质溶液电阻下降，增大金属腐蚀速度，在一定温度范围内对缓蚀效果的影响不大。

c. 温度升高，有利于保护膜形成，缓蚀效率提高。

⑥ 介质流动速度的影响　流速的影响可分为几种不同情况。

a. 流速增加，缓蚀效率降低甚至促进腐蚀。

b. 流速增加，便于缓蚀剂的均匀扩散，缓蚀效率提高。

c. 缓蚀剂的浓度不同时，流速的影响不同。

d. 在某些情况下，介质的运动，使缓蚀剂的缓蚀效率增大。

⑦ 金属材料的影响　大多数缓蚀剂对金属的缓蚀作用都有极强的针对性。同一种缓蚀剂对不同的金属材料有不同的作用，不同的金属材料应选用不同的缓蚀剂。如，硫酸盐对于水中的碳钢是有腐蚀性的，而对于在含 Cl^- 水中的不锈钢的点蚀和应力腐蚀却有缓蚀作用。

⑧ 金属表面清洁度、粗糙度　光洁的表面需要的缓蚀剂浓度较小，保护效果比粗糙表面上的好；油污及腐蚀产物不仅要消耗缓蚀剂，而且还会阻碍缓蚀剂与金属表面的接触，破坏缓蚀剂作用。

⑨ 缓蚀剂分子结构　缓蚀剂分子的碳链长、支链少，则缓蚀效果好。缓蚀剂本身的酸碱性决定了生成阳离子的稳定性，从而影响缓蚀效果。

⑩ 缓蚀剂的协同效应　几种物质分别单独加入介质中时缓蚀效果不大，而将它们按某种配方复合加入，则可能产生很高的缓蚀率，这种现象称为缓蚀剂的协同效应（或协同作用）。如，丙烯基硫脲与 $KAl(SO_4)_2$ 复合使用，对碳钢在 NaCl 溶液的腐蚀有较好的缓蚀作用，在该体系中，再加入少量阳离子表面活性剂及 KI，可大幅度提高对碳钢的缓蚀效果。相反，复合加入时缓蚀效果反而降低，称为负协同效应。协同效应不是简单的加和，而是相互促进。

利用缓蚀剂的协同效应已经开发出许多高效的复合缓蚀剂，今后仍然是缓蚀剂发展的方向之一。

(5) 缓蚀剂的应用

缓蚀剂主要用于那些工作时溶液本身不更换或很少更换的系统中，例如在原子能工业、化学工业某些冷却系统中水质处理上，常用有机磷酸盐、聚磷酸盐、硅酸盐、锌盐、铬酸盐和重铬酸盐等作为缓蚀剂。抗湿硫化氢腐蚀的缓蚀剂，如兰 4-A、咪唑啉、粗喹啉、1014、氧化松香胺等已在油田和炼油化工企业大量应用。在合成氨生产的苯菲尔脱碳系统、炼油化工系统、蒸汽锅炉中以及军事装备的储存中等也有大量的缓蚀剂应用实例。硝酸钠为作为碳钢和低合金钢防止碱脆的缓蚀剂，不仅延长设备的使用寿命，而且减少介质中 Fe^{3+} 的含量。此外，在金属酸洗、除垢和除锈过程中也得到了较广泛的应用，压力容器及锅炉结垢或污渍的化学清洗，大多是在清洗液里添加缓蚀剂完成的。在腐蚀介质中，添加缓蚀剂，也有可能在某种条件下减少或消除应力腐蚀。

缓蚀剂的应用也有较大的局限性，如，一般只用在封闭和循环的体系中、不适用于高温环境，大多数在 150℃ 以下使用；在强腐蚀性的介质（如酸）中，不宜用缓蚀剂作长期保护。

在缓蚀剂的使用上需要注意的有：

① 应根据腐蚀体系的具体情况，通过试验确定缓蚀剂的最佳投效剂量和使用条件，确定缓蚀剂浓度与介质变化的关系，为当介质中腐蚀性组分发生变化时，调整缓蚀剂的浓度提供依据；

② 需进行缓蚀剂保护效果的经济性评价，要考虑到在生产系统中缓蚀剂的流失或消耗；

③ 需确定缓蚀剂的加入位置和加入方式，通常需要将缓蚀剂配置成稀释溶液后再加入到介质中；

④ 需要评价缓蚀剂对设备材质或产品品质是否会造成损害；

⑤ 需要考虑缓蚀剂对生产过程可能不利影响，如：起泡，形成乳状液；使锈皮疏松脱落而导致管线阻塞；造成新腐蚀问题；结垢而影响传热等；

⑥ 需要评价缓蚀剂的毒性和对环境的影响；

⑦ 应对缓蚀效果进行监测；

⑧ 确定缓蚀剂的种类、生产厂商、加入浓度和方式后，在实际使用中的任何调整，都应经过上述内容的重新评价和监测；

⑨ 对于管理水平较低、技术人员素质较低企业，应尽可能地不推荐使用缓蚀剂。

(6) 缓蚀剂应用实例

案例 1：常减压蒸馏装置缓蚀剂的应用

针对炼油厂蒸馏装置塔顶系统 $HCl-H_2S-H_2O$ 型腐蚀环境的缓蚀剂已得到大量研究和应用，近年来，随着加工高酸值、高含硫原油量越来越大，常减压装置高温部位腐蚀问题越来越突出，因而，高温缓蚀剂也受到了更为广泛的关注。

低温缓蚀剂，目前，在实际应用中，很少有常减压装置单独使用某一类缓蚀剂。目前一般采用咪唑啉类缓蚀剂与氨（胺）中和剂配合使用以发挥有效的缓蚀作用。需要注意的是，不同炼油企业体系环境不同，同一类缓蚀剂的效果也不一样。不同的塔顶环境，缓蚀剂的用量也会有所不同。此外，缓蚀剂与中和剂、阻垢剂及其他助剂复配使用，有时会产生协同效应，达到更好的效果。

高温缓蚀剂要求能在 240～480℃高温下保持稳定。近年来，国内外研究和使用的高温缓蚀剂主要有磷系和非磷系两种系列。磷系缓蚀剂是指含磷酸或亚磷酸基的有机化合物，如磷酸酯类、亚磷酸芳基酯类和硫代（亚）磷酸酯类等；非磷系缓蚀剂是一些含 N、S 等元素的有机化合物。研究结果表明，在缓蚀效果方面磷系缓蚀剂优于非磷系缓蚀剂，若将两者混合使用，会具有协同效应，取得更好的防腐蚀效果。

案例 2：柴油加氢装置随意更换缓蚀剂造成严重腐蚀

某柴油加氢装置基础油中原使用国产缓蚀剂，对碳钢设备缓蚀效果一直较好，后某缓蚀剂经销商建议更换为美国某品牌缓蚀剂，管线和设备出现了严重的全面腐蚀，导致装置非计划停车。实验室实验表明，该缓蚀剂本身对碳钢有严重的腐蚀性。

腐蚀试验按 JB/T 7901—1999，试验温度为略低于介质的沸点温度，时间 48h，介质分为基础油、基础油＋缓蚀剂（体积比 8：2）和缓蚀剂，试样材质 20 钢，结果见表 7-20。

表 7-20 试验数据及结果

实验介质	基础油	基础油＋缓蚀剂(体积比 8：2)	缓蚀剂
试验温度/℃	285±5	210±5	159±5
平均腐蚀速率/$g \cdot m^{-2} \cdot h^{-1}$	0.15	6.6	17.5

因试验溶液在沸点温度下沸腾非常剧烈，所以试验温度略低于溶液沸点。在试验 24h 后，基础油＋缓蚀剂、缓蚀剂溶液中出现絮状物质，最终形成灰色沉淀。试验结束后，试样表面被灰色沉淀物包裹，腐蚀严重；基础油溶液在整个试验阶段溶液无明显性状变化，试样腐蚀较轻。基础油＋缓蚀剂介质试验后的样品宏观腐蚀形貌见图 7-24。

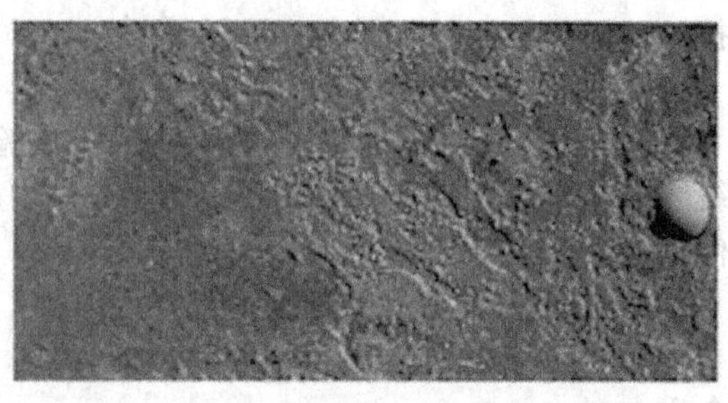

图 7-24 基础油＋缓蚀剂腐蚀试验试样清洗后表面形貌

教训：未经实验评价的缓蚀剂不得投入工业应用。

7.6 腐蚀经济学

7.6.1 腐蚀经济学的基本概论

腐蚀控制实质上是一个工程经济学问题。工程经济学的原理在于允许用货币价值潜在的可选方案仅直接比较，以促进资源的有效利用。

腐蚀经济学（corrosion economics）是一门新兴的、跨腐蚀科学和经济学或经济计量学的交叉学科（或边缘科学），在20世纪80年代，腐蚀经济学才成为一门独立的科学。是研究腐蚀与防护技术和经济规律的关系的科学，目的是为了使腐蚀与防护技术更经济合理地服务于并推动社会生产力的发展。

在腐蚀控制上并没有所谓的“标准答案”，不同的使用环境下的材料腐蚀机理不同，对腐蚀控制的要求也有很大不同，而解决某一腐蚀问题，有可能有多种路径或方法可供选择，因此，必须在安全、社会关注和经济上都进行评估才能获得最佳的结果，具体的腐蚀控制方案需要运用腐蚀经济学方法进行评价确定。

（1）腐蚀经济学特点主要有[3,37~40]

① 技术是基础，经济是关键。腐蚀经济问题包括技术和经济两方面。经济分析手段是关键、重点；腐蚀控制方案是对象、基础。如果对腐蚀机理、工艺流程、耐蚀材料、控制方法和防腐蚀方案的特点不了解，就不可能建立相应的技术和经济指标，从而也不能够进行经济分析工作。同样，如只懂得技术、不懂得经济理论，则不能够进行经济评价分析，也就得不到最好的腐蚀控制效果。

② 获得最优的经济效果。腐蚀控制的关键是为用户节约或减少支出，而不是为用户创造财富。实践证明，通过普及腐蚀与防护知识，应用先进的腐蚀控制技术，可以经济地解决30%～40%的腐蚀损失。腐蚀经济学即是对腐蚀控制方案讲求经济效果的科学，它注重的是经济效果最优化，强调的是技术的先进性、可靠性与经济上的合理性的辩证统一，如图7-25所示，结合腐蚀损失和腐蚀控制费用支出，找到最优化的腐蚀控制方案。与一般的经济问题不同，它既要满足一定的技术要求，又要满足经济上节约的原则，达到经济效果的最优化。

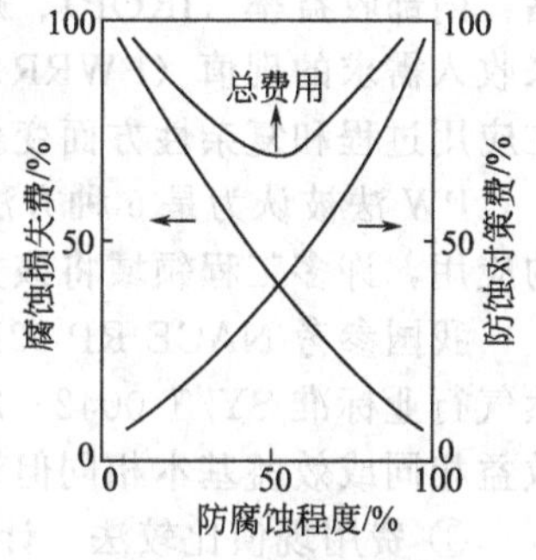

图7-25 腐蚀损失与腐蚀控制费用关系示意图

③ 多方案比较。但方案的经济分析，可用于测算腐蚀控制是否有现实的经济意义，比较腐蚀控制的费用是否低于腐蚀所造成的损失。

当具有多种能够实现腐蚀控制方案时，经济分析更有意义。在实践中，影响腐蚀的因素众多，所以控制腐蚀的方案或途径也是多种多样，腐蚀经济学的意义就在于对这些方案进行经济分析研究。其难点在于技术经济指标的准确性和可靠性。

腐蚀控制的费用自然应当低于腐蚀造成的经济损失，包括直接损失和间接损失，而间接损失往往比直接损失大得多。如何确定腐蚀损失和如何计算腐蚀控制费用，是腐蚀经济学关注的重点。腐蚀技术专家通常花费很多的精力研究腐蚀控制方案的技术有效性，每个腐蚀问题都会有多个满足技术产品或工艺条件的可选方案，每个方案又具有一系列独特的投资、运行和维护成本。这些方案一旦确定，决策变成为财务分析，因为，几乎在决策过程中的所有因素都可以简化为现金流的数量和时间。

④ 腐蚀经济问题的预测性。腐蚀控制方案的经济分析，须在事先进行，否则，仅能起

到总结经验教训的作用。

⑤ 受政治、经济、文化影响大。不同国家地区、政策法规变化、经济状况、价值工程和安全环保观念不同都会影响对经济分析的结果。

(2) 腐蚀经济学研究和分析的目的

① 给出一种便于理解并能作为工程决策工具的经济方法。

② 促进腐蚀技术专家和管理者之间的决策交流。

③ 证明腐蚀控制方案是合理的、明智的。

7.6.2 腐蚀经济学的分析方法

(1) 货币和时间

在经济分析中，货币的价值是与时间相关的。因为利息的存在，使货币的现值（PW）和未来价值（FW）存在差别。如初始存款和利息具有增值的能力，因为利息是以复利计算的，这意味着要同时计算本金和应收利息的利息。

经济分析中“等价”和“等于”之间的区别。“等价”的概念是以某种特定利率所应用产生的货币时间价值。因此，要使一定量的货币具有准确的意义，必须确定时间和数量。可以将一个特定的时间的货币数量转为另一个日期的等价数量。这种转换可以是多种类型的，如，一个单一量的货币可以转换为未来日期或者过去日期的等价量；也可以转换为涉及每年发生的系列均匀量的等价年金（A）。反过来，年金也可以转换为过去日期或未来日期的一个等价的单一量货币。

也可以计算等价于不均匀系列的现金流的货币量，如维修成本，它随着设备老化而增加，可用算术级数计算；通货膨胀和通货紧缩可用几何级数计算。

(2) 经济分析方法

与整个使用寿命有关的经济分析方法有时成为“寿命周期成本”法。单个度量值方法包括：内部收益率（IROP）、贴现回报（DPB）、现值（PW）法（称为净现值法，NPV）；未来收入需求的现值（PWRR）、收益成本比（BCR）。所有这5种方法都使用PW的概念，但在应用过程和复杂性方面变化很大。

PW法被认为是5种方法中最简单和最直接的方法，并且在工程经济问题中具有最广泛的应用，许多工程领域将该方法称之为“折现的现金流量”的分析方法。

我国参考NACE RP 0272[41]标准，针对石油天然气工程中的防腐工程，制定了石油天然气行业标准SY/T 0042—2002《防腐蚀工程经济计算方法标准[42]》，该标准提供了2种在效益相同或效益基本相同但难以具体估算的条件下进行方案比较的简化计算。

① 费用现值比较法　计算各个方案的费用现值，进行比较，以费用现值较低的方案为较优方案。

② 年费用比较法　计算各个方案的等额年费用，进行比较，以等额年费用较低的方案为较优方案。

项目计算期相同的方案，宜采用现值法，也可采用年费用法；项目计算期不同的方案，宜采用年费用法，若采用现值法，则按不同计算期的最小公倍数计算每个方案的现值，然后进行比较。

各国根据本国的实际，制定和发布了不同的折旧、税收和利率的政策和法规，全面考虑上述的经济因素的动态腐蚀经济的计算方法也不相同。在20世纪70年代，美国腐蚀工程师协会（NACE）组织了27位专家，进行了广泛的调查和深入研究，制定了NACE RP 0272，在全世界推广应用。NACE推荐的方法，不仅是具有权威性，而且有科学的合理性和实用性，使全面考虑利息、折旧、税收和利润等多种经济因素的非常复杂的计算方法变得方便快捷。因而它得到了世界各地的认同，获得广泛的发展和应用。

NACE RP O272 的核心是通过对现金流动贴现（Discounted Cash Flow，DCF）进行分析，再进一步求取税后现值（Present Worth After Taxes，PWAT），最后计算出全面考虑利率、折旧和税收等多种经济因素的年度费用（Annual Coat，A），并比较 A 值的大小选取腐蚀控制的最佳方案。通过案例分析，所得的 DCF 和 PWAT 值的数据可知：

① 同样的投资方式、同样的税率和利率，由于折旧方法不同，计算得的 DCF 和 PWAT 的值不同。加速折旧 SOD 法，减免的税收多，PWAT 值比较低，即经济上，比平均折旧 SL 法更有利。

② 同样的投资方式，同样的折旧方法，不同的税率和利率，所得的 PWAT 值也不相同。

(3) 经济分析中的一些基本概念

选用各种不同的效果和耗费的指标，其经济效果就有各不相同的众多表达形式和数值。在腐蚀经济学中最常见的几种表达形式有：

成本利润率＝利润/成本

投入产出比＝产出/投入

寿命延长率＝采用技术方案后能延长的使用寿命/未采用技术方案时的使用寿命

投资花费比＝腐蚀控制所需的花费/设备的投资

除此之外，还有劳动生产率、原料利用率、单位产品成本、投资回收期、投资效果系数等。

在腐蚀经济学中，经济效果（经济效益）指标，既是反映腐蚀控制方案在经济上的优劣的指标，又是技术方案是否可行的重要依据。

当效果耗费比值大时，则经济效果大；效果耗费比值小时，经济效果小。当耗费一定时，效果大，则经济效果大；反之，效果小，经济效果小。当效果一定时，耗费大，则经济效果小；反之，耗费小，经济效果大。

净收益指标，净收益的概念与经济效果不同，它是采用减法，即用取得的有用效果与所需要的劳动耗费差值，来衡量综合效果的。即：

净收益＝效果－耗费

在腐蚀与防护中，常用的净收益指标有年度净收益，标准投资回收期内的净收益，在服务年限内净现值等。

年度净收益 R＝年度收入值 S－年度开支值 K（元）

净收益的指标，是腐蚀与防护中又一个非常重要的指标。能明确地反映腐蚀控制方案在经济上的优劣。净收益愈大，则技术方案愈佳。净收益为负值，说明花费大于收入，方案得不偿失。

在腐蚀经济学中，效果和耗费的性质是相反的。一般情况下，效果表现为收（＋），耗费则表现为支（－），因此两者不能简单的相加或相乘，常常采用除法或减法。经济效果和净收益的两个概念，就在此基础上派生出来，各有各的重要用处。在单方案的技术经济分析中，除法比减法好。因为许多效果不能用数量来表示，或者效果和耗费虽能用数量表示，但两者的单位不同时，用减法表示的净收益就不易计算，而用除法表示的经济效果就容易计算，而且有明确意义。

7.6.3 腐蚀经济学分析方法及案例

腐蚀经济学分析方法分为单方案的腐蚀分析方法和多方案的腐蚀分析方法。

(1) 单方案腐蚀分析方法

① 相关术语　投资回收期，是指实现腐蚀控制方案所需的投资与方案实现后，平均每年所获的净收益之比值，单位为“年”，符号用“τ”表示。在各年度净收益相同时：

$$\tau=\frac{P}{R} \tag{7-17}$$

式中　τ——投资回收期；a；

P——技术方案的投资，元；

R——年度净收益；元·a^{-1}。

投资效果系数，是各年的净收益与投资的比值，单位为 a^{-1}，符号用“ρ”表示。各年度净收益相同时，ρ 为 τ 的倒数。

② 投资回收期法

a. 根据公式分别计算出技术方案的年度净收益 R、投资回收期 τ 或投资效果系数 ρ。

b. 判别技术方案是否可行：如设备使用期为 τ_b 年，当 $\tau \leqslant \tau_b$ 或 $\rho \geqslant \rho_b$，则方案是可行的，反之则不可行。

c. 测算技术方案优劣程度当 τ 值愈小或 ρ 值愈大，则技术方案愈好，反之则不好。

d. 算例。某耐蚀材料厂为了提高产量，新增了 1 台反应釜，设备费 C 为 49000 元，安装费 L 为 1000 元，每年的开支费用 K 为 15000 元，每年可创收 S 为 27500 元，该设备可正常使用 τ_b 为 10a。试判别方案的可行性及测算方案的优劣。

解：

投资 $P=C+L=49000+1000=50000$（元）

每年的净收益 $R=S-K=27500-15000=12500$（元·a^{-1}）

投资回收期 $\tau=P/R=50000/12500=4$（a）

在该方案中，投资回收期仅 4 年，比要求 10 年的标准投资回收期短，τ 值小，投资回收期短，所以方案可行。

③ 标准投资回收期内的年度净收益法

a. 计算标准投资回收期内的年度净收益　因在多年度净收益相同时：

$$R_b=R-\rho P \geqslant 0 \tag{7-18}$$

式中，R_b 为标准投资回收期内的年度净收益。

当 R 值大于或等于 0 时，则技术方案可行，反之则不可行。

当各年度的净收益不相同时，可采用标准投资回收期内的总净收益法计算。

b. 算例　同样是上面的算例，用标准投资回收期内的年度净收益法进行分析判定：

$$R_b=R-\rho P=12500-(1/10)\times 50000=7500>0$$

由于 $R_b>0$，故该方案可行。R_b 值大，年度净收益好，方案优良。

（2）多方案的腐蚀经济学分析方法

① 相关术语

a. 追加投资　在多方案中，每个方案的投资额一般是不相同。投资数量少的方案常常被人们重视。且常作为基准，与投资多的方案进行比较，所谓追加投资是指投资额较大的技术方案与投资额小方案投资之差。即：

$$\Delta P=P_1-P_2 \tag{7-19}$$

式中　P_1，P_2——两个方案的投资额，且 $P_1>P_2$；

ΔP——追加投资，元。

b. 年度经营费用的节约额　多方案中，每个方案的年度经营费用也是不相同的。一般情况下，投资大的方案经营费用小，投资小的方案经营费用大。若将两者的年度经营费进行比较，其差值即是年度经营费用的节约额，即：

$$\Delta C_0' = C_2' - C_1' \tag{7-20}$$

式中 $\Delta C_0{}'$——年度经营费用的节约额；

$C_1{}'$——投资额为 P_1 方案的年度经营费；

$C_2{}'$——投资额为 P_2 方案的年度经营费。

由于多个方案中，各年的经营费用开支不等，有些年份 $\Delta C_0{}'$可能是负值。

c. 追加投资净回收期及追加投资效果系数　在多方案中，方案的年度经营费用节约额逐年相等的情况下，追加投资回收期及追加投资效果系数的计算公式如下：

$$\tau = \Delta P / \Delta C' \tag{7-21}$$

$$P = \Delta C' / \Delta P' = 1/\tau \tag{7-22}$$

式中 τ——追加投资回收期，a；

P——追加投资效果系数，a。

② 追加投资回收期法　追加投资回收期法的步骤如下。

a. 把多方案的投资费用从小到大顺序排列。

b. 根据公式将第一方案和第二方案进行计算分析，选出较好的备选方案。

c. 利用同样方法，将备选方案与第三方案进行计算分析，选出更好的备选方案。

d. 重复以上分析，最后选出的方案即最佳方案。

e. 算例：某化工厂为确保生产，提出如表 7-21 所示的 4 个腐蚀控制方案。已知标准投资回收期 $\tau_b = 6a$，试判别何方案为最佳。

表 7-21　收益相同的 4 个腐蚀控制方案

指标	方案 1	方案 2	方案 3	方案 4
投资费用/万元	24	40	20	30
经营费用/万元·a^{-1}	11	7	15	9

投资费用从小到大顺序排列为：第 3 方案最小，第 1 稍大，第 4 较大，第 2 最大。

第 1 方案与第 3 方案比较：

$$\tau_{\frac{1}{3}} = \frac{P_1 - P_3}{C_3{}' - C_1{}'} = \frac{24 - 20}{15 - 11} = 1(a)$$

因为 $\tau_{\frac{1}{3}} < 6$，故第 1 方案优于第 3 方案，第 1 方案为备选方案。

同理计算第 4 方案与第 1 方案比较，$\tau_{\frac{1}{4}} = 3a$

第 4 方案为较佳备选方案。

第 2 方案与第 4 方案比较：$\tau_{\frac{2}{4}} = 5a$

第 2 方案为最佳备选方案。

进一步分析比较：$\tau_{\frac{1}{2}} = 4a$、$\tau_{\frac{2}{3}} = 2.5a$、$\tau_{\frac{4}{3}} = 1.6a$

通过上述的追加投资回收期法的分析比较，说明第 2 方案为最优，第 4 方案次之，第 1 方案较差，第 3 方案最差。

③ 年度费用法

a. 在微观腐蚀经济学中，比较多的问题是企业投产后，工艺流程稳定、年产量相同的情况下设备的腐蚀问题，要从多种方案中，选取最佳的腐蚀技术经济方案。因为每个方案的年产量相同，意味着每个方案的有用效果相同。按照经济效果理论，经济效果是有用效果与劳动耗费的比值，净收益是有用效果与劳动耗费的差值。因此，无论从经济效果，还是从净收益来分析，在有用效果相同的条件下，降低年度的耗费，延长设备的使用寿命，是企业追求的目标。比较和选择各种方案时，年度资金耗费最小的方案，即是最佳的腐蚀技术经济方案。

在标准投资回收期内，年度资金耗费即年度费用 A，可用式（7-23）表示，选取 A 值最小的技术方案为最佳方案。

$$A = C' - \rho_c P = C' - P/\tau_b \tag{7-23}$$

式中 C'——年成经营费用，元·a^{-1}；

P——投资费用，元；

τ_b——标准投资回收期，a；

ρ_c——标准投资效果系数，a^{-1}。

b. 算例：某化工厂的 1 台卧式储槽，设备费 C 为 10000 元，安装费 L 为 800 元，平时维修费 m 为 600 元，报废后的回收额 d 为 500 元。不采取任何保护措施时，该储槽使用 2a 即局部腐蚀泄漏。如果在内部涂料防腐，则使用寿命延长到 4a，但需多花费 2000 元（ΔC_1）。如果用玻璃钢衬里防腐，则需多花费 6000 元（ΔC_2），但可使用 10a。采用年度费用法估算何种方式最为经济。

解：

• 计算一次性投资费用 P：

未采取措施：$P_1 = C + L - d = 10000 + 800 - 500 = 10300$（元）

用涂料：$P_2 = C + L - d = 10300$（元）

用玻璃钢衬里：$P_3 = C - L - d = 10300$（元）

• τ_b 值：$\tau_{b1} = 2a \quad \tau_{b2} = 4a \quad \tau_{b3} = 10a$

• 每年的经营费用：

$$C_1' = m/\tau_{b1} = 600/2 = 300(\text{元}\cdot a^{-1})$$

$$C_2' = (m + \Delta C_1)/\tau_{b2} = (600 + 2000)/4 = 650(\text{元}\cdot a^{-1})$$

$$C_3' = (m + \Delta C_2)/\tau_{b3} = (600 + 6000)/10 = 660(\text{元}\cdot a^{-1})$$

• A 值计算：

$$A_1 = C_1' - P_1/\tau_{b1} = 300 + 10300/2 = 5450(\text{元}\cdot a^{-1})$$

$$A_2 = C_2' - P_2/\tau_{b2} = 650 + 10300/4 = 3225(\text{元}\cdot a^{-1})$$

$$A_3 = C_3' - P_3/\tau_{b3} = 660 + 10300/10 = 1690(\text{元}\cdot a^{-1})$$

根据标准投资回收期内年度费用 A 值的计算，A_1 最小，A_3 次之，A_3 最大。可以获得如下结论：采用玻璃钢的方案最经济，采用涂料次之，未采取措施者不经济。

（3）尤立格（H. Vhlig）公式计算法

① 尤立格（H. Vhlig）公式　美国麻省理工学院教授尤立格是腐蚀科学的奠基人之一。早在 1949 年联合国资源保护会上，他最早提出美国每年腐蚀经济损失为 55 亿美元的报告，引起了美国和世界的震惊。

尤立格通过大量调查研究，不仅指出了腐蚀的严重经济损失，而且提出了腐蚀的经济评价方法，即著名的尤立格公式。它与前面讨论的单方案、多方案的技术分析方法一样，都属静态腐蚀经济学的范围，都没有考虑时间因素。应用比较方便、快捷。

尤立格公式有 2 种，一种是用来分析腐蚀控制方案的可行性，回答行与不行的问题。其表达式如下：

$$\frac{\Delta T}{T}\left(1 + \frac{L}{C}\right) - \frac{\Delta C}{C} > 0 \tag{7-24}$$

$$\Delta T = T' - T, \text{且 } T' - T > 0$$

式中 T——设备未采用腐蚀控制方案的使用寿命，a；

ΔT——采用腐蚀控制方案后，增加的使用寿命，a；

T'——采用腐蚀控制方案后，设备的使用寿命，a；

C——设备本身的购置费，元；

ΔC——采用腐蚀控制方案所需的花费，元；

L——设备本身的安装费，元；

$\dfrac{\Delta T}{T}$——设备的寿命延长率；

$\dfrac{\Delta C}{C}$——腐蚀控制方案花费增加率。

在许多腐蚀过程中，设备腐蚀问题突出地表现在使用寿命上。使用寿命短，说明腐蚀问题多，经济损失大。反之，使用寿命长，腐蚀问题少，费用开支小。因此 $\Delta T/T$ 实际上是一个明显的经济效果指标。当 $T'-T>0$ 时，$\Delta T/T$ 为正，$\Delta T/T$ 便是经济效果增加的比值。

根据耗费指标的概念，未采用腐蚀控制方案前的一次性设备投资费，应包括设备购置费 C 及其安装费 L 两个部分，即 $P=C+L$。而 ΔC 是采用防腐蚀方案所需的花费，因此，$\dfrac{\Delta C}{C+L}$实际上便是投资花费的比值。

按照经济效果理论，$\dfrac{\Delta T}{T}$与$\dfrac{\Delta C}{C+L}$相比较，便可以确定此腐蚀控制方案是否受益，如果 $\dfrac{\Delta T}{T}>\dfrac{\Delta C}{C+L}$，则说明经济效果增加大于投资花费，即此腐蚀控制方案是合理可行的。将此不等式两边乘以$\dfrac{C+L}{C}$（大于 0），即得：

$$\frac{C+L}{C}\times\frac{\Delta T}{T}>100\,\frac{C+L}{C}\times\frac{\Delta C}{C+L} \tag{7-25}$$

移项化简：

$$\frac{\Delta T}{T}\left(1+\frac{L}{C}\right)-\frac{\Delta C}{C}>0 \tag{7-26}$$

将此式两边乘以$\dfrac{C}{\Delta T+T}$，即投资与寿命之比（>0），即可得到尤立格公式的另一种表达式：

$$A=\frac{C}{\Delta T+T}\left[\frac{\Delta T}{T}\left(1+\frac{L}{C}\right)-\frac{\Delta C}{C}\right] \tag{7-27}$$

式中 A——年节约的花费，元。

公式普遍用于多个腐蚀控制方案的经济效益优劣的初始评价。A 值最大的方案，即经济上的最优方案。

② 算例 条件同上例，采用尤立格公式法估算何种方式最为经济。

解：

- 采用涂料腐蚀控制方案时，$T_1'=4\text{a}$，$T=2\text{a}$

$\Delta C=2000$ 元，$L=800$ 元，$C=10000$ 元

$\Delta T=T_1'-T=4-2=2$（a）

$$A=\frac{P}{T}\times\left[\frac{\Delta T}{T}\left(1+\frac{L}{C}\right)-\frac{\Delta C}{C}\right]=\frac{10000}{4}\times\left[\frac{10000}{2}\times\left(1+\frac{800}{10000}\right)-\frac{2000}{10000}\right]=2200(\text{元}\cdot\text{a}^{-1})$$

从计算分析，采用涂料腐蚀控制方案是合理的，可节约经费 2200 元 $\cdot\,\text{a}^{-1}$。

- 采用玻璃钢衬里的腐蚀控制方案时，

$T_2'=10a$，$T_2=2a$，$\Delta C_2=600$ 元，$L=800$ 元，$C=10000$ 元

$\Delta T=10-2-8$ (a)

计算得：$A=3720$（元·a^{-1}）

因此，采用玻璃钢衬里腐蚀控制方案最为合理，最为经济，可节约经费 3720 元·a^{-1}。

(4) 其他公式法

根据经济效果理论，仿效尤立格的方法，可以提出许多补充修改的其它公式。NACE RP O272 分析方法考虑了安装、维修、残值、税收、利率、折旧等多种经济因素，计算分析较为复杂，在此，不再赘述，请参见相关文献。

参考文献

[1] 杜元龙，柯克．腐蚀科学与防护技术值得注意的发展动向［J］．材料保护，2000，33（1）：16-19.

[2] 设备综合工程学．http：//baike. baidu. com/view/403349. htm？fr＝aladdin.

[3] 李金桂．腐蚀控制设计手册［M］．北京：化学工业出版社，2006：978-1017.

[4] 李金桂．腐蚀控制系统工程学概论［M］．北京：化学工业出版社，2009.

[5] 柯伟．中国工业与自然环境腐蚀调查．http：//www. ciata. org. cn/hyzl/kw. htm

[6] 忻英娣．全面腐蚀控制的提出、推行及发展．中国工业防腐蚀技术协会．http：//d. g. wanfangdata. com. cn/Conference _ 7043265. aspx.

[7] Social Accountability International (SAI) SA8000® Guidance-2008 Standard，2013.

[8] ASTM G1—2003 (2011)．Standard Practice for Preparing，Cleaning，and Evaluating Corrosion Test Specimens.

[9] GB 150. 1—2011. 压力容器 第 1 部分：通用要求．

[10] 王石．压力容器设计中有关问题的探讨［J］．华东科技（学术版），2013，29（3）：403.

[11] TSG R0004—2009. 固定式压力容器安全技术监察规程．

[12] TSG R7001—2013 压力容器定期检验规则．

[13] SH/T 3074—2007. 石油化工钢制压力容器．

[14] HG/T 20580. 钢制化工容器设计基础规定．

[15] HG/T 20581—2011. 钢制化工容器材料选用规定．

[16] HG/T 20582—2011. 钢制化工容器强度计算规定．

[17] HG/T 20583—2011. 钢制化工容器结构设计规定（附条文说明）．

[18] HG/T 20584—2011. 钢制化工容器制造技术要求（附条文说明）．

[19] HG/T 20585—2011. 钢制低温压力容器技术规定．

[20] 金属防腐蚀手册编写组．金属防腐蚀手册［M］．上海：上海科学技术出版社，1989：415-441.

[21] H E Bühler，D Wüstenberg. 合理的防腐蚀设计［M］．赵克清译．北京：化学工业出版社，1990：1-309.

[22] 尹玲．压力容器设计应考虑的腐蚀问题［D］北京：第五届全国腐蚀大会论文集，2009.

[23] SH/T 3096—2012. 高硫原油加工装置设备和管道设计选材导则．

[24] SH/T 3075—2009. 石油化工钢制压力容器材料选用规范．

[25] GB/T 4334—2008. 金属和合金的腐蚀 不锈钢晶间腐蚀试验方法．

[26] ISO 7539. 7—2005. Corrosion of metals and alloys-Stress corrosion testing Part7：Method for slow strain rate testing.

[27] GB/T 15970. 7—2000（idt ISO7539. 7：1989）．金属和合金的腐蚀 应力腐蚀试验 第 7 部分：慢应变速率试验．

[28] HB 7235—1995. 慢应变速率应力腐蚀试验方法．

[29] HB 5260—1983. 马氏体不锈钢拉伸应力腐蚀试验方法．

[30] 卢志明，朱建新，高增梁．16MnR 钢在湿硫化氢环境中的应力腐蚀开裂敏感性研究［J］．腐蚀科学与防护技术，2007，19（6）：410-413.

[31] 夏之宁，堪其亭，穆小静等．正交设计与均匀设计的初步比较［J］．重庆大学学报（自然科学版），1999，22（5）：112-117.

[32] NACE TM0108—2008. Corrosion Control of Offshore Structures by Protective Coatings.

[33] GB/T 28699—2012. 钢结构防护涂装通用技术条件．

[34] GB/T 6461—2002. 金属基体上金属和其他无机覆盖层经腐蚀试验后的试样和试件的评级．

[35] GB/T 9789—2008. 金属和其他无机覆盖层 通常凝露条件下的二氧化硫腐蚀试验．

[36] C. E Locke，Metals Handbook，Vol. 13：Corrosion，9th ed.，United States of America. ASM international，Reprinted by permission，1987. 463.

[37] R. 温斯顿．里维 主编．尤利格腐蚀手册．第2版．杨武等译．北京：化学工业出版社，2005：8-11.
[38] 何北超．腐蚀经济学讲座 [J]．化工腐蚀与防护，1996，24 (4)：56-60.
[39] 何北超．腐蚀经济学讲座（续一）[J]．化工腐蚀与防护，1997，25 (1)：54-60.
[40] 何北超．腐蚀经济学讲座（续二）[J]．化工腐蚀与防护，1997，25 (4)：44-55.
[41] NACE RP 0272—1972. Direct calculation of economic appraisals of corrosion control measures.
[42] SY/T 0042—2002. 防腐蚀工程经济计算方法标准．

CHAPTER 8

第8章 压力容器腐蚀监、检测技术及腐蚀寿命预测

8.1 压力容器腐蚀监测技术

8.1.1 压力容器腐蚀监测的意义

压力容器在高温、高压、磨损等条件下运行，腐蚀是一大危害，大量的压力容器破裂事故都是由于介质腐蚀造成的，所以在压力容器设计和运行时，应对金属腐蚀问题予以充分的重视[1]。

压力容器腐蚀监测主要有以下几个目的。第一，是为了获得压力容器在生产装置中操作状态的有关信息，特别是壳体和受压元件被腐蚀掉金属的情况（测出未被腐蚀的金属的尺寸），微裂纹的产生及裂纹的扩展情况，以便制定合理的维护保养工作制度，减轻停车期间的检查负担，同时，也可避免压力容器意外破裂事故所造成的严重损失及引起的意外停车；第二，是为了获得腐蚀过程和操作参数之间相互关系的数据，以便对问题进行判断，改善腐蚀控制，使其能更有效地运行；第三，实时监测设备的腐蚀状态，及时掌握腐蚀进程，预防腐蚀致使设备失效事故的发生；第四，根据腐蚀监测数据，对设备需要改变的运行参数进行实时调整，如缓蚀剂的注入量，在监测获得有效腐蚀信息的情况下，可以实现科学、合理的控制，方便的管理和自动化、智能化的决策；第五，有效的在线腐蚀监测，可以改善设备的运行环境，使工程设备运行在良好的工作状态下，能够延长设备的使用寿命，提高设备的使用效率，减少由于检修造成的经济损失，提高利润率；第六，长期的腐蚀监测，可以获得设备使用信息库，从而预测出设备使用寿命，为设备维修、更换提供科学依据，避免生产损失[2]。

目前，能测出压力容器腐蚀方面所存在的全部问题的有效技术并不多，但在正常情况下，这些技术都可以提供有价值的信息。当然各种技术都有其局限性，它们之间应当是互补而不是互相取代的。

毫无疑问，采用腐蚀监测技术的动机事实上仍然是经济上和安全上的原因。随着生产装置一体化趋势的发展，一个有关简单单元设备的意外损坏，会导致巨大的经济损失。进入21世纪后，人们对工业中人身安全的关注日益加强，对环境问题的认识也普遍提高。通过谨慎地实施腐蚀监测，可以增加上述腐蚀监测的可靠性。

8.1.2 采用腐蚀监测的理由

在工业领域中，特别是压力容器的运行中，腐蚀监测技术是腐蚀控制的重要部分和可靠而有效的手段。图8-1是腐蚀监测的作用及对其成效判断的几项提要。

腐蚀监测所起到的作用主要包括以下几点。

① 作为一种诊断方法。

② 监测解决问题的效果。

③ 提供操作和管理信息。

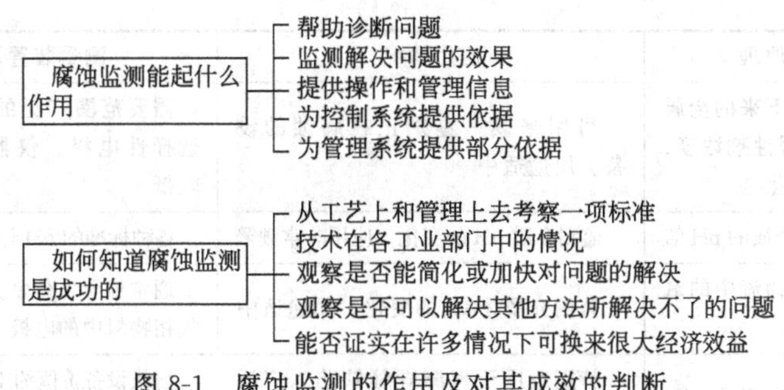

图 8-1　腐蚀监测的作用及对其成效的判断

④ 作为控制系统的一部分。

⑤ 作为管理系统的一部分。

大多数成功的腐蚀监测都属于前两类应用，在最后一类应用中或许也有不少成功的例子，其他更昂贵的、更复杂的应用类型只有少数成功事例。向更复杂的类型发展，这在加工工业中（如化学工业、石油化学工业）是合理的，因为在这些工业领域中，大多数生产装置是通用的。而在其他工业中，采用较简单的监测系统则是合理的。

必须指出，对仪器的复杂程度和价格所作的评价都是相对的。事实上，最复杂的腐蚀监测装置并不比大型生产装置中各种普通的控制系统更复杂，而这样的监测装置的价钱，尽管比最简单的腐蚀监测器的价钱贵许多倍，但与所控制的生产装置的投资相比，与监测器失灵引起的安全事故和带来的经济损失相比，还是微不足道的。

8.1.3　压力容器腐蚀监测技术综述

压力容器腐蚀监测主要技术方法有挂片法、电阻法和极化阻力法、其他电化学技术测量方法、化学方法、警戒孔和监测孔方法等。随着压力容器腐蚀监测技术的发展，一些新技术，例如：电化学噪声技术（ECN）、恒电量技术和 FSM 法也脱颖而出。各种技术所用的仪器装置见表 8-1，腐蚀监测技术的特点见表 8-2。

表 8-1　腐蚀监测所用的仪器装置

方法	监测原理	应用情况	测量装置及价格/人民币
线性极化(极化阻力)法	用两或三电极探头，通过电化学极化阻力法测定腐蚀速度	在有适当电导的工艺物料中对大多数工程金属和合金适用。经常使用	手提式仪器价值，工业探头，可带较复杂的自动及记录装置，约 1.2 万元
电阻法	对正在受腐蚀的金属元件的电阻变化与金属损失进行累积测量，计算出腐蚀速度	适用于液相和蒸汽相中的大多数工程金属材料，其测量与工艺物料的导电性无关。经常使用	手提式仪器有各种型号，可处理 12 个探头，约 1.5 万元
电位监测法	测量被监测的金属材料(最好是设备本身)相对参比电极的电位变化	根据特性电位区的特征说明设备的腐蚀状态(如是活态、钝态、孔蚀、应力腐蚀破裂)。可直接测定设备的行为。用途适中	可用一个输入阻抗约 10MΩ、量程 0.5～2V的电压表进行测量。金属电极可以单独设计或改制成像参比电极那样的腐蚀探头。参比电极材料通常是铂、不锈钢和 Ag/AgCl，几百元
腐蚀挂片实验法	经过一已知的暴露期后，测量平均腐蚀速度、确定腐蚀类型	可说明腐蚀类型，当腐蚀是以稳态进行时非常满意。可在禁用电气仪表的危险地带使用。是一种费用中等的腐蚀监测方法。使用非常频繁	放入管路和容器内的腐蚀短管和金属试样容易安装。加工试样的费用视材料而变化

续表

方法	监测原理	应用情况	测量装置及价格/人民币
分析法	测量腐蚀下来的金属离子浓度、缓蚀剂浓度、介质组分变化	可用来逐一鉴别正在腐蚀的设备。用途适中	需要范围广泛的分析化学方法和离子选择性电极。仪器费用较高，使用成本较低
分析法	测量工艺介质的pH值	监测介质pH的变化。应用非常频繁	各种标准的pH计。几百到几千元
分析法	测量工艺物流中的氧浓度	监测介质中O_2的变化。用途适中	通常属于电化学类型，采用浸入到液相或气相物料中的电极。1千元左右
辐射显示法	检查缺陷和裂纹	特别适用于探测焊缝缺陷。广泛应用	射线设备价值约10万以下元，γ射线源在5万元以下。需要专门的知识，并需小心处理
超声波法	检测金属厚度和是否存在裂纹、空洞等	普遍用作金属厚度或裂纹显示的检查工具。广泛应用	简单的基本设备价值3万元、复杂的10万元以下。需要专门的知识并需小心处理
涡流法	用一个电磁探头对表面进行扫描	探测表面缺陷，如裂纹和坑。广泛应用	基本设备1万元以下，但较为多用途的仪器价值3万元以上
红外成像（热象显示）	用局部表面温度或表面温度图像指示物体物理状态	用于耐火和绝热材料检查，设备表面温度测量，流道探测和电热指示。应用不广泛	带有快响应时间的灵敏红外探测器，低端约2万元，高端10万以上
声发射法	① 探测泄漏、空泡破灭，设备振值等； ② 通过裂纹传播期间发出的声音探测裂纹	用于检查泄漏、摩擦腐蚀、腐蚀疲劳以及空泡腐蚀的可能性，用于探测容器的应力腐蚀破裂和疲劳破裂的稳定性，目前还只是一种新技术，严格说来不是一种监测方法。应用不广泛	单通道仪器通常比较简单和便宜，多通道较贵，10万元以上
零电阻电流表法	在适当的电解液中测定两不同金属电极之间的电偶电流	显示双金属腐蚀的极性和腐蚀电流值，对大气腐蚀指示露点条件。可作为衬里等开裂而有腐蚀剂通过的灵敏显示器。不常使用	使用零电阻电流表。采用运算放大器可以测量微弱电流（10^{-6}A）。仪器价值约几千元
氢显示法	用探氢针测定腐蚀析出的氢气	典型应用于石油化学工业，包括碳钢在硫化物、氰化物和其他"毒剂"中的腐蚀。在特殊用途中频繁使用	腐蚀析出的氢渗入内部环状空间，可给出压力读数。探针价值约几千元，附件约2千元
警戒孔法	当腐蚀裕度已经消耗完的时候给出指示	用在特殊的设备，特别是磨蚀能造成无规律减薄的压力容器弯头处。可以防止灾难性破坏。不常用	从压力容器外侧钻一孔，使剩余壁厚等于腐蚀裕度。一个正在泄漏的孔就指示出腐蚀裕度已经消耗完。用一锥形销打入洞内可将泄漏洞临时修补，几乎无费用
电化学噪声法	恒电位、恒电流下，通过金属电极溶液界面的电流或电压的自发波动指示	用在金属材料的腐蚀行为研究与耐蚀性评价中。常用于亚稳态蚀点或裂纹的诱导、生长或死亡过程	仪器通常为全浮地式CS电化学工作站，约40万人民币
恒电量法	金属电极上施加微小电荷，根据金属体系的张弛过程，以获得需要的电化学参数	应用于化学、石油化学、炼油、动力等行业的腐蚀监测。经常使用	HJC-1型恒电量智能腐蚀监测仪，该系统包括阻抗变换器、放大器、自然腐蚀电位补偿装置等组成的恒电量扰动仪主机及相关数据处理系统，实现了基于GPRS远程通讯的腐蚀监测。10万元以上
FSM法	通过监测电极间微小电位差的变化来判断设备内壁腐蚀缺陷的类型及程度	特种设备的内壁腐蚀监测。经常使用	设备称作便携式电阻系统，该系统和电源是便携式的，可以移动到不同的监测位置 另一种FSM便携系统同样使用等间隔的电极阵列通过测量电压来达到监测的目的。仪器购置安装费用高

表 8-2　腐蚀监测技术的特点

技术方法	单个测量时间	所得信息类型	响应速度	与装置的联系	应用环境	适用腐蚀类型	对结果解释	所需技术素养
电阻法	瞬时	累积腐蚀	中等	探头	任意	全面腐蚀	通常容易	比较简单
极化阻力法	瞬时	腐蚀速度	快	探头	电解液	同上	通常容易	比较简单
电位测定法	瞬时	腐蚀状态,间接表明速度	快	探头或生产装置	电解液	全面或局部腐蚀	有腐蚀知识,通常较易	比较简单
原电池测量法(零电阻电流表)	瞬时	腐蚀速度并表明原电池效应	快	探头,或生产装置	电解液	全面腐蚀,特定局部腐蚀	有腐蚀知识,通常较易	比较简单
分析法	通常还算快	正在腐蚀的系统和部件的总腐蚀	通常还算快	一般的生产装置	任意	全面腐蚀	需有生产装置的知识	中等要求
声发射法	瞬时	裂纹传播,气蚀和泄漏检查	快	一般的生产装置	任意	腐蚀破裂,气蚀和组分渗漏	通常容易	对裂纹传播要有专门知识,其他较简单
热象显示法	相对较快	损坏分布	差	在生产装置的局部	与环境温度不同	局部腐蚀	容易	专门知识,而且较难
光学器具法(闭路电视,光调制管等)	在能够接近时快,其他情况慢	损坏分布	差	在生产装置的局部	任意	同上	容易	比较简单
目测法,借助于量规	慢,需要进入设备	损坏分布,显示速度	差	可顾及的表面	任意	全面或局部腐蚀	容易	比较简单,但需要经验
腐蚀挂片法	长时间暴露	腐蚀速度和腐蚀形态	差	挂片	任意	同上	容易	简单
超声波法	较快	剩余厚度或存在裂纹	相当差	装置的局部	任意	同上	要有经验的操作者	简单

续表

技术方法	单个测量时间	所得信息类型	响应速度	与装置的联系	应用环境	适用腐蚀类型	对结果解释	所需技术素养
探氢针法	快或瞬时	总腐蚀	相当差	探头或装置的局部	阴极反应有H析出或热气体	全面腐蚀	容易	简单
警戒孔法	慢	是否存在剩余厚度	差	装置的局部	任意,气体	全面腐蚀	容易	比较简单
辐射显示法	比较慢	腐蚀的分布	差	装置的局部	任意	孔蚀，腐蚀破裂	容易	简单,但有特殊的辐射危险
电化学噪声法	比较慢	腐蚀的分布	差	生产装置的局部	薄液膜条件下的腐蚀监测和低电压环境	局部腐蚀	容易	设备简单,可以远距离监测
恒电量法	瞬时	腐蚀速度	快	装置的局部	适用于高阻介质	全面或局部腐蚀	容易	比较简单
FSM法	慢	腐蚀的分布	慢	装置的局部	任意	局部腐蚀	容易	相对复杂

8.1.4 压力容器腐蚀监测技术简介

(1) 电阻法

① 原理　腐蚀监测电阻法是测定压力容器壳体及受压元件金属的电阻变化，如果腐蚀大体是均匀的，则电阻的变化与腐蚀的增量成比例。从每次的读数可以计算出经过一段时间之后的总腐蚀，因而也可以计算出腐蚀速度。如果选择足够灵敏度的元件，就允许腐蚀速度变化较快。如腐蚀速度变化参数很重要时，也可以选用更为合适的其他方法。

电阻法在实际应用中已得到很好验证，其使用和对结果的解释通常都很简单。商品仪器可以用一个或多个探头作周期性测量或连续测量。因此，可以将腐蚀与工艺参数联系起来。这种方法是压力容器运行期间进行腐蚀监测的基本手段之一，常用于腐蚀控制。它也可作为一种诊断手段，估计工艺变化对腐蚀的影响，如评选缓蚀剂的效果，见图 8-2。

这种方法的优点在于它能够测定液相或气相的腐蚀。而且，它不像使用极化阻力法那样，液相必须是电解液。其缺点是除非腐蚀是均匀的，否则不容易解释测量结果。因此，这种方法不适合于点蚀、应力腐蚀破裂或其他局部性腐蚀破坏。此外，它也和那些测试元件通常都要插入生产装置内部作为探头的技术一样，具有共同的弱点，探头行为不可能与生产装置本身的行为完全相同。

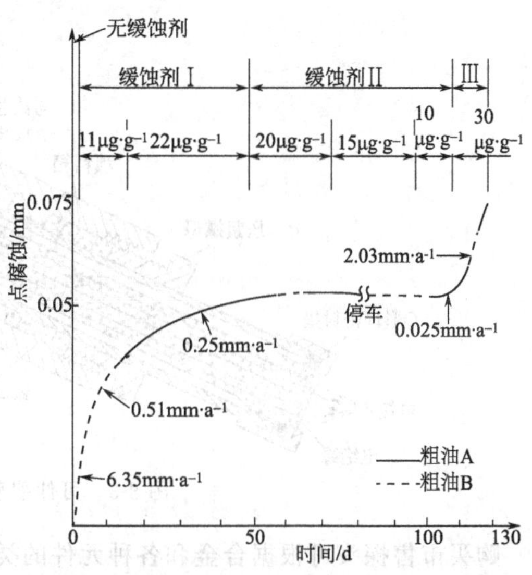

图 8-2　腐蚀探头测量结果（轻石脑油冷凝器）

② 仪器装置　大多数现场经验都是用 Corrosometer 仪和探头取得的，市场上可买得到的其他规格的仪器也基于相同的原理，具有相似的或等效的特性。测量仪器通常以开尔文或惠斯登电桥为基础，处于腐蚀状态下的元件作为电桥电路的一个臂。采用交流电桥（开尔文电桥）比较好，因为它避免了测试元件上任何电极电位变化而产生的影响，并且仪器设计简化。该仪器的设计原则是，对于元件的有效寿命来说，平衡电位器的阻抗与元件厚度成比例。元件的有效寿命一般取元件厚度减少到原始厚度的一半所需要的时间，以最大限度地减小由于腐蚀不完全均匀而产生的测试误差，这一点，随着元件的逐渐变薄而愈来愈重要。

平衡电位器是这样选择的，其刻度范围为 0～1000，此范围与探头元件的有效金属损失相对应。例如，一个丝状探头元件，厚 2.0mm，此探头的有效厚度损失为 1.0mm，这相当于在元件周围有 0.5mm 的穿透深度。因而，将 0.5mm 的金属损失与平衡电位器上刻度的变化相对应，经过一段时间之后的穿透深度（总腐蚀）或者平均腐蚀速度可由下述关系确定：

$$穿透深度\ (mm)=读数\times(0.5/1000) \tag{8-1}$$

$$腐蚀速度\ (mm\cdot a^{-1})=读数/时间\ (天)\times(0.5/1000)\times365 \tag{8-2}$$

在 Corrosometer 仪里，这种关系可以写成：

$$穿透深度\ (mm)=读数\times0.001\times探头系数 \tag{8-3}$$

$$腐蚀速度\ (mm\cdot a^{-1})=读数/时间\ (天)\times0.365\times探头系数 \tag{8-4}$$

对于直径 2.0mm 的丝状元件，式中探头系数为 0.5。探头系数是所用元件类型和尺寸的表征。对于原始厚度为 0.25mm 的管状元件，如果只从一侧腐蚀，那么，探头系数就是 0.125。如果采用单一类型的元件，显然可以标定这个仪器，以直接读取累积的金属损失。这种基本仪器可以很容易组配起来进行连续记录，或利用传统的仪表工程技术自动地扫描大量的探头。另外，还可以配合使用差动分析器直接得到腐蚀速度读数。

③ 探头设计　测试元件通常采用丝状、管状或片状，这样，可以预期这种元件的电阻与温度之间密切的依赖关系。所以设置一个“比较”元件，可将温度补偿置入 Corrosometer 仪探头内。此比较元件必须防腐，并靠近受腐蚀的元件放置，因而经受相同的温度条件。该比较元件装到探头体内，可以采用填充在探头内的环氧树脂或陶瓷保护。进行测量时，它作为电桥的第二臂。第二个“比较电极”通常放置在探头体内，使用时用来对填充系统和探头内部回路的完整性作“检查”测量。为了通向腐蚀性介质，暴露的测试元件通常采用通道狭窄或类似结构的套筒做机械性防护如图 8-3 所示。

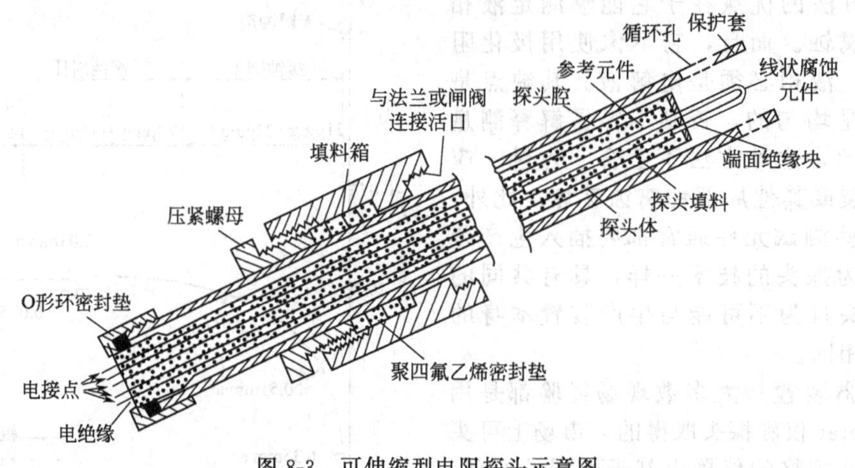

图 8-3　可伸缩型电阻探头示意图

购买市售探头可根据合金和各种元件的类型和厚度的范围来考虑。选择一种元件时，需要在工作寿命和灵敏度之间权衡。对于那些厚度变化微小的测量，使用管状或片状薄元件的探头可获得最大灵敏度。但薄元件的有效寿命比那些较厚的丝状元件短得多，丝状元件的灵敏度则较低。大多数灵敏的探头都采用薄的金属箔作元件，这种元件可用于大气腐蚀实验。对现场应用来说，管状元件常常具有最好的综合性能，这种元件将适当的灵敏度与强度结合起来，可以防止机械损坏，避免流速影响。这种元件还有另外一些优点，它比片状或丝状元件往往更能代表压力容器的冶金条件（出现蚀坑时，对横截面积的影响相对减小），比丝状元件有更长的寿命。

所制成的 Corrosometer 探头可用于加压系统，压力达到 3.5MPa 以上。最高使用温度取决于聚四氟乙烯或者取决于陶瓷、玻璃端面绝缘块（用来将探头元件与探头体绝缘的材料）。聚四氟乙烯和玻璃块的使用温度 260℃以下，陶瓷块可达 540℃。但是，如果密封垫或填充材料在使用环境中发生化学破坏，则实际限度要比这些数值低。这种探头可以制成固定式，在停车期间插入和从系统中取出；或者，制成伸缩式的探头，可通过一个填料密封装置和法兰或闸阀在压力容器运行期间插入和取出。其他探头许多设计大体类似。有时，可以将一种来源的探头与另一种来源的仪器组合。但是各种探头在总设计上是采用某特殊仪器来操作的，因此，并不是所有的探头与仪器都能组合起来使用。

特殊的探头已经用于各种目的。之所以设计一种特殊探头，是因为要对一种特殊合金进行试验；或者，是因为使用环境使得通常的探头腔或密封材料不合适；或因需要采用一种特殊要求的几何形状。还设计了各种探头以对特殊问题进行研究。例如，在一种适当的基片上沉积一层薄的金属膜所制成的腐蚀显示器已经用于包装和储藏方面的研究；通过印刷电路技术将接线引入包装内，并采用特别的测量仪器，可以测定出小至 3×10^{-5}mm 的金属损失量；在其他极个别情况下，测试元件可从板材或管材加工而成，并用塑料浇铸，使组合件成为设备壁的一部分。其他特殊的探头设计曾用来模拟如换热器的列管入口端的几何条件，还可以设想各种特殊设计及其多种变化。

④ 安装及使用　电阻法已经在许多种化工、石油化工生产装置和环境中获得应用。可以预料，它将成为一种标准方式并扩大应用到工艺过程和其他工业上。但这种技术也有其局限性。要想得到有用的信息，探头的选择和安放位置都是很关键的。

a. 使用环境的类型　可以用于液相或气相中测量腐蚀，而且，液相不必是一种良好的电解液。此技术也已经用到“固相”环境中，比如在混凝土中模拟钢筋的腐蚀。这种技术应用时主要的局限性是由探头设计和材料所带来的，而且，腐蚀还必须基本上均匀。

b. 探头类型和尺寸的选择　当腐蚀速度低或者腐蚀速度的频繁变化与其他参数有关时，宜采用灵敏的薄元件。如果腐蚀速度高，较厚的元件将有较长的使用寿命。在灵敏度和寿命之间的最佳协调取决于环境。

有实际重要意义的典型腐蚀速度是 $0.25\text{mm}\cdot\text{a}^{-1}$。这样，一个2mm 的丝状元件，其有效寿命为 2 年；而 0.25mm 厚的管状元件，其有效寿命为 6 个月；厚度相同的片状元件，如果腐蚀从两侧同时进行，其有效寿命为 3 个月。所达到的实际灵敏度取决于使用条件下误差的影响程度，但在典型情况下 Corrosometer 仪的有效分辨力是电位器上的 3 个小分度。在上述 3 种情况下，这大体相当于厚度变化 0.0015mm、0.0004mm 和 0.0002mm。如果腐蚀速度大致不变，那么，从统计学上看，要想得到有明显差别的读数，可在下述时间间隔下测读：约 4d、2d、24h。然而，如果腐蚀速度预期会变化，则合理的做法就是较频繁地读数，这也是任何情况下所希望的。对于某仪器来说，只要认为读数时间间隔不足以精确分辨厚度变化，就不可能从两个读数中获得精确的腐蚀速度。一般来说，根据一系列读数来估计腐蚀速度更为可靠。测定结果表明，经过一段时间之后，腐蚀速度大体上是恒定的，见图 8-4。

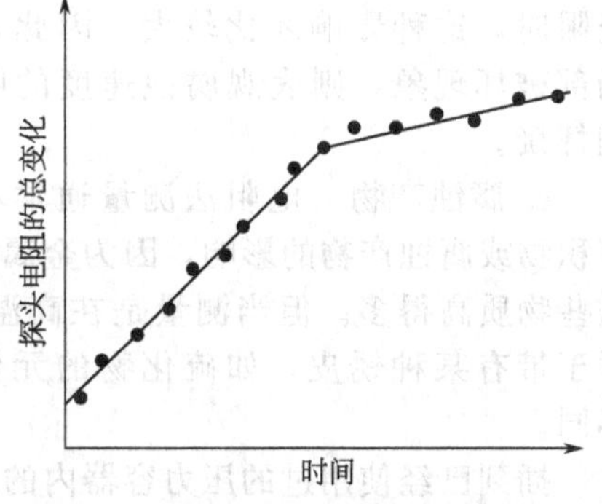

图 8-4　在重现性良好但在测试期间腐蚀速度已经发生阶段性变化的情况下探头电阻随时间的变化

c. 探头位置　探头应放在能模拟所需试验条件的位置上。重要的参数是温度和流速。要避免高速流体直接冲刷探头，除非磨损腐蚀效应是所要研究的目的。假如流体速度可能有重要影响，则可以采用与容器表面贴平安装的平嵌式探头来获得更为精确的结果。

使用时，需要判断一下探头是否安装在腐蚀速度可能是最高的地方，是否安装在能模拟该压力容器“平均”腐蚀行为的位置上。这种判断与所进行的监测原因有关。可以设置多个探头以说明该容器各部位腐蚀的分布。

d. 密封垫和填充垫的稳定性　对一给定结构的探头来说，其有效的工作极限通常受密封垫以及处在监测环境下填充料的稳定性所限制。损坏形式通常都是在金属-非金属界面处发生渗漏而不是整体变质。采用环氧树脂作填充料的探头不应该在含有氯化烃类、有机酸或胺类化合物的介质中使用。采用陶瓷填充料的探头不应在 pH 大于 9 的系统或者存在 F^- 的介质中使用。即使此种探头在某些腐蚀性较低的环境中使用，在其整个有效使用期内，其有效温度极限也应低于标称值。

⑤ 误差来源　采用电阻法所得的原始数据是金属元件的电阻变化。当然，这种测量容易产生误差。但是，从这些数据得到不正确的或无法解释的结论，其主要原因是假设了该元件的电阻变化正比于容器的腐蚀。假定测量装置的安装与操作都正确，考虑到仪器探头组合的分辨力极限并考虑到这种技术不能正确地跟随腐蚀速度的快速变化，那么，可能产生的主要误差来源如下。

a. 探头元件的冶金条件　在探头元件和生产装置之间冶金条件方面的差异通常并不重要，但有时候还是值得注意的。在高温下作业，元件应力松弛也能产生误差。

b. 探头安装　如果采用常规结构的探头，则测试元件经受的流速条件可能明显不同于压力容器表面，元件的腐蚀行为与容器表面也会不同。实际上，与冶金上的差异相比，这种流速条件的差异更可能是个重要因素。但在大多数情况下，这种作用又不是很大的。

c. 温度变化　在温度快速波动的物料中，单个测量的精度减小，需要对腐蚀结果进行平均。由于暴露元件对温度变化的响应往往快于被保护起来的比较元件，所以，这种情况就会发生。例如，在蒸馏塔顶馏出物管线上，如果遇到蒸汽或液体的“未蒸发的液滴”，就不可能获得有意义的测量（见图 8-5）。

d. 局部腐蚀　电阻探头不容易测定局部腐蚀，如点蚀、应力腐蚀破裂等，也不能对这些现象作出有意义的测量。然而，局部损坏能引起全面腐蚀速度偏大。如果在暴露元件上发生了这些类型的腐蚀，起初对电阻的影响不是很大，当探头接近使用寿命极限时，这种影响才比较大。因此，如果可能发生局部破坏现象，则表观腐蚀速度的明显增加就要受到怀疑。

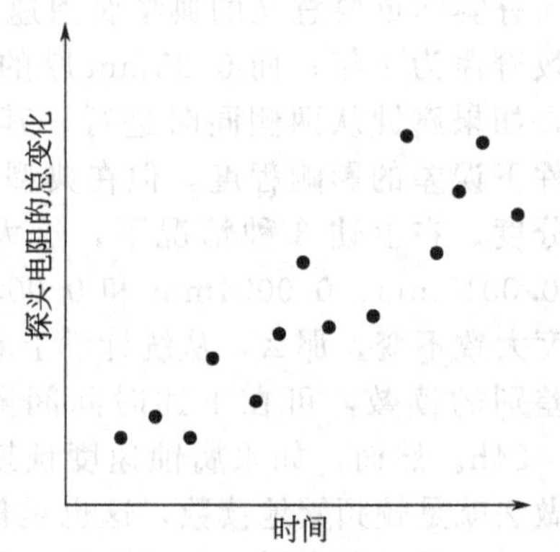

图 8-5　在温度容易发生快速波动的蒸馏系统中探头电阻随时间的变化

e. 腐蚀产物　电阻法测量通常不会受到元件上沉积物或腐蚀产物的影响，因为金属导电性一般要比这些物质高得多。但当测量是在高温下进行的时候，对于带有某种锈皮，如硫化物的元件，情况可能就不同。

插到已经使用过的压力容器内的新探头，其元件的表面状况不同于该容器的表面，这是采用探头进行测定的各种监测技术可能存在的一个难题。最初的腐蚀速度可能与容器表面的腐蚀速度不同，但当形成一层与容器表面膜相类似的膜时，情况就会有所改变了。

f. 电解液电阻　在导电性强的电解液中，有可能在电流流过探头元件的同时，平行地从电解液流过一定电流。在大多数情况下，这种误差并不重要，但当需要精确测量时，就必须考虑这一点。

电阻法在广泛的使用条件下已被实践所证明是种很好的方法。在许多工业上，可视为一种标准方法，所讨论过的误差来源通常并不明显。然而正像许多监测技术那样，只有在其使用范围内应用，它才可靠。

（2）极化阻力技术

① 原理　极化阻力也称线性极化技术，是工厂监测中测量腐蚀速度时广泛使用的技术之一。此技术的原理是当一个测试电池受到 5～30mV 的小电压极化时，测出该电池的表观“阻力”，就可以根据这种阻力计算腐蚀速度。这个表观阻力由流过的电流和施加的电压所确定。在许多环境中，此阻力与腐蚀电流成反比。一名操作者利用不太贵的仪器，就可以进行逐点测量。也可以设计出较复杂的测量装置，连续记录多探头的数据。

此种技术的测量既简单又迅速，因而可以对腐蚀速度进行有效的瞬时测量，这有助于解决诊断问题，使人们能够获得腐蚀速度与工艺参数的对应关系。同时，连续测量可以向信息系统或报警系统提供依据，以帮助压力容器的操作人员。

极化阻力技术已经用于压力容器的各种使用环境中，包括范围广泛的工业金属-电解液组合。该技术还经常用于实验室研究，包括对缓蚀剂系统进行筛选。总的说来，它的应用局限于液体，但最好是在电阻率小的介质中使用。因为，在高电阻率的电解液中，测量结果包含有一个电阻分量。这种误差通常可以修正，但其他的可能误差不太容易处理。例如，除了腐蚀反应之外，若还可能发生其他电化学反应，这时，该技术测量的就是所有电化学反应的总速度，而这些其他的电化学反应却可能与腐蚀速度无关。

这种技术通常局限在预期发生均匀腐蚀场合下使用，如果会发生点蚀或其他形式的局部腐蚀就很难适合。腐蚀产物膜也有可能带来问题，其问题的确切性质与仪器的具体性能有关。极化阻力技术产生分析误差的原因与所造成的影响及限制该项技术应用的先决条件是使用环境必须是一种电解液，但在更大程度上它更限制着该技术的应用。尽管如此，极化阻力技术实际上已被广泛的成功经验所验证。

② 监测仪表

a. 简单电路　可以利用简单的电路来进行可靠的极化阻力测量，包括恒流法和恒电位法两种测量电路。恒流电路使用了一个高阻值电阻，与直流电源串联以在工作电极和辅助电极之间产生恒定的电流，流过的电流由电流表测出。电位器用来补偿工作电极和参比电极之间的静止电位，这样就能允许极化测量时工作电极电位在小范围内变化而不致影响精度。这种方法的缺点在于，如果所选择的电流太大，工作电极被极化远超出10mV，就会妨碍对腐蚀速度的精确测量。在恒电位电器中，低阻值的电阻跨接在直流电源两端，只要工作电极和辅助电极之间探头上的电阻比低阻值电阻大得多，就能给出稳定的电压。可以再次利用电位器来补偿。调节低阻值电阻，可得到电压 ΔE，将它施加给工作电极，可将工作电极的电位控制在所需的数值上，使回路电流很容易测量。

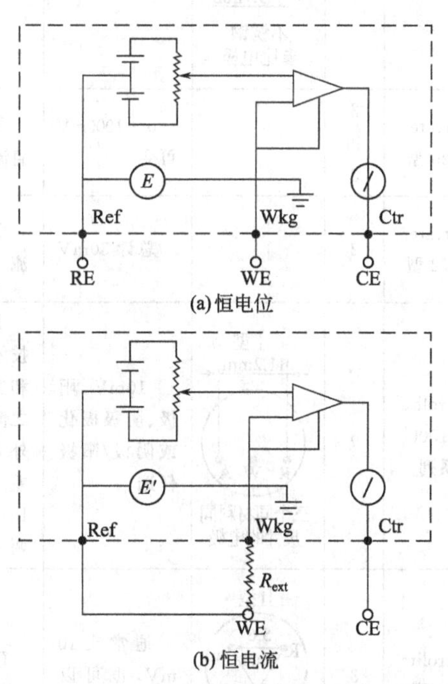

图 8-6　用恒电位仪进行极化阻力测量的线路图
Ref、Wkg、Ctr 分别为仪表上的参比电极、工作电极、辅助电极端子；RE、WE、CE 指的是实际电极的接头

测量用的简单电路还可以利用恒电位仪来产生。正如图 8-6（a）所示那样，恒电位仪可以直接与三电极系统连接，以便使工作电极极化并直接测量电路电流。在这个例子中，恒电位仪优先作恒电位使用。在图 8-6（b）中，恒电位仪则用于恒流电路的测量。可变的外电阻 R_{ext} 放在工作电极臂，并与恒电位仪参比电极端子跨接，利用此电阻 R_{ext}，来控制通过工作电极的电流。

b. 商品仪器　已经有大量用于极化阻力监测的商品仪器，其中有些比较适合于工业应用。表 8-3 归纳了最普通的仪器的特性。

表 8-3 极化阻力测量用商品仪器

名称及型号	电极数目	电极结构	施加电压 ΔE	电路类型	电源	用途	量程[①]	备注
Corrater 1110 型	2	Ⅰ型 9.5mm 两个同材料同尺寸的电极	总计 30mV	换向直流,周期 60s	115V,50/60Hz;230V,50/60Hz	实验室/工厂	0～1000 六挡	内装记录仪输出,控制和报警输出
Corrater 1130 型	2		总计 30mV	换向直流	115V,50/60Hz;230V,50/60Hz	实验室/工厂	0～10 0～100	记录仪输出,控制和报警输出
Corrater 1100 型	2 和 3	Ⅱ型 R W A 5.7mm 不锈钢参比电极	0～50mV 可变	换向直流,周期可变	电网	实验室/工厂	0～1000 四挡	两种全工作日运行仪表。双通道,带控制和报警输出。本身防爆安全符合美国规范
Corrater 1120 型	2 和 3		0～1000mV 可变	手动换向,直流	2 个 9V 电池	手提式,实验室/工厂	0～1000 六挡	可以阴极极化和阳极极化
Corrater 1172 型	2		总计 30mV	非换向直流	4 个 4.5V 电池	手提式,实验室/工厂	0～10 0～1000	
Petrolite M1000 系列	3	Ⅰ型 11.2mm R W A 三个同材料同尺寸的电极	10mV 阳极、阴极极化或阴极/阳极任选	用 PAIR 技术在参比和实验电极之间施加额外的 10mV 差。时间在 1～30min 可调	有 110V、60Hz 专用部件	实验室/工厂	0～1000 十挡	可用到 1MΩ·cm 的电阻率、M-1,010-CI 可有 10 个测点
Petrolite 103 型	3	Ⅱ型 R 5.6 mm ω A 三个同材料同尺寸的电极	通常 ±10mV,也可以 ±200mV	PAIR 技术	6V 镍蓄电池	手提式,实验室/工厂	0～1000 六挡	可用到 1MΩ·cm 的电阻率、记录仪输出
Petrolite 210 型	3		±10mV	PAIR 技术	3 个水银电池	工厂	0～1000 八挡	可用到 1MΩ·cm 的电阻率
Petrolite 212 型	3		通常 ±10mV,也可以 ±140mV	PAIR 技术	2 个碱性电池	实验室/工厂	0～200 十挡	可用到 1MΩ·cm 的电阻率

续表

名称及型号	电极数目	电极结构	施加电压 ΔE	电路类型	电源	用途	量程①	备注
Petrolite M-2000 系列	3		±10mV	PAIR 技术	有 115V/60Hz 专用部件	实验室/工厂	0～20 0～200	数字式读出，两个探头输入，记录仪、报警和控制输出
Waverley CM471 型	3	所有电极不需用相同材料，也可用实验室型参比电极	在漂移的 E_{corr} 附近恒电位控制 ΔE +5V～−5mV	恒定的 10Hz 方波交流电位	240V/50Hz 或 115V/50Hz 或电池	实验室/工厂	0～1000 $\mu \cdot mV^{-1}$，四挡，根据电流测量刻度	通常有图形记录或数据记录器输出。可进行数字式显示。可用到 1MΩ·cm 的电阻率
Corrovit	3	不规定	±1.25～±125mV 阶梯形或 10^{-3}～10^{-1} Hz 三角形	恒定电位。也可 25nA～125μA 恒流	240V/50Hz 或电池	实验室/工厂	25～125μA	可用外部讯号发生器驱动
Polarotron	2 3	相同的电极 甘汞或银-氯化银参比电极	0.25～1.0 Hz，最大±6 mV 方波或直流	恒流或交变电流	220V/50Hz	实验室/工厂	0～150kΩ 十挡	图形记录仪输出
Corrosim-ro CSOI100/3 型	3	标准电极为同种材料，或用其他参比电极	±10mV 可调	恒电位	电池	实验室/工厂	0～10 mm·a^{-1} 四挡	与地绝缘的电路

① 除另外注明者外，都按钢计算，单位为 mil·a^{-1}。

注：图中，R—参比电极，W—工作电极，A—辅助电极。

这些仪器还可以给出“点蚀指数”，这是通过变换 ΔE 的极性由电流数值的不对称性导出来的。其重要性将在误差来源一节中叙述。虽然，如果不加选择地应用点蚀指数，有时是不可靠的，但有时候却可以用它作为点蚀或其他形式局部腐蚀损坏的定性指示。

所有型号的仪器一般都采用两电极探头或三电极探头工作，三电极型的探头只当溶液电阻率（Ω·cm）和腐蚀速度（mil·a^{-1}，1mil=25.4×10^{-6} m）的乘积超过 250000 时才需要。如果乘积超过 10000，采用两电极探头就需要用校正曲线。

c. 探头设计　极化阻力测量用的探头可以是两电极型。两电极型探头通常采用相同的金属电极。在两极间施加的电压 ΔE 可达 30mV。所施加的电压常常换向，周期约为 1min 或更长，有时可采用直流信号。换向有助于防止电极被极化而偏离自腐蚀状态，否则，电极偏离自腐蚀状态会形成原电池。这个探头和三电极探头一样，由供应极化阻力仪器和附件的商业公司供应。

三电极商品探头有两种类型。在这两种类型中，探头的结构与实验室进行恒电位研究时的方式相类似。其中三个电极分别起工作电极、辅助电极和参比电极的作用。在第一种类型探头中，所有三个电极都用所研究的金属材料制成同样的尺寸。工作电极不是被阳极极化就是被阴极极化，典型的极化值是偏离材料的平衡电位 10mV，这个极化值是相对于同种材料作参比电极时的测量值。辅助电极的作用是为了能让电流通过工作电极。第二种类型的电极探头与第一种的差别在于参比电极不同于工作电极和辅助电极。在商品型探头中，参比电极多半用铂或不锈钢作为一种氧化还原电极，或者用银-氯化银电极以便与氯离子相对应。对于工业研究，参比电极更多采用不锈钢或银-氯化银电极。

采用两电极探头时测量误差要比三电极探头小，但在低电导介质中，两电极探头可能产生明显的 *IR* 下降。如果知道电解质电导常数，那么，可以对 *IR* 降加以校正，从而测量出腐蚀速度。有时候也可以用商品仪器所提供的线图来进行换算。三角形结构的三电极探头有助于减小 *IR* 降，但是，和采用两电极探头一样，在高电阻率介质中，如大于 10000Ω·cm，使用时也应该小心。然而，并不能规定一个电阻率阈值（见误差来源一节）。

d. 实际应用　极化阻力法和电阻法一样，在非常广泛的环境中，已经得到成功的应用，但要列出有关的金属-环境组合是不切实际的，这种方法和电阻法类似，使用时，感受元件通常都是一个插入压力容器内的探头。电阻法中有关探头位置选择的原则对极化阻力技术也是适用的。这种技术同样会因探头元件和压力容器材料的冶金条件之间的差异而容易产生误差。并且，这种技术也容易因探头的流线形状与生产装置不同而产生误差。但不应该过分强调可能存在误差的重要性；这种误差常常很小，从实用上看，所需要得出的测试结果只是大致的腐蚀速度。因而，存在较小的误差也是允许的。

极化阻力技术要求使用介质是一种电导率较高的电解液，并且，在给定介质中，预期金属只发生全面腐蚀时，此技术才适用。

e. 误差来源　造成极化阻力测量误差的原因很多，其中，有许多是相互影响的，可归并到最终误差中去。

• 理论误差　极化阻力测量的 ΔE 应该小，通常≤10mV。严格说来，只当 $\Delta E=0$ 并且极化曲线的斜率是在腐蚀电位处测量时，Stern-Geary 关系式即：

$$\left.\frac{\Delta E}{\Delta I}\right|_{\Delta E\to 0}=\frac{b_a b_c}{2.3 i_{corr}(b_a+b_c)} \tag{8-5}$$

在数学上才是正确的。在 0～10mV 或 30mV 范围内的极化曲线，事实上普遍呈曲线关系，而在商品仪器中，常常假定它呈直线关系。对数据这种所谓“线性化”，在极化阻力测量时就可能导致误差，因而腐蚀速度也有误差。曲线线性度带来的可接受的偏差，这曾经是并仍然是争论很大的课题。线性区域的范围取决于 b_a 和 b_c 的相对大小。如果两参数都大而相等，就可能获得一个大的线性区域，对于某些体系，它可以扩展到 60mV。然而，当这两个塔菲尔斜率中的一个比较小而与另一个显著不同时，线性区就可能相当小。因此，对于两电极探头来说，因极化曲线的弯曲而产生的误差普遍小于三电极探头。

只有当金属的溶解反应和与此相平衡的阴极反应是唯一的一对反应，并且是在腐蚀电位下以很大的速度进行的，Stern-Geary 关系才是正确的。这就是说，腐蚀电位应该既不靠近腐蚀半电池反应的可逆电位（E_0），也不靠近其他干扰反应的可逆电位，否则，必须把其他氧化还原电流考虑到平衡条件的推导中去。应用极化阻力法测定时，如果存在其他氧化还原电流，就会导致 R_p 值降低，因而使“腐蚀速度”偏高。关于腐蚀电位靠近可逆电位造成的误差，这里介绍一个典型的例子：如果 $E_0-E_{corr}=26$mV，则所造成的误差大约是 20%，愈靠近可逆电位，相应产生的相对误差愈大。

在强氧化还原系统中，氧化还原反应的氧化电流和还原电流要比腐蚀反应的电流大得多。在这些环境中，当腐蚀电位接近氧化还原反应的可逆电位时，Stern-Geary 关系就不正确。有时候，如果工作电极的电位接近惰性电极诸如铂或钝态不锈钢的电位，就可以判别出这时存在有氧化还原体系。

Stern-Geary方程式是基于活化作用控制的腐蚀反应而推导出来的，在此方程式中，塔菲尔斜率b_a和b_c与腐蚀反应的活性控制有明显联系。为了从R_p测量计算腐蚀速度，需要知道极化阻力常数B中的b_a和b_c值。

由式（8-5）可推导出

$$\left.\frac{\Delta E}{\Delta I}\right|_{\Delta E\to 0}=R_p=\frac{B}{i_{corr}} \tag{8-6}$$

由式（8-6）可知，要准确地测定腐蚀速度，重要的是有可靠的B值。从理论上看，在室温下，对各种金属溶解机理来说，典型的b_a值是0.030V、0.040V、0.060V或0.120V；对不腐蚀或钝化状态来说，b_a是无穷大。因此，对于析氢的酸性条件来说，b_c的理论值是0.120V，对包括不搅拌的中性充气溶液中所谓氧还原的扩散控制来说，b_c的理论值接近无穷大。因此，B的理论估算值可能在0.010～0.052V之间变化，正如表8-4中所示的计算值。所以，可以看出，即使采用最不理想的理论计算B，求出的腐蚀速度与真实值相比，至多相差5倍。事实上，已记录到的B值约90%是在0.012～0.040V的范围内，有70%是在0.012～0.030V的范围内。这样，建议采用大约0.018V的计算值，就可以将误差范围缩小，使求出的腐蚀速度与实际值相比，只相差2倍。对于商品仪器和实际使用来说，在没有更可靠的计算依据时，常常假设B值在0.015～0.020V之间。在大多数的实际使用中，特别是工业监测，为了解释和估计压力容器的腐蚀状况，测量值与实际值之间相差2倍是不大的。

表8-4　常数B的计算值　V

b_c	b_a				
	0.030	0.040	0.060	0.120	∞
0.120	0.010	0.013	0.017	0.026	0.052
∞	0.013	0.017	0.026	0.052	—

Stern-Geary关系式总的正确性已由Stern和Weisert研究分析各种各样的腐蚀系，包括镍在HCl中的腐蚀，钢和铸铁在酸和天然水中的腐蚀验证。

• *IR*降。如果所测量的b_a和b_c值由于*IR*降和浓度极化的影响而不符合塔菲尔关系，那么Stern-Geary关系式就不正确，并将测量到错误的腐蚀速度。但如下的特殊情况例外：由于钝化行为，b_a不符合塔菲尔关系，因而$b_a\to\infty$时；当b_c不符合塔菲尔关系，而阴极反应由于所谓氧的扩散而处于扩散控制下，并且$b_c\to\infty$时。在这两种情况，Stern-Geary关系仍然正确，并表示如下：

$$\left.\frac{\Delta E}{\Delta I}\right|_{\Delta E\to 0}=R_p=\frac{b_c}{2.3i_{corr}}\text{（钝态金属 }b_a\to\infty\text{ 时）} \tag{8-7}$$

$$\left.\frac{\Delta E}{\Delta I}\right|_{\Delta E\to 0}=R_p=\frac{b_a}{2.3i_{corr}}\text{（阴极扩散控制 }b_c\to\infty\text{）} \tag{8-8}$$

当然，在上述关系式中，甚至在更为完备的Stern-Geary公式中，对b_a和b_c值估计粗劣或数值错误，都将会在腐蚀速度中产生直接误差。因此，估计B值为0.018V时，一般求出的腐蚀速度与实际值相差小于2倍。

• 实际应用的局限。极化阻力技术只能测量试验电极上正在发生的腐蚀过程，不能测量压力容器材料本身的行为，将电极制成压力容器的一个部分，如压力容器中被绝缘的管件，可以解决这个问题。在导电性很差的介质中，由于溶液*IR*降的缘故，会使测量的腐蚀速度产生很大误差，除非进行补偿。溶液的欧姆电阻R_s附加到极化阻力R_p，得到的总阻R_T表示为：

$$R_T = R_P + R_S = R_P\left(1+\frac{R_a}{R_P}\right) \tag{8-9}$$

从这个关系式可以看出，为了尽量减小 IR，R_S 必须明显小于 R_P，所以，即使在电阻小的溶液中，如果该系统的 R_P小的话，误差仍然是明显的。因此，要确定一个电阻率的阈值（超过此值时 IR 降就明显）是不可能的，除非 R_P已知。这种方法不能用于定量局部腐蚀如点蚀、晶间腐蚀或应力腐蚀破裂。有时候，不对称的阳极和阴极 R_P测量结果可以表明间断的局部腐蚀反应正在发生。然而，当 b_a和 b_c明显不同时，不对称的读数也可能是由于极化曲线弯曲造成的。因此，这种不对称的读数只能看做是局部腐蚀可能正在发生的一种迹象。

假设试验电极是均匀的，即单相金属，但腐蚀可能高度局部化，特别是在多相合金的情况下。对于这样的局部腐蚀，在上述测量腐蚀速度的仪器中，并不能加以校正。对于在压力容器中采用诸如双金属耦接效应来控制压力容器腐蚀的情况，也不能根据探头电极的测量来评价其效果。

腐蚀膜的存在可引起 IR 降，但是却引入了一个假电容 C，该电容产生的时间常数 R_PC 非常大，以至于不可能对工作电极进行稳态极化的测量。在这种情况下，进行交流极化阻力测量或交流频率相关测量以确定充电特性也许更为成功。

• 其他局限。

稳定性。需要注意，在某些体系中，进行极化阻力测量期间工作电极的电位可能变化很快，因而，此电极可能产生很大的表面变化而导致测量无效。在工业应用中，使用非平衡电极如铂和不锈钢作参比电极时也可能发生类似现象。因为氧化还原反应不可能很稳定，电位干扰可能产生。此外，如果仪器的响应时间不够快，控制工作电极过电位的能力差，也会使测量结果不正确。

阻抗。用于极化阻力测量的仪器，其输出阻抗应明显小于电解池阻抗。

波形。误差还可能是由于波形，特别是频率而产生。为此，需要作出选择，应该使用较低频率（小于 10Hz）来测量用通常措施进行测量而无效的体系。极化电源为交流时，测出的电压是均方根值，所以，交流技术与直流极化阻力技术不同。宁可采用方波而不用正弦波，以避免快速检查波形的困难。最好让波形在腐蚀电位附近换向，以便使电极处于平衡的腐蚀条件下。

必须采用小电极以避免提高电解池容量。测量仪器必须有较高的输出容量，以满足电解池需要。

这些局限性，除了尖峰脉冲波形外，通过选用正确设计的仪器可以很容易地避免。

（3）电位监测技术

① 原理　电位监测已在阴极保护系统监测中应用多年，管道-土壤电位监测的应用就是一个标准实例。阳极保护也与电位测量有关，它利用电位测量结果通过反馈线路直接控制保护电流。

由于进行精确的电位测量会遇到一些实际困难，因此，只有当腐蚀行为对绝对电位的微小变化不很敏感时，电位监测才最有效。例如，某种给定类型的腐蚀行为与特性电位相关的范围至少要有 25mV 宽。如果相应的极化曲线形状已经知道，并且，电位处于阳极极化曲线或阴极极化曲线比较陡峭的区域内，那么，这种监测方法还可以用来估算腐蚀速度。在很多实际情况下，包括电阻法和极化阻力法不能采用的某些重要场合。

上述应用所涉及的材料在操作环境中的电化学特性已知，通过电位监测还能推断腐蚀形态所确定的那些特性。在这方面，极化阻力测量与电位测量结合使用就特别有成效。

作为一种腐蚀监测技术，电位监测有其明显优点，它是能从压力容器本身得到快速响应的方法之一，也能用来测量插入压力容器内的试样。在工厂条件下，可以监测一批试样从而筛选一些材料。电位测量技术并不局限在预期出现均匀腐蚀的场合。它还有另外的优点，即不需要特别仪器，利用通用的仪器就能设计出临时性测量装置。

与通常情况下电阻测量和极化阻力测量相比，这种技术的主要缺点在于，它需要更深入地了解所研究的体系并需有腐蚀的专门知识。虽然由于这些基础知识逐渐丰富，这些缺点已经变得不太重要，但在一种新应用中，最初仍需要有一定的专门知识。电位监测除了用于阳极保护和阴极保护系统以外，在许多情况下还用来对腐蚀问题进行诊断。如果需要，可以在腐蚀或材料专家的指导下，利用较复杂的技术，模拟压力容器的条件，进行实验室研究，以便为解释测量结果提供所需的背景数据。电位测量已经成为许多非常成功的永久性测量装置的基础。其部分原因，是所得来的信息可以很方便地利用那些本来为其他应用而设的常规控制室仪表进行显示和记录，因而很适合报警和控制的需要。

② 监测仪表　最早的测量仪表是类型繁多的市售电子电压表或 pH 计。这种仪表通常带有输出装置，能与记录仪连接，而且，将电压表与多点记录仪组合起来以记录来自一系列电极的电位信号，或者设计更复杂的测量装置都很简单。

③ 探头设计　探头的结构型式一般要求并不严格，这只是作为一个参比电极，以便对压力容器或所暴露的试样进行测量。市售的极化阻力探头常常可以直接应用，采用不同的材料也可以。某些为阴极保护或阳极保护而设计的参比电极可从市场购得，供分析仪器用的电极有时可以使用。如果在绝缘上能满足要求的话，也可以利用在压力容器中已有的各种不同金属作电极。

考虑测量装置的时候，最关键是选择参比电极。其目的是选择一种在所研究的环境中既坚固而又非常稳定的参比电极。适合工厂应用的准确的参比电极可从市场购得，这些电极相当坚固耐用，但在使用中容易受沉淀物的影响而造成误差，还有一些其他的误差根源，除非绝对电位的精确测量相当重要，否则，通常不推荐使用这些电极。

常常可以选择到一种参比电极，使电位测量受局外参数的影响尽量减小。有关特殊用途参比电极选择问题的评价下面再进行介绍。事实上，很难提供一般性指导以外的其他建议，而且，参比电极的选择并非在任何情况下总是那么容易作出决定的，认为简单地考虑一下已知事实，就能确定最佳的参比电极，是不现实的。

对各种候选材料进行探索试验是有效而实际的方法。将这些材料制成棒状或丝状样品，通过一个盲板安装到压力容器内部，采用简单的绝缘密封装置常常能够设计出临时性的结构，再利用多点记录仪即可得到以压力容器为比较对象的每一种候选材料或试验样品的电位时间曲线。试验持续几天之后，一般就会得知哪一种参比电极给出最合理的答案。此外，用其他方法比较候选材料的行为也是有益的。在工厂条件的范围内进行模拟的实验室探索则是一种不太令人满意的替代办法。

④ 电位监测的应用　电位监测的应用比电阻法或极化阻力法更加多样化，所以，对这种方法的使用以及误差来源的分析，最好的办法就是对电位监测应用的几个主要领域分别进行研究。

a. 阴极保护和阳极保护。利用铜-硫酸铜电极测量埋设管线以及诸如此类的构件在土壤中的电位，以便监测阴极保护系统。这项工作的主要目标就是检查管-土壤电位是否处于所埋设钢材的有效保护范围之内，而过保护又不会发生。过保护是不希望的发生的，因为这样耗费电能，并且，保护覆盖层或基底金属往往还会受到损伤。电位测量还可用来估计受保护的一些构件之间或者保护系统与在其附近的非保护构件之间的相互影响。

参比电极主要由浸在硫酸铜溶液中的铜棒构成，通过多孔软木塞与土壤接触。

在阳极保护中，电位监测相当重要。可以获得良好保护的电位范围虽然较大，通常达到约 1000mV 以上，但是，保护过程中保护电流不希望中断。持续性的控制装置通过电位测量对系统的保护状态作出指示，控制报警系统，并对保护电流进行自动调节。甘汞、氯化银或汞-硫酸亚汞参比电极一般都通过一个类似多孔软木塞的东西与操作介质分开。这些电极也容易发生上述的问题。使用时，不希望电解液通过多孔塞而流动，否则有造成污染的危险。金属参比电极可以避免这些问题，因而常用。

无论是阴极保护系统还是阳极保护系统，由于电位的安全范围很容易确定，而且可以根据电流是否超出其通常范围来判断异常现象，因此，进行常规监测并不需要专门知识。在阴极保护系统中，参比电极的位置通常并不十分关键，除非该系统的几何形状复杂，使得电位分布不均匀，或者，工作的目的是为了确定是否已经得到均匀保护。进行阳极保护时，重要的是找出最适合于控制的最高、最低或中间电位。

b. 指示系统的活化-钝化行为。电位监测是通过大范围的电位测量，判断压力容器材料的活化和钝化状态。图 8-7 是伊文思原理图，表明奥氏体不锈钢在近似中性或酸性溶液中的极化曲线，由于氧的还原反应，可能存在两个稳定电位 S 和 T。在钝化状态（交点 T）下，腐蚀速度通常很低而可以接受，但在活化状态（位置 S）下，腐蚀速度要大得多，这就是令人关切的原因。无论是对试验样品还是对压力容器本身，电位监测都可以很容易地指出它们是处于活化状态还是处于钝化状态，这种信息通常已经足够了。假如实际的极化曲线形状已经知道，甚至只是大约知道，或者，如果从其他资料知道了可能要出现的腐蚀速度，那么，就可以估计出实际的腐蚀速度，从而估计总的腐蚀。

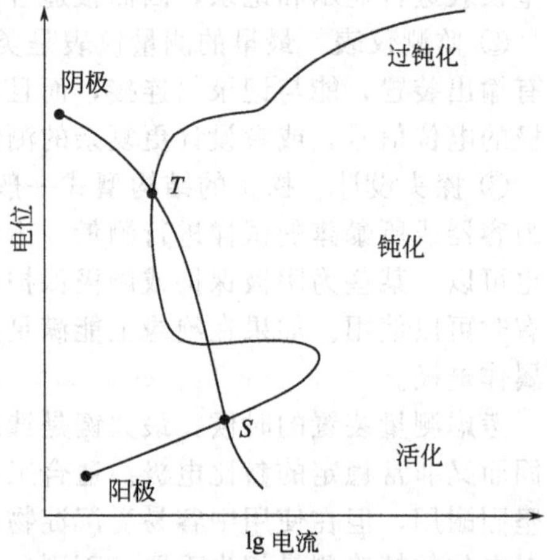

图 8-7　不锈钢样品的伊文思原理图（表明具有两个稳定的腐蚀电位 S 和 T）

不锈钢、镍合金、钛、钽和类似的金属在许多酸性溶液或中性溶液中，某些其他金属包括碳钢在内，在接近中性的溶液中，特别是如果存在有阳极性缓蚀剂时，都可以出现这种活化-钝化行为。一般情况下，如果压力容器从活态变到钝态，预期电位变化可达几百毫伏。因而，测量的可靠性比每个测量值的精度还重要。因此，参比电极的选择是十分重要的，其目的在于找出一种参比电极，既坚固又耐用，并尽可能减少维修，而且在所研究的环境中具有足够的电位稳定性。

例如铂或镀铂钛在含有足够量的氧化性物质的介质中，起着氧化还原体系的作用，常可作为参比电极使用。钝化的不锈钢或钛表面也起着氧化还原电极的作用，并且像铂一样能反映体系氧化还原反应特征的变化。如果钝性破坏，则所试验金属的腐蚀速度增加，电位将偏离铂的电位，其值取决于腐蚀反应。由于与腐蚀无关的那些参数变化对电位测量造成的影响被减到最小，因而对与腐蚀有关的重要变化的测量灵敏度则明显增加（图 8-8）。不锈钢、钛或钽等参比电极已经用于氧化还原体系，在这种体系中，这些合金仍将是钝化的，但是不太稳定的合金可能就不是钝化的了。与此相类似，在 pH 容易发生变化的介质中，使用电位与 pH 有关的钨电极或锑电极

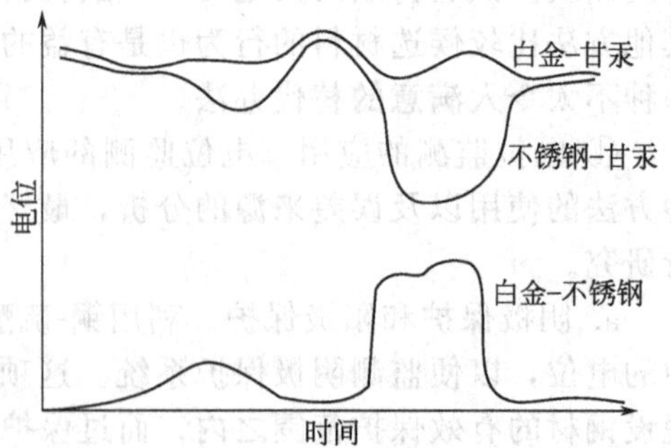

图 8-8　在充氧的硫酸中条件变化时不锈钢的电位-时间曲线

可以提高电位测量的灵敏度。通常试验样品的电位部分地由与 pH 有关的氧的还原反应或析氢反应所决定，并且，钝化区的低限也随 pH 值增加而向负方向变化。有时还可以采用施加一个小而恒定的阴极电流密度的方法，使铂电极起氢电极的作用，这时铂电极的电位偏离可逆氢电极电位，偏离的电位差已经知道。类似的铂参比电极已经获得应用。

在上述场合，试验样品相对于标准参比电极的准确电位值是多少并不十分重要，因介质组成变化而造成的相对的电位移动则是一个更为重要的判据。在其他情况下，使用能保持相当稳定的绝对电位的金属参比电极更令人满意。已经证明，在浓度较大的卤素离子或硫酸盐离子的介质中，银电极和铅电极很有效。在其他体系中还可以考虑其他电极。经验表明，只要环境特性适合，氧化还原电极或 pH 电极通常是最令人满意的。如果有问题时，建议进行探索性试验。

在酸性或碱性溶液中，电位监测一般可直接采用，并且很容易说明问题。在这些溶液中，金属往往是钝化的、活化的或者是活化-钝化的。并且，预期任何腐蚀都是均匀的。根据过去经验或文献资料，常常能预测材料重要的电位界限。此外，还可以通过实验来简单地确立各种情况下材料的电位界限。对于中性溶液，这种电位监测技术也是有效的。在这种溶液中，如果使用条件相同，但介质没有很好缓冲，需要考虑腐蚀过程可能引起局部 pH 发生明显变化，使得对结果进行解释以及确立“安全的”电位界限相当复杂。如果局部腐蚀有可能发生，或者，如果采用了混合性缓蚀剂，那么，对结果进行解释也比较复杂。使用简单的阳极性缓蚀剂，其行为通常都很明确，但如果使用现代的协同性缓蚀剂，即使金属已获得充分保护时仍然会建立活化电位。

参比电极的位置不像所想象的那样重要。在导电性比较好的电解液中，可以很明显地发现简单的钝化-活化行为，处于钝化状态下的金属表面上，电流密度很小。因此，这种体系具有良好的电流分散能力，在离参比电极意想不到的某个距离处金属钝性的破坏也能反映出来。在不太强的氧化性介质中，阴极极化曲线一般都是陡峭的，甚至当金属表面的几何形状并非特别有利时，感知钝性局部消失的距离也能达到 10m 或者更远。在强氧化性系统中，阴极极化曲线不太陡，分散能力减小，但是，无论以什么方法都不大可能使陡性发生破坏。同样，在活化条件下测得的电位只反应局部情况这个现象并没有想象的那么重要。在所研究的系统中，如果局部腐蚀不大可能发生，则金属发生从活化状态向钝化状态转变，或者相反，从钝态向活态转变时，这种转变通常会迅速波及整个压力容器表面。实际上，在任何情况下，重要的是确定该体系是否出现活化条件，而了解这种状态的程度或者受影响区域的大小则是第二位的。

c. 探测初期腐蚀。在上文所述简单的钝化-活化情况下，一般来说，电位测量值都明显地落在钝化区或活化区内。如果局部腐蚀不大可能发生，则压力容器的电位刚刚超出钝化区低限，这就意味着，此时的条件处于边界状态，钝性的破坏即将发生。例如，假如介质只有轻微的氧化性，那么，与氧化还原电极的电位相比较，压力容器电位负移大约小于 30mV，表明系统处于稳定的钝态；负移大于 100mV，表明处于活化状态；负移值为 50～100mV，就是钝性初期破坏的迹象。这一结论已经成功地应用于实践，其中，就是把 50mV 作为一个界限的。据此，可以知道是否需要在温度调节、酸度调节、缓蚀剂添加等方面采取措施。

另一种辅助方法是利用有关合金的电位差。在 316 型填料密封装置中设置一个 304 型不锈钢样品，或者，在钛-钯合金压力容器中放入样品纯钛可能是有利的。在这种情况下，试样不如压力容器本身耐蚀，因此，如果试样处于活化状态，而压力容器处于钝化状态，那就表明，此时的条件处于所涉及的两种合金的界限之间。假定这些界限与设备运行条件的范围相接近，就可以设计出有效的报警系统。

d. 探测局部腐蚀。压力容器的电位监测技术还可用来确定操作条件是否能导致局部腐蚀发生，有两种截然不同的方法。

方法一，氧化还原电极或者与 pH 有关的参比电极能令人满意地使用，在钝态和活态电位区之间存在显著差别，钝态电位对应于低的腐蚀电流，而活态电位反应大范围的全面腐蚀正在发生，所以，对应的腐蚀电流值很高。因此，介于活态与钝态之间的电位所对应的腐蚀电流就忽高忽低，极不稳定，这是一种瞬时状态。对于给定系统来说，这些有可能产生的局部破坏，往往只有一种较其他类型的腐蚀更容易发生，所以，通过电位探测局部腐蚀的系统还用于发生应力腐蚀、点蚀、缝隙腐蚀或冲刷腐蚀等的场合，但如果参比电极放置的距离较远，就很少能探测到局部腐蚀。

第二种方法实际上已证明是成功的。这种方法需要采用绝对电位能维持适当稳定的参比电极。某些类型的局部腐蚀，特别是点蚀和应力腐蚀破裂，只在特性电位区发生（见图 8-9）。因此，电位处在这个区间内就表示某种特殊腐蚀可能正在发生，如果电位处于这个区间之外，则这种特殊腐蚀就不可能发生。

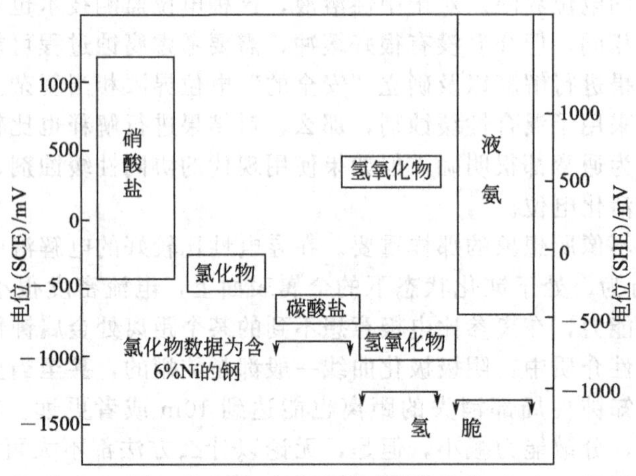

图 8-9 碳钢应力腐蚀破裂的电位区

e. 适用范围。电位监测最普遍的应用是阳极保护系统或阴极保护系统以及预期会出现简单的钝化-活化行为的场合。这些应用都较简单，一旦测量装置选定，安装并试验之后，需要的专门技术就很少了。为了利用该技术判断初期腐蚀或局部腐蚀，或者根据电位测量来设计控制系统，则需要有程度较深的专业技能，并且，既要弄清腐蚀行为还要弄清所监测的生产设备的性能。如果孤立地考虑问题，就会根据模棱两可的信息来做判断而可能出错，所以，还必须确定这些判断对所研究的应用是否适合。

尽管如此，在这类应用中，已经证明电位监测技术仍然是有效的。利用电位监测技术进行诊断时，所得的论断可能具有重大价值，基于这种方法而设计的永久性警报系统或控制系统已经获得应用。从经济效果来看，电位监测属于腐蚀监测中最成功的几种应用之一。

(4) 挂片实验

① 原理 判断某种环境对特殊材料的腐蚀性，最直观的方法就是将试件暴露一定时间之后，测量所产生的变化，这是挂片试验的基础，是一种最古老的腐蚀监测形式。它能适应人员和设备的能力，并能满足各种需要。可以建立综合性系统，使之能够在化工厂或炼油厂评价一般材料对全面腐蚀、点蚀、应力腐蚀破裂、氢脆等的稳定性。这种试验通常是长期性的，就试样位置而言，这些试验非常特别，腐蚀速度是总暴露时间的综合值。在一个给定容器内，一般情况下介质可能存在 3 种状态，即液态、气态和液-气态。在每一相中，将出现

不同的腐蚀速度。此外，由于冲刷、局部低速和温度差而引起的局部变化可以进一步影响读数。所以，只在管子中心装一个试验挂片是不够的，由此所得的数据与管壁腐蚀相比，其结果也许高 3 倍。可以专门设计能同时暴露许多挂片的试样架。除非所研究的内容是双金属效应，否则，通常要使这些试样彼此绝缘，也要使试样与固定支架绝缘。

② 挂片设备　挂片试验测量的是试样质量损失，为了提高精度，需要增大表面积对质量的比值。挂片可以取自圆片、棒、板或任何合适的型材，但边缘应该加工和磨光，以消除剪切操作产生的残余应力引起优先腐蚀。最好避免使用棒材，因为局部的端晶腐蚀常常改变腐蚀形态。将挂片进行适当热处理，可以模拟任何的金相条件，从而能够测定范围广泛的数据。加有应力的试样也可以进行挂片试验。采用挂片方法还能模拟缝隙条件或其他特殊条件。挂片安装前，所有的油脂痕迹、氧化物或其他污垢杂物都必须清除掉，为了改进重现性，表面磨光应该接近所提出的压力容器壳体或受压元件材料的表面，通常建议在 120# 金相砂纸上磨光，或者进行轻度的喷砂处理，但是酸洗表面可能更有代表性。

试样识别标识相当重要，标识应该打在受到试样固定架或塑料绝缘物保护的地方。暴露的标识受到腐蚀后可能消失，而且冲压在暴露面的号码可能激发材料的活性。试样最终脱脂之后，在安装前如果用手触拿，应该戴手套。

③ 安装　安装和取出试样固定支架只能在该压力容器物流被切断时进行，这就限制了此项技术的应用。但是，由于这一类试验通常都是长期进行的，所以，有可能作出某种安排，使检查时间与停车频率相吻合。否则，需预先安装一套旁路装置，并与适当的阀件相配合，这样，可以在压力容器运行期间装置试样。有一种装置，称为“热龙头”(hot-tapped)，允许与压力高达 69MPa（10000psi）的介质进行不停车连接，利用专利密封和填料，试样就可以根据需要进行安装和取出（见图 8-10）。

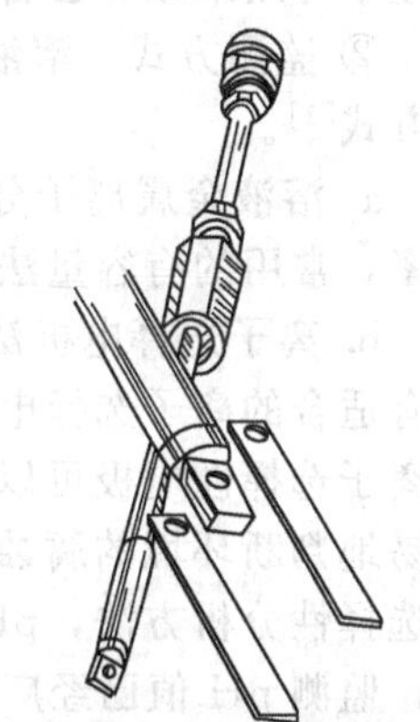

图 8-10　通过填料盖插入压力容器内部所用的腐蚀试样和固定支架结构

这种装置只限于采用较少的试样，但是，平行试样可以固定在中心支架上。无疑，这种“带压装取”能力可以缩短暴露时间，但是必须小心，要保证试验时间能够使试样达到稳定状态。一般说来，刚刚暴露的材料，其腐蚀速度随暴露时间迅速减小。因此，试验时间必须足够长，以保证所测定的腐蚀速度并非只代表初期的高腐蚀速度，除非这是一种特殊需要。下式可估算试验的持续时间：

$$T=\frac{50}{CR} \tag{8-10}$$

式中，T 为时间，h；CR 为腐蚀速度，$mm \cdot a^{-1}$。

④ 腐蚀评定　暴露试验后，应该小心检查试样，在清洗和称重之前完整地记录腐蚀产物的状态。所有积聚的腐蚀产物和脏物都应清除干净，可以用机械方法擦洗、刮净；也可以采用喷砂处理；或者用化学方法在溶剂中洗涤；或在缓蚀性酸或碱中清洗。在这个阶段，由于未被腐蚀的金属会损失或腐蚀产物除去不完全，可能引入一些误差。当试验时间短的时候，这种额外变重在总失重中占有一定的百分比，将会使测量结果的误差增大。根据失重数据和原始面积以及试验金属的密度，腐蚀速度由下式确定：

$$CR=\frac{\Delta w}{At\rho}\times 8.760 \tag{8-11}$$

式中　CR——腐蚀速率，$mm \cdot a^{-1}$；

Δw——试样失重，g；

t——暴露时间，h；

A——试样面积，m^2；

ρ——试样材料密度，$g \cdot m^{-3}$。

在简单的质量法腐蚀速度中，假设金属损失是均匀的。这种方法需要辅之以金相显微镜，以检查是否存在点蚀、晶间腐蚀、应力腐蚀破裂等局部腐蚀。

(5) 分析法

① 原理　在腐蚀控制中，化学分析的应用早已确立，尽管其中许多应用不直接监测腐蚀速度或腐蚀状态，但是，在一个系统内，已知的测量参数与可接受或不可接受的腐蚀过程有密切关系。因此，对发电站和工业炉燃烧产物所作的分析可以用来检查不正常燃烧所带来的潜在性腐蚀条件。在某些情况下，一氧化碳监测探头已经作为自动燃烧控制系统的一个部件而使用。为了保证蒸发期间不致因形成侵蚀性的化学物质（如过高的氧含量等）而使腐蚀性增高，为了控制所需要的水处理工序，锅炉给水普遍都有监测。分析频率和复杂程度取决于锅炉功率，但对于现代化的大型锅炉，需要进行极其严格的控制，连续测量被视作为一项重要参数。此外，监测冷却水的化学成分是动力厂和加工厂的例行操作，通过水分析可以自动地控制水处理过程和排污周期，可以控制注水系统的氧含量和 pH 值。类似的方法在油气工业中可用来减少套管和钻管的腐蚀。

② 监测方式　溶液金属离子分析法和离子选择电极法是监测介质条件、腐蚀产物的两种方式[3]。

a. 溶液金属离子分析法　通过测定腐蚀介质中所含的金属离子的方法来评价金属腐蚀速率，常用的有容量法和比色法等。

b. 离子选择电极法　它是一种以电位方法来测量溶液中某一特殊离子活度的方法，只要有适合的离子选择电极，就可以在腐蚀介质中测出被腐蚀的金属离子含量的变化。例如采用离子选择性电极可以方便地检测出腐蚀性粒子 Cl^-、CN^-、S^{2-} 等的存在，从而可以比较容易地判断环境的腐蚀性和求出金属腐蚀速率。采用玻璃电极测定溶液的 pH 值也是一种离子选择性分析方法，pH 值是金属电化学腐蚀过程的重要影响因素和化工生产过程的重要指标，监测 pH 值已经广泛地应用在化工生产中。

③ 分析法监测现状　在某种意义上，所有技术都是用分析方法避免已知条件造成不可接受的腐蚀速度来控制腐蚀的。在合适的环境中，特别是在化学工业和石油化学工业中，工艺物流的分析实际上是一种监测生产装置腐蚀的手段。通常，已经对工艺物流进行定期的化学分析，以便监视设备运行，保证各项技术符合要求。如果工艺物流中含有不应有的金属，指出这种金属的合适含量也非常简单和比较便宜。金属含量的任何不适当的增加，如铁含量的增加，可能表明样点上游铁构件的腐蚀增加。尿素装置常用尿素中的 Ni^{2+} 含量来检测装置的腐蚀。一种合金的所有组分在工艺介质中不可能都是可溶的，而且，在到达取样点之前，这些组分也许有选择地沉淀下来了。同理，工艺介质中不含有溶解金属也未必能保证压力容器不受腐蚀。同样，由于沉淀已经沉积下来，金属含量可能又重新增加。

尽管如此，通过分析工艺介质或废液的成分，可以了解溶解金属含量的变化，有时候，对工艺气体进行分析，可以测量由于腐蚀而产生的氢。因此，只要对结果进行解释时小心，这些分析方法都可能成为监测和控制腐蚀的有用的辅助工具。这种技术有可能提供贴切的数据，也有可能提供不出有关信息。但是，如果它能提供有关数据，这种技术就非常有价值。此外，还可以证明，如果有分析介质或产物所用的测试装置，那么，当考察某个腐蚀问题时，稳妥的做法就是检查一下分析数据是否合适。通常，这种技术不能指出造成腐蚀速度变化的原因，但是，大多数腐蚀监测技术也不外乎如此。

由上述得知，通过定期的例行产物分析最容易得到有关数据，这是最普通的做法。然而，对于诊断目的来说，或者，为了对腐蚀的任何不适当增加提供即时报警，如果环境适合连续监测的话，那么，分析方法是值得考虑的，即使这样要安装仪器设备，那也是值得的。通常，采用金属或离子选择电极就能解决这个问题。这种电极的输出信号和来自生产装置（包括压力容器）的任何低压电信号一样，可以通过相同的方式加以利用，如果信号合适，可以输入到控制系统去。其他监测技术显然更适合于初期调查研究，但将分析技术用于控制也是值得考虑的。假如发现一个合适的变量是个重要的腐蚀参数，那么，根据这个变量安装控制系统并维护其作用，也许比根据监测技术而使用的措施更容易，并且，用分析方法得来的数据对工艺操作人员查找原因可能是有用的。

(6) 氢监测

① 原理　氢气是许多腐蚀反应的一种产物，当阴极反应是析氢反应的时候，可以用这个现象来测量腐蚀速度。此外，阴极反应产生的氢本身能引起压力容器的破坏。吸氢产生的问题包括氢脆、应力腐蚀破裂和氢鼓泡，在化工厂和炼油厂、油井和输油管线以及某些化工过程装置都会发生这种问题。总的说来，这 3 种破坏都是由于钢构件吸收了腐蚀产生的原子氢或在高温下吸收了工艺介质中的原子氢。氢监测所测量的是生成氢的渗入倾向，从而表明结构材料的危险趋势。

氢探针有基于力学原理的压力型和基于电学原理的真空型两种。压力型氢探针（图 8-11）由一根细长的薄壁钢管和内部环形叠片构成。钢管外壁因腐蚀而产生的氢原子扩散通过管壳（1～2mm）进入体积很小的环形空间，在此处结合形成气态氢分子。扩散的氢量根据压力增加来确定，压力直接由压力计指示出来。为了达到最高灵敏度，重要的是使环形空间、连接管线和压力表内的体积尽可能小。压力型氢探针对有利于形成新生态氢的条件是敏感的，它在监测为防止钢发生氢鼓泡和开裂而采取的措施的有效性时，是很有用的。

压力型氢探针在低温和溶液中应用相当方便。当钢壳金属被氢饱和，扩散过程达到稳态时，可以开始有效地测量氢压，自安装完毕投入运行，可能需要 6～48h 才能达到稳态。

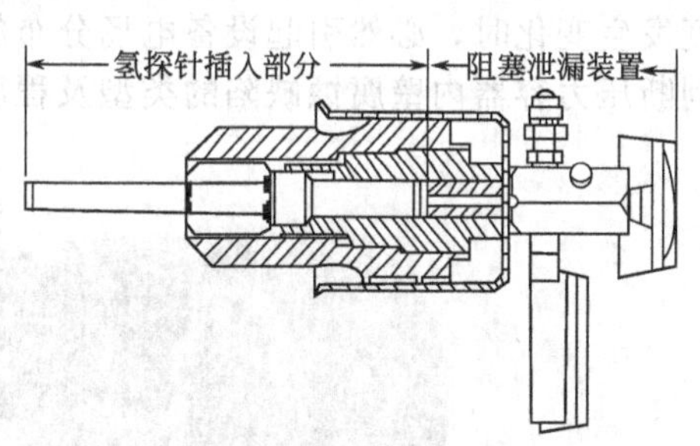

图 8-11　压力型氢探针结构示意图

真空型氢探针也是由一根钢管组成，其原理是，在外壁由析氢反应放出的氢原子，经扩散通过钢管壳后，在真空中离子化（$H \longrightarrow H^{+} + e^{-}$），直接测定其离子化的反应电流，即可计算出析氢腐蚀速度。这种真空型氢探针可用于酸性油田管道系统的腐蚀监测。

此外还有一种方法，即用电化学方法测定渗氢的探针。图 8-12 是一种基于电化学原理的氢探针。在氢探针内部装满 0.1mol·L^{-1}的 NaOH 溶液，用 Ni/NiO 电极（或其他可以提供稳定点位的电极）控制钢管内壁面的点位，使之保持在氢原子很容易离子化的电位。在探针前端装有一个由金属片制的试片（也可以用压力容器的器壁代替试片），试片内表面与 NaOH 溶液接触，外表面与腐蚀介质接触。试片外表面腐蚀生成的氢原子可以扩散通过试片而进入探针内部。在钢管内壁表面与 Ni/NiO 电极组成的原电池内，氢将在钢表面被氧化成离子。测量该原电池电流，可以求得从探针外部扩散通过试片渗入的氢量，由此可监测析氢腐蚀的强度。

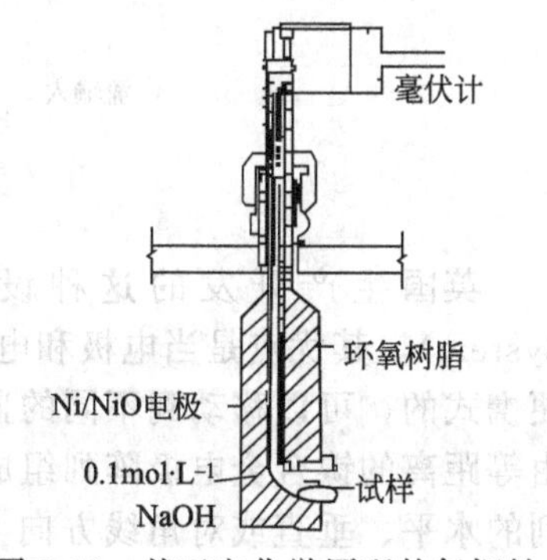

图 8-12　基于电化学原理的氢探针

氢探针可用于监测碳钢或低合金钢在某些介质（主要是含有硫化氢或氰化物等的弱酸性

水溶液，其他非级化性介质或高温气体）中遭受到的氢损伤，即氢裂、氢脆或氢鼓泡。氢探针反映的是渗氢速率，实际上测定的是表征全面腐蚀的总腐蚀量，但不反映孔蚀型局部腐蚀。虽然它的测量是连续的，但对腐蚀变化的响应很慢。氢探针不能定量测定氢损伤，但它是确定氢损伤的相对严重程度以及评价生产过程变化可能引起的氢损伤影响的一种有效方法。

② 氢探针的应用 氢探针可配合填料盖和密封阀使用，可在设备运行时装取。氢探针绝对不允许出现任何泄漏，探针长度可由被监测设备决定[4]。氢探针在炼油厂中是一种监视氢活性的有效手段，根据测量结果调整工艺参数和缓蚀剂的添加量，以防止产生氢损伤，防止碳钢在 H_2S 介质中发生开裂。氢探针还被成功地用于监测酸性油气输送管道、高压油气井及化工设备中的酸腐蚀。

使用氢探针时，如果发挥其最大优点，最理想的是氢探针应该能定量测量氢的传输。为此，可求出扩散壳的面积和环形空间的体积，再利用气体定律进行计算，以便将扩散气体的体积与观测到的压力增加联系起来，这种计算通常还需要进行温度校正。

氢探针可以设计成各种结构，包括固定式和可伸缩式。对于低压应用，这些氢探针可以通过专用的法兰或填料箱来装设，而在高压时，可通过出入接管，正像上述挂片试验部分所叙述的那样，这种结构允许在压力高达 70MPa 时进行插入和取出操作。

(7) 场指纹法监测技术（Field Signature Method，FSM）

① 原理 非破坏腐蚀监测法是一种新型的压力容器监测技术，它既能监测压力容器内腐蚀状况又不破坏压力容器本体完整性。目前，已经商用的该种设备是根据 FSM 原理进行研制的，其原理如图 8-13 所示。被监测设备上安装电极矩阵，并通入恒定电流，当管壁厚度发生变化时，必然引起设备电场分布的变化，通过监测电极间这种微小电位差的变化，来判断压力容器内壁腐蚀缺陷的类型及程度，以达到监测压力容器内腐蚀的目的。

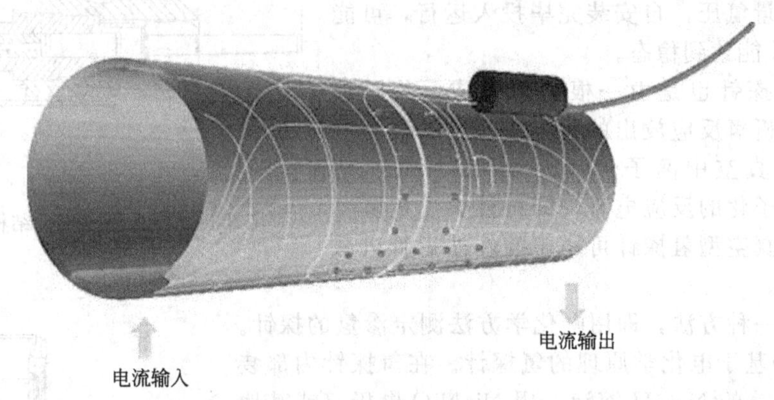

图 8-13 FSM 原理示意图

英国生产开发的这种设备称作便携式电阻系统（Portable Electrical Resistance System），其优点是当电极和电缆安装好之后，设备控制电极阵列的多路复用系统和电源是便携式的，可以移动到不同的监测位置。其结构示意图如图 8-14 所示，该设备的监测探头由等距离的镍合金电极阵列组成，电极阵列被焊接在压力容器被监测部位的外壁上。电极阵列的水平、垂直或对角线方向上的 4 个相邻电极同时用于输入 10～70A 强度的直流电流，并测量电阻，从而可以实现对所有相邻电极进行测量。同时，在监测部位的临近区域焊接一对电极对温度进行监测，以排除温度对电阻的影响。这种设备已经成功应用于电厂电站锅炉腐蚀以及圆周裂纹生长的监测中。

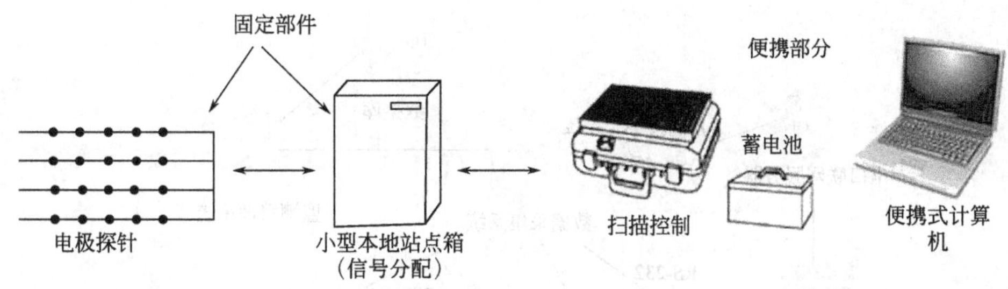

图 8-14　监测系统结构示意图

另一种美国商业用的 FSM 便携系统使用等间隔的电极阵列通过测量电压来达到监测的目的，但是该系统电流的输入点在监测区域之外，如图 8-15 所示。

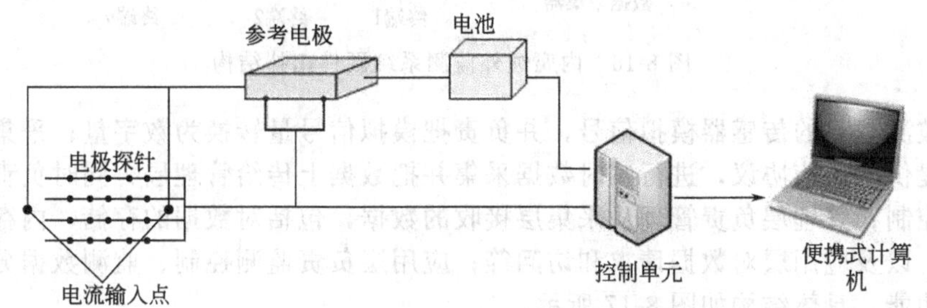

图 8-15　FSM 监测结构示意图

该系统与前者的区别是：只监测水平方向相邻电极电压的变化，并在压力容器外壁焊接一个参考板，以测得参考电压，用参考电压对电极阵列测得数据进行分类。这是因为该系统一般测量的极间电压降应不小于 100μV，这就要求输入电流使足够大的电压降达到采样精度的要求，因此，输入电流强度有时可以达到 350A，但这也造成了输入电流的有效精度很难控制，从而影响到测得电压的精度，因此提出了参考电压来解决该问题。通过将同时读取的电极间的电压值与参考电压进行比较，可以有效消除输入电流的不确定性。同时，参考电压也可以有效补偿由于温度引起的电导率的变化。

虽然，英国的系统和美国的系统的电流馈电、电池组和记录系统都是便携的，但是当大电流输入时，需要电缆的直径要足够粗，因此，仍然很笨重。

压力容器内腐蚀外监测技术有着诸多优点，既能保证压力容器的本体完整性又能达到在线监测的目的。但是，由于技术保密的限制，FSM 技术见诸的文献很少，该技术被国外公司所垄断，仪器购置安装费用不菲，且一些复杂的监测数据需传到国外公司进行分析，仍要花费高额的服务费用。因此，研制自有的压力容器内腐蚀外监测系统，对摆脱受制于人的局面，同时保障压力容器安全服役和延长服役寿命具有重大意义。

② 总体架构　内腐蚀外监测系统的总体功能是通过数据的采集、处理、分析，对被监测对象进行监控、测试，从而实现对压力容器壁厚腐蚀情况的监视测量，达到对腐蚀状态预警并及时采取防护措施的目的。图 8-16 为内腐蚀外监测系统硬件的拓扑结构。

将内腐蚀外监测终端监测设备安装在在线运行的压力容器外表面，采集到的监测数据经由以太网或其他通信设备上传到数据采集系统，由监测管理系统将数据进行分析处理，并对结果进行评价，对压力容器的危险等级进行评估，并上传存储至数据库。

在这一过程中，可以将内腐蚀外监测系统自下向上分为四层结构，即感知层、采集层、管理层、应用层。被测对象为实际应用中需要监测的压力容器位置。感知层对应数据采集设

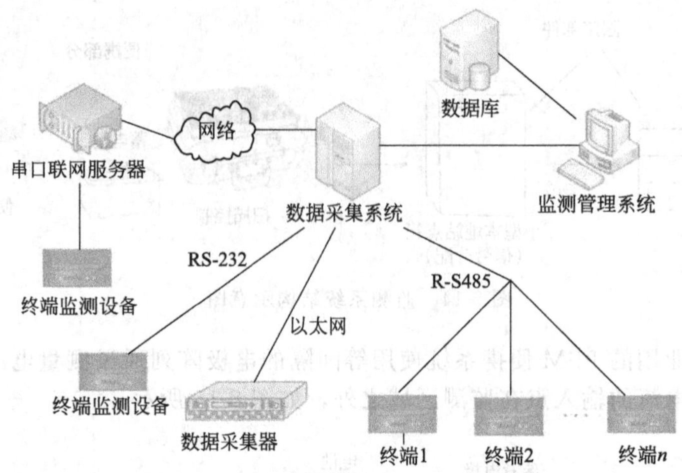

图 8-16 内腐蚀外监测系统硬件拓扑结构

备，获取被测对象的传感器模拟信号，并负责把模拟信号量转换为数字量；采集层利用数据采集设备提供的通信协议，进行实时数据采集并把数据上传给管理层，同时负责对数据采集设备进行控制；管理层负责管理从采集层接收的数据，包括对数据的存储，内存与数据库之间的调度，以及应用层对数据请求和访问等；应用层负责监测控制、监测数据分析，腐蚀状况评级等功能。具体结构如图 8-17 所示。

③ 监测终端硬件 压力容器内腐蚀外监测系统的关键环节之一是压力容器内腐蚀状况的检测和监测，这一任务由终端监测设备完成。终端监测设备由电源模块、测量模块、微控制器模块、存储模块和通信模块组成，其硬件设计的总体框图如图 8-18 所示。该系统中，测量模块用于待测信号的调理，并完成模数转换等；存储模块用于存储系统正常工作所必需的控制数据；通信模块完成应用系统与上位机的数据交换；微控制器是系统的控制中心，一方面控制测量模块完成对测量数据进行转换和校准，另一方面控制存储模块、通信模块的动作；电源模块为整个系统提供合适的激励电压。

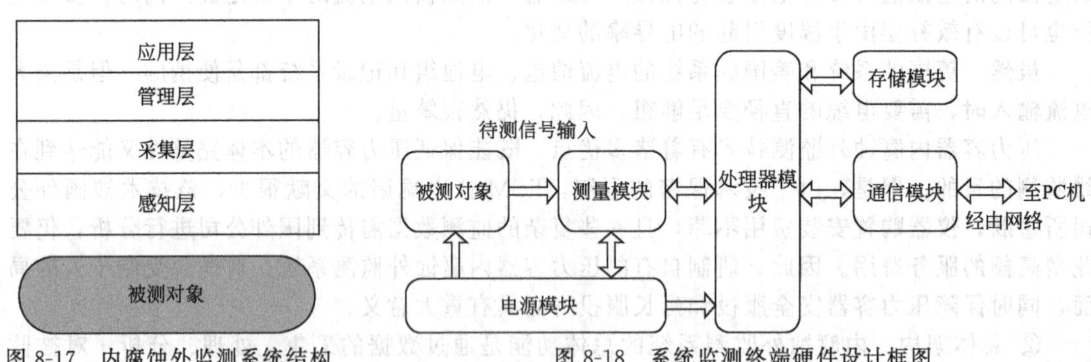

图 8-17 内腐蚀外监测系统结构　　图 8-18 系统监测终端硬件设计框图

a. 直流电压测量模块 由于内腐蚀外监测系统是安装在压力容器外壁上，即将电流加载在电阻率极低的金属导体上，利用电压的变化来判断压力容器的腐蚀缺陷，电压的变化极其微弱，一般在微伏级，因此，高精度的直流电压测量模块是本系统的重点，所有的分析数据皆基于此。

b. 电源模块 电源模块主要负责对数字以及模拟部分的供电以及提供一个高精度的电流源。但是，由于负载是电阻率极低的金属导体，为了保证极间电压的精确采集，输入电流不能过小，同时在极低负载下的持续大电流会使电源内阻以及被测对象发热，从而使电阻率发生变化，影响测量的精度，因此，电源设备应该具有较高的输出精度以及输出稳定性。

c. 模数转换模块　模数转换模块完成模拟量的数字化，负责连接模拟部分和数字部分。由于采集到的直流电压为模拟量，需要将再将所得到的直流电压量转换成数字量，然后再进行数字处理。这个过程称为模拟－数字（A/D）转换过程。在内腐蚀外监测系统中，模数转换的性能往往决定着直流测量的精度。所以，直流电压（DCV）的模拟量-数字量（A/D）的变换，是监测系统的重要组成部分和核心。本部分是低噪声、高分辨率的数字模拟转换器，具有更高的动态范围、更低的非线性度、更小的转化误差。

d. 处理器模块　作为测量系统的核心部件，处理器负责对整个硬件的控制，处理器的选择对整个系统功能的优化起着至关重要的作用。

e. 存储、通信模块　该模块可利用现有已成熟的存储、通信技术实现高效的采集运行。

④ 系统软件　监测软件通常包含数据采集功能和数据管理分析功能。数据采集软件负责与数据采集设备通信，获取采集数据；管理软件主要负责数据的管理、可视化等功能。数据采集系统作为监测系统的主要组成部分，必须实时、稳定地为测试管理软件提供数据，主要包括初始化设置、数据采集、数据处理、数据写入数据库 4 大部分。

数据采集系统还要实现与管理系统的通信，以便对数据采集开始及结束的控制。该数据采集系统在实时采集到数据、进行数据处理之后，还需实时向管理系统进行数据的传输，供管理系统实时绘制曲线以及以数据列表的形式进行数据的实时显示。管理软件通过软件界面，满足用户对监测数据的处理、可视化、查询、打印等需求，并辅助用户对监测数据进行分析。压力容器内腐蚀外监测系统数据的总体流程逻辑图如图 8-19 所示。

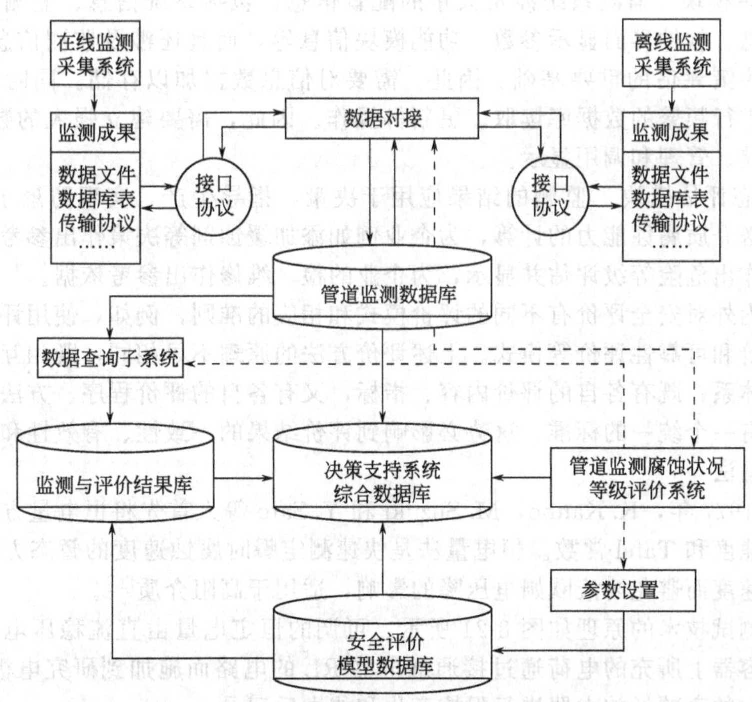

图 8-19　内腐蚀外监测系统数据流程逻辑图

压力容器内腐蚀外监测软件系统数据采集模块、监测模块、数据管理模块以及腐蚀状态评估模块几个部分模块如图 8-20 所示。

每个模块的研究具体分析如下。

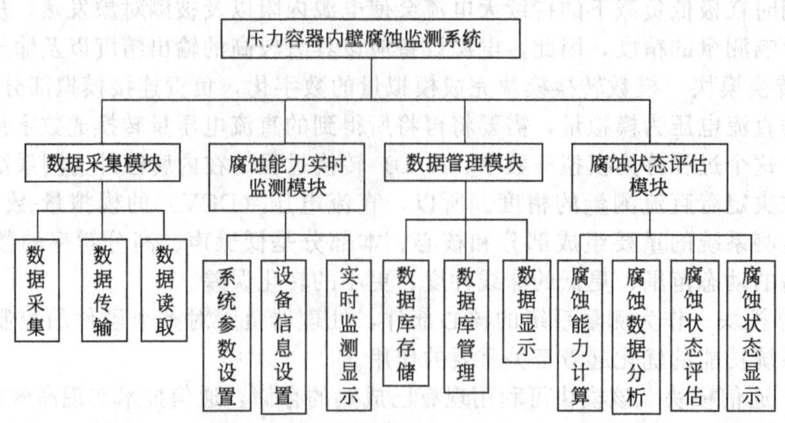

图 8-20　压力容器内腐蚀外监测系统功能模块示意图

a. 数据采集模块　该模块拟实现数据的采集，包括在线监测数据采集和离线监测数据采集，以及数据的传输和数据的读取。即实现前端采集数据与计算机之间的通信，将安装在设备的电极矩阵和采集到的环境腐蚀信息经由相应的设备转换为数字信号后传输到计算机软件系统。

b. 实时监测模块　该模块首先需要实现对设备相关信息参数的设定，例如外径、壁厚，材料的密度、各向异性系数、温度膨胀系数、弹性模量、泊松比等信息，以及系统相关参数的设置。并将采集模块上传的数据进行实时的分析处理，为后续的腐蚀状态评估做准备。

c. 数据管理模块　监测系统涉及大量的配置信息，包括系统信息、监测单元信息、终端电极阵列信息、软件界面显示参数、功能模块信息等，而且还涉及监测信息和监测数据，这些信息都是决策评估的重要基础。因此，需要对信息数据加以存储。同时，在运行过程中，软件需要进行频繁的数据库读取、更新等操作。因此，需要建立强大的数据管理模块，对数据进行存储、管理和调用显示。

d. 腐蚀状态评估模块　监测的结果应用于决策，指导生产，实现防患于未然的目的。该模块实现输送介质腐蚀能力的计算，为企业例如添加缓蚀剂等决策作出参考。并对腐蚀数据进行分析，作出危险等级评估并显示，为企业的检、维修作出参考依据。

目前，国内外对安全评价有不同的评价模式和相应的准则，例如，使用评价、风险性评价、完整性评价和可靠性评价等模式。上述评价方法的原理不尽相同，既相互联系、交叉和重叠，又自成体系；既有各自的评价内容、指标，又有各自的评价程序、方法和准则。安全评价工作还没有一个统一的标准，这势必影响到评价结果的一致性、有效性和准确性。

(8) 恒电量法

① 原理　1977 年，K. Kanno，M. Suzuki 和 Y. Sato 等人首先将恒电量方法成功地用于快速测定腐蚀速度和 Tafel 常数。恒电量法是快速测定瞬时腐蚀速度的暂态方法，它可以迅速测定低腐蚀速度而避免溶液欧姆电压降的影响，适用于高阻介质[5]。

恒电量法测试技术的原理如图 8-21 所示。可调的恒定电量由直流稳压电源对电容器 C 充电提供。电容器上所充的电荷通过接通继电器 RL 的电路而施加到研究电极 W 上，产生的电位阶跃和它的衰减经放大器进行阻抗变化和放大后记录。

应用恒电量法，可采用多种方法计算相关参数和数据处理，如作图法、最小二乘法和积分法等。

② 国内现状　湖南大学赵常就等人发展了恒电量技术，成功研制了 HJC-1 型恒电量智能腐蚀监测仪，该系统包括由阻抗变换器、放大器、自然腐蚀电位补偿装置等组成的恒电量

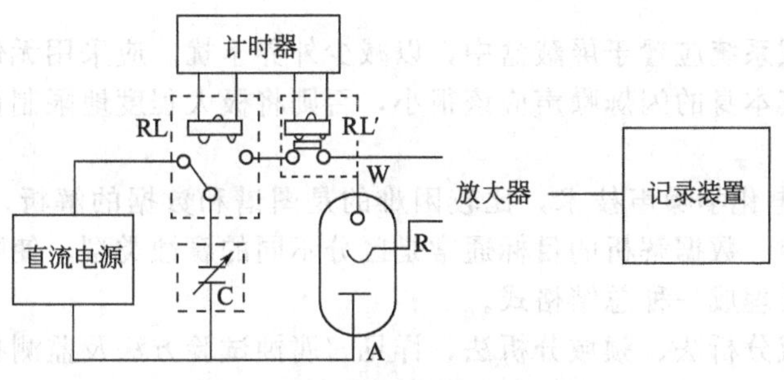

图 8-21　恒电量法测试原理图

扰动仪主机，主要完成恒电量扰动信号的产生和极化电位随时间衰减信号的输出；微型计算机、A/D 和 D/A 转换器等，主要完成对恒电量扰动仪主机的控制和极化电位数据的采集与处理。赵永韬等人将恒电量技术搭载现代移动通讯网络，组成一个分布式数据采集与信息处理系统，实现了基于 GPRS 远程通讯的腐蚀监测，使该技术在应用范围方面有了新突破[6]。

(9) 电化学噪声法

① 原理　电化学噪声（Electrochemical Noise，简称 EN）是指电化学动力系统演化过程中，其电学状态参数（如电极电位、表观电流密度等）的随机非平衡波动现象。这种波动现象提供了系统从量变到质变的、丰富的演化信息。鉴于电化学噪声研究方法的特点，自 1967 年首次提出电化学噪声的概念以来，人们对它的应用研究和理论研究就从未间断过。近年来由于用于电化学系统的仪器灵敏度的显著提高以及计算机在数据采集、信号处理与快速分析技术的巨大进步，电化学噪声技术已逐渐成为腐蚀研究的重要手段之一，并已成功地用于工业现场腐蚀监测。与传统的腐蚀试验方法和监测技术相比，电化学噪声技术具有许多明显的优点，它是一种原位无损检测技术，在测量过程中无须对系统施加可能改变腐蚀过程的外界扰动；无须预先建立被测体系的电极过程模型；极为灵敏，可用于薄液膜条件下的腐蚀监测和低电压环境；检测设备简单，且可以实现远距离监测。

根据所检测的电学信号的不同，可将电化学噪声分为电流噪声和电压噪声；根据噪声的来源不同又可将其分为热噪声、散粒效应噪声和闪烁噪声。

② 测定　电化学噪声的测定可以在恒电位极化或电极开路电位的情况下进行。当在开路电位下测定 EN 时，检测系统一般采用双电极体系，它又可以分为两种方式，即同种电极系统和异种电极系统。

a. 系统测试方法一般采用异种电极系统，即一个研究电极和一个参比电极。参比电极一般为饱和甘汞电极或 Pt 电极，也有采用其他形式的参比电极（如 Ag/AgCl 参比电极等）的。测量电化学噪声所用的参比电极除应满足一般参比电极的要求外，还要满足电阻小（以减少外界干扰）和噪声低等要求。

b. 同种电极测试系统的研究电极与参比电极均用被研究的材料制成。研究表明，电极面积影响噪声电阻，采用具有不同研究面积的同种材料双电极系统有利于获取有关电极过程机理的信息。

当在恒电位极化的情况下测定 EN 时，一般采用三电极测试系统，系统中选用低噪声恒电位仪。使用了双参比电极，其中之一用于电位控制，另外一个用于电位检测。采用双通道频谱分析仪存储和显示被测腐蚀体系电极电位和响应电流的自相关噪声谱，以及它们的互相关功率谱。通过电流功率谱可以从电流响应信号中辨别出由电极特征参数的随机波动所引起的噪声信号。这样有利于消除仪器的附加噪声。在上述系统中频谱分析仪是关键装置，它具备 FFT 的数学处理功能，能自动完成噪声时间谱、频率谱和功率密度谱的测量、显示和存储。

电化学噪声测试系统应置于屏蔽盒中，以减少外界干扰。应采用无信号漂移的低噪声前置放大器，特别是其本身的闪烁噪声应该很小，否则将极大程度地限制仪器在低频部分的分辨能力。

③ 解析　对于电化学噪声技术，比较困难的是图谱和数据的解析，这也是目前实验与理论研究最多的内容。数据解析的目标通常是区分不同的腐蚀类型、使噪声信号定量化和把大量的积累数据点处理成一种总结格式。

主要方法有时域分析法、频域分析法，详见《腐蚀试验方法及监测技术》[7]。

8.1.5　压力容器腐蚀监测技术实例

(1) 压力容器厚度监测

碳钢压力容器在运行状态下定期进行一次超声波厚度检测，这个时间间隔足够进行有计划的压力容器更换，使过早破坏引起的危险减少到可以容许的程度。典型测点选在经验表明可能有最大腐蚀的地方，并在压力容器投入运行之前测量出实际的厚度。实践证明，这种方法是令人满意的。在许多加工企业，如炼油厂和大型化工厂，这是标准的做法。但在正常情况下腐蚀可以忽略不计，而条件适当时腐蚀又非常迅速发生的环境中，这种方法是不宜采用的。对于这种情况，大大缩短检测时间间隔，也是不切实际的。因此，这种方法最适合于蒸汽或气体管线，或者处理有机流体的管线，而不适于输送无机流体的管线。这种技术还应用到腐蚀有可能出现的地方，而不管腐蚀在此处是不是一个值得注意的重要因素。

测量工作可由车间的检查员或第三方进行。正常情况，单项测量费用只有几十元钱，所得结果应以某种形式编入管理数据系统。

(2) 冷却器泄漏监测

冷却器是化工企业和石油化工企业常用的压力容器。较好的方法是采用带有报警系统的碳钢冷却器，通过报警系统检查任何已经发生的泄漏。考虑了可能采用的系统之后，在水的出口处安装了一个极化阻力探头，并与控制板报警器连接。该系统能够检查出正在发生的泄漏而使该单元设备在发生更大损坏之前能够停车。

如氯气冷却器和氯气液化器，可以采用探头检测器氧化还原电位（ORP）来判断换热器是否发生 Cl_2 的内漏，这是一个应用腐蚀监测系统来探测压力容器是否出现腐蚀的简单例子。在特殊情况下，可以利用比较简单的监测和报警系统，它带有能验证该系统可以用的试验性测试装置。

可考虑的备用报警系统包括常规分析仪器，其中有电导池、pH 电极或其他专用的离子电极。在这种类型的监测装置中，有两个主要的局限性，在冷却水的腐蚀性和分析测定之间不一定有直接的关系，因而在泄漏检查方面不容易达到既有高的灵敏度又有良好的鉴别力；此外，感应元件对锈垢或自来水中的其他沉积物也是敏感的。利用极化阻力探头有其主要优点，即它能检查水对金属（金属的状态代表了压力容器的表面情况）腐蚀性的增加，事实上这正是所需要知道的数据。

相类似的方法已应用到冷却系统更复杂的场合，例如，用来检查由于生产装置其他部分不正确操作而引起的工艺物料的变化，这个例子说明了快响应监测器用来处理腐蚀速度增大几个数量级的情况。在这种情况下，超声测量是完全不适合的，尽管在腐蚀环境的变化速度较慢时它能提供适时的报警。还应该指出，虽然电阻探针也像超声波法一样，测量的是总腐蚀而不是腐蚀速度，但电阻探针在腐蚀非常快的场合下是有价值的。不过其响应时间要比极化阻力法长得多，而在通常的条件下，腐蚀速度必定慢，所以，为了提高灵敏度，可以用一段薄片作探针。

(3) 腐蚀监测技术指导原油混炼和控制装置腐蚀

随着在线腐蚀监测技术的发展，在线腐蚀监测技术的应用越来越广泛。在线腐蚀适时监测，可使装置在不停车的情况下对设备进行腐蚀监测，并可根据实时、连续监测的数据，及时采用或调整防护措施，预防腐蚀破坏事故的发生，实现装置长、稳、安的高效运行。

CR-1000 在线腐蚀监测系统由电感探针测量技术、电化学探针测量技术、电阻探针测量技术和 pH 值监测构成。系统的具体构成有：探针、数据采集器、数据采集服务器和电源/通信接口（数据接口）等组成。

系统服务器可接入企业局域网，使监测数据实现厂内局域网共享；通过路由器和防火墙接入 Internet 后则可实现腐蚀监测数据的 Internet 共享。

系统主要功能如下。

① 为工艺防腐蚀提供依据　在石油炼制加工过程中，大量使用缓蚀剂以减缓设备的腐蚀。然而，所加缓蚀剂的类型以及比例是否适合于本系统，需要通过一定的测量才有所知。采用腐蚀监测，可以随时监测缓蚀剂的缓蚀效果，根据监测结果及时对缓蚀剂类型或比例做出调整。

② 预防事故的发生　有害的泄漏或工艺参数的变化有时会导致严重的腐蚀。采用腐蚀监测可以随时监测介质的腐蚀状况，如果发现腐蚀速率骤然变化，将立即检查系统，及时找出问题所在，以防止重大事故的发生。

③ 腐蚀原因分析　通过腐蚀监测可以了解和掌握腐蚀过程与工艺参数之间的关系，因此有利于分析腐蚀原因，对腐蚀的发生和发展做出综合分析。

④ 指导原油混炼　通过腐蚀监测，可以根据监测反馈的信息评估混炼原油对装置的腐蚀贡献，从而指导原油的混（配）炼。

某石化公司有 3 套常减压蒸馏装置，其中一蒸馏 $6Mt \cdot a^{-1}$ 加工俄罗斯原油，二蒸馏 $4.5Mt \cdot a^{-1}$ 加工大庆原油和进口低硫原油，三蒸馏 $10Mt \cdot a^{-1}$ 加工沙轻原油，随着加工原油性质的不断劣化和频繁更换、掺炼劣质油品，使得装置面临的腐蚀问题日趋加重。为保证安全生产，二蒸馏装置于 2005 年 8 月投用了在线腐蚀监测系统，三蒸馏装置于 2007 年 1 月也投用了在线腐蚀监测系统，并对其运行监测情况进行月报管理，针对存在的问题制定相应的技术方案，例如：在线腐蚀监测可以在原油性质改变时提供及时、准确的腐蚀监测数据；在线腐蚀监测可以给工艺防护措施的设计与实施提供科学的依据；可以根据腐蚀监测对防腐蚀工艺进行及时有效的调整，控制腐蚀的发生。

(4) 蒸馏塔的应力腐蚀破裂

某制造重有机化合物的工厂里，工艺物料用硫酸处理，然后通过去离子床进入蒸馏塔，在塔内，低沸点组分与其他组分相分离。每一物料在其他蒸馏塔内被进一步提纯。单元装置上的腐蚀试验表明，在主蒸馏塔内，碳钢寿命有限，奥氏体不锈钢、高镍合金和钛应该是令人满意的。在预料的低氯化物含量下进行的腐蚀试验表明，没有出现应力腐蚀破裂。于是，该蒸馏塔相应地选用奥氏体不锈钢制造。最初的蒸馏塔直径约 2.5m，高 46m。

经过几个月运行之后，在该塔下部出现了渗漏。检查表明，出现了大范围的应力腐蚀破裂。临时作了修理，并考虑进行更换。可供选择的材料看来可能是奥氏体不锈钢（如果导致破裂的条件能消除），或者是比镍基合金便宜一点的钛。这两种材料都需要较长的交货期，于是订制了一台碳钢蒸馏塔。其论据就是该塔的寿命大约有两年，因而有时间开展工作，以决定替代的材料。

有一些调查研究表明，裂缝区液体的成分接近于水的互溶性极限，但少量的水溶液通常总是存在的，给料中的微量氧化物和酸在水溶液相中富集，从而引起了应力腐蚀破裂。半技术性单元装置曾经在单相介质条件下运行过，实验证明，如果始终处在单相介质条件下运行，本来也是解决问题的一种方法。但是，该单元装置充满了腐蚀形成的锈皮，因而，这个办法是不切实际的。

在同时进行的研究中，安装了极化阻力探头和电位监测探头，还在旁路装置内放入一些加应力和不加应力的腐蚀试样，这些探头和试样包括碳钢、奥氏体钢、高镍合金和钛。初步结果证实碳钢的腐蚀速度在预期范围之内；奥氏体钢有一定的腐蚀；造成奥氏体钢应力腐蚀破裂的条件是经常存在的；钛对两种类型的腐蚀都特别稳定；镍合金在某种条件下会发生腐蚀。

在原来的操作条件下，存在于蒸馏塔 30～100$\mu g \cdot g^{-1}$的氯化物，在水溶液相中可浓缩至 3000$\mu g \cdot g^{-1}$以上。最明显的措施就是试图降低氯化物含量，因为已经知道它是一种应力腐蚀破裂的活性物质。把氯化物的几个来源判明之后，可使给料中氯化物含量减少到 10～20$\mu g \cdot g^{-1}$。任何进一步改善都将需要做重大而费用昂贵的调整处理。

监测数据表明，当这套装置在这样低的氯化物含量下操作时，应力腐蚀破裂只是间断发生。数据分析指出，应力腐蚀破裂只当氯化物和酸浓度都处在一定范围内才会发生。如果氯化物含量低，只有较高的含酸量才会引起破裂，而在较高的氯化物含量下，酸的临界浓度较低。当给料中氯化物含量低于 20$\mu g \cdot g^{-1}$时，通过把含酸量控制到过去曾经达到的数值上，可在相当长时间内避免应力腐蚀破裂。改进去离子床的操作形式，该蒸馏塔就能够在不发生应力腐蚀破裂的情况下运行。在这个研究阶段，用奥氏体不锈钢做一个替换蒸馏塔似乎是令人满意的。然而监测数据表明，通过控制酸浓度，碳钢的腐蚀速度已经降低，于是推延了奥氏体蒸馏塔的实际订货日期。碳钢的腐蚀速度明显地取决于酸含量以及随后所作的进一步改进，包括增加一个去离子床和改变所用树脂。事实证明，碳钢蒸馏塔在某个酸值下操作，预期寿命可达 10 年以上，并且，对氯化物含量的限制可以放松一些，这样会简化操作。

因此，最后的结论是，这套装置继续用那台临时性的碳钢蒸馏塔进行操作，此塔已正常运行了 10 年以上。包括对所有的工艺变化都进行过试验。上述是一个相当典型的例子，它利用腐蚀监测技术来帮助解决大型化工装置的重大腐蚀问题。本例也说明了其他几个观点，在第一种情况下采用电位监测来确定应力腐蚀的条件是否存在，与目前研究需要相比，采用了较多的腐蚀试片。它进一步说明了利用一种以上的监测技术的价值和应用监测技术对可供选择的材料进行就地评价的优点。这个例子说明，假如没有腐蚀监测得来的数据，要解决问题将是困难的。这一点可以由图 8-22 来说明，毫无疑问，可以更快一些解决问题。但是，如果不采用监测技术，不是难以找到通过控制酸度而不是氯化物含量来控制奥氏体不锈钢应力腐蚀破裂的方法，就是难以应用传统的技术来达到上述的最终结果。的确，如果没有监测信息，很可能得出这样的结论：氯化物含量不可能控制到与奥氏体钢相容的水平，于是，需要一台钛制的塔来替换。按照常规方法，往往会将该蒸馏塔的操作参数调整，以此来控制奥氏体不锈钢的应力腐蚀破裂。但如果不作重大的变更，实际上这是不可能的。监测数据表明，通过调整操作的办法，也可以控制奥氏体钢应力腐蚀破裂，而这是容易实现的。监测数据还表明，如果这套在一定范围内操作，即便使用碳钢来制造，其腐蚀速度也是允许的，这种情况在耗费比较少的情况下就能实现。对腐蚀的长期控制是通过监测蒸馏塔给料电导而实现的，对电导的监测是为了控制去离子床而在任何情况下都需要的措施。

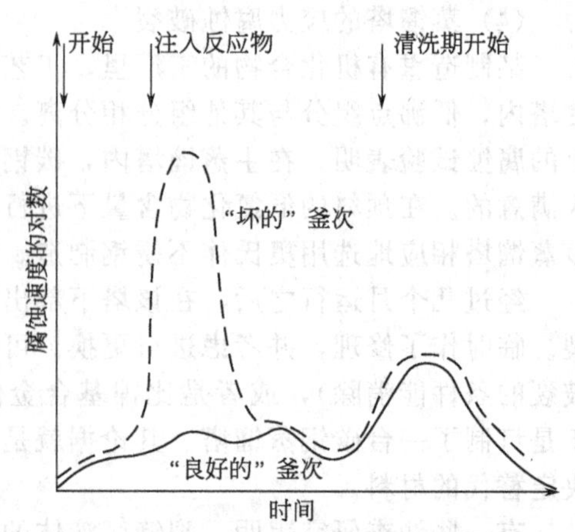

图 8-22 加工一釜料过程中腐蚀速度的变化

(5) 间歇加工过程中的腐蚀问题

间歇加工过程中的腐蚀问题可能是非常难于解决的，因为从一釜料到另一釜料的条件往往会变化，在每釜料的一个周期内，条件也肯定改变。这些问题可以通过采用腐蚀监测来解决。

第一个例子，用来加工某些有机化合物母体的不锈钢反应器，发生了一些毫无规律的腐蚀现象。工艺相当典型，基本材料投入之后，加热到反应温度，当其他反应物质按顺序添加时，在不同阶段按需要加热或冷却。然后反应器卸空并用洗涤液、稀碱液和水清洗干净。已经知道，对于每釜料来说，温度变化的范围并不相同，但如果认为这是值得注意的，从而试图限制最高温度时，却又不能解决腐蚀问题，还会带来操作上的困难。

曾经将极化阻力探头装入反应器并在 14d 内连续记录腐蚀速度，在这期间生产了 36 釜料。名义上每釜料的处理时间为 8h，但由于该生产装置其他部分的操作问题，个别几釜料达不到这个时间。在大多数周期内，腐蚀都可以忽略不计，但在水洗过程中发生了中等程度的腐蚀，在某几釜中投入了一种酸之后发生了严重的腐蚀。水洗阶段的腐蚀是由于碱洗之后残留的微量产物发生水解以及所进行的第二步碱洗造成的。进一步的腐蚀监测记录表明，这种变化已经产生了预料的影响。

在添加酸之后发生严重腐蚀，这与温度超过这阶段平均值但小于这个周期内的峰值有关，在添加酸之前或加酸期间加强冷却可以得到某些好处，降低加酸速度也可使情况进一步改善。

这些改动避免了腐蚀问题，附带会改善产品质量，但每釜料的处理时间增加而超过一个班的时间，除了减少产量的原因外，这也是不希望的。利用腐蚀监测进一步试验表明，在反应的其他阶段增加温度可以不引起腐蚀，而且，既不会降低产品质量也不会降低反应物质变成产品的转化率。最后的结果就是使循环时间减少到 6h，这有助于提高一个班内的操作灵活性，并提供了可能性，当需要额外的产量时，每天可以增加处理 4 釜料。

第二个例子的工艺与第一个例子大体相似。容器为搪玻璃衬里，内部有一个奥氏体高镍合金加热蛇管。最初出现的问题和上述例子类似，蛇管发生毫无规律的腐蚀。该反应器用来生产 3 种性质大致相似的产品，每个蛇管的寿命是几星期，然而，腐蚀的形态似乎与运行状态变化无关。

在食品工业、牛奶制品、酿造和药物制造中，也出现过类似的情况。其共同特点是，采用监测技术以跟踪腐蚀速度随时间的变化，这就能将快速腐蚀出现的时间与操作参数联系起来。在上述所有工业中，出现问题的共同根源就是在水洗→清洁→消毒阶段，这些是大部分间歇加工的特征。这些阶段往往具有比预期更严重的腐蚀条件。本节的例子还说明了其他 3 个有代表性的观点，第一，腐蚀问题的解决取决于对腐蚀知识及所研究的问题中工艺和生产装置知识的综合考虑；第二，在解决问题的范围上，应用监测技术带来的好处可能超出原来的范围；第三，采用一种以上监测技术在诊断性应用中是有其重要意义的。在这个例子中，如果不是电位测量表明了严重腐蚀与异常的氧化条件之间有联系，并促使人们去检查本来明显无关的记录的话，则严重腐蚀与试剂来源之间的关系很可能被忽略，避免了以大量的人力和财力去进行一些毫无结果的研究。

(6) 既定过程中的意外腐蚀

一种基本无机化合物已经用相同工艺生产了许多年，生产装置的腐蚀行为已经非常清楚。后来，某种原料的来源必须从另一工艺来的原生副产品合成。试验曾表明，这样的变化未引起腐蚀或操作问题。但是，经过 18 个月之后，发现了严重的腐蚀。

问题的出现看起来很可能是由于传统原料中的杂质起到腐蚀剂的作用，因为缓蚀剂在系统中浓缩，并且在改变原料来源之后仍维持了一段时间的保护作用，这在起初做试验时并没有发现这一点。后来，把许多电阻探针安装在受影响的单元装置内一系列局部位置上。某些受到腐蚀的区域处在受到飞溅的气相位置，因此，电化学技术不能应用。然而，把极化阻力探头安装在旁路中，这样就能使探头受到连续液体浸没。极化阻力探头还能用来对可能采用的缓蚀剂进行实验室筛选试验。

根据原生副产品中已知杂质选择出来的许多可能采用的缓蚀剂都在实验室进行了试验，有的还在生产装置上做了探索试验。从两种监测技术得来的补充数据简化了对缓蚀剂行为的评定。有一种缓蚀剂，初期只有一点点作用，但在几天之后，当腐蚀速度达到了允许的程度时，用比初期需要量低得多的浓度就能获得这种保护作用。其他缓蚀剂的初期作用较大，但是为了维持保护作用，需要较大的浓度。第一种缓蚀剂可以最经济地解决问题，并已被采用作为标准。现在，其性能正在通过为生产装置探索试验而安装的仪器作为一种例行程序进行监测。

这是用来研究解决重大问题的重要措施。所用的仪器复杂，采用了大量探头，带有一些供自动扫描和记录数据的附属装置，在整理数据时利用了计算机技术。仪器费用相当高，但这是合算的，因为能很快地找到解决问题的措施并付诸实践，从而避免了对生产的限制。生产上受限制可能造成的直接损失非常巨大，对企业及员工的间接损失也将十分巨大。把这个"节省额"全部归功于腐蚀监测并不现实，但是，毫无疑问，监测的费用完全是合算的。

由于不能让生产装置在充满垢层的腐蚀状态下进行实际的长时间运行试验，因此，没有电阻法和极化阻力法得来的附加数据，对参加评选的缓蚀剂作出现实评定是困难的。采用较为复杂的监测系统之后，由于有效范围扩大，信息的可靠度提高了，这就使问题能得到迅速解决。假如采用不太复杂的监测装置，可能还需要进一步的试验，因而，会增加一些生产损失。

(7) 腐蚀监测技术在常减压装置中的应用

针对目前企业掺炼高硫原油的实际情况，实时在线电化学监测技术 Smart-CET 在一些装置，尤其是常减压装置有很强的适用性[8]。

结合常减压装置设备腐蚀的类型和特点，针对常顶设备腐蚀严重的实际情况，安装 Smart-CET 腐蚀监测系统对腐蚀状况实施现场监测。说明如下。

腐蚀部位：常减压"三顶"低温部位，包括挥发线等轻油部位的冷凝冷却系统。

腐蚀环境：H_2S-HCl-H_2O。

腐蚀形态：碳钢为均匀减薄，Cr13 钢为点蚀，1Cr18Ni9Ti 钢为氯化物应力腐蚀开裂。

Smart-CET 腐蚀监测系统有多种探针来适用多种环境，例如：导电环境、液相环境、气相/冷凝环境等，也就是说 Smart-CET 系统探针既可以应用于冷却水、循环水、新鲜水等环境，也可以用于油/水混合介质、酸（H_2S）系统，但是不能使用在环烷酸或硫酸环境中，所以我们实际监测的测点选择要依据系统的适用环境来确定。换句话说，尽管 Smart-CET 腐蚀监测技术可以使用多种探针来适用多种环境，但最终还是应用环境决定探针的类型。一般情况下，大部分应用环境将使用标准的探针。

这里，针对常减压装置的"三顶"低温部位易受腐蚀的实际状况，选择初顶油气线上设置监测点，测量位置所涉及的参数包括管线材质、规格、操作压力、操作温度、介质和腐蚀物质等。

通过对上述腐蚀监测点环境的分析，鉴于监测点多存在气相介质，经过筛选选择了交叉电极腐蚀探头。这种探头的优点是气相凝结后更容易在探头表面形成一层凝结膜，使探头始终处于有效的电解质环境中，采集到的数据更为准确可靠。

在一些实际应用过程中，Smart-CET 电化学在线实时监测也不是完美无缺的技术，它和其他腐蚀监测技术一样，需要更进一步的发展和完善。

① 该技术不适合用于环烷酸或硫酸环境，需要进一步攻关。

② 露点探针，空冷探针现场应用目前还不成熟。

③ 对于碳酸盐腐蚀裂纹和氰化物腐蚀还需要量化和建立模型等。

Smart-CET 在线实时腐蚀监测技术不是放之任何场合而皆准的技术，也就意味着不能够忽视其他技术的研究和应用。

8.1.6　腐蚀监测技术的发展趋势

腐蚀防护监测检测技术是随着监测检测理论的发展而发展的，同时，生产中的迫切需要，也推动其不断地取得进步。传统的监测方法主要使用试片法，在设备停车检修期间对其内部进行检查；后来又发展了旁路实验装置，能够不停车同时对设备进行腐蚀的测量；再后来又实现了在设备运行过程中装入和取出试样。随着线性极化法和其他实验室电化学技术以及新颖的无损检测技术不断在实际中的应用，尤其是现在电子技术和电子计算机的应用，实现了设备腐蚀状况的实时监测。许多在线监测系统已经在诸如石油化工生产、航空航天、建筑业领域中得到广泛应用。由于在线监测的腐蚀信息能立刻被操作者获得，因此，操作人员可立即采取相应的对策，防止意外腐蚀事故的发生。腐蚀监控系统非常复杂，从简单的手持式到工厂应用的带有远程数据传输、数据管理能力的大型系统，都在被广泛使用[9]。

本章所述技术已经用于腐蚀监测或作为检验用的工具，这在一定程度上已获得确认。然而，近期还有许多专门为腐蚀监测目的而开发的技术，这些技术揭示出了一些值得考虑的问题。在这些技术中，有几种用于特殊目的，但不一定具有普遍性。其他几种技术则仍处在早期发展阶段。以下 8 个例子都相当典型，代表了腐蚀监测发展的可能性。

(1) 原电池测量-零电阻电流表

① 原理　原电池测量的基础依赖于伊文思极化图（见图 8-23），它适用于可把阳极和阴极看做是事实上占有明显空间的场合，比如双金属腐蚀。如果腐蚀电流能直接测量，那么，阳极上的金属损失就可以根据法拉第定律很容易计算出来：

$$W=Ki_{corr}t \tag{8-12}$$

式中，W 为金属的失重，g；K 为所测金属的电化当量，$g \cdot C^{-1}$；i_{corr} 为腐蚀电流，A；t 为时间，s。

假设腐蚀是均匀的，腐蚀速度也可以按厚度计算。从原理上，可以在外电路接入电流表测量电流。但实际上，即使电流表的电阻较原电路电阻小，也只能得到大体有效的测量结果。在大多数腐蚀系统中，为了精确测量腐蚀电流，需要一种实际上是零电阻的电流表。特别是在双金属腐蚀或原电池腐蚀的情况下，腐蚀电流可能比较小，而测量仪表内阻所引入的干扰可能使腐蚀行为产生很大变化。

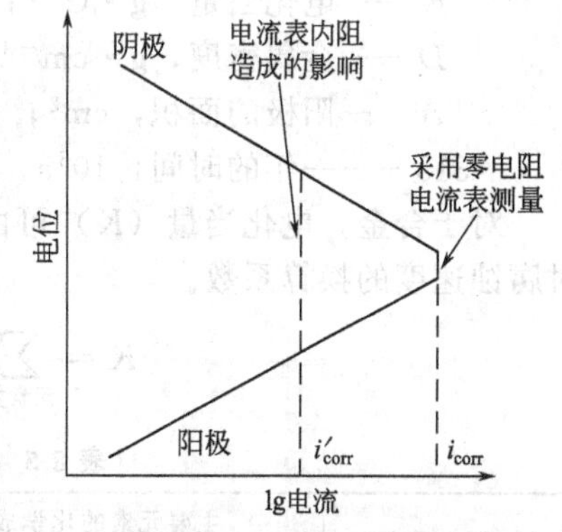

图 8-23　表明电流表内阻影响的伊文思极化图

② 仪器装置　可进行这种测量的简单装置原理示意图如图 8-24 所示。调节电位器 P 以维持跨接于阳极和阴极之间金属通路上检流计 G 两端的电位差为零，这时，流经电位器回路的电流 i_p 就等于在接入测量回路之前流过两电极之间的电流，这种简单的测量装置需要不断地手调，在许多情况下，这样做使测量很不方便，并且不能进行连续记录。所以，直至最近，这种方法在工厂中应用还非常有限。现在，利用如图 8-25 所示电路的差分放大器，可以根据电子学进行零电阻电流表测量。其中，线性运算放大器维持跨接于两电极之间线路的电位

差 V_s 为 0，这时，腐蚀电流 i_{corr} 的大小就等于反馈电流 i_f，即 $i_{corr}=i_f=-V_0/R_f$。既然 R_f 是固定的，而 V_0 可以测量，因此，i_{corr} 就能计算出来。只要维持 V_s 为 0（用高阻毫伏表测量），这种仪器就能正确地工作。

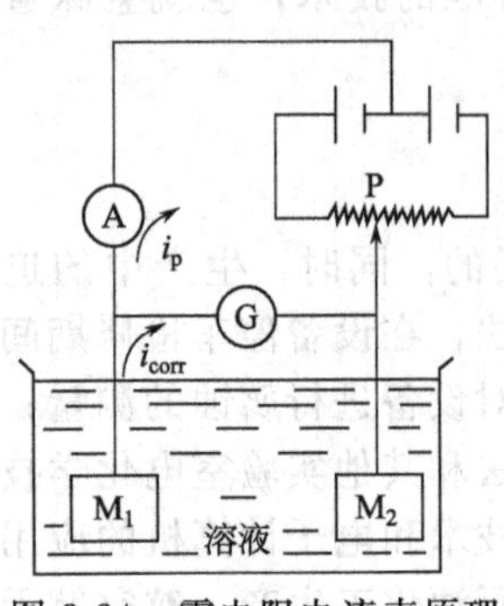

图 8-24 零电阻电流表原理

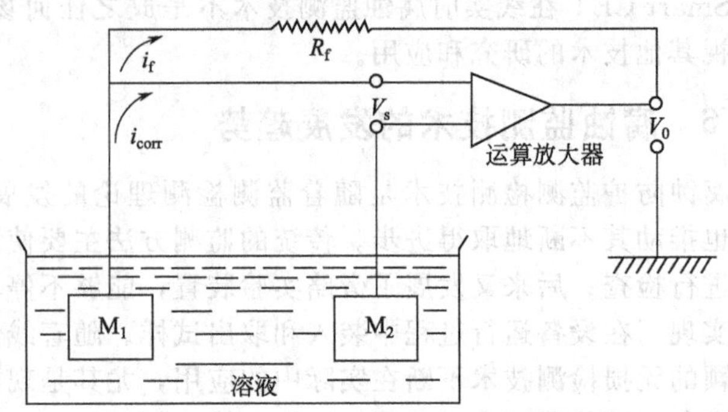

图 8-25 自动平衡零电阻电流表

大多数商品恒电位仪都可以用来作为零电阻电流表。这时，要使用一个适当的外部电路，令仪器驱使两电极的电位相等，并监测所需的电流。适合工厂工作的简单的恒电位仪现在都很容易从市场购买到，都十分适合作零电阻电流表测量用。

根据腐蚀电流，可用式（8-12）来确定腐蚀失重。但是，只当阳极的腐蚀损失是由偶接形成的局部电池作用引起的，而局部阴极反应又不在同一个表面发生的时候，这个计算值才等于阳极材料的总腐蚀失重。实际上，可以发现，当两种金属偶接时，电偶腐蚀的速度比不偶接时的腐蚀速度大得多。显然，如果局部微电池的腐蚀作用在偶接后的阳极材料上也存在，则零电阻电流表测得的电流只代表两种金属偶接时腐蚀速度的增加。如果腐蚀是均匀的，腐蚀速度可以按式（8-13）计算：

$$CR=\frac{315Ki_{corr}}{DA} \tag{8-13}$$

式中 CR——腐蚀的速度，$mm \cdot a^{-1}$；

i_{corr}——腐蚀电流，μA；

K——电化当量，$g \cdot C^{-1}$；

D——金属密度，$g \cdot cm^{-3}$；

A——阳极的面积，cm^2；

315——一年的时间，$10^5 s$。

对于合金，电化当量（K）可由式（8-14）算得，表 8-5 给出了金属和合金上电流密度对腐蚀速度的换算系数。

$$K=\sum_{\text{元素数}}\frac{\text{元素百分含量}\times\text{元素原子量}}{96500\times\text{元素变价}} \tag{8-14}$$

表 8-5 电流密度对腐蚀速度的换算系数

元素或合金	主要元素的化学成分/质量百分数	电化当量/$10^{-3}g \cdot C^{-1}$	密度/$g \cdot cm^{-3}$	相当于 $1\mu A \cdot cm^{-2}$ 的腐蚀速度/$mm \cdot a^{-1}$
镁	100Mg	0.126	1.74	0.023
锌	100Zn	0.339	7.13	0.015
铅	100Pb	1.074	11.33	0.030
锡	100Sn	0.615	7.30	0.027

续表

元素或合金	主要元素的化学成分/质量百分数	电化当量/$10^{-3}g \cdot C^{-1}$	密度/$g \cdot cm^{-3}$	相当于 $1\mu A \cdot cm^{-2}$ 的腐蚀速度/$mm \cdot a^{-1}$
钛	100Ti	0.124	4.54	0.009
铝	100Al	0.093	2.72	0.011
镁铝合金	97.5Al-2.5Mg	0.094	2.72	0.011
碳钢(成 Fe^{2+})	100Fe	0.289	7.87	0.012
铸铁	100Fe	0.289	7.20	0.013
13Cr 不锈钢	87Fe-13Cr	0.275	7.70	0.011
18-8 不锈钢	74Fe-18Cr-8Ni	0.271	7.94	0.011
18-10-2Mo 不锈钢	70Fe-18Cr-10Ni-2Mo	0.269	7.98	0.011
镍	100Ni	0.304	8.89	0.011
Inconel 600	77Ni-15Cr-8Fe	0.282	8.51	0.010
Inconel 625	62Ni-22Cr-9Mo-3Fe-4Nb+Ta	0.259	8.88	0.009
Inconel 825	42Ni-31Fe-22Cr-3Mo-2Cu	0.274	8.14	0.011
蒙乃尔 400	68Ni-30Cu-1Fe	0.405	8.84	0.013
铜(成 Cu^{+})	100Cu	0.658	8.94	0.023
铜(成 Cu^{2+})	100Cu	0.329	8.94	0.012
黄铜(70-30)	70Cu-30Zn	0.564	8.52	0.021
黄铜(60-40)	60Cu-40Zn	0.533	8.39	0.020
铝黄铜	76Cu-22Zn-2Al	0.556	8.33	0.021
炮铜	85Cu-5Sn-5Zn-5Pb	0.648	8.80	0.023
青铜(5Sn)	95Cu-5Sn	0.650	8.94	0.024
青铜(10Sn)	90Cu-10Sn	0.647	8.94	0.024
铝青铜	89Cu-9Al-2Fe	0.600	7.57	0.025
镍铝青铜	81Cu-9Al-5Ni-5Fe	0.571	7.78	0.023
硅铝青铜	91Cu-7Al-2Si	0.606	7.57	0.025
白铜(70-30)	68Cu-30Ni-1Fe	0.546	8.94	0.019
白铜(90-10)	89Cu-10Ni-1Fe	0.620	8.94	0.022

③ 原电池测量的应用　在特殊环境中，当金属对偶接时，利用零电阻电流表可以测量所形成的原电池腐蚀速度。实际上，零电阻电流表是进行这种腐蚀测量唯一可靠的方法。因为，根据标准电位进行比较并不能得到一点有具体意义的启示。然而，在活态和钝态下（同种状态的）同种合金试片之间具有相同类型的行为，所以，为了检测高速湍动液体引起的冲刷腐蚀的发动，为了监测流速增加造成钝化膜的破坏，可以在敏感部位和不敏感部位设置相同的试片，再利用零电阻电流表进行测量。类似的方法还可以用来定性指示氧含量、缓蚀剂浓度或水质的较大变化，这些参数可以影响压力容器特殊部位的腐蚀状态。将不同金属的偶对埋在绝缘的和堆叠包衬的构件里，可以作为潮气水分进入的指示器。如果包衬层没有损伤，腐蚀电流保持为零，但潮气渗入之后，电流则增加。利用合理设计的双金属探头已经将原电池测量技术用于大气腐蚀测量。显然这种原理将得到广泛应用。

零电阻电流表可以作为信号探测器，用来检查衬里的渗漏。因为电解液渗入衬里时，在零电阻电流表两电极间就会产生电流。与此类似，这种技术可以用来监测系统中与痕量杂质（例如有机溶剂中的水）有关的腐蚀。这里，水改变了有机溶剂的电导，并且，可以在合理选择过的金属之间产生原电池腐蚀，利用这种敏感元件就可以作出检测。用于制造零电阻电流表探头所选择的材料（比如说锌和铜）可能完全不同于需要监测的设备材料（如碳钢）。但这样并无妨碍，只要监测信息能与压力容器的腐蚀相联系就可以。

通常，原电池测量是在插入介质中的试样上进行的。因此，所得信息和其他用探头进行的测量一样，未必能准确地显示压力容器本身的行为。但在最合适的环境中，这种技术很适合于利用压力容器的部件作探头来进行测量。在这方面如果有可能的话，此种技术就像电位监测那样，具有超过电阻法和极化阻力法的明显的优点，因为后两者只能用探头的行为来表示环境腐蚀性并估计其变化。

在特殊研究中，零电阻电流表技术已经相当广泛地应用多年，其应用预期会有很大发展。

(2) 原电池测量-阳极激发技术

有许多种局部腐蚀，其中的阳极反应都是自催化的，因而，如果腐蚀破坏在一给定点开始发生，那么，局部条件就会变化而使反应激发。这就是为什么点蚀或应力腐蚀破裂只有经过一个诱导期之后才能引发的原因。这种现象也就提供了利用阳极激发来加速引发阶段的可能性，以便确定是否会发生局部腐蚀。

基于这种原理的实验室技术是 Hancock 和 Mayne 发现的，当时，他们试图预测是否存在某种能力足够的阳极性缓蚀剂，可以防止碳钢在水中长时间暴露之后发生的点蚀或缝隙腐蚀。这种技术是将一个小的恒定的阳极电流密度施加到试样上，并跟踪测量电位大约 10min 以上，根据电位-时间曲线的形状，可以把环境划分为倾向于局部腐蚀或是倾向于全面腐蚀。曾经证明有一种改型在冷却水系统中是有效的，但是只能在有限的范围内应用，因为协同缓蚀剂的混合物已经取代了简单的阳极性缓蚀剂体系。协同缓蚀剂的混合物既包括阳极性缓蚀剂也包括阴极性缓蚀剂，利用这种技术曾经正确地记载了这样的事实：有的阳极性缓蚀剂不足以维持保护，而无论如何，混合型缓蚀剂都是有效的。

在可能发生点蚀的其他场合，曾经试用过类似的方法。很多种点蚀都发生在钝化-活化体系，例如，在酸介质中，存在一个危险的氯化物含量，可在钝化区的上部引起钝态局部破坏。发生钝态破坏的电位取决于介质的具体组成，而在任何情况下，只当溶液有足够的氧化性时，点蚀才能发生，伊文思极化图中的交点就是在点蚀界限的上方（见图 8-7）。如果介质的氧化性较弱，点蚀就不会发生。因此，为了确定压力容器的条件是否接近产生点蚀的条件，可以安设一个试验探头，使其电位维持在比压力容器的电位正一点的数值上。

这种方法所利用的原理和前面介绍过的方法相同，但恒流法是不适合的，因为它不能充分控制电位变化。也许，它会成为零电阻电流表技术的一个变种，使用时，放大器或恒电位系统经过改进，以使试验样品电位恒定在比压力容器电位正 50～100mV 的范围内。这种技术可以提供趋近点蚀状态报警。对某一给定情况，最佳的电位移动根据经验确定。

这种方法的应用经验虽有限，但却显示其有前途。无疑，它局限在氧化性条件下发生的各种点蚀范围内，然而，对于酸性介质中的钝性合金或者在中性或酸性条件下使用阳极性缓蚀剂的情况来说，这种点蚀又是最为普通的。它与协同缓蚀剂系统中的恒流技术具有共同的局限性，但却是一种更适合的替代办法。

(3) 交流阻抗测量

前已述，在测定腐蚀速度时，用前述的直流或交流技术所作的极化阻力测量会由于电阻引起误差。因为电极反应常常与“阻力”有关，所以会增加许多误差。电极反应基本上是电阻性的，但也具有电容性成分，这就是需要测量和分析的交流阻抗。一个电极反应的交流阻抗也是复杂的，它包括了腐蚀过程分量，这是我们所希望测量的；还加上扩散过程或者表面膜所产生的欧姆电阻和电容等其他分量，这些都归结为阻抗测量。在单一频率下做的所有测量都不可能区分出这些阻抗。电子学上的技术已经使腐蚀电极的交流阻抗测量变得较为容易，在这种技术中，从整个宽阔的频率范围检测电极及其腐蚀反应的阻抗，结果使复杂的阻抗分解成单个分量，这样就能对诸如反应阻力 R_p、溶液欧姆电阻 R_s、扩散阻力以及容抗等其他分量作出估计。

对于一个正在腐蚀的电极，由交流阻抗测量所确定的 R_p 可以视为当频率趋近零时阻抗的极限值。在腐蚀电极上测量阻抗可以利用交流发生器以及探测仪，例如能分析李沙育(Lissajous) 图形的示波器，或者，可以通过传递函数分析仪来进行测定，传递函数分析仪既是信号发生器、探测仪，又是分析仪。这些技术的应用，前已分析叙述过。阻抗图以横轴为实数部分（Ω）并相对于纵轴虚数部分［1/（$2\pi fC$），Ω］作图（见图 8-26 及图 8-27)，在图 8-26 中，阻抗图是一个半圆，正像对一个简单的传递（活化）电阻控制的反应所预示的那样。在高频下，实数部分（a）具有溶液电阻值 R_s，这时虚数部分（b_j）趋于零。随着施加的频率减小，a 和 b_j 都增加，直至在 b_j 相应于值 1/（$4\pi fC_{dL}$）处达到最大值，其中，C_{dL} 是与 R 并联的双电层电容。随着频率进一步向 0.1Hz 减小，这时 b_j 向零减小，而到 ($R_s+\theta$) 值时达到极限，其中 θ 是腐蚀反应的传递电阻。在这个例子中，R_p 的数值和 θ 相同。频率小于 0.1Hz 的交流正弦波装置或直流装置可以精确地测量腐蚀速度，但具有 5Hz 或更高频率的交流装置会过高地估算 i_{corr}，腐蚀反应包含一个电感性项，频率低于 0.1Hz 的仪器会过低地估算 i_{corr}，但较高频率的仪器装置比较精确。所以，对于测量腐蚀速度来说，特别是当遇到溶液电阻（R_s）高的时候，交流阻抗测定是一种可靠得多的方法。

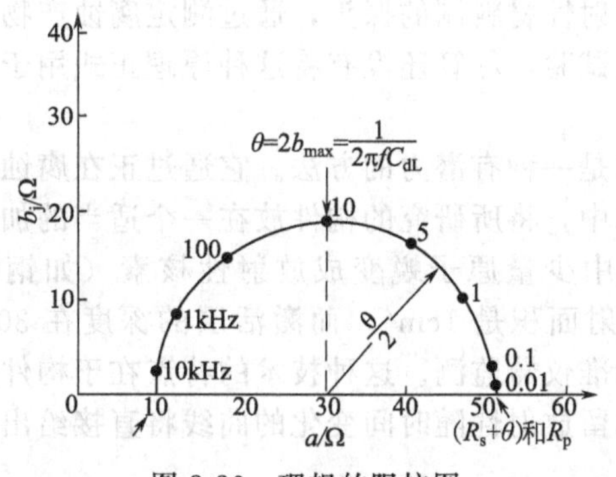

图 8-26　理想的阻抗图

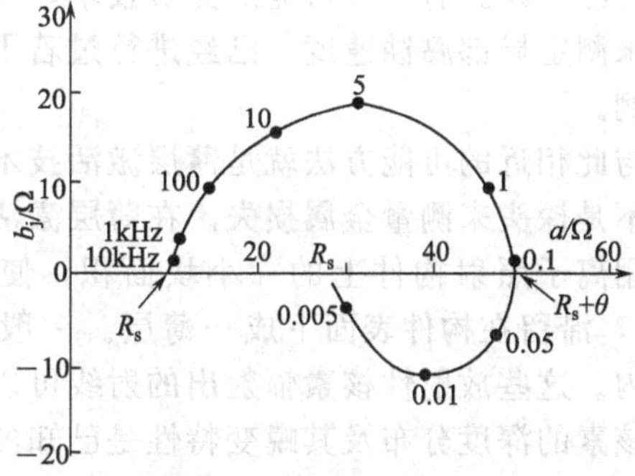

图 8-27　带有电感成分的理想极化图

现在，这种技术仍然是一种实验室的方法，并且大多数数据处理工作都采用一系列复杂的仪器来进行。目前，已经提出了一种简单仪器的原理，并且，根据这种原理很可能开发出一批仪器装置，其费用却与极化阻力装置差不多。已经证明，在高电阻的电解液中，以及用极化阻力测定法不太可靠的其他场合，这种技术是有效的。此外，还表明，这种技术的原理也许能用在其他监测技术不适合的各种场合。按体系模型作出的等效电路可以分解成电阻项和电容项，从原理上看，这就至少能应付范围非常广泛的各种介质。例如，通过跟踪带有保护膜或涂层的电极的电阻或电容项的变化，可以监测膜或涂层的状态，因为电极的电阻和电容与所研究的膜或涂层的性能有关。

(4) 谐振频率测量

Hancock 和 Clifton 开发了一种仪器——探头系统，将插入工艺介质中的金属元件用一个能发生一组频率的振荡器激发并加以控制，从而自动测出谐振频率。由于元件的谐振频率是其尺寸的函数，因而就能确定金属损失的速度或者锈皮、沉积物的成长速度。这种技术和电阻法类似，都是在探头元件上进行物理测定，其基本量度与金属损失或锈皮成长的增加有关，并且与温度有关，因此，需要对温度作出修正。

在实验室装置下的探索试验已经表明，在一系列的金属-气体介质组合下，温度至少高到600℃，这种技术都能给出令人满意的结果。从分离实验所获得的频率-温度实验曲线可以作出适当的温度校正，能够通过与单独的温度测量相偶接的逻辑回路来作出自动温度补偿。

这种技术仍然处在开发阶段，但所得到的结果表明它非常有希望，并且，有一种良好的预兆，表明在其他技术再好也不是十分理想的环境下，有可能利用这种技术。

(5) 应用激光测定氧化膜厚度

核电工业中一个重要问题就是监测安装在辐射防护屏内侧钢制压力容器的腐蚀。英国中央电力局已开发了一种技术，利用一束脉冲激光穿过构件上的氧化膜钻一个直径为亚毫米级的小孔洞通到基底光亮金属上。根据小孔洞底部反射能力的增加来确定氧化膜是否贯穿，并用第二束低功率的激光进行测量。通过对已经贯穿的脉冲数量进行计数而确定膜的厚度，仪器根据已知厚度的膜来校正。

初期，这种技术是作为一种实验室工具而开发的，后来，进一步发展成一种工业仪器，现在已经成功地用在英国 Magnex 发电站许多部位。再进一步的发展就是要使生产的仪器轻巧，使之适合在现场使用。还有可能改进其原理，以便提供有关构件组成的信息。

这种技术是为特殊目的而开发的，并已证明是有效的。在其他许多环境中，利用这种原理监测其他膜的生长也应该是可能的。其中包括传统的锅炉装置，这时形成的是 Fe_3O_4 膜。

(6) 放射化学技术——薄层激活技术

曾经考虑到有一种可能的分析技术，利用放射性材料制的探头，通过测定腐蚀产物的放射性来测定局部腐蚀速度。已经进行过若干成功试验，尽管还没有将这种原理正式用于工厂的实例。

与此相近的可能方法就是薄层激活技术，这是一种有潜力的方法。它通过正在腐蚀的构件而不是探头来测量金属损失。在薄层激活技术中，将所研究的构件放在一个适当的加速器内，用离子照射构件上的一小块面积，使构件中少量原子蜕变成放射性核素（如钢中的 ^{57}Co），滞留在构件表面下成一薄层。一般的照射面积是 $1cm^2$，而激活层的深度在 $300\mu m$ 范围内。这些放射性核素辐射出的射线可以用标准仪器监测。这种技术的特点在于构件上放射性核素的深度分布及其蜕变特性是已知的，残留放射性随时间变化的曲线将直接给出材料在使用过程中因腐蚀而失去的厚度。

虽然，这种技术明显地只限于在腐蚀速度比较小的场合下使用（除非是在一个可更新的部件上进行测量），但是，作为一种直接从构件上测定金属总损失的方法，它仍然具有一些潜在的优点。这种技术很容易达到高的灵敏度，并且，除了照射设备外，所需仪器相对说来并不贵。放射性的剂量很低，因而不太可能干扰腐蚀反应，也不需要做个人防护。其局限性是放射性材料必须从该部位脱出，而且，腐蚀产物膜的发展可能使读数无效。薄层激活技术到目前为止仍处于开发阶段，但是，已经证实是一种有用的技术，在适当情况下，可用来测量总腐蚀。

(7) 红外热像技术的应用

红外热像技术是通过非接触探测红外热量，将其转换生成热图像和温度值的一项技术，实现这个过程的红外热像设备称为红外热像系统。研究表明[10]，红外热像技术能够将探测到的热量精确量化，能够对发热的故障区域进行准确识别和严格分析。由于红外热像技术能够进行非接触式高分辨率的温度成像，可提供测量目标的众多信息，弥补人眼目视的不足。因此，已经较为普遍地应用在石化设备的监测和检测之中。典型的红外热像系统的工作框图见图 8-28。

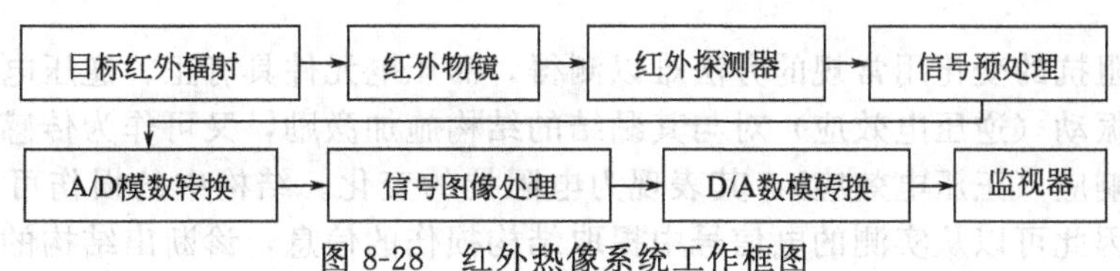

图 8-28　红外热像系统工作框图

红外热像技术是以接收被监测物自身各部分辐射的红外线来进行探测，利用其各部分辐射的差异获得图像的细节，其实质是一种波长转换技术，即把红外辐射图像转换为可视图像的技术。

目前，红外热像技术主要应用于高温压力容器热传导的在线监测和对常温压力容器的高应力集中部位监测。对高温压力容器的监测可以发现压力容器内部腐蚀、内衬的损伤、内部结焦、堵塞等异常情况，对常温压力容器因腐蚀产生的缺陷、高应力集中部位的监测，可以及早发现早期腐蚀破坏或疲劳损伤情况，既可以直接诊断压力容器运行的状态，也可以对停产后压力容器的重点检修部位或更换部件提出建议。

应用红外热像技术的监测仪器——红外探测器可分为现代制冷式和非制冷式微测辐射热计、电阻型红外测辐射热计 2 种，统称为热敏电阻型热探测器和热释电阻型探测器。

红外探测器与热像技术发展到今天，其最重要的进步体现了以下 5 个特点。

① 光谱响应从短波扩展到了长波。

② 从单元发展到多元，再从多元发展到焦平面阵列。

③ 从单波段光谱探测器向多波段光谱探测器发展。

④ 从室温探测器发展到制冷探测器，再从制冷探测器发展到室温探测器。

⑤ 既有简单的信息处理技术，也有功能强大而复杂的信息处理技术。

(8) 压电阻抗检测法

压电阻抗检测法是基于对在役压力容器实时监测的方面而新生的一种方法。其所采用的压电元件具有的正逆压电效应，通过分布在设备各关键部位的压电元件实现对所需参数的在线监测。该方法具有灵敏度高、适用于复杂结构以及不依赖模型分析的特点，在工业结构的无损监测中具有独特的优点，与其有关的技术及其应用已受到国内外相关研究者的广泛关注[11]。

现有的压电材料主要有压电晶体、压电陶瓷和压电聚合物 3 大类。锆钛酸铅陶瓷(PZT) 因其温度稳定性好，耐腐蚀以及良好的压电常数、机电耦合系数等性能而备受关注。

该方法的主要原理是压电陶瓷受机械力作用发生变形会在极化方向产生电势差，这样的性质称为压电效应。在压电陶瓷极化方向两端施加同向（或异向）的电场，则压电陶瓷会发生拉伸（或压缩）变形，这称之为逆压电效应。压电陶瓷的压电效应和逆压电效应示意图见图 8-29。

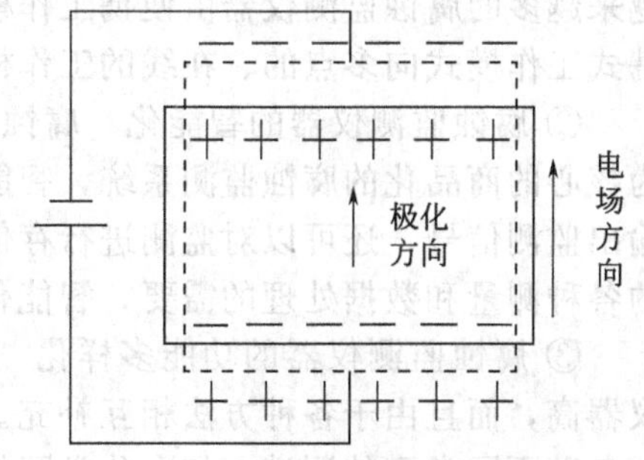

图 8-29　压电陶瓷的压电效应和逆压电效应现象示意图

利用压电效应制造的把机械能换成电能或把电能转换成机械能的装置称为换能器。压电阻抗检测法实际上是基于机械阻抗法，以压电换能器为检测工具的一种检测方法。

与无损的结构整体特性比较，出现裂纹、螺栓发生松动等状况的结构，其机械动态阻抗特性都将会改变（机械阻抗即外加激励同结构响应如位移、速度以及加速度等的比值)。因此，可以根据机械阻抗的变化定性甚至定量地对损伤进行判定。

然而机械阻抗的变化用常规的方法难以测得，而压电元件具有正、逆压电效应，既可作为激励源产生振动（逆压电效应）对与其黏结的结构施加激励，又可作为传感器因结构的机械振动产生电响应（正压电效应)，其表现为电阻抗的变化。结构中的损伤可通过实测电信号反馈出来，因此可以从实测的电信号中提取结构损伤的信息，诊断出结构的健康状况。这一过程表示如下：结构中的损伤—结构机械阻抗变化—压电陶瓷片（PZT）与结构耦合的阻抗变化—电信号变化。

虽然将压电阻抗检测法应用于压力容器在线监测已有一定基础，但是，将该方法用于在役压力容器实时监测还有以下问题有待解决。

① 压力容器均为承压设备，其壳壁都有因内压产生的拉应力，这些拉应力会随工艺上的调节而变化。这对设备上粘贴的压电元件的电信号有扰动，影响检测的准确性。

② 压力容器内部介质的温度不仅有高有低，有时还会随着工艺要求发生变化，这对压电元件的性能也有一定的影响，这些影响需要排除。

③ 压力容器内部介质的晃动以及各种接管中介质的流动都可能对压电元件检测部位产生瞬时的冲击载荷，这可能导致压电元件的检测信号短时间内的突变，这种突变如何加以区别需要研究。

④ 建立监测的电导纳信号与结构损伤之间准确的定量关系还需要深入研究。

压力容器的运行需要安全高效，在保证安全的前提下实现不间断监测。虽然将压电阻抗检测法用于压力容器的具体使用还存在不少的问题，但是监测的实时化、自动化和智能化以及低成本是发展的必然趋势，这也符合当今低碳高效的经济发展需要。因此，随着压电阻抗检测法工程应用研究的不断进步，其用于在役压力容器实时监测是可以实现的。

(9) 腐蚀防护监测技术发展方向

目前，有些腐蚀监测检测系统虽然已经比较成熟，但是多是半自动性的，即只能人为的固定在某个工作场合进行自已的监测活动，不能自己调节位置和姿态，这大大限制了腐蚀监测检测系统的使用范围，研究动态遥测腐蚀监测检测仪器就显得很有必要了。研制一种腐蚀监测检测智能机器人，可在水下摄像、红外分析及直接用探头测量牺牲阳极对被保护物的电位等，通过水上控制软件的友好界面，操作人员可实现对机器人姿态的控制，使得腐蚀监测智能机器人，可以对不同部位进行监测检查，以及对人不可达区域进行腐蚀监测检测。

总的来说可以概括为以下几个方面[12]。

① 腐蚀监测的在线、实时监测　随着信息技术及工业现场总线技术的发展和广泛应用，越来越多的腐蚀监测仪器由便携工作模式向在线工作模式转变，内腐蚀监测仪器由单一的便携式工作模式向多点的、在线的工作模式转变。

② 腐蚀监测仪器的智能化　腐蚀监测仪器的智能化发展很快，出现了许多以微处理器为核心的商品化的腐蚀监测系统，智能化是微处理器与仪器一体化的实现，它不仅能测试、输出监测信号，还可以对监测进行存储、提取、加工、处理，满足动态的、快速的、多参数的各种测量和数据处理的需要，智能化仪器已经成为腐蚀监测仪器发展的一个主要趋势。

③ 腐蚀监测仪器的功能多样化　具有多功能的腐蚀监测仪器不但在性能上比单一功能仪器高，而且由于各种方法相互补充。使数据解释更为准确，设计一个合适的探针就可以进行各种不同类型的测试，如电化学阻抗测试、感抗探针测试等，因为这些测试之间的差别仅仅在于输入信号和分析方法不同，而这种差别可以通过软件的设计来实现。

④ 腐蚀监测的网络化和开放化　随着数据库、网络技术的发展，实时在线的智能化监测仪能随时将现场数据传送到监控室，建立数据库，实现网络化管理，腐蚀监测数据的信息

共享。

腐蚀防护监测检测发展的方向是各种腐蚀防护监测检测技术优势互补，共同推进腐蚀防护研究快速发展。腐蚀防护监测检测技术和计算机技术的结合是目前研究腐蚀防护监测检测仪器的主要方向，腐蚀防护监测检测仪器的智能化是腐蚀防护发展的主流趋势。

8.2 压力容器腐蚀检测技术

8.2.1 概述

压力容器在使用过程中，由于温度、应力和腐蚀等因素的影响，壁厚会发生变化，原有的制造规范允许存在的缺陷会发展变化，也可能产生新的危害性缺陷。而对在用压力容器，通过合适的检验方法进行定期检验，可以及早发现缺陷，消除隐患，是保证压力容器安全运行的一项行之有效的措施[13]。

传统的检验，只是对在役设备进行基本形式的检测，因为这种检验的主要目的在于估计设备的现状以及在它重新投入使用前所要进行的修理工作，意在确保设备的正常投入使用。针对在役设备的基础检验，对于设备存在的缺陷检测，通常无法直观的表征缺陷。随着科学技术的不断进步和发展，在役设备的常规检验中，为了保证检验结果的科学可靠，无损检测（Non-destructive Testing，NDT）技术被广泛应用于压力容器检验工作中。同时，对于在役设备而言，NDT 的主要目的是以发现活动性的裂纹类缺陷为主，由于疲劳、应力、温度、腐蚀以及内部缺陷在应力作用下尖端开裂产生的裂纹，是检测的主要对象，这对于常规检验的不足进行了充分的补充和完善，进一步提升了检验质量[14]。

NDT 是建立在现代科学技术基础上的一门应用性技术学科，它是指在不损伤构件性能和完整性的前提下，检测构件金属的某些物理性能和组织状态，以及查明构件金属表面和内部各种缺陷的技术，主要是利用声、光、磁和电等特性，在不损害或不影响被检对象使用性能的前提下，检测被检对象中是否存在缺陷或不均匀性，给出缺陷的大小、位置、性质和数量等信息，进而判定被检对象所处技术状态（如合格与否、剩余寿命等）的所有技术手段的总称。

NDT 的特点是不破坏试件材质、结构；可实现 100% 的检验；发现缺陷并做出评价，从而评定被检对象的质量；可对缺陷形成原因及发展规律做出判断，以促进有关部门改进生产工艺和产品质量；对关键部件和部位在运行中作定期检查，甚至长期监控以保证运行安全，防止事故发生。

无损检测的目的是降低产品成本，提高经济效益；提高安全可靠性；改进设计和制造工艺等方面。

无损检测的基本要素包括提供探测介质或对激励被检测物体产生某种特殊运动的源、探测介质或结构异常引起的变化，探测器、记录和显示装置和解释这些信号的方法。

在役设备检验领域内，各种无损检测技术正在扮演着不可或缺的角色。本节中所介绍的是那些已经用于缺陷检测并已经确立的技术或者已经成熟的技术。

8.2.2 检测技术种类简介

射线检测（Radiograph Testing，RT）、超声检测（Ultrasonic Testing，UT）、磁粉检测（Magnetic Testing，MT）、渗透检测（Penetrant Testing，PT）是开发较早、应用较广泛的探测缺陷的方法，是四大常规检测方法。截至目前，这 4 种方法仍是压力容器检验最常用的无损检测方法。其中 RT 和 UT 主要用于探测试件内部缺陷，MT 和 PT 主要用于探测试件表面缺陷。其他用于压力容器的无损检测方法有涡流检测（Eddy current Testing，ET）、声发射检测（Acoustic Emission，AE）等。

目前国内有相当一些新的NDT技术和设备正在试验研究或试运行中，包括导波检测技术、康普顿散射成像技术、相控振检测技术、红外成像检测技术、高温超声检测技术、新的电磁检测技术等，这些新的NDT技术对于在用承压设备检验来说可以提供一些新的状态和工艺参数（包括进行风险排序等），供检验人员参考以便更好地确定安全状况等级和检验周期，因此其应用应该不受任何限制。

NDT方法种类很多，每种方法都有其优点和局限性。使用时必须根据被检对象材料种类、缺陷性质和可能产生的部位，有针对性地选择最合适的探测方法。各种检测技术特点见表8-6。

表8-6 各种检测技术特点

检测技术	检测原理	应用范围	检测部位	检测装置
目视检测	目视观察	人或检查工具可以接近	结构和内、外表面状态	可借助其他观测工具
射线检测	利用射线可以穿透物质并在物质中有衰减的特性	一定厚度的材料	接焊缝内部埋藏缺陷	X射线探伤机、γ射线源与电子直线加速器
超声波检测	利用材料及其缺陷的声学性能差异对超声波传播波形反射情况和穿透时间的能量变化	一定厚度范围的材料	接焊缝内部埋藏缺陷和表面缺陷	A型脉冲反射式超声探伤仪
渗透检测	利用化学试剂，根据毛细作用进行检测	非铁磁性材料	接焊缝、角焊缝、焊疤部位等	渗透检测剂
磁粉检测	磁现象	铁磁性材料	材料表面及近表面缺陷	磁粉探伤机
涡流检测	测量导电物体在交变磁场内的感应涡流变化	钢管、铝及铝合金、钛及钛合金管、铜及铜合金管等	导电金属材料制承压设备表面和近表面缺陷	涡流检测仪
声发射检测	通过探测受力时材料内部发出的应力波判断承压设备内部损伤程度	碳钢等	在外加结构应力下线性缺陷的活动情况	声发射仪
TOFD衍射时差法超声检测	一种非基于波幅的超声检测技术	厚度>8mm的设备壳体	整个焊缝区域（除上下表面盲区）	OMniScan MX、BSN800等
漏磁检测	利用磁传感器来检测缺陷位置	壳体容易出现的腐蚀状态	表面和近表面裂纹的缺陷、从外部发现内部的腐蚀坑等缺陷	漏磁仪
X射线数字成像检测	将透过检测工件的射线信号，实时地转换为可视化的数字图像的X射线检测技术	一定厚度的材料	对接焊缝内部埋藏缺陷	X射线数字化检测系统
超声导波检测	根据缺陷和底面的回波进行判断的脉冲发射法	简单结构	表面和内部缺陷	MSGW等
远场涡流检测	电磁原理	铁磁性材料	铁磁性换热管	远场涡流仪

续表

检测技术	检测原理	应用范围	检测部位	检测装置
红外成像检测	红外热成像技术	复合材料件、焊接和焊接结构	高应力集中部位和疲劳损伤部位	红外热像仪
超声相控阵检测	利用电子方式控制相控阵探头合成的声束来实现超声波发射、接收	复杂结构件	盲区位置缺陷	Pipe Wizard 相控阵全自动超声检测系统
磁记忆检测	源于铁磁构建的磁效应,发现应力集中区	管道表面和近表面缺陷的检测	存在高应力集中部位	磁记忆检测仪
脉冲涡流检测	缺陷处涡流磁场的衰减,检测线圈上会感应出随时间变化的电压	带包覆层管道	对层间或次表面缺陷的定量检测	脉冲涡流仪
超声C扫描检测	通过检测从缺陷处发射回来或穿透被检构件的超声波	带防腐层的设备	内腐蚀成像	自行爬行扫查器、主机、水耦合系统
低频电磁检测	通过采用低频交流激励的快速漏磁检测	铁磁性或非铁磁性材料	内外壁缺陷的性质和几何尺寸	TS2000等
康普顿背散扫描检测	利用背散射辐射,能提供被探测物体缺陷的全部深度信息	带保温层压力管道	大、薄、轻、多层、几何形状复杂的被测物体	CBC装置
内置旋转式超声波定量检测	采用内置式水浸超声脉冲回波检测	冷却器、冷凝器、再热器和加热器等	精确定量微小缺陷	IRIS系统
电磁涡流检测	利用交变磁场作用于铁磁材料,分析其感应电流或电压振幅、相位	钢铁材料及零部件	性能测试、硬度、表面淬硬层或覆盖层深度的测定	多功能涡流检测仪

8.2.3 常规无损检测方法简介

(1) 目视检测

目视检测是指检验人员用眼睛对容器的结构和内、外表面状态进行检查，通常在其他检验方法之前进行。目视检查包括判断容器结构与焊缝布置是否合理；有无成型组装缺陷；容器有无整体变形或凹陷、鼓包等局部变形；容器表面有无腐蚀、裂纹及损伤；焊缝是否有表面气孔、弧坑、咬边、裂纹等缺陷；容器内、外壁的防腐层、保温层、衬里等是否完好等[14]。

现代目视检测是指用观察评价物品的一种无损检测方法，它仅指用人的眼睛或借助于光学仪器对工业产品表面作观察或测量的一种检测方法。为了对难以到达的部位进行表观检查，可使用相关各类的光学器具。这些光学器具利用小光源、镜子、放大镜和光导纤维，可以检查直视范围以外的部位和（或）距离较大的地方。这些仪器可以与光学照相机和电视照相机相连接进行记录。遥控的光学和电视照相机，还可以在距离测点很远的地方使用，例如，沿着一根标称尺寸为50mm而弯曲半径小于2倍管直径的管子，可以在远达100m的地方获得有效的成像。

对目视观测的解释需要操作人员的经验，因为直接照明可能产生光学干扰效应。此外，在腐蚀产物覆盖的表面进行观测，一般只能对腐蚀速度提供非常有限的信息，不过，可以对腐蚀的分布给出一定的印象。为了证明根据其他技术所得数据推断出来的腐蚀状况是否属实，这些光学检查技术也是有价值的。

(2) 射线检测

射线探伤检测是利用射线可以穿透物质并在物质中有衰减的特性来发现其中缺陷的方法。目前工业检测中广泛应用的是射线照相法，通过使用X射线或γ射线检测物体内部体积型缺陷，如气孔（图8-30）、疏松、未焊透（图8-31）、夹渣和缩孔等。

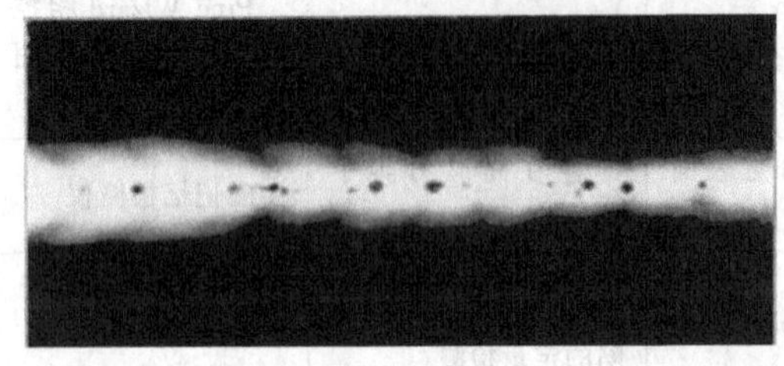

图8-30 气孔

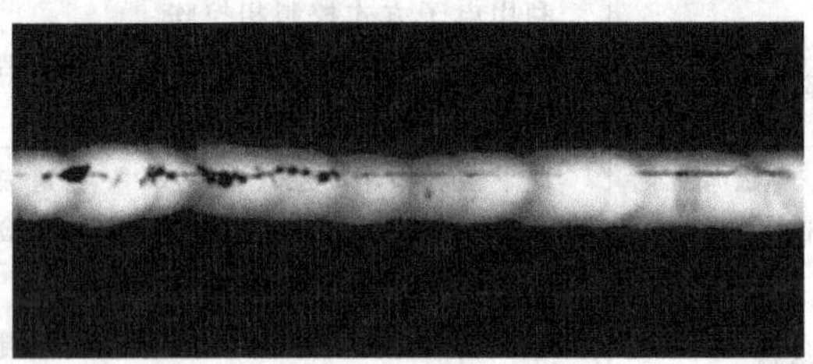

图8-31 未焊透

射线检测的优点：暴露于射线并经处理的胶片可给出受检工件材质内部缺陷生成的直观图像，可做到定性、定量、准确，直接记录的检测结果可长期保存。对体积型缺陷，诸如气孔、夹渣等，检出率高。

射线检测的缺点：对面积型缺陷，诸如裂纹、未熔合等，如果照相角度不适当，则比较容易漏检；射线检测应用的局限性是成本高，且射线检测操作中需严格防护，以免射线伤害人体[14]。

(3) 超声波检测

超声波检测是利用材料及其缺陷的声学性能差异对超声波传播波形反射情况和穿透时间的能量变化来检测材料内部缺陷的无损检测方法。超声波检测适用于探测被检物内部的面积型缺陷，如焊缝中的未融合、白点、裂纹和分层等，如图8-32所示。

超声波检测的优点：适用于金属、非金属和复合材料等多种制件的无损检测；穿透能力强，可对较大厚度范围内的工件内部缺陷进行检测；缺陷定位较准确；对面积型缺陷的检出率较高；灵敏度高，可检测工件内部尺寸很小的缺陷；检测成本低、速度快，设备轻便，对人体及环境无害，现场使用较方便等。

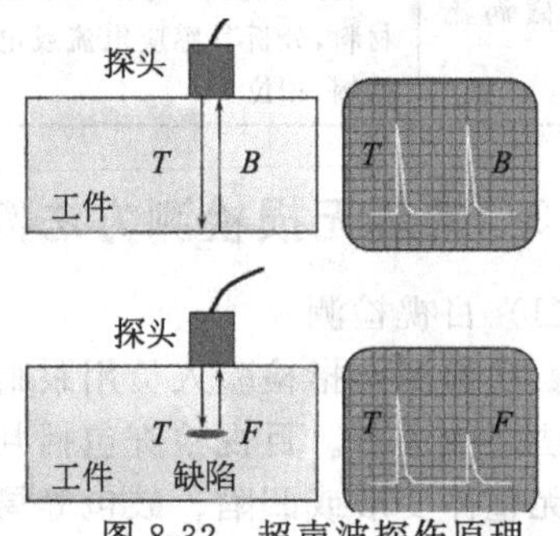

图8-32 超声波探伤原理

超声波检测的缺点：对工件中的缺陷进行精确的定性、定量仍需作深入研究；对具有复杂形状或不规则外形的工件进行超声检测有困难；缺陷的位置、取向和形状对检测结果有一定的影响；工件材质、晶粒度等对检测有较大影响；常用的反射法检测的检测结果显示不直观，检测结果无直接见证记录，但现在由国外引进，国内迅速发展的TOFD技术可弥补这一缺点[15]。

脉冲反射式超声波探伤仪大部分都是A扫描式的，所谓A扫描显示方式即显示器的横坐标是超声波在被检测材料中的传播时间或者传播距离，纵坐标是超声波反射波的幅值。譬如，在一个工件中存在一个缺陷，由于缺陷的存在，造成了缺陷和材料之间形成了一个不同介质之间的交界面，交界面之间的声阻抗不同，当发射的超声波遇到这个界面之后就会发生反射，反射回来的能量又被探头接收到，在显示器屏幕中横坐标的一定的位置就会显示出来一个反射波的波形，横坐标的这个位置就是缺陷波在被检测材料中的深度。这个反射波的高度和形状因不同的缺陷而不同，反映了缺陷的性质。

(4) 磁粉检测

磁粉检测主要是利用磁现象来检测铁磁性材料表面及近表面缺陷的一种无损检测方法。这种方法就是在受检表面涂覆一种通常是白色的快干而无光泽的涂料，利用永久磁铁或电磁铁使磁场穿过测量工件，并用一种在液体中分散良好的磁粉涂覆在被测表面。基本原理是：当铁磁性材料被磁化后，若其表面或近表面存在裂纹等缺陷，就会在缺陷表面的缺陷部位形成漏磁场，漏磁场将会聚集和吸附检测工程中施加的磁粉，从而显示出磁痕缺陷。根据磁痕，能直观地显示缺陷的大小、形状和位置，可以大致判断缺陷的性质，如图 8-33 所示。

磁粉检测的优点在于可以很直观地观察到容器表面裂口的形状、部位、大小和裂口产生的原因。在检测过程中，灵敏程度比较高，可以检测出 0.1mm 的裂口，在检测时，其不会受到裂痕大小和形状的约束。磁粉检测的速度快、效率高，检测过程比较通俗易懂，价格便宜。

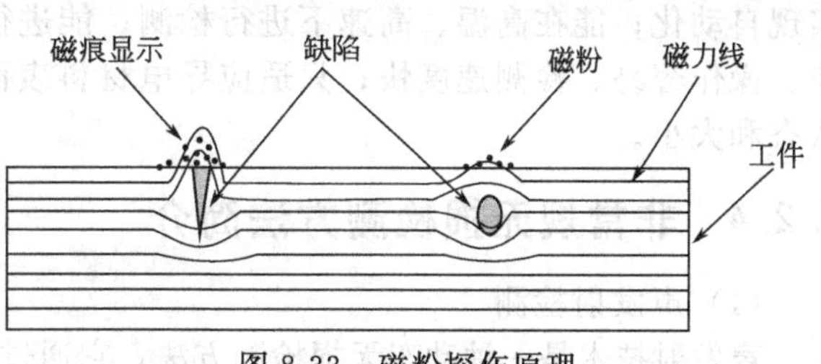

图 8-33　磁粉探伤原理

磁粉检测的缺点在于其只能检测磁性材料，只可以发现容器的表层或者近表层出现的裂口，检测的深度只能达到 2mm，不能进行深度裂口的检测，对磁化场有较高的要求，磁化场的方向要与裂口的方向是垂直的，在检测时需要在容器的不同方向对容器进行磁化。在检测时，不能确定容器裂口的埋深和高度，对于那些宽度比较大，或者较为浅显的裂口也不能进行准确地检测。在进行磁粉检测后，要对容器进行清洗，容器的表层不能沾有其他的污渍，否则会导致检测结果的不准确。

(5) 渗透检测

渗透检测是一种检查表面裂纹缺陷的无损检测方法，渗透液内含有的染料被涂到受检表面，经过规定时间之后，在涂施显色剂之前，将表面多余的渗透液擦掉，然后喷上显色剂。这时，该表面就因渗透剂渗出裂纹外面而显示出裂纹。其基本原理与毛细显像原理相似，可将金属表面的开口缺陷看作是毛细缝隙或毛细管，如图 8-34 所示。

渗透检测可以检测金属和非金属（陶瓷、塑料）工件的表面开口缺陷，例如，裂纹、疏松、气孔、夹渣、冷隔、折叠和氧化斑疤等。这些表面开口缺陷，特别是细微的表面开口缺陷，一般情况下，直接目视检查是难以发现的。渗透检测不受缺陷形状（线性缺陷或体积型缺陷）、尺寸和方向的限制。只需要一次渗透检测，即可同时检查开口于表面的所有缺陷。

渗透检测的优点：设备简单，操作简便，费用低廉，检查结果直观；用于大型工件和形状不规则工件的检验以及在用设备的现场检修检查，更能显示其特殊的适用性和优点。

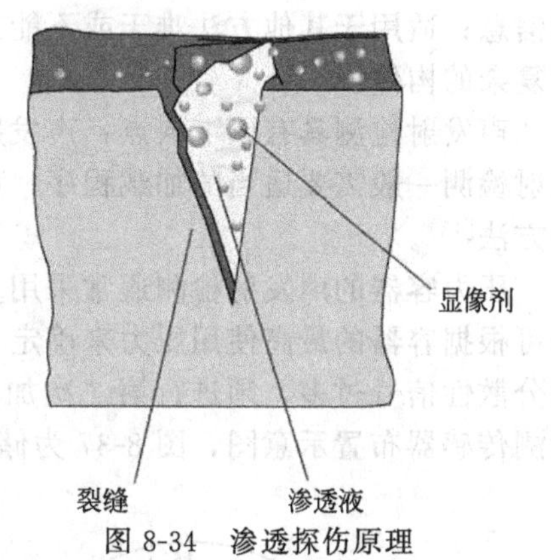

图 8-34　渗透探伤原理

渗透检测的缺点：对埋藏于表层以下的缺陷无能为力而只能检测开口暴露于表面的缺陷[16]。

(6) 涡流检测

涡流检测是利用电磁感应原理，通过测定被检工件内感生涡流的变化来发现缺欠的无损检测方法[17]。

测量腐蚀损坏深度的灵敏度取决于所测金属的电阻率和磁导率，也取决于用来激励探头线圈的交流电的频率。对于铁磁材料来说，涡流的有效穿透能力很弱，因而，这种技术实际上只能用来检查腐蚀表面，这通常需要使构件处于停车状态。其在实际应用中，适用范围包括压力容器用焊接钢管及圆形无缝钢管，铝及铝合金薄壁管，钛及钛合金管和铜及铜合金管。主要用于换热器换热管的腐蚀状态检测和焊缝表面裂纹检测。

涡流测量的一个基本例子是检测裂纹。这种检测是对超声探伤法的补充。因为它测量的主要是裂纹长度而不是深度，深度是由超声波探伤得到的。如果两种测量不相符合，则裂纹往往就有分支或者是弯曲的。用两种技术测量比单独用其中任一种技术测量能取得更多的信息。

涡流检测有以下特点：不需要耦合剂，与试件可接触也可不接触；对管、棒、线材易于实现自动化；能在高温、高速下进行检测；能进行多种测量，并能对疲劳裂纹监控；工艺简单、操作容易、检测速度快；只适应导电材料表面和近表面的检测；难以判断缺陷的种类、状态和大小。

8.2.4 非常规无损检测方法简介

(1) 声发射检测

声发射技术是一种动态无损检测方法，它通过探测受力时材料内部发出的应力波判断承压设备内部损伤程度（见图 8-35）。声发射检测技术主要用于在用承压设备整个系统安全性评价。

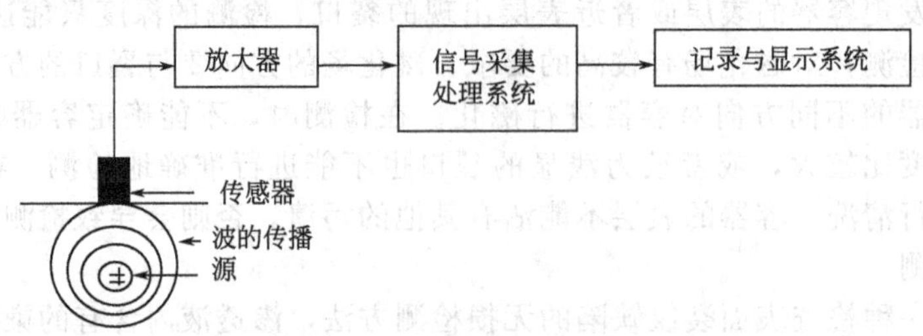

图 8-35 声发射检测原理图

声发射检测具有以下优点：可检测对结构安全更为有害的活动性缺陷；对大型构件，可提供整体或大范围的快速检测；可提供缺陷随载荷、时间、温度等外变量而变化的实时或连续信息；适用于其他方法难于或不能接近环境下的检测；适用于检测其他方法受到限制的形状复杂的构件。

声发射检测具有以下缺点：声发射特性对材料甚为敏感，又易受到机电噪声的干扰；声发射检测一般需要适当的加载程序；声发射检测所发现缺陷的定性定量，有时仍需依赖于其他方法[18]。

压力容器的声发射检测通常采用多通道仪器进行。加载方式为水压试验，但最高试验压力可根据容器的最高使用压力来确定，不一定达到设计图纸规定的最高试验压力。如首次加压分散性信号过多，须进行第二次加压试验，以发现活性缺陷。图 8-36 为球形容器声发射检测传感器布置示意图，图 8-37 为储罐底板缺陷检测图。

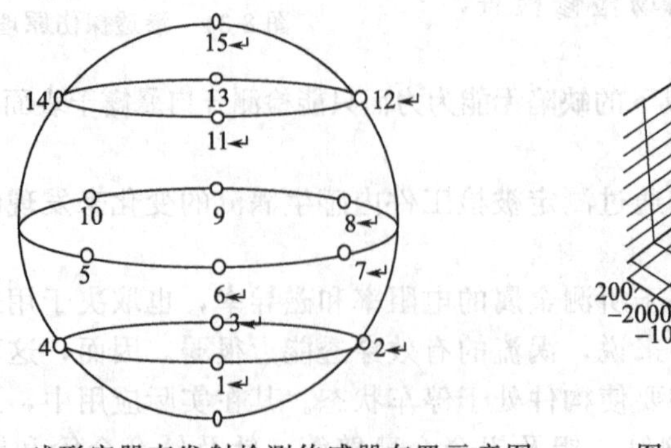

图 8-36 球形容器声发射检测传感器布置示意图

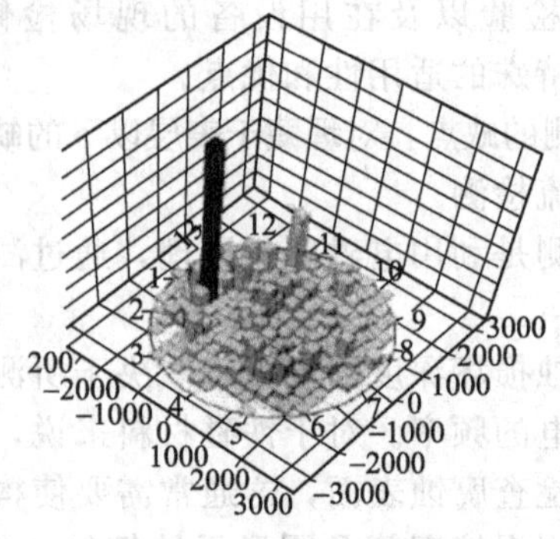

图 8-37 储罐底板缺陷检测

(2) TOFD 衍射时差法超声检测

TOFD 衍射时差法超声检测技术是利用缺陷端点的衍射波信号进行检测和测定缺陷尺寸的一种超声检测方法，通常采用一发一收模式的双探头结构，如图 8-38 所示。TOFD 衍射时差法超声检测技术最初是被开发用作缺陷自身高度的测定工具。

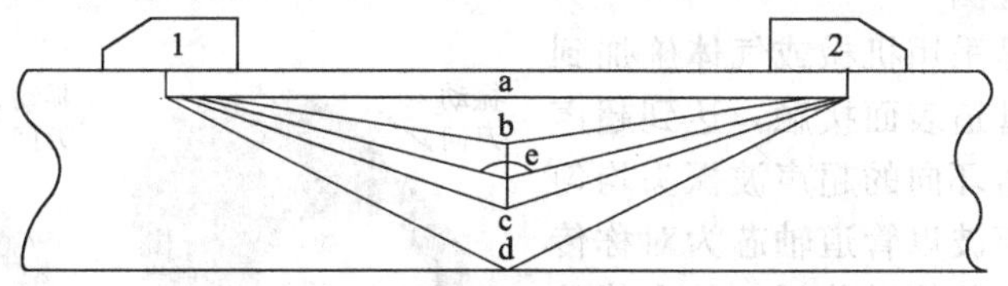

图 8-38 TOFD 法探头布置和声路示图

1—发射探头；2—接收探头；

a—侧向波；b—上端波；c—下端波；d—底面回波；e—中夹角

TOFD 的优点包括：与常规的脉冲回声检测技术相比，探头不需要前后移动进行扫查，与缺陷的方向无关；通过测量缺陷端点的衍射波传播的时间差值而不是超声信号的幅度，即可对缺陷的高度进行精确测定，因此 TOFD 是一种非基于波幅的超声检测技术，信号只要能识别即可，缺陷定量可靠性高，可以精确确定缺陷的高度；TOFD 以成像的方式即刻获得对焊缝的清晰印象，可"实时"分析缺陷，且检测记录方便保存；同射线相比，TOFD 检测快速、安全、方便，且可以检测出与检测表面不相垂直的缺陷和裂纹；因为检测速度快，对于板厚超过 25mm 的材料，成本比 RT 少得多；可以在 200℃以上的表面进行检测，已经有在 400℃检测的实例；效率高于常规的超声 UT。

TOFD 的缺点：焊缝的两边必须有能够安放用于 TOFD 检测的发射和接收探头的位置；在检测表面下，存在一个检测不到的死区；检测人员必须经过专门的训练，并积累相应的经验。

(3) 漏磁检测

当铁磁性材料工件被磁化后，试件表面或近表面的缺欠引起磁场突变而在其表面形成漏磁场，通过对漏磁场的变化进行定量测量来发现工件表面或内部缺欠的一种无损检测方法，其工作原理如图 8-39 所示。

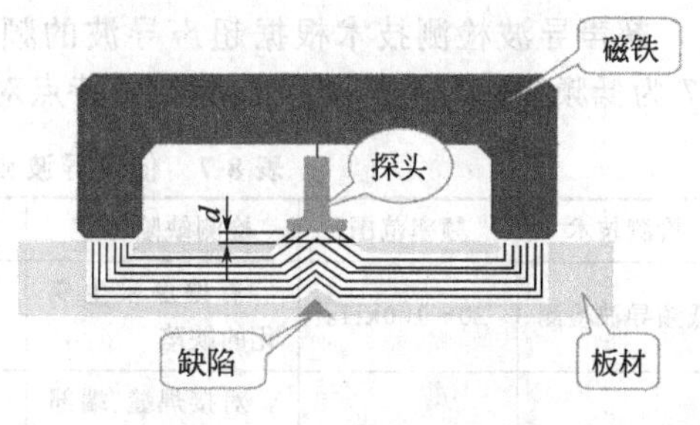

图 8-39 漏磁检测原理图

漏磁检测主要用于检测压力容器壳体可能出现的点腐蚀状态。有些压力容器检验人员无法进入容器内部检查，有些结构采用内窥镜也无法检验，利用超声波测厚很难发现点腐蚀的分布概况，而利用超声直探头探伤又需要对容器表面进行打磨。漏磁检测技术可用于表面带油漆层情况下的扫描检测，并且从外部可以测出内部存在的腐蚀坑大小和深度。因此，漏磁检测技术主要用于压力容器运行状态下的在线检测。

由于漏磁检测是用磁传元件检测缺陷，相对于磁粉、渗透等方法，有以下优点：可实现自动化检测；较高的检测可靠性；可以实现缺欠的初步量化；管道的检测中在厚度小于 30mm 的壁厚内，可同时检测内壁和外壁缺欠；高效、无污染的自动化的检测可以获得很高的检测效率，同时，检测方法对环境的无任何污染[19]。

(4) X 射线数字成像检测 (CR)

X 射线数字实时检测技术是能将透过检测工件的射线信号，实时地转换为可视化的数字图像的X射线检测技术，所得的数字图像能够为后期结果的评定、图像处理、特征提取，以及网络传输和保存等操作提供方便[20]。

X射线数字实时检测技术优点为无需化学物质、胶片、暗室、储存室、缩短检测时间、降低检测成本、高效率、低成本、特别是数字图像的可交换性和存储方便[21]。

(5) 超声导波检测

超声导波检测是采用机械或气体施加到探头背面使探头与管道表面接触，达到超声波良好耦合的。管道环向的超声波探头均匀地间隔排列，使得声波以管道轴芯为对称传播。因为环向声波沿着管道传播，整个管壁被声波的运动激励，声场遍及整个壁厚，因此整个壁厚都可以被检测到，这就意味着既可以检测管道的内部缺欠也可以检测管道的表面缺欠（图8-40、图8-41）。

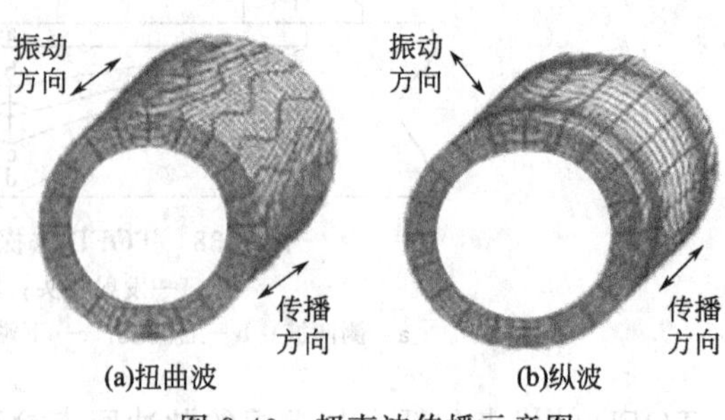

图8-40 超声波传播示意图

此外，超声导波与传统超声波检测的最大区别为，超声导波可在一个测试点对一条长输管道材质进行100%检测，而传统超声波只能对一个测试点进行检测。

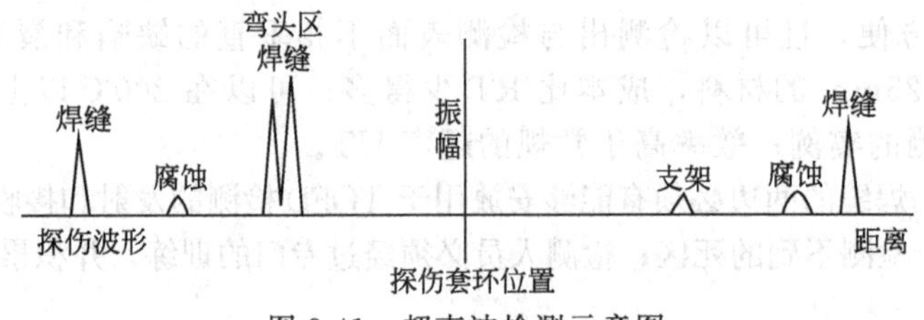

图8-41 超声波检测示意图

超声导波检测技术根据超声导波的频率大小，形成高频导波和低频导波检测技术，表8-7为低频导波和高频导波检测技术特点对比。

表8-7 低频导波和高频导波检测技术特点对比

检测技术	频率范围	检测缺陷程度	检测距离	检测灵敏度	缺陷定位准确度
低频导波检测	20～100kHz	有壁厚发生变化的缺陷	单边5～20m	低	需要其他检测手段确定具体位置
高频导波检测	≥0.5MHz	对接焊缝、端部反射或其他结构缺陷	长度一般不大于2m	高	显示位移，与实际位移误差小于1%

超声导波技术作为无损检测领域内的新兴技术有着其显著的特点和优势，主要表现为检测距离长、操作简单、灵敏度高等；应用目前的超声导波技术和检测装置进行在役管道的腐蚀检测和对新建管道进行基线检测都较适合；应用目前的超声导波技术和检测装置对埋地、穿越、架空管道进行腐蚀检测优势非常明显；各种工业管道、压力管道经常年使用后所产生的表面腐蚀和壁厚减薄状态，也可采用超声导波检测技术进行快速高效评价。

(6) 远场涡流检测

远场涡流（Remote Field Eddy Current，RFEC）技术最早发表于1951年美国W. R. Maclean的一篇专利报告中，20世纪50年代末60年代初，壳牌公司的T. R. Schmidt教授研制成功了应用于油井套管检测的远场涡流仪。近年来，远场涡流技术的应用得到全面深入的研究，许多研究机构正在进行远场涡流检测系统的研制工作。远场涡流技术是一种新颖的管道电磁检测技术，能以同样的检测灵敏度检测管壁内、外表面的凹坑、裂纹以及壁厚减薄，而不受趋肤深度的限制效应影响。若用检测线圈感应电压与激励电流相位差作为检测参数，则管壁厚度与相位差近似呈线性关系，而且受提离效应的影响很小，与检测铁磁性管的不完全磁饱和涡流法和漏磁法相比，远场涡流检测技术可以提供最佳的缺陷尺寸。如石化装置中大量采用的空冷器，由于其管束直径一般只有 25mm 左右，且带有翅片，采用通常的无损检测方法检测难度很大。可以采用远场涡流检测技术对空冷器的带翅管进行检测，如图 8-42 所示为远场涡流检测原理示意图。

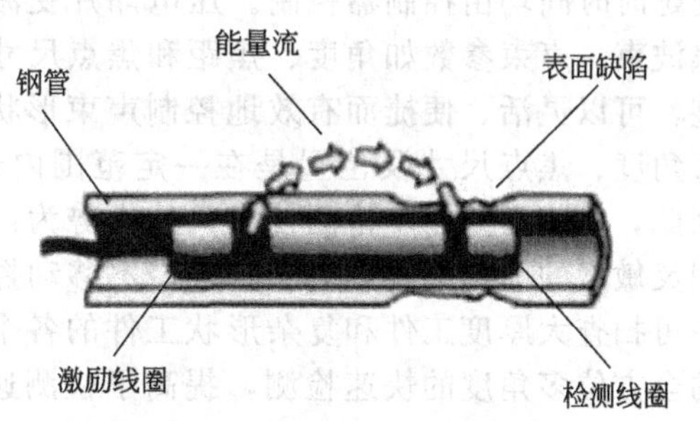

图 8-42　远场涡流检测原理图

远场涡流检测技术能够了解管道的实际运行状况，计算腐蚀速率，评估管子的使用寿命，及时采取措施，保证管道的良好运行。尽管该技术还存在许多缺点，如缺陷的检出率差、对缺陷信号的判断需要一定的实际经验、对缺陷类型判断不准、误差大、有杂波干扰等，但还是一种很有发展前途的技术，随着其技术的发展和完善，将会在管道检测中得到更为广泛的运用。

(7) 红外热成像检测

红外检测技术是利用红外热辐射特性对设备进行检测，红外热成像技术基于温度差异云图数据，已在众多领域得到应用。该技术的理论基石是斯特凡-波尔兹曼定律，也即物体发射的能量正比于其温度的 4 次方，在已知物体固有发射率时，通过红外探测器或传感器探寻物体辐射能量，就可推算出物体表面温度。目前，红外检测主要用于高温压力容器热传导的在线检测和对常温压力容器的高应力集中部位检测。对高温压力容器的检测可以及时发现压力容器内衬的损伤和内部的结焦、堵塞等异常情况，是高温压力容器内部腐蚀和冲蚀缺陷的可靠方法。

热像图是运用红外热像仪探测物体各部分由表面温度形成的辐射红外能量的分布图像。是一种直观地显示材料、结构物完整连续性及其结合上存在不连续缺陷的检测技术，它是非接触的无损检测技术，可连续对被测物作上下、左右非接触的连续扫描。

材料导热率是影响检测灵敏度的关键因素，热导率越低，检测灵敏度越高，缺陷显现时间越长；缺陷的几何尺寸是影响红外热成像检测灵敏度的关键因素，缺陷面积越大，可检出的壁厚减薄量的灵敏度越高；面积越小，灵敏度越低；材料的厚度也是影响灵敏度的关键因素，材料越厚，缺陷检测灵敏度越低，但缺陷的可观测时间越长；温度激励方式是影响检测灵敏度的关键因素，内部加热法的缺陷检测灵敏度高于外部冷却法，制冷气体冷却的灵敏度高于冰冷却的灵敏度。

(8) 超声相控阵检测

超声相控阵检测技术是利用电子方式控制相控阵探头合成的声束来实现超声波发射、接收的检测方法。通常使用不同形状的多阵元换能器来产生和接收超声波波束，通过控制换能器阵列中各阵元发射（或接收）脉冲的时间延迟，改变声波到达（或来自）物体内某点时的相位关系，实现聚焦点和声束方向的变化，然后采用机械扫描和电子扫描相结合的方法来实现图像成像，如图 8-43 所示为超声相控阵检测二维扇形阵阵列几何外形。与传统超声检测相比，由于声束角度可控和可动态聚焦，超声相控阵技术具有可检测复杂结构件和盲区位置缺陷和较高的检测频率等特点，可实现高速、全方位和多角度检测。对于一些规则的被检测对象，如管形焊缝、管材等，超声相控阵技术可提高检测效率、简化设计、降低技术成本，如图 8-44 所示为超声相控阵检测管子-管板焊缝示意图。

超声相控阵技术最显著的特点是相控阵探头中各晶片的激励延时时间均由控制器控制。压电晶片受激励后能产生超声聚焦波束，声束参数如角度、焦距和焦点尺寸等均可通过软件调整，可以灵活、便捷而有效地控制声束形状和声压分布。其声束角度、焦点尺寸及位置是在一定范围内连续、动态可调的，因此，比起常规超声检测技术，其优势为：快速，可在保证检测灵敏度的前提下实现电子扫描，不移动探头或尽量少移动探头可扫查大厚度工件和复杂形状工件的各个区域，实现对工件的全方位多角度的快速检测，提高了检测速度；灵活，在不改动或改动较少的情况下，同一组探头可以适应不同管径、不同壁厚工件检测的需要；可进行复杂检测，无需声透镜便可使声束聚焦，可以灵活而有效地控制声束，生成可控的声束指向和聚焦位置，实现复杂工件和盲区位置缺陷的检测；通过优化控制焦点尺寸、焦区深度和声束方向，可使检测分辨力、信噪比和灵敏度等性能得到提高；探头小巧，对某些检测探头无法接近，而对相控阵只需用一小巧的阵列探头，就能完成多个单探头分次往复扫查才能完成的检测任务。

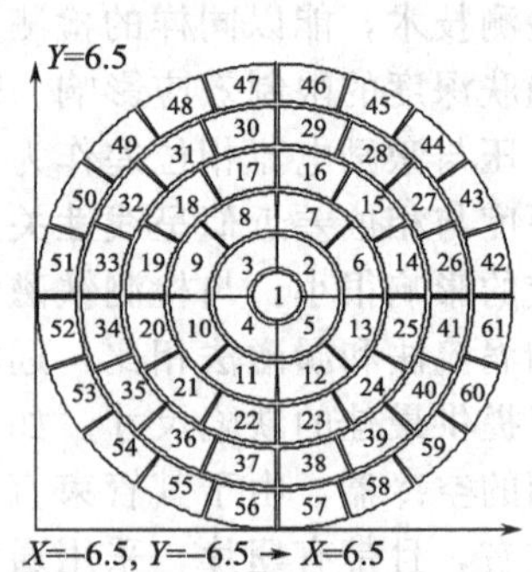

图 8-43 超声相控阵检测二维扇形阵阵列几何外形

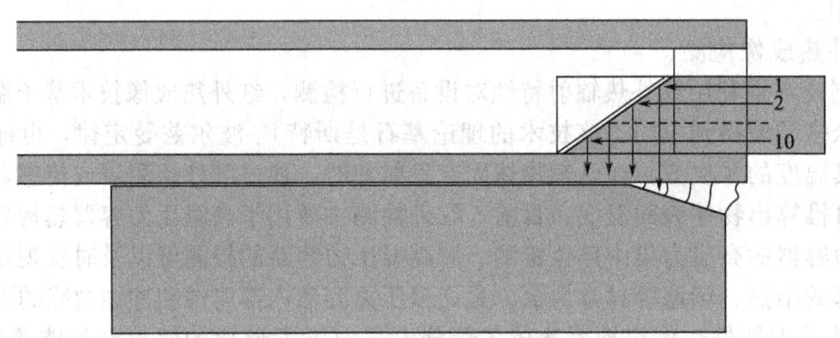

图 8-44 超声相控阵检测管子-管板焊缝示意图

（9）磁记忆检测

磁记忆检测技术（Metal Magnetic Memory Testing，MMMT）是 20 世纪 90 年代后期发展起来的一种检测材料应力集中和疲劳损伤的新型无损检测方法。其检测原理是利用铁磁工件在受载工作过程中应力和变形区域内产生的磁状态不可逆变化，在该区域内发生具有磁致伸缩性质的磁畴组织定向的和不可逆的重新取向，这种磁状态的不可逆变化在工作载荷消除后不仅会保留，还与最大作用应力有关。通常采用磁记忆检测仪对焊缝进行快速扫查，来发现容器焊缝存在的应力峰值部位，然后对这些部位进行内部超声检测、表面磁粉检测、金相分析或硬度测试，以便发现可能存在的内部裂纹、表面裂纹或材料微观损伤。记录和分析产生在铁磁构件和设备应力集中区或缺陷区中的自有漏磁场的分布情况，如图 8-45、图 8-46 所示。

和传统无损检测方法不同的是，它是一种检测金属疲劳损伤和濒临损伤状态的方法；也是继声发射之后第二个非主动的检测方法，使用的是结构自身应力集中区由位错聚积产生的自有漏磁场参数发射出来的信息，而使用其他已知的磁方法时，测量的是人工磁场在缺陷处的漏磁场。金属磁记忆方法适用于检测铁磁性构件（管道、容器、叶轮、轨道交通设备等）和焊缝的质量，还可在实验室研究金属的力学性能。

在检测中，金属磁记忆方法能够确定应力集中区、应力集中区中金属组织的损伤（已经出现的微观缺陷）以及金属的非致密度（宏观缺陷）。相对于其他检测方法，采用金属磁记忆检测有如下优点：对受检对象不要求任何准备（清理表面等）；不要求做人工磁化；金属磁记忆法不仅能检测正在运行的设备，也能检测修理的设备；金属磁记忆方法是唯一能以1mm 精度确定设备应力集中区的方法；金属磁记忆仪器体积小、质量轻，便于携带；检测速度快、效率高，可保证百分之百的质量检测和生产在线分选；和传统无损检测方法配合能提高检测效率和精度。

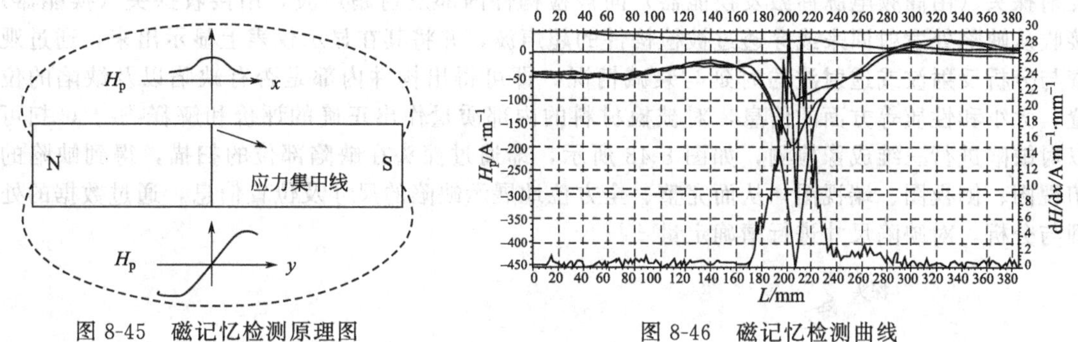

图 8-45 磁记忆检测原理图　　图 8-46 磁记忆检测曲线

(10) 脉冲涡流检测

20 世纪 70 年代中后期，脉冲涡流技术（Pulsed Eddy Current，PEC）在世界范围内得到广泛的研究，PEC 最早由密苏里大学的 Waidelich 在 20 世纪 50 年代初进行研究，脉冲涡流的激励电流为一个脉冲，通常为具有一定占空比的方波，施加在探头上的激励方波会感应出脉冲涡流在被测试件中传播，根据电磁感应原理，此脉冲涡流又会感应出一个快速衰减的磁场，随着感应磁场的衰减，检测线圈上就会感应出随时间变化的电压，由于脉冲包含很宽的频谱，感应的电压信号中就包含重要的深度信息。

对于与压力容器连接的带包覆层管道，由于管线已经安装建成，不便于使用诸如管内机器人的方式进行管内检测，主要考虑从管道外进行检测，拆除包覆层的方法一般是在停机状态下，将包覆层拆除后，采用常规的无损检测方法如超声检测对管道进行检测，检测完毕后再重新装好包覆层。因此，该类方法会耽误生产工时、工程量大、检测效率低、成本高；另外，已拆除的包覆层在重新安装时很难恢复原貌，容易出现绝热层搭茬不合理、封口不严密、空鼓及松动的情况，造成绝热层下新的腐蚀隐患点。

脉冲涡流技术是涡流检测（Eddy Current Testing，ECT）技术一个新的分支。与传统涡流检测技术相比，脉冲涡流技术采用的激励信号为矩形脉冲而不是正弦波，其宽频谱、大电流的激励特性使其具有非接触式遥感的能力，从而能透过包覆层检测管道腐蚀（如图 8-47 所示）。与其他管外检测方法相比，脉冲涡流技术具有以下优点：可以实现完全不拆卸包

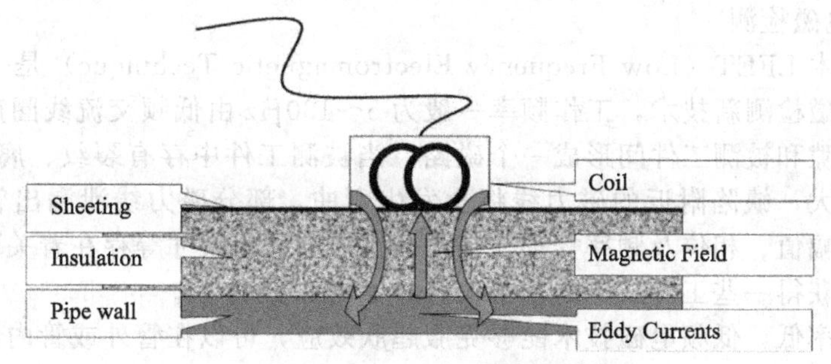

图 8-47 脉冲涡流检测原理图

覆层的在线检测，无需停机；适合于快速扫查检测；可用于恶劣环境下的检测，检测结果不受管表面状况的影响，如高温、粗糙不平、布满水下生物等；检测的经济、人力成本低，安全性好。

(11) 超声C型扫描检测

超声C型扫描显示，简称C扫，即特定深度扫描模式（Constant Depth Mode），是用发射探头（由高频电脉冲激发换能器）向被检构件内部发射超声波，用接收探头（换能器）接收从缺陷处发射回来或穿透过被检构件的超声波，并将其在显示仪表上显示出来，通过观察与分析反射波或透射波的时延与衰减情况，即可得出构件内部是否有缺陷以及缺陷的位置、大小和性质等方面的信息，对被检材料的内部质量作出正确的评价和解释[22]。C扫可以对缺陷进行三维成像检测，如图8-48所示，即通过探头在缺陷部位的扫描，得到缺陷的俯视图、侧视图、端视图，从而完整、全方位地展示缺陷的尺寸及位置信息，通过数据的处理与分析，对缺陷尺寸进行精确定量[23]。

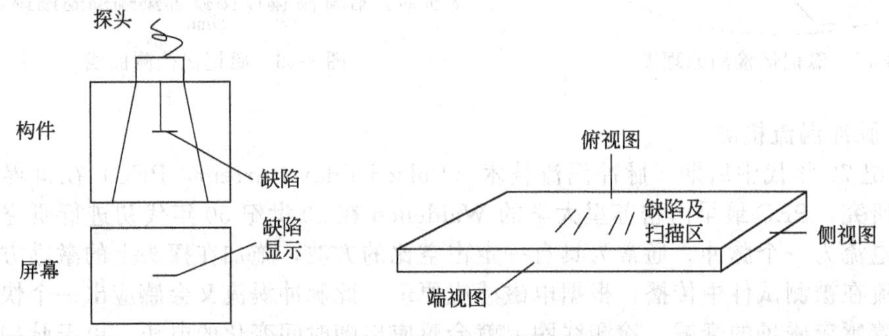

图8-48 超声波C扫描测试示意图

相比于低频导波及相控阵等超声波检测，超声C型扫描技术具有不需对管壁涂层打磨、易操作（自动沿壁爬动）、性价比高的特点，可以在管道外壁涂层不打磨的情况下实现管道内腐蚀成像，该技术可以弥补定点测厚和单点测厚检测数据准确性低和难捕获点腐蚀的不足，还可以在线灵活检测，达到多种检测手段组合相同的检测效果（表8-8）[24]。

表8-8 超声C型扫描技术与低频电磁、漏磁检测技术的对比

检测技术	优点	缺点
低频导波、漏磁等	便于携带、外腐蚀监测精度高、检测距离远	不易捕获点蚀、误差大，不能确定内腐蚀，经济性受打磨、停输的影响
超声C型扫描腐蚀检测（自行爬行扫查器、主机、水耦合系统）	携带方便、检测面大、数据量大、准确	仪器精密、定期保养、操作复杂

(12) 低频电磁检测

低频电磁技术LFET（Low Frequency Electromagnetic Technique）是一种采用低频交流激励的快速漏磁检测新技术，工作频率一般为5～100Hz由低频交流线圈产生的交变电磁场，在衔铁、气隙和被测工件间形成一个磁路。当被测工件中存有裂纹、腐蚀坑等缺陷时，磁路中的磁阻增大，缺陷附近的磁力线将会发生弯曲，部分磁力线泄漏出管壁，产生漏磁场。而漏磁场的幅值、相位及频率等都与缺陷的性质和几何尺寸等存在着关联。通过对漏磁场的测量，能够获得一些工件缺陷的基本信息，如图8-49所示。

由于激励频率低，低频电磁技术能够克服趋肤效应，可以在管外或管内同时检测铁磁性或非铁磁性管道的内外壁缺陷，最大可检测壁厚为24mm（20钢）。与采用直流或是永磁体磁化的传统漏磁技术比较，低频电磁技术采用的是不饱和磁化，它具有剩磁小、检测设备体积小、重量轻、操作简便等的优点。与传统的超声测厚技术相比，低频电磁技术采用干式非接触方法检测，对被测工件表面要求不高，可对管道进行快速检测，在锅炉水冷壁、过热器、再热器等的检测中取得了较好的应用效果。

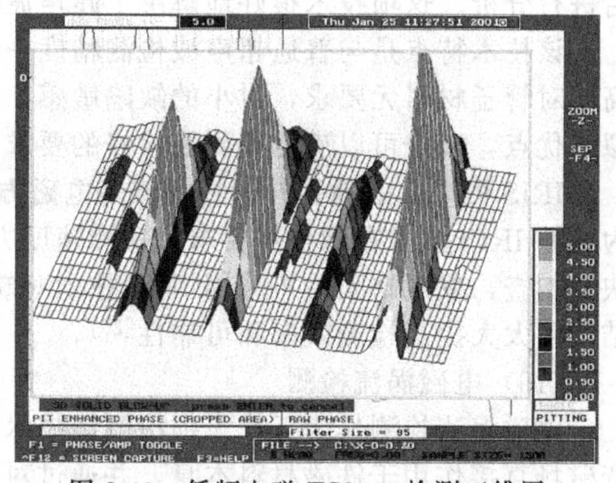

图 8-49　低频电磁 TS2000 检测三维图

(13) 康普顿背散扫描（CBS）检测

康普顿散射成像技术，具有“在线”“单侧”进行无损检测等特点，可用于带保温层压力管道的检测。它利用背散射辐射，能提供被探测物体缺陷的全部深度信息；能同时给予多个不同材料的组合体成像；重建图像的算法比较简单；探测到的背散射光子数进入计算机存储，通过重建公式的计算，求出物体各点的电子密度，再对电子密度进行重排，就可获得整个被探测物体的信息。

工业无损检测和无损评价中存在着许多问题，例如大、薄、轻、多层、几何形状复杂的被测物体，机场、车站、海关等场合过往人员携带的箱包和车辆、大型集装箱中可能隐藏的炸药或毒品，透射原理的射线照相或工业 CT 机都难以检测，而康普顿背散射扫描（CBS）技术以其独特的性能较好地解决了上述问题。

CBS 的基本原理是依据 γ 或 X 射线与物质相互作用中的康普顿散射效应，由被测物的单侧测量不同位置某特定散射角所对应的康普顿散射光子数，求出被测物质中的电子密度分布，经过一定数据处理或重建，得出被测物三维密度分布图像，如图 8-50 所示。

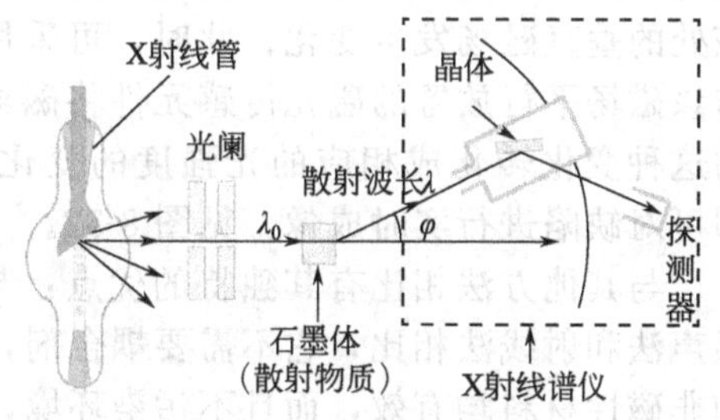

图 8-50　康普顿散射效应

CBS 技术独特的优点有：辐射源与探测器位于被测物体的同一单侧，这样就可检测大型物体；检测低密度物质的灵敏度高，因而更适宜检测轻材料；形状与缺陷的指示不重叠，有特别好的位置灵敏性，因而能检测几何形状复杂的和多层的物体；可自由选择测量几何学，特别是探测器有许多不同位置供选用，使得散射束减弱等效应减至最少[25]。

(14) 内置旋转式超声波定量检测

这种技术也可以称为 IRIS 技术，主要是采用内置式水浸超声脉冲回波检测技术，其检测系统原理如图 8-51 所示。先要在管子中灌满水，把探头放置在管子内部，由探头激发产生的超声波脉冲经过水中传播以后到达 45°声的反射镜中，经过反射以后会到达管子的内壁中，这时会出现一部分超声波在管内壁中发生反射，声波会顺着原来的传播路线返回，然后被晶片接收。而另外一部分的超声波进入管壁中，但在管外壁发生反射，顺着原来的传播路线返回后被晶片吸收，从中可以看到两个反射信号分别是内壁与外壁。每当涡轮旋转一周就会触发一次采集，然后创建一个被检管子截面的 B 扫描图像，在图像中能够充分显示出内管壁、外管壁的形状以及壁的厚度。当套头深入到管子内部的过程中，不间断的图像会构成管壁的彩色 C 扫描成像，记录下来

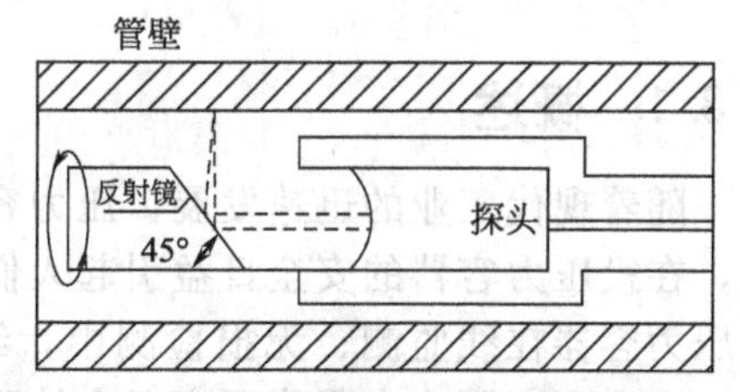

图 8-51　内置式水浸超声脉冲回波检测技术

后进行分析。这项技术很好地解决了超声波检测过程中出现的缺点。

该技术特点是与普通超声波检测精度一致，且不受支撑部件的影响，信噪比高，可靠性高，对管子材料无要求，对小的缺陷敏感，定量准确。有着远场涡流等电磁检测方法无可比拟的优点，完全可以满足检测及检修的要求。

IRIS 可以有效地弥补远场涡流等电磁方法在管子管束检测中的缺点，可进行精确定量。为弥补 IRIS 技术在耦合剂要求及检测速度方面的劣势，可先采用远场涡流等电磁方法进行快速扫查，发现缺陷后再采用 IRIS 技术对缺陷进行精确定量。IRIS 与远场涡流检测技术的结合可大大提高检测效率和可靠性[26]。

(15) 电磁涡流检测

电磁涡流检测作为近代无损检测新技术的一个分支，是以电磁涡流感应为基础，利用交变磁场直接作用于铁磁材料本身，并通过对感应电流或电压振幅、相位的科学分析，从而成功地完成钢铁材料及零部件的性能测试、硬度、表面淬硬层或覆盖层深度的测定、质量检查和监控，混料分选等。

电磁涡流成像技术的原理实际上是法拉第电磁涡流感应定律与法拉第磁光效应的综合应用。根据法拉第磁光效应：以平行于外加磁场方向传播的线性偏振光当穿过磁场中的旋光介质时，其偏振平面会被扭转。因此，根据电磁涡流检测原理可知，只要在被检区域内产生直线流动、均匀分布的层状电涡流，此涡流会在空中感应出垂直于被测试件的磁场。如果试件在该区域含有缺陷，则缺陷处的涡流流动将发生变化，并引起该处的垂直磁场发生变化；此时，可采用与该磁场平行放置的磁光传感元件将磁场的这种变化转化成相应的光强度的变化，即可对缺陷进行实时成像，见图 8-52。

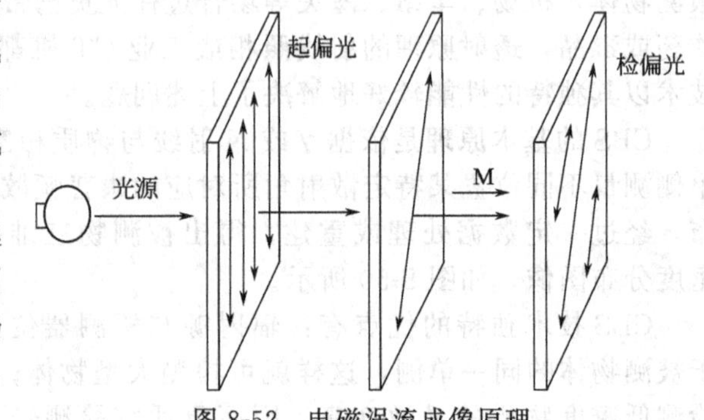

图 8-52 电磁涡流成像原理

与其他方法相比有其独特的优点：与超声法和射线法相比，它不需要耦合剂，可以进行非接触性测量；与磁粉法相比，它对磁性和非磁性材料均有效，而且不污染环境，操作简单，省工省力；与渗透法相比，它不需要清洗试件，比较容易实现检测的自动化[27]。

8.3 压力容器“合于使用”安全评价技术

8.3.1 概述

随着现代工业的迅速发展，压力容器正在向大型化、复杂化、高参数、严工况的方向发展，在役压力容器的安全日益引起人们的关注，而压力容器的安全评定也显得越来越重要。在压力容器在线监测、无损检测中，经常发现存在超标缺陷，缺陷因各方面原因不能被消除。一方面，因生产紧张而盲目含缺陷运行的压力容器的安全性是运行的一大隐患；另一方面，国内有关规定对于已经发现超标缺陷的压力容器多采用立即停机返修或者报废等措施，也就是不允许存在任何的超标缺陷。但是实践证明，返修过程中电弧气刨、焊接等过程不可避免地对材料性能产生影响，有可能加速材料的劣化，从而使结构失效。另外，不必要的返修和报废压力容器会造成巨大的经济损失。为此，工程界提出了基于“合于使用”原则的压力容器安全评定方法。基于“合于使用”(Fitness for Service) 原则的含缺陷压力容器的安全评定一直是工程界极为关注的热点问题，自 20 世纪 70 年代以来，无论国际上还是国内均开展了卓有成效的研究，提出了一系列的含缺陷结构安全评定准则及评定方法。

"合于使用"原则是针对"完美无缺"原则而言的。在焊接结构的发展初期，要求结构在制造和使用过程中均不能有任何缺陷存在，即结构应该完美无缺，否则就要返修或报废；后来曾任英国焊接研究所所长之职的 Edgar Fuchs 通过大量的试验证明：在铝合金焊接接头中，即使有大量的气孔，对该接头的强度无任何不利影响，而返修却会造成结构或接头使用性能的降低。基于这一研究，英国焊接研究所首先提出了"合于使用"的概念，它明确承认焊接结构具有存在构件形状、材料性能偏差和缺陷的可能性，但是须建立于诸如应力分析、断裂力学、材料试验、质量检查、无损探伤等科学方法研究的基础上。"合于使用"原则的基础是理论分析和实验测试的科学方法，它取代了"完美无缺"的经验性方法，它要客观地保证压力容器不发生任何已知机制的失效事故。换句话说，"合于使用"原则对设计、制造人员的要求更高了，而不是像有人片面误解的那样，认为"合于使用"原则是对结构的质量降低了要求。

"合于使用"原则用于压力容器的设计阶段以确定其尺寸的允许偏差和缺陷的允许值，用于压力容器制造过程以确定其是否可以验收，用于压力容器使用过程以评定所发现的裂纹，确定其是否可以存在，也可以用于已有压力容器在新的使用条件下的安全评定等。基于"合于使用"原则的安全评定方法可以避免压力容器在生产和使用过程中的许多不必要的返修、报废等，可以更加客观地判断压力容器的安全性，从而产生巨大的经济利益。

8.3.2 "合于使用" 安全评价技术断裂力学基础

断裂力学作为一门新兴学科，由于生产实践、工程应用等方面的需要，目前已广泛应用于航空航天工程、化学工程、机械工程、核电工程、燃气管道等各个部门和领域。断裂力学根据研究对象不同，分为线弹性和弹塑性断裂力学。线弹性断裂力学主要研究的是韧度与强度之比较低的脆性材料，其断裂主要是脆性断裂，适用于材料在小范围屈服的情况，而目前压力容器用钢大多是高韧度材料，其断裂特征是延性的，即裂纹启裂后还有很大的稳定扩展阶段，最后才发生失稳断裂。此时如果用线弹性断裂理论来分析延性材料断裂就过于保守，于是弹塑性断裂力学被引入断裂分析中来。弹塑性断裂力学是断裂力学的较高层次，它是线弹性断裂力学的发展，它能解决线弹性断裂力学所不能解决的问题；在线弹性范围内，它与线弹性断裂力学是等价的。

在评定一个含裂纹构件的安全性时，要考虑到两种极端的失效情况，即线弹性断裂和塑性失稳。这两种极端的失效情况之间存在着一种过渡的失效情况，因此需要为这种过渡的失效情况引入一个新的评定标准，即失效评定图评定标准。它可以在上述的两种极端情况下分别退化为线弹性断裂判据和弹塑性失稳判据。

1978 年英国中央电力研究院（CEGB）首先提出了双判据法，并将此方法应用于《带缺陷结构完整性的评定（R/H/R6）》(第一版)（简称 R6），从此压力容器安全评定技术步入了失效评定图（FAD）时代。根据材料的性能参数、缺陷尺寸及缺陷所在部位的应力参量计算得出评定点，然后根据评定点所在位置得出相应的结论。这种方法简单明了，结果可靠，在核电、火电、压力容器、及管道方面得到了广泛的应用。

失效评定图（Failure Assessment Diagram，FAD）是目前国际上公认的安全状态预测的基本方法，也是适用性评价的核心与基础，如图 8-53 所示。FAD 中横坐标为载荷比 L_r，纵坐标为韧性比 K_r。其中，L_r的定义为含缺陷结构所承受的载荷 F 与屈服时的载荷 F_y之比（也可以表示为极限分析法计算的参考应力 σ_{ref}与屈服应力 σ_y之比），是塑性破坏（或称塑性崩溃、塑性失稳）失效的控制参量；K_r的定义为含缺陷结构承载时缺陷处的应力强度

因子 K_I 与材料断裂韧性 K_{mat} 之比，是脆性断裂失效的控制参量。失效评定图上有两条边界线，一条为失效评定曲线（FAC），是弹塑性断裂评定准则；另一条为 $L_r = L_{r(max)}$ 的截止线，是塑性破坏评定准则。因此，FAD 评定包括了从线弹性、弹塑性到全塑性结构断裂的全部范围。对于含缺陷结构的给定状态，可以计算相应的 L_r 和 K_r 值，得到FAD中的评价点 A（L_r，K_r），若 A 点落在边界线之内，则该结构状态是安全的。该推荐做法中所采用的偏安全的 FAC 可以表示为：

$$K_{r(max)} = (1-0.14L_r^2)[0.3+0.7\exp(-0.65L_r^6)] \tag{8-15}$$

式中，$L_r \leqslant L_{r(max)}$；$L_{r(max)} = (\sigma_y + \sigma_u)/2\sigma_y$，$\sigma_y$ 为屈服强度，σ_u 为拉伸强度。

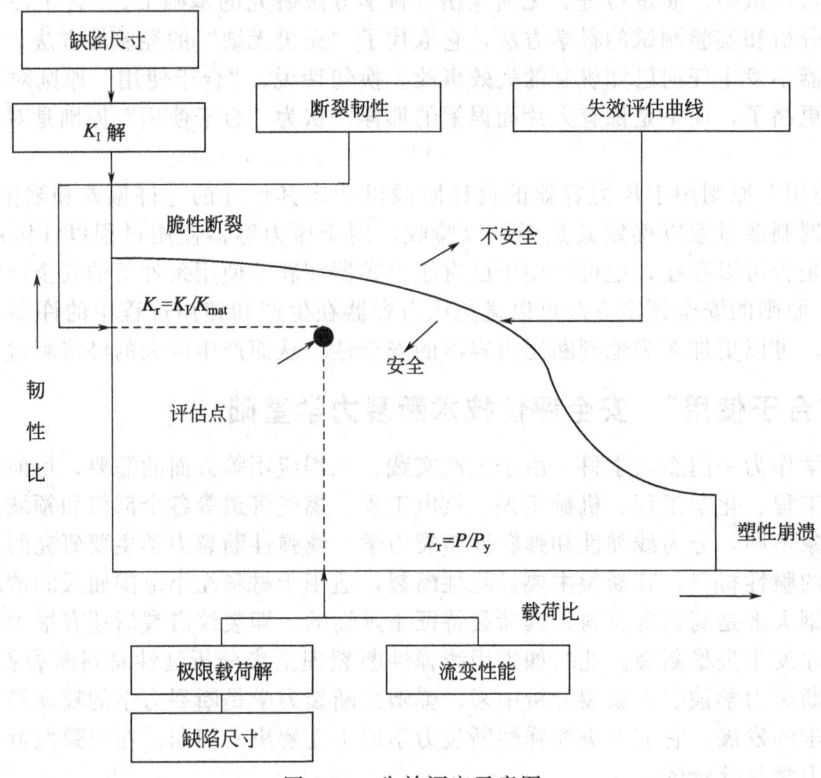

图 8-53 失效评定示意图

近来，概率断裂力学（PFM）的发展与应用是压力容器安全评定技术的一大进步，它是确定论评定方法的重要补充。PFM分析确定论评定方法与评定过程的一系列不确定因素，并分析各种控制断裂失效诸因素或参量变化对压力容器可靠度或断裂失效概率的影响[28,29]。但是，得到各参量的概率分布则需要投入大量时间和精力，也会导致成本过高，没有得到广泛的应用。随着压力容器安全评定技术的发展，如模糊评定技术、专家系统、基于人工神经网络的智能化评定技术的应用，传统的断裂力学理论不断和模糊数学、计算机理论知识相结合，使断裂力学理论不断向前发展。这必将促使新的评定技术的出现，使基于“合于使用”原则的压力容器安全评定理论更加完善。

8.3.3 压力容器“合于使用” 安全评价技术标准体系

（1）国外压力容器缺陷评定标准概述

20 世纪 70～80 年代以来，随着断裂力学、塑性力学、金属疲劳、无损检测、计算机以及产品质量控制等科学技术的发展和应用，将压力容器和压力管道的安全控制与爆炸预防技术由以往的经验型逐步发展为定量评估。

1971年美国公布了世界上第一部以断裂理论为基础的压力容器缺陷评定标准——美国机械工程师学会（ASME）锅炉压力容器规程第Ⅲ卷附录G《防止非延性破坏》及第Ⅺ卷附录A《缺陷显示的分析》[30]。1975年国际焊接学会（IIW）发行了《按脆性断裂破坏观点建议的缺陷评定方法》（IIS/IIW-X-749-74）；1976年日本焊接协会（WSD）委员会发布了《按脆性评定的焊接缺陷验收标准》（日本WES-2805k—1976）；1977年英国中央电力局（CEGB）发布了《有缺陷结构完整性的评定》（R/H/R6-Revl，1977）；1978年英国焊接标准委员会（WEE/37）发布了《焊接缺陷验收标准若干方法指南》（英国WEE/37—1978）；1980年英国标准协会（BSI）发布了《焊接缺陷验收标准》（英国BSI PD 6493—1980）；1982年美国电力研究院（EPRI）发布了《含缺陷核容器及管道完整性评定方法》（美国EPRI—1982）；1984年德国焊接协会（DVS）发行了《焊接接头缺陷的断裂力学评定》（德国DVS2401—1984）；同年，合肥通用机械研究所和化工部机械研究院等20多个单位共同制定了《压力容器缺陷评定规范》（CVDA—1984）[31]等。这些标准可分为以下4类。

① 以美国ASME规范为代表的，基于线弹性断裂理论为基础的评定方法。

② 以英国BSI PD6493-80为代表的，按裂纹张开位移COD弹塑性断裂准则，采用COD设计曲线为基础的评定方法[32]。属于这一类评定方法的还有国际焊接协会标准IIW-X-749-74，英国焊接标准协会的WEE/37-1978、日本WSD的WES-2805k-1976、德国DVS的DVS2401-1984和我国的CVDA-1984等。

标准国际焊接学会（IIW）于1974年提出推荐的标准“按脆断破坏观点建议的缺陷评定方法”IIW-X-749-74，于1975年正式发表。这一方法仅限于脆断问题的缺陷评定，不涉及疲劳、蠕变及腐蚀等其他破坏形式[33]。该标准主要以COD理论为出发点，以COD设计曲线为核心，其中也引用了ASME规范中可能利用的内容。该标准的主要作用有3个方面：

a. 对制造和使用中发现的缺陷进行制定，确定它们对使用性能是否有影响；

b. 应力水平及缺陷尺寸已知时，按此标准提出选材要求或对焊接工艺及热处理方法进行选择；

c. 确定需要应力及进行事故分析。

③ 以美国EPRI方法为代表的，基于J积分为理论基础的评定方法[34]。

a. 美国ASME规范第Ⅲ卷附录G　美国ASME锅炉以压力容器规范是较早把断裂力学用于压力容器设计和缺陷评定的文件之一。ASME第Ⅲ卷附录G目的是用于核反应堆容器的设计，是以线弹性断裂理论为基础的，其本质是将线弹性断裂理论用于压力容器中，形状简单的、假想的表面缺陷的评定。附录G给出了缺陷在薄膜拉伸应力和弯曲应力作用下，应力强度因子系数曲线，以及由沿厚度的径向热梯度场作用所产生的K的计算方法。

b. 美国ASME规范第Ⅺ卷附录A　美国ASME第Ⅺ卷附录A《缺陷显示的分析》，主要作为评价在用核容器缺陷用，针对容器在使用期内检查所发现的缺陷，附录A给出了把实际缺陷简化为简单缺陷的具体方法。与美国ASME第Ⅺ卷附录G的相同之处在于都是以线弹性断裂理论为基础的，不同之处在于：不用假想缺陷，而代之以根据探伤记录的实际缺陷简化后的简单缺陷。计及工况和事故情况也比附录G细致，而且还计算了裂纹在服役过程中的扩展量。

④ 以英国CEGB1986年版的R6为代表的采用失效评定图技术为基础的评定方法。但是1977年第一次修正和1980年第二次修正的老R6法中采用的失效评定曲线，仍然是COD理论导出的，即仍是利用理想塑性材料的D-M模型和线弹性断裂理论的关系推导而得的曲线方程。

（2）国内压力容器缺陷评定标准概述

我国在以“合于使用”为原则的缺陷评定技术研究方面经历了3个阶段。第一阶段始于

20 世纪 70 年代，于 1984 年颁布了指导性的《压力容器缺陷评定规范》（CVDA—1984），该规范建立于以 D-M 模型的 COD 设计曲线之上，但在 $\varepsilon/\varepsilon_y=1$ 附近安全裕度有所提高，在应变水平大于屈服应变的高应变区时设计更为先进[35]。规范将缺陷分为平面和非平面两类缺陷，针对压力容器常见失效方式给出了具体的评定方法，对应力腐蚀、腐蚀疲劳等给出了一般性的指导原则并广泛应用于压力容器的缺陷评定工作中。然而，标准中对于非平面缺陷参照平面缺陷进行评定的结果偏于保守，并要求压力容器具备设计、制造和使用的基本资料，运行中详细的参数变化以及可靠的无损检测的数据，这就给其进一步应用带来了不便[36]，加之 J 积分的发展，使其于使用中略显落后。

第二阶段从 20 世纪 80 年代中期开始，在对国际先进弹塑性断裂分析方法和 J 积分理论的深入研究后，我国于 1995 年公布了以 J 积分为基础的《在役含缺陷压力容器安全评定规程》（SAPV—1995）。SAPV—1995 保留了 CVDA—1984 的精华，取得了平面缺陷断裂的三级评定，凹坑、疲劳评定以及长屈服平台钢 J 积分计算技术和实效评定曲线等成果，达到了 90 年代初国际先进水平。

第三阶段是进入 21 世纪以来，经过不断研究有关新理论及方法，吸取 CVDA、SAPV 之精华，借鉴国际上标志性标准 SINTAP 和 API 579，我国于 2004 年正式发布了 GB/T 19624—2004《在用含缺陷压力容器安全评定》。这一标准以 CVDA 规范中的裂纹张开位移和应力强度因子为主要参量，以弹塑性双判据法为基础，适用于在用钢制含超标缺陷压力容器的安全评定。标准中对断裂及塑性失效评定采用三级评定的路线，分别为平面缺陷的简化、常规和分析评定。简化评定采用 CVDA 中的 COD 设计曲线，以失效评定图表示；常规评定采用较成熟的 R6 第三版中通用失效评定曲线，并根据国情选择了适当的安全系数，以防止启裂及塑性失效；分析评定采用 EPRI—82 工程优化方法，以 J 积分为断裂参量，主要用于重要的大型容器或部件含有常规评定方法不能通过的缺陷，是相对严格的弹塑性断裂力学方法。三级评定间通过相应的分安全系数合理衔接，从而建立了既相对独立、相互联系的关系。国标还首次采用了裂纹间弹塑性干涉效应分析法，并用压力容器凹坑缺陷极限载荷。分析法对凹坑缺陷进行评定；在疲劳失效评定中考虑了应力腐蚀和高温蠕变环境对安全评定的影响；在压力管道直段的平面、体积缺陷评定方法中分别采用了 U 因子工程评定方法和含局部减薄缺陷压力管道塑性极限载荷评定方法，使得我国含缺陷压力容器安全评定技术达到当代国际水平[37]。

(3) 英国含缺陷结构完整性评定标准（R6）[37]

R6 是带缺陷结构的完整性评定（R/H/R6）的简称，它是由英国原中央电力局（CEGB）于 1976 年提出来的，也是最早提出失效评定图（FAD）方法的标准，FAD 的关键是失效评定曲线（FAC）。早期的 R6（以下简称老 R6）是以 COD（裂纹张开位移）为理论依据，从 D-M 模型（小量屈服模型或窄条屈服模型）出发推导出其失效评定曲线的。1986 年 CEGB 发表了 R6 第三版，它考虑了材料应变硬化效应，以 J 积分理论基础，提供了建立失效评定曲线的三种选择方法；对裂纹延性稳态扩展的处理方法有重大改进，提出了缺陷评定的三种类型分析方法。第三版的 R6 被世界各国许多缺陷评定规程或标准引用，成为一种先进缺陷评定方法。近年来断裂力学评定技术的发展特别是 SINTAP，BS 7910 和美国 API 579 的出现，R6 研究组根据自己发展计划并吸收世界各国研究成果于 2001 年颁布了第 4 次修订版，对失效评定曲线作了一些修改，并增加了一些新的评定内容和评定方法，比第三版 R6 更具先进性。值得一提的是第四版借鉴 R6SINTAP 研究成果，拥有专门针对强度不匹配焊缝缺陷的失效评定曲线，而未焊透缺陷正是焊接接头的不连续缺陷，存在焊缝和母材强度不匹配的情况，所以完全可以借鉴第四版 R6 的评定方法对未焊透缺陷进行安全评定。

(4) 美国 EPRI 评定规程[38～40]

EPRI 评定规程也即“含缺陷压力容器及管道的完整性评定规程”（EPRI 报告 NP-

2431，1982）是 1982 年美国电力研究院（EPRI）在研究弹塑性断裂理论和 CEGB 的 R6 失效评定图技术的基础上提出来的，跟 R6 评定方法类似，也是一部采用失效评定图技术的工程规程。该规程分为两部分，较简单的用于典型的核级压力容器评定，并且限于壁厚大于或等于 102mm 的铁素体钢材，它被称为核级压力容器的完整性评定规程；另一种用于其他钢材，并能适用于更薄截面的部件，它还能计及二次应力的影响（如热应力、残余应力或两者的叠加），被称为核级管道及其他非压力容器部件的完整性评定规程。值得注意的是 EPRI 通过压力容器在载荷作用下产生断裂推动力（J 积分）与材料对撕裂的阻力（J_R阻力曲线）进行比较，从而得出裂纹起裂和塑性失稳失效的判据（$J_I = J_{IC}$），此外它根据弹塑性断裂力学和有限元方法的结果，较早提出了当管子材料本构关系服从 Ramberg-Osgood 规律时的 J 积分工程计算方法，为 J 积分能用于管道缺陷安全评定提供了条件。同时它还第一次提出了以 J 积分为理论依据的失效评定图方法，完善了失效评定图技术。

(5) 欧洲工业结构完整性评定方法（SINTAP）[37,41,42]

1996 年欧洲委员会（European Commission）为了建立一个统一的在欧洲实施的“合于使用”的评定标准，发起组织了一个研究计划，有 9 个国家的 17 个组织参加，于 1999 年完成了“欧洲工业结构完整性评定方法”，简称 SINTAP，已于 2000 年发表。由于英国 R6、PD 6493、德国的 CKSS 及瑞典技术中心都是 SINTAP 研究的核心成员，SINTAP 也是他们共同参与研究后形成的共识，SINTAP 不久将要成为欧洲的统一标准。SINTAP 采用了失效评定图（FAD）和裂纹推动力（CDF）的两类分析方法，尽管 CDF 法和 FAD 法形式上有所不同，但实质是一样的。

SINTAP 方法根据获得的材料拉伸数据的详细程度划分为 6 个等级，3 个标准评定级别和 3 个高级评定级别。在标准评定级别中，第一级标准评定是初级评定，仅仅需要知道材料的屈服强度、拉伸强度和断裂韧度；第二级标准评定是考虑了匹配问题的评定，主要针对第一级中的不均匀材料，如焊缝与母材强度比大于 10% 的情况；第三级标准评定是最先进的标准等级，等同于 R6 中的选择 2 曲线，该级别的评定需要材料的韧度数据和全应力-应变关系曲线。在一、二等级评定中，评定曲线的产生是仅以材料抗拉性能保守型估计为基础；在第三级评定中，通过全应力-应变曲线对材料力学性能的准确描述，可获得更准确、低保守型的结果。在高级评定级别中，第一级高级评定对 FAD 及 K_r 的计算均做了相应的修正，主要是考虑了裂纹尖端拘束度的具体情况来估算材料实际断裂韧度；第二级高级评定实际上是严格的有限元计算解，可作为验证各低级评定方法的工具，并非是适用于工程评定的方法，该级别的评定要求已知材料的应力-应变关系曲线以计算 J 积分；第三级高级评定考虑了 LBB 状态，即有时部分深表面裂纹可能继续扩展，通过剩余韧带变成穿透裂纹，引起泄漏，但仍然可能处于稳定状态，为此 SINTAP 提供了一个新的估算裂纹扩展过程中缺陷形状变化的方法。

SINTAP 规程在缺乏材料详细的应力应变关系数据时，通过大量钢材性能研究提供了材料应变硬化性能、屈强比及屈服平台（Luders 应变）的估算方法。这些方法可用以降低评定时的保守度。同时，在大量断裂韧度测试的统计处理后，进一步发展了 ASTM 1921—97 的 Master 曲线，SINTAP 提出了由 A_{kV} 估算铁素体钢解理断裂区断裂韧度下限值的方法。这一方法也已被 R6 第 4 版及 BS7910 所采用。更为重要的是 SINTAP 规程所提供的第 2 级和第 3 级失效评定曲线充分考虑了焊接结构的母材和焊缝强度不匹配问题，为焊接接头缺陷（包括未焊透）的安全评定提供了依据。

作为国际缺陷评定规范，SINTAP 结构完整性评定方法充分吸收了最新的缺陷评定理论和工程规范，评定理论严密，分级评定方法实用。在分级评定中，不可接受的结果并不是说分析的失败，而应该是把分析级别推向一个更高的级别。若低级别的分析足够证明安全，则没有必要进行更高级别的分析。

(6) 美国石油学会"合于使用"评定方法(API 579)[43]

与主要反映缺陷的断裂评定技术(包括塑性失效评定)和疲劳评定技术的评定方法(如SINTAP, R6, BS 790)不同,API 579评定方法的特点是更多地反映了石油化工在用承压设备安全评估的需要。除此以外,API 579首次以规范的形式给出了高温、局部金属损失、点蚀、鼓包、分层及火灾损伤评定等方法。从而在很广范围内给出了在用设备及其材料劣化损伤的安全评估方法,这些评定内容和方法在其他评定标准和规范中均未涉及到。

① 局部金属损失评定　可用于评价因腐蚀、冲蚀、机械损伤或因缓慢磨蚀等原因引起的局部金属损失的构件。

② 点蚀评定　可以评价4种不同的点蚀类型:构件重要范围上的广布点蚀区域、位于广布点蚀区域内的局部减薄区、点蚀的局部区域以及被限制在局部减薄区的点蚀区域。

③ 鼓包和分层评定　适用于氢致鼓包承压元件的评定。

④ 火灾损伤评定　适用于评价受火灾损伤的构件。这种潜在的损伤包括:力学性能的劣化(如碳钢的球化、晶粒的生长和韧性的降低)、耐蚀性能的降低(如奥氏体不锈钢的敏化)和承压构件的变形和破裂。

API 579亦提供了三级评定:一级评定列出了可接受构件材料的热暴露区等级;二级评定是通过估算遭受火灾损伤构件的材料强度,对其结构完整性做出评价;三级评定适用于二级评定中因构件的简化应力分析和估计的材料强度而导致不可接受的情况,以消除保守性。三级评定采用逐级推进的方式,若低级别的分析足够证明安全,则没有必要进行更高级别的分析。在结构完整性评定方而有了很大拓展。

(7) 英国标准委员会金属结构中缺陷验收评定方法导则(BS 7910)[44]

BS 7910(金属结构中缺陷验收评定方法导则),是英国标准委员会(BSI)在1999年底公布、2000年发表的英国标准,称为BS 7910:1999。在使用了近20年的PD 6493及其发展版本的基础上,PD 6493:1991已与PD 6539:1994(高温评定方法)合并,根据它们近十年来研究成果,包括SINTAP的欧洲统一安全评定方法的研究成果,仍然采用三级评定方法对金属结构总的缺陷进行安全评定,2005年又进行了一些修正和补充,更新为BS 7910:2005。

BS7910标准在国际上普遍使用,并且经过多年的实践检验,具有很高的可靠度,BS 7910评定标准评价的缺陷包括三种类型,分别是:① 平面缺陷,包括裂纹、未熔透、咬边、凹面和焊瘤等;② 非平面缺陷,包括凹坑、固体夹杂物、局部变薄等;③ 形状缺陷,包括错边、非完整剖面等。对已知缺陷的评定,推荐使用如下评定步骤:

a. 确定缺陷类型,即确定平面缺陷、非平面缺陷或形状缺陷;

b. 建立基本性能数据;

c. 确定缺陷的尺寸;

d. 评定可能的材料断裂机制和断裂概率;

e. 确定最终失效模式的极限尺寸;

f. 根据断裂概率,评定结构的剩余寿命,或者确定在役检查间隔;

g. 在考虑适当的安全因子的情况下,如果缺陷不会增长到极限尺寸,则缺陷是可接受的。

BS 7910评定方法以断裂力学为基础,主要采用失效评定曲线方法进行评定,所秉承的评定思路为将结构的抗裂能力和在实际承载条件下裂纹的启裂能力加以比较。其中FAD的横坐标是从力学性能的角度来进行度量,它表征了结构趋向于塑性失效破坏的程度;而FAD的纵坐标则是从断裂韧性的角度来进行度量,它表征了裂纹在实际负载作用趋向于失稳扩展的程度。在 BS7910 标准中，共有 3 个评定等级，随评定等级的增高，评定结果的保守度降低，当然，所需要的关于结构和材料的相应数据的完备性和准确性也随之增加。在实际的评定过程中，根据结构和材料相关性能、所受负载等数据的完备性及准确性，以及所需达到的评定结果的准确程度，选用相应的评定级别。3 个等级分别为：

a. 一级评定（level 1），为简单评定方法，在已知材料性能数据有限的情况下使用；

b. 二级评定（level 2），为常规评定方法，本身又分为 2A 和 2B 级评定；

c. 三级评定（level 3），该评定适用于韧性材料，主要是对高应变硬化指数的材料或需要分析裂纹稳定撕裂断裂时，才考虑使用此方法。对于常用的焊接结构用钢，一般不采用此程序。其本身又分为 3A、3B、3C 级评定。

在标准中，根据不同的评定级别，规定了不同的评定曲线，通过对含缺陷结构实际承受的载荷，以及缺陷所在位置处材料的性能等进行分析，通过计算，得出评定点的横坐标和纵坐标，从而确定评定点在 FAD 的位置，通过比较评定点与评定曲线的位置确定缺陷是否可以接受：当评定点位于评定曲线与坐标轴所包围的区域时，缺陷是可以接受的，否则亦然。

（8）中国国家标准在用含缺陷压力容器安全评定标准（GB/T 19624—2004）

我国最新的压力容器评定标准为 GB/T 19624—2004。该标准是在吸取 CVDA—1984 规范之精华，集各国压力容器工程实践经验之所长发展出来的。为降低国内压力容器与压力管道灾难性事故率提供了有效的技术手段，并为提升国内在用压力容器与压力管道科学管理水平以及加入 WTO 后与国外的技术和经贸关系奠定了一定的技术基础。其中，该标准的平面缺陷简化评定是采用 COD 设计曲线为基础的评定方法，常规评定是采用 R6 的通用失效评定图为基础的评定方法，分析评定是以 J 积分为理论基础的评定方法。其特点和创新点主要概括如下[42]：

① 压力容器的断裂及塑性失效评定采用三级评定的技术路线，既积极跟踪国际先进技术，对其进行继承和发展、从而与国际接轨，又反映了国内成熟的科研成果和实践经验，从而具有中国特色；

② 压力容器平面缺陷的简化评定继承了国内 CVDA—84 的精华，比英国 BSI PD6493-91 的筛选评定方法更为先进和安全；

③ 压力容器平面缺陷的常规评定方法采用 R6 第 3 修正版（1986）的通用失效评定曲线并选取了符合国内国情的分安全系数；

④ 压力容器平面缺陷的分析评定采用 EPRI-82 工程优化方法，并有创新；

⑤ 压力容器平面缺陷简化评定与常规评定之间、常规评定与分析评定之间合理衔接；

⑥ 采用“八五”重点科技攻关首创的压力容器凹坑缺陷塑性极限载荷分析法，对凹坑缺陷进行安全评定；采用了“八五”重点科技攻关中处理二次应力的工程方法等最新成果；采用了国内首创的裂纹间弹塑性干涉效应分析法；

⑦ 压力管道周向面型缺陷安全评定采用了“九五”重点科技攻关创新性研究成果——U 因子工程评定方法；压力管道体型缺陷安全评定采用了“九五”重点科技攻关创新性研究成果——含局部减薄缺陷压力管道塑性极限载荷工程评定方法；

⑧ 强调了“安全评定的一般原则”“失效模式的判断”以及“安全评定方法的选择”的必要性和重要性。

8.4 压力容器剩余寿命预测技术

8.4.1 概述

关于压力容器剩余寿命，概括来讲可从疲劳和腐蚀两个方面来预测压力容器的寿命，而疲劳又包括高周疲劳和低周疲劳。在疲劳寿命预测方面，本书主要介绍可根据压力容器运行压力记录统计其载荷特征的雨流计数方法，提出了采用 Pairs 公式计算管道的疲劳裂纹扩展寿命的方法，提出了利用 Manson-Coffin 公式计算管道的低周疲劳寿命的方法；在腐蚀寿命预测方面，主要介绍了预测压力容器腐蚀寿命的线性外推预测方法。

8.4.2 基于裂纹扩展速率疲劳寿命预测分析方法

(1) 雨流计数法

裂纹扩展速率的计算前提是用预计的循环载荷，即用载荷历史，如压力循环数据，来估计将来的载荷。雨流计数法对压力容器的压力载荷进行分析是一种合理的方法。

用裂纹扩展模型计算必须计算历史载荷的循环次数。普遍的循环计数的方法有水平交点、峰值计数、简单幅值计数和雨流及其相关的方法。雨流及相关方法包括幅值成对计数、雨流计数和重复历史的简单雨流计数。实际上，这 3 种雨流计数方法都是同一个目的。在大多数压力容器的疲劳寿命预测都是基于典型的重复性波段，所以，目前用的方法就是简单雨流计数。

简单雨流计数就是利用历史载荷形成一个载荷谱-循环次数的直方图。疲劳裂纹扩展计算要利用这个直方图来分析。具体的就是一种将不规则的、随机的载荷-时间历程转化为一系列循环的方法。这种方法的特点就是根据所研究的材料的应力-应变之间的非线性关系来进行计数，即把样本记录用雨流法定出一系列闭合的应力-应变滞后环。

如图 8-54 所示，把应变-时间历程样本记录转 90°，时间坐标轴竖直向下，样本记录犹如一系列屋面，雨水顺着屋面往下流，故称为雨流法。雨流法有如下规则：

① 雨流在试验记录的起点和依次在每一个峰值的内边开始，亦即从 O、a、b、c 等尖点开始；

② 雨流在流到峰值处（即屋檐）竖直下滴，一直流到对面有一个比开始时最大值（或最小值）更正的最大值（或更负的最小值）为止；

③ 当雨流遇到来自上面屋顶流下的雨时，就停止流动；

④ 如果初始应变为拉应变，顺序的始点是拉应变最小值的点；

⑤ 每一雨流的水平长度是作为该应变幅值的半循环计数的。

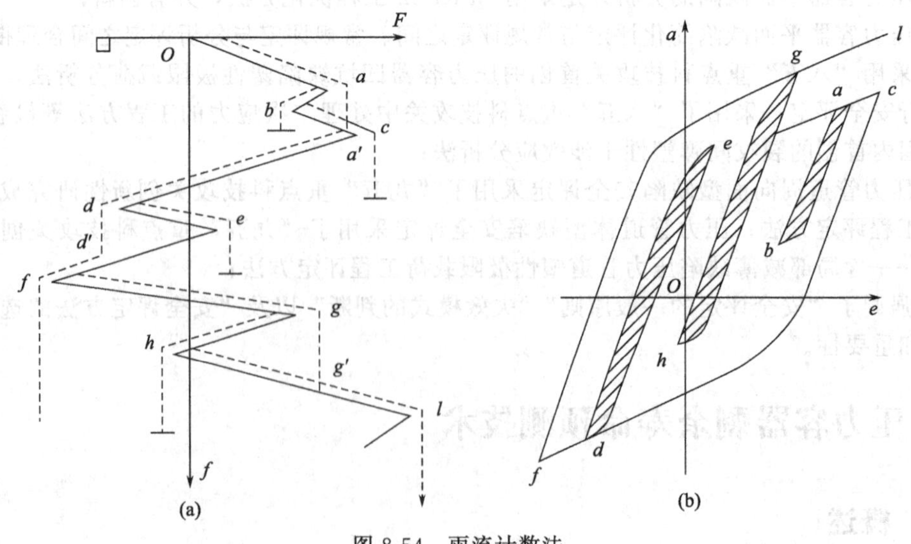

图 8-54 雨流计数法

根据上述规则，图中的第 1 个雨流应从 O 点开始，流到 a 点落下，经 b 与 c 之间的 a' 点继续流到 c 点落下，最后停止在比谷值 O 更小的谷值 d 的对应处。取出一个半循环 $O—a—a'—c$。第二个雨流从峰值 a 的内侧开始，由 b 点落下，由于峰值 c 比 a 大，故雨流停止于 $c—d—e$ 对应处，取出半循环 $a—b$。第三个雨流从 b 点开始流下，由于遇到来自上面的雨流 $O—a—b$，故止于 a'点，取出半循环 $b—a'$。因 $b—a'$，$a—b$ 构成闭合的应力-应变滞回线，则形成一个全循环 $a'—b—a$。依次处理，最后可以得到在图 8-54（b）所示的载荷-时间历程中的 3 个全循环 $a'—b—a$、$d'—c—d$、$g'—h—g$ 和 3 个半循环 $O—a—a'—c$、$c—d—d'—f$、$f—g—g'—i$。

（2）载荷谱分析

对压力容器的载荷谱进行分析，首先要采集一段时间内的载荷，然后对采集到的载荷进行预处理，预处理主要包括压缩等值数据点和检测峰谷值，然后对经过预处理后的数据进行循环数提取。

雨流法的程序判断计数模型如图 8-55 所示，判别表达式为：

$$X_I \leqslant X_{I+2} \qquad X_{I+1} \leqslant X_{I+3}$$

$$X_I \geqslant X_{I+2} \qquad X_{I+1} \geqslant X_{I+3}$$

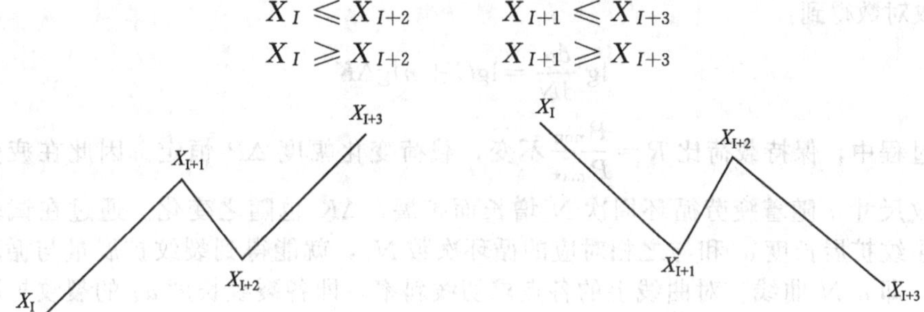

图 8-55　程序判断计数模型

由于传统雨流法不能对第二计数阶段即发散收敛波进行计数，因此对于第二计数阶段采用全封闭式计数模型。全封闭计数模型是考虑了雨流法计数原则和计数结果与材料应力-应变迟滞回线完全封闭相一致起来。全封闭计数模型见图 8-56，这种计数模型的特点是在计数前要对载荷时间历程重新进行调整或对接，如图 8-56（a）所示在计数前要调整到图 8-56（b）的形式，使其均从最大峰值（或最低谷值）开始与结束，然后再用雨流法进行计数，便得到了与材料应力-应变迟滞回线完全封闭相一致的计数结果。

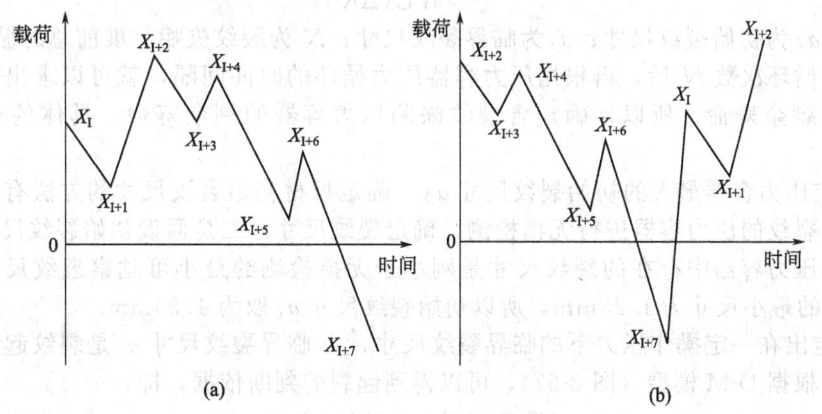

图 8-56　全封闭计数模型

（3）基于裂纹扩展速率的预测分析

由于压力容器压力的变化，使其产生交变应力，导致裂纹的疲劳扩展，预测压力容器的疲劳寿命是非常重要的。而压力容器的疲劳寿命是以疲劳裂纹扩展速率为基础，计算压力容器上裂纹或缺陷由初始尺寸扩展到临界尺寸的循环次数。

1963年，Paris 和 Erdogan 首次提出疲劳裂纹扩展速率和应力强度因子范围之间的试验曲线，指出了金属材料中裂纹的疲劳扩展主要由应力强度因子范围控制。尽管从那时起，以断裂力学为基础的疲劳裂纹扩展研究得到了迅速发展，但 Paris 和 Erdogan 建议的经验公式目前仍然是工程上计算疲劳剩余寿命的主要工具。利用该经验公式预测压力容器的疲劳寿命时，在分析压力容器缺陷和所受压力情况的基础上，通过研究压力容器在承受内压疲劳载荷下表面裂纹的扩展规律，就可以预测压力容器疲劳寿命。

Paris 经验公式的表达式为：

$$\mathrm{d}a/\mathrm{d}N=C(\Delta K)^n \tag{8-16}$$

式中，N 为疲劳次数；a 为缺陷尺寸；ΔK 为裂纹尖端应力强度变化范围，$\Delta K=K_{\max}-K_{\min}$，其中 $K_{\max}$ 和 $K_{\min}$ 分别是1个载荷周期中最大和最小应力强度因子，$\Delta K=\Delta\sigma\sqrt{\pi a}$；$C$、$n$ 为材料常数，可由标准的小试样试验获得。该公式是以 $R=0$ 时的曲线作为基本曲线的。对上式两边取对数得到：

$$\lg\frac{\mathrm{d}a}{\mathrm{d}N}=\lg C+n\lg\Delta K \tag{8-17}$$

试验过程中，保持载荷比 $R=\dfrac{P_{\min}}{P_{\max}}$ 不变，载荷变化幅度 ΔP 恒定。因此在疲劳裂纹扩展中，裂纹尺寸 a 随着疲劳循环周次 N 增长而扩展，ΔK 也随之变化。通过在试验中记录下一系列裂纹扩展长度 a_i 和与之相对应的循环次数 N_i，就能得到裂纹扩展量与循环次数的关系曲线，即 a-N 曲线。对曲线上的各点求切线斜率，即各裂纹长度 a_i 的裂纹扩展速率：

$$\left(\frac{\mathrm{d}a}{\mathrm{d}N}\right)_i=(a_{i+1}-a_i)/(N_{i+1}-N_i) \tag{8-18}$$

在此基础上，对 $\lg\dfrac{\mathrm{d}a}{\mathrm{d}N}$ 和相应的 $\lg\Delta K$ 数据进行线性回归，可得到材料常数 C 和 n，也就完全确定了该材料的裂纹扩展规律。

通过对板材试样进行试验，并经过可靠性分析以后分别得出板材的 $\mathrm{d}a/\mathrm{d}N=C\ (\Delta K)^n$ 的曲线方程。然后，对 Pairs 公式积分，可以得到：

$$N=\int_{a_0}^{a_c}\frac{\mathrm{d}a}{C(\Delta K)^n} \tag{8-19}$$

式中，a_0 为初始裂纹尺寸；a_c 为临界裂纹尺寸；N 为裂纹失稳扩展前总的循环次数。

在得到循环次数 N 后，再根据压力容器压力循环的时间间隔，就可以求出含疲劳裂纹压力容器的剩余寿命。所以，确定含裂纹缺陷压力容器的剩余寿命，具体的步骤有以下几个：

① 确定压力容器最大的初始裂纹尺寸 a_0 确定板材初始裂纹尺寸的方法有两种：一是对怀疑存在裂纹的压力容器进行无损检测，确定裂纹尺寸；二是假设初始裂纹尺寸，这种假设的依据是压力容器中存在的裂纹尺寸是刚小于无损检测的最小可觉察裂纹尺寸。常用的MT可检测的最小尺寸为1.25mm，所以初始裂纹尺寸 a_0 取为1.25mm。

② 确定出在一定操作压力下的临界裂纹尺寸 a_c 临界裂纹尺寸 a_c 是裂纹起裂时的临界缺陷长度。根据D-M模型（图8-57），可以得到起裂的判断依据，即：

$$J=\frac{8\sigma_s^2 a}{\pi E}\ln\sec\left(\frac{\pi\sigma}{2\sigma_s}\right) \tag{8-20}$$

给 σ 乘以一个由于鼓胀效应引起的应力集中系数 M，且 $M=\left[1+1.61\left(\dfrac{a^2}{Rt}\right)\right]^{0.5}$。

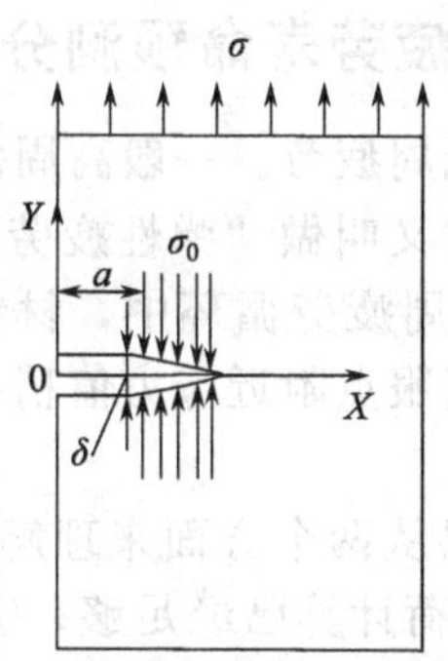

图 8-57　平面应力长条屈服区 D-M 弹性模型

若要考虑到裂纹的尖端处，由于应力会超过屈服极限而使材料产生硬化现象，所以要把 σ_s 改为流变应力 $\overline{\sigma}$，且 $\overline{\sigma}=\dfrac{\sigma_b+\sigma_s}{2}$。而 $\sigma=\dfrac{Pr}{t}$，其中 r 为压力容器的内半径。起裂的判断依据就修正为：

$$J=\frac{8\overline{\sigma}^2 a}{\pi E}\ln\sec\frac{\pi\sigma M}{2\overline{\sigma}} \tag{8-21}$$

通过 J 积分试验测定压力容器材料的 J 积分临界值 J_{IC}，就可以由上式计算出临界裂纹长度 a_c。

③ 板材断裂韧性 J_{IC} 的确定　试验按照 GB/T 21143—2007《金属材料准静态断裂韧度的统一试验方法》规定进行。根据 J 积分的形变功率定义：

$$J=-\frac{1}{B}\left(\frac{\partial U}{\partial a}\right)_{\Delta} \tag{8-22}$$

采用阻力曲线法测出 J_{IC} 值。在裂纹稳态缓慢扩展过程中，以裂纹韧性参量 J 表示材料中裂纹扩展阻力 J_{IC}。J_{IC} 和裂纹长度扩展量 Δa 的关系曲线，称为 J_{IC} 阻力曲线。

断裂韧性 J_{IC} 是临界状态的 J 积分值，表观起裂纹韧性 J_i，J_i 为开始起裂时材料的裂纹阻力 J_{IC}。

④ 载荷比 R 的确定　根据压力容器业主提供的报表数据可以统计出压力容器的压力波动情况，利用雨流计数法即可确定载荷比。在确定载荷比后，即可得出在一定载荷比 R 下的等效载荷波动 ΔP_{eff}：

$$\Delta P_{eff}=(1-R)^{(1-m)}P_{max} \tag{8-23}$$

式中，m 是材料参数，由不同载荷比 R 下测得的疲劳裂纹扩展数据确定，通常情况下取 0.5。以下内容中的 ΔP 可用 ΔP_{eff} 代替。

⑤ 确定应力强度因子幅值 ΔK　穿透裂纹的应力强度因子 K_I 按下式求得：

$$K_I=\sigma\sqrt{\pi a} \tag{8-24}$$

把式中的外加应力 σ 取为应力幅度 $\Delta\sigma$，即可得到应力强度因子幅值 ΔK：

$$\Delta K_I=\Delta\sigma\sqrt{\pi a} \tag{8-25}$$

⑥ 剩余寿命计算　Pairs 公式积分后得到裂纹从 a_0 扩展到 a_c 时的循环次数 N 为：

$$N=\frac{2}{2-n}\times\frac{1}{C(\Delta\sigma\sqrt{\pi})^n}(a_c^{1-0.5n}-a_0^{1-0.5n}) \tag{8-26}$$

最后根据循环的时间间隔可以求出疲劳剩余寿命。

该公式是一种利用 J 积分断裂力学计算临界裂纹尺寸，并用 Paris 公式得出裂纹扩展规律的疲劳寿命的直接计算方法。

8.4.3 基于应变-寿命曲线的疲劳寿命预测分析

疲劳研究领域包括高周疲劳和低周疲劳。一般高周疲劳破断次数 $N_f > 10^5$ 次，低周疲劳破坏次数 $N_f < 10^5$ 次。高周疲劳常常又叫做“弹性疲劳”或“应力疲劳”，而低周疲劳又称为“塑性疲劳”或“应变疲劳”，低周疲劳循环中，材料所受的应力接近或超过屈服极限。从材料的拉伸曲线上可以看到，在屈服点附近应力值稍有改变，应变的波动很大，所以在低周疲劳中常把应变选为控制变量。

压力容器低周疲劳的重要性可以从两个方面来理解：① 压力容器在整个寿命期间，载荷实际变动的次数有限，按 10^5 次加荷计算已经足够；② 在压力容器上存在应力集中区域，如腐蚀缺陷、压力容器被打孔等，可能处于塑性状态，从而引起低周疲劳破坏。

(1) 应变-寿命曲线

应变-寿命曲线描述的是材料的应变与寿命之间的关系。在众多的 $\Delta\varepsilon$-N 曲线中，以 Manson-Coffin 公式的使用最为广泛，即：

$$\varepsilon_a = \varepsilon_{ea} + \varepsilon_{pa} = \frac{\sigma'_f}{E}(2N)^b + \varepsilon_f'(2N)^c \tag{8-27}$$

式中，σ_f'为疲劳强度系数，也就是材料的极限强度；b 为疲劳强度指数；ε_f'为疲劳延性系数，通常情况下就是材料的极限应变；c 为疲劳延性指数。

由 Manson-Coffin 公式可知，疲劳寿命 N 与弹性应变分量 ε_{ea}、塑性应变分量 ε_{pa}、总应变 ε_a 的关系如图 8-58 所示。

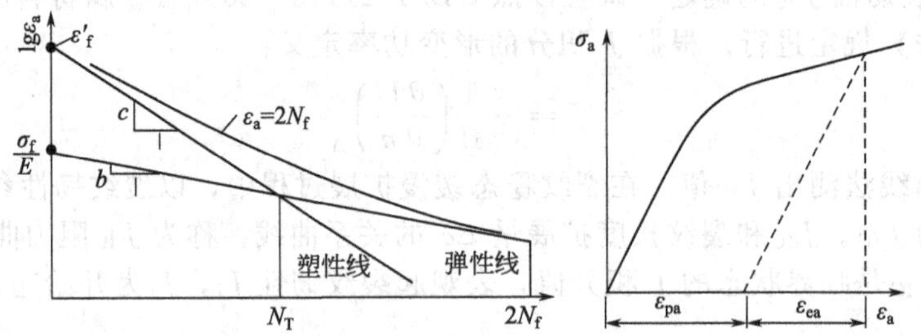

图 8-58 应变-寿命的 Manson-Coffin 公式

由式 (8-27) 和图 8-58 可以看到：

① 弹性线和塑性线有一交叉点 N_T，在寿命 $N < N_T$时，塑性应变起主要作用；在寿命 $N > N_T$时，弹性应变起主要作用；

② 在疲劳寿命 $N=1/4$ 时，总应变 $\varepsilon_a = \varepsilon_f$，对于某些钢材对数据符合极好，但是很多金属材料却不符合这一关系；

③ 关系式不存在水平极值线，而实际上所有材料均存在疲劳极限，所以该式只适用于描述较短疲劳寿命的 ε-N 曲线；

④ 该公式是一个经验公式；

⑤ 获得应变-寿命曲线的最好办法是进行应变控制下的疲劳试验，特别是在中等寿命区 ($10^4 \sim 10^5$ 次)。

对于应变-寿命曲线，需要进行多组试样的测定，最后通过拟合得出 Manson-Coffin 公式和应变-寿命曲线，但这种方法需要的试件多，实验量也比较大。因此，对于试样来源较少的情况下，可以使用材料的单向拉伸力学性能参数对 Manson-Coffin 公式进行估算。

(2) 平均应力的修正

上节的 Manson-Coffin 公式给出的关于 $\Delta\varepsilon$-N 关系的估计，仅仅可用在恒幅对称应变循环性能。平均应力或平均应变的影响是非常复杂的，且由于应力松弛，平均应力对塑性部分的影响不大，影响的主要在弹性部分。实际中，大多数疲劳载荷几乎都是非对称应变循环，因此，$\Delta\varepsilon$-N 关系估算疲劳寿命就不适用了，需要对其进行修正。

根据经验公式且考虑平均应力的影响，采用 Morrow 弹性应力线性修正 Manson-Coffin 公式，即：

$$\varepsilon_a=\frac{\sigma'_f-\sigma_m}{E}(2N)^b+\varepsilon'_f(2N)^c \tag{8-28}$$

式中，σ_m为平均应力，在对称循环时，$\sigma_m=0$，即可得上式。

该公式中的 $b<0$，$c<0$，故当寿命 N 相同时，平均应力越大，可承受的应变幅 ε_a越小；或应变幅 ε_a不变，平均应力越大，则寿命 N 越短。可见，拉伸平均应力是有害的，压缩平均应力则可提高疲劳寿命。

在上述理论的基础上，利用疲劳试验的数据拟合应变疲劳寿命曲线，再通过拉伸试验得到 Manson-Coffin 公式，将两者作对比，观察低周疲劳的压力容器剩余寿命的理论计算值和试验值的差值，从而得出用来计算在一定应变幅下的疲劳寿命的公式。

8.4.4　基于线性外推的腐蚀剩余寿命预测方法

预测剩余寿命是预测压力容器的未来工作能力，是确定压力容器检测周期及维修周期的重要依据，在压力容器的安全性评价中处于重要的位置。尤其是腐蚀剩余寿命的预测，近年来在国际上日益受到重视。本节中主要对腐蚀压力容器的腐蚀剩余寿命进行分析，并提出计算腐蚀剩余寿命的方法。

(1) 腐蚀剩余寿命的预测方法分类

压力容器腐蚀剩余寿命的预测方法很多，概括来讲可分以下 3 种方法。

① 基于概率统计的预测方法　由于腐蚀的影响因素极度不确定性和腐蚀缺陷的发生、发展的不确定性决定了腐蚀的随机性，尤其是点蚀。因此，概率统计就成为预测腐蚀剩余寿命的一种有效手段。

② 基于腐蚀速率的预测方法　在役压力容器的运行状态在很大程度上是以强度作为评定准则的，因而，当压力容器腐蚀缺陷的强度减到一定程度时，即达到极限状态，压力容器寿命也达到了其极限值。所谓剩余寿命就是从当前状态发展到强度极限状态时的壁厚减薄量与相应的腐蚀速率相除所得到的时间。

③ 基于压力容器剩余壁厚的预测方法　当压力容器壁厚小于或等于压力容器最小要求壁厚时，失效破坏将发生，即 $t\leqslant t_{min}$时，压力容器失效。那么当 $t\leqslant t_{min}$时，压力容器壁厚达到临界状态，此时所对应的压力容器运行时间为压力容器的使用寿命 T_n。而从最近一次（T_o时刻）检测到压力容器壁厚达到临界状态的时间就为压力容器的剩余寿命 T，在此期间压力容器将安全运行。

(2) 腐蚀剩余寿命预测的步骤

从上述腐蚀剩余寿命预测方法中可以概括出预测的一般步骤包括以下几个。

① 原始数据采集　包括腐蚀缺陷构件的原始尺寸形状，操作运行相关的参数（设计压力、工况压力等），以及材料的材质参数（最小屈服极限、流变应力、焊缝系数等）。

② 腐蚀缺陷数据采集

a. 根据所采用的评价确定预测所需的曲线数据，确定要进行的检测项目。

b. 选定检测部位和检测方式。

③ 检测结果的分析　根据检测得到的原始数据，进行原始数据的处理，得出进行进一步评价所需要的缺陷尺寸数据及相关参数。

④ 使用状态和剩余寿命预测　根据现场检测和样品分析结果，评价结构的腐蚀程度和当前的使用状态，并和以往检测到的历史数据进行对比分析，找出腐蚀缺陷尺寸的发展规律（建立缺陷尺寸生长模型）和发展速度（腐蚀速率）。然后根据压力容器的原始数据及当前缺陷数据以及分析出的结果采用相应的评价准则进行剩余寿命预测。

⑤ 预测结果的应用　只进行剩余寿命的预测并不是最终目的，进行剩余寿命预测的最终目的是根据预测的结果进行压力容器的检测周期、修复、更换、运行等措施策略的制定。

(3) 腐蚀速率模型的确定

由于腐蚀在径向对大部分压力容器的影响比轴向大，且径向腐蚀更易导致压力容器腐蚀穿孔、泄漏等事故的发生，所以计算腐蚀速率时主要考虑的是腐蚀深度的影响。统计压力容器历年来的缺陷检测数据和相应的检测时间，按式（8-29）计算腐蚀速率，并得到一系列的腐蚀速率数据，对腐蚀速率数据进行统计分析，建立腐蚀速率的概率分布模型。

$$V_i=\frac{a_i}{T_i-T_0} \tag{8-29}$$

式中　V_i——腐蚀速率，mm·a^{-1}；

a_i——腐蚀深度，mm；

T_i——检测时间，a；

T_0——压力容器建造时间，a。

腐蚀速率概率模型的概率密度函数用 f_v（V）表示。本文中假设腐蚀速率服从正态分布，即：

$$f_{\mathrm{v}}(V)=\frac{1}{\sqrt{2\pi\sigma}}\exp\left[-\frac{(V-\mu)^2}{2\sigma^2}\right],\ t>0 \tag{8-30}$$

式中，μ、σ^2分别为 V 的均值和方差。这两个值可以由极大似然法来计算，这主要是由于极大似然法可以充分利用总体分布类型的信息来估计相关参数。在得到这几个参数后，腐蚀速率的概率模型就确定出来。

(4) 临界腐蚀缺陷尺寸的确定

压力容器的剩余寿命取决于当前最严重的腐蚀缺陷的发展状况，也就是由目前的腐蚀缺陷发展到临界缺陷的时间。初始腐蚀缺陷的长度 L_0 和深度 t_0 分别取目前检测到的腐蚀缺陷长度和深度的统计最大值。在腐蚀缺陷长度对压力容器服役寿命影响相对较小的情况下，可以假设腐蚀缺陷长度不变，然后计算临界腐蚀深度。临界腐蚀深度 a_c 的计算如下：

$$a_{\mathrm{c}}=t-t_{\min} \tag{8-31}$$

式中　t——压力容器的公称壁厚；

$t_{\min}$——要求的最小壁厚。

对于均匀腐蚀缺陷和局部腐蚀缺陷，要求局部减薄缺陷深度不能超过壁厚80%，而对于点腐蚀缺陷，主要考虑的失效形式是穿孔泄漏，故当腐蚀深度达到穿孔时视为失效。

由于压力容器本体的腐蚀速率是变化的，即本体壁厚减薄趋势过程不是直线变化，且本体腐蚀壁厚减薄到一定程度后，会因承内压的剩余强度不足而出现板材失效，腐蚀剩余寿命的预测需要考虑这些问题。

在此基础上，总结出该方法的具体步骤如下。

① 腐蚀深度模型的建立。概率统计并结合最小二乘法得出腐蚀深度的模型。

② 允许最小壁厚。

③ 剩余寿命计算。腐蚀深度达到允许最小壁厚所用的时间即为压力容器的腐蚀剩余寿命。

对大面积均匀腐蚀的腐蚀情况，通常用腐蚀速率或腐蚀深度或剩余壁厚来描述。通过对现场压力容器进行多次腐蚀检测，可得到腐蚀深度与时间的关系，从而得到相对应的剩余壁厚减小量及其腐蚀速率。以此进行外推预测，即可得到压力容器的腐蚀剩余寿命。而且检测的次数越多，所预测的结果与实际的腐蚀速率相差的就越小。

(5) 压力容器腐蚀剩余寿命预测模型的建立

计算出压力容器允许的最小筒体壁厚后，腐蚀引起的壁厚减薄量就可得到。在此基础上，达到强度所允许的最大腐蚀量时的时间间隔，即为压力容器的使用寿命。根据上述理论，得出数学模型：

$$t_c = t - t_{\min} = \sum_{i=1}^{n} V_i T_i = V_1 T_1 + V_2 T_2 + \cdots + V_n T_n \tag{8-32}$$

式中　t——压力容器的原始壁厚，mm；

$t_{\min}$——不同腐蚀区域在满足承受内压条件下所要求的最小壁厚，mm；

V_i——不同时间段内压力容器的腐蚀速率，$\text{mm} \cdot \text{a}^{-1}$；

T_i——各腐蚀速率对应的腐蚀时间，a。

设压力容器开始腐蚀到目前阶段，其各阶段腐蚀的时间 T_1、T_2、…、T_{n-1}及其对应的各阶段腐蚀速率 V_1、V_2、…、V_{n-1}已知，则所预测未来的剩余寿命 T_n及腐蚀速率 V_n的关系式，由式 (8-32) 可得，其压力容器的剩余使用寿命为：

$$T_n = \frac{t_c - \sum_{i=1}^{n-1} V_t T_i}{V_n} = \frac{t_c - t_{cm}}{V_n} \tag{8-33}$$

由式 (8-33) 知，只要知道满足承受内压条件的剩余强度所要求最小允许壁厚，即可求出允许的最大腐蚀量 t_c。到目前为止的腐蚀量 t_{cm}可根据腐蚀检测得到的腐蚀深度确定。当根据历次各阶段的腐蚀速率，预测出未来的腐蚀速率 V_n时，即可求得该压力容器的剩余寿命。

(6) 腐蚀剩余寿命的近似预测

压力容器管理部门每隔一定的时间年限就要对压力容器进行全面腐蚀检测，或对重点腐蚀部位进行局部腐蚀检测，测定其腐蚀深度或剩余壁厚，确定其腐蚀区域及严重程度，以采取相应的维修措施或更换决策。依据这些检测数据，不是直接求腐蚀各阶段的腐蚀速率，而是直接根据各腐蚀区域压力容器剩余壁厚变化的趋势来建模进行腐蚀压力容器的剩余寿命预测。

① 线性外推近似预测　所谓线性外推就是在均匀腐蚀的大面积区域，利用两次腐蚀检测数据，作线性外推，即假设压力容器的腐蚀速率是按线性规律变化的，来预测剩余壁厚达到该腐蚀区域的所允许的最小壁厚的时间，进而得出压力容器的腐蚀剩余寿命。

如图 8-59 所示，T_1、T_2为两次检测的具体时间，两次检测的腐蚀深度分别为 a_1、a_2，则剩余壁厚分别为 t_1、t_2，$t_{\min}$为所要预测的腐蚀区域允许的最小壁厚。通过线性外推，即将 t_1和 t_2的连线延长，与最小允许壁厚线的交点所对应的时间 T 即为壁厚减薄到 $t_{\min}$时所对应的时间：

$$T = \frac{T_2 - T_1}{t_1 - t_2}(t_1 - t_{\min}) + T_1 = \frac{T_2 - T_1}{a_2 - a_1}(t - a_1 - t_{\min}) + T_1 \tag{8-34}$$

式中　t_1——第一次检测的剩余壁厚，$t_1 = t - a_1$，mm；

t_2——第二次检测的剩余壁厚，$t_2 = t - a_2$，mm。

故该腐蚀区域距第二次检测时间 T_2的剩余寿命为：

$$T_n = T - T_2 \tag{8-35}$$

② 根据 3 次或 3 次以上检测数据建立剩余寿命预测模型　与线性外推相比，在 3 次检

测数据的基础上建立的数学模型是比较准确的。假设在 T_1、T_2和 T_3时间进行了三次腐蚀检测，测得腐蚀量分别为 a_1、a_2和 a_3，则相应的剩余壁厚为 t_1、t_2、t_3。根据 a_1、a_2、a_3的大小可以拟合出剩余壁厚随时间发展变化的趋势曲线。该曲线与最小允许壁厚线的交点所对应的时间 T 即为腐蚀达到最小允许壁厚 $t_{\min}$时的时间。如图 8-60 所示，故得剩余寿命为：$T_n=T-T_3$。

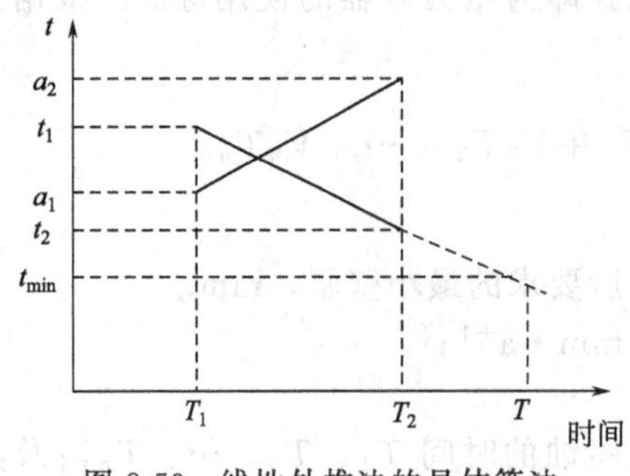

图 8-59 线性外推法的具体算法

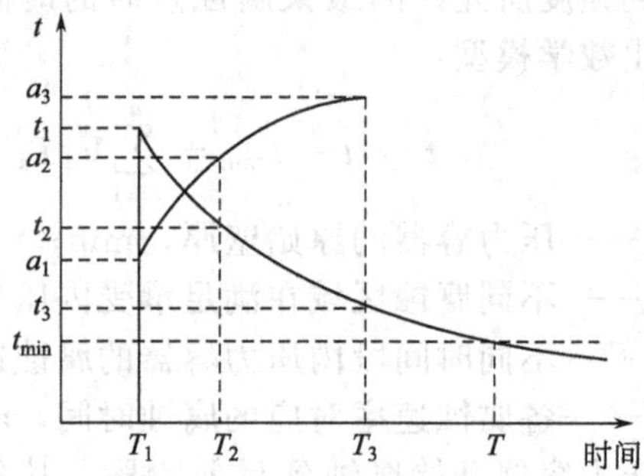

图 8-60 3 次检测数据的计算法

根据上述内容，可以概括出从现场实用性来预测腐蚀剩余寿命方法的步骤如下。

a. 根据检测数据并结合最小二乘法，拟合出剩余壁厚趋势的数学模型。

b. 计算出最小允许壁厚对应的时间。

c. 求得压力容器的剩余寿命。

参考文献

[1] 张伟．压力容器腐蚀与防护［J］．技术与市场，2012，19（5）：163，164.

[2] 许亚海．电阻探针腐蚀监测系统研制与实验研究［D］．［学位论文］．大连：大连理工大学，2013.

[3] 张亚丁等编．腐蚀与防护手册．第 2 版．北京：化学工业出版社，2008，6：648.

[4] 吴荫顺，方智，曹备，张琳等编．腐蚀试验方法与防腐蚀监测技术［M］．北京：化学工业出版社，1995：279，280.

[5] 李久青，杜翠薇编．腐蚀试验方法及监测技术［M］．北京：中国石化出版社，2007：48-50.

[6] 张敏，黄红军，李志广等．金属腐蚀技术［J］．腐蚀科学与防护技术，2007，19（5）：354-357.

[7] 李久青，杜翠薇编．腐蚀试验方法及监测技术［M］．北京：中国石化出版社，2007：67-71.

[8] 于涛．腐蚀监测技术在常减压装置中的应用［D］［学位论文］．大庆：大庆石油学院，1998.

[9] 杨飞，周永峰，胡科峰等．腐蚀防护监测技术研究的进展［J］．全面腐蚀控制．2009，23（11）：46-51.

[10] 范伟林．红外热像技术在压力容器腐蚀与故障监测中的应用［J］．石油化工设备，2012，41（5）：71-74.

[11] 董昕，陈平，丁克勤等．压电阻抗检测法及其在在役压力容器监测中的应用分析［J］．石油化工设备，2012，41（2）：53-58.

[12] 董绍华，王联伟．管道内腐蚀监测技术的现状及发展趋势［M］．东营：中国石油石化数字管道信息化建设论坛暨燃气管网安全、经济、运营技术交流研讨会论文集．2009：75，76.

[13] 梁峰．压力容器不拆保温检测技术研究［D］．［学位论文］．山东大学，2012.

[14] 强天鹏著．压力容器检验［M］．北京：新华出版社，2008.

[15] 石巍，徐建军．浅谈压力容器检验中无损检测技术的运用［J］．中国新技术新产品．2012（18）：10，11.

[16] 李勇，卢继平．磁粉检测在压力容器检验中的运用特点分析［J］．科技传播．2013，（24）：43，48.

[17] 宋鹏，雷鹍，许沂等．涡流 C 扫描在钛合金 SPF/DB 结构检测中的实验研究［J］．航空制造技术，2012，（8）：79-82.

[18] 徐敏．压力容器的声发射技术检测［J］．广东化工，2009，36（11）：143-145.

[19] 李康．电磁检测新技术讨论［J］．科技创业家，2014，（4）：73.

[20] 赵志强．X 射线数字成像检测缺陷快速识别技术研究［D］：［学位论文］．兰州：理工大学，2014.

[21] 郑玉权，王慧．微型 X 射线数学成像系统［J］．光学精密工程，2008，16（4）：591-597.

[22] 师江．某石墨环的超声波 C 扫描检测研究［D］．［学位论文］．中北大学，2012.

[23] 陈志昕，罗金恒，董保胜等．管道缺陷导波与超声波 C 扫描复合检测新技术 [J]．管道技术与设备，2009，(2)：27-29，59.

[24] 张江江，黄鹏，高淑红等．超声 C 扫描检测技术在塔河油田管道检测中的应用与评价 [J]．化工自动化及仪表，2013，40 (11)：1355-1360.

[25] 丁厚本．康普顿背散射技术与产品设计 [J]．CT 理论与应用研究，2000，9 (z1)：102-107.

[26] 刘怿欢，陆金明，刘子方．管子管束的内置旋转式超声波定量检测技术 [J]．无损检测，2008，30 (8)：520，521，546.

[27] 沈建萍．多种无损检测技术在压力容器制造与维修中的应用分析 [J]．化学工程与装备，2011，(11)：100，101，107.

[28] 赵建平．压力容器概率安全评定进展 [J]．化工设备与管道，2001，2：17-19.

[29] 周则恭，雷云琴等编．概率断裂力学在压力容器中的应用 [M]．北京：中国石化出版社，1996.

[30] ASME Bolier and Pressure vessel code，Section Ⅲ：Nuclear powerplant components. NewYork：ASME，1997.

[31] 压力容器缺陷规范编制组．压力容器缺陷评定规范 CVDA—1984 [J] 压力容器，1985，1：2-211.

[32] BSI Published Document 6493. London：British Standard Institution，1980.

[33] 李志安编．压力容器断裂理论与缺陷评定 [M]．大连：大连理工大学出版社，1994.

[34] Bloom J M，Malik S N. EPRI Topic NP2431，Research Project 1237-2. Palo，CA：Electrical Power Research Institute，1982.

[35] 魏安安，裴俊峰，刘雪东．含缺陷压力容器安全评定的发展历程与趋势 [J]．化工机械．2005，32 (6)：323-328.

[36] 严苏星．在役压力容器安全评价及工程应用 [J]．西北电力技术．2004，(3)：1-5.

[37] 钟群鹏，李培宁，李学仁等．国家标准《在用含缺陷压力容器安全评定》的物色和创新点综述 [J]．管道技术与设备．2006，(1)：1-5.

[38] [美] V. 库默，M. D. 杰曼，C. F. 施著．弹塑性断裂分析工程方法 [M]．周洪范等译．北京：国防工业出版社，1985.

[39] [美] Kumar V，German M D，Wilkening W W 著，EPRI-3607 弹性断裂分析进展 [M] 董亚民等译．清华大学工程力学研究所，1984.

[40] EPRI and Novelech Comporation. Research Reports Center Palo A1to. California. 1991.

[41] 李培宁．国外压力容器和工业结构缺陷评定规范的新进展 [D]：[学位论文]．上海：华东理工大学，2010.

[42] SINTAP. British Steel Report，Rotherham 1999.

[43] API 579-1/ASMFFFS-1-2007. Fitness-for-Service -Second Edition.

[44] Guide on methods for assessing the acceptability of flaws in metallic structures [B]．BSI，2005.